DIN-Taschenbuch 224

Für das Fachgebiet Qualitätsmanagement, Statistik und Zertifizierungsgrundlagen bestehen folgende Taschenbücher sowie ein Loseblattwerk:

DIN-Taschenbuch 223

Qualitätsmanagement und Statistik – Begriffe
Normen

DIN-Taschenbuch 224

Statistik – Schätz- und Testverfahren
Normen

DIN-Taschenbuch 225/1

Statistik – Annahmestichprobenprüfung anhand von Alternativmerkmalen
Normen

DIN-Taschenbuch 225/2

Statistik – Annahmestichprobenprüfung anhand normalverteilter Merkmale
Normen

DIN-Taschenbuch 226

Qualitätsmanagement – QM-Systeme und -Verfahren
Normen

DIN-Taschenbuch 294

Grundlagen der Konformitätsbewertung
Normen

DIN-Taschenbuch 355

Statistik – Genauigkeit von Messungen – Ringversuche
Normen

Loseblattwerk

Qualitätsmanagement – Statistik – Umweltmanagement
Anwendungshilfen und Normensammlungen

DIN-Taschenbuch 224

Statistik

Schätz- und Testverfahren

Normen

3. Auflage
Stand der abgedruckten Normen: Dezember 2009

Herausgeber: DIN Deutsches Institut für Normung e. V.

Berlin · Wien · Zürich
Burggrafenstraße 6
10787 Berlin

Telefon: +49 30 2601-0
Telefax: +49 30 2601-1260
Internet: www.beuth.de
E-Mail: info@beuth.de

Druck: schöne drucksachen, Berlin

Gedruckt auf säurefreiem, alterungsbeständigem Papier nach DIN EN ISO 9706

ISSN 0342-801X

ISBN 978-3-410-17274-1 (3. Auflage)

Vorwort

Bei der Interpretation von Daten kann eine lediglich plausible Betrachtung zu subjektiven Ergebnissen führen, die von Fall zu Fall und von Betrachter zu Betrachter unterschiedlich ausfallen können. Viele Interpretationen können jedoch mit Hilfe der Statistik auf eine objektive und nachvollziehbare Basis gestellt werden. Statistische Verfahren sind grundsätzlich auf Daten aus allen Bereichen der Natur, der menschlichen Aktivitäten usw. anwendbar.

Die Funktion der Normen besteht in erster Linie darin, die richtigen Verfahren für die betreffenden Probleme bereitzustellen und bei der Auswahl zu helfen. Diese Funktion ist durch den Fortschritt der Datenverarbeitung nicht berührt, so dass auch ältere Normen noch aktuell sein können. Gerade bei der Anwendung von Softwarepaketen zur Statistik ist darauf zu achten, welche statistischen Verfahren für die Behandlung der jeweiligen Fragestellung herangezogen werden.

Berlin, im Dezember 2009

Dipl.-Ing. Klaus Graebig
Normenausschuss Qualitätsmanagement, Statistik und Zertifizierungsgrundlagen (NQSZ) im DIN

Inhalt

Maßgebend für das Anwenden jeder in diesem DIN-Taschenbuch abgedruckten Norm ist deren Fassung mit dem neuesten Ausgabedatum.

Sie können sich auch über den aktuellen Stand im DIN-Katalog, unter der Telefon-Nr.: 030 2601-2260 oder im Internet unter www.beuth.de informieren.

Hinweise zur Nutzung von DIN-Taschenbüchern

Was sind DIN-Normen?

Das DIN Deutsches Institut für Normung e. V. erarbeitet Normen und Standards als Dienstleistung für Wirtschaft, Staat und Gesellschaft. Die Hauptaufgabe des DIN besteht darin, gemeinsam mit Vertretern der interessierten Kreise konsensbasierte Normen markt- und zeitgerecht zu erarbeiten. Hierfür bringen rund 26 000 Experten ihr Fachwissen in die Normungsarbeit ein. Aufgrund eines Vertrages mit der Bundesregierung ist das DIN als die nationale Normungsorganisation und als Vertreter deutscher Interessen in den europäischen und internationalen Normungsorganisationen anerkannt. Heute ist die Normungsarbeit des DIN zu fast 90 Prozent international ausgerichtet.

DIN-Normen können nationale Normen, Europäische Normen oder Internationale Normen sein. Welchen Ursprung und damit welchen Wirkungsbereich eine DIN-Norm hat, ist aus deren Bezeichnung zu ersehen:

DIN (plus Zählnummer, z. B. DIN 4701)

Hier handelt es sich um eine nationale Norm, die ausschließlich oder überwiegend nationale Bedeutung hat oder als Vorstufe zu einem internationalen Dokument veröffentlicht wird (Entwürfe zu DIN-Normen werden zusätzlich mit einem „E“ gekennzeichnet, Vornormen mit einem „SPEC“). Die Zählnummer hat keine klassifizierende Bedeutung.

Bei nationalen Normen mit Sicherheitsfestlegungen aus dem Bereich der Elektrotechnik ist neben der Zählnummer des Dokumentes auch die VDE-Klassifikation angegeben (z. B. DIN VDE 0100).

DIN EN (plus Zählnummer, z. B. DIN EN 71)

Hier handelt es sich um die deutsche Ausgabe einer Europäischen Norm, die unverändert von allen Mitgliedern der europäischen Normungsorganisationen CEN/CENELEC/ETSI übernommen wurde.

Bei Europäischen Normen der Elektrotechnik ist der Ursprung der Norm aus der Zählnummer ersichtlich: von CENELEC erarbeitete Normen haben Zählnummern zwischen 50000 und 59999, von CENELEC übernommene Normen, die in der IEC erarbeitet wurden, haben Zählnummern zwischen 60000 und 69999, Europäische Normen des ETSI haben Zählnummern im Bereich 300000.

DIN EN ISO (plus Zählnummer, z. B. DIN EN ISO 306)

Hier handelt es sich um die deutsche Ausgabe einer Europäischen Norm, die mit einer Internationalen Norm identisch ist und die unverändert von allen Mitgliedern der europäischen Normungsorganisationen CEN/CENELEC/ETSI übernommen wurde.

DIN ISO, DIN IEC oder DIN ISO/IEC (plus Zählnummer, z. B. DIN ISO 720)

Hier handelt es sich um die unveränderte Übernahme einer Internationalen Norm in das Deutsche Normenwerk.

Weitere Ergebnisse der Normungsarbeit können sein:

DIN SPEC (Vornorm) (plus Zählnummer, z. B. DIN SPEC 1201)

Hier handelt es sich um das Ergebnis einer Normungsarbeit, das wegen bestimmter Vorbehalte zum Inhalt oder wegen des gegenüber einer Norm abweichenden Aufstellungsverfahrens vom DIN nicht als Norm herausgegeben wird. An DIN SPEC (Vornorm) knüpft sich die Erwartung, dass sie zum geeigneten Zeitpunkt und ggf. nach notwendigen Verände-

rungen nach dem üblichen Verfahren in eine Norm überführt oder ersatzlos zurückgezogen werden.

Beiblatt: DIN (plus Zählnummer) Beiblatt (plus Zählnummer), z. B. DIN 2137-6 Beiblatt 1

Beiblätter enthalten nur Informationen zu einer DIN-Norm (Erläuterungen, Beispiele, Anmerkungen, Anwendungshilfsmittel u. Ä.), jedoch keine über die Bezugsnorm hinausgehenden genormten Festlegungen. Sie werden nicht mit „Deutsche Norm" überschrieben. Das Wort Beiblatt mit Zählnummer erscheint zusätzlich im Nummernfeld zu der Nummer der Bezugsnorm.

Was sind DIN-Taschenbücher?

Ein besonders einfacher und preisgünstiger Zugang zu den DIN-Normen führt über die DIN-Taschenbücher. Sie enthalten die jeweils für ein bestimmtes Fach- oder Anwendungsgebiet relevanten Normen im Originaltext.

Die Dokumente sind in der Regel als Originaltextfassungen abgedruckt, verkleinert auf das Format A5.

(+ Zusatz für Variante VOB/STLB-Bau-Taschenbücher)

(+ Zusatz für Variante DIN-DVS-Taschenbücher)

(+ Zusatz für Variante DIN-VDE-Taschenbücher)

Was muss ich beachten?

DIN-Normen stehen jedermann zur Anwendung frei. Das heißt, man kann sie anwenden, muss es aber nicht. DIN-Normen werden verbindlich durch Bezugnahme, z. B. in einem Vertrag zwischen privaten Parteien oder in Gesetzen und Verordnungen.

Der Vorteil der einzelvertraglich vereinbarten Verbindlichkeit von Normen liegt darin, dass sich Rechtsstreitigkeiten von vornherein vermeiden lassen, weil die Normen eindeutige Festlegungen sind. Die Bezugnahme in Gesetzen und Verordnungen entlastet den Staat und die Bürger von rechtlichen Detailregelungen.

DIN-Taschenbücher geben den Stand der Normung zum Zeitpunkt ihres Erscheinens wieder. Die Angabe zum Stand der abgedruckten Normen und anderer Regeln des Taschenbuchs finden Sie auf S. III. Maßgebend für das Anwenden jeder in einem DIN-Taschenbuch abgedruckten Norm ist deren Fassung mit dem neuesten Ausgabedatum. Den aktuellen Stand zu allen DIN-Normen können Sie im Webshop des Beuth Verlags unter www.beuth.de abfragen.

Wie sind DIN-Taschenbücher aufgebaut?

DIN-Taschenbücher enthalten die im Abschnitt „Verzeichnis abgedruckter Normen" jeweils aufgeführten Dokumente in ihrer Originalfassung. Ein DIN-Nummernverzeichnis sowie ein Stichwortverzeichnis am Ende des Buches erleichtern die Orientierung.

Abkürzungsverzeichnis

Die in den Dokumentnummern der Normen verwendeten Abkürzungen bedeuten:

A	Änderung von Europäischen oder Deutschen Normen
Bbl	Beiblatt
Ber	Berichtigung
DIN	Deutsche Norm
DIN CEN/TS	Technische Spezifikation von CEN als Deutsche Vornorm
DIN CEN ISO/TS	Technische Spezifikation von CEN/ISO als Deutsche Vornorm
DIN EN	Deutsche Norm auf der Basis einer Europäischen Norm

DIN EN ISO	Deutsche Norm auf der Grundlage einer Europäischen Norm, die auf einer Internationalen Norm der ISO beruht
DIN IEC	Deutsche Norm auf der Grundlage einer Internationalen Norm der IEC
DIN ISO	Deutsche Norm, in die eine Internationale Norm der ISO unverändert übernommen wurde
DIN SPEC	Öffentlich zugängliches Dokument, das Festlegungen für Regelungsgegenstände materieller und immaterieller Art oder Erkenntnisse, Daten usw. aus Normungs- oder Forschungsvorhaben enthält und welches durch temporär zusammengestellte Gremien unter Beratung des DIN und seiner Arbeitsgremien oder im Rahmen von CEN-Workshops ohne zwingende Einbeziehung aller interessierten Kreise entwickelt wird ANMERKUNG: Je nach Verfahren wird zwischen DIN SPEC (Vornorm), DIN SPEC (CWA), DIN SPEC (PAS) und DIN SPEC (Fachbericht) unterschieden.
DIN SPEC (CWA)	CEN/CENELEC-Vereinbarung, die innerhalb offener CEN/CENELEC-Workshops entwickelt wird und den Konsens zwischen den registrierten Personen und Organisationen widerspiegelt, die für ihren Inhalt verantwortlich sind
DIN SPEC (Fachbericht)	Ergebnis eines DIN-Arbeitsgremiums oder die Übernahme eines europäischen oder internationalen Arbeitsergebnisses
DIN SPEC (PAS)	Öffentlich verfügbare Spezifikation, die Produkte, Systeme oder Dienstleistungen beschreibt, indem sie Merkmale definiert und Anforderungen festlegt
DIN VDE	Deutsche Norm, die zugleich VDE-Bestimmung oder VDE-Leitlinie ist.
DVS	DVS-Merkblatt oder DVS-Richtlinie
E	Entwurf
EN ISO	Europäische Norm (EN), in die eine Internationale Norm (ISO-Norm) unverändert übernommen wurde und deren Deutsche Fassung den Status einer Deutschen Norm erhalten hat
ENV	Europäische Vornorm, deren deutsche Fassung den Status einer deutschen Vornorm erhalten hat.
VDI	VDI-Richtlinie

DIN-Nummernverzeichnis

● Neu aufgenommen gegenüber der 2. Auflage des DIN-Taschenbuches 224

□ Geändert gegenüber der 2. Auflage des DIN-Taschenbuches 224

○ Zur abgedruckten Norm besteht ein Norm-Entwurf

(en) Von dieser Norm gibt es auch eine vom DIN herausgegebene englische Übersetzung

Gegenüber der letzten Auflage nicht mehr abgedruckte Normen und Norm-Entwürfe

DIN 55301:1978	
DIN 55303-5:1987	ersetzt durch DIN ISO 16269-6:2009.
DIN ISO 5725-1:1997	ist im DIN-Taschenbuch 355 enthalten.
E DIN ISO 5725-2:1991	ersetzt durch DIN ISO 5725-2:2002. Diese Norm ist im DIN-Taschenbuch 355 enthalten.

Verzeichnis abgedruckter Normen

(nach steigenden DIN-Nummern geordnet)

April 2002

Statistische Auswertungen

Teil 1: Kontinuierliche Merkmale

53804-1

ICS 03.120.30

Ersatz für
DIN 53804-1:1981-09

Statistical evaluation — Part 1: Continuous characteristics

Evaluation statistique — Partie 1: Caractères continués

Inhalt

Fortsetzung Seite 2 bis 19

Normenausschuss Qualitätsmanagement, Statistik und Zertifizierungsgrundlagen (NQSZ)
im DIN Deutsches Institut für Normung e. V.

Vorwort

Diese Norm enthält in logisch aufbauender Reihenfolge eine Zusammenstellung einfacher grundlegender statistischer Auswertungsverfahren. Sie sind in vielen Anwendungsbereichen (Technik, Landwirtschaft, Medizin u. a.) von Bedeutung, wenn mit Hilfe von Ergebnissen, die an einer Stichprobe aus einer Gesamtheit ermittelt werden, Aussagen über Merkmale der Gesamtheit selbst gemacht werden sollen.

Die Norm enthält im Anhang A eine exemplarische Anwendung der Verfahren aus dem Bereich der Textiltechnik.

Beispiele aus der chemischen Analytik finden sich in DIN 53804-1 Bbl. 1.

Die Vorgängernorm DIN 53804-1:1981-09 wurde als Folgeausgabe von DIN 53804:1961-01 gemeinsam vom Arbeitsausschuss NMP 544 „Statistische Fragen in der Textilprüfung" und vom Ausschuss „Qualitätssicherung und Angewandte Statistik" (AQS) im DIN erarbeitet.

Die Reihe DIN 53804 „Statistische Auswertungen" besteht aus:

- Teil 1: Kontinuierliche Merkmale
- Teil 1 Bbl. 1: Messbare (kontinuierliche) Merkmale — Beispiele aus der chemischen Analytik
- Teil 2: Zählbare (diskrete) Merkmale
- Teil 3: Ordinalmerkmale
- Teil 4: Attributmerkmale
- Teil 13: Visuelle Beurteilung von Textilien durch Ordinalskalen

ANMERKUNG: Die in den Untertiteln von Teil 1 Bbl. 1, Teil 2 und Teil 4 noch enthaltenen nicht mehr empfohlenen Benennungen werden bei zukünftigen Überarbeitungen nach Maßgabe von DIN 55350-12 geändert.

Eine vollständige Neufassung war seinerzeit (1981) erforderlich, um die Entwicklungen der internationalen Normung zu berücksichtigen. Insbesondere wurde der frühere Begriff „Statistische Sicherheit $S = 1 - \alpha$" ersetzt durch die Begriffe „Vertrauensniveau $1 - \alpha$" bei Vertrauensbereichen bzw. „Signifikanzniveau α" bei statistischen Tests. Der Begriff „Irrtumswahrscheinlichkeit" sollte aus Gründen der Vereinheitlichung ebenfalls vermieden werden und ist deshalb in die vorliegende Norm nicht aufgenommen worden. Die Quantile der t- und F-Verteilung, die zur Abgrenzung von Vertrauensbereichen und bei Tests als kritische Werte zur Anwendung kommen, wurden früher als „Schwellenwerte" bezeichnet. Dieser Begriff, der nicht mehr verwendet werden sollte, wird durch den Begriff „Tabellenwert" ersetzt.

In der vorliegenden Norm sind keine Begriffsdefinitionen enthalten, weil diese in DIN 55350-21, DIN 55350-22, DIN 55350-23 und DIN 55350-24 sowie in DIN 13303-1 und DIN 13303-2 durch die Normenausschüsse „Qualitätsmanagement, Statistik und Zertifizierungsgrundlagen" (NQSZ, früher AQS) sowie Technische Grundlagen (NATG) — Fachbereich A: „Einheiten und Formelgrößen" (AEF) erarbeitet und zusammengestellt wurden. Diese Neuausgabe dient ausschließlich der in der Vorgängernorm angekündigten Anpassung an die genannten Begriffsnormen, und zwar ohne Inhaltsänderung.

Änderungen

Gegenüber DIN 53804-1:1981-09 wurden folgende Änderungen vorgenommen:

a) Titel wurde geändert.

b) Begriffe wurden angepasst.

Frühere Ausgaben

DIN DVM 3801-1: 1937-01, 1938-04
DIN DVM 3801-1 = DIN 53801-1: 1940-12
DIN 53804: 1955x-02, 1961-01
DIN 53804-1: 1981-09

1 Anwendungsbereich

Die Eigenschaften von Produkten oder Tätigkeiten werden durch Merkmale erfasst. Den Merkmalsausprägungen werden Werte einer jeweils geeigneten Skala zugeordnet. Die möglichen Skalenwerte sind

- bei kontinuierlichen Merkmalen in der Regel alle reellen Zahlen aus einem (endlichen oder unendlichen) Intervall (z. B. als Zahlenwerte von physikalischen Größen),
- bei diskreten Merkmalen einzelne, in der Regel gleichabständige Zahlen,
- bei Ordinalmerkmalen Merkmalskategorien, die einer Rangordnung folgen (z. B. glatt, etwas verknittert, stark verknittert),
- bei Nominalmerkmalen beliebig anordenbare Merkmalskategorien (z. B. rot, gelb, blau).

Kontinuierliche und diskrete Merkmale werden als quantitative, Ordinal- und Nominalmerkmale als qualitative Merkmale bezeichnet. Diese Merkmalsarten entsprechen den Grundbegriffen der Messtechnik: Messung, Zählen, Sortierung und Klassierung (siehe DIN 1319-1).

Da es im Allgemeinen nicht sinnvoll ist, Merkmalswerte an allen Einheiten einer Gesamtheit zu ermitteln, werden Stichproben gezogen und Kennwerte der Stichproben ermittelt.

Parameter der Wahrscheinlichkeitsverteilung, die das Verhalten des Merkmals in der Gesamtheit beschreiben, werden mit Hilfe von Kennwerten der Stichprobe geschätzt. Die Schätzung ist mit einer angebbaren Unsicherheit behaftet. Hypothesen über die durch eine Stichprobe untersuchte Gesamtheit können mittels statistischer Tests geprüft werden.

Diese Norm beschreibt statistische Verfahren, mit denen Merkmalswerte aufbereitet und Parameter der zugrundeliegenden Wahrscheinlichkeitsverteilung geschätzt oder getestet werden können.

Die statistischen Verfahren richten sich nach der benutzten Skalenart. Die Normreihe erscheint deshalb in 4 Teilen. DIN 53804-1 befasst sich mit kontinuierlichen Merkmalen. Diskrete Merkmale, Ordinalmerkmale und Nominalmerkmale sind in weiteren Teilen behandelt.

2 Normative Verweisungen

Diese Norm enthält durch datierte oder undatierte Verweisungen Festlegungen aus anderen Publikationen. Diese normativen Verweisungen sind an den jeweiligen Stellen im Text zitiert, und die Publikationen sind nachstehend aufgeführt. Bei datierten Verweisungen gehören spätere Änderungen oder Überarbeitungen dieser Publikationen nur zu dieser Norm, falls sie durch Änderung oder Überarbeitung eingearbeitet sind. Bei undatierten Verweisungen gilt die letzte Ausgabe der in Bezug genommenen Publikation.

DIN 1313
: Größen

DIN 1319-1
: Grundlagen der Messtechnik — Teil 1: Grundbegriffe

DIN 13303-1
: Stochastik — Wahrscheinlichkeitstheorie, Gemeinsame Grundbegriffe der mathematischen und beschreibenden Statistik — Begriffe und Zeichen

DIN 13303-2
: Stochastik — Mathematische Statistik — Begriffe und Zeichen

DIN 55303-2
: Statistische Auswertung von Daten — Testverfahren und Vertrauensbereiche für Erwartungswerte und Varianzen

DIN 55350-12
: Begriffe der Qualitätssicherung und Statistik — Merkmalsbezogene Begriffe

DIN 55350-21
: Begriffe der Qualitätssicherung und Statistik — Begriffe der Statistik — Zufallsgrößen und Wahrscheinlichkeitsverteilungen

DIN 55350-22
: Begriffe der Qualitätssicherung und Statistik — Begriffe der Statistik — Spezielle Wahrscheinlichkeitsverteilungen

DIN 55350-23
: Begriffe der Qualitätssicherung und Statistik — Begriffe der Statistik — Beschreibende Statistik

DIN 55350-24
: Begriffe der Qualitätssicherung und Statistik — Begriffe der Statistik — Schließende Statistik

3 Begriffe

Die in der vorliegenden Norm benutzten statistischen Begriffe sind den Normen DIN 13303-1 und DIN 13303-2 sowie DIN 55350-12 und DIN 55350-21, DIN 55350-22, DIN 55350-23 und DIN 55350-24 zu entnehmen.

4 Häufigkeitsverteilungen und ihre graphischen Darstellungen

Ein Einzelwert ist ein bei einer einzelnen Ermittlung (z. B. einer Messung) gefundener Merkmalswert. Bei den in der vorliegenden Norm behandelten kontinuierlichen Merkmalen werden die Merkmalswerte auf einer kontinuierlichen Skala gemessen; jeder Zwischenwert zwischen zwei Merkmalswerten ist wiederum Merkmalswert.

ANMERKUNG: Bei physikalischen Größen nach DIN 1313 sind die Merkmalswerte Größenwerte. Jeder Größenwert ist ein Produkt aus Zahlenwert und Einheit. In dieser Norm werden bei den Berechnungen die Einzelwerte als Zahlenwerte behandelt, denen im Ergebnis die Einheit zugefügt wird.

Der Stichprobenumfang n ist die Anzahl der Einzelwerte x_i $(i = 1, 2, ..., n)$ einer Stichprobe. Anstelle des Symbols x kann das im Fachgebiet gebräuchliche Zeichen verwendet werden.

Die Einzelwerte sind in der Reihenfolge, in der sie anfallen (Urliste), oft unübersichtlich. Werden sie nach aufsteigender Größe geordnet (Rangierung), entsteht eine Folge $x_{(i)}$ $(i = 1, 2, ..., n)$. Die Klammer des Index weist darauf hin, dass es sich um die nach aufsteigender Größe geordneten Einzelwerte handelt. Die zum Einzelwert x_i gehörende Nummer in der geordneten Folge ist seine Rangzahl.

Die Rangierung ist eindeutig, wenn alle Einzelwerte verschieden sind. Kommt ein Wert k-mal vor, können die zugehörigen k Rangzahlen z. B. in der Reihenfolge des Ermittelns dieses Wertes angeordnet werden. Bei der Rangierung wird also deutlich, wie häufig die einzelnen Merkmalswerte vorkommen (absolute Häufigkeit). Der Zusammenhang zwischen den Merkmalswerten und ihren Häufigkeiten wird als Verteilung der absoluten Häufigkeiten oder Häufigkeitsverteilung bezeichnet. Werden die

absoluten Häufigkeiten durch die Gesamtanzahl der Einzelwerte geteilt, ergeben sich die relativen Häufigkeiten.

Häufigkeitsverteilungen werden durch graphische Darstellungen anschaulich wiedergegeben.

4.1 Graphische Darstellung bei Einzelwerten

Werden die Einzelwerte als Punkte (oder mit anderen graphischen Zeichen) über einer geeignet geteilten Merkmalsachse dargestellt, so entsteht ein Punktdiagramm, z. B. in Bild 1 für die Einzelwerte (in einer beliebigen Einheit) 430, 405, 408, 437, 416, 426, 411, 416, 421, 408 mit den zugehörigen Rangzahlen 9, 1, 2, 10, 5, 8, 4, 6, 7, 3.

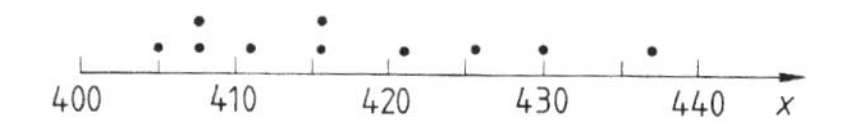

Bild 1: Punktdiagramm für Einzelwerte

Anschaulicher ist die Summentreppe, deren Sprünge bei den Einzelwerten liegen und deren Sprunghöhen gleich den Häufigkeiten (relativ oder absolut) der betreffenden Einzelwerte sind (siehe Bild 2). Die Summentreppe zeigt, wie viele oder wieviel Prozent der Einzelwerte kleiner als ein gewählter Wert oder ihm gleich sind. In Bild 2 sind z. B. 40 % der Werte kleiner oder gleich 411.

4.2 Graphische Darstellung bei Klasseneinteilung

Bei größerem Stichprobenumfang ($n > 30$) ist ein Zusammenfassen von Einzelwerten in Klassen (Intervallen) sinnvoll.

In dieser Norm wird nur der Fall behandelt, dass alle Klassen die gleiche Klassenweite haben.

Dabei sind die Klassengrenzen so festzulegen, dass jeder Einzelwert eindeutig zu einer Klasse gehört. Es wird empfohlen, die Klassenweite w und damit die Anzahl der Klassen in Abhängigkeit von der Anzahl n der Einzelwerte und der Spannweite[1] R_n nach

$$w \approx \frac{R_n}{\sqrt{n}} \quad \text{bei} \quad 30 < n \leq 400 \tag{1}$$

und

$$w \approx \frac{R_n}{20} \quad \text{bei} \quad n > 400 \tag{2}$$

zu wählen. Dabei sind die Klassengrenzen und die Rundung der Einzelwerte so aufeinander abzustimmen, dass möglichst wenige Einzelwerte auf die Klassengrenzen fallen.

Die Klassen werden in der vorliegenden Norm so festgelegt, dass die untere Klassengrenze zur Klasse gehört, die obere nicht; auch eine andere Festlegung kann zweckmäßig sein. Bei Übernahme fertiger Rechnerprogramme ist zu klären, wie die Klasseneinteilung erfolgt.

Die Anzahl n_j der in die Klasse j ($j = 1, 2, ..., k$) fallenden Einzelwerte ist die absolute Häufigkeit in der betreffenden Klasse. Statt dieser kann die relative Häufigkeit

$$h_j = \frac{n_j}{n} \tag{3}$$

verwendet werden, die sich auch in % angeben lässt. Dabei ist die Gesamtanzahl n der Einzelwerte auszuweisen.

Werden über den Klassen Rechtecke mit den absoluten Häufigkeiten n_j oder den relativen Häufigkeiten h_j als Höhen aufgetragen, entsteht ein Histogramm (graphische Darstellung der Häufigkeitsverteilung). Das Histogramm liefert anschauliche Hinweise auf die Form der Verteilung (Symmetrie, Ausreißer usw.).

In Bild 3 sind die klassierten Einzelwerte der Tabelle 1 als Histogramm dargestellt. Die Gesamtanzahl n der Messwerte ist stets anzugeben.

[1] siehe 5.2.4

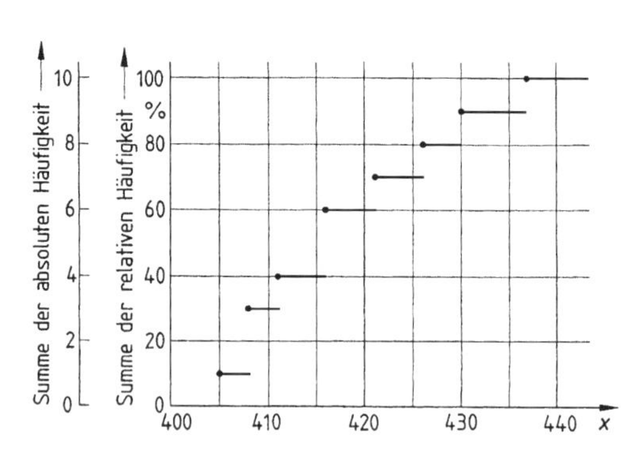

Bild 2: Summentreppe für Einzelwerte

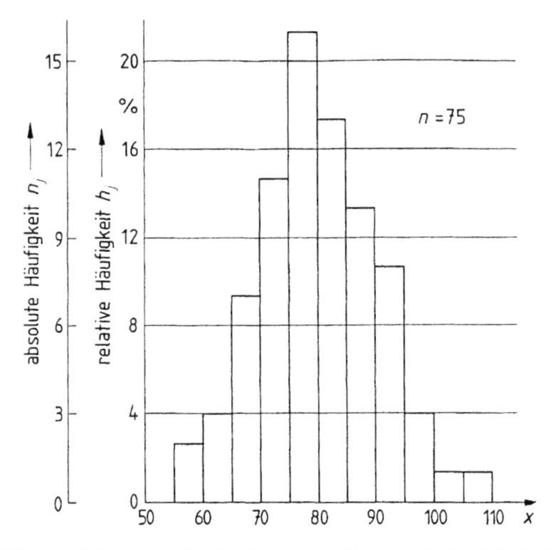

Bild 3: Histogramm für die klassierten Einzelwerte der Tabelle 1

Tabelle 1: Zahlenbeispiel für klassierte Einzelwerte (siehe auch Anhang A, A.2 und Tabelle A.2)

Klasse Nr. j	Klasse (Merkmal) (Einheit)	Obere Klassen-grenze x_j	absolute Häufigkeit n_j	relative Häufigkei h_j %	Summe der absoluten Häufigkeit $G_j = \sum_{i=1}^{j} n_i$	Summe der relativen Häufigkeit $F_j = \sum_{i=1}^{j} \frac{n_i}{n}$ %
1	55 bis unter 60	60	2	2,67	2	2,67
2	60 bis unter 65	65	3	4,00	5	6,67
3	65 bis unter 70	70	7	9,33	12	16,00
4	70 bis unter 75	75	11	14,67	23	30,67
5	75 bis unter 80	80	16	21,33	39	52,00
6	80 bis unter 85	85	13	17,33	52	69,33
7	85 bis unter 90	90	10	13,33	62	82,67
8	90 bis unter 95	95	8	10,67	70	93,33
9	95 bis unter 100	100	3	4,00	73	97,33
10	100 bis unter 105	105	1	1,33	74	98,67
11	105 bis unter 110	110	1	1,33	75	100,00
	Summe		$n = 75$	100		

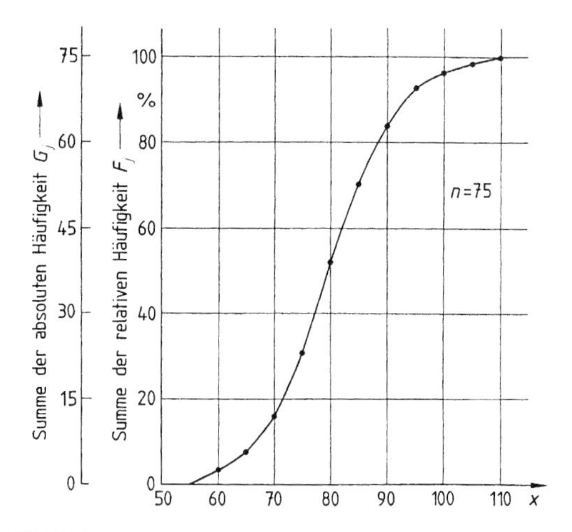

Bild 4: Summenlinie für die klassierten Einzelwerte der Tabelle 1

Die Summenlinie ist eine andere graphische Darstellung. Sie entsteht, wenn die Summen der Häufigkeiten (relativ F_j oder absolut G_j) über den oberen Klassengrenzen x_j aufgetragen und die Punkte durch Strecken verbunden werden (siehe Bild 4).

An der Summenlinie kann (relativ oder absolut) abgelesen werden, wie viele Einzelwerte kleiner oder gleich einem vorgegebenen Wert sind.

5 Kennwerte von Stichproben

Ein Kennwert der Stichprobe ist ein aus allen oder einigen Einzelwerten ermittelter Wert, der die Stichprobe charakterisiert.

Außer dem Stichprobenumfang n sind zwei Arten von Kennwerten gebräuchlich: die eine beschreibt die mittlere Lage, die andere die Streuung der Einzelwerte der Stichprobe.

5.1 Kennwerte zur Charakterisierung der mittleren Lage der Einzelwerte einer Stichprobe

5.1.1 Arithmetischer Mittelwert

Der arithmetische Mittelwert $\bar{x}$ (kurz: Mittelwert) ist die Summe der Einzelwerte x_i der Stichprobe geteilt durch ihre Anzahl n.

$$\bar{x} = \frac{1}{n}(x_1 + x_2 + \ldots + x_n) = \frac{1}{n}\sum_{i=1}^{n} x_i \qquad (4)$$

5.1.2 Median[2)]

Der Median $\tilde{x}$ einer Stichprobe ist bei einer ungeraden Anzahl von Einzelwerten der Wert in der Mitte der Rangfolge:

$$\tilde{x} = x_{((n+1)/2)}; \quad n \text{ ungerade} \qquad (5)$$

Bei einer geraden Anzahl n von Einzelwerten eines kontinuierlichen Merkmals wird der Median $\tilde{x}$ durch das arithmetische Mittel der beiden Werte in der Mitte der Rangfolge definiert:

$$\tilde{x} = \frac{1}{2}\left(x_{(n/2)} + x_{(n/2+1)}\right); \quad n \text{ gerade} \qquad (6)$$

ANMERKUNG: Im Gegensatz zum arithmetischen Mittelwert hängt der Median von den Extremwerten der Stichprobe nicht ab.

5.2 Kennwerte zur Charakterisierung der Streuung der Einzelwerte einer Stichprobe

5.2.1 Varianz

Die Varianz s^2 einer Stichprobe ist die Summe der Quadrate der Abweichungen der Einzelwerte vom arithmetischen Mittelwert geteilt durch die Zahl der Freiheitsgrade $f = n - 1$.

$$s^2 = \frac{1}{n-1}\sum_{i=1}^{n}(x_i - \bar{x})^2 \qquad (7)$$

5.2.2 Standardabweichung

Die Standardabweichung s der Stichprobe ist die positive Wurzel aus der Varianz:

$$s = \sqrt{s^2} \qquad (8)$$

Sie ist ein Maß für die Streuung der Einzelwerte x_i um den Mittelwert $\bar{x}$. Die Standardabweichung hat die Maßeinheit der Einzelwerte.

5.2.3 Variationskoeffizient

Unter der Voraussetzung, dass alle Einzelwerte der Stichprobe positiv sind, ist der Variationskoeffizient der Stichprobe der Quotient aus der Standardabweichung s und dem Mittelwert $\bar{x}$:

$$v = \frac{s}{\bar{x}} \qquad (9)$$

Häufig wird der Variationskoeffizient in % angegeben.

ANMERKUNG: Bei zentrierten Zufallsgrößen (siehe DIN 55350-21) ist der Variationskoeffizient sinnlos.

---

2) Früher auch als Zentralwert bezeichnet.

5.2.4 Spannweite

Die Spannweite ist die Differenz zwischen dem größten und dem kleinsten Einzelwert der Stichprobe

$$R_n = x_{max} - x_{min} = x_{(n)} - x_{(1)} \quad (10)$$

ANMERKUNG: Da die Spannweite von den Extremwerten abhängt, werden mitunter die Quasispannweiten verwendet.

Die erste Quasispannweite ist gegeben durch $x_{(n-1)} - x_{(2)}$, die zweite Quasispannweite durch $x_{(n-2)} - x_{(3)}$ usw.

5.3 Berechnung von Mittelwert und Varianz aus Einzelwerten

Es ist empfehlenswert, den Mittelwert nach Formel (4) und die Varianz nach der Formel

$$s^2 = \frac{1}{n-1}\left[\sum_{i=1}^{n} x_i^2 - \frac{1}{n}\left(\sum_{i=1}^{n} x_i\right)^2\right] \quad (11)$$

zu berechnen oder mittels einer Transformation

$$y_i = c\,(x_i - a) \quad (12)$$

mit zweckmäßig gewählten Hilfswerten a und c nach

$$\bar{x} = a + \frac{1}{cn}\sum_{i=1}^{n} y_i \quad (13)$$

und

$$s^2 = \frac{1}{c^2\,(n-1)}\left[\sum_{i=1}^{n} y_i^2 - \frac{1}{n}\left(\sum_{i=1}^{n} y_i\right)^2\right] \quad (14)$$

Die Standardabweichung ergibt sich nach Formel (8) (siehe auch A.1).

Um Fehler zu vermeiden, dürfen die verwendeten Summen nicht gerundet werden. Bei Übernahme fertiger Rechnerprogramme ist Vorsicht geboten.

5.4 Berechnung von Mittelwert und Varianz bei Klasseneinteilung

Zur Berechnung von Mittelwert und Varianz bzw. Standardabweichung kann eine etwa in der Mitte der Häufigkeitsverteilung gelegene Klasse mit ihrer Klassenmitte (untere Klassengrenze plus halbe Klassenweite) als Hilfswert a gewählt und dieser Klasse die Nummer 0 gegeben werden.

Von dort ausgehend werden die Klassen (nach kleiner werdenden Einzelwerten hin negativ, nach größer werdenden hin positiv) mit ganzen Zahlen z_j beziffert und $\bar{x}$ und s^2 nach den Formeln

$$\bar{x} = a + \frac{w}{n}\sum_{j=1}^{k} z_j n_j \quad (15)$$

und

$$s^2 = \frac{w^2}{(n-1)}\left[\sum_{j=1}^{k} z_j^2 n_j - \frac{1}{n}\left(\sum_{j=1}^{k} z_j n_j\right)^2\right] \quad (16)$$

berechnet (siehe auch A.2).

6 Testen auf Normalverteilung

Für das Berechnen von Vertrauensbereichen und Testen von Hypothesen wird in diesem Teil der vorliegenden Norm vorausgesetzt, dass die Einzelwerte der betrachteten Gesamtheit normalverteilt sind. Bei kontinuierlichen Merkmalen wird diese Annahme in vielen Fällen — mindestens näherungsweise — erfüllt sein. Statistische Tests auf Vorliegen einer Normalverteilung sind in der Literatur beschrieben.

Einfach und anschaulich kann die Voraussetzung der Normalverteilung durch die graphische Darstellung der Summenlinie im Wahrscheinlichkeitsnetz geprüft werden. Dieses Netz hat eine verzerrte Ordinatenteilung derart, dass die Summenlinie eines normalverteilten Merkmals eine Gerade ergibt. Ergeben die Summen der Häufigkeiten, im Wahrscheinlichkeitsnetz aufgetragen, näherungsweise eine Gerade, so ist das ein Indiz dafür, dass die empirische Verteilung durch eine Normalverteilung beschrieben werden kann. Die Kennwerte der Stichprobe lassen sich in diesem Fall dem Wahrscheinlichkeitsnetz leicht entnehmen [2]. Siehe Beispiel von Tabelle 1 im Bild 5.

Bei kleinen Stichproben kann die Summenlinie nach dem Verfahren von Henning/Wartmann ermittelt werden, das statt der Summen der relativen Häufigkeiten die der Größe nach geordneten Einzelwerte verwendet [2], [3].

Bei Abweichung von der Normalverteilung sind die Auswertungsregeln der Abschnitte 8 und 9 oft noch brauchbar, wenn die Einzelwerte passend transformiert werden, d. h. wenn nicht die Einzelwerte selbst, sondern z. B. ihre Wurzeln, Kehrwerte oder Logarithmen benutzt werden und diese näherungsweise einer Normalverteilung folgen.

7 Vertrauensbereiche für Parameter der Normalverteilung

Die Kennwerte $\bar{x}$, s^2, s, v der Stichprobe vom Umfang n dienen als Schätzwerte für die entsprechenden Parameter, Erwartungswert μ, Varianz σ^2, Standardabweichung σ, Variationskoeffizient der Wahrscheinlichkeitsverteilung des Merkmals in der Gesamtheit, also in dieser Norm der Normalverteilung des Merkmals.

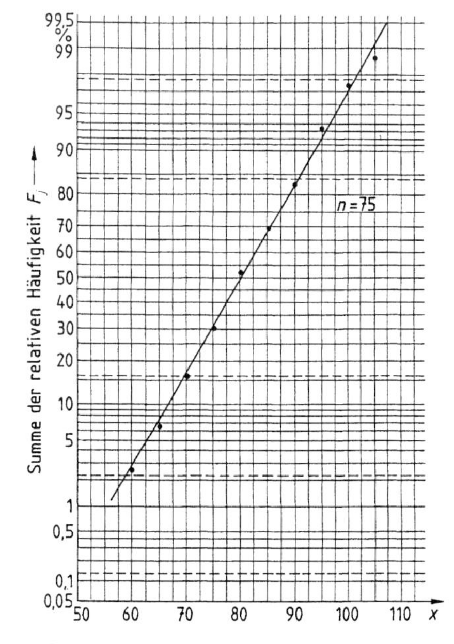

Bild 5: Summen der relativen Häufigkeiten und Näherungsgerade

Da ein Schätzwert im allgemeinen von dem zu schätzenden Parameter mehr oder weniger abweicht, wird außer dem Schätzwert noch ein Vertrauensbereich für den Parameter angegeben, der mit Hilfe von Kennwerten der Stichprobe berechnet wird. Dieser Bereich einschließlich seiner Grenzen, der oberen und der unteren Vertrauensgrenze, schließt den unbekannten Parameter mit einer vorgegebenen Wahrscheinlichkeit ein, dem Vertrauensniveau $1-\alpha$. Das bedeutet: Wird der Vertrauensbereich für einen Parameter sehr oft unter denselben Voraussetzungen ermittelt, so wird mit dem Anteil $1-\alpha$ der Fälle eine zutreffende Aussage gemacht: Beim Anteil α der Fälle schließt der Vertrauensbereich den Parameter nicht ein. Das Vertrauensniveau ist nach technischen und wirtschaftlichen Gesichtspunkten vor Beginn der Untersuchung festzulegen. Gebräuchlich sind Werte $1-\alpha = 0{,}95$ und $1-\alpha = 0{,}99$.

7.1 Vertrauensbereich für den Erwartungswert

Der Vertrauensbereich für den Erwartungswert μ wird bei unbekannter Standardabweichung σ aus Mittelwert und Standardabweichung s einer Stichprobe vom Umfang n berechnet. Bei zweiseitiger Abgrenzung gilt auf dem Vertrauensniveau $1-\alpha$:

$$\bar{x} - W \le \mu \le \bar{x} + W, \qquad (17)$$

wobei

$$W = t_{f;\,1-\alpha/2} \cdot \frac{s}{\sqrt{n}} \qquad (18)$$

der Abstand der Vertrauensgrenzen vom Mittelwert der Stichprobe ist. Der Vertrauensbereich hat demnach die Weite $2W$. Der Zahlenfaktor $t_{f;\,1-\alpha/2}$ ist für das Vertrauensniveau $1-\alpha = 0{,}95$ in Tabelle 2, zweiseitige Abgrenzung, in Abhängigkeit von der Zahl der Freiheitsgrade $f = n-1$ aufgeführt (siehe auch A.3).

Bei einseitiger Abgrenzung (z. B. $\mu \le \bar{x} + W$) und oder bei bekannter Standardabweichung σ wird der Vertrauensbereich nach anderen Formeln berechnet, vergleiche z. B. [3].

Ausführliche Tabellen der Zahlenwerte für $t_{f;\,1-\alpha/2}$ bzw. $t_{f;\,1-\alpha}$ — auch für andere Vertrauensniveaus — sind in DIN 55303-2 und in der Fachliteratur zu finden, z. B. [3].

7.2 Vertrauensbereich für die Standardabweichung

Mit der Standardabweichung s einer Stichprobe von n Einzelwerten lassen sich Vertrauensgrenzen angeben, die die Standardabweichung σ auf vorgegebenem Vertrauensniveau $1-\alpha$ einschließen:

$$\varkappa_u \cdot s \le \sigma \le \varkappa_o \cdot s \qquad (19)$$

Für das Vertrauensniveau $1-\alpha = 0{,}95$, zweiseitige Abgrenzung, stehen die Faktoren $\varkappa_u$ und $\varkappa_o$ in der Tabelle 3 (siehe auch A.4).

Ausführliche Tabellen für $\varkappa_u$ und $\varkappa_o$ — auch für andere Vertrauensniveaus — sind in der Fachliteratur zu finden.

7.3 Vertrauensbereich für die Differenz zweier Erwartungswerte bei unabhängigen Stichproben

Unter der Voraussetzung, dass die Varianzen σ_1^2 und σ_2^2 von zwei Normalverteilungen unbekannt, aber gleich sind, ergibt sich aus zwei unabhängigen Stichproben mit den Kennwerten $n_1, \bar{x}_1, s_1^2$ und $n_2, \bar{x}_2, s_2^2$ der Vertrauensbereich für die unbekannte Differenz $\mu_1 - \mu_2$ der Erwartungswerte der beiden Normalverteilungen auf dem Vertrauensniveau $1-\alpha$ zu

$$(\bar{x}_1 - \bar{x}_2) - t_{f;\,1-\alpha/2} \cdot s^* \le \mu_1 - \mu_2 \le (\bar{x}_1 - \bar{x}_2) + t_{f;\,1-\alpha/2} \cdot s^* \qquad (20)$$

mit

$$s^* = \sqrt{\frac{(n_1-1)\,s_1^2 + (n_2-1)\,s_2^2}{n_1+n_2-2}\left(\frac{1}{n_1} + \frac{1}{n_2}\right)} \qquad (21)$$

Tabelle 2: Tabellenwerte der t-Verteilung für das Vertrauensniveau $1-\alpha = 0{,}95$ oder das Signifikanzniveau $\alpha = 0{,}05$

f	zweiseitige Abgrenzung $t_{f;\,0{,}975}$	einseitige Abgrenzung $t_{f;\,0{,}95}$
2	4,30	2,92
3	3,18	2,35
4	2,78	2,13
5	2,57	2,02
6	2,45	1,94
7	2,36	1,89
8	2,31	1,86
9	2,26	1,83
10	2,23	1,81
12	2,18	1,78
14	2,14	1,76
16	2,12	1,75
18	2,10	1,73
20	2,09	1,72
25	2,06	1,71
30	2,04	1,70
50	2,01	1,68
100	1,98	1,66
≥ 500	1,96	1,65

Tabelle 3: $\varkappa$-Faktoren zu Formel (19) für das Vertrauensniveau $1-\alpha = 0{,}95$ oder das Signifikanzniveau $\alpha = 0{,}05$

n	$\varkappa_u$	$\varkappa_o$
3	0,52	6,28
4	0,57	3,73
5	0,60	2,87
6	0,62	2,45
8	0,66	2,04
10	0,69	1,83
12	0,71	1,70
15	0,73	1,58
20	0,76	1,46
30	0,80	1,34
50	0,84	1,25
100	0,88	1,16
200	0,91	1,11
500	0,94	1,07
1 000	0,96	1,05
5 000	0,98	1,02

Für das Vertrauensniveau $1 - \alpha = 0{,}95$ kann der Wert $t_{f;\,1-\alpha/2}$ mit $f = n_1 + n_2 - 2$ der Tabelle 2, zweiseitige Abgrenzung, entnommen werden (siehe auch A.5).

7.4 Vertrauensbereich für die Differenz zweier Erwartungswerte bei paarweise verbundenen Stichproben

Sind die Einzelwerte zweier Stichproben einander paarweise zugeordnet, wird der Vertrauensbereich der unbekannten Differenz $\mu_1 - \mu_2$ der Erwartungswerte mittels der n Einzeldifferenzen

$$d_i = x_{1i} - x_{2i}\ (i = 1, 2, ..., n) \tag{22}$$

berechnet. Er wird bei unbekannter Standardabweichung σ_d der Differenzen auf dem Vertrauensniveau $1 - \alpha$ wiedergegeben durch

$$\bar{d} - t_{f;\,1-\alpha/2} \cdot \frac{s_d}{\sqrt{n}} \le \mu_1 - \mu_2 \le \bar{d} + t_{f;\,1-\alpha/2} \cdot \frac{s_d}{\sqrt{n}} \tag{23}$$

mit

$$\bar{d} = \frac{1}{n} \sum_{i=1}^{n} d_i \tag{24}$$

und

$$s_d = \sqrt{\frac{1}{n-1}\left[\sum_{i=1}^{n} d_i^2 - \frac{1}{n}\left(\sum_{i=1}^{n} d_i\right)^2\right]} \tag{25}$$

Für das Vertrauensniveau $1 - \alpha = 0{,}95$ ist der Wert $t_{f;\,1-\alpha/2}$ mit $f = n - 1$ in der Tabelle 2, zweiseitige Abgrenzung, angegeben (siehe auch A.6).

8 Testen von Erwartungswerten und Varianzen bei Normalverteilung

Eine Vermutung über die Wahrscheinlichkeitsverteilung oder einen ihrer Parameter lässt sich mit Hilfe eines statistischen Tests prüfen. Dabei wird in der Regel das Gegenteil der Vermutung als Nullhypothese H_0 aufgestellt, der die Vermutung selbst als Alternativhypothese H_1 gegenübergestellt wird.

Lautet die Vermutung beispielsweise, dass sich zwei Materialien hinsichtlich eines betrachteten Merkmals im Mittel unterscheiden, werden folgende Hypothesen formuliert:

Nullhypothese H_0: Der Erwartungswert des Merkmals ist bei beiden Materialien gleich.

Alternativhypothese H_1: Der Erwartungswert des Merkmals ist bei beiden Materialien verschieden.

Soll das Erfüllen einer vorgegebenen Forderung geprüft werden, dann wird das Erfüllen der Forderung als Nullhypothese H_0, das Nichterfüllen als Alternativhypothese H_1 aufgestellt.

Mit Hilfe von Kennwerten der Stichproben wird festgestellt, ob die Nullhypothese auf einem vorgegebenen Signifikanzniveau α zugunsten der Alternativhypothese zu verwerfen ist (womit diese zur Arbeitshypothese wird) oder nicht.

Das Signifikanzniveau ist nach technischen und wirtschaftlichen Gesichtspunkten vor Beginn der Untersuchung festzulegen (gebräuchlich sind die Werte $\alpha = 0{,}05$ und $\alpha = 0{,}01$). Es gibt die maximale Wahrscheinlichkeit für den Fehler erster Art an [3], d. h. dafür, dass die Nullhypothese verworfen wird, obwohl sie richtig ist.

8.1 Vergleich eines Erwartungswertes mit einem vorgegebenen Wert

Mit diesem Vergleich wird geprüft, ob der (unbekannte) Erwartungswert μ von einem Wert μ_0 abweicht. μ_0 kann ein vorgegebener Wert oder ein aus früheren Untersuchungen resultierender Erfahrungswert sein.

Der Nullhypothese

$$H_0 : \mu = \mu_0 \tag{26}$$

wird die Alternativhypothese

$$H_1 : \mu \ne \mu_0 \tag{27}$$

gegenübergestellt.

Es liegt ein zweiseitiger Text vor, denn H_0 wird geprüft gegen die Hypothese

$\mu < \mu_0$ oder $\mu > \mu_0$

Um festzustellen, ob die Nullhypothese zu verwerfen ist, wird bei unbekannter Standardabweichung σ aus den Kennzahlen $\bar{x}$, s und n einer Stichprobe der Prüfwert

$$t = \frac{\bar{x} - \mu_0}{s} \sqrt{n} \tag{28}$$

gebildet. Ist dieser Prüfwert dem Betrag nach größer als der Tabellenwert $t_{f;\,1-\alpha/2}$ mit $f = n - 1$ Freiheitsgraden, wird die Nullhypothese zugunsten der Alternativhypothese H_1 verworfen. Diese Aussage erfolgt auf dem Signifikanzniveau α.

Ist $|t| \le t_{f;\,1-\alpha/2}$, kann die Nullhypothese nicht verworfen werden; das bedeutet nicht, dass die Aussage $\mu = \mu_0$ wahr ist. Ob die Nullhypothese $\mu = \mu_0$ als Arbeitshypothese beibehalten werden kann, richtet sich nach den jeweiligen Gegebenheiten. Tabellenwerte $t_{f;\,1-\alpha/2}$ sind für $\alpha = 0{,}05$ in Tabelle 2, zweiseitige Abgrenzung, aufgeführt (siehe auch A.7).

Das Signifikanzniveau berücksichtigt nur die Fehlermöglichkeit bei einem statistischen Test (Ablehnen einer zutreffenden Nullhypothese, Fehler erster Art). Weitere Fehlermöglichkeiten (z. B. Nichtverwerfen einer falschen Nullhypothese, Fehler zweiter Art) sind in der Fachliteratur beschrieben, z. B. [3] und DIN 55303-2.

Ein einseitiger Test ergibt sich, wenn geprüft wird, ob der unbekannte Erwartungswert μ einen vorgegebenen Wert μ_0 überschreitet. Die Nullhypothese ist dann $H_0 : \mu \le \mu_0$ und die Alternativhypothese $H_1 : \mu > \mu_0$. Der Prüfwert t wird nach Formel (28) berechnet und mit einem Tabellenwert $t_{f;\,1-\alpha}$ verglichen, der für das Signifikanzniveau $\alpha = 0{,}05$ und für $f = n - 1$ Freiheitsgrade in der Tabelle 2, einseitige Abgrenzung, aufgeführt ist. Die Nullhypothese wird auf dem Signifikanzniveau α verworfen, wenn $t > t_{f;\,1-\alpha}$; andernfalls kann die Nullhypothese nicht verworfen werden (siehe auch A.8).

Wenn auf Unterschreiten eines vorgegebenen Wertes μ_0 geprüft werden soll, ist die Nullhypothese $H_0 : \mu \ge \mu_0$ und die Alternativhypothese $H_1 : \mu < \mu_0$. Die Nullhypothese wird verworfen, wenn $t < t_{f;\,1-\alpha}$.

8.2 Vergleich zweier Erwartungswerte bei unabhängigen Stichproben

Es liegen zwei unabhängige Stichproben mit den Kennwerten $n_1, \bar{x}_1, s_1$ und $n_2, \bar{x}_2, s_2$ vor, die Normalverteilungen mit gleichen, aber unbekannten Varianzen entstammen. Zum Vergleich der unbekannten Erwartungswerte μ_1 und μ_2 (Nullhypothese $H_0 : \mu_1 = \mu_2$) wird der Prüfwert

$$t = \frac{\bar{x}_1 - \bar{x}_2}{s^*} \tag{29}$$

gebildet. s^* wird nach Formel (21) berechnet.

Die Nullhypothese wird zugunsten der Alternativhypothese ($H_1 : \mu_1 \ne \mu_2$) verworfen, wenn der Prüfwert t dem Betrag nach größer als der Tabellenwert $t_{f;\,1-\alpha/2}$ mit $f = n_1 + n_2 - 2$ ist.

Für das Signifikanzniveau $\alpha = 0{,}05$ wird der Tabellenwert der Tabelle 2, zweiseitige Abgrenzung, entnommen (siehe auch A.9).

8.3 Vergleich zweier Erwartungswerte bei paarweise verbundenen Stichproben

Lassen sich die Einzelwerte von zwei Messreihen gleichen Umfangs ($n_1 = n_2 = n$) einander paarweise zuordnen, wird der Vergleich der Erwartungswerte mit den Differenzen d_i der n Wertepaare durchgeführt. Hier liegt ein zweiseitiger Test mit der Nullhypothese $H_0 : (\mu_1 - \mu_2) = 0$ und der Alternativhypothese $H_1 : (\mu_1 - \mu_2) \neq 0$ vor.

Bei unbekannter Standardabweichung σ_d der Differenzen wird der Prüfwert

$$t = \frac{\bar{d}}{s_d}\sqrt{n} = \frac{\sum_{i=1}^{n} d_i}{\sqrt{\frac{1}{n-1}\left[\sum_{i=1}^{n} d_i^2 - \frac{1}{n}\left(\sum_{i=1}^{n} d_i\right)^2\right]}} \qquad (30)$$

mit $\bar{d}$ und s_d nach den Formeln (24) und (25) berechnet und mit dem Tabellenwert $t_{f;\,1-\alpha/2}$ mit $f = n - 1$ verglichen, der aus Tabelle 2, zweiseitige Abgrenzung, für das Signifikanzniveau $\alpha = 0{,}05$ entnommen wird.

Ist $|t| > t_{f;\,1-\alpha/2}$, wird die Nullhypothese H_0 zugunsten der Alternativhypothese H_1 verworfen (siehe auch A.10).

8.4 Vergleich zweier Varianzen

Es liegen zwei Stichproben vor, die aus Normalverteilungen stammen. Die Ungleichheit der unbekannten Varianzen σ_1^2 und σ_2^2 soll geprüft werden, d. h. die Nullhypothese $H_0 : \sigma_1^2 = \sigma_2^2$ gegen die Alternativhypothese $H_1 : \sigma_1^2 \neq \sigma_2^2$.

Als Prüfwert wird das Verhältnis der beiden Stichprobenvarianzen gebildet:

$$F = \frac{s_1^2}{s_2^2} \qquad (31)$$

Die Stichproben werden so numeriert, dass die größere Varianz s_1^2 im Zähler steht, damit F stets größer als Eins ist. Die Nullhypothese (Gleichheit der Varianzen) wird verworfen, wenn der Prüfwert F den Tabellenwert $F_{f_1;f_2;\,1-\alpha/2}$ übersteigt. Mit f_1 sind die Freiheitsgrade der im Zähler, mit f_2 die der im Nenner stehenden Varianz bezeichnet.

Für das Signifikanzniveau $\alpha = 0{,}05$ sind die Tabellenwerte $F_{f_1;f_2;\,1-\alpha/2}$ der Tabelle 4 zu entnehmen (siehe auch A.11).

Ausführlichere Tabellen der Werte $F_{f_1;f_2;\,1-\alpha/2}$ — auch für andere Signifikanzniveaus — finden sich in der Fachliteratur, z. B. [3].

Außer diesem zweiseitigen Test hat der einseitige Vergleich zweier Varianzen besondere Bedeutung in der Varianzanalyse [3]. Der Nullhypothese $H_0 : \sigma_1^2 \leq \sigma_2^2$ wird die Alternativhypothese $H_1 : \sigma_1^2 > \sigma_2^2$ gegenübergestellt und der Prüfwert F nach Formel (31) berechnet. s_2^2 ist in diesem Falle nicht die kleinere der Varianzen, sondern die Restvarianz (siehe [3]). Ist $F > F_{f_1;f_2;\,1-\alpha/2}$, wird die Nullhypothese auf dem Signifikanzniveau verworfen. Für das Signifikanzniveau $\alpha = 0{,}05$ sind die Tabellenwerte $F_{f_1;f_2;\,1-\alpha/2}$ in der Tabelle 5 zusammengestellt.

Ausführlichere Tabellen der Werte $F_{f_1;f_2;\,1-\alpha/2}$ — auch für andere Signifikanzniveaus — finden sich in der Fachliteratur, z. B. [3].

9 Ausreißerverdächtige Einzelwerte und ihre Behandlung

Bei der Auswertung von Messreihen können Einzelwerte, die von den übrigen Einzelwerten stark abweichen, d. h. ausreißerverdächtige Einzelwerte, das Ergebnis verfälschen; sie sind deshalb vorab besonders zu betrachten. Lassen sich Messfehler, Rechenfehler, Schreib- und Datenerfassungsfehler nachweisen, sind diese Fehler zu korrigieren, wenn die richtigen Einzelwerte vorliegen; andernfalls sind sie bei der Auswertung wegzulassen. Herausfallende Einzelwerte, die nachweislich durch Verfahrensänderungen, Maschinenumstellungen usw. verursacht sind, werden bei der weiteren Auswertung nicht berücksichtigt. Im Auswerteprotokoll sind alle weggelassenen Einzelwerte und der Grund für ihr Nichtberücksichtigen anzugeben.

Ist das starke Abweichen von Einzelwerten so nicht zu begründen, kann ein Ausreißertest angewandt werden. Er gestattet die Feststellung, ob ein abweichender Einzelwert noch der Gesamtheit zuzuordnen ist, aus der die anderen Einzelwerte stammen.

Wird anhand des Tests festgestellt, dass eine zufällige Abweichung nicht anzunehmen ist, wird der herausfallende Einzelwert als Ausreißer bezeichnet und kann in der weiteren Auswertung weggelassen werden. Im Auswerteprotokoll ist anzugeben, dass dieser Einzelwert durch einen Ausreißertest geprüft und eliminiert wurde. Die wiederholte Anwendung eines Ausreißertests auf die verbleibenden Einzelwerte ist nicht zugelassen. Weist z. B. ein Punktdiagramm darauf hin, dass mehrere Einzelwerte ausreißerverdächtig sind, ist ein Test zur gleichzeitigen Eliminierung mehrerer Ausreißer anzuwenden.

Tabelle 4: Tabellenwerte der F-Verteilung für den zweiseitigen Test mit $\alpha = 0{,}05$

f_2	F						
	$f_1 = 4$	$f_1 = 5$	$f_1 = 6$	$f_1 = 8$	$f_1 = 12$	$f_1 = 24$	$f_1 = 500$
4	9,60	9,36	9,20	8,98	8,75	8,51	8,27
5	7,39	7,15	6,98	6,76	6,52	6,28	6,03
6	6,23	5,99	5,82	5,60	5,37	5,12	4,86
7	5,52	5,29	5,12	4,90	4,67	4,41	4,16
8	5,05	4,82	4,65	4,43	4,20	3,95	3,68
9	4,72	4,48	4,32	4,10	3,87	3,61	3,35
10	4,47	4,24	4,07	3,85	3,62	3,37	3,09
12	4,12	3,89	3,73	3,51	3,28	3,02	2,74
15	3,80	3,58	3,41	3,20	2,96	2,70	2,41
20	3,51	3,29	3,13	2,91	2,68	2,41	2,10
30	3,25	3,03	2,87	2,65	2,42	2,14	1,81
60	3,01	2,79	2,63	2,41	2,17	1,88	1,51
120	2,89	2,67	2,52	2,30	2,05	1,76	1,35
500	2,81	2,59	2,43	2,22	1,97	1,67	1,19

Beim Verarbeiten vieler Einzelwerte auf Rechenanlagen können ausreißerverdächtige Einzelwerte durch Plausibilitätsprüfungen mittels Toleranzen erkannt werden.

In jedem Fall können die mittlere Lage durch den ausreißerunabhängigen Median und die Streuung durch eine der ausreißerunempfindlichen Quasispannweiten charakterisiert werden. Diese Kennwerte empfehlen sich, wenn grundsätzliche Erwägungen das Weglassen von Einzelwerten verbieten.

9.1 Ausreißertest nach Dixon

Bei normalverteilten Einzelwerten wird in dieser Norm für Stichprobenumfänge $n \leq 29$ der Test nach Dixon empfohlen, mit dem geprüft wird, ob der größte (der kleinste) Einzelwert als Ausreißer angesehen werden kann. Dazu werden die Einzelwerte nach aufsteigendem Wert geordnet und ein Prüfwert nach einer der Formeln errechnet, die in der Tabelle 6 in Abhängigkeit von n zusammengestellt

Tabelle 5: Tabellenwerte der F-Verteilung für den einseitigen Test mit $\alpha = 0{,}05$

f_2	F						
	$f_1 = 4$	$f_1 = 5$	$f_1 = 6$	$f_1 = 8$	$f_1 = 12$	$f_1 = 24$	$f_1 = 500$
4	6,39	6,26	6,16	6,04	5,91	5,77	5,64
5	5,19	5,05	4,95	4,82	4,68	4,53	4,37
6	4,53	4,39	4,28	4,15	4,00	3,84	3,68
7	4,12	3,97	3,87	3,73	3,57	3,41	3,24
8	3,84	3,69	3,58	3,44	3,28	3,12	2,94
9	3,63	3,48	3,37	3,23	3,07	2,90	2,72
10	3,48	3,33	3,22	3,07	2,91	2,74	2,55
12	3,26	3,11	3,00	2,85	2,69	2,51	2,31
15	3,06	2,90	2,79	2,64	2,48	2,29	2,08
20	2,87	2,71	2,60	2,45	2,28	2,08	1,86
30	2,69	2,53	2,42	2,27	2,09	1,89	1,64
60	2,53	2,37	2,25	2,10	1,92	1,70	1,41
120	2,45	2,29	2,18	2,02	1,83	1,61	1,27
500	2,39	2,23	2,12	1,96	1,77	1,54	1,16

Tabelle 6: Tabellenwerte und Formeln zur Berechnung der Prüfwerte für den Ausreißertest nach Dixon

Stichprobenumfang n	Tabellenwerte für Signifikanzniveau $\alpha = 0{,}05$	$\alpha = 0{,}01$	Prüfwerte für Ausreißer nach unten	nach oben
3	0,941	0,988	$\frac{x_{(2)} - x_{(1)}}{x_{(n)} - x_{(1)}}$	$\frac{x_{(n)} - x_{(n-1)}}{x_{(n)} - x_{(1)}}$
4	0,765	0,889		
5	0,642	0,780		
6	0,560	0,698		
7	0,507	0,637		
8	0,554	0,683	$\frac{x_{(2)} - x_{(1)}}{x_{(n-1)} - x_{(1)}}$	$\frac{x_{(n)} - x_{(n-1)}}{x_{(n)} - x_{(2)}}$
9	0,512	0,635		
10	0,477	0,597		
11	0,576	0,679	$\frac{x_{(3)} - x_{(1)}}{x_{(n-1)} - x_{(1)}}$	$\frac{x_{(n)} - x_{(n-2)}}{x_{(n)} - x_{(2)}}$
12	0,546	0,642		
13	0,521	0,615		
14	0,546	0,641	$\frac{x_{(3)} - x_{(1)}}{x_{(n-2)} - x_{(1)}}$	$\frac{x_{(n)} - x_{(n-2)}}{x_{(n)} - x_{(3)}}$
15	0,525	0,616		
16	0,507	0,595		
17	0,490	0,577		
18	0,475	0,561		
19	0,462	0,547		
20	0,450	0,535		
21	0,440	0,524		
22	0,430	0,514		
23	0,421	0,505		
24	0,413	0,497		
25	0,406	0,489		
26	0,399	0,482		
27	0,393	0,475		
28	0,387	0,469		
29	0,381	0,463		

sind. Übersteigt bei dem gewählten Signifikanzniveau α der berechnete Prüfwert den Tabellenwert, so kann der extreme Einzelwert als Ausreißer angesehen werden (siehe auch A.12).

9.2 Ausreißertest nach Grubbs

Bei normalverteilten Einzelwerten wird in dieser Norm für Stichprobenumfänge $n \geq 30$ das Verfahren von Grubbs herangezogen, mit dem geprüft wird, ob der größte (kleinste) Einzelwert als Ausreißer angesehen werden kann.

Der jeweilige Prüfwert

$\frac{x_{(n)} - \bar{x}}{s}$ beim größten Einzelwert und

$\frac{\bar{x} - x_{(1)}}{s}$ beim kleinsten Einzelwert

wird mit dem Tabellenwert verglichen, der in Tabelle 7[3] in Abhängigkeit von n angegeben ist. $\bar{x}$ und s werden aus der vorliegenden Stichprobe einschließlich des ausreißerverdächtigen Einzelwertes errechnet. Übersteigt bei dem gewählten Signifikanzniveau α der berechnete Prüfwert den Tabellenwert, so kann der untersuchte größte (kleinste) Einzelwert als Ausreißer angesehen werden (siehe auch A.13).

Tabelle 7: Tabellenwerte zum Ausreißertest von Grubbs [3]

Stichprobenumfang n	Tabellenwerte für Signifikanzniveau $\alpha = 0{,}05$	$\alpha = 0{,}01$
30	2,745	3,103
35	2,811	3,178
40	2,866	3,240
45	2,914	3,292
50	2,956	3,336
55	2,992	3,376
60	3,025	3,411
65	3,055	3,442
70	3,082	3,471
75	3,107	3,496
80	3,130	3,521
85	3,151	3,543
90	3,171	3,563
95	3,189	3,582
100	3,207	3,600
105	3,224	3,617
110	3,239	3,632
115	3,254	3,647
120	3,267	3,662
125	3,281	3,675
130	3,294	3,688
135	3,306	3,700
140	3,318	3,712
145	3,328	3,723

3) Die Tabellen für die kritischen Werte des Grubbs-Tests in DIN ISO 5725-2 und DIN 53804-1 enthalten unterschiedliche Werte für dasselbe Signifikanzniveau, weil DIN ISO 5725-2 einen zweiseitigen Test behandelt, während DIN 53804-1 einen einseitigen Test behandelt.

Anhang A (normativ) Beispiele aus der Textiltechnik

A.1 Beispiel zu 5.3. Berechnung von Mittelwert und Varianz aus Einzelwerten:

Drehungsermittlungen an einem Garn

Bei der Drehungsermittlung an einem Garn ergeben sich die in Tabelle A.1 aufgeführten zehn Einzelwerte.

Ergebnisse:

Berechnung mit Hilfe der Einzelwerte:

Nach Formel (4): Mittelwert

$$\bar{x} = \frac{1}{10}\,4\,178 = 417{,}8$$

nach Formel (11): Varianz

$$s^2 = \frac{1}{9}\left(1\,746\,572 - \frac{1}{10}\,4\,178^2\right) = 111{,}5$$

Berechnung mittels der Hilfswerte:

Nach Formel (13): Mittelwert

$$\bar{x} = 420 + \frac{1}{10}\,(-22) = 417{,}8$$

nach Formel (14): Varianz

$$s^2 = \frac{1}{9}\left[1\,052 - \frac{1}{10}\,(-22)^2\right] = 111{,}5.$$

Nach Formel (8): Standardabweichung

$$s = \sqrt{111{,}5} = 10{,}6$$

nach Formel (9): Variationskoeffizient

$$v = \frac{10{,}6}{417{,}8} = 0{,}025 \text{ bzw. } 2{,}5\,\%$$

Werden die Einzelwerte nach aufsteigendem Wert geordnet, ergibt sich die Folge 405, 408, 408, 411, 416, 416, 421, 426, 430, 437 mit dem Median nach Formel (6).

$$\tilde{x} = \frac{1}{2}\,(416 + 416) = 416$$

und der Spannweite nach Formel (10)

$$R_{10} = 437 - 405 = 32$$

bzw. der ersten Quasispannweite

$$430 - 408 = 22$$

Das Ergebnis lautet:

Anzahl der Messungen:	10
Mittlere Drehung:	417,8 Drehungen/m
Standardabweichung:	10,6 Drehungen/m
Variationskoeffizient:	2,5 %
Median:	416 Drehungen/m
Spannweite:	32 Drehungen/m
Erste Quasispannweite:	22 Drehungen/m.

A.2 Beispiel zu 5.4. Berechnung von Mittelwert und Varianz bei Klasseneinteilung:

Ermittlung der Bruchkraft F_B eines Garnes

Die von einem Garn stammenden 75 Einzelwerte der Bruchkraft F_B liegen zwischen 55 cN und 108 cN (Zentinewton). Nach Formel (1) würde sich eine Klassenweite

$$w \approx \frac{53}{\sqrt{75}} = 6{,}12$$

ergeben, die hier auf den glatten Wert 5 cN festgelegt wird.

Die Einteilung der Einzelwerte in diese Klassen führt zu der in der Tabelle A.2 klassierten Häufigkeitsverteilung. In die Tabelle sind gleichzeitig die zur Auswertung benötigten Daten aufgenommen.

Tabelle A.1: Rechenschema bei Vorliegen von Einzelwerten

1	2	3	4	5
Nr. der Messung	Einzelwert Drehung/m		unter Verwendung der Hilfswerte $a = 420$ und $c = 1$	
i	x_i	x_i^2	y_i	y_i^2
1	430	184 900	+10	100
2	405	164 025	−15	225
3	408	166 464	−12	144
4	437	190 969	+17	289
5	416	173 056	−4	16
6	426	181 476	+6	36
7	411	168 921	−9	81
8	416	173 056	−4	16
9	421	177 241	+1	1
10	408	166 464	−12	144
	$\sum x_i = 4\,178$	$\sum x_i^2 = 1\,746\,572$	$\sum y_i = -56 + 34 = -22$	$\sum y_i^2 = 1\,052$

Ergebnisse:

Nach Formel (15): Mittelwert

$$\bar{x} = 77,5 + \frac{5}{75} \cdot 38 = 77,5 + 2,5 = 80$$

nach Formel (16): Varianz

$$s^2 = \frac{5^2}{74}\left(332 - \frac{1}{75} \cdot 38^2\right) = 106$$

nach Formel (8): Standardabweichung

$s = 10,3$

nach Formel (9): Variationskoeffizient

$$v = \frac{10,3}{80} = 0,129 \text{ bzw. } 12,9\,\%$$

Das Ergebnis lautet:

Anzahl der Messungen:	75
Mittlere Bruchkraft F_B:	80 cN
Standardabweichung:	10,3 cN
Variationskoeffizient:	12,9 %

A.3 Beispiel zu 7.1. Vertrauensbereich für den Erwartungswert:

Vertrauensbereich für den Erwartungswert der Drehung

Für die Einzelwerte des Beispiels A.1 ($n = 10$; $\bar{x} = 417,8$; $s = 10,6$) ist nach Formel (18) und Tabelle 2 (zweiseitige Abgrenzung)

$$W = t_{9;\,0,975} \frac{10,6}{\sqrt{10}} = 2,26 \frac{10,6}{\sqrt{10}} = 7,6$$

Der Vertrauensbereich erstreckt sich somit von $417,8 - 7,6$ bis $417,8 + 7,6$. Die mittlere Drehung des Garns (Erwartungswert) ist somit auf einem Vertrauensniveau $1 - \alpha = 0,95$ zwischen 410,2 und 425,4 Drehungen/m zu erwarten.

A.4 Beispiel zu 7.2. Vertrauensbereich für die Standardabweichung:

Vertrauensbereich für die Standardabweichung der Drehung

Für die Einzelwerte des Beispiels A.1 ($n = 10$; $\bar{x} = 417,8$; $s = 10,6$) ist nach Formel (19) und nach Tabelle 3

$$\sigma_o = \varkappa_o \cdot s = 1,83 \cdot 10,6 = 19,4$$

$$\sigma_u = \varkappa_u \cdot s = 0,69 \cdot 10,6 = 7,3$$

Der Vertrauensbereich für die Standardabweichung der Drehung des Garnes erstreckt sich auf dem Vertrauensniveau $1 - \alpha = 0,95$ demnach von 7,3 bis 19,4 Drehungen/m.

A.5 Beispiel zu 7.3. Vertrauensbereich für die Differenz zweier Erwartungswerte bei unabhängigen Stichproben:

Titerermittlung an Außen- und Innenlagen von Spulen

An je 50 Fäden aus der Innenlage und aus der Außenlage von Spulen wurden die Titer in dtex gemessen und aus den Einzelwerten Mittelwerte und Standardabweichungen berechnet:

Innenlage $n_1 = 50, \bar{x}_1 = 153,4; s_1 = 4,4;$

Außenlage $n_2 = 50, \bar{x}_2 = 150; \quad s_2 = 4,3.$

Ein Vergleich der Erwartungswerte nach 8.2 ergab bei $\alpha = 0,05$ einen signifikanten Titerunterschied zwischen Außen- und Innenlage.

Für diesen Unterschied soll der Vertrauensbereich bei einem Vertrauensniveau $1 - \alpha = 0,95$ angegeben werden.

Nach Formel (21) ist

$$s^{*2} = \frac{49 \cdot 19,36 + 49 \cdot 18,49}{50 + 50 - 2}\left(\frac{1}{50} + \frac{1}{50}\right) = 0,7570$$

$s^* = 0,8701$

und damit nach Formel (20)

$$(153,4 - 150) - t_{f;\,1-\alpha/2} \cdot 0,87 \le \mu_1 - \mu_2$$

$$\le (153,4 - 150) + t_{f;\,1-\alpha/2} \cdot 0,87$$

Nach Tabelle 2 ist $t_{f;\,1-\alpha/2} = t_{(50+50-2);\,0,975} = 1,98$. Der Vertrauensbereich für die unbekannte Differenz der Erwartungswerte beträgt auf dem Vertrauensniveau $1 - \alpha = 0,95$

$$3,4 - 1,98 \cdot 0,87 \le \mu_2 - \mu_1 \le 3,4 + 1,98 \cdot 0,87$$

also

$$1,68 \le \mu_2 - \mu_1 \le 5,12$$

Tabelle A.2: Rechenschema bei Vorliegen von klassierten Einzelwerten

Klassen-Nr.	Klasse Bruchkraft	Obere Klassengrenze	Strichliste	absolute Häufigkeit				relative Häufigkeit	Summe der absoluten Häufigkeit	Summe der relativen Häufigkeit
j	in cN	x_j		n_j	z_j	$z_j \cdot n_j$	$z_j^2 \cdot n_j$	h_j in %	$G_j = \sum_{i=1}^{j} n_i$	$F_j = \sum_{i=1}^{j} \frac{n_i}{n}$ in %
1	55 bis unter 60	60	||	2	−4	−8	32	2,67	2	2,67
2	60 bis unter 65	65	|||	3	−3	−9	27	4,00	5	6,67
3	65 bis unter 70	70	卌 ||	7	−2	−14	28	9,33	12	10,00
4	70 bis unter 75	75	卌 卌 |	11	−1	−11	11	14,67	23	30,67
5	75 bis unter 80	80	卌 卌 卌 |	16	0	0	0	21,33	39	52,00
6	80 bis unter 85	85	卌 卌 |||	13	+1	13	13	17,33	52	69,33
7	85 bis unter 90	90	卌 卌	10	+2	20	40	13,33	62	82,67
8	90 bis unter 95	95	卌 |||	8	+3	24	72	10,67	70	93,33
9	95 bis unter 100	100	|||	3	+4	12	48	4,00	73	99,33
10	100 bis unter 105	105	|	1	+5	5	25	1,33	74	98,67
11	105 bis unter 110	110	|	1	+6	6	36	1,33	75	100,00
			Summe	75		38	332	≈ 100		

A.6 Beispiel zu 7.4. Vertrauensbereich für die Differenz zweier Erwartungswerte bei paarweise verbundenen Stichproben:

Vergleich zweier Geräte zur Messung der Bruchkraft

Auf zwei Prüfgeräten wurden für 28 Spulen Bruchkraftwerte gemessen, die in Tabelle A.3 zusammengestellt sind.

Aus den Einzelwerten x_{1i} und x_{2i} werden nach Formel (22) die Differenzen d_i und deren Quadrate d_i^2 gebildet und aufsummiert.

Nach Formel (24) folgt

$$\bar{d} = \frac{-10{,}9}{28} = -0{,}389$$

und nach Formel (25)

$$s_d^2 = \frac{1}{28-1}\left(5{,}83 - \frac{(-10{,}9)^2}{28}\right) = 0{,}058\,8$$

$$s_d = \sqrt{0{,}058\,8} = 0{,}242\,5$$

Auf dem Vertrauensniveau $1 - \alpha = 0{,}95$ ist nach Tabelle 2 $t_{f;\,1-\alpha/2} = t_{28-1;\,0{,}975} = 2{,}05$. Der Vertrauensbereich für die Differenz der Erwartungswerte ist nach Formel (23)

$$-0{,}389 - 2{,}05\,\frac{0{,}242\,5}{\sqrt{28}} \le \mu_1 - \mu_2 \le -0{,}389 + 2{,}05\,\frac{0{,}242\,5}{\sqrt{28}}$$

$$-0{,}389 - 0{,}094 \le \mu_1 - \mu_2 \le -0{,}389 + 0{,}094$$

$$-0{,}48 \le \mu_1 - \mu_2 \le -0{,}29$$

A.7 Beispiel zu 8.1. Vergleich eines Erwartungswertes mit einem vorgegebenen Wert:

Vergleich des Erwartungswertes der Drehung eines Garnes mit einem vorgegebenen Wert (zweiseitiger Test)

Anhand der Einzelwerte von Beispiel A.1 soll festgestellt werden, ob bei dem untersuchten Garn die mittlere Drehung mit dem vorgegebenen Wert 430 Drehungen/m übereinstimmt.

Nach Formel (28) ergibt sich

$$t = \frac{417{,}8 - 430}{10{,}6}\sqrt{10} = -3{,}64$$

Die Zahl der Freiheitsgrade ist $f = 10 - 1 = 9$. Als Signifikanzniveau wird $\alpha = 0{,}05$ gewählt. Der zugehörige Tabellenwert ist $t_{9;\,0{,}975} = 2{,}26$, also gilt $|t| > t_{9;\,0{,}975}$. Somit wird auf dem Signifikanzniveau $\alpha = 0{,}05$ die Nullhypothese H_0 verworfen. Die mittlere Drehung des Garnes weicht vom vorgegebenen Wert signifikant (nicht zufällig) ab.

A.8 Beispiel zu 8.1. Vergleich eines Erwartungswertes mit einem vorgegebenen Wert:

Vergleich des Erwartungswertes der Zwirndrehung mit einem vorgegebenen Wert (einseitiger Test)

Tabelle A.3: Bruchkraftwerte von zwei Prüfgeräten

Spule Nr.	Bruchkraft daN		Differenz	
	Prüfgerät 1	Prüfgerät 2		
i	x_{1i}	x_{2i}	d_i	d_i^2
1	12,8	13,3	−0,5	0,25
2	12,9	13,4	−0,6	0,36
3	13,2	14,0	−0,8	0,64
4	13,2	13,6	−0,4	0,16
5	13,2	13,3	−0,1	0,01
6	13,1	13,3	−0,2	0,04
7	12,5	13,9	−0,4	0,16
8	13,3	13,2	+0,1	0,01
9	12,8	13,1	−0,3	0,09
10	12,8	13,5	−0,7	0,49
11	12,8	13,2	−0,4	0,16
12	13,2	13,4	−0,2	0,04
13	13,0	13,4	−0,4	0,16
14	13,4	13,4	0	0
15	13,0	13,2	−0,2	0,04
16	13,2	13,6	−0,4	0,16
17	13,1	13,4	−0,3	0,09
18	13,1	13,2	−0,8	0,64
19	13,0	13,9	+0,1	0,01
20	13,1	13,4	−0,3	0,09
21	13,1	13,6	−0,5	0,25
22	12,8	13,4	−0,6	0,36
23	13,0	13,6	−0,6	0,36
24	13,2	13,6	−0,4	0,16
25	13,1	13,7	−0,6	0,36
26	13,2	13,6	−0,4	0,16
27	12,8	13,5	−0,7	0,49
28	12,9	13,2	−0,3	0,09
Summe	364,1	375,0	−10,9	5,83

Zwischen Lieferant und Kunde war vereinbart worden, dass die mittlere Zwirndrehung, d. h. der Erwartungswert μ der Zwirndrehung (Einspannlänge $50\,\text{cm}$), einen Höchstwert von 145 Drehungen/m ($\mu_0 = 72{,}5$ Drehungen/$50\,\text{cm}$) nicht überschreiten darf. Die Nullhypothese lautet also $H_0: \mu \leq \mu_0$, die Alternativhypothese $H_1: \mu > \mu_0$. Die Prüfung soll mit $n = 15$ Einzelwerten auf dem Signifikanzniveau $\alpha = 0{,}05$ erfolgen.

Folgende 15 Einzelwerte (Drehungen/$50\,\text{cm}$) wurden gefunden:

76	67	75
73	69	75
72	72	77
73	72	78
73	75	78

Mit einem Mittelwert $\bar{x} = 73{,}67$ und einer Standardabweichung $s = 3{,}11$ ergibt sich nach Einsetzen in Formel (28) der Prüfwert

$$t = \frac{73{,}67 - 72{,}5}{3{,}11} \cdot \sqrt{15} = 1{,}45$$

Da der errechnete Prüfwert unter dem Tabellenwert $t_{14;\,0{,}95} = 1{,}76$ (nach Tabelle 2) liegt, wird die Nullhypothese nicht verworfen. Daher kann auf dem gewählten Signifikanzniveau nicht geschlossen werden, dass der Erwartungswert der Zwirndrehung den vorgegebenen Wert signifikant überschreitet, obwohl der festgestellte Stichprobenmittelwert (zufällig) oberhalb des vorgegebenen Wertes liegt.

A.9 Beispiel zu 8.2. Vergleich zweier Erwartungswerte bei unabhängigen Stichproben:

Prüfung eines Materials vor und nach einer festgelegten Behandlung

Bei der Materialprüfung wurden folgende Ergebnisse gefunden:

Unbehandeltes Material:

$n_1 = 30;\ \bar{x}_1 = 259;\ s_1 = 16{,}7.$

Behandeltes Material:

$n_2 = 25;\ \bar{x}_2 = 268;\ s_2 = 19{,}8.$

Nach Formel (21) ergibt sich

$$s^* = \sqrt{\frac{(30-1)\,16{,}7^2 + (25-1)\,19{,}8^2}{30+25-2}\left(\frac{1}{30} + \frac{1}{25}\right)} = 4{,}92$$

und nach Formel (29):

$$t = \frac{259 - 268}{4{,}92} = -\,1{,}829$$

Nach Tabelle 2, zweiseitige Abgrenzung, ergibt sich für $f = 30 + 25 - 2 = 53$ ein Wert $t_{53;\,0{,}975} = 2{,}01$. Da $|t| < t_{53;\,0{,}975}$ ist, wird die Nullhypothese nicht verworfen. Ein Einfluss der durchgeführten Behandlung lässt sich mit den vorliegenden Einzelwerten auf dem Signifikanzniveau $\alpha = 0{,}05$ nicht feststellen.

A.10 Beispiel zu 7.3. Vergleich zweier Erwartungswerte bei paarweise verbundenen Stichproben:

Vergleich von zwei Methoden zur Ermittlung des Wassergehaltes von Textilien

Von 20 Proben wurde zunächst mit einem Leitfähigkeitsmessgerät (T), anschließend mit Hilfe des Konditionierofens (K) der Wassergehalt in % ermittelt. In der Tabelle A.4 sind die gefundenen Werte aufgeführt. Es soll geprüft werden, ob beide Methoden übereinstimmende Ergebnisse liefern.

Nach Formel (30) ergibt sich der Prüfwert

$$t = \frac{9{,}1}{\sqrt{\frac{1}{19}\left[11{,}29 - \frac{1}{20}\,9{,}1^2\right]}} = 14{,}83.$$

Tabelle A.4: Wassergehalt in % nach zwei verschiedenen Messverfahren

Wassergehalt bei Verfahren %		Differenz	
K	T	d_i	d_i^2
11,1	11,0	0,1	0,01
14,8	14,0	0,8	0,64
14,9	15,0	−0,1	0,01
15,1	15,0	0,1	0,01
15,2	15,0	0,2	0,04
17,8	17,0	0,8	0,64
16,7	17,0	−0,3	0,09
17,0	16,0	1,0	1,00
16,8	17,0	−0,2	0,04
18,0	17,6	0,4	0,16
17,5	16,0	1,5	2,25
17,7	16,3	1,4	1,96
16,1	16,4	−0,3	0,09
17,5	16,5	1,0	1,00
17,7	18,1	−0,4	0,16
17,8	16,5	1,3	1,69
17,9	18,0	−0,1	0,01
18,3	18,1	0,2	0,04
18,4	17,5	0,9	0,81
18,4	17,6	0,8	0,64
Summe		$\sum d_i = +9{,}1$	$\sum d_i^2 = 11{,}29$

Er ist größer als der Tabellenwert $t_{19;\,0{,}975} = 2{,}10$ aus Tabelle 2, zweiseitige Abgrenzung. Auf dem Signifikanzniveau $\alpha = 0{,}05$ ist die Nullhypothese zu verwerfen. Somit kann geschlossen werden, dass die beiden Messmethoden in diesem Fall nicht übereinstimmen.

A.11 Beispiel zu 8.4. Vergleich zweier Varianzen:

Vergleich der Varianzen vor und nach einer durchgeführten Behandlung

Die Varianzen der beiden Messreihen des Beispiels A.9 sollen verglichen werden. Nach Formel (31) ergibt sich ein Wert

$$F = \frac{19{,}8^2}{16{,}7^2} = 1{,}41$$

der kleiner als der entsprechende Tabellenwert $F_{24,\,29;\,0{,}975} = 2{,}17$ mit 24 und 29 Freiheitsgraden ist (der Wert 2,17 wurde durch Interpolation der Werte 2,14 und 2,41 aus Tabelle 4 gefunden). Ein Einfluss der durchgeführten Behandlung auf die Varianzen ist auf dem Signifikanzniveau $\alpha = 0{,}05$ nicht erkennbar.

A.12 Beispiel zu 9.1. Ausreißertest nach Dixon:

Chromgehalt eines chromschwarz gefärbten Wollgarns

Der Chromgehalt eines chromschwarz gefärbten Wollgarns wurde viermal ermittelt:

0,53 %

0,59 %

0,41 %

0,58 %

Der kleinste Wert $x_{(1)} = 0{,}41\,\%$ wird als ausreißerverdächtig angesehen. Da keine Erklärung für diesen niedrigen Wert vorliegt, wird der Dixon-Test auf dem Signifikanzniveau $\alpha = 0{,}05$ angewandt. Nach Tabelle 6 ist für $n = 4$ mit $x_{(1)}$ als ausreißerverdächtigem Einzelwert der Prüfwert für Ausreißer nach unten

$$\frac{x_{(2)} - x_{(1)}}{x_{(n)} - x_{(1)}} = \frac{0{,}53 - 0{,}41}{0{,}59 - 0{,}41} = 0{,}667$$

kleiner als der Tabellenwert 0,765. Der ausreißerverdächtige kleinste Wert $x_{(1)} = 0{,}41$ darf also auf dem Signifikanzniveau $\alpha = 0{,}05$ nicht als Ausreißer angesehen und fortgelassen werden.

A.13 Beispiel zu 9.2. Ausreißertest nach Grubbs:

Nass-Bruchkraft eines Streichgarns

In einer Reihe von Vergleichsversuchen sind an einem Streichgarn 30 Werte der Nass-Bruchkraft in cN gefunden worden:

1 220	786	1 144	900	1 322	1 140
910	1 146	1 138	1 140	1 270	1 124
1 188	1 310	1 064	1 124	1 122	1 382
1 262	1 080	1 018	1 140	1 012	1 308
1 196	1 124	1 202	1 030	1 164	1 282

Der kleinste Wert $x_{(1)} = 786$ könnte ein Ausreißer sein und wird deshalb mit dem Grubbs-Test auf dem Signifikanzniveau $\alpha = 0{,}05$ geprüft. Der Prüfwert (siehe 8.2)

$$\frac{\bar{x} - x_{(1)}}{s} = \frac{1\,141{,}6 - 786}{132{,}2} = 2{,}68$$

ist kleiner als der zugehörige Tabellenwert 2,745 aus Tabelle 7. Der auffällig abweichende kleinste Wert der Stichprobe darf also nicht als Ausreißer fortgelassen werden.

Anhang B (normativ)

Übersicht über die benutzten Formelzeichen

a, c	Hilfswerte zur Berechnung von $\bar{x}$ und s
d_i	Differenz des i-ten Wertepaares paarweise verbundener Stichproben
$\bar{d}$	arithmetischer Mittelwert der Differenzen d_i
f, f_1, f_2	Zahl der Freiheitsgrade
F	Prüfwert bei vorliegender F-Verteilung
$F_{f_1;f_2;1-\alpha}$	$(1-\alpha)$-Quantil der F-Verteilung (Tabellenwerte der F-Verteilung)
$F_{f_1;f_2;1-\alpha/2}$	$(1-\alpha/2)$-Quantil der F-Verteilung (Tabellenwerte der F-Verteilung)
F_j	Summe der relativen Häufigkeiten bis zur j-ten Klasse (einschließlich)
G_j	Summe der absoluten Häufigkeiten bis zur j-ten Klasse (einschließlich)
h_j	relative Häufigkeit der j-ten Klasse
H_0	Nullhypothese
H_1	Alternativhypothese
i	laufender Index für Einzelwerte oder Stichproben
j	laufender Index für Klassen
k	Anzahl der Klassen
n	Anzahl der Einzelwerte einer Stichprobe
n_i	Anzahl der Einzelwerte der i-ten Stichprobe
n_j	Anzahl der Einzelwerte der j-ten Klasse
R_n	Spannweite der n Einzelwerte einer Stichprobe
s	Standardabweichung der Stichprobe
s_d	Standardabweichung der Differenzen paarweise verbundener Stichproben
s^*	Standardabweichung der Differenz der Mittelwerte zweier unabhängiger Stichproben
s_i	Standardabweichung der i-ten Stichprobe
s^2	Varianz der Stichprobe
s_i^2	Varianz der i-ten Stichprobe
t	Prüfwert bei vorliegender t-Verteilung
$t_{f;1-\alpha}$	$(1-\alpha)$-Quantil der t-Verteilung (Tabellenwerte der t-Verteilung)
$t_{f;1-\alpha/2}$	$(1-\alpha/2)$-Quantil der t-Verteilung (Tabellenwerte der t-Verteilung)
v	Variationskoeffizient der Stichprobe
W	Abstand der Vertrauensgrenzen vom Mittelwert der Stichprobe
w	Klassenweite
x_i	i-ter Einzelwert
$x_{(i)}$	i-ter Einzelwert in aufsteigend geordneter Reihenfolge
x_j	obere Klassengrenze der j-ten Klasse
x_{max}	größter Einzelwert der Stichprobe
x_{min}	kleinster Einzelwert der Stichprobe
$\bar{x}$	arithmetischer Mittelwert der Einzelwerte einer Stichprobe
$\tilde{x}$	Median der Einzelwerte einer Stichprobe
y_i	i-ter transformierter Einzelwert
z_j	tranformierte Klassenmitte zur Berechnung von $\bar{x}$ und s bei Klasseneinteilung
α	Signifikanzniveau beim Testen von Hypothesen
$1-\alpha$	Vertrauensniveau beim Berechnen von Vertrauensbereichen
V	Variationskoeffizient in der Gesamtheit
χ_o, χ_u	Faktor zur Berechnung der oberen bzw. unteren Grenze des Vertrauensbereiches für die Standardabweichung in der Gesamtheit
μ	Erwartungswert in der Gesamtheit
μ_0	vorgegebener Wert oder Erfahrungswert
σ^2	Varianz in der Gesamtheit
σ	Standardabweichung in der Gesamtheit

Anhang C (informativ)

Literaturhinweise

DIN 53803-1
Probenahme — Statistische Grundlagen der Probenahme bei einfacher Aufteilung

DIN 53803-2
Probenahme — Praktische Durchführung

DIN 55303-2 Bbl. 1
Statistische Auswertung von Daten — Operationscharakteristiken von Tests für Erwartungswerte und Varianzen

DIN 55303-5
Statistische Auswertung von Daten — Bestimmung eines statistischen Anteilsbereichs

DIN 55350-11
Begriffe zu Qualitätsmanagement und Statistik — Teil 11: Begriffe des Qualitätsmanagements

DIN 55350-13
Begriffe der Qualitätssicherung und Statistik — Begriffe zur Genauigkeit von Ermittlungsverfahren und Ermittlungsergebnissen

DIN 55350-14
Begriffe der Qualitätssicherung und Statistik — Begriffe der Probenahme

DIN 55350-31
Begriffe der Qualitätssicherung und Statistik — Begriffe der Annahmestichprobenprüfung

DIN ISO 5725-1
Genauigkeit (Richtigkeit und Präzision) von Messverfahren und Messergebnissen — Teil 1: Allgemeine Grundlagen und Begriffe (ISO 5725-1:1994)

ISO 3534-1
Statistics — Vocabulary and symbols — Part 1: Probability and general statistical terms

ISO 3534-2
Statistics — Vocabulary and symbols — Part 2: Statistical quality control

ISO 5725-2
Accuracy (trueness and precision) of measurement methods and results — Part 2: Basic method for the determination of repeatability and reproducibility of a standard measurement method

ISO 5725-3
Accuracy (trueness and precision) of measurement methods and results — Part 3: Intermediate measures of the precision of a standard measurement method

ISO 5725-4
Accuracy (trueness and precision) of measurement methods and results — Part 4: Basic methods for the determination of the trueness of a standard measurement method

ISO 5725-6
Accuracy (trueness and precision) of measurement methods and results — Part 6: Use in practice of accuracy values

ISO 5479
Statistical interpretation of data — Tests for departure from the normal distribution

ASTM E 1047
Standard Recommended Practice for Dealing with Outlying Observations

NEN[4] 1047
Receptbladen voor de statistische verwerkung van waarnemingen

[1] Begriffe zum Qualitätsmanagement; Deutsche Gesellschaft für Qualität e. V., Frankfurt/Main, 6. Auflage 1995, DGQ 11-04

[2] Auswerteblatt mit Wahrscheinlichkeitsnetz zum grafischen Auswerten (annähernd) normalverteilter Werte; Deutsche Gesellschaft für Qualität e. V., Frankfurt/Main, DGQ 18-170

[3] U. Graf, H.-J. Hennig, K. Stange, P.-Th. Wilrich: Formeln und Tabellen der angewandten Statistik; Springer-Verlag, Berlin, Heidelberg, New York, London, Paris, Tokyo, 3. Auflage 1987

---

4) Nederlands Normalisatie Instituut

Juni 2003

	Berichtigungen zu DIN 53804-1:2002-04	Berichtigung 1 zu DIN 53804-1

Es wird empfohlen, auf der betroffenen Norm einen Hinweis auf diese Berichtigung zu machen.

ICS 03.120.30

Corrigenda to DIN 53804-1:2002-04

Corrigenda à DIN 53804-1:2002-04

In

DIN 53804-1:2002-04,
Statistische Auswertungen – Teil 1: Kontinuierliche Merkmale

lautet die Formel (30) im Abschnitt 8.3 richtig:

$$t = \frac{\bar{d}}{s_{\mathrm{d}}}\sqrt{n} = \frac{\sum_{i=1}^{n} d_i}{\sqrt{\frac{n}{n-1}\left[\sum_{i=1}^{n} d_i^2 - \frac{1}{n}\left(\sum_{i=1}^{n} d_i\right)^2\right]}} \qquad (30)$$

Normenausschuss Qualitätsmanagement, Statistik und Zertifizierungsgrundlagen (NQSZ)
im DIN Deutsches Institut für Normung e. V.

Dezember 2007

DIN 53804-1 Berichtigung 2

ICS 03.120.30

Es wird empfohlen, auf der betroffenen Norm einen Hinweis auf diese Berichtigung zu machen.

Statistische Auswertungen – Teil 1: Kontinuierliche Merkmale, Berichtigungen zu DIN 53804-1:2002-04

Statistical evaluation –
Part 1: Continuous characteristics,
Corrigenda to DIN 53804-1:2002-04

Évaluation statistique –
Partie 1: Caractères continués,
Corrigenda à DIN 53804-1:2002-04

Gesamtumfang 2 Seiten

Normenausschuss Qualitätsmanagement, Statistik und Zertifizierungsgrundlagen (NQSZ) im DIN

In

DIN 53804-1:2002-04

sind folgende Korrekturen vorzunehmen:

8.1 Vergleich eines Erwartungswertes mit einem vorgegebenen Wert, letzte Zeile

Die Formel lautet richtig:

$$t < -t_{f;\,1-\alpha}$$

A.10 Vergleich von zwei Methoden zur Ermittlung des Wassergehaltes von Textilien

Die Formel lautet richtig:

$$t = \frac{9{,}1}{\sqrt{\frac{20}{19}\left[11{,}29 - \frac{1}{20}9{,}1^2\right]}} = 3{,}32$$

Anhang B Übersicht über die benutzten Formelzeichen

Bei z_j lautet es im Text richtig „transformierte" statt „tranformierte".

DK 519.2 : 311.1/.2 : 001.4 März 1985

Statistische Auswertungen

Zählbare (diskrete) Merkmale

DIN 53 804 Teil 2

Statistical evaluations; countable (discrete) characteristics

Estimations statistiques; caractères discrete dénombrable

Inhalt

1 Anwendungsbereich und Zweck

Die Eigenschaften von Produkten oder Tätigkeiten werden durch Merkmale erfaßt. Den Merkmalsausprägungen werden Werte einer jeweils geeigneten Skale zugeordnet. Die Skalenwerte sind

- bei meßbaren (kontinuierlichen) Merkmalen beliebige reelle Zahlen (als Zahlenwerte von physikalischen Größen)
- bei zählbaren (diskreten) Merkmalen ganze Zahlen (Zählwerte)
- bei Ordinalmerkmalen Eigenschaftskategorien, die einer Rangordnung folgen (z. B. glatt, etwas verknittert, stark verknittert)
- bei Attributmerkmalen Attribute (z. B. vorhanden/nicht vorhanden oder rot/gelb/blau).

Meßbare und zählbare Merkmale werden als quantitative, Ordinalmerkmale und Attributmerkmale als qualitative (beurteilbare) Merkmale bezeichnet. Diese Merkmalsarten entsprechen den Grundbegriffen der Meßtechnik: Messen, Zählen, Sortieren und Klassieren (siehe DIN 1319 Teil 1).

Da es im allgemeinen nicht sinnvoll ist, Merkmalswerte an allen Einheiten einer Grundgesamtheit zu bestimmen, werden Stichproben gezogen und Kennwerte der Stichproben ermittelt.

Parameter der Wahrscheinlichkeitsverteilung, die das Verhalten des Merkmals in der Grundgesamtheit beschreiben, werden mit Hilfe von Kennwerten der Stichprobe geschätzt. Die Schätzung ist mit einer angebbaren Unsicherheit behaftet. Hypothesen über die durch eine Stichprobe untersuchte Grundgesamtheit können mittels statistischer Tests geprüft werden.

Diese Norm beschreibt statistische Verfahren, mit denen Merkmalswerte aufbereitet und Parameter der zugrundeliegenden Wahrscheinlichkeitsverteilung geschätzt oder getestet werden können.

Die statistischen Verfahren richten sich nach der benutzten Skalenart. Die Normreihe erscheint deshalb in 4 Teilen. In DIN 53 804 Teil 1 werden meßbare Merkmale, in Teil 3 Ordinalmerkmale und in Teil 4 Attributmerkmale behandelt.

Die vorliegende Norm befaßt sich mit zählbaren Merkmalen. Sie beschreibt statistische Verfahren, mit denen Zählwerte (Anzahl von Vorkommnissen, z. B. Unfälle, Fadenbrüche) aufbereitet und die Parameter der Wahrscheinlichkeitsverteilung, hier der Parameter der Poisson-Verteilung, geschätzt und getestet werden können.

2 Begriffe

Die in der vorliegenden Norm benutzten statistischen Begriffe sind den Normen DIN 13 303 Teil 1 und Teil 2 und DIN 55 350 Teil 12, Teil 14 (z. Z. Entwurf), Teil 21, Teil 22, Teil 23 und Teil 24 zu entnehmen. Außerdem gelten die nachstehend aufgeführten Begriffe:

Zählabschnitt (Beobachtungsabschnitt) ist die Beobachtungseinheit, in der das Auftreten bestimmter Vorkommnisse gezählt wird. Der Zählabschnitt (oder die Zählabschnitte, wenn mehrere ausgezählt werden) bildet die aus der Grundgesamtheit gezogene Stichprobe.

Zählbares Merkmal ist die Anzahl der Vorkommnisse auf einem Zählabschnitt.

Zählwert

Der Zählwert x_i ist ein Einzelwert des zählbaren Merkmals.

Fortsetzung Seite 2 bis 11

Normenausschuß Materialprüfung (NMP) im DIN Deutsches Institut für Normung e.V.
Ausschuß Qualitätssicherung und angewandte Statistik (AQS) im DIN

Anmerkung: Dem Zählwert x_i entspricht bei meßbaren Merkmalen (siehe DIN 53 804 Teil 1) der Einzelwert x_i.

Der Größe nach geordnete Zählwerte werden mit $x_{(i)}$ bezeichnet.

Bei den in der vorliegenden Norm behandelten zählbaren (diskreten) Merkmalen werden die Merkmalswerte auf einer diskreten Skale dargestellt [6].

Beispiele für Zählabschnitte und zählbare Merkmale

Grundgesamtheit	Zählabschnitt	Zählbares Merkmal
Zeitspanne von 1960 bis 1980	1 Jahr	Anzahl der Unfälle in einem Jahr
Öffnungszeiten des Postschalters	1 Stunde	Anzahl der in einer Stunde am Postschalter ankommenden Kunden
Die ersten 2 Stunden der Anschaltzeit	1 Minute	Anzahl der in einer Minute von einer erhitzten Kathode emittierten Elektronen
Jahr 1980	24 Stunden	Anzahl der in 24 Stunden eine Mautstelle passierenden Fahrzeuge
Kabelproduktion im Monat Mai 1981	1000 m Kabel	Anzahl Isolationsfehler an 1000 m Kabel
Garnlieferung	100 000 m Garn	Anzahl Fadenbrüche auf 100 000 m Garn
Stücke einer Gewebekette	1 Gewebestück	Anzahl Fehler im Gewebestück
Blutprobe	Zählfeld vorgegebener Fläche	Anzahl der Erythrozyten im Zählfeld
Zellkultur	1 cm^3 Suspension	Anzahl Hefezellen in einem Kubikzentimeter Suspension
Fachbuch	4 Seiten	Anzahl Druckfehler auf 4 Seiten
Tagesproduktion von Tischplatten	3 Tischplatten	Anzahl Oberflächenfehler auf drei Tischplatten
Backofenfüllung von Rosinenbroten	1 Rosinenbrot	Anzahl Rosinen im Rosinenbrot

Anmerkung: Unsicherheiten bei der Abgrenzung des Zählabschnitts können das Zählergebnis beeinflussen; ihre quantitative Erfassung ist aber nicht Gegenstand dieser Norm.

3 Poisson-Verteilung

Für das Berechnen von Vertrauensbereichen und Testen von Hypothesen wird in dieser Norm vorausgesetzt, daß das zählbare Merkmal einer Poisson-Verteilung[1]) folgt. Die Wahrscheinlichkeitsfunktion der Poisson-Verteilung legt fest, mit welcher Wahrscheinlichkeit das Vorkommnis auf einem Zählabschnitt nullmal, einmal, zweimal, ..., m-mal, ... auftritt.

Einziger Parameter der Poisson-Verteilung ist der Erwartungswert μ; er gibt an, wie oft das Vorkommnis im Mittel auf dem betrachteten Zählabschnitt auftritt. Der Erwartungswert μ ist proportional zur Größe des Zählabschnitts, d. h. bei a-facher Vergrößerung des Zählabschnitts beträgt der Erwartungswert $a \cdot \mu$.

Varianz und Erwartungswert sind bei der Poisson-Verteilung stets gleich groß:

$$\sigma^2 = \mu \qquad (1)$$

Diese Beziehung kann zum Testen auf Poisson-Verteilung herangezogen werden. Statistische Tests auf Vorliegen einer Poisson-Verteilung siehe [1].

4 Kennwerte einer aus n Zählwerten bestehenden Stichprobe

Mittelwert:

$$\bar{x} = \frac{1}{n} \sum_{i=1}^{n} x_i \qquad (2)$$

Weitere Kennwerte siehe DIN 53 804 Teil 1.

5 Graphische Darstellung der Zählwerte

Es kann sinnvoll sein, die n Zählwerte nach gleichen Zahlenwerten zu sortieren. Dabei wird mit n_l ($l = 0, 1, 2, \ldots, k$) die Anzahl gleicher Zählwerte mit dem Zahlenwert l bezeichnet und es gilt:

$$\sum_{l=0}^{k} n_l = n \qquad (3)$$

Tabelle 1 zeigt ein Beispiel hierfür (siehe auch Beispiel A.4).

Tabelle 1. **Sortierte Zählwerte**

Zahlenwert des zählbaren Merkmals l	Anzahl gleicher Zählwerte n_l	Summe der Anzahlen $G_l = \sum_{i=0}^{l} n_i$
0	13	13
1	7	20
2	5	25
3	3	28
4	4	32
5	2	34
6	0	34
7	1	35
8	0	35
	$\sum_{l=0}^{k} n_l = 35$	

[1]) Siehe Seite 3

Werden über den Zahlenwerten l Stäbe mit den Höhen n_l aufgetragen, entsteht ein Stabdiagramm für die n Zählwerte (siehe Bild 1).

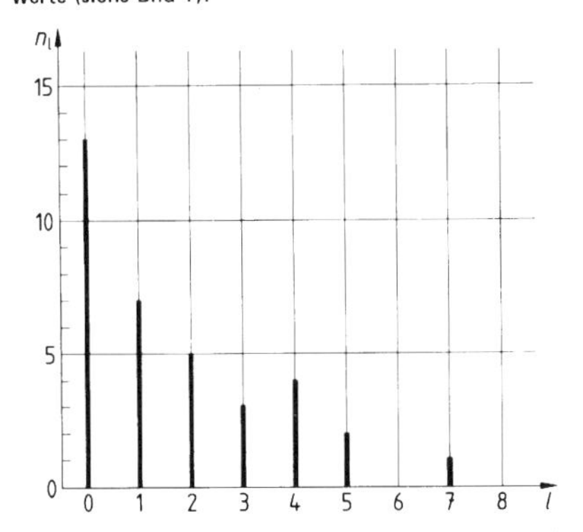

Bild 1. Stabdiagramm für die sortierten Zählwerte der Tabelle 1

Das Stabdiagramm liefert anschauliche Hinweise auf Eigenschaften der Verteilung (Symmetrie, Ausreißer, usw.).

Neben dem Stabdiagramm empfiehlt sich die Darstellung als Summentreppe, deren Sprünge bei den Zahlenwerten l liegen und deren Sprunghöhen gleich n_l sind (siehe Bild 2).

An der Summentreppe kann abgelesen werden, wieviele Zählwerte kleiner als ein vorgegebener Wert oder ihm gleich sind.

Anstelle der Anzahlen n_l können auch die relativen Häufgkeiten n_l/n für Stabdiagramm und Summentreppe verwendet werden. Dabei ist die Anzahl n der Zählwerte anzugeben.

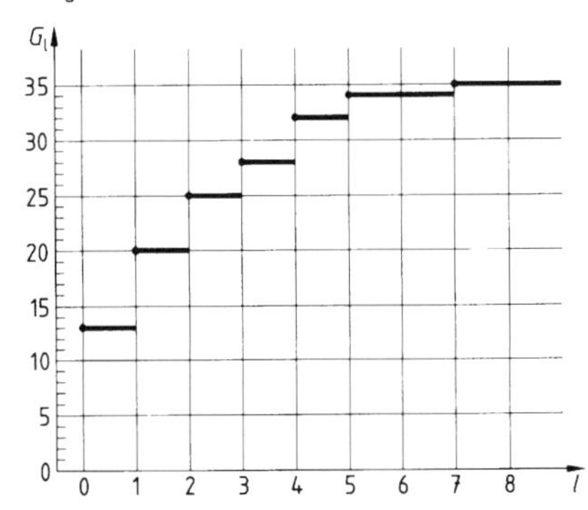

Bild 2. Summentreppe für die Zählwerte der Tabelle 1

[1]) Die Poisson-Verteilung wird mitunter als Verteilung seltener Ereignisse bezeichnet. Wie dabei das Wort „selten" zu verstehen ist, kann z. B. in [3] nachgelesen werden.

6 Schätzwert und Vertrauensbereich für den Erwartungswert bei Poisson-Verteilung

6.1 Bei einmaligem Auszählen

Der Schätzwert $\hat{\mu}$ (sprich: mü Dach) für den Erwartungswert μ der Anzahl der Vorkommnisse ist

$$\hat{\mu} = x \tag{4}$$

Die Vertrauensgrenzen μ_{un} und μ_{ob} des Vertrauensbereichs für μ bei zweiseitiger Abgrenzung,

$$\mu_{un} \leq \mu \leq \mu_{ob} \tag{5}$$

oder bei einseitiger Abgrenzung,

$$\mu_{un} \leq \mu \text{ bzw. } \mu_{ob} \geq \mu, \tag{6}$$

können in Abhängigkeit vom Zählwert x für das Vertrauensniveau $1 - \alpha = 0{,}95$ der Tabelle 2 entnommen werden (siehe Beispiel A.1).

Exakte Formeln zur Berechnung von μ_{un} und μ_{ob} sind bei zweiseitiger Abgrenzung

$$\mu_{un} = \frac{1}{2}\chi^2_{2x;\alpha/2}$$

und (7)

$$\mu_{ob} = \frac{1}{2}\chi^2_{2(x+1);1-\alpha/2}$$

bei einseitiger Abgrenzung

$$\mu_{un} = \frac{1}{2}\chi^2_{2x;\alpha}$$

bzw. (8)

$$\mu_{ob} = \frac{1}{2}\chi^2_{2(x+1);1-\alpha}$$

Die Werte $\chi^2_{f;\alpha}$ können dem Schrifttum, z. B. [1], [2], entnommen werden.

Für größere Werte von x (etwa $x \geq 40$) können die Vertrauensgrenzen näherungsweise

bei zweiseitiger Abgrenzung nach

$$\mu_{un} = \left(\sqrt{x} - \frac{1}{2}u_{1-\alpha/2}\right)^2$$

und (9)

$$\mu_{ob} = \left(\sqrt{x+1} + \frac{1}{2}u_{1-\alpha/2}\right)^2$$

bei einseitiger Abgrenzung nach

$$\mu_{un} = \left(\sqrt{x} - \frac{1}{2}u_{1-\alpha}\right)^2$$

bzw. (10)

$$\mu_{ob} = \left(\sqrt{x+1} + \frac{1}{2}u_{1-\alpha}\right)^2$$

berechnet werden [4].

Dabei sind $u_{1-\alpha}$ und $u_{1-\alpha/2}$ Tabellenwerte (Quantile) der standardisierten Normalverteilung, die in Tabelle 3 auszugsweise aufgeführt sind.

Eine bessere Näherung liefern die Formeln (11) bis (14), die für $x \geq -4 \cdot \ln \alpha$ (d. h. im Fall $1 - \alpha = 0{,}95$ für $x \geq -4 \cdot \ln 0{,}05 = 11{,}98$) Vertrauensgrenzen mit einem relativen Fehler von höchstens 0,1 % ergeben.

Bei zweiseitiger Abgrenzung werden mit dem Hilfswert

$$d_{\alpha/2} = \frac{u^2_{1-\alpha/2} - 15}{54} \tag{11}$$

Tabelle 2. **Vertrauensgrenzen μ_{un} und μ_{ob} für den Erwartungswert μ der Anzahl Vorkommnisse bei Poisson-Verteilung (Vertrauensniveau 1 − α = 0,95)**

Zählwert	Vertrauensniveau 1 − α = 0,95			
	zweiseitige Abgrenzung		einseitige Abgrenzung	
	untere Vertrauensgrenze	obere Vertrauensgrenze	untere Vertrauensgrenze	obere Vertrauensgrenze
x	μ_{un}	μ_{ob}	μ_{un}	μ_{ob}
0	0	3,69	0	3,00
1	0,025	5,57	0,051	4,74
2	0,242	7,22	0,355	6,30
3	0,619	8,77	0,818	7,75
4	1,09	10,24	1,37	9,15
5	1,62	11,67	1,97	10,51
6	2,20	13,06	2,61	11,84
7	2,81	14,42	3,29	13,15
8	3,45	15,76	3,98	14,43
9	4,12	17,08	4,70	15,71
10	4,80	18,39	5,43	16,96
11	5,49	19,68	6,17	18,21
12	6,20	20,96	6,92	19,44
13	6,92	22,23	7,69	20,67
14	7,65	23,49	8,46	21,89
15	8,40	24,74	9,25	23,10
16	9,15	25,98	10,04	24,30
17	9,90	27,22	10,83	25,50
18	10,67	28,45	11,63	26,69
19	11,44	29,67	12,44	27,88
20	12,22	30,89	13,25	29,06
22	13,79	33,31	14,89	31,41
24	15,38	35,71	16,55	33,75
26	16,98	38,10	18,22	36,08
28	18,61	40,47	19,90	38,39
30	20,24	42,83	21,59	40,69
35	24,38	48,68	25,87	46,40
40	28,58	54,47	30,20	52,07
45	32,82	60,21	34,56	57,70
50	37,11	65,92	38,96	63,29
55	41,43	71,59	43,40	68,85
60	45,79	77,23	47,85	74,39
65	50,17	82,85	52,33	79,91
70	54,57	88,44	56,83	85,40
75	58,99	94,01	61,35	90,89
80	63,44	99,57	65,88	96,35
85	67,90	105,10	70,42	101,80
90	72,37	110,63	74,98	107,24
95	76,86	116,13	79,56	112,66
100	81,36	121,63	84,14	118,08
120	99,49	143,49	102,57	139,64
150	126,96	176,02	130,44	171,76
200	173,24	229,72	177,32	224,87
500	457,13	545,81	463,80	538,38
1000	938,97	1064,00	948,56	1053,60

die Vertrauensgrenzen nach

$$\mu_{un} = \left(x - \frac{1}{3}\right) \cdot \left(1 - \frac{u_{1-\alpha/2}}{3\sqrt{x + d_{\alpha/2}}}\right)^3$$

und (12)

$$\mu_{ob} = \left(x + 1 - \frac{1}{3}\right) \cdot \left(1 + \frac{u_{1-\alpha/2}}{3\sqrt{x + 1 + d_{\alpha/2}}}\right)^3$$

und bei einseitiger Abgrenzung mit dem Hilfswert

$$d_\alpha = \frac{u_{1-\alpha}^2 - 15}{54} \qquad (13)$$

nach

$$\mu_{un} = \left(x - \frac{1}{3}\right) \cdot \left(1 - \frac{u_{1-\alpha}}{3\sqrt{x + d_\alpha}}\right)^3$$

bzw. (14)

$$\mu_{ob} = \left(x + 1 - \frac{1}{3}\right) \cdot \left(1 + \frac{u_{1-\alpha}}{3\sqrt{x + 1 + d_\alpha}}\right)^3$$

berechnet [5].

Tabelle 3. **Tabellenwerte $u_{1-\alpha/2}$ und $u_{1-\alpha}$ der standardisierten Normalverteilung**

$1-\alpha$	α	$u_{1-\alpha/2}$	$u_{1-\alpha}$
0,90	0,10	1,645	1,282
0,95	0,05	1,960	1,645
0,99	0,01	2,576	2,326
0,995	0,005	2,807	2,576
0,999	0,001	3,291	3,090

6.2 Bei n-maligem Auszählen

Bei n-maligem Auszählen (Zählwerte x_i) auf Zählabschnitten gleicher Art und der Größe A_i ist es erforderlich, die einzelnen Zählabschnitte rechnerisch zu einem erweiterten Zählabschnitt der Größe $B = \sum_{i=1}^{n} A_i$ und die Zählwerte x_i zum darauf gefundenen Zählwert $x = \sum_{i=1}^{n} x_i$ zusammenzufassen.

Der Schätzwert für den Erwartungswert μ_B der Anzahl Vorkommnisse auf dem erweiterten Zählabschnitt der Größe B ist $\hat{\mu}_B = x$, der Vertrauensbereich für μ_B bei zweiseitiger Abgrenzung ergibt sich nach (5), bei einseitiger Abgrenzung nach (6), siehe Beispiel A.2.

Die Umrechnung auf einen anderen Zählabschnitt erfolgt nach Abschnitt 6.3.

Der Schätzwert $\hat{\mu}_A$ für den Erwartungswert μ_A der Anzahl der Vorkommnisse ist bei n-maligem Auszählen auf Zählabschnitten gleicher Art und Größe A

$$\hat{\mu}_A = \bar{x} \qquad (15)$$

Zur Berechnung der Vertrauensgrenzen für den Erwartungswert μ_A werden mit dem Zählwert $x = \sum_{i=1}^{n} x_i$ die Vertrauensgrenzen für den dann zum erweiterten Zählabschnitt der Größe $B = \sum_{i=1}^{n} A_i = n \cdot A$ gehörenden Erwartungswert μ_B der Tabelle 2 entnommen und auf den

Zählabschnitt der Größe $A = \frac{1}{n} B$ nach (17) umgerechnet, siehe Beispiel A.4.

6.3 Umrechnen auf einen anderen Zählabschnitt

Ist der Schätzwert $\hat{\mu}_A$ für den Erwartungswert μ_A der Anzahl Vorkommnisse auf einem Zählabschnitt der Größe A ermittelt worden, kann daraus der Schätzwert $\hat{\mu}_C$ für den Erwartungswert μ_C der Anzahl Vorkommnisse auf einem Zählabschnitt der Größe C nach der Formel

$$\hat{\mu}_C = \frac{C}{A} \hat{\mu}_A \tag{16}$$

ermittelt werden.

Die Vertrauensgrenzen für den Erwartungswert μ_C sind

$$\mu_{C\,un} = \frac{C}{A} \mu_{A\,un}, \mu_{C\,ob} = \frac{C}{A} \mu_{A\,ob} \tag{17}$$

wobei die Werte $\mu_{A\,un}$ und $\mu_{A\,ob}$ entsprechend (5) oder (6) zum Zählwert x – ermittelt auf dem Zählabschnitt der Größe A – aus Tabelle 2 entnommen werden (siehe Beispiel A.3).

7 Testen von Erwartungswerten bei Poisson-Verteilung

7.1 Vergleich eines Erwartungswertes mit einem vorgegebenen Wert

Mit diesem Vergleich wird geprüft, ob der Erwartungswert μ_C der Anzahl Vorkommnisse auf einem Zählabschnitt der Größe C von einem vorgegebenen Wert K_C abweicht. Hierfür steht ein Zählwert x, ermittelt auf einem Zählabschnitt der Größe A, zur Verfügung.

Dem vorgegebenen Wert K_C entspricht auf einem Zählabschnitt der Größe A ein vorgegebener Wert

$$K_A = \frac{A}{C} \cdot K_C \tag{18}$$

Auf dem Vertrauensniveau $1 - \alpha$ wird der Vertrauensbereich für den Erwartungswert μ_A der Anzahl Vorkommnisse auf einem Zählabschnitt der Größe A nach (5) ermittelt. Es wird nun festgestellt, ob der Wert K_A innerhalb dieses Vertrauensbereichs liegt. Das entspricht einem zweiseitigen Test der Nullhypothese

$$H_0: \ \mu_A = K_A \ \text{bzw.}\ \mu_C = K_C$$

gegen die Alternativhypothese

$$H_1: \ \mu_A \neq K_A \ \text{bzw.}\ \mu_C \neq K_C$$

auf dem Signifikanzniveau α.

Liegt K_A innerhalb dieses Vertrauensbereiches, kann die Nullhypothese nicht verworfen werden. Liegt K_A außerhalb, wird die Nullhypothese zugunsten der Alternativhypothese verworfen (siehe Beispiel A.5).

Soll ein einseitiger Test der Nullhypothese $H_0: \mu_A \geq K_A$ bzw. $\mu_C \geq K_C$ gegen die Alternativhypothese H_1: $\mu_A < K_A$ bzw. $\mu_C < K_C$ durchgeführt werden, dann muß der Vertrauensbereich einseitig nach oben abgegrenzt werden (Vertrauensgrenze μ_{ob}). Die Nullhypothese wird verworfen, wenn $K_A > \mu_{ob}$ ist.

Das Gesagte gilt analog für die untere Vertrauensgrenze (siehe Beispiel A.6).

Die vorstehenden Ausführungen sind in Tabelle 4 zusammengefaßt.

7.2 Vergleich zweier Erwartungswerte

Es liegen zwei Zählergebnisse x_1 bzw. x_2 vor, ermittelt auf Zählabschnitten der Größe B_1 bzw. B_2. Mit Hilfe dieser Stichprobenergebnisse soll geprüft werden, ob die zugehörigen Erwartungswerte übereinstimmen, wenn beide auf Zählabschnitte gleicher Größe bezogen werden.

Die Nullhypothese lautet dann

$$H_0: \ \frac{\mu_1}{B_1} = \frac{\mu_2}{B_2} \tag{19}$$

Ihr wird beim zweiseitigen Test die Alternativhypothese

$$H_1: \ \frac{\mu_1}{B_1} \neq \frac{\mu_2}{B_2} \tag{20}$$

gegenübergestellt.

Zur Vereinfachung des Tests werden die Stichproben so numeriert, daß

$$\frac{x_1}{B_1} \geq \frac{x_2}{B_2} \tag{21}$$

ist.

Der Prüfwert

$$F = \frac{x_1}{x_2 + 1} \cdot \frac{B_2}{B_1} \tag{22}$$

wird mit dem Tabellenwert $F_{2(x_2+1);2x_1;1-\alpha/2}$ der F-Verteilung verglichen, der für das Signifikanzniveau $\alpha = 0{,}05$ aus Tabelle 5 entnommen werden kann.

Die Nullhypothese wird verworfen, falls

$$F > F_{2(x_2+1);2x_1;1-\alpha/2} \tag{23}$$

ist (siehe Beispiel A.7).

Lautet die Alternativhypothese

$$H_1: \ \frac{\mu_1}{B_1} > \frac{\mu_2}{B_2}$$

so liegt ein Test mit einseitiger Fragestellung vor, siehe [1].

Die vorstehenden Ausführungen sind in Tabelle 6 zusammengefaßt.

Tabelle 4. **Übersicht der Testanweisungen**

Art des Tests	Nullhypothese H_0	Alternativhypothese H_1	H_0 wird nicht verworfen, wenn	H_0 wird verworfen, wenn
zweiseitig	$\mu = K$	$\mu \neq K$	$\mu_{un} \leq K \leq \mu_{ob}$	$K < \mu_{un}$ oder $\mu_{ob} < K$
einseitig	$\mu \leq K$	$\mu > K$	$\mu_{un} \leq K$	$K < \mu_{un}$
einseitig	$\mu \geq K$	$\mu < K$	$K \leq \mu_{ob}$	$\mu_{ob} < K$

Tabelle 5. **Tabellenwerte $F_{f_1;f_2;1-\alpha/2}$ der F-Verteilung für den zweiseitigen Test mit α = 0,05**

f_2 \ f_1	2	4	6	8	10	12	14	16	18	20	24	50	500
2	39,00	39,25	39,33	39,37	39,40	39,41	39,43	39,44	39,44	39,45	39,46	39,48	39,5
4	10,65	9,60	9,20	8,98	8,84	8,75	8,68	8,63	8,59	8,56	8,51	8,38	8,27
6	7,26	6,23	5,82	5,60	5,46	5,37	5,30	5,24	5,20	5,17	5,12	4,98	4,86
8	6,06	5,05	4,65	4,43	4,30	4,20	4,13	4,08	4,03	4,00	3,95	3,81	3,68
10	5,46	4,47	4,07	3,85	3,72	3,62	3,55	3,50	3,45	3,42	3,37	3,22	3,09
12	5,10	4,12	3,73	3,51	3,37	3,28	3,21	3,15	3,11	3,07	3,02	2,87	2,74
14	4,86	3,89	3,50	3,29	3,15	3,05	2,98	2,92	2,88	2,84	2,79	2,64	2,50
16	4,69	3,73	3,34	3,12	2,99	2,89	2,82	2,76	2,72	2,68	2,63	2,47	2,33
18	4,56	3,61	3,22	3,01	2,87	2,77	2,70	2,64	2,60	2,56	2,50	2,35	2,20
20	4,46	3,51	3,13	2,91	2,77	2,68	2,60	2,55	2,50	2,46	2,41	2,25	2,10
30	4,18	3,25	2,87	2,65	2,51	2,41	2,34	2,28	2,23	2,20	2,14	1,97	1,81
60	3,93	3,01	2,63	2,41	2,27	2,17	2,09	2,03	1,98	1,94	1,88	1,70	1,51
120	3,80	2,89	2,52	2,30	2,16	2,05	1,98	1,92	1,87	1,82	1,76	1,56	1,34
200	3,76	2,85	2,47	2,26	2,11	2,01	1,93	1,87	1,82	1,78	1,71	1,51	1,27
500	3,72	2,81	2,43	2,22	2,07	1,97	1,89	1,83	1,78	1,74	1,67	1,46	1,19

Ablesebeispiel: Bei f_1 = 14 und f_2 = 188 ergibt sich durch Interpolation $F_{f_1,f_2;1-\alpha/2} = F_{14,188;0,975} = 1,94$

Tabelle 6. **Übersicht der Testanweisungen**

Art des Tests	Nullhypothese H_0	Alternativhypothese H_1	H_0 wird nicht verworfen, wenn	H_0 wird verworfen, wenn
zweiseitig	$\frac{\mu_1}{B_1} = \frac{\mu_2}{B_2}$	$\frac{\mu_1}{B_1} \neq \frac{\mu_2}{B_2}$	$F \leq F_{f_1,f_2;1-\alpha/2}$	$F > F_{f_1,f_2;1-\alpha/2}$
einseitig	$\frac{\mu_1}{B_1} \leq \frac{\mu_2}{B_2}$	$\frac{\mu_1}{B_1} > \frac{\mu_2}{B_2}$	$F \leq F_{f_1,f_2;1-\alpha}$	$F > F_{f_1,f_2;1-\alpha}$

mit $f_1 = 2\,(x_2 + 1)$; $f_2 = 2\,x_1$

Tabelle 7. **Tabellenwerte $F_{f_1,f_2;1-\alpha}$ der F-Verteilung für den einseitigen Test mit α = 0,05**

f_2 \ f_1	2	4	6	8	10	12	14	16	18	20	24	50	500
2	19,00	19,25	19,33	19,37	19,40	19,41	19,42	19,43	19,44	19,45	19,45	19,48	19,5
4	6,94	6,39	6,16	6,04	5,96	5,91	5,87	5,84	5,82	5,80	5,77	5,70	5,64
6	5,14	4,53	4,28	4,15	4,06	4,00	3,96	3,92	3,90	3,87	3,84	3,75	3,68
8	4,46	3,84	3,58	3,44	3,35	3,28	3,24	3,20	3,17	3,15	3,12	3,02	2,94
10	4,10	3,48	3,22	3,07	2,98	2,91	2,86	2,83	2,80	2,77	2,74	2,64	2,55
12	3,89	3,26	3,00	2,85	2,75	2,69	2,64	2,60	2,57	2,54	2,51	2,40	2,31
14	3,74	3,11	2,85	2,70	2,60	2,53	2,48	2,44	2,41	2,39	2,35	2,24	2,14
16	3,63	3,01	2,74	2,59	2,49	2,42	2,37	2,33	2,30	2,28	2,24	2,12	2,02
18	3,55	2,93	2,66	2,51	2,41	2,34	2,29	2,25	2,22	2,19	2,15	2,04	1,93
20	3,49	2,87	2,60	2,45	2,35	2,28	2,22	2,18	2,15	2,12	2,08	1,97	1,86
30	3,32	2,69	2,42	2,27	2,16	2,09	2,04	1,99	1,96	1,93	1,89	1,76	1,64
60	3,15	2,53	2,25	2,10	1,99	1,92	1,86	1,82	1,78	1,75	1,70	1,56	1,41
120	3,07	2,45	2,18	2,02	1,91	1,83	1,78	1,73	1,69	1,66	1,61	1,46	1,28
200	3,04	2,42	2,14	1,98	1,88	1,80	1,74	1,69	1,66	1,62	1,57	1,41	1,22
500	3,01	2,39	2,12	1,96	1,85	1,77	1,71	1,66	1,62	1,59	1,54	1,38	1,16

Ablesebeispiel: Bei f_1 = 46 und f_2 = 12 ergibt sich durch Interpolation $F_{f_1,f_2;1-\alpha} = F_{46,12;0,95} = 2,41$

Anhang A

Beispiele aus der Textiltechnik

Beispiel A.1:

zu Abschnitt 6.1. Schätzwert und Vertrauensbereich für den Erwartungswert bei einmaligem Auszählen

Zur Beurteilung des Aussehens von Gewebestücken sowie zur Ermittlung von Vorgabewerten für die Stopferei ist u. a. die Erfassung von Garndickstellen im Stück selbst von Bedeutung. Auf einem Gewebestück von 25 m Länge und 1,50 m Breite wurden bei einmaligem Auszählen 22 Garndickstellen festgestellt.

Der Schätzwert ist nach (4)

$$\hat{\mu} = x = 22$$

Damit ergibt sich aus Tabelle 2 auf dem Vertrauensniveau $1 - \alpha = 0{,}95$ der Vertrauensbereich nach (5) zu $13{,}79 \leq \mu \leq 33{,}31$, d. h. auf dem genannten Vertrauensniveau liegt die mittlere Anzahl von Garndickstellen auf Gewebestücken von 25 m Länge und 1,50 m Breite (betrachteter Zählabschnitt) zwischen 13,7 und 33,4.

Mit diesen Werten lassen sich beispielsweise Zeitvorgaben für die Stopferei errechnen oder Beurteilungen von Fremdlieferungen vornehmen.

Beispiel A.2:

zu Abschnitt 6.2. Schätzwert und Vertrauensbereich für den Erwartungswert bei n-maligem Auszählen

Beim Auszählen der Garndickstellen in 10 Webstücken unterschiedlicher Länge (Breite 1,50 m) ergaben sich die Zählwerte der Tabelle A.1.

Tabelle A.1. **10 Zählungen auf unterschiedlichen Zählabschnitten**

i	Länge A_i des Gewebestückes in m	Garndickstellen Anzahl x_i
1	55,1	35
2	56,6	30
3	47,6	43
4	51,4	63
5	49,0	35
6	48,9	27
7	52,0	42
8	50,3	34
9	52,4	27
10	54,5	38
	$\Sigma A_i = 517{,}8$	$\Sigma x_i = 374$

Die einzelnen Zählwerte x_i werden zu einem Zählwert $x = \sum_{i=1}^{10} x_i = 374$ auf dem erweiterten Zählabschnitt der Größe $B = \sum_{i=1}^{10} A_i = 517{,}8$ zusammengefaßt. Der Schätzwert bezogen auf einen Zählabschnitt von 517,8 m Länge ist nach (4) 374 Dickstellen.

Der Vertrauensbereich für μ_B entsprechend (5) wird nach der Näherungsformel (9) berechnet, da die Abstufung der Tabelle 2 in diesem Bereich zu grob ist.

Für $\alpha = 0{,}05$ ergibt sich nach (9):

$$\mu_{un} = \left(\sqrt{x} - \frac{1}{2} u_{0,975}\right)^2$$

$$= \left(\sqrt{374} - \frac{1}{2} \cdot 1{,}96\right)^2 = 337{,}06$$

$$\mu_{ob} = \left(\sqrt{x+1} + \frac{1}{2} u_{0,975}\right)^2$$

$$= \left(\sqrt{375} + \frac{1}{2} \cdot 1{,}96\right)^2 = 413{,}92$$

Vergleichsweise würde sich nach den Formeln (11) und (12) ergeben

$$d_{0,05} = \frac{1{,}96^2 - 15}{54} = -0{,}206637$$

und damit

$$\mu_{un} = \left(374 - \frac{1}{3}\right) \cdot \left(1 - \frac{1{,}96}{3\sqrt{374 - 0{,}206637}}\right)^3$$

$$= 337{,}05$$

$$\mu_{ob} = \left(374 + 1 - \frac{1}{3}\right)$$

$$\cdot \left(1 + \frac{1{,}96}{3\sqrt{374 + 1 - 0{,}206637}}\right)^3 = 413{,}89$$

d. h. $337{,}1 \leq \mu_B \leq 413{,}9$

Der Erwartungswert μ_B von Dickstellen auf Zählabschnitten von 517,8 m Länge liegt also zwischen 337 und 414.

Aus diesen Werten können Schätzwert und Vertrauensbereich auf einem mittleren Zählabschnitt C von 50 m Länge berechnet werden. Der Schätzwert für den Erwartungswert ist nach (16)

$$\hat{\mu}_C = \frac{50}{517{,}8} \cdot 374 = 36{,}11$$

die Vertrauensgrenzen nach (17)

$$\mu_{C\,un} = \frac{50}{517{,}8} \cdot 337{,}06 = 32{,}55$$

$$\mu_{C\,ob} = \frac{50}{517{,}8} \cdot 413{,}92 = 39{,}97$$

Auf einem mittleren Zählabschnitt von 50 m Länge (1,50 m Breite) und dem Vertrauensniveau $1 - \alpha = 0{,}95$ liegt der Erwartungswert der Dickstellen zwischen 32,5 und 40,0.

Anmerkung: Falsch wäre es, mit dem Schätzwert $\hat{\mu} = 36{,}11$ die Vertrauensgrenzen aus Tabelle 2 zu ermitteln; der etwa zehnmal so große Zählabschnitt bliebe dann unberücksichtigt.

Beispiel A.3:

zu Abschnitt 6.3. Schätzwert und Vertrauensbereich für den Erwartungswert beim Umrechnen auf einen anderen Zählabschnitt

Sollen aus dem Zählwert des Beispiels A.1 ($x = 22$ Dickstellen auf einem Zählabschnitt von 25 m Länge und 1,50 m Breite) Schätzwert und Vertrauensbereich auf Zählabschnitten von 50 m Länge und 1,50 m Breite ermittelt werden, so sind die Ergebnisse aus Beispiel A.1 mit $A = 25$ und $C = 50$ umzurechnen.

Nach (16) ergibt sich der Schätzwert

$$\hat{\mu}_C = \frac{C}{A} \cdot \hat{\mu}_A = \frac{50}{25} \cdot 22 = 44$$

Die Vertrauensgrenzen sind (bei $1 - \alpha = 0{,}95$) entsprechend (17):

$$\mu_{C\,un} = \frac{C}{A} \cdot \mu_{A\,un} = \frac{50}{25} \cdot 13{,}79 = 27{,}58$$

$$\mu_{C\,ob} = \frac{C}{A} \cdot \mu_{A\,ob} = \frac{50}{25} \cdot 33{,}31 = 66{,}62$$

Aus dem Vertrauensniveau $1 - \alpha = 0{,}95$ liegt die mittlere Anzahl von Garndickstellen auf Gewebestücken von 50 m Länge und 1,50 m Breite zwischen 27,5 und 66,7.

Anmerkung: Falsch wäre es, mit $\hat{\mu}_C = 44$ die Vertrauensgrenzen aus Tabelle 2 zu entnehmen, da sich die Tabelle 2 nur auf Zählwerte x und Summen von Zählwerten (nicht aber auf umgerechnete Zählwerte) bezieht.

Beispiel A.4:

zu Abschnitt 6.3 und Abschnitt 5. Schätzwerte und Vertrauensbereich für den Erwartungswert aus sortierten Zählwerten

Für eine neue Partie ergaben sich beim Auszählen der Fadenbrüche in Webstücken gleicher Länge und Breite (50 m x 1,50 m) 36 Zählwerte, die in Tabelle A.2 sortiert aufgeführt sind.

Tabelle A.2. **Sortierte Zählwerte**

Zahlenwert des zählbaren Merkmals Fadenbrüche je Webstück l	Anzahl gleicher Zählwerte n_l	Summe der Anzahlen n_i $G_l = \sum_{i=0}^{l} n_i$	$n_l \cdot l$
0	1	1	0
1	1	2	1
2	2	4	4
3	4	8	12
4	3	11	12
5	7	18	35
6	6	24	36
7	5	29	35
8	3	32	24
9	1	33	9
10	1	34	10
11	1	35	11
12	0	35	0
13	1	36	13
	$n = \sum_{l=0}^{13} n_l = 36$		$\sum_{l=0}^{13} n_l\, l = 202 = \sum_{i=1}^{n} x_i$

Der Schätzwert $\hat{\mu}_A$ ist nach (15) und (2):

$$\hat{\mu}_A = \bar{x} = \frac{\Sigma x_i}{n} = \frac{202}{36} = 5{,}611$$

Bezogen auf den erweiterten Zählabschnitt der Länge

$$B = \sum_{i=1}^{13} A_i = 36\,A$$

(d. h. auf einem Zählabschnitt von 36 · 50 m = 1800 m Länge) ist der Schätzwert für den Erwartungswert μ_B der Anzahl Fadenbrüche

$$\hat{\mu}_B = \sum_{i=1}^{36} x_i = 202$$

der Vertrauensbereich nach (5) und (9) auf dem Vertrauensniveau $1 - \alpha = 0{,}95$

$$\left(\sqrt{x} - \frac{1}{2} u_{1-\alpha/2}\right)^2 \leq \mu_B \leq \left(\sqrt{x+1} + \frac{1}{2} u_{1-\alpha/2}\right)^2$$

$$\left(\sqrt{202} - \frac{1}{2} \cdot 1{,}96\right)^2 \leq \mu_B \leq \left(\sqrt{203} + \frac{1}{2} \cdot 1{,}96\right)^2$$

$$175{,}10 \leq \mu_B \leq 231{,}89$$

Vergleichsweise ergibt sich nach (11)

$$d_{\alpha/2} = d_{0{,}025} = \frac{1{,}96^2 - 15}{54} = -0{,}206637$$

und nach (12)

$$\mu_{un} = \left(202 - \frac{1}{3}\right) \cdot \left(1 - \frac{1{,}96}{3\sqrt{202 - 0{,}206637}}\right)^3 = 175{,}10$$

$$\mu_{ob} = \left(202 + 1 - \frac{1}{3}\right) \cdot \left(1 - \frac{1{,}96}{3\sqrt{203 - 0{,}206637}}\right)^3 = 231{,}86$$

Beispiel A.5:

zu Abschnitt 7.1. Vergleich eines Erwartungswertes mit einem vorgegebenen Wert, zweiseitiger Test

Mit den Werten des Beispiels A.4 soll festgestellt werden, ob der Erwartungswert der Fadenbruchanzahlen der neuen Partie mit einem vorgegebenen Wert (Erfahrungswert der bisherigen Produktion) von 6,5 Fadenbrüchen, bezogen auf Gewebestücklängen von 50 m, übereinstimmt ($\alpha = 0{,}05$).

Der Vertrauensbereich für den Erwartungswert μ_A auf Zählabschnitten von 50 m ergibt sich durch Umrechnen entsprechend (17):

$$\frac{A}{B} \mu_{B\,un} \leq \mu_A \leq \frac{A}{B} \mu_{B\,ob}$$

$$\frac{1}{36} \cdot 175{,}10 \leq \mu_A \leq \frac{1}{36} \cdot 231{,}89$$

$$4{,}86 \leq \mu_A \leq 6{,}44$$

Der Erfahrungswert $K_A = 6{,}5$ liegt außerhalb dieser Grenzen; die untersuchte Partie hat signifikant niedrigere Fadenbruchwerte als die bisherige Produktion.

Beispiel A.6:

zu Abschnitt 7.1. Vergleich eines Erwartungswertes mit einem vorgegebenen Wert, einseitiger Test

Für das Ausbessern von Garndickstellen ist die Vorgabezeit so festgelegt, daß bei Gewebestücken von 50 m Länge und 1,50 m Breite im Mittel nicht mehr als 30 Dickstellen auftreten. Beim Einsatz einer neuen Garnpartie soll überprüft werden, ob diese Bedingung eingehalten wird. Im ersten Gewebestück der neuen Produktion werden auf 55,1 m Länge 35 Garndickstellen gezählt (siehe Beispiel A.2, Tabelle A.1).

Dem vorgegebenen Wert K_C = 30 Dickstellen (C = 50 m) entspricht bezogen auf den geprüften Zählabschnitt A (55,1 m) nach (18) ein Vorgabewert

$$K_A = \frac{55,1}{50} \cdot 30 = 33,06$$

Auf dem Vertrauensniveau $1 - \alpha = 0,95$ ergibt sich nach Tabelle 2 bei einseitiger Abgrenzung und einem Zählwert x = 35 für den Erwartungswert μ_A die untere Vertrauensgrenze 25,87. Diese untere Vertrauensgrenze für den Erwartungswert unterschreitet den vorgegebenen Wert K_A = 33,06; die Nullhypothese $\mu_A \leq K_A$ kann also nicht verworfen werden.

Bei der Prüfung von 9 weiteren Gewebestücken ergaben sich die restlichen Zahlen der Tabelle A.1. Für den erweiterten Zählabschnitt von 517,8 m Länge wurden 374 Garndickstellen festgestellt. Nach (10) beträgt die untere Vertrauensgrenze

$$\left(\sqrt{x} - \frac{1}{2}u_{1-\alpha}\right)^2 = \left(\sqrt{374} - \frac{1,645}{2}\right)^2 = 18,52^2 = 342,86$$

Vergleichsweise ergibt sich nach (13)

$$d_\alpha = d_{0,05} = \frac{1,645^2 - 15}{54} = -0,227666$$

und nach (14)

$$\mu_{un} = \left(374 - \frac{1}{3}\right) \cdot \left(1 - \frac{1,645}{3\sqrt{374 - 0,227666}}\right)^3 = 342,76$$

Die Umrechnung der unteren Vertrauensgrenze auf einen Zählabschnitt von 50 m Länge ergibt nach (17):

$$\frac{50}{517,8} \cdot 342,8 = 33,1.$$

Der Erwartungswert, bezogen auf Zählabschnitte von 50 m Länge, hat die untere Vertrauensgrenze von 33 Dickstellen. Der Vorgabewert von 30 Garndickstellen liegt signifikant darunter. Eine Anpassung der Vorgabezeit ist erforderlich.

Beispiel A.7:

zu Abschnitt 7.2. Vergleich zweier Erwartungswerte

Bei Lieferungen von Flachsgarn gleichen Typs, die von verschiedenen Lieferanten stammen, soll geprüft werden, ob ihre mittleren Fehleranzahlen gleich sind (Signifikanzniveau α = 0,05). Mit Hilfe eines Elkometers wurden die Garnfehler (dicke Stellen und Knoten) gezählt. Es ergaben sich:

Lieferung 1: geprüfte Länge 10 540 m, Anzahl der Garnfehler: 253

Lieferung 2: geprüfte Länge 11 040 m, Anzahl der Garnfehler: 114

Die Bedingung (21) ist erfüllt:

$$\frac{x_1}{B_1} = \frac{253}{10\,540} = 0,0240 \geq 0,0103 = \frac{114}{11\,040} = \frac{x_2}{B_2}$$

Nach (22) beträgt der Prüfwert

$$F = \frac{x_1}{x_2 + 1} \cdot \frac{B_2}{B_1} = \frac{253}{115} \cdot \frac{11\,040}{10\,540} = 2,3044$$

Der Tabellenwert für das Signifikanzniveau α = 0,05 und die Freiheitsgrade $f_1 = 2\,(x_2 + 1) = 230$, $f_2 = 2 \cdot x_1 = 506$ ist $F_{230;506;0,975}$ = 1,27.

Die Nullhypothese, daß die mittleren Fehleranzahlen der Garne gleich sind, wird nach (23):

$$F = 2,3044 > F_{230;506;0,975} = 1,27$$

verworfen; die Lieferung 2 hat eine niedrigere mittlere Garnfehleranzahl als die Lieferung 1. Die Lieferanten produzieren bezüglich der untersuchten Fehlerarten kein gleichwertiges Material.

Anhang B

Übersicht über die benutzten Formelzeichen

Zeichen	Bedeutung
a	Konstante oder vorgegebener Wert
A, B, C	Größe der Zählabschnitte
$d_\alpha, d_{\alpha/2}$	Hilfswerte
f, f_1, f_2	Zahl der Freiheitsgrade
$F_{f_1;f_2;1-\alpha}$	$(1-\alpha)$-Quantil — Tabellenwert der F-Verteilung
$F_{f_1;f_2;1-\alpha/2}$	$(1-\alpha/2)$-Quantil — Tabellenwert der F-Verteilung
G_1	Summe der Anzahlen
H_0	Nullhypothese
H_1	Alternativhypothese
i	laufender Index für Zählwerte oder Zählabschnitte
k	größter Zahlenwert des zählbaren Merkmals
K, K_A, K_C	Konstanten oder vorgegebene Werte
l	Zahlenwert des zählbaren Merkmals
n	Anzahl Zählwerte einer Stichprobe
n_1	Anzahl gleicher Zählwerte
$u_{1-\alpha}$	$(1-\alpha)$-Quantil — Tabellenwert der standardisierten Normalverteilung
$u_{1-\alpha/2}$	$(1-\alpha/2)$-Quantil — Tabellenwert der standardisierten Normalverteilung
x	Zählwert
$\overline{x}$	arithmetischer Mittelwert der Zählwerte einer Stichprobe
x_i	i-ter Zählwert
$x_{(i)}$	i-ter Zählwert in aufsteigender Reihenfolge
α	Signifikanzniveau beim Testen von Hypothesen
$1-\alpha$	Vertrauensniveau beim Festlegen von Vertrauensbereichen
μ	Parameter der Poisson-Verteilung, Erwartungswert der Zählwerte in der Grundgesamtheit
μ_A, μ_C	Erwartungswert auf dem Zählabschnitt der Größe A, C
$\hat{\mu}$	Schätzwert für den Parameter der Poisson-Verteilung
$\hat{\mu}_A, \hat{\mu}_C$	Schätzwert für μ_A, μ_C
$\mu_{ob}, \mu_{A\,ob}$	obere Grenze des Vertrauensbereiches für μ, μ_A
$\mu_{un}, \mu_{A\,un}$	untere Grenze des Vertrauensbereiches für μ, μ_A
σ^2	Varianz der Zählwerte in der Grundgesamtheit

Zitierte Normen und andere Unterlagen

DIN 1319 Teil 1	Grundbegriffe der Meßtechnik; Messen, Zählen, Prüfen
DIN 13 303 Teil 1	Stochastik; Wahrscheinlichkeitstheorie, Gemeinsame Grundbegriffe der mathematischen und der beschreibenden Statistik, Begriffe und Zeichen
DIN 13 303 Teil 2	Stochastik; Mathematische Statistik, Begriffe und Zeichen
DIN 53 804 Teil 1	Statistische Auswertungen; Meßbare (kontinuierliche) Merkmale
DIN 53 804 Teil 3	Statistische Auswertungen; Ordinalmerkmale
DIN 53 804 Teil 4	Statistische Auswertungen; Attributmerkmale
DIN 55 350 Teil 12	Begriffe der Qualitätssicherung und Statistik; Begriffe der Qualitätssicherung, Merkmalsbezogene Begriffe
DIN 55 350 Teil 14	(z. Z. Entwurf) Begriffe der Qualitätssicherung und Statistik; Begriffe der Qualitätssicherung, Begriffe der Probenahme
DIN 55 350 Teil 21	Begriffe der Qualitätssicherung und Statistik; Begriffe der Statistik, Zufallsgrößen und Wahrscheinlichkeitsverteilungen
DIN 55 350 Teil 22	Begriffe der Qualitätssicherung und Statistik; Begriffe der Statistik, Spezielle Wahrscheinlichkeitsverteilungen
DIN 55 350 Teil 23	Begriffe der Qualitätssicherung und Statistik; Begriffe der Statistik, Beschreibende Statistik
DIN 55 350 Teil 24	Begriffe der Qualitätssicherung und Statistik; Begriffe der Statistik, Schließende Statistik

[1] Graf/Henning/Wilrich: Statistische Methoden bei textilen Untersuchungen. Springer Verlag, Berlin, Heidelberg, New York, 2. Auflage 1974

[2] Graf/Henning/Stange: Formeln und Tabellen der mathematischen Statistik. Springer Verlag, Berlin, Heidelberg, New York, 2. Auflage 1966

[3] Henning, H.: Zufallseinflüsse beim Zählen von Stillständen, Brüchen und Fehlern. Text.-Praxis **11**, 1956, 4, Seite 361–368

[4] Sachs, L.: Angewandte Statistik. Springer Verlag, Berlin, Heidelberg, New York, 5. Auflage 1978

[5] Borges, R.: Modifizierte zentrale Vertrauensintervalle für den Erwartungswert der Poisson-Verteilung. Qualität und Zuverlässigkeit **29** (1984) Seite 323–325

[6] Padberg, K.-H., Wilrich, P.-Th.: Die Auswertung von Daten und ihre Abhängigkeit von der Merkmalsart. Qualität und Zuverlässigkeit **26** (1981) Seite 179–183, 210–214

Weitere Unterlagen

Yamane: Statistik, Band 2. Fischer Taschenbuchverlag, Frankfurt 1976

Reinfeld, M., Tränkle, U.: Signifikanztabellen statistischer Testverteilungen. R. Oldenbourg Verlag, München, Wien, 1976

Wissenschaftliche Tabellen Geigy, Teilband Statistik. 8. Auflage, Basel, 1980

Erläuterungen

Der Arbeitsausschuß NMP/AQS 544 „Statistische Fragen in der Textilprüfung" hat im Zuge der Überarbeitung von DIN 53 804, Ausgabe Januar 1961, die vorliegende Norm erstellt.

Dieser Teil 2 erweitert die ursprüngliche Norm und befaßt sich mit zählbaren Merkmalen, d. h. mit Anzahlen von Vorkommnissen auf definierten Zählabschnitten.

Um die Entwicklungen der internationalen Normung zu berücksichtigen, wurde insbesondere der bisher benutzte Begriff „Statistische Sicherheit $S = 1 - \alpha$" ersetzt durch die Begriffe „Vertrauensniveau $1 - \alpha$" bei Vertrauensbereichen bzw. „Signifikanzniveau α" bei statistischen Tests. Der bisher gebräuchliche Begriff „Irrtumswahrscheinlichkeit" soll aus Gründen der Vereinheitlichung ebenfalls vermieden werden und ist deshalb in die vorliegende Norm nicht aufgenommen. Die Quantile der Normal- und F-Verteilung, die zur Abgrenzung von Vertrauensbereichen und bei Tests als kritsche Werte zur Anwendung kommen, wurden bisher als „Schwellenwerte" bezeichnet. Dieser Begriff, der nicht mehr verwendet werden soll, ist durch den Begriff „Tabellenwert" ersetzt.

Internationale Patentklassifikation

G 06 F 15-36

DK 519.2 : 311.1/.2

Januar 1982

Statistische Auswertungen

Ordinalmerkmale

DIN 53 804 Teil 3

Statistical evaluations; ordinal characteristics

Inhalt

1 Zweck und Anwendungsbereich

Die Eigenschaften von Produkten oder Tätigkeiten werden durch Merkmale erfaßt. Den Merkmalsausprägungen werden Werte einer jeweils geeigneten Skala zugeordnet. Die Skalenwerte sind

– bei meßbaren (kontinuierlichen) Merkmalen beliebige reelle Zahlen (als Zahlenwerte von physikalischen Größen)

– bei zählbaren (diskreten) Merkmalen ganze Zahlen (Zählwerte)

– bei Ordinalmerkmalen Eigenschaftskategorien, die einer Rangordnung folgen (z. B. glatt, etwas verknittert, stark verknittert)

– bei Attributmerkmalen Attribute (z. B. vorhanden/nicht vorhanden oder rot/gelb/blau).

Meßbare und zählbare Merkmale werden als quantitative, Ordinalmerkmale und Attributmerkmale als qualitative (beurteilbare) Merkmale bezeichnet. Diese Merkmalsarten entsprechen den Grundbegriffen der Meßtechnik: Messen, Zählen, Sortieren und Klassieren (siehe DIN 1319 Teil 1).

Da es im allgemeinen nicht sinnvoll ist, Merkmalswerte an allen Einheiten einer Gesamtheit zu bestimmen, werden Stichproben gezogen und Kennwerte der Stichproben ermittelt.

Fortsetzung Seite 2 bis 17

Normenausschuß Materialprüfung (NMP) im DIN Deutsches Institut für Normung e. V.
Ausschuß Qualitätssicherung und angewandte Statistik (AQS) im DIN

Parameter der Wahrscheinlichkeitsverteilung, die das Verhalten des Merkmals in der Gesamtheit beschreiben, werden mit Hilfe von Kennwerten der Stichprobe geschätzt. Die Schätzung ist mit einer angebbaren Unsicherheit behaftet. Hypothesen über die durch eine Stichprobe untersuchte Gesamtheit können mittels statistischer Tests geprüft werden.

Diese Norm beschreibt statistische Verfahren, mit denen Merkmalswerte aufbereitet und Parameter der zugrunde liegenden Wahrscheinlichkeitsverteilung geschätzt oder getestet werden können.

Die statistischen Verfahren richten sich nach den benutzten Skalenarten. Die Normenreihe erscheint deshalb in vier Teilen.

DIN 53 804 Teil 1 befaßt sich mit meßbaren (kontinuierlichen) Merkmalen. Zählbare Merkmale und Attributmerkmale werden in weiteren Teilen *) behandelt.

In der vorliegenden DIN 53 804 Teil 3 werden Ordinalmerkmale behandelt, deren Werte auf einer diskontinuierlichen Skala liegen. Diese Skala heißt Ordinalskala; die Skalenwerte heißen Noten. Die Ordinalskala hat zwar eine eindeutig festgelegte Ordnung (z. B. die Ordnung steigender Ausprägungen), jedoch keine definierten Abstände zwischen den Noten. Da der Begriff „Abstand" im Sinne einer numerischen Differenz zwischen Noten sinnlos ist, sind Zwischenwerte zwischen zwei Noten nicht zulässig. Die Ordinalskala hat außerdem keinen Nullpunkt (siehe Abschnitt 6.1).

Damit unterscheidet sich die Ordinalskala [1]) wesentlich von den Skalen für zählbare und für meßbare Merkmale. Hierauf ist bei der statistischen Auswertung von Ordinalmerkmalen zu achten.

Die Noten einer Ordinalskala können mit Wörtern, Buchstaben, Ziffern oder anderen Symbolen bezeichnet werden, die diese Ordnung widerspiegeln. Bei Buchstaben wird die alphabetische Reihenfolge (z. B. $D, E, F, G, H, \ldots$) gewählt, bei Zahlen die Reihenfolge ihrer Größe (z. B. 10, 9, 8, ... 4, 3; oder 8, 13, 20, 21, ...). Bei der Verwendung von Zahlen sind unbedingt die Eigenschaften der Ordinalskala zu beachten, die die meisten der üblicherweise mit Zahlen durchführbaren Operationen nicht zuläßt [9].

Empfehlungen für den Aufbau von Ordinalskalen werden in Abschnitt 6.1 gegeben.

Anmerkung 1: Beispiele für benutzte Ordinalskalen sind:

- Der Blaumaßstab für die Beurteilung der Lichtechtheit nach DIN 54 003 und DIN 54 004 mit den Blautypen 8 bis 1
- Die Graumaßstäbe für
  die Änderung der Farbe nach DIN 54 001 mit den Noten 5 bis 1,
  das Anbluten nach DIN 54 002 mit den Noten 5 bis 1
- Der Maßstab für die Beurteilung des Wasser-Abperleffekts nach DIN 53 888 mit den Noten 5 bis 1
- Der Maßstab für die Beurteilung des Aussehens von Baumwollgarnen nach ASTM D 2255 mit den Noten A bis D
- Der Maßstab für die Beurteilung der Ölabweisung (3 M-Test) für ölabweisend ausgerüstete Textilien mit den Noten A bis D
- Die Maßstäbe für die Beurteilung des Pillverhaltens,
  der Reutlinger Standard mit den Noten 1 bis 8,
  der amerikanische Standard mit den Noten 5 bis 1 nach ASTM D 3511
- Der Maßstab für die Beurteilung des Selbstglättungsverhaltens von Textilien nach dem Waschen und Trocknen, nach DIN 53 895 mit den Noten 10, 8, 6, 4, 2, 1, der dem AATCC [2])-Standard [3]) mit den Stufen 5, 4, 3.5, 3, 2, 1 entspricht (Three-Dimensional Durable Press Replicas for Use with AATCC Test Method No. 124 – 1973)
- Der Schulnoten-Maßstab mit den Noten sehr gut, gut, befriedigend, ausreichend, mangelhaft, ungenügend.

In dieser Aufstellung sind die Noten stets in der Ordnung von gut nach schlecht angegeben worden.

Anmerkung 2: Die Beurteilung von Ordinalmerkmalen an Hand einer Ordinalskala darf **nicht** verwechselt werden mit dem Rangieren von Einzelwerten nach aufsteigender Größe und der Zuordnung von Rangzahlen im Sinne von DIN 53 804 Teil 1. Für eine Stichprobe vom Umfang n laufen die Rangzahlen von 1 bis n, sie sind also vom Stichprobenumfang abhängig.

Die Noten dagegen sind Namen für die Stufen der Ordinalskala, die mit Symbolen (z. B. Buchstaben oder ganzen Zahlen) belegt sind; die Anzahl der Noten einer Ordinalskala ist vom Stichprobenumfang unabhängig.

Zu einer Rangzahl gehört stets genau ein Merkmalswert, eine Note dagegen kann mehrfach als Beurteilungswert vergeben werden.

2 Begriffe

Die in der vorliegenden Norm benutzten statistischen Begriffe sind den Normen DIN 13 303 Teil 1**) und Teil 2**) und DIN 55 350 Teil 12, Teil 21**), Teil 22**), Teil 23**), Teil 24**) sowie DIN 55 303 Teil 2**) zu entnehmen. Der allgemeine Begriff „Einzelwert" wird durch den speziellen Begriff „Beurteilungswert" ersetzt.

---

*) Z. Z. in Vorbereitung

**) Z. Z. Entwurf

[1]) Weitere Eigenschaften der Ordinalskala sowie ihre Abgrenzung gegen andere Skalen siehe Schrifttum, z. B. [3], [4], [6].

[2]) AATCC = American Association of Textile Chemists and Colourists

[3]) Lieferant: AATCC, POB 12215, Research Triangle Park, N. C. 27709, USA

3 Ermittlung von Kennwerten einer Stichprobe bei Ordinalmerkmalen

Ein Beurteilungswert (im Sinne dieser Norm) ist eine bei einer einzelnen Beurteilung (Beobachtung, Benotung, Einstufung) gefundene Note.

Als Kennwert der Lage läßt sich der Median aus den geordneten Beurteilungswerten ohne Rechenaufwand entnehmen. Bei ungerader Anzahl n von Beurteilungswerten ist der Median $\tilde{x}$ der mittelste der – entsprechend der Ordinalskala – geordneten Beurteilungswerte $x_{(1)}, x_{(2)}, \ldots x_{(n)}$:

$$\tilde{x} = x_{\left(\frac{n+1}{2}\right)}; \; n \text{ ungerade} \tag{1}$$

Bei einer geraden Anzahl von Beurteilungswerten ist der Median nicht eindeutig definiert; je nach Problem oder nach Vereinbarung wird der kleinere oder der größere der beiden mittelsten Beurteilungswerte der – entsprechend der Ordinalskala – geordneten Beurteilungswerte $x_{(1)}, x_{(2)}, \ldots x_{(n)}$:

$$\tilde{x} = x_{\left(\frac{n}{2}\right)} \text{ oder } \tilde{x} = x_{\left(\frac{n}{2}+1\right)}; \; n \text{ gerade} \tag{2}$$

oder eine der möglicherweise zwischen diesen beiden Beurteilungswerten liegende unbesetzte Note als Median gewählt.

Damit der Median eindeutig bestimmt werden kann, sind Stichproben mit ungeradzahligem Umfang vorzuziehen.

Anmerkung: Die Gleichung (6) aus DIN 53 804 Teil 1 zur Berechnung des Medians als arithmetischer Mittelwert aus zwei Einzelwerten eines meßbaren Merkmals in der Mitte der Rangfolge kann bei Ordinalmerkmalen nicht verwendet werden, da bei Noten die Berechnung des Mittelwertes sinnlos ist.

Beispiel 1:

Eine Stichprobe vom Umfang $n = 15$ wurde an Hand einer sechsstufigen Ordinalskala mit den Noten 1 bis 6 beurteilt. Dabei wurden als Beurteilungswerte folgende Noten vergeben:

4, 3, 3, 2, 4, 3, 4, 2, 3, 3, 3, 2, 5, 3, 4

Die geordneten Beurteilungswerte sind:

2, 2, 2,
3, 3, 3, 3, 3, 3, 3,
4, 4, 4, 4,
5.

Da n ungeradzahlig ist, ist der Median:

$$\tilde{x} = x_{\left(\frac{n+1}{2}\right)} = x_{(8)} = 3$$

In diesem Falle ist der an achter Stelle der geordneten Beurteilungswerte stehende Wert der Median.

Beispiel 2:

Eine Stichprobe vom Umfang $n = 12$ wurde an Hand einer sechsstufigen Ordinalskala mit den Noten A bis F beurteilt. Als Beurteilungswerte wurden folgende Noten vergeben:

$E, C, E, E, C, B, C, E, C, E, E, C$

Die geordneten Beurteilungswerte sind:

$B, C, C, C, C, C, E, E, E, E, E, E$

Wurde vor Beginn der Untersuchung vereinbart, den kleineren der beiden mittelsten Beurteilungswerte als Median zu wählen, ist

$$\tilde{x} = x_{(6)} = C$$

Wurde die Wahl des größeren der beiden mittelsten Beurteilungswerte vereinbart, ist

$$\tilde{x} = x_{(7)} = E$$

Wurde die Wahl einer gegebenenfalls unbesetzten Note als Median zugelassen, ist

$$\tilde{x} = D$$

Nicht nur der arithmetische Mittelwert als Kennwert der Lage ist nicht angebbar, sondern auch Kennwerte der Streuung wie Standardabweichung, Varianz oder Spannweite sind bei Ordinalmerkmalen nicht angebbar, weil diese Kennwerte von numerischen Differenzen ausgehen, die bei Noten sinnlos sind.

4 Vertrauensbereich für den Median der Gesamtheit und notwendiger Stichprobenumfang

Der Median $\tilde{x}$ der Stichprobe ist Schätzwert für den Median ζ der Gesamtheit.

Für den Median der Gesamtheit läßt sich ein Vertrauensbereich angeben. Die Grenzen $x_{(r)}$ und $x_{(s)}$ des Vertrauensbereichs für den Median der Gesamtheit stimmen überein mit zwei Beurteilungswerten der geordneten Stichprobe; sie gehören mit zum Vertrauensbereich.

Die Tabelle im Abschnitt 7.1 enthält für Stichproben mit dem Umfang $n = 4$ bis $n = 100$ die Rangzahlen r und s der Beurteilungswerte aus der geordneten Stichprobe, die für das festgelegte Vertrauensniveau bei einseitiger oder zweiseitiger Abgrenzung die Grenzen des Vertrauensbereichs sind. Die Tabelle beginnt mit dem Stichprobenumfang $n = 4$, weil bei kleineren Stichproben ein Vertrauensbereich zu einem Vertrauensniveau $1 - \alpha \geq 0{,}90$ nicht abgrenzbar ist.

Anmerkung: Von den Grenzen $x_{(r)}$ und $x_{(s)}$ des Vertrauensbereichs für den Median ζ der Gesamtheit können die eine oder die andere oder beide mit dem Median $\tilde{x}$ der Stichprobe übereinstimmen, wenn in der Umgebung des Medians die Beurteilungswerte gehäuft liegen. Die Grenzen des Vertrauensbereichs liegen oft unsymmetrisch zum Median $\tilde{x}$ der Stichprobe.

Beispiel 3:

Für die Beurteilungswerte aus Beispiel 1 wird der zum Vertrauensniveau $1 - \alpha \geq 0{,}95$ zweiseitig abgegrenzte Vertrauensbereich nach der Tabelle im Abschnitt 7.1 durch die Beurteilungswerte $x_{(r)} = x_{(4)}$ und $x_{(s)} = x_{(12)}$ der geordneten Stichprobe begrenzt. Damit ist der Vertrauensbereich für den Median der Gesamtheit zum Vertrauensniveau $1 - \alpha \geq 0{,}95$:

$$x_{(4)} \leq \zeta \leq x_{(12)}; \quad 3 \leq \zeta \leq 4$$

Der Median der Stichprobe $\tilde{x} = 3$ stimmt in diesem Falle mit der unteren Grenze des Vertrauensbereichs überein. Die drei kleinsten und die drei größten Beurteilungswerte der geordneten Stichprobe haben hier keinen Einfluß auf den Vertrauensbereich.

Der mindestens notwendige Stichprobenumfang wird direkt aus der Tabelle im Abschnitt 7.1 abgelesen.

Beispiel 4:

Soll der Vertrauensbereich zum Vertrauensniveau $1 - \alpha \geq 0{,}975$ einseitig abgegrenzt werden, und können alle Beurteilungswerte einer Stichprobe zur Abgrenzung des Vertrauensbereichs des Medians herangezogen werden, sind also keine Ausreißerwerte zu befürchten, ist nach der Tabelle im Abschnitt 7.1 der notwendige Stichprobenumfang $n \geq 6$.

Beispiel 5:

Soll der Vertrauensbereich des Medians der Gesamtheit zum Vertrauensniveau $1 - \alpha \geq 0{,}95$ zweiseitig abgegrenzt werden, und sollen bei einer Stichprobe etwa 20% aller Beurteilungswerte am oberen sowie etwa 20% am unteren Ende der geordneten Stichprobe zur Bestimmung des Vertrauensbereichs nicht herangezogen werden, ist nach der Tabelle im Abschnitt 7.1 der dazu notwendige Stichprobenumfang $n = 15$ oder $n = 16$. In diesem Falle haben die drei kleinsten Beurteilungswerte $x_{(1)}$, $x_{(2)}$ und $x_{(3)}$ und die drei größten Beurteilungswerte $x_{(13)}$, $x_{(14)}$ und $x_{(15)}$ bei $n = 15$ oder $x_{(14)}$, $x_{(15)}$ und $x_{(16)}$ bei $n = 16$ keinen Einfluß auf den Vertrauensbereich des Medians. Bei $n = 15$ sind die drei kleinsten und die drei größten Beurteilungswerte jeweils 20% aller 15 Beurteilungswerte, bei $n = 16$ sind die drei kleinsten und die drei größten Beurteilungswerte jeweils 18,8% aller Beurteilungswerte.

Ausreißerverdächtige Beurteilungswerte müssen in der Stichprobe verbleiben. Andernfalls würde die Verkleinerung des Stichprobenumfangs zu einer Vergrößerung des Vertrauensniveaus führen, wodurch die Aussage verfälscht würde.

Beispiel 6:

Nach der Tabelle im Abschnitt 7.1 grenzen die Beurteilungswerte $x_{(4)}$ und $x_{(12)}$ der geordneten Stichprobe vom Umfang $n = 15$ einen Vertrauensbereich zum Vertrauensniveau $1 - \alpha \geq 0{,}95$ zweiseitig ab; der genaue Wert ist $1 - \alpha = 0{,}965$. Läßt man aus dieser Stichprobe jedoch entgegen der Festlegung den größten und den kleinsten Beurteilungswert weg, wobei der Umfang auf $n = 13$ sinkt, und grenzt man jetzt den Vertrauensbereich durch $x_{(3)}$ und $x_{(11)}$ ab, dann gehört zu diesem Vertrauensbereich das Vertrauensniveau $1 - \alpha = 0{,}978$ (genauer Wert). Dieses (falsche) Vertrauensniveau ist größer als das Vertrauensniveau 0,965, obwohl der Vertrauensbereich in beiden Fällen durch genau dieselben Beurteilungswerte abgegrenzt wird.

5 Vergleich von Gesamtheiten

Eine Vermutung über Mediane läßt sich mit Hilfe eines statistischen Tests prüfen. Dabei wird in der Regel das Gegenteil der Vermutung als Nullhypothese H_0 aufgestellt, der die Vermutung selbst als Alternativhypothese H_1 gegenübergestellt wird.

Werden beispielsweise bei zwei Materialien hinsichtlich eines bestimmten Merkmals unterschiedliche Mediane vermutet, werden folgende Hypothesen formuliert:

Nullhypothese H_0: Der Median des Merkmals ist bei beiden Materialien gleich.

Alternativhypothese H_1: Der Median des Merkmals ist bei beiden Materialien verschieden.

Mit Hilfe der Mediane als Kennwerte der Stichproben wird entschieden, ob die Nullhypothese auf einem vorgegebenen Signifikanzniveau α zugunsten der Alternativhypothese zu verwerfen ist (womit die Alternativhypothese zur Arbeitshypothese wird) oder nicht (womit die Nullhypothese die Arbeitshypothese bleibt).

Soll andererseits das Erfüllen einer vorgegebenen Forderung geprüft werden, wird das Erfüllen der Forderung als Nullhypothese H_0, das Nichterfüllen als Alternativhypothese H_1 aufgestellt.

Das Signifikanzniveau ist nach technischen und wirtschaftlichen Gesichtspunkten **vor Beginn der Untersuchung** festzulegen; gebräuchlich sind die Werte $\alpha = 0{,}05$ und $\alpha = 0{,}01$. Es gibt die maximale Wahrscheinlichkeit für den Fehler erster Art an [1], [2], d. h. für das Verwerfen der Nullhypothese, obwohl diese richtig ist.

5.1 Vergleich einer Gesamtheit mit einem vorgegebenen Wert

Ist die Frage zu entscheiden, ob der Median ζ der Gesamtheit von einem vorgegebenen Wert ζ_0 verschieden ist oder nicht, wird entsprechend der Fragestellung ein einseitiger oder der zweiseitige Test zum Signifikanzniveau α durchgeführt. Dazu bildet man mit Hilfe der Tabelle im Abschnitt 8.1 den Vertrauensbereich für den Median der Gesamtheit zum Vertrauensniveau $1 - \alpha$.

Für den **zweiseitigen** Test mit der Nullhypothese H_0: $\zeta = \zeta_0$ und der Alternativhypothese H_1: $\zeta \neq \zeta_0$ wird der zweiseitig abgegrenzte Vertrauensbereich des Medians zum Vertrauensniveau $1-\alpha$ ermittelt, $x_{(r)} \leq \zeta \leq x_{(s)}$. Liegt der vorgegebene Wert ζ_0 innerhalb dieses Vertrauensbereichs einschließlich seiner Grenzen, wird die Nullhypothese nicht verworfen; der Median ζ wird auf dem Signifikanzniveau α als nicht verschieden vom vorgegebenen Wert ζ_0 angesehen. – Liegt der vorgegebene Wert ζ_0 außerhalb dieses Vertrauensbereichs, wird die Nullhypothese zugunsten der Alternativhypothese verworfen; in diesem Falle wird der Median ζ auf dem Signifikanzniveau α als verschieden vom vorgegebenen Wert ζ_0 angesehen.

Beispiel 7:

Bei den Beurteilungswerten des Beispiels 1 ist gemäß Beispiel 3 der zweiseitig abgegrenzte Vertrauensbereich zum Vertrauensniveau $1-\alpha \geq 0{,}95$:

$$x_{(4)} \leq \zeta \leq x_{(12)}; \quad 3 \leq \zeta \leq 4$$

Mit dem vorgegebenen Wert $\zeta_0 = 3$ ist ein zweiseitiger Test durchzuführen. Die Nullhypothese H_0: $\zeta = \zeta_0$ wird nicht verworfen; der Median ζ wird auf dem Signifikanzniveau $\alpha \leq 0{,}05$ als nicht verschieden vom vorgegebenen Wert $\zeta_0 = 3$ angesehen.

Beim **einseitigen** Test sind zwei Fälle zu unterscheiden:

Ist die Nullhypothese H_0: $\zeta \leq \zeta_0$ und die Alternativhypothese H_1: $\zeta > \zeta_0$, wird der einseitig nach unten abgegrenzte Vertrauensbereich $x_{(r)} \leq \zeta$ des Medians zum Vertrauensniveau $1-\alpha$ ermittelt. Liegt der vorgegebene Wert ζ_0 nicht unterhalb der einseitigen unteren Vertrauensgrenze $x_{(r)}$, wird die Nullhypothese nicht verworfen, und der Median ζ wird auf dem Signifikanzniveau α als kleiner als der oder gleich dem vorgegebenen Wert ζ_0 angesehen. – Liegt der vorgegebene Wert ζ_0 unterhalb der einseitigen unteren Vertrauensgrenze $x_{(r)}$, wird die Nullhypothese zugunsten der Alternativhypothese verworfen, und der Median ζ wird auf dem Signifikanzniveau α als größer als der vorgegebene Wert ζ_0 angesehen.

Ist die Nullhypothese H_0: $\zeta \geq \zeta_0$ und die Alternativhypothese H_1: $\zeta < \zeta_0$, wird der einseitig nach oben abgegrenzte Vertrauensbereich $\zeta \leq x_{(s)}$ des Medians zum Vertrauensniveau $1-\alpha$ ermittelt. Liegt der vorgegebene Wert ζ_0 nicht oberhalb der einseitigen oberen Vertrauensgrenze $x_{(s)}$, wird die Nullhypothese nicht verworfen, und der Median ζ wird auf dem Signifikanzniveau α als größer als der oder gleich dem vorgegebenen Wert ζ_0 angesehen. – Liegt der vorgegebene Wert ζ_0 oberhalb der einseitigen oberen Vertrauensgrenze $x_{(s)}$, wird die Nullhypothese zugunsten der Alternativhypothese verworfen, und der Median ζ wird auf dem Signifikanzniveau α als kleiner als der vorgegebene Wert ζ_0 angesehen.

Beispiel 8:

Bei den Beurteilungswerten des Beispiels 1 ist analog zu Beispiel 3 der zum Vertrauensniveau $1-\alpha \geq 0{,}975$ einseitig nach oben abgegrenzte Vertrauensbereich:

$$\zeta \leq x_{(12)}; \quad \zeta \leq 4$$

Mit dem vorgegebenen Wert $\zeta_0 = 5$ ist ein einseitiger Test zum Signifikanzniveau $\alpha = 0{,}025$ bei der Alternativhypothese H_1: $\zeta < \zeta_0$ durchzuführen. Die Nullhypothese H_0: $\zeta \geq \zeta_0$ wird verworfen zugunsten der Alternativhypothese, d. h. auf dem Signifikanzniveau $\alpha \leq 0{,}025$ wird der Median ζ als kleiner als der vorgegebene Wert $\zeta_0 = 5$ angesehen.

Faßt man die vorstehenden Ausführungen zusammen, erhält man folgende Übersicht:

Art des Tests	Nullhypothese H_0	Alternativhypothese H_1	H_0 wird nicht verworfen, wenn	H_0 wird verworfen, wenn
zweiseitig	$\zeta = \zeta_0$	$\zeta \neq \zeta_0$	$x_{(r)} \leq \zeta_0 \leq x_{(s)}$	$\zeta_0 < x_{(r)}$ oder $x_{(s)} < \zeta_0$
einseitig	$\zeta \leq \zeta_0$	$\zeta > \zeta_0$	$x_{(r)} \leq \zeta_0$	$\zeta_0 < x_{(r)}$
einseitig	$\zeta \geq \zeta_0$	$\zeta < \zeta_0$	$\zeta_0 \leq x_{(s)}$	$x_{(s)} < \zeta_0$

5.2 Vergleich zweier Gesamtheiten bei unabhängigen Stichproben

Liegen zwei voneinander unabhängige Stichproben 1 und 2 mit den Stichprobenumfängen n_1 und n_2 vor, läßt sich durch den statistischen Test feststellen, ob zwischen den beiden Gesamtheiten ein Unterschied besteht oder nicht. Mit dem Test läßt sich der Unterschied zwischen zwei Prüfstellen oder der Unterschied zwischen zwei Materialien prüfen.

Der hier dargestellte Test von Mann-Whitney-Wilcoxon geht von den Rangzahlen der Noten aus, während der Median-Test nur die Anzahl der Noten berücksichtigt. Er berücksichtigt also mehr an Informationen, die in den Noten enthalten sind, als der Median-Test, und ist deshalb dem (mit weniger Aufwand verbundenen) Median-Test vorzuziehen. Zum Median-Test siehe Schrifttum, z. B. [1], [3], [4].

Der Test von Mann-Whitney-Wilcoxon spricht auch auf Unterschiede in der Form der Verteilungen an, d. h. auch wenn die Mediane der Stichproben miteinander übereinstimmen, kann er zum Verwerfen der Nullhypothese führen.

Hinweis: Im folgenden werden neben den Noten die Rangzahlen benutzt, für die die Rangzahlsumme gebildet werden kann. Die Summenbildung hat bei Noten keinen Sinn.

Für den Test werden die $(n_1 + n_2)$ Beurteilungswerte ohne Rücksicht auf ihre Zugehörigkeit zur Stichprobe 1 oder 2 in eine gemeinsame Rangfolge mit den Rangzahlen 1 bis $(n_1 + n_2)$ gebracht. Bei mehreren gleichen Beurteilungswerten wird für

jede dieser Wertegruppen das arithmetische Mittel der auf sie entfallenden Rangzahlen gebildet und jedem Beurteilungswert der betreffenden Gruppe zugeordnet.

Anschließend werden die Rangzahlen, deren zugehörige Beurteilungswerte aus der Stichprobe 1 stammen, und die Rangzahlen, deren zugehörige Beurteilungswerte aus der Stichprobe 2 stammen, getrennt addiert zu den Rangzahlsummen R_1 und R_2. Man berechnet die Prüfwerte

$$U_1 = n_1 \cdot n_2 + \frac{n_1 \cdot (n_1 + 1)}{2} - R_1 \quad \text{und} \quad U_2 = n_1 \cdot n_2 + \frac{n_2 \cdot (n_2 + 1)}{2} - R_2 \tag{3}$$

wobei als Rechenkontrolle die Beziehung $U_1 + U_2 = n_1 \cdot n_2$ dient.

Für den **zweiseitigen** Test ist die Nullhypothese H_0: $\zeta_1 = \zeta_2$ und die Alternativhypothese H_1: $\zeta_1 \neq \zeta_2$. In diesem Falle ist der kleinere der beiden Werte U_1 und U_2 der Prüfwert U_{min}, der mit dem von n_1 und n_2 und dem vorgeschriebenen Signifikanzniveau α abhängigen Tabellenwert $U_{n_1, n_2; \alpha/2}$ verglichen wird. Diese Tabellenwerte sind in der Tabelle im Abschnitt 7.2 und der Tabelle im Abschnitt 7.3 angegeben. Weitere Tabellenwerte sind z. B. in [5] zu finden.

Die Nullhypothese wird für $U_{min} > U_{n_1, n_2; \alpha/2}$ nicht verworfen, in diesem Falle ist zwischen den Medianen ζ_1 und ζ_2 auf dem Signifikanzniveau α ein Unterschied nicht nachweisbar. Für $U_{min} \leq U_{n_1, n_2; \alpha/2}$ wird die Nullhypothese zugunsten der Alternativhypothese verworfen, und die Mediane ζ_1 und ζ_2 werden auf dem Signifikanzniveau α als voneinander verschieden angesehen.

Beim **einseitigen** Test sind zwei Fälle zu unterscheiden:

Ist die Nullhypothese H_0: $\zeta_1 \leq \zeta_2$ und die Alternativhypothese H_1: $\zeta_1 > \zeta_2$, wird U_1 als Prüfwert benutzt. Ist $U_1 > U_{n_1, n_2; \alpha}$, wird die Nullhypothese nicht verworfen, und der Median ζ_1 wird auf dem vorgeschriebenen Signifikanzniveau α als kleiner als der oder gleich dem Median ζ_2 angesehen. – Ist $U_1 \leq U_{n_1, n_2; \alpha}$, wird die Nullhypothese zugunsten der Alternativhypothese verworfen, und der Median ζ_1 wird auf dem vorgeschriebenen Signifikanzniveau α als größer als der Median ζ_2 angesehen.

Ist die Nullhypothese H_0: $\zeta_1 \geq \zeta_2$ und die Alternativhypothese H_1: $\zeta_1 < \zeta_2$, wird U_2 als Prüfwert benutzt. Ist $U_2 > U_{n_1, n_2; \alpha}$, wird die Nullhypothese nicht verworfen, und der Median ζ_1 wird auf dem vorgeschriebenen Signifikanzniveau α als größer als der oder gleich dem Median ζ_2 angesehen. – Ist $U_2 \leq U_{n_1, n_2; \alpha}$, wird die Nullhypothese zugunsten der Alternativhypothese verworfen, und der Median ζ_1 wird auf dem vorgeschriebenen Signifikanzniveau α als kleiner als der Median ζ_2 angesehen.

Faßt man die vorstehenden Ausführungen zusammen, erhält man folgende Übersicht:

Art des Tests	Nullhypothese H_0	Alternativhypothese H_1	H_0 wird nicht verworfen, wenn	H_0 wird verworfen, wenn
zweiseitig	$\zeta_1 = \zeta_2$	$\zeta_1 \neq \zeta_2$	$\min(U_1, U_2) > U_{n_1, n_2; \alpha/2}$	$\min(U_1, U_2) \leq U_{n_1, n_2; \alpha/2}$
einseitig	$\zeta_1 \leq \zeta_2$	$\zeta_1 > \zeta_2$	$U_1 > U_{n_1, n_2; \alpha}$	$U_1 \leq U_{n_1, n_2; \alpha}$
einseitig	$\zeta_1 \geq \zeta_2$	$\zeta_1 < \zeta_2$	$U_2 > U_{n_1, n_2; \alpha}$	$U_2 \leq U_{n_1, n_2; \alpha}$

Beispiel 9:

Zwei Stichproben 1 und 2 vom Umfang $n_1 = 11$ und $n_2 = 9$ wurden unabhängig voneinander gezogen und an Hand einer zehnstufigen Ordinalskala mit den Noten A bis K beurteilt. Die Beurteilungswerte sind:

	Beurteilungswerte										Median
Stichprobe 1	F	F	G	H	E	G	F	F	H	H	F	$\tilde{x}_1 = F$
Stichprobe 2	F	D	E	F	F	G	D	F	E			$\tilde{x}_2 = F$

Die beiden Gesamtheiten sind mit dem zweiseitigen Test von Mann-Whitney-Wilcoxon auf dem Signifikanzniveau $\alpha \leq 0{,}05$ zu vergleichen, und es ist zu prüfen, ob ein Unterschied zwischen den beiden Gesamtheiten nachweisbar ist oder nicht.

Die gemeinsam geordneten Beurteilungswerte werden wie folgt ausgewertet:

geordnete Beurteilungswerte	D	D	E	E	E	F	F	F	F	F	F	F	F	F	G	G	G	H	H	H
zugehörige Stichprobe	2	2	2	2	1	1	1	1	1	1	2	2	2	2	2	1	1	1	1	1
Rangzahlen	1	2	3	4	5	6	7	8	9	10	11	12	13	14	15	16	17	18	19	20
Rangzahlen nach Berücksichtigung der Häufigkeit gleicher Beurteilungswerte	1,5	1,5	4	4	4	10	10	10	10	10	10	10	10	10	16	16	16	19	19	19

Die Rangzahlsummen in den Stichproben sind:

$R_1 = 143; \quad R_2 = 67.$

Die U-Werte sind:

$U_1 = 99 + 11 \cdot 6 - 143 = 22; \quad U_2 = 99 + 9 \cdot 5 - 67 = 77.$

Die Rechenkontrolle $U_1 + U_2 = 22 + 77 = n_1 \cdot n_2 = 11 \cdot 9 = 99$ ist erfüllt. Für den zweiseitigen Test wird $U_{min} = U_1 = 22$ als Prüfwert herangezogen. Der Tabellenwert für $\alpha \leq 0{,}05$ ist nach der Tabelle im Abschnitt 7.2:

$U_{11,9;0{,}025} = 23$

und es folgt:

$U_{min} = U_1 = 22 \leq U_{11,9;0{,}025} = 23.$

Zwischen den beiden Gesamtheiten ist auf dem Signifikanzniveau $\alpha \leq 0{,}05$ trotz der übereinstimmenden Mediane der Stichproben also ein Unterschied nachweisbar.

5.3 Vergleich mehrerer Gesamtheiten bei unabhängigen Stichproben

Liegen mehrere voneinander unabhängige Stichproben aus mehreren Gesamtheiten vor, läßt sich durch den statistischen Test feststellen, ob in der Lage der Gesamtheiten, d. h. zwischen ihren Medianen ζ_i, ein Unterschied besteht oder nicht. Da erfahrungsgemäß oft mehrere gleiche Beurteilungswerte auftreten, wird der erweiterte Median-Test mit der $2 \times k$-Felder-Tafel mit $k > 2$ durchgeführt. Mit dem Test läßt sich der Unterschied zwischen mehreren Prüfstellen oder der Unterschied zwischen mehreren Materialien prüfen.

Die Stichprobe i hat den Umfang n_i $(i = 1, 2, \dots k)$, wobei die n_i-Werte unterschiedlich groß sein können. Für alle Beurteilungswerte wird der Median (Gesamtmedian) ermittelt. Sodann wird abgezählt, wie viele Beurteilungswerte a_i in der Stichprobe i diesen Gesamtmedian überschreiten und wie viele Beurteilungswerte b_i kleiner oder gleich diesem Gesamtmedian sind. Die Häufigkeiten a_i und b_i werden in die $2 \times k$-Felder-Tafel wie folgt eingetragen:

Stichprobe	$1 \quad 2 \quad 3 \dots i \dots k$	Summe
Anzahl der Beurteilungswerte größer als der Gesamtmedian	$a_1 \quad a_2 \quad a_3 \dots a_i \dots a_k$	$a = \sum_{i=1}^{k} a_i$
kleiner oder gleich dem Gesamtmedian	$b_1 \quad b_2 \quad b_3 \dots b_i \dots b_k$	$b = \sum_{i=1}^{k} b_i$
Summe	$n_1 \quad n_2 \quad n_3 \dots n_i \dots n_k$	$n = a + b = \sum_{i=1}^{k} n_i$

Hieraus wird der folgende Prüfwert berechnet:

$$T = \left(\frac{n^2}{a \cdot b} \sum_{i=1}^{k} \frac{a_i^2}{n_i} \right) - \frac{n \cdot a}{b} \tag{4}$$

Die Nullhypothese H_0 lautet: Alle k Gesamtheiten haben den gleichen Median ζ, und die Alternativhypothese H_1 lautet: Wenigstens zwei Gesamtheiten haben verschiedene Mediane.

Der Prüfwert T wird verglichen mit dem Tabellenwert $\chi^2_{k-1;1-\alpha}$ der χ^2-Verteilung mit $k - 1$ Freiheitsgraden. In der Tabelle im Abschnitt 7.4 sind die Tabellenwerte der χ^2-Verteilung auszugsweise enthalten. Ist $T \leq \chi^2_{k-1;1-\alpha}$, wird die Nullhypothese nicht verworfen, d. h. die Mediane aller k Gesamtheiten werden auf dem vorgeschriebenen Signifikanzniveau α als gleich angesehen. Ist $T > \chi^2_{k-1;1-\alpha}$, wird die Nullhypothese zugunsten der Alternativhypothese verworfen, d. h. die Mediane wenigstens zweier Gesamtheiten werden auf dem vorgeschriebenen Signifikanzniveau α als verschieden angesehen.

Dieses Verfahren ist eine Näherung und gilt, wenn höchstens 20% aller a_i-Werte kleiner als 10 sind oder kein a_i-Wert kleiner als 2 ist.

Beispiel 10:

Folgende vier Stichproben mit insgesamt 36 Beurteilungswerten sind vorgelegt. Die Beurteilungswerte wurden an Hand einer Ordinalskala mit zehn Noten (A bis K) vergeben.

Stichprobe	1	2	3	4
Beurteilungswerte	C D E E D E E C	D C C C C C	E E E C D F F F C E E F	D D E D C D D E C E
Median der Stichprobe	D oder E	C	E	D

Für diese vier Stichproben ist der erweiterte Median-Test auf dem Signifikanzniveau $\alpha = 0{,}10$ durchzuführen. Der Gesamtmedian aller 36 Beurteilungswerte ist D. In der folgenden Tabelle sind die Häufigkeiten a_i und b_i sowie ihre Summen zusammengestellt:

Stichprobe	1	2	3	4	
a_i	2	5	2	2	$a = 11$
b_i	6	1	10	8	$b = 25$
n_i	8	6	12	10	$n = 36$

Der Prüfwert T ist:

$$T = \frac{36^2}{11 \cdot 25} \left(\frac{4}{8} + \frac{25}{6} + \frac{4}{12} + \frac{4}{10} \right) - \frac{36 \cdot 11}{25} = 9{,}609$$

Aus der Tabelle im Abschnitt 7.4 für die Tabellenwerte der χ^2-Verteilung entnimmt man zum Signifikanzniveau $\alpha = 0{,}10$ und zum Freiheitsgrad $k - 1 = 3$ den Tabellenwert

$$\chi^2_{3;\,0{,}90} = 6{,}25$$

Da $T > \chi^2_{3;\,0{,}90}$ ist, werden die Mediane wenigstens zweier Gesamtheiten auf dem Signifikanzniveau $\alpha = 0{,}10$ als verschieden angesehen.

6 Empfehlungen für den Aufbau einer Ordinalskala, die Beurteilung eines Ordinalmerkmals und den Umfang einer Stichprobe

6.1 Empfehlungen für den Aufbau einer Ordinalskala

Der Aufbau einer Ordinalskala ist kein statistisches Problem. Für den zweckmäßigen Aufbau und die Handhabung insbesondere neuer Ordinalskalen können folgende Empfehlungen gegeben werden:

6.1.1 Soweit eine Ordinalskala durch Originalvorlagen (Standards) verkörpert wird, sind diese Standards entweder
mit aufeinanderfolgenden ganzen Zahlen oder
mit aufeinanderfolgenden geraden Zahlen oder
mit Buchstaben in alphabetischer Ordnung
zu bezeichnen. Im zweiten Falle repräsentieren die ungeraden Zahlen die bisher benutzten Zwischennoten.

6.1.2 Vorgeschlagen wird eine zehnstufige Ordinalskala mit den Noten A bis K (ohne J) oder 10 bis 1. Als Beurteilungswerte dürfen nur die zehn Noten gewählt werden; Werte zwischen den Noten dürfen nicht vergeben werden.

Note A Note 10	Note B Note 9	Note C ... Note H Note 8 ... Note 3	Note I Note 2	Note K Note 1
sehr gut einwandfrei unverändert usw.				sehr schlecht nicht einwandfrei stark verändert usw.

6.1.3 Die Ordinalskala hat keinen Nullpunkt.

6.1.4 Der Bereich einer Ordinalskala muß zu dem Bereich passen, in dem Ausprägungen des zu beurteilenden Merkmals auftreten können.

6.1.5 Erweist sich eine Ordinalskala als zu grob geteilt, ist sie durch eine neue Ordinalskala mit feineren Stufen zu ersetzen. Bei Unterteilung einer vorhandenen Ordinalskala durch zwischengeschaltete Noten ensteht eine neue Ordinalskala.

6.2 Empfehlungen für die Beurteilung eines Ordinalmerkmals und den Umfang einer Stichprobe

Bei der Beurteilung eines Ordinalmerkmals an Hand einer Ordinalskala ist es notwendig, mehrere Proben von mehreren Personen beurteilen zu lassen, da sowohl die beurteilenden Personen als auch die zu beurteilenden Proben zufällige Schwankungen zeigen. Die beurteilenden Personen müssen mit dem Beurteilungsverfahren vertraut und darin geübt sein.

Es ist notwendig, die Beurteilung von mindestens drei geübten Personen durchführen zu lassen. Ferner müssen mindestens drei gleichbehandelte Proben vorliegen. Der Stichprobenumfang $n \geq 9$ ermöglicht es, praktisch verwertbare Aussagen zu machen.

7 Tabellen

7.1 Grenzen des Vertrauensbereichs für den Median der Gesamtheit

Die Grenzen des Vertrauensbereichs auf dem Vertrauensniveau $1 - \alpha$ sind die Beurteilungswerte $x_{(r)}$ und $x_{(s)}$ mit den Rangzahlen r und s ($r < s$) in der geordneten Stichprobe.

Es ist im allgemeinen nicht möglich, eines der üblichen Vertrauensniveaus, z. B. $1 - \alpha = 0{,}95$, genau einzuhalten. Deshalb wird für das Vertrauensniveau ein Mindestwert festgelegt, z. B. $1 - \alpha \geq 0{,}95$.

Stichprobenumfang n	einseitige Abgrenzung mit $1 - \alpha$									
	0,90		0,95		0,975		0,99		0,995	
	zweiseitige Abgrenzung mit $1 - \alpha$									
	0,80		0,90		0,95		0,98		0,99	
	r	s	r	s	r	s	r	s	r	s
4	1	4	–	–	–	–	–	–	–	–
5	1	5	1	5	–	–	–	–	–	–
6	1	6	1	6	1	6	–	–	–	–
7	2	6	1	7	1	7	1	7	–	–
8	2	7	2	7	1	8	1	8	1	8
9	3	7	2	8	2	8	1	9	1	9
10	3	8	2	9	2	9	1	10	1	10
11	3	9	3	9	2	10	2	10	1	11
12	4	9	3	10	3	10	2	11	2	11
13	4	10	4	10	3	11	2	12	2	12
14	5	10	4	11	3	12	3	12	2	13
15	5	11	4	12	4	12	3	13	3	13
16	5	12	5	12	4	13	3	14	3	14
17	6	12	5	13	5	13	4	14	3	15
18	6	13	6	13	5	14	4	15	4	15
19	7	13	6	14	5	15	5	15	4	16
20	7	14	6	15	6	15	5	16	4	17
21	8	14	7	15	6	16	5	17	5	17
22	8	15	7	16	6	17	6	17	5	18
23	8	16	8	16	7	17	6	18	5	19
24	9	16	8	17	7	18	6	19	6	19
25	9	17	8	18	8	18	7	19	6	20
26	10	17	9	18	8	19	7	20	7	20
27	10	18	9	19	8	20	8	20	7	21
28	11	18	10	19	9	20	8	21	7	22
29	11	19	10	20	9	21	8	22	8	22
30	11	20	11	20	10	21	9	22	8	23
31	12	20	11	21	10	22	9	23	8	24
32	12	21	11	22	10	23	9	24	9	24
33	13	21	12	22	11	23	10	24	9	25
34	13	22	12	23	11	24	10	25	10	25
35	14	22	13	23	12	24	11	25	10	26
36	14	23	13	24	12	25	11	26	10	27
37	15	23	14	24	13	25	11	27	11	27
38	15	24	14	25	13	26	12	27	11	28
39	16	24	14	26	13	27	12	28	12	28
40	16	25	15	26	14	27	13	28	12	29
41	16	26	15	27	14	28	13	29	12	30
42	17	26	16	27	15	28	14	29	13	30
43	17	27	16	28	15	29	14	30	13	31
44	18	27	17	28	16	29	14	31	14	31
45	18	28	17	29	16	30	15	31	14	32
46	19	28	17	30	16	31	15	32	14	33
47	19	29	18	30	17	31	16	32	15	33
48	20	29	18	31	17	32	16	33	15	34

Stichproben-umfang n	einseitige Abgrenzung mit $1-\alpha$									
	0,90		0,95		0,975		0,99		0,995	
	zweiseitige Abgrenzung mit $1-\alpha$									
	0,80		0,90		0,95		0,98		0,99	
	r	s	r	s	r	s	r	s	r	s
49	20	30	19	31	18	32	16	34	16	34
50	20	31	19	32	18	33	17	34	16	35
51	21	31	20	32	19	33	17	35	16	36
52	21	32	20	33	19	34	18	35	17	36
53	22	32	21	33	19	35	18	36	17	37
54	22	33	21	34	20	35	19	36	18	37
55	23	33	21	35	20	36	19	37	18	38
56	23	34	22	35	21	36	19	38	18	39
57	24	34	22	36	21	37	20	38	19	39
58	24	35	23	36	22	37	20	39	19	40
59	25	35	23	37	22	38	21	39	20	40
60	25	36	24	37	22	39	21	40	20	41
61	25	37	24	38	23	39	21	41	21	41
62	26	37	25	38	23	40	22	41	21	42
63	26	38	25	39	24	40	22	42	21	43
64	27	38	25	40	24	41	23	42	22	43
65	27	39	26	40	25	41	23	43	22	44
66	28	39	26	41	25	42	24	43	23	44
67	28	40	27	41	26	42	24	44	23	45
68	29	40	27	42	26	43	24	45	23	46
69	29	41	28	42	26	44	25	45	24	46
70	30	41	28	43	27	44	25	46	24	47
71	30	42	29	43	27	45	26	46	25	47
72	31	42	29	44	28	45	26	47	25	48
73	31	43	29	45	28	46	27	47	26	48
74	31	44	30	45	29	46	27	48	26	49
75	32	44	30	46	29	47	27	49	26	50
76	32	45	31	46	29	48	28	49	27	50
77	33	45	31	47	30	48	28	50	27	51
78	33	46	32	47	30	49	29	50	28	51
79	34	46	32	48	31	49	29	51	28	52
80	34	47	33	48	31	50	30	51	29	52
81	35	47	33	49	32	50	30	52	29	53
82	35	48	34	49	32	51	31	52	29	54
83	36	48	34	50	33	51	31	53	30	54
84	36	49	34	51	33	52	31	54	30	55
85	37	49	35	51	33	53	32	54	31	55
86	37	50	35	52	34	53	32	55	31	56
87	38	50	36	52	34	54	33	55	32	56
88	38	51	36	53	35	54	33	56	32	57
89	38	52	37	53	35	55	34	56	32	58
90	39	52	37	54	36	55	34	57	33	58
91	39	53	38	54	36	56	34	58	33	59
92	40	53	38	55	37	56	35	58	34	59
93	40	54	39	55	37	57	35	59	34	60
94	41	54	39	56	38	57	36	59	35	60
95	41	55	39	57	38	58	36	60	35	61
96	42	55	40	57	38	59	37	60	35	62
97	42	56	40	58	39	59	37	61	36	62
98	43	56	41	58	39	60	38	61	36	63
99	43	57	41	59	40	60	38	62	37	63
100	44	57	42	59	40	61	38	63	37	64

Ablesebeispiel für die Tabelle im Abschnitt 7.1

Bei $n = 10$ wird der Vertrauensbereich für den Median der Gesamtheit bei $1 - \alpha \geq 0{,}95$ zweiseitig abgegrenzt durch die Beurteilungswerte $x_{(2)}$ und $x_{(9)}$ der geordneten Stichprobe.

Näherungsformel für die Rangzahlen in der Tabelle im Abschnitt 7.1

Für $n \gtrsim 30$ kann man die Rangzahl des Beobachtungswertes für die obere Grenze des Vertrauensbereiches nach folgender Näherungsformel berechnen:

$$s^* = \frac{1}{2}\left(n + 1 + u_{1-\alpha/2}\sqrt{n}\right)$$

$u_{1-\alpha/2}$ ist der Tabellenwert der Normalverteilung. Der nichtganzzahlige Wert s^* wird auf die nächstgrößere ganze Zahl s' aufgerundet. Die dazugehörende Rangzahl für den Beobachtungswert der unteren Grenze des Vertrauensbereiches ist $r' = n + 1 - s'$.

Für einige Werte von $1 - \alpha$ ist:

$1 - \alpha$ bei einseitiger Abgrenzung	$1 - \alpha$ bei zweiseitiger Abgrenzung	Näherungsformel s^*
0,90	0,80	$\frac{1}{2} \cdot \left(n + 1 + 1{,}282 \cdot \sqrt{n}\right)$
0,95	0,90	$\frac{1}{2} \cdot \left(n + 1 + 1{,}645 \cdot \sqrt{n}\right)$
0,975	0,95	$\frac{1}{2} \cdot \left(n + 1 + 1{,}960 \cdot \sqrt{n}\right)$
0,99	0,98	$\frac{1}{2} \cdot \left(n + 1 + 2{,}326 \cdot \sqrt{n}\right)$
0,995	0,99	$\frac{1}{2} \cdot \left(n + 1 + 2{,}576 \cdot \sqrt{n}\right)$

Beispiele für die Näherungsrechnung

Bei einseitiger Abgrenzung mit $1 - \alpha \geq 0{,}90$ erhält man mit $u_{1-\alpha/2} = 1{,}282$ für $n = 73$:

$s^* = 42{,}477 \quad s' = 43 \quad r' = 31$

Die in der Tabelle im Abschnitt 7.1 angegebenen Rangzahlen $s = 43$ und $r = 31$ stimmen mit den Näherungswerten s' und r' überein.

Bei zweiseitiger Abgrenzung mit $1 - \alpha \geq 0{,}95$ erhält man mit $u_{1-\alpha/2} = 1{,}960$ für $n = 94$:

$s^* = 57{,}001 \quad s' = 58 \quad r' = 37$

In der Tabelle im Abschnitt 7.1 sind angegeben $s = 57$ und $r = 38$. Bei diesem Beispiel sind die näherungsweise berechneten Rangzahlen um 1 größer bzw. kleiner als die in der Tabelle im Abschnitt 7.1 angegebenen exakten Rangzahlen.

Näherungsformel für $U_{n_1, n_2; \alpha/2}$ in den Tabellen in den Abschnitten 7.2 und 7.3

Für $n \gtrsim 20$ und nicht zu kleines Signifikanzniveau α kann man $U_{n_1, n_2; \alpha/2}$ nach folgender Näherungsformel berechnen:

$$U^*_{n_1, n_2; \alpha/2} = \frac{n_1 \cdot n_2}{2} - u_{1-\alpha/2} \cdot \sqrt{\frac{n_1 \cdot n_2 (n_1 + n_2 + 1)}{12}}$$

$u_{1-\alpha/2}$ ist der Tabellenwert der Normalverteilung. Der nichtganzzahlige Wert U^* wird in üblicher Weise gerundet auf den ganzzahligen Näherungswert U'.

Beispiele für die Näherungsrechnung

Für $\alpha = 0{,}05$ ist $u_{1-\alpha/2} = u_{0{,}975} = 1{,}960$, und es wird bei $n_1 = 20$ und $n_2 = 20$

$U^*_{20, 20; 0{,}025} = 127{,}542$ und $U' = 128$.

Der Näherungswert U' ist um 1 größer als der Tabellenwert aus der Tabelle im Abschnitt 7.2 ($U_{20, 20; 0{,}025} = 127$).

Für $\alpha = 0{,}01$ ist $u_{1-\alpha/2} = u_{0{,}995} = 2{,}576$, und es wird bei $n_1 = 20$ und $n_2 = 20$

$U^*_{20, 20; 0{,}005} = 104{,}769$ und $U' = 105$.

Dieser Wert stimmt mit dem Tabellenwert aus der Tabelle im Abschnitt 7.3 ($U_{20, 20; 0{,}005} = 105$) überein.

7.2 Tabellenwerte $U_{n_1, n_2; 0{,}025}$ für den Test von Mann-Whitney-Wilcoxon zum Signifikanzniveau $\alpha \leq 0{,}05$ bei zweiseitigem Test und zum Signifikanzniveau $\alpha \leq 0{,}025$ bei einseitigem Test; Stichprobenumfang n_1 und n_2

n_2 \ n_1	4	5	6	7	8	9	10	11	12	13	14	15	16	17	18	19	20
4	0	1	2	3	4	4	5	6	7	8	9	10	11	11	12	13	14
5	1	2	3	5	6	7	8	9	11	12	13	14	15	17	18	19	20
6	2	3	5	6	8	10	11	13	14	16	17	19	21	22	24	25	27
7	3	5	6	8	10	12	14	16	18	20	22	24	26	28	30	32	34
8	4	6	8	10	13	15	17	19	22	24	26	29	31	34	36	38	41
9	4	7	10	12	15	17	20	23	26	28	31	34	37	39	42	45	48
10	5	8	11	14	17	20	23	26	29	33	36	39	42	45	48	52	55
11	6	9	13	16	19	23	26	30	33	37	40	44	47	51	55	58	62
12	7	11	14	18	22	26	29	33	37	41	45	49	53	57	61	65	69
13	8	12	16	20	24	28	33	37	41	45	50	54	59	63	67	72	76
14	9	13	17	22	26	31	36	40	45	50	55	59	64	69	74	78	83
15	10	14	19	24	29	34	39	44	49	54	59	64	70	75	80	85	90
16	11	15	21	26	31	37	42	47	53	59	64	70	75	81	86	92	98
17	11	17	22	28	34	39	45	51	57	63	69	75	81	87	93	99	105
18	12	18	24	30	36	42	48	55	61	67	74	80	86	93	99	106	112
19	13	19	25	32	38	45	52	58	65	72	78	85	92	99	106	113	119
20	14	20	27	34	41	48	55	62	69	76	83	90	98	105	112	119	127

Ablesebeispiel:

Bei $n_1 = 16$ und $n_2 = 8$ ist $U_{n_1, n_2; 0{,}025} = U_{16, 8; 0{,}025} = 31$. Dieser Tabellenwert kann für den zweiseitigen Test mit $\alpha \leq 0{,}05$ und für den einseitigen Test mit $\alpha \leq 0{,}025$ verwendet werden.

7.3 Tabellenwerte $U_{n_1, n_2; 0{,}005}$ für den Test von Mann-Whitney-Wilcoxon zum Signifikanzniveau $\alpha \leq 0{,}01$ bei zweiseitigem Test und zum Signifikanzniveau $\alpha \leq 0{,}005$ bei einseitigem Test; Stichprobenumfang n_1 und n_2

n_2 \ n_1	4	5	6	7	8	9	10	11	12	13	14	15	16	17	18	19	20
4	–	–	0	0	1	1	2	2	3	3	4	5	5	6	6	7	8
5	–	0	1	1	2	3	4	5	6	7	7	8	9	10	11	12	13
6	0	1	2	3	4	5	6	7	9	10	11	12	13	15	16	17	18
7	0	1	3	4	6	7	9	10	12	13	15	16	18	19	21	22	24
8	1	2	4	6	7	9	11	13	15	17	18	20	22	24	26	28	30
9	1	3	5	7	9	11	13	19	18	20	22	24	27	29	31	33	36
10	2	4	6	9	11	13	19	18	21	24	26	29	31	34	37	39	42
11	2	5	7	10	13	16	18	21	24	27	30	33	36	39	42	45	48
12	3	6	9	12	15	18	21	24	27	31	34	37	41	44	47	51	54
13	3	7	10	13	17	20	24	27	31	34	38	42	45	49	53	57	60
14	4	7	11	15	18	22	26	30	34	38	42	46	50	54	58	63	67
15	5	8	12	16	20	24	29	33	37	42	46	51	55	60	64	69	73
16	5	9	13	18	22	27	31	36	41	45	50	55	60	65	70	74	79
17	6	10	15	19	24	29	34	39	44	49	54	60	65	70	75	81	86
18	6	11	16	21	26	31	37	42	47	53	58	64	70	75	81	87	92
19	7	12	17	22	28	33	39	45	51	57	63	69	74	81	87	93	99
20	8	13	18	24	30	36	42	48	54	60	67	73	79	86	92	99	105

Ablesebeispiel:

Bei $n_1 = 9$ und $n_2 = 12$ ist $U_{n_1, n_2; 0{,}005} = U_{9, 12; 0{,}005} = 18$. Dieser Tabellenwert kann für den zweiseitigen Test mit $\alpha \leq 0{,}01$ und für den einseitigen Test mit $\alpha \leq 0{,}005$ verwendet werden.

Näherungsformel für $U_{n_1, n_2; \alpha/2}$ in den Tabellen in den Abschnitten 7.2 und 7.3 sowie Beispiele für die Näherungsrechnung, siehe Seite 11 unten.

7.4 Tabellenwerte $\chi^2_{f;1-\alpha}$ der χ^2-Verteilung zum Freiheitsgrad f und zum Signifikanzniveau α

f	α 0,10	α 0,05	α 0,01	f	α 0,10	α 0,05	α 0,01
1	2,71	3,84	6,63	**42**	54,1	58,1	66,2
2	4,61	5,99	9,21	**44**	56,4	60,5	68,7
3	6,25	7,81	11,3	**46**	58,6	62,8	71,2
4	7,78	9,49	13,3	**48**	60,9	65,2	73,7
5	9,24	11,1	15,1	**50**	63,2	67,5	76,2
6	10,6	12,6	16,8	**55**	68,8	73,3	82,3
7	12,0	14,1	18,5	**60**	74,4	79,1	88,4
8	13,4	15,5	20,1	**65**	80,0	84,8	94,4
9	14,7	16,9	21,7	**70**	85,5	90,5	100,4
10	16,0	18,3	23,2	**75**	91,1	96,2	106,4
11	17,3	19,7	24,7	**80**	96,6	101,9	112,3
12	18,5	21,0	26,2	**85**	102,1	107,5	118,2
13	19,8	22,4	27,7	**90**	107,6	113,1	124,1
14	21,1	23,7	29,1	**95**	113,0	118,8	130,0
15	22,3	25,0	30,6	**100**	118,5	124,3	135,8
16	23,5	26,3	32,0	**110**	129,4	135,5	147,4
17	24,8	27,6	33,4	**120**	140,2	146,6	159,0
18	26,0	28,9	34,8	**130**	151,0	157,6	170,4
19	27,2	30,1	36,2	**140**	161,8	168,6	181,8
20	28,4	31,4	37,6	**150**	172,6	179,6	193,2
22	30,8	33,9	40,3	**160**	183,3	190,5	204,5
24	33,2	36,4	43,0	**170**	194,0	201,4	215,8
26	35,6	38,9	45,6	**180**	204,7	212,3	227,1
28	37,9	41,3	48,3	**190**	215,4	223,2	238,3
30	40,3	43,8	50,9	**200**	226,0	234,0	249,4
32	42,6	46,2	53,5	**225**	252,6	261,0	277,3
34	44,9	48,6	56,1	**250**	279,1	287,9	304,9
36	47,2	51,0	58,6	**275**	305,5	314,7	332,5
38	49,5	53,4	61,2	**300**	331,8	341,4	359,9
40	51,8	55,8	63,7	**350**	384,3	394,6	414,5

Ablesebeispiel:

Zu dem Freiheitsgrad $f = 55$ und dem Signifikanzniveau $\alpha = 0{,}05$ gehört der Tabellenwert $\chi^2_{55;\,0{,}95} = 73{,}3$.

Näherungsformel für die χ^2-Verteilung

Für $f \gtrsim 30$ ist näherungsweise $\chi^2_{f;1-\alpha} = f \cdot \left(1 - \frac{2}{9 \cdot f} + u_{1-\alpha} \cdot \sqrt{\frac{2}{9 \cdot f}}\right)^3$

Beispiele für die Näherungsrechnung

α	$u_{1-\alpha}$	f	Näherungswert $\chi^2_{f;1-\alpha}$	Tabellenwert $\chi^2_{f;1-\alpha}$
0,10	1,282	22 130	30,80 151,05	30,8 151,0
0,05	1,645	28 95	41,33 118,75	41,3 118,8
0,01	2,326	30 350	50,91 414,47	50,9 414,5

Anhang
Beispiele aus der Textiltechnik

A.1 Beispiel zu Abschnitt 5.2: Vergleich zweier Gesamtheiten

Ölabweisung für zwei ölabweisend ausgerüstete Gewebe

Zwei größere Abschnitte eines Gewebes wurden mit einem bestimmten Produkt ölabweisend ausgerüstet. Einer der Abschnitte wurde nach dem bisher üblichen Verfahren (*a*) behandelt, bei dem anderen Abschnitt wurde das Behandlungsverfahren etwas modifiziert (*b*). Zu entscheiden ist die Frage, ob die Änderung des Behandlungsverfahrens die ölabweisenden Eigenschaften des Gewebes herabgesetzt hat oder nicht.

Bei beiden Gewebeabschnitten wurde auf einer Gesamtlänge von etwa 5 Metern in voller Breite an zweimal zehn verschiedenen Stellen in einem zeitlichen Abstand von 20 Sekunden jeweils ein Tropfen der vorgeschriebenen Prüflösung aufgesetzt. Nach der vorgeschriebenen Wartezeit von 3 Minuten wurde die Ölabweisung an Hand einer vierstufigen Ordinalskala mit den Noten *A* bis *D* beurteilt; dabei bedeutet Note *A* die einwandfreie Ölabweisung und Note *D* die Durchnetzung des Gewebes. Zwei Laborantinnen 1 und 2 haben folgende Beurteilungswerte ermittelt:

	Ausrüstungsverfahren							
	wie üblich (*a*) Laborantin				modifiziert (*b*) Laborantin			
	1		2		1		2	
Beurteilungswerte	*B*	*A*	*A*	*B*	*B*	*B*	*B*	*A*
	A	*A*	*A*	*A*	*A*	*C*	*B*	*C*
	A	*B*	*B*	*A*	*C*	*A*	*B*	*B*
	B	*A*	*A*	*A*	*B*	*B*	*A*	*B*
	B	*C*	*B*	*A*	*C*	*B*	*C*	*C*

Die Mediane der beiden Gesamtheiten sind mit dem einseitigen Test von Mann-Whitney-Wilcoxon auf dem Signifikanzniveau $\alpha \leq 0{,}025$ zu vergleichen.

Die gemeinsam geordneten Beurteilungswerte und die zugehörigen Rangzahlen sind:

geordnete Beurteilungswerte	zugehörige Stichprobe		Rangzahlen *a*	Rangzahlen *b*
12mal *A*	*a*		12 · 8,5	
4mal *A*		*b*		4 · 8,5
7mal *B*	*a*		7 · 25	
10mal *B*		*b*		10 · 25
1mal *C*	*a*		37	
6mal *C*		*b*		6 · 37

Die Rangzahlsummen in den Stichproben sind:

$R_a = 314$; $R_b = 506$

Die U-Werte sind mit $n_a = n_b = 20$:

$$U_a = 20 \cdot 20 + \frac{20 \cdot 21}{2} - 314 = 296; \quad U_b = 20 \cdot 20 + \frac{20 \cdot 21}{2} - 506 = 104$$

Die Rechenkontrolle ist erfüllt:

$$U_a + U_b = n_a \cdot n_b = 400$$

Für den einseitigen Test ist hier die Nullhypothese H_0: $\zeta_b \leq \zeta_a$ und die Alternativhypothese H_1: $\zeta_b > \zeta_a$. Der Prüfwert ist U_b und der Tabellenwert ist $U_{n_a,\,n_b;\,\alpha} = U_{20,\,20;\,0{,}025} = 127$. In diesem Falle ist $U_b = 104 < 127$. Die Nullhypothese wird zugunsten der Alternativhypothese verworfen. Der Median ζ_b wird auf dem Signifikanzniveau $\alpha \leq 0{,}025$ als größer als der Median ζ_a angesehen, d.h. das modifizierte Ausrüstungsverfahren wird als ungünstiger als das übliche Ausrüstungsverfahren betrachtet.

A.2 Beispiel zu Abschnitt 5.3: Vergleich mehrerer Gesamtheiten

Selbstglättungsverhalten eines Baumwollgewebes

Für ein bestimmtes Gewebe aus Polyester/Baumwolle wurde im Rahmen eines Rundversuchs das Selbstglättungsverhalten nach einer vorher festgelegten Wasch- und Trocknungsbehandlung in sechs verschiedenen Prüfstellen untersucht. Jeder Prüfstelle waren von der den Rundversuch betreuenden Prüfstelle (unterschiedlich viele) Proben zugeteilt worden zwecks

vorgeschriebener Behandlung und anschließender Beurteilung. An Hand einer Ordinalskala mit zehn Noten (10 bis 1), von denen die Noten 10, 8, 6, 4, 2 und 1 durch Originalvorlagen verkörpert waren und in jeder Prüfstelle vorlagen, haben jeweils innerhalb einer Prüfstelle mehrere Personen unabhängig voneinander alle Proben dieser Prüfstelle beurteilt. Mittels des erweiterten Median-Tests ist auf dem Signifikanzniveau $\alpha = 0{,}05$ zu prüfen, ob alle Gesamtheiten der Prüfstellen den gleichen Median haben oder nicht, d. h. ob die auf Grund der Probenahme für jede Prüfstelle gleichartigen vorgelegten Proben von jeder Prüfstelle in gleicher Weise behandelt und/oder beurteilt worden sind oder nicht.

Die Beurteilungswerte sind:

Prüfstelle	1	2	3	4	5	6
Anzahl der Beurteilungsproben	4	5	3	4	5	4
Anzahl der beurteilenden Personen	3	2	4	3	3	4
Beurteilungswerte	6 7 5 7 6 6 7 5 6 5 5 5	7 6 8 7 8 7 7 6 6 6	7 6 8 7 8 7 8 7 8 8 8 8	6 6 6 5 6 6 7 7 6 6 7 6	6 5 7 6 6 6 6 6 7 6 7 8 7 8 7	7 6 7 7 6 7 6 7 5 6 5 5 6 7 7 7
Median	6	7	8	6	6	6 oder 7

Der Gesamtmedian aller 77 Beurteilungswerte ist 6. Die Häufigkeiten a_i und b_i sowie ihre Summen sind:

Prüfstelle i	1	2	3	4	5	6	
a_i	3	6	11	3	7	8	$a = 38$
b_i	9	4	1	9	8	8	$b = 39$
n_i	12	10	12	12	15	16	$n = 77$

Der Prüfwert T wird damit:

$$T = \frac{77^2}{38 \cdot 39} \left(\frac{9}{12} + \frac{36}{10} + \frac{121}{12} + \frac{9}{12} + \frac{49}{15} + \frac{64}{16} \right) - \frac{77 \cdot 38}{39} = 14{,}79$$

Aus der Tabelle im Abschnitt 12.4 entnimmt man zum Signifikanzniveau $\alpha = 0{,}05$ und zum Freiheitsgrad $k - 1 = 5$ den Tabellenwert

$$\chi^2_{5;\,0{,}95} = 11{,}1$$

Da $T > \chi^2_{5;\,0{,}95}$ ist, wird die Nullhypothese zugunsten der Alternativhypothese verworfen; die Mediane wenigstens zweier Gesamtheiten werden auf dem Signifikanzniveau $\alpha = 0{,}05$ als verschieden angesehen, d. h. das vorgelegte Gewebe wird als von mindestens zwei Prüfstellen unterschiedlich behandelt und/oder beurteilt angesehen.

Übersicht über die benutzten Formelzeichen

a	Summe aller Werte a_i
a_i	Anzahl der Beurteilungswerte in der i-ten Stichprobe, die größer als der Gesamtmedian sind
b	Summe aller Werte b_i
b_i	Anzahl der Beurteilungswerte in der i-ten Stichprobe, die kleiner oder gleich dem Gesamtmedian sind
f	Zahl der Freiheitsgrade
H_0	Nullhypothese
H_1	Alternativhypothese
i	laufender Index für Beurteilungswerte, Stichproben oder Gesamtheiten
k	Anzahl der Stichproben beim erweiterten Median-Test
n	Anzahl der Beurteilungswerte in einer Stichprobe oder in der Gesamtstichprobe
n_i	Anzahl der Beurteilungswerte in der i-ten Stichprobe
R_1; R_2	Rangzahlsumme in den Stichproben 1 und 2
r	Rangzahl des Beurteilungswertes der unteren Grenze für den Vertrauensbereich des Medians der Gesamtheit
r'	ganzzahliger Näherungswert der Rangzahl für die untere Grenze des Vertrauensbereiches für den Median der Gesamtheit, der zu s' gehört
s	Rangzahl des Beurteilungswertes der oberen Grenze für den Vertrauensbereich des Medians der Gesamtheit

s^*	Näherungswert der Rangzahl des Beurteilungswertes für die obere Grenze des Vertrauensbereiches für den Median der Gesamtheit
s'	aufgerundeter Wert von s^*
T	Prüfwert für den erweiterten Median-Test
$u_{1-\alpha}$	$(1-\alpha)$-Quantil der Normalverteilung; Tabellenwert der u-Verteilung
$u_{1-\alpha/2}$	$(1-\alpha/2)$-Quantil der Normalverteilung; Tabellenwert der u-Verteilung
U_1; U_2	Prüfwerte der Stichproben 1 und 2 für den Test von Mann-Whitney-Wilcoxon
U_{min}; $\min(U_1, U_2)$	kleinerer Wert der beiden Werte U_1 und U_2
$U_{n_1, n_2; \alpha/2}$	Tabellenwert für den zweiseitigen Test von Mann-Whitney-Wilcoxon
$U_{n_1, n_2; \alpha}$	Tabellenwert für den einseitigen Test von Mann-Whitney-Wilcoxon
$U^*_{n_1, n_2; \alpha/2}$	genäherter Tabellenwert für den zweiseitigen Test von Mann-Whitney-Wilcoxon
U'	gerundeter Wert von U^*
x_i	i-ter Beurteilungswert
$x_{(i)}$	i-ter Beurteilungswert in aufsteigend geordneter Reihenfolge
$x_{(r)}$	untere Grenze des Vertrauensbereiches für den Median der Gesamtheit
$x_{(s)}$	obere Grenze des Vertrauensbereiches für den Median der Gesamtheit
$\tilde{x}$	Median der Beurteilungswerte einer Stichprobe
$\tilde{x}_i$	Median der Beurteilungswerte der i-ten Stichprobe
$1 \ldots 10$, $A \ldots K$	Noten der zehnstufigen Ordinalskala
α	Signifikanzniveau beim Testen von Hypothesen
$1-\alpha$	Vertrauensniveau für Vertrauensbereiche
$\chi^2_{f; 1-\alpha}$	$(1-\alpha)$-Quantil der χ^2-Verteilung zum Freiheitsgrad f; Tabellenwert der χ^2-Verteilung
ζ	Median der Gesamtheit
ζ_i	Median der i-ten Gesamtheit
ζ_0	vorgegebener Wert für den Median oder Erfahrungswert

Zitierte Normen und Unterlagen

DIN 1319 Teil 1	Grundbegriffe der Meßtechnik; Messen, Zählen, Prüfen
DIN 13 303 Teil 1 **)	Stochastik; Wahrscheinlichkeitstheorie, Gemeinsame Grundbegriffe der mathematischen und beschreibenden Statistik, Begriffe und Zeichen
DIN 13 303 Teil 2 **)	Stochastik; Mathematische Statistik, Begriffe und Zeichen
DIN 53 804 Teil 1	Statistische Auswertungen; Meßbare (kontinuierliche) Merkmale
DIN 53 888	Prüfung von Textilien; Prüfung der wasserabweisenden Eigenschaften von textilen Flächengebilden im Beregnungsversuch nach Bundesmann
DIN 53 895	Prüfung von Textilien; Bestimmung des Selbstglättungsverhaltens von textilen Flächengebilden nach dem Waschen und Trocknen
DIN 54 001	Prüfung der Farbechtheit von Textilien; Herstellung und Handhabung des Graumaßstabes zur Bewertung der Änderung der Farbe
DIN 54 002	Prüfung der Farbechtheit von Textilien; Herstellung und Handhabung des Graumaßstabes zur Bewertung des Anblutens
DIN 54 003	Prüfung der Farbechtheit von Textilien; Bestimmung der Lichtechtheit von Färbungen und Drucken mit Tageslicht
DIN 54 004	Prüfung der Farbechtheit von Textilien; Bestimmung der Lichtechtheit von Färbungen und Drucken mit künstlichem Tageslicht (gefiltertes Xenonbogenlicht)
DIN 55 303 Teil 2 **)	Statistische Auswertung von Daten; Schätz- und Testverfahren für Mittelwerte und Varianzen
DIN 55 350 Teil 12	Begriffe der Qualitätssicherung und Statistik; Begriffe der Qualitätssicherung, Merkmalsbezogene Begriffe
DIN 55 350 Teil 21 **)	Begriffe der Qualitätssicherung und Statistik; Begriffe der Statistik, Zufallsgrößen und Wahrscheinlichkeitsverteilungen
DIN 55 350 Teil 22 **)	Begriffe der Qualitätssicherung und Statistik; Begriffe der Statistik, Spezielle Wahrscheinlichkeitsverteilungen
DIN 55 350 Teil 23 **)	Begriffe der Qualitätssicherung und Statistik; Begriffe der Statistik, Beschreibende Statistik
DIN 55 350 Teil 24 **)	Begriffe der Qualitätssicherung und Statistik; Begriffe der Statistik, Schließende Statistik
ASTM D 2255 – 79	Grading Cotton Yarns for Appearance
ASTM D 3511 – 76	Pilling Resistance and Other Related Surface Changes of Textile Fabrics: Bruch Pilling Tester Method, Test for

---

**) Z. Z. Entwurf

Weitere Normen und Unterlagen

DIN 53 803 Teil 1 Prüfung von Textilien; Probenahme; Statistische Grundlagen der Probenahme bei einfacher Aufteilung

DIN 53 803 Teil 2 Prüfung von Textilien; Probenahme; Praktische Durchführung

[1] U. Graf, H. J. Henning, K. Stange: Formeln und Tabellen der mathematischen Statistik. Berlin, Heidelberg, New York: Springer 1966

[2] U. Graf, H. J. Henning, P. Th. Wilrich: Statistische Methoden bei textilen Untersuchungen. Berlin, Heidelberg, New York: Springer 1974

[3] S. Siegel: Nichtparametrische statistische Methoden. Frankfurt: Fachbuchhandlung für Psychologie 1976

[4] H. Büning, G. Trenkler: Nichtparametrische statistische Methoden. Berlin: de Gruyter 1978

[5] P. H. Müller, P. Neumann, R. Storm: Tafeln der mathematischen Statistik. München, Wien: Hanser 1972

[6] J. Kriz: Statistik in den Sozialwissenschaften; rororo studium 29. Reinbeck: Rowohlt 1973

[7] B. Orth: Einführung in die Theorie des Messens. Stuttgart: Kohlhammer 1974

[8] D. B. Owen: Handbook of statistical tables. Reading, Massachusetts: Addison-Wesley Publishing Company 1962

[9] K. H. Padberg, P. Th. Wilrich: Die Auswertung von Daten und ihre Abhängigkeit von der Merkmalsart. Teil 1: Skalentypen, Teil 2: Statistische Kennwerte. QZ **26** (1981), S. 179 bis 183 und S. 210 bis 217

Erläuterungen

Der Arbeitsausschuß NMP 544 „Statistische Fragen in der Textilprüfung" hat im Zuge der Überarbeitung von DIN 53 804, Ausgabe Januar 1961, die vorliegende Norm erarbeitet.

Dabei erwies es sich als notwendig, die Norm, Ausgabe Januar 1961, neu zu gliedern und zu ergänzen. DIN 53 804 Teil 1 befaßt sich mit „Meßbaren Merkmalen". In Folgeteilen sollen die Verfahren für „Zählbare Merkmale" und „Attributmerkmale" beschrieben werden.

DIN 53 804 Teil 3 erweitert die ursprüngliche Norm. Beurteilbare Merkmale sind in der Vergangenheit oft unsachgemäß ausgewertet worden. Im Gegensatz zu den bei üblichen Messungen vorliegenden Skalen, die entweder eine Intervallskala oder eine Verhältnisskala sind, ist für beurteilbare Merkmale, deren Ausprägungskategorien sich in eine Ordnung bringen lassen (Ordinalmerkmale), eine Ordinalskala zu benutzen. Die Eigenschaften der Ordinalskala, die sich von denen der gebräuchlichen Skalen unterscheidet, sind zu beachten.

Die in dieser Norm verwendeten Begriffe Ordinalmerkmal, Ordinalskala und Note entsprechen dem Gebrauch in vielen Anwendungsgebieten und unterscheiden sich klar von den ebenfalls benutzten Begriffen Rangfolge, Rangieren und Rangzahl.

Statistische Auswertungen
Attributmerkmale

DIN 53 804 Teil 4

Statistical evaluations; attribute characteristics

Estimations statistiques; caractères qualitatifs d'attributs

Inhalt

1 Anwendungsbereich und Zweck

Die Eigenschaften von Produkten und Tätigkeiten werden durch Merkmale erfaßt. Den Merkmalsausprägungen werden Werte einer jeweils geeigneten Skale zugeordnet. Die Skalenwerte sind

– bei meßbaren (kontinuierlichen) Merkmalen beliebige reelle Zahlen (als Zahlenwerte von physikalischen Größen)
– bei zählbaren (diskreten) Merkmalen ganze Zahlen (Zählwerte)
– bei Ordinalmerkmalen Eigenschaftskategorien, die einer Rangordnung folgen (z. B. glatt, etwas verknittert, stark verknittert)
– bei Attributmerkmalen Attribute (z. B. rot, gelb, blau; vorhanden, nicht vorhanden; grün, nicht grün)

Meßbare und zählbare Merkmale werden als quantitative, Ordinalmerkmale und Attributmerkmale als qualitative (beurteilbare) Merkmale bezeichnet. Diese Merkmalsarten entsprechen den Grundbegriffen der Meßtechnik: Messen, Zählen, Sortieren und Klassieren (siehe DIN 1319 Teil 1).

Da es im allgemeinen nicht sinnvoll ist, Merkmalswerte an allen Einheiten einer Grundgesamtheit zu bestimmen, werden Stichproben gezogen und Kennwerte der Stichprobe ermittelt.

Parameter, die das Verhalten des Merkmals in der Grundgesamtheit beschreiben, werden mit Hilfe von Kennwerten der Stichprobe geschätzt. Die Schätzung ist mit einer angebbaren Unsicherheit behaftet. Hypothesen über die durch eine Stichprobe untersuchte Grundgesamtheit können mittels statistischer Tests geprüft werden.

Die statistischen Verfahren richten sich nach der Merkmalsart und damit nach dem benutzten Skalentyp. Die Normenreihe erscheint deshalb in vier Teilen. In DIN 53 804 Teil 1, Teil 2 und Teil 3 werden meßbare, zählbare und Ordinalmerkmale behandelt.

Diese Norm befaßt sich mit Attributmerkmalen. Die Ausprägungen (Werte, Attribute) eines Attributmerkmals werden auf einer Nominalskale [1] dargestellt. Jede Einheit einer Grundgesamtheit hat genau eine Ausprägung des Merkmals. Die Eigenschaften des Merkmals werden durch die Anteile (relative Häufigkeiten) beschrieben, mit denen die einzelnen Ausprägungen in der Grundgesamtheit vorkommen.

Häufig interessiert man sich nur für eine bestimmte Ausprägung und deren Anteil in der Grundgesamtheit. Die vorliegende Norm beschreibt statistische Verfahren, mit denen die Anzahl x der Einheiten mit der betrachteten Ausprägung des Attributmerkmals unter n untersuchten Einheiten aufbereitet werden kann. Weiterhin werden Schätzungen und

Fortsetzung Seite 2 bis 10

Normenausschuß Materialprüfung (NMP) im DIN Deutsches Institut für Normung e. V.
Ausschuß Qualitätssicherung und angewandte Statistik (AQS) im DIN

Tests des Anteils der Einheiten mit der betrachteten Ausprägung des Attributmerkmals in der Grundgesamtheit behandelt. Methodisch beruhen diese Verfahren auf der Binomialverteilung.

Für Fragestellungen, bei denen die Anteile von mehr als zwei Attributen gleichzeitig geschätzt oder getestet werden sollen, wird auf die Literatur über Mehrfeldertafeln und die Multinomialverteilung verwiesen.

Lassen sich die Ausprägungen des Attributmerkmals in eine Rangordnung bringen, ist eine statistische Auswertung entsprechend DIN 53804 Teil 3 (Ordinalmerkmale) möglich.

In DIN 40080 wird die Annahmestichprobenprüfung an Hand qualitativer Merkmale (Attributprüfung) behandelt, wobei das Attributmerkmal die Fehlerhaftigkeit von Einheiten (mit den beiden Ausprägungen: fehlerhaft, nicht fehlerhaft) ist.

2 Begriffe

Die in der vorliegenden Norm benutzten statistischen Begriffe sind den Normen DIN 13303 Teil 1 und Teil 2 sowie DIN 55350 Teil 12, Teil 14 (z. Z. Entwurf), Teil 21, Teil 22, Teil 23, Teil 24 und DIN 55303 Teil 2 zu entnehmen.

Der Stichprobenumfang n ist die Anzahl der untersuchten Einheiten.

Die absolute Häufigkeit x ist bei n untersuchten Einheiten die Anzahl der festgestellten Einheiten, die die betrachtete Ausprägung des Attributmerkmals aufweisen.

Anmerkung: Der Anzahl x entspricht bei meßbaren Merkmalen (siehe DIN 53804 Teil 1) der Einzelwert x_i; x kann nur ganzzahlige Werte annehmen ($x = 0, 1, 2, \ldots, n$).

3 Binomialverteilung

Für das Berechnen von Vertrauensbereichen und das Testen von Hypothesen wird in dieser Norm vorausgesetzt, daß die Anzahl der Einheiten mit einer bestimmten Ausprägung des Attributmerkmals in der Stichprobe einer Binomialverteilung folgt. Bei der Probenahme mit Zurücklegen von n Einheiten aus einer Grundgesamtheit von N Einheiten ist diese Voraussetzung der Binomialverteilung erfüllt.

Bei der Probenahme ohne Zurücklegen ist die hypergeometrische Verteilung die exakte Wahrscheinlichkeitsverteilung. Unter der Bedingung $n/N < 0{,}1$ (d. h. der Stichprobenumfang ist kleiner als 10 % der Grundgesamtheit) kann dafür die Binomialverteilung als gute Näherung benutzt werden.

Die Wahrscheinlichkeitsfunktion der Binomialverteilung legt fest, mit welcher Wahrscheinlichkeit die betrachtete Ausprägung nullmal, einmal, zweimal, ..., k-mal, ..., n-mal bei n untersuchten Einheiten auftritt.

Der Parameter p der Binomialverteilung gibt den Anteil an, mit dem die betrachtete Ausprägung im Mittel unter n untersuchten Einheiten auftritt.

Der Erwartungswert für die Anzahl der Einheiten mit der betrachteten Ausprägung unter n untersuchten Einheiten ist $n \cdot p$. Der Erwartungswert für die relative Häufigkeit der Einheiten mit der betrachteten Ausprägung ist p.

4 Kennwert der Stichprobe

Der Anteil der in der Stichprobe festgestellten Einheiten mit der betrachteten Ausprägung des Attributmerkmals ist x/n. Er ist die beobachtete relative Häufigkeit in der Stichprobe vom Umfang n.

5 Schätzwert und Vertrauensbereich für den Anteil p in der Grundgesamtheit

Der Schätzwert für den Anteil p ist

$$\hat{p} = \frac{x}{n} \qquad (1)$$

Der Vertrauensbereich $p_{un} \leq p \leq p_{ob}$ für p bei **zweiseitiger Abgrenzung** zum Vertrauensniveau $1 - \alpha$ hat die Vertrauensgrenzen

$$p_{ob} = \frac{(x+1) \cdot F_{f_1, f_2; 1-\alpha/2}}{(n-x) + (x+1) \cdot F_{f_1, f_2; 1-\alpha/2}} \qquad (2)$$

mit $f_1 = 2 \cdot (x+1)$ und $f_2 = 2 \cdot (n-x)$ sowie

$$p_{un} = \frac{x}{x + (n-x+1) \cdot F_{f_1, f_2; 1-\alpha/2}} \qquad (3)$$

mit $f_1 = 2 \cdot (n-x+1)$ und $f_2 = 2 \cdot x$.

Sie können für die Vertrauensniveaus $1 - \alpha = 0{,}95$ beziehungsweise $1 - \alpha = 0{,}99$ den Nomogrammen Bild 3 und Bild 4 entnommen werden. Das Ableseschema ist in Bild 5 angegeben.

Für den Sonderfall $\hat{p} = 0$, d. h. $x = 0$, kann man einfacher rechnen

$$p_{ob} = 1 - \sqrt[n]{\alpha/2} \quad \text{und} \quad p_{un} = 0 \qquad (4)$$

Für den Sonderfall $\hat{p} = 1$, d. h. $x = n$, kann man einfacher rechnen

$$p_{ob} = 1 \quad \text{und} \quad p_{un} = \sqrt[n]{\frac{\alpha}{2}} \qquad (5)$$

Der Vertrauensbereich $0 \leq p \leq p_{ob}$ für p bei **einseitiger Abgrenzung nach oben** zum Vertrauensniveau $1 - \alpha$ hat die Vertrauensgrenze

$$p_{ob} = \frac{(x+1) \cdot F_{f_1, f_2; 1-\alpha}}{(n-x) + (x+1) \cdot F_{f_1, f_2; 1-\alpha}} \qquad (6)$$

mit $f_1 = 2 \cdot (x+1)$ und $f_2 = 2 \cdot (n-x)$. Für den Sonderfall $\hat{p} = 0$, d. h. $x = 0$, kann man einfacher rechnen

$$p_{ob} = 1 - \sqrt[n]{\alpha} \qquad (7)$$

Der Vertrauensbereich $p_{un} \leq p \leq 1$ für p bei **einseitiger Abgrenzung nach unten** zum Vertrauensniveau $1 - \alpha$ hat die Vertrauensgrenze

$$p_{un} = \frac{x}{x + (n-x+1) \cdot F_{f_1, f_2; 1-\alpha}} \qquad (8)$$

mit $f_1 = 2 \cdot (n-x+1)$ und $f_2 = 2 \cdot x$. Für den Sonderfall $\hat{p} = 1$, d. h. $x = n$, kann man einfacher rechnen

$$p_{un} = \sqrt[n]{\alpha} \qquad (9)$$

Die genannten Tabellenwerte der F-Verteilung zum Vertrauensniveau $1 - \alpha = 0{,}95$ sind den Tabellen 2 und 3 zu entnehmen. Ausführlichere Tabellen auch für andere Werte von $1 - \alpha$ findet man in der Fachliteratur, z. B. in [2] und [3].

Die Vertrauensgrenzen können näherungsweise mit Hilfe der Normalverteilung wie folgt berechnet werden. Bei $n \cdot \hat{p} \cdot (1 - \hat{p}) > 9$ geben die Gleichungen (10) bis (13) eine grobe Näherung für Überschlagsrechnungen an; der relative Fehler bei p_{ob} und p_{un} beträgt bis zu etwa 25 % bei $1 - \alpha = 0{,}95$ [4]. Bei zweiseitiger Abgrenzung ist

$$p_{ob} = \hat{p} + u_{1-\alpha/2} \cdot \sqrt{\frac{\hat{p} \cdot (1 - \hat{p})}{n}} \qquad (10)$$

$$p_{un} = \hat{p} - u_{1-\alpha/2} \cdot \sqrt{\frac{\hat{p} \cdot (1 - \hat{p})}{n}} \qquad (11)$$

Bei einseitiger Abgrenzung ist

$$p_{ob} = \hat{p} + u_{1-\alpha} \cdot \sqrt{\frac{\hat{p} \cdot (1-\hat{p})}{n}} \qquad (12)$$

$$p_{un} = \hat{p} - u_{1-\alpha} \cdot \sqrt{\frac{\hat{p} \cdot (1-\hat{p})}{n}} \qquad (13)$$

Dabei sind $u_{1-\alpha/2}$ und $u_{1-\alpha}$ Tabellenwerte (Quantile) der standardisierten Normalverteilung, die der Tabelle 1 entnommen werden können.

Eine wesentlich bessere Näherung der Ordnung n^{-1} geben die Gleichungen (14) bis (18) an; diese Gleichungen erhält man aus [5], wenn man in der dortigen Formel 19 mit $\alpha = 0$ das Fehlerglied der Ordnung $n^{-1/2}$ gleich Null setzt. Mit den Gleichungen (14) bis (18) können die Vertrauensgrenzen mit einem relativen Fehler von höchstens 1 % für alle Werte von x und n mit $-3{,}2 \cdot \ln \alpha \leq x \leq n + 3{,}2 \cdot \ln \alpha$ berechnet werden; beispielsweise ist $9{,}6 \leq x \leq n - 9{,}6$ für $1 - \alpha = 0{,}95$.

Bei zweiseitiger Abgrenzung wird zunächst der Hilfswert

$$d_{\alpha/2} = \frac{1}{3} \cdot (1 - u^2_{1-\alpha/2}) \qquad (14)$$

berechnet; damit erhält man die korrigierten x-Werte

$$x_{ob} = x + \frac{1}{2} \cdot (d_{\alpha/2} + 1) \qquad (15)$$

$$x_{un} = x + \frac{1}{2} \cdot (d_{\alpha/2} - 1) = x_{ob} - 1 \qquad (16)$$

und schließlich

$$p_{ob} = \frac{x_{ob} + \frac{1}{2} u^2_{1-\alpha/2} + u_{1-\alpha/2} \cdot \sqrt{x_{ob} - \frac{x^2_{ob}}{n + d_{\alpha/2}} + \frac{1}{4} u^2_{1-\alpha/2}}}{n + d_{\alpha/2} + u^2_{1-\alpha/2}} \qquad (17)$$

$$p_{un} = \frac{x_{un} + \frac{1}{2} u^2_{1-\alpha/2} - u_{1-\alpha/2} \cdot \sqrt{x_{un} - \frac{x^2_{un}}{n + d_{\alpha/2}} + \frac{1}{4} u^2_{1-\alpha/2}}}{n + d_{\alpha/2} + u^2_{1-\alpha/2}} \qquad (18)$$

Zur Berechnung der Vertrauensgrenzen bei einseitiger Abgrenzung wird $\alpha/2$ durch α ersetzt, und zwar für die obere Vertrauensgrenze in den Gleichungen (14), (15) und (17), für die untere Vertrauensgrenze in den Gleichungen (14), (16) und (18).

6 Testen von Anteilen bei Binomialverteilung

6.1 Vergleich eines Anteils mit einem vorgegebenen Wert

Mit diesem Vergleich wird geprüft, ob sich der Anteil p der Einheiten mit der betrachteten Ausprägung des Attributmerkmals in der Grundgesamtheit von einem vorgegebenen Wert p_0 (z. B. Sollwert oder Erfahrungswert aus der Vergangenheit) unterscheidet, d. h. es wird die Nullhypothese H_0: $p = p_0$ gegen die Alternativhypothese H_1: $p \neq p_0$ getestet. Dazu wird das Signifikanzniveau α festgelegt.

Zur Durchführung des Tests wird der Vertrauensbereich für p bei zweiseitiger Abgrenzung zum Vertrauensniveau $1 - \alpha$ ermittelt, der sich aus der Stichprobe mit dem Stichprobenumfang n und dem Schätzwert $\hat{p}$ ergibt (siehe Abschnitt 5). Dabei ist das Vertrauensniveau $1 - \alpha$ aus dem festgelegten Signifikanzniveau α zu errechnen.

Liegt der vorgegebene Wert p_0 innerhalb des Vertrauensbereiches, wird die Nullhypothese H_0: $p = p_0$ nicht verworfen. Liegt dagegen der vorgegebene Wert p_0 außerhalb des Vertrauensbereiches, wird die Nullhypothese zu Gunsten der Alternativhypothese H_1: $p \neq p_0$ verworfen.

Die Bilder 1 und 2 zeigen die Zusammenhänge.

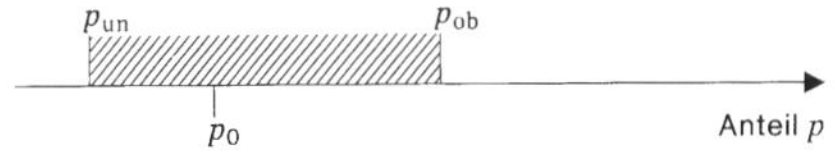

Bild 1. Vorgegebener Wert innerhalb des Vertrauensbereiches

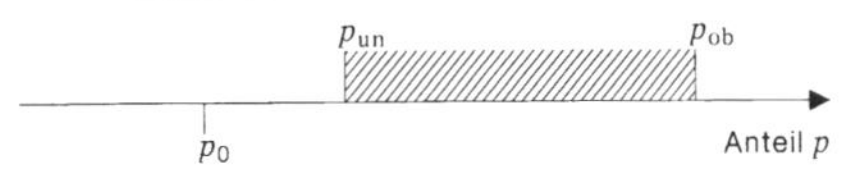

Bild 2. Vorgegebener Wert außerhalb des Vertrauensbereiches

Die Nullhypothese H_0: $p = p_0$ wird in Bild 1 nicht verworfen, dagegen wird sie in Bild 2 verworfen.

6.2 Vergleich zweier Anteile

Mit diesem Vergleich wird geprüft, ob sich die Anteile p_1 und p_2 der Einheiten mit der betrachteten Ausprägung des Attributmerkmals in zwei Grundgesamtheiten voneinander unterscheiden, d. h. es wird die Nullhypothese H_0: $p_1 = p_2$ gegen die Alternativhypothese H_1: $p_1 \neq p_2$ getestet.

Dazu wird das Signifikanzniveau α festgelegt.

Weiter werden unabhängig aus beiden Grundgesamtheiten Stichproben vom Umfang n_1 und n_2 gezogen. x_1 und x_2 sind die in den beiden Stichproben beobachteten Anzahlen der Einheiten mit der betrachteten Ausprägung.

Falls die Nullhypothese H_0: $p_1 = p_2 = p$ nicht verworfen wird, ist

$$\bar{p} = \frac{x_1 + x_2}{n_1 + n_2} \qquad (19)$$

der beste Schätzwert für p.

Es gibt zwei häufig benutzte Verfahren, mit denen man diesen Vergleich durchführen kann, und zwar

a) ein grafisches Verfahren für den Fall, daß $\bar{p} \leq 0{,}2$ ist; dabei wird das in [6] beschriebene Nomogramm Bild 6 der Binomialverteilung benutzt;

b) ein rechnerisches Verfahren als Näherungslösung mit Hilfe der Normalverteilung, falls $0{,}2 < \bar{p} < 0{,}8$ ist.

Falls $\bar{p} \geq 0{,}8$ ist, testet man das Gegenteil der betrachteten Ausprägung, z. B. die Ausprägung „gut" statt „schlecht", und geht nach dem grafischen Verfahren vor.

6.2.1 Grafisches Verfahren

Für die Anwendung des Verfahrens wird vorausgesetzt, daß $\bar{p} \leq 0{,}2$ ist. Dabei erfolgt die Indizierung so, daß $n_1 \leq n_2$ ist.

Es werden die Hilfswerte

$$p^* = \frac{n_1}{n_1 + n_2} \qquad (20)$$

$$n^* = x_1 + x_2 \qquad (21)$$

$$x^* = x_1 \qquad (22)$$

berechnet, mit denen im Nomogramm Bild 6 der Prüfwert P ermittelt wird. Das Ableseschema ist in Bild 7 angegeben.

Liegt P im Intervall $\alpha/2 \leq P \leq 1 - \alpha/2$, wird die Nullhypothese nicht verworfen; ist $P < \alpha/2$ beziehungsweise ist $1 - \alpha/2 < P$, wird die Nullhypothese zugunsten der Alternativhypothese H_1: $p_1 \neq p_2$ verworfen.

6.2.2 Rechnerisches Verfahren

Für die Anwendung dieses Verfahrens wird vorausgesetzt, daß $0{,}2 < \bar{p} < 0{,}8$ ist. Hierbei braucht die Indizierung nicht beachtet zu werden.

Der Prüfwert

$$u = \frac{|\hat{p}_1 - \hat{p}_2|}{\sqrt{\bar{p} \cdot (1 - \bar{p}) \cdot \frac{n_1 + n_2}{n_1 \cdot n_2}}} \qquad (23)$$

mit $\hat{p}_1$ und $\hat{p}_2$ nach Gleichung (1) und $\bar{p}$ nach Gleichung (19) wird berechnet und mit dem Tabellenwert $u_{1-\alpha/2}$ der standardisierten Normalverteilung verglichen, der der Tabelle 1 für das gewählte Signifikanzniveau α entnommen werden kann.

Falls $u \leq u_{1-\alpha/2}$ ist, wird die Nullhypothese nicht verworfen; falls $u > u_{1-\alpha/2}$ ist, wird die Nullhypothese zugunsten der Alternativhypothese H_1: $p_1 \neq p_2$ verworfen.

7 Nomogramme und Tabellen

7.1 Vertrauensbereich bei Binomialverteilung; $1 - \alpha = 0{,}95$

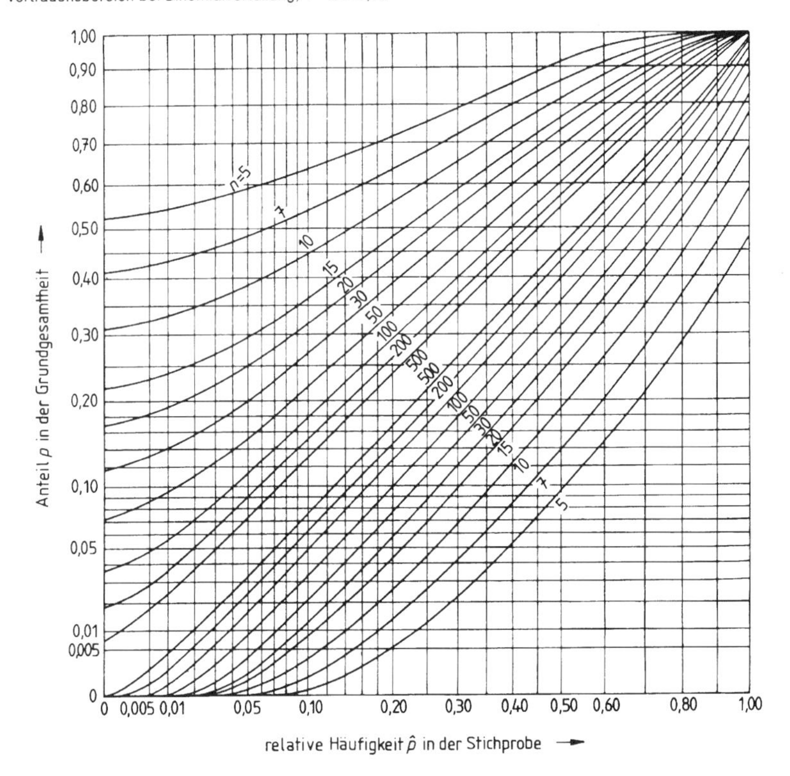

Bild 3. Nomogramm für den zweiseitig abgegrenzten Vertrauensbereich für den Anteil p bei Binomialverteilung; $1 - \alpha = 0{,}95$ (nach Clopper und Pearson), entnommen aus [2]

7.2 Vertrauensbereich bei Binomialverteilung; $1-\alpha=0{,}99$

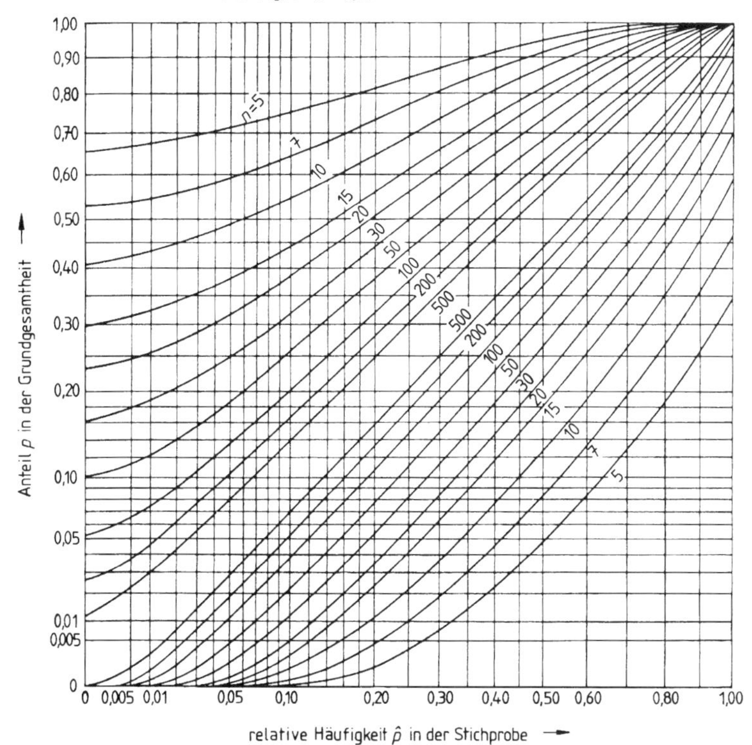

Bild 4. Nomogramm für den zweiseitig abgegrenzten Vertrauensbereich für den Anteil p bei Binomialverteilung; $1-\alpha=0{,}99$ (nach Clopper und Pearson), entnommen aus [2]

Schema für die Bestimmung der Grenzen p_{un} und p_{ob} des Vertrauensbereiches für p zu den gegebenen Werten $\hat{p}$ und n.

Bild 5. Schema für die Bestimmung der Grenzen des Vertrauensbereiches in den Nomogrammen Bild 3 und Bild 4

7.3 Verteilungsfunktion der Binomialverteilung

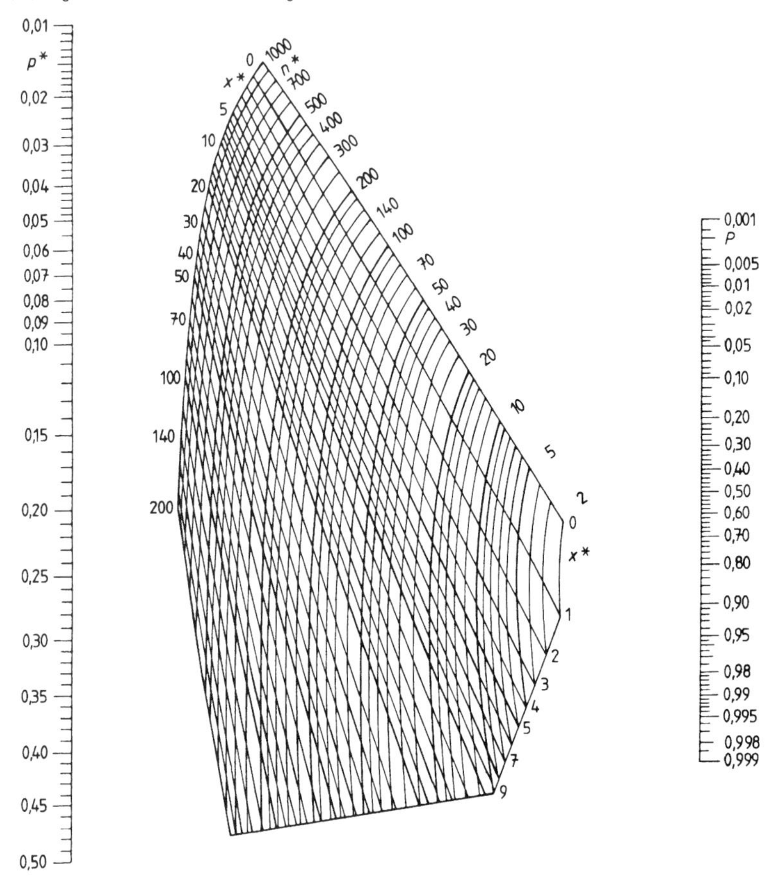

Bild 6. Nomogramm der Verteilungsfunktion der Binomialverteilung (nach Larson), entnommen aus [7]

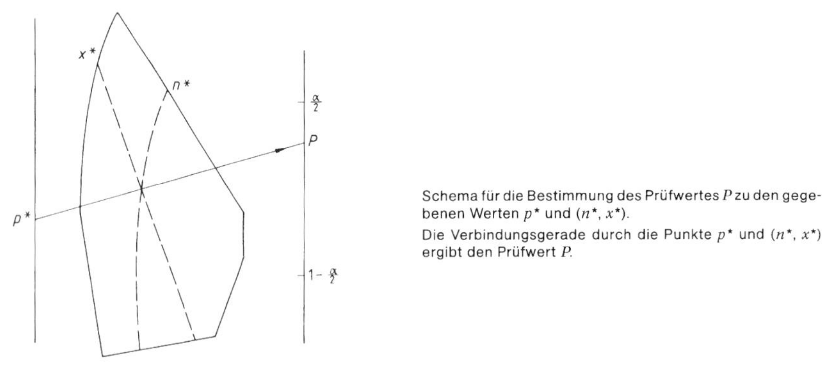

Bild 7. Schema für die Bestimmung des Prüfwertes im Nomogramm Bild 6

7.4 Standardisierte Normalverteilung

Tabelle 1. **Tabellenwerte $u_{1-\alpha/2}$ und $u_{1-\alpha}$ der standardisierten Normalverteilung**

$1-\alpha$	α	$u_{1-\alpha/2}$	$u_{1-\alpha}$
0,90	0,10	1,645	1,282
0,95	0,05	1,960	1,645
0,99	0,01	2,576	2,326
0,995	0,005	2,807	2,576
0,999	0,001	3,291	3,090

7.5 F-Verteilung bei einseitiger Abgrenzung

Tabelle 2. **Tabellenwerte $F_{f_1, f_2; 1-\alpha}$ der F-Verteilung bei einseitiger Abgrenzung; α = 0,05**

f_2 \ f_1	2	4	6	8	10	12	14	16	18	20	24	50	500
2	19,00	19,25	19,33	19,37	19,40	19,40	19,41	19,43	19,44	19,45	19,45	19,48	19,5
4	6,94	6,39	6,16	6,04	5,96	5,91	5,87	5,84	5,82	5,80	5,77	5,70	5,64
6	5,14	4,53	4,28	4,15	4,06	4,00	3,96	3,92	3,90	3,87	3,84	3,75	3,68
8	4,46	3,84	3,58	3,44	3,35	3,28	3,24	3,20	3,17	3,15	3,12	3,02	2,94
10	4,10	3,48	3,22	3,07	2,98	2,91	2,86	2,83	2,80	2,77	2,74	2,64	2,55
12	3,89	3,26	3,00	2,85	2,75	2,69	2,64	2,60	2,57	2,54	2,51	2,40	2,31
14	3,74	3,11	2,85	2,70	2,60	2,53	2,48	2,44	2,41	2,39	2,35	2,24	2,14
16	3,63	3,01	2,74	2,59	2,49	2,42	2,37	2,33	2,30	2,28	2,24	2,12	2,02
18	3,55	2,93	2,66	2,51	2,41	2,34	2,29	2,25	2,22	2,19	2,15	2,04	1,93
20	3,49	2,87	2,60	2,45	2,35	2,28	2,22	2,18	2,15	2,12	2,08	1,97	1,86
30	3,32	2,69	2,42	2,27	2,16	2,09	2,04	1,99	1,96	1,93	1,89	1,76	1,64
60	3,15	2,53	2,25	2,10	1,99	1,92	1,86	1,82	1,78	1,75	1,70	1,56	1,41
120	3,07	2,45	2,18	2,02	1,91	1,83	1,78	1,73	1,69	1,66	1,61	1,46	1,27
200	3,04	2,42	2,14	1,98	1,88	1,80	1,74	1,69	1,66	1,62	1,57	1,41	1,22
500	3,01	2,39	2,12	1,96	1,85	1,77	1,71	1,66	1,62	1,59	1,54	1,38	1,16

Ablesebeispiel: Bei $f_1 = 46$ und $f_2 = 12$ ergibt sich durch Interpolation
$F_{f_1, f_2; 1-\alpha} = F_{46, 12; 0,95} = 2,41$

7.6 F-Verteilung bei zweiseitiger Abgrenzung

Tabelle 3. **Tabellenwerte $F_{f_1, f_2; 1-\alpha/2}$ der F-Verteilung bei zweiseitiger Abgrenzung; α = 0,05**

f_2 \ f_1	2	4	6	8	10	12	14	16	18	20	24	50	500
2	39,00	39,25	39,33	39,37	39,40	39,41	39,43	39,44	39,44	39,45	39,46	39,48	39,5
4	10,65	9,60	9,20	8,98	8,84	8,75	8,68	8,63	8,59	8,56	8,51	8,38	8,27
6	7,26	6,23	5,82	5,60	5,46	5,37	5,30	5,24	5,20	5,17	5,12	4,98	4,86
8	6,06	5,05	4,65	4,43	4,30	4,20	4,13	4,08	4,03	4,00	3,95	3,81	3,68
10	5,46	4,47	4,07	3,85	3,72	3,62	3,55	3,50	3,45	3,42	3,37	3,22	3,09
12	5,10	4,12	3,73	3,51	3,37	3,28	3,21	3,15	3,11	3,07	3,02	2,87	2,74
14	4,86	3,89	3,50	3,29	3,15	3,05	2,98	2,92	2,88	2,84	2,79	2,64	2,50
16	4,69	3,73	3,34	3,12	2,99	2,89	2,82	2,76	2,72	2,68	2,63	2,47	2,33
18	4,56	3,61	3,22	3,01	2,87	2,77	2,70	2,64	2,60	2,56	2,50	2,35	2,20
20	4,46	3,51	3,13	2,91	2,77	2,68	2,60	2,55	2,50	2,46	2,41	2,25	2,10
30	4,18	3,25	2,87	2,65	2,51	2,41	2,34	2,28	2,23	2,20	2,14	1,97	1,81
60	3,93	3,01	2,63	2,41	2,27	2,17	2,09	2,03	1,98	1,94	1,88	1,70	1,51
120	3,80	2,89	2,52	2,30	2,16	2,05	1,98	1,92	1,87	1,82	1,76	1,56	1,35
200	3,76	2,85	2,47	2,26	2,11	2,01	1,93	1,87	1,82	1,78	1,71	1,51	1,27
500	3,72	2,81	2,43	2,22	2,07	1,97	1,89	1,83	1,78	1,74	1,67	1,46	1,19

Ablesebeispiel: Bei $f_1 = 14$ und $f_2 = 188$ ergibt sich durch Interpolation
$F_{f_1, f_2; 1-\alpha/2} = F_{14, 188; 0,975} = 1,94$

Anhang A
Beispiele aus der Textiltechnik

A.1 Berechnung des Vertrauensbereiches für den Anteil p; Garnspulen ohne Fadenreserve

In textilen Fertigungen sind Spulengatter mit Reserve-Spulenhaltern ausgerüstet, damit das Nachstecken von Spulen während der laufenden Fertigung möglich ist. Die Spulen müssen dazu eine „Fadenreserve" aufweisen („gute" Spulen). Spulen ohne Fadenreserve gelten als „schlecht".

Fall 1: Im Wareneingang einer Teppichfabrik wurde einer Lieferung eine Stichprobe von $n = 100$ Spulen entnommen und auf das Vorhandensein der Fadenreserve geprüft. Es fanden sich $x = 6$ Spulen ohne Fadenreserve.

Nach Gleichung (1) ergibt sich $\hat{p} = x/n = 6/100 = 0{,}06$ als Schätzwert für den Anteil p, d. h. 6 % der Spulen in der Stichprobe weisen keine Fadenreserve auf (Schlechtanteil = 6 %).

Zur Berechnung der Vertrauensgrenzen p_{un} und p_{ob} für den Anteil p können die Gleichungen (2) und (3), oder für die Vertrauensniveaus 0,95 und 0,99 die Nomogramme Bild 3 und Bild 4 benutzt werden.

Entsprechend Gleichung (2) ergibt sich als obere Vertrauensgrenze bei zweiseitiger Abgrenzung auf dem Vertrauensniveau $1 - \alpha = 0{,}95$ mit $x = 6$ und $n = 100$

$$f_1 = 14 \qquad f_2 = 188 \qquad F_{14,\,188;\,0{,}975} = 1{,}94$$

$$p_{\text{ob}} = \frac{(6+1)\cdot 1{,}94}{(100-6)+(6+1)\cdot 1{,}94} = 0{,}1262 = 12{,}6\,\%.$$

Entsprechend Gleichung (3) ergibt sich als untere Vertrauensgrenze mit $x = 6$ und $n = 100$:

$$f_1 = 190 \qquad f_2 = 12 \qquad F_{190,\,12;\,0{,}975} = 2{,}77$$

$$p_{\text{un}} = \frac{6}{6+(100-6+1)\cdot 2{,}77} = 0{,}0223 = 2{,}2\,\%.$$

Der Anteil p der Spulen ohne Fadenreserve in dieser Lieferung liegt also auf dem Vertrauensniveau 0,95 zwischen 2,2 % und 12,6 %.

Wird zur Lösung das Nomogramm Bild 3 benutzt, ergeben sich – im Rahmen der Ablesegenauigkeit – ebenfalls die Werte $p_{\text{ob}} = 12{,}6\,\%$ und $p_{\text{un}} = 2{,}2\,\%$.

Fall 2: Hätte man in der Stichprobe keine Spulen ohne Fadenreserve gefunden, dann hätte sich nach Gleichung (4) auf dem Vertrauensniveau 0,95 mit $x = 0$ und $n = 100$ für $\alpha = 0{,}05$ bei zweiseitiger Abgrenzung

$$p_{\text{ob}} = 1 - \sqrt[100]{\frac{0{,}05}{2}} = 0{,}0362 = 3{,}6\,\% \text{ und } p_{\text{un}} = 0$$

ergeben. Es wäre also mit maximal 3,6 % der Spulen ohne Fadenreserve in der Lieferung zu rechnen.

Fall 3: Falls bei einem Stichprobenumfang von $n = 200$ Spulen insgesamt $x = 12$ Spulen ohne Fadenreserve gefunden werden ($\hat{p} = 6\,\%$), lassen sich zur Errechnung der Grenzen des Vertrauensbereiches bei zweiseitiger Abgrenzung die Gleichungen (10) und (11) verwenden. Weil die Voraussetzung $n \cdot \hat{p} \cdot (1-\hat{p}) = 200 \cdot 0{,}06 \cdot 0{,}94 = 11{,}28 > 9$ erfüllt ist, ergibt sich auf dem Vertrauensniveau $1 - \alpha = 0{,}95$ mit $\hat{p} = 0{,}06$, $n = 200$ und $u_{0{,}975} = 1{,}96$:

$$p_{\text{ob}} = 0{,}06 + 1{,}96 \cdot \sqrt{\frac{0{,}06 \cdot 0{,}94}{200}} = 0{,}0929 = 9{,}3\,\%$$

$$p_{\text{un}} = 0{,}06 - 1{,}96 \cdot \sqrt{\frac{0{,}06 \cdot 0{,}94}{200}} = 0{,}0271 = 2{,}7\,\%.$$

Mit den Gleichungen (17) und (18) erhält man für diesen Fall

$$p_{\text{ob}} = \frac{12{,}03 + 1{,}92 + 1{,}96 \cdot \sqrt{12{,}03 - 0{,}73 + 0{,}96}}{200 - 0{,}95 + 3{,}84}$$
$$= 0{,}1026 = 10{,}3\,\%$$

$$p_{\text{un}} = \frac{11{,}03 + 1{,}92 - 1{,}96 \cdot \sqrt{11{,}03 - 0{,}61 + 0{,}96}}{200 - 0{,}95 + 3{,}84}$$
$$= 0{,}0312 = 3{,}1\,\%$$

Vergleichsweise ergeben sich aus dem Nomogramm Bild 3 die Werte

$$p_{\text{ob}} \cong 10\,\% \text{ und } p_{\text{un}} \cong 3\,\%.$$

A.2 Vergleich des Anteils p mit einem vorgegebenen Wert; Garnspulen ohne Fadenreserve

Aus mehrjähriger Erfahrung ist bekannt, daß in Garnlieferungen der Anteil $p_0 = 3\,\%$ Spulen ohne Fadenreserve zu erwarten ist; es ist an Hand einer Stichprobe vom Umfang $n = 100$ auf dem Signifikanzniveau $\alpha = 0{,}05$ zu prüfen, ob die vorliegende Lieferung der Erfahrung entspricht.

Wie in Abschnitt 6.1 beschrieben ist, wird der Vergleich der relativen Häufigkeit p mit einem vorgegebenen Wert p_0 mit Hilfe des Vertrauensbereiches durchgeführt.

Im Beispiel A.1 ergaben sich mit $n = 100$ und $x = 6$ die Grenzen des Vertrauensbereiches auf dem Vertrauensniveau 0,95 zu $p_{\text{un}} = 2{,}2\,\%$ und $p_{\text{ob}} = 12{,}6\,\%$. Da p_0 zwischen p_{un} und p_{ob} liegt, wird die Nullhypothese H_0: $p = p_0$ nicht verworfen.

Die vorliegende Lieferung entspricht bezüglich des Anteils der Spulen ohne Fadenreserve also der Erfahrung.

A.3 Vergleich zweier Anteile; grafisches Verfahren; Garnspulen ohne Fadenreserve

Die Anlieferung der in Beispiel A.1 beschriebenen Spulenart wurde von zwei Lieferanten vorgenommen. Der Verarbeiter erhielt an einem Tag von jedem der Lieferanten eine Lieferung Spulen, die er auf das Vorhandensein der Fadenreserve auf dem Signifikanzniveau $\alpha = 0{,}05$ vergleichen wollte; die Nullhypothese ist H_0: $p_1 = p_2$.

Der Verarbeiter entnahm den beiden Lieferungen je eine Stichprobe und fand:

Lieferant	A	B
Stichprobenumfang	$n_A = 80$	$n_B = 72$
Anzahl der Spulen ohne Fadenreserve	$x_A = 5$	$x_B = 8$
Anteil der Spulen ohne Fadenreserve	$x_A/n_A = 0{,}0625 = 6{,}3\,\%$	$x_B/n_B = 0{,}1111 = 11{,}1\,\%$

Damit ergibt sich nach Gleichung (19) $\bar{p} = 0{,}0855 < 0{,}2$.

Weiter errechnen sich die Hilfswerte unter Berücksichtigung der Indizierung $n_1 \leq n_2$ wegen $n_B < n_A$

nach Gleichung (20): $p^* = 0{,}474$
nach Gleichung (21): $n^* = 13$
nach Gleichung (22): $x^* = 8$
da $x^* = x_1 = x_B$ ist.

Im Nomogramm Bild 6 geht die Verbindungsgerade von p^* und (n^*, x^*) durch den Prüfwert $P = 0{,}91$. Da $0{,}025 \leq P \leq 0{,}975$ ist, wird im vorliegenden Fall die Nullhypothese H_0: $p_1 = p_2$ nicht verworfen.

Beide Lieferungen gelten bezüglich des Vorhandenseins der Fadenreserve als gleichwertig.

A.4 Vergleich zweier Anteile; rechnerisches Verfahren; Unterschied im Mercerisationsgrad

An einem mercerisierten Garn wurden nach dem Färben Ungleichmäßigkeiten im Farbton festgestellt (siehe [2], Seite 308). Die mikroskopische Auszählung an einer hellen und an einer dunklen zufällig ausgewählten Garnstelle ergab:

	helle Garnstelle	dunkle Garnstelle
ausgezählte Fasern	$n_1 = 253$	$n_2 = 236$
gut-mercerisierte Fasern	$x_1 = 167$	$x_2 = 182$
Anteile	$x_1/n_1 = 0{,}660 = 66\,\%$	$x_2/n_2 = 0{,}771 = 77{,}1\,\%$

Darf aus dem Unterschied der beobachteten Anteile geschlossen werden, daß der unterschiedliche Farbausfall auf eine Ungleichmäßigkeit der Mercerisierung zurückzuführen ist? Die Nullhypothese lautet $H_0: p_1 = p_2$. Als Signifikanzniveau wird $\alpha = 0{,}01$ festgesetzt.

Mit dem nach Gleichung (19) gerechneten Schätzwert $\bar{p} = 0{,}714 = 71{,}4\,\%$ erhält man aus Gleichung (23)

$$u = \frac{|0{,}660 - 0{,}771|}{\sqrt{0{,}714 \cdot 0{,}286 \cdot \frac{253 + 236}{253 \cdot 236}}} = 2{,}71$$

Da $u = 2{,}71 > u_{0{,}995} = 2{,}58$ ist, wird die Nullhypothese zugunsten der Alternativhypothese $H_1: p_1 \neq p_2$ verworfen.

Es befinden sich also in den hellen Stellen dieses Garns weniger gut-mercerisierte Fasern als in den dunklen Garnstellen.

Anhang B
Formelzeichen

$d_{\alpha/2}$	Hilfswert
f_1, f_2	Zahl der Freiheitsgrade
$F_{f_1, f_2; 1-\alpha}$	$(1-\alpha)$-Quantil } Tabellenwerte der F-Verteilung für die Zahl der Freiheitsgrade f_1 und f_2
$F_{f_1, f_2; 1-\alpha/2}$	$(1-\alpha/2)$-Quantil } Tabellenwerte der F-Verteilung für die Zahl der Freiheitsgrade f_1 und f_2
H_0	Nullhypothese
H_1	Alternativhypothese
n	Stichprobenumfang, Anzahl der untersuchten Einheiten
N	Umfang der Grundgesamtheit (Losumfang)
p	Anteil der Einheiten mit der betrachteten Ausprägung des Attributmerkmals in der Grundgesamtheit
$\hat{p}$	relative Häufigkeit in der Stichprobe ($\hat{p}$ sprich: p Dach)
$\bar{p}$	gemeinsame relative Häufigkeit in beiden Stichproben
p_0	vorgegebener Wert (Sollwert, Erfahrungswert) für p
p_{ob}	obere Grenze des Vertrauensbereiches für p
p_{un}	untere Grenze des Vertrauensbereiches für p
u	Prüfwert beim rechnerischen Verfahren zum Vergleich zweier Anteile
$u_{1-\alpha}$	$(1-\alpha)$-Quantil } Tabellenwerte der standardisierten Normalverteilung
$u_{1-\alpha/2}$	$(1-\alpha/2)$-Quantil } Tabellenwerte der standardisierten Normalverteilung
P	Prüfwert beim grafischen Verfahren zum Vergleich zweier Anteile
x	absolute Häufigkeit in der Stichprobe
α	Signifikanzniveau
$1-\alpha$	Vertrauensniveau
p^*, n^*, x^*	Hilfswerte beim grafischen Verfahren zum Vergleich zweier Anteile

Zitierte Normen und andere Unterlagen

DIN 1319 Teil 1 Grundbegriffe der Meßtechnik; Messen, Zählen, Prüfen

DIN 13 303 Teil 1 Stochastik; Wahrscheinlichkeitstheorie; Gemeinsame Grundbegriffe der mathematischen und der beschreibenden Statistik; Begriffe und Zeichen

DIN 13 303 Teil 2 Stochastik; Mathematische Statistik; Begriffe und Zeichen

DIN 40 080 Verfahren und Tabellen für Stichprobenprüfung an Hand qualitativer Merkmale (Attributprüfung)

DIN 53 804 Teil 1 Statistische Auswertungen; Meßbare (kontinuierliche) Merkmale

DIN 53 804 Teil 2 Statistische Auswertungen; Zählbare (diskrete) Merkmale

DIN 53 804 Teil 3 Statistische Auswertungen; Ordinalmerkmale

DIN 55 303 Teil 2 Statistische Auswertung von Daten; Testverfahren und Vertrauensbereiche für Erwartungswerte und Varianzen

DIN 55 350 Teil 12 Begriffe der Qualitätssicherung und Statistik; Begriffe der Qualitätssicherung; Merkmalsbezogene Begriffe

DIN 55 350 Teil 14 (z. Z. Entwurf) Begriffe der Qualitätssicherung und Statistik; Begriffe der Qualitätssicherung; Begriffe der Probenahme

DIN 55 350 Teil 21 Begriffe der Qualitätssicherung und Statistik; Begriffe der Statistik; Zufallsgrößen und Wahrscheinlichkeitsverteilungen

DIN 55 350 Teil 22 Begriffe der Qualitätssicherung und Statistik; Begriffe der Statistik; Spezielle Wahrscheinlichkeitsverteilungen

DIN 55 350 Teil 23 Begriffe der Qualitätssicherung und Statistik; Begriffe der Statistik; Beschreibende Statistik

DIN 55 350 Teil 24 Begriffe der Qualitätssicherung und Statistik; Begriffe der Statistik; Schließende Statistik

[1] K. H. Padberg, P. Th. Wilrich: Die Auswertung von Daten und ihre Abhängigkeit von der Merkmalsart; Qualität und Zuverlässigkeit **26** (1981), Seite 179–183 und 210–214

[2] U. Graf, H. J. Henning, P. Th. Wilrich: Statistische Methoden bei textilen Untersuchungen, 2. Auflage, Berlin, Heidelberg, New York: Springer 1974

[3] U. Graf, H. J. Henning, K. Stange: Formeln und Tabellen der mathematischen Statistik, 2. Auflage, Berlin, Heidelberg, New York: Springer 1966

[4] C. R. Blyth, H. A. Still: Binomial Confidence Intervals; J. American Statistical Association **78** (1983), Seite 108–117

[5] R. Borges: Eine Approximation der Binomialverteilung durch die Normalverteilung der Ordnung 1/n; Z. f. Wahrscheinlichkeitstheorie u. verw. Gebiete **14** (1970), Seite 189–199

[6] J. Ebeling: Nomogramm der summierten Binomialverteilung; Qualität und Zuverlässigkeit **17** (1972), Seite 231–242 und 247–254

[7] H. R. Larson: A nomograph of the cumulative binomial distribution. Industrial Quality Control **23** (1966/67), Seite 270–278

Erläuterungen

Der Gemeinschaftsausschuß NMP/AQS 544 „Statistische Fragen in der Textilprüfung" hat im Zuge der Überarbeitung von DIN 53 804, Ausgabe Januar 1961, die vorliegende Norm erstellt.

In dieser Norm werden für den Erwartungswert p der Binomialverteilung die zentralen Vertrauensbereiche nach den Gleichungen (17) und (18) zum Vertrauensniveau $1 - \alpha$ angegeben, die gegenüber anderen kürzeren Vertrauensbereichen den Vorteil haben, einfacher berechenbare Vertrauensgrenzen zu besitzen. Die Grundidee der zentralen Vertrauensbereiche ist, auf beiden Seiten des Annahmebereiches jeweils einen Bereich mit einer möglichst großen Wahrscheinlichkeit von bis zu $\alpha/2$ abzuschneiden. Für kleine p-Werte kann jedoch nur auf einer Seite ein Bereich abgeschnitten werden. Es ist deshalb beabsichtigt, bei einer Überarbeitung dieser Norm modifizierte zentrale Vertrauensbereiche zu empfehlen, bei deren Annahmebereichen auf der rechten Seite ein Bereich mit einer möglichst großen Wahrscheinlichkeit von bis zu α abgeschnitten wird, wenn es nicht möglich ist, auf der linken Seite der Annahmebereiche einen Bereich mit einer positiven Wahrscheinlichkeit von bis zu $\alpha/2$ abzuschneiden. Dies hat zur Folge, daß für kleine absolute Häufigkeiten x die untere Vertrauensgrenze der modifizierten zentralen Vertrauensbereiche mit der unteren Grenze bei einseitiger Abgrenzung identisch ist, solange diese kleiner als die obere Vertrauensgrenze bei zweiseitiger Abgrenzung für $x = 0$ ist. (Siehe R. Borges: Modifizierte zentrale Vertrauensintervalle für den Erwartungswert der Poisson-Verteilung, Qualität und Zuverlässigkeit **29** (1984), Seite 323–325, und das δ_2-System von E. L. Crow: Confidence Intervals for a proportion, Biometrika **43** (1956), Seite 423–435, die für $n \leq 5$ bei $1 - \alpha = 0{,}95$ mit den von Blyth und Still publizierten Vertrauensbereichen identisch sind).

Mit dieser Norm ist die Überarbeitung von DIN 53 804, Ausgabe Januar 1961, abgeschlossen.

Internationale Patentklassifikation

G

DK 519.23 : 311 : 001.4 Mai 1984

Statistische Auswertung von Daten

Testverfahren und Vertrauensbereiche für Erwartungswerte und Varianzen

DIN 55 303 Teil 2

Statistical interpretation of data; tests and confidence intervals relating to expectations and variances

Ersatz für Ausgabe 06.82

Sachliche Übereinstimmung mit den von der International Organization for Standardization (ISO) herausgegebenen internationalen Normen

ISO 2854 – 1976 „Statistical interpretation of data – Techniques of estimation and tests relating to means and variances"

ISO 2602 – 1980 „Statistical interpretation of test results – Estimation of the mean – Confidence interval"

ISO 3301 – 1975 „Statistical interpretation of data – Comparison of two means in the case of paired observations"

Der Inhalt von ISO 3494 – 1976 „Statistical interpretation of data – Power of tests relating to means and variances" mit den Operationscharakteristiken für die hier beschriebenen Testverfahren für Erwartungswerte und Varianzen wurde in Beiblatt 1 zu DIN 55 303 Teil 2 übernommen.

Inhalt

Fortsetzung Seite 2 bis 31

Ausschuß Qualitätssicherung und angewandte Statistik (AQS) im DIN Deutsches Institut für Normung e.V.

1 Anwendungsbereich und Zweck

1.1 In dieser Norm werden Testverfahren und Verfahren zur Bestimmung von Vertrauensbereichen (Konfidenzbereichen) beschrieben, die Erwartungswert und Varianz von Zufallsgrößen betreffen.

1.2 Für die Anwendung der Verfahren müssen Beobachtungswerte als Ergebnis stochastisch unabhängiger Beobachtungen jeder der betrachteten Zufallsgrößen vorliegen.

Auf Beobachtungswerte aus Grundgesamtheiten endlichen Umfangs können die Verfahren dann angewendet werden, wenn die an den Stichprobeneinheiten gewonnenen Beobachtungswerte praktisch als stochastisch unabhängig angesehen werden können. Dies ist der Fall, wenn die Grundgesamtheiten ausreichend groß und im Verhältnis dazu die Stichproben ausreichend klein sind. Als Faustregel kann ein Verhältnis von kleiner 1 : 10 gelten.

1.3 Weitere Voraussetzung für die Anwendung der Verfahren dieser Norm ist, daß die betrachteten Zufallsgrößen normalverteilt sind. Sie können als normalverteilt angesehen werden, wenn sich das begründen läßt, z. B. aus umfangreicher Erfahrung mit einschlägigem Datenmaterial.

Mit Testverfahren auf Normalverteilung, wofür sich eine Norm in Vorbereitung befindet, läßt sich die Nullhypothese testen, daß die betrachtete Zufallsgröße einer Normalverteilung folgt. Bei Verwerfen der Nullhypothese dürfen die Verfahren dieser Norm nicht zur Anwendung kommen, jedoch ist auch bei Nichtverwerfen der Nullhypothese keineswegs sicher, daß eine Normalverteilung vorliegt.

Mit Hilfe des Wahrscheinlichkeitsnetzes (siehe Erläuterungen) ist eine visuelle Prüfung auf Normalverteilung möglich, mit der grobe Abweichungen von der Normalverteilung erkannt werden können. Da sich dabei oft auch die Art der Abweichung von der Normalverteilung erkennen läßt, bildet seine Anwendung eine Ergänzung der numerischen Testverfahren auf Normalverteilung.

In allen Zweifelsfällen sollten anstelle der Verfahren dieser Norm solche angewendet werden, welche die Voraussetzung der Normalverteilung nicht verlangen; vergleiche dazu beispielsweise [1], [2].

Für die Verwendung des (arithmetischen) Mittelwertes $\bar{x}$ bzw. der Varianz s^2 als erwartungstreue Schätzungen für den Erwartungswert μ bzw. die Varianz σ^2 ist die Voraussetzung Normalverteilung nicht erforderlich.

1.4 Für die Formblätter K, K' müssen die Voraussetzungen (siehe Abschnitte 1.2 und 1.3) auf die Differenzen der gepaarten Beobachtungswerte zutreffen. Gepaarte Beobachtungswerte sind gleichartige Beobachtungswerte, die an jeder Einheit oder an zwei einander zugeordneten, möglichst gleichen Einheiten paarweise gewonnen werden, z. B. je ein Beobachtungswert vor und nach einer bestimmten Behandlung der Einheiten.

2 Begriffe

In diesem Abschnitt werden die hier benutzten statistischen Begriffe in alphabetischer Ordnung aufgeführt. Bezüglich ihrer Definitionen wird auf die Normen der Reihen DIN 13303 und DIN 55350 verwiesen.

Begriff	Definitionen nach	
	DIN 55350	DIN 13303
Alternativhypothese	Teil 24	Teil 2
Arithmetischer Mittelwert	Teil 23	Teil 1
Beobachtungswert	Teil 12	
Einheit	Teil 14	
Erwartungstreu, erwartungstreue Schätzfunktion	Teil 24	Teil 2
Erwartungswert	Teil 21	Teil 1
Grundgesamtheit	Teil 14	
Merkmal	Teil 12	
Normalverteilung, normalverteilt	Teil 22	Teil 1
Nullhypothese	Teil 24	Teil 2
Operationscharakteristik	Teil 24	Teil 2
Quantil	Teil 21	Teil 1
Schätzung, Punktschätzung, Bereichsschätzung	Teil 24	Teil 2
Schätzwert	Teil 24	Teil 2

Begriff	Definitionen nach	
	DIN 55350	DIN 13303
Signifikanzniveau	Teil 24	Teil 2
Standardisierte Normalverteilung	Teil 22	Teil 1
Standardabweichung		
– theoretische	Teil 21	Teil 1
– empirische	Teil 23	Teil 1
Stichprobeneinheit, Stichprobe	Teil 14	
Stochastisch unabhängig		Teil 1
Testverfahren, Test	Teil 24	Teil 2
Varianz		
– theoretische	Teil 21	Teil 1
– empirische	Teil 23	Teil 1
Vertrauensbereich	Teil 24	Teil 2
Vertrauensniveau	Teil 24	Teil 2
Zufallsgröße	Teil 21	Teil 1
χ^2-Verteilung	Teil 22	Teil 1
F-Verteilung	Teil 22	Teil 1
t-Verteilung	Teil 22	Teil 1

3 Berechnung von $\bar{x}$ und s^2 als Schätzungen von Erwartungswert μ und Varianz σ^2 einer Zufallsgröße

Der Mittelwert $\bar{x}$ / die Varianz s^2 ist ein aus theoretischen und praktischen Gründen brauchbarer Schätzwert für den gemeinsamen Erwartungswert μ / die gemeinsame Varianz σ^2 einer Reihe von Beobachtungen.

Die Standardabweichung s ist der gebräuchlichste Schätzwert für die Standardabweichung σ.

3.1 Berechnung von $\bar{x}$ und s^2 aus n Beobachtungswerten x_i; $i = 1, \ldots, n$

$$\bar{x} = \frac{1}{n} \sum_{i=1}^{n} x_i$$

$$s^2 = \frac{1}{n-1} \left[\sum_{i=1}^{n} x_i^2 - \frac{1}{n} \left(\sum_{i=1}^{n} x_i \right)^2 \right]$$

3.2 Berechnung von $\bar{x}$ und s^2 aus einer Häufigkeitsverteilung

Bei Vorliegen einer Häufigkeitsverteilung gibt n_j die Anzahl der Werte an, die gleich dem Wert x_j sind ($j = 1, \ldots, k$).

Dabei gilt

$$n = \sum_{j=1}^{k} n_j$$

$$\bar{x} = \frac{1}{n} \sum_{j=1}^{k} n_j x_j$$

$$s^2 = \frac{1}{n-1} \left[\sum_{j=1}^{k} n_j x_j^2 - \frac{1}{n} \left(\sum_{j=1}^{k} n_j x_j \right)^2 \right]$$

3.3 Berechnung von $\bar{x}$ und s^2 aus klassierten Werten

Ist die Anzahl n der Beobachtungswerte hinreichend groß (z. B. über 50), so kann es vorteilhaft sein, sie in Klassen aufzuteilen. Gelegentlich können die Beobachtungswerte bereits klassiert vorliegen. Wird die Anzahl der Klassen mit k, die Klassenmitte der Klasse j ($j = 1, \ldots, k$) mit x_j und die Anzahl der Werte in Klasse j (Besetzungszahl) mit n_j bezeichnet, dann ergeben sich $\bar{x}$ und s^2 aus den Formeln des Abschnitts 3.2 als Näherungen an die Werte, die sich aus den unklassierten Werten ergeben würden.

4 Testverfahren für Hypothesen über Erwartungswerte und Varianzen von normalverteilten Zufallsgrößen

4.1 Allgemeine Bemerkungen

Für die Praxis bieten die Formblätter (siehe Abschnitt 7) eine Zusammenstellung der wichtigsten Nullhypothesen über Erwartungswerte und Varianzen normalverteilter Zufallsgrößen sowie ein Rechenschema. Für die Anwendung der Verfahren ist es notwendig, die geeignete Nullhypothese H_0 auszuwählen (Hinweis siehe DIN 55350 Teil 24 und DIN 13303 Teil 2). Die Alternativhypothese H_1 ist in den Formblättern nicht aufgeführt, weil sie jeweils alle Werte von μ bzw. σ umfaßt, welche nicht Gegenstand der Nullhypothese sind.

Beispielsweise muß bei Anwendung von Formblatt A für den Vergleich des Erwartungswertes mit einem vorgegebenen Wert (Varianz bekannt) eine der drei folgenden Nullhypothesen H_0 (mit den daraus folgenden Alternativhypothesen H_1) gewählt werden:

a) einseitiger Test mit $H_0: \mu \geq \mu_0$ $H_1: \mu < \mu_0$

b) einseitiger Test mit $H_0: \mu \leq \mu_0$ $H_1: \mu > \mu_0$

c) zweiseitiger Test mit $H_0: \mu = \mu_0$ $H_1: \mu \neq \mu_0$.

Als Testergebnis ist die jeweilige Nullhypothese zu verwerfen oder nicht zu verwerfen.

Verwerfung der Nullhypothese bedeutet Annahme der Alternativhypothese. Nicht-Verwerfung der Nullhypothese bedeutet nicht notwendigerweise Annahme der Nullhypothese.

Bei der Festlegung des Stichprobenumfangs n und des Signifikanzniveaus α sollte die Operationscharakteristik des Testverfahrens herangezogen werden. Dazu enthält Beiblatt 1 zu dieser Norm für jeden Test dieser Norm und die Signifikanzniveaus $\alpha = 0{,}05$ und $\alpha = 0{,}01$ eine graphische Darstellung der Operationscharakteristik und eine graphische Darstellung des Stichprobenumfangs n in Abhängigkeit von einem zu einer vorgegebenen Nichtverwerfwahrscheinlichkeit β ($\beta = 0{,}01$; $0{,}05$; $0{,}10$; $0{,}30$; $0{,}50$) vorgegebenen Parameterwert.

4.2 Die Behandlung von Hypothesen über Erwartungswerte

Die Formblätter A, A'; C, C' und K, K' sind nach bekannten und unbekannten Varianzen σ^2 getrennt. Bei bekannten Varianzen σ^2 werden in den Formblättern und Beispielen Quantile der standardisierten Normalverteilung benutzt, bei unbekannten Varianzen σ^2 werden Quantile einer t-Verteilung verwendet. Für die Signifikanzniveaus $\alpha = 0{,}05$ und $\alpha = 0{,}01$ siehe Tabellen 1 und 2.

4.3 Die Behandlung von Hypothesen über Varianzen

In den Formblättern E bis H werden Mittelwerte als Schätzwerte für die Erwartungswerte verwendet. Falls für einen Mittelwert ein bekannter Erwartungswert eingesetzt werden kann, erhöht sich die zugehörige Zahl von Freiheitsgraden um 1.

Die benötigten Quantile werden einer χ^2-Verteilung bzw. einer F-Verteilung entnommen. Für die Signifikanzniveaus $\alpha = 0{,}05$ und $\alpha = 0{,}01$ siehe Tabellen 3 und 4.

5 Vertrauensbereiche für Erwartungswerte und Varianzen von normalverteilten Zufallsgrößen

Diese Norm enthält zu jedem der behandelten Testverfahren auch ein Formblatt zur Ermittlung entsprechender Vertrauensbereiche.

Vertrauensbereiche für σ bzw. σ_1/σ_2 können aus den Vertrauensbereichen für σ^2 bzw. $(\sigma_1/\sigma_2)^2$ gewonnen werden, indem jede Vertrauensgrenze durch deren Quadratwurzel ersetzt wird.

6 Beispiele

6.1 Beispiel für die Formblätter A, A'; B, B'; C, C', C''; D, D', D''; E, F, G, H

siehe Abschnitt 7

Merkmal und Beobachtungsverfahren

Merkmal: Bruchkraft in Newton von Gewebestreifen
Beobachtungsverfahren: Zugversuch nach DIN 53857 Teil 1

Einheiten

Aus Fertigung 1 bzw. Fertigung 2 werden 10 bzw. 12 Prüfstücke entnommen.

Meßwerte der Bruchkraft

laufende Nr. des Prüfstückes	Bruchkraft in N	
	Fertigung 1	Fertigung 2
1	18,4	18,0
2	18,8	18,2
3	19,2	17,0
4	19,9	18,4
5	17,2	17,9
6	20,4	19,6
7	17,8	17,6
8	18,2	16,2
9	19,4	19,0
10	18,6	16,6
11		20,0
12		18,0

6.2 Beispiel für die Formblätter K, K'; L, L' siehe Abschnitt 7

Merkmal

Wassergehalt in % von textilen Materialien

Einheiten 1

Proben von $n = 9$ verschiedenen textilen Materialien, an denen der Wassergehalt mit Bestimmungsverfahren 1 (Textometer) bestimmt wird.

Einheiten 2

Dieselben Proben wie unter 1, wobei der Wassergehalt mit Bestimmungsverfahren 2 (Konditionierofen) bestimmt wird.

Meßwerte des Wassergehalts

Probe	Wassergehalt in %, bestimmt mit Bestimmungsverfahren		Differenz in %
	1	2	
i	x_i	y_i	$d_i = x_i - y_i$
1	18,2	17,0	1,2
2	20,1	19,1	1,0
3	16,4	17,0	−0,6
4	21,5	23,0	−1,5
5	16,5	16,0	0,5
6	17,4	18,1	−0,7
7	20,1	19,3	0,8
8	16,9	17,6	−0,7
9	19,2	17,3	1,9

7 Formblätter

Formblatt A

Vergleich des Erwartungswertes mit einem vorgegebenen Wert; Varianz bekannt

auszufüllendes Formblatt

Merkmal und Beobachtungsverfahren:

Einheiten:

Bemerkungen:

Gewählte Nullhypothese:

a) einseitiger Test mit $H_0: \mu \geq \mu_0$ ☐
b) einseitiger Test mit $H_0: \mu \leq \mu_0$ ☐
c) zweiseitiger Test mit $H_0: \mu = \mu_0$ ☐

Vorgegebener Wert: $\mu_0 =$

Bekannter Wert
der Varianz: $\sigma^2 =$
der Standardabweichung: $\sigma =$

Gewähltes Signifikanzniveau *): $\alpha =$

Anzahl der Beobachtungswerte *): $n =$

Tabellenwerte siehe Tabelle 1:
zu a) und b) $u_{1-\alpha} =$
zu c) $u_{1-\alpha/2} =$

*) Operationscharakteristik und Kurvenblatt zur Festlegung von n siehe Beiblatt 1 zu DIN 55 303 Teil 2

Berechnungen

$\bar{x} =$

$D = \bar{x} - \mu_0 =$

zu a) und b) $A = u_{1-\alpha}\,\sigma/\sqrt{n} =$

zu c) $B = u_{1-\alpha/2}\,\sigma/\sqrt{n} =$

Testanweisung

Die Nullhypothese H_0 wird verworfen, wenn gilt:
bei a) $D < -A$
bei b) $D > A$
bei c) $|D| > B$

Testergebnis

H_0 wird verworfen ☐ H_0 wird nicht verworfen ☐

Beispiel für ausgefülltes Formblatt

Merkmal und Beobachtungsverfahren: **Bruchkraft von Gewebestreifen Zugversuch nach DIN 53 857 Teil 1**

Einheiten: **Prüfstücke aus Fertigung 1 (siehe Abschnitt 6.1)**

Bemerkungen: –

Gewählte Nullhypothese:

a) einseitiger Test mit $H_0: \mu \geq \mu_0$ ☐
b) einseitiger Test mit $H_0: \mu \leq \mu_0$ ☐
c) zweiseitiger Test mit $H_0: \mu = \mu_0$ ☒

Vorgegebener Wert: $\mu_0 =$ **19,4 N**

Bekannter Wert
der Varianz: $\sigma^2 =$
der Standardabweichung: $\sigma =$ **0,85 N**

Gewähltes Signifikanzniveau *): $\alpha =$ **0,05**

Anzahl der Beobachtungswerte *): $n =$ **10**

Tabellenwerte siehe Tabelle 1:
zu a) und b) $u_{1-\alpha} =$
zu c) $u_{1-\alpha/2} = u_{0,975} =$ **1,960**

*) Operationscharakteristik und Kurvenblatt zur Festlegung von n siehe Beiblatt 1 zu DIN 55 303 Teil 2

Berechnungen

$\bar{x} =$ **18,79 N**

$D = \bar{x} - \mu_0 = -$ **0,61 N**

zu a) und b) $A = u_{1-\alpha}\,\sigma/\sqrt{n} =$

zu c) $B = u_{1-\alpha/2}\,\sigma/\sqrt{n} =$ **0,5268 N**

Testanweisung

Die Nullhypothese H_0 wird verworfen, wenn gilt:
bei a) $D < -A$
bei b) $D > A$
bei c) $|D| > B$

Testergebnis

H_0 wird verworfen ☒ H_0 wird nicht verworfen ☐

Zwischen dem Erwartungswert der Bruchkraft bei der Fertigung 1 und dem vorgegebenen Wert $\mu_0 = 19{,}4$ N wird auf dem Signifikanzniveau $\alpha = 5\,\%$ ein Unterschied festgestellt.

Formblatt A′

Vergleich des Erwartungswertes mit einem vorgegebenen Wert; Varianz unbekannt

auszufüllendes Formblatt

Merkmal und Beobachtungsverfahren:

Einheiten:

Bemerkungen:

Gewählte Nullhypothese:

a) einseitiger Test mit $H_0: \mu \geq \mu_0$ ☐
b) einseitiger Test mit $H_0: \mu \leq \mu_0$ ☐
c) zweiseitiger Test mit $H_0: \mu = \mu_0$ ☐

Vorgegebener Wert: $\mu_0 =$

Gewähltes Signifikanzniveau *): $\alpha =$

Anzahl der Beobachtungswerte *): $n =$

Zahl der Freiheitsgrade: $f = n - 1 =$

Tabellenwerte siehe Tabelle 2:

zu a) und b) $t_{f;\,1-\alpha} =$

zu c) $t_{f;\,1-\alpha/2} =$

*) Operationscharakteristik und Kurvenblatt zur Festlegung von n siehe Beiblatt 1 zu DIN 55 303 Teil 2

Berechnungen

$\bar{x} =$

$s^2 =$

$s =$

$D = \bar{x} - \mu_0 =$

zu a) und b) $A = t_{f;\,1-\alpha} \cdot s/\sqrt{n} =$

zu c) $B = t_{f;\,1-\alpha/2} \cdot s/\sqrt{n} =$

Testanweisung

Die Nullhypothese H_0 wird verworfen, wenn gilt:
bei a) $D < -A$
bei b) $D > A$
bei c) $|D| > B$

Testergebnis

H_0 wird verworfen ☐ H_0 wird nicht verworfen ☐

Beispiel für ausgefülltes Formblatt

Merkmal und Beobachtungsverfahren: **Bruchkraft von Gewebestreifen Zugversuch nach DIN 53 857 Teil 1**

Einheiten: **Prüfstücke aus Fertigung 1 (siehe Abschnitt 6.1)**

Bemerkungen: –

Gewählte Nullhypothese:

a) einseitiger Test mit $H_0: \mu \geq \mu_0$ ☐
b) einseitiger Test mit $H_0: \mu \leq \mu_0$ ☐
c) zweiseitiger Test mit $H_0: \mu = \mu_0$ ☒

Vorgegebener Wert: $\mu_0 =$ **19,4 N**

Gewähltes Signifikanzniveau *): $\alpha =$ **0,05**

Anzahl der Beobachtungswerte *): $n =$ **10**

Zahl der Freiheitsgrade: $f = n - 1 =$ **9**

Tabellenwerte siehe Tabelle 2:

zu a) und b) $t_{f;\,1-\alpha} =$

zu c) $t_{f;\,1-\alpha/2} = t_{9;\,0{,}975} =$ **2,262**

*) Operationscharakteristik und Kurvenblatt zur Festlegung von n siehe Beiblatt 1 zu DIN 55 303 Teil 2

Berechnungen

$\bar{x} =$ **18,79 N**

$s^2 =$ **0,9343 N²**

$s =$ **0,9666 N**

$D = \bar{x} - \mu_0 =$ **– 0,61 N**

zu a) und b) $A = t_{f;\,1-\alpha} \cdot s/\sqrt{n} =$

zu c) $B = t_{f;\,1-\alpha/2} \cdot s/\sqrt{n} =$ **0,6914 N**

Testanweisung

Die Nullhypothese H_0 wird verworfen, wenn gilt:
bei a) $D < -A$
bei b) $D > A$
bei c) $|D| > B$

Testergebnis

H_0 wird verworfen ☐ H_0 wird nicht verworfen ☒

Zwischen dem Erwartungswert der Bruchkraft bei der Fertigung 1 und dem vorgegebenen Wert μ_0 = 19,4 N wird auf dem Signifikanzniveau α = 5 % kein Unterschied festgestellt.

Formblatt B

Vertrauensbereich für den Erwartungswert; Varianz bekannt

auszufüllendes Formblatt

Merkmal und Beobachtungsverfahren:

Einheiten:

Bemerkungen:

Abgrenzung des Vertrauensbereichs für μ:

a) einseitig nach oben ☐
b) einseitig nach unten ☐
c) zweiseitig ☐

Bekannter Wert
der Varianz: $\sigma^2 =$
der Standardabweichung: $\sigma =$

Gewähltes Vertrauensniveau: $1-\alpha =$

Anzahl der Beobachtungswerte: $n =$

Tabellenwerte siehe Tabelle 1:
zu a) und b) $u_{1-\alpha} =$
zu c) $u_{1-\alpha/2} =$

Berechnungen

$\bar{x} =$

zu a) $u_{1-\alpha} \cdot \sigma / \sqrt{n} =$
$A = \bar{x} + u_{1-\alpha} \cdot \sigma / \sqrt{n} =$

zu b) $u_{1-\alpha} \cdot \sigma / \sqrt{n} =$
$B = \bar{x} - u_{1-\alpha} \cdot \sigma / \sqrt{n} =$

zu c) $u_{1-\alpha/2} \cdot \sigma / \sqrt{n} =$
$C = \bar{x} - u_{1-\alpha/2} \cdot \sigma / \sqrt{n} =$
$D = \bar{x} + u_{1-\alpha/2} \cdot \sigma / \sqrt{n} =$

Ermittlung des Vertrauensbereichs

bei a) $\mu \leq A$
bei b) $\mu \geq B$
bei c) $C \leq \mu \leq D$

Ergebnis

bei a) ☐ $\mu \leq$
bei b) ☐ $\mu \geq$
bei c) ☐ $\leq \mu \leq$

Beispiel für ausgefülltes Formblatt

Merkmal und Beobachtungsverfahren:
Bruchkraft von Gewebestreifen
Zugversuch nach DIN 53857 Teil 1

Einheiten: **Prüfstücke aus Fertigung 1 (siehe Abschnitt 6.1)**

Bemerkungen: –

Abgrenzung des Vertrauensbereichs für μ:

a) einseitig nach oben ☐
b) einseitig nach unten ☐
c) zweiseitig ☒

Bekannter Wert
der Varianz: $\sigma^2 =$
der Standardabweichung: $\sigma =$ **0,85 N**

Gewähltes Vertrauensniveau: $1-\alpha =$ **0,95**

Anzahl der Beobachtungswerte: $n =$ **10**

Tabellenwerte siehe Tabelle 1:
zu a) und b) $u_{1-\alpha} =$
zu c) $u_{1-\alpha/2} = u_{0{,}975} =$ **1,960**

Berechnungen

$\bar{x} =$ **18,79 N**

zu a) $u_{1-\alpha} \cdot \sigma / \sqrt{n} =$
$A = \bar{x} + u_{1-\alpha} \cdot \sigma / \sqrt{n} =$

zu b) $u_{1-\alpha} \cdot \sigma / \sqrt{n} =$
$B = \bar{x} - u_{1-\alpha} \cdot \sigma / \sqrt{n} =$

zu c) $u_{1-\alpha/2} \cdot \sigma / \sqrt{n} =$ **0,5268 N**
$C = \bar{x} - u_{1-\alpha/2} \cdot \sigma / \sqrt{n} =$ **18,263 N**
$D = \bar{x} + u_{1-\alpha/2} \cdot \sigma / \sqrt{n} =$ **19,317 N**

Ermittlung des Vertrauensbereichs

bei a) $\mu \leq A$
bei b) $\mu \geq B$
bei c) $C \leq \mu \leq D$

Ergebnis

bei a) ☐ $\mu \leq$
bei b) ☐ $\mu \geq$
bei c) ☒ **18,26 N** $\leq \mu \leq$ **19,32 N**

Der Erwartungswert der Bruchkraft bei der Fertigung 1 liegt auf dem Vertrauensniveau $1-\alpha = 95\,\%$ zwischen 18,26 N und 19,32 N.

Formblatt B′

Vertrauensbereich für den Erwartungswert; Varianz unbekannt

auszufüllendes Formblatt

Merkmal und Beobachtungsverfahren:

Einheiten:

Bemerkungen:

Abgrenzung des Vertrauensbereichs für μ:

a) einseitig nach oben ☐
b) einseitig nach unten ☐
c) zweiseitig ☐

Gewähltes Vertrauensniveau: $1-\alpha =$

Anzahl der Beobachtungswerte: $n =$

Zahl der Freiheitsgrade: $f = n-1 =$

Tabellenwerte siehe Tabelle 2:

zu a) und b) $t_{f;\,1-\alpha} =$

zu c) $t_{f;\,1-\alpha/2} =$

Berechnungen

$\bar{x} =$

$s^2 =$

$s =$

zu a) $t_{f;\,1-\alpha} \cdot s/\sqrt{n} =$

$A = \bar{x} + t_{f;\,1-\alpha} \cdot s/\sqrt{n} =$

zu b) $t_{f;\,1-\alpha} \cdot s/\sqrt{n} =$

$B = \bar{x} - t_{f;\,1-\alpha} \cdot s/\sqrt{n} =$

zu c) $t_{f;\,1-\alpha/2} \cdot s/\sqrt{n} =$

$C = \bar{x} - t_{f;\,1-\alpha/2} \cdot s/\sqrt{n} =$

$D = \bar{x} + t_{f;\,1-\alpha/2} \cdot s/\sqrt{n} =$

Ermittlung des Vertrauensbereichs

bei a) $\mu \leq A$
bei b) $\mu \geq B$
bei c) $C \leq \mu \leq D$

Ergebnis

bei a) ☐ $\mu \leq$
bei b) ☐ $\mu \geq$
bei c) ☐ $\leq \mu \leq$

Beispiel für ausgefülltes Formblatt

Merkmal und Beobachtungsverfahren: **Bruchkraft von Gewebestreifen Zugversuch nach DIN 53 857 Teil 1**

Einheiten: **Prüfstücke aus Fertigung 1 (siehe Abschnitt 6.1)**

Bemerkungen: –

Abgrenzung des Vertrauensbereichs für μ:

a) einseitig nach oben ☐
b) einseitig nach unten ☐
c) zweiseitig ☒

Gewähltes Vertrauensniveau: $1-\alpha =$ **0,95**

Anzahl der Beobachtungswerte: $n =$ **10**

Zahl der Freiheitsgrade: $f = n-1 =$ **9**

Tabellenwerte siehe Tabelle 2:

zu a) und b) $t_{f;\,1-\alpha} =$

zu c) $t_{f;\,1-\alpha/2} = t_{9;\,0,975} = 2{,}262$

Berechnungen

$\bar{x} =$ **18,79 N**

$s^2 =$ **0,9343 N²**

$s =$ **0,9666 N**

zu a) $t_{f;\,1-\alpha} \cdot s/\sqrt{n} =$

$A = \bar{x} + t_{f;\,1-\alpha} \cdot s/\sqrt{n} =$

zu b) $t_{f;\,1-\alpha} \cdot s/\sqrt{n} =$

$B = \bar{x} - t_{f;\,1-\alpha} \cdot s/\sqrt{n} =$

zu c) $t_{f;\,1-\alpha/2} \cdot s/\sqrt{n} =$ **0,6914 N**

$C = \bar{x} - t_{f;\,1-\alpha/2} \cdot s/\sqrt{n} =$ **18,099 N**

$D = \bar{x} + t_{f;\,1-\alpha/2} \cdot s/\sqrt{n} =$ **19,481 N**

Ermittlung des Vertrauensbereichs

bei a) $\mu \leq A$
bei b) $\mu \geq B$
bei c) $C \leq \mu \leq D$

Ergebnis

bei a) ☐ $\mu \leq$
bei b) ☐ $\mu \geq$
bei c) ☒ **18,10 N** $\leq \mu \leq$ **19,48 N**

Der Erwartungswert der Bruchkraft bei der Fertigung 1 liegt auf dem Vertrauensniveau $1-\alpha = 95\,\%$ zwischen 18,10 N und 19,48 N.

Formblatt C

Vergleich von zwei Erwartungswerten bei nicht gepaarten Beobachtungen; Varianz bekannt

auszufüllendes Formblatt

Merkmal und Beobachtungsverfahren:

Einheiten:

Bemerkungen:

Gewählte Nullhypothese:

a) einseitiger Test mit $H_0 : \mu_1 \geq \mu_2$ ☐

b) einseitiger Test mit $H_0 : \mu_1 \leq \mu_2$ ☐

c) zweiseitiger Test mit $H_0 : \mu_1 = \mu_2$ ☐

Bekannte Werte der Varianzen:

$\sigma_1^2 =$ $\sigma_2^2 =$

Gewähltes Signifikanzniveau *): $\alpha =$

Anzahl der Beobachtungswerte *):

$n_1 =$ $n_2 =$

Tabellenwerte siehe Tabelle 1:

zu a) und b) $u_{1-\alpha} =$

zu c) $u_{1-\alpha/2} =$

*) Operationscharakteristik und Kurvenblatt zur Festlegung von n_1 und n_2 siehe Beiblatt 1 zu DIN 55 303 Teil 2

Berechnungen

$\bar{x}_1 =$

$\bar{x}_2 =$

$D = \bar{x}_1 - \bar{x}_2 =$

$\sigma_d = \sqrt{\frac{\sigma_1^2}{n_1} + \frac{\sigma_2^2}{n_2}} =$

zu a) und b) $A = u_{1-\alpha} \cdot \sigma_d =$

zu c) $B = u_{1-\alpha/2} \cdot \sigma_d =$

Testanweisung

Die Nullhypothese H_0 wird verworfen, wenn gilt:

bei a) $D < -A$

bei b) $D > A$

bei c) $|D| > B$

Testergebnis

H_0 wird verworfen ☐

H_0 wird nicht verworfen ☐

Beispiel für ausgefülltes Formblatt

Merkmal und Beobachtungsverfahren:

Bruchkraft von Gewebestreifen
1. Zugversuch nach DIN 53 857 Teil 1
2. Zugversuch nach DIN 53 857 Teil 1

Einheiten:
1. Prüfstücke aus Fertigung 1
2. Prüfstücke aus Fertigung 2
(siehe Abschnitt 6.1)

Bemerkungen: –

Gewählte Nullhypothese:

a) einseitiger Test mit $H_0 : \mu_1 \geq \mu_2$ ☐

b) einseitiger Test mit $H_0 : \mu_1 \leq \mu_2$ ☐

c) zweiseitiger Test mit $H_0 : \mu_1 = \mu_2$ **X**

Bekannte Werte der Varianzen:

$\sigma_1^2 = \mathbf{0{,}7225\,N^2}$ $\sigma_2^2 = \mathbf{1{,}0000\,N^2}$

Gewähltes Signifikanzniveau *): $\alpha = \mathbf{0{,}05}$

Anzahl der Beobachtungswerte *):

$n_1 = \mathbf{10}$ $n_2 = \mathbf{12}$

Tabellenwerte siehe Tabelle 1:

zu a) und b) $u_{1-\alpha} =$

zu c) $u_{1-\alpha/2} = u_{0,975} = \mathbf{1{,}960}$

*) Operationscharakteristik und Kurvenblatt zur Festlegung von n_1 und n_2 siehe Beiblatt 1 zu DIN 55 303 Teil 2

Berechnungen

$\bar{x}_1 = \mathbf{18{,}79\,N}$

$\bar{x}_2 = \mathbf{18{,}04\,N}$

$D = \bar{x}_1 - \bar{x}_2 = \mathbf{0{,}75\,N}$

$\sigma_d = \sqrt{\frac{\sigma_1^2}{n_1} + \frac{\sigma_2^2}{n_2}} = \mathbf{0{,}3944\,N}$

zu a) und b) $A = u_{1-\alpha} \cdot \sigma_d =$

zu c) $B = u_{1-\alpha/2} \cdot \sigma_d = \mathbf{0{,}7731\,N}$

Testanweisung

Die Nullhypothese H_0 wird verworfen, wenn gilt:

bei a) $D < -A$

bei b) $D > A$

bei c) $|D| > B$

Testergebnis

H_0 wird verworfen ☐

H_0 wird nicht verworfen **X**

Zwischen den Erwartungswerten der Bruchkraft der Fertigungen 1 und 2 wird auf dem Signifikanzniveau $\alpha = 5\,\%$ kein Unterschied festgestellt.

Formblatt C'

Vergleich von zwei Erwartungswerten bei nicht gepaarten Beobachtungen; Varianzen σ_1^2 und σ_2^2 unbekannt, aber als gleich groß angenommen

auszufüllendes Formblatt	Beispiel für ausgefülltes Formblatt
Merkmal und Beobachtungsverfahren:	Merkmal und Beobachtungsverfahren: **Bruchkraft von Gewebestreifen** **1. Zugversuch nach DIN 53857 Teil 1** **2. Zugversuch nach DIN 53857 Teil 1**
Einheiten:	Einheiten: **1. Prüfstücke aus Fertigung 1** **2. Prüfstücke aus Fertigung 2** **(siehe Abschnitt 6.1)**
Bemerkungen:	Bemerkungen: –
Gewählte Nullhypothese:	Gewählte Nullhypothese:
a) einseitiger Test mit $H_0: \mu_1 \geq \mu_2$ ☐	a) einseitiger Test mit $H_0: \mu_1 \geq \mu_2$ ☐
b) einseitiger Test mit $H_0: \mu_1 \leq \mu_2$ ☐	b) einseitiger Test mit $H_0: \mu_1 \leq \mu_2$ ☐
c) zweiseitiger Test mit $H_0: \mu_1 = \mu_2$ ☐	c) zweiseitiger Test mit $H_0: \mu_1 = \mu_2$ **X**
Gewähltes Signifikanzniveau *): $\alpha =$	Gewähltes Signifikanzniveau *): $\alpha =$ **0,05**
Anzahl der Beobachtungswerte *): $n_1 =$ $n_2 =$	Anzahl der Beobachtungswerte *): $n_1 =$ **10** $n_2 =$ **12**
Zahl der Freiheitsgrade: $f = n_1 + n_2 - 2 =$	Zahl der Freiheitsgrade: $f = n_1 + n_2 - 2 =$ **20**
Tabellenwerte siehe Tabelle 2:	Tabellenwerte siehe Tabelle 2:
zu a) und b) $t_{f;\,1-\alpha} =$	zu a) und b) $t_{f;\,1-\alpha} =$
zu c) $t_{f;\,1-\alpha/2} =$	zu c) $t_{f;\,1-\alpha/2} = t_{20;\,0,975} =$ **2,086**
*) Operationscharakteristik und Kurvenblatt zur Festlegung von n_1 und n_2 siehe Beiblatt 1 zu DIN 55303 Teil 2	*) Operationscharakteristik und Kurvenblatt zur Festlegung von n_1 und n_2 siehe Beiblatt 1 zu DIN 55303 Teil 2
Berechnungen	**Berechnungen**
$\bar{x}_1 =$	$\bar{x}_1 =$ **18,79 N**
$\bar{x}_2 =$	$\bar{x}_2 =$ **18,04 N**
$s_1^2 =$	$s_1^2 =$ **0,9343 N²**
$s_2^2 =$	$s_2^2 =$ **1,2827 N²**
$D = \bar{x}_1 - \bar{x}_2 =$	$D = \bar{x}_1 - \bar{x}_2 =$ **0,75 N**
$Q = (n_1 - 1)\,s_1^2 + (n_2 - 1)\,s_2^2 =$	$Q = (n_1 - 1)\,s_1^2 + (n_2 - 1)\,s_2^2 =$ **22,518 N²**
$s_d = \sqrt{\frac{n_1 + n_2}{n_1 \cdot n_2} \cdot \frac{Q}{f}} =$	$s_d = \sqrt{\frac{n_1 + n_2}{n_1 \cdot n_2} \cdot \frac{Q}{f}} =$ **0,4543 N**
zu a) und b) $A = t_{f;\,1-\alpha} \cdot s_d =$	zu a) und b) $A = t_{f;\,1-\alpha} \cdot s_d =$
zu c) $B = t_{f;\,1-\alpha/2} \cdot s_d =$	zu c) $B = t_{f;\,1-\alpha/2} \cdot s_d =$ **0,9477 N**
Testanweisung	**Testanweisung**
Die Nullhypothese H_0 wird verworfen, wenn gilt:	Die Nullhypothese H_0 wird verworfen, wenn gilt:
bei a) $D < -A$	bei a) $D < -A$
bei b) $D > A$	bei b) $D > A$
bei c) $\lvert D \rvert > B$	bei c) $\lvert D \rvert > B$
Testergebnis	**Testergebnis**
H_0 wird verworfen ☐ H_0 wird nicht verworfen ☐	H_0 wird verworfen ☐ H_0 wird nicht verworfen **X**
	Zwischen den Erwartungswerten der Bruchkraft der Fertigungen 1 und 2 wird auf dem Signifikanzniveau α = 5 % kein Unterschied festgestellt.

Formblatt C″

Vergleich von zwei Erwartungswerten bei nicht gepaarten Beobachtungen; Varianzen σ_1^2 und σ_2^2 unbekannt und verschieden; Näherungsverfahren

auszufüllendes Formblatt

Merkmal und Beobachtungsverfahren:

Einheiten:

Bemerkungen:

Gewählte Nullhypothese:

a) einseitiger Test mit $H_0: \mu_1 \geq \mu_2$ ☐

b) einseitiger Test mit $H_0: \mu_1 \leq \mu_2$ ☐

c) zweiseitiger Test mit $H_0: \mu_1 = \mu_2$ ☐

Gewähltes Signifikanzniveau *): $\alpha =$

Anzahl der Beobachtungswerte *):

$n_1 =$ $n_2 =$

*) Operationscharakteristik hängt von den beiden unbekannten Varianzen σ_1^2 und σ_2^2 ab und ist daher praktisch nicht verwendbar.

Berechnungen

$\bar{x}_1 =$

$\bar{x}_2 =$

$s_1^2 =$

$s_2^2 =$

$D = \bar{x}_1 - \bar{x}_2 =$

$$s_d = \sqrt{\frac{s_1^2}{n_1} + \frac{s_2^2}{n_2}} =$$

$$c = \frac{s_1^2/n_1}{s_1^2/n_1 + s_2^2/n_2} =$$

Zahl der Freiheitsgrade:

$$f = \frac{1}{\frac{c^2}{n_1 - 1} + \frac{(1-c)^2}{n_2 - 1}} =$$

auf ganze Zahl runden:

Tabellenwerte siehe Tabelle 2:

zu a) und b) $t_{f;\,1-\alpha} =$

$A = t_{f;\,1-\alpha} \cdot s_d =$

zu c) $t_{f;\,1-\alpha/2} =$

$B = t_{f;\,1-\alpha/2} \cdot s_d =$

Testanweisung

Die Nullhypothese H_0 wird verworfen, wenn gilt:

bei a) $D < -A$

bei b) $D > A$

bei c) $|D| > B$

Testergebnis

H_0 wird verworfen ☐ H_0 wird nicht verworfen ☐

Beispiel für ausgefülltes Formblatt

Merkmal und Beobachtungsverfahren:

Bruchkraft von Gewebestreifen
1. Zugversuch nach DIN 53 857 Teil 1
2. Zugversuch nach DIN 53 857 Teil 1

Einheiten: **1. Prüfstücke aus Fertigung 1**
2. Prüfstücke aus Fertigung 2
(siehe Abschnitt 6.1)

Bemerkungen: –

Gewählte Nullhypothese:

a) einseitiger Test mit $H_0: \mu_1 \geq \mu_2$ ☐

b) einseitiger Test mit $H_0: \mu_1 \leq \mu_2$ ☐

c) zweiseitiger Test mit $H_0: \mu_1 = \mu_2$ ☒

Gewähltes Signifikanzniveau *): $\alpha =$ **0,05**

Anzahl der Beobachtungswerte *):

$n_1 =$ **10** $n_2 =$ **12**

*) Operationscharakteristik hängt von den beiden unbekannten Varianzen σ_1^2 und σ_2^2 ab und ist daher praktisch nicht verwendbar.

Berechnungen

$\bar{x}_1 =$ **18,79 N**

$\bar{x}_2 =$ **18,04 N**

$s_1^2 =$ **0,9343 N²**

$s_2^2 =$ **1,2827 N²**

$D = \bar{x}_1 - \bar{x}_2 =$ **0,75 N**

$$s_d = \sqrt{\frac{s_1^2}{n_1} + \frac{s_2^2}{n_2}} = 0{,}4476$$

$$c = \frac{s_1^2/n_1}{s_1^2/n_1 + s_2^2/n_2} = 0{,}4664$$

Zahl der Freiheitsgrade:

$$f = \frac{1}{\frac{c^2}{n_1 - 1} + \frac{(1-c)^2}{n_2 - 1}} = 19{,}98$$

auf ganze Zahl runden: **20**

Tabellenwerte siehe Tabelle 2:

zu a) und b) $t_{f;\,1-\alpha} =$

$A = t_{f;\,1-\alpha} \cdot s_d =$

zu c) $t_{f;\,1-\alpha/2} = t_{20;\,0{,}975} =$ **2,086**

$B = t_{f;\,1-\alpha/2} \cdot s_d =$ **0,9337**

Testanweisung

Die Nullhypothese H_0 wird verworfen, wenn gilt:

bei a) $D < -A$

bei b) $D > A$

bei c) $|D| > B$

Testergebnis

H_0 wird verworfen ☐ H_0 wird nicht verworfen ☒

Zwischen den Erwartungswerten der Bruchkraft der Fertigungen 1 und 2 wird auf dem Signifikanzniveau $\alpha = 5\,\%$ kein Unterschied festgestellt.

Formblatt D

Vertrauensbereich für die Differenz von zwei Erwartungswerten bei nicht gepaarten Beobachtungen; Varianzen bekannt

auszufüllendes Formblatt	Beispiel für ausgefülltes Formblatt
Merkmal und Beobachtungsverfahren:	Merkmal und Beobachtungsverfahren: **Bruchkraft von Gewebestreifen** **1. Zugversuch nach DIN 53857 Teil 1** **2. Zugversuch nach DIN 53857 Teil 1**
Einheiten:	Einheiten: **1. Prüfstücke aus Fertigung 1** **2. Prüfstücke aus Fertigung 2** **(siehe Abschnitt 6.1)**
Bemerkungen:	Bemerkungen: –
Abgrenzung des Vertrauensbereichs für $\Delta = \mu_1 - \mu_2$	Abgrenzung des Vertrauensbereichs für $\Delta = \mu_1 - \mu_2$
a) einseitig nach oben ☐	a) einseitig nach oben ☐
b) einseitig nach unten ☐	b) einseitig nach unten ☐
c) zweiseitig ☐	c) zweiseitig **X**
Bekannte Werte der Varianzen:	Bekannte Werte der Varianzen:
$\sigma_1^2 =$ $\sigma_2^2 =$	$\sigma_1^2 =$ **0,7225 N²** $\sigma_2^2 =$ **1,0000 N²**
Gewähltes Vertrauensniveau: $1-\alpha =$	Gewähltes Vertrauensniveau: $1-\alpha =$ **0,95**
Anzahl der Beobachtungswerte:	Anzahl der Beobachtungswerte:
$n_1 =$ $n_2 =$	$n_1 =$ **10** $n_2 =$ **12**
Tabellenwerte siehe Tabelle 1:	Tabellenwerte siehe Tabelle 1:
zu a) und b) $u_{1-\alpha} =$	zu a) und b) $u_{1-\alpha} =$
zu c) $u_{1-\alpha/2} =$	zu c) $u_{1-\alpha/2} = u_{0,975} =$ **1,960**
Berechnungen	**Berechnungen**
$\bar{x}_1 =$	$\bar{x}_1 =$ **18,79 N**
$\bar{x}_2 =$	$\bar{x}_2 =$ **18,04 N**
$\sigma_d = \sqrt{\frac{\sigma_1^2}{n_1} + \frac{\sigma_2^2}{n_2}} =$	$\sigma_d = \sqrt{\frac{\sigma_1^2}{n_1} + \frac{\sigma_2^2}{n_2}} =$ **0,3944 N**
zu a) $u_{1-\alpha} \cdot \sigma_d =$	zu a) $u_{1-\alpha} \cdot \sigma_d =$
$A = \bar{x}_1 - \bar{x}_2 + u_{1-\alpha} \cdot \sigma_d =$	$A = \bar{x}_1 - \bar{x}_2 + u_{1-\alpha} \cdot \sigma_d =$
zu b) $u_{1-\alpha} \cdot \sigma_d =$	zu b) $u_{1-\alpha} \cdot \sigma_d =$
$B = \bar{x}_1 - \bar{x}_2 - u_{1-\alpha} \cdot \sigma_d =$	$B = \bar{x}_1 - \bar{x}_2 - u_{1-\alpha} \cdot \sigma_d =$
zu c) $u_{1-\alpha/2} \cdot \sigma_d =$	zu c) $u_{1-\alpha/2} \cdot \sigma_d =$ **0,7731 N**
$C = \bar{x}_1 - \bar{x}_2 - u_{1-\alpha/2} \cdot \sigma_d =$	$C = \bar{x}_1 - \bar{x}_2 - u_{1-\alpha/2} \cdot \sigma_d =$ **−0,0231 N**
$D = \bar{x}_1 - \bar{x}_2 + u_{1-\alpha/2} \cdot \sigma_d =$	$D = \bar{x}_1 - \bar{x}_2 + u_{1-\alpha/2} \cdot \sigma_d =$ **1,5231 N**
Ermittlung des Vertrauensbereichs	**Ermittlung des Vertrauensbereichs**
bei a) $\Delta \leq A$	bei a) $\Delta \leq A$
bei b) $\Delta \geq B$	bei b) $\Delta \geq B$
bei c) $C \leq \Delta \leq D$	bei c) $C \leq \Delta \leq D$
Ergebnis	**Ergebnis**
bei a) ☐ $\Delta \leq$	bei a) ☐ $\Delta \leq$
bei b) ☐ $\Delta \geq$	bei b) ☐ $\Delta \geq$
bei c) ☐ $\leq \Delta \leq$	bei c) **X** **−0,02 N** $\leq \Delta \leq$ **1,52 N**
	Die Differenz der Erwartungswerte der Bruchkraft der Fertigungen 1 und 2 liegt auf dem Vertrauensniveau $1-\alpha$ = 95 % zwischen −0,02 N und 1,52 N.

Formblatt D'

Vertrauensbereich für die Differenz von zwei Erwartungswerten bei nicht gepaarten Beobachtungen; Varianzen σ_1^2 und σ_2^2 unbekannt, aber als gleich groß angenommen

auszufüllendes Formblatt

Merkmal und Beobachtungsverfahren:

Einheiten:

Bemerkungen:

Abgrenzung des Vertrauensbereichs für $\Delta = \mu_1 - \mu_2$

a) einseitig nach oben ☐
b) einseitig nach unten ☐
c) zweiseitig ☐

Gewähltes Vertrauensniveau: $1 - \alpha =$

Anzahl der Beobachtungswerte:

$n_1 =$ $n_2 =$

Zahl der Freiheitsgrade:

$f = n_1 + n_2 - 2 =$

Tabellenwerte siehe Tabelle 2:

zu a) und b) $t_{f;\,1-\alpha} =$

zu c) $t_{f;\,1-\alpha/2} =$

Berechnungen

$\bar{x}_1 =$ $s_1^2 =$

$\bar{x}_2 =$ $s_2^2 =$

$Q = (n_1 - 1)\, s_1^2 + (n_2 - 1)\, s_2^2 =$

$$s_d = \sqrt{\frac{n_1 + n_2}{n_1 \cdot n_2} \cdot \frac{Q}{f}} =$$

zu a) $t_{f;\,1-\alpha} \cdot s_d =$

$A = \bar{x}_1 - \bar{x}_2 + t_{f;\,1-\alpha} \cdot s_d =$

zu b) $t_{f;\,1-\alpha} \cdot s_d =$

$B = \bar{x}_1 - \bar{x}_2 - t_{f;\,1-\alpha} \cdot s_d =$

zu c) $t_{f;\,1-\alpha/2} \cdot s_d =$

$C = \bar{x}_1 - \bar{x}_2 - t_{f;\,1-\alpha/2} \cdot s_d =$

$D = \bar{x}_1 - \bar{x}_2 + t_{f;\,1-\alpha/2} \cdot s_d =$

Ermittlung des Vertrauensbereichs

bei a) $\Delta \leq A$
bei b) $\Delta \geq B$
bei c) $C \leq \Delta \leq D$

Ergebnis

bei a) ☐ $\Delta \leq$
bei b) ☐ $\Delta \geq$
bei c) ☐ $\leq \Delta \leq$

Beispiel für ausgefülltes Formblatt

Merkmal und Beobachtungsverfahren:
Bruchkraft von Gewebestreifen
1. Zugversuch nach DIN 53857 Teil 1
2. Zugversuch nach DIN 53857 Teil 1

Einheiten:
1. Prüfstücke aus Fertigung 1
2. Prüfstücke aus Fertigung 2
(siehe Abschnitt 6.1)

Bemerkungen: –

Abgrenzung des Vertrauensbereichs für $\Delta = \mu_1 - \mu_2$

a) einseitig nach oben ☐
b) einseitig nach unten ☐
c) zweiseitig **X**

Gewähltes Vertrauensniveau: $1 - \alpha =$ **0,95**

Anzahl der Beobachtungswerte:

$n_1 =$ **10** $n_2 =$ **12**

Zahl der Freiheitsgrade:

$f = n_1 + n_2 - 2 =$ **20**

Tabellenwerte siehe Tabelle 2:

zu a) und b) $t_{f;\,1-\alpha} =$

zu c) $t_{f;\,1-\alpha/2} = t_{20;\,0,975} =$ **2,086**

Berechnungen

$\bar{x}_1 =$ **18,79 N** $s_1^2 =$ **0,9343 N²**

$\bar{x}_2 =$ **18,04 N** $s_2^2 =$ **1,2827 N²**

$Q = (n_1 - 1)\, s_1^2 + (n_2 - 1)\, s_2^2 =$ **22,518 N²**

$$s_d = \sqrt{\frac{n_1 + n_2}{n_1 \cdot n_2} \cdot \frac{Q}{f}} = \mathbf{0{,}4543\,N}$$

zu a) $t_{f;\,1-\alpha} \cdot s_d =$

$A = \bar{x}_1 - \bar{x}_2 + t_{f;\,1-\alpha} \cdot s_d =$

zu b) $t_{f;\,1-\alpha} \cdot s_d =$

$B = \bar{x}_1 - \bar{x}_2 - t_{f;\,1-\alpha} \cdot s_d =$

zu c) $t_{f;\,1-\alpha/2} \cdot s_d =$ **0,9477 N**

$C = \bar{x}_1 - \bar{x}_2 - t_{f;\,1-\alpha/2} \cdot s_d =$ **– 0,1977 N**

$D = \bar{x}_1 - \bar{x}_2 + t_{f;\,1-\alpha/2} \cdot s_d =$ **1,6977 N**

Ermittlung des Vertrauensbereichs

bei a) $\Delta \leq A$
bei b) $\Delta \geq B$
bei c) $C \leq \Delta \leq D$

Ergebnis

bei a) ☐ $\Delta \leq$
bei b) ☐ $\Delta \geq$
bei c) **X** **– 0,20 N** $\leq \Delta \leq$ **1,70 N**

Die Differenz der Erwartungswerte der Bruchkraft der Fertigungen 1 und 2 liegt auf dem Vertrauensniveau $1 - \alpha = 95\,\%$ zwischen – 0,20 N und 1,70 N.

Formblatt D″

Vertrauensbereich für die Differenz von zwei Erwartungswerten bei nicht gepaarten Beobachtungen; Varianzen σ_1^2 und σ_2^2 unbekannt und verschieden; Näherungsverfahren

auszufüllendes Formblatt

Merkmal und Beobachtungsverfahren:

Einheiten:

Bemerkungen:

Abgrenzung des Vertrauensbereichs für $\Delta = \mu_1 - \mu_2$

a) einseitig nach oben ☐
b) einseitig nach unten ☐
c) zweiseitig ☐

Gewähltes Vertrauensniveau: $1 - \alpha =$

Anzahl der Beobachtungswerte:

$n_1 =$ $n_2 =$

Berechnungen

$\bar{x}_1 =$ $s_1^2 =$

$\bar{x}_2 =$ $s_2^2 =$

$$s_d = \sqrt{\frac{s_1^2}{n_1} + \frac{s_2^2}{n_2}} =$$

$$c = \frac{s_1^2/n_1}{s_1^2/n_1 + s_2^2/n_2} =$$

Zahl der Freiheitsgrade:

$$f = \frac{1}{\dfrac{c^2}{n_1 - 1} + \dfrac{(1-c)^2}{n_2 - 1}} =$$

auf ganze Zahl runden:

Tabellenwerte siehe Tabelle 2:

zu a)

$t_{f;\,1-\alpha} =$

$t_{f;\,1-\alpha} \cdot s_d =$

$A = \bar{x}_1 - \bar{x}_2 + t_{f;\,1-\alpha} \cdot s_d =$

zu b)

$t_{f;\,1-\alpha} =$

$t_{f;\,1-\alpha} \cdot s_d =$

$B = \bar{x}_1 - \bar{x}_2 - t_{f;\,1-\alpha} \cdot s_d =$

zu c)

$t_{f;\,1-\alpha/2} =$

$t_{f;\,1-\alpha/2} \cdot s_d =$

$C = \bar{x}_1 - \bar{x}_2 - t_{f;\,1-\alpha/2} \cdot s_d =$

$D = \bar{x}_1 - \bar{x}_2 + t_{f;\,1-\alpha/2} \cdot s_d =$

Ermittlung des Vertrauensbereichs

bei a) $\Delta \leq A$
bei b) $\Delta \geq B$
bei c) $C \leq \Delta \leq D$

Ergebnis

bei a) ☐ $\Delta \leq$
bei b) ☐ $\Delta \geq$
bei c) ☐ $\leq \Delta \leq$

Beispiel für ausgefülltes Formblatt

Merkmal und Beobachtungsverfahren: **Bruchkraft von Gewebestreifen**
1. Zugversuch nach DIN 53 857 Teil 1
2. Zugversuch nach DIN 53 857 Teil 1

Einheiten: **1. Prüfstücke aus Fertigung 1**
2. Prüfstücke aus Fertigung 2
(siehe Abschnitt 6.1)

Bemerkungen: –

Abgrenzung des Vertrauensbereichs für $\Delta = \mu_1 - \mu_2$

a) einseitig nach oben ☐
b) einseitig nach unten ☐
c) zweiseitig **X**

Gewähltes Vertrauensniveau: $1 - \alpha =$ **0,95**

Anzahl der Beobachtungswerte:

$n_1 =$ **10** $n_2 =$ **12**

Berechnungen

$\bar{x}_1 =$ **18,79 N** $s_1^2 =$ **0,9343 N²**

$\bar{x}_2 =$ **18,04 N** $s_2^2 =$ **1,2827 N²**

$$s_d = \sqrt{\frac{s_1^2}{n_1} + \frac{s_2^2}{n_2}} = \mathbf{0{,}4476}$$

$$c = \frac{s_1^2/n_1}{s_1^2/n_1 + s_2^2/n_2} = \mathbf{0{,}4664}$$

Zahl der Freiheitsgrade:

$$f = \frac{1}{\dfrac{c^2}{n_1 - 1} + \dfrac{(1-c)^2}{n_2 - 1}} = \mathbf{19{,}98}$$

auf ganze Zahl runden: **20**

Tabellenwerte siehe Tabelle 2:

zu a)

$t_{f;\,1-\alpha} =$

$t_{f;\,1-\alpha} \cdot s_d =$

$A = \bar{x}_1 - \bar{x}_2 + t_{f;\,1-\alpha} \cdot s_d =$

zu b)

$t_{f;\,1-\alpha} =$

$t_{f;\,1-\alpha} \cdot s_d =$

$B = \bar{x}_1 - \bar{x}_2 - t_{f;\,1-\alpha} \cdot s_d =$

zu c)

$t_{f;\,1-\alpha/2} = t_{20;\,0{,}975} = \mathbf{2{,}086}$

$t_{f;\,1-\alpha/2} \cdot s_d = \mathbf{0{,}9337}$

$C = \bar{x}_1 - \bar{x}_2 - t_{f;\,1-\alpha/2} \cdot s_d = \mathbf{-0{,}1837}$

$D = \bar{x}_1 - \bar{x}_2 + t_{f;\,1-\alpha/2} \cdot s_d = \mathbf{1{,}6837}$

Ermittlung des Vertrauensbereichs

bei a) $\Delta \leq A$
bei b) $\Delta \geq B$
bei c) $C \leq \Delta \leq D$

Ergebnis

bei a) ☐ $\Delta \leq$
bei b) ☐ $\Delta \geq$
bei c) **X** **− 0,18 N** $\leq \Delta \leq$ **1,68 N**

Die Differenz der Erwartungswerte der Bruchkraft der Fertigungen 1 und 2 liegt auf dem Vertrauensniveau 1 − α = 95 % zwischen − 0,18 N und 1,68 N.

Formblatt E

Vergleich der Varianz oder der Standardabweichung mit einem vorgegebenen Wert

auszufüllendes Formblatt	Beispiel für ausgefülltes Formblatt
Merkmal und Beobachtungsverfahren:	Merkmal und Beobachtungsverfahren: **Bruchkraft von Gewebestreifen Zugversuch nach DIN 53 857 Teil 1**
Einheiten:	Einheiten: **Prüfstücke aus Fertigung 1 (siehe Abschnitt 6.1)**
Bemerkungen:	Bemerkungen: –
Gewählte Nullhypothese:	Gewählte Nullhypothese:
a) einseitiger Test mit $H_0 : \sigma^2 \geq \sigma_0^2$ ☐	a) einseitiger Test mit $H_0 : \sigma^2 \geq \sigma_0^2$ ☐
b) einseitiger Test mit $H_0 : \sigma^2 \leq \sigma_0^2$ ☐	b) einseitiger Test mit $H_0 : \sigma^2 \leq \sigma_0^2$ ☒
c) zweiseitiger Test mit $H_0 : \sigma^2 = \sigma_0^2$ ☐	c) zweiseitiger Test mit $H_0 : \sigma^2 = \sigma_0^2$ ☐
Vorgegebener Wert: $\sigma_0^2 =$	Vorgegebener Wert: $\sigma_0^2 =$ **0,600 N²**
Gewähltes Signifikanzniveau *): $\alpha =$	Gewähltes Signifikanzniveau *): $\alpha =$ **0,05**
Anzahl der Beobachtungswerte *): $n =$	Anzahl der Beobachtungswerte *): $n =$ **10**
Zahl der Freiheitsgrade: $f = n - 1 =$	Zahl der Freiheitsgrade: $f = n - 1 =$ **9**
Tabellenwerte siehe Tabelle 3:	Tabellenwerte siehe Tabelle 3:
zu a) $\chi^2_{f;\,\alpha} =$	zu a) $\chi^2_{f;\,\alpha} =$
zu b) $\chi^2_{f;\,1-\alpha} =$	zu b) $\chi^2_{f;\,1-\alpha} = \chi^2_{9;\,0,95} =$ **16,92**
zu c) $\chi^2_{f;\,\alpha/2} =$	zu c) $\chi^2_{f;\,\alpha/2} =$
$\chi^2_{f;\,1-\alpha/2} =$	$\chi^2_{f;\,1-\alpha/2} =$
*) Operationscharakteristik und Kurvenblatt zur Festlegung von n siehe Beiblatt 1 zu DIN 55303 Teil 2	*) Operationscharakteristik und Kurvenblatt zur Festlegung von n siehe Beiblatt 1 zu DIN 55303 Teil 2
Berechnungen	**Berechnungen**
$s^2 =$	$s^2 =$ **0,9343 N²**
$A = \frac{(n-1)\,s^2}{\sigma_0^2} =$	$A = \frac{(n-1)\,s^2}{\sigma_0^2} =$ **14,015**
Testanweisung	**Testanweisung**
Die Nullhypothese H_0 wird verworfen, wenn gilt:	Die Nullhypothese H_0 wird verworfen, wenn gilt:
bei a) $A < \chi^2_{f;\,\alpha}$	bei a) $A < \chi^2_{f;\,\alpha}$
bei b) $A > \chi^2_{f;\,1-\alpha}$	bei b) $A > \chi^2_{f;\,1-\alpha}$
bei c) $A < \chi^2_{f;\,\alpha/2}$ oder $A > \chi^2_{f;\,1-\alpha/2}$	bei c) $A < \chi^2_{f;\,\alpha/2}$ oder $A > \chi^2_{f;\,1-\alpha/2}$
Testergebnis	**Testergebnis**
H_0 wird verworfen ☐	H_0 wird verworfen ☐
H_0 wird nicht verworfen ☐	H_0 wird nicht verworfen ☒
	Zwischen der Varianz der Bruchkraft bei der Fertigung 1 und dem vorgegebenen Wert σ_0^2 = 0,600 N² wird auf dem Signifikanzniveau α = 5 % kein Unterschied festgestellt.

Formblatt F

Vertrauensbereich für die Varianz oder die Standardabweichung

auszufüllendes Formblatt

Merkmal und Beobachtungsverfahren:

Einheiten:

Bemerkungen:

Abgrenzung des Vertrauensbereichs *) für σ^2:

a) einseitig nach oben ☐

b) einseitig nach unten ☐

c) zweiseitig ☐

Gewähltes Vertrauensniveau: $1-\alpha =$

Anzahl der Beobachtungswerte: $n =$

Zahl der Freiheitsgrade: $f = n - 1 =$

Tabellenwerte siehe Tabelle 3:

zu a) $\chi^2_{f;\,\alpha} =$

zu b) $\chi^2_{f;\,1-\alpha} =$

zu c) $\chi^2_{f;\,\alpha/2} =$

$\chi^2_{f;\,1-\alpha/2} =$

Berechnungen

$s^2 =$

zu a) $A = \dfrac{(n-1)\,s^2}{\chi^2_{f;\,\alpha}} =$

zu b) $B = \dfrac{(n-1)\,s^2}{\chi^2_{f;\,1-\alpha}} =$

zu c) $C = \dfrac{(n-1)\,s^2}{\chi^2_{f;\,1-\alpha/2}} =$

$D = \dfrac{(n-1)\,s^2}{\chi^2_{f;\,\alpha/2}} =$

Ermittlung des Vertrauensbereichs

bei a) $\sigma^2 \leq A$

bei b) $\sigma^2 \geq B$

bei c) $C \leq \sigma^2 \leq D$

Ergebnis *)

bei a) ☐ $\sigma^2 \leq$

bei b) ☐ $\sigma^2 \geq$

bei c) ☐ $\leq \sigma^2 \leq$

*) Die Grenzen des Vertrauensbereichs für σ sind die positiven Quadratwurzeln der Grenzen des Vertrauensbereichs für σ^2.

Beispiel für ausgefülltes Formblatt

Merkmal und Beobachtungsverfahren:
Bruchkraft von Gewebestreifen
Zugversuch nach DIN 53857 Teil 1

Einheiten: **Prüfstücke aus Fertigung 1 (siehe Abschnitt 6.1)**

Bemerkungen: –

Abgrenzung des Vertrauensbereichs *) für σ^2:

a) einseitig nach oben ☐

b) einseitig nach unten ☐

c) zweiseitig ☒ X

Gewähltes Vertrauensniveau: $1-\alpha =$ **0,95**

Anzahl der Beobachtungswerte: $n =$ **10**

Zahl der Freiheitsgrade: $f = n - 1 =$ **9**

Tabellenwerte siehe Tabelle 3:

zu a) $\chi^2_{f;\,\alpha} =$

zu b) $\chi^2_{f;\,1-\alpha} =$

zu c) $\chi^2_{f;\,\alpha/2} = \chi^2_{9;\,0,025} = \mathbf{2,70}$

$\chi^2_{f;\,1-\alpha/2} = \chi^2_{9;\,0,975} = \mathbf{19,02}$

Berechnungen

$s^2 = \mathbf{0,9343\,N^2}$

zu a) $A = \dfrac{(n-1)\,s^2}{\chi^2_{f;\,\alpha}} =$

zu b) $B = \dfrac{(n-1)\,s^2}{\chi^2_{f;\,1-\alpha}} =$

zu c) $C = \dfrac{(n-1)\,s^2}{\chi^2_{f;\,1-\alpha/2}} = \mathbf{0,4421\,N^2}$

$D = \dfrac{(n-1)\,s^2}{\chi^2_{f;\,\alpha/2}} = \mathbf{3,1143\,N^2}$

Ermittlung des Vertrauensbereichs

bei a) $\sigma^2 \leq A$

bei b) $\sigma^2 \geq B$

bei c) $C \leq \sigma^2 \leq D$

Ergebnis *)

bei a) ☐ $\sigma^2 \leq$

bei b) ☐ $\sigma^2 \geq$

bei c) ☒ X $\mathbf{0,442\,N^2} \leq \sigma^2 \leq \mathbf{3,114\,N^2}$

Die Varianz der Bruchkraft bei der Fertigung 1 liegt auf dem Vertrauensniveau $1-\alpha = 95\,\%$ zwischen $0,442\,N^2$ und $3,114\,N^2$.

*) Die Grenzen des Vertrauensbereichs für σ sind die positiven Quadratwurzeln der Grenzen des Vertrauensbereichs für σ^2, **hier 0,66 N und 1,76 N.**

Formblatt G

Vergleich zweier Varianzen oder zweier Standardabweichungen

auszufüllendes Formblatt

Merkmal und Beobachtungsverfahren:

Einheiten:

Bemerkungen:

Gewählte Nullhypothese:

a) einseitiger Test mit $H_0: \sigma_1 \geq \sigma_2^2$ ☐
b) einseitiger Test mit $H_0: \sigma_1^2 \leq \sigma_2^2$ ☐
c) zweiseitiger Test mit $H_0: \sigma_1^2 = \sigma_2^2$ ☐

Gewähltes Signifikanzniveau *): $\alpha =$

Anzahl der Beobachtungswerte *):
$n_1 =$ $n_2 =$

Zahl der Freiheitsgrade:
$f_1 = n_1 - 1 =$
$f_2 = n_2 - 1 =$

Tabellenwerte siehe Tabelle 4:
zu a) $F_{f_2, f_1; 1-\alpha} =$
zu b) $F_{f_1, f_2; 1-\alpha} =$
zu c) $F_{f_1, f_2; 1-\alpha/2} =$
$F_{f_2, f_1; 1-\alpha/2} =$

*) Operationscharakteristik und Kurvenblatt zur Festlegung von n_1 und n_2 siehe Beiblatt 1 zu DIN 55303 Teil 2

Berechnungen

$s_1^2 =$
$s_2^2 =$
$A = \frac{s_1^2}{s_2^2} =$
zu a) $F_{f_1, f_2; \alpha} = \frac{1}{F_{f_2, f_1; 1-\alpha}} =$
zu c) $F_{f_1, f_2; \alpha/2} = \frac{1}{F_{f_2, f_1; 1-\alpha/2}} =$

Testanweisung

Die Nullhypothese H_0 wird verworfen, wenn gilt:
bei a) $A < F_{f_1, f_2; \alpha}$
bei b) $A > F_{f_1, f_2; 1-\alpha}$
bei c) $A < F_{f_1, f_2; \alpha/2}$
oder $A > F_{f_1, f_2; 1-\alpha/2}$

Testergebnis

H_0 wird verworfen ☐ H_0 wird nicht verworfen ☐

Beispiel für ausgefülltes Formblatt

Merkmal und Beobachtungsverfahren:
Bruchkraft von Gewebestreifen
1. Zugversuch nach DIN 53857 Teil 1
2. Zugversuch nach DIN 53857 Teil 1

Einheiten: **1. Prüfstücke aus Fertigung 1**
2. Prüfstücke aus Fertigung 2
(siehe Abschnitt 6.1)

Bemerkungen: –

Gewählte Nullhypothese:

a) einseitiger Test mit $H_0: \sigma_1 \geq \sigma_2^2$ ☐
b) einseitiger Test mit $H_0: \sigma_1^2 \leq \sigma_2^2$ ☐
c) zweiseitiger Test mit $H_0: \sigma_1^2 = \sigma_2^2$ **X**

Gewähltes Signifikanzniveau *): $\alpha =$ **0,05**

Anzahl der Beobachtungswerte *):
$n_1 =$ **10** $n_2 =$ **12**

Zahl der Freiheitsgrade:
$f_1 = n_1 - 1 =$ **9**
$f_2 = n_2 - 1 =$ **11**

Tabellenwerte siehe Tabelle 4:
zu a) $F_{f_2, f_1; 1-\alpha} =$
zu b) $F_{f_1, f_2; 1-\alpha} =$
zu c) $F_{f_1, f_2; 1-\alpha/2} = F_{9,11; 0,975} =$ **3,59**
$F_{f_2, f_1; 1-\alpha/2} = F_{11,9; 0,975} =$ **3,91**

*) Operationscharakteristik und Kurvenblatt zur Festlegung von n_1 und n_2 siehe Beiblatt 1 zu DIN 55303 Teil 2

Berechnungen

$s_1^2 =$ **0,9343 N²**
$s_2^2 =$ **1,2827 N²**
$A = \frac{s_1^2}{s_2^2} =$ **0,7284**
zu a) $F_{f_1, f_2; \alpha} = \frac{1}{F_{f_2, f_1; 1-\alpha}} =$
zu c) $F_{f_1, f_2; \alpha/2} = \frac{1}{F_{f_2, f_1; 1-\alpha/2}} =$ **0,256**

Testanweisung

Die Nullhypothese H_0 wird verworfen, wenn gilt:
bei a) $A < F_{f_1, f_2; \alpha}$
bei b) $A > F_{f_1, f_2; 1-\alpha}$
bei c) $A < F_{f_1, f_2; \alpha/2}$
oder $A > F_{f_1, f_2; 1-\alpha/2}$

Testergebnis

H_0 wird verworfen ☐ H_0 wird nicht verworfen **X**

Zwischen den Varianzen der Bruchkraft der Fertigungen 1 und 2 wird auf dem Signifikanzniveau $\alpha = 5\,\%$ kein Unterschied festgestellt.

Formblatt H

Vertrauensbereich für den Quotienten zweier Varianzen oder Standardabweichungen

auszufüllendes Formblatt

Merkmal und Beobachtungsverfahren:

Einheiten:

Bemerkungen:

Abgrenzung des Vertrauensbereichs *) für $\frac{\sigma_1^2}{\sigma_2^2}$

a) einseitig nach oben ☐
b) einseitig nach unten ☐
c) zweiseitig ☐

Gewähltes Vertrauensniveau: $1-\alpha =$

Anzahl der Beobachtungswerte:
$n_1 =$ $n_2 =$

Zahl der Freiheitsgrade:
$f_1 = n_1 - 1 =$ $f_2 = n_2 - 1 =$

Tabellenwerte siehe Tabelle 4:

zu a) $F_{f_2, f_1; 1-\alpha} =$
zu b) $F_{f_1, f_2; 1-\alpha} =$
zu c) $F_{f_1, f_2; 1-\alpha/2} =$
$F_{f_2, f_1; 1-\alpha/2} =$

Berechnungen

$s_1^2 =$ $s_2^2 =$ $\frac{s_1^2}{s_2^2} =$

zu a) $A = \frac{s_1^2}{s_2^2} \cdot F_{f_2, f_1; 1-\alpha} =$

zu b) $B = \frac{s_1^2}{s_2^2} \cdot \frac{1}{F_{f_1, f_2; 1-\alpha}} =$

zu c) $C = \frac{s_1^2}{s_2^2} \cdot \frac{1}{F_{f_1, f_2; 1-\alpha/2}} =$

$D = \frac{s_1^2}{s_2^2} \cdot F_{f_2, f_1; 1-\alpha/2} =$

Ermittlung des Vertrauensbereichs

bei a) $\frac{\sigma_1^2}{\sigma_2^2} \leq A$

bei b) $\frac{\sigma_1^2}{\sigma_2^2} \geq B$

bei c) $C \leq \frac{\sigma_1^2}{\sigma_2^2} \leq D$

Ergebnis *)

bei a) ☐ $\frac{\sigma_1^2}{\sigma_2^2} \leq$

bei b) ☐ $\frac{\sigma_1^2}{\sigma_2^2} \geq$

bei c) ☐ $\leq \frac{\sigma_1^2}{\sigma_2^2} \leq$

*) Die Grenzen des Vertrauensbereichs für σ_1/σ_2 sind die positiven Quadratwurzeln der Grenzen des Vertrauensbereichs für σ_1^2/σ_2^2.

Beispiel für ausgefülltes Formblatt

Merkmal und Beobachtungsverfahren:
Bruchkraft von Gewebestreifen
1. Zugversuch nach DIN 53857 Teil 1
2. Zugversuch nach DIN 53857 Teil 1

Einheiten: **1. Prüfstücke aus Fertigung 1**
2. Prüfstücke aus Fertigung 2
(siehe Abschnitt 6.1)

Bemerkungen: –

Abgrenzung des Vertrauensbereichs *) für $\frac{\sigma_1^2}{\sigma_2^2}$

a) einseitig nach oben ☐
b) einseitig nach unten ☐
c) zweiseitig ☒

Gewähltes Vertrauensniveau: $1-\alpha =$ **0,95**

Anzahl der Beobachtungswerte:
$n_1 =$ **10** $n_2 =$ **12**

Zahl der Freiheitsgrade:
$f_1 = n_1 - 1 =$ **9** $f_2 = n_2 - 1 =$ **11**

Tabellenwerte siehe Tabelle 4:

zu a) $F_{f_2, f_1; 1-\alpha} =$
zu b) $F_{f_1, f_2; 1-\alpha} =$
zu c) $F_{f_1, f_2; 1-\alpha/2} = F_{9,11; 0,975} = 3{,}59$
$F_{f_2, f_1; 1-\alpha/2} = F_{11,9; 0,975} = 3{,}91$

Berechnungen

$s_1^2 = 0{,}9343\ \mathrm{N}^2$ $s_2^2 = 1{,}2827\ \mathrm{N}^2$ $\frac{s_1^2}{s_2^2} = 0{,}7284$

zu a) $A = \frac{s_1^2}{s_2^2} \cdot F_{f_2, f_1; 1-\alpha} =$

zu b) $B = \frac{s_1^2}{s_2^2} \cdot \frac{1}{F_{f_1, f_2; 1-\alpha}} =$

zu c) $C = \frac{s_1^2}{s_2^2} \cdot \frac{1}{F_{f_1, f_2; 1-\alpha/2}} = 0{,}2029$

$D = \frac{s_1^2}{s_2^2} \cdot F_{f_2, f_1; 1-\alpha/2} = 2{,}848$

Ermittlung des Vertrauensbereichs

bei a) $\frac{\sigma_1^2}{\sigma_2^2} \leq A$

bei b) $\frac{\sigma_1^2}{\sigma_2^2} \geq B$

bei c) $C \leq \frac{\sigma_1^2}{\sigma_2^2} \leq D$

Ergebnis *)

bei a) ☐ $\frac{\sigma_1^2}{\sigma_2^2} \leq$

bei b) ☐ $\frac{\sigma_1^2}{\sigma_2^2} \geq$

bei c) ☒ $0{,}203 \leq \frac{\sigma_1^2}{\sigma_2^2} \leq 2{,}848$

Der Quotient der Varianzen der Bruchkräfte der Fertigungen 1 und 2 liegt auf dem Vertrauensniveau $1-\alpha = 95\,\%$ zwischen 0,203 und 2,848.

*) Die Grenzen des Vertrauensbereichs für σ_1/σ_2 sind die positiven Quadratwurzeln der Grenzen des Vertrauensbereichs für σ_1^2/σ_2^2; **hier 0,45 und 1,69.**

Formblatt K

Vergleich von zwei Erwartungswerten bei gepaarten Beobachtungen (Vergleich des Erwartungswertes der Differenz gepaarter Beobachtungen mit einem vorgegebenen Wert); Varianz der Differenz bekannt

auszufüllendes Formblatt	Beispiel für ausgefülltes Formblatt
Merkmal und Beobachtungsverfahren:	Merkmal und Beobachtungsverfahren: **Wassergehalt in % von textilen Materialien**
Einheiten:	Einheiten: **1 Proben von $n = 9$ verschiedenen textilen Materialien, an denen der Wassergehalt mit Bestimmungsverfahren 1 (Textometer) bestimmt wird** **2 Dieselben Proben wie unter 1, wobei der Wassergehalt mit Bestimmungsverfahren 2 (Konditionierofen) bestimmt wird (siehe Abschnitt 6.2)**
Bemerkungen:	Bemerkungen: –
Gewählte Nullhypothese:	Gewählte Nullhypothese:
a) einseitiger Test mit $H_0: \mu_1 - \mu_2 \geq \Delta_0$ ☐	a) einseitiger Test mit $H_0: \mu_1 - \mu_2 \geq \Delta_0$ ☐
b) einseitiger Test mit $H_0: \mu_1 - \mu_2 \leq \Delta_0$ ☐	b) einseitiger Test mit $H_0: \mu_1 - \mu_2 \leq \Delta_0$ ☐
c) zweiseitiger Test mit $H_0: \mu_1 - \mu_2 = \Delta_0$ ☐	c) zweiseitiger Test mit $H_0: \mu_1 - \mu_2 = \Delta_0$ **X**
Vorgegebener Wert: $\Delta_0 =$	Vorgegebener Wert: $\Delta_0 =$ **0 μm**
Bekannter Wert	Bekannter Wert
der Varianz der Differenz: $\sigma_d^2 =$	der Varianz der Differenz: $\sigma_d^2 =$
der Standardabweichung der Differenz: $\sigma_d =$	der Standardabweichung der Differenz: $\sigma_d =$ **1,00 %**
Gewähltes Signifikanzniveau *): $\alpha =$	Gewähltes Signifikanzniveau *): $\alpha =$ **0,05**
Anzahl der Beobachtungspaare *): $n =$	Anzahl der Beobachtungspaare *): $n =$ **9**
Tabellenwerte siehe Tabelle 1:	Tabellenwerte siehe Tabelle 1:
zu a) und b) $u_{1-\alpha} =$	zu a) und b) $u_{1-\alpha} =$
zu c) $u_{1-\alpha/2} =$	zu c) $u_{1-\alpha/2} = u_{0,975} =$ **1,960**
*) Operationscharakteristik und Kurvenblatt zur Festlegung von n siehe Beiblatt 1 zu DIN 55303 Teil 2	*) Operationscharakteristik und Kurvenblatt zur Festlegung von n siehe Beiblatt 1 zu DIN 55303 Teil 2
Berechnungen	**Berechnungen**
Mittelwert $\bar{d}$ der Differenzen d_i:	Mittelwert $\bar{d}$ der Differenzen d_i:
$\bar{d} =$	$\bar{d} =$ **0,211 %**
$D = \bar{d} - \Delta_0 =$	$D = \bar{d} - \Delta_0 =$ **0,211 %**
zu a) und b) $A = u_{1-\alpha} \cdot \sigma_d/\sqrt{n} =$	zu a) und b) $A = u_{1-\alpha} \cdot \sigma_d/\sqrt{n} =$
zu c) $B = u_{1-\alpha/2} \cdot \sigma_d/\sqrt{n} =$	zu c) $B = u_{1-\alpha/2} \cdot \sigma_d/\sqrt{n} =$ **0,653 %**
Testanweisung	**Testanweisung**
Die Nullhypothese H_0 wird verworfen, wenn gilt:	Die Nullhypothese H_0 wird verworfen, wenn gilt:
bei a) $D < -A$	bei a) $D < -A$
bei b) $D > A$	bei b) $D > A$
bei c) $\lvert D \rvert > B$	bei c) $\lvert D \rvert > B$
Testergebnis	**Testergebnis**
H_0 wird verworfen ☐ H_0 wird nicht verworfen ☐	H_0 wird verworfen ☐ H_0 wird nicht verworfen **X**
	Zwischen den Erwartungswerten der Wassergehalte nach Bestimmungsverfahren 1 und Bestimmungsverfahren 2 wird auf dem Signifikanzniveau von 5 % kein Unterschied festgestellt. **(Zwischen dem Erwartungswert der Differenz der Wassergehalte nach den beiden Bestimmungsverfahren und dem vorgegebenen Wert $\Delta_0 = 0\,\mu$m wird auf dem Signifikanzniveau von 5 % kein Unterschied festgestellt.)**

Formblatt K′

Vergleich von zwei Erwartungswerten bei gepaarten Beobachtungen (Vergleich des Erwartungswertes der Differenz gepaarter Beobachtungen mit einem vorgegebenen Wert); Varianz der Differenz unbekannt

auszufüllendes Formblatt

Merkmal und Beobachtungsverfahren:

Einheiten:

Bemerkungen:

Gewählte Nullhypothese:

a) einseitiger Test mit $H_0: \mu_1 - \mu_2 \geq \Delta_0$ ☐

b) einseitiger Test mit $H_0: \mu_1 - \mu_2 \leq \Delta_0$ ☐

c) zweiseitiger Test mit $H_0: \mu_1 - \mu_2 = \Delta_0$ ☐

Vorgegebener Wert: $\Delta_0 =$

Gewähltes Signifikanzniveau *): $\alpha =$

Anzahl der Beobachtungspaare *): $n =$

Zahl der Freiheitsgrade: $f = n - 1 =$

Tabellenwerte siehe Tabelle 2:

zu a) und b) $t_{f;\,1-\alpha} =$

zu c) $t_{f;\,1-\alpha/2} =$

*) Operationscharakteristik und Kurvenblatt zur Festlegung von n siehe Beiblatt 1 zu DIN 55303 Teil 2

Berechnungen

Mittelwert $\bar{d}$ der Differenzen d_i:

$\bar{d} =$

$D = \bar{d} - \Delta_0 =$

Standardabweichung der Differenzen d_i:

$s_d =$

zu a) und b) $A = t_{f;\,1-\alpha} \cdot s_d/\sqrt{n} =$

zu c) $B = t_{f;\,1-\alpha/2} \cdot s_d/\sqrt{n} =$

Testanweisung

Die Nullhypothese H_0 wird verworfen, wenn gilt:

bei a) $D < -A$

bei b) $D > A$

bei c) $|D| > B$

Testergebnis

H_0 wird verworfen ☐ H_0 wird nicht verworfen ☐

Beispiel für ausgefülltes Formblatt

Merkmal und Beobachtungsverfahren: **Wassergehalt in % von textilen Materialien**

Einheiten:
1 **Proben von $n = 9$ verschiedenen textilen Materialien, an denen der Wassergehalt mit Bestimmungsverfahren 1 (Textometer) bestimmt wird**
2 **Dieselben Proben wie unter 1, wobei der Wassergehalt mit Bestimmungsverfahren 2 (Konditionierofen) bestimmt wird (siehe Abschnitt 6.2)**

Bemerkungen: –

Gewählte Nullhypothese:

a) einseitiger Test mit $H_0: \mu_1 - \mu_2 \geq \Delta_0$ ☐

b) einseitiger Test mit $H_0: \mu_1 - \mu_2 \leq \Delta_0$ ☐

c) zweiseitiger Test mit $H_0: \mu_1 - \mu_2 = \Delta_0$ ☒

Vorgegebener Wert: $\Delta_0 =$ **0 µm**

Gewähltes Signifikanzniveau *): $\alpha =$ **0,05**

Anzahl der Beobachtungspaare *): $n =$ **9**

Anzahl der Freiheitsgrade: $f = n - 1 =$ **8**

Tabellenwerte siehe Tabelle 2:

zu a) und b) $t_{f;\,1-\alpha} =$

zu c) $t_{f;\,1-\alpha/2} = t_{8;\,0,975} =$ **2,306**

*) Operationscharakteristik und Kurvenblatt zur Festlegung von n siehe Beiblatt 1 zu DIN 55303 Teil 2

Berechnungen

Mittelwert $\bar{d}$ der Differenzen d_i:

$\bar{d} =$ **0,211 %**

$D = \bar{d} - \Delta_0 =$ **0,211 %**

Standardabweichung der Differenzen d_i:

$s_d =$ **1,125 %**

zu a) und b) $A = t_{f;\,1-\alpha} \cdot s_d/\sqrt{n} =$

zu c) $B = t_{f;\,1-\alpha/2} \cdot s_d/\sqrt{n} =$ **0,865 %**

Testanweisung

Die Nullhypothese H_0 wird verworfen, wenn gilt:

bei a) $D < -A$

bei b) $D > A$

bei c) $|D| > B$

Testergebnis

H_0 wird verworfen ☐ H_0 wird nicht verworfen ☒

Zwischen den Erwartungswerten der Wassergehalte nach Bestimmungsverfahren 1 und Bestimmungsverfahren 2 wird auf dem Signifikanzniveau von 5 % kein Unterschied festgestellt.
(Zwischen dem Erwartungswert der Differenz der Wassergehalte nach den beiden Bestimmungsverfahren und dem vorgegebenen Wert $\Delta_0 = 0$ µm wird auf dem Signifikanzniveau von 5 % kein Unterschied festgestellt.

Formblatt L

Vertrauensbereich für die Differenz von zwei Erwartungswerten bei gepaarten Beobachtungen (Vertrauensbereich für den Erwartungswert der Differenz gepaarter Beobachtungen); Varianz der Differenz bekannt

auszufüllendes Formblatt

Merkmal und Beobachtungsverfahren:

Einheiten:

Bemerkungen:

Abgrenzung des Vertrauensbereichs für $\Delta = \mu_1 - \mu_2$

a) einseitig nach oben ☐

b) einseitig nach unten ☐

c) zweiseitig ☐

Bekannter Wert:

der Varianz der Differenz $\sigma_d^2 =$

der Standardabweichung

der Differenz $\sigma_d =$

Gewähltes Vertrauensniveau: $1 - \alpha =$

Anzahl der Beobachtungspaare: $n =$

Tabellenwerte siehe Tabelle 1:

zu a) und b) $u_{1-\alpha} =$

zu c) $u_{1-\alpha/2} =$

Berechnungen

Mittelwert $\bar{d}$ der Differenzen d_i:

$\bar{d} =$

zu a) $u_{1-\alpha} \cdot \sigma_d / \sqrt{n} =$

$A = \bar{d} + u_{1-\alpha} \cdot \sigma_d / \sqrt{n} =$

zu b) $u_{1-\alpha} \cdot \sigma_d / \sqrt{n} =$

$B = \bar{d} - u_{1-\alpha} \cdot \sigma_d / \sqrt{n} =$

zu c) $u_{1-\alpha/2} \cdot \sigma_d / \sqrt{n} =$

$C = \bar{d} - u_{1-\alpha/2} \cdot \sigma_d / \sqrt{n} =$

$D = \bar{d} + u_{1-\alpha/2} \cdot \sigma_d / \sqrt{n} =$

Ermittlung des Vertrauensbereichs

bei a) $\Delta \leq A$

bei b) $\Delta \geq B$

bei c) $C \leq \Delta \leq D$

Ergebnis

bei a) ☐ $\Delta \leq$

bei b) ☐ $\Delta \geq$

bei c) ☐ $\leq \Delta \leq$

Beispiel für ausgefülltes Formblatt

Merkmal und Beobachtungsverfahren:

Wassergehalt in % von textilen Materialien

Einheiten:

1 **Proben von $n = 9$ verschiedenen textilen Materialien, an denen der Wassergehalt mit Bestimmungsverfahren 1 (Textometer) bestimmt wird**

2 **Dieselben Proben wie 1, wobei der Wassergehalt mit Bestimmungsverfahren 2 (Konditionierofen) bestimmt wird (siehe Abschnitt 6.2)**

Bemerkungen: –

Abgrenzung des Vertrauensbereichs für $\Delta = \mu_1 - \mu_2$

a) einseitig nach oben ☐

b) einseitig nach unten ☐

c) zweiseitig ☒

Bekannter Wert:

der Varianz der Differenz $\sigma_d^2 =$

der Standardabweichung

der Differenz $\sigma_d =$ **1,00 %**

Gewähltes Vertrauensniveau: $1 - \alpha =$ **0,95**

Anzahl der Beobachtungspaare: $n =$ **9**

Tabellenwerte siehe Tabelle 1:

zu a) und b) $u_{1-\alpha} =$

zu c) $u_{1-\alpha/2} = u_{0,975} =$ **1,960**

Berechnungen

Mittelwert $\bar{d}$ der Differenzen d_i:

$\bar{d} =$ **0,211 %**

zu a) $u_{1-\alpha} \cdot \sigma_d / \sqrt{n} =$

$A = \bar{d} + u_{1-\alpha} \cdot \sigma_d / \sqrt{n} =$

zu b) $u_{1-\alpha} \cdot \sigma_d / \sqrt{n} =$

$B = \bar{d} - u_{1-\alpha} \cdot \sigma_d / \sqrt{n} =$

zu c) $u_{1-\alpha/2} \cdot \sigma_d / \sqrt{n} =$ **0,653 %**

$C = \bar{d} - u_{1-\alpha/2} \cdot \sigma_d / \sqrt{n} =$ **– 0,442 %**

$D = \bar{d} + u_{1-\alpha/2} \cdot \sigma_d / \sqrt{n} =$ **0,864 %**

Ermittlung des Vertrauensbereichs

bei a) $\Delta \leq A$

bei b) $\Delta \geq B$

bei c) $C \leq \Delta \leq D$

Ergebnis

bei a) ☐ $\Delta \leq$

bei b) ☐ $\Delta \geq$

bei c) ☒ **– 0,44 %** $\leq \Delta \leq$ **0,86 %**

Der Erwartungswert Δ der Differenz der Wassergehalte nach den beiden Bestimmungsverfahren liegt auf dem Vertrauensniveau $1 - \alpha = 95\,\%$ zwischen – 0,44 % und 0,86 %.

Formblatt L′

Vertrauensbereich für die Differenz von zwei Erwartungswerten bei gepaarten Beobachtungen (Vertrauensbereich für den Erwartungswert der Differenz gepaarter Beobachtungen); Varianz der Differenz unbekannt

auszufüllendes Formblatt

Merkmal und Beobachtungsverfahren:

Einheiten:

Bemerkungen:

Abgrenzung des Vertrauensbereichs für $\Delta = \mu_1 - \mu_2$

- a) einseitig nach oben ☐
- b) einseitig nach unten ☐
- c) zweiseitig ☐

Gewähltes Vertrauensniveau: $1 - \alpha =$

Anzahl der Beobachtungspaare: $n =$

Zahl der Freiheitsgrade: $f = n - 1 =$

Tabellenwerte siehe Tabelle 2:

zu a) und b) $t_{f;\,1-\alpha} =$

zu c) $t_{f;\,1-\alpha/2} =$

Berechnungen

Mittelwert $\bar{d}$ der Differenzen d_i:

$\bar{d} =$

Standardabweichung der Differenzen d_i:

$s_d =$

zu a) $t_{f;\,1-\alpha} \cdot s_d/\sqrt{n} =$

$A = \bar{d} + t_{f;\,1-\alpha} \cdot s_d/\sqrt{n} =$

zu b) $t_{f;\,1-\alpha} \cdot s_d/\sqrt{n} =$

$B = \bar{d} - t_{f;\,1-\alpha} \cdot s_d/\sqrt{n} =$

zu c) $t_{f;\,1-\alpha/2} \cdot s_d/\sqrt{n} =$

$C = \bar{d} - t_{f;\,1-\alpha/2} \cdot s_d/\sqrt{n} =$

$D = \bar{d} + t_{f;\,1-\alpha/2} \cdot s_d/\sqrt{n} =$

Ermittlung des Vertrauensbereichs

bei a) $\Delta \leq A$

bei b) $\Delta \geq B$

bei c) $C \leq \Delta \leq D$

Ergebnis

bei a) ☐ $\Delta \leq$

bei b) ☐ $\Delta \geq$

bei c) X $\leq \Delta \leq$

Beispiel für ausgefülltes Formblatt

Merkmal und Beobachtungsverfahren: **Wassergehalt in % von textilen Materialien**

Einheiten: **1 Proben von $n = 9$ verschiedenen textilen Materialien, an denen der Wassergehalt mit Bestimmungsverfahren 1 (Textometer) bestimmt wird**

2 Dieselben Proben wie 1, wobei der Wassergehalt mit Bestimmungsverfahren 2 (Konditionierofen) bestimmt wird (siehe Abschnitt 6.2)

Bemerkungen: –

Abgrenzung des Vertrauensbereichs für $\Delta = \mu_1 - \mu_2$

- a) einseitig nach oben ☐
- b) einseitig nach unten ☐
- c) zweiseitig X

Gewähltes Vertrauensniveau: $1 - \alpha =$ **0,95**

Anzahl der Beobachtungspaare: $n =$ **9**

Zahl der Freiheitsgrade: $f = n - 1 =$ **8**

Tabellenwerte siehe Tabelle 2:

zu a) und b) $t_{f;\,1-\alpha} =$

zu c) $t_{f;\,1-\alpha/2} = t_{8;\,0{,}975} =$ **2,306**

Berechnungen

Mittelwert $\bar{d}$ der Differenzen d_i:

$\bar{d} =$ **0,211 %**

Standardabweichung der Differenzen d_i:

$s_d =$ **1,125 %**

zu a) $t_{f;\,1-\alpha} \cdot s_d/\sqrt{n} =$

$A = \bar{d} + t_{f;\,1-\alpha} \cdot s_d/\sqrt{n} =$

zu b) $t_{f;\,1-\alpha} \cdot s_d/\sqrt{n} =$

$B = \bar{d} - t_{f;\,1-\alpha} \cdot s_d/\sqrt{n} =$

zu c) $t_{f;\,1-\alpha/2} \cdot s_d/\sqrt{n} =$ **0,865 %**

$C = \bar{d} - t_{f;\,1-\alpha/2} \cdot s_d/\sqrt{n} =$ **– 0,654 %**

$D = \bar{d} + t_{f;\,1-\alpha/2} \cdot s_d/\sqrt{n} =$ **1,076 %**

Ermittlung des Vertrauensbereichs

bei a) $\Delta \leq A$

bei b) $\Delta \geq B$

bei c) $C \leq \Delta \leq D$

Ergebnis

bei a) ☐ $\Delta \leq$

bei b) ☐ $\Delta \geq$

bei c) X **– 0,65 %** $\leq \Delta \leq$ **1,08 %**

Der Erwartungswert Δ der Differenz der Wassergehalte nach den beiden Bestimmungsverfahren liegt auf dem Vertrauensniveau $1 - \alpha = 95\,\%$ zwischen – 0,65 % und 1,08 %.

8 Statistische Tabellen

Ausführliche Tabellen siehe [1], [3], [4].

Tabelle 1. **Quantile $u_{1-\alpha}$ und $u_{1-\alpha/2}$ der standardisierten Normalverteilung**

Zweiseitiger Fall		Einseitiger Fall	
$\alpha = 0{,}05$	$\alpha = 0{,}01$	$\alpha = 0{,}05$	$\alpha = 0{,}01$
$u_{1-\alpha/2} = u_{0,975}$	$u_{1-\alpha/2} = u_{0,995}$	$u_{1-\alpha} = u_{0,95}$	$u_{1-\alpha} = u_{0,99}$
1,960	2,576	1,645	2,326

Das Quantil u_α ist durch $P(U \leq u_\alpha) = \alpha$ definiert, wobei U für die standardisiert normalverteilte Zufallsgröße steht.
Da die Verteilung von U symmetrisch bezüglich Null ist, gilt $u_\alpha = -u_{1-\alpha}$.
Daraus folgt:

$$P(U \geq u_\alpha) = 1 - \alpha$$
$$P(-u_{1-\alpha/2} \leq U \leq u_{1-\alpha/2}) = 1 - \alpha$$

Wahrscheinlichkeitsdichte von U (standardisierte Nomalverteilung)

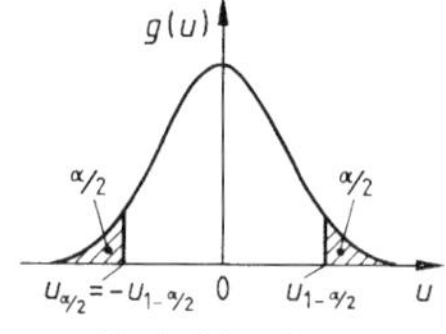

Zweiseitiger Fall

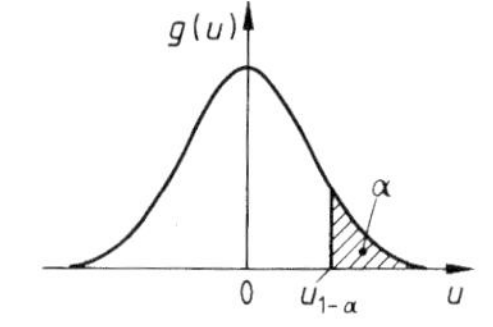

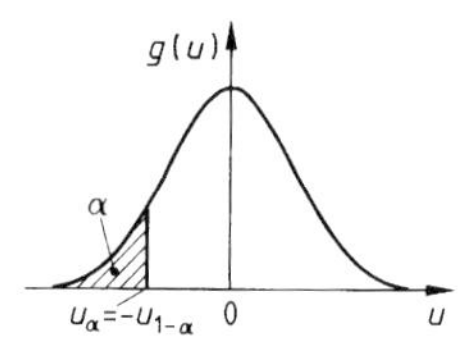

Einseitige Fälle

Tabelle 2. **Quantile $t_{f;\,1-\alpha}$ und $t_{f;\,1-\alpha/2}$ der t-Verteilung**

f	Zweiseitiger Fall		Einseitiger Fall	
	$\alpha = 0{,}05$	$\alpha = 0{,}01$	$\alpha = 0{,}05$	$\alpha = 0{,}01$
	$t_{f;\,1-\alpha/2} = t_{f;\,0{,}975}$	$t_{f;\,1-\alpha/2} = t_{f;\,0{,}995}$	$t_{f;\,1-\alpha} = t_{f;\,0{,}95}$	$t_{f;\,1-\alpha} = t_{f;\,0{,}99}$
1	12,706	63,657	6,314	31,821
2	4,303	9,925	2,920	6,965
3	3,182	5,841	2,353	4,541
4	2,776	4,604	2,132	3,747
5	2,571	4,032	2,015	3,365
6	2,447	3,707	1,943	3,143
7	2,365	3,499	1,895	2,998
8	2,306	3,355	1,860	2,896
9	2,262	3,250	1,833	2,821
10	2,228	3,169	1,812	2,764
11	2,201	3,106	1,796	2,718
12	2,179	3,055	1,782	2,681
13	2,160	3,012	1,771	2,650
14	2,145	2,977	1,761	2,624
15	2,131	2,947	1,753	2,602
16	2,120	2,921	1,746	2,583
17	2,110	2,898	1,740	2,567
18	2,101	2,878	1,734	2,552
19	2,093	2,861	1,729	2,539
20	2,086	2,845	1,725	2,528
21	2,080	2,831	1,721	2,518
22	2,074	2,819	1,717	2,508
23	2,069	2,807	1,714	2,500
24	2,064	2,797	1,711	2,492
25	2,060	2,787	1,708	2,485
26	2,056	2,779	1,706	2,479
27	2,052	2,771	1,703	2,473
28	2,048	2,763	1,701	2,467
29	2,045	2,756	1,699	2,462
30	2,042	2,750	1,697	2,457
40	2,021	2,704	1,684	2,423
60	2,000	2,660	1,671	2,390
120	1,980	2,617	1,658	2,358
∞	1,960	2,576	1,645	2,326

Aus E. S. Pearson and H. O. Hartley, Biometrika Tables for Statisticians, Vol. I (1954).

Zur Beachtung:

Man nehme $z = 120/f$ als Argument für Interpolationen mit $f > 30$

Beispiel:

$f = 40 \quad z = 120/f = 3 \quad t_{f;\,0{,}975} = 2{,}021$

$f = 60 \quad z = 120/f = 2 \quad t_{f;\,0{,}975} = 2{,}000$

$f = 50 \quad z = 120/f = 2{,}4 \quad t_{f;\,0{,}975} = 2{,}021 - \frac{3-2{,}4}{3-2}(2{,}021-2)$

$t_{f;\,0{,}975} = 2{,}008$

Das Quantil $t_{f;\,\alpha}$ ist durch $P(t_f \leq t_{f;\,\alpha}) = \alpha$ definiert, wobei t_f für die Zufallsgröße der t-Verteilung mit f Freiheitsgraden steht.

Da die Verteilung von t_f symmetrisch bezüglich Null ist, gilt $t_{f;\,\alpha} = -t_{f;\,1-\alpha}$.

Daraus folgt:

$$P(t_f \geq t_{f;\,\alpha}) = 1 - \alpha$$

$$P(-t_{f;\,1-\alpha/2} \leq t_f \leq t_{f;\,1-\alpha/2}) = 1 - \alpha$$

Wahrscheinlichkeitsdichte von t_f mit f Freiheitsgraden

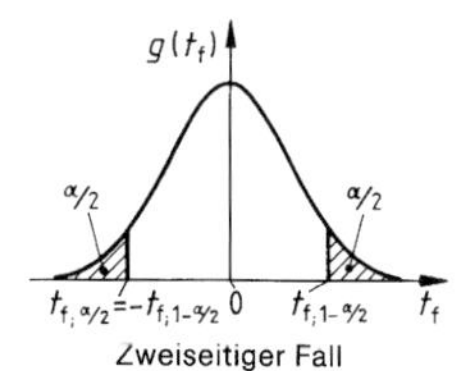

Zweiseitiger Fall

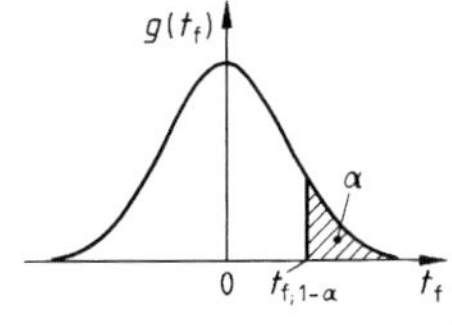

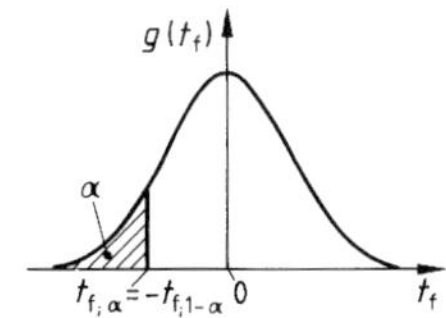

Einseitige Fälle

Tabelle 3. **Quantile $\chi^2_{f;\,\alpha/2}$; $\chi^2_{f;\,1-\alpha/2}$; $\chi^2_{f;\,\alpha}$; $\chi^2_{f;\,1-\alpha}$ der Chiquadratverteilung**

f	Zweiseitiger Fall				Einseitiger Fall			
	$\alpha = 0{,}05$		$\alpha = 0{,}01$		$\alpha = 0{,}05$		$\alpha = 0{,}01$	
	$\chi^2_{f;\,\alpha/2} = \chi^2_{f;\,0{,}025}$	$\chi^2_{f;\,1-\alpha/2} = \chi^2_{f;\,0{,}975}$	$\chi^2_{f;\,\alpha/2} = \chi^2_{f;\,0{,}005}$	$\chi^2_{f;\,1-\alpha/2} = \chi^2_{f;\,0{,}995}$	$\chi^2_{f;\,\alpha} = \chi^2_{f;\,0{,}05}$	$\chi^2_{f;\,1-\alpha} = \chi^2_{f;\,0{,}95}$	$\chi^2_{f;\,\alpha} = \chi^2_{f;\,0{,}01}$	$\chi^2_{f;\,1-\alpha} = \chi^2_{f;\,0{,}99}$
1	0,001	5,023	0,000 039 3	7,879	0,004	3,841	0,000 2	6,635
2	0,051	7,378	0,010	10,597	0,103	5,991	0,020	9,210
3	0,216	9,348	0,072	12,838	0,352	7,815	0,115	11,345
4	0,484	11,143	0,207	14,860	0,711	9,488	0,297	13,277
5	0,831	12,833	0,412	16,750	1,145	11,071	0,554	15,086
6	1,237	14,449	0,676	18,548	1,635	12,592	0,872	16,812
7	1,690	16,013	0,989	20,278	2,167	14,067	1,239	18,475
8	2,180	17,535	1,344	21,955	2,733	15,507	1,646	20,090
9	2,700	19,023	1,735	23,589	3,325	16,919	2,088	21,666
10	3,247	20,483	2,156	25,188	3,940	18,307	2,558	23,209
11	3,816	21,920	2,603	26,757	4,575	19,675	3,053	24,725
12	4,404	23,337	3,074	28,300	5,226	21,026	3,571	26,217
13	5,009	24,736	3,565	29,819	5,892	22,362	4,107	27,688
14	5,629	26,119	4,075	31,319	6,571	23,685	4,660	29,141
15	6,262	27,488	4,601	32,801	7,261	24,996	5,229	30,578
16	6,908	28,845	5,142	34,267	7,962	26,296	5,812	32,000
17	7,564	30,191	5,697	35,719	8,672	27,587	6,408	33,409
18	8,231	31,526	6,265	37,156	9,390	28,869	7,015	34,805
19	8,907	32,852	6,844	38,582	10,117	30,144	7,633	36,191
20	9,591	34,170	7,434	39,997	10,851	31,410	8,260	37,566
21	10,283	35,479	8,034	41,401	11,591	32,671	8,897	38,932
22	10,982	36,781	8,643	42,796	12,338	33,924	9,542	40,289
23	11,689	38,076	9,260	44,181	13,091	35,173	10,196	41,638
24	12,401	39,364	9,886	45,559	13,848	36,415	10,856	42,980
25	13,120	40,647	10,520	46,928	14,611	37,653	11,524	44,314
26	13,844	41,923	11,160	48,290	15,379	38,885	12,198	45,642
27	14,573	43,194	11,808	49,645	16,151	40,113	12,879	46,963
28	15,308	44,461	12,461	50,993	16,928	41,337	13,565	48,278
29	16,047	45,722	13,121	52,336	17,708	42,557	14,257	49,588
30	16,791	46,979	13,787	53,672	18,493	43,773	14,954	50,892

Aus E. S. Pearson and H. O. Hartley, Biometrika Tables for Statisticians, Vol. I (1954).

Das Quantil $\chi^2_{f;\,\alpha}$ ist durch $P(\chi^2_f \leq \chi^2_{f;\,\alpha}) = \alpha$ definiert, wobei χ^2_f für die Zufallsgröße der χ^2-Verteilung mit $f = n - 1$ Freiheitsgraden steht.

Daraus folgt:

$$P(\chi^2_f \geq \chi^2_{f;\,\alpha}) = 1 - \alpha$$
$$P(\chi^2_{f;\,\alpha/2} \leq \chi^2_f \leq \chi^2_{f;\,1-\alpha/2}) = 1 - \alpha$$

Wahrscheinlichkeitsdichte von χ^2_f mit f Freiheitsgraden

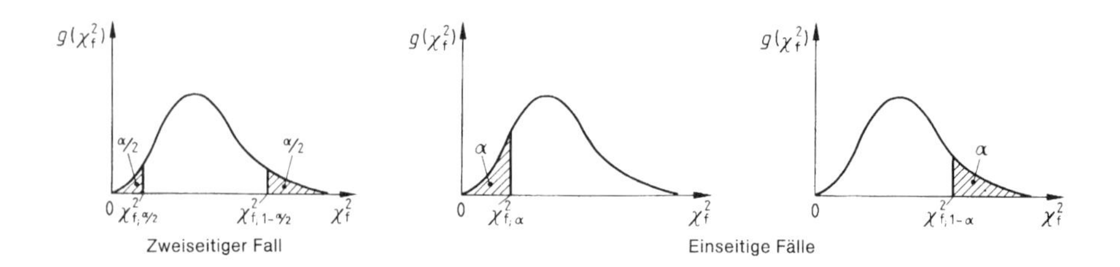

Zweiseitiger Fall   Einseitige Fälle

Tabelle 4. **Obere Quantile $F_{f_1, f_2; 1-\alpha}$ der F-Verteilung. Werte für $F_{f_1, f_2; 1-\alpha}$ mit $\alpha = 0{,}05$**

f_2 \ f_1	4	5	6	7	8	10	12	15	20	24	30	40	60	120
4	6,39	6,26	6,16	6,09	6,04	5,96	5,91	5,86	5,80	5,77	5,75	5,72	5,69	5,66
5	5,19	5,05	4,95	4,88	4,82	4,74	4,68	4,62	4,56	4,53	4,50	4,46	4,43	4,40
6	4,53	4,39	4,28	4,21	4,15	4,06	4,00	3,94	3,87	3,84	3,81	3,77	3,74	3,70
7	4,12	3,97	3,87	3,79	3,73	3,64	3,57	3,51	3,44	3,41	3,38	3,34	3,30	3,27
8	3,84	3,69	3,58	3,50	3,44	3,35	3,28	3,22	3,15	3,12	3,08	3,04	3,01	2,97
10	3,48	3,33	3,22	3,14	3,07	2,98	2,91	2,85	2,77	2,74	2,70	2,66	2,62	2,58
12	3,26	3,11	3,00	2,91	2,85	2,75	2,69	2,62	2,54	2,51	2,47	2,43	2,38	2,34
15	3,06	2,90	2,79	2,71	2,64	2,54	2,48	2,40	2,33	2,29	2,25	2,20	2,46	2,11
20	2,87	2,71	2,60	2,51	2,45	2,35	2,28	2,20	2,12	2,08	2,04	1,99	1,95	1,90
24	2,78	2,62	2,51	2,42	2,36	2,25	2,18	2,11	2,03	1,98	1,94	1,89	1,84	1,79
30	2,69	2,53	2,42	2,33	2,27	2,16	2,09	2,01	1,93	1,89	1,84	1,79	1,74	1,68
40	2,61	2,45	2,34	2,25	2,18	2,08	2,00	1,92	1,84	1,79	1,74	1,69	1,64	1,58
60	2,53	2,37	2,25	2,17	2,10	1,99	1,92	1,84	1,75	1,70	1,65	1,59	1,53	1,47
120	2,45	2,29	2,17	2,09	2,02	1,91	1,83	1,75	1,66	1,61	1,55	1,50	1,43	1,35

Werte für $F_{f_1, f_2; 1-\alpha}$ mit $\alpha = 0{,}025$ bzw. $F_{f_1, f_2; 1-\alpha/2}$ mit $\alpha = 0{,}05$

f_2 \ f_1	4	5	6	7	8	10	12	15	20	24	30	40	60	120
4	9,60	9,36	9,20	9,07	8,98	8,84	8,75	8,66	8,56	8,51	8,46	8,41	8,36	8,31
5	7,39	7,15	6,98	6,85	6,76	6,62	6,52	6,43	6,33	6,28	6,23	6,18	6,12	6,07
6	6,23	5,99	5,82	5,70	5,60	5,46	5,37	5,27	5,17	5,12	5,07	5,01	4,96	4,90
7	5,52	5,29	5,12	4,99	4,90	4,76	4,67	4,57	4,47	4,42	4,36	4,31	4,25	4,20
8	5,05	4,82	4,65	4,53	4,43	4,30	4,20	4,10	4,00	3,95	3,89	3,84	3,78	3,73
10	4,47	4,24	4,07	3,95	3,85	3,72	3,62	3,52	3,42	3,37	3,31	3,26	3,20	3,14
12	4,12	3,89	3,73	3,61	3,51	3,37	3,28	3,18	3,07	3,02	2,96	2,91	2,85	2,79
15	3,80	3,58	3,41	3,29	3,20	3,06	2,96	2,86	2,76	2,70	2,64	2,59	2,52	2,46
20	3,51	3,29	3,13	3,01	2,91	2,77	2,68	2,57	2,46	2,41	2,35	2,29	2,22	2,16
24	3,38	3,15	2,99	2,87	2,78	2,64	2,54	2,44	2,33	2,27	2,21	2,15	2,08	2,01
30	3,25	3,03	2,87	2,75	2,65	2,51	2,41	2,31	2,20	2,14	2,07	2,01	1,94	1,87
40	3,13	2,90	2,74	2,62	2,53	2,39	2,29	2,18	2,07	2,01	1,94	1,88	1,80	1,72
60	3,01	2,79	2,63	2,51	2,41	2,27	2,17	2,06	1,94	1,88	1,82	1,74	1,67	1,58
120	2,89	2,67	2,52	2,39	2,30	2,16	2,05	1,94	1,82	1,76	1,69	1,61	1,53	1,43

Werte für $F_{f_1, f_2; 1-\alpha}$ mit $\alpha = 0{,}01$

f_2 \ f_1	4	5	6	7	8	10	12	15	20	24	30	40	60	120
4	15,98	15,52	15,21	14,98	15,80	14,55	14,37	14,20	14,02	13,93	13,84	13,75	13,65	13,56
5	11,39	10,97	10,67	10,46	10,29	10,05	9,89	9,72	9,55	9,47	9,38	9,29	9,20	9,11
6	9,15	8,75	8,47	8,26	8,10	7,87	7,72	7,56	7,40	7,31	7,23	7,14	7,06	6,97
7	7,85	7,46	7,19	6,99	6,84	6,62	6,47	6,31	6,16	6,07	5,99	5,91	5,82	5,74
8	7,01	6,63	6,37	6,18	6,03	5,81	5,67	5,52	5,36	5,28	5,20	5,12	5,03	4,95
10	5,99	5,64	5,39	5,20	5,06	4,85	4,71	4,56	4,41	4,33	4,25	4,17	4,08	4,00
12	5,41	5,06	4,82	4,64	4,50	4,30	4,16	4,01	3,86	3,78	3,70	3,62	3,54	3,45
15	4,89	4,56	4,32	4,14	4,00	3,80	3,67	3,52	3,37	3,29	3,21	3,13	3,05	2,96
20	4,43	4,10	3,87	3,70	3,56	3,37	3,23	3,09	2,94	2,86	2,78	2,69	2,61	2,52
24	4,22	3,90	3,67	3,50	3,36	3,17	3,03	2,89	2,74	2,66	2,58	2,49	2,40	2,31
30	4,02	3,70	3,47	3,30	3,17	2,98	2,84	2,70	2,55	2,47	2,39	2,30	2,21	2,11
40	3,83	3,51	3,29	3,12	2,99	2,80	2,66	2,52	2,37	2,29	2,20	2,11	2,02	1,92
60	3,65	3,34	3,12	2,95	2,82	2,63	2,50	2,35	2,20	2,12	2,03	1,94	1,84	1,73
120	3,48	3,17	2,96	2,79	2,66	2,47	2,34	2,19	2,03	1,95	1,86	1,76	1,66	1,53

Werte für $F_{f_1,\,f_2;\,1-\alpha}$ mit $\alpha = 0{,}005$ bzw. $F_{f_1,\,f_2;\,1-\alpha/2}$ mit $\alpha = 0{,}01$

f_2 \ f_1	4	5	6	7	8	10	12	15	20	24	30	40	60	120
4	23,15	22,46	21,97	21,62	21,35	20,97	20,70	20,44	20,17	20,03	19,89	19,75	19,61	19,47
5	15,56	14,94	14,51	14,20	13,96	13,62	13,38	13,15	12,90	12,78	12,66	12,53	12,40	12,27
6	12,03	11,46	11,07	10,79	10,57	10,25	10,03	9,81	9,59	9,47	9,36	9,24	9,12	9,00
7	10,05	9,52	9,16	8,89	8,68	8,38	8,18	7,97	7,75	7,65	7,53	7,42	7,31	7,19
8	8,81	8,30	7,95	7,69	7,50	7,21	7,01	6,81	6,61	6,50	6,40	6,29	6,18	6,06
10	7,34	6,87	6,54	6,30	6,12	5,85	5,66	5,47	5,27	5,17	5,07	4,97	4,86	4,75
12	6,52	6,07	5,76	5,52	5,35	5,09	4,91	4,72	4,53	4,43	4,33	4,23	4,12	4,01
15	5,80	5,37	5,07	4,85	4,67	4,42	4,25	4,07	3,88	3,79	3,69	3,58	3,48	3,37
20	5,17	4,76	4,47	4,26	4,09	3,85	3,68	3,50	3,32	3,22	3,12	3,02	2,92	2,81
24	4,89	4,49	4,20	3,99	3,83	3,59	3,42	3,25	3,06	2,97	2,87	2,77	2,66	2,55
30	4,62	4,23	3,95	3,74	3,58	3,34	3,18	3,01	2,82	2,73	2,63	2,52	2,42	2,30
40	4,37	3,99	3,71	3,51	3,35	3,12	2,95	2,78	2,60	2,50	2,40	2,30	2,18	2,06
60	4,14	3,76	3,49	3,29	3,13	2,90	2,74	2,57	2,39	2,29	2,19	2,08	1,96	1,83
120	3,92	3,55	3,28	3,09	2,93	2,71	2,54	2,37	2,19	2,09	1,98	1,87	1,75	1,61

Aus E. S. Pearson and H. O. Hartley, Biometrika Tables for Statisticians, Vol. I, 1966.

Zur Beachtung:

Bei der Interpolation

a) zwischen f_1, $f_2 = 10$ und 20 nehme man $z = 60/f$ als Argument

b) unterhalb von f_1, $f_2 = 20$ nehme man $z' = 120/f$ als Argument

Siehe „Zur Beachtung" zu Tabelle 2.

Das Quantil $F_{f_1,\,f_2;\,\alpha}$ ist durch $P(F_{f_1,\,f_2} < F_{f_1,\,f_2;\,\alpha}) = \alpha$ definiert, wobei $F_{f_1,\,f_2}$ für die Zufallsgröße der F-Verteilung mit f_1 und f_2 Freiheitsgraden steht.

Daraus folgt:

$$P(F_{f_1,\,f_2} \geq F_{f_1,\,f_2;\,\alpha}) = 1 - \alpha$$

$$P(F_{f_1,\,f_2;\,\alpha/2} \leq F_{f_1,\,f_2} \leq F_{f_1,\,f_2;\,1-\alpha/2}) = 1 - \alpha$$

Außerdem gilt für untere Quantile:

$$F_{f_1,\,f_2;\,\alpha} = \frac{1}{F_{f_2,\,f_1;\,1-\alpha}}$$

Wahrscheinlichkeitsdichte von $F_{f_1,\,f_2}$ mit f_1 und f_2 Freiheitsgraden

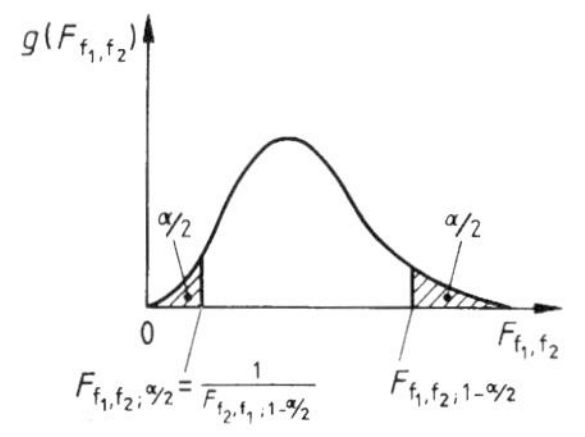

Zweiseitiger Fall

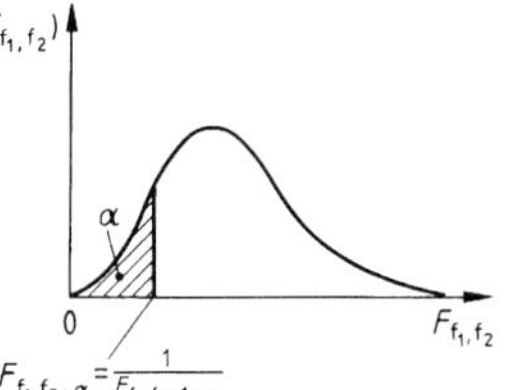

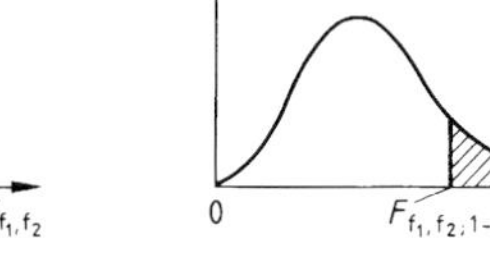

Einseitige Fälle

Zitierte Normen und andere Unterlagen

DIN 13 303 Teil 1	Stochastik; Wahrscheinlichkeitstheorie, Gemeinsame Grundbegriffe der mathematischen und der beschreibenden Statistik; Begriffe und Zeichen
DIN 13 303 Teil 2	Stochastik; Mathematische Statistik; Begriffe und Zeichen
DIN 53 857 Teil 1	Prüfung von Textilien; Einfacher Streifen-Zugversuch an textilen Flächengebilden, Gewebe und Webbänder
DIN 55 350 Teil 12	Begriffe der Qualitätssicherung und Statistik; Begriffe der Qualitätssicherung; Merkmalsbezogene Begriffe
DIN 55 350 Teil 14	(z. Z. Entwurf) Begriffe der Qualitätssicherung und Statistik; Begriffe der Qualitätssicherung; Begriffe der Probenahme
DIN 55 350 Teil 21	Begriffe der Qualitätssicherung und Statistik; Begriffe der Statistik; Zufallsgrößen und Wahrscheinlichkeitsverteilungen
DIN 55 350 Teil 22	Begriffe der Qualitätssicherung und Statistik; Begriffe der Statistik; Spezielle Wahrscheinlichkeitsverteilungen
DIN 55 350 Teil 23	Begriffe der Qualitätssicherung und Statistik; Begriffe der Statistik; Beschreibende Statistik
DIN 55 350 Teil 24	Begriffe der Qualitätssicherung und Statistik; Begriffe der Statistik; Schließende Statistik
Beiblatt 1 zu DIN 55 303 Teil 2	Statistische Auswertung von Daten; Operationscharakteristiken von Tests für Erwartungswerte und Varianzen

[1] Graf/Henning/Stange: Formeln und Tabellen der mathematischen Statistik. Springer Verlag, Berlin, Heidelberg, New York, 2. Auflage 1966.

[2] H. Büning und G. Trenkler: Nichtparametrische statistische Methoden. de Gruyter, Berlin 1978.

[3] L. Sachs: Angewandte Statistik. Springer Verlag, Berlin, Heidelberg, New York, 1974.

[4] W. Wetzel, M.-D. Jöhnk, P. Naeve: Statistische Tabellen. de Gruyter, Berlin 1967.

[5] E. S. Pearson and H. O. Hartley: Biometrika Tables for Statisticians, Vol. I. Cambridge University Press 1954.

Weitere Normen

DIN 40 080	Verfahren und Tabellen für Stichprobenprüfung anhand qualitativer Merkmale (Attributprüfung)
DIN 53 804 Teil 1	Statistische Auswertung; Meßbare (kontinuierliche) Merkmale
DIN 53 804 Teil 2	(z. Z. Entwurf) Statistische Auswertungen; Zählbare (diskrete) Merkmale
DIN 53 804 Teil 3	Statistische Auswertungen; Ordinalmerkmale
DIN 53 804 Teil 4	(z. Z. Entwurf) Statistische Auswertungen; Attributmerkmale
DIN 55 301	Gestaltung statistischer Tabellen
DIN 55 302 Teil 1	Statistische Auswertungsverfahren; Häufigkeitsverteilung, Mittelwert und Streuung; Grundbegriffe und allgemeine Rechenverfahren
DIN 55 302 Teil 2	Statistische Auswertungsverfahren; Häufigkeitsverteilung, Mittelwert und Streuung; Rechenverfahren in Sonderfällen
DIN 55 303 Teil 5	Statistische Auswertung von Daten; Bestimmung eines statistischen Anteilbereichs
DIN 55 350 Teil 11	Begriffe der Qualitätssicherung und Statistik; Begriffe der Qualitätssicherung; Grundbegriffe
DIN 55 350 Teil 13	Begriffe der Qualitätssicherung und Statistik; Begriffe der Qualitätssicherung; Genauigkeitsbegriffe
DIN 55 350 Teil 15	(z. Z. Entwurf) Begriffe der Qualitätssicherung und Statistik; Begriffe der Qualitätssicherung; Begriffe zu Mustern
DIN 55 350 Teil 16	(z. Z. Entwurf) Begriffe der Qualitätssicherung und Statistik; Begriffe der Qualitätssicherung; Begriffe zu Qualitätssicherungssystemen
DIN 55 350 Teil 17	(z. Z. Entwurf) Begriffe der Qualitätssicherung und Statistik; Begriffe der Qualitätssicherung; Begriffe der Qualitätsprüfungsarten
DIN 55 350 Teil 31	(z. Z. Entwurf) Begriffe der Qualitätssicherung und Statistik; Begriffe zur Qualitätssicherung mit statistischen Verfahren; Begriffe der Annahmestichprobenprüfung
DIN ISO 5479	(z. Z. Entwurf) Tests auf Normalverteilung
DIN ISO 5725	Präzision von Prüfverfahren; Bestimmung von Wiederholbarkeit und Vergleichbarkeit durch Ringversuche

Frühere Ausgaben

DIN 55 303 Teil 2: 06.82

Änderungen

Gegenüber der Ausgabe Juni 1982 wurden folgende Änderungen vorgenommen:

a) Berichtigungen in den Formblättern C, D, K′.

b) Hinzufügung der Formblätter C″ und D″.

Erläuterungen

Zu den Zahlen-Rechnungen mit Hilfe der Formblätter ist zu bemerken, daß nur die Endergebnisse, aber nicht die Zwischenergebnisse gerundet werden dürfen. Die Rundung von Zwischenergebnissen kann – auch beim Rechnereinsatz – insbesondere bei der Varianzberechnung zu großen Fehlern führen, weil dabei Differenzen nahezu gleichgroßer Zahlen gebildet werden.

Zu beachten ist, daß die Varianz s^2 auf manchen Kleinrechnern entsprechend dieser Norm mit dem Divisor $(n - 1)$, auf anderen jedoch mit dem Divisor n berechnet wird.

Zur Berechnung von Mittelwert und Varianz bzw. Standardabweichung siehe besonders auch das Hilfswertverfahren nach DIN 55302 Teil 1/01.67, Abschnitt 3.2.

Die in ISO 2602 enthaltene Berechnung des Vertrauensbereichs für den Erwartungswert aus Mittelwert und Spannweite wurde nicht in die Norm übernommen, da durch den verbreiteten Rechnereinsatz dieses Verfahren als überholt angesehen werden kann.

Zur visuellen Prüfung auf Normalverteilung mit dem Wahrscheinlichkeitsnetz nach Abschnitt 1.3 werden die n beobachteten Einzelwerte nach aufsteigender Größe geordnet; $x_{(1)}$ sei der kleinste, $x_{(2)}$ der zweitkleinste, ..., $x_{(n)}$ der größte beobachtete Einzelwert, d. h. es gilt $x_{(1)} \leq x_{(2)} \leq \ldots \leq x_{(n)}$. Zum Einzelwert $x_{(i)}$ als Abszissenwert wird $F(x_{(i)}) = i/(n + 1)$ als Ordinatenwert im Wahrscheinlichkeitsnetz abgetragen. Wenn sich die n Punkte $[x_{(i)}; i/(n + 1)]$ gut durch eine Gerade ausgleichen lassen, dann geben die Daten keinen Hinweis auf Abweichungen von der Normalverteilung. Anderenfalls läßt sich aus der Art der Abweichung der Punkte von der Geraden oft ein Hinweis auf die Art der Abweichung von der Normalverteilung entnehmen. Die folgende Abbildung zeigt die Einzelwerte des Beispiels von Abschnitt 6.1 im Wahrscheinlichkeitsnetz; hier ist ein Ausgleich der Punkte durch eine Gerade zwanglos möglich, so daß kein Hinweis auf Abweichungen von der Normalverteilung vorliegt.

Internationale Patentklassifikation

G 06 F 15 – 36

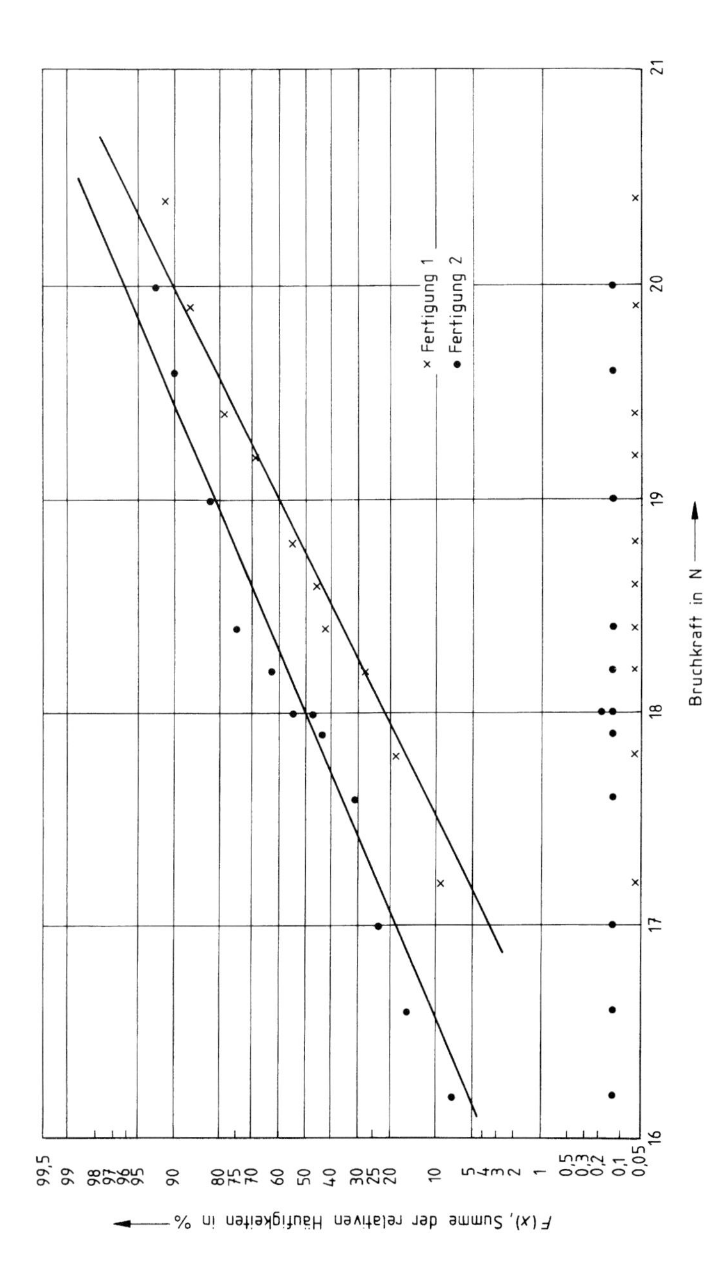
× Fertigung 1
● Fertigung 2
Bruchkraft in N
16
17
18
19
20
21
F(x), Summe der relativen Häufigkeiten in %
99,5
99
98
97
96
95
90
80
75
70
60
50
40
30
25
20
10
5
4
3
2
1
0,5
0,3
0,2
0,1
0,05

DK 519.23 : 311 Mai 1984

Statistische Auswertung von Daten

Operationscharakteristiken von Tests für Erwartungswerte und Varianzen

Beiblatt 1 zu DIN 55 303 Teil 2

Statistical interpretation of data; operating characteristics of tests relating to expectations and variances

Dieses Beiblatt enthält Informationen zu DIN 55 303 Teil 2, jedoch keine zusätzlichen genormten Festlegungen.

Das vorliegende Beiblatt 1 zu DIN 55 303 Teil 2 stimmt sachlich mit der von der International Organization for Standardization (ISO) herausgegebenen Norm ISO 3494-1976 „Statistical interpretation of data; power of tests relating to means and variances" und mit dem Abschnitt 6 von ISO 3301-1975 „Interpretation of data – comparison of two means in the case of paired observations" überein. Die in ISO 3494-1976 enthaltenen Kurvenblätter 1.2, 2.2, 3.2 und 4.2 sind für die dort beschriebenen Fälle b) über Tests zum Vergleich zweier Erwartungswerte nicht richtig. Dieses Beiblatt enthält für diese Fälle die korrekten Kurvenblätter 1.3, 2.3, 3.3 und 4.3.

Inhalt

Fortsetzung Seite 2 bis 39

Ausschuß Qualitätssicherung und angewandte Statistik (AQS) im DIN Deutsches Institut für Normung e.V.

1 Übersicht

Formblatt in DIN 55 303 Teil 2	Test		Nullhypothese H_0 ②	Signifikanzniveau α	Operationscharakteristik $\beta(\lambda)$ mit $\lambda =$ ③	in Kurvenblatt	Stichprobenumfang $n(\lambda)$ mit $\lambda =$ ③	in Kurvenblatt
A	Vergleich des Erwartungswertes mit einem vorgegebenen Wert	Varianz bekannt	$\mu = \mu_0$	0,05	$\sqrt{n}\|\mu - \mu_0\|/\sigma$	1.1	$\|\mu - \mu_0\|/\sigma$	1.2
				0,01		2.1		2.2
			$\mu \leq \mu_0$	0,05		3.1		3.2
				0,01		4.1		4.2
			$\mu \geq \mu_0$	0,05		3.1		3.2
				0,01		4.1		4.2
A'		Varianz unbekannt	$\mu = \mu_0$	0,05	$\sqrt{n}\|\mu - \mu_0\|/\sigma$	1.1	$\|\mu - \mu_0\|/\sigma$	1.2
				0,01		2.1		2.2
			$\mu \leq \mu_0$	0,05		3.1		3.2
				0,01		4.1		4.2
			$\mu \geq \mu_0$	0,05		3.1		3.2
				0,01		4.1		4.2
C	Vergleich von zwei Erwartungswerten bei nicht gepaarten Beobachtungen	Varianzen bekannt	$\mu_1 = \mu_2$	0,05	$\|\mu_1 - \mu_2\|/\sigma_d$ ④	1.1	$\|\mu_1 - \mu_2\|/\sigma$	1.3
				0,01		2.1		2.3
			$\mu_1 \leq \mu_2$	0,05		3.1		3.3
				0,01		4.1		4.3
			$\mu_1 \geq \mu_2$	0,05		3.1		3.3
				0,01		4.1		4.3
C'		① Varianzen unbekannt	$\mu_1 = \mu_2$	0,05	$\|\mu_1 - \mu_2\|/\sigma_d$ ④	1.1	$\|\mu_1 - \mu_2\|/\sigma$	1.3
				0,01		2.1		2.3
			$\mu_1 \leq \mu_2$	0,05		3.1		3.3
				0,01		4.1		4.3
			$\mu_1 \geq \mu_2$	0,05		3.1		3.3
				0,01		4.1		4.3
K	Vergleich von zwei Erwartungswerten bei gepaarten Beobachtungen (Vergleich des Erwartungswertes der Differenz gepaarter Beobachtungen mit einem vorgegebenen Wert)	Varianz bekannt	$\Delta = \Delta_0$	0,05	$\sqrt{n}\|\Delta - \Delta_0\|/\sigma_d$ ⑤	1.1	$\|\Delta - \Delta_0\|/\sigma_d$ ⑤	1.2
				0,01		2.1		2.2
			$\Delta \leq \Delta_0$	0,05		3.1		3.2
				0,01		4.1		4.2
			$\Delta \geq \Delta_0$	0,05		3.1		3.2
				0,01		4.1		4.2
K'		Varianz unbekannt	$\Delta = \Delta_0$	0,05	$\sqrt{n}\|\Delta - \Delta_0\|/\sigma_d$ ⑤	1.1	$\|\Delta - \Delta_0\|/\sigma_d$ ⑤	1.2
				0,01		2.1		2.2
			$\Delta \leq \Delta_0$	0,05		3.1		3.2
				0,01		4.1		4.2
			$\Delta \geq \Delta_0$	0,05		3.1		3.2
				0,01		4.1		4.2
E	Vergleich der Varianz oder der Standardabweichung mit einem vorgegebenen Wert		$\sigma^2 = \sigma_0^2$	0,05	σ/σ_0	5.1	σ/σ_0	5.2
				0,01		6.1		6.2
			$\sigma^2 \leq \sigma_0^2$	0,05		7.1		7.2
				0,01		8.1		8.2
			$\sigma^2 \geq \sigma_0^2$	0,05		9.1		9.2
				0,01		10.1		10.2
G	Vergleich zweier Varianzen oder zweier Standardabweichungen		$\sigma_1^2 = \sigma_2^2$	0,05	σ_1/σ_2 oder σ_2/σ_1	11.1	σ_1/σ_2 oder σ_2/σ_1	11.2
				0,01		12.1		12.2
			$\sigma_1^2 \leq \sigma_2^2$	0,05	σ_1/σ_2	13.1	σ_1/σ_2	13.2
				0,01		14.1		14.2
			$\sigma_1^2 \geq \sigma_2^2$	0,05	σ_2/σ_1	13.1	σ_2/σ_1	13.2
				0,01		14.1		14.2

① Varianzen als gleich groß angenommen.

② Alternativhypothese H_1 nach DIN 55 303 Teil 2, Ausgabe Mai 1984, Abschnitt 4.1.

③ Man beachte, daß bei den Funktionen $\beta(\lambda)$ und $n(\lambda)$ die Variable λ in den Fällen A bis K' unterschiedlich definiert ist.

④ $\sigma_d^2 = \frac{\sigma_1^2}{n_1} + \frac{\sigma_2^2}{n_2}$

⑤ σ_d^2 ist die Varianz der Differenz der gepaarten Beobachtungswerte.

2 Allgemeines

2.1 Dieses Beiblatt 1 enthält entsprechend der Übersicht in Abschnitt 1 für die Tests der Norm DIN 55 303 Teil 2 (mit Ausnahme von Formblatt C") und die Signifikanzniveaus $\alpha = 0{,}05$ und $\alpha = 0{,}01$ eine graphische Darstellung der Operationscharakteristik und eine graphische Darstellung des Stichprobenumfangs n in Abhängigkeit von einem zu einer vorgegebenen Nichtverwerfwahrscheinlichkeit β ($\beta = 0{,}01$; $0{,}05$; $0{,}10$; $0{,}30$; $0{,}50$) vorgegebenen Parameterwert.

2.2 Die Operationscharakteristik eines statistischen Tests ist die Wahrscheinlichkeit β für das Nichtverwerfen der Nullhypothese als Funktion eines Parameters λ; λ ist in der Übersicht in Abschnitt 1 definiert. Außerdem hängt β vom Signifikanzniveau, vom Umfang (von den Umfängen) der Stichprobe(n) und von der Art des Tests (einseitig oder zweiseitig) ab.

2.3 Die Operationscharakteristiken erlauben es, die folgenden Probleme zu lösen.

a) Problem 1: Für einen gegebenen Parameterwert aus der Alternativhypothese und für gegebenen Stichprobenumfang ist die Wahrscheinlichkeit β für das Nichtverwerfen der Nullhypothese, d. h. die Wahrscheinlichkeit β für den Fehler zweiter Art, zu bestimmen.

b) Problem 2: Für einen gegebenen Parameterwert aus der Alternativhypothese und einen dazu gehörenden gegebenen Wert von β ist der Stichprobenumfang zu bestimmen.

Obwohl Kurvenblätter der Operationscharakteristiken ausreichen, um beide Probleme zu lösen, werden dennoch jeweils zwei Kurvenblätter wiedergegeben, um die praktische Anwendung zu erleichtern:

- Die Kurvenblätter 1.1, 2.1, 3.1, . . ., 14.1 geben die Wahrscheinlichkeit β für den Fehler zweiter Art als Funktion des Parameterwerts aus der Alternativhypothese für $\alpha = 0{,}05$ und $\alpha = 0{,}01$ und für verschiedene Stichprobenumfänge wieder.
- Die Kurvenblätter 1.2, 2.2, 3.2, . . ., 14.2 und 1.3, 2.3, 3.3, 4.3 geben für $\alpha = 0{,}05$ und $\alpha = 0{,}01$ die Stichprobenumfänge als Funktion des Parameterwerts aus der Alternativhypothese wieder, zu denen verschiedene vorgegebene Werte von β gehören.

2.4 Da die Wahl des Signifikanzniveaus α eine Ermessensfrage ist, kann es nützlich sein zu untersuchen, wie sich diese Wahl auf die zu verschiedenen Parameterwerten aus der Alternativhypothese gehörenden Werte β auswirkt. Dazu liest man β an den zu $\alpha = 0{,}05$ und $\alpha = 0{,}01$ gehörenden Operationschrakteristiken ab.

2.5 Beim Vergleich des Erwartungswertes μ mit einem vorgegebenen Wert μ_0 und beim Vergleich von zwei Erwartungswerten μ_1 und μ_2 bei nicht gepaarten und bei gepaarten Beobachtungen ist die Operationscharakteristik nicht eine Funktion allein des zu testenden Parameters μ bzw. $(\mu_1 - \mu_2)$, sondern – abgesehen von einem Faktor, der den Stichprobenumfang enthält – eine Funktion von $(\mu - \mu_0)/\sigma$ bzw. $(\mu_1 - \mu_2)/\sigma_d$; dabei wird σ_d im Falle ungepaarter Beobachtungen aus den Varianzen σ_1^2 und σ_2^2 gebildet, während es im Falle gepaarter Beobachtungen die Standardabweichung der Differenz der gepaarten Beobachtungswerte darstellt.

Sind die Standardabweichungen σ bzw. $\sigma_1 = \sigma_2 = \sigma$ bzw. σ_d nicht bekannt, dann läßt sich daher β in Abhängigkeit von μ bzw. $(\mu_1 - \mu_2)$ nicht angeben.

Wenn man eine verläßliche Vorinformation über σ, etwa in Form eines Intervalls $\sigma_I \leq \sigma \leq \sigma_S$ hat, dann lassen sich unter Verwendung von σ_I und σ_S der kleinste und der größte Wert $\beta(\mu)$ bzw. $\beta(\mu_1 - \mu_2)$ zu einem gegebenen Wert μ bzw. $(\mu_1 - \mu_2)$ errechnen. Hat man keine verläßliche Vorinformation über σ, jedoch einen Schätzwert s für σ aus einer Stichprobe vom Umfang n, dann sollte β nicht unter Verwendung von s, sondern mit Hilfe der unteren und der oberen Vertrauensgrenze für σ (Formblatt F in DIN 55 303 Teil 2) berechnet werden.

2.6 Beim Vergleich zweier Erwartungswerte bei ungepaarten Beobachtungen können die Stichprobenumfänge n_1 und n_2 der beiden Stichproben unter der Voraussetzung $n_1 = n_2 = n$ mit Hilfe der Kurvenblätter 1.3, 2.3, 3.3 und 4.3 geplant werden. Wenn σ_1^2 und σ_2^2 bekannt sind, ist der Test bei vorgegebenem Signifikanzniveau α dann am besten, d. h. $\beta(\lambda)$ ist für jedes gegebene λ aus der Alternativhypothese und vorgegebenes $n_1 + n_2$ minimal, wenn

$$\frac{n_1}{n_2} = \frac{\sigma_1}{\sigma_2} \qquad (1)$$

gilt.

Es ist daher zweckmäßig, in diesem Fall zunächst den Stichprobenumfang $n = n_1 = n_2$ aus Kurvenblatt 1.3, 2.3, 3.3 oder 4.3 abzulesen und dann den gesamten Stichprobenumfang $2n$ nach

$$n_1 = 2n \frac{\sigma_1}{\sigma_1 + \sigma_2} \qquad (2)$$

$$n_2 = 2n \frac{\sigma_2}{\sigma_1 + \sigma_2} \qquad (3)$$

aufzuteilen. Um zu sehen, wie sich diese Veränderung auf $\beta(\lambda)$ ausgewirkt hat, kann man anschließend $\beta(\lambda)$ mit

$$\lambda = \sqrt{2n} \frac{|\mu_1 - \mu_2|}{\sigma_1 + \sigma_2} \qquad (4)$$

aus Kurvenblatt 1.1, 2.1, 3.1 oder 4.1 ablesen.

3 Beispiele

Beispiel 1

Ein Lieferant von Baumwollgarn garantiert für jede Charge, die er liefert, eine mittlere Reißkraft von mindestens $\mu_0 = 2{,}30$ N. Der Abnehmer weiß aus Erfahrung, daß zwar die mittlere Reißkraft der verschiedenen Chargen variieren kann, daß aber die Streuung der Reißkraft innerhalb der Chargen praktisch konstant und durch eine Standardabweichung von $\sigma = 0{,}33$ N gekennzeichnet ist.

Der Abnehmer nimmt die Chargen nur an, wenn er sich an Garnproben einer vorgegebenen Länge aus verschiedenen Spulen vergewissert hat, daß der in DIN 55 303 Teil 2 beschriebene einseitige Test (Formblatt A) nicht zu einer Ablehnung der Hypothese $\mu \geq \mu_0 = 2{,}30$ N führt, wobei als Signifikanzniveau $\alpha = 0{,}05$ gewählt wird (α ist folglich hier das „Lieferantenrisiko").

a) Der Abnehmer beabsichtigt, $n = 10$ Spulen je Charge auszuwählen und möchte die Wahrscheinlichkeit dafür wissen, daß er die Nullhypothese $\mu \geq 2{,}30$ N nicht ablehnen wird (und folglich die Charge annehmen wird), obwohl die mittlere Reißkraft tatsächlich $\mu = 2{,}10$ N beträgt.

Die in diesem Fall zu verwendende Kurvenschar ist die von Kurvenblatt 3.1; λ hat für $\mu = 2{,}10$ N den Wert

$$\lambda = \frac{\sqrt{n}|\mu - \mu_0|}{\sigma} = \frac{\sqrt{10}|2{,}10 - 2{,}30|}{0{,}33} = 1{,}92.$$

Auf der Geraden für $f = \infty$ ergibt sich der Wert $\beta = 0{,}39 = 39\%$.

b) Da dieser Wert $\beta = 39\%$ vom Abnehmer als zu hoch angesehen wird, beschließt er, den Stichprobenumfang so zu erhöhen, daß $\beta = 0{,}1 = 10\%$ für $\mu = 2{,}10$ N ist.

Die in diesem Fall zu verwendende Kurvenschar ist die von Kurvenblatt 3.2. λ hat für $\mu = 2{,}10$ N den Wert

$$\lambda = \frac{|\mu - \mu_0|}{\sigma} = \frac{|2{,}10 - 2{,}30|}{0{,}33} = 0{,}61.$$

An der zu $\beta = 0{,}10 = 10\%$ gehörenden gestrichelten Geraden findet man zu $\lambda = 0{,}61$ den Strichprobenumfang $n = 22$.

Beispiel 2

Es handelt sich um dasselbe Beispiel wie Beispiel 1, allerdings kennt der Abnehmer jetzt die Standardabweichung σ der Reißkraft nicht (Formblatt A'). Er weiß jedoch aus Erfahrung, daß sie nahezu sicher zwischen den Grenzen

$$\sigma_I = 0{,}30 \text{ N und } \sigma_S = 0{,}45 \text{ N}$$

liegt.

a) Der Abnehmer beabsichtigt, $n = 10$ Spulen je Charge auszuwählen; er möchte die Wahrscheinlichkeit dafür wissen, daß er die Hypothese $\mu \geq 2{,}30$ N nicht ablehnen wird (und folglich die Charge annehmen wird), obwohl tatsächlich die mittlere Reißkraft $\mu = 2{,}10$ N ist.

Die in diesem Fall zu verwendende Kurvenschar ist die von Kurvenblatt 3.1. Die zu den extremen Werten von σ gehörenden Werte λ sind

$$\lambda_I = \frac{\sqrt{10}|2{,}10 - 2{,}30|}{0{,}30} = 2{,}1$$

$$\lambda_S = \frac{\sqrt{10}|2{,}10 - 2{,}30|}{0{,}45} = 1{,}4.$$

Mit $f = 9$ liest man für β als hierzu gehörende Werte 0,40 und 0,64 (mittels Interpolation) ab, d. h.

$$\beta_I = 0{,}40 = 40\% \text{ und } \beta_S = 0{,}64 = 64\%.$$

b) Der Abnehmer möchte, daß im ungünstigsten Falle ($\sigma = \sigma_S = 0{,}45$ N) β den Wert $0{,}10 = 10\%$ nicht übersteigt, wenn $\mu = 2{,}10$ N ist.

Die in diesem Fall zu verwendende Kurvenschar ist die von Kurvenblatt 3.2. λ hat für $\mu = 2{,}10$ N den Wert

$$\lambda = \frac{|\mu - \mu_0|}{\sigma} = \frac{|2{,}10 - 2{,}30|}{0{,}45} = 0{,}44.$$

An der zu $\beta = 0{,}10$ gehörenden Kurve findet man zu $\lambda = 0{,}44$ den Stichprobenumfang $n \approx 45$.

c) Stellt sich nach der Inspektion mehrerer Chargen heraus, daß die Standardabweichung stabil ist, so kann σ mit größerer Genauigkeit geschätzt werden. Der Stichprobenumfang kann bei den folgenden Chargen möglicherweise reduziert werden, ohne daß sich dabei die Risiken für den Lieferanten und den Abnehmer erhöhen.

Beispiel 3

Ein Lieferant von Baumwollgarn hat sein Produktionsverfahren modifiziert. Er versichert, daß dabei die mittlere Reißkraft dieselbe geblieben sei ($\mu_1 = \mu_2$), wobei sich μ_1 auf das alte, μ_2 auf das neue Herstellungsverfahren beziehen.

Aus Erfahrung weiß der Abnehmer, daß bei allen Herstellungsverfahren dieses Lieferanten die Streuung der Reißkraft praktisch konstant und durch eine Standardabweichung $\sigma = 0{,}33$ N gekennzeichnet ist.

Der Abnehmer ist bereit, das neue Verfahren zu akzeptieren. Er möchte sich jedoch von der Versicherung des Herstellers überzeugen, indem er an Garnproben einer bestimmten Länge, die aus verschiedenen Spulen stammen, den in DIN 55 303 Teil 2 beschriebenen zweiseitigen Test der Nullhypothese $\mu_1 = \mu_2$ (Formblatt C) durchführt, wobei als Signifikanzniveau $\alpha = 0{,}05$ gewählt wird (α ist hier folglich das „Lieferantenrisiko").

a) Der Abnehmer beabsichtigt, 10 Spulen aus einer Charge von jedem der beiden Prozesse auszuwählen; er möchte die Wahrscheinlichkeit dafür wissen, daß er die Nullhypothese $\mu_1 = \mu_2$ nicht ablehnen wird (und folglich die Charge aus dem neuen Herstellungsverfahren akzeptieren wird), während in Wirklichkeit $|\mu_1 - \mu_2|$ gleich 0,30 N ist.

Die in diesem Fall zu verwendende Kurvenschar ist die von Kurvenblatt 1.1. Mit

$$\sigma_d = \sqrt{\frac{\sigma_1^2}{n_1} + \frac{\sigma_2^2}{n_2}} = \sqrt{\frac{2}{n}}\,\sigma = \sqrt{\frac{2}{10}} \cdot 0{,}33 \text{ N} = 0{,}1476 \text{ N}$$

und

$$\lambda = \frac{|\mu_1 - \mu_2|}{\sigma_d} = \frac{0{,}30}{0{,}1476} = 2{,}03$$

erhält man auf der Kurve für $f = \infty$ den Wert $\beta = 0{,}47 = 47\%$.

b) Weil dieser Wert vom Abnehmer als viel zu hoch angesehen wird, entscheidet er sich, Stichproben mit einem Stichprobenumfang $n_1 = n_2 = n$ zu verwenden, bei dem für $|\mu_1 - \mu_2| = 0{,}30$ N die Wahrscheinlichkeit für den Fehler zweiter Art $\beta = 0{,}10 = 10\%$ beträgt.

Die in diesem Fall zu verwendende Kurvenschar ist die von Kurvenblatt 1.3. λ hat für $|\mu_1 - \mu_2| = 0{,}30$ N den Wert

$$\lambda = \frac{|\mu_1 - \mu_2|}{\sigma} = \frac{0{,}30}{0{,}33} = 0{,}91.$$

An der zu $\beta = 0{,}10$ gehörenden gestrichelten Geraden findet man zu $\lambda = 0{,}91$ den Stichprobenumfang $n = 26$.

Beispiel 4

Das Beispiel ist dasselbe wie Beispiel 3, jedoch kennt der Abnehmer jetzt die Standardabweichung der Reißkraft nicht. Er weiß lediglich, daß die Standardabweichungen bei beiden Herstellungsverfahren einander gleich sind ($\sigma_1 = \sigma_2 = \sigma$).

a) Der Abnehmer beabsichtigt, 10 Spulen aus einer Charge von jedem der beiden Herstellungsprozesse auszuwählen; er möchte die Wahrscheinlichkeit dafür wissen, daß er die Nullhypothese $\mu_1 = \mu_2$ nicht ablehnen wird (und folglich die Charge aus dem neuen Herstellungsverfahren akzeptieren wird), während in Wirklichkeit $|\mu_1 - \mu_2| = 0{,}30$ N ist.

Die an den beiden Stichproben durchgeführten Messungen ergeben die folgenden Resultate:

a) Erste Charge:
$n_1 = 10$; $\bar{x}_1 = 2{,}176$ N; $\sum(x_{1i} - \bar{x}_1)^2 = 1{,}2563$ N^2

b) Zweite Charge:
$n_2 = 10$; $\bar{x}_2 = 2{,}520$ N; $\sum(x_{2i} - \bar{x}_2)^2 = 1{,}3897$ N^2

Der geringe Unterschied zwischen den beiden Quadratsummen ist sehr gut verträglich mit der Annahme, daß $\sigma_1^2 = \sigma_2^2$ ist.

Als Schätzwert für die gemeinsame Varianz σ^2 der beiden Chargen ergibt sich

$$s^2 = \frac{1{,}2563 + 1{,}3897}{10 + 10 - 2} \text{ N}^2 = \frac{2{,}6460}{18} \text{ N}^2 = 0{,}1470 \text{ N}^2$$

Bei einem Vertrauensniveau $1 - \alpha = 0{,}95$ ergibt sich als einseitige obere Vertrauensgrenze für σ^2 (siehe Formblatt F in DIN 55 303 Teil 2)

$$A = \frac{2{,}6460 \text{ N}^2}{\chi^2_{18;\,0{,}05}} = \frac{2{,}6460 \text{ N}^2}{9{,}39} = 0{,}2818 \text{ N}^2$$

Folglich ist es nicht sehr wahrscheinlich, daß σ größer sein wird als $\sqrt{0{,}2818}$ N $= 0{,}53$ N.

Die in diesem Fall für die Bestimmung von β zu verwendende Kurvenschar ist die vom Kurvenblatt 1.1. Mit

$$\sigma_d = \sqrt{\frac{n_1 + n_2}{n_1 n_2}}\,\sigma = \sqrt{\frac{2}{n}}\,\sigma$$

und

$$\lambda = \sqrt{\frac{n}{2}}\,\frac{|\mu_1 - \mu_2|}{\sigma} = \sqrt{\frac{10}{2}} \cdot \frac{0{,}30}{0{,}53} = 1{,}27$$

findet man durch Interpolation auf der Kurve für $f = n_1 + n_2 - 2 = 18$, daß der zugehörige Wert für β nahe bei 0,80 liegt: Die obere Grenze für die Wahrscheinlichkeit für den Fehler zweiter Art ist ungefähr $\beta = 0{,}80 = 80\%$.

b) Der Abnehmer möchte, daß im ungüstigsten Falle ($\sigma = 0{,}53$ N) β den Wert 0,20 = 20% nicht übersteigt, wenn $|\mu_1 - \mu_2| = 0{,}30$ N ist.

Die in diesem Fall zu verwendende Kurvenschar ist die von Kurvenblatt 1.3. λ hat für $|\mu_1 - \mu_2| = 0{,}30$ N den Wert

$$\lambda = \frac{|\mu_1 - \mu_2|}{\sigma} = \frac{0{,}30}{0{,}53} = 0{,}57.$$

An der zu $\beta = 0{,}20$ gehörenden Kurve findet man zu $\lambda = 0{,}57$ den Stichprobenumfang $n_1 = n_2 = n = 50$.

Beispiel 5

Ein Lieferant von Baumwollgarn behauptet, daß er die Qualität seines Herstellungsverfahrens durch eine Verringerung der Streuung der Reißkraft verbessert hat, die zuvor durch eine Standardabweichung $\sigma_0 = 0{,}45$ N ($\sigma_0^2 = 0{,}2025\,\mathrm{N}^2$) gekennzeichnet war.

Ein potentieller Abnehmer ist bereit, einen höheren Preis für diese Verbesserung zu bezahlen, vorausgesetzt, daß sie tatsächlich vorhanden ist. Er möchte jedoch nur ein geringes Risiko eingehen, eine Verbesserung zu bezahlen, wenn tatsächlich keine vorhanden ist. Er entscheidet sich, den in DIN 55 303 Teil 2 beschriebenen einseitigen Test der Nullhypothese $\sigma^2 \geq \sigma_0^2 = 0{,}2025\,\mathrm{N}^2$ ($\sigma \geq 0{,}45$ N) durchzuführen (Formblatt E), wobei er als Signifikanzniveau $\alpha = 0{,}05$ wählt (α ist folglich hier das „Abnehmerrisiko", eine Verbesserung zu finden, obwohl tatsächlich keine vorhanden ist).

a) Der Abnehmer beabsichtigt, $n = 12$ Spulen aus einer Charge der neuen Fertigung auszuwählen und möchte die Wahrscheinlichkeit dafür wissen, daß er die Nullhypothese $\sigma \geq 0{,}45$ N nicht ablehnen wird (also keine Verbesserung finden wird), während tatsächlich die Standardabweichung auf einen Wert $\sigma = 0{,}30$ N reduziert worden ist.

Die in diesem Fall zu verwendende Kurvenschar ist die von Kurvenblatt 9.1. Mit

$$\lambda = \frac{\sigma}{\sigma_0} = \frac{0{,}30}{0{,}45} = 0{,}67$$

erhält man auf der Kurve für $n = 12$ ungefähr den Wert $\beta = 0{,}51 = 51\%$.

b) Der Abnehmer erkennt, daß er mit hoher Wahrscheinlichkeit eine tatsächlich vorhandene Verbesserung nicht entdeckt. Er entschließt sich deshalb, eine Stichprobe von hinreichend großem Stichprobenumfang dafür zu wählen, daß β auf den Wert 0,10 = 10% reduziert wird, falls $\sigma = 0{,}30$ N ist.

Die in diesem Fall zu verwendende Kurvenschar ist die von Kurvenblatt 9.2. An der zu $\beta = 0{,}10$ gehörenden Kurve findet man zu $\lambda = 0{,}67$ den Stichprobenumfang $n = 29$.

Beispiel 6

Ein Lieferant von Baumwollgarn bietet einem potentiellen Abnehmer zwei Chargen an, wobei der Preis für die Charge 1 ein wenig höher ist, weil sie, wie er sagt, eine geringere Streuung der Reißkraft aufweist. Unter dieser Voraussetzung würde der Abnehmer die Charge 1 wählen.

Er entscheidet sich, den in DIN 55 303 Teil 2 beschriebenen einseitigen Test der Nullhypothese $\sigma_1^2 \geq \sigma_2^2$ ($\sigma_1 \geq \sigma_2$) durchzuführen, wobei er als Signifikanzniveau $\alpha = 0{,}05$ wählt (α ist folglich hier das „Abnehmerrisiko", bei Charge 1 eine geringere Streuung zu finden als bei Charge 2, obwohl das umgekehrte der Fall ist).

a) Der Abnehmer beabsichtigt, $n = 20$ Spulen aus jeder Charge auszuwählen; er möchte die Wahrscheinlichkeit dafür wissen, daß er die Nullhypothese $\sigma_1 \geq \sigma_2$ nicht ablehnen wird (folglich nicht finden wird, daß die Charge 1 eine geringere Streuung hat als die Charge 2), während tatsächlich $\sigma_1 = \frac{2}{3}\,\sigma_2$ ist.

Die in diesem Fall zu verwendende Kurvenschar ist die von Kurvenblatt 13.1. Mit

$$\lambda = \frac{\sigma_2}{\sigma_1} = 1{,}5$$

findet man durch Interpolation auf der Kurve für $n = 20$ ungefähr den Wert $\beta = 0{,}48 = 48\%$.

b) Das macht dem Abnehmer klar, daß er mit hoher Wahrscheinlichkeit eine tatsächlich vorhandene Verbesserung nicht erkennt. Er entschließt sich deshalb, aus jeder Charge eine Stichprobe von hinreichend großem Stichprobenumfang dafür auszuwählen, daß β auf den Wert 0,10 = 10% reduziert wird, falls $\sigma_1/\sigma_2 = 2/3$ ist.

Die in diesem Fall zu verwendende Kurvenschar ist die von Kurvenblatt 13.2. An der zu $\beta = 0{,}10$ gehörenden Kurve findet man zu $\lambda = 1{,}5$ den Stichprobenumfang $n = 55$.

Beispiel 7

Die Bestimmung des Wassergehalts in % von textilen Materialien soll aus Kostengründen zukünftig nicht mit Bestimmungsverfahren 2 (Konditionierofen), sondern mit Bestimmungsverfahren 1 (Textometer) durchgeführt werden. Dazu muß sichergestellt sein, daß die Differenz der Beobachtungswerte für den Wassergehalt, die in derselben Probe mit den beiden Bestimmungsverfahren gefunden werden, den Erwartungswert $\Delta_0 = 0$ hat. Aus Erfahrung ist bekannt, daß die Differenz mit der Standardabweichung $\sigma_d = 1{,}0\%$ normalverteilt ist.

Zur Überprüfung, ob $\Delta_0 = 0$ ist, soll der in DIN 55 303 Teil 2 beschriebene zweiseitige Test der Nullhypothese $\Delta_0 = 0$ (Formblatt K) auf dem Signifikanzniveau $\alpha = 0{,}05$ durchgeführt werden.

a) Es ist beabsichtigt, die Untersuchung mit $n = 9$ Materialproben durchzuführen und es interessiert die Wahrscheinlichkeit, die Nullhypothese $\Delta_0 = 0$ nicht abzulehnen, obwohl der Erwartungswert der Differenz tatsächlich $\Delta = 0{,}5\%$ beträgt.

Die in diesem Fall zu verwendende Kurvenschar ist die von Kurvenblatt 1.1; λ hat für $\Delta = 0{,}5\%$ den Wert

$$\lambda = \frac{\sqrt{n}\,|\Delta - \Delta_0|}{\sigma_d} = \frac{\sqrt{9}\,|0{,}5\% - 0|}{1{,}0\%} = 1{,}5.$$

Auf der Geraden für $f = \infty$ ergibt sich der Wert $\beta = 0{,}67$ oder 67%.

b) Da dieser Wert als zu hoch angesehen wird, soll die Anzahl der Materialproben so erhöht werden, daß $\beta = 0{,}1 = 10\%$ für $\Delta = 0{,}5\%$ ist.

Die in diesem Fall zu verwendende Kurvenschar ist die von Kurvenblatt 1.2. λ hat für $\Delta = 0{,}5\%$ den Wert

$$\lambda = \frac{|\Delta - \Delta_0|}{\sigma_d} = \frac{|0{,}5\% - 0|}{1{,}0\%} = 0{,}5.$$

An der zu $\beta = 0{,}10$ gehörenden gestrichelten Geraden findet man zu $\lambda = 0{,}5$ den Stichprobenumfang $n = 42$.

Beispiel 8

Es handelt sich um dasselbe Beispiel wie Beispiel 7; allerdings ist jetzt die Standardabweichung σ_d der Differenz des Wassergehaltes unbekannt (Formblatt K'). Aus Erfahrung ist jedoch bekannt, daß σ_d nahezu sicher zwischen den Grenzen

$$\sigma_I = 0{,}7\% \text{ und } \sigma_S = 1{,}3\%$$

liegt.

a) Es ist beabsichtigt, die Untersuchung mit $n = 9$ Materialproben durchzuführen und es interessiert die Wahrscheinlichkeit, die Nullhypothese $\Delta_0 = 0$ nicht abzulehnen, obwohl der Erwartungswert der Differenz tatsächlich $\Delta = 0{,}5\%$ beträgt.

Die in diesem Fall zu verwendende Kurvenschar ist die von Kurvenblatt 1.1. Die zu den extremen Werten von σ_d gehörenden Werte λ sind

$$\lambda_I = \frac{\sqrt{9}\,|0{,}5\% - 0|}{0{,}7\%} = 2{,}14$$

$$\lambda_S = \frac{\sqrt{9}\,|0{,}5\% - 0|}{1{,}3\%} = 1{,}15.$$

Mit $f = 8$ liest man ab:

$$\beta_I = 0{,}54 = 54\% \text{ und } \beta_S = 0{,}84 = 84\%.$$

b) Da diese Werte als zu hoch angesehen werden, soll die Anzahl der Materialproben so erhöht werden, daß im ungünstigsten Falle ($\sigma_d = \sigma_S = 1{,}3\%$) β den Wert $0{,}10 = 10\%$ nicht übersteigt, wenn $\Delta = 0{,}5\%$ ist.

Die in diesem Fall zu verwendende Kurvenschar ist die von Kurvenblatt 1.2. λ hat für $\Delta = 0{,}5\%$ den Wert

$$\lambda = \frac{|\Delta - \Delta_0|}{\sigma_d} = \frac{|0{,}5\% - 0|}{1{,}3\%} = 0{,}38.$$

An der zu $\beta = 0{,}10$ gehörenden Kurve findet man zu $\lambda = 0{,}38$ den Stichprobenumfang $n = 72$.

4 Kurvenblätter

Kurvenblatt 1.1

Operationscharakteristiken $\beta(\lambda)$ der zweiseitigen Tests zum Vergleich von Erwartungswerten (Signifikanzniveau α = 0,05)

a) Test der Nullhypothese H_0: $\mu = \mu_0$ (Formblatt A oder A')

- bei bekanntem σ^2 benutze man die Kurve für $f = \infty$ mit $\lambda = \dfrac{\sqrt{n}\,|\mu - \mu_0|}{\sigma}$
- bei unbekanntem σ^2 benutze man die Kurve für $f = n - 1$ mit $\lambda = \dfrac{\sqrt{n}\,|\mu - \mu_0|}{\sigma}$

b) Test der Nullhypothese H_0: $\mu_1 = \mu_2$ (Formblatt C oder C')

- bei bekannten σ_1^2 und σ_2^2 benutze man die Kurve für $f = \infty$ mit $\lambda = \dfrac{|\mu_1 - \mu_2|}{\sigma_d}$, wobei $\sigma_d = \sqrt{\dfrac{\sigma_1^2}{n_1} + \dfrac{\sigma_2^2}{n_2}}$
- bei unbekannten, aber gleich groß angenommenen Varianzen $\sigma_1^2 = \sigma_2^2 = \sigma^2$ benutze man die Kurve für $f = n_1 + n_2 - 2$

mit $\lambda = \dfrac{|\mu_1 - \mu_2|}{\sigma_d}$, wobei $\sigma_d = \sqrt{\dfrac{n_1 + n_2}{n_1\, n_2}}\,\sigma$

c) Test der Nullhypothese H_0: $\Delta = \Delta_0$ mit $\Delta = \mu_1 - \mu_2$ (Formblatt K oder K')

- bei bekanntem σ_d^2 benutze man die Kurve für $f = \infty$ mit $\lambda = \dfrac{\sqrt{n}\,|\Delta - \Delta_0|}{\sigma_d}$
- bei unbekanntem σ_d^2 benutze man die Kurve für $f = n - 1$ mit $\lambda = \dfrac{\sqrt{n}\,|\Delta - \Delta_0|}{\sigma_d}$

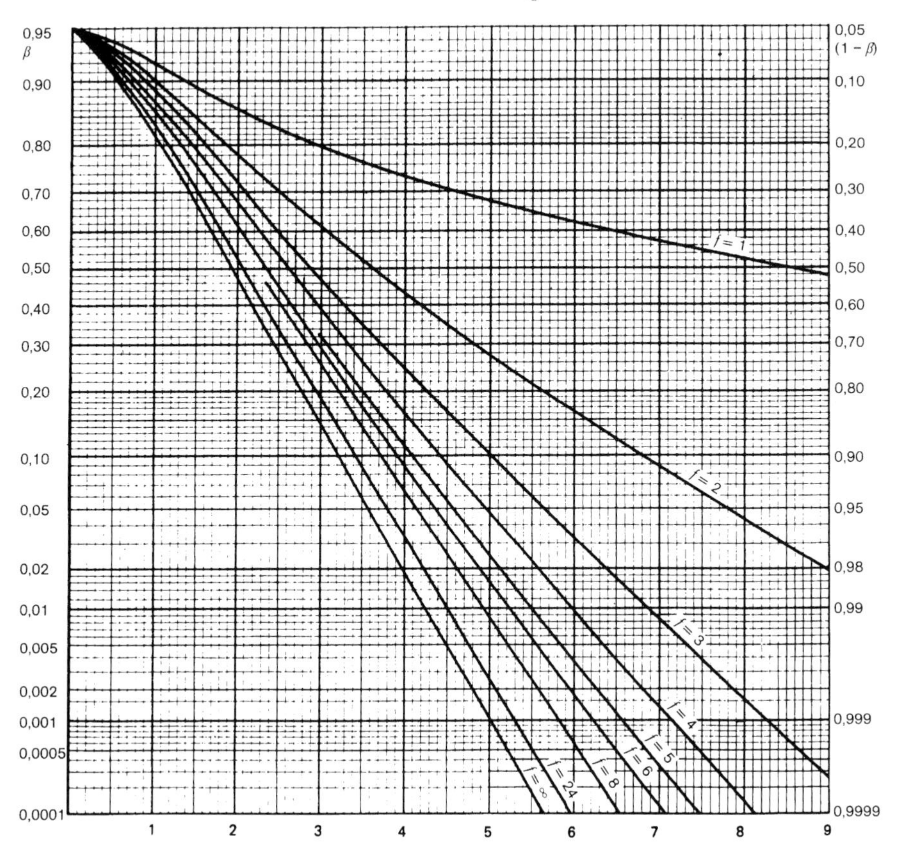

Kurvenblatt 1.2

Stichprobenumfänge $n(\lambda)$ der zweiseitigen Tests zum Vergleich des Erwartungswerts mit einem vorgegebenen Wert (Signifikanzniveau $\alpha = 0{,}05$)

a) Test der Nullhypothese H_0: $\mu = \mu_0$ (Formblatt A oder A')

- bei bekanntem σ^2 benutze man die gestrichelten Geraden mit $\lambda = \frac{|\mu - \mu_0|}{\sigma}$
- bei unbekanntem σ^2 benutze man die Kurven mit $\lambda = \frac{|\mu - \mu_0|}{\sigma}$

b) Test der Nullhypothese H_0: $\Delta = \Delta_0$ mit $\mu_1 - \mu_2 = \Delta$ (Formblatt K oder K')

- bei bekanntem σ_d^2 benutze man die gestrichelten Geraden mit $\lambda = \frac{|\Delta - \Delta_0|}{\sigma_d}$
- bei unbekanntem σ_d^2 benutze man die Kurven mit $\lambda = \frac{|\Delta - \Delta_0|}{\sigma_d}$

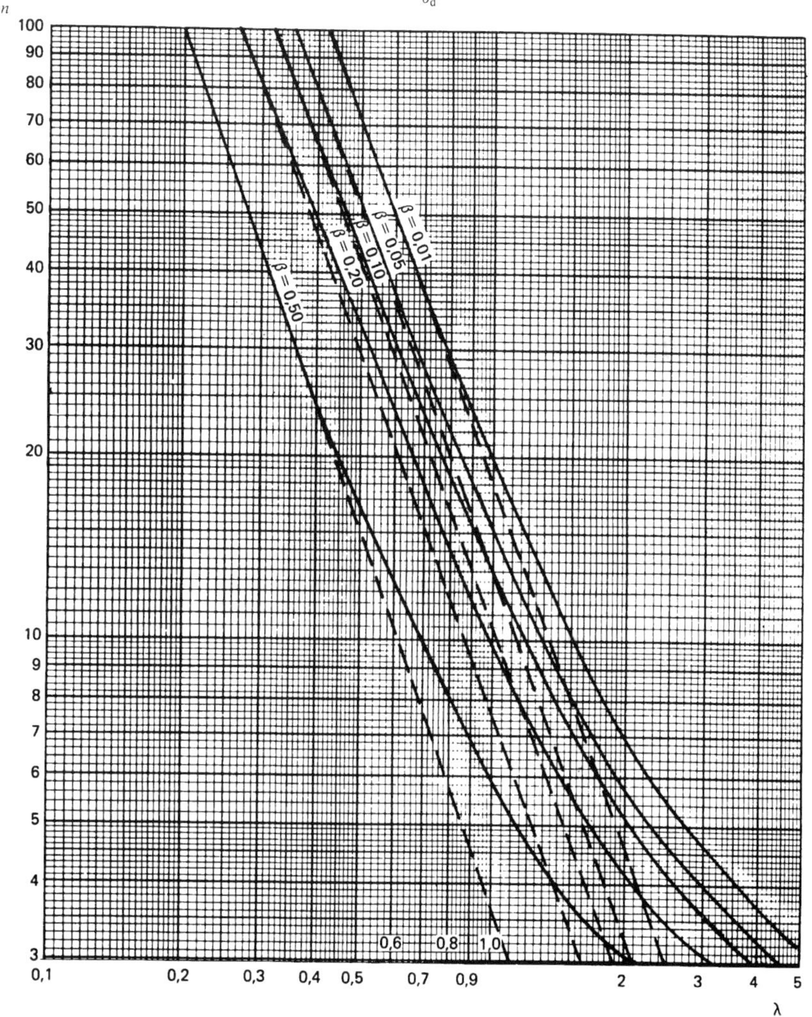

Kurvenblatt 1.3

Stichprobenumfänge $n(\lambda)$ der zweiseitigen Tests zum Vergleich zweier Erwartungswerte bei nicht gepaarten Beobachtungen (Signifikanzniveau α = 0,05)

Test der Nullhypothese H_0: $\mu_1 = \mu_2$ (Formblatt C oder C')

- bei bekannten gleich großen Varianzen $\sigma_1^2 = \sigma_2^2 = \sigma^2$ benutze man die gestrichelten Geraden
- bei unbekannten, aber gleich groß angenommenen Varianzen $\sigma_1^2 = \sigma_2^2 = \sigma^2$ benutze man die Kurven

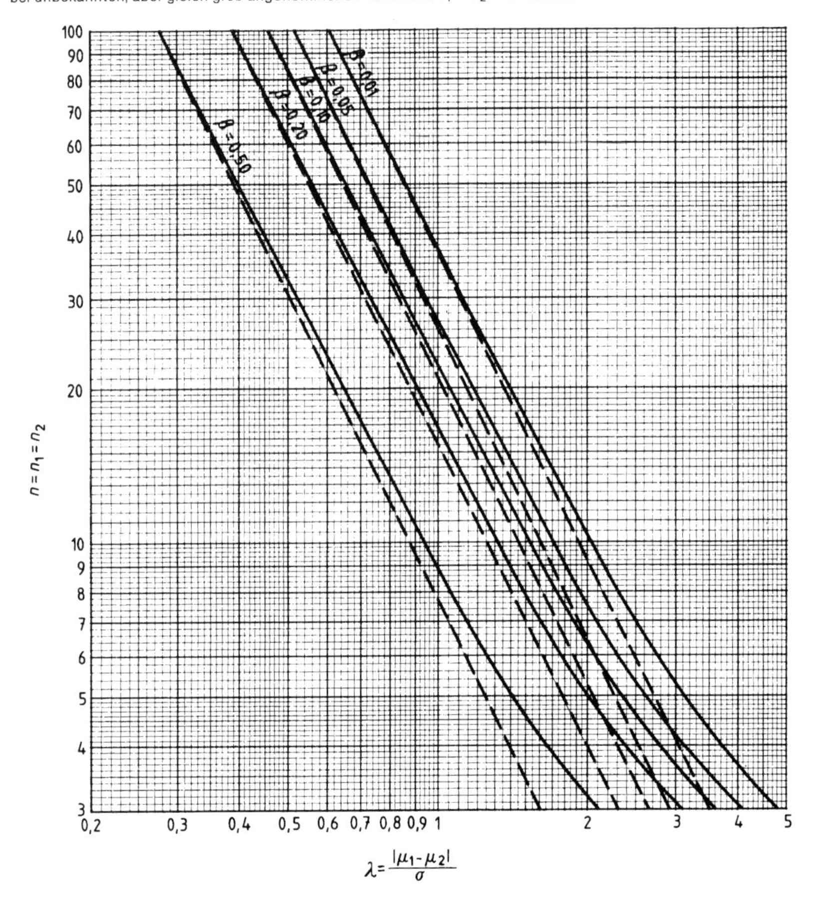

Kurvenblatt 2.1

Operationscharakteristiken $\beta(\lambda)$ der zweiseitigen Tests zum Vergleich von Erwartungswerten (Signifikanzniveau $\alpha = 0{,}01$)

a) Test der Nullhypothese H_0: $\mu = \mu_0$ (Formblatt A oder A')

- bei bekanntem σ^2 benutze man die Kurve für $f = \infty$ mit $\lambda = \frac{\sqrt{n}|\mu - \mu_0|}{\sigma}$
- bei unbekanntem σ^2 benutze man die Kurve für $f = n - 1$ mit $\lambda = \frac{\sqrt{n}|\mu - \mu_0|}{\sigma}$

b) Test der Nullhypothese H_0: $\mu_1 = \mu_2$ (Formblatt C oder C')

- bei bekannten σ_1^2 und σ_2^2 benutze man die Kurve für $f = \infty$ mit $\lambda = \frac{|\mu_1 - \mu_2|}{\sigma_d}$, wobei $\sigma_d = \sqrt{\frac{\sigma_1^2}{n_1} + \frac{\sigma_2^2}{n_2}}$
- bei unbekannten, aber gleich groß angenommenen Varianzen $\sigma_1^2 = \sigma_2^2 = \sigma^2$ benutze man die Kurve für $f = n_1 + n_2 - 2$ mit $\lambda = \frac{|\mu_1 - \mu_2|}{\sigma_d}$, wobei $\sigma_d = \sqrt{\frac{n_1 + n_2}{n_1 n_2}}\,\sigma$

c) Test der Nullhypothese H_0: $\Delta = \Delta_0$ mit $\Delta = \mu_1 - \mu_2$ (Formblatt K oder K')

- bei bekanntem σ_d^2 benutze man die Kurve für $f = \infty$ mit $\lambda = \frac{\sqrt{n}|\Delta - \Delta_0|}{\sigma_d}$
- bei unbekanntem σ_d^2 benutze man die Kurve für $f = n - 1$ mit $\lambda = \frac{\sqrt{n}|\Delta - \Delta_0|}{\sigma_d}$

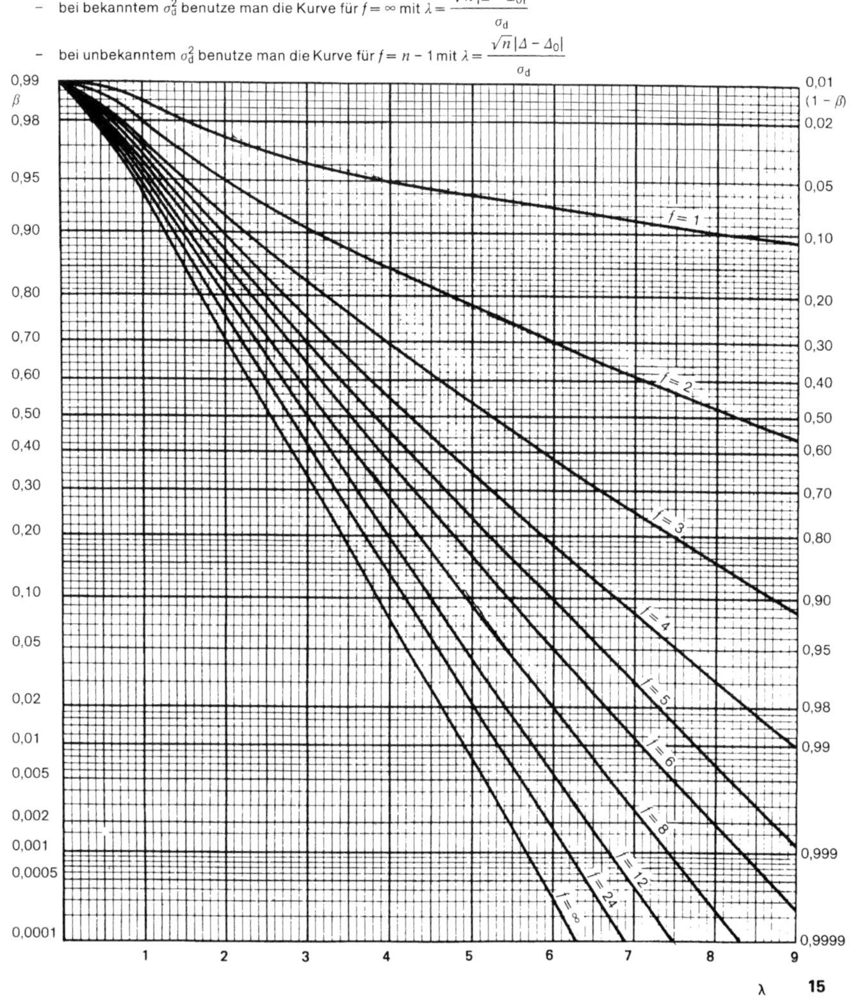

Kurvenblatt 2.2

Stichprobenumfänge $n(\lambda)$ der zweiseitigen Tests zum Vergleich des Erwartungswerts mit einem vorgegebenen Wert (Signifikanzniveau $\alpha = 0{,}01$)

a) Test der Nullhypothese H_0: $\mu = \mu_0$ (Formblatt A oder A')

- bei bekanntem σ^2 benutze man die gestrichelten Geraden mit $\lambda = \frac{|\mu - \mu_0|}{\sigma}$
- bei unbekanntem σ^2 benutze man die Kurven mit $\lambda = \frac{|\mu - \mu_0|}{\sigma}$

b) Test der Nullhypothese H_0: $\Delta = \Delta_0$ mit $\mu_1 - \mu_2 = \Delta$ (Formblatt K oder K')

- bei bekanntem σ_d^2 benutze man die gestrichelten Geraden mit $\lambda = \frac{|\Delta - \Delta_0|}{\sigma_d}$
- bei unbekanntem σ_d^2 benutze man die Kurven mit $\lambda = \frac{|\Delta - \Delta_0|}{\sigma_d}$

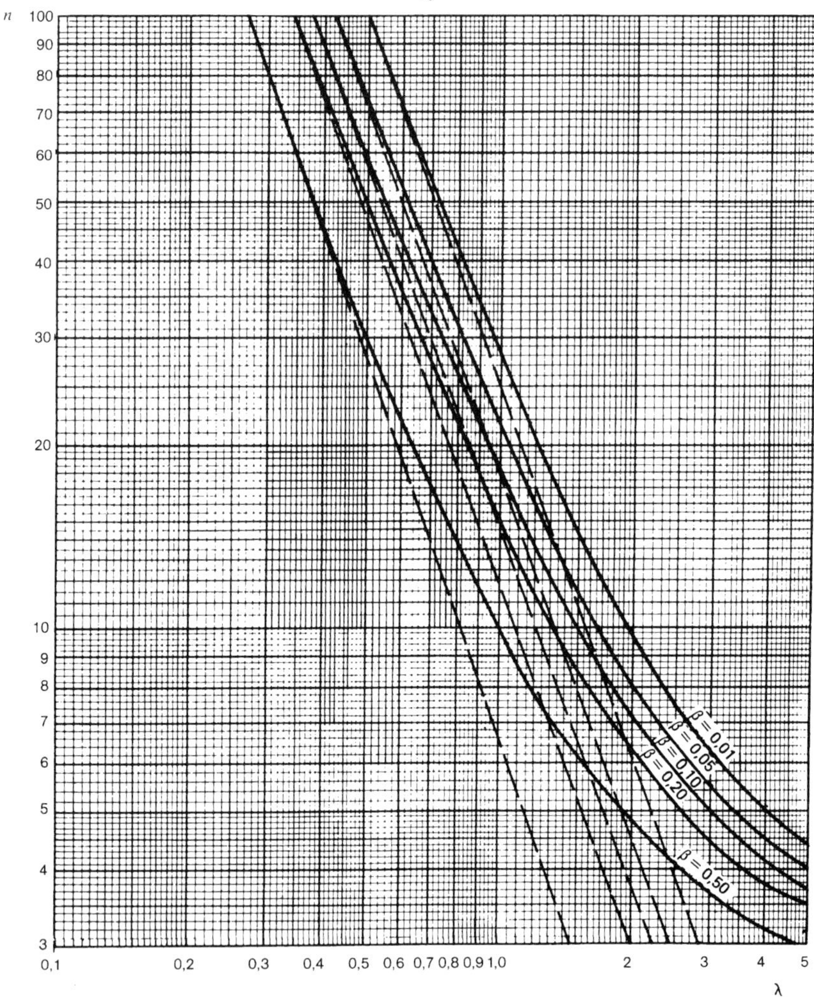

Kurvenblatt 2.3

Stichprobenumfänge $n(\lambda)$ der zweiseitigen Tests zum Vergleich zweier Erwartungswerte bei nicht gepaarten Beobachtungen (Signifikanzniveau α = 0,01)

Test der Nullhypothese H_0: $\mu_1 = \mu_2$ (Formblatt C oder C')

- bei bekannten gleich großen Varianzen $\sigma_1^2 = \sigma_2^2 = \sigma^2$ benutze man die gestrichelten Geraden
- bei unbekannten, aber gleich groß angenommenen Varianzen $\sigma_1^2 = \sigma_2^2 = \sigma^2$ benutze man die Kurven

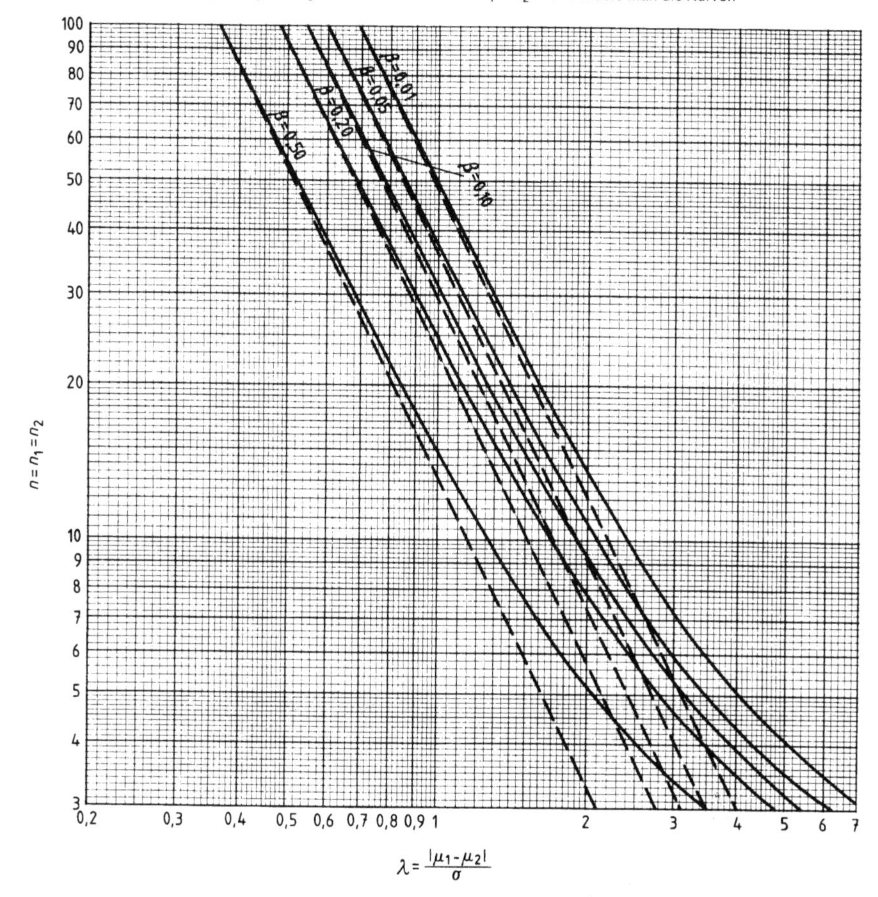

Kurvenblatt 3.1

Operationscharakteristiken $\beta(\lambda)$ der einseitigen Tests zum Vergleich von Erwartungswerten (Signifikanzniveau $\alpha = 0{,}05$)

a) Test der Nullhypothesen H_0: $\mu \leq \mu_0$ oder H_0: $\mu \geq \mu_0$ (Formblatt A oder A')

- bei bekanntem σ^2 benutze man die Gerade für $f = \infty$ mit $\lambda = \frac{\sqrt{n}\,|\mu - \mu_0|}{\sigma}$
- bei unbekanntem σ^2 benutze man die Kurve für $f = n - 1$ mit $\lambda = \frac{\sqrt{n}\,|\mu - \mu_0|}{\sigma}$

b) Test der Nullhypothesen H_0: $\mu_1 \leq \mu_2$ oder H_0: $\mu_1 \geq \mu_2$ (Formblatt C oder C')

- bei bekannten σ_1^2 und σ_2^2 benutze man die Gerade für $f = \infty$ mit $\lambda = \frac{|\mu_1 - \mu_2|}{\sigma_d}$, wobei $\sigma_d = \sqrt{\frac{\sigma_1^2}{n_1} + \frac{\sigma_2^2}{n_2}}$
- bei unbekannten, aber gleich groß angenommenen Varianzen $\sigma_1^2 = \sigma_2^2 = \sigma^2$ benutze man die Kurve für $f = n_1 + n_2 - 2$ mit $\lambda = \frac{|\mu_1 - \mu_2|}{\sigma_d}$, wobei $\sigma_d = \sqrt{\frac{n_1 + n_2}{n_1\, n_2}}\,\sigma$

c) Test der Nullhypothese H_0: $\Delta \leq \Delta_0$ oder H_0: $\Delta \geq \Delta_0$ mit $\Delta = \mu_1 - \mu_2$ (Formblatt K oder K')

- bei bekanntem σ_d^2 benutze man die Gerade für $f = \infty$ mit $\lambda = \frac{\sqrt{n}\,|\Delta - \Delta_0|}{\sigma_d}$
- bei unbekanntem σ_d^2 benutze man die Kurve für $f = n - 1$ mit $\lambda = \frac{\sqrt{n}\,|\Delta - \Delta_0|}{\sigma_d}$

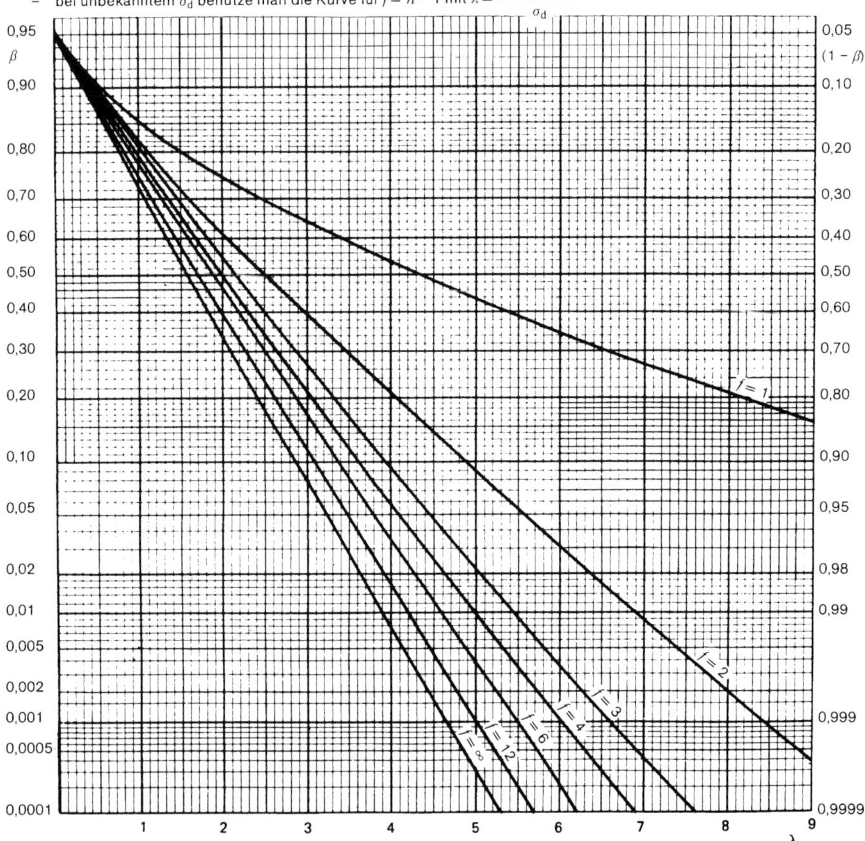

Kurvenblatt 3.2

Stichprobenumfänge $n(\lambda)$ der einseitigen Tests zum Vergleich des Erwartungswerts mit einem vorgegebenen Wert (Signifikanzniveau $\alpha = 0{,}05$)

a) Test der Nullhypothesen H_0: $\mu \leq \mu_0$ oder H_0: $\mu \geq \mu_0$ (Formblatt A oder A')

- bei bekanntem σ^2 benutze man die gestrichelten Geraden mit $\lambda = \frac{|\mu - \mu_0|}{\sigma}$
- bei unbekanntem σ^2 benutze man die Kurven mit $\lambda = \frac{|\mu - \mu_0|}{\sigma}$

b) Test der Nullhypothesen H_0: $\Delta \leq \Delta_0$ oder H_0: $\Delta \geq \Delta_0$ mit $\Delta = \mu_1 - \mu_2$ (Formblatt K oder K')

- bei bekanntem σ_d^2 benutze man die gestrichelten Geraden mit $\lambda = \frac{|\Delta - \Delta_0|}{\sigma_d}$
- bei unbekanntem σ_d^2 benutze man die Kurven mit $\lambda = \frac{|\Delta - \Delta_0|}{\sigma_d}$

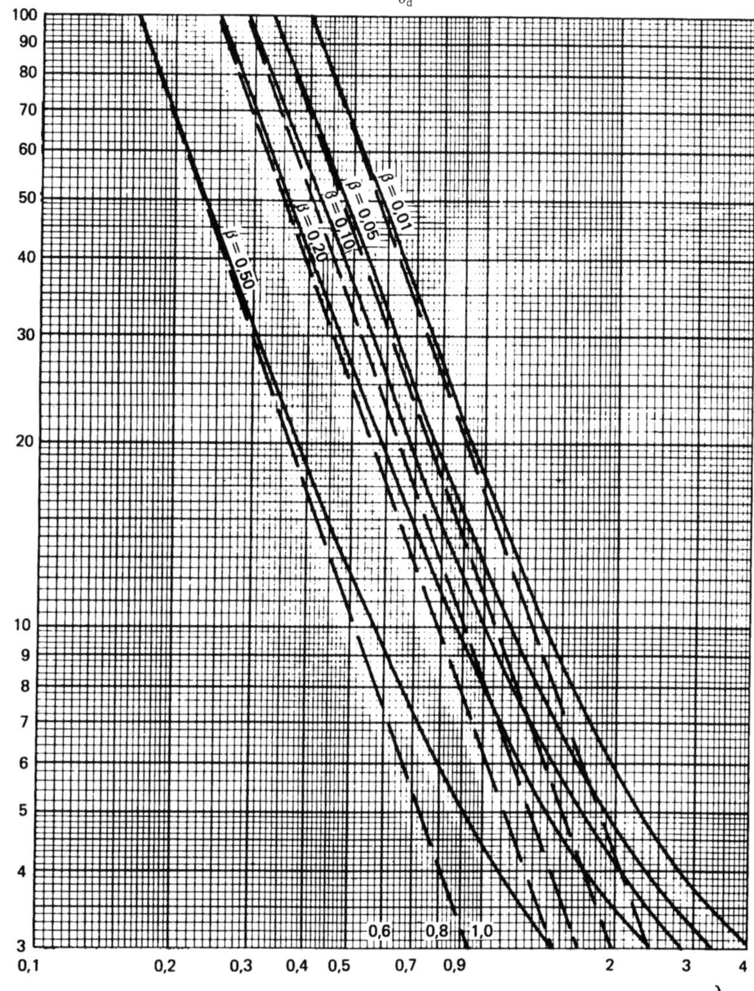

Kurvenblatt 3.3

Stichprobenumfänge $n(\lambda)$ der einseitigen Tests zum Vergleich zweier Erwartungswerte bei nicht gepaarten Beobachtungen (Signifikanzniveau α = 0,05)

Test der Nullhypothese H_0: $\mu_1 \leq \mu_2$ oder H_0: $\mu_1 \geq \mu_2$ (Formblatt C oder C')

- bei bekannten gleich großen Varianzen $\sigma_1^2 = \sigma_2^2 = \sigma^2$ benutze man die gestrichelten Geraden
- bei unbekannten, aber gleich groß angenommenen Varianzen $\sigma_1^2 = \sigma_2^2 = \sigma^2$ benutze man die Kurven

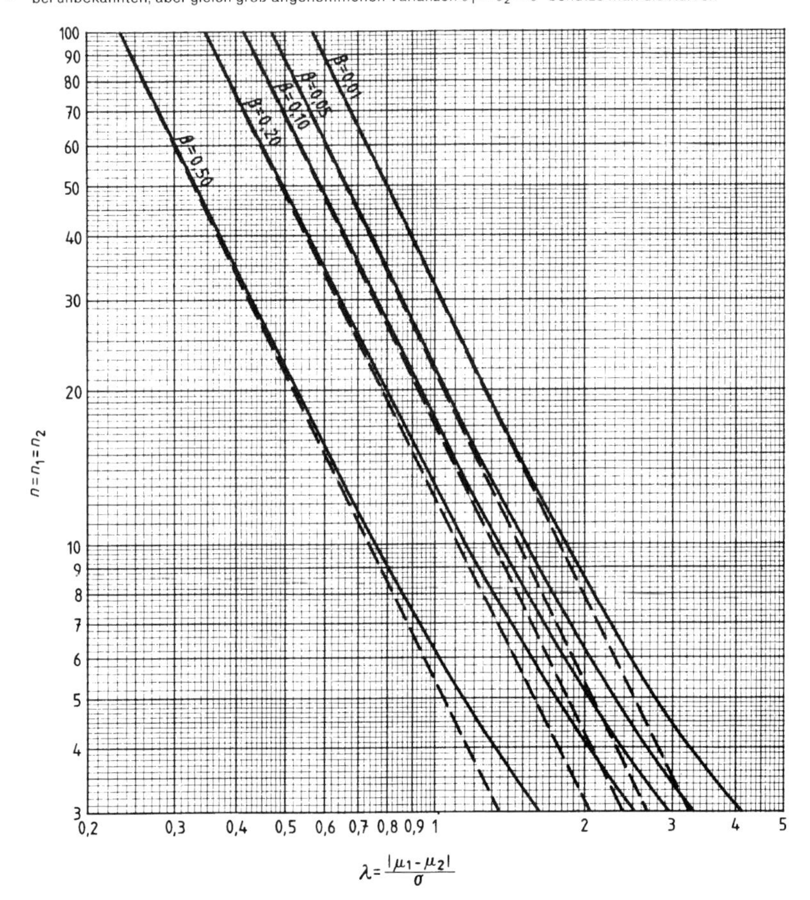

Kurvenblatt 4.1

Operationscharakteristiken $\beta(\lambda)$ der einseitigen Tests zum Vergleich von Erwartungswerten (Signifikanzniveau α = 0,01)

a) Test der Nullhypothesen H_0: $\mu \leq \mu_0$ oder H_0: $\mu \geq \mu_0$ (Formblatt A oder A')

- bei bekanntem σ^2 benutze man die Gerade für $f = \infty$ mit $\lambda = \frac{\sqrt{n}|\mu - \mu_0|}{\sigma}$
- bei unbekanntem σ^2 benutze man die Kurve für $f = n - 1$ mit $\lambda = \frac{\sqrt{n}|\mu - \mu_0|}{\sigma}$

b) Test der Nullhypothesen H_0: $\mu_1 \leq \mu_2$ oder H_0: $\mu_1 \geq \mu_2$ (Formblatt C oder C')

- bei bekannten σ_1^2 und σ_2^2 benutze man die Gerade für $f = \infty$ mit $\lambda = \frac{|\mu_1 - \mu_2|}{\sigma_d}$, wobei $\sigma_d = \sqrt{\frac{\sigma_1^2}{n_1} + \frac{\sigma_2^2}{n_2}}$
- bei unbekannten, aber gleichgroß angenommenen Varianzen $\sigma_1^2 = \sigma_2^2 = \sigma^2$ benutze man für die Kurve $f = n_1 + n_2 - 2$ mit $\lambda = \frac{|\mu_1 - \mu_2|}{\sigma_d}$, wobei $\sigma_d = \sqrt{\frac{n_1 + n_2}{n_1 n_2}}\,\sigma$

c) Test der Nullhypothese H_0: $\Delta \leq \Delta_0$ oder H_0: $\Delta \geq \Delta_0$ mit $\Delta = \mu_1 - \mu_2$ (Formblatt K oder K')

- bei bekanntem σ_d^2 benutze man die Gerade für $f = \infty$ mit $\lambda = \frac{\sqrt{n}|\Delta - \Delta_0|}{\sigma_d}$
- bei unbekanntem σ_d^2 benutze man die Kurve für $f = n - 1$ mit $\lambda = \frac{\sqrt{n}|\Delta - \Delta_0|}{\sigma_d}$

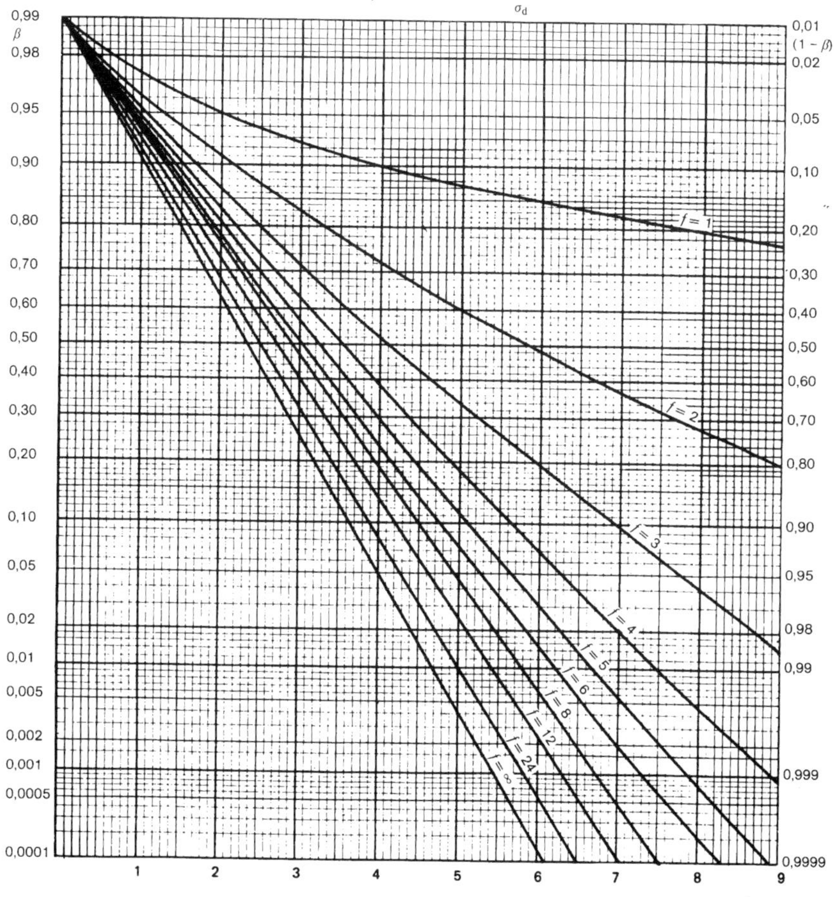

Kurvenblatt 4.2

Stichprobenumfänge $n(\lambda)$ der einseitigen Tests zum Vergleich des Erwartungswerts mit einem vorgegebenen Wert (Signifikanzniveau $\alpha = 0{,}01$)

a) Test der Nullhypothesen H_0: $\mu \leq \mu_0$ oder H_0: $\mu \geq \mu_0$ (Formblatt A oder A')

- bei bekanntem σ^2 benutze man die gestrichelten Geraden mit $\lambda = \frac{|\mu - \mu_0|}{\sigma}$
- bei unbekanntem σ^2 benutze man die Kurven mit $\lambda = \frac{|\mu - \mu_0|}{\sigma}$

b) Test der Nullhypothesen H_0: $\Delta \leq \Delta_0$ oder H_0: $\Delta \geq \Delta_0$ mit $\Delta = \mu_1 - \mu_2$ (Formblatt K oder K')

- bei bekanntem σ_d^2 benutze man die gestrichelten Geraden mit $\lambda = \frac{|\Delta - \Delta_0|}{\sigma_d}$
- bei unbekanntem σ_d^2 benutze man die Kurven mit $\lambda = \frac{|\Delta - \Delta_0|}{\sigma_d}$

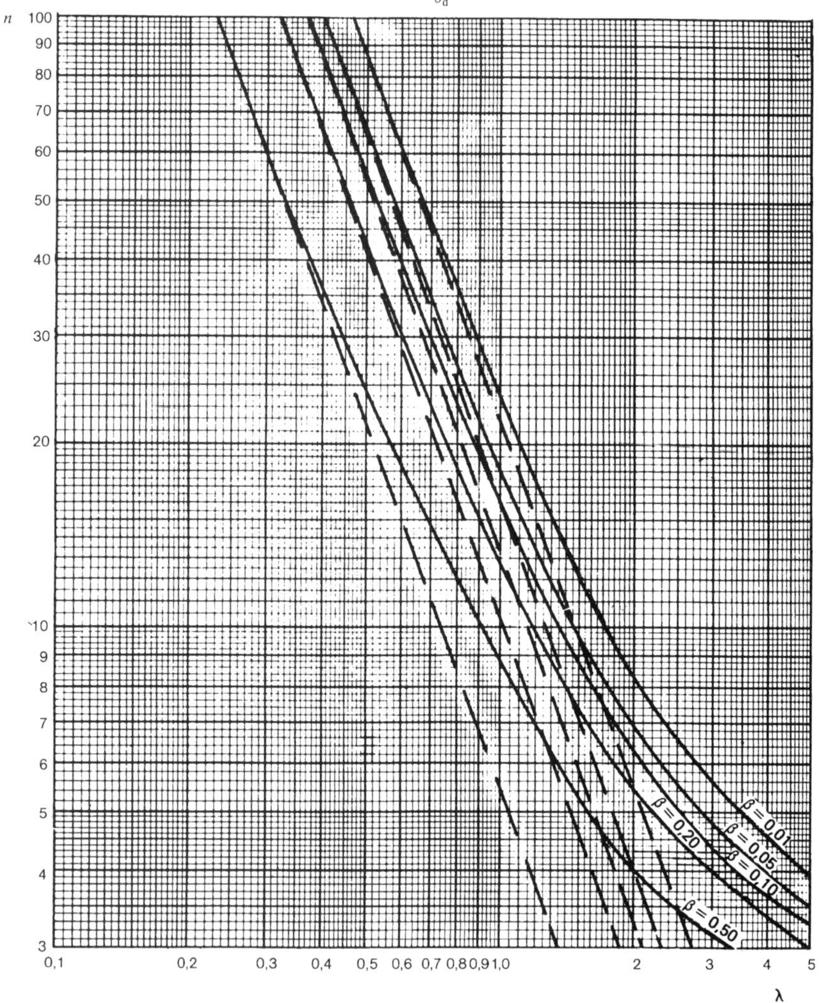

Kurvenblatt 4.3

Stichprobenumfänge $n(\lambda)$ der einseitigen Tests zum Vergleich zweier Erwartungswerte bei nicht gepaarten Beobachtungen (Signifikanzniveau $\alpha = 0{,}01$)

Test der Nullhypothese H_0: $\mu_1 \leq \mu_2$ oder H_0: $\mu_1 \geq \mu_2$ (Formblatt C oder C')

- bei bekannten gleich großen Varianzen $\sigma_1^2 = \sigma_2^2 = \sigma^2$ benutze man die gestrichelten Geraden
- bei unbekannten, aber gleich groß angenommenen Varianzen $\sigma_1^2 = \sigma_2^2 = \sigma^2$ benutze man die Kurven

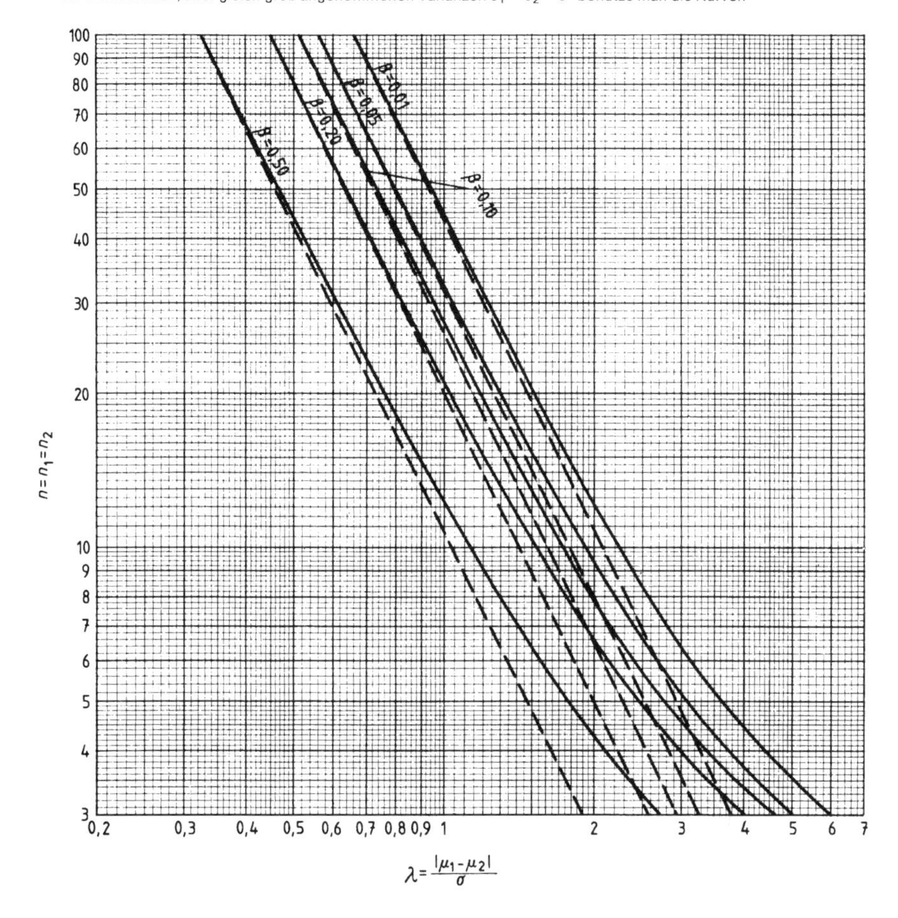

Kurvenblatt 5.1

Operationscharakteristiken $\beta(\lambda)$ der zweiseitigen Tests zum Vergleich einer Varianz mit einem vorgegebenen Wert (Signifikanzniveau $\alpha = 0{,}05$)

Test der Nullhypothese H_0: $\sigma^2 = \sigma_0^2$ (Formblatt E)

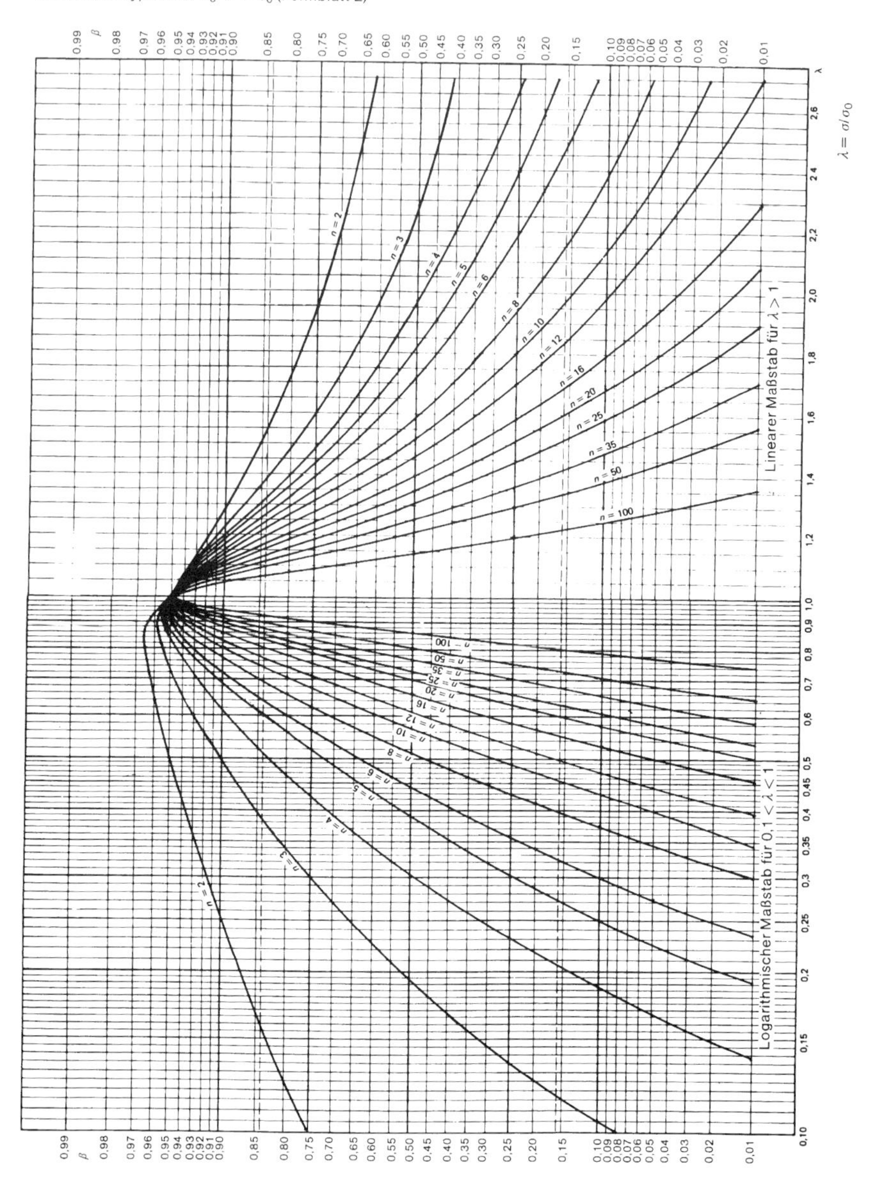

Kurvenblatt 5.2

Stichprobenumfänge $n(\lambda)$ der zweiseitigen Tests zum Vergleich einer Varianz mit einem vorgegebenen Wert (Signifikanzniveau α = 0,05)

Test der Nullhypothese H_0: $\sigma^2 = \sigma_0^2$ (Formblatt E)

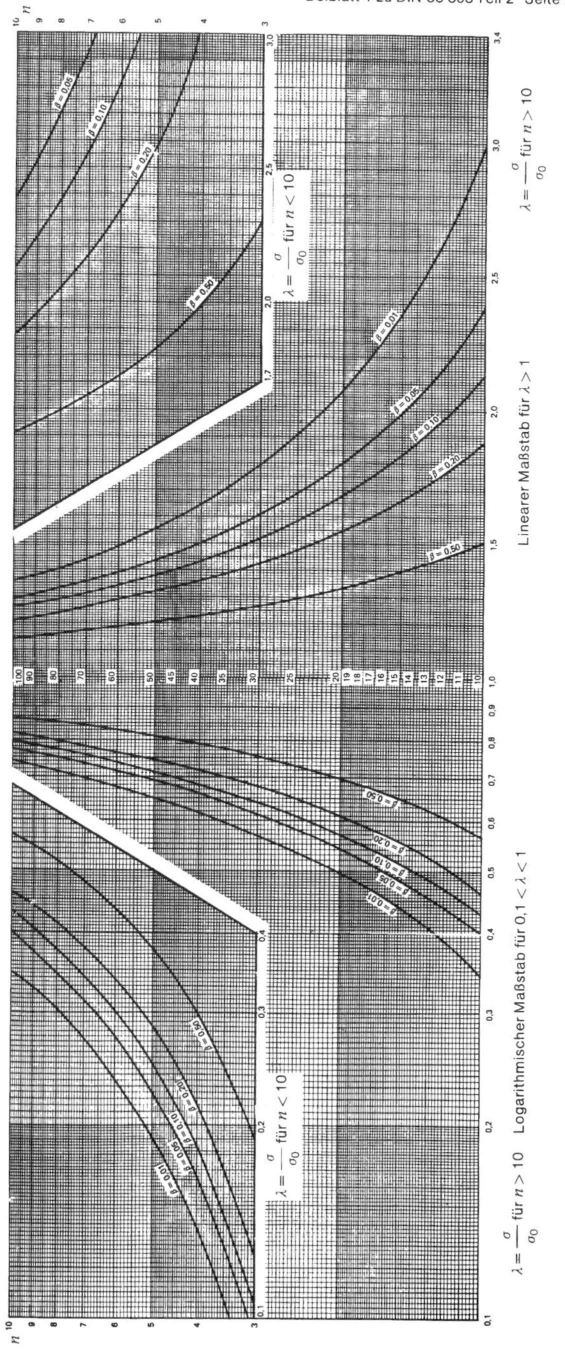

Kurvenblatt 6.1

Operationscharakteristiken $\beta(\lambda)$ der zweiseitigen Tests zum Vergleich einer Varianz mit einem vorgegebenen Wert (Signifikanzniveau α = 0,01)

Test der Nullhypothese H_0: $\sigma^2 = \sigma_0^2$ (Formblatt E)

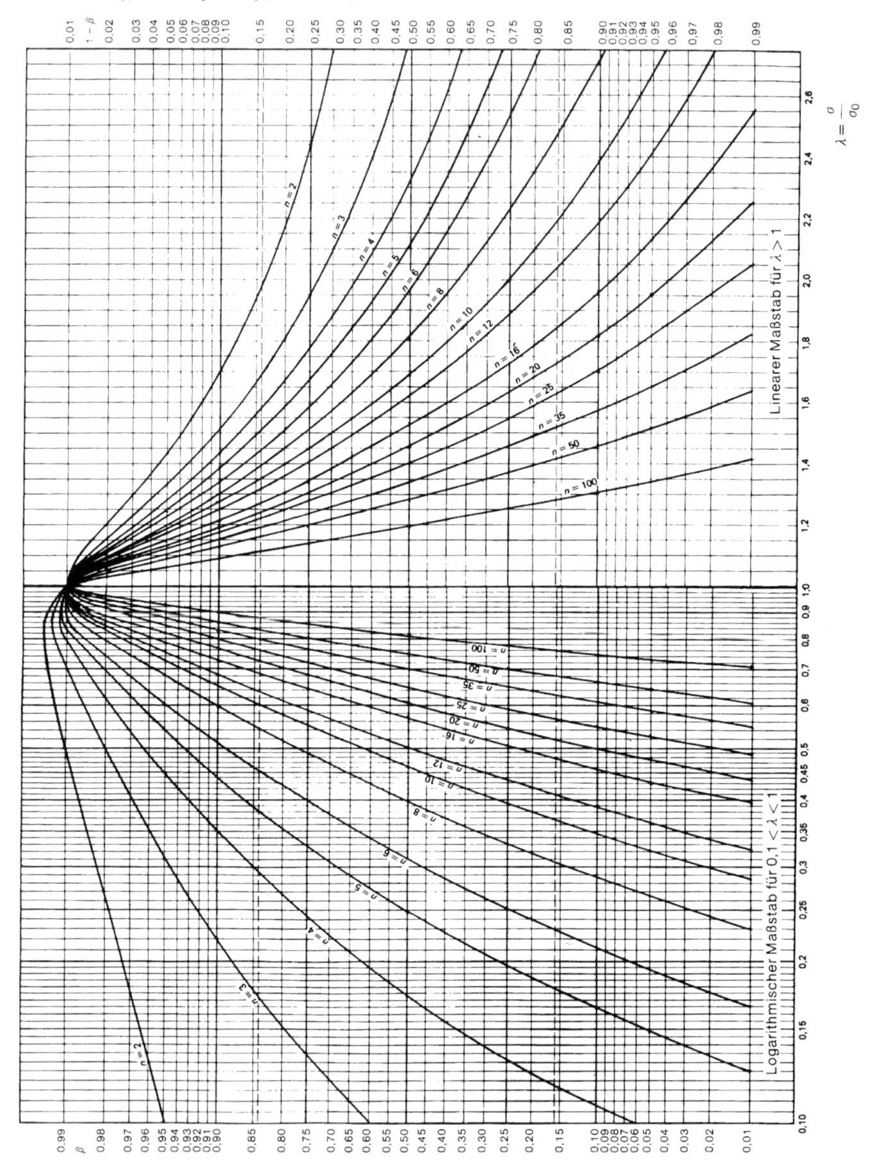

Kurvenblatt 6.2

Stichprobenumfänge $n(\lambda)$ der zweiseitigen Tests zum Vergleich einer Varianz mit einem vorgegebenen Wert (Signifikanzniveau α = 0,01)

Test der Nullhypothese H_0: $\sigma^2 = \sigma_0^2$ (Formblatt E)

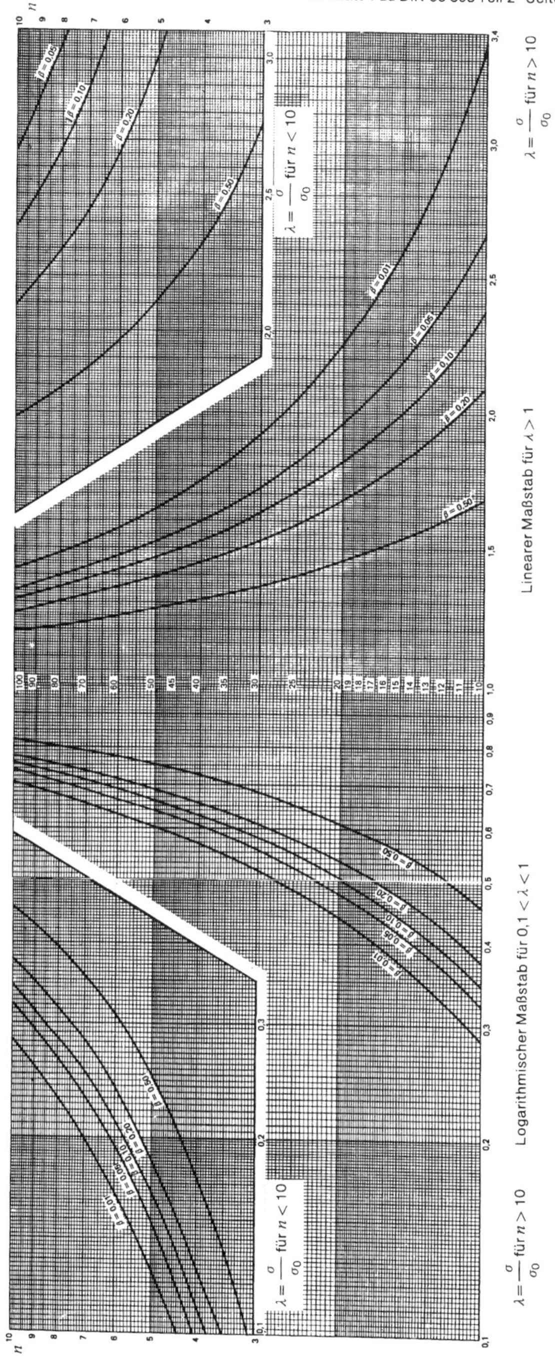

Kurvenblatt 7.1

Operationscharakteristiken $\beta(\lambda)$ der einseitigen Tests zum Vergleich einer Varianz mit einem vorgegebenen Wert (Signifikanzniveau α = 0,05)

Test der Nullhypothese H_0: $\sigma^2 \leq \sigma_0^2$ (Formblatt E)

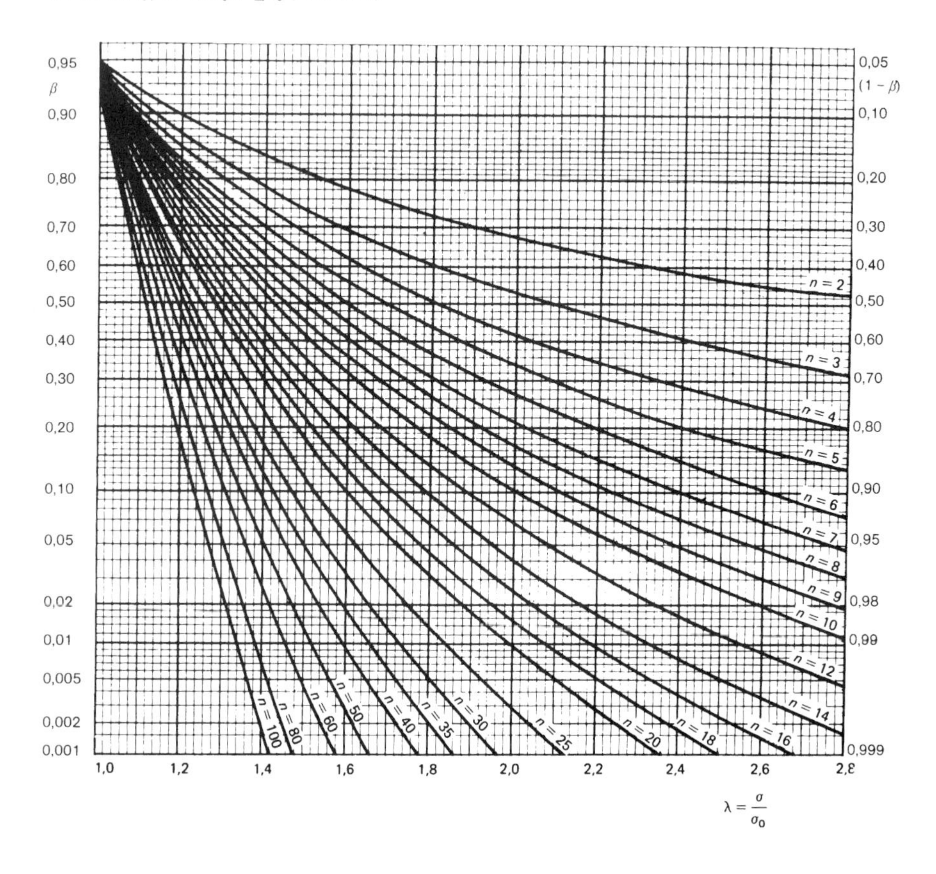

Kurvenblatt 7.2

Stichprobenumfänge $n(\lambda)$ der einseitigen Tests zum Vergleich einer Varianz mit einem vorgegebenen Wert (Signifikanzniveau α = 0,05)

Test der Nullhypothese H_0: $\sigma^2 \leq \sigma_0^2$ (Formblatt E)

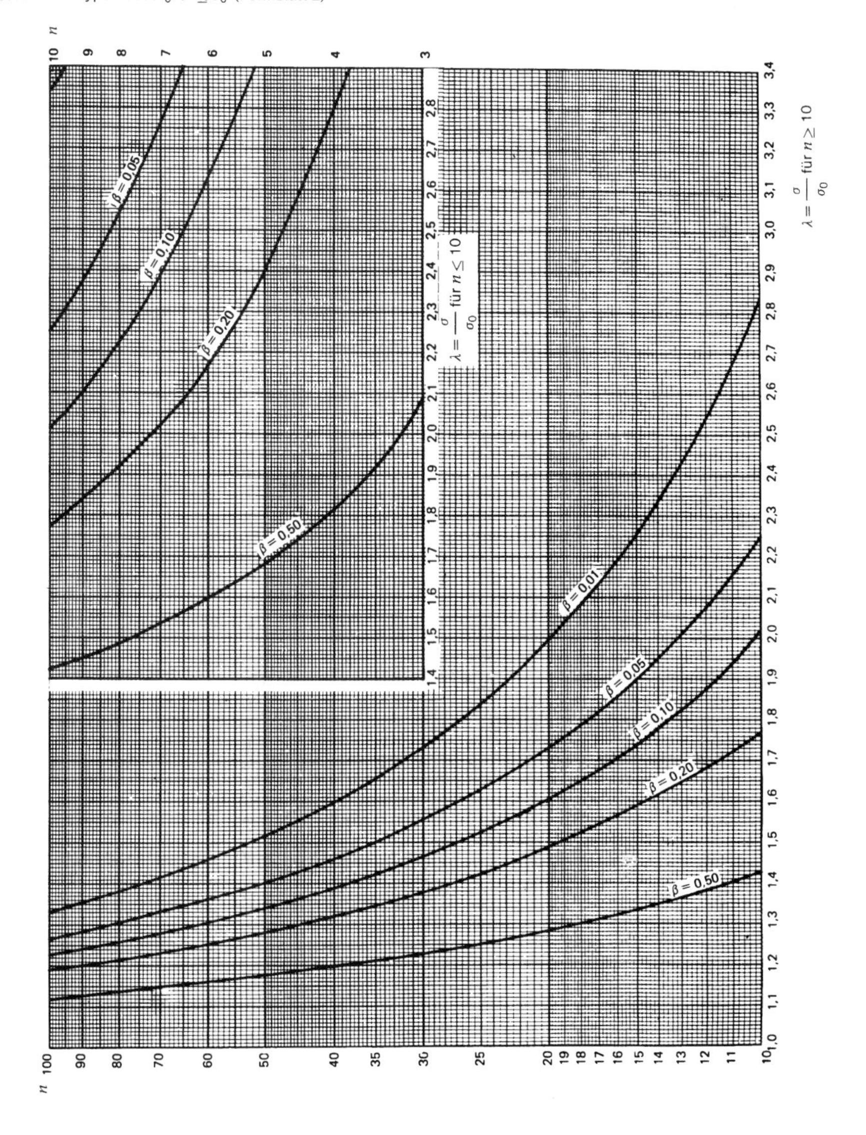

Kurvenblatt 8.1

Operationscharakteristiken $\beta(\lambda)$ der einseitigen Tests zum Vergleich einer Varianz mit einem vorgegebenen Wert (Signifikanzniveau α = 0,01)

Test der Nullhypothese H_0: $\sigma^2 \leq \sigma_0^2$ (Formblatt E)

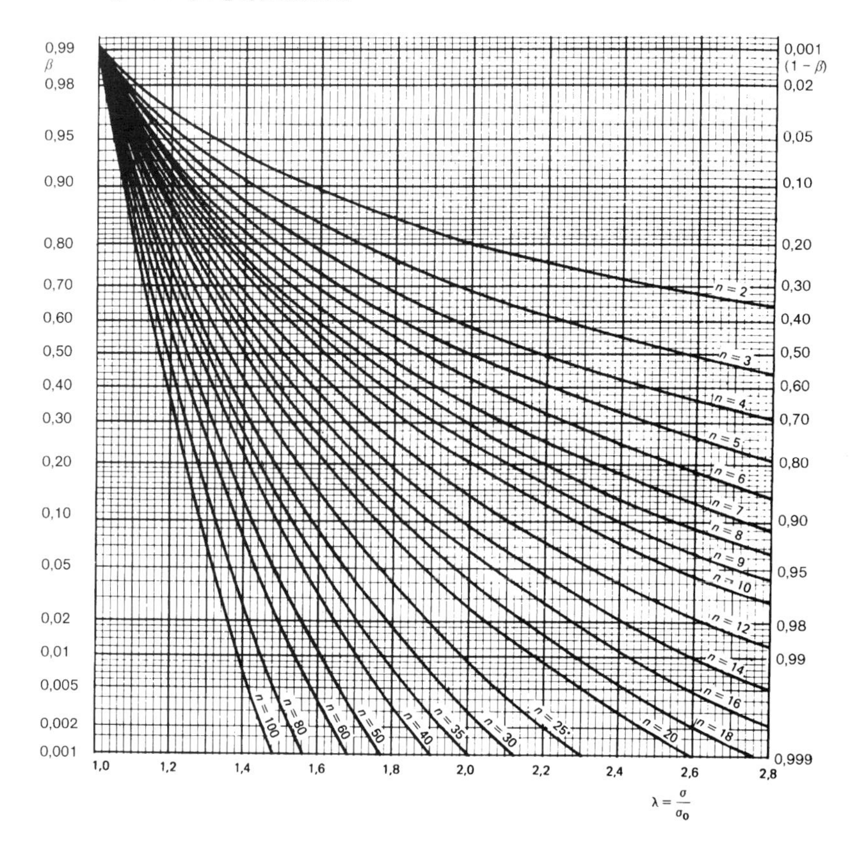

Kurvenblatt 8.2

Stichprobenumfänge $n(\lambda)$ der einseitigen Tests zum Vergleich einer Varianz mit einem vorgegebenen Wert (Signifikanzniveau α = 0,01)

Test der Nullhypothese H_0: $\sigma^2 \leq \sigma_0^2$ (Formblatt E)

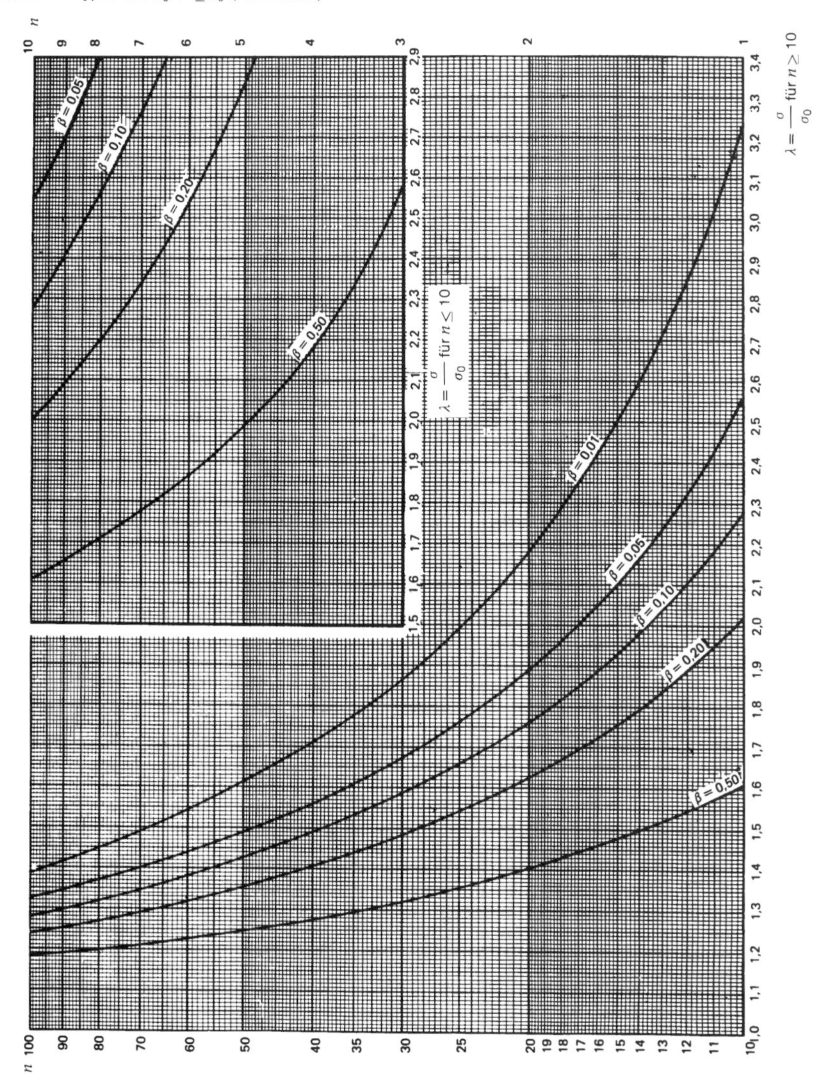

Kurvenblatt 9.1

Operationscharakteristiken $\beta(\lambda)$ der einseitigen Tests zum Vergleich einer Varianz mit einem vorgegebenen Wert (Signifikanzniveau α = 0,05)

Test der Nullhypothese H_0: $\sigma^2 \geq \sigma_0^2$ (Formblatt E)

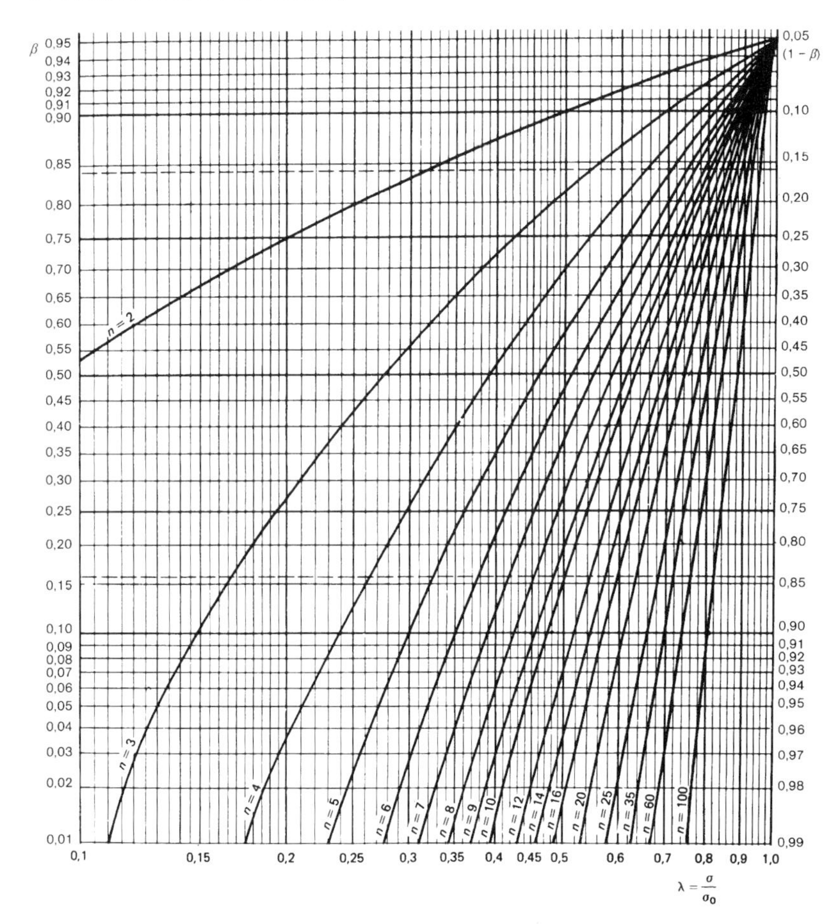

Kurvenblatt 9.2

Stichprobenumfänge $n(\lambda)$ der einseitigen Tests zum Vergleich einer Varianz mit einem vorgegebenen Wert (Signifikanzniveau α = 0,05)

Test der Nullhypothese H_0: $\sigma^2 \geq \sigma_0^2$ (Formblatt E)

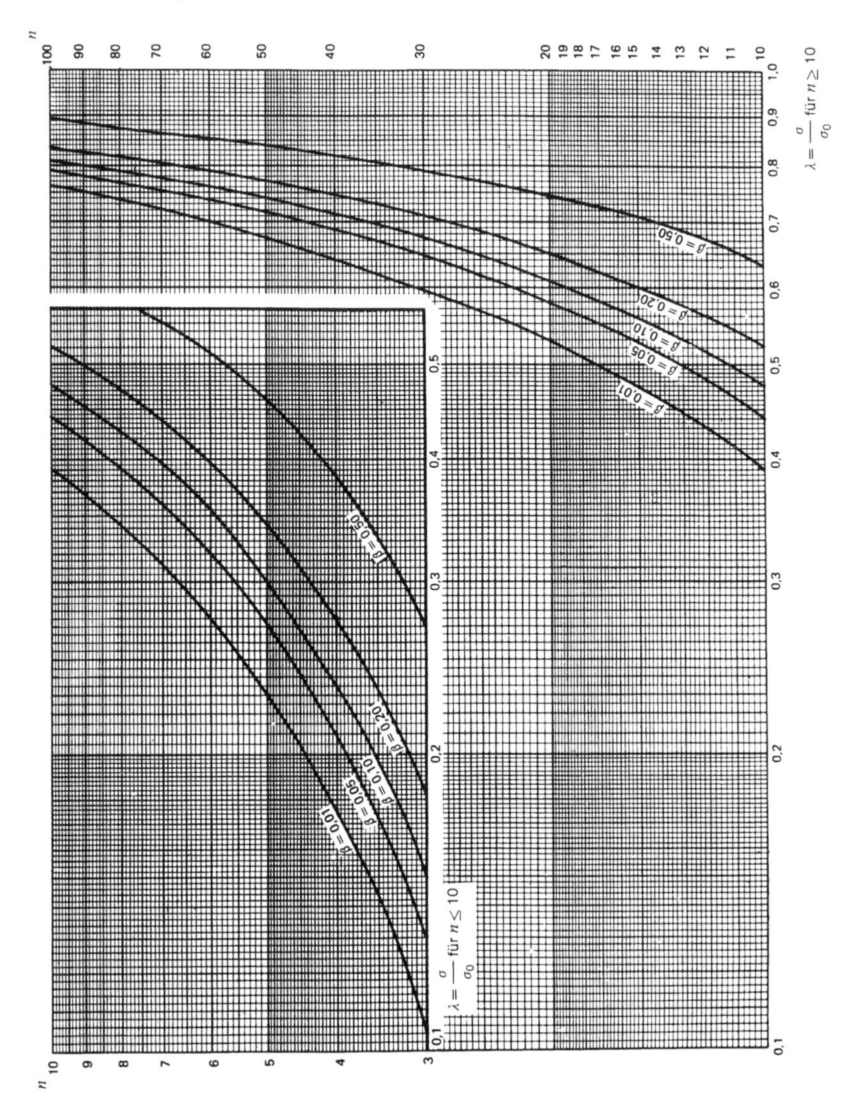

Kurvenblatt 10.1

Operationscharakteristiken $\beta(\lambda)$ der einseitigen Tests zum Vergleich einer Varianz mit einem vorgegebenen Wert (Signifikanzniveau $\alpha = 0{,}01$)

Test der Nullhypothese H_0: $\sigma^2 \geq \sigma_0^2$ (Formblatt E)

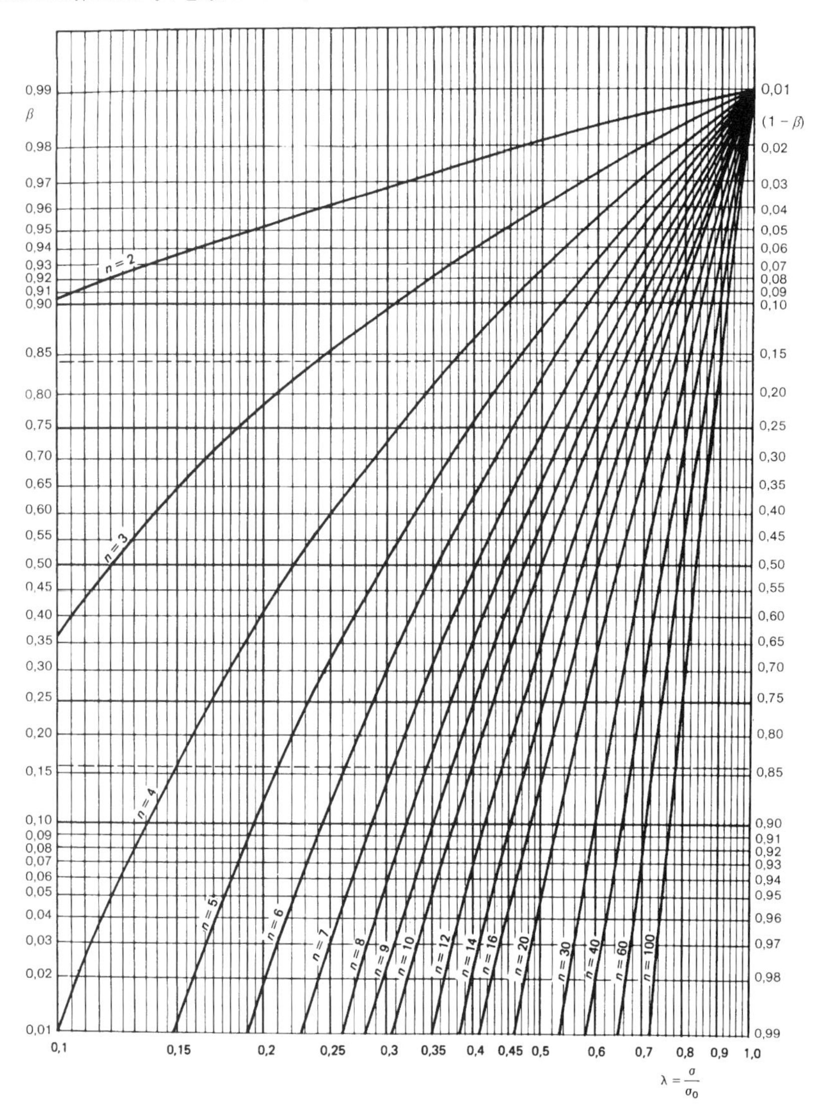

Kurvenblatt 10.2

Stichprobenumfänge $n(\lambda)$ der einseitigen Tests zum Vergleich einer Varianz mit einem vorgegebenen Wert (Signifikanzniveau α = 0,01)

Test der Nullhypothese H_0: $\sigma^2 \geq \sigma_0^2$ (Formblatt E)

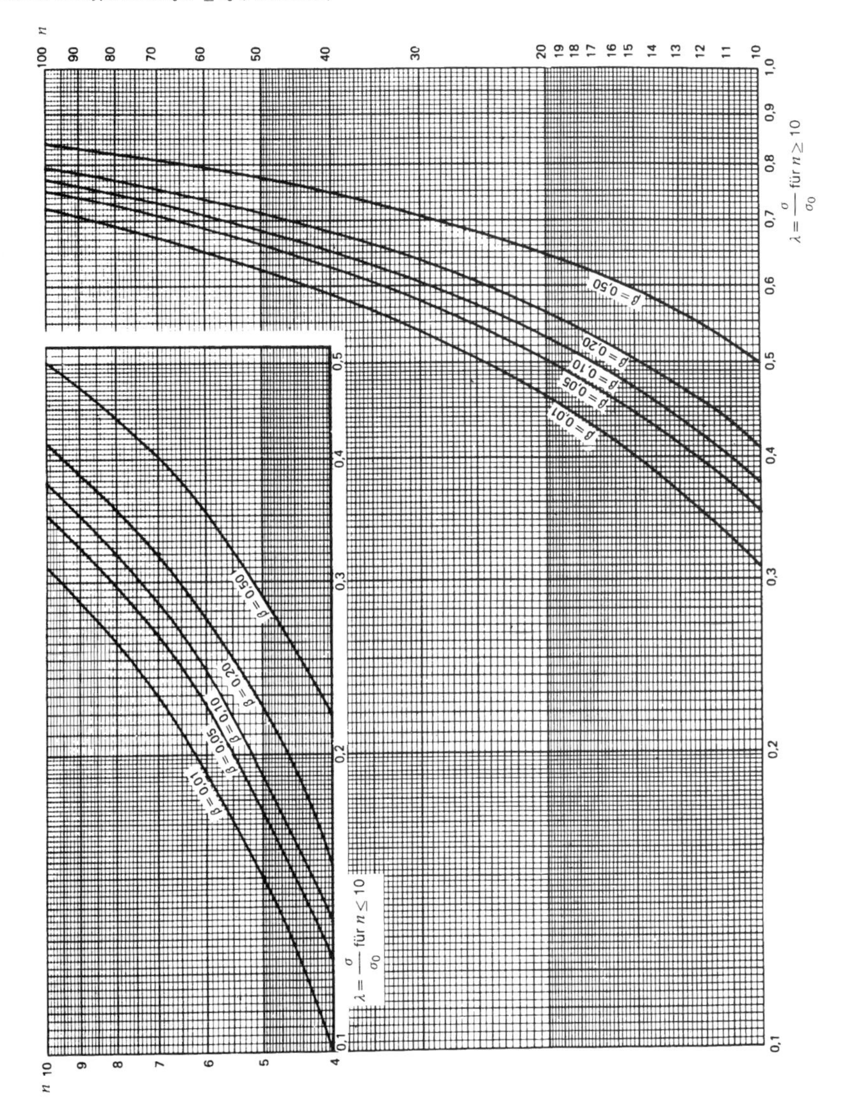

Kurvenblatt 11.1

Operationscharakteristiken $\beta(\lambda)$ der zweiseitigen Tests zum Vergleich zweier Varianzen (Signifikanzniveau $\alpha = 0,05$; $n_1 = n_2 = n$)

Test der Nullhypothese H_0: $\sigma_1^2 = \sigma_2^2$ (Formblatt G)

- für $\sigma_1 > \sigma_2$: $\lambda = \sigma_1/\sigma_2$
- für $\sigma_1 < \sigma_2$: $\lambda = \sigma_2/\sigma_1$

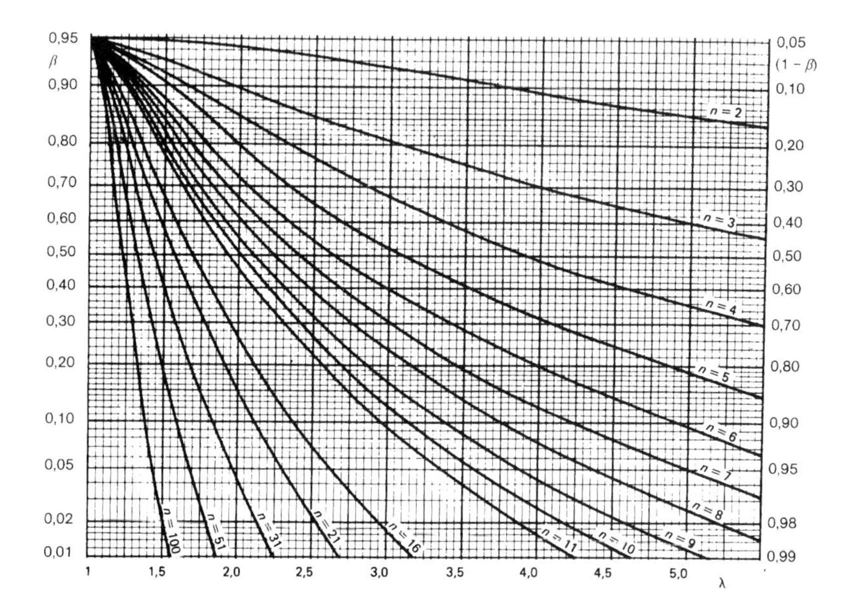

Kurvenblatt 11.2

Stichprobenumfänge $n(\lambda)$ der zweiseitigen Tests zum Vergleich zweier Varianzen (Signifikanzniveau α = 0,05; $n_1 = n_2 = n$)

Test der Nullhypothese H_0: $\sigma_1^2 = \sigma_2^2$ (Formblatt G)

- für $\sigma_1 > \sigma_2$: $\lambda = \sigma_1/\sigma_2$
- für $\sigma_1 < \sigma_2$: $\lambda = \sigma_2/\sigma_1$

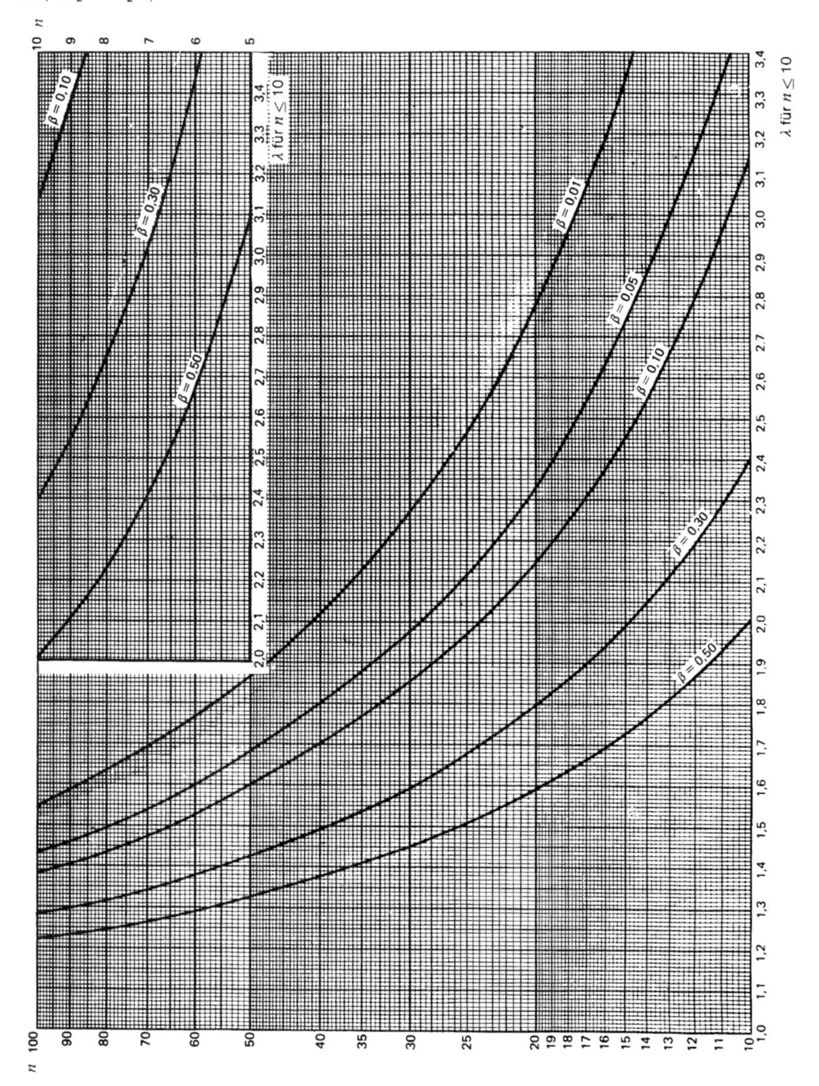

Kurvenblatt 12.1

Operationscharakteristiken $\beta(\lambda)$ der zweiseitigen Tests zum Vergleich zweier Varianzen (Signifikanzniveau α = 0,01; $n_1 = n_2 = n$)

Test der Nullhypothese H_0: $\sigma_1^2 = \sigma_2^2$ (Formblatt G)

- für $\sigma_1 > \sigma_2$: $\lambda = \sigma_1 / \sigma_2$
- für $\sigma_1 < \sigma_2$: $\lambda = \sigma_2 / \sigma_1$

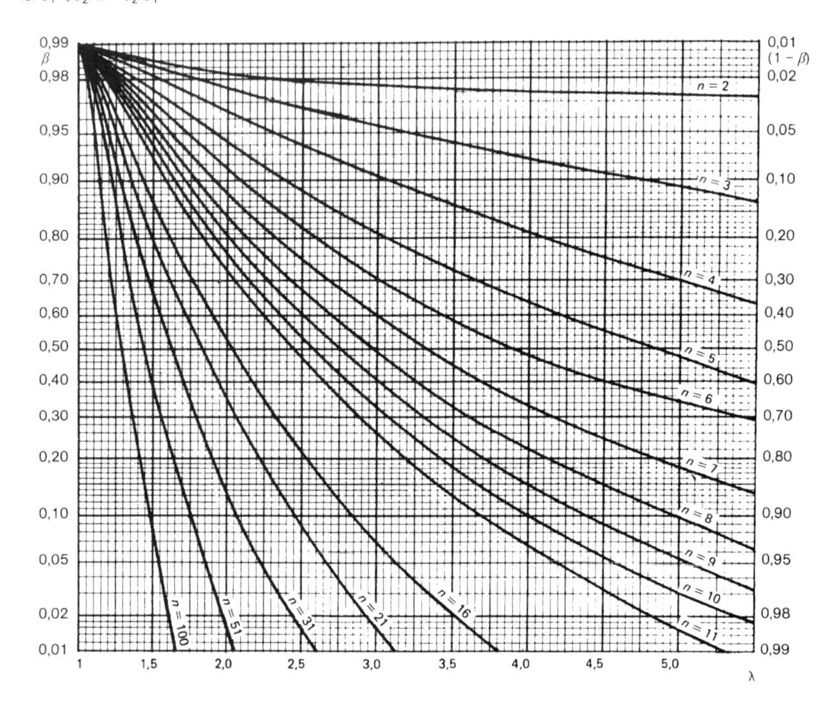

Kurvenblatt 12.2

Stichprobenumfänge $n(\lambda)$ der zweiseitigen Tests zum Vergleich zweier Varianzen (Signifikanzniveau $\alpha = 0{,}01$; $n_1 = n_2 = n$)

Test der Nullhypothese H_0: $\sigma_1^2 = \sigma_2^2$ (Formblatt G)

- für $\sigma_1 > \sigma_2$: $\lambda = \sigma_1/\sigma_2$
- für $\sigma_1 < \sigma_2$: $\lambda = \sigma_2/\sigma_1$

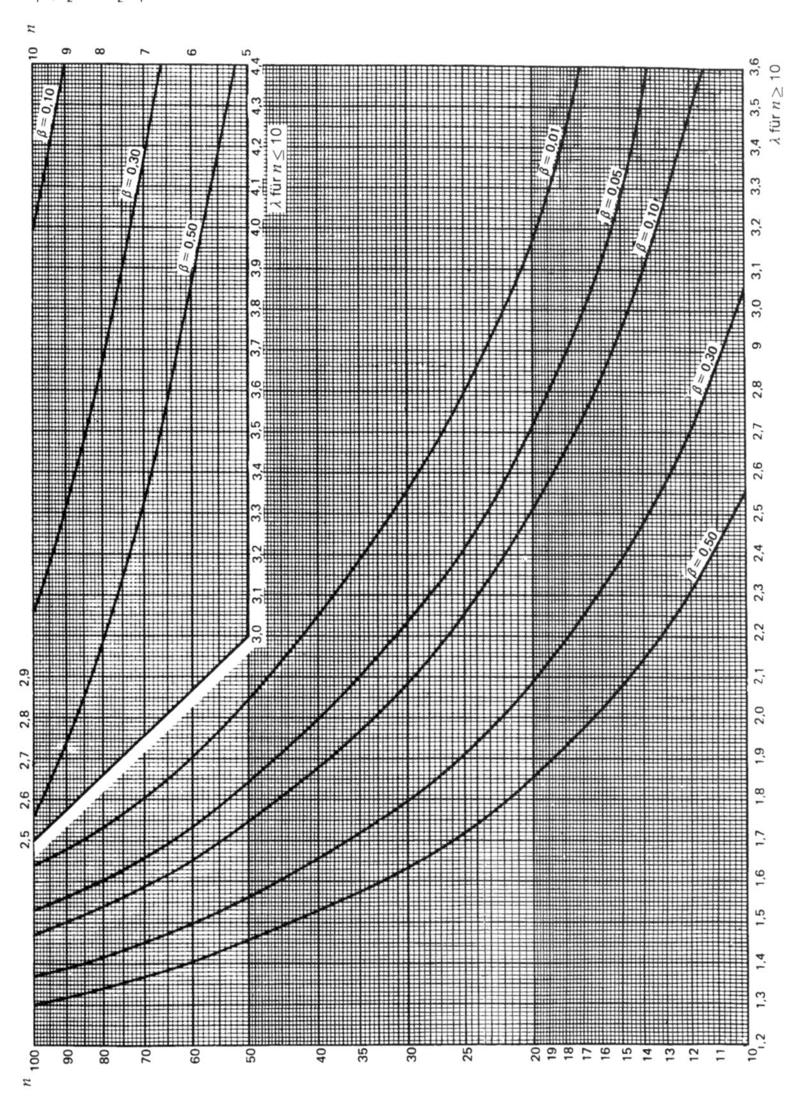

Kurvenblatt 13.1

Operationscharakteristiken $\beta(\lambda)$ der einseitigen Tests zum Vergleich zweier Varianzen (Signifikanzniveau α = 0,05; $n_1 = n_2 = n$)

a) Test der Nullhypothese H_0: $\sigma_1^2 \leq \sigma_2^2$ (Formblatt G)

$\lambda = \sigma_1 / \sigma_2$

b) Test der Nullhypothese H_0: $\sigma_1^2 \geq \sigma_2^2$ (Formblatt G)

$\lambda = \sigma_2 / \sigma_1$

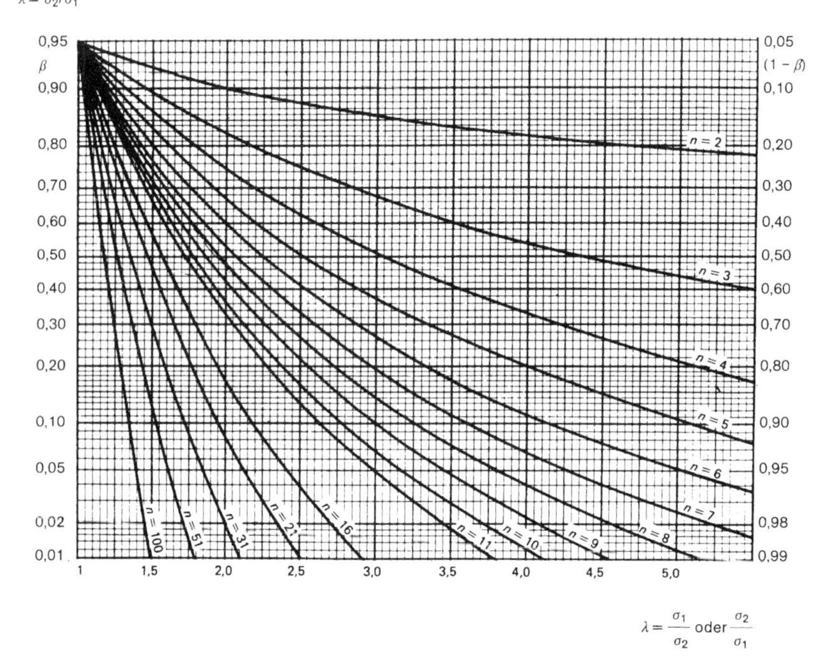

$\lambda = \frac{\sigma_1}{\sigma_2}$ oder $\frac{\sigma_2}{\sigma_1}$

Kurvenblatt 13.2

Stichprobenumfänge $n(\lambda)$ der einseitigen Tests zum Vergleich zweier Varianzen (Signifikanzniveau α = 0,01; $n_1 = n_2 = n$)

a) Test der Nullhypothese H_0: $\sigma_1^2 \leq \sigma_2^2$ (Formblatt G)

$\lambda = \sigma_1/\sigma_2$

b) Test der Nullhypothese H_0: $\sigma_1^2 \geq \sigma_2^2$ (Formblatt G)

$\lambda = \sigma_2/\sigma_1$

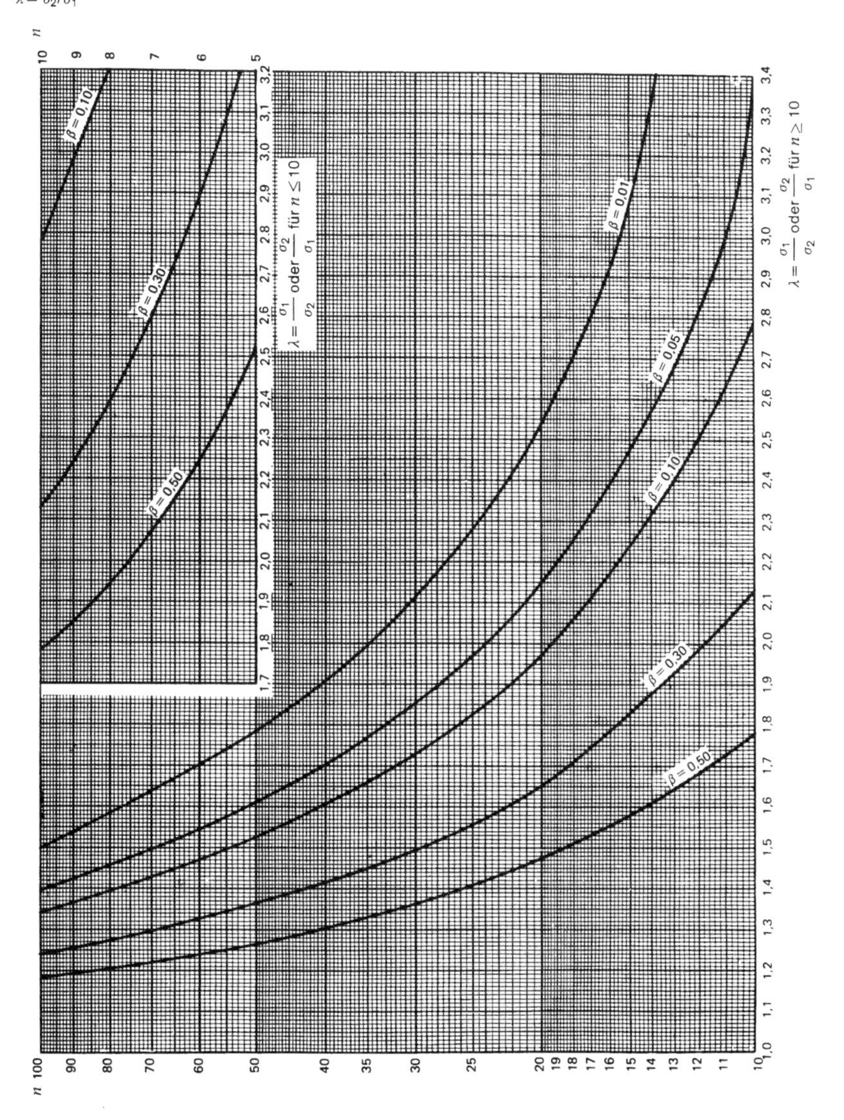

Kurvenblatt 14.1

Operationscharakteristiken $\beta(\lambda)$ der einseitigen Tests zum Vergleich zweier Varianzen (Signifikanzniveau $\alpha = 0{,}01$; $n_1 = n_2 = n$)

a) Test der Nullhypothese H_0: $\sigma_1^2 \leq \sigma_2^2$ (Formblatt G)

$\lambda = \sigma_1 / \sigma_2$

b) Test der Nullhypothese H_0: $\sigma_1^2 \geq \sigma_2^2$ (Formblatt G)

$\lambda = \sigma_2 / \sigma_1$

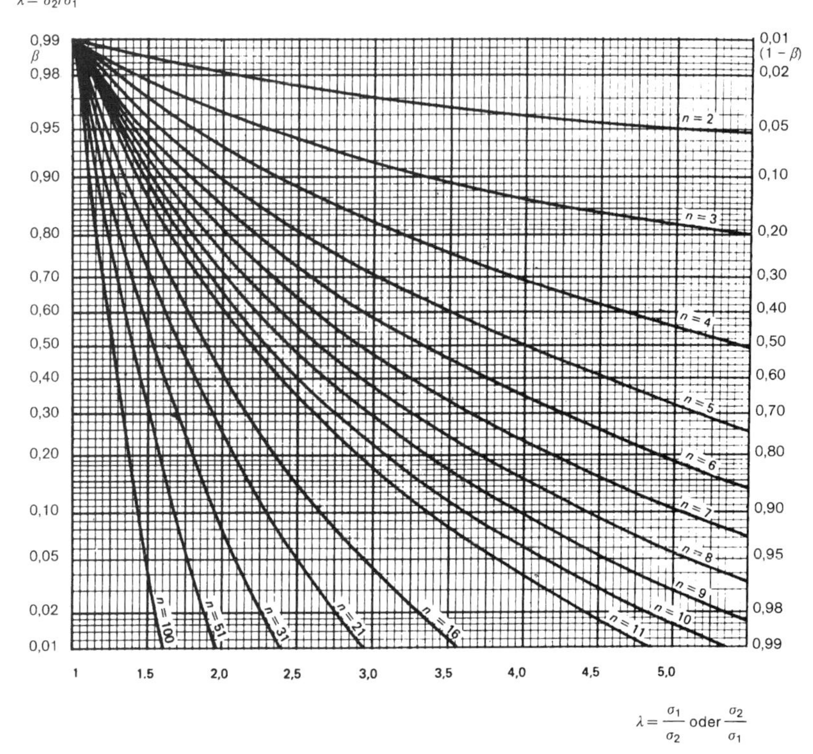

Kurvenblatt 14.2

Stichprobenumfänge $n(\lambda)$ der einseitigen Tests zum Vergleich zweier Varianzen (Signifikanzniveau $\alpha = 0{,}01$; $n_1 = n_2 = n$)

a) Test der Nullhypothese H_0: $\sigma_1^2 \leq \sigma_2^2$ (Formblatt G)

$\lambda = \sigma_1/\sigma_2$

b) Test der Nullhypothese H_0: $\sigma_1^2 \geq \sigma_2^2$ (Formblatt G)

$\lambda = \sigma_2/\sigma_1$

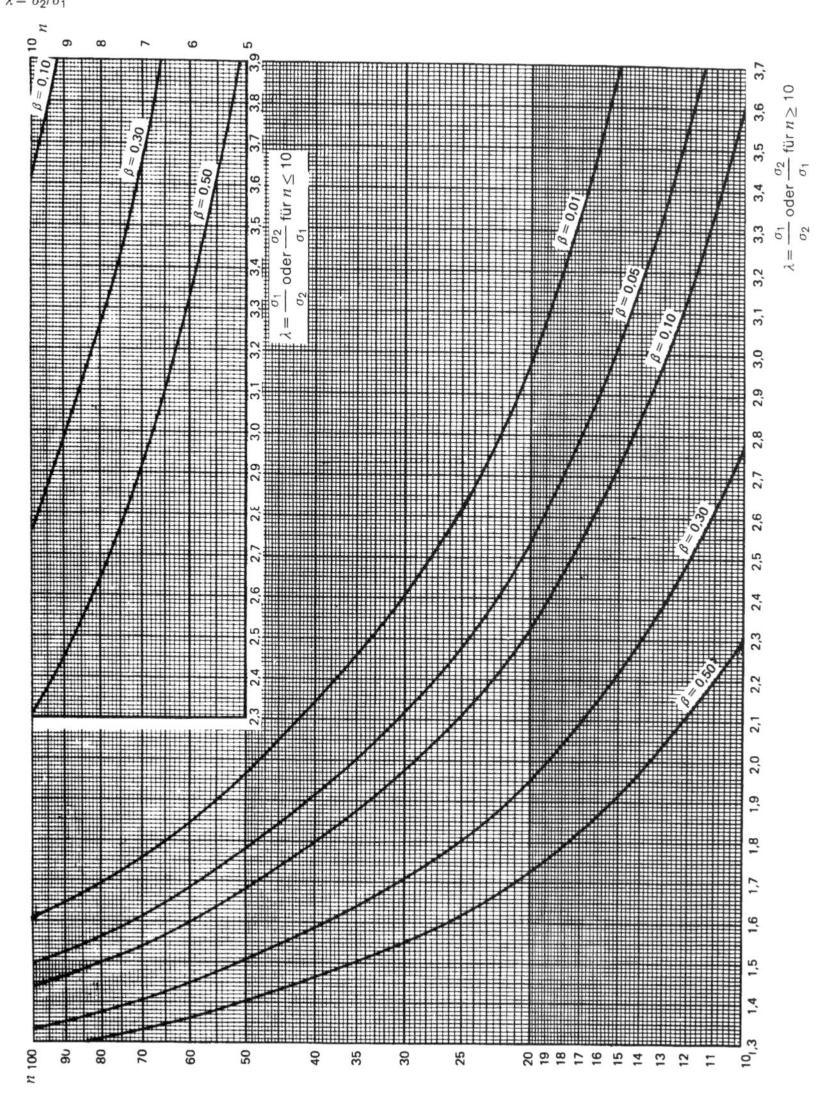

Internationale Patentklassifikation

G 06 F 15-36

März 1996

Statistische Auswertung von Daten
Teil 7: Schätz- und Testverfahren bei zweiparametriger Weibull-Verteilung

DIN 55303-7

ICS 03.120.30

Deskriptoren: Qualitätsmanagement, statistische Auswertung, Schätzung, Weibullverteilung, Stichprobe

Statistical interpretation of data –
Part 7: Estimating and test procedures for Weibull distributions with two parameters

Interprétation statistique de données –
Partie 7: Méthodes de test et d'estimation pour lois de Weibull à 2 paramètres

Inhalt

Vorwort

Diese Norm wurde vom Normenausschuß Qualitätsmanagement, Statistik und Zertifizierungsgrundlagen (NQSZ), Arbeitsausschuß 2 "Angewandte Statistik" erarbeitet.

Zu den Normen der Reihe DIN 55303 gehören weiter DIN 55303-2 : 1984-05, Beiblatt 1 zu DIN 55303-2 : 1984-05 und DIN 55303-5 : 1987-02. E DIN 55303-6 : 1989-04 wurde durch E DIN ISO 11453 : 1992-08 ersetzt.

Anhang A und Anhang B sind informativ.

Fortsetzung Seite 2 bis 23

Normenausschuß Qualitätsmanagement, Statistik und Zertifizierungsgrundlagen (NQSZ)
im DIN Deutsches Institut für Normung e.V.
Normenausschuß Materialprüfung (NMP) im DIN

1 Anwendungsbereich und Zweck

1.1 Allgemeines

Diese Norm legt Schätzverfahren bei der zweiparametrigen Weibull-Verteilung anhand von Stichprobenergebnissen fest.

ANMERKUNG: Die dreiparametrige Weibull-Verteilung unterscheidet sich von der zweiparametrigen durch den Verschiebungsparameter x_0 (siehe Abschnitt 4), welcher eine Verschiebung der Verteilung auf der Merkmalsachse bewirkt.

Geschätzt werden die Parameter der Verteilung sowie der Unterschreitungsanteil bei betrachtetem Merkmalswert und der Wert des Quantils bei betrachtetem Unterschreitungsanteil. Es werden die Berechnungen von Punktschätzungen und von Vertrauensbereichen sowie eine Prüfung der Ergebnisse im Weibull-Netz im Hinblick auf die Voraussetzung "zweiparametrige Weibull-Verteilung" behandelt.

Diese Norm ist fachübergreifend. Sie gilt für alle Bereiche wie z. B. Technik, Wirtschaft, Medizin, Wissenschaft und andere.

1.2 Vollständige und zensorisierte Stichproben

Als Grundlage für eine Schätzung wird eine Stichprobe von mehreren Einheiten herangezogen. Die aus den Einheiten gewonnenen Ermittlungsergebnisse stellen eine Stichprobe aus der Grundgesamtheit aller möglichen Ermittlungsergebnisse dar. Diese Stichprobe wird als "vollständige Stichprobe" bezeichnet, wenn Ermittlungsergebnisse von allen Stichprobeneinheiten vorliegen. Sie wird als "zensorisierte Stichprobe" bezeichnet, wenn nur von einem Teil der Stichprobeneinheiten Ermittlungsergebnisse vorliegen. Von den verschiedenen möglichen Arten der Zensorisierung werden hier die beiden folgenden betrachtet:

– Vorab festgelegte Anzahl $r < n$ der n Stichprobeneinheiten, von denen Merkmalswerte ermittelt werden sollen. Die Merkmalswerte, die an den n Stichprobeneinheiten ermittelt werden, fallen nach aufsteigenden Werten an, bis die vorab festgelegte Anzahl r erreicht ist; die weiteren $(n-r)$ Merkmalswerte, die bei Fortsetzung der Untersuchung gefunden würden, werden nicht mehr ermittelt.

– Vorab festgelegter größter Merkmalswert x', wie z. B. eine Festigkeit, eine Zeitdauer oder eine Anzahl von Schaltzyklen. Die Stichprobe des Umfangs n wird bis zum Erreichen des größten Merkmalswertes x' beansprucht. Dann liegen Merkmalswerte $x \leq x'$ von r' Stichprobeneinheiten vor; die weiteren $(n-r')$ Merkmalswerte, die bei Fortsetzung der Untersuchung gefunden würden, werden nicht mehr ermittelt.

Diese Norm gilt streng nur für die vorab festgelegte Anzahl r. Sie gilt in ausreichender Näherung auch für den vorab festgelegten größten Merkmalswert x'. Im letzteren Fall ist in den nachfolgenden Formeln r durch r' zu ersetzen.

Zur Bedeutung des Wortes "zensorisieren" sei darauf hingewiesen, daß es den Verzicht auf einen direkt oder indirekt festgelegten Anteil derjenigen Werte einer Stichprobe bedeutet, die bei vollständiger Untersuchung der Stichprobe ermittelt werden könnten. Dagegen bezeichnet das Wort "stutzen" den Verzicht auf einen Teil der Werte der Grundgesamtheit. In dieser Norm wird vorausgesetzt, daß die Grundgesamtheit nicht gestutzt ist.

ANMERKUNG: In dieser Norm werden nur vollständige und einfach zensorisierte Stichproben behandelt, nicht jedoch mehrfach zensorisierte Stichproben.

1.3 Wichtige Randbedingungen

Obwohl Mischverteilungen bei speziellen Merkmalen, beispielsweise bei Lebensdauern, vergleichsweise häufig vorkommen können, geht diese Norm von der Voraussetzung aus, daß die Stichprobenergebnisse einer unvermischten Weibull-Verteilung entstammen. Deshalb ist es wichtig, daß sich der Anwender vor der Anwendung der in dieser Norm beschriebenen Verfahren davon überzeugt, daß eine unvermischte Weibull-Verteilung vorliegt (siehe Abschnitt 6).

Entsprechende Vorsicht ist – unter Einbeziehung aller verfügbaren Kenntnisse aus dem Fachgebiet, aus welchem die Stichprobe stammt – geboten bei jeglichen Extrapolationen in Bereiche der Häufigkeitssumme hinein, die nicht mit Meßwerten belegt sind; und zwar um so mehr, je weiter sich die beurteilende Betrachtung aus dem mit Meßwerten belegten Bereich entfernt.

Zur statistischen Auswertungsmethodik ist anzumerken, daß es unterschiedliche Näherungen gibt. Je besser die Näherung ist, um so größer ist im allgemeinen der Rechenaufwand. Die Methodik dieser Norm wurde gewählt, weil sie auch nur mit einem Taschenrechner angewendet werden kann. Das vielfach verwendete Näherungsverfahren unter Anwendung der kleinsten Abweichungsquadrate wird hier als nichthinreichende Näherung betrachtet.

2 Normative Verweisungen

Diese Norm enthält durch datierte oder undatierte Verweisungen Festlegungen aus anderen Publikationen. Diese normativen Verweisungen sind an den jeweiligen Stellen im Text zitiert, und die Publikationen sind nachstehend aufgeführt. Bei datierten Verweisungen gehören spätere Änderungen oder Überarbeitungen dieser Publikationen nur zu dieser Norm, falls sie durch Änderung oder Überarbeitung eingearbeitet sind. Bei undatierten Verweisungen gilt die letzte Ausgabe der in Bezug genommenen Publikation.

DIN 55350-14
Begriffe der Qualitätssicherung und Statistik – Begriffe der Probenahme

DIN 55350-21
Begriffe der Qualitätssicherung und Statistik – Begriffe der Statistik, Zufallsgrößen und Wahrscheinlichkeitsverteilungen

DIN 55350-22
Begriffe der Qualitätssicherung und Statistik – Begriffe der Statistik, Spezielle Wahrscheinlichkeitsverteilungen

DIN 55350-24
Begriffe der Qualitätssicherung und Statistik – Begriffe der Statistik, Schließende Statistik

Übrige Normen der Reihe DIN 55350
Begriffe der Qualitätssicherung und Statistik

ISO 3534-1 : 1993
Statistics – Vocabulary and symbols – Part 1: Probability and general statistical terms

ISO 3534-2 : 1993
Statistics – Vocabulary and symbols – Part 2: Statistical quality control

ISO 3534-3 : 1985
Statistics – Vocabulary and symbols – Part 3: Design of experiments

3 Begriffe

In dieser Norm werden die Begriffe aus ISO 3534-1 : 1993, ISO 3534-2 : 1993, ISO 3534-3 : 1985 und der Normenreihe DIN 55350 verwendet, insbesondere diejenigen aus DIN 55350-14, DIN 55350-21, DIN 55350-22 und DIN 55350-24.

4 Formelzeichen und Definitionsgleichungen

X betrachtetes Merkmal

x Wert des Merkmals

x_G Quantil zum Unterschreitungsanteil G

$G(x)$ Verteilungsfunktion von X = Unterschreitungsanteil zum Wert x

$R(x) = 1 - G(x)$

- x_0 Verschiebungsparameter der dreiparametrigen Weibull-Verteilung
- β Formparameter der Weibull-Verteilung (Ausfallsteilheit)
- θ Skalenparameter der Weibull-Verteilung
- $\hat{}$ Kennzeichnung eines Schätzwertes
- $1-\alpha$ Vertrauensniveau
- n Stichprobenumfang
- r, r' Anzahl der Stichprobeneinheiten, von denen Ermittlungsergebnisse gewonnen wurden
- r/n Zensorisierungsgrad
- $x_{(1)}, x_{(2)}, x_{(3)}, \ldots, x_{(r)}$ geordnete Stichprobe mit $r \leq n$ und $x_{(1)} \leq x_{(2)} \leq \ldots \leq x_{(r)}$
- f Anzahl der Freiheitsgrade

Indizes

- un untere Vertrauensgrenze
- ob obere Vertrauensgrenze
- e einseitiger Vertrauensbereich
- z hier: zweiseitiger Vertrauensbereich

Für die beiden Parameter θ und β werden in verschiedenen Anwendungsgebieten unterschiedliche Formelzeichen benutzt. Beispiele dafür finden sich in der nachfolgenden Tabelle 1.

Tabelle 1: Formelzeichen für Parameter der Weibullverteilung aus verschiedenen Anwendungsbereichen

Fachgebiet	Skalen-parameter	Form parameter
diese Norm	θ	β
DIN 55350-22	b	k
Lebensdauer-untersuchungen	T	b
Materialprüfungen	σ_0	m

Die Verteilungsfunktion der Weibull-Verteilung lautet:

$$G(x) = \begin{cases} 0 \text{ für } x \leq x_0 \\ 1 - \exp\left[-\left[\dfrac{x - x_0}{\theta}\right]^{\beta}\right] \text{ für } x \geq x_0 \end{cases} \quad (1)$$

Mit $x_0 = 0$ erhält man die in dieser Norm allein behandelte zweiparametrige Weibull-Verteilung mit der Verteilungsfunktion

$$G(x) = \begin{cases} 0 \text{ für } x \leq 0 \\ 1 - \exp\left[-(x/\theta)^{\beta}\right] \text{ für } x \geq 0 \end{cases} \quad (2)$$

5 Punktschätzungen für den Formparameter β und den Skalenparameter θ der Verteilung

5.1 Zensorisierte Stichprobe: $r < n$

$$\hat{\beta} = \frac{n\,K_{r;\,n}}{r \ln x_{(r)} - \sum_{i=1}^{r} \ln x_{(i)}} \quad (3)$$

$$\hat{\theta} = \exp\left(\ln x_{(r)} - \frac{c_{r;\,n}}{\hat{\beta}}\right) \quad (4)$$

Werte für $K_{r;n}$ und $c_{r;n}$ sind den Tabellen 9 und 10 zu entnehmen.

5.2 Vollständige Stichprobe: $r = n$

$$\hat{\beta} = \frac{n\,K_n}{\dfrac{s}{n-s} \sum_{i=s+1}^{n} \ln x_{(i)} - \sum_{i=1}^{s} \ln x_{(i)}} \quad (5)$$

$$\hat{\theta} = \exp\left(\frac{1}{n} \sum_{i=1}^{n} \ln x_{(i)} + \frac{0{,}5772}{\hat{\beta}}\right) \quad (6)$$

mit $s = \text{ent}\,(0{,}84\,n) = $ (größte ganze Zahl $\leq 0{,}84\,n$).

Die Werte für K_n sind der Tabelle 11 zu entnehmen.

6 Beurteilung von Stichprobenergebnissen

6.1 Das Weibull-Netz

Das Wahrscheinlichkeitsnetz für die Weibull-Verteilung ist so konstruiert, daß die Verteilungsfunktion einer zweiparametrigen Weibull-Verteilung durch eine Gerade repräsentiert wird. Die Steigung der Geraden ist durch den Formparameter β bestimmt.

Es ist folgendermaßen aufgebaut:

Ordinateneinteilung für $G(x)$ nach der Funktion

$$\eta = \ln\left(\ln \frac{1}{1 - G(x)}\right)$$

Abszissenteilung für x nach der Funktion

$\xi = \ln x$ oder $\xi = \lg x$

Entsprechende Formblätter sind im Handel.

In der Regel soll ein Weibull-Netz verwendet werden, dessen Ordinate von $G = 10^{-3} = 0{,}1\,\%$ bis $G = 0{,}999 = 99{,}9\,\%$ reicht.

Die Anzahl der erforderlichen Dekaden des Abszissenbereichs hängt vom Formparameter β ab.

6.2 Graphische Darstellung der geschätzten Verteilungsfunktion

Die Punktschätzungen $\hat{\beta}$ des Formparameters β und $\hat{\theta}$ des Skalenparameters θ legen eine Gerade im Weibull-Netz fest; diese Gerade wird zweckmäßigerweise durch folgende Punkte festgelegt:

$x = \hat{\theta}$ $\quad G(x) = 0{,}632\,1 = 63{,}21\,\%$

$x = \hat{\theta} \cdot 0{,}010\,05^{\,1/\hat{\beta}}$ $\quad G(x) = 0{,}01 = 1\,\%$

Die Gerade wird in das Weibull-Netz eingezeichnet.

6.3 Einzeichnen der Stichprobendaten in das Weibull-Netz

6.3.1 Einzelwerte

Aus den Messungen an einer zensorisierten oder vollständigen Stichprobe liegen r bzw. n einzelne Merkmalswerte $x_{(i)}$ vor, geordnet in aufsteigender Reihenfolge.

Jedem solchen Merkmalswert $x_{(i)}$ wird ein Ordinatenwert

$$G_{n;\,i} = \frac{i - 0{,}3}{n + 0{,}4} \quad i = 1, 2, \ldots, r \leq n \quad (7)$$

zugeordnet, wobei die Ordinatenwerte $G_{n;\,i}$ eine Näherung der Median-Ranks darstellen.

Die Werte der Funktion $G_{n;\,i}$ für die Stichprobenumfänge $n = 5$ bis $n = 46$ sind in Tabelle 2 angegeben.

Tabelle 2: Werte von $G_{n;i} = \frac{i - 0{,}3}{n + 0{,}4}$ in % für Stichprobenumfänge $5 \leq n \leq 46$

i	n													
	5	6	7	8	9	10	11	12	13	14	15	16	17	18
1	12,96	10,94	9,46	8,33	7,45	6,73	6,14	5,65	5,22	4,86	4,55	4,27	4,02	3,80
2	31,48	26,56	22,97	20,24	18,09	16,35	14,91	13,71	12,69	11,81	11,04	10,37	9,77	9,24
3	50,00	42,19	36,49	32,14	28,72	25,96	23,68	21,77	20,15	18,75	17,53	16,46	15,52	14,67
4	68,52	57,81	50,00	44,05	39,36	35,58	32,46	29,84	27,61	25,69	24,03	22,56	21,26	20,11
5	87,04	73,44	63,51	55,95	50,00	45,19	41,23	37,90	35,07	32,64	30,52	28,66	27,01	25,54
6	–	89,06	77,03	67,86	60,64	54,81	50,00	45,97	42,54	39,58	37,01	34,76	32,76	30,98
7	–	–	90,54	79,76	71,28	64,42	58,77	54,03	50,00	46,53	43,51	40,85	38,51	36,41
8	–	–	–	91,67	81,91	74,04	67,54	62,10	57,46	53,47	50,00	46,95	44,25	41,85
9	–	–	–	–	92,55	83,65	76,32	70,16	64,93	60,42	56,49	53,05	50,00	47,28
10	–	–	–	–	–	93,27	85,09	78,23	72,39	67,36	62,99	59,15	55,75	52,72
11	–	–	–	–	–	–	93,86	86,29	79,85	74,31	69,48	65,24	61,49	58,15
12	–	–	–	–	–	–	–	94,35	87,31	81,25	75,97	71,34	67,24	63,59
13	–	–	–	–	–	–	–	–	94,78	88,19	82,47	77,44	72,99	69,02
14	–	–	–	–	–	–	–	–	–	95,14	88,96	83,54	78,74	74,46
15	–	–	–	–	–	–	–	–	–	–	95,45	89,63	84,48	79,89
16	–	–	–	–	–	–	–	–	–	–	–	95,73	90,23	85,33
17	–	–	–	–	–	–	–	–	–	–	–	–	95,98	90,76
18	–	–	–	–	–	–	–	–	–	–	–	–	–	96,20
i	n													
	19	20	21	22	23	24	25	26	27	28	29	30	31	32
1	3,61	3,43	3,27	3,13	2,99	2,87	2,76	2,65	2,55	2,46	2,38	2,30	2,23	2,16
2	8,76	8,33	7,94	7,59	7,26	6,97	6,69	6,44	6,20	5,99	5,78	5,59	5,41	5,25
3	13,92	13,24	12,62	12,05	11,54	11,07	10,63	10,23	9,85	9,51	9,18	8,88	8,60	8,33
4	19,07	18,14	17,29	16,52	15,81	15,16	14,57	14,02	13,50	13,03	12,59	12,17	11,78	11,42
5	24,23	23,04	21,96	20,98	20,09	19,26	18,50	17,80	17,15	16,55	15,99	15,46	14,97	14,51
6	29,38	27,94	26,64	25,45	24,36	23,36	22,44	21,59	20,80	20,07	19,39	18,75	18,15	17,59
7	34,54	32,84	31,31	29,91	28,63	27,46	26,38	25,38	24,45	23,59	22,79	22,04	21,34	20,68
8	39,69	37,75	35,98	34,38	32,91	31,56	30,31	29,17	28,10	27,11	26,19	25,33	24,52	23,77
9	44,85	42,65	40,65	38,84	37,18	35,66	34,25	32,95	31,75	30,63	29,59	28,62	27,71	26,85
10	50,00	47,55	45,33	43,30	41,45	39,75	38,19	36,74	35,40	34,15	32,99	31,91	30,89	29,94
11	55,15	52,45	50,00	47,77	45,73	43,85	42,13	40,53	39,05	37,68	36,39	35,20	34,08	33,02
12	60,31	57,35	54,67	52,23	50,00	47,95	46,06	44,32	42,70	41,20	39,80	38,49	37,26	36,11
13	65,46	62,25	59,35	56,70	54,27	52,05	50,00	48,11	46,35	44,72	43,20	41,78	40,45	39,20
14	70,62	67,16	64,02	61,16	58,55	56,15	53,94	51,89	50,00	48,24	46,60	45,07	43,63	42,28
15	75,77	72,06	68,69	65,63	62,82	60,25	57,87	55,68	53,65	51,76	50,00	48,36	46,82	45,37
16	80,93	76,96	73,36	70,09	67,09	64,34	61,81	59,47	57,30	55,28	53,40	51,64	50,00	48,46
17	86,08	81,86	78,04	74,55	71,37	68,44	65,75	63,26	60,95	58,80	56,80	54,93	53,18	51,54

(fortgesetzt)

Tabelle 2 (fortgesetzt)

i	n													
	19	20	21	22	23	24	25	26	27	28	29	30	31	32
18	91,24	86,76	82,71	79,02	75,64	72,54	69,69	67,05	64,60	62,32	60,20	58,22	56,37	54,63
19	96,39	91,67	87,38	83,48	79,91	76,64	73,62	70,83	68,25	65,85	63,61	61,51	59,55	57,72
20	–	96,57	92,06	87,95	84,19	80,74	77,56	74,62	71,90	69,37	67,01	64,80	62,74	60,80
21	–	–	96,73	92,41	88,46	84,84	81,50	78,41	75,55	72,89	70,41	68,09	65,92	63,89
22	–	–	–	96,88	92,74	88,93	85,43	82,20	79,20	76,41	73,81	71,38	69,11	66,98
23	–	–	–	–	97,01	93,03	89,37	85,98	82,85	79,93	77,21	74,67	72,29	70,06
24	–	–	–	–	–	97,13	93,31	89,77	86,50	83,45	80,61	77,96	75,48	73,15
25	–	–	–	–	–	–	97,24	93,56	90,15	86,97	84,01	81,25	78,66	76,23
26	–	–	–	–	–	–	–	97,35	93,80	90,49	87,41	84,54	81,85	79,32
27	–	–	–	–	–	–	–	–	97,45	94,01	90,82	87,83	85,03	82,41
28	–	–	–	–	–	–	–	–	–	97,54	94,22	91,12	88,22	85,49
29	–	–	–	–	–	–	–	–	–	–	97,62	94,41	91,40	88,58
30	–	–	–	–	–	–	–	–	–	–	–	97,70	94,59	91,67
31	–	–	–	–	–	–	–	–	–	–	–	–	97,77	94,75
32	–	–	–	–	–	–	–	–	–	–	–	–	–	97,84

i	n													
	33	34	35	36	37	38	39	40	41	42	43	44	45	46
1	2,10	2,03	1,98	1,92	1,87	1,82	1,78	1,73	1,69	1,65	1,61	1,58	1,54	1,51
2	5,09	4,94	4,80	4,67	4,55	4,43	4,31	4,21	4,11	4,01	3,92	3,83	3,74	3,66
3	8,08	7,85	7,63	7,42	7,22	7,03	6,85	6,68	6,52	6,37	6,22	6,08	5,95	5,82
4	11,08	10,76	10,45	10,16	9,89	9,64	9,39	9,16	8,94	8,73	8,53	8,33	8,15	7,97
5	14,07	13,66	13,28	12,91	12,57	12,24	11,93	11,63	11,35	11,08	10,83	10,59	10,35	10,13
6	17,07	16,57	16,10	15,66	15,24	14,84	14,47	14,11	13,77	13,44	13,13	12,84	12,56	12,28
7	20,06	19,48	18,93	18,41	17,91	17,45	17,01	16,58	16,18	15,80	15,44	15,09	14,76	14,44
8	23,05	22,38	21,75	21,15	20,59	20,05	19,54	19,06	18,60	18,16	17,74	17,34	16,96	16,59
9	26,05	25,29	24,58	23,90	23,26	22,66	22,08	21,53	21,01	20,52	20,05	19,59	19,16	18,75
10	29,04	28,20	27,40	26,65	25,94	25,26	24,62	24,01	23,43	22,88	22,35	21,85	21,37	20,91
11	32,04	31,10	30,23	29,40	28,61	27,86	27,16	26,49	25,85	25,24	24,65	24,10	23,57	23,06
12	35,03	34,01	33,05	32,14	31,28	30,47	29,70	28,96	28,26	27,59	26,96	26,35	25,77	25,22
13	38,02	36,92	35,88	34,89	33,96	33,07	32,23	31,44	30,68	29,95	29,26	28,60	27,97	27,37
14	41,02	39,83	38,70	37,64	36,63	35,68	34,77	33,91	33,09	32,31	31,57	30,86	30,18	29,53
15	44,01	42,73	41,53	40,38	39,30	38,28	37,31	36,39	35,51	34,67	33,87	33,11	32,38	31,68
16	47,01	45,64	44,35	43,13	41,98	40,89	39,85	38,86	37,92	37,03	36,18	35,36	34,58	33,84
17	50,00	48,55	47,18	45,88	44,65	43,49	42,39	41,34	40,34	39,39	38,48	37,61	36,78	35,99
18	52,99	51,45	50,00	48,63	47,33	46,09	44,92	43,81	42,75	41,75	40,78	39,86	38,99	38,15
19	55,99	54,36	52,82	51,37	50,00	48,70	47,46	46,29	45,17	44,10	43,09	42,12	41,19	40,30
20	58,98	57,27	55,65	54,12	52,67	51,30	50,00	48,76	47,58	46,46	45,39	44,37	43,39	42,46
21	61,98	60,17	58,47	56,87	55,35	53,91	52,54	51,24	50,00	48,82	47,70	46,62	45,59	44,61

(fortgesetzt)

Tabelle 2 (abgeschlossen)

i	n													
	33	34	35	36	37	38	39	40	41	42	43	44	45	46
22	64,97	63,08	61,30	59,62	58,02	56,51	55,08	53,71	52,42	51,18	50,00	48,87	47,80	46,77
23	67,96	65,99	64,12	62,36	60,70	59,11	57,61	56,19	54,83	53,54	52,30	51,13	50,00	48,92
24	70,96	68,90	66,95	65,11	63,37	61,72	60,15	58,66	57,25	55,90	54,61	53,38	52,20	51,08
25	73,95	71,80	69,77	67,86	66,04	64,32	62,69	61,14	59,66	58,25	56,91	55,63	54,41	53,23
26	76,95	74,71	72,60	70,60	68,72	66,93	65,23	63,61	62,08	60,61	59,22	57,88	56,61	55,39
27	79,94	77,62	75,42	73,35	71,39	69,53	67,77	66,09	64,49	62,97	61,52	60,14	58,81	57,54
28	82,93	80,52	78,25	76,10	74,06	72,14	70,30	68,56	66,91	65,33	63,82	62,39	61,01	59,70
29	85,93	83,43	81,07	78,85	76,74	74,74	72,84	71,04	69,32	67,69	66,13	64,64	63,22	61,85
30	88,92	86,34	83,90	81,59	79,41	77,34	75,38	73,51	71,74	70,05	68,43	66,89	65,42	64,01
31	91,92	89,24	86,72	84,34	82,09	79,95	77,92	75,99	74,15	72,41	70,74	69,14	67,62	66,16
32	94,91	92,15	89,55	87,09	84,76	82,55	80,46	78,47	76,57	74,76	73,04	71,40	69,82	68,32
33	97,90	95,06	92,37	89,84	87,43	85,16	82,99	80,94	78,99	77,12	75,35	73,65	72,03	70,47
34	–	97,97	95,20	92,58	90,11	87,76	85,53	83,42	81,40	79,48	77,65	75,90	74,23	72,63
35	–	–	98,02	95,33	92,78	90,36	88,07	85,89	83,82	81,84	79,95	78,15	76,43	74,78
36	–	–	–	98,08	95,45	92,97	90,61	88,37	86,23	84,20	82,26	80,41	78,63	76,94
37	–	–	–	–	98,13	95,57	93,15	90,84	88,65	86,56	84,56	82,66	80,84	79,09
38	–	–	–	–	–	98,18	95,69	93,32	91,06	88,92	86,87	84,91	83,04	81,25
39	–	–	–	–	–	–	98,22	95,79	93,48	91,27	89,17	87,16	85,24	83,41
40	–	–	–	–	–	–	–	98,27	95,89	93,63	91,47	89,41	87,44	85,56
41	–	–	–	–	–	–	–	–	98,31	95,99	93,78	91,67	89,65	87,72
42	–	–	–	–	–	–	–	–	–	98,35	96,08	93,92	91,85	89,87
43	–	–	–	–	–	–	–	–	–	–	98,39	96,17	94,05	92,03
44	–	–	–	–	–	–	–	–	–	–	–	98,42	96,26	94,18
45	–	–	–	–	–	–	–	–	–	–	–	–	98,46	96,34
46	–	–	–	–	–	–	–	–	–	–	–	–	–	98,49

Die Punkte $(x_{(i)}, G_{n;\,i})$ werden in das Weibull-Netz eingetragen. Sie repräsentieren die Merkmalswerte der Stichprobe.

ANMERKUNG: Es gibt auch andere Funktionen $G_{n;\,i}$. Ihre Werte unterscheiden sich um so weniger von den in Tabelle 2 angegebenen, je größer n ist. Hier wird eine weit verbreitete Näherungsfunktion verwendet.

6.3.2 Klassierte Werte

An den oberen Klassengrenzen werden die bis zur betrachteten Merkmalsklasse aufsummierten Anteile eingetragen.

6.4 Beurteilung der Stichprobendaten

Werden bei einem Vergleich der nach Abschnitt 6.2 eingetragenen Geraden und der nach Abschnitt 6.3 eingetragenen Punkte systematische Abweichungen festgestellt, ist die Annahme einer unvermischten Weibull-Verteilung für die Stichprobenwerte zu verwerfen.

Systematische Abweichungen müssen im einzelnen untersucht werden, wobei das Wissen über die zugrundeliegenden technisch-physikalischen Zusammenhänge sowie die Ergebnisse vorausgegangener Untersuchungen herangezogen werden sollen.

Läßt sich z. B. die Folge der Stichprobenwerte durch Geradenabschnitte unterschiedlicher Steigungen annähern, so deutet dies auf das Vorliegen einer Mischverteilung hin.

7 Vertrauensbereiche

Die Formeln zur Berechnung der Vertrauensbereiche in den folgenden Unterabschnitten gelten für den zweiseitigen Fall. Im einseitigen Fall ist in den Formeln $\alpha/2$ durch α zu ersetzen. Eine ausführliche Anleitung zum Rechengang wird in den betreffenden Formblättern gegeben.

Das Vertrauensniveau $(1-\alpha)$ ist vom Anwender der Norm unter Einbeziehung aller bekannten Risiken zum betrachteten Fall zu wählen.

7.1 Vertrauensbereich für den Formparameter β

(Ausführung der Berechnung siehe Formblatt A)

Die obere Grenze des zweiseitigen Vertrauensbereichs für den Formparameter β zum Vertrauensniveau $1-\alpha$ beträgt

$$\beta_{\mathrm{ob;\,z}} = \hat{\beta}\,\frac{\chi^2_{f_1;\,1-\alpha/2}}{f_1} \qquad (8)$$

und die untere Grenze

$$\beta_{\text{un};z} = \hat{\beta}\,\frac{\chi^2_{f_1;\,\alpha/2}}{f_1} \quad (9)$$

mit $\hat{\beta}$ nach Abschnitt 5.

f_1 wird aus dem Tabellenwert der Tabelle 12 durch Multiplikation mit n errechnet. $\chi^2_{f_1;\alpha/2}$ und $\chi^2_{f_1;\,1-\alpha/2}$ sind Quantile der Chi-Quadrat-Verteilung mit f_1 Freiheitsgraden (siehe Tabelle 15).

ANMERKUNG: f_1 ist abhängig vom Stichprobenumfang n und vom Zensorisierungsgrad r/n, jedoch nicht abhängig vom Schätzwert $\hat{\beta}$ des Formparameters β.

7.2 Vertrauensbereich für den Wert der Verteilungsfunktion $G(x)$ bei vorgegebenem Merkmalswert x

(Ausführung der Berechnung siehe Formblatt B)

Die Grenzen des zweiseitigen Vertrauensbereichs für G zum Vertrauensniveau $1-\alpha$ werden zu einem betrachteten Wert x der Variablen X in folgenden Schritten ermittelt:

Berechnung der Hilfsgröße y:

$$y = \hat{\beta}\,\ln\frac{\hat{\theta}}{x} = -\ln\left(\ln\frac{1}{1-\hat{G}(x)}\right) \quad (10)$$

Berechnung der Hilfsgröße v:

$$v = By^2 - 2Cy + A \quad (11)$$

Die Werte A, B, C werden aus den Tabellenwerten der Tabelle 13 mittels Division durch n errechnet.

Ermittlung von f_2 und $H(f_2)$ nach Tabelle 14.

Berechnung der Hilfsgröße Y:

$$Y = \exp\,(\;y + H(f_2)) \quad (12)$$

ANMERKUNG: Y und f_2 sind abhängig vom Schätzwert $\hat{G}(x)$, dem Stichprobenumfang n und dem Zensorisierungsgrad r/n, jedoch unabhängig vom Schätzwert $\hat{\beta}$ des Formparameters β.

Obere Vertrauensgrenze

$$G_{\text{ob};z} = 1 - \exp\left[-Y\,\frac{\chi^2_{f_2;\,1-\alpha/2}}{f_2}\right] \quad (13)$$

Untere Vertrauensgrenze

$$G_{\text{un};z} = 1 - \exp\left[-Y\,\frac{\chi^2_{f_2;\,\alpha/2}}{f_2}\right] \quad (14)$$

7.3 Vertrauensbereich für den Skalenparameter θ

(Ausführung der Berechnung siehe Formblatt C)

7.3.1 Berechnung im allgemeinen Fall

Die Grenzen des zweiseitigen Vertrauensbereichs für den Skalenparameter θ zum Vertrauensniveau $1-\alpha$ werden iterativ ermittelt:

$$\theta_{\text{ob};z;j+1} = \frac{\theta_{\text{ob};z;j}}{\left[\ln\dfrac{1}{1-G_{\text{un};z}(x=\theta_{\text{ob};z;j})}\right]^{1/\hat{\beta}}} \quad (15)$$

$$\theta_{\text{un};z;j+1} = \frac{\theta_{\text{un};z;j}}{\left[\ln\dfrac{1}{1-G_{\text{ob};z}(x=\theta_{\text{un};z;j})}\right]^{1/\hat{\beta}}} \quad (16)$$

Die Iteration soll für $j=0$ mit $\theta_{\text{ob};z;0} = \theta_{\text{un};z;0} = \hat{\theta}$ gestartet werden. Sie kann abgebrochen werden, wenn zwei aufeinanderfolgende Werte θ_{ob} bzw. θ_{un} sich nicht um mehr unterscheiden, als es im betrachteten Fall hinnehmbar ist.

7.3.2 Vereinfachte Berechnung bei vollständigen Stichproben

Bei vollständigen Stichproben kann folgende Beziehung verwendet werden:

$$\theta^*_{\text{ob};z} = \hat{\theta}\,\exp\left[-\frac{T_{n;\,\alpha/2}}{\hat{\beta}}\right] \quad (17)$$

$$\theta^*_{\text{un};z} = \hat{\theta}\,\exp\left[-\frac{T_{n;\,1-\alpha/2}}{\hat{\beta}}\right] \quad (18)$$

$T_{n;P}$ wird aus Tabelle 17 entnommen.

7.4 Vertrauensbereich für x bei vorgegebenem Wert G der Verteilungsfunktion

7.4.1 Berechnung im allgemeinen Fall

Die Berechnung des Vertrauensbereiches für den Merkmalswert x bei vorgegebenem Wert der Verteilungsfunktion $G(x)=G$ erfordert die Lösung der transzendenten Gleichungen

$$G_{\text{un};z}(x=x_{\text{ob};z}) = G_{\text{ob};z}(x=x_{\text{un};z}) = G$$

Die Lösungen dieser Gleichungen können durch Variation von x im Berechnungsgang nach Abschnitt 7.2 in fortschreitender Annäherung gewonnen werden.

In der Regel ist es weniger aufwendig, den Vertrauensbereich für x bei vorgegebenem $G(x)=G$ graphisch zu ermitteln. Dazu werden in das nach Abschnitt 6 gezeichnete Diagramm die nach Abschnitt 7 ermittelten Vertrauensgrenzen $G_{\text{ob};z}(x)$ und $G_{\text{un};z}(x)$ für mehrere x eingetragen und miteinander verbunden. An dem dadurch entstehenden Bereich können dann die Vertrauensgrenzen von x bei vorgegebenem $G(x)=G$ direkt abgelesen werden.

Dieses Verfahren ist bei niedrigen Werten $G(x)$ ungenau, da dann der Freiheitsgrad f_2, der die Chi-Quadrat-Verteilung festlegt, kleiner als 1 wird. In diesem Fall müssen die Grenzkurven des Vertrauensbereichs für die Verteilungsfunktion $G(x)$ entweder graphisch oder rechnerisch linear extrapoliert werden.

Die graphische Extrapolation erlaubt eine direkte Ablesung der Vertrauensbereichsgrenzen von x bei vorgegebenem $G(x)$.

Soll der Vertrauensbereich für x bei vorgegebenem G durch rechnerische Extrapolation ermittelt werden, so wird ein geeigneter Wert $\hat{x}_1$ gewählt und nach Abschnitt 7.2 dafür der Vertrauensbereich der Verteilungsfunktion $\hat{G}(\hat{x}_1)$ ermittelt, wobei $\hat{x}_1$ etwa an der unteren Grenze des experimentell erfaßten Bereiches von x liegen soll. Man erhält die Vertrauensgrenzen $G_{\text{ob};z}(\hat{x}_1)$ und $G_{\text{un};z}(\hat{x}_1)$. Die Grenzen des Vertrauensbereichs für x bei vorgegebenem G werden dann nach folgenden Gleichungen berechnet:

$$x_{2;\text{ob};z} = \hat{x}_1\left[\frac{\ln(1-G)}{\ln(1-G_{\text{un};z}(\hat{x}_1))}\right]^{1/\beta_{\text{ob};z}} \quad (19)$$

$$x_{2;\text{un};z} = \hat{x}_1\left[\frac{\ln(1-G)}{\ln(1-G_{\text{ob};z}(\hat{x}_1))}\right]^{1/\beta_{\text{un};z}} \quad (20)$$

7.4.2 Vereinfachte Berechnung

Für $G \le 0{,}632$ kann auch folgende Beziehung verwendet werden:

$$x_{3;\text{ob};z} = \theta_{\text{ob};z}\left[\ln\left(\frac{1}{1-G}\right)\right]^{1/\beta_{\text{ob};z}} \quad (21)$$

$$x_{3;\text{un};z} = \theta_{\text{un};z}\left[\ln\left(\frac{1}{1-G}\right)\right]^{1/\beta_{\text{un};z}} \quad (22)$$

$\theta_{\text{ob};z}$ und $\theta_{\text{un};z}$ siehe Abschnitt 7.3.

Diese vereinfachte Berechnungsmethode liefert, verglichen mit den Vertrauensbereichen gemäß Abschnitt 7.4.1, größere Werte für den Vertrauensbereich von x.

ANMERKUNG: Modellrechnungen an vollständigen Stichproben zeigen, daß durch diese Beziehungen bei Extrapolation zu niedrigen Werten von G für $\beta \geq 5$ und hinreichend große Stichprobenumfänge ($n \geq 20$) eine bessere Näherung dann erreicht wird, wenn statt der Vertrauensgrenzen $\theta_{\text{ob; z}}$ und $\theta_{\text{un; z}}$ der Punktschätzwert $\hat{\theta}$ eingesetzt wird. Die damit berechneten Vertrauensbereiche sind geringfügig enger, als die nach Abschnitt 7.4.1 berechneten.

8 Formblätter

Formblatt A

Vertrauensbereich für den Formparameter β

Merkmal und Maßeinheit:

Ermittlungsverfahren:

Einheiten:

Bemerkungen:

Abgrenzung des Vertrauensbereiches für den Formparameter β:

a) einseitig nach oben ☐

b) einseitig nach unten ☐

c) zweiseitig ☐

Gewähltes Vertrauensniveau: $1 - \alpha =$

Stichprobenumfang: $n =$

Anzahl der Einheiten, von denen Ermittlungsergebnisse gewonnen wurden:

r' bzw. $r =$

Schätzwert für β nach Abschnitt 5: $\hat{\beta} =$

Ermittlung der Anzahl der Freiheitsgrade der χ^2-Verteilung:

bei $n \leq 100$: Tabellenwert aus Tabelle 12 ablesen.
Nach Multiplikation mit n erhält man: $f_1 =$

bei $n > 100$: h_∞, h_1 und h_2 aus Tabelle 12 ablesen. Berechnen:

$$f_1 = n\left(h_0 + \frac{h_1}{n} + \frac{h_2}{n^2}\right) =$$

Ermittlung der Vertrauensgrenzen:

zu a) Quantil der χ^2-Verteilung aus Tabelle 15 für $f = f_1$ und $P = 1 - \alpha$ ablesen:

$\chi^2_{f_1;\,1-\alpha} =$

Berechnung: $\beta_{\text{ob, e}} = \hat{\beta}\,\dfrac{\chi^2_{f_1;\,1-\alpha}}{f_1} =$

zu b) Quantil der χ^2-Verteilung aus Tabelle 15 für $f = f_1$ und $P = \alpha$ ablesen:

$\chi^2_{f_1;\,\alpha} =$

Berechnung: $\beta_{\text{un, e}} = \hat{\beta}\,\dfrac{\chi^2_{f_1;\,\alpha}}{f_1} =$

zu c) Quantile der χ^2-Verteilung aus Tabelle 15 für $f = f_1$ und $P = 1 - \alpha/2$ sowie $P = \alpha/2$ ablesen:

$\chi^2_{f_1;\,1-\alpha/2} =$ $\chi^2_{f_1;\,\alpha/2} =$

Berechnung: $\beta_{\text{ob, z}} = \hat{\beta}\,\dfrac{\chi^2_{f_1;\,1-\alpha/2}}{f_1} =$ $\beta_{\text{un, z}} = \hat{\beta}\,\dfrac{\chi^2_{f_1;\,\alpha/2}}{f_1} =$

Ergebnis:

bei a) $\beta \leq$ $= \beta_{\text{ob, e}}$

bei b) $\beta_{\text{un; e}} =$ $\leq \beta$

bei c) $\beta_{\text{un; z}} =$ $\leq \beta \leq$ $= \beta_{\text{ob; z}}$

Formblatt B

Vertrauensbereich für den Wert der Verteilungsfunktion G

Merkmal und Maßeinheit:
Ermittlungsverfahren:
Einheiten:
Bemerkungen:

Abgrenzung des Vertrauensbereiches für G:

a) einseitig nach oben ☐
b) einseitig nach unten ☐
c) zweiseitig ☐

Gewähltes Vertrauensniveau: $1 - \alpha =$

Stichprobenumfang: $n =$

Anzahl der Einheiten, von denen Ermittlungsergebnisse gewonnen wurden: r' bzw. $r =$

Gewählter Wert der Variablen X: $x =$

Schätzwerte für den Skalenparameter θ und den Formparameter β nach Abschnitt 5:

$\hat{\theta} =$ $\hat{\beta} =$

Berechnung der Hilfsgröße $y = \hat{\beta} \ln \frac{\hat{\theta}}{x} =$

Drei Tabellenwerte aus Tabelle 13 ablesen. Nach Division durch n erhält man:

$A =$ $B =$ $C =$

Berechnung der Hilfsgröße $v = By^2 - 2Cy + A =$

Ermittlung der Anzahl der Freiheitsgrade der χ^2-Verteilung bei $v \leq 2$: $f_2 = \frac{8v + 12}{v^2 + 6v} =$

bei $v > 2$: Tabellenwert aus Tabelle 14 ablesen: $f_2 =$

Ermittlung des Hilfswertes $H(f_2)$ bei $v \leq 2$: $H(f_2) = \frac{15(f_2)^2 + 5f_2 + 6}{15(f_2)^3 + 6f_2} =$

bei $v > 2$: Tabellenwert aus Tabelle 14 ablesen: $H(f_2) =$

Berechnung der Hilfsgröße $Y = \exp(-y + H(f_2)) =$

Ermittlung der Vertrauensgrenzen:

zu a) Quantil der χ^2-Verteilung aus Tabelle 15 für $f = f_2$ und $P = 1 - \alpha$ ablesen:

$\chi^2_{f_2;1-\alpha} =$

Berechnung: $G_{\text{ob,e}} = 1 - \exp\left(-Y \frac{\chi^2_{f_2;1-\alpha}}{f_2}\right) =$

zu b) Quantil der χ^2-Verteilung aus Tabelle 15 für $f = f_2$ und $P = \alpha$ ablesen:

$\chi^2_{f_2;\alpha} =$

Berechnung: $G_{\text{un,e}} = 1 - \exp\left(-Y \frac{\chi^2_{f_2;\alpha}}{f_2}\right) =$

zu c) Quantile der χ^2-Verteilung aus Tabelle 15 für $f = f_2$ und $P = 1 - \alpha/2$ sowie $P = \alpha/2$ ablesen:

$\chi^2_{f_2;1-\alpha/2} =$ $\chi^2_{f_2;\alpha/2} =$

Berechnungen: $G_{\text{ob,z}} = 1 - \exp\left(-Y \frac{\chi^2_{f_2;1-\alpha/2}}{f_2}\right) =$ $G_{\text{un,z}} = 1 - \exp\left(-Y \frac{\chi^2_{f_2;\alpha/2}}{f_2}\right) =$

Ergebnis:

bei a) $G \leq$ $= G_{\text{ob;e}}$

bei b) $G_{\text{un;e}} =$ $\leq G$

bei c) $G_{\text{un;z}} =$ $\leq G \leq$ $= G_{\text{ob;z}}$

Formblatt C

Vertrauensbereich für den Skalenparameter θ

Merkmal und Maßeinheit:

Ermittlungsverfahren:

Einheiten:

Bemerkungen:

Abgrenzung des Vertrauensbereiches für den Skalenparameter θ:

a) einseitig nach oben ☐

b) einseitig nach unten ☐

c) zweiseitig ☐

Gewähltes Vertrauensniveau: $1 - \alpha =$

Stichprobenumfang: $n =$

Anzahl der Einheiten, von denen Ermittlungsergebnisse gewonnen wurden: r' bzw. $r =$

Schätzwerte für den Skalenparameter θ und den Formparameter β nach Abschnitt 5:

$\hat{\theta} =$ $\hat{\beta} =$

Ermittlung der Vertrauensgrenzen: Die Vertrauensgrenzen werden iterativ ermittelt. Der bei $j = 0$ benötigte Startwert für θ ist $\hat{\theta}$: $\theta_{ob;z;0} = \theta_{ob;e;0} = \theta_{un;z;0} = \theta_{un;e;0} = \hat{\theta}$

zu a) Für $x = \theta_{ob;e;j}$ wird mit Hilfe von Formblatt B ermittelt: $G_{un;e;j} =$

Berechnung: $$\theta_{ob;e;j+1} = \frac{\theta_{ob;e;j}}{\left[\ln \frac{1}{1 - G_{un;e;j}}\right]^{1/\hat{\beta}}} =$$

Damit kann der nächste Iterationsschritt ausgeführt werden. Die Iteration kann abgebrochen werden, wenn zwei aufeinanderfolgende Werte θ_{ob} bzw. θ_{un} sich nicht um mehr unterscheiden, als es im betrachteten Fall hinnehmbar ist.

zu b) Für $x = \theta_{un;e;j}$ wird mit Hilfe von Formblatt B ermittelt: $G_{ob;e;j} =$

Berechnung: $$\theta_{un;e;j+1} = \frac{\theta_{un;e;j}}{\left[\ln \frac{1}{1 - G_{ob;e;j}}\right]^{1/\hat{\beta}}} =$$

Damit kann der nächste Iterationsschritt ausgeführt werden. Die Iteration kann abgebrochen werden, wenn zwei aufeinanderfolgende Werte θ_{ob} bzw. θ_{un} sich nicht um mehr unterscheiden, als es im betrachteten Fall hinnehmbar ist.

zu c) $\theta_{ob;z}$ wird ebenso ermittelt wie $\theta_{ob;e}$, wobei jedoch $1 - \alpha$ durch $1 - \alpha/2$, α durch $\alpha/2$ und $G_{un;e;j}$ durch $G_{un;z;j}$ ersetzt werden; siehe Rechengang zu a).

$\theta_{ob;z} =$

Entsprechendes gilt für $\theta_{un;z}$ (siehe Rechengang zu b)).

$\theta_{un;z} =$

Die Iteration kann abgebrochen werden, wenn zwei aufeinanderfolgende Werte θ_{ob} bzw. θ_{un} sich nicht um mehr unterscheiden, als es im betrachteten Fall hinnehmbar ist.

Ergebnis:

bei a) $\theta \leq \quad = \theta_{ob;e}$

bei b) $\theta_{un;e} = \quad \leq \theta$

bei c) $\theta_{un;z} = \quad \leq \theta \leq \quad = \theta_{ob;z}$

9 Beispiele

Es wird je ein Beispiel für Lebensdauerprüfung und für Festigkeitsprüfung angeführt, da für Merkmalswerte aus diesen Anwendungsbereichen häufig eine unvermischte Weibull-Verteilung angenommen wird.

BEISPIEL 1:
Messung der Biegefestigkeit von Floatglas, Glasdicke 3,85 mm, trocken vorgeschädigt mit Schleifpapier Körnung 220 nach Doppelringbiegeversuch mit Prüfeinrichtung R 45 nach DIN 52292-1 (Meßfläche 2,54 cm^2)

Tabelle 3: Daten der Biegefestigkeit

Einheit Nr	Biegefestigkeit N/mm^2
1	41,26
2	42,54
3	44,31
4	44,43
5	44,67
6	45,02
7	45,37
8	46,08
9	46,08
10	46,55
11	47,86
12	48,21
13	48,21
14	48,31
15	49,63
16	50,34
17	50,43
18	50,69
19	50,78
20	51,05
21	51,05
22	51,05
23	51,76
24	53,17

Die Biegefestigkeit von Glas ist wesentlich durch den Zustand seiner zugbeanspruchten Oberfläche (z. B. durch "Griffith-Risse") bestimmt. Die Glasoberfläche verändert sich während ihres Gebrauchs. Um die zu erwartende Mindestfestigkeit am Ende der Nutzungsdauer zu beurteilen, werden Messungen der Biegefestigkeit an stark vorgeschädigtem Glas durchgeführt.

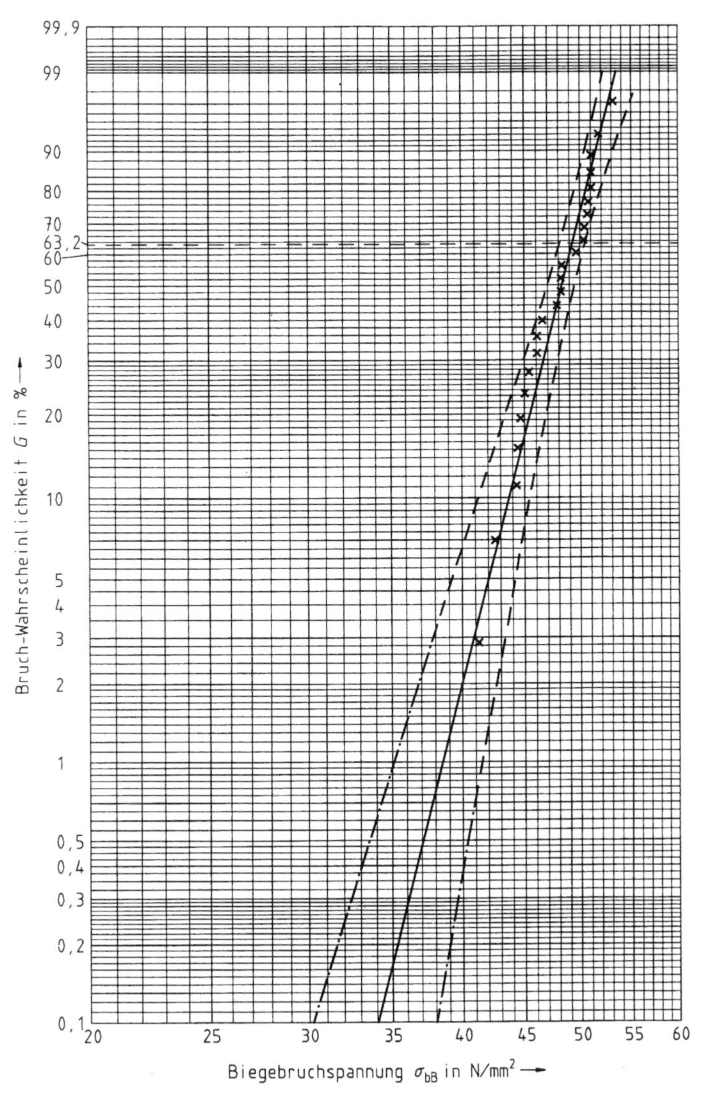

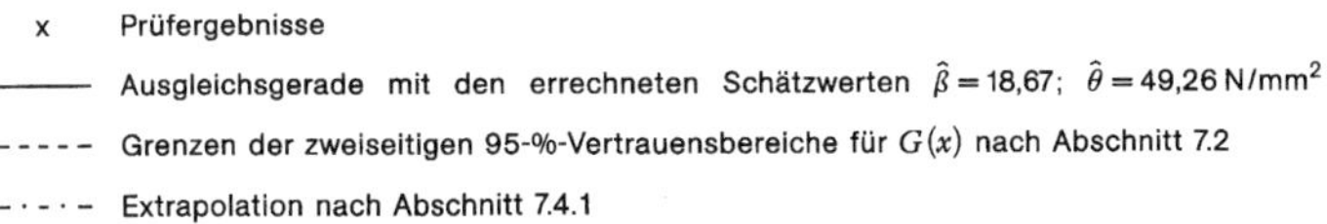

Bild 1: Ergebnis der Biegefestigkeitsprüfung einer vollständigen Stichprobe des Umfangs $n = 24$ von vorgeschädigtem Floatglas nach DIN 52292-1

Zusammenstellung der Ergebnisse für zweiseitig abgegrenzte 95-%-Vertrauensbereiche

Die im folgenden berechneten Zahlen sind auf 2 Stellen hinter dem Komma angegeben, um die Unterschiede in den Berechnungsvarianten besser erkennen zu können, obwohl die Angabe der Biegefestigkeit mit einer Stelle hinter dem Komma schon als sehr genaue Angabe gelten kann.

Die Zahlen bedeuten jeweils:

	Untere Vertrauensgrenze	Punktschätzwert	Obere Vertrauensgrenze

Formparameter β:

Nach Abschnitt 5.2 und Abschnitt 7.1:

β: 13,01 ... 18,67 ... 25,34

Skalenparameter θ:

Nach Abschnitt 5.2 und Abschnitt 7.3:

θ: 48,06 ... 49,26 ... 50,44 N/mm^2

Nach Abschnitt 5.2 und Abschnitt 7.3.2:

θ^*: 48,03 ... 49,26 ... 50,51 N/mm^2

Zum Ordinatenwert $G = 0{,}1$ % gehörende Werte x:

Graphische Ermittlung aus Bild 1:

x: 30,1 ... 34,0 ... 38,0 N/mm^2

Nach Abschnitt 4 und Abschnitt 7.4.1:

x_2: 29,03 ... 34,03 ... 38,00 N/mm^2

Nach Abschnitt 4 und Abschnitt 7.4.2:

x_3: 28,24 ... 34,03 ... 38,46 N/mm^2

Zum Ordinatenwert $G = 0{,}01$ % gehörende Werte x:

Nach Abschnitt 4 und Abschnitt 7.4.1:

x_2: 24,32 ... 30,08 ... 34,69 N/mm^2

Nach Abschnitt 4 und Abschnitt 7.4.2:

x_3: 23,66 ... 30,08 ... 35,12 N/mm^2

ANMERKUNG: Die Werte x_3 ergeben einen etwas zu weiten Vertrauensbereich.

Statistische Auswertung

a) Punktschätzungen: Ermittlung der Ausgleichsgeraden nach Abschnitt 5.2

Für $n = 24$ entnimmt man Tabelle 11: $K_n = 1{,}497\,5$. Ferner sind

$s = \text{ent}(0{,}84 \cdot 24) = \text{ent}(20{,}16) = 20 \qquad \sum_{i=1}^{s} \ln x_i = 77{,}005 \qquad \sum_{i=s+1}^{n} \ln x_i = 15{,}786$

Die Werte x_i sind dabei die Zahlenwerte der Biegefestigkeiten in N/mm^2. Damit ergibt sich nach Abschnitt 5.2:

$\hat{\beta} = 18{,}67 \qquad \hat{\theta} = 49{,}26$ N/mm^2

b) Vertrauensbereichsschätzungen

95-%-Vertrauensbereich: $1 - \alpha/2 = 0{,}975 \qquad \alpha/2 = 0{,}025$

1) 95-%-Vertrauensbereich für den Formparameter β nach Abschnitt 7.1

Aus Tabelle 12 ergibt sich für $n = 24$ durch lineare Interpolation: $f_1 = 2{,}918 \cdot 24 = 70{,}03$

Aus Tabelle 15: $\chi^2_{f_1;\,0{,}975} = 95{,}05 \qquad \chi^2_{f_1;\,0{,}025} = 48{,}78$

Damit: $\beta_{\text{ob; z}} = 25{,}34 \qquad \beta_{\text{un; z}} = 13{,}01$

2) 95-%-Vertrauensbereich für den Wert der Verteilungsfunktion $G(x)$ nach Abschnitt 7.2

Tabelle 4: Rechengang

$G(x)$ %	$\hat{x}$ N/mm^2	y	v	f_2	$H(f_2)$	Y	$\chi^2_{f_2;\,0{,}975}$	$\chi^2_{f_2;\,0{,}025}$	$G_{\text{ob; z}}$ %	$G_{\text{un; z}}$ %
99	53,46	−1,527 6	0,086 70	24,054	0,042 15	4,805 4	39,433	12,440	99,96	91,67
95	52,24	−1,096 6	0,062 43	33,026	0,030 58	3,086 9	50,757	19,067	99,13	83,17
80	50,53	−0,475 2	0,046 08	44,395	0,022 69	1,645 2	64,679	27,887	90,90	64,42
63,21	49,26	0	0,048 38	42,331	0,023 81	1,024 1	62,179	26,259	77,78	47,02
10	43,67	2,248 8	0,234 3	9,498 5	0,109 0	0,117 7	19,751	2,973	21,71	3,62
1	38,50	4,601 3	0,738 0	3,600 5	0,302 7	0,013 59	10,426	0,377	3,86	0,14
0,1	34,03	6,905 5	1,538 1	2,096 3	0,546 6	0,001 731	7,568	0,066 89	0,623	0,005 52

3) 95-%-Vertrauensbereich für den Skalenparameter θ nach Abschnitt 7.3

Die Iteration zur Ermittlung der Vertrauensgrenzen geht über eine Ermittlung von $G_{ob;z}$ und $G_{un;z}$ wie in 2).

Tabelle 5

Iterationsschritt	$\theta_{ob;z}$ N/mm²	$\theta_{un;z}$ N/mm²
0	49,26	49,26
1	50,47	48,19
2	50,44	48,08
3	50,44	48,06

Somit sind $\theta_{ob;z} = 50{,}44$ und $\theta_{un;z} = 48{,}06$.

Da es sich hier um eine vollständige Stichprobe handelt, können die Bereichsgrenzen auch mit dem vereinfachten Verfahren nach Abschnitt 7.3.2 ermittelt werden.

Aus Tabelle 17: $T(24; 0{,}025) = -0{,}4669$ $\quad T(24; 0{,}975) = 0{,}4719$

Damit: $\theta^*_{ob;z} = 50{,}51\ \text{N/mm}^2$ $\quad \theta^*_{un;z} = 48{,}03\ \text{N/mm}^2$

Das vereinfachte Bereichsschätzverfahren führt also hier auf nahezu die gleichen Werte für die Vertrauensgrenzen wie das Iterationsverfahren.

4) 95-%-Vertrauensbereich für x bei $G = 0{,}1\ \%$

Graphische Ermittlung aus Bild 1:

$x_{ob;z} = 38{,}0\ \text{N/mm}^2$ $\quad \hat{x} = 34{,}0\ \text{N/mm}^2$ $\quad x_{un;z} = 30{,}1\ \text{N/mm}^2$

Rechnerische Ermittlung nach Abschnitt 7.4.1:

Annahme: $\hat{x}_1 = 38{,}50\ \text{N/mm}^2$ (entspricht $\hat{G} = 1\ \%$).

Hierfür gilt nach 2): $G_{ob;z}(\hat{x}_1) = 3{,}86\ \%$ $\quad G_{un;z}(\hat{x}_1) = 0{,}14\ \%$

$$x_{2;ob;z} = 38{,}50 \left[\frac{\ln(1-0{,}001)}{\ln(1-0{,}0014)}\right]^{1/25{,}34} = 38{,}00\ \text{N/mm}^2$$

$$x_{2;un;z} = 38{,}50 \left[\frac{\ln(1-0{,}001)}{\ln(1-0{,}0386)}\right]^{1/13{,}01} = 29{,}03\ \text{N/mm}^2$$

Es besteht eine gute Annäherung zwischen den berechneten und den graphisch ermittelten Werten.

Da es sich um eine vollständige Stichprobe handelt, kann auch das vereinfachte Verfahren nach Abschnitt 7.4.2 angewendet werden:

$$x_{3;ob;z} = 50{,}51 \left[\ln \frac{1}{1-0{,}001}\right]^{1/25{,}34} = 38{,}46\ \text{N/mm}^2$$

$$x_{3;un;z} = 48{,}03 \left[\ln \frac{1}{1-0{,}001}\right]^{1/13{,}01} = 28{,}24\ \text{N/mm}^2$$

Wie zu erwarten, liefert das vereinfachte Verfahren einen etwas weiteren Vertrauensbereich.

5) 95-%-Vertrauensbereich für x bei $G = 0{,}01\ \%$

Der Gang der Rechnung ist der gleiche wie in 4). Man erhält

nach Abschnitt 7.4.1: $x_{2;ob;z} = 34{,}69\ \text{N/mm}^2$ $\quad x_{2;un;z} = 24{,}32\ \text{N/mm}^2$

nach Abschnitt 7.4.2: $x_{3;ob;z} = 35{,}12\ \text{N/mm}^2$ $\quad x_{3;un;z} = 23{,}66\ \text{N/mm}^2$

BEISPIEL 2:

Lebensdauerprüfung von Elektronenröhren

Einer Charge von Elektronenröhren wurde eine Zufallsstichprobe von 30 Einheiten entnommen und einer verschärften Lebensdauerprüfung unterzogen. Durch Erhöhen der Heizspannung von nominell 6,3 V auf 7,0 V wird – wie aus anderen Untersuchungen bekannt ist – eine Lebensdaueränderung um den Faktor 1/2,5 (Raffungsfaktor 2,5) erzielt. Für die Lebensdauerprüfung wurde ferner festgelegt, daß sie nach Ausfall der 10. Röhre abgebrochen wird. Die Lebensdauern der 10 ausgefallenen Röhren betragen:

Tabelle 6: Daten der Lebensdauer

Einheit Nr	Lebensdauer h
1	1 030
2	3 320
3	4 150
4	4 270
5	5 410
6	5 790
7	6 410
8	6 580
9	7 450
10	8 210

Mit $r = 10$ und $n = 30$ entnimmt man den Tabellen 9 und 10 bei Lagrange-Interpolation (4 Punkte)

$K_{10;30} = 0{,}3304$; $c_{10;30} = -0{,}9734$.

Mit diesen Werten und den Ergebnissen der Lebensdauerprüfung ergeben sich nach Abschnitt 5.1 die Schätzwerte:

$\hat{\beta} = 1{,}7564 \quad \hat{\theta} = 14\,290\,\text{h}$

Aus Tabelle 12 entnimmt man für $r = 10$ und $n = 30$ bei Lagrange-Interpolation:

$\frac{f_1}{n} = 0{,}658$ und damit: $f_1 = 19{,}74$

Hiermit ergibt sich folgender zweiseitiger 95-%-Vertrauensbereich für β:

$$\frac{\chi^2_{f_1;0,025}}{f_1}\hat{\beta} \leq \beta \leq \frac{\chi^2_{f_1;0,975}}{f_1}\hat{\beta}$$

Mit Hilfe von Tabelle 15 erhält man: $0{,}477 \cdot \hat{\beta} \leq \beta \leq 1{,}714 \cdot \hat{\beta}$
Somit ist $0{,}84 \leq \beta \leq 3{,}01$.

Die Berechnung des Vertrauensbereichs für die Verteilungsfunktion G erfolgt mit Hilfe der Tabellen 13 und 14 und folgenden Hilfsgrößen:

Tabelle 7: Rechengang

t h	y	v	f_2	$H(f_2)$	Y	$\frac{\chi^2_{f_2;0,025}}{f_2}$	$\frac{\chi^2_{f_2;0,975}}{f_2}$	G_{un} %	G_{ob} %
1 000	4,671	1,424	2,213	0,515	0,016	0,035	3,535	0,06	5,50
4 000	2,236	0,243	9,192	0,113	0,120	0,305	2,100	3,59	22,3
8 000	1,019	0,103	20,401	0,050	0,379	0,484	1,701	16,8	47,5
12 000	0,307	0,159	13,553	0,076	0,794	0,395	1,882	26,9	77,6
18 000	−0,405	0,317	7,259	0,144	1,732	0,250	2,261	35,1	98,0

Im Weibull-Netz von Bild 2 sind zusätzlich zu den Lebensdauerergebnissen die durch die Schätzwerte $\hat{\beta} = 1{,}76$ und $\hat{\theta} = 14\,300\,\text{h}$ charakterisierte Ausgleichsgerade und die Grenzen G_{un} und G_{ob} eingetragen.

Wie am zweckmäßigsten Angaben zum Vertrauensbereich der charakteristischen Lebensdauer θ gemacht werden, hängt in erster Linie vom Zensorisierungsgrad r/n ab. Etwa bei $G_{un} = r/n$ knickt die Funktion G_{un} aufgrund der Berechnung ab. Ist r/n deutlich unterhalb von 63 %, wie in dem Beispiel in Bild 2, wird für die charakteristische Lebensdauer zweckmäßigerweise ein einseitig nach unten begrenzter Vertrauensbereich angegeben. Ist andererseits r/n etwa 60 % oder größer, kann auch ein zweiseitiger Vertrauensbereich angegeben werden.

In dem vorliegenden Beispiel wird der einseitig nach unten begrenzte Vertrauensbereich zum Vertrauensniveau $1-\alpha=95\,\%$ ermittelt. Die iterative Berechnung beginnt mit $j=0$ und $\theta_{\mathrm{un;\,e;\,0}}=\hat{\theta}=14\,290$ h, und man erhält weiter (siehe Tabelle 8):

$j=1$: $\theta_{\mathrm{un;\,e;\,1}}=9\,605$ h
$j=2$: $\theta_{\mathrm{un;\,e;\,2}}=10\,599$ h
$j=3$: $\theta_{\mathrm{un;\,e;\,3}}=10\,411$ h
$j=4$: $\theta_{\mathrm{un;\,e;\,4}}=10\,455$ h
$j=5$: $\theta_{\mathrm{un;\,e;\,5}}=10\,530$ h

Somit ist: $\theta_{\mathrm{un}}=10{,}5\cdot10^3$ h

Die für die Iteration verwendeten Größen können der folgenden Tabelle entnommen werden:

Tabelle 8: Rechengang

j	t h	y	v	f_2	$H(f_2)$	Y	$\frac{\chi^2_{f_2;\,0{,}95}}{f_2}$	G_{ob} %
0	14 290	0	0,214 6	10,285	0,100 4	1,105	1,818	86,59
1	9 605	0,697 8	0,115 6	18,282	0,055 7	0,526	1,599	56,88
2	10 599	0,524 8	0,131 0	16,246	0,062 8	0,630	1,638	64,37
3	10 411	0,556 2	0,127 8	16,629	0,061 3	0,610	1,630	63,00
4	10 455	0,551 2	0,121 8	17,406	0,058 6	0,611	1,616	62,75

Somit lauten für diese Lebensdauerprüfung die Ergebnisse:

1. Schätzwerte für β und θ: $\hat{\beta}=1{,}76$ $\hat{\theta}=14{,}3\cdot10^3$ h
2. 95-%-Vertrauensbereiche für β und θ: $0{,}84\leq\beta\leq3{,}01$ $\theta\geq10{,}5\cdot10^3$ h
3. 95-%-Vertrauensbereiche für die Verteilungsfunktion G siehe Tabelle 7.

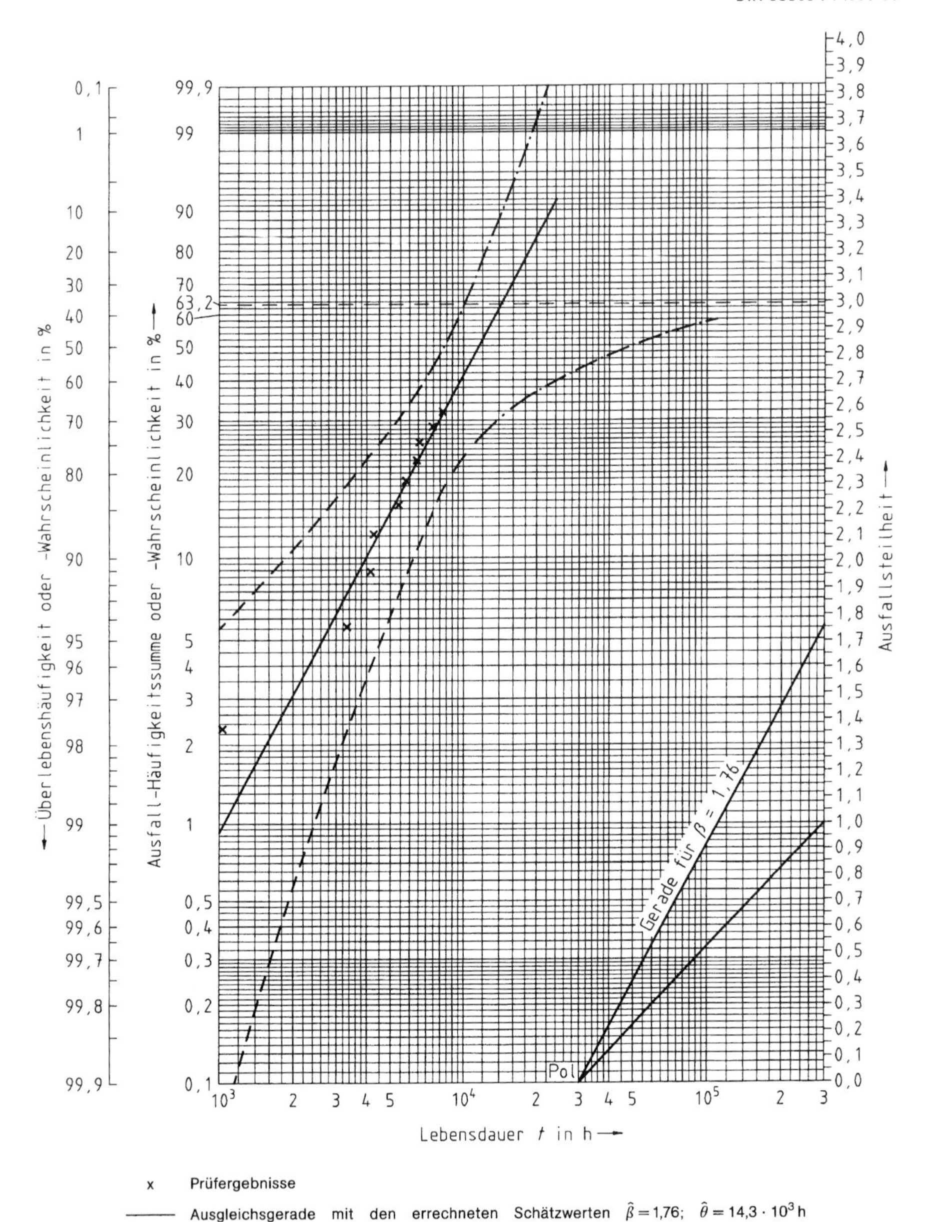

x Prüfergebnisse

——— Ausgleichsgerade mit den errechneten Schätzwerten $\hat{\beta} = 1{,}76$; $\hat{\theta} = 14{,}3 \cdot 10^3$ h

- - - - Grenzen der zweiseitigen 95-%-Vertrauensbereiche für $G(x)$ nach Abschnitt 7.2

– · – · – Extrapolation nach Abschnitt 7.2

Bild 2: Ergebnis einer Lebensdauerprüfung von Elektronenröhren mit dem Raffungsfaktor 2,5; $n = 30$; $r = 10$

10 Tabellen

Tabelle 9: Hilfsfaktoren $K_{r;n}$

n	r/n								
	0,1	0,2	0,3	0,4	0,5	0,6	0,7	0,8	0,9
5				0,223 1		0,481 3		0,801 8	
10		0,105 4	0,217 2	0,336 9	0,466 7	0,609 8	0,771 5	0,961 6	1,202
20	0,051 3	0,158 3	0,272 1	0,394 4	0,527 7	0,675 6	0,844 8	1,048	1,316
30	0,068 4	0,175 9	0,290 4	0,413 7	0,548 2	0,697 9	0,869 7	1,077	1,357
40	0,077 0	0,184 8	0,299 6	0,423 3	0,558 4	0,709 0	0,882 2	1,092	1,378
50	0,082 1	0,190 1	0,305 1	0,429 1	0,564 6	0,715 8	0,889 8	1,101	1,391
60	0,085 5	0,193 6	0,308 8	0,433 0	0,568 7	0,720 2	0,894 9	1,108	1,400
70	0,087 9	0,196 1	0,311 4	0,435 7	0,571 7	0,723 5	0,898 5	1,112	1,406
80	0,089 8	0,198 0	0,313 4	0,437 8	0,573 9	0,725 9	0,901 2	1,115	1,410
90	0,091 2	0,199 5	0,314 9	0,439 4	0,575 6	0,727 7	0,903 3	1,118	1,414
100	0,092 4	0,200 7	0,316 2	0,440 7	0,577 0	0,729 2	0,905 0	1,120	1,417
K_∞	0,102 65	0,211 29	0,327 23	0,452 34	0,589 37	0,742 74	0,920 26	1,138 2	1,443 6
d_1	-1,027 1	-1,062 2	-1,106 0	-1,163 4	-1,241 5	-1,354 0	-1,531 3	-1,856 7	-2,692 9
d_2	0,000	0,030	0,054	0,089	0,145	0,242	0,433	0,906	2,796

Asymtotisch gilt für große n: $K_{r;n} = K_\infty + \frac{d_1}{n} + \frac{d_2}{n^2}$

Tabelle 10: Hilfsfaktoren $c_{r;n}$

n	r/n								
	0,1	0,2	0,3	0,4	0,5	0,6	0,7	0,8	0,9
10	-2,880	-1,826	-1,267	-0,868 1	-0,543 6	-0,257 4	0,012 0	0,283 7	0,584 6
20	-2,547	-1,658	-1,147	-0,769 1	-0,454 8	-0,172 7	0,097 9	0,377 6	0,702 2
30	-2,444	-1,605	-1,108	-0,736 4	-0,425 3	-0,144 3	0,126 9	0,409 8	0,744 6
40	-2,394	-1,578	-1,089	-0,720 2	-0,410 6	-0,130 1	0,141 5	0,426 2	0,766 4
50	-2,365	-1,562	-1,077	-0,710 5	-0,401 8	-0,121 6	0,150 3	0,436 0	0,779 6
60	-2,345	-1,552	-1,069	-0,704 0	-0,395 9	-0,115 9	0,156 2	0,442 6	0,788 5
70	-2,331	-1,544	-1,064	-0,699 4	-0,391 7	-0,111 8	0,160 4	0,447 3	0,794 9
80	-2,321	-1,539	-1,060	-0,695 9	-0,388 6	-0,108 8	0,163 5	0,450 9	0,799 8
90	-2,313	-1,534	-1,056	-0,693 2	-0,386 1	-0,106 4	0,166 0	0,453 7	0,803 5
100	-2,307	-1,531	-1,054	-0,691 1	-0,384 1	-0,104 5	0,167 9	0,455 9	0,806 5
c_∞	-2,250 4	-1,499 9	-1,030 9	-0,671 73	-0,366 51	-0,087 42	0,185 63	0,475 89	0,834 03
a_1	-5,574 3	-3,074 0	-2,285 9	-1,930 1	-1,761 9	-1,711 4	-1,772 7	-2,011 0	-2,777 3
a_2	-7,201	-1,886	-0,767	-0,335	-0,091	0,111	0,369	0,891	2,825

Asymtotisch gilt für große n: $c_{r;n} = c_\infty + \frac{a_1}{n} + \frac{a_2}{n^2}$

Tabelle 11: Hilfsfaktoren K_n

n	K_n	n	K_n	n	K_n	n	K_n	n	K_n	n	K_n
2	0,693 1	12	1,446 1	22	1,460 9	32	1,466 5	42	1,520 8	52	1,512 6
3	0,980 8	13	1,333 2	23	1,479 7	33	1,479 5	43	1,530 3	53	1,520 4
4	1,150 7	14	1,368 6	24	1,497 5	34	1,492 0	44	1,489 1	54	1,527 9
5	1,267 4	15	1,400 4	25	1,514 2	35	1,504 0	45	1,498 4	55	1,535 2
6	1,354 5	16	1,429 3	26	1,447 9	36	1,515 6	46	1,507 5	56	1,542 4
7	1,182 8	17	1,455 6	27	1,464 2	37	1,526 6	47	1,516 3	57	1,509 6
8	1,254 7	18	1,479 9	28	1,479 6	38	1,479 5	48	1,524 8	58	1,516 7
9	1,314 1	19	1,396 0	29	1,494 3	39	1,490 4	49	1,533 1	59	1,523 6
10	1,364 4	20	1,419 2	30	1,508 3	40	1,500 9	50	1,541 1	60	1,530 4
11	1,407 9	21	1,440 8	31	1,521 6	41	1,511 0	51	1,504 6	∞	1,569 2

Tabelle 12: Bezogene Anzahl der Freiheitsgrade f_1/n

n	r/n									
	0,1	0,2	0,3	0,4	0,5	0,6	0,7	0,8	0,9	1,0
10		0,211	0,434	0,671	0,926	1,200	1,497	1,825	2,174	2,701
20	0,103	0,316	0,543	0,784	1,042	1,320	1,621	1,946	2,277	2,891
30	0,137	0,351	0,579	0,821	1,080	1,360	1,661	1,985	2,303	2,958
40	0,154	0,369	0,597	0,840	1,100	1,380	1,682	2,004	2,315	2,991
50	0,164	0,380	0,608	0,851	1,111	1,392	1,693	2,015	2,320	3,009
100	0,185	0,401	0,629	0,873	1,135	1,415	1,718	2,037	2,330	3,045
h_∞	0,205 2	0,421 8	0,651 4	0,895 9	1,157 7	1,439 1	1,741 6	2,059 8	2,339 4	3,085
h_1	−2,052	−2,111	−2,175	−2,244	−2,314	−2,376	−2,390	−2,205	−0,856	
h_2	0,000	0,008	0,002	−0,016	−0,064	−0,188	−0,526	−1,682	−7,928	

Asymtotisch gilt für große n: $\frac{f_1}{n} = h_\infty + \frac{h_1}{n} + \frac{h_2}{n^2}$

Für vollständige Stichproben ($r/n = 1$) kann folgende Näherung verwendet werden:

$f_1 = 3{,}085 \cdot n - 3{,}84$

Tabelle 13: Hilfsfaktoren $n \cdot B$, $n \cdot C$, $n \cdot A$

n	r/n 0,1	0,2	0,3	0,4	0,5	0,6	0,7	0,8	0,9	1,0
	$n \cdot B$									
10		9,488	4,609	2,979	2,161	1,667	1,336	1,096	0,919 7	0,740 5
20	19,49	6,324	3,686	2,552	1,920	1,515	1,234	1,028	0,878 4	0,691 9
30	14,62	5,691	3,455	2,436	1,851	1,471	1,204	1,008	0,868 3	0,676 1
40	13,00	5,420	3,350	2,382	1,819	1,450	1,189	0,998 1	0,864 1	0,668 7
50	12,18	5,269	3,290	2,350	1,800	1,437	1,181	0,992 5	0,861 9	0,664 7
60	11,70	5,173	3,251	2,330	1,787	1,429	1,175	0,988 8	0,860 5	0,661 6
80	11,14	5,058	3,204	2,305	1,772	1,419	1,168	0,984	0,859	
100	10,83	4,991	3,177	2,290	1,763	1,413	1,164	0,981 6	0,858	
∞	9,746	4,742	3,070	2,232	1,728	1,390	1,148	0,971 0	0,854 9	0,648 2
	$n \cdot C$									
10		17,58	6,109	2,868	1,474	0,750 2	0,334 4	0,082 6	−0,069 4	−0,198 1
20	49,91	10,75	4,505	2,254	1,184	0,597 5	0,250 0	0,037 3	−0,085 6	−0,221 6
30	35,98	9,397	4,107	2,089	1,102	0,553 3	0,225 3	0,024 5	−0,088 3	−0,220 6
40	31,36	8,819	3,927	2,012	1,064	0,532 3	0,213 6	0,018 5	−0,089 1	−0,226 2
50	29,06	8,499	3,825	1,967	1,041	0,520 0	0,206 8	0,015 0	−0,089 4	−0,223 8
60	27,68	8,296	3,750	1,938	1,026	0,512 0	0,202 3	0,012 7	−0,089 5	−0,227 1
80	26,1	8,05	3,68	1,90	1,008	0,502	0,197	0,010	−0,089	
100	25,3	7,91	3,63	1,88	0,998	0,496	0,194	0,008	−0,089	
∞	22,19	7,383	3,450	1,801	0,956 2	0,473 4	0,180 7	0,001 9	−0,089 1	−0,230 9
	$n \cdot A$									
10		39,04	12,052	5,609	3,233	2,172	1,650	1,384	1,255	1,170
20	140,7	23,96	9,136	4,666	2,850	2,000	1,570	1,350	1,248	1,159
30	100,4	20,96	8,416	4,410	2,743	1,949	1,546	1,339	1,248	1,165
40	87,06	19,68	8,088	4,292	2,692	1,925	1,534	1,335	1,249	1,161
50	80,39	18,97	7,901	4,223	2,662	1,911	1,528	1,332	1,249	1,165
60	76,40	18,52	7,781	4,179	2,643	1,902	1,524	1,331	1,249	1,162
∞	60,53	16,50	7,219	3,967	2,550	1,859	1,503	1,323	1,251	1,162

$v = By^2 - 2Cy + A$
B, C und A erhält man nach Division der Tabellenwerte durch n

Für vollständige Stichproben ($r/n = 1$) können folgende Näherungen verwendet werden:

$$B = 0{,}648\,2\,\frac{1}{n} + 0{,}805\,\frac{1}{n^2} + 1{,}13\,\frac{1}{n^3} \qquad C = -0{,}230\,9\,\frac{1}{n} + 0{,}15\,\frac{1}{n^2} + 1{,}78\,\frac{1}{n^3} \qquad A = 1{,}162\,\frac{1}{n}$$

Tabelle 14: f_2 und $H(f_2)$ als Funktionen von v

v	0,221	0,490	1,645	1,774	1,923	2,096	2,299	2,541 2	2,681
f_2	10,000	5,000	2,000	1,900	1,800	1,700	1,600	1,500	1,450
$H(f_2)$	0,103	0,213	0,577	0,611	0,650	0,693	0,742	0,798	0,830
v	2,834	3,003	3,191	3,401	3,636	3,901	4,201	4,543	4,935
f_2	1,400	1,350	1,300	1,250	1,200	1,150	1,100	1,050	1,000
$H(f_2)$	0,863	0,900	0,940	0,983	1,030	1,081	1,138	1,201	1,270

Näherungsfunktionen

$v \leq 2$: $\quad f_2 = \dfrac{8v + 12}{v^2 + 6v} \qquad H(f_2) = \dfrac{15 f_2^2 + 5 f_2 + 6}{15 f_2^3 + 6 f_2}$

$2 < v \leq 5$: $\quad f_2 = 1{,}750 - 0{,}523\,5\,(v-2) + 0{,}143\,0\,(v-2)^2 - 0{,}017\,5\,(v-2)^3$

oder $\quad f_2 = 3{,}509 - 1{,}305\,5\,v + 0{,}248\,0\,v^2 - 0{,}017\,5\,v^3$

$H(f_2) = 0{,}088\,32 + 0{,}321\,8\,v - 0{,}016\,7\,v^2$

Tabelle 15: Quantile $\chi^2_{f;P}$ der χ^2-Verteilung

f	P															f
	0,1 %	0,5 %	1 %	2,5 %	5 %	10 %	30 %	50 %	70 %	90 %	95 %	97,5 %	99 %	99,5 %	99,9 %	
1	0,000 001 57	0,000 039 3	0,000 157	0,000 982	0,003 93	0,015 8	0,148	0,455	1,07	2,71	3,84	5,02	6,64	7,88	10,8	1
2	0,002 00	0,010 0	0,020 1	0,050 6	0,103	0,211	0,713	1,39	2,41	4,61	5,99	7,38	9,21	10,6	13,8	2
3	0,024 3	0,071 7	0,115	0,216	0,352	0,584	1,42	2,37	3,67	6,25	7,82	9,35	11,3	12,8	16,3	3
4	0,090 8	0,207	0,297	0,484	0,711	1,06	2,20	3,36	4,88	7,78	9,49	11,1	13,3	14,9	18,5	4
5	0,210	0,412	0,554	0,831	1,15	1,61	3,00	4,35	6,06	9,24	11,1	12,8	15,1	16,8	20,5	5
6	0,381	0,676	0,872	1,24	1,64	2,20	3,83	5,35	7,23	10,6	12,6	14,4	16,8	18,5	22,5	6
7	0,598	0,989	1,24	1,69	2,17	2,83	4,67	6,35	8,38	12,0	14,1	16,0	18,5	20,3	24,3	7
8	0,857	1,34	1,65	2,18	2,73	3,49	5,53	7,34	9,52	13,4	15,5	17,5	20,1	22,0	26,1	8
9	1,15	1,74	2,09	2,70	3,33	4,17	6,39	8,34	10,7	14,7	16,9	19,0	21,7	23,6	27,9	9
10	1,48	2,16	2,56	3,25	3,94	4,87	7,27	9,34	11,8	16,0	18,3	20,5	23,2	25,2	29,6	10
11	1,83	2,60	3,05	3,82	4,58	5,58	8,15	10,3	12,9	17,3	19,7	21,9	24,7	26,8	31,3	11
12	2,21	3,07	3,57	4,40	5,23	6,30	9,03	11,3	14,0	18,5	21,0	23,3	26,2	28,3	32,9	12
13	2,62	3,57	4,11	5,01	5,89	7,04	9,93	12,3	15,1	19,8	22,4	24,7	27,7	29,8	34,5	13
14	3,04	4,08	4,66	5,63	6,57	7,79	10,8	13,3	16,2	21,1	23,7	26,1	29,1	31,3	36,1	14
15	3,48	4,60	5,23	6,26	7,26	8,55	11,7	14,3	17,3	22,3	25,0	27,5	30,6	32,8	37,7	15
16	3,94	5,14	5,81	6,91	7,96	9,31	12,6	15,3	18,4	23,5	26,3	28,8	32,0	34,3	39,3	16
17	4,42	5,70	6,41	7,56	8,67	10,1	13,5	16,3	19,5	24,8	27,6	30,2	33,4	35,7	40,8	17
18	4,91	6,27	7,02	8,23	9,39	10,9	14,4	17,3	20,6	26,0	28,9	31,5	34,8	37,2	42,3	18
19	5,41	6,84	7,63	8,91	10,1	11,7	15,4	18,3	21,7	27,2	30,1	32,9	36,2	38,6	43,8	19
20	5,92	7,43	8,26	9,59	10,9	12,4	16,3	19,3	22,8	28,4	31,4	34,2	37,6	40,0	45,3	20
21	6,45	8,03	8,90	10,3	11,6	13,2	17,2	20,3	23,9	29,6	32,7	35,5	38,9	41,4	46,8	21
22	6,98	8,64	9,54	11,0	12,3	14,0	18,1	21,3	24,9	30,8	33,9	36,8	40,3	42,8	48,3	22
23	7,53	9,26	10,2	11,7	13,1	14,8	19,0	22,3	26,0	32,0	35,2	38,1	41,6	44,2	49,7	23
24	8,09	9,89	10,9	12,4	13,8	15,7	19,9	23,3	27,1	33,2	36,4	39,4	43,0	45,6	51,2	24
25	8,65	10,5	11,5	13,1	14,6	16,5	20,9	24,3	28,2	34,4	37,7	40,6	44,3	46,9	52,6	25
26	9,22	11,2	12,2	13,8	15,4	17,3	21,8	25,3	29,2	35,6	38,9	41,9	45,6	48,3	54,1	26
27	9,80	11,8	12,9	14,6	16,2	18,1	22,7	26,3	30,3	36,7	40,1	43,2	47,0	49,6	55,5	27
28	10,4	12,5	13,6	15,3	16,9	18,9	23,6	27,3	31,4	37,9	41,3	44,5	48,3	51,0	56,9	28
29	11,0	13,1	14,3	16,0	17,7	19,8	24,6	28,3	32,5	39,1	42,6	45,7	49,6	52,3	58,3	29
30	11,6	13,8	15,0	16,8	18,5	20,6	25,5	29,3	33,5	40,3	43,8	47,0	50,9	53,7	59,7	30
40	17,9	20,7	22,2	24,4	26,5	29,1	34,9	39,3	44,2	51,8	55,8	59,3	63,7	66,8	73,4	40
50	24,7	28,0	29,7	32,4	34,8	37,7	44,3	49,3	54,7	63,2	67,5	71,4	76,2	79,5	86,7	50
60	31,7	35,5	37,5	40,5	43,2	46,5	53,8	59,3	65,2	74,4	79,1	83,3	88,4	92,0	99,6	60
70	39,0	43,3	45,4	48,8	51,7	55,3	63,3	69,3	75,7	85,5	90,5	95,0	100,4	104,2	112,3	70
80	46,5	51,2	53,5	57,2	60,4	64,3	72,9	79,3	86,1	96,6	101,9	106,6	112,3	116,3	124,8	80
90	54,2	59,2	61,8	65,6	69,1	73,3	82,5	89,3	96,5	107,6	113,1	118,1	124,1	128,3	137,2	90
100	61,9	67,3	70,1	74,2	77,9	82,4	92,1	99,3	106,9	118,5	124,3	129,6	135,8	140,2	149,4	100

Näherung für $f > 30$: $\chi^2_{f;P} = f\left[1 - \frac{2}{9f} + u_P\sqrt{\frac{2}{9f}}\right]^3$ u_P siehe Tabelle 16.

Tabelle 16: Ausgewählte Quantile der standardisierten Normalverteilung

P	0,001	0,005	0,01	0,025	0,05	0,1	0,3
u_P	-3,090 2	-2,575 8	-2,326 3	-1,960 0	-1,644 9	-1,281 6	-0,524 4

P	0,5	0,7	0,9	0,95	0,975	0,99	0,995	0,999
u_P	0	0,524 4	1,281 6	1,644 9	1,960 0	2,326 3	2,575 8	3,090 2

Tabelle 17: Faktoren $T_{n;P}$ zur Ermittlung von Vertrauensbereichen für den Skalenparameter θ

n	P							
	0,025	0,05	0,1	0,25	0,75	0,9	0,95	0,975
5	-1,567 5	-1,247	-0,888	-0,444	0,349	0,772	1,107	1,489 7
6	-1,327 4	-1,007	-0,740	-0,385	0,302	0,666	0,939	1,223 3
7	-1,143 7	-0,874	-0,652	-0,344	0,272	0,598	0,829	1,064 2
8	-1,009 6	-0,784	-0,591	-0,313	0,251	0,547	0,751	0,954 8
9	-0,912 2	-0,717	-0,544	-0,289	0,235	0,507	0,691	0,873 8
10	-0,838 7	-0,665	-0,507	-0,269	0,222	0,475	0,644	0,811 4
11	-0,779 0	-0,622	-0,477	-0,253	0,211	0,448	0,605	0,760 3
12	-0,732 6	-0,587	-0,451	-0,239	0,202	0,425	0,572	0,717 6
13	-0,689 4	-0,557	-0,429	-0,228	0,194	0,406	0,544	0,681 5
14	-0,657 2	-0,532	-0,410	-0,217	0,187	0,389	0,520	0,650 2
15	-0,626 6	-0,509	-0,393	-0,208	0,180	0,374	0,499	0,623 5
16	-0,601 6	-0,489	-0,379	-0,200	0,175	0,360	0,480	0,598 9
17	-0,579 5	-0,471	-0,365	-0,193	0,170	0,348	0,463	0,577 8
18	-0,556 6	-0,455	-0,353	-0,187	0,165	0,338	0,447	0,557 7
19	-0,535 6	-0,441	-0,342	-0,181	0,161	0,328	0,433	0,540 5
20	-0,518 7	-0,428	-0,332	-0,175	0,157	0,318	0,421	0,525 4
22	-0,490 7	-0,404	-0,314	-0,166	0,150	0,302	0,398	0,495 8
24	-0,466 9	-0,384	-0,299	-0,158	0,144	0,288	0,379	0,471 9
26	-0,445 0	-0,367	-0,286	-0,150	0,138	0,276	0,362	0,450 9
28	-0,424 9	-0,352	-0,274	-0,144	0,134	0,265	0,347	0,432 6
30	-0,409 8	-0,338	-0,264	-0,139	0,129	0,256	0,334	0,415 6
32	-0,395 1	-0,326	-0,254	-0,134	0,125	0,247	0,323	0,401 4
34	-0,380 1	-0,315	-0,246	-0,129	0,122	0,239	0,312	0,387 9
36	-0,368 7	-0,305	-0,238	-0,125	0,118	0,232	0,302	0,375 5
38	-0,357 8	-0,296	-0,231	-0,121	0,115	0,226	0,293	0,364 8
40	-0,347 9	-0,288	-0,224	-0,118	0,113	0,220	0,285	0,354 4
42	-0,339 4	-0,280	-0,218	-0,115	0,110	0,214	0,278	0,345 0
44	-0,328 9	-0,273	-0,213	-0,112	0,108	0,209	0,271	0,334 6
46	-0,321 9	-0,266	-0,208	-0,109	0,105	0,204	0,264	0,328 6
48	-0,313 6	-0,260	-0,203	-0,106	0,103	0,199	0,258	0,321 0
50	-0,307 3	-0,254	-0,198	-0,104	0,101	0,195	0,253	0,313 6
52	-0,301 9	-0,249	-0,194	-0,102	0,099	0,191	0,247	0,306 7
54	-0,293 9	-0,244	-0,190	-0,100	0,097	0,187	0,243	0,301 2
56	-0,288 7	-0,239	-0,186	-0,098	0,096	0,184	0,238	0,295 3
58	-0,284 0	-0,234	-0,183	-0,096	0,094	0,181	0,233	0,289 5
60	-0,278 8	-0,230	-0,179	-0,094	0,092	0,177	0,229	0,283 9
62	-0,273 5	-0,226	-0,176	-0,092	0,091	0,174	0,225	0,279 1
64	-0,268 7	-0,222	-0,173	-0,091	0,089	0,171	0,221	0,274 3
66	-0,264 7	-0,218	-0,170	-0,089	0,088	0,169	0,218	0,269 7
68	-0,261 2	-0,215	-0,167	-0,088	0,087	0,166	0,214	0,265 6
70	-0,257 3	-0,211	-0,165	-0,086	0,085	0,164	0,211	0,261 8
72	-0,253 0	-0,208	-0,162	-0,085	0,084	0,161	0,208	0,257 3
74	-0,249 5	-0,205	-0,160	-0,084	0,083	0,159	0,205	0,254 2
76	-0,245 6	-0,202	-0,158	-0,083	0,082	0,157	0,202	0,250 4
78	-0,242 7	-0,199	-0,155	-0,081	0,081	0,155	0,199	0,246 6
80	-0,239 1	-0,197	-0,153	-0,080	0,080	0,153	0,197	0,243 8
85	-0,232 6	-0,190	-0,148	-0,078	0,077	0,148	0,190	0,235 2
90	-0,226 0	-0,184	-0,144	-0,075	0,075	0,143	0,185	0,228 6
95	-0,219 7	-0,179	-0,139	-0,073	0,073	0,139	0,179	0,221 8
100	-0,213 2	-0,174	-0,136	-0,071	0,071	0,136	0,175	0,216 2
110	-0,202 7	-0,165	-0,129	-0,067	0,067	0,129	0,166	0,205 6
120	-0,194 6	-0,158	-0,123	-0,064	0,064	0,123	0,159	0,196 2

Anhang A (informativ)

Erläuterungen

Der Normenausschuß Qualitätsmanagement, Statistik und Zertifizierungsgrundlagen (NQSZ) im DIN Deutsches Institut für Normung e.V. bearbeitet mit seinem Arbeitsausschuß 2 (früher AQS-2) Normungsaufgaben der angewandten Statistik für alle Gebiete von Wirtschaft und Technik. Dem entsprechend ist der vorliegende Norm-Entwurf so gehalten, daß er auf allen Gebieten angewendet werden kann. Das bedeutet für die Auswertung der Weibull-Verteilung als einer Extremverteilung vom Typ III (siehe DIN 55350-22), daß viele Besonderheiten beachtet werden müssen:

- Für $\beta = 1$ geht die Weibull-Verteilung in die Exponentialverteilung, für $\beta = 2$ in die Rayleigh-Verteilung über.
- Die Auswertung muß sich je nach praktischer Anwendung auf zensorisierte oder auf vollständige Stichproben gründen können.
- Es gibt Anwendungsgebiete mit Werten des Formparameters weit über 1 und solche mit Werten weit unter 1. Daraus ergibt sich die Zweckmäßigkeit der Anwendung von Wahrscheinlichkeitsnetzen mit unterschiedlichen Abszissenbereichen.

Grundsätzlich ist zu beachten, daß die Auswertung von Stichprobenergebnissen, die einer Weibull-Verteilung folgen, im Hinblick auf die genannten Besonderheiten stets mit einem beachtlichen Rechenaufwand verbunden ist, und zwar mit einem um so größeren, je besser die gewünschten Näherungen sein sollen.

Ein wesentliches Ziel dieser Norm ist es dennoch, daß man die Auswertungen auch mit einem Taschenrechner durchführen kann. Das ist naturgemäß zeitaufwendiger, als wenn man ein auf der Basis dieser Norm erarbeitetes Rechnerprogramm benutzt.

Ähnlich wie auf anderen Arbeitsgebieten des NQSZ gibt es auch zur Auswertung von Weibull-Verteilungen branchenspezifische Normen. Beispielsweise

- ist die Auswertung des Vierpunktbiegeversuchs anläßlich der Prüfung keramischer Hochleistungswerkstoffe in E DIN 51110-3 : 1991-06 behandelt. Dort sind weder zensorisierte Stichproben betrachtet, noch ist die für eine Beurteilung insbesondere bei kleinen Ordinatenwerten oft ausschlaggebende Kombination der Vertrauensbereiche für die beiden Parameter der Verteilung angesprochen. E DIN 51110-3 : 1991-06 ist auf Werte des Formparameters weit über 1 zugeschnitten.
- ist in E DIN IEC 56(CO)162 zunächst ein Anpassungstest (Test auf Weibull-Verteilung) nach Mann-Scheuer-Fertig in der Fassung von Lawless (1982) vorgestellt. Die Punktschätzungen und Schätzungen der Vertrauensbereiche greifen auf nicht der Norm beigegebene Tabellen zurück. Man erkennt, daß E DIN IEC 56(CO)162 Lebensdauer-Betrachtungen anstellt und damit nur kleine Werte des Formparameters behandelt.

Diese beiden branchenspezifischen Norm-Entwürfe enthalten also jeweils Teile der hier vorliegenden Norm. Nur die Punktschätzungen entsprechen sich. Es ist Ziel der Weiterarbeit an der vorliegenden Norm, mit Hilfe von Stellungnahmen die drei Betrachtungsweisen so zusammenzuführen, daß jeder Anwender dieser Norm das für seine Belange wichtige Element auswählen kann. Das ist nach Ansicht des NQSZ zwar keine einfache, aber im Sinne der gewünschten Verminderung der Gesamtzahl von Normen die bessere Lösung als drei unterschiedliche Normen, deren Zusammenhänge und Unterschiede erst vom Anwender erforscht werden müssen.

Anhang B (informativ)

Literaturhinweise

E DIN 51110-3
Prüfung von keramischen Hochleistungswerkstoffen – 4-Punkt-Biegeversuch – Statistische Auswertung, Ermittlung der Weibullparameter

E DIN IEC 56(CO)162
Anpassungstests, Bestimmung der Vertrauensbereiche und der unteren Grenze des Vertrauensbereiches für Daten, die einer Weibull-Verteilung folgen; Identisch mit IEC 56(CO)162

Oktober 2009

DIN ISO 10576-1

ICS 03.120.30

Statistische Verfahren – Leitfaden für die Beurteilung der Konformität mit vorgegebenen Anforderungen – Teil 1: Allgemeine Grundsätze (ISO 10576-1:2003); Text Deutsch und Englisch

Statistical methods –
Guidelines for the evaluation of conformity with specified requirements –
Part 1: General principles (ISO 10576-1:2003);
Text in German and English

Méthodes statistiques –
Lignes directrices pour l'évaluation de la conformité à des exigences spécifiques –
Partie 1: Principes généraux (ISO 10576-1:2003);
Texte en allemand et anglais

Gesamtumfang 37 Seiten

Normenausschuss Qualitätsmanagement, Statistik und Zertifizierungsgrundlagen (NQSZ) im DIN

Inhalt

Contents

Nationales Vorwort

Dieses Dokument enthält die deutsche Übersetzung der Internationalen Norm ISO 10576-1:2003, die vom Technischen Komitee ISO/TC 69, *Applications of statistical methods*, Unterkomitee 6, *Measurement methods and results*, erarbeitet wurde. Der zuständige nationale Normenausschuss ist der NA 147, *Qualitätsmanagement, Statistik und Zertifizierungsgrundlagen (NQSZ)*, Arbeitsausschuss *Angewandte Statistik*.

Es wird auf die Möglichkeit hingewiesen, dass für Teile dieses Dokuments Patentrechte bestehen. Das DIN übernimmt keine Verantwortung für die Kennzeichnung solcher Rechte.

Für die in diesem Dokument zitierten Internationalen Normen wird im Folgenden auf die entsprechenden Deutschen Normen hingewiesen:

ISO 5725-1	siehe DIN ISO 5725-1
ISO 5725-2	siehe DIN ISO 5725-2
ISO 5725-3	siehe DIN ISO 5725-3
ISO 5725-4	siehe DIN ISO 5725-4
ISO 5725-5	siehe DIN ISO 5725-5
ISO 5725-6	siehe DIN ISO 5725-6
GUM	enthalten in DIN V ENV 13005

Nationaler Anhang NA
(informativ)

Literaturhinweise

DIN ISO 5725-1, *Genauigkeit (Richtigkeit und Präzision) von Messverfahren und Messergebnissen — Teil 1: Allgemeine Grundlagen und Begriffe*

DIN ISO 5725-2, *Genauigkeit (Richtigkeit und Präzision) von Messverfahren und Messergebnissen — Teil 2: Grundlegende Methode für die Ermittlung der Wiederhol- und Vergleichpräzision eines vereinheitlichten Messverfahrens*

DIN ISO 5725-3, *Genauigkeit (Richtigkeit und Präzision) von Messverfahren und Messergebnissen — Teil 3: Präzisionsmaße eines vereinheitlichten Messverfahrens unter Zwischenbedingungen*

DIN ISO 5725-4, *Genauigkeit (Richtigkeit und Präzision) von Messverfahren und Messergebnissen — Teil 4: Grundlegende Methoden für die Ermittlung der Richtigkeit eines vereinheitlichten Messverfahrens*

DIN ISO 5725-5, *Genauigkeit (Richtigkeit und Präzision) von Messverfahren und Messergebnissen — Teil 5: Alternative Methoden für die Ermittlung der Präzision eines vereinheitlichten Messverfahrens*

DIN ISO 5725-6, *Genauigkeit (Richtigkeit und Präzision) von Messverfahren und Messergebnissen — Teil 6: Anwendung von Genauigkeitswerten in der Praxis*

DIN V ENV 13005, *Leitfaden zur Angabe der Unsicherheit beim Messen*

Statistische Verfahren — Leitfaden für die Beurteilung der Konformität mit vorgegebenen Anforderungen — Teil 1: Allgemeine Grundsätze

Einleitung

Konformitätsprüfung ist eine systematische Prüfung des Ausmaßes, in dem eine Einheit mit einem vorgegebenen Kriterium übereinstimmt. Ziel ist, für die Sicherstellung der Konformität zu sorgen, entweder in Form einer Anbietererklärung oder mittels Drittstellenzertifizierung (siehe ISO/IEC Guide 2, 1996). Eine Spezifikation wird üblicherweise in Form eines einzelnen Grenzwertes (en: limiting value, LV) formuliert oder als ein Satz von Grenzwerten (oberer und unterer) für ein messbares Merkmal. Wenn die Spezifikation z. B. gesundheitsbezogene Merkmale betrifft, werden die Grenzwerte manchmal als *Schwellenwerte* (en: threshold limit value, TLV) oder als *zulässige Belastungsgrenzwerte* (en: permissible exposure limits, PEL) bezeichnet.

Wann immer Konformitätsprüfung mit Mess- oder Stichprobenunsicherheit einhergeht, ist es gängige Praxis, Elemente aus der statistischen Hypothesenprüfung heranzuziehen, um eine formale Vorgehensweise zur Verfügung zu stellen. Mit der Kenntnis des Messverfahrens und seines Verhaltens im Hinblick auf die Unsicherheit seiner Ergebnisse ist es möglich, das Risiko, fehlerhafte Erklärungen zur Konformität bzw. Nichtkonformität mit Spezifikationen abzugeben, abzuschätzen und zu minimieren. Ein gangbarer Weg, Anforderungen zur Konformitätssicherung zu formulieren, ist zu fordern, dass wann immer für eine Einheit die Konformität erklärt worden ist, dieser Status nicht durch nachfolgende Messungen an der Einheit geändert werden sollte, auch nicht durch Verwendung genauerer Messwerte (z. B. eine bessere Messmethode oder -technik). Oder, um es vermittels Risiko auszudrücken, das Risiko, eine fehlerhafte Einheit (fälschlicherweise) als konform zu erklären, muss klein sein. Folglich muss für eine Einheit, die nur knapp konform ist, ein (großes) Risiko in Kauf genommen werden, dass diese Einheit nicht als konform erklärt wird. Ein zweistufiges Verfahren anstelle eines einstufigen wird dieses Risiko im Allgemeinen verringern.

Wenn eine Prüfung auf Nichtkonformität durchgeführt wird, gelten ähnliche Überlegungen.

In diesem Teil von ISO 10576 wird das Thema im Hinblick auf die Konstruktion von Spezifikationen und das Prüfen von Ergebnissen aus Fertigungs- und Dienstleistungsprozessen auf Konformität und Nichtkonformität mit Spezifikationen behandelt.

Die Probleme, wie die wesentlichen Komponenten der Unsicherheit bestimmt und wie sie geschätzt werden können, werden in einer zukünftigen ISO 10576-2 behandelt.

Wegen der offensichtlichen Ähnlichkeit mit Annahmestichprobenverfahren, werden manchmal Annahmestichprobenpläne im Rahmen der Konformitätsprüfung verwendet. Sowohl die Annahmestichprobenprüfung als auch die Konformitätsprüfung nutzen Elemente der Hypothesenprüfung (siehe z. B. ISO 2854 [2]). Es ist dennoch wichtig zu erkennen, dass die Zielsetzungen beider Vorgänge grundlegend verschieden sind und dass die beiden Vorgänge insbesondere unterschiedliche Ansätze bezüglich des mit ihnen verbundenen Risikos enthalten (siehe ISO 2854 [2] und Holst [9]).

Statistical Methods — Guidelines fort he evaluation of conformity with specified requirements — Part 1: General principles

Introduction

Conformity testing is a systematic examination of the extent to which an entity conforms to a specified criterion. The objective is to provide assurance of conformity, either in the form of a supplier's declaration, or of a third party certification (see ISO/IEC Guide 2, 1996). A specification is usually formulated as a single limiting value, LV, or as a set of (upper and lower) limiting values for a measurable characteristic. When the specification refers, e.g. to health-related characteristics, the limiting values are sometimes termed *threshold limit value* TLV, or *permissible exposure limits*, PEL.

Whenever conformity testing involves measurement or sampling uncertainty, it is common practice to invoke elements from the theory of statistical hypothesis testing to provide a formal procedure. With the knowledge of the measurement procedure and of its behaviour with regard to the uncertainty of its outcomes it is possible to estimate and minimize the risk of making erroneous declarations of conformity or non-conformity to the specifications. An operational way of formulating requirements of assurance is to require that whenever an entity has been declared to be conforming, this status should not be altered by subsequent measurements on the entity, even using more precise measurements (e.g. a better measurement method or technology). Or, in terms of risks, the risk of (erroneously) declaring a non-conforming entity to be conforming shall be small. Consequently, it is necessary to tolerate a (large) risk that an entity, which only marginally conforms, will fail to be declared as conforming. Applying a two-stage procedure instead of a one-stage procedure will in general decrease this risk.

When a test for non-conformity is performed, similar considerations are valid.

In this part of ISO 10576, this issue is addressed in respect of the construction of specifications and the testing of output from production or service processes for conformity and non-conformity with specifications.

The problems of how to determine the relevant components of uncertainty and how to estimate them will be addressed in a future ISO 10576-2.

Because of the apparent similarity to acceptance sampling procedures, it is sometimes seen that acceptance sampling plans are used in conformity testing activities. Acceptance sampling and conformity testing activities both utilize elements of hypothesis testing (see e.g. ISO 2854 [2]). It is, however, important to realise that the objectives of the two activities are fundamentally different and in particular the two activities imply different approaches to the risk involved (see ISO 2854 [2] and Holst [9]).

1 Anwendungsbereich

Dieser Teil von ISO 10576 präsentiert einen Leitfaden

a) für das Formulieren von Anforderungen, die als Grenzwerte für ein quantifizierbares Merkmal gestaltet werden dürfen;

b) für die Prüfung der Konformität bezüglich solcher Anforderungen, wenn das Prüf- oder Messergebnis mit Unsicherheit behaftet ist.

Dieser Teil von ISO 10576 ist anwendbar, wann immer die Unsicherheit entsprechend den in GUM (siehe Abschnitt 2) formulierten Grundsätzen quantifiziert werden darf. Die Benennung Unsicherheit ist damit eine Beschreibung für alle Bestandteile der Streuung in den Messergebnissen, einschließlich der durch die Stichprobenprüfung bedingten Unsicherheit.

Es liegt außerhalb des Anwendungsbereiches dieses Teils von ISO 10576, Regeln dafür anzugeben, wie vorgegangen werden soll, wenn die Konformitätsprüfung kein schlüssiges Ergebnis liefert.

ANMERKUNG Es gibt weder Einschränkungen bezüglich der Art der Einheit, die den Anforderungen unterliegt, noch bezüglich des quantifizierbaren Merkmals. Beispiele von Einheiten zusammen mit quantifizierbaren Merkmalen sind in Tabelle A.1 angegeben.

2 Normative Verweisungen

Die folgenden zitierten Dokumente sind für die Anwendung dieses Dokuments erforderlich. Bei datierten Verweisungen gilt nur die in Bezug genommene Ausgabe. Bei undatierten Verweisungen gilt die letzte Ausgabe des in Bezug genommenen Dokuments (einschließlich aller Änderungen).

ISO 3534-1:1993, *Statistics — Vocabulary and symbols — Part 1: Probability and general statistical terms*[N1)]

ISO 3534-2:1993, *Statistics — Vocabulary and symbols — Part 2: Statistical quality control*[N2)]

ISO 5725-1:1994, *Accuracy (trueness and precision) of measurement methods and results — Part 1: General principles and definition*

ISO 5725-2:1994, *Accuracy (trueness and precision) of measurement methods and results — Part 2: Basic method for the determination of repeatability and reproducibility of a standard measurement method*

ISO 5725-3:1994, *Accuracy (trueness and precision) of measurement methods and results — Part 3: Intermediate measures of the precision of a standard measurement method*

ISO 5725-4:1994, *Accuracy (trueness and precision) of measurement methods and results — Part 4: Basic methods for the determination of the trueness of a standard measurement method*

ISO 5725-5:1998, *Accuracy (trueness and precision) of measurement methods and results — Part 5: Alternative methods for the determination of the precision of a standard measurement method*

ISO 5725-6:1994, *Accuracy (trueness and precision) of measurement methods and results — Part 6: Use in practice of accuracy values*

N1) Nationale Fußnote: ersetzt durch ISO 3534-1:2006, *Statistics-Vocabulary and symbols — Part 1: General statistical terms and terms used in propability*

N2) Nationale Fußnote: ersetzt durch ISO 3534-2:2006, *Statistics-Vocabulary and symbols — Part 2: Applied statistics*

1 Scope

This part of ISO 10576 sets out guidelines:

a) for drafting requirements that may be formulated as limiting values for a quantifiable characteristic;

b) for checking conformity to such requirements when the test or measurement result is subject to uncertainty.

This part of ISO 10576 is applicable whenever the uncertainty may be quantified according to the principles laid down in GUM. The term uncertainty is thus a descriptor for all elements of variation in the measurement result, including uncertainty due to sampling.

It is outside the scope of this part of ISO 10576 to give rules for how to act when an inconclusive result of a conformity test has been obtained.

NOTE Neither on the nature of the entity subject to the requirements nor on the quantifiable characteristic are there limitations. Examples of entities together with quantifiable characteristics are given in Table A.1.

2 Normative references

The following referenced documents are indispensable for the application of this document. For dated references, only the edition cited applies. For undated references, the latest edition of the referenced document (including any amendments) applies.

ISO 3534-1:1993, Statistics — *Vocabulary and symbols — Part 1: Probability and general statistical terms*

ISO 3534-2:1993, *Statistics — Vocabulary and symbols — Part 2: Statistical quality control*

ISO 5725-1:1994, *Accuracy (trueness and precision) of measurement methods and results — Part 1: General principles and definitions*

ISO 5725-2:1994, *Accuracy (trueness and precision) of measurement methods and results — Part 2: Basic method for the determination of repeatability and reproducibility of a standard measurement method*

ISO 5725-3:1994, *Accuracy (trueness and precision) of measurement methods and results — Part 3: Intermediate measures of the precision of a standard measurement method*

ISO 5725-4:1994, *Accuracy (trueness and precision) of measurement methods and results — Part 4: Basic methods for the determination of the trueness of a standard measurement method*

ISO 5725-5:1998, *Accuracy (trueness and precision) of measurement methods and results — Part 5: Alternative methods for the determination of the precision of a standard measurement method*

ISO 5725-6:1994, *Accuracy (trueness and precision) of measurement methods and results — Part 6: Use in practice of accuracy values*

Guide to the expression of uncertainty in measurement, (GUM): 1993[1) N3)] BIPM/IEC/IFCC/ISO/IUPAC/IUPAP/OIML

3 Begriffe

Für die Anwendung dieses Dokuments gelten die Begriffe nach ISO 3534-1 und ISO 3534-2 und die folgenden Begriffe.

3.1
Grenzwert
L
untere und/oder obere Schranke der zulässigen Werte des Merkmals

[ISO 3534-2:1993, 1.4.3]

3.2
Mindestwert
L_{SL}
untere Schranke der zulässigen Werte des Merkmals

3.3
Höchstwert
U_{SL}
obere Schranke der zulässigen Werte des Merkmals

3.4
Konformitätsprüfung
systematische Beurteilung mittels Prüfung, wie weit ein Produkt, ein Prozess oder eine Dienstleistung festgelegte Anforderungen erfüllen

3.5
Bereich der zulässigen Werte
Intervall oder Intervalle aller zulässigen Werte des Merkmals

ANMERKUNG Sofern in der Spezifikation nicht anders festgelegt, gehören die Grenzwerte zum Bereich der zulässigen Werte.

3.6
Bereich der nicht-zulässigen Werte
Intervall oder Intervalle aller Werte des Merkmals, die nicht-zulässig sind

ANMERKUNG Bild 1 zeigt verschiedene Möglichkeiten für die Aufteilung des Bereichs der möglichen Werte des Merkmals in Bereiche der zulässigen und der nicht-zulässigen Werte.

3.7
Unsicherheitsintervall
aus dem tatsächlich Messwert des Merkmals und seiner Unsicherheit abgeleitetes Intervall, das die Werte, die vernünftigerweise diesem Merkmal zugeordnet werden können, überdeckt

ANMERKUNG 1 Ein Unsicherheitsintervall darf ein symmetrisches Intervall um das Messergebnis sein, wie in GUM:1993, 6.2.1, definiert.

---

1) 1993 veröffentlicht und 1995 korrigiert und neu gedruckt.

N3) Nationale Fußnote: Deutsche Fassung in DIN V ENV 13005:1999.

Guide to the expression of uncertainty in measurement (GUM):1993[1)] , BIPM/IEC/IFCC/ISO/IUPAC/IUPAP/OIML

3 Terms and definitions

For the purposes of this document, the terms and definitions given in ISO 3534-1, ISO 3534-2 and the following apply.

3.1
limiting values
specification limits
L
specified values of the characteristic giving upper and/or lower bounds of the permissible values

[ISO 3534-2:1993, 1.4.3]

3.2
lower specification limit
L_{SL}
lower bound of the permissible values of the characteristic

3.3
upper specification limit
U_{SL}
upper bound of the permissible values of the characteristic

3.4
conformity test
systematic evaluation by means of testing of the extent to which a product, process or service fulfils specified requirements

3.5
region of permissible values
interval or intervals of all permissible values of the characteristic

NOTE Unless otherwise stated in the specification, the limiting values belong to the region of permissible values.

3.6
region of non-permissible values
interval or intervals of all values of the characteristic that are not permissible

NOTE Figure 1 displays various possibilities for the partitioning of the region of possible values of the characteristic in regions of permissible and non-permissible values.

3.7
uncertainty interval
interval derived from the actual measurement of the characteristic and its uncertainty, covering the values that could reasonably be attributed to this characteristic

NOTE 1 An uncertainty interval may be the symmetric interval around the measurement result as defined in 6.2.1 of GUM:1993.

---

1) Published in 1993 but corrected and reprinted in 1995.

ANMERKUNG 2 Wenn sich die Unsicherheit lediglich durch Auswertungen des Typs A der Unsicherheitskomponenten ergeben hat, darf das Unsicherheitsintervall die Form eines Vertrauensbereichs für den Wert des Merkmalswertes haben (siehe z. B. ISO 3534-1:1993, 2.57, und GUM:1993, G.3).[N4)]

3.8
zweiseitiger Vertrauensbereich
wenn T_1 und T_2 zwei Funktionen der beobachteten Werte sind derart, dass, mit θ als dem zu schätzenden Parameter der Grundgesamtheit, die Wahrscheinlichkeit $P_r(T_1 \leq \theta \leq T_2)$ mindestens gleich $(1-\alpha)$ ist [wobei $(1-\alpha)$ eine feste Zahl ist, positiv und kleiner als 1], dann ist das Intervall zwischen T_1 und T_2 ein zweiseitiger $(1-\alpha)$ Vertrauensbereich für θ

[ISO 3534-1:1993, 2.57]

3.9
Vertrauensniveau
der Wert $(1-\alpha)$ der dem Vertrauensbereich oder einem statistischen Anteilsbereich[N5)] zugeordneten Wahrscheinlichkeit

[ISO 3534-1:1993, 2.59]

4 Festlegung von Anforderungen

4.1 Anforderungen an die Definition von Grenzwerten

4.1.1 Die Einheit muss klar und eindeutig spezifiziert sein.

4.1.2 Das quantifizierbare Merkmal der Einheit muss klar und eindeutig spezifiziert sein. Der Wert des Merkmals muss mittels Messung oder Prüfverfahren bestimmt sein, die eine Bewertung der Unsicherheit der Messung ermöglichen.

4.1.3 Messmethode bzw. Prüfverfahren sollten standardisierte Verfahren sein.

4.1.4 Auf die Unsicherheit der Messung darf in der Kennzeichnung der Grenzwerte weder direkt noch indirekt Bezug genommen werden.

N4) Nationale Fußnote: Typ A: Berechnung der Messunsicherheit durch statistische Analyse der Messungen, Typ B: Berechnung der Messunsicherheit mit anderen Mitteln als der statistischen Analyse.

N5) Nationale Fußnote: Im Englischen „statistical coverage interval“. DIN 55350-24 nennt als Übersetzung stattdessen „statistical tolerance interval“. Diese Benennung wird in Anmerkung 2 zu ISO 3534-1:1993, 2.61, kommentiert, wohin aus 2.59 verwiesen wird.

NOTE 2 When the uncertainty has been obtained only by Type A evaluations of uncertainty components, the uncertainty interval may be in the form of a confidence interval for the value of the characteristic (see e.g., 2.57 of ISO 3534-1:1993 and G.3 of GUM:1993).

3.8
two-sided confidence interval
when T_1 and T_2 are two functions of the observed values such that, θ being a population parameter to be estimated, the probability $P_r (T_1 \leq \theta \leq T_2)$ is at least equal to $(1-\alpha)$ [where $(1-\alpha)$ is a fixed number, positive and less than 1], the interval between T_1 and T_2 is a two-sided $(1-\alpha)$ confidence interval for θ

[ISO 3534-1:1993, 2.57]

3.9
confidence coefficient
confidence level
the value $(1-\alpha)$ of the probability associated with a confidence interval or a statistical coverage interval

[ISO 3534-1:1993, 2.59]

4 Specification of requirements

4.1 Requirements for definition of limiting values

4.1.1 The entity shall be clearly and unambiguously specified.

4.1.2 The quantifiable characteristic of the entity shall be clearly and unambiguously specified. The value of the characteristic shall be determined by means of a measurement or test procedure that enables an assessment of the uncertainty of the measurement to be made.

4.1.3 The measurement or test procedure should be a standardized procedure.

4.1.4 The uncertainty of the measurement shall neither explicitly nor implicitly be referred to in the designation of the limiting values.

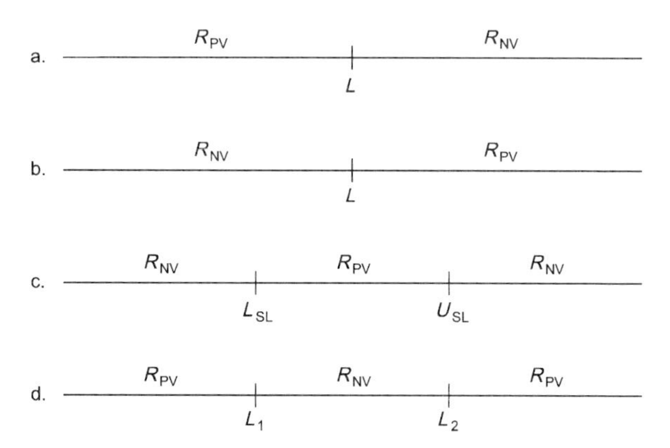

ANMERKUNG R_{PV} kennzeichnet den Bereich zulässiger Werte, während R_{NV} den Bereich nicht-zulässiger Werte kennzeichnet.

Die Grenzwerte sind mit L, L_{SL}, U_{SL}, L_1 und L_2 gekennzeichnet.

Bild 1 — Aufteilung des Wertebereichs für das Merkmal

4.2 Angabe von Grenzwerten

Die Angabe von Grenzwerten muss das Ergebnis der Festlegungen in 4.1.1 und 4.1.2 sein.

Der Bereich zulässiger Werte eines quantifizierbaren Merkmals darf nach nur einer Seite oder nach beiden Seiten begrenzt sein. Grenzen sind deswegen von zweierlei Art:

— zweiseitige Grenzen, bestehend aus einer oberen *und* einer unteren Grenze,

— einseitige Grenze, d. h. entweder eine obere *oder* eine untere Grenze.

BEISPIEL 1 Zweiseitige Grenzen

Für eine einzelne Einheit in Form eines Barrels Motoröl (d. h. die Einheit) könnten die Anforderungen an die kinematische Viskosität des Öls (d. h. das Merkmal) lauten:

> Die kinematische Viskosität darf nicht geringer als $0,5 \times 10^{-5}$ m²/s und nicht größer als $1,00 \times 10^{-5}$ m²/s sein.

BEISPIEL 2 Zweiseitige Grenzen

Für ein Los von Flaschen mit Bratöl (d. h. die Einheit) könnten die Anforderungen bezüglich des mittleren Siedepunktes bei einem atmosphärischen Druck von 101,6 kPa für das Öl in den Flaschen (d. h. das Merkmal) lauten:

> Der mittlere Siedepunkt muss innerhalb des Intervalls 105,0 °C bis 115,0 °C liegen.

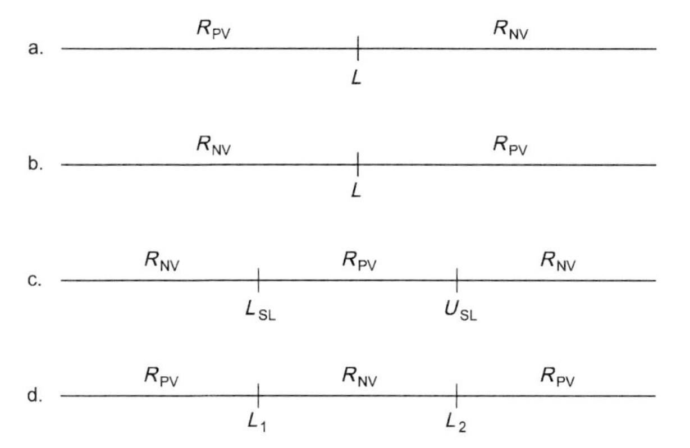

NOTE R_{PV} denotes Region of permissible values while R_{NV} denotes Region of non-permissible values.

The specification limits are denoted L, L_{SL}, U_{SL}, L_1 and L_2.

Figure 1 — Division of the domain for the characteristic

4.2 Reporting of limiting values

The reporting of limiting values shall be the result of the drafting given in 4.1.1 and 4.1.2.

The range of permissible values of a quantifiable characteristic may be limited to only one side or to both sides. Limits are therefore of two kinds:

— double limits, consisting of an upper *and* a lower limit;

— single limit, i.e. either an upper limit *or* a lower limit.

EXAMPLE 1 Double limits

For a single item in the form of a barrel of motor oil (i.e. the entity) the requirements for the kinematic viscosity of the oil (i.e. the characteristic) could be:

the kinematic viscosity shall be not less than $0{,}5 \times 10^{-5}$ m^2/s and no greater than $1{,}00 \times 10^{-5}$ m^2/s.

EXAMPLE 2 Double limits

For one lot of bottles with frying oil (i.e. the entity) the requirements for the average boiling point at the atmospheric pressure of 101,6 kPa for the oil in the bottles (i.e. the characteristic) could be:

the average boiling point shall be within the interval 105,0 °C to 115,0 °C.

BEISPIEL 3 Einseitig obere Grenze

Für eine Schiffsladung Rohöl (d. h. die Einheit) könnten die Anforderungen an den Schwefelmengenanteil (d. h. das Merkmal) in der Ladung lauten:

Der Schwefelmengenanteil darf nicht größer als 2 % sein.

BEISPIEL 4 Einseitig obere Grenze

Für eine Einzelperson (d. h. die Einheit) könnten die Anforderungen an die Konzentration von Blei im Blut (d. h. das Merkmal) lauten:

Die Bleikonzentration darf nicht größer als 0,96 µmol/l sein.

BEISPIEL 5 Einseitig untere Grenze

Für eine Lieferung von Bitumen (d. h. die Einheit) könnten die Anforderungen an die Löslichkeit des Bitumens in Kerosin bei 20 °C (d. h. das Merkmal) lauten:

Die Löslichkeit des Bitumens in Kerosin bei 20 °C darf nicht geringer sein als ein Massenanteil von 99 %.

BEISPIEL 6 Einseitig obere Grenze

Für eine Lieferung Äpfel (d. h. die Einheit) könnten die Anforderungen bezüglich des Massenanteils schädlingsbefallener Äpfel (d. h. das Merkmal) lauten:

Der Massenanteil schädlingsbefallener Äpfel muss kleiner sein als 0,2 %.

Wegen der Streuung bei der Masse der einzelnen Äpfel wird sich der Massenanteil der infizierten Äpfel normalerweise vom Stückzahlanteil infizierter Äpfel unterscheiden.

ANMERKUNG In vielen Fällen (z. B. im Umweltbereich) kann, wenn eine einseitige Grenze betrachtet wird, eine zusätzlich auferlegte Grenze, wie zum Beispiel 0 %, 0,0 kg/l und 100 %, ignoriert werden, da dies theoretische und/oder physikalische Grenzen sind und daher nicht notwendigerweise spezifiziert werden müssen.

5 Unsicherheit von Ergebnissen

5.1 Allgemeines

Wenn ein Mess- oder Prüfergebnis mit den Grenzwerten verglichen wird, ist es notwendig, die Unsicherheit des Messergebnisses zu berücksichtigen. Die Unsicherheit muss entsprechend den Vorschriften des GUM bestimmt werden. ISO 5725-1 bis ISO 5725-6, darf ebenfalls zur Bestimmung der Komponenten der Unsicherheit zu Rate gezogen werden.

ANMERKUNG Dies bedeutet, dass die Beiträge zur Unsicherheit aus allen Stadien des Messverfahrens berücksichtigt werden müssen. Das schließt auch die mit Stichprobenprüfungen verbundene Unsicherheit ein.

5.2 Angabe der Unsicherheit des Messergebnisses

Das Messergebnis des gemessenen interessierenden Merkmals und die Unsicherheit der Messung müssen angegeben werden. Die Unsicherheit der Messung muss als ein Unsicherheitsintervall angegeben werden. Wenn dieses Intervall ein Vertrauensbereich ist, muss das Vertrauensniveau ($1-\alpha$) zusammen mit dem Intervall genannt werden (siehe ISO 3534-1:1993, 2.57 und 2.59). In anderen Fällen muss der Erweiterungsfaktor des Unsicherheitsintervalls angeben werden (siehe GUM:1993, 6.2.1).

EXAMPLE 3 Single upper limit

For a shipment of crude oil (i.e. the entity) the requirements for the sulfur mass fraction (i.e. the characteristic) in the bulk could be:

the sulfur mass fraction shall be no greater than 2 %.

EXAMPLE 4 Single upper limit

For an individual (i.e. the entity) the requirements for the concentration of lead in blood (i.e. the characteristic) could be:

the concentration of lead shall be no greater than 0,96 µmol/l.

EXAMPLE 5 Single lower limit

For a lot of bitumen (i.e. the entity) the requirements for the solubility of the bitumen in kerosene at 20 °C (i.e. the characteristic) could be:

the solubility of the bitumen in kerosene at 20 °C shall be not less than a mass fraction of 99 %.

EXAMPLE 6 Single upper limit

For a shipment of apples (i.e. the entity) the requirements for mass fraction of the apples infected with pests (i.e. the characteristic) could be:

the mass fraction of apples infected with pests shall be less than 0,2 %.

Due to the variation of the mass of the individual apples, the mass fraction of infected apples will usually be different from the number fraction of infected apples.

NOTE In many cases (e.g. in the environmental field), an additional implied limit such as 0 %, 0,0 kg/l and 100 % can be ignored when considering a single limit because they are theoretical and/or physical limits and therefore need not necessarily to be specified.

5 Uncertainty of results

5.1 General

When comparing a measurement or test result with the limiting values, it is necessary to take into consideration the uncertainty of the measurement result. The uncertainty shall be determined according to the provisions of the GUM. ISO 5725, parts 1 to 6, may also be consulted to help identify some of the components of uncertainty.

NOTE This implies that the contributions to the uncertainty from all stages in the measurement procedure shall be taken into consideration. This also includes any uncertainty due to sampling.

5.2 Reporting the uncertainty of the measurement result

The measurement result of the measured characteristic of interest and the uncertainty of the measurement shall be reported; the uncertainty of the measurement shall be reported as an uncertainty interval. When this interval is a confidence interval, the confidence level $(1-\alpha)$ shall be reported together with the interval (see 2.57 and 2.59 of ISO 3534-1:1993). Otherwise the coverage factor of the uncertainty interval shall be reported (see 6.2.1 of GUM:1993).

6 Bewerten der Konformität mit Anforderungen

6.1 Allgemeines

Eine Konformitätsprüfung ist eine systematische Prüfung (mittels Messung), ob die Einheit die festgelegten Anforderungen erfüllt oder nicht.

Das Ziel der Konformitätsprüfung ist, Vertrauen zu erzeugen, dass die Einheit die festgelegten Anforderungen erfüllt.

Dieser Teil von ISO 10576 empfiehlt, dass die Konformitätsprüfung als zweistufiges Verfahren durchgeführt wird. In den Fällen, in den eine zweistufige Prüfung entweder nicht durchgeführt werden kann oder aus anderen Gründen nicht durchgeführt werden sollte, wird ein einstufiges Verfahren angeboten.

Wenn ein zweistufiges Verfahren gewählt wird, dann muss es ein geeignetes Verfahren zur Beurteilung der Konsistenz der Messergebnisse aus beiden Stufen geben.

ANMERKUNG Der Vorteil des zweistufigen Verfahrens gegenüber dem einstufigen Verfahren ist die beträchtlich höhere Wahrscheinlichkeit, für Einheiten mit zulässigen Werten der interessierenden Größe, die nahe beim Grenzwert bzw. bei den Grenzwerten liegen, die Konformität zu erklären. Der Nachteil ist eine leicht erhöhte Wahrscheinlichkeit, die Konformität für Einheiten mit nicht-zulässigen Werten der interessierenden Größe nahe bei den Grenzwerten zu erklären. Falls diese erhöhte Wahrscheinlichkeit, die Konformität für fehlerhafte Einheiten zu erklären, nicht akzeptabel ist, sollte ein einstufiges Verfahren vorgesehen werden.

6.2 Die zweistufige Konformitätsprüfung

6.2.1 Stufe 1

Durchführen des Messverfahrens und Berechnung der Unsicherheit des Messergebnisses.

Konformität mit den Anforderungen darf dann und nur dann bestätigt werden, wenn das Unsicherheitsintervall des Messergebnisses innerhalb des Bereichs der zulässigen Werte liegt.

Stufe 2 der Prüfung muss dann und nur dann durchgeführt werden, wenn das nach Stufe 1 berechnete Unsicherheitsintervall einen Grenzwert enthält.

6.2.2 Stufe 2

Wiederholung der Durchführung des Messverfahrens und Ermittlung einer geeigneten Kombination der zwei Messergebnisse zur Bildung des endgültigen Messergebnisses zusammen mit der Unsicherheit dieses Ergebnisses.

Konformität mit den Anforderungen darf dann und nur dann bestätigt werden, wenn das Unsicherheitsintervall des endgültigen Messergebnisses innerhalb des Bereichs der zulässigen Werte liegt.

Wenn die Konformität entweder nach der ersten oder nach der zweiten Stufe bestätigt werden darf, darf dazu die in 7.2 gegebene Formulierung verwendet werden.

ANMERKUNG 1 Das Unsicherheitsintervall wird auch als innerhalb des Bereichs zulässiger Werte angesehen, wenn eine der Grenzen des Unsicherheitsintervalls mit einem Grenzwert der Spezifikation zusammenfällt.

Wenn das Unsicherheitsintervall des Messergebnisses entweder nach der ersten oder nach der zweiten Stufe vollständig innerhalb des Bereiches der nicht-zulässigen Werte liegt, kann die Nichtkonformität mit den Anforderungen festgestellt und dazu die in 7.3 gegebene Formulierung verwendet werden.

ANMERKUNG 2 Das Unsicherheitsintervall wird auch als innerhalb des Bereichs nicht-zulässiger Werte angesehen, wenn eine der Grenzen des Unsicherheitsintervalls mit einem Grenzwert der Spezifikation zusammenfällt.

6 Assessing conformity to requirements

6.1 General

A conformity test is a systematic examination (by means of measurement) of whether or not the entity fulfils the specified requirements.

The objective of the conformity test is to provide confidence that the entity fulfils the specified requirements.

This part of ISO 10576 recommends that the conformity test be performed as a two-stage procedure. In the cases where a two-stage procedure either cannot be performed or for other reasons should not be performed, a one-stage procedure is provided.

When a two-stage procedure is performed, there shall be appropriate procedures to evaluate the consistency of the measurement results from the two stages.

NOTE The advantage of the two-stage procedure over the one-stage procedure is the considerably higher probability of declaring conformity for entities with permissible values of the quantity of interest, which are close to the limiting value(s). The disadvantage is a slightly higher probability of declaring conformity for entities with non-permissible values of the quantity of interest which are close to the limiting values. If this increased probability in declaring conformity for non-conforming entities cannot be accepted, a one-stage procedure should be provided.

6.2 The two-stage conformity test

6.2.1 Stage 1

Perform the measurement procedure and calculate the uncertainty of the measurement result.

Conformity to the requirements may be assured if, and only if, the uncertainty interval of the measurement result is inside the region of permissible values.

The second stage of the test shall be performed if, and only if, the uncertainty interval calculated after the first stage includes a specification limit.

6.2.2 Stage 2

Perform the measurement procedure once more and determine an appropriate combination of the two measurement results to form the final measurement result together with the uncertainty of that result.

Conformity to the requirements may be assured if, and only if, the uncertainty interval of the final measurement result is inside the region of permissible values.

If conformity may be assured, either after the first or after the second stage, the statement given in 7.2 may be asserted.

NOTE 1 The uncertainty interval is also considered to be inside the region of permissible values when one of the limits of the uncertainty interval coincides with a limiting value of the specification.

If the uncertainty interval of the measurement result is entirely included in the region of non-permissible values, either after the first or after the second stage, then non-conformity with the requirements may be assured and the statement in 7.3 can be asserted.

NOTE 2 The uncertainty interval is also considered to be inside the region of non-permissible values when one of the limits of the uncertainty interval coincides with a limiting value of the specification.

Wenn das nach Stufe 2 bestimmte Unsicherheitsintervall einen Grenzwert enthält, dann ist das Ergebnis der Konformitätsprüfung unbestimmt und die in 7.4 gegebene Formulierung darf verwendet werden.

ANMERKUNG 3 Die in beiden Stufen verwendeten Messverfahren müssen nicht identisch sein. Die oben in Stufe 2 erwähnte geeignete Kombination der Ergebnisse aus Stufe 1 und Stufe 2 umfasst auch solche Situationen, in denen zum Beispiel nur das Ergebnis aus Stufe 2 als endgültiges Messergebnis verwendet wird.

Bild 2 zeigt ein Flussdiagramm für die zweistufige Konformitätsprüfung.

6.3 Die einstufige Konformitätsprüfung

Durchführen des Messverfahrens und Berechnung der Unsicherheit des Messergebnisses.

Konformität mit den Anforderungen darf dann und nur dann bestätigt werden, wenn das Unsicherheitsintervall des Messergebnisses innerhalb des Bereichs der zulässigen Werte liegt.

ANMERKUNG 1 Das Unsicherheitsintervall wird auch als innerhalb des Bereichs zulässiger Werte angesehen, wenn eine der Grenzen des Unsicherheitsintervalls mit einem Grenzwert der Spezifikation zusammenfällt.

Wenn das Unsicherheitsintervall des Messergebnisses vollständig innerhalb des Bereiches der nicht-zulässigen Werte liegt, kann die Nichtkonformität mit den Anforderungen erklärt und dazu die in 7.3 gegebene Formulierung verwendet werden.

ANMERKUNG 2 Das Unsicherheitsintervall wird auch als innerhalb des Bereichs nicht-zulässiger Werte angesehen, wenn eine der Grenzen des Unsicherheitsintervalls mit einem Grenzwert der Spezifikation zusammenfällt.

Wenn das Unsicherheitsintervall einen Grenzwert enthält, dann ist das Ergebnis der Konformitätsprüfung unbestimmt und die in 7.4 gegebene Formulierung darf verwendet werden.

6.4 Das Unsicherheitsintervall in Form eines Vertrauensbereiches

Die Angaben in diesem Abschnitt beziehen sich auf Situationen, in denen das Unsicherheitsintervall in Form eines Vertrauensbereiches mit Vertrauensniveau $(1-\alpha)$ gegeben ist (siehe 5.2). Wenn die Spezifikation in Form eines einzelnen Grenzwertes gegeben ist (Fall a oder Fall b in Bild 1), dann ist die Wahrscheinlichkeit einer irrtümlichen Konformitätserklärung für das einstufige Verfahren höchstens $\alpha/2$ und für das zweistufige Verfahren höchstens $\alpha + \alpha^2/2$. Im Falle zweier Grenzwerte (Fall c oder Fall d in Bild 1) hängt die Wahrscheinlichkeit einer irrtümlichen Konformitätserklärung von der mittleren Länge des Vertrauensbereiches ab. Wenn jedoch die mittlere Länge nur einen kleinen Teil der Differenz der Grenzwerte ausmacht, darf der obige Ausdruck für die Wahrscheinlichkeit einer irrtümlichen Konformitätserklärung nach wie vor verwendet werden.

Wenn die Unsicherheit der Messergebnisse als vollkommen bekannt angenommen werden kann (d. h. die Unsicherheit ist nicht aus den Beobachtungen berechnet), kann die Wahrscheinlichkeit, die Konformität mit den Anforderungen zu erklären, zugleich mit der Wahrscheinlichkeit, ein unbestimmtes Ergebnis aus der Konformitätsprüfung zu erhalten, berechnet werden.

ANMERKUNG Beispiele werden in einer zukünftigen ISO 10576-2 enthalten sein.

6.5 Unbestimmtes Ergebnis der Konformitätsprüfung

Vor allem, wenn der Wert des Merkmals in der Umgebung eines Grenzwertes liegt, gibt es eine hohe Wahrscheinlichkeit dafür, dass das Ergebnis der Konformitätsprüfung unbestimmt sein wird. Das ist im Prinzip nicht zufrieden stellend, aber unvermeidlich, wenn eine Konformitätserklärung bezüglich der Anforderungen die Behauptung der Aussage in 7.2 rechtfertigen sollte.

When the uncertainty interval determined after stage 2 includes a specification limit, the result of the conformity test is inconclusive, and the statement given in 7.4 may be asserted.

NOTE 3 The measurement procedures used in the two stages need not be identical. The appropriate combination of the results from the first and the second stage referred to in stage 2 above also includes situations where e.g., only the result from stage 2 is used as the final measurement result.

Figure 2 displays a flow diagram for the two-stage conformity test.

6.3 The one-stage conformity test

Perform the measurement procedure and calculate the uncertainty of the measurement result.

Conformity to the requirements may be assured if, and only if, the uncertainty interval of the measurement result is inside the region of permissible values.

NOTE 1 The uncertainty interval is also considered to be inside the region of permissible values when one of the limits of the uncertainty interval coincides with a limiting value of the specification.

If the uncertainty interval of the measurement result is entirely included in the region of non-permissible values, then non-conformity with the requirements can be declared and the statement in 7.3 may be asserted.

NOTE 2 The uncertainty interval is also considered to be inside the region of non-permissible values when one of the limits of the uncertainty interval coincides with a limiting value of the specification.

When the uncertainty interval includes a specification limit, the result of the conformity test is inconclusive, and the statement given in 7.4 may be asserted.

6.4 The uncertainty interval given in the form of a confidence interval

The provisions in this subclause refer to situations where the uncertainty interval is given in the form of a confidence interval with confidence level $(1-\alpha)$ (see 5.2). When the specification is given in terms of a single specification limit (case a. or case b. in Figure 1), the probability of an erroneous declaration of conformity is at most $\alpha/2$ for the one-stage procedure and at most $\alpha + \alpha^2/2$ for the two-stage procedure. In the case with two specification limits (case c. or case d. in Figure 1), the probability of an erroneous declaration of conformity depends on the average length of the confidence interval. However, when the average length is only a small fraction of the difference between the specification limits, the above expression for the probability of an erroneous declaration of conformity may still be used.

When the uncertainty of the measurements can be assumed to be completely known (i.e. the uncertainty is not calculated from the observations), the probability of declaring conformity with the requirements can be calculated together with the probability of obtaining an inconclusive result from the conformity test.

NOTE Examples will be provided in a future ISO 10576-2.

6.5 Inconclusive result of the conformity test

Especially when the value of the characteristic is in the neighbourhood of a specification limit, there is a large probability that the result of the conformity test will be inconclusive. This is in principle unsatisfactory but is inevitable if a declaration of conformity with the requirements should justify the assertion of the statement in 7.2.

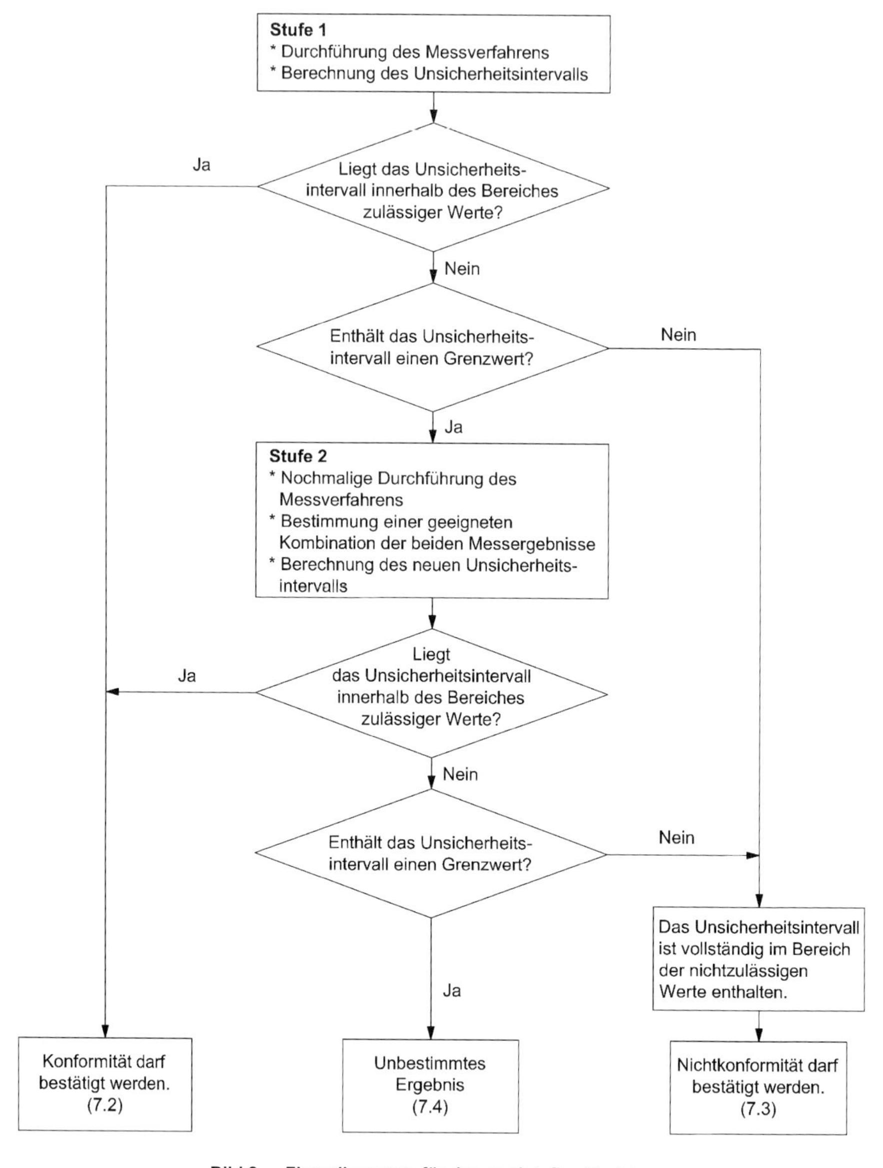

Bild 2 — Flussdiagramm für das zweistufige Verfahren

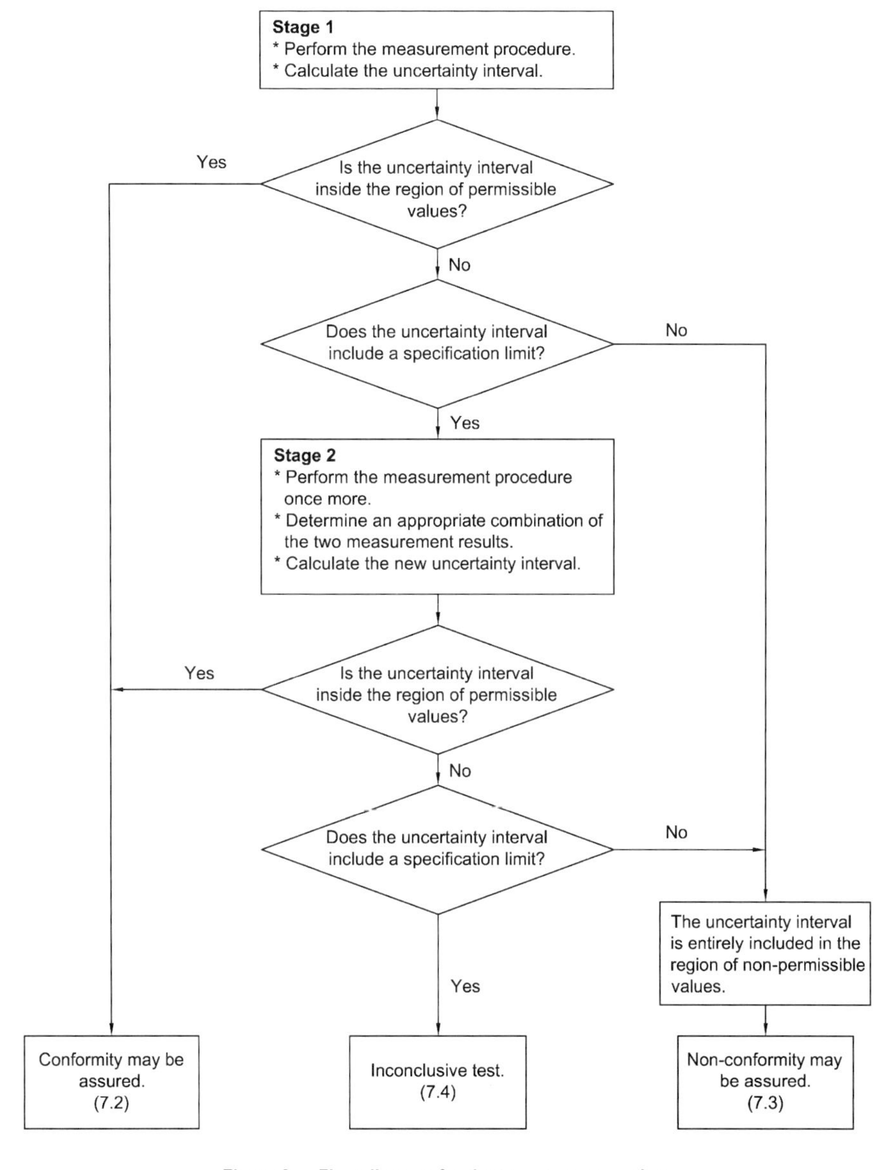

Figure 2 — Flow diagram for the two-stage procedure

7 Angabe des Ergebnisses der Konformitätsbewertung

7.1 Allgemeines

Aufgrund von Streuungen bei der Messung kann eine auf den Messungen beruhende Aussage falsch sein. Die Gestaltung des Messverfahrens und das Prüfverfahren müssen dies deshalb im Bericht über eine Konformitätsprüfung berücksichtigen.

Wenn das Ergebnis einer Konformitätsprüfung berichtet wird, müssen die in 7.2, 7.3 und 7.4 angegebenen qualitativen Formulierungen um alle Nachweise ergänzt werden, die die verwendete qualitative Formulierung unterstützen.

7.2 Konformitätsbestätigung

Immer, wenn das Unsicherheitsintervall des Messergebnisses innerhalb des Bereiches zulässiger Werte liegt (siehe 6.1 und 6.2), darf die Konformität bestätigt werden.

Die Konformitätsbestätigung muss den folgenden Wortlaut haben:

Die Konformitätsprüfung hat über alle angemessenen Zweifel hinaus nachgewiesen, dass der Wert des Merkmals mit den Anforderungen konform ist.

7.3 Feststellen der Nichtkonformität

Immer, wenn das Unsicherheitsintervall des Messergebnisses innerhalb des Bereiches nicht-zulässiger Werte liegt (siehe 6.1 und 6.2) darf die Nichtkonformität festgestellt werden.

Das Feststellen der Nichtkonformität muss den folgenden Wortlaut haben:

Die Konformitätsprüfung hat über alle angemessenen Zweifel hinaus nachgewiesen, dass der Wert des Merkmals nicht mit den Anforderungen konform ist.

7.4 Unbestimmtes Ergebnis

Immer dann, wenn in Übereinstimmung mit 6.1 oder 6.2 weder Konformität noch Nichtkonformität mit den Anforderungen festgestellt werden kann, ist das Ergebnis der Konformitätsprüfung unbestimmt.

Die Feststellung eines unbestimmten Prüfergebnisses muss den folgenden Wortlaut haben:

Die Konformitätsprüfung war nicht in der Lage, über alle angemessenen Zweifel hinaus nachzuweisen, dass der Wert des Merkmals mit den Anforderungen konform bzw. nichtkonform ist.

7 Reporting the result of the conformity assessment

7.1 General

Due to the variability in measurement, an assertion based upon the measurements may be wrong. The design of the measurement procedure and the test procedure shall therefore take this into account in the reporting of a conformity test.

When reporting the result of a conformity test, the qualitative expressions for assurance of conformity, non-conformity or an inconclusive test given in 7.2, 7.3 and 7.4 shall be supplemented with all the evidence which supports the qualitative expression used.

7.2 Assurance of conformity

Whenever the uncertainty interval of the measurement result is inside the region of permissible values (see 6.1 and 6.2), conformity may be assured.

The assurance of conformity shall have the following wording:

The conformity test has demonstrated beyond any reasonable doubt that the value of the characteristic is in conformity with the requirements.

7.3 Assurance of non-conformity

Whenever the uncertainty interval of the measurement result is inside the region of non-permissible values (see 6.1 and 6.2), non-conformity may be assured.

The assurance of non-conformity shall have the following wording:

The conformity test has demonstrated beyond any reasonable doubt that the value of the characteristic is not in conformity with the requirements.

7.4 Inconclusive result

Whenever neither conformity nor non-conformity with the requirements can be assured in accordance with 6.1 or 6.2, the result of the conformity test is inconclusive.

The report of an inconclusive test result shall have the following wording:

The conformity test has not been able to demonstrate beyond any reasonable doubt that the value of the characteristic is or is not in conformity with the requirements.

Anhang A
(normativ)

Beispiele von Einheiten und quantifizierbaren Merkmalen

Tabelle A.1 — Beispiele von Einheiten zusammen mit quantifizierbaren Merkmalen

Einheit	Quantifizierbares Merkmal der Einheit			
	Merkmal der Einheit	Mittelwert	Homogenität	Relative Häufigkeit
Unterscheidbare Einheit oder Individuum	×	—	×	—
{Gewicht für eine Waage}	{Masse}	—	—	—
Gruppe unterscheidbarer Einheiten (Los oder Grundgesamtheit)	—	×	×	×
{Los von Zuckertüten}	—	{durchschnittliche Masse pro Tüte}	{Standardabweichung der Masse der Zuckertüten}	{Anteil der Tüten mit konformer Masse}
Prozess	—	×	×	×
{Flaschenfertigung}	—	{durchschnittliches Fassungsvermögen der gefertigten Flaschen}	{Standardabweichung des Fassungsvermögens der gefertigten Flaschen}	{Anteil der gefertigten Flaschen mit konformem Fassungsvermögen}
Los eines Massengutes (Feststoffe, Flüssigkeit oder Gas)	—	×	×	×
{Los von Dolomit}		{Massenanteil von Asbestfasern}	{Standardabweichung des Massenanteils von Asbest in festgelegten Stichprobeneinheiten}	{Massenanteil von Asbestfasern mit konformer Länge}
Dienstleistung	—	×	×	×
{Behandlung einer speziellen Krankheit}	—	{durchschnittliche Wartezeit vom Anzeigen der Krankheit bis zum Beginn der Behandlung}	{Standardabweichung der Wartezeit vom Anzeigen der Krankheit bis zum Beginn der Behandlung}	{Anteil der Wartezeiten mit konformer Länge bis zum Beginn der Behandlung}

Das Symbol „ד in den Zellen zeigt an, dass das Merkmal für die in Frage stehende Einheit betrachtet werden darf. Spezielle Beispiele sind in geschweiften Klammern { } angegeben.

Der Inhalt dieser Tabelle sollte nicht als erschöpfend angesehen werden.

Annex A
(informative)

Examples of entities and quantifiable characteristics

Table A.1 — Examples of entities together with quantifiable characteristics

Entity	Quantifiable characteristic of entity			
	Item characteristic	Average	Homogeneity	Relative frequency
Distinguishable item or individual	×	—	×	—
{weight for a balance}	{mass}	—	—	—
Group of distinguishable items (batch or population)	—	×	×	×
{lot of bags of sugar}	—	{the average mass per bag}	{the standard deviation of the mass of bags}	{the percentage of bags with conforming masses}
Process	—	×	×	×
{production of bottles}	—	{the average volume per bottle produced}	{the standard deviation of the volume of the bottles produced}	{the percentage of produced bottles with conforming volumes}
Lot of bulk material (particulate material, liquid or gas)	—	×	×	×
{lot of dolomite}		{the mass fraction of asbestos fibres}	{the standard deviation of the mass fraction of asbestos between specified sampling units}	{the mass fraction of asbestos fibres with conforming length}
Service	—	×	×	×
{treatment of a specific disease}	—	{the average waiting time from the reporting of the disease until the start of the treatment}	{the standard deviation of the waiting time from the reporting of the disease until the start of the treatment}	{the percentage of waiting times for the start of the treatment with conforming length}
The symbol "×" in the cell indicates that the characteristic may be considered for the entity in question. Specific examples are given in accolades { }. The contents of this table should not be considered exhaustive.				

Anhang B
(informativ)

Beispiele

B.1 Allgemeines

Die folgenden Beispiele decken nur einige der in Tabelle A.1 genannten Kombinationen von Einheiten und quantifizierbaren Merkmalen ab. Die Beispiele stellen keine besonders wichtigen Kombinationen von Einheit und interessierendem Merkmal dar.

B.2 Beispiel 1

In einer Serie von fein gedrehten Stahlwellen mit Sollmaßen ∅ 25 mm × 150 mm, sind die Grenzwerte für die Durchmesser (Zweipunktdurchmesser) für jede Welle L_{SL} = 24,9 mm und U_{SL} = 25,0 mm. Die Einheit ist also eine Welle und das Merkmal ist der Wellendurchmesser.

Die Messungen werden unter Verwendung eines analogen externen Mikrometers mit glattem Messamboss, einem Messbereich von 0 bis 25 mm mit einem Vernier-Skalenintervall von 10^{-3} mm durchgeführt. Die Standardmessunsicherheit, $u_c = 3{,}79 \times 10^{-3}$ mm, wird aus einer Anzahl von Beiträgen berechnet (siehe ISO/TS 14253-2:1999, A.2). Aus wirtschaftlichen Gründen wurde an jeder Welle aus der Serie eine einstufige Prüfung anstelle einer zweistufigen durchgeführt. Die Unsicherheitsintervalle wurden in Übereinstimmung mit 6.2.1 des GUM:1993 unter Verwendung eines Erweiterungsfaktors $k = 2$ berechnet. Die Unsicherheitsintervalle um die Messergebnisse von drei Wellen waren (24,857 ± 0,007 6) mm; (24,907 ± 0,007 6) mm und (24,962 ± 0,007 6) mm. In Übereinstimmung mit 6.3 wird die erste Welle für fehlerhaft erklärt und für die dritte Welle wird die Konformität bestätigt, während die Konformitätsprüfung für die zweite Welle zu einem unbestimmten Ergebnis geführt hat.

B.3 Beispiel 2

Entsprechend einer Liste von Grenzwerten darf die Konzentration von Blei im Blut von Einzelpersonen 0,97 µmol/l nicht überschreiten. Die Einheit ist demnach das Blut einer Einzelperson. Das Merkmal ist per definitionem die Konzentration von Spurenmetall im Blut zum Zeitpunkt der Blutentnahme. Wenn ein zweistufiges Verfahren verwendet wird, wird die Blutprobe in zwei Teilproben aufgeteilt und die zweite Probe wird nur gemessen, wenn das Unsicherheitsintervall nach der ersten Stufe einen Grenzwert enthält (siehe 6.2). Die Messungen werden mit einem Standardmessverfahren durchgeführt, das mit einer Unsicherheit von σ_Y = 0,048 µmol/l arbeitet. [7, 8] Das Unsicherheitsintervall eines Messergebnisses kann in der Form eines $(1-\alpha)$-Vertrauensbereiches für den Wert des Merkmals angegeben werden. [10, 11] Wenn n unabhängige Messungen durchgeführt werden, jede mit einer Unsicherheit σ_Y, und der arithmetische Mittelwert der Messergebnisse Y_1 ist, dann gilt für den Vertrauensbereich

$$Y_1 \pm \frac{u_{1-\alpha/2}\sigma_Y}{\sqrt{n}}$$

Dabei ist

$u_{1-\alpha/2}$ das $(1-\alpha/2)$-Quantil der Standardnormalverteilung [1].

Annex B
(informative)

Examples

B.1 General

The following examples cover only some of the combinations of the entities and quantifiable characteristics given in Table A.1. The examples do not represent any specific important combinations of entity and characteristic of interest.

B.2 Example 1

In a series of fine turned steel shafts, nominal dimensions ∅ 25 mm × 150 mm, the specification limits for the diameter (two point diameter) of each shaft is L_{SL} = 24,9 mm and U_{SL} = 25,0 mm. The entity is thus a shaft and the characteristic is the shaft diameter.

The measurements are performed using an analogue external micrometer with flat measuring anvils, a measuring range of 0 to 25 mm with a Vernier scale interval of 10^{-3} mm. The standard uncertainty of measurement, $u_c = 3{,}79 \times 10^{-3}$ mm, is calculated from a number of contributors (see A.2 of ISO/TS 14253-2:1999). For economic reasons a one-stage conformity test was performed for each of the shafts in the series instead of a two-stage test. The uncertainty intervals were calculated in accordance with 6.2.1 of GUM:1993, using the coverage factor $k = 2$. The uncertainty intervals around the measurements of three shafts were (24,857 ± 0,007 6) mm; (24,907 ± 0,007 6) mm and (24,962 ± 0,007 6) mm. In accordance with 6.3, the first shaft is declared to be non-conforming and the third shaft is declared to be conforming to the requirements while the conformity test of the second shaft has given an inconclusive result.

B.3 Example 2

According to a list of limiting values, the concentration of lead in blood for individuals shall not exceed 0,97 µmol/l. The entity is thus the blood of an individual. The characteristic is per definition the concentration of trace metal in the blood at the time the blood sample is taken. When a two-stage procedure is used the blood sample is divided into two subsamples and the second sample is only measured if the uncertainty interval after the first stage contains a limiting value (see 6.2). The measurements are performed with a standard measurement procedure which operates with an uncertainty of σ_Y = 0,048 µmol/l [7, 8]. The uncertainty interval of a measurement can be expressed in the form of a $(1-\alpha)$ confidence interval for the value of the characteristic [10, 11]. When n independent measurements each with the uncertainty σ_Y are performed and the arithmetic mean of the measurements is Y_1 then the confidence interval is given as

$$Y_1 \pm \frac{u_{1-\alpha/2}\sigma_Y}{\sqrt{n}}$$

where $u_{1-\alpha/2}$ is the $1-\alpha/2$ quantile of the standard normal distribution [1].

Für eine bestimmte Einzelperson wird die Konzentration von Blei im Blut gemessen. Die Einzelperson ist nur durch die tägliche Nahrungsaufnahme und die Auspuffgase von Motorfahrzeugen dem Blei ausgesetzt. Der Schätzwert der Bleikonzentration aus der Messung der ersten Teilstichprobe ($n = 1$) des Blutes wird zu $Y_1 = 0{,}60$ µmol/l berechnet. Das Unsicherheitsintervall in Form eines 95 %-Vertrauensbereichs für w erstreckt sich von 0,504 µmol/l bis 0,693 µmol/l. Da dieses Intervall vollständig im Bereich für Konformität enthalten ist, wird in Übereinstimmung mit 6.3 die Konformität mit den Anforderungen erklärt.

Bei einer anderen Person, die zusätzlich durch ihre tägliche Arbeit der Einwirkung von Blei ausgesetzt ist, wird ebenfalls die Bleikonzentration gemessen. Das Messergebnis der ersten Teilstichprobe ($n = 1$) des Blutes wird zu $Y_1 = 1{,}06$ µmol/l berechnet und der entsprechende 95 %-Vertrauensbereich für die Konzentration des Bleis erstreckt sich von 0,96 µmol/l bis 1,15 µmol/l. Da dieses Intervall den Grenzwert enthält, wird die zweite Teilstichprobe gemessen ($n = 1$). Diesmal ist das Messergebnis 1,00 µmol/l. Die Messergebnisse beider Teilstichproben werden zu $Y_* = (1{,}06 + 1{,}00)/2$ µmol/l $= 1{,}03$ µmol/l kombiniert. Der Vertrauensbereich für die Bleikonzentration auf der Grundlage des arithmetischen Mittelwertes aus den zwei Schätzwerten wird mit der oben genannten Formel ($n = 2$) zu 0,96 µmol/l bis 1,10 µmol/l berechnet. Der Grenzwert liegt innerhalb dieses Bereichs. Also kann nicht geschlossen werden, dass die Konzentration des Bleis mit den Anforderungen konform ist. Analog kann nicht geschlossen werden, dass die Konzentration des Bleis nicht mit den Anforderungen konform ist. Gemäß 6.3 ist das Ergebnis der zwei Konformitätsprüfungen daher unbestimmt.

Es sollte beachtet werden, dass das beschriebene Verfahren zur Durchführung einer Konformitätsprüfung für die Konzentration von Blei in menschlichem Blut nicht dem gängigen Standardverfahren entspricht.

B.4 Beispiel 3

Für einen Standort ist festgelegt, dass die Gesamtmenge von Cadmium (Cd) im Abwasser eines Kraftwerkes in mehr als 20 % der Tage der Messperiode eine tägliche Menge von 5 g nicht überschreiten darf. Die betrachtete Einheit ist also der Prozess der täglichen Wasserentsorgung des Kraftwerkes. Das interessierende Merkmal ist das 80 %-Perzentil (d. h. das 0,8-Quantil) in der Verteilung des täglichen Ausstoßes an Cadmium. Der Höchstwert für das Perzentil ist 5 g Cd. Untersuchungen des täglichen Cd-Ausstoßes im Prozess der Wasserentsorgung haben gezeigt, dass die Verteilung des Cd-Ausstoßes mit einer log-Normalverteilung beschrieben werden kann. Die obere Vertrauensgrenze U_{CL} eines einseitigen $(1-\alpha)$-Vertrauensbereiches für das p-Quantil in einer log-Normalverteilung aus einer Stichprobe von n unabhängigen Messwerten ist

$$U_{\mathrm{CL}} = \exp\left\{\overline{X} + \frac{s_x t[\delta,(n-1)]_{1-\alpha}}{\sqrt{n}}\right\}$$

Dabei ist

$\overline{X}$	der arithmetische Mittelwert der Logarithmen der n Beobachtungen;
s_x	die entsprechende Stichprobenstandardabweichung;
$t[\delta, (n-1)]_\alpha$	das α-Quantil der nicht-zentralen t-Verteilung mit $(n-1)$ Freiheitsgraden und dem Nichtzentralitätsparameter δ.

Mit u_p als dem p-Quantil der Standardnormalverteilung ist δ durch $\delta = -u_p\sqrt{n}$ gegeben. Eine einstufige Konformitätsprüfung wird an zehn Abwasserproben durchgeführt, die im Abstand von jeweils 14 Tagen entnommen werden. Der Cd-Gehalt jeder Stichprobe wird gemessen, und die tägliche Menge Cd wird unter der Annahme homogenen Cd-Gehalts im Abwasser geschätzt. Die Unsicherheit des einzelnen Messergebnisses (das heißt des täglichen Cd-Ausstoßes) ist vernachlässigbar gegenüber der Streuung des Cd-Ausstoßes zwischen den einzelnen Tagen.

The concentration of Pb in the blood for a particular individual is measured. The individual is only exposed to lead through daily food intake and the exhaust emissions from motor vehicles. The estimate of the Pb concentration from the measurement of the first subsample ($n = 1$) of blood is calculated as Y_1 0,60 µmol/l. The uncertainty interval given in the form of a 0,95 confidence interval for w is 0,504 µmol/l to 0,693 µmol/l. Since this interval is entirely included in the region of conformity, then, in accordance with 6.3, conformity with the requirements is declared.

The Pb concentration for another individual with a supplementary exposure to lead coming from his daily work is also measured. The measurement result from the first subsample ($n = 1$) is $Y_1 = 1{,}06$ µmol/l and the corresponding 0,95 confidence interval for the Pb concentration is 0,96 µmol/l to 1,15 µmol/l. Since this interval includes the limiting value, the second subsample is measured ($n = 1$). This measurement result is 1,00 µmol/l. The measurements from the two stages are combined to $Y_\star = (1{,}06 + 1{,}00)/2$ µmol/l $= 1{,}03$ µmol/l. The confidence interval for the Pb concentration based on the arithmetic mean of the two estimates is calculated from the formula given above ($n = 2$) resulting in the interval 0,96 µmol/l to 1,10 µmol/l. The limiting value is inside this interval. Thus, it cannot be concluded that the concentration of Pb is in conformity with the requirements. Correspondingly, it cannot be concluded that the Pb concentration is not in conformity with the requirements. In accordance with 6.3, the result from the two conformity tests is therefore inconclusive.

It should be emphasised that the procedure of performing a conformity test for the concentration of lead in human blood given above is not equivalent to the standard procedure currently used.

B.4 Example 3

In a location, it is specified that the total mass of cadmium (Cd) in the discharge water from a power station shall not exceed a daily mass of 5 g in more than 20 % of the days of the measurement period. The entity is thus the process of daily discharges of water from the power station. The characteristic of interest is the 80 % percentile (i.e. the 0,8 quantile) in the distribution of the daily outlet of Cd. The upper specification limit for the percentile is 5 g Cd. Studies of the daily Cd amount in the process of discharge water have indicated that the distribution of the Cd amount can be described by a lognormal distribution. The upper confidence limit, U_{CL}, in a one sided $(1-\alpha)$ confidence interval for the p quantile in a lognormal distribution based on a sample of n independent measurements is

$$U_{CL} = \exp\left\{ \overline{X} + \frac{s_x t\left[\delta,(n-1)\right]_{1-\alpha}}{\sqrt{n}} \right\}$$

where

$\overline{X}$	is the arithmetic mean of the logarithm of the n observations;
s_x	is the corresponding sample standard deviation;
$t[\delta, (n-1)]_\alpha$	is the α quantile of the non-central t-distribution with $(n-1)$ degrees of freedom and the non-centrality parameter δ.

With u_p denoting the p quantile of the standard normal distribution, δ is given by $\delta = -u_p\sqrt{n}$. A one-stage conformity test is performed on 10 daily samples of discharge water; each sampled consecutively with an interval of 14 d. The Cd content in each sample is measured, and the daily outlet of Cd is estimated assuming homogeneity of the Cd content in the discharge water. The uncertainty of the individual measurement results (i.e. of the daily outlet of Cd) is negligible compared to the variation in the Cd outlet between the individual days.

Die folgenden zehn Beobachtungen täglichen Cd-Ausstoßes (in g) ergaben sich:

0,348 6; 0,140 8; 0,089 0; 1,141 7; 0,752 4; 0,626 2; 3,756 0; 0,552 0; 0,230 4; 1,722 6

Der arithmetische Mittelwert und die Standardabweichung der natürlichen Logarithmen der Beobachtungen sind

$$\overline{X} = -0{,}624\,837 \quad \text{und} \quad s_x = 1{,}143\,79$$

Da $p = 0{,}80$, ergibt sich $u_p = 0{,}841\,621$ und damit $\delta = -2{,}661\,44$. Für einen 95 %-Vertrauensbereich (d. h. $\alpha = 0{,}05$) für 80 %-Perzentil ist

$$t[\delta, (n-1)]_{\alpha-1} = t(2{,}661\,44;9)_{0{,}95} = 5{,}386\,87$$

Die obere Grenze des einseitigen 95 %-Vertrauensbereiches für das 80 %-Perzentil in der Verteilung des täglichen Cd-Ausstoßes im Abwasser ist daher

$$U_{\text{CL}} = \exp(-0{,}624\,837 + 1{,}143\,79 \times 5{,}386\,87/\sqrt{10}\,) = \exp(1{,}323\,58) = 3{,}756\,86$$

Da $U_{\text{CL}} < 5$, darf die Konformität mit den Anforderungen erklärt werden.

B.5 Beispiel 4

Skandinavischer Dolomit enthält normalerweise einen geringeren Anteil von Asbestfasern, der die Gesundheit der Menschen, die damit umgehen, schädigen kann. Aus Gesundheitsgründen ist daher ein Höchstwert für den Massenanteil von Asbest in skandinavischem Dolomit festgelegt worden. Ein Massenanteil von 0,001 % oder 0,1 % ist der obere Grenzwert.[N6)] Bevor Lose von Dolomit zur Verarbeitung freigegeben werden, werden sie einer Konformitätsprüfung bezüglich dieser Spezifikation unterzogen.

Die Einheit ist daher ein Los von Dolomit und das interessierende Merkmal ist der Massenanteil w von Asbestfasern in dem Los, d. h. die Spezifikation ist $w \leq 0{,}1$ %.

Um den Massenanteil zu schätzen, wird eine Anzahl Ur-Proben aus dem Los ausgewählt. Aus jeder Ur-Probe wird eine festgelegte Anzahl von Laborproben gebildet und für die Untersuchung verwendet. Für jede Ur-Probe wird der arithmetische Mittelwert $\overline{X}$ des in den entsprechenden Laborproben gefundenen Massenanteils berechnet. Es ist bekannt, dass, wenn die Anzahl der Laborproben groß ist, die Verteilung dieser Mittelwerte (über den Ur-Proben) gut durch eine Normalverteilung mit Mittelwert w und Varianz σ^2 angenähert werden darf. Die Varianz σ^2 enthält Beiträge der Streuung zwischen den Ur-Proben, der Streuung innerhalb der Ur-Proben und der mit der Untersuchung der Laborproben verbundenen Messunsicherheit.

Wenn n Ur-Proben untersucht und von jeder der n Ur-Proben die gleiche Anzahl von Laborproben gebildet wird, wird der Massenanteil w von Asbestfasern im Los durch den arithmetischen Mittelwert $\overline{X}$ der Ergebnisse aus den Ur-Proben geschätzt, d. h.

$$\overline{X} = \frac{\sum_{i=1}^{n} X_i}{n}$$

N6) Nationale Fußnote: Im Original heißt es „The upper specification limit is a mass fraction of 0,001 % or 0,1 %".

The following 10 observations of the daily Cd discharge were obtained (given in grams):

0,348 6; 0,140 8; 0,089 0; 1,141 7; 0,752 4; 0,626 2; 3,756 0; 0,552 0; 0,230 4; 1,722 6

The arithmetic mean and the standard deviation of the natural logarithm of the observations are

$\overline{X} = -0{,}624\ 837$ and $s_x = 1{,}143\ 79$

Since $p = 0{,}80$, we have $u_p = 0{,}841\ 621$ and thus $\delta = -2{,}661\ 44$. For a 95 % confidence interval (i.e. $\alpha = 0{,}05$) for the 80 % percentile, we have

$t[\delta, (n-1)]_{\alpha-1} = t(2{,}661\ 44;9)_{0.95} = 5{,}386\ 87$

The upper limit of the one-sided 95 % confidence interval for the 80 % percentile in the distribution of the daily Cd amount in the discharge water is therefore

$U_{CL} = \exp(-0{,}624\ 837 + 1{,}143\ 79 \times 5{,}386\ 87/\sqrt{10}) = \exp(1{,}323\ 58) = 3{,}756\ 86$

As $U_{CL} < 5$, conformity with the requirements may be declared.

B.5 Example 4

Scandinavian dolomite normally contains a minor fraction of asbestos fibres that may damage the health of people handling the dolomite. Therefore, for health reasons, an upper limit has been specified for the mass fraction of asbestos in Scandinavian dolomite used in industry. The upper specification limit is a mass fraction of 0,001 % or 0,1 %. Before lots of dolomite are released for processing they are subjected to a test of conformity to this specification.

The entity is thus a lot of dolomite, and the characteristic of interest is the mass fraction, w, of asbestos fibres in the lot, i.e. the specification is $w \leq 0{,}1$ %.

To estimate the mass fraction, a number of primary increments is selected from the lot. From each of the increments, a specified number of laboratory samples is formed and used for analysis. For each primary increment, the average, $\overline{X}$, of the mass fraction found in the corresponding laboratory samples is calculated. When the number of laboratory samples is large, it is known that the distribution (over primary increments) of these averages may be well approximated by a normal distribution with mean w and variance σ^2. The variance σ^2 contains contributions from the variation between primary increments, the variation within primary increments and the measurement uncertainty associated with the analysis of the laboratory samples.

When n primary increments are analysed and the same number of laboratory samples are formed from each of the n primary increments, the mass fraction, w of asbestos fibres in the lot is estimated by the arithmetic mean, $\overline{X}$, of the results from the primary increments i.e.

$$\overline{X} = \frac{\sum_{i=1}^{n} X_i}{n}$$

Unter der Annahme, dass unabhängige Beobachtungen alle dieselbe Varianz haben, wird die Varianz σ^2 wie folgt durch die empirische Varianz geschätzt:

$$s^2 = \frac{\sum_{i=1}^{n}\left(X_i - \overline{X}\right)^2}{n-1}$$

Für den (1−α)-Vertrauensbereich für w gilt

$$\overline{X} \pm \frac{t(n-1)_{1-\alpha/2^s}}{\sqrt{n}}$$

Dabei ist

$t(n-1)_{1-\alpha/2}$ das (1−α/2)-Quantil der t-Verteilung mit n−1 Freiheitsgraden [1].

Ein Los skandinavischen Dolomits wurde zur Konformitätsprüfung bezüglich des festgelegten Asbestgehalts vorgestellt. Da das Messverfahren sehr zeitaufwendig ist, wurde beschlossen, die Konformitätsprüfung als zweistufiges Verfahren mit fünf Ur-Proben in Stufe 1 und vier Ur-Proben in Stufe 2 durchzuführen. Aus jeder Ur-Probe wurden zehn Laborproben für die Untersuchung gebildet.

In Stufe 1 wurden die folgenden Ergebnisse erhalten (angegeben als Massenanteile von Asbest):

0,152 %; 0,070 4 %; 0,077 2 %; 0,073 1 %; 0,055 1 %.

Auf der Grundlage der Beobachtungen in Stufe 1 und mit α = 0,05 ergab sich der folgende Vertrauensbereich für w: 0,085 6 % ± (2,776 × 0,038 1 %)/$\sqrt{5}$ = (0,038 %; 0,133 %). Da der Grenzwert, 0,1 %, in diesem Intervall liegt, wurde beschlossen, mit Stufe 2 der Konformitätsprüfung fortzufahren und je zehn Laborproben aus jeder der verbliebenen vier Ur-Proben zu untersuchen. Aus diesen Proben wurden die folgenden Ergebnisse erhalten:

0,082 8 %; 0,067 1 %; 0,074 3 %; 0,056 1 %.

Mit dem oben angegebenen Verfahren wird der endgültige Vertrauensbereich wie folgt bestimmt:

0,078 7 % ± 2,306 × 0,029 0/$\sqrt{9}$ % = (0,056 %; 0,101 %).

Da auch dieser Bereich den Grenzwert enthält, ist die Konformität mit den Anforderungen nicht nachgewiesen worden.

Assuming independent observations are all with the same variance, the variance σ^2 is estimated by the empirical variance:

$$s^2 = \frac{\sum_{i=1}^{n}(X_i - \overline{X})^2}{n-1}$$

A $(1-\alpha)$ confidence interval for w is given as

$$\overline{X} \pm \frac{t(n-1)_{1-\alpha/2}s}{\sqrt{n}}$$

where $t(n-1)_{1-\alpha/2}$ is the $1-\alpha/2$ quantile of the t-distribution with $n-1$ degrees of freedom [1].

A lot of Scandinavian dolomite was presented for testing conformity to the specification for asbestos content. Since the measurement procedure is very time-consuming, it was decided to perform the conformity test as a two-stage procedure with five primary increments in the first stage and four primary increments in the second stage. From each primary increment 10 laboratory samples were formed for analysis.

In the first stage the following results were obtained (given as mass fractions of asbestos):

0,152 %; 0,070 4 %; 0,077 2 %; 0,073 1 %; 0,055 1 %

Based on the observations from the first stage and using $\alpha = 0{,}05$, the following confidence interval for w was obtained: $0{,}085\,6\ \% \pm (2{,}776 \times 0{,}038\,1\ \%)/\sqrt{5} = (0{,}038\ \%;\ 0{,}133\ \%)$. Since the specification limit, 0,1 %, is contained in the interval, it was decided to proceed to the second stage of the conformity test and analyse 10 laboratory samples from each of the remaining four primary increments. The following results were obtained from these samples:

0,082 8 %; 0,067 1 %; 0,074 3 %; 0,056 1 %.

Using the procedure given above the final confidence interval is determined to be

$$0{,}078\,7\ \% \pm 2{,}306 \times 0{,}029\,0/\sqrt{9}\ \% = (0{,}056\ \%;\ 0{,}101\ \%).$$

Since this interval also contains the specification limit, conformity to the requirements has not been demonstrated.

Literaturhinweise

[1] ISO 2602:1980, *Statistical interpretation of test results — Estimation of the mean — Confidence interval*

[2] ISO 2854:1976, *Statistical interpretation of data — Techniques of estimation and tests relating to means and variances*

[3] ISO 9000:2000, *Quality management systems — Fundamentals and vocabulary*[N7)]

[4] ISO/TS 14253-2:1999, *Geometrical Product Specifications (GPS) — Inspection by measurement of workpieces and measuring equipment — Part 2: Guide to the estimation of uncertainty in GPS measurement, in calibration of measuring equipment and in product verification*

[5] ISO Guide 2:1996, *Standardization and related activities — General vocabulary*[N8)]

[6] *International vocabulary of basic and general terms in metrology)*, 1993, BIPM/IEC/IFCC/ISO/IUPAC/IUPAP/OIML

[7] CHRISTENSEN, J.M.; POULSEN, O.M. and ANGLOV, T., Protocol for the design and interpretation of method evaluation in AAS analysis. Application to the determination of lead and manganese in blood: *Journal of Analytical Atomic Spectroscopy,* 1992, vol 7, pp. 329–334

[8] CHRISTENSEN, J.M., Human Exposure to Toxic Metals. Factors influencing Interpretation of Biomonitoring Results, *Science of the Total Environment,* 1995, vol. 166, pp. 89–135

[9] HOLST, E., THYREGOD, P. and WILRICH, P.-TH., On conformity testing and the use of two-stage procedures, *International Statistical Review*, 2001, vol. 69 (3)

[10] KRISTIANSEN, J., CHRISTENSEN, J.M. and NIELSEN, J.L., Uncertainty of atomic absorption spectrometry: Applications to the determination of lead in blood. *Mikrochimica Acta*, 1996, vol. 123, pp. 241–249

[11] KRISTIANSEN, J. and CHRISTENSEN, J.M., Traceability and uncertainty in analytical measurements. *Annals of Clinical Biochemistry*, 1998, vol. 35, pp. 371–379

N7) Nationale Fußnote: ersetzt durch ISO 9000:2005, *Quality management systems — Fundamentals and vocabulary*

N8) Nationale Fußnote: ersetzt durch ISO Guide2:2004, *Standardization and related activities — General vocabulary*

Bibliography

[1] ISO 2602:1980, *Statistical interpretation of test results — Estimation of the mean — Confidence interval*

[2] ISO 2854:1976, *Statistical interpretation of data — Techniques of estimation and tests relating to means and variances*

[3] ISO 9000:2000, *Quality management systems — Fundamentals and vocabulary*

[4] ISO/TS 14253-2:1999, *Geometrical Product Specifications (GPS) — Inspection by measurement of workpieces and measuring equipment — Part 2: Guide to the estimation of uncertainty in GPS measurement, in calibration of measuring equipment and in product verification*

[5] ISO Guide 2:1996, *Standardization and related activities — General vocabulary*

[6] *International vocabulary of basic and general terms in metrology*, 1993, BIPM/IEC/IFCC/ISO/IUPAC/IUPAP/OIML

[7] CHRISTENSEN, J.M., POULSEN, O.M. and ANGLOV, T., Protocol for the design and interpretation of method evaluation in AAS analysis. Application to the determination of lead and manganese in blood. *Journal of Analytical Atomic Spectroscopy,* 1992, vol. 7, pp. 329–334

[8] CHRISTENSEN, J.M., Human Exposure to Toxic Metals. Factors influencing Interpretation of Biomonitoring Results, *Science of the Total Environment,* 1995, vol. 166, pp. 89–135

[9] HOLST, E., THYREGOD, P. and WILRICH, P.-TH., On conformity testing and the use of two-stage procedures, *International Statistical Review*, 2001, vol. 69 (3)

[10] KRISTIANSEN, J., CHRISTENSEN, J.M. and NIELSEN, J.L., Uncertainty of atomic absorption spectrometry: Applications to the determination of lead in blood. *Mikrochimica Acta*, 1996, vol. 123, pp. 241–249

[11] KRISTIANSEN, J. and CHRISTENSEN, J.M., Traceability and uncertainty in analytical measurements. *Annals of Clinical Biochemistry*, 1998, vol. 35, pp. 371–379

August 2005

DIN ISO 11453

ICS 03.120.30

Statistische Auswertung von Daten – Tests und Vertrauensbereiche für Anteile (ISO 11453:1996 einschließlich Technisches Korrigendum 1:1999)

Statistical interpretation of data –
Tests and confidence intervals relating to proportions (ISO 11453:1996 including Technical Corrigendum 1:1999)

Interprétation statistique des données –
Tests et intervalles de confiance portant sur les proportions (ISO 11453:1996, Rectificatif Technique 1:1999)

Gesamtumfang 119 Seiten

Normenausschuss Qualitätsmanagement, Statistik und Zertifizierungsgrundlagen (NQSZ) im DIN

Statistische Auswertung von Daten — Tests und Vertrauensbereiche für Anteile

Inhalt

Contents

International Organization for Standardization
Case Postale 56 • CH-1211 Genève 20 • Switzerland

Printed in Switzerland

Nationales Vorwort

Diese Norm enthält die deutsche Übersetzung der Internationalen Norm ISO 11453, die vom Technischen Komitee ISO/TC 69, Unterkomitee SC 3, erarbeitet wurde.

Vorwort

Die ISO (Internationale Organisation für Normung) ist die weltweite Vereinigung nationaler Normungsinstitute (ISO-Mitgliedskörperschaften). Die Erarbeitung Internationaler Normen obliegt den Technischen Komitees der ISO. Jede Mitgliedskörperschaft, die sich für ein Thema interessiert, für das ein Technisches Komitee eingesetzt wurde, ist berechtigt, in diesem Komitee mitzuarbeiten. Internationale (staatliche und nichtstaatliche) Organisationen, die mit der ISO in Verbindung stehen, sind an den Arbeiten ebenfalls beteiligt. Die ISO arbeitet bei allen Angelegenheiten der elektrotechnischen Normung eng mit der Internationalen Elektrotechnischen Kommission (IEC) zusammen.

Die von den Technischen Komitees verabschiedeten internationalen Norm-Entwürfe werden den Mitgliedskörperschaften zur Abstimmung vorgelegt. Die Veröffentlichung als Internationale Norm erfordert Zustimmung von mindestens 75 % der abstimmenden Mitgliedskörperschaften.

Die Internationale Norm ISO 11453 wurde vom Technischen Komitee ISO/TC 69 „Anwendungen statistischer Methoden“, Unterkomitee SC 3 „Anwendung statistischer Methoden in der Normung“ erarbeitet.

Anhang A ist integraler Bestandteil dieser Internationalen Norm. Die Anhänge B und C dienen nur zur Information.

Foreword

ISO (the International Organization for Standardization) is a worldwide federation of national standards bodies (ISO member bodies). The work of preparing International Standards is normally carried out through ISO technical committees. Each member body interested in a subject for which a technical committee has been established has the right to be represented on that committee. International organizations, governmental and non-governmental, in liaison with ISO, also take part in the work. ISO collaborates closely with the International Electrotechnical Commission (IEC) on all matters of electrotechnical standardization.

Draft International Standards adopted by the technical committees are circulated to the member bodies for voting. Publication as an International Standard requires approval by at least 75 % of the member bodies casting a vote.

International Standard ISO 11453 was prepared by Technical Committee ISO/TC 69, *Applications of statistical methods*, Subcommittee SC 3, *Application of statistical methods in standardization*.

Annex A forms an integral part of this International Standard. Annexes B and C are for information only.

1 Anwendungsbereich

Diese Internationale Norm beschreibt spezielle statistische Verfahren zur Behandlung der folgenden Fragen:

a) Gegeben ist eine Grundgesamtheit von Einheiten, aus der eine Stichprobe von n Einheiten entnommen wurde, von denen x der Stichprobeneinheiten ein festgelegtes Merkmal aufweisen. Welcher Anteil der Grundgesamtheit hat dieses Merkmal? (Siehe Formblätter A, Abschnitt 8.1).

b) Ist der in a) geschätzte Anteil von einem (festgelegten) Nennwert verschieden? (Siehe Formblätter B, Abschnitt 8.2).

c) Gegeben sind zwei verschiedene Grundgesamtheiten; sind die Anteile mit dem Merkmal in den beiden Grundgesamtheiten verschieden? (siehe Formblätter C, Abschnitt 8.3).

d) Wie viele Einheiten müssen aus der(den) Grundgesamtheit(en) in b) und c) als Stichprobe entnommen werden, um das Ergebnis mit ausreichender Sicherheit als korrekt ansehen zu können? (Siehe 7.2.3 und 7.3.3).

Es ist wesentlich, dass die Stichprobenentnahme keinen nennenswerten Einfluss auf die Grundgesamtheit hat. Hat die zufällig entnommene Stichprobe eine Größe von weniger als 10 % der Grundgesamtheit, wird dem gewöhnlich entsprochen, ist die Stichprobe jedoch größer als dieser Wert, können zuverlässige Ergebnisse nur dadurch gewonnen werden, dass jede entnommene Einheit zurückgelegt wird, bevor die nächste Einheit zufällig der Grundgesamtheit entnommen wird.

2 Normative Verweisungen

Die folgende Norm enthält Festlegungen, die durch Verweisung in diesem Text Bestandteil dieser Internationalen Norm sind. Zum Zeitpunkt der Veröffentlichung war die im Folgenden genannte Ausgabe gültig. Alle Normen unterliegen Revisionen, und Vertragspartner, deren Vereinbarungen auf dieser Internationalen Norm basieren, werden gebeten, die Möglichkeit zu prüfen, ob die jeweils neueste Ausgabe der im Folgenden genannten Norm angewendet werden kann. Die Mitglieder von IEC und ISO führen Verzeichnisse der gegenwärtig gültigen Internationalen Normen.

ISO 3534-1:1993, *Statistik — Begriffe und Formelzeichen— Teil 1: Wahrscheinlichkeitsverteilungen und allgemeine Statistik.*

3 Begriffe

Für die Anwendung dieser Internationalen Norm gelten die Begriffe nach ISO 3534-1 und der folgende Begriff.

3.1
Zieleinheit
Einheit, in der das festgelegte Merkmal vorkommt.

1 Scope

This International Standard describes specific statistical methods for addressing the following questions.

a) Given a population of items from which a sample of n items has been drawn, x of the sample items are found to show a specified characteristic. What proportion of the population has that characteristic? (See A forms, subclause 8.1.)

b) Is the proportion estimated in a) different from a nominal (specified) value? (See B forms, subclause 8.2.)

c) Given two distinct populations, are the proportions with the characteristic in the two populations different? (See C forms, subclause 8.3.)

d) In b) and c) how many items must be sampled in the population(s) to be sufficiently sure that the result of the test is correct? (See 7.2.3 and 7.3.3.)

It is essential that the drawing of samples does not have any appreciable effect on the population. If the sample drawn at random is less than 10 % of the population this is usually satisfactory, but if the sample is greater than this, reliable results can be obtained only by replacing each item sampled before drawing the next item at random from the population.

2 Normative reference

The following standard contains provisions which, through reference in this text, constitute provisions of this International Standard. At the time of publication, the edition indicated was valid. All standards are subject to revision, and parties to agreements based on this International Standard are encouraged to investigate the possibility of applying the most recent edition of the standard indicated below. Members of IEC and ISO maintain registers of currently valid International Standards.

ISO 3534-1:1993, *Statistics — Vocabulary and symbols — Part 1: Probability and general statistical terms.*

3 Definitions

For the purposes of this International Standard, the definitions given in ISO 3534-1 and the following definition apply.

3.1 target item: One in which the specified characteristic is found.

4 Symbole

α	Gewähltes Signifikanzniveau
α'	Erreichtes Signifikanzniveau
$1 - \alpha$	Gewähltes Vertrauensniveau
β	Wahrscheinlichkeit des Fehlers 2. Art
n; n_1; n_2	Stichprobenumfang; Umfang der Stichprobe 1; Umfang der Stichprobe 2
X	Anzahl der Zieleinheiten in der Stichprobe (zufällige Variable)
x	Wert von X
p	Anteil der Zieleinheiten in der Grundgesamtheit
$p_{u,o}$	Obergrenze des einseitigen Vertrauensbereichs für p
$p_{l,o}$	Untergrenze des einseitigen Vertrauensbereichs für p
$p_{u,t}$	Obergrenze des zweiseitigen Vertrauensbereichs für p
$p_{l,t}$	Untergrenze des zweiseitigen Vertrauensbereichs für p
T	Wert aus Tabelle 2 zur Bestimmung der Vertrauensgrenzen für $n \leq 30$
$C_{l,o}$	Kritischer Wert für den Test der Nullhypothese H_0: $p \geq p_0$
$C_{u,o}$	Kritischer Wert für den Test der Nullhypothese H_0: $p \leq p_0$
$C_{l,t}$	Unterer kritischer Wert für den Test der Nullhypothese H_0: $p = p_0$
$C_{u,t}$	Oberer kritischer Wert für den Test der Nullhypothese H_0: $p = p_0$
p_0	Gegebener Wert für p
p'	Wert von p, für den die Wahrscheinlichkeit zu bestimmen ist, dass die Nullhypothese (P_a) nicht verworfen wird
P_a	Wahrscheinlichkeit, dass die Nullhypothese nicht verworfen wird
f_1, f_2	Anzahl der Freiheitsgrade der F-Verteilung
F_1, F_2	Teststatistiken
$F_q(f_1, f_2)$	q-Quantil der F-Verteilung mit den Freiheitsgraden f_1 und f_2
z_1, z_2	Teststatistiken
u_q	q-Quantil der standardisierten Normalverteilung
q, η, K	Hilfswerte

5 Punktschätzfunktion des Anteils p

Die Schätzfunktion von p aus einer Stichprobe von n Einheiten, einschließlich von x Zieleinheiten, ist

$$\hat{p} = x / n$$

Diese Schätzfunktion ist eine erwartungstreue Schätzfunktion, sofern die Stichprobe zufällig entnommen ist, unabhängig vom Stichproben- und Grundgesamtheitsumfang, selbst wenn die Stichprobe einen nennenswerten Anteil der Grundgesamtheit darstellt.

6 Vertrauensgrenzen für den Anteil p

Die Berechnung eines Vertrauensbereichs für p ist in den Formblättern A-1 bis A-3 beschrieben.

Die Vertrauensgrenzen hängen vom Stichprobenumfang (n), der Anzahl der Zieleinheiten in der Stichprobe (x) und dem gewünschten Vertrauensniveau ($1 - \alpha$) ab. Es ist im Allgemeinen nicht möglich, das gewünschte Vertrauensniveau exakt zu erreichen, da die Wahrscheinlichkeitsverteilung, die für das Ergebnis x maßgebend ist, diskret ist. Somit führt das Verfahren zum nächstliegenden Vertrauensniveau, das größer oder gleich ($1 - \alpha$) ist.

4 Symbols

α	significance level chosen
α'	achieved significance level
$1-\alpha$	confidence level chosen
β	probability of the error of the second kind
n; n_1; n_2	sample size; sample size of sample 1; sample size of sample 2
X	number of target items in the sample (random variable)
x	value of X
p	proportion of target items in the population
$p_{u,o}$	upper limit of the one-sided confidence interval for p
$p_{l,o}$	lower limit of the one-sided confidence interval for p
$p_{u,t}$	upper limit of the two-sided confidence interval for p
$p_{l,t}$	lower limit of the two-sided confidence interval for p
T	value from table 2 for the determination of confidence limits for $n \leqslant 30$
$C_{l,o}$	critical value of the test of the null hypothesis H_0: $p \geqslant p_0$
$C_{u,o}$	critical value of the test of the null hypothesis H_0: $p \leqslant p_0$
$C_{l,t}$	lower critical value of the test of the null hypothesis H_0: $p = p_0$
$C_{u,t}$	upper critical value of the test of the null hypothesis H_0: $p = p_0$
p_0	given value for p
p'	value of p for which the probability of not rejecting the null hypothesis (P_a) is to be determined
P_a	probability of not rejecting the null hypothesis
f_1, f_2	number of degrees of freedom of the F-distribution
F_1, F_2	test statistics
$F_q(f_1, f_2)$	q-quantile of the F-distribution with f_1 and f_2 degrees of freedom
z_1, z_2	test statistics
u_q	q-quantile of the standard normal distribution
q, η, K	auxiliary values

5 Point estimator of the proportion p

The estimator of p from a sample of n items including x target items is

$$\hat{p} = x/n$$

This estimator is unbiased if the sample is drawn at random, whatever the sample size and population size may be, even if the sample forms an appreciable part of the population.

6 Confidence limits for the proportion p

The calculation of a confidence interval for p is described in forms A-1 to A-3.

The confidence limits will depend on sample size (n), the number of target items in the sample (x), and the desired confidence level ($1-\alpha$). It is not possible in general to achieve the desired confidence level exactly because the probability distribution governing the outcome x is discrete. Thus, the procedure yields the nearest confidence level greater than or equal to ($1-\alpha$).

Das in dieser Internationalen Norm angewendete Verfahren zur Bestimmung der zweiseitigen Vertrauensgrenzen für das gewünschte Vertrauensniveau $(1 - \alpha)$ benutzt jeweils die Grenzen für die einseitige Ober- und Untergrenze für das gewünschte Vertrauensniveau $(1 - \alpha/2)$. Dabei ist sichergestellt, dass die Fehlerwahrscheinlichkeit auf jeder Seite des Bereichs geringer als oder gleich $\alpha/2$ ist.

7 Signifikanztests für Anteile p

7.1 Allgemeines

Für praktische Anwendungen stellen die Formblätter B-1 bis B-3 und C-1 bis C-3 die Nullhypothesen für Anteile und Anleitungen für die Durchführung von Tests dar. Zu Beginn der Verfahren sind die geeignete Nullhypothese und der Stichprobenumfang n (der Stichprobenumfang n_1 und der Stichprobenumfang n_2) zu bestimmen und das Signifikanzniveau ist auszuwählen. Da die zugrunde gelegten Verteilungen der Stichprobenentnahme diskret sind, sind die Verfahren so ausgelegt, dass sie das nächstliegende Signifikanzniveau erreichen, das kleiner als oder gleich dem gewünschten (Nenn-) Niveau ist. In den Formblättern sind die Alternativhypothesen nicht angegeben, weil diese in jeder Anwendung als komplementär zur Nullhypothese implizit angenommen werden.

BEISPIELE

Als Erstes wird in den Formblättern B (Verfahren zum Vergleich eines Anteils mit einem vorgegebenen Wert) eine der drei folgenden Nullhypothesen H_0 (mit der komplementären Alternativhypothese H_1) ausgewählt:

a) einseitiger Test mit H_0: $p \geq p_0$ $\quad$ H_1: $p < p_0$

b) einseitiger Test mit H_0: $p \leq p_0$ $\quad$ H_1: $p > p_0$

c) zweiseitiger Test mit H_0: $p = p_0$ $\quad$ H_1: $p \neq p_0$

wobei p_0 der vorgegebene Wert ist.

Das Ergebnis jedes Tests ist, die Nullhypothese entweder zu verwerfen oder nicht zu verwerfen.

Verwerfen der Nullhypothese bedeutet Nicht-Verwerfen der Alternativhypothese. Nichtverwerfen der Nullhypothese bedeutet nicht notwendigerweise Annahme der Nullhypothese (siehe 7.2.2).

7.2 Vergleich eines Anteils mit einem vorgegebenen Wert p_0

7.2.1 Testverfahren

Die Testverfahren für die Nullhypothesen

H_0: $p \geq p_0$

H_0: $p \leq p_0$

H_0: $p = p_0$

(wobei p_0 der vorgegebene Wert ist) sind in den Formblättern B-1 bis B-3 beschrieben. Sie sind besonders einfach anzuwenden, wenn der(die) kritische(n) Wert(e) für die festgelegten Werte von n, p und α bekannt ist(sind). Der(Die) kritische(n) Wert(e) kann(können) durch wiederholte Durchführung des Tests nach den Formblättern B bestimmt worden sein. Anderenfalls ist das Standardverfahren zur Bestimmung der kritischen Werte das in denselben Formblättern angegebene Verfahren.

7.2.2 Operationscharakteristiken

Die Berechnung der Operationscharakteristiken (einschließlich der Wahrscheinlichkeit des Fehlers 1. Art, des erreichten Signifikanzniveaus und der Wahrscheinlichkeit des Fehlers 2. Art) ist in Anhang A beschrieben. Dafür muss(müssen) der(die) kritische(n) Wert(e) (siehe 7.2.1) bekannt sein, und die Alternativhypothese $p = p_1$, für die die Wahrscheinlichkeit des Fehlers 2. Art zu berechnen ist, ist auszuwählen.

The procedure used in this International Standard for determining the two-sided confidence limits for the desired confidence level $(1-\alpha)$ uses the limits for the upper and lower one-sided limits each for the desired confidence level $(1-\alpha/2)$. It thereby guarantees that the error probability is less than or equal to $\alpha/2$ on each side of the interval.

7 Significance tests on proportions p

7.1 General

For practical applications, forms B-1 to B-3 and C-1 to C-3 present the null hypotheses concerning proportions and schemes for carrying out tests. At the beginning of the procedures, the appropriate null hypothesis and the sample size n (the sample sizes n_1 and n_2) are to be determined and the significance level is to be chosen. Because the underlying sampling distributions are discrete, the procedures are designed to achieve the nearest significance level less than or equal to the desired (nominal) level. The alternative hypotheses are not indicated in the forms because in each application the alternative hypothesis is implicitly assumed to be complementary to the null hypothesis.

EXAMPLES

At the beginning of the B forms (procedure for the comparison of a proportion with a given value), one of the following three null hypotheses H_0 (with the complementary alternative hypothesis H_1) is to be chosen:

a) one-sided test with $H_0: p \geqslant p_0$ $\quad H_1: p < p_0$

b) one-sided test with $H_0: p \leqslant p_0$ $\quad H_1: p > p_0$

c) two-sided test with $H_0: p = p_0$ $\quad H_1: p \neq p_0$

where p_0 is the given value.

The result of each test is either to reject or not to reject the null hypothesis.

Rejecting the null hypothesis means adopting the alternative hypothesis. Not rejecting the null hypothesis does not necessarily mean accepting the null hypothesis (see 7.2.2).

7.2 Comparison of a proportion with a given value p_0

7.2.1 Test procedure

The test procedures for the null hypotheses

$H_0: p \geqslant p_0$

$H_0: p \leqslant p_0$

$H_0: p = p_0$

(where p_0 is the given value) are described in forms B-1 to B-3. They are especially easy to apply if the critical value(s) for the specified values of n, p and α is (are) known. The critical value(s) may have been determined through repeated execution of the test in accordance with the B forms. Otherwise the standard procedure to determine the critical values is the one given in the same forms.

7.2.2 Operating characteristics

The computation of the operating characteristics (including the probability of the error of the first kind, the achieved significance level and the probability of the error of the second kind) is described in annex A. For this purpose the critical value(s) need(s) to be known (see 7.2.1) and the alternative hypothesis, $p = p_1$, for which the probability of the error of the second kind is to be computed has to be chosen.

7.2.3 Bestimmung des Stichprobenumfangs n

Wenn der Stichprobenumfang nicht bereits festgelegt ist (zum Beispiel aus ökonomischen oder technischen Gründen), ist sein Mindestwert so zu bestimmen, dass für eine gegebene Nullhypothese H_0 (siehe 7.2.1) der erreichte Wert des Signifikanzniveaus α nicht größer als sein gewählter oder vorgegebener Wert ist. Außerdem muss der erreichte Wert des Fehlers 2. Art, die Wahrscheinlichkeit β, etwa gleich ihrem gewählten oder vorgegebenen Wert sein, wenn p gleich einem besonders gewählten oder vorgegebenen Wert p' ist. Hierfür sind p_0 und p' auf der p-Skala, und α, $(1-\alpha)$, $\alpha/2$, $(1-\alpha/2)$ auf der P-Skala zu markieren, und die Geraden 1 und 2, die durch das in Tabelle 1 dargestellte Verfahren definiert sind, werden in das Larson-Nomogramm eingezeichnet (Bild 2).

Tabelle 1 — Verfahren zur Bestimmung des Stichprobenumfangs aus dem Larson-Nomogramm (Bild 2)

Fall	Vorgegebener Wert	Gerade 1 von p_0 zu	Gerade 2 von p' zu
H_0: $p \geq p_0$	$p' < p_0$	α	$1-\beta$
H_0: $p \leq p_0$	$p' > p_0$	$1-\alpha$	β
H_0: $p = p_0$	$p' > p_0$	$1-\alpha/2$	β
H_0: $p = p_0$	$p' < p_0$	$\alpha/2$	$1-\beta$

Der Schnittpunkt der beiden Geraden ergibt die Werte $C_{l,o}(C_{u,o})$ auf der x-Skala. Wenn x keine ganze Zahl ist, ist auf die nächste ganze Zahl auf- oder abzurunden.

7.3 Vergleich zweier Anteile

7.3.1 Testverfahren

Das Testverfahren für die Nullhypothesen

H_0: $p_1 \geq p_2$

H_0: $p_1 \leq p_2$

H_0: $p_1 = p_2$

(Dabei sind p_1 der Anteil der Zieleinheiten in Grundgesamtheit 1 und p_2 der Anteil der Zieleinheiten in Grundgesamtheit 2) werden in den Formblättern C-1 bis C-3 beschrieben. Diese Verfahren sind auch zum Testen der Unabhängigkeit zweier Attribute (Alternativmerkmale) der Einheiten in einer Grundgesamtheit geeignet.

7.3.2 Operationscharakteristiken

Es wird angenommen,

a) dass für einen einseitigen Test von H_0: $p_1 \leq p_2$ die Schärfe $(1-\beta)$ für ein gegebenes Paar von Anteilen p_1 und p_2 mit $p_1 > p_2$ bestimmt werden muss;

b) dass der Test mit zwei Stichproben gleichen Umfangs, d. h. $n_1 = n_2 = n$, durchgeführt wird.

Das Signifikanzniveau ist α. Dann kann mittels der arcsin-Transformation (vorgeschlagen von Walters [1]) ein sehr genauer Näherungswert der Schärfe wie folgt bestimmt werden:

$$1-\beta = \Phi(z - u_{1-\alpha})$$

7.2.3 Determination of sample size n

If the sample size is not already specified (for example for economic or technical reasons), its minimum value shall be determined such that for a given null hypothesis H_0 (see 7.2.1), the achieved value of the significance level α is not greater than its chosen or given value. In addition, the achieved value of the type II error, probability β, shall be approximately equal to its chosen or given value if p equals a particular chosen or given value p'. For this purpose, p_0 and p' are to be marked on the p-scale and α, $(1-\alpha)$, $\alpha/2$, $(1-\alpha/2)$ on the P-scale and the straight lines 1 and 2 as defined through the procedure shown in table 1 are drawn in the Larson nomograph (figure 2).

Table 1 — Procedure for determining the sample size from the Larson nomograph (figure 2)

Case	Given value	Straight line 1 from p_0 to	Straight line 2 from p' to
H_0: $p \geqslant p_0$	$p' < p_0$	α	$1-\beta$
H_0: $p \leqslant p_0$	$p' > p_0$	$1-\alpha$	β
H_0: $p = p_0$	$p' > p_0$	$1-\alpha/2$	β
H_0: $p = p_0$	$p' < p_0$	$\alpha/2$	$1-\beta$

The point of intersection of the two lines leads to the values $C_{l,o}(C_{u,o})$ on the x-scale. If x is not an integer, round up or down to the next integer.

7.3 Comparison of two proportions

7.3.1 Test procedure

The test procedures for the null hypothesis

H_0: $p_1 \geqslant p_2$

H_0: $p_1 \leqslant p_2$

H_0: $p_1 = p_2$

(where p_1 is the proportion of target items in population 1 and p_2 is the proportion of target items in population 2) are described in forms C-1 to C-3. These procedures are also suitable for testing the independence of two attributes (dichotomous characteristics) of items in a population.

7.3.2 Operating characteristics

It is assumed:

a) that for a one-sided test of H_0: $p_1 \leqslant p_2$, the power $(1-\beta)$ must be determined for a given pair of proportions p_1 and p_2, with $p_1 > p_2$;

b) that the test is carried out with two samples of the same size, i.e. $n_1 = n_2 = n$.

The significance level is α. Then a very accurate approximate value of the power can be obtained by the arc sine transformation (proposed by Walters [1]) as follows:

$$1-\beta = \Phi\left(z - u_{1-\alpha}\right)$$

Dabei ist

Φ die Verteilungsfunktion der standardisierten Normalverteilung;

$u_{1-\alpha}$ das $(1-\alpha)$-Quantil dieser Normalverteilung und

$$z = \sqrt{2n}\left[\arcsin\sqrt{p_1 - (1/2n)} - \arcsin\sqrt{p_2 - (1/2n)}\right]$$

Die Näherung kann auch für den zweiseitigen Fall verwendet werden: H_0: $p_1 = p_2$ mit der Alternativhypothese H_1: $p_1 > p_2$, sofern in der Gleichung α durch $\alpha/2$ ersetzt wird.

7.3.3 Bestimmung des Stichprobenumfangs n

Sofern der Stichprobenumfang n_1 und n_2 nicht vorbestimmt ist, sind ihre Mindestwerte so zu bestimmen, dass die Schärfe der Prüfung mindestens $(1 - \beta)$ beträgt, während das Signifikanzniveau α ist.

Es wird angenommen, dass die Nullhypothese H_0: $p_1 \leq p_2$ ist. Die folgenden Verfahren gelten jedoch auch für den zweiseitigen Fall H_0: $p_1 = p_2$ mit der eingeschränkten Alternativhypothese H_1: $p_1 > p_2$, sofern α durch $\alpha/2$ ersetzt wird.

Exakte Werte des Stichprobenumfangs sind in den Tabellen 5 und 6 (ursprünglich von Haseman [2] veröffentlicht) für ausgewählte Werte von α und β angegeben. Diese Tabellen setzen einen üblichen Stichprobenumfang von $n = n_1 = n_2$ voraus.

Für Konfigurationen von α, p_1, p_2 und $(1 - \beta)$, die nicht von diesen Tabellen erfasst werden, kann die folgende Näherung angewendet werden, die auch für ungleichen Stichprobenumfang zulässig ist. Sie setzt voraus, dass das Verhältnis r des Stichprobenumfangs n_1/n_2 im Voraus ausgewählt worden ist.

$$n_1 = \frac{n'}{4}\left[1 + \sqrt{1 + \frac{2(r+1)}{rn'(p_1 - p_2)}}\right]^2$$

$$n_2 = n_1/r$$

Dabei ist

$$n' = \frac{\left\{u_{1-\alpha}\sqrt{(r+1)\bar{p}\bar{q}} + u_{1-\beta}\sqrt{[rp_1(1-p_1) + p_2(1-p_2)]}\right\}^2}{r(p_1 - p_2)^2}$$

$$\bar{p} = \frac{rp_1 + p_2}{r+1}$$

$$\bar{q} = 1 - \bar{p}$$

8 Formblätter

Um die Anwendung zu erleichtern, ist in dem Kästchen ein Häkchen anzubringen, das den aktivierten Teil des Formblatts darstellt (Die horizontale Stellung des Kästchens kennzeichnet die Stellung des betreffenden Teils in der Rangordnung des Formblatts, die von rechts nach links abnimmt). Dann ist dem Verfahren zu folgen, indem die notwendigen Daten eingegeben und die erforderlichen Handlungen ausgeführt werden.

where

Φ is the distribution function of the standard normal distribution,

$u_{1-\alpha}$ is the $(1-\alpha)$-quantile of that normal distribution, and

$$z = \sqrt{2n}\left[\arcsin\sqrt{p_1 - (1/2n)} - \arcsin\sqrt{p_2 - (1/2n)}\right]$$

This approximation can also be used for the two-sided case: $H_0: p_1 = p_2$ with the alternative hypothesis $H_1: p_1 > p_2$ if α is replaced by $\alpha/2$ in the formula.

7.3.3 Determination of sample size n

If the sample sizes n_1 and n_2 are not predetermined, their minimum values shall be determined such that the power of the test is at least $(1 - \beta)$ while the significance level is α.

It is assumed that the null hypothesis is $H_0: p_1 \leqslant p_2$. The following procedures, however, also apply in the two-sided case $H_0: p_1 = p_2$, with the restricted alternative hypothesis $H_1: p_1 > p_2$ if α is replaced by $\alpha/2$.

Exact values of the sample size are given in tables 5 and 6 (originally published by Haseman[2]) for selected values of α and β. These tables assume a common sample size $n = n_1 = n_2$.

For configurations of α, p_1, p_2 and $(1-\beta)$ not covered by these tables, the following approximation can be used which also allows for unequal sample sizes. It requires that the ratio r of sample sizes n_1/n_2 has been chosen in advance.

$$n_1 = \frac{n'}{4}\left[1 + \sqrt{1 + \frac{2(r+1)}{rn'(p_1 - p_2)}}\right]^2$$

$$n_2 = n_1/r$$

where

$$n' = \frac{\left\{u_{1-\alpha}\sqrt{(r+1)\bar{p}\bar{q}} + u_{1-\beta}\sqrt{\left[rp_1(1-p_1) + p_2(1-p_2)\right]}\right\}^2}{r(p_1 - p_2)^2}$$

$$\bar{p} = \frac{rp_1 + p_2}{r+1}$$

$$\bar{q} = 1 - \bar{p}$$

8 Forms

For ease of application, make a tick in the box representing the activated part of the form. (The horizontal position of the box symbolizes the position of the respective part in the hierarchy of the form, decreasing from the right to the left.) Then follow the procedure by entering the necessary data and carrying out the actions required.

8.1 Formblätter A: Vertrauensbereich für den Anteil p

8.1.1 Formblatt A-1: Einseitig nach oben begrenzter Vertrauensbereich für den Anteil p

Merkmal:
Verfahren zur Ermittlung:
Einheiten:
Kriterium für die Identifizierung der Zieleinheiten:
Anmerkungen:

Gewähltes Vertrauensniveau: $1 - \alpha =$
Stichprobenumfang: $n =$
Anzahl der Zieleinheiten in der Stichprobe: $x =$

Ermittlung der Vertrauensgrenzen:

a) Verfahren für $n \leq 30$ ☐

1) Fall $x = n$ ☐

   $p_{u,o} = 1$

2) Fall $x < n$ ☐

   Ablesen des Werts aus Tabelle 2 für die bekannten Werte n, $X = x$ und $q = 1 - \alpha$
   (Dieser Wert ist die Vertrauensgrenze)

   $T_{(1-\alpha)}(n, x) = p_{u,o} =$

b) Verfahren für $n > 30$ ☐

1) Fall $x = 0$ ☐

   Berechnung:

   $p_{u,o} = 1 - \alpha^{1/n} =$

2) Fall $x = n$ ☐

   $p_{u,o} = 1$

3) Fall $0 < x < n$ ☐

   Ablesen des Werts aus Tabelle 3 für $q = 1 - \alpha : u_{1-\alpha} =$

   Ablesen des Werts d entsprechend dem gewählten Vertrauensniveau:

$1 - \alpha$	0,90	0,95	0,99
d	0,411	0,677	1,353

   Berechnung:

   $$p_{u,o} = p_* + (1 - 2p_*)d/(n+1) + u_{1-\alpha}\sqrt{p_*(1-p_*)[1 - d/(n+1)]/(n+1)} =$$

   mit $p_* = (x+1)/(n+1)$

Ergebnis:

$p \leq p_{u,o} =$

8.1 A forms: Confidence interval for the proportion p

8.1.1 Form A-1: One-sided, with upper limit confidence interval for the proportion p

Characteristic:
Determination procedure:
Items:
Criterion for the identification of target items:
Notes:

Confidence level chosen: $1-\alpha =$
Sample size: $n =$
Number of target items in the sample: $x =$

Determination of confidence limits:

a) Procedure for $n \leqslant 30$ ☐

1) Case $x = n$ ☐
$p_{u,o} = 1$

2) Case $x < n$ ☐

Read the value from table 2 for the known values n, $X = x$ and $q = 1 - \alpha$ (this value is the confidence limit):
$T_{(1-\alpha)}(n, x) = p_{u,o} =$

b) Procedure for $n > 30$ ☐

1) Case $x = 0$ ☐
Computation:
$p_{u,o} = 1 - \alpha^{1/n} =$

2) Case $x = n$ ☐
$p_{u,o} = 1$

3) Case $0 < x < n$ ☐

Read the value from table 3 for $q = 1-\alpha$: $u_{1-\alpha} =$
Read the value d corresponding to the confidence level chosen:

$1-\alpha$	0,90	0,95	0,99
d	0,411	0,677	1,353

Computation:
$p_{u,o} = p_* + (1-2p_*)d/(n+1) + u_{1-\alpha}\sqrt{p_*(1-p_*)[1-d/(n+1)]/(n+1)} =$
with $p_* = (x+1)/(n+1)$

Result:
$p \leqslant p_{u,o} =$

8.1.2 Formblatt A-2: Einseitig nach unten begrenzter Vertrauensbereich für den Anteil p

Merkmal:
Verfahren zur Ermittlung:
Einheiten:
Kriterium für die Identifizierung der Zieleinheiten:
Anmerkungen:

Gewähltes Vertrauensniveau: $1 - \alpha =$
Stichprobenumfang: $n =$

Anzahl der Zieleinheiten in der Stichprobe: $x =$

Ermittlung der Vertrauensgrenzen:

a) Verfahren für $n \leq 30$ ☐

1) Fall $x = 0$ ☐

$p_{l,o} = 0$

2) Fall $x > 0$ ☐

Ablesen des Werts aus Tabelle 2 für die bekannten Werte n, $X = n - x$ und $q = 1 - \alpha$:

$T_{(1-\alpha)}(n, n-x) =$

Berechnung:

$p_{l,o} = 1 - T_{(1-\alpha)}(n, n-x) =$

b) Verfahren für $n > 30$ ☐

1) Fall $x = 0$ ☐

$p_{l,o} = 0$

2) Fall $x = n$ ☐

Berechnung:

$p_{l,o} = \alpha^{1/n} =$

3) Fall $0 < x < n$ ☐

Ablesen des Werts aus Tabelle 3 für $q = 1 - \alpha$: $u_{1-\alpha} =$

Ablesen des Werts d entsprechend dem gewählten Vertrauensniveau:

$1 - \alpha$	0,90	0,95	0,99
d	0,411	0,677	1,353

Berechnung:

$p_{l,o} = p_* + (1 - 2p_*)d/(n+1) - u_{1-\alpha}\sqrt{p_*(1-p_*)[1-d/(n+1)]/(n+1)} =$

mit $p_* = x/(n+1)$

Ergebnis:

$p_{l,o} =$ $\leq p$

8.1.2 Form A-2: One-sided, with lower limit confidence interval for the proportion p

Characteristic:
Determination procedure:
Items:
Criterion for the identification of target items:
Notes:

Confidence level chosen: $1-\alpha =$
Sample size: $n =$
Number of target items in the sample: $x =$

Determination of confidence limits:

a) Procedure for $n \leq 30$ ☐

1) Case $x = 0$ ☐
$p_{l,o} = 0$

2) Case $x > 0$ ☐

Read the value from table 2 for the known values n, $X = n - x$ and $q = 1-\alpha$:

$T_{(1-\alpha)}(n, n-x) =$

Computation:
$p_{l,o} = 1 - T_{(1-\alpha)}(n, n-x) =$

b) Procedure for $n > 30$ ☐

1) Case $x = 0$ ☐
$p_{l,o} = 0$

2) Case $x = n$ ☐
Computation:
$p_{l,o} = \alpha^{1/n} =$

3) Case $0 < x < n$ ☐

Read the value from table 3 for $q = 1-\alpha$: $u_{1-\alpha} =$
Read the value of d corresponding to the confidence level chosen:

$1-\alpha$	0,90	0,95	0,99
d	0,411	0,677	1,353

Computation:
$p_{l,o} = p_* + (1-2p_*)d/(n+1) - u_{1-\alpha}\sqrt{p_*(1-p_*)[1-d/(n+1)]/(n+1)} =$
with $p_* = x/(n+1)$

Result:
$p_{l,o} = \quad \leq p$

8.1.3 Formblatt A-3: Zweiseitiger Vertrauensbereich für den Anteil p

Merkmal:
Verfahren zur Ermittlung:
Einheiten:
Kriterium für die Identifizierung der Zieleinheiten:
Anmerkungen:

Gewähltes Vertrauensniveau: $1 - \alpha =$
Stichprobenumfang: $n =$
Anzahl der Zieleinheiten in der Stichprobe: $x =$

Ermittlung der Vertrauensgrenzen:

a) Verfahren für $n \leq 30$ ☐

1) Obere Vertrauensgrenze

— Fall $x = n$ ☐

$p_{u,t} = 1$

— Fall $x < n$ ☐

Ablesen des Werts aus Tabelle 2 für die bekannten Werte n, $X = x$ und $q = 1 - \alpha/2$
(Dieser Wert ist die Vertrauensgrenze):

$T_{(1-\alpha/2)}(n, x) = p_{u,t} =$

2) Untere Vertrauensgrenze

— Fall $x = 0$ ☐

— Fall $x > 0$ ☐

Ablesen des Werts aus Tabelle 2 für die bekannten Werte n, $X = n - x$ und $q = 1 - \alpha/2$:

$T_{(1-\alpha/2)}(n, n - x) =$

Berechnung:

$p_{l,t} = 1 - T_{(1-\alpha/2)}(n, n - x) =$

b) Verfahren für $n > 30$ ☐

1) Obere Vertrauensgrenze

— Fall $x = 0$ ☐

Berechnung:

$p_{u,t} = 1 - (\alpha/2)^{1/n} =$

— Fall $x = n$ ☐

$p_{u,t} = 1$

8.1.3 Form A-3: Two-sided confidence interval for the proportion p

Characteristic:
Determination procedure:
Items:
Criterion for the identification of target items:
Notes:

Confidence level chosen: $1-\alpha =$
Sample size: $n =$
Number of target items in the sample: $x =$

Determination of confidence limits:

a) Procedure for $n \leqslant 30$ ☐

1) Upper confidence limit
— Case $x = n$ ☐
$p_{u,t} = 1$

— Case $x < n$ ☐

Read the value from table 2 for the known values n, $X = x$ and $q = 1-\alpha/2$ (this value is the confidence limit):
$T_{(1-\alpha/2)}(n, x) = p_{u,t} =$

2) Lower confidence limit

— Case $x = 0$ ☐

— Case $x > 0$ ☐
Read the value from table 2 for the known values n, $X = n - x$ and $q = 1-\alpha/2$:
$T_{(1-\alpha/2)}(n, n-x) =$

Computation:
$p_{l,t} = 1 - T_{(1-\alpha/2)}(n, n-x) =$

b) Procedure for $n > 30$ ☐

1) Upper confidence limit

— Case $x = 0$ ☐
Computation:
$p_{u,t} = 1 - (\alpha/2)^{1/n} =$

— Case $x = n$ ☐
$p_{u,t} = 1$

— Fall $0 < x < n$ ☐

Ablesen des Werts aus Tabelle 3 für $q = 1 - \alpha/2$: $u_{1-\alpha/2} =$

Ablesen des Werts d entsprechend dem gewählten Vertrauensniveau:

$1-\alpha$	0,90	0,95	0,99
d	0,677	0,960	1,659

Berechnung:

$$p_{u,t} = p_* + (1 - 2p_*)d/(n+1) + u_{1-\alpha/2}\sqrt{p_*(1-p_*)[1-d/(n+1)]/(n+1)} =$$

mit $p_* = (x+1)/(n+1)$

2) Untere Vertrauensgrenze

— Fall $x = 0$ ☐

$p_{l,t} = 0$

— Fall $x = n$ ☐

Berechnung:

$$p_{l,t} = (\alpha/2)^{1/n}$$

— Fall $0 < x < n$ ☐

Ablesen des Werts aus Tabelle 3 für $q = 1 - \alpha/2$: $u_{1-\alpha/2} =$

Ablesen des Werts d entsprechend dem gewählten Vertrauensniveau:

$1-\alpha$	0,90	0,95	0,99
d	0,677	0,960	1,659

Berechnung:

$$p_{l,t} = p_* + (1 - 2p_*)d/(n+1) - u_{1-\alpha/2}\sqrt{p_*(1-p_*)[1-d/(n+1)]/(n+1)} =$$

mit $p_* = x/(n+1)$

Ergebnisse:

$p_{l,t} =$; $p_{u,t} =$; $p_{l,t} \leq p \leq p_{u,t}$

— Case $0 < x < n$ ☐
Read the value from table 3 for $q = 1-\alpha/2$: $u_{1-\alpha/2} =$

Read the value of d corresponding to the confidence level chosen:

$1-\alpha$	0,90	0,95	0,99
d	0,677	0,960	1,659

Computation:

$$p_{u,t} = p_* + (1-2p_*)d/(n+1) + u_{1-\alpha/2}\sqrt{p_*(1-p_*)[1-d/(n+1)]/(n+1)} =$$

with $p_* = (x+1)/(n+1)$

2) Lower confidence limit

— Case $x = 0$ ☐
$p_{l,t} = 0$

— Case $x = n$ ☐
Computation:
$p_{l,t} = (\alpha/2)^{1/n} =$

— Case $0 < x < n$ ☐

Read the value from table 3 for $q = 1-\alpha/2$: $u_{1-\alpha/2} =$
Read the value of d corresponding to the confidence level chosen:

$1-\alpha$	0,90	0,95	0,99
d	0,677	0,960	1,659

Computation:

$$p_{l,t} = p_* + (1-2p_*)d/(n+1) - u_{1-\alpha/2}\sqrt{p_*(1-p_*)[1-d/(n+1)]/(n+1)} =$$

with $p_* = x/(n+1)$

Results:

$p_{l,t} =$; $p_{u,t} =$; $p_{l,t} \leqslant p \leqslant p_{u,t}$

8.2 Formblätter B: Vergleich des Anteils p mit einem vorgegebenen Wert p_0

8.2.1 Formblatt B-1: Vergleich des Anteils p mit einem vorgegebenen Wert p_0 bei einseitigem Test mit H_0: $p \geq p_0$

Merkmal:
Verfahren zur Ermittlung:
Einheiten:
Kriterium für die Identifizierung der Zieleinheiten:
Anmerkungen:

Vorgegebener Wert $p_0 =$
Gewähltes Signifikanzniveau: $\alpha =$
Stichprobenumfang: $n =$
Anzahl der in der Stichprobe gefundenen Zieleinheiten: $x =$

Testverfahren:

I Der(Die) kritische(n) Wert(e) ist(sind) bereits bekannt (siehe 7.2.1 und, sofern anwendbar, die Ermittlung der kritischen Werte unten): ☐

$C_{l,o} =$

H_0 wird verworfen, wenn $x < C_{l,o}$; anderenfalls wird H_0 nicht verworfen.

II Der(Die) kritische(n) Wert(e) ist(sind) nicht bekannt: ☐

a) Fall $x \geq p_0 n$ ☐

H_0 wird nicht verworfen

b) Fall $x < p_0 n$ ☐

1) Verfahren für $n \leq 30$ ☐

Ermitteln der einseitigen oberen Vertrauensgrenze für n, x und das Vertrauensniveau $(1 - \alpha)$ nach Formblatt A-1

$p_{u,o} =$

H_0 wird verworfen, wenn $p_{u,o} < p_0$; anderenfalls wird H_0 nicht verworfen.

2) Verfahren für $n > 30$ ☐

— Fall $x = 0$ ☐

Berechnung:

$p_{u,o} = 1 - \alpha^{1/n} =$ [siehe Formblatt A-1 b) 1)]

H_0 wird verworfen, wenn $p_{u,o} < p_0$; anderenfalls wird H_0 nicht verworfen.

— Fall $0 < x < n$ ☐

Ablesen des Werts aus Tabelle 3 für $q = 1 - \alpha$: $u_{1-\alpha} =$

Berechnung:

$$u_1 = 2\left[\sqrt{(n-x)p_0} - \sqrt{(x+1)(1-p_0)}\right] =$$

H_0 wird verworfen, wenn $u_1 > u_{1-\alpha}$; anderenfalls wird H_0 nicht verworfen.

Testergebnis:

H_0 wird verworfen ☐ H_0 wird nicht verworfen ☐

8.2 B Forms: Comparison of the proportion p with a given value p_0

8.2.1 Form B-1: Comparison of the proportion p with a given value p_0 and with one-sided test with H_0: $p \geqslant p_0$

Characteristic: Determination procedure: Items: Criterion for the identification of target items: Notes:
Given value p_0 = Significance level chosen: α = Sample size: n = Number of target items found in the sample: x =
Test procedure:
I The critical value(s) is (are) already known (see 7.2.1 and, if applicable, the determination of the critical values below): ☐ $C_{l,o}$ = H_0 is rejected if $x < C_{l,o}$; otherwise it is not rejected.
II The critical value(s) is(are) not known: ☐ a) Case $x \geqslant p_0 n$ ☐ H_0 is not rejected b) Case $x < p_0 n$ ☐ 1) Procedure for $n \leqslant 30$ ☐ Determine according to form A-1 the one-sided upper confidence limit for n, x and the confidence level $(1-\alpha)$: $p_{u,o}$ = H_0 is rejected if $p_{u,o} < p_0$; otherwise it is not rejected. 2) Procedure for $n > 30$ ☐ — Case $x = 0$ ☐ Computation: $p_{u,o} = 1-\alpha^{1/n}$ = [see form A-1 b) 1)] H_0 is rejected if $p_{u,o} < p_0$; otherwise it is not rejected. — Case $0 < x < n$ ☐ Read the value from table 3 for $q = 1-\alpha$: $u_{1-\alpha}$ = Computation: $u_1 = 2\left[\sqrt{(n-x)p_0} - \sqrt{(x+1)(1-p_0)}\right]$ = H_0 is rejected if $u_1 > u_{1-\alpha}$; otherwise it is not rejected.
Test result: H_0 is rejected ☐ H_0 is not rejected ☐

<table>
<tr><td colspan="2">Ermittlung der kritischen Werte:
$C_{l,o}$ ist die kleinste nicht negative ganze Zahl x, für die der Test nach Formblatt B-1-II nicht zum Verwerfen von H_0 führt. $C_{l,o}$ wird iterativ durch wiederholte Anwendung von Formblatt B-1-II mit verschiedenen Werten von x[1)] ermittelt. Dabei sind solche Werte von x zu ermitteln, die voneinander um 1 abweichen, und von denen einer zum Verwerfen der Nullhypothese führt, während der andere das nicht tut. Sofern erwünscht, kann ein Anfangswert für x, x_{start} wie folgt ermittelt werden.</td></tr>
<tr><td colspan="2">Berechnungen:</td></tr>
<tr><td colspan="2">np_0, auf die nächste ganze Zahl gerundet, ist $x^* =$</td></tr>
<tr><td>$p_{l,o|x=x^*} =$</td><td>($p_{l,o|x=x^*}$ aus Formblatt A-2)</td></tr>
<tr><td colspan="2">$np_{l,o|x=x^*}$, gerundet auf die nächste ganze Zahl, ist $x_{start} =$</td></tr>
<tr><td colspan="2">Auswertung der Testergebnisse aus Formblatt B-1-II:</td></tr>
<tr><td>für $x \leq C_{l,o} - 1 =$</td><td>H_0 wird verworfen</td></tr>
<tr><td>für $x \geq C_{l,o} =$</td><td>H_0 wird nicht verworfen [N1)]</td></tr>
<tr><td colspan="2">Ergebnis:
$C_{l,o} =$</td></tr>
<tr><td colspan="2">1) Der kritische Wert bzw. einer der kritischen Werte existiert gegebenenfalls nicht für Extremwerte von p_0 und/oder für einen sehr kleinen Stichprobenumfang n.</td></tr>
</table>

N1) Nationale Fußnote: Der Text „H_0 is rejected" in ISO 11453 müsste lauten: „H_0 is not rejected". Dieses ist in der deutschsprachigen Fassung korrigiert worden.

Determination of the critical values: $C_{l,o}$ is the smallest non-negative integer x for which the test according to form B-1-II does not lead to the rejection of H_0. $C_{l,o}$ is to be determined iteratively through repeated application of form B-1-II with different values of x [1]. Thereby those values of x are to be determined which differ from each other by 1 and one of which leads to the rejection of the null hypothesis while the other does not. If desired a start value for x, x_{start} can be obtained as follows.
Computations: np_0, rounded to the next integer, is $x^* =$ $p_{l,o}\|_{x=x^*} =$ ($p_{l,o}\|_{x=x^*}$ from form A-2) $np_{l,o}\|_{x=x^*}$, rounded to the next integer, is $x_{start} =$
Interpretation of the test results from form B-1-II: for $x \leqslant C_{l,o} - 1 =$ H_0 is rejected for $x \geqslant C_{l,o} =$ H_0 is rejected [N1]
Result: $C_{l,o} =$
1) The critical value or one of the critical values, respectively, may not exist for extreme values of p_0 and/or for very small sample sizes n.

N1) Nationale Fußnote: Der Text „H_0 is rejected" in ISO 11453 müsste lauten: „H_0 is not rejected". Dieses ist in der deutschsprachigen Fassung korrigiert worden.

8.2.2 Formblatt B-2: Vergleich des Anteils p mit einem vorgegebenen Wert p_0 bei einseitigem Test mit H_0: $p \leq p_0$

Merkmal:
Verfahren zur Ermittlung:
Einheiten:
Kriterium für die Identifizierung der Zieleinheiten:
Anmerkungen:

Vorgegebener Wert $p_0 =$
Gewähltes Signifikanzniveau: $\alpha =$
Stichprobenumfang: $n =$
Anzahl der in der Stichprobe gefundenen Zieleinheiten: $x =$

Testverfahren:

I Der(Die) kritische(n) Wert(e) ist(sind) bereits bekannt (siehe 7.2.1 und, sofern anwendbar, die Ermittlung der kritischen Werte unten): ☐

$C_{u,o} =$

H_0 wird verworfen, wenn $x > C_{u,o}$; anderenfalls wird H_0 nicht verworfen.

II Der(Die) kritische(n) Wert(e) ist(sind) nicht bekannt: ☐

a) Fall $x \leq p_0 n$ ☐

H_0 wird nicht verworfen

b) Fall $x > p_0 n$ ☐

1) Verfahren für $n \leq 30$ ☐

Ermitteln der einseitigen unteren Vertrauensgrenze für n, x und das Vertrauensniveau $(1 - \alpha)$ nach Formblatt A-2

$p_{l,o} =$

H_0 wird verworfen, wenn $p_{l,o} > p_0$; anderenfalls wird H_0 nicht verworfen.

2) Verfahren für $n > 30$ ☐

— Fall $x = n$ ☐

Berechnung:

$p_{l,o} = \alpha^{1/n} =$ [siehe Formblatt A-2 b) 2)]

H_0 wird verworfen, wenn $p_{l,o} > p_0$; anderenfalls wird H_0 nicht verworfen.

— Fall $0 < x < n$ ☐

Ablesen des Werts aus Tabelle 3 für $q = 1 - \alpha$: $u_{1-\alpha} =$

Berechnung:

$$u_2 = 2\left[\sqrt{x(1-p_0)} - \sqrt{(n-x+1)p_0}\right] =$$

H_0 wird verworfen, wenn $u_2 > u_{1-\alpha}$; anderenfalls wird H_0 nicht verworfen.

8.2.2 Form B-2: Comparison of the proportion p with a given value p_0 and with one-sided test with H_0: $p \leqslant p_0$

<table>
<tr><td>Characteristic:
Determination procedure:
Items:
Criterion for the identification of target items:
Notes:</td></tr>
<tr><td>Given value p_0 =
Significance level chosen: α =
Sample size: n =
Number of target items found in the sample: x =</td></tr>
<tr><td>Test procedure:</td></tr>
<tr><td>I The critical value(s) is (are) already known (see 7.2.1 and, if applicable, the determination of the critical values below): ☐
$C_{u,o}$ =

H_0 is rejected, if $x > C_{u,o}$; otherwise it is not rejected.</td></tr>
<tr><td>II The critical value(s) is (are) not known: ☐

a) Case $x \leqslant p_0 n$ ☐
H_0 is not rejected.

b) Case $x > p_0 n$ ☐

1) Procedure for $n \leqslant 30$ ☐
Determine according to form A-2 the one-sided lower confidence limit for n, x and the confidence level $(1-\alpha)$:
$p_{l,o}$ =
H_0 is rejected if $p_{l,o} > p_0$; otherwise it is not rejected.

2) Procedure for $n > 30$ ☐

— Case $x = n$ ☐
Computation :
$p_{l,o} = \alpha^{1/n}$ = [see form A-2 b) 2)]
H_0 is rejected if $p_{l,o} > p_0$; otherwise it is not rejected.

— Case $0 < x < n$ ☐

Read the value from table 3 for $q = 1-\alpha$: $u_{1-\alpha}$ =
Computation:
$u_2 = 2\left[\sqrt{x(1-p_0)} - \sqrt{(n-x+1)p_0}\right]$ =
H_0 is rejected if $u_2 > u_{1-\alpha}$; otherwise it is not rejected.</td></tr>
</table>

Testergebnis:

H_0 wird verworfen ☐

H_0 wird nicht verworfen ☐

Ermittlung der kritischen Werte:

$C_{u,o}$ ist die größte ganze Zahl x, für die der Test nach Formblatt B-2-II nicht zum Verwerfen der Nullhypothese führt. $C_{u,o}$ wird iterativ durch wiederholte Anwendung von Formblatt B-2-II mit verschiedenen Werten von x[1)] ermittelt. Dabei sind solche Werte von x zu ermitteln, die voneinander um 1 abweichen, und von denen einer zum Verwerfen der Nullhypothese führt, während der andere das nicht tut. Sofern erwünscht, kann ein Anfangswert für x, x_{start} wie folgt ermittelt werden.

Berechnung:

np_0, auf die nächste ganze Zahl gerundet, ist $x^* =$

$p_{u,o|x=x^*} =$ ($p_{u,o|x=x^*}$ aus Formblatt A-1)

$np_{u,o|x=x^*}$, gerundet auf die nächste ganze Zahl, ist $x_{start} =$

Auswertung der Testergebnisse aus Formblatt B-2-II:

für $x \leq C_{u,o} =$ H_0 wird nicht verworfen

für $x \geq C_{u,o} + 1 =$ H_0 wird verworfen

Ergebnis:

$C_{u,o} =$

1) Der kritische Wert bzw. einer der kritischen Werte existiert gegebenenfalls nicht für Extremwerte von p_0 und/oder für einen sehr kleinen Stichprobenumfang n.

Test result:	
H_0 is rejected	☐
H_0 is not rejected	☐

Determination of the critical values:

$C_{u,o}$ is the largest integer x for which the test according to form B-2-II does not lead to the rejection of the null hypothesis. $C_{u,o}$ is to be determined iteratively through repeated application of form B-2-II with different values of x [1]. Thereby those values of x are to be determined which differ from each other by 1 and one of which leads to the rejection of the null hypothesis while the other does not. If desired, a start value for x, x_{start} can be obtained as follows.

Computations:

np_0, rounded to the next integer, is $x^* =$

$p_{u,o}|_{x=x^*} =$ ($p_{u,o}|_{x=x^*}$ from form A-1)

$np_{u,o}|_{x=x^*}$, rounded to the next integer, is $x_{start} =$

Interpretation of the test results from form B-2-II:

for $x \leqslant C_{u,o} =$	H_0 is not rejected
for $x \geqslant C_{u,o}+1 =$	H_0 is rejected

Result:

$C_{u,o} =$

1) The critical value or one of the critical values, respectively, may not exist for extreme values of p_0 and/or for very small sample sizes n.

8.2.3 Formblatt B-3: Vergleich des Anteils p mit einem vorgegebenen Wert p_0 bei zweiseitigem Test mit H_0: $p = p_0$

Merkmal:
Verfahren zur Ermittlung:
Einheiten:
Kriterium für die Identifizierung der Zieleinheiten:
Anmerkungen:

Vorgegebener Wert $p_0 =$
Gewähltes Signifikanzniveau: $\alpha =$
Stichprobenumfang: $n =$
Anzahl der in der Stichprobe gefundenen Zieleinheiten: $x =$

Testverfahren:

I Der(Die) kritische(n) Wert(e) ist(sind) bereits bekannt (siehe 7.2.1 und, sofern anwendbar, die Ermittlung der kritischen Werte unten): ☐

$C_{l,t} =$ $C_{u,t} =$

H_0 wird verworfen, wenn $x < C_{l,t}$ oder wenn $x > C_{u,t}$; anderenfalls wird H_0 nicht verworfen.

II Der(Die) kritische(n) Wert(e) ist(sind) nicht bekannt: ☐

a) Verfahren für $n \leq 30$ ☐

Ermitteln der zweiseitigen Vertrauensgrenzen für n, x und das Vertrauensniveau $(1 - \alpha)$ nach Formblatt A-3:

$p_{l,t} =$ und

$p_{u,t} =$

H_0 wird verworfen, wenn $p_{l,t} > p_0$ oder wenn $p_{u,t} < p_0$; anderenfalls wird H_0 nicht verworfen.

b) Verfahren für $n > 30$ ☐

1) Fall $x = 0$ ☐

Berechnung:

$$p_{u,t} = 1 - (\alpha / 2)^{1/n} =$$

H_0 wird verworfen, wenn $p_{u,t} < p_0$; anderenfalls wird H_0 nicht verworfen.

2) Fall $x = n$ ☐

Berechnung:

$$p_{l,t} = (\alpha / 2)^{1/n} =$$

H_0 wird verworfen, wenn $p_{l,t} > p_0$; anderenfalls wird H_0 nicht verworfen.

8.2.3 Form B-3: Comparison of the proportion p with a given value p_0 and with two-sided test with H_0: $p = p_0$

Characteristic:
Determination procedure:
Items:
Criterion for the identification of target items:
Notes:

Given value p_0 =
Significance level chosen: α =
Sample size: n =
Number of target items found in the sample: x =

Test procedure:

I The critical value(s) is (are) already known (see 7.2.1 and, if applicable, the determination of the critical values below): ☐

$C_{l,t}$ = $C_{u,t}$ =

H_0 is rejected if $x < C_{l,t}$ or $x > C_{u,t}$; otherwise, it is not rejected.

II The critical value(s) is (are) not known: ☐

a) Procedure for $n \leqslant 30$ ☐

Determine according to form A-3 the two-sided confidence limits for n, x, and the confidence level $(1 - \alpha)$:
$p_{l,t}$ = and
$p_{u,t}$ =

H_0 is rejected if $p_{l,t} > p_0$ or $p_{u,t} < p_0$; otherwise, it is not rejected.

b) Procedure for $n > 30$ ☐

1) Case $x = 0$ ☐

Computation:
$p_{u,t} = 1 - (\alpha/2)^{1/n}$ =
H_0 is rejected if $p_{u,t} < p_0$; otherwise, it is not rejected.

2) Case $x = n$ ☐

Computation:
$p_{l,t} = (\alpha/2)^{1/n}$ =
H_0 is rejected if $p_{l,t} > p_0$; otherwise, it is not rejected.

3) Fall $0 < x < n$ ☐

Ablesen des Werts aus Tabelle 3 für $q = 1 - \alpha/2$: $u_{1-\alpha/2} =$

Berechnungen:

$$u_1 = 2\left[\sqrt{(n-x)p_0} - \sqrt{(x+1)(1-p_0)}\right] =$$

$$u_2 = 2\left[\sqrt{x(1-p_0)} - \sqrt{(n-x+1)p_0}\right] =$$

H_0 wird verworfen, wenn $u_1 > u_{1-\alpha/2}$ oder wenn $u_2 > u_{1-\alpha/2}$; anderenfalls wird H_0 nicht verworfen.

Testergebnis:

H_0 wird verworfen ☐

H_0 wird nicht verworfen ☐

Ermittlung der kritischen Werte:

$C_{l,t}$ ist die kleinste nicht negative ganze Zahl x, und $C_{u,t}$ ist die größte ganze Zahl x, für die der Test nach Formblatt B-3-II nicht zum Verwerfen von H_0 führt. $C_{l,t}$ und $C_{u,t}$ werden iterativ durch wiederholte Anwendung von Formblatt B-3-II mit verschiedenen Werten von x[1] ermittelt. Dabei sind zwei Wertepaare so zu ermitteln, dass in jedem Paar die Werte voneinander um 1 abweichen, und von denen einer der Werte zum Verwerfen der Nullhypothese führt, während der andere das nicht tut. Sofern erwünscht, können Anfangswerte für x, x_{start} wie folgt ermittelt werden.

Berechnungen:

np_0, auf die nächste ganze Zahl gerundet, ist $x^* =$

$p_{l,t|x=x^*} =$ $p_{u,t|x=x^*} =$

$p_{l,t|x=x^*}$ und $p_{u,t|x=x^*}$ aus Formblatt A-3

$np_{l,t|x=x^*}$ gerundet auf die nächste ganze Zahl, ist x_{start} (unterer Wert) =

$np_{u,t|x=x^*}$ gerundet auf die nächste ganze Zahl, ist x_{start} (oberer Wert) =

Auswertung der Testergebnisse aus Formblatt B-3-II:

für $x \le C_{l,t} - 1$ =		H_0 wird verworfen
für $x = C_{l,t}$ =	bis $x = C_{u,t}$ =	H_0 wird nicht verworfen
für $x \ge C_{u,t} + 1$ =		H_0 wird verworfen

Ergebnisse:

$C_{l,t}$ = $C_{u,t}$ =

1) Der kritische Wert bzw. einer der kritischen Werte existiert gegebenenfalls nicht für Extremwerte von p_0 und/oder für einen sehr kleinen Stichprobenumfang n.

3) Case $0 < x < n$ ☐

Read the value from table 3 for $q = 1-\alpha/2$: $u_{1-\alpha/2} =$

Computations:

$$u_1 = 2\left[\sqrt{(n-x)p_0} - \sqrt{(x+1)(1-p_0)}\right] =$$

$$u_2 = 2\left[\sqrt{x(1-p_0)} - \sqrt{(n-x+1)p_0}\right] =$$

H_0 is rejected if $u_1 > u_{1-\alpha/2}$ or $u_2 > u_{1-\alpha/2}$; otherwise, it is not rejected.

Test result:

H_0 is rejected ☐

H_0 is not rejected ☐

Determination of the critical values:

$C_{l,t}$ is the smallest non-negative integer x and $C_{u,t}$ is the largest integer x for which the test according to form B-3-II does not lead to the rejection of H_0. $C_{l,t}$ and $C_{u,t}$ are to be determined iteratively through repeated application of form B-3-II with different values of x [1]. Thereby two pairs of values are to be determined such that in each pair the values differ from each other by 1 and one of the values leads to the rejection of the null hypothesis while the other does not. If desired, start values for x, x_{start} can be obtained as follows.

Computations:

np_0, rounded to the next integer, is $x^* =$

$p_{l,t}|_{x=x^*} =$ $p_{u,t}|_{x=x^*} =$

$p_{l,t}|_{x=x^*}$ and $p_{u,t}|_{x=x^*}$ from form A-3

$np_{l,t}|_{x=x^*}$, rounded to the next integer, is x_{start} (lower) =

$np_{u,t}|_{x=x^*}$, rounded to the next integer, is x_{start} (upper) =

Interpretation of the test results from form B-3-II:

for $x \leqslant C_{l,t} - 1 =$		H_0 is rejected
for $x = C_{l,t} =$	to $x = C_{u,t} =$	H_0 is not rejected
for $x \geqslant C_{u,t} + 1 =$		H_0 is rejected

Results:

$C_{l,t} =$ $C_{u,t} =$

1) The critical value or one of the critical values, respectively, may not exist for extreme values of p_0 and/or for very small sample sizes n.

8.3 Formblätter C: Vergleich zweier Anteile

8.3.1 Formblatt C-1: Vergleich zweier Anteile bei einseitigem Test mit H_0: $p_1 \geq p_2$

Merkmal:
Verfahren zur Ermittlung:
Einheiten:
Kriterium für die Identifizierung der Zieleinheiten:
Anmerkungen:

Gewähltes Signifikanzniveau: $\alpha =$
Stichprobenumfang 1: $n_1 =$
Stichprobenumfang 2: $n_2 =$

Anzahl der Zieleinheiten in Stichprobe 1: $x_1 =$
Anzahl der Zieleinheiten in Stichprobe 2: $x_2 =$

Überprüfung für den Trivialfall:

$$\frac{x_1}{n_1} \geq \frac{x_2}{n_2}$$

ist wahr ☐ ist nicht wahr ☐

Im Fall "wahr" wird die Nullhypothese nicht verworfen, und das Testergebnis kann sofort angegeben werden. Anderenfalls ist das folgende Verfahren anzuwenden, das schließlich zum Verwerfen oder Nichtverwerfen von H_0 führen kann.

Testverfahren für Nichttrivialfälle:

Wenn mindestens einer der vier Werte n_1, n_2, $(x_1 + x_2)$, $(n_1 + n_2 - x_1 - x_2)$ kleiner als oder gleich $(n_1 + n_2)/4$ ist, ist die Binomialapproximation I anzuwenden; anderenfalls die Normalapproximation II. Es kann jedoch, selbst wenn obige Bedingung erfüllt ist, die Normalapproximation angewendet werden, wenn die beiden folgenden Bedingungen erfüllt sind:

— bei Anwendung der Binomialapproximation ist eine Interpolation in der Tabelle der F-Verteilung notwendig;

— n_1 und n_2 sind von gleicher Größenordnung oder $(x_1 + x_2)$ und $(n_1 + n_2 - x_1 - x_2)$ sind von gleicher Größenordnung.

Entscheidung:

Die Binomialapproximation ist anzuwenden (Fortsetzung mit I) ☐

Die Normalapproximation ist anzuwenden (Fortsetzung mit II) ☐

8.3 C forms: Comparison of two proportions

8.3.1 Form C-1: Comparison of two proportions with one-sided test with H_0: $p_1 \geqslant p_2$

Characteristic: Determination procedure: Items: Criterion for the identification of target items: Notes:
Significance level chosen: $\alpha =$ Sample size 1: $n_1 =$ Sample size 2: $n_2 =$ Number of target items in sample 1: $x_1 =$ Number of target items in sample 2: $x_2 =$
Check for trivial case: $\frac{x_1}{n_1} \geqslant \frac{x_2}{n_2}$ is true ☐ is not true ☐ In the "true" case, the null hypothesis is not rejected and the test result can be stated immediately. Otherwise the following procedure is to be followed which eventually may lead to rejecting or to not rejecting H_0.
Test procedure for the non-trivial cases: If at least one of the four values n_1, n_2, $(x_1 + x_2)$, $(n_1 + n_2 - x_1 - x_2)$ is smaller than or equal to $(n_1 + n_2)/4$, the binomial approximation, I, shall be applied; otherwise the normal approximation, II. However, even if the above condition is fulfilled, the normal approximation can be applied if the two following conditions are fulfilled: — while applying the binomial approximation, interpolation in the F-distribution table is necessary; — n_1 and n_2 are of the same order of magnitude or $(x_1 + x_2)$ and $(n_1 + n_2 - x_1 - x_2)$ are of the same order of magnitude. Decision: The binomial approximation is to be applied (proceed with I). ☐ The normal approximation is to be applied (proceed with II). ☐

I	**Binomialapproximation** Definition von Variablen: K_1, K_2, η_1, η_2: Sind entweder $[n_2 < n_1$ und $n_2 < (x_1 + x_2)]$ oder $[(n_1 + n_2 - x_1 - x_2) < n_1$ und $(n_1 + n_2 - x_1 - x_2) < (x_1 + x_2)]$, sind die Variablen wie folgt definiert: $\eta_1 = n_2 =$ $\eta_2 = n_1 =$ $K_1 = n_2 - x_2 =$ $K_2 = n_1 - x_1 =$ Anderenfalls sind sie: $\eta_1 = n_1 =$ $\eta_2 = n_2 =$ $K_1 = x_1 =$ $K_2 = x_2 =$
Berechnung der Teststatistik und Ermittlung der Werte aus Tabellen:	
I	a) Fall $\eta_1 \leq K_1 + K_2$ ☐ $F_2 = \frac{(\eta_1 - K_1)(K_1 + 2K_2)}{(K_1 + 1)(\eta_1 + 2\eta_2 - K_1 - 2K_2 + 1)} =$ Anzahl der Freiheitsgrade der F-Verteilung: $f_1 = 2(K_1 + 1) =$ $f_2 = 2(\eta_1 - K_1) =$ Ablesen des Werts aus Tabelle 4 für $q = 1 - \alpha$, f_1 und f_2 (erforderlichenfalls interpolieren): $F_{(1-\alpha)}(f_1, f_2) =$
I	b) Fall $\eta_1 > K_1 + K_2$ ☐ $F_2 = \frac{K_2(2\eta_1 - K_1)}{(K_1 + 1)(2\eta_2 - K_2 + 1)} =$ Anzahl der Freiheitsgrade der F-Verteilung: $f_1 = 2(K_1 + 1) =$ $f_2 = 2K_2 =$

I Binomial approximation

Definition of variables: K_1, K_2, η_1, η_2:

If either $[n_2 < n_1$ and $n_2 < (x_1 + x_2)]$
or $[(n_1 + n_2 - x_1 - x_2) < n_1$ and $(n_1 + n_2 - x_1 - x_2) < (x_1 + x_2)]$,

the variables are defined as follows:

$\eta_1 = n_2 =$
$\eta_2 = n_1 =$
$K_1 = n_2 - x_2 =$
$K_2 = n_1 - x_1 =$

Otherwise, they are:

$\eta_1 = n_1 =$
$\eta_2 = n_2 =$
$K_1 = x_1 =$
$K_2 = x_2 =$

Computation of test statistics and determination of values from tables:

I a) Case $\eta_1 \leqslant K_1 + K_2$ ☐

$$F_2 = \frac{(\eta_1 - K_1)(K_1 + 2K_2)}{(K_1 + 1)(\eta_1 + 2\eta_2 - K_1 - 2K_2 + 1)} =$$

Numbers of degrees of freedom of the F-distribution:

$f_1 = 2(K_1 + 1) =$
$f_2 = 2(\eta_1 - K_1) =$

Read the value from table 4 for $q = 1 - \alpha$, f_1 and f_2 (if necessary interpolate):
$F_{(1-\alpha)}(f_1, f_2) =$

I b) Case $\eta_1 > K_1 + K_2$ ☐

$$F_2 = \frac{K_2(2\eta_1 - K_1)}{(K_1 + 1)(2\eta_2 - K_2 + 1)} =$$

Number of degrees of freedom of the F-distribution:

$f_1 = 2(K_1 + 1) =$
$f_2 = 2K_2 =$

Ablesen des Werts aus Tabelle 4 für $q = 1-\alpha$, f_1 und f_2 (erforderlichenfalls interpolieren): $F_{(1-\alpha)}(f_1, f_2) =$
Schlussfolgerung bei Binomialapproximation im nichttrivialen Fall: H_0 wird verworfen, wenn: $F_2 \geq F_{(1-\alpha)}(f_1, f_2)$ Anderenfalls wird H_0 nicht verworfen.
II Normalapproximation Berechnung der Teststatistik und Ermittlung von Werten aus Tabellen: $z_2 = \frac{n_1(x_1 + x_2) - (x_1 + 1/2)(n_1 + n_2)}{\sqrt{n_1 n_2 (x_1 + x_2)(n_1 + n_2 - x_1 - x_2)/(n_1 + n_2)}} =$ Ablesen des Werts aus Tabelle 3 für $q = 1-\alpha$: $u_{1-\alpha} =$
Schlussfolgerung bei Normalapproximation im nichttrivialen Fall: H_0 wird verworfen, wenn $z_2 \geq u_{1-\alpha}$ Anderenfalls wird H_0 nicht verworfen.
Testergebnis: H_0 wird verworfen ☐ H_0 wird nicht verworfen ☐

Read the value from table 4 for $q = 1-\alpha$, f_1 and f_2 (if necessary interpolate):

$$F_{(1-\alpha)}(f_1, f_2) =$$

Drawing the conclusion in the non-trivial case for the binomial approximation:

H_0 is rejected, if

$$F_2 \geqslant F_{(1-\alpha)}(f_1, f_2)$$

Otherwise H_0 is not rejected.

II Normal approximation

Computation of test statistics and determination of values from tables:

$$z_2 = \frac{n_1(x_1 + x_2) - (x_1 + 1/2)(n_1 + n_2)}{\sqrt{n_1 n_2 (x_1 + x_2)(n_1 + n_2 - x_1 - x_2)/(n_1 + n_2)}} =$$

Read the value from table 3 for $q = 1-\alpha$: $u_{1-\alpha} =$

Drawing the conclusion in the non-trivial case for the normal approximation:

H_0 is rejected if

$$z_2 \geqslant u_{1-\alpha}$$

Otherwise H_0 is not rejected.

Test result:

H_0 is rejected ☐

H_0 is not rejected ☐

8.3.2 Formblatt C-2: Vergleich zweier Anteile bei einseitigem Test mit H_0: $p_1 \leq p_2$

Merkmal:
Verfahren zur Ermittlung:
Einheiten:
Kriterium für die Identifizierung der Zieleinheiten:
Anmerkungen:

Gewähltes Signifikanzniveau: $\alpha =$
Stichprobenumfang 1: $n_1 =$
Stichprobenumfang 2: $n_2 =$
Anzahl der Zieleinheiten in Stichprobe 1: $x_1 =$
Anzahl der Zieleinheiten in Stichprobe 2: $x_2 =$

Überprüfung für den Trivialfall:

$$\frac{x_1}{n_1} \leq \frac{x_2}{n_2}$$

ist wahr ☐ ist nicht wahr ☐

Im Fall "wahr" wird die Nullhypothese nicht verworfen, und das Testergebnis kann sofort angegeben werden. Anderenfalls ist das folgende Verfahren anzuwenden, das schließlich zum Verwerfen oder Nichtverwerfen von H_0 führen kann.

Testverfahren für Nichttrivialfälle:

Wenn mindestens einer der vier Werte n_1, n_2, $(x_1 + x_2)$, $(n_1 + n_2 - x_1 - x_2)$ kleiner als oder gleich $(n_1 + n_2)/4$ ist, ist die Binomialapproximation I anzuwenden; anderenfalls die Normalapproximation II. Es kann jedoch, selbst wenn obige Bedingung erfüllt ist, die Normalapproximation angewendet werden, wenn die beiden folgenden Bedingungen erfüllt sind:

— bei Anwendung der Binomialapproximation ist eine Interpolation in der Tabelle der F-Verteilung notwendig;

— n_1 und n_2 sind von gleicher Größenordnung oder $(x_1 + x_2)$ und $(n_1 + n_2 - x_1 - x_2)$ sind von gleicher Größenordnung.

Entscheidung:

Die Binomialapproximation ist anzuwenden (Fortsetzung mit I) ☐

Die Normalapproximation ist anzuwenden (Fortsetzung mit II) ☐

I Binomialapproximation

Definition von Variablen: K_1, K_2, η_1, η_2:

Sind entweder $[n_2 < n_1$ und $n_2 < (x_1 + x_2)]$

oder $[(n_1 + n_2 - x_1 - x_2) < n_1$ und $(n_1 + n_2 - x_1 - x_2) < (x_1 + x_2)]$,

8.3.2 Form C-2: Comparison of two proportions with one-sided test with H_0: $p_1 \leqslant p_2$

<table>
<tr><td>Characteristic:
Determination procedure:
Items:
Criterion for the identification of target items:
Notes:</td></tr>
<tr><td>Significance level chosen: $\alpha =$
Sample size 1: $n_1 =$
Sample size 2: $n_2 =$
Number of target items in sample 1: $x_1 =$
Number of target items in sample 2: $x_2 =$</td></tr>
<tr><td>Check for trivial case:

$\frac{x_1}{n_1} \leqslant \frac{x_2}{n_2}$

is true ☐ is not true ☐

In the "true" case, the null hypothesis is not rejected and the test result can be stated immediately. Otherwise the following procedure is to be followed which eventually may lead to rejecting or to not rejecting H_0.</td></tr>
<tr><td>Test procedure for the non-trivial cases:

If at least one of the four values n_1, n_2, $(x_1 + x_2)$, $(n_1 + n_2 - x_1 - x_2)$ is smaller than or equal to $(n_1 + n_2)/4$, the binomial approximation, I, shall be applied; otherwise the normal approximation, II. However, even if the above condition is fulfilled, the normal approximation can be applied if the two following conditions are fulfilled:

— while applying the binomial approximation, interpolation in the F-distribution table is necessary;

— n_1 and n_2 are of the same order of magnitude or $(x_1 + x_2)$ and $(n_1 + n_2 - x_1 - x_2)$ are of the same order of magnitude.

Decision:
The binomial approximation is to be applied (proceed with I). ☐

The normal approximation is to be applied (proceed with II). ☐</td></tr>
<tr><td>I Binomial approximation

Definition of variables: K_1, K_2, η_1, η_2

If either $[n_2 < n_1$ and $n_2 < (x_1 + x_2)]$,
or $[(n_1 + n_2 - x_1 - x_2) < n_1$ and $(n_1 + n_2 - x_1 - x_2) < (x_1 + x_2)]$</td></tr>
</table>

sind die Variablen wie folgt definiert:

$\eta_1 = n_2 =$

$\eta_2 = n_1 =$

$K_1 = n_2 - x_2 =$

$K_2 = n_1 - x_1 =$

Anderenfalls sind sie:

$\eta_1 = n_1 =$

$\eta_2 = n_2 =$

$K_1 = x_1 =$

$K_2 = x_2 =$

Berechnung der Teststatistik und Ermittlung der Werte aus Tabellen:

I a) Fall $\eta_1 \leq K_1 + K_2$ ☐

$$F_1 = \frac{K_1(\eta_1 + 2\eta_2 - K_1 - 2K_2)}{(\eta_1 - K_1 + 1)(K_1 + 2K_2 + 1)} =$$

Anzahl der Freiheitsgrade der F-Verteilung:

$f_1 = 2(\eta_1 - K_1 + 1) =$

$f_2 = 2K_1 =$

Ablesen des Werts aus Tabelle 4 für $q = 1 - \alpha$, f_1 und f_2 (erforderlichenfalls interpolieren):

$F_{(1-\alpha)}(f_1, f_2) =$

I b) Fall $\eta_1 > K_1 + K_2$ ☐

$$F_1 = \frac{K_1(2\eta_2 - K_2)}{(K_2 + 1)(2\eta_1 - K_1 + 1)} =$$

Anzahl der Freiheitsgrade der F-Verteilung:

$f_1 = 2(K_2 + 1) =$

$f_2 = 2K_1 =$

Ablesen des Werts aus Tabelle 4 für $q = 1 - \alpha$, f_1 und f_2 (erforderlichenfalls interpolieren):

$F_{(1-\alpha)}(f_1, f_2) =$

Schlussfolgerung bei Binomialapproximation im nichttrivialen Fall:

H_0 wird verworfen, wenn:

$F_1 \geq F_{(1-\alpha)}(f_1, f_2)$

Anderenfalls wird H_0 nicht verworfen.

the variables are defined as follows:

$\eta_1 = n_2 =$

$\eta_2 = n_1 =$

$K_1 = n_2 - x_2 =$

$K_2 = n_1 - x_1 =$

Otherwise they are:

$\eta_1 = n_1 =$

$\eta_2 = n_2 =$

$K_1 = x_1 =$

$K_2 = x_2 =$

Computation of test statistics and determination of values from tables:

I a) Case $\eta_1 \leq K_1 + K_2$ ☐

$$F_1 = \frac{K_1(\eta_1 + 2\eta_2 - K_1 - 2K_2)}{(\eta_1 - K_1 + 1)(K_1 + 2K_2 + 1)} =$$

Numbers of degrees of freedom of the F-distribution:

$$f_1 = 2(\eta_1 - K_1 + 1) =$$
$$f_2 = 2K_1 =$$

Read the value from table 4 for $q = 1 - \alpha$, f_1 and f_2
(if necessary interpolate): $F_{(1-\alpha)}(f_1, f_2) =$

I b) Case $\eta_1 > K_1 + K_2$ ☐

$$F_1 = \frac{K_1(2\eta_2 - K_2)}{(K_2 + 1)(2\eta_1 - K_1 + 1)} =$$

Numbers of degrees of freedom of the F-distribution:

$$f_1 = 2(K_2 + 1) =$$
$$f_2 = 2K_1 =$$

Read the value from table 4 for $q = 1 - \alpha$, f_1 and f_2
(if necessary interpolate): $F_{(1-\alpha)}(f_1, f_2) =$

Drawing the conclusion in the non-trivial case for the binomial approximation:

H_0 is rejected if:

$$F_1 \geq F_{(1-\alpha)}(f_1, f_2)$$

Otherwise H_0 is not rejected.

II Normalapproximation
Berechnung der Teststatistik und Ermittlung von Werten aus Tabellen: $z_1 = \frac{(x_1 - 1/2)(n_1 + n_2) - n_1(x_1 + x_2)}{\sqrt{n_1 n_2 (x_1 + x_2)(n_1 + n_2 - x_1 - x_2)/(n_1 + n_2)}} =$ Ablesen des Werts aus Tabelle 3 für $q = 1 - \alpha$: $u_{1-\alpha} =$
Schlussfolgerung bei Normalapproximation im nichttrivialen Fall: H_0 wird verworfen, wenn $z_1 \geq u_{1-\alpha}$ Anderenfalls wird H_0 nicht verworfen.
Testergebnis: H_0 wird verworfen ☐ H_0 wird nicht verworfen ☐

II Normal approximation

Computation of test statistics and determination of values from tables:

$$z_1 = \frac{(x_1 - 1/2)(n_1 + n_2) - n_1(x_1 + x_2)}{\sqrt{n_1 n_2 (x_1 + x_2)(n_1 + n_2 - x_1 - x_2)/(n_1 + n_2)}} =$$

Read the value from table 3 for $q = 1 - \alpha$:

$u_{1-\alpha} =$

Drawing the conclusion in the non-trivial case for the normal approximation:

H_0 is rejected, if

$z_1 \geqslant u_{1-\alpha}$

Otherwise H_0 is not rejected.

Test result:

H_0 is rejected ☐

H_0 is not rejected ☐

8.3.3 Formblatt C-3: Vergleich zweier Anteile bei zweiseitigem Test mit H_0: $p_1 = p_2$

Merkmal: Verfahren zur Ermittlung: Einheiten: Kriterium für die Identifizierung der Zieleinheiten: Anmerkungen:
Gewähltes Signifikanzniveau: $\alpha =$ Stichprobenumfang 1: $n_1 =$ Stichprobenumfang 2: $n_2 =$ Anzahl der Zieleinheiten in Stichprobe 1: $x_1 =$ Anzahl der Zieleinheiten in Stichprobe 2: $x_2 =$
Überprüfung für den Trivialfall: $\frac{x_1}{n_1} = \frac{x_2}{n_2}$ ist wahr ☐ ist nicht wahr ☐ Im Fall "wahr" wird die Nullhypothese nicht verworfen, und das Testergebnis kann sofort angegeben werden. Anderenfalls ist das folgende Verfahren anzuwenden, das schließlich zum Verwerfen oder Nichtverwerfen von H_0 führen kann.
Testverfahren für Nichttrivialfälle: Wenn mindestens einer der vier Werte n_1, n_2, $(x_1 + x_2)$, $(n_1 + n_2 - x_1 - x_2)$ kleiner als oder gleich $(n_1 + n_2)/4$ ist, ist die Binomialapproximation I anzuwenden; anderenfalls die Normalapproximation II. Es kann jedoch, selbst wenn obige Bedingung erfüllt ist, die Normalapproximation angewendet werden, wenn die beiden folgenden Bedingungen erfüllt sind: — bei Anwendung der Binomialapproximation ist eine Interpolation in der Tabelle der F-Verteilung notwendig; — n_1 und n_2 sind von gleicher Größenordnung oder $(x_1 + x_2)$ und $(n_1 + n_2 - x_1 - x_2)$ sind von gleicher Größenordnung. Entscheidung: Die Binomialapproximation ist anzuwenden (Fortsetzung mit I) ☐ Die Normalapproximation ist anzuwenden (Fortsetzung mit II) ☐

8.3.3 Form C-3: Comparison of two proportions with two-sided test with H_0: $p_1 = p_2$

Characteristic:
Determination procedure:
Items:
Criterion for the identification of target items:
Notes:

Significance level chosen: $\alpha =$

Sample size 1: $n_1 =$

Sample size 2: $n_2 =$

Number of target items in sample 1: $x_1 =$

Number of target items in sample 2: $x_2 =$

Check for trivial case:

$$\frac{x_1}{n_1} = \frac{x_2}{n_2}$$

is true ☐ is not true ☐

In the "true" case, the null hypothesis is not rejected and the test result can be stated immediately. Otherwise the following procedure is to be followed which eventually may lead to rejecting or to not rejecting H_0.

Test procedure for the non-trivial cases:

If at least one of the four values n_1, n_2, $(x_1 + x_2)$, $(n_1 + n_2 - x_1 - x_2)$ is smaller than or equal $(n_1 + n_2)/4$, the binomial approximation, I, shall be applied; otherwise the normal approximation, II. However, even if the above condition is fulfilled, the normal approximation can be applied if the two following conditions are fulfilled:

— while applying the binomial approximation, interpolation in the F-distribution table is necessary;

— n_1 and n_2 are of the same order of magnitude or $(x_1 + x_2)$ and $(n_1 + n_2 - x_1 - x_2)$ are of the same order of magnitude.

Decision:

The binomial approximation is to be applied (proceed with I). ☐

The normal approximation is to be applied (proceed with II). ☐

I Binomialapproximation

Definition von Variablen: K_1, K_2, η_1, η_2:

Sind entweder $[n_2 < n_1$ und $n_2 < (x_1 + x_2)]$

oder $[(n_1 + n_2 - x_1 - x_2) < n_1$ und $(n_1 + n_2 - x_1 - x_2) < (x_1 + x_2)]$,

sind die Variablen wie folgt definiert:

$\eta_1 = n_2 =$

$\eta_2 = n_1 =$

$K_1 = n_2 - x_2 =$

$K_2 = n_1 - x_1 =$

Anderenfalls sind sie:

$\eta_1 = n_1 =$

$\eta_2 = n_2 =$

$K_1 = x_1 =$

$K_2 = x_2 =$

Berechnung der Teststatistik und Ermittlung der Werte aus Tabellen:

I a) Fall $\eta_1 \leq K_1 + K_2$ ☐

1) Fall $\frac{K_1}{\eta_1} > \frac{K_2}{\eta_2}$ ☐

Ermitteln von F_1, f_1 und f_2 nach Formblatt C-2:

$F_1 =$ $f_1 =$ $f_2 =$

Ablesen des Werts aus Tabelle 4 für $q = 1 - \alpha/2$, f_1 und f_2 (erforderlichenfalls interpolieren):

$F_{(1-\alpha/2)}(f_1, f_2) =$

2) Fall $\frac{K_1}{\eta_1} \leq \frac{K_2}{\eta_2}$ ☐

Ermitteln von F_2, f_1 und f_2 nach Formblatt C-1:

$F_2 =$ $f_1 =$ $f_2 =$

Ablesen des Werts aus Tabelle 4 für $q = 1 - \alpha/2$, f_1 und f_2 (erforderlichenfalls interpolieren):

$F_{(1-\alpha/2)}(f_1, f_2) =$

I b) Fall $\eta_1 > K_1 + K_2$ ☐

1) Fall $\frac{K_1}{\eta_1} > \frac{K_2}{\eta_2}$ ☐

I Binomial approximation

Definition of variables: K_1, K_2, η_1, η_2
If either $[n_2 < n_1$ and $n_2 < (x_1 + x_2)]$
or $[(n_1 + n_2 - x_1 - x_2) < n_1$ and $(n_1 + n_2 - x_1 - x_2) < (x_1 + x_2)]$

the variables are defined as follows:

$\eta_1 = n_2 =$
$\eta_2 = n_1 =$
$K_1 = n_2 - x_2 =$
$K_2 = n_1 - x_1 =$

Otherwise, they are:

$\eta_1 = n_1 =$
$\eta_2 = n_2 =$
$K_1 = x_1 =$
$K_2 = x_2 =$

Computation of test statistics and determination of values from tables:

I a) Case $\eta_1 \leqslant K_1 + K_2$ ☐

1) Case $\frac{K_1}{\eta_1} > \frac{K_2}{\eta_2}$ ☐

Determine F_1, f_1 and f_2 as in form C-2:

$F_1 =$ $f_1 =$ $f_2 =$

Read the value from table 4 for $q = 1 - \alpha/2, f_1$ and f_2 (if necessary interpolate):
$F_{(1-\alpha/2)}(f_1, f_2) =$

2) Case $\frac{K_1}{\eta_1} \leqslant \frac{K_2}{\eta_2}$ 

Determine F_2, f_1 and f_2 as in form C-1:

$F_2 =$ $f_1 =$ $f_2 =$

Read the value from table 4 for $q = 1 - \alpha/2, f_1$ and f_2 (if necessary interpolate):
$F_{(1-\alpha/2)}(f_1, f_2) =$

I b) Case $\eta_1 > K_1 + K_2$ ☐

1) Case $\frac{K_1}{\eta_1} > \frac{K_2}{\eta_2}$ ☐

Ermitteln von F_1, f_1 und f_2 nach Formblatt C-2:

$F_1 =$ $f_1 =$ $f_2 =$

Ablesen des Werts aus Tabelle 4 für $q = 1-\alpha/2$, f_1 und f_2 (erforderlichenfalls interpolieren):

$F_{(1-\alpha/2)}(f_1, f_2) =$

2) Fall $\frac{K_1}{\eta_1} \leq \frac{K_2}{\eta_2}$ ☐

Ermitteln von F_2, f_1 und f_2 nach Formblatt C-1:

$F_2 =$ $f_1 =$ $f_2 =$

Ablesen des Werts aus Tabelle 4 für $q = 1-\alpha/2$, f_1 und f_2 (erforderlichenfalls interpolieren):

$F_{(1-\alpha/2)}(f_1, f_2) =$

Schlussfolgerung bei Binomialapproximation im nichttrivialen Fall:

H_0 wird verworfen, wenn:

im Fall $\frac{K_1}{\eta_1} > \frac{K_2}{\eta_2}$: $F_1 \geq F_{(1-\alpha/2)}(f_1, f_2)$

im Fall $\frac{K_1}{\eta_1} \leq \frac{K_2}{\eta_2}$: $F_2 \geq F_{(1-\alpha)}(f_1, f_2)$

Anderenfalls wird H_0 nicht verworfen.

II Normalapproximation

Berechnung der Teststatistik und Ermittlung von Werten aus Tabellen:

a) Fall $\frac{x_1}{n_1} > \frac{x_2}{n_2}$ ☐

Ermitteln von z_1 nach Formblatt C-2:

$z_1 =$

Ablesen des Werts aus Tabelle 3 für $q = 1-\alpha/2$

$u_{1-\alpha/2} =$

b) Fall $\frac{x_1}{n_1} \leq \frac{x_2}{n_2}$ ☐

Ermitteln von z_2 nach Formblatt C-1:

$z_2 =$

Ablesen des Werts aus Tabelle 3 für $q = 1-\alpha/2$

$u_{1-\alpha/2} =$

Determine F_1, f_1 and f_2 as in form C-2:

$F_1 =$ $f_1 =$ $f_2 =$

Read the value from table 4 for $q = 1-\alpha/2$, f_1 and f_2 (if necessary interpolate):
$F_{(1-\alpha/2)}(f_1, f_2) =$

2) Case $\frac{K_1}{\eta_1} \leq \frac{K_2}{\eta_2}$ ☐

Determine F_2, f_1 and f_2 as in form C-1:

$F_2 =$ $f_1 =$ $f_2 =$

Read the value from table 4 for $q = 1-\alpha/2$, f_1 and f_2 (if necessary interpolate):
$F_{(1-\alpha/2)}(f_1, f_2) =$

Drawing the conclusion in the non-trivial case for the binomial approximation:

H_0 is rejected if:

in the case $\frac{K_1}{\eta_1} > \frac{K_2}{\eta_2}$: $F_1 \geqslant F_{(1-\alpha/2)}(f_1, f_2)$

in the case $\frac{K_1}{\eta_1} \leqslant \frac{K_2}{\eta_2}$: $F_2 \geqslant F_{(1-\alpha)}(f_1, f_2)$

Otherwise H_0 is not rejected.

II Normal approximation

Computation of test statistics and determination of values from tables:

a) Case $\frac{x_1}{n_1} > \frac{x_2}{n_2}$ ☐

Determine z_1 as in form C-2:
$z_1 =$

Read the value from table 3 for $q = 1-\alpha/2$:
$u_{1-\alpha/2} =$

b) Case $\frac{x_1}{n_1} \leqslant \frac{x_2}{n_2}$ ☐

Determine z_2 as in form C-1:
$z_2 =$

Read the value from table 3 for $q = 1-\alpha/2$:
$u_{1-\alpha/2} =$

Schlussfolgerung bei Normalapproximation im nichttrivialen Fall:
H_0 wird verworfen, wenn:
im Fall $\frac{x_1}{n_1} > \frac{x_2}{n_2}$: $z_1 \geq u_{1-\alpha/2}$
im Fall $\frac{x_1}{n_1} \leq \frac{x_2}{n_2}$: $z_2 \geq u_{1-\alpha/2}$
Anderenfalls wird H_0 nicht verworfen
Testergebnis:
H_0 wird verworfen ☐
H_0 wird nicht verworfen ☐

9 Tabellen und Nomogramme

9.1 Interpolation der Quantile der F-Verteilung in Tabelle 4

Angenommen, $F_q(f_1,f_2) = F(f_1,f_2)$ ist zu ermitteln, und Tabelle 4 zeigt die benachbarten Werte $F_{(f_{11},f_2)}$ und $F_{(f_{12},f_2)}$ mit $f_{11} < f_1 < f_{12}$. N2)

Dann ergibt sich:

$$F_{(f_1,f_2)} = F_{(f_{11},f_2)} - \left[F_{(f_{11},f_2)} - F_{(f_{12},f_2)}\right]\frac{f_{12}}{f_1}\left(\frac{f_1 - f_{11}}{f_{12} - f_{11}}\right)$$

Die Interpolation für f_2 wird analog durchgeführt, wenn die benachbarten Werte $F_{(f_1,f_{21})}$ und $F_{(f_1,f_{22})}$ mit $f_{21} < f_2 < f_{22}$ in der Tabelle angegeben sind:

$$F_{(f_1,f_2)} = F_{(f_1,f_{21})} - \left[F_{(f_1,f_{21})} - F_{(f_2,f_{22})}\right]\frac{f_{22}}{f_2}\left(\frac{f_2 - f_{21}}{f_{22} - f_{21}}\right)$$

Wenn der zu bestimmende F-Wert weder für f_1 noch für f_2 in der Tabelle vorliegt, sind drei Interpolationsschritte erforderlich: zunächst zwei Parallelschritte für einen der beiden Freiheitsgrade und dann ein weiterer Schritt für den anderen Freiheitsgrad.

N2) Nationale Fußnote: Der Text „ $F_{11} < f_1 < f_{12}$ “ in ISO 11453 müsste lauten: „ $f_{11} < f_1 < f_{12}$ “. Dieses ist in der deutschsprachigen Fassung korrigiert worden.

Drawing the conclusion in the non-trivial case for the normal approximation:

H_0 is rejected if:

in the case $\frac{x_1}{n_1} > \frac{x_2}{n_2}$: $z_1 \geqslant u_{1-\alpha/2}$

in the case $\frac{x_1}{n_1} \leqslant \frac{x_2}{n_2}$: $z_2 \geqslant u_{1-\alpha/2}$

Otherwise H_0 is not rejected.

Test result:

H_0 is rejected ☐

H_0 is not rejected ☐

9 Tables and nomographs

9.1 Interpolation in table 4 of the quantiles of the *F*-distribution

Assume that $F_q(f_1, f_2) = F(f_1, f_2)$ is to be determined and that table 4 shows the adjacent values $F_{(f_{11}, f_2)}$ and $F_{(f_{12}, f_2)}$ with $F_{11} < f_1 < f_{12}$[N2)]

Then:

$$F_{(f_1, f_2)} = F_{(f_{11}, f_2)} - \left[F_{(f_{11}, f_2)} - F_{(f_{12}, f_2)}\right]\frac{f_{12}}{f_1}\left(\frac{f_1 - f_{11}}{f_{12} - f_{11}}\right)$$

The interpolation with respect to f_2 is carried out in an analogous way if the adjacent values $F_{(f_1, f_{21})}$ and $F_{(f_1, f_{22})}$ with $f_{21} < f_2 < f_{22}$ are given in the table:

$$F_{(f_1, f_2)} = F_{(f_1, f_{21})} - \left[F_{(f_1, f_{21})} - F_{(f_2, f_{22})}\right]\frac{f_{22}}{f_2}\left(\frac{f_2 - f_{21}}{f_{22} - f_{21}}\right)$$

If the *F*-value to be determined is neither tabulated for f_1 nor for f_2, then three steps of interpolation are necessary: first two parallel steps with respect to one of the two numbers of degrees of freedom, and then another step with respect to the other number of degrees of freedom.

N2) Nationale Fußnote: Der Text „ $F_{11} < f_1 < f_{12}$ “ in ISO 11453 müsste lauten: „ $f_{11} < f_1 < f_{12}$ “. Dieses ist in der deutschsprachigen Fassung korrigiert worden.

Wenn $f_1 > 30$ und $f_2 > 30$ ist, wird das Quantil der F-Verteilung mit einer geeigneten der im Folgenden angegebenen Gleichungen ermittelt:

$$\lg F_{(0,1)} = \frac{1,1131}{\sqrt{h - 0,77}} - 0,527g$$

$$\lg F_{(0,05)} = \frac{1,4287}{\sqrt{h - 0,95}} - 0,681g$$

$$\lg F_{(0,025)} = \frac{1,7023}{\sqrt{h - 1,14}} - 0,846g$$

$$\lg F_{(0,01)} = \frac{2,0206}{\sqrt{h - 1,40}} - 1,073g$$

$$\lg F_{(0,005)} = \frac{2,2373}{\sqrt{h - 1,61}} - 1,250g$$

$$\lg F_{(0,001)} = \frac{2,6841}{\sqrt{h - 2,09}} - 1,672g$$

mit

$$g = \frac{1}{f_1} - \frac{1}{f_2}$$

$$h = 2/\left(\frac{1}{f_1} + \frac{1}{f_2}\right)$$

$$F_q(f_1, f_2) = F_q$$

9.2 Beispiel

Im Nomogramm (Bild 2) ist ein Beispiel für die Ermittlung des kritischen Werts des Tests der Nullhypothese H_0: $p \geq p_0$ mit einer fetten Linie gekennzeichnet (siehe 7.2.1). Die vorgegebenen Werte sind $p_0 = 0,15$, $\alpha = 0,05$ und $n = 35$. Das Nomogramm führt zu einem Wert x zwischen 1 und 2, und damit wird $C_{\text{l,o}} = 2$.

Angenommen der Stichprobenumfang n ist nicht bereits festgelegt. Wenn außerdem vorgegeben ist, dass $\beta = 0,10$ und $p' = 0,039$ ist, dann wird zur Ermittlung des Stichprobenumfangs eine zweite Linie von p' zu $1 - \beta$ gezogen. Der Schnittpunkt der beiden Linien in dem Nomogramm führt zu $n = 50$ und einem Wert von $x = 3$; d. h. die Nullhypothese wird nicht verworfen, wenn $x \leq 3$ ist, anderenfalls wird die Nullhypothese verworfen und die Alternativhypothese nicht verworfen.

If $f_1 > 30$ and $f_2 > 30$, the quantile of the F-distribution is to be computed according to the appropriate one of the following equations:

$$\lg F_{(0,1)} = \frac{1{,}113\ 1}{\sqrt{h - 0{,}77}} - 0{,}527g$$

$$\lg F_{(0,05)} = \frac{1{,}428\ 7}{\sqrt{h - 0{,}95}} - 0{,}681g$$

$$\lg F_{(0,025)} = \frac{1{,}702\ 3}{\sqrt{h - 1{,}14}} - 0{,}846g$$

$$\lg F_{(0,01)} = \frac{2{,}020\ 6}{\sqrt{h - 1{,}40}} - 1{,}073g$$

$$\lg F_{(0,005)} = \frac{2{,}237\ 3}{\sqrt{h - 1{,}61}} - 1{,}250g$$

$$\lg F_{(0,001)} = \frac{2{,}684\ 1}{\sqrt{h - 2{,}09}} - 1{,}672g$$

where

$$g = \frac{1}{f_1} - \frac{1}{f_2}$$

$$h = 2/\left(\frac{1}{f_1} + \frac{1}{f_2}\right)$$

$$F_q(f_1, f_2) = F_q$$

9.2 Example

An example for the determination of the critical value of the test of the null hypothesis H_0: $p \geqslant p_0$ is marked in the nomograph (figure 2) with a bold line (see 7.2.1). The given values are $p_0 = 0{,}15$, $\alpha = 0{,}05$ and $n = 35$. The nomograph yields a value of x between 1 and 2 and therefore $C_{\mathrm{l,o}} = 2$.

Suppose the sample size n is not already specified. If, in addition, it is given that $\beta = 0{,}10$ and $p' = 0{,}039$, then a second line is drawn from p' to $1-\beta$ for determining the sample size. The point of the intersection of the two lines leads to $n = 50$ in the nomograph and the value of x as 3; i.e. accept the null hypothesis when $x \leqslant 3$, otherwise reject the null hypothesis and accept the alternative hypothesis.

Tabelle 2 — Obere einseitige Vertrauensgrenzen für den Anteil p mit $n \leq 30$

n	Wert von x für $q = 0{,}950$																													
	0	1	2	3	4	5	6	7	8	9	10	11	12	13	14	15	16	17	18	19	20	21	22	23	24	25	26	27	28	29
1	0,950																													
2	0,777	0,975																												
3	0,632	0,865	0,984																											
4	0,528	0,752	0,903	0,988																										
5	0,451	0,658	0,811	0,924	0,990																									
6	0,394	0,582	0,729	0,847	0,938	0,992																								
7	0,349	0,521	0,659	0,775	0,872	0,947	0,993																							
8	0,313	0,471	0,600	0,711	0,808	0,889	0,954	0,994																						
9	0,284	0,430	0,550	0,656	0,749	0,832	0,903	0,959	0,995																					
10	0,259	0,395	0,507	0,607	0,697	0,778	0,850	0,913	0,964	0,995																				
11	0,239	0,365	0,471	0,565	0,651	0,729	0,801	0,865	0,922	0,967	0,996																			
12	0,221	0,339	0,439	0,528	0,610	0,685	0,755	0,819	0,878	0,929	0,970	0,996																		
13	0,206	0,317	0,411	0,495	0,573	0,646	0,713	0,777	0,835	0,888	0,934	0,972	0,997																	
14	0,193	0,297	0,386	0,466	0,541	0,610	0,675	0,737	0,794	0,848	0,896	0,939	0,975	0,997																
15	0,182	0,280	0,364	0,440	0,511	0,578	0,641	0,701	0,757	0,810	0,859	0,904	0,944	0,976	0,997															
16	0,171	0,264	0,344	0,417	0,485	0,549	0,609	0,667	0,722	0,774	0,823	0,868	0,910	0,947	0,978	0,997														
17	0,162	0,251	0,327	0,396	0,461	0,522	0,581	0,636	0,690	0,740	0,789	0,834	0,877	0,916	0,951	0,979	0,997													
18	0,154	0,238	0,311	0,377	0,439	0,498	0,555	0,608	0,660	0,709	0,757	0,802	0,844	0,884	0,921	0,953	0,980	0,998												
19	0,146	0,227	0,296	0,360	0,420	0,476	0,530	0,582	0,632	0,680	0,727	0,771	0,813	0,853	0,891	0,925	0,956	0,981	0,998											
20	0,140	0,217	0,283	0,344	0,402	0,456	0,508	0,559	0,607	0,654	0,699	0,742	0,783	0,823	0,861	0,896	0,929	0,958	0,982	0,998										
21	0,133	0,207	0,271	0,330	0,385	0,437	0,488	0,536	0,583	0,629	0,672	0,715	0,756	0,795	0,832	0,868	0,902	0,933	0,960	0,983	0,998									
22	0,128	0,199	0,260	0,316	0,370	0,420	0,469	0,516	0,561	0,605	0,648	0,689	0,729	0,768	0,805	0,841	0,874	0,906	0,936	0,962	0,984	0,998								
23	0,123	0,191	0,250	0,304	0,355	0,404	0,451	0,497	0,541	0,584	0,625	0,665	0,704	0,742	0,779	0,814	0,848	0,880	0,911	0,939	0,964	0,985	0,998							
24	0,118	0,183	0,240	0,293	0,342	0,390	0,435	0,479	0,522	0,563	0,604	0,643	0,681	0,718	0,754	0,789	0,823	0,855	0,886	0,915	0,941	0,966	0,985	0,998						
25	0,113	0,177	0,232	0,282	0,330	0,376	0,420	0,463	0,504	0,544	0,584	0,622	0,659	0,695	0,731	0,765	0,798	0,830	0,861	0,890	0,918	0,944	0,967	0,986	0,998					
26	0,109	0,170	0,223	0,272	0,319	0,363	0,406	0,447	0,487	0,527	0,565	0,602	0,638	0,674	0,708	0,742	0,775	0,807	0,837	0,867	0,895	0,922	0,946	0,968	0,987	0,999				
27	0,106	0,164	0,216	0,263	0,308	0,351	0,393	0,433	0,472	0,510	0,547	0,583	0,619	0,654	0,687	0,720	0,753	0,784	0,814	0,844	0,872	0,899	0,925	0,948	0,970	0,987	0,999			
28	0,102	0,159	0,209	0,255	0,298	0,340	0,380	0,419	0,457	0,494	0,530	0,566	0,600	0,634	0,667	0,700	0,731	0,762	0,792	0,821	0,850	0,877	0,903	0,927	0,950	0,971	0,988	0,999		
29	0,099	0,154	0,202	0,247	0,289	0,329	0,368	0,406	0,443	0,480	0,515	0,549	0,583	0,616	0,648	0,680	0,711	0,742	0,771	0,800	0,828	0,855	0,881	0,906	0,930	0,952	0,972	0,988	0,999	
30	0,096	0,149	0,196	0,239	0,280	0,319	0,358	0,394	0,430	0,466	0,500	0,534	0,567	0,599	0,631	0,662	0,692	0,722	0,751	0,779	0,807	0,834	0,860	0,886	0,910	0,932	0,954	0,973	0,989	0,999

Table 2 — Upper one-sided confidence limits for the proportion p with $n \leqslant 30$

n	Value of x when q = 0,950																												
	0	1	2	3	4	5	6	7	8	9	10	11	12	13	14	15	16	17	18	19	20	21	22	23	24	25	26	27	28	29
1	0,950																													
2	0,777	0,975																												
3	0,632	0,865	0,984																											
4	0,528	0,752	0,903	0,988																										
5	0,451	0,658	0,811	0,924	0,990																									
6	0,394	0,582	0,729	0,847	0,938	0,992																								
7	0,349	0,521	0,659	0,775	0,872	0,947	0,993																							
8	0,313	0,471	0,600	0,711	0,808	0,889	0,954	0,994																						
9	0,284	0,430	0,550	0,656	0,749	0,832	0,903	0,959	0,995																					
10	0,259	0,395	0,507	0,607	0,697	0,778	0,850	0,913	0,964	0,995																				
11	0,239	0,365	0,471	0,565	0,651	0,729	0,801	0,865	0,922	0,967	0,996																			
12	0,221	0,339	0,439	0,828	0,610	0,685	0,755	0,819	0,878	0,929	0,970	0,996																		
13	0,206	0,317	0,411	0,495	0,573	0,646	0,713	0,777	0,835	0,888	0,934	0,972	0,997																	
14	0,193	0,297	0,386	0,466	0,541	0,610	0,675	0,737	0,794	0,848	0,896	0,939	0,975	0,997																
15	0,182	0,280	0,364	0,440	0,511	0,578	0,641	0,701	0,757	0,810	0,859	0,904	0,944	0,976	0,997															
16	0,171	0,264	0,344	0,417	0,485	0,549	0,609	0,667	0,722	0,774	0,823	0,868	0,910	0,947	0,978	0,997														
17	0,162	0,251	0,327	0,396	0,461	0,522	0,581	0,636	0,690	0,740	0,789	0,834	0,877	0,916	0,951	0,979	0,997													
18	0,154	0,238	0,311	0,377	0,439	0,498	0,555	0,608	0,660	0,709	0,757	0,802	0,844	0,884	0,921	0,953	0,980	0,998												
19	0,146	0,227	0,296	0,360	0,420	0,476	0,530	0,582	0,632	0,680	0,727	0,771	0,813	0,853	0,891	0,925	0,956	0,981	0,998											
20	0,140	0,217	0,283	0,344	0,402	0,456	0,508	0,559	0,607	0,654	0,699	0,742	0,783	0,823	0,861	0,896	0,929	0,958	0,982	0,998										
21	0,133	0,207	0,271	0,330	0,385	0,437	0,488	0,536	0,583	0,629	0,672	0,715	0,756	0,795	0,832	0,868	0,902	0,933	0,960	0,983	0,998									
22	0,128	0,199	0,260	0,316	0,370	0,420	0,469	0,516	0,561	0,605	0,648	0,689	0,729	0,768	0,805	0,841	0,874	0,906	0,936	0,962	0,984	0,998								
23	0,123	0,191	0,250	0,304	0,355	0,404	0,451	0,497	0,541	0,584	0,625	0,665	0,704	0,742	0,779	0,814	0,848	0,880	0,911	0,939	0,964	0,985	0,998							
24	0,118	0,183	0,240	0,293	0,342	0,390	0,435	0,479	0,522	0,563	0,604	0,643	0,681	0,718	0,754	0,789	0,823	0,855	0,886	0,915	0,944	0,966	0,985	0,998						
25	0,113	0,177	0,232	0,282	0,330	0,376	0,420	0,463	0,504	0,544	0,584	0,622	0,659	0,695	0,731	0,765	0,798	0,830	0,881	0,890	0,918	0,944	0,967	0,986	0,998					
26	0,109	0,170	0,223	0,272	0,319	0,363	0,406	0,447	0,487	0,527	0,565	0,602	0,638	0,674	0,708	0,742	0,775	0,807	0,837	0,867	0,895	0,922	0,946	0,968	0,987	0,999				
27	0,106	0,164	0,210	0,263	0,308	0,351	0,393	0,433	0,472	0,510	0,547	0,583	0,619	0,654	0,687	C,720	0,753	0,784	0,814	0,844	0,872	0,899	0,925	0,948	0,970	0,987	0,999			
28	0,102	0,159	0,209	0,255	0,298	0,340	0,380	0,419	0,457	0,494	0,530	0,566	0,600	0,634	0,667	C,700	0,731	0,762	0,792	0,821	0,850	0,877	0,903	0,927	0,950	0,971	0,988	0,999		
29	0,099	0,154	0,202	0,247	0,289	0,329	0,368	0,406	0,443	0,480	0,515	0,540	0,583	0,616	0,648	C,680	0,711	0,742	0,771	0,800	0,828	0,855	0,881	0,906	0,930	0,952	0,972	0,988	0,999	
30	0,096	0,149	0,196	0,239	0,280	0,319	0,358	0,394	0,430	0,466	0,500	0,534	0,567	0,599	0,631	0,662	0,692	0,722	0,751	0,779	0,807	0,834	0,860	0,886	0,910	0,932	0,954	0,973	0,989	0,999

Tabelle 2 — Obere einseitige Vertrauensgrenzen für den Anteil p mit $n \leq 30$ *(fortgesetzt)*

n	Wert von x für q = 0,975																													
	0	1	2	3	4	5	6	7	8	9	10	11	12	13	14	15	16	17	18	19	20	21	22	23	24	25	26	27	28	29
1	0,975																													
2	0,842	0,988																												
3	0,708	0,906	0,992																											
4	0,603	0,806	0,933	0,994																										
5	0,522	0,717	0,854	0,948	0,995																									
6	0,460	0,642	0,778	0,882	0,957	0,996																								
7	0,410	0,579	0,710	0,816	0,902	0,964	0,997																							
8	0,370	0,527	0,651	0,756	0,843	0,915	0,969	0,997																						
9	0,337	0,483	0,601	0,701	0,788	0,864	0,926	0,972	0,998																					
10	0,309	0,446	0,557	0,653	0,738	0,813	0,879	0,934	0,975	0,998																				
11	0,285	0,413	0,518	0,610	0,693	0,767	0,833	0,891	0,940	0,978	0,998																			
12	0,265	0,385	0,485	0,572	0,652	0,724	0,790	0,849	0,901	0,946	0,980	0,998																		
13	0,248	0,361	0,455	0,539	0,615	0,685	0,749	0,808	0,862	0,910	0,950	0,981	0,999																	
14	0,232	0,339	0,429	0,508	0,582	0,649	0,712	0,770	0,824	0,873	0,917	0,954	0,983	0,999																
15	0,219	0,320	0,405	0,481	0,552	0,617	0,678	0,735	0,788	0,837	0,882	0,923	0,957	0,984	0,999															
16	0,206	0,303	0,384	0,457	0,524	0,587	0,646	0,702	0,754	0,803	0,849	0,890	0,928	0,960	0,985	0,999														
17	0,196	0,287	0,365	0,435	0,499	0,560	0,617	0,671	0,722	0,771	0,816	0,858	0,897	0,932	0,963	0,986	0,999													
18	0,186	0,273	0,348	0,415	0,477	0,535	0,591	0,643	0,693	0,740	0,785	0,828	0,867	0,904	0,936	0,965	0,987	0,999												
19	0,177	0,261	0,332	0,396	0,456	0,513	0,566	0,617	0,666	0,712	0,756	0,798	0,838	0,875	0,909	0,940	0,967	0,987	0,999											
20	0,169	0,249	0,317	0,379	0,437	0,492	0,543	0,593	0,640	0,685	0,729	0,770	0,809	0,847	0,882	0,914	0,943	0,968	0,988	0,999										
21	0,162	0,239	0,304	0,364	0,420	0,472	0,522	0,570	0,616	0,660	0,703	0,743	0,782	0,819	0,855	0,888	0,918	0,946	0,970	0,989	0,999									
22	0,155	0,229	0,292	0,350	0,403	0,454	0,503	0,549	0,594	0,637	0,678	0,718	0,757	0,793	0,829	0,862	0,893	0,922	0,949	0,971	0,989	0,999								
23	0,149	0,220	0,281	0,336	0,388	0,438	0,485	0,530	0,573	0,615	0,656	0,695	0,732	0,769	0,803	0,837	0,868	0,898	0,926	0,951	0,973	0,990	0,999							
24	0,143	0,212	0,270	0,324	0,374	0,422	0,468	0,511	0,554	0,595	0,634	0,672	0,709	0,745	0,779	0,813	0,844	0,874	0,903	0,929	0,953	0,974	0,990	0,999						
25	0,138	0,204	0,261	0,313	0,361	0,408	0,452	0,494	0,536	0,575	0,614	0,651	0,687	0,723	0,756	0,789	0,821	0,851	0,880	0,907	0,932	0,955	0,975	0,991	0,999					
26	0,133	0,197	0,252	0,302	0,349	0,394	0,437	0,478	0,518	0,557	0,595	0,631	0,667	0,701	0,735	0,767	0,798	0,828	0,857	0,885	0,911	0,935	0,957	0,976	0,991	1				
27	0,128	0,190	0,243	0,292	0,338	0,381	0,423	0,463	0,502	0,540	0,577	0,613	0,647	0,681	0,714	0,746	0,777	0,806	0,835	0,863	0,889	0,914	0,937	0,959	0,977	0,991	1			
28	0,124	0,184	0,236	0,283	0,327	0,369	0,410	0,449	0,487	0,524	0,560	0,595	0,629	0,662	0,694	0,725	0,756	0,785	0,814	0,842	0,868	0,894	0,918	0,940	0,960	0,978	0,992	1		
29	0,120	0,178	0,228	0,274	0,317	0,358	0,398	0,436	0,473	0,509	0,544	0,578	0,611	0,644	0,675	0,706	0,736	0,765	0,794	0,821	0,848	0,873	0,898	0,921	0,942	0,962	0,979	0,992	1	
30	0,116	0,173	0,221	0,266	0,308	0,348	0,386	0,423	0,459	0,494	0,529	0,562	0,594	0,626	0,657	0,688	0,717	0,746	0,774	0,801	0,828	0,853	0,878	0,901	0,923	0,944	0,963	0,979	0,992	1

Table 2 — Upper one-sided confidence limits for the proportion p with $n \leqslant 30$ *(continued)*

n	Value of x wher q = 0,975																													
	0	1	2	3	4	5	6	7	8	9	10	11	12	13	14	15	16	17	18	19	20	21	22	23	24	25	26	27	28	29
1	0,975																													
2	0,842	0,988																												
3	0,708	0,906	0,992																											
4	0,603	0,806	0,933	0,994																										
5	0,522	0,717	0,854	0,948	0,995																									
6	0,460	0,642	0,778	0,882	0,957	0,996																								
7	0,410	0,579	0,710	0,816	0,902	0,964	0,997																							
8	0,370	0,527	0,651	0,756	0,843	0,915	0,969	0,997																						
9	0,337	0,483	0,601	0,701	0,788	0,864	0,926	0,972	0,998																					
10	0,309	0,446	0,557	0,653	0,738	0,813	0,879	0,934	0,975	0,998																				
11	0,285	0,413	0,518	0,610	0,693	0,767	0,833	0,891	0,940	0,978	0,998																			
12	0,265	0,385	0,485	0,572	0,652	0,724	0,790	0,849	0,901	0,946	0,980	0,998																		
13	0,248	0,361	0,455	0,539	0,615	0,685	0,749	0,808	0,862	0,910	0,950	0,981	0,999																	
14	0,232	0,339	0,429	0,508	0,582	0,649	0,712	0,770	0,824	0,873	0,917	0,954	0,983	0,999																
15	0,219	0,320	0,405	0,481	0,552	0,617	0,678	0,735	0,788	0,837	0,882	0,923	0,957	0,984	0,999															
16	0,206	0,303	0,384	0,457	0,524	0,587	0,646	0,702	0,754	0,803	0,849	0,890	0,928	0,960	0,985	0,999														
17	0,196	0,287	0,365	0,435	0,499	0,560	0,617	0,671	0,722	0,771	0,816	0,858	0,897	0,932	0,963	0,986	0,999													
18	0,186	0,273	0,348	0,415	0,477	0,535	0,591	0,643	0,693	0,740	0,785	0,828	0,867	0,904	0,936	0,965	0,987	0,999												
19	0,177	0,261	0,332	0,396	0,456	0,513	0,566	0,617	0,666	0,712	0,756	0,798	0,838	0,875	0,909	0,940	0,967	0,987	0,999											
20	0,169	0,249	0,317	0,379	0,437	0,492	0,543	0,593	0,640	0,685	0,729	0,770	0,809	0,847	0,882	0,914	0,943	0,968	0,988	0,999										
21	0,162	0,239	0,304	0,364	0,420	0,472	0,522	0,570	0,616	0,660	0,703	0,743	0,782	0,819	0,855	0,888	0,918	0,946	0,970	0,989	0,999									
22	0,155	0,229	0,292	0,350	0,403	0,454	0,503	0,549	0,594	0,637	0,678	0,718	0,757	0,793	0,829	0,862	0,893	0,922	0,949	0,971	0,989	0,999								
23	0,149	0,220	0,281	0,336	0,388	0,438	0,485	0,530	0,573	0,615	0,656	0,695	0,732	0,769	0,803	0,837	0,868	0,898	0,926	0,951	0,973	0,990	0,999							
24	0,143	0,212	0,270	0,324	0,374	0,422	0,468	0,511	0,554	0,595	0,634	0,672	0,709	0,745	0,779	0,813	0,844	0,874	0,903	0,929	0,953	0,974	0,990	0,999						
25	0,138	0,204	0,261	0,313	0,361	0,408	0,452	0,494	0,536	0,575	0,614	0,651	0,687	0,723	0,756	0,789	0,821	0,851	0,880	0,907	0,932	0,955	0,975	0,991	0,999					
26	0,133	0,197	0,252	0,302	0,349	0,394	0,437	0,478	0,518	0,557	0,595	0,631	0,667	0,701	0,735	0,767	0,798	0,828	0,857	0,885	0,911	0,935	0,957	0,976	0,991	1				
27	0,128	0,190	0,243	0,292	0,338	0,381	0,423	0,463	0,502	0,540	0,577	0,613	0,647	0,681	0,714	0,746	0,777	0,806	0,835	0,863	0,889	0,914	0,937	0,959	0,977	0,991	1			
28	0,124	0,184	0,236	0,283	0,327	0,369	0,410	0,449	0,487	0,524	0,560	0,595	0,629	0,662	0,694	0,725	0,756	0,785	0,814	0,842	0,868	0,894	0,918	0,940	0,960	0,978	0,992	1		
29	0,120	0,178	0,228	0,274	0,317	0,358	0,398	0,436	0,473	0,509	0,544	0,578	0,611	0,644	0,675	0,706	0,736	0,765	0,794	0,821	0,848	0,873	0,898	0,921	0,942	0,962	0,979	0,992	1	
30	0,116	0,173	0,221	0,266	0,308	0,348	0,386	0,423	0,459	0,494	0,529	0,562	0,594	0,626	0,657	0,688	0,717	0,746	0,774	0,801	0,828	0,853	0,878	0,901	0,923	0,944	0,963	0,979	0,992	1

Tabelle 2 — Obere einseitige Vertrauensgrenzen für den Anteil p mit $n \leq 30$ *(fortgesetzt)*

n	Wert von x für q = 0,990																												
	0	1	2	3	4	5	6	7	8	9	10	11	12	13	14	15	16	17	18	19	20	21	22	23	24	25	26	27	28	29
1	0,990																													
2	0,900	0,995																												
3	0,785	0,942	0,997																											
4	0,684	0,860	0,959	0,998																										
5	0,602	0,778	0,895	0,968	0,998																									
6	0,536	0,706	0,827	0,916	0,974	0,999																								
7	0,483	0,644	0,764	0,858	0,930	0,978	0,999																							
8	0,438	0,590	0,707	0,802	0,880	0,940	0,981	0,999																						
9	0,401	0,545	0,657	0,750	0,830	0,895	0,947	0,983	0,999																					
10	0,370	0,505	0,612	0,703	0,782	0,850	0,907	0,953	0,985	0,999																				
11	0,343	0,470	0,573	0,661	0,738	0,807	0,866	0,917	0,958	0,986	1																			
12	0,319	0,440	0,538	0,623	0,698	0,766	0,826	0,879	0,925	0,962	0,988	1																		
13	0,299	0,413	0,507	0,588	0,661	0,728	0,788	0,842	0,890	0,931	0,965	0,989	1																	
14	0,281	0,390	0,479	0,557	0,628	0,693	0,752	0,806	0,855	0,899	0,936	0,967	0,990	1																
15	0,265	0,368	0,454	0,529	0,597	0,660	0,718	0,772	0,821	0,866	0,906	0,941	0,970	0,990	1															
16	0,251	0,349	0,431	0,503	0,569	0,630	0,687	0,740	0,789	0,834	0,875	0,913	0,945	0,972	0,991	1														
17	0,238	0,332	0,410	0,480	0,544	0,603	0,658	0,710	0,758	0,803	0,845	0,884	0,918	0,949	0,974	0,992	1													
18	0,226	0,317	0,392	0,459	0,520	0,578	0,631	0,682	0,729	0,774	0,816	0,855	0,891	0,923	0,952	0,975	0,992	1												
19	0,216	0,302	0,375	0,439	0,499	0,554	0,607	0,656	0,702	0,747	0,788	0,827	0,864	0,897	0,928	0,954	0,977	0,992	1											
20	0,206	0,289	0,359	0,421	0,479	0,533	0,583	0,631	0,677	0,720	0,762	0,800	0,837	0,871	0,903	0,932	0,957	0,978	0,993	1										
21	0,197	0,277	0,344	0,405	0,460	0,512	0,562	0,609	0,653	0,696	0,736	0,775	0,811	0,846	0,878	0,908	0,935	0,959	0,979	0,993	1									
22	0,189	0,266	0,331	0,389	0,443	0,494	0,542	0,587	0,631	0,673	0,712	0,750	0,787	0,821	0,854	0,884	0,913	0,938	0,961	0,980	0,994	1								
23	0,182	0,256	0,319	0,375	0,427	0,476	0,523	0,567	0,610	0,651	0,690	0,727	0,763	0,797	0,830	0,861	0,890	0,917	0,941	0,963	0,981	0,994	1							
24	0,175	0,247	0,307	0,362	0,412	0,460	0,505	0,549	0,590	0,630	0,668	0,705	0,741	0,775	0,807	0,838	0,867	0,895	0,921	0,944	0,965	0,982	0,994	1						
25	0,169	0,238	0,296	0,349	0,398	0,445	0,489	0,531	0,572	0,611	0,648	0,684	0,719	0,753	0,785	0,816	0,845	0,873	0,899	0,924	0946	0,966	0,982	0,994	1					
26	0,163	0,230	0,286	0,338	0,385	0,430	0,473	0,515	0,554	0,592	0,629	0,664	0,699	0,732	0,764	0,794	0,824	0,852	0,879	0,904	0,927	0,948	0,967	0,983	0,995	1				
27	0,157	0,222	0,277	0,327	0,373	0,417	0,459	0,499	0,538	0,575	0,611	0,646	0,679	0,712	0,743	0,774	0,803	0,831	0,858	0,883	0,908	0,930	0,951	0,969	0,984	0,995	1			
28	0,152	0,215	0,268	0,317	0,362	0,404	0,445	0,484	0,522	0,558	0,594	0,628	0,661	0,693	0,724	0,754	0,783	0,811	0,838	0,864	0,888	0,911	0,933	0,952	0,970	0,984	0,995	1		
29	0,147	0,208	0,260	0,307	0,351	0,393	0,432	0,470	0,507	0,543	0,577	0,611	0,643	0,675	0,705	0,735	0,764	0,791	0,818	0,844	0,869	0,892	0,914	0,935	0,954	0,971	0,985	0,995	1	
30	0,143	0,202	0,252	0,298	0,341	0,381	0,420	0,457	0,493	0,528	0,562	0,594	0,626	0,657	0,687	0,717	0,745	0,773	0,799	0,825	0,850	0,874	0,896	0,918	0,937	0,956	0,972	0,986	0,995	1

Table 2 — Upper one-sided confidence limits for the proportion p with $n \leqslant 30$ *(continued)*

n	Value of x when q = 0,990																													
	0	1	2	3	4	5	6	7	8	9	10	11	12	13	14	15	16	17	18	19	20	21	22	23	24	25	26	27	28	29
1	0,990																													
2	0,900	0,995																												
3	0,785	0,942	0,997																											
4	0,684	0,860	0,959	0,998																										
5	0,602	0,778	0,895	0,968	0,998																									
6	0,536	0,706	0,827	0,916	0,974	0,999																								
7	0,483	0,644	0,764	0,858	0,930	0,978	0,999																							
8	0,438	0,590	0,707	0,802	0,880	0,940	0,981	0,999																						
9	0,401	0,545	0,657	0,750	0,830	0,895	0,947	0,983	0,999																					
10	0,370	0,505	0,612	0,703	0,782	0,850	0,907	0,953	0,985	0,999																				
11	0,343	0,470	0,573	0,661	0,738	0,807	0,866	0,917	0,958	0,986	1																			
12	0,319	0,440	0,538	0,623	0,698	0,766	0,826	0,879	0,925	0,962	0,988	1																		
13	0,299	0,413	0,507	0,588	0,661	0,728	0,788	0,842	0,890	0,931	0,965	0,989	1																	
14	0,281	0,390	0,479	0,557	0,628	0,693	0,752	0,806	0,855	0,899	0,936	0,967	0,990	1																
15	0,265	0,368	0,454	0,529	0,597	0,660	0,718	0,772	0,821	0,866	0,906	0,941	0,970	0,990	1															
16	0,251	0,349	0,431	0,503	0,569	0,630	0,687	0,740	0,789	0,834	0,875	0,913	0,945	0,972	0,991	1														
17	0,238	0,332	0,410	0,480	0,544	0,603	0,658	0,710	0,758	0,803	0,845	0,884	0,918	0,949	0,974	0,992	1													
18	0,226	0,317	0,392	0,459	0,520	0,578	0,631	0,682	0,729	0,774	0,816	0,855	0,891	0,923	0,952	0,975	0,992	1												
19	0,216	0,302	0,375	0,439	0,499	0,554	0,607	0,656	0,702	0,747	0,788	0,827	0,864	0,897	0,928	0,954	0,977	0,992	1											
20	0,206	0,289	0,359	0,421	0,479	0,533	0,583	0,631	0,677	0,720	0,762	0,800	0,837	0,871	0,903	0,932	0,957	0,978	0,993	1										
21	0,197	0,277	0,344	0,405	0,460	0,512	0,562	0,609	0,653	0,696	0,736	0,775	0,811	0,846	0,878	0,908	0,935	0,959	0,979	0,993	1									
22	0,189	0,266	0,331	0,389	0,443	0,494	0,542	0,587	0,631	0,673	0,712	0,750	0,787	0,821	0,854	0,884	0,913	0,938	0,961	0,980	0,994	1								
23	0,182	0,256	0,319	0,375	0,427	0,476	0,523	0,567	0,610	0,651	0,690	0,727	0,763	0,797	0,830	0,861	0,890	0,917	0,941	0,963	0,981	0,994	1							
24	0,175	0,247	0,307	0,362	0,412	0,460	0,505	0,549	0,590	0,630	0,668	0,705	0,741	0,775	0,807	0,838	0,867	0,895	0,921	0,944	0,965	0,982	0,994	1						
25	0,169	0,238	0,296	0,349	0,398	0,445	0,489	0,531	0,572	0,611	0,648	0,684	0,719	0,753	0,785	0,816	0,845	0,873	0,899	0,924	0946	0,966	0,982	0,994	1					
26	0,163	0,230	0,286	0,338	0,385	0,430	0,473	0,515	0,554	0,592	0,629	0,664	0,699	0,732	0,764	0,794	0,824	0,852	0,879	0,904	0,927	0,948	0,967	0,983	0,995	1				
27	0,157	0,222	0,277	0,327	0,373	0,417	0,459	0,499	0,538	0,575	0,611	0,646	0,679	0,712	0,743	0,774	0,803	0,831	0,858	0,883	0,908	0,930	0,951	0,969	0,984	0,995	1			
28	0,152	0,215	0,268	0,317	0,362	0,404	0,445	0,484	0,522	0,558	0,594	0,628	0,661	0,693	0,724	0,754	0,783	0,811	0,838	0,864	0,888	0,911	0,933	0,952	0,970	0,984	0,995	1		
29	0,147	0,208	0,260	0,307	0,351	0,393	0,432	0,470	0,507	0,543	0,577	0,611	0,643	0,675	0,705	0,735	0,764	0,791	0,818	0,844	0,869	0,892	0,914	0,935	0,954	0,971	0,985	0,995	1	
30	0,143	0,202	0,252	0,298	0,341	0,381	0,420	0,457	0,493	0,528	0,562	0,594	0,626	0,657	0,687	0,717	0,745	0,773	0,799	0,825	0,850	0,874	0,896	0,918	0,937	0,956	0,972	0,986	0,995	1

Tabelle 2 — Obere einseitige Vertrauensgrenzen für den Anteil p mit $n \leq 30$ *(abgeschlossen)*

n	Wert von x für $q = 0{,}995$																												
	0	1	2	3	4	5	6	7	8	9	10	11	12	13	14	15	16	17	18	19	20	21	22	23	24	25	26	27	28	29
1	0,995																													
2	0,930	0,998																												
3	0,830	0,959	0,999																											
4	0,735	0,890	0,971	0999																										
5	0,654	0,815	0,918	0,978	0,999																									
6	0,587	0,747	0,857	0,934	0,982	1																								
7	0,531	0,685	0,798	0,883	0,945	0,985	1																							
8	0,485	0,632	0,743	0,831	0,901	0,953	0,987	1																						
9	0,445	0,585	0,693	0,781	0,854	0,914	0,959	0,988	1																					
10	0,412	0,545	0,649	0,736	0,810	0,872	0,924	0,963	0,990	1																				
11	0,383	0,509	0,609	0,694	0,767	0,831	0,886	0,932	0,967	0,991	1																			
12	0,357	0,478	0,573	0,656	0,728	0,792	0,848	0,897	0,938	0,970	0,992	1																		
13	0,335	0,450	0,542	0,621	0,692	0,755	0,812	0,862	0,906	0,943	0,973	0,992	1																	
14	0,316	0,425	0,513	0,590	0,658	0,721	0,777	0,828	0,874	0,914	0,948	0,975	0,993	1																
15	0,298	0,402	0,487	0,561	0,628	0,689	0,744	0,795	0,842	0,884	0,920	0,952	0,977	0,993	1															
16	0,282	0,382	0,463	0,535	0,600	0,659	0,714	0,764	0,811	0,853	0,892	0,926	0,955	0,978	0,994	1														
17	0,268	0,364	0,442	0,511	0,574	0,631	0,685	0,735	0,781	0,824	0,863	0,899	0,931	0,958	0,980	0,994	1													
18	0,255	0,347	0,422	0,489	0,550	0,606	0,658	0,707	0,753	0,796	0,836	0,872	0,905	0,935	0,960	0,981	0,995	1												
19	0,244	0,332	0,404	0,469	0,528	0,582	0,633	0,681	0,727	0,769	0,809	0,846	0,880	0,911	0,939	0,963	0,982	0,995	1											
20	0,233	0,318	0,388	0,450	0,507	0,560	0,610	0,657	0,701	0,743	0,783	0,820	0,855	0,887	0,916	0,942	0,965	0,983	0,995	1										
21	0,223	0,305	0,372	0,433	0,488	0,540	0,588	0,634	0,678	0,719	0,758	0,795	0,830	0,862	0,893	0,920	0,945	0,967	0,984	0,995	1									
22	0,215	0,293	0,358	0,417	0,470	0,521	0,568	0,613	0,655	0,696	0,735	0,771	0,806	0,839	0,870	0,898	0,924	0,948	0,968	0,985	0,996	1								
23	0,206	0,282	0,345	0,402	0,454	0,503	0,549	0,593	0,634	0,674	0,712	0,748	0,783	0,816	0,847	0,876	0,903	0,928	0,950	0,970	0,985	0,996	1							
24	0,199	0,272	0,333	0,388	0,438	0,486	0,531	0,574	0,614	0,654	0,691	0,727	0,761	0,794	0,825	0,854	0,882	0,908	0,931	0,953	0,971	0,986	0,996	1						
25	0,191	0,262	0,322	0,375	0,424	0,470	0,514	0,556	0,596	0,634	0,671	0,706	0,740	0,772	0,803	0,833	0,861	0,887	0,912	0,934	0,955	0,972	0,987	0,996	1					
26	0,185	0,253	0,311	0,363	0,410	0,456	0,498	0,539	0,578	0,615	0,652	0,686	0,720	0,752	0,782	0,812	0,840	0,867	0,892	0,915	0,937	0,956	0,973	0,987	0,996	1				
27	0,179	0,245	0,301	0,351	0,398	0,442	0,483	0,523	0,561	0,598	0,633	0,667	0,700	0,732	0,762	0,792	0,820	0,847	0,872	0,896	0,919	0,940	0,958	0,974	0,988	0,997	1			
28	0,173	0,237	0,292	0,340	0,386	0,429	0,469	0,508	0,545	0,581	0,616	0,650	0,682	0,713	0,743	0,772	0,800	0,827	0,853	0,877	0,900	0,922	0,942	0,960	0,975	0,988	0,997	1		
29	0,167	0,230	0,283	0,330	0,375	0,416	0,456	0,494	0,530	0,566	0,600	0,632	0,664	0,695	0,725	0,754	0,781	0,808	0,834	0,859	0,882	0,904	0,925	0,944	0,961	0,976	0,989	0,997	1	
30	0,162	0,223	0,275	0,321	0,364	0,405	0,443	0,480	0,516	0,551	0,584	0,616	0,647	0,678	0,707	0,736	0,763	0,790	0,815	0,840	0,864	0,886	0,908	0,928	0,946	0,963	0,977	0,989	0,997	1

Table 2 — Upper one-sided confidence limits for the proportion p with $n \leqslant 30$ *(concluded)*

n	Value of x when q = 0,995																													
	0	1	2	3	4	5	6	7	8	9	10	11	12	13	14	15	16	17	18	19	20	21	22	23	24	25	26	27	28	29
1	0,995																													
2	0,930	0,998																												
3	0,830	0,959	0,999																											
4	0,735	0,890	0,971	0999																										
5	0,654	0,815	0,918	0,978	0,999																									
6	0,587	0,747	0,857	0,934	0,982	1																								
7	0,531	0,685	0,798	0,883	0,945	0,985	1																							
8	0,485	0,632	0,743	0,831	0,901	0,953	0,987	1																						
9	0,445	0,585	0,693	0,781	0,854	0,914	0,959	0,988	1																					
10	0,412	0,545	0,649	0,736	0,810	0,872	0,924	0,963	0,990	1																				
11	0,383	0,509	0,609	0,694	0,767	0,831	0,886	0,932	0,967	0,991	1																			
12	0,357	0,478	0,573	0,656	0,728	0,792	0,848	0,897	0,938	0,970	0,992	1																		
13	0,335	0,450	0,542	0,621	0,692	0,755	0,812	0,862	0,906	0,943	0,973	0,992	1																	
14	0,316	0,425	0,513	0,590	0,658	0,721	0,777	0,828	0,874	0,914	0,948	0,975	0,930	1																
15	0,298	0,402	0,487	0,561	0,628	0,689	0,744	0,795	0,842	0,884	0,920	0,952	0,977	0,993	1															
16	0,282	0,382	0,463	0,535	0,600	0,659	0,714	0,764	0,811	0,853	0,892	0,926	0,955	0,978	0,994	1														
17	0,268	0,364	0,442	0,511	0,574	0,631	0,685	0,735	0,781	0,824	0,863	0,899	0,931	0,958	0,980	0,994	1													
18	0,255	0,347	0,422	0,489	0,550	0,606	0,658	0,707	0,753	0,796	0,836	0,872	0,905	0,935	0,960	0,981	0,995	1												
19	0,244	0,332	0,404	0,469	0,528	0,582	0,633	0,681	0,727	0,769	0,809	0,846	0,880	0,911	0,939	0,963	0,982	0,995	1											
20	0,233	0,318	0,388	0,450	0,507	0,560	0,610	0,657	0,701	0,743	0,783	0,820	0,855	0,887	0,916	0,942	0,965	0,983	0,995	1										
21	0,223	0,305	0,372	0,433	0,488	0,540	0,588	0,634	0,678	0,719	0,758	0,795	0,830	0,862	0,893	0,920	0,945	0,967	0,984	0,995	1									
22	0,215	0,293	0,358	0,417	0,470	0,521	0,568	0,613	0,655	0,696	0,735	0,771	0,806	0,839	0,870	0,898	0,924	0,948	0,968	0,985	0,996	1								
23	0,206	0,282	0,345	0,402	0,454	0,503	0,549	0,593	0,634	0,674	0,712	0,748	0,783	0,816	0,847	0,876	0,903	0,928	0,950	0,970	0,985	0,996	1							
24	0,199	0,272	0,333	0,388	0,438	0,486	0,531	0,574	0,614	0,654	0,691	0,727	0,761	0,794	0,825	0,854	0,882	0,908	0,931	0,953	0,971	0,986	0,996	1						
25	0,191	0,262	0,322	0,375	0,424	0,470	0,514	0,556	0,596	0,634	0,671	0,706	0,740	0,772	0,803	0,833	0,861	0,887	0,912	0,934	0,955	0,972	0,987	0,996	1					
26	0,185	0,253	0,311	0,363	0,410	0,456	0,498	0,539	0,578	0,615	0,652	0,686	0,720	0,752	0,782	0,812	0,840	0,867	0,892	0,915	0,937	0,956	0,973	0,987	0,996	1				
27	0,179	0,245	0,301	0,351	0,398	0,442	0,483	0,523	0,561	0,598	0,633	0,667	0,700	0,732	0,762	0,792	0,820	0,847	0,872	0,896	0,919	0,940	0,958	0,974	0,988	0,997	1			
28	0,173	0,237	0,292	0,340	0,386	0,429	0,469	0,508	0,545	0,581	0,616	0,650	0,682	0,713	0,743	0,772	0,800	0,827	0,853	0,877	0,900	0,922	0,942	0,960	0,975	0,988	0,997	1		
29	0,167	0,230	0,283	0,330	0,375	0,416	0,456	0,494	0,530	0,566	0,600	0,632	0,664	0,695	0,725	0,754	0,781	0,808	0,834	0,859	0,882	0,904	0,925	0,944	0,961	0,976	0,989	0,997	1	
30	0,162	0,223	0,275	0,321	0,364	0,405	0,443	0,480	0,516	0,551	0,584	0,616	0,647	0,678	0,707	0,736	0,763	0,790	0,815	0,840	0,864	0,886	0,908	0,928	0,946	0,963	0,977	0,989	0,997	1

Table 3 — Quantile der standardisierten Normalverteilung, u_q

$q = \Phi(u)$	u_q
0,950	1,645
0,975	1,960
0,990	2,326
0,995	2,576

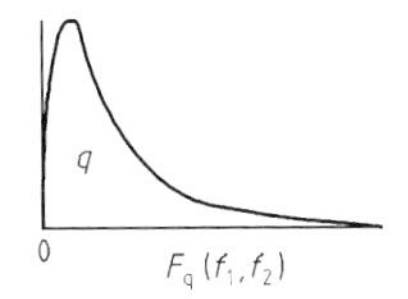

Bild 1 — Quantile der F-Verteilung

Table 3 — Quantiles of the standard normal distribution, u_q

$q = \Phi(u)$	u_q
0,950	1,645
0,975	1,960
0,990	2,326
0,995	2,576

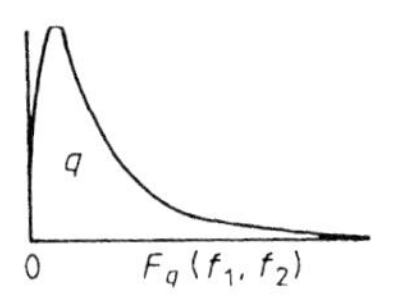

Figure 1 — Quantiles of the F-distribution

Tabelle 4 — Quantile der F-Verteilung (siehe Bild 1)

f_2	q	f_1 = 1	2	3	4	5	6	7	8	9	10	12	15	20	30	50	∞
1	0,9	39,9	49,5	53,6	55,8	57,2	58,2	58,9	59,4	59,9	60,2	60,7	61,2	61,7	62,3	62,7	63,3
	0,95	161	200	216	225	230	234	237	239	241	242	244	246	248	250	252	254
	0,975	648	800	864	900	922	937	948	957	963	969	977	985	993	1.001	1.008	1018
	0,990	4.052	5.000	5.403	5.625	5.764	5.859	5.928	5.981	6.022	6.056	6.106	6.157	6.209	6.261	6.303	6.366
	0,995	16.210	20.000	21.610	22.500	23.060	23.440	23.710	23.930	24.090	24.220	24.430	24.630	24.840	25.040	25.210	25.460
	0,999	405.300	500.000	540.400	56.2500	576.400	585.900	592.900	598.100	602.300	605.600	610.700	615.800	620.900	626.100	630.300	636.600
2	0,9	8,53	9,0	9,16	9,24	9,29	9,33	9,35	9,37	9,38	9,39	9,41	9,42	9,44	9,46	9,47	9,49
	0,95	18,5	19,0	19,2	19,2	19,3	19,3	19,4	19,4	19,4	19,4	19,4	19,4	19,4	19,5	19,5	19,5
	0,975	38,5	39,0	39,2	39,2	39,3	39,3	39,4	39,4	39,4	39,4	39,4	39,4	39,4	39,5	39,5	39,5
	0,990	98,5	99,0	99,2	99,2	99,3	99,3	99,4	99,4	99,4	99,4	99,4	99,4	99,4	99,5	99,5	99,5
	0,995	199	199	199	199	199	199	199	199	199	199	199	199	199	199	199	199
	0,999	999	999	999	999	999	999	999	999	999	999	999	999	999	999	999	999
3	0,9	5,54	5,46	5,39	5,34	5,31	5,28	5,27	5,25	5,24	5,23	5,22	5,20	5,18	5,17	5,15	5,13
	0,95	10,1	9,55	9,28	9,12	9,01	8,94	8,89	8,85	8,81	8,79	8,74	8,70	8,66	8,62	8,58	8,53
	0,975	17,4	16,0	15,4	15,1	14,9	14,7	14,6	14,5	14,5	14,4	14,3	14,3	14,2	14,1	14,0	13,9
	0,990	34,1	30,8	29,5	28,7	28,2	27,9	27,7	27,5	27,3	27,2	27,1	26,9	26,7	26,5	26,4	26,1
	0,995	55,6	49,8	47,5	46,2	45,4	44,8	44,4	44,1	43,9	43,7	43,4	43,1	42,8	42,5	42,2	41,8
	0,999	167	149	141	137	135	133	132	131	130	129	128	127	126	125	125	123
4	0,9	4,54	4,32	4,19	4,11	4,05	4,01	3,98	3,95	3,94	3,92	3,90	3,87	3,84	3,82	3,80	3,76
	0,95	7,71	6,94	6,59	6,39	6,26	6,16	6,09	6,04	6,00	5,96	5,91	5,86	5,80	5,75	5,70	5,63
	0,975	12,2	10,6	9,98	9,60	9,36	9,20	3,07	8,96	8,90	8,84	8,75	8,66	8,56	8,46	8,38	8,26
	0,990	21,2	18,0	16,7	16,04	15,5	15,2	15,0	14,8	14,7	14,5	14,4	14,2	14,0	13,8	13,7	13,5
	0,995	31,3	26,3	24,3	23,2	22,5	22,0	21,6	21,4	21,1	21,0	20,7	20,4	20,2	19,9	19,7	19,3
	0,999	74,1	61,2	56,2	53,4	51,7	50,5	49,7	49,0	48,5	48,1	47,4	46,8	46,1	45,4	44,9	44,1
5	0,9	4,06	3,78	3,62	3,52	3,45	3,40	3,37	3,34	3,32	3,30	3,27	3,24	3,21	3,17	3,15	3,10
	0,95	6,61	5,79	5,41	5,19	5,05	4,95	4,88	4,82	4,77	4,74	4,68	4,62	4,56	4,50	4,44	4,36
	0,975	10,0	8,43	7,76	7,39	7,15	6,98	6,85	6,76	6,68	6,62	6,52	6,43	6,33	6,23	6,14	6,02
	0,990	16,3	13,3	12,1	11,4	11,0	10,7	10,5	10,3	10,2	10,1	9,89	9,72	9,55	9,38	9,24	9,02
	0,995	22,8	18,3	16,5	15,6	14,9	14,5	14,2	14,0	13,8	13,6	13,4	13,1	12,9	12,7	12,5	12,1
	0,999	47,2	37,1	33,2	31,1	29,8	28,8	28,2	27,6	27,2	26,9	26,4	25,9	25,4	24,9	24,4	23,8
6	0,9	3,78	3,46	3,29	3,18	3,11	3,05	3,01	2,98	2,96	2,94	2,90	2,87	2,84	2,80	2,77	2,72
	0,95	5,99	5,14	4,76	4,53	4,39	4,28	4,21	4,15	4,10	4,06	4,00	3,94	3,87	3,81	3,75	3,67
	0,975	8,81	7,26	6,60	6,23	5,99	5,82	5,70	5,60	5,52	5,46	5,37	5,27	5,17	5,07	4,98	4,85
	0,990	13,7	10,9	9,78	9,15	8,75	8,47	8,26	8,10	7,98	7,87	7,72	7,56	7,40	7,23	7,09	6,88
	0,995	18,6	14,5	12,9	12,0	11,5	11,1	10,8	10,6	10,4	10,3	10,0	9,81	9,59	9,36	9,17	8,88
	0,999	35,5	27,0	23,7	21,9	20,8	20,0	19,5	19,0	18,7	18,4	18,0	17,6	17,1	16,7	16,3	15,7
7	0,9	3,59	3,26	3,07	2,96	2,88	2,83	2,78	2,75	2,72	2,70	2,67	2,63	2,59	2,56	2,52	2,47
	0,95	5,59	4,74	4,35	4,12	3,97	3,87	3,79	3,73	3,68	3,64	3,57	3,51	3,44	3,38	3,32	3,23
	0,975	8,07	6,54	5,89	5,52	5,29	5,12	4,99	4,90	4,82	4,76	4,67	4,57	4,47	4,36	4,28	4,14
	0,990	12,2	9,55	8,45	7,85	7,46	7,19	6,99	6,84	6,72	6,62	6,47	6,31	6,16	5,99	5,86	5,65
	0,995	16,2	12,4	10,9	10,1	9,52	9,16	8,89	8,68	8,51	8,38	8,18	7,97	7,75	7,53	7,35	7,08
	0,999	29,2	21,7	18,8	17,2	16,2	15,5	15,0	14,6	14,3	14,1	13,7	13,3	12,9	12,5	12,2	11,7

Table 4 — Quantiles of the F-distribution (see figure 1)

f_2	q	f_1 = 1	2	3	4	5	6	7	8	9	10	12	15	20	30	50	∞
1	0,9	39,9	49,5	53,6	55,8	57,2	58,2	58,9	59,4	59,9	60,2	60,7	61,2	61,7	62,3	62,7	63,3
	0,95	161	200	216	225	230	234	237	239	241	242	244	246	248	250	252	254
	0,975	648	800	864	900	922	937	948	957	963	969	977	985	993	1001	1008	1018
	0,990	4052	5000	5403	5625	5764	5859	5928	5981	6022	6056	6106	6157	6209	6261	6303	6366
	0,995	16210	20000	21610	22500	23060	23440	23710	23930	24090	24220	24430	24630	24840	25040	25210	25460
	0,999	405300	500000	540400	562500	576400	585900	592900	598100	602300	605600	610700	615800	620900	626100	630300	636600
2	0,9	8,53	9,0	9,16	9,24	9,29	9,33	9,35	9,37	9,38	9,39	9,41	9,42	9,44	9,46	9,47	9,49
	0,95	18,5	19,0	19,2	19,2	19,3	19,3	19,4	19,4	19,4	19,4	19,4	19,4	19,4	19,5	19,5	19,5
	0,975	38,5	39,0	39,2	39,2	39,3	39,3	39,4	39,4	39,4	39,4	39,4	39,4	39,4	39,5	39,5	39,5
	0,990	98,5	99,0	99,2	99,2	99,3	99,3	99,4	99,4	99,4	99,4	99,4	99,4	99,4	99,5	99,5	99,5
	0,995	199	199	199	199	199	199	199	199	199	199	199	199	199	199	199	199
	0,999	999	999	999	999	999	999	999	999	999	999	999	999	999	999	999	999
3	0,9	5,54	5,46	5,39	5,34	5,31	5,28	5,27	5,25	5,24	5,23	5,22	5,20	5,18	5,17	5,15	5,13
	0,95	10,1	9,55	9,28	9,12	9,01	8,94	8,89	8,85	8,81	8,79	8,74	8,70	8,66	8,62	8,58	8,53
	0,975	17,4	16,0	15,4	15,1	14,9	14,7	14,6	14,5	14,5	14,4	14,3	14,3	14,2	14,1	14,0	13,9
	0,990	34,1	30,8	29,5	28,7	28,2	27,9	27,7	27,5	27,3	27,2	27,1	26,9	26,7	26,5	26,4	26,1
	0,995	55,6	49,8	47,5	46,2	45,4	44,8	44,4	44,1	43,9	43,7	43,4	43,1	42,8	42,5	42,2	41,8
	0,999	167	149	141	137	135	133	132	31	130	129	128	127	126	125	125	123
4	0,9	4,54	4,32	4,19	4,11	4,05	4,01	3,98	3,95	3,94	3,92	3,90	3,87	3,84	3,82	3,80	3,76
	0,95	7,71	6,94	6,59	6,39	6,26	6,16	6,09	6,04	6,00	5,96	5,91	5,86	5,80	5,75	5,70	5,63
	0,975	12,2	10,6	9,98	9,60	9,36	9,20	3,07	8,96	8,90	8,84	8,75	8,66	8,56	8,46	8,38	8,26
	0,990	21,2	18,0	16,7	16,04	15,5	15,2	15,0	14,8	14,7	14,5	14,4	14,2	14,0	13,8	13,7	13,5
	0,995	31,3	26,3	24,3	23,2	22,5	22,0	21,6	21,4	21,1	21,0	20,7	20,4	20,2	19,9	19,7	19,3
	0,999	74,1	61,2	56,2	53,4	51,7	50,5	49,7	49,0	48,5	48,1	47,4	46,8	46,1	45,4	44,9	44,1
5	0,9	4,06	3,78	3,62	3,52	3,45	3,40	3,37	3,34	3,32	3,30	3,27	3,24	3,21	3,17	3,15	3,10
	0,95	6,61	5,79	5,41	5,19	5,05	4,95	4,88	4,82	4,77	4,74	4,68	4,62	4,56	4,50	4,44	4,36
	0,975	10,0	8,43	7,76	7,39	7,15	6,98	6,85	6,76	6,68	6,62	6,52	6,43	6,33	6,23	6,14	6,02
	0,990	16,3	13,3	12,1	11,4	11,0	10,7	10,5	10,3	10,2	10,1	9,89	9,72	9,55	9,38	9,24	9,02
	0,995	22,8	18,3	16,5	15,6	14,9	14,5	14,2	14,0	13,8	13,6	13,4	13,1	12,9	12,7	12,5	12,1
	0,999	47,2	37,1	33,2	31,1	29,8	28,8	28,2	27,6	27,2	26,9	26,4	25,9	25,4	24,9	24,4	23,8
6	0,9	3,78	3,46	3,29	3,18	3,11	3,05	3,01	2,98	2,96	2,94	2,90	2,87	2,84	2,80	2,77	2,72
	0,95	5,99	5,14	4,76	4,53	4,39	4,28	4,21	4,15	4,10	4,06	4,00	3,94	3,87	3,81	3,75	3,67
	0,975	8,81	7,26	6,60	6,23	5,99	5,82	5,70	5,60	5,52	5,46	5,37	5,27	5,17	5,07	4,98	4,85
	0,990	13,7	10,9	9,78	9,15	8,75	8,47	8,26	8,10	7,98	7,87	7,72	7,56	7,40	7,23	7,09	6,88
	0,995	18,6	14,5	12,9	12,0	11,5	11,1	10,8	10,6	10,4	10,3	10,0	9,81	9,59	9,36	9,17	8,88
	0,999	35,5	27,0	23,7	21,9	20,8	20,0	19,5	19,0	18,7	18,4	18,0	17,6	17,1	16,7	16,3	15,7
7	0,9	3,59	3,26	3,07	2,96	2,88	2,83	2,78	2,75	2,72	2,70	2,67	2,63	2,59	2,56	2,52	2,47
	0,95	5,59	4,74	4,35	4,12	3,97	3,87	3,79	3,73	3,68	3,64	3,57	3,51	3,44	3,38	3,32	3,23
	0,975	8,07	6,54	5,89	5,52	5,29	5,12	4,99	4,90	4,82	4,76	4,67	4,57	4,47	4,36	4,28	4,14
	0,990	12,2	9,55	8,45	7,85	7,46	7,19	6,99	6,84	6,72	6,62	6,47	6,31	6,16	5,99	5,86	5,65
	0,995	16,2	12,4	10,9	10,1	9,52	9,16	8,89	8,68	8,51	8,38	8,18	7,97	7,75	7,53	7,35	7,08
	0,999	29,2	21,7	18,8	17,2	16,2	15,5	15,0	14,6	14,3	14,1	13,7	13,3	12,9	12,5	12,2	11,7

Tabelle 4 — Quantile der F-Verteilung *(fortgesetzt)*

f_2	q	f_1 = 1	2	3	4	5	6	7	8	9	10	12	15	20	30	50	∞
8	0,9	3,46	3,11	2,92	2,81	2,73	2,67	2,62	2,59	2,56	2,54	2,50	2,46	2,42	2,38	2,35	2,29
	0,95	5,32	4,46	4,07	3,84	3,69	3,58	3,50	3,44	3,39	3,35	3,28	3,22	3,15	3,08	3,02	2,93
	0,975	7,57	6,06	5,42	5,05	4,82	4,65	4,53	4,43	4,36	4,30	4,20	4,10	4,00	3,89	3,81	3,67
	0,990	11,3	8,65	7,59	7,01	6,63	6,37	6,18	6,03	5,91	5,81	5,67	5,52	5,36	5,20	5,07	4,86
	0,995	14,7	11,0	9,60	8,81	8,30	7,95	7,69	7,50	7,34	7,21	7,01	6,81	6,61	6,40	6,22	5,95
	0,999	25,4	18,5	15,8	14,4	13,5	12,9	12,4	12,0	11,8	11,5	11,2	10,8	10,5	10,1	9,80	9,33
9	0,9	3,36	3,01	2,81	2,69	2,61	2,55	2,51	2,47	2,44	2,42	2,38	2,34	2,30	2,25	2,22	2,16
	0,95	5,12	4,26	3,86	3,63	3,48	3,37	3,29	3,23	3,18	3,14	3,07	3,01	2,94	2,86	2,80	2,71
	0,975	7,21	5,71	5,08	4,72	4,48	4,32	4,20	4,10	4,03	3,96	3,87	3,77	3,67	3,56	3,47	3,33
	0,990	10,6	8,02	6,99	6,42	6,06	5,80	5,61	5,47	5,35	5,26	5,11	4,96	4,81	4,65	4,52	4,31
	0,995	13,6	10,1	8,72	7,96	7,47	7,14	6,88	6,69	6,54	6,42	6,23	6,03	5,83	5,62	5,45	5,19
	0,999	22,9	16,4	13,9	12,6	11,7	11,1	10,7	10,4	10,1	9,89	9,57	9,24	8,90	8,55	8,26	7,81
10	0,9	3,29	2,92	2,73	2,61	2,52	2,46	2,41	2,38	2,35	2,32	2,28	2,24	2,20	2,16	2,12	2,06
	0,95	4,96	4,10	3,71	3,48	3,33	3,22	3,14	3,07	3,02	2,98	2,91	2,85	2,77	2,70	2,64	2,54
	0,975	6,94	5,46	4,83	4,47	4,24	4,07	3,95	3,85	3,78	3,72	3,62	3,52	3,42	3,31	3,22	3,08
	0,990	10,0	7,56	6,55	5,99	5,64	5,39	5,20	5,06	4,94	4,85	4,71	4,56	4,41	4,25	4,12	3,91
	0,995	12,8	9,43	8,08	7,34	6,87	6,54	6,30	6,12	5,97	5,85	5,66	5,47	5,27	5,07	4,90	4,64
	0,999	21,0	14,9	12,6	11,3	10,5	9,93	9,52	9,20	8,96	8,75	8,45	8,13	7,80	7,47	7,19	6,76
11	0,9	3,23	2,86	2,66	2,54	2,45	2,39	2,34	2,30	2,27	2,25	2,21	2,17	2,12	2,08	2,04	1,97
	0,95	4,84	3,98	3,59	3,36	3,20	3,09	3,01	2,95	2,90	2,85	2,79	2,72	2,65	2,57	2,51	2,40
	0,975	6,72	5,26	4,63	4,28	4,04	3,88	3,76	3,66	3,59	3,53	3,43	3,33	3,23	3,12	3,03	2,88
	0,990	9,65	7,21	6,22	5,67	5,32	5,07	4,89	4,74	4,63	4,54	4,40	4,25	4,10	3,94	3,81	3,60
	0,995	12,2	8,91	7,60	6,88	6,42	6,10	5,86	5,68	5,54	5,42	5,24	5,05	4,86	4,65	4,49	4,23
	0,999	19,7	13,8	11,6	10,3	9,58	9,05	8,66	8,35	8,12	7,92	7,63	7,32	7,01	6,68	6,42	6,00
12	0,9	3,18	2,81	2,61	2,48	2,39	2,33	2,28	2,24	2,21	2,19	2,15	2,10	2,06	2,01	1,97	1,90
	0,95	4,75	3,89	3,49	3,26	3,11	3,00	2,91	2,85	2,80	2,75	2,69	2,62	2,54	2,47	2,40	2,30
	0,975	6,55	5,10	4,47	4,12	3,89	3,73	3,61	3,51	3,44	3,37	3,28	3,18	3,07	2,96	2,87	2,72
	0,990	9,33	6,93	5,95	5,41	5,06	4,82	4,64	4,50	4,39	4,30	4,16	4,01	3,86	3,70	3,57	3,36
	0,995	11,8	8,51	7,23	6,52	6,07	5,76	5,52	5,35	5,20	5,09	4,91	4,72	4,53	4,33	4,17	3,90
	0,999	18,6	13,0	10,8	9,63	8,89	8,38	8,00	7,71	7,48	7,29	7,00	6,71	6,40	6,09	5,83	5,42
13	0,9	3,14	2,76	2,56	2,43	2,35	2,28	2,23	2,20	2,16	2,14	2,10	2,05	2,01	1,96	1,92	1,85
	0,95	4,67	3,81	3,41	3,18	3,03	2,92	2,83	2,77	2,71	2,67	2,60	2,53	2,46	2,38	2,31	2,21
	0,975	6,41	4,97	4,35	4,00	3,77	3,60	3,48	3,39	3,31	3,25	3,15	3,05	2,95	2,84	2,74	2,60
	0,990	9,07	6,70	5,74	5,21	4,86	4,62	4,44	4,30	4,19	4,10	3,96	3,82	3,66	3,51	3,38	3,17
	0,995	11,4	8,19	6,93	6,23	5,79	5,48	5,25	5,08	4,94	4,82	4,64	4,46	4,27	4,07	3,91	3,65
	0,999	17,8	12,3	10,2	9,07	8,35	7,86	7,49	7,21	6,98	6,80	6,52	6,23	5,93	5,63	5,37	4,97
14	0,9	3,10	2,73	2,52	2,39	2,31	2,24	2,19	2,15	2,12	2,10	2,05	2,01	1,96	1,91	1,87	1,80
	0,95	4,60	3,74	3,34	3,11	2,96	2,85	2,76	2,70	2,65	2,60	2,53	2,46	2,39	2,31	2,24	2,13
	0,975	6,30	4,86	4,24	3,89	3,66	3,50	3,38	3,29	3,21	3,15	3,05	2,95	2,84	2,73	2,64	2,49
	0,990	8,86	6,51	5,56	5,04	4,69	4,46	4,28	4,14	4,03	3,94	3,80	3,66	3,51	3,35	3,22	3,00
	0,995	11,1	7,92	6,68	6,00	5,56	5,26	5,03	4,86	4,72	4,60	4,43	4,25	4,06	3,86	3,70	3,44
	0,999	17,1	11,8	9,73	8,62	7,92	7,44	7,08	6,80	6,58	6,40	6,13	5,85	5,56	5,25	5,00	4,60

Table 4 — Quantiles of the F-distribution *(continued)*

f_2	q	f_1 = 1	2	3	4	5	6	7	8	9	10	12	15	20	30	50	∞
8	0,9	3,46	3,11	2,92	2,81	2,73	2,67	2,62	2,59	2,56	2,54	2,50	2,46	2,42	2,38	2,35	2,29
	0,95	5,32	4,46	4,07	3,84	3,69	3,58	3,50	3,44	3,39	3,35	3,28	3,22	3,15	3,08	3,02	2,93
	0,975	7,57	6,06	5,42	5,05	4,82	4,65	4,53	4,43	4,36	4,30	4,20	4,10	4,00	3,89	3,81	3,67
	0,990	11,3	8,65	7,59	7,01	6,63	6,37	6,18	6,03	5,91	5,81	5,67	5,52	5,36	5,20	5,07	4,86
	0,995	14,7	11,0	9,60	8,81	8,30	7,95	7,69	7,50	7,34	7,21	7,01	6,81	6,61	6,40	6,22	5,95
	0,999	25,4	18,5	15,8	14,4	13,5	12,9	12,4	12,0	11,8	11,5	11,2	10,8	10,5	10,1	9,80	9,33
9	0,9	3,36	3,01	2,81	2,69	2,61	2,55	2,51	2,47	2,44	2,42	2,38	2,34	2,30	2,25	2,22	2,16
	0,95	5,12	4,26	3,86	3,63	3,48	3,37	3,29	3,23	3,18	3,14	3,07	3,01	2,94	2,86	2,80	2,71
	0,975	7,21	5,71	5,08	4,72	4,48	4,32	4,20	4,10	4,03	3,96	3,87	3,77	3,67	3,56	3,47	3,33
	0,990	10,6	8,02	6,99	6,42	6,06	5,80	5,61	5,47	5,35	5,26	5,11	4,96	4,81	4,65	4,52	4,31
	0,995	13,6	10,1	8,72	7,96	7,47	7,14	6,88	6,69	6,54	6,42	6,23	6,03	5,83	5,62	5,45	5,19
	0,999	22,9	16,4	13,9	12,6	11,7	11,1	10,7	10,4	10,1	9,89	9,57	9,24	8,90	8,55	8,26	7,81
10	0,9	3,29	2,92	2,73	2,61	2,52	2,46	2,41	2,38	2,35	2,32	2,28	2,24	2,20	2,16	2,12	2,06
	0,95	4,96	4,10	3,71	3,48	3,33	3,22	3,14	3,07	3,02	2,98	2,91	2,85	2,77	2,70	2,64	2,54
	0,975	6,94	5,46	4,83	4,47	4,24	4,07	3,95	3,85	3,78	3,72	3,62	3,52	3,42	3,31	3,22	3,08
	0,990	10,0	7,56	6,55	5,99	5,64	5,39	5,20	5,06	4,94	4,85	4,71	4,56	4,41	4,25	4,12	3,91
	0,995	12,8	9,43	8,08	7,34	6,87	6,54	6,30	6,12	5,97	5,85	5,66	5,47	5,27	5,07	4,90	4,64
	0,999	21,0	14,9	12,6	11,3	10,5	9,93	9,52	9,20	8,96	8,75	8,45	8,13	7,80	7,47	7,19	6,76
11	0,9	3,23	2,86	2,66	2,54	2,45	2,39	2,34	2,30	2,27	2,25	2,21	2,17	2,12	2,08	2,04	1,97
	0,95	4,84	3,98	3,59	3,36	3,20	3,09	3,01	2,95	2,90	2,85	2,79	2,72	2,65	2,57	2,51	2,40
	0,975	6,72	5,26	4,63	4,28	4,04	3,88	3,76	3,66	3,59	3,53	3,43	3,33	3,23	3,12	3,03	2,88
	0,990	9,65	7,21	6,22	5,67	5,32	5,07	4,89	4,74	4,63	4,54	4,40	4,25	4,10	3,94	3,81	3,60
	0,995	12,2	8,91	7,60	6,88	6,42	6,10	5,86	5,68	5,54	5,42	5,24	5,05	4,86	4,65	4,49	4,23
	0,999	19,7	13,8	11,6	10,3	9,58	9,05	8,66	8,35	8,12	7,92	7,63	7,32	7,01	6,68	6,42	6,00
12	0,9	3,18	2,81	2,61	2,48	2,39	2,33	2,28	2,24	2,21	2,19	2,15	2,10	2,06	2,01	1,97	1,90
	0,95	4,75	3,89	3,49	3,26	3,11	3,00	2,91	2,85	2,80	2,75	2,69	2,62	2,54	2,47	2,40	2,30
	0,975	6,55	5,10	4,47	4,12	3,89	3,73	3,61	3,51	3,44	3,37	3,28	3,18	3,07	2,96	2,87	2,72
	0,990	9,33	6,93	5,95	5,41	5,06	4,82	4,64	4,50	4,39	4,30	4,16	4,01	3,86	3,70	3,57	3,36
	0,995	11,8	8,51	7,23	6,52	6,07	5,76	5,52	5,35	5,20	5,09	4,91	4,72	4,53	4,33	4,17	3,90
	0,999	18,6	13,0	10,8	9,63	8,89	8,38	8,00	7,71	7,48	7,29	7,00	6,71	6,40	6,09	5,83	5,42
13	0,9	3,14	2,76	2,56	2,43	2,35	2,28	2,23	2,20	2,16	2,14	2,10	2,05	2,01	1,96	1,92	1,85
	0,95	4,67	3,81	3,41	3,18	3,03	2,92	2,83	2,77	2,71	2,67	2,60	2,53	2,46	2,38	2,31	2,21
	0,975	6,41	4,97	4,35	4,00	3,77	3,60	3,48	3,39	3,31	3,25	3,15	3,05	2,95	2,84	2,74	2,60
	0,990	9,07	6,70	5,74	5,21	4,86	4,62	4,44	4,30	4,19	4,10	3,96	3,82	3,66	3,51	3,38	3,17
	0,995	11,4	8,19	6,93	6,23	5,79	5,48	5,25	5,08	4,94	4,82	4,64	4,46	4,27	4,07	3,91	3,65
	0,999	17,8	12,3	10,2	9,07	8,35	7,86	7,49	7,21	6,98	6,80	6,52	6,23	5,93	5,63	5,37	4,97
14	0,9	3,10	2,73	2,52	2,39	2,31	2,24	2,19	2,15	2,12	2,10	2,05	2,01	1,96	1,91	1,87	1,80
	0,95	4,60	3,74	3,34	3,11	2,96	2,85	2,76	2,70	2,65	2,60	2,53	2,46	2,39	2,31	2,24	2,13
	0,975	6,30	4,86	4,24	3,89	3,66	3,50	3,38	3,29	3,21	3,15	3,05	2,95	2,84	2,73	2,64	2,49
	0,990	8,86	6,51	5,56	5,04	4,69	4,46	4,28	4,14	4,03	3,94	3,80	3,66	3,51	3,35	3,22	3,00
	0,995	11,1	7,92	6,68	6,00	5,56	5,26	5,03	4,86	4,72	4,60	4,43	4,25	4,06	3,86	3,70	3,44
	0,999	17,1	11,8	9,73	8,62	7,92	7,44	7,08	6,80	6,58	6,40	6,13	5,85	5,56	5,25	5,00	4,60

Tabelle 4 — Quantile der F-Verteilung *(fortgesetzt)*

f_2	q	f_1 = 1	2	3	4	5	6	7	8	9	10	12	15	20	30	50	∞
15	0,9	3,07	2,70	2,49	2,36	2,27	2,21	2,16	2,12	2,09	2,06	2,02	1,97	1,92	1,87	1,83	1,76
	0,95	4,54	3,68	3,29	3,06	2,90	2,79	2,71	2,64	2,59	2,54	2,48	2,40	2,33	2,25	2,18	2,07
	0,975	6,20	4,77	4,15	3,80	3,58	3,41	3,29	3,20	3,12	3,06	2,96	2,86	2,76	2,64	2,55	2,40
	0,990	8,68	6,36	5,42	4,89	4,56	4,32	4,14	4,00	3,89	3,80	3,67	3,52	3,37	3,21	3,08	2,87
	0,995	10,8	7,70	6,48	5,80	5,37	5,07	4,85	4,67	4,54	4,42	4,25	4,07	3,88	3,69	3,52	3,26
	0,999	16,6	11,3	9,34	8,25	7,57	7,09	6,74	6,47	6,26	6,08	5,81	5,54	5,25	4,95	4,70	4,31
16	0,9	3,05	2,67	2,46	2,33	2,24	2,18	2,13	2,09	2,06	2,03	1,99	1,94	1,89	1,84	1,79	1,72
	0,95	4,49	3,63	3,24	3,01	2,85	2,74	2,66	2,59	2,54	2,49	2,42	2,35	2,28	2,19	2,12	2,01
	0,975	6,12	4,69	4,03	3,73	3,50	3,34	3,22	3,12	3,05	2,99	2,89	2,79	2,68	2,57	2,47	2,32
	0,990	8,53	6,23	5,29	4,77	4,44	4,20	4,03	3,89	3,78	3,69	3,55	3,41	3,26	3,10	2,97	2,75
	0,995	10,6	7,51	6,30	5,64	5,21	4,91	4,69	4,52	4,38	4,27	4,10	3,92	3,73	3,54	3,37	3,11
	0,999	16,1	11,0	9,01	7,94	7,27	6,80	6,46	6,19	5,98	5,81	5,55	5,27	4,99	4,70	4,45	4,06
17	0,9	3,03	2,64	2,44	2,31	2,22	2,15	2,10	2,06	2,03	2,00	1,96	1,91	1,86	1,81	1,76	1,69
	0,95	4,45	3,59	3,20	2,96	2,81	2,70	2,61	2,55	2,49	2,45	2,38	2,31	2,23	2,15	2,08	1,96
	0,975	6,04	4,62	4,01	3,66	3,44	3,28	3,16	3,06	2,98	2,92	2,82	2,72	2,62	2,50	2,41	2,25
	0,990	8,40	6,11	5,18	4,67	4,34	4,10	3,93	3,79	3,68	3,59	3,46	3,31	3,16	3,00	2,87	2,65
	0,995	10,4	7,35	6,16	5,50	5,07	4,78	4,56	4,39	4,25	4,14	3,97	3,79	3,61	3,41	3,25	2,98
	0,999	15,7	10,7	8,73	7,68	7,02	6,56	6,22	5,96	5,75	5,58	5,32	5,05	4,78	4,48	4,24	3,85
18	0,9	3,01	2,62	2,42	2,29	2,20	2,13	2,08	2,04	2,00	1,98	1,93	1,89	1,84	1,78	1,74	1,66
	0,95	4,41	3,55	3,16	2,93	2,77	2,66	2,58	2,51	2,46	2,41	2,34	2,27	2,19	2,11	2,04	1,92
	0,975	5,98	4,56	3,95	3,61	3,38	3,22	3,10	3,01	2,93	2,87	2,77	2,67	2,56	2,44	2,35	2,19
	0,990	8,29	6,01	5,09	4,58	4,25	4,01	3,84	3,71	3,60	3,51	3,37	3,23	3,08	2,92	2,78	2,57
	0,995	10,2	7,21	6,03	5,37	4,96	4,66	4,44	4,28	4,14	4,03	3,86	3,68	3,50	3,30	3,14	2,87
	0,999	15,4	10,4	8,49	7,46	6,81	6,35	6,02	5,76	5,56	5,39	5,13	4,87	4,59	4,30	4,06	3,67
19	0,9	2,99	2,61	2,40	2,27	2,18	2,11	2,06	2,02	1,98	1,96	1,91	1,86	1,81	1,76	1,71	1,63
	0,95	4,38	3,52	3,13	2,90	2,74	2,63	2,54	2,48	2,42	2,38	2,31	2,23	2,16	2,07	2,00	1,88
	0,975	5,92	4,51	3,90	3,56	3,33	3,17	3,05	2,96	2,88	2,82	2,72	2,62	2,51	2,39	2,30	2,13
	0,990	8,18	5,93	5,01	4,50	4,17	3,94	3,77	3,63	3,52	3,43	3,30	3,15	3,00	2,84	2,71	2,49
	0,995	10,1	7,09	5,92	5,27	4,85	4,56	4,34	4,18	4,04	3,93	3,76	3,59	3,40	3,21	3,04	2,78
	0,999	15,1	10,2	8,28	7,27	6,62	6,18	5,85	5,59	5,39	5,22	4,97	4,70	4,43	4,14	3,90	3,51
20	0,9	2,97	2,59	2,38	2,25	2,16	2,09	2,04	2,00	1,96	1,94	1,89	1,84	1,79	1,74	1,69	1,61
	0,95	4,35	3,49	3,10	2,87	2,71	2,60	2,51	2,45	2,39	2,35	2,28	2,20	2,12	2,04	1,97	1,84
	0,975	5,87	4,46	3,86	3,51	3,29	3,13	3,01	2,91	2,84	2,77	2,68	2,57	2,46	2,35	2,25	2,09
	0,990	8,10	5,85	4,94	4,43	4,10	3,87	3,70	3,56	3,46	3,37	3,23	3,09	2,94	2,78	2,64	2,42
	0,995	9,94	6,99	5,82	5,17	4,76	4,47	4,26	4,09	3,96	3,85	3,68	3,50	3,32	3,12	2,96	2,69
	0,999	14,8	9,95	8,10	7,10	6,46	6,02	5,69	5,44	5,24	5,08	4,82	4,56	4,29	4,00	3,77	3,38
21	0,9	2,96	2,57	2,36	2,23	2,14	2,08	2,02	1,98	1,95	1,92	1,87	1,83	1,78	1,72	1,67	1,59
	0,95	4,32	3,47	3,07	2,84	2,68	2,57	2,49	2,42	2,37	2,32	2,25	2,18	2,10	2,01	1,94	1,81
	0,975	5,83	4,42	3,82	3,48	3,25	3,09	2,97	2,87	2,80	2,73	2,64	2,53	2,42	2,31	2,21	2,04
	0,990	8,02	5,78	4,87	4,37	4,04	3,81	3,64	3,51	3,40	3,31	3,17	3,03	2,88	2,72	2,58	2,36
	0,995	9,83	6,89	5,73	5,09	4,68	4,39	4,18	4,01	3,88	3,77	3,60	3,43	3,24	3,05	2,88	2,61
	0,999	14,6	9,77	7,94	6,95	6,32	5,88	5,56	5,31	5,11	4,95	4,70	4,44	4,17	3,88	3,64	3,26

Table 4 — Quantiles of the F-distribution *(continued)*

f_2	q	f_1 = 1	2	3	4	5	6	7	8	9	10	12	15	20	30	50	∞
15	0,9	3,07	2,70	2,49	2,36	2,27	2,21	2,16	2,12	2,09	2,06	2,02	1,97	1,92	1,87	1,83	1,76
	0,95	4,54	3,68	3,29	3,06	2,90	2,79	2,71	2,64	2,59	2,54	2,48	2,40	2,33	2,25	2,18	2,07
	0,975	6,20	4,77	4,15	3,80	3,58	3,41	3,29	3,20	3,12	3,06	2,96	2,86	2,76	2,64	2,55	2,40
	0,990	8,68	6,36	5,42	4,89	4,56	4,32	4,14	4,00	3,89	3,80	3,67	3,52	3,37	3,21	3,08	2,87
	0,995	10,8	7,70	6,48	5,80	5,37	5,07	4,85	4,67	4,54	4,42	4,25	4,07	3,88	3,69	3,52	3,26
	0,999	16,6	11,3	9,34	8,25	7,57	7,09	6,74	6,47	6,26	6,08	5,81	5,54	5,25	4,95	4,70	4,31
16	0,9	3,05	2,67	2,46	2,33	2,24	2,18	2,13	2,09	2,06	2,03	1,99	1,94	1,89	1,84	1,79	1,72
	0,95	4,49	3,63	3,24	3,01	2,85	2,74	2,66	2,59	2,54	2,49	2,42	2,35	2,28	2,19	2,12	2,01
	0,975	6,12	4,69	4,03	3,73	3,50	3,34	3,22	3,12	3,05	2,99	2,89	2,79	2,68	2,57	2,47	2,32
	0,990	8,53	6,23	5,29	4,77	4,44	4,20	4,03	3,89	3,78	3,69	3,55	3,41	3,26	3,10	2,97	2,75
	0,995	10,6	7,51	6,30	5,64	5,21	4,91	4,69	4,52	4,38	4,27	4,10	3,92	3,73	3,54	3,37	3,11
	0,999	16,1	11,0	9,01	7,94	7,27	6,80	6,46	6,19	5,98	5,81	5,55	5,27	4,99	4,70	4,45	4,06
17	0,9	3,03	2,64	2,44	2,31	2,22	2,15	2,10	2,06	2,03	2,00	1,96	1,91	1,86	1,81	1,76	1,69
	0,95	4,45	3,59	3,20	2,96	2,81	2,70	2,61	2,55	2,49	2,45	2,38	2,31	2,23	2,15	2,08	1,96
	0,975	6,04	4,62	4,01	3,66	3,44	3,28	3,16	3,06	2,98	2,92	2,82	2,72	2,62	2,50	2,41	2,25
	0,990	8,40	6,11	5,18	4,67	4,34	4,10	3,93	3,79	3,68	3,59	3,46	3,31	3,16	3,00	2,87	2,65
	0,995	10,4	7,35	6,16	5,50	5,07	4,78	4,56	4,39	4,25	4,14	3,97	3,79	3,61	3,41	3,25	2,98
	0,999	15,7	10,7	8,73	7,68	7,02	6,56	6,22	5,96	5,75	5,58	5,32	5,05	4,78	4,48	4,24	3,85
18	0,9	3,01	2,62	2,42	2,29	2,20	2,13	2,08	2,04	2,00	1,98	1,93	1,89	1,84	1,78	1,74	1,66
	0,95	4,41	3,55	3,16	2,93	2,77	2,66	2,58	2,51	2,46	2,41	2,34	2,27	2,19	2,11	2,04	1,92
	0,975	5,98	4,56	3,95	3,61	3,38	3,22	3,10	3,01	2,93	2,87	2,77	2,67	2,56	2,44	2,35	2,19
	0,990	8,29	6,01	5,09	4,58	4,25	4,01	3,84	3,71	3,60	3,51	3,37	3,23	3,08	2,92	2,78	2,57
	0,995	10,2	7,21	6,03	5,37	4,96	4,66	4,44	4,28	4,14	4,03	3,86	3,68	3,50	3,30	3,14	2,87
	0,999	15,4	10,4	8,49	7,46	6,81	6,35	6,02	5,76	5,56	5,39	5,13	4,87	4,59	4,30	4,06	3,67
19	0,9	2,99	2,61	2,40	2,27	2,18	2,11	2,06	2,02	1,98	1,96	1,91	1,86	1,81	1,76	1,71	1,63
	0,95	4,38	3,52	3,13	2,90	2,74	2,63	2,54	2,48	2,42	2,38	2,31	2,23	2,16	2,07	2,00	1,88
	0,975	5,92	4,51	3,90	3,56	3,33	3,17	3,05	2,96	2,88	2,82	2,72	2,62	2,51	2,39	2,30	2,13
	0,990	8,18	5,93	5,01	4,50	4,17	3,94	3,77	3,63	3,52	3,43	3,30	3,15	3,00	2,84	2,71	2,49
	0,995	10,1	7,09	5,92	5,27	4,85	4,56	4,34	4,18	4,04	3,93	3,76	3,59	3,40	3,21	3,04	2,78
	0,999	15,1	10,2	8,28	7,27	6,62	6,18	5,85	5,59	5,39	5,22	4,97	4,70	4,43	4,14	3,90	3,51
20	0,9	2,97	2,59	2,38	2,25	2,16	2,09	2,04	2,00	1,96	1,94	1,89	1,84	1,79	1,74	1,69	1,61
	0,95	4,35	3,49	3,10	2,87	2,71	2,60	2,51	2,45	2,39	2,35	2,28	2,20	2,12	2,04	1,97	1,84
	0,975	5,87	4,46	3,86	3,51	3,29	3,13	3,01	2,91	2,84	2,77	2,68	2,57	2,46	2,35	2,25	2,09
	0,990	8,10	5,85	4,94	4,43	4,10	3,87	3,70	3,56	3,46	3,37	3,23	3,09	2,94	2,78	2,64	2,42
	0,995	9,94	6,99	5,82	5,17	4,76	4,47	4,26	4,09	3,96	3,85	3,68	3,50	3,32	3,12	2,96	2,69
	0,999	14,8	9,95	8,10	7,10	6,46	6,02	5,69	5,44	5,24	5,08	4,82	4,56	4,29	4,00	3,77	3,38
21	0,9	2,96	2,57	2,36	2,23	2,14	2,08	2,02	1,98	1,95	1,92	1,87	1,83	1,78	1,72	1,67	1,59
	0,95	4,32	3,47	3,07	2,84	2,68	2,57	2,49	2,42	2,37	2,32	2,25	2,18	2,10	2,01	1,94	1,81
	0,975	5,83	4,42	3,82	3,48	3,25	3,09	2,97	2,87	2,80	2,73	2,64	2,53	2,42	2,31	2,21	2,04
	0,990	8,02	5,78	4,87	4,37	4,04	3,81	3,64	3,51	3,40	3,31	3,17	3,03	2,88	2,72	2,58	2,36
	0,995	9,83	6,89	5,73	5,09	4,68	4,39	4,18	4,01	3,88	3,77	3,60	3,43	3,24	3,05	2,88	2,61
	0,999	14,6	9,77	7,94	6,95	6,32	5,88	5,56	5,31	5,11	4,95	4,70	4,44	4,17	3,88	3,64	3,26

Tabelle 4 — Quantile der F-Verteilung *(fortgesetzt)*

f_2	q	f_1 = 1	2	3	4	5	6	7	8	9	10	12	15	20	30	50	∞
22	0,9	2,95	2,56	2,35	2,22	2,13	2,06	2,01	1,97	1,93	1,90	1,86	1,81	1,76	1,70	1,65	1,57
	0,95	4,30	3,44	3,05	2,82	2,66	2,55	2,46	2,40	2,34	2,30	2,23	2,15	2,07	1,98	1,91	1,78
	0,975	5,79	4,38	3,78	3,44	3,22	3,05	2,93	2,84	2,76	2,70	2,60	2,50	2,39	2,27	2,17	2,00
	0,990	7,95	5,72	4,82	4,31	3,99	3,76	3,59	3,45	3,35	3,26	3,12	2,98	2,83	2,67	2,53	2,31
	0,995	9,73	6,81	5,65	5,02	4,61	4,32	4,11	3,94	3,81	3,70	3,54	3,36	3,18	2,98	2,82	2,55
	0,999	14,4	9,61	7,80	6,81	6,19	5,76	5,44	5,19	4,99	4,83	4,58	4,33	4,06	3,78	3,54	3,15
23	0,9	2,94	2,55	2,34	2,21	2,11	2,05	1,99	1,95	1,92	1,89	1,84	1,80	1,74	1,69	1,64	1,55
	0,95	4,28	3,42	3,03	2,80	2,64	2,53	2,44	2,37	2,32	2,27	2,20	2,13	2,05	1,96	1,88	1,76
	0,975	5,75	4,35	3,75	3,41	3,18	3,02	2,90	2,81	2,73	2,67	2,57	2,47	2,36	2,24	2,14	1,97
	0,990	7,88	5,66	4,76	4,26	3,94	3,71	3,54	3,41	3,30	3,21	3,07	2,93	2,78	2,62	2,48	2,26
	0,995	9,63	6,73	5,58	4,95	4,54	4,26	4,05	3,88	3,75	3,64	3,47	3,30	3,12	2,92	2,76	2,48
	0,999	14,2	9,47	7,64	6,70	6,08	5,65	5,33	5,09	4,89	4,73	4,48	4,23	3,96	3,68	3,44	3,05
24	0,9	2,93	2,54	2,33	2,19	2,10	2,04	1,98	1,94	1,91	1,88	1,83	1,78	1,73	1,67	1,62	1,53
	0,95	4,26	3,40	3,01	2,78	2,62	2,51	2,42	2,36	2,30	2,25	2,18	2,11	2,03	1,94	1,86	1,73
	0,975	5,72	4,32	3,72	3,38	3,15	2,99	2,87	2,78	2,70	2,64	2,54	2,44	2,33	2,21	2,11	1,94
	0,990	7,82	5,61	4,72	4,22	3,90	3,67	3,50	3,36	3,26	3,17	3,03	2,89	2,74	2,58	2,44	2,21
	0,995	9,55	6,66	5,52	4,89	4,49	4,20	3,99	3,83	3,69	3,59	3,42	3,25	3,06	2,87	2,70	2,43
	0,999	14,0	9,34	7,55	6,59	5,98	5,55	5,23	4,99	4,80	4,64	4,39	4,14	3,87	3,59	3,36	2,97
25	0,9	2,92	2,53	2,32	2,18	2,09	2,02	1,97	1,93	1,89	1,87	1,82	1,77	1,72	1,66	1,61	1,52
	0,95	4,24	3,39	2,99	2,76	2,60	2,49	2,40	2,34	2,28	2,24	2,16	2,09	2,01	1,92	1,84	1,71
	0,975	5,69	4,29	3,69	3,35	3,13	2,97	2,85	2,75	2,68	2,61	2,51	2,41	2,30	2,18	2,08	1,91
	0,990	7,77	5,57	4,68	4,18	3,85	3,63	3,46	3,32	3,22	3,13	2,99	2,85	2,70	2,54	2,40	2,17
	0,995	9,48	6,60	5,46	4,84	4,43	4,15	3,94	3,78	3,64	3,54	3,37	3,20	3,01	2,82	2,65	2,38
	0,999	13,9	9,22	7,45	6,49	5,89	5,46	5,15	4,91	4,71	4,56	4,31	4,06	3,79	3,52	3,28	2,89
30	0,9	2,88	2,49	2,28	2,14	2,05	1,98	1,93	1,88	1,85	1,82	1,77	1,72	1,67	1,61	1,55	1,46
	0,95	4,17	3,32	2,92	2,69	2,53	2,42	2,33	2,27	2,21	2,16	2,09	2,01	1,93	1,84	1,76	1,62
	0,975	5,57	4,18	3,59	3,25	3,03	2,87	2,75	2,65	2,57	2,51	2,41	2,31	2,20	2,07	1,97	1,79
	0,990	7,56	5,39	4,51	4,02	3,70	3,47	3,30	3,17	3,07	2,98	2,84	2,70	2,55	2,39	2,25	2,01
	0,995	9,18	6,35	5,24	4,62	4,23	3,95	3,74	3,58	3,45	3,34	3,18	3,01	2,82	2,63	2,46	2,18
	0,999	13,3	8,77	7,05	6,12	5,53	5,12	4,82	4,58	4,39	4,24	4,00	3,75	3,49	3,22	2,98	2,59
35	0,9	2,85	2,46	2,25	2,11	2,02	1,95	1,90	1,85	1,82	1,79	1,74	1,69	1,63	1,57	1,51	1,41
	0,95	4,12	3,27	2,87	2,64	2,49	2,37	2,29	2,22	2,16	2,11	2,04	1,96	1,88	1,79	1,70	1,56
	0,975	5,48	4,11	3,52	3,18	2,96	2,80	2,68	2,58	2,50	2,44	2,34	2,23	2,12	2,00	1,89	1,70
	0,990	7,42	5,27	4,40	3,91	3,59	3,37	3,20	3,07	2,96	2,88	2,74	2,60	2,44	2,28	2,14	1,89
	0,995	8,98	6,19	5,39	4,48	4,09	3,81	3,61	3,45	3,32	3,21	3,05	2,88	2,69	2,50	2,33	2,04
	0,999	10,9	8,47	6,79	5,88	5,30	4,89	4,59	4,36	4,18	4,03	3,79	3,55	3,29	3,02	2,78	2,38
40	0,9	2,84	2,44	2,23	2,09	2,00	1,93	1,87	1,83	1,79	1,76	1,71	1,66	1,61	1,54	1,48	1,38
	0,95	4,08	3,23	2,84	2,61	2,45	2,34	2,25	2,18	2,12	2,08	2,00	1,92	1,84	1,74	1,66	1,51
	0,975	5,42	4,05	3,46	3,13	2,90	2,74	2,62	2,53	2,45	2,39	2,29	2,18	2,07	1,94	1,83	1,64
	0,990	7,31	5,18	4,31	3,83	3,51	3,29	3,12	2,99	2,89	2,80	2,66	2,52	2,37	2,20	2,06	1,80
	0,995	8,83	6,07	4,98	4,37	3,99	3,71	3,51	3,35	3,22	3,12	2,95	2,78	2,60	2,40	2,23	1,93
	0,999	12,6	8,25	6,59	5,70	5,13	4,73	4,44	4,21	4,02	3,87	3,64	3,40	3,14	2,87	2,64	2,23

Table 4 — Quantiles of the F-distribution *(continued)*

f_2	q	f_1 = 1	2	3	4	5	6	7	8	9	10	12	15	20	30	50	∞
22	0,9	2,95	2,56	2,35	2,22	2,13	2,06	2,01	1,97	1,93	1,90	1,86	1,81	1,76	1,70	1,65	1,57
	0,95	4,30	3,44	3,05	2,82	2,66	2,55	2,46	2,40	2,34	2,30	2,23	2,15	2,07	1,98	1,91	1,78
	0,975	5,79	4,38	3,78	3,44	3,22	3,05	2,93	2,84	2,76	2,70	2,60	2,50	2,39	2,27	2,17	2,00
	0,990	7,95	5,72	4,82	4,31	3,99	3,76	3,59	3,45	3,35	3,26	3,12	2,98	2,83	2,67	2,53	2,31
	0,995	9,73	6,81	5,65	5,02	4,61	4,32	4,11	3,94	3,81	3,70	3,54	3,36	3,18	2,98	2,82	2,55
	0,999	14,4	9,61	7,80	6,81	6,19	5,76	5,44	5,19	4,99	4,83	4,58	4,33	4,06	3,78	3,54	3,15
23	0,9	2,94	2,55	2,34	2,21	2,11	2,05	1,99	1,95	1,92	1,89	1,84	1,80	1,74	1,69	1,64	1,55
	0,95	4,28	3,42	3,03	2,80	2,64	2,53	2,44	2,37	2,32	2,27	2,20	2,13	2,05	1,96	1,88	1,76
	0,975	5,75	4,35	3,75	3,41	3,18	3,02	2,90	2,81	2,73	2,67	2,57	2,47	2,36	2,24	2,14	1,97
	0,990	7,88	5,66	4,76	4,26	3,94	3,71	3,54	3,41	3,30	3,21	3,07	2,93	2,78	2,62	2,48	2,26
	0,995	9,63	6,73	5,58	4,95	4,54	4,26	4,05	3,88	3,75	3,64	3,47	3,30	3,12	2,92	2,76	2,48
	0,999	14,2	9,47	7,64	6,70	6,08	5,65	5,33	5,09	4,89	4,73	4,48	4,23	3,96	3,68	3,44	3,05
24	0,9	2,93	2,54	2,33	2,19	2,10	2,04	1,98	1,94	1,91	1,88	1,83	1,78	1,73	1,67	1,62	1,53
	0,95	4,26	3,40	3,01	2,78	2,62	2,51	2,42	2,36	2,30	2,25	2,18	2,11	2,03	1,94	1,86	1,73
	0,975	5,72	4,32	3,72	3,38	3,15	2,99	2,87	2,78	2,70	2,64	2,54	2,44	2,33	2,21	2,11	1,94
	0,990	7,82	5,61	4,72	4,22	3,90	3,67	3,50	3,36	3,26	3,17	3,03	2,89	2,74	2,58	2,44	2,21
	0,995	9,55	6,66	5,52	4,89	4,49	4,20	3,99	3,83	3,69	3,59	3,42	3,25	3,06	2,87	2,70	2,43
	0,999	14,0	9,34	7,55	6,59	5,98	5,55	5,23	4,99	4,80	4,64	4,39	4,14	3,87	3,59	3,36	2,97
25	0,9	2,92	2,53	2,32	2,18	2,09	2,02	1,97	1,93	1,89	1,87	1,82	1,77	1,72	1,66	1,61	1,52
	0,95	4,24	3,39	2,99	2,76	2,60	2,49	2,40	2,34	2,28	2,24	2,16	2,09	2,01	1,92	1,84	1,71
	0,975	5,69	4,29	3,69	3,35	3,13	2,97	2,85	2,75	2,68	2,61	2,51	2,41	2,30	2,18	2,08	1,91
	0,990	7,77	5,57	4,68	4,18	3,85	3,63	3,46	3,32	3,22	3,13	2,99	2,85	2,70	2,54	2,40	2,17
	0,995	9,48	6,60	5,46	4,84	4,43	4,15	3,94	3,78	3,64	3,54	3,37	3,20	3,01	2,82	2,65	2,38
	0,999	13,9	9,22	7,45	6,49	5,89	5,46	5,15	4,91	4,71	4,56	4,31	4,06	3,79	3,52	3,28	2,89
30	0,9	2,88	2,49	2,28	2,14	2,05	1,98	1,93	1,88	1,85	1,82	1,77	1,72	1,67	1,61	1,55	1,46
	0,95	4,17	3,32	2,92	2,69	2,53	2,42	2,33	2,27	2,21	2,16	2,09	2,01	1,93	1,84	1,76	1,62
	0,975	5,57	4,18	3,59	3,25	3,03	2,87	2,75	2,65	2,57	2,51	2,41	2,31	2,20	2,07	1,97	1,79
	0,990	7,56	5,39	4,51	4,02	3,70	3,47	3,30	3,17	3,07	2,98	2,84	2,70	2,55	2,39	2,25	2,01
	0,995	9,18	6,35	5,24	4,62	4,23	3,95	3,74	3,58	3,45	3,34	3,18	3,01	2,82	2,63	2,46	2,18
	0,999	13,3	8,77	7,05	6,12	5,53	5,12	4,82	4,58	4,39	4,24	4,00	3,75	3,49	3,22	2,98	2,59
35	0,9	2,85	2,46	2,25	2,11	2,02	1,95	1,90	1,85	1,82	1,79	1,74	1,69	1,63	1,57	1,51	1,41
	0,95	4,12	3,27	2,87	2,64	2,49	2,37	2,29	2,22	2,16	2,11	2,04	1,96	1,88	1,79	1,70	1,56
	0,975	5,48	4,11	3,52	3,18	2,96	2,80	2,68	2,58	2,50	2,44	2,34	2,23	2,12	2,00	1,89	1,70
	0,990	7,42	5,27	4,40	3,91	3,59	3,37	3,20	3,07	2,96	2,88	2,74	2,60	2,44	2,28	2,14	1,89
	0,995	8,98	6,19	5,39	4,48	4,09	3,81	3,61	3,45	3,32	3,21	3,05	2,88	2,69	2,50	2,33	2,04
	0,999	10,9	8,47	6,79	5,88	5,30	4,89	4,59	4,36	4,18	4,03	3,79	3,55	3,29	3,02	2,78	2,38
40	0,9	2,84	2,44	2,23	2,09	2,00	1,93	1,87	1,83	1,79	1,76	1,71	1,66	1,61	1,54	1,48	1,38
	0,95	4,08	3,23	2,84	2,61	2,45	2,34	2,25	2,18	2,12	2,08	2,00	1,92	1,84	1,74	1,66	1,51
	0,975	5,42	4,05	3,46	3,13	2,90	2,74	2,62	2,53	2,45	2,39	2,29	2,18	2,07	1,94	1,83	1,64
	0,990	7,31	5,18	4,31	3,83	3,51	3,29	3,12	2,99	2,89	2,80	2,66	2,52	2,37	2,20	2,06	1,80
	0,995	8,83	6,07	4,98	4,37	3,99	3,71	3,51	3,35	3,22	3,12	2,95	2,78	2,60	2,40	2,23	1,93
	0,999	12,6	8,25	6,59	5,70	5,13	4,73	4,44	4,21	4,02	3,87	3,64	3,40	3,14	2,87	2,64	2,23

Tabelle 4 — Quantile der F-Verteilung *(abgeschlossen)*

f_2	q	f_1: 1	2	3	4	5	6	7	8	9	10	12	15	20	30	50	∞
45	0,9	2,82	2,42	2,21	2,07	1,98	1,91	1,85	1,81	1,77	1,74	1,70	1,64	1,58	1,52	1,46	1,35
	0,95	4,06	3,20	2,81	2,58	2,42	2,31	2,22	2,15	2,10	2,05	1,97	1,89	1,81	1,71	1,63	1,47
	0,975	5,38	4,01	3,42	3,09	2,86	2,70	2,58	2,49	2,41	2,35	2,25	2,14	2,03	1,90	1,79	1,59
	0,990	7,23	5,11	4,25	3,77	3,45	3,23	3,07	2,94	2,83	2,74	2,61	2,46	2,31	2,14	2,00	1,74
	0,995	8,71	5,97	4,89	4,29	3,91	3,64	3,43	3,28	3,15	3,04	2,88	2,71	2,53	2,33	2,16	1,85
	0,999	12,4	8,09	6,45	5,56	5,00	4,61	4,32	4,09	3,91	3,76	3,53	3,29	3,04	2,76	2,53	2,12
50	0,9	2,81	2,41	2,20	2,06	1,97	1,90	1,84	1,80	1,76	1,73	1,68	1,63	1,57	1,50	1,44	1,33
	0,95	4,03	3,18	2,79	2,56	2,40	2,29	2,20	2,13	2,07	2,03	1,95	1,87	1,78	1,69	1,60	1,44
	0,975	5,34	3,97	3,39	3,05	2,83	2,67	2,55	2,46	2,38	2,32	2,22	2,11	1,99	1,87	1,75	1,55
	0,990	7,17	5,06	4,20	3,72	3,41	3,19	3,02	2,89	2,78	2,70	2,56	2,42	2,27	2,10	1,95	1,68
	0,995	8,63	5,90	4,83	4,23	3,85	3,58	3,38	3,22	3,09	2,99	2,82	2,65	2,47	2,27	2,10	1,79
	0,999	12,2	7,96	6,34	5,46	4,90	4,51	4,22	4,00	3,82	3,67	3,44	3,20	2,95	2,68	2,44	2,03
60	0,9	2,79	2,39	2,18	2,04	1,95	1,87	1,82	1,77	1,74	1,71	1,66	1,60	1,54	1,48	1,41	1,29
	0,95	4,00	3,15	2,76	2,53	2,37	2,25	2,17	2,10	2,04	1,99	1,92	1,84	1,75	1,65	1,56	1,39
	0,975	5,29	3,93	3,34	3,01	2,79	2,63	2,51	2,41	2,33	2,27	2,17	2,06	1,94	1,82	1,70	1,48
	0,990	7,08	4,98	4,13	3,65	3,34	3,12	2,95	2,82	2,72	2,63	2,50	2,35	2,20	2,03	1,88	1,60
	0,995	8,49	5,79	4,73	4,14	3,76	3,49	3,29	3,13	3,01	2,90	2,74	2,57	2,39	2,19	2,01	1,69
	0,999	12,0	7,77	6,17	5,31	4,76	4,37	4,09	3,86	3,69	3,54	3,32	3,08	2,83	2,55	2,32	1,89
80	0,9	2,77	2,37	2,15	2,02	1,92	1,85	1,79	1,75	1,71	1,68	1,63	1,57	1,51	1,44	1,38	1,24
	0,95	3,96	3,11	2,72	2,49	2,33	2,21	2,13	2,06	2,00	1,95	1,88	1,79	1,70	1,60	1,51	1,32
	0,975	5,22	3,86	3,28	2,95	2,73	2,57	2,45	2,35	2,28	2,21	2,11	2,00	1,88	1,75	1,63	1,40
	0,990	6,96	4,88	4,04	3,56	3,26	3,04	2,87	2,74	2,64	2,55	2,42	2,27	2,12	1,94	1,79	1,49
	0,995	8,33	5,67	4,61	4,03	3,65	3,39	3,19	3,03	2,91	2,80	2,64	2,47	2,29	2,08	1,90	1,56
	0,999	11,7	7,54	5,97	5,12	4,58	4,20	3,92	3,70	3,53	3,39	3,16	2,93	2,68	2,41	2,16	1,72
100	0,9	2,76	2,36	2,14	2,00	1,91	1,83	1,78	1,73	1,69	1,66	1,61	1,56	1,49	1,42	1,35	1,21
	0,95	3,94	3,09	2,70	2,46	2,31	2,19	2,10	2,03	1,97	1,93	1,85	1,77	1,68	1,57	1,48	1,28
	0,975	5,18	3,83	3,25	2,92	2,70	2,54	2,42	2,32	2,24	2,18	2,08	1,97	1,85	1,71	1,59	1,35
	0,990	6,90	4,82	3,98	3,51	3,21	2,99	2,82	2,69	2,59	2,50	2,37	2,22	2,07	1,89	1,74	1,43
	0,995	8,24	5,59	4,54	3,96	3,59	3,33	3,13	2,97	2,85	2,74	2,58	2,41	2,23	2,02	1,84	1,49
	0,999	11,5	7,41	5,86	5,02	4,48	4,11	3,83	3,61	3,44	3,30	3,07	2,84	2,59	2,32	2,08	1,62
120	0,9	2,75	2,35	2,13	1,99	1,90	1,82	1,77	1,72	1,68	1,65	1,60	1,55	1,48	1,41	1,34	1,19
	0,95	3,92	3,07	2,68	2,45	2,29	2,18	2,09	2,02	1,96	1,91	1,83	1,75	1,66	1,55	1,46	1,25
	0,975	5,15	3,80	3,23	2,89	2,67	2,52	2,39	2,30	2,22	2,16	2,05	1,94	1,82	1,69	1,56	1,31
	0,990	6,85	4,79	3,95	3,48	3,17	2,96	2,79	2,66	2,56	2,47	2,34	2,19	2,03	1,86	1,70	1,38
	0,995	8,18	5,54	4,50	3,92	3,55	3,28	3,09	2,93	2,81	2,71	2,54	2,37	2,19	1,98	1,80	1,43
	0,999	11,4	7,32	5,78	4,95	4,42	4,04	3,77	3,55	3,38	3,24	3,02	2,78	2,53	2,26	2,02	1,54
∞	0,9	2,71	2,30	2,08	1,94	1,85	1,77	1,72	1,67	1,63	1,60	1,55	1,49	1,42	1,34	1,26	1,00
	0,95	3,84	3,00	2,60	2,37	2,21	2,10	2,01	1,94	1,88	1,83	1,75	1,67	1,57	1,46	1,35	1,00
	0,975	5,02	3,69	3,12	2,79	2,57	2,41	2,29	2,19	2,11	2,05	1,94	1,83	1,71	1,57	1,43	1,00
	0,990	6,63	4,61	3,78	3,32	3,02	2,80	2,64	2,51	2,41	2,32	2,18	2,04	1,88	1,70	1,52	1,00
	0,995	7,88	5,30	4,28	3,72	3,35	3,09	2,90	2,74	2,62	2,52	2,36	2,19	2,00	1,79	1,59	1,00
	0,999	10,8	6,91	5,42	4,62	4,10	3,74	3,47	3,27	3,10	2,96	2,74	2,51	2,27	1,99	1,73	1,00

ANMERKUNG: $F_\alpha(f_1,f_2) = 1/F_{(1-\alpha)}(f_2,f_1)$

Table 4 — Quantiles of the F-distribution *(concluded)*

f_2	q	f_1 = 1	2	3	4	5	6	7	8	9	10	12	15	20	30	50	∞
45	0,9	2,82	2,42	2,21	2,07	1,98	1,91	1,85	1,81	1,77	1,74	1,70	1,64	1,58	1,52	1,46	1,35
	0,95	4,06	3,20	2,81	2,58	2,42	2,31	2,22	2,15	2,10	2,05	1,97	1,89	1,81	1,71	1,63	1,47
	0,975	5,38	4,01	3,42	3,09	2,86	2,70	2,58	2,49	2,41	2,35	2,25	2,14	2,03	1,90	1,79	1,59
	0,990	7,23	5,11	4,25	3,77	3,45	3,23	3,07	2,94	2,83	2,74	2,61	2,46	2,31	2,14	2,00	1,74
	0,995	8,71	5,97	4,89	4,29	3,91	3,64	3,43	3,28	3,15	3,04	2,88	2,71	2,53	2,33	2,16	1,85
	0,999	12,4	8,09	6,45	5,56	5,00	4,61	4,32	4,09	3,91	3,76	3,53	3,29	3,04	2,76	2,53	2,12
50	0,9	2,81	2,41	2,20	2,06	1,97	1,90	1,84	1,80	1,76	1,73	1,68	1,63	1,57	1,50	1,44	1,33
	0,95	4,03	3,18	2,79	2,56	2,40	2,29	2,20	2,13	2,07	2,03	1,95	1,87	1,78	1,69	1,60	1,44
	0,975	5,34	3,97	3,39	3,05	2,83	2,67	2,55	2,46	2,38	2,32	2,22	2,11	1,99	1,87	1,75	1,55
	0,990	7,17	5,06	4,20	3,72	3,41	3,19	3,02	2,89	2,78	2,70	2,56	2,42	2,27	2,10	1,95	1,68
	0,995	8,63	5,90	4,83	4,23	3,85	3,58	3,38	3,22	3,09	2,99	2,82	2,65	2,47	2,27	2,10	1,79
	0,999	12,2	7,96	6,34	5,46	4,90	4,51	4,22	4,00	3,82	3,67	3,44	3,20	2,95	2,68	2,44	2,03
60	0,9	2,79	2,39	2,18	2,04	1,95	1,87	1,82	1,77	1,74	1,71	1,66	1,60	1,54	1,48	1,41	1,29
	0,95	4,00	3,15	2,76	2,53	2,37	2,25	2,17	2,10	2,04	1,99	1,92	1,84	1,75	1,65	1,56	1,39
	0,975	5,29	3,93	3,34	3,01	2,79	2,63	2,51	2,41	2,33	2,27	2,17	2,06	1,94	1,82	1,70	1,48
	0,990	7,08	4,98	4,13	3,65	3,34	3,12	2,95	2,82	2,72	2,63	2,50	2,35	2,20	2,03	1,88	1,60
	0,995	8,49	5,79	4,73	4,14	3,76	3,49	3,29	3,13	3,01	2,90	2,74	2,57	2,39	2,19	2,01	1,69
	0,999	12,0	7,77	6,17	5,31	4,76	4,37	4,09	3,86	3,69	3,54	3,32	3,08	2,83	2,55	2,32	1,89
80	0,9	2,77	2,37	2,15	2,02	1,92	1,85	1,79	1,75	1,71	1,68	1,63	1,57	1,51	1,44	1,38	1,24
	0,95	3,96	3,11	2,72	2,49	2,33	2,21	2,13	2,06	2,00	1,95	1,88	1,79	1,70	1,60	1,51	1,32
	0,975	5,22	3,86	3,28	2,95	2,73	2,57	2,45	2,35	2,28	2,21	2,11	2,00	1,88	1,75	1,63	1,40
	0,990	6,96	4,88	4,04	3,56	3,26	3,04	2,87	2,74	2,64	2,55	2,42	2,27	2,12	1,94	1,79	1,49
	0,995	8,33	5,67	4,61	4,03	3,65	3,39	3,19	3,03	2,91	2,80	2,64	2,47	2,29	2,08	1,90	1,56
	0,999	11,7	7,54	5,97	5,12	4,58	4,20	3,92	3,70	3,53	3,39	3,16	2,93	2,68	2,41	2,16	1,72
100	0,9	2,76	2,36	2,14	2,00	1,91	1,83	1,78	1,73	1,69	1,66	1,61	1,56	1,49	1,42	1,35	1,21
	0,95	3,94	3,09	2,70	2,46	2,31	2,19	2,10	2,03	1,97	1,93	1,85	1,77	1,68	1,57	1,48	1,28
	0,975	5,18	3,83	3,25	2,92	2,70	2,54	2,42	2,32	2,24	2,18	2,08	1,97	1,85	1,71	1,59	1,35
	0,990	6,90	4,82	3,98	3,51	3,21	2,99	2,82	2,69	2,59	2,50	2,37	2,22	2,07	1,89	1,74	1,43
	0,995	8,24	5,59	4,54	3,96	3,59	3,33	3,13	2,97	2,85	2,74	2,58	2,41	2,23	2,02	1,84	1,49
	0,999	11,5	7,41	5,86	5,02	4,48	4,11	3,83	3,61	3,44	3,30	3,07	2,84	2,59	2,32	2,08	1,62
120	0,9	2,75	2,35	2,13	1,99	1,90	1,82	1,77	1,72	1,68	1,65	1,60	1,55	1,48	1,41	1,34	1,19
	0,95	3,92	3,07	2,68	2,45	2,29	2,18	2,09	2,02	1,96	1,91	1,83	1,75	1,66	1,55	1,46	1,25
	0,975	5,15	3,80	3,23	2,89	2,67	2,52	2,39	2,30	2,22	2,16	2,05	1,94	1,82	1,69	1,56	1,31
	0,990	6,85	4,79	3,95	3,48	3,17	2,96	2,79	2,66	2,56	2,47	2,34	2,19	2,03	1,86	1,70	1,38
	0,995	8,18	5,54	4,50	3,92	3,55	3,28	3,09	2,93	2,81	2,71	2,54	2,37	2,19	1,98	1,80	1,43
	0,999	11,4	7,32	5,78	4,95	4,42	4,04	3,77	3,55	3,38	3,24	3,02	2,78	2,53	2,26	2,02	1,54
∞	0,9	2,71	2,30	2,08	1,94	1,85	1,77	1,72	1,67	1,63	1,60	1,55	1,49	1,42	1,34	1,26	1,00
	0,95	3,84	3,00	2,60	2,37	2,21	2,10	2,01	1,94	1,88	1,83	1,75	1,67	1,57	1,46	1,35	1,00
	0,975	5,02	3,69	3,12	2,79	2,57	2,41	2,29	2,19	2,11	2,05	1,94	1,83	1,71	1,57	1,43	1,00
	0,990	6,63	4,61	3,78	3,32	3,02	2,80	2,64	2,51	2,41	2,32	2,18	2,04	1,88	1,70	1,52	1,00
	0,995	7,88	5,30	4,28	3,72	3,35	3,09	2,90	2,74	2,62	2,52	2,36	2,19	2,00	1,79	1,59	1,00
	0,999	10,8	6,91	5,42	4,62	4,10	3,74	3,47	3,27	3,10	2,96	2,74	2,51	2,27	1,99	1,73	1,00

NOTE — $F_\alpha(f_1, f_2) = 1/F_{(1-\alpha)}(f_2, f_1)$

Tabelle 5 — Üblicher Umfang zweier Stichproben $n_1 = n_2$ zur Erzielung einer vorgegebenen Schärfe 1 - β (= 0,9; 0,8 oder 0,5) bei einseitigen Tests mit H_0: $p_1 \leq p_2$ und $\alpha = 0,05$ für verschiedene Paare von p_1 und p_2 mit $p_1 > p_2$

p_2	p_1									
	0,95	0,9	0,8	0,7	0,6	0,5	0,4	0,3	0,2	0,1
0,9	503 371 184									
0,8	89 67 38	232 173 87								
0,7	42 34 19	74 6 31	338 249 121							
0,6	25 20 12	39 30 17	97 73 37	408 302 143						
0,5	18 14 9	25 9 11	47 36 19	111 84 43	445 321 155					
0,4	13 11 7	17 13 9	30 23 12	53 41 22	116 85 43	445 321 155				
0,3	10 9 6	12 10 6	18 15 9	31 23 12	53 41 22	111 84 43	408 302 143			
0,2	8 6 5	10 8 5	12 10 6	18 15 9	30 23 12	47 36 19	97 73 37	338 249 121		
0,1	6 5 3	8 6 3	10 8 5	12 10 6	17 13 9	25 19 11	39 30 17	74 56 31	232 173 87	
0,05	5 5 3	6 5 3	8 6 5	10 9 6	13 11 7	18 14 9	25 20 12	42 34 19	89 67 38	503 371 184

ANMERKUNG: In jedem Feld der Tabelle ist die obere Zahl der übliche Stichprobenumfang $n_1 = n_2$, der zu $1 - \beta = 0,9$ führt, die mittlere bzw. die untere Zahl führen zu $1 - \beta = 0,8$ bzw. 0,5. Sind beispielsweise $p_1 = 0,9$ und $p_2 = 0,8$, müssen $n_1 = n_2 = 232$ Einheiten entnommen werden, um zu $1 - \beta = 0,9$ zu gelangen, $n_1 = n_2 = 173$, um zu $1 - \beta = 0,8$ und nur $n_1 = n_2 = 87$, um zu $1 - \beta = 0,5$ zu gelangen.

Table 5 — Common size of the two samples, $n_1 = n_2$, to obtain a given power, $1-\beta$ (= 0,9; 0,8 or 0,5), the tests being one-sided with H_0: $p_1 \leqslant p_2$ and $\alpha = 0,05$ for various pairs of p_1 and p_2 with $p_1 > p_2$

p_2	p_1									
	0,95	0,9	0,8	0,7	0,6	0,5	0,4	0,3	0,2	0,1
0,9	503 371 184									
0,8	89 67 38	232 173 87								
0,7	42 34 19	74 56 31	338 249 121							
0,6	25 20 12	39 30 17	97 73 37	408 302 143						
0,5	18 14 9	25 19 11	47 36 19	111 84 43	445 321 155					
0,4	13 11 7	17 13 9	30 23 12	53 41 22	116 85 43	445 321 155				
0,3	10 9 6	12 10 6	18 15 9	31 23 12	53 41 22	111 84 43	408 302 143			
0,2	8 6 5	10 8 5	12 10 6	18 15 9	30 23 12	47 36 19	97 73 37	338 249 121		
0,1	6 5 3	8 6 3	10 8 5	12 10 6	17 13 9	25 19 11	39 30 17	74 56 31	232 173 87	
0,05	5 5 3	6 5 3	8 6 5	10 9 6	13 11 7	18 14 9	25 20 12	42 34 19	89 67 38	503 371 184

NOTE — In each cell of the table the upper figure is the common sample size, $n_1 = n_2$, giving $1-\beta = 0,9$, the middle figure and the lower figure giving $1-\beta = 0,8$ and 0,5. For instance, if $p_1 = 0,9$ and $p_2 = 0,8$, one must take $n_1 = n_2 = 232$ units to have $1-\beta = 0,9$, $n_1 = n_2 = 173$ to have $1-\beta = 0,8$ and only $n_1 = n_2 = 87$ to have $1-\beta = 0,5$.

Tabelle 6 — Üblicher Umfang zweier Stichproben $n_1 = n_2$ zur Erzielung einer vorgegebenen Schärfe $1 - \beta$ (= 0,9; 0,8 oder 0,5) bei einseitigen Tests mit H_0: $p_1 \leq p_2$ und $\alpha = 0{,}01$ für verschiedene Paare von p_1 und p_2 mit $p_1 > p_2$

p_2	p_1									
	0,95	0,9	0,8	0,7	0,6	0,5	0,4	0,3	0,2	0,1
0,9	745 583 333									
0,8	130 101 61	344 269 155								
0,7	60 49 32	108 86 52	503 393 221							
0,6	37 31 18	56 46 27	143 113 66	609 475 265						
0,5	25 20 14	35 29 18	69 55 34	163 129 73	667 519 285					
0,4	18 16 10	24 20 13	42 34 21	77 60 35	171 137 78	667 519 285				
0,3	14 12 9	18 15 10	28 22 13	43 35 22	77 60 35	163 129 73	609 475 265			
0,2	12 9 6	13 12 8	18 16 9	28 22 13	42 34 21	69 55 34	143 113 66	503 393 221		
0,1	9 8 6	9 9 6	13 12 8	18 15 10	24 20 13	35 29 18	56 46 27	108 86 52	344 269 155	
0,05	8 6 5	9 8 6	12 9 6	14 12 9	18 16 10	25 20 14	37 31 18	60 49 32	130 101 61	745 583 333

ANMERKUNG: In jedem Feld der Tabelle ist die obere Zahl der übliche Stichprobenumfang $n_1 = n_2$, der zu $1 - \beta = 0{,}9$ führt, die mittlere bzw. die untere Zahl führen zu $1 - \beta = 0{,}8$ bzw. 0,5. Sind beispielsweise $p_1 = 0{,}9$ und $p_2 = 0{,}8$, müssen $n_1 = n_2 = 344$ Einheiten entnommen werden, um zu $1 - \beta = 0{,}9$ zu gelangen, und nur $n_1 = n_2 = 155$, um zu $1 - \beta = 0{,}5$ zu gelangen.

Table 6 — Common size of the two samples, $n_1 = n_2$, to obtain a given power, $1-\beta$ (= 0,9; 0,8 or 0,5), the tests being one-sided with H_0: $p_1 \leqslant p_2$ and $\alpha = 0{,}01$ for various pairs of p_1 and p_2 with $p_1 > p_2$

p_2	p_1									
	0,95	0,9	0,8	0,7	0,6	0,5	0,4	0,3	0,2	0,1
0,9	745 583 333									
0,8	130 101 61	344 269 155								
0,7	60 49 32	108 86 52	503 393 221							
0,6	37 31 18	56 46 27	143 113 66	609 475 265						
0,5	25 20 14	35 29 18	69 55 34	163 129 73	667 519 285					
0,4	18 16 10	24 20 13	42 34 21	77 60 35	171 137 78	667 519 285				
0,3	14 12 9	18 15 10	28 22 13	43 35 22	77 60 35	163 129 73	609 475 265			
0,2	12 9 6	13 12 8	18 16 9	28 22 13	42 34 21	69 55 34	143 113 66	503 393 221		
0,1	9 8 6	9 9 6	13 12 8	18 15 10	24 20 13	35 29 18	56 46 27	108 86 52	344 269 155	
0,05	8 6 5	9 8 6	12 9 6	14 12 9	18 16 10	25 20 14	37 31 18	60 49 32	130 101 61	745 583 333

NOTE — In each cell of the table the upper figure is the common sample size, $n_1 = n_2$, giving $1-\beta = 0{,}9$, the middle figure and the lower figure giving $1-\beta = 0{,}8$ and 0,5. For instance, if $p_1 = 0{,}9$ and $p_2 = 0{,}8$, one must take $n_1 = n_2 = 344$ units to have $1-\beta = 0{,}9$, and only $n_1 = n_2 = 155$ to have $1-\beta = 0{,}5$.

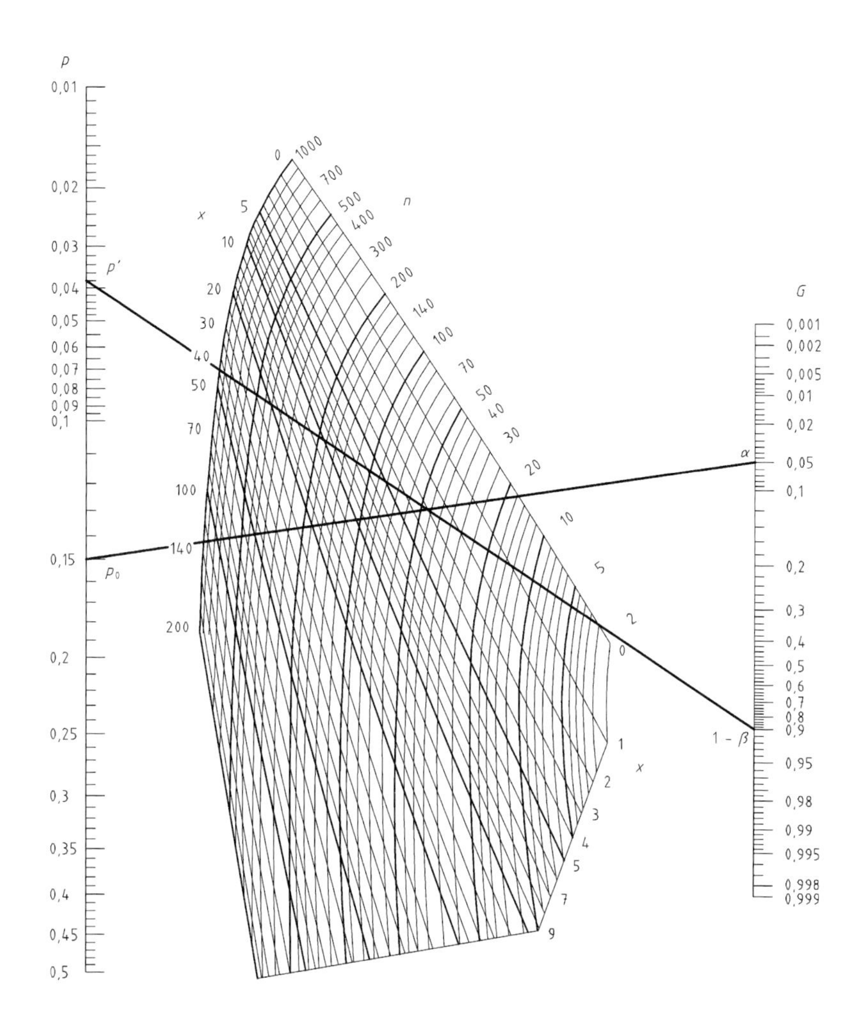

ANMERKUNG Falls $p < 0{,}01$, ist auf der p-Skala λp anstelle von p zu markieren, und die Werte auf der n-Skala sind mit λ zu multiplizieren. λ ist aus $0{,}01/p$, gerundet auf die nächst größere ganze Zahl, zu ermitteln.

Bild 2 — Larson-Nomogramm der Binomialverteilung

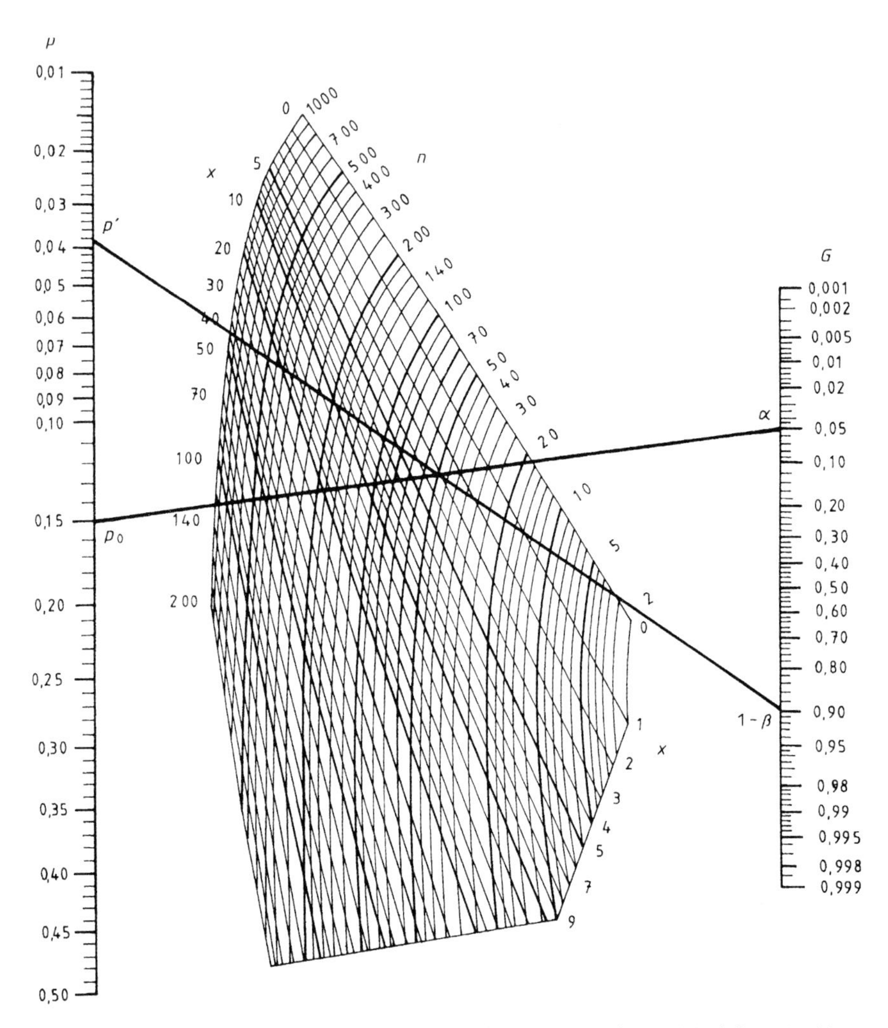

NOTE — If $p < 0{,}01$ mark λp instead of p on the p-scale and multiply the values on the n-scale by λ. Determine λ from $0{,}01/p$ rounded to the next larger integer.

Figure 2 — Larson nomogragh of binomial distribution

Anhang A
(normativ)

Berechnung der Operationscharakteristik des Tests nach den Formblättern B

A.1 Einseitiger Test mit H_0: $p \geq p_0$

Merkmal:
Verfahren zur Ermittlung:
Einheiten:
Kriterium für die Identifizierung der Zieleinheiten:
Anmerkungen:

Vorgegebener Wert p_0 =
Gewähltes Signifikanzniveau: α =
Stichprobenumfang: n =
Anteil, für den die Wahrscheinlichkeit, H_0 nicht zu verwerfen, zu berechnen ist: p' =

Wenn der(die) n und p_0 entsprechende(n) kritische(n) Wert(e) für das festgelegte Signifikanzniveau α nicht bekannt ist(sind), ist(sind) er(sie) nach den Formblättern B zu berechnen:

$C_{l,o}$ =

Ermittlung der Wahrscheinlichkeit, H_0 nicht zurückzuweisen, sowie Ermittlung von P_a und sich ergebender Werte:

Ist H_0 wahr, ist die Wahrscheinlichkeit des Fehlers 1. Art $1 - P_a$. Das erreichte Signifikanzniveau α' ist gleich der Wahrscheinlichkeit des Fehlers 1. Art, wenn $p' = p_0$ ist.

Ist die Alternativhypothese wahr, ist die Wahrscheinlichkeit des Fehlers 2. Art P_a.

Berechnung:

$$u' = 2\left[\sqrt{(C_{l,o} + 1)(1 - p')} - \sqrt{(n - C_{l,o})p'}\right] =$$

Ablesen aus Tabelle 3: $\Phi(u') =$

Ergebnisse:

$P_a = 1 - \Phi(u') =$

wenn $p' = p_0$: $\alpha' = \Phi(u') =$

wenn $p' < p_0$: $\beta = 1 - \Phi(u') =$

Annex A
(normative)

Computation of the operating characteristic of the test according to the B forms

A.1 One-sided test with H_0: $p \geqslant p_0$

Characteristic: Determination procedure: Items: Criterion for the identification of target items: Notes:
Given value $p_0 =$ Significance level chosen: $\alpha =$ Sample size: $n =$ Proportion for which the probability of not rejecting H_0 is to be computed: $p' =$ If the critical value(s) corresponding to n and p_0 for the specified significance level α is (are) not known, it (they) is (are) to be computed according to the B forms: $C_{l,o} =$
Determination of the probability of not rejecting H_0, P_a and resulting values: If H_0 is true, the probability of the error of the first kind is $1 - P_a$. The achieved significance level, α', is equal to the probability of the error of the first kind when $p' = p_0$. If the alternative hypothesis is true, the probability of the error of the second kind is P_a. Computation: $u' = 2\left[\sqrt{(C_{l,o}+1)(1-p')} - \sqrt{(n - C_{l,o})p'}\right] =$ Read from table 3: $\Phi(u') =$ Results: $P_a = 1 - \Phi(u') =$ if $p' = p_0$: $\alpha' = \Phi(u') =$ if $p' < p_0$: $\beta = 1 - \Phi(u') =$

A.2 Einseitiger Test für H_0: $p \leq p_0$

<table>
<tr><td>Merkmal:
Verfahren zur Ermittlung:
Einheiten:
Kriterium für die Identifizierung der Zieleinheiten:
Anmerkungen:</td></tr>
<tr><td>Vorgegebener Wert $p_0 =$
Gewähltes Signifikanzniveau: $\alpha =$
Stichprobenumfang: $n =$
Anteil, für den die Wahrscheinlichkeit, H_0 nicht zu verwerfen, zu berechnen ist: $p' =$

Wenn der(die) n und p_0 entsprechende(n) kritische(n) Wert(e) für das festgelegte Signifikanzniveau α nicht bekannt ist(sind), ist(sind) er(sie) nach den Formblättern B zu berechnen:

$C_{u,o} =$</td></tr>
<tr><td>Ermittlung der Wahrscheinlichkeit, H_0 nicht zurückzuweisen, sowie Ermittlung von P_a und sich ergebender Werte:

Ist H_0 wahr, ist die Wahrscheinlichkeit des Fehlers 1. Art $1 - P_a$. Das erreichte Signifikanzniveau α' ist gleich der Wahrscheinlichkeit des Fehlers 1. Art, wenn $p' = p_0$ ist.

Ist die Alternativhypothese wahr, ist die Wahrscheinlichkeit des Fehlers 2. Art P_a.

Berechnung:

$u'' = 2\left[\sqrt{C_{u,o}(1-p')} - \sqrt{(n - C_{u,o} + 1)p'}\right] =$

Ablesen aus Tabelle 3: $\Phi(u'') =$

Ergebnisse:

$P_a = \Phi(u'') =$

wenn $p' = p_0$: $\alpha' = 1 - \Phi(u'') =$

wenn $p' > p_0$: $\beta = \Phi(u'') =$</td></tr>
</table>

A.2 One-sided test with H_0: $p \leqslant p_0$

Characteristic:
Determination procedure:
Items:
Criterion for the identification of target items:
Notes:

Given value $p_0 =$
Significance level chosen: $\alpha =$
Sample size: $n =$
Proportion for which the probability of not rejecting H_0 is to be computed: $p' =$

If the critical value(s) corresponding to n and p_0 for the specified significance level α is (are) not known, it (they) is (are) to be computed according to the B forms:

$C_{u,o} =$

Determination of the probability of not rejecting H_0, P_a and resulting values:

If H_0 is true, the probability of the error of the first kind is $1-P_a$. The achieved significance level, α', is equal to the probability of the error of the first kind when $p' = p_0$.

If the alternative hypothesis is true, the probability of the error of the second kind is P_a.

Computation:

$$u'' = 2\left[\sqrt{C_{u,o}(1-p')} - \sqrt{(n - C_{u,o} + 1)p'}\right] =$$

Read from table 3: $\Phi(u'') =$

Results:

$P_a = \Phi(u'') =$

if $p' = p_0$: $\alpha' = 1 - \Phi(u'') =$

if $p' > p_0$: $\beta = \Phi(u'') =$

A.3 Zweiseitiger Test für H_0: $p = p_0$

Merkmal:
Verfahren zur Ermittlung:
Einheiten:
Kriterium für die Identifizierung der Zieleinheiten:
Anmerkungen:

Vorgegebener Wert $p_0 =$
Gewähltes Signifikanzniveau: $\alpha =$
Stichprobenumfang: $n =$
Anteil, für den die Wahrscheinlichkeit, H_0 nicht zu verwerfen, zu berechnen ist: $p' =$

Wenn der(die) n und p_0 entsprechende(n) kritische(n) Wert(e) für das festgelegte Signifikanzniveau α nicht bekannt ist(sind), ist(sind) er(sie) nach den Formblättern B zu berechnen:

$C_{\mathrm{l,t}} =$ $C_{\mathrm{u,t}} =$

Ermittlung der Wahrscheinlichkeit, H_0 nicht zurückzuweisen, sowie Ermittlung von P_{a} und sich ergebender Werte:

Ist H_0 wahr, ist die Wahrscheinlichkeit des Fehlers 1. Art $1 - P_{\mathrm{a}}$. Das erreichte Signifikanzniveau α' ist gleich der Wahrscheinlichkeit des Fehlers 1. Art, wenn $p' = p_0$ ist.

Ist die Alternativhypothese wahr, ist die Wahrscheinlichkeit des Fehlers 2. Art P_{a}

Berechnung:

$$u' = 2\left[\sqrt{(C_{\mathrm{l,t}} + 1)(1 - p')} - \sqrt{(n - C_{\mathrm{l,t}})p'}\right] =$$

$$u'' = 2\left[\sqrt{C_{\mathrm{u,t}}(1 - p')} - \sqrt{(n - C_{\mathrm{u,t}} + 1)p'}\right] =$$

Ablesen aus Tabelle 3: $\Phi(u') =$

$\Phi(u'') =$

Ergebnisse:

$P_{\mathrm{a}} = \Phi(u'') - \Phi(u') =$

wenn $p' = p_0$: $\alpha' = 1 - \Phi(u'') + \Phi(u') =$

wenn $p' \neq p_0$: $\beta = \Phi(u'') - \Phi(u') =$

A.3 Two-sided test with H_0: $p = p_0$

Characteristic:
Determination procedure:
Items:
Criterion for the identification of target items:
Notes:

Given value $p_0 =$
Significance level chosen: $\alpha =$
Sample size: $n =$
Proportion for which the probability of not rejecting H_0 is to be computed: $p' =$

If the critical value(s) corresponding to n and p_0 for the specified significance level α is (are) not known it (they) is (are) to be computed according to the B forms:

$C_{l,t} =$ $C_{u,t} =$

Determination of the probability of not rejecting H_0, P_a and resulting values:

If H_0 is true, the probability of the error of the first kind is $1 - P_a$. The achieved significance level, α', is equal to the probability of the error of the first kind when $p' = p_0$.

If the alternative hypothesis is true, the probability of the error of the second kind is P_a.

Computation:

$$u' = 2\left[\sqrt{(C_{l,t} + 1)(1 - p')} - \sqrt{(n - C_{l,t})p'}\right] =$$

$$u'' = 2\left[\sqrt{C_{u,t}(1 - p')} - \sqrt{(n - C_{u,t} + 1)p'}\right] =$$

Read from table 3: $\Phi(u') =$

$\Phi(u'') =$

Results:

$$P_a = \Phi(u'') - \Phi(u') =$$

if $p' = p_0$: $\alpha' = 1 - \Phi(u'') + \Phi(u') =$

if $p' \neq p_0$: $\beta = \Phi(u'') - \Phi(u') =$

Anhang B
(informativ)

Beispiele für ausgefüllte Formblätter

B.1 Formblätter A

B.1.1 Beispiel 1: Formblatt A-2: Einseitig nach unten begrenzter Vertrauensbereich für den Anteil p

Merkmal: Vorhandensein von Videorecordern in Haushalten
Verfahren zur Ermittlung: Befragung
Einheiten: Haushalte in einem vorgegebenen Bereich
Kriterium für die Identifizierung der Zieleinheiten: Vorhandensein mindestens eines Videorecorders
Anmerkungen:

Gewähltes Vertrauensniveau: $1 - \alpha = 0{,}95$
Stichprobenumfang: $n = 20$
Anzahl der Zieleinheiten in der Stichprobe: $x = 14$

Ermittlung der Vertrauensgrenzen:

a) Verfahren für $n \leq 30$ ☒

1) Fall $x = 0$ ☐
$p_{l,o} = 0$

2) Fall $x > 0$ ☒
Ablesen des Werts aus Tabelle 2 für die bekannten Werte n, $X = n - x$ und $q = 1 - \alpha$:
$T_{(1-\alpha)}(n, n - x) = 0{,}508$
Berechnung:
$p_{l,o} = 1 - T_{(1-\alpha)}(n, n - x) = 0{,}492$

b) Verfahren für $n > 30$ ☐

1) Fall $x = 0$ ☐
$p_{l,o} = 0$

2) Fall $x = n$ ☐
Berechnung:
$p_{l,o} = \alpha^{1/n} =$

3) Fall $0 < x < n$ ☐
Ablesen des Werts aus Tabelle 3 für $q = 1 - \alpha$: $u_{1-\alpha} =$
Ablesen des Werts d entsprechend dem gewählten Vertrauensniveau:

$1 - \alpha$	0,90	0,95	0,99
d	0,411	0,677	1,353

Berechnung:
$$p_{l,o} = p_* + (1 - 2p_*)d/(n+1) - u_{1-\alpha}\sqrt{p_*(1-p_*)[1-d/(n+1)]/(n+1)} =$$
mit $p_* = x/(n+1)$

Ergebnis:
$p_{l,o} = 0{,}492 \leq p$

Annex B
(informative)

Examples of completed forms

B.1 A forms

B.1.1 Example 1: Form A-2 — One-sided, with lower limit confidence interval for the proportion p

Characteristic: Existence of video recorders in homes
Determination procedure: Interviews
Items: Homes in a defined area
Criterion for the identification of target items: At least one video recorder existing
Notes:

Confidence level chosen: $1-\alpha = 0{,}95$
Sample size: $n = 20$
Number of target items in the sample: $x = 14$

Determination of confidence limits:

a) Procedure for $n \leqslant 30$ ☒

1) Case $x = 0$ ☐

$p_{l,o} = 0$

2) Case $x > 0$ ☒

Read the value from table 2 for the known n, $X = n - x$ and $q = 1-\alpha$:

$T_{(1-\alpha)}(n, n-x) = 0{,}508$

Computation:

$p_{l,o} = 1 - T_{(1-\alpha)}(n, n-x) = 0{,}492$

b) Procedure for $n > 30$ ☐

1) Case $x = 0$ ☐

$p_{l,o} = 0$

2) Case $x = n$ ☐

Computation:

$p_{l,o} = \alpha^{1/n} =$

3) Case $0 < x < n$ ☐

Read the value from table 3 for $q = 1-\alpha$: $u_{1-\alpha} =$

Read the value of d corresponding to the confidence level chosen:

$1-\alpha$	0,90	0,95	0,99
d	0,411	0,677	1,353

Computation:

$p_{l,o} = p_* + (1-2p_*)d/(n+1) - u_{1-\alpha}\sqrt{p_*(1-p_*)[1-d/(n+1)]/(n+1)} =$

with $p_* = x/(n+1)$

Result:

$p_{l,o} = 0{,}492 \quad \leqslant p$

B.1.2 Beispiel 2: Formblatt A-3: Zweiseitiger Vertrauensbereich für den Anteil p

Merkmal: Vorhandensein von Videorecordern in Haushalten
Verfahren zur Ermittlung: Befragung
Einheiten: Haushalte in einem vorgegebenen Bereich
Kriterium für die Identifizierung der Zieleinheiten: Vorhandensein mindestens eines Videorecorders
Anmerkungen:

Gewähltes Vertrauensniveau: $1 - \alpha = 0{,}99$
Stichprobenumfang: $n = 90$
Anzahl der Zieleinheiten in der Stichprobe: $x = 19$

Ermittlung der Vertrauensgrenzen:

a) Verfahren für $n \leq 30$ ☐

1) Obere Vertrauensgrenze

— Fall $x = n$ ☐

$p_{u,t} = 1$

— Fall $x < n$ ☐

Ablesen des Werts aus Tabelle 2 für die bekannten Werte n, $X = x$ und $q = 1 - \alpha/2$ (Dieser Wert ist die Vertrauensgrenze):

$T_{(1-\alpha/2)}(n, x) = p_{u,t} =$

2) Untere Vertrauensgrenze

— Fall $x = 0$ ☐

— Fall $x > 0$ ☐

Ablesen des Werts aus Tabelle 2 für die bekannten Werte n, $X = n - x$ und $q = 1 - \alpha/2$:

$T_{(1-\alpha/2)}(n, n - x) =$

Berechnung:

$p_{l,t} = 1 - T_{(1-\alpha/2)}(n, n - x) =$

b) Verfahren für $n > 30$ ☒

1) Obere Vertrauensgrenze ☐

— Fall $x = 0$ ☐

Berechnung:

$p_{u,t} = 1 - (\alpha/2)^{1/n} =$

— Fall $x = n$ ☐

$p_{u,t} = 1$

B.1.2 Example 2: Form A-3 — Two-sided confidence interval for the proportion p

Characteristic: Existence of video recorders in homes
Determination procedure: Interviews
Items: Homes in a defined area
Criterion for the identification of target items: At least one video recorder existing
Notes:

Confidence level chosen: $1-\alpha = 0,99$
Sample size: $n = 90$
Number of target items in the sample: $x = 19$

Determination of confidence limits:

a) Procedure for $n \leqslant 30$ ☐

1) Upper confidence limit

— Case $x = n$ ☐
$p_{u,t} = 1$

— Case $x < n$ ☐

Read the value from table 2 for the known n, $X = x$ and $q = 1-\alpha/2$ (this value is the confidence limit):
$T_{(1-\alpha/2)}(n, x) = p_{u,t} =$

2) Lower confidence limit

— Case $x = 0$ ☐

— Case $x > 0$ ☐

Read the value from table 2 for the known n, $X = n - x$, and $q = 1-\alpha/2$:
$T_{(1-\alpha/2)}(n, n-x) =$
Computation:
$p_{l,t} = 1 - T_{(1-\alpha/2)}(n, n-x) =$

b) Procedure for $n > 30$ ☒

1) Upper confidence limit ☐

— Case $x = 0$ ☐
Computation
$p_{u,t} = 1-(\alpha/2)^{1/n} =$

— Case $x = n$ ☐
$p_{u,t} = 1$

— Fall $0 < x < n$ ☒

Ablesen des Werts aus Tabelle 3 für $q = 1 - \alpha/2$: $u_{1-\alpha/2} = 2{,}576$

Ablesen des Werts d entsprechend dem gewählten Vertrauensniveau:

$1-\alpha$	0,90	0,95	0,99
d	0,677	0,960	1,659

Berechnung:

$$p_{u,t} = p_* + (1-2p_*)d/(n+1) + u_{1-\alpha/2}\sqrt{p_*(1-p_*)[1-d/(n+1)]/(n+1)} = 0{,}341$$

mit $p_* = (x+1)/(n+1)$

2) Untere Vertrauensgrenze

— Fall $x = 0$

$p_{l,t} = 0$

— Fall $x = n$ ☐

Berechnung:

$$p_{l,t} = (\alpha/2)^{1/n} =$$

— Fall $0 < x < n$ ☒

Ablesen des Werts aus Tabelle 3 für $q = 1 - \alpha/2$: $u_{1-\alpha/2} = 2{,}576$

Ablesen des Werts d entsprechend dem gewählten Vertrauensniveau:

$1-\alpha$	0,90	0,95	0,99
d	0,677	0,960	1,659

Berechnung:

$$p_{l,t} = p_* + (1-2p_*)d/(n+1) - u_{1-\alpha/2}\sqrt{p_*[(1-p_*)(1-d)/(n+1)]/(n+1)} = 0{,}111$$

mit $p_* = x/(n+1)$

Ergebnisse:

$p_{l,t} = 0{,}111$; $p_{u,t} = 0{,}341$; $p_{l,t} \le p \le p_{u,t}$

— Case $0 < x < n$ ☒

Read the value from table 3 for $q = 1 - \alpha/2$: $u_{1-\alpha/2} = 2{,}576$
Read the value of d corresponding to the confidence level chosen:

$1-\alpha$	0,90	0,95	0,99
d	0,677	0,960	1,659

Computation:

$$p_{u,t} = p_* + (1 - 2p_*)d/(n+1) + u_{1-\alpha/2}\sqrt{p_*(1-p_*)[1-d/(n+1)]/(n+1)} = 0{,}341$$

with $p_* = (x+1)/(n+1)$

2) Lower confidence limit

— Case $x = 0$ ☐
$p_{l,t} = 0$

— Case $x = n$ ☐
Computation
$p_{l,t} = (\alpha/2)^{1/n} =$

— Case $0 < x < n$ ☒

Read the value from table 3 for $q = 1 - \alpha/2$: $u_{1-\alpha/2} = 2{,}576$
Read the value of d corresponding to the confidence level chosen:

$1-\alpha$	0,90	0,95	0,99
d	0,677	0,960	1,659

Computation:

$$p_{l,t} = p_* + (1 - 2p_*)d/(n+1) - u_{1-\alpha/2}\sqrt{p_*[(1-p_*)(1-d)/(n+1)]/(n+1)} = 0{,}111$$

with $p_* = x/(n+1)$

Results:
$p_{l,t} = 0{,}111$; $p_{u,t} = 0{,}341$; $p_{l,t} \leqslant p \leqslant p_{u,t}$

B.2 Formblätter B

B.2.1 Beispiel 1: Formblatt B-2: Vergleich des Anteils p mit einem vorgegebenen Wert p_0 bei einseitigem Test mit H_0: $p \leq p_0$

Merkmal: Vorhandensein von Videorecordern in Haushalten
Verfahren zur Ermittlung: Befragung
Einheiten: Haushalte in einem vorgegebenen Bereich
Kriterium für die Identifizierung der Zieleinheiten: Vorhandensein mindestens eines Videorecorders
Anmerkungen:

Vorgegebener Wert $p_0 = 0{,}48$
Gewähltes Signifikanzniveau: $\alpha = 0{,}05$
Stichprobenumfang: $n = 20$
Anzahl der in der Stichprobe gefundenen Zieleinheiten: $x = 14$

Testverfahren:

I Der(Die) kritische(n) Wert(e) ist(sind) bereits bekannt (siehe 7.2.1 und, sofern anwendbar, die Ermittlung der kritischen Werte unten): ☐

$C_{u,o} =$

H_0 wird verworfen, wenn $x > C_{u,o}$; anderenfalls wird H_0 nicht verworfen.

II Der(Die) kritische(n) Wert(e) ist(sind) nicht bekannt: ☒

a) Fall $x \leq p_0 n$ ☐

H_0 wird nicht verworfen

b) Fall $x > p_0 n$ ☒

1) Verfahren für $n \leq 30$ ☒

Ermitteln der einseitigen unteren Vertrauensgrenze für n, x und das Vertrauensniveau $(1 - \alpha)$ nach Formblatt A-2

$p_{l,o} = 0{,}492$

H_0 wird verworfen, wenn $p_{l,o} > p_0$; anderenfalls wird H_0 nicht verworfen.

2) Verfahren für $n > 30$ ☐

— Fall $x = n$ ☐

Berechnung:

$p_{l,o} = \alpha^{1/n} =$ [siehe Formblatt A-2 b) 2)]

H_0 wird verworfen, wenn $p_{l,o} > p_0$; anderenfalls wird H_0 nicht verworfen.

— Fall $0 < x < n$ ☐

Ablesen des Werts aus Tabelle 3 für $q = 1 - \alpha$: $u_{1-\alpha} =$

Berechnung:

$$u_2 = 2\left[\sqrt{x(1-p_0)} - \sqrt{(n-x+1)p_0}\right] =$$

H_0 wird verworfen, wenn $u_2 > u_{1-\alpha}$; anderenfalls wird H_0 nicht verworfen.

B.2 B forms

B.2.1 Example 1: Form B-2 — Comparison of proportion p with a given value p_0 and with one-sided test with H_0: $p \leqslant p_0$

Characteristic: Existence of video recorders in homes
Determination procedure: Interviews
Items: Homes in a defined area
Criterion for the identification of target items: At least one video recorder existing
Notes:

Given value $p_0 = 0{,}48$
Significance level chosen: $\alpha = 0{,}05$
Sample size: $n = 20$
Number of target items found in the sample: $x = 14$

Test procedure:

I The critical value(s) is (are) already known (see 7.2.1 and, if applicable, the determination of critical values below): ☐

$C_{u,o} =$

H_0 is rejected if $x > C_{u,o}$; otherwise it is not rejected.

II The critical value(s) is (are) not known: ☒

a) Case $x \leqslant p_0 n$ ☐

H_0 is not rejected.

b) Case $x > p_0 n$ ☒

1) Procedure for $n \leqslant 30$ ☒

Determine according to form A-2 the one-sided lower confidence limit for n, x and the confidence level $(1-\alpha)$:

$p_{l,o} = 0{,}492$

H_0 is rejected if $p_{l,o} > p_0$; otherwise it is not rejected.

2) Procedure for $n > 30$ ☐

— Case $x = n$ ☐

Computation:

$p_{l,o} = \alpha^{1/n} =$ [see form A-2 b) 2)]

H_0 is rejected if $p_{l,o} > p_0$; otherwise it is not rejected.

— Case $0 < x < n$ ☐

Read the value from table 3 for $q = 1-\alpha$: $u_{1-\alpha} =$

Computation:

$u_2 = 2\left[\sqrt{x(1-p_0)} - \sqrt{(n-x+1)p_0}\right] =$

H_0 is rejected if $u_2 > u_{1-\alpha}$; otherwise it is not rejected.

Testergebnis:

H_0 wird verworfen ☒

H_0 wird nicht verworfen ☐

Ermittlung der kritischen Werte:

$C_{u,o}$ ist die größte ganze Zahl x, für die der Test nach Formblatt B-2-II nicht zum Verwerfen der Nullhypothese führt. $C_{u,o}$ wird iterativ durch wiederholte Anwendung von Formblatt B-2-II mit verschiedenen Werten von x[1] ermittelt. Dabei sind solche Werte von x zu ermitteln, die voneinander um 1 abweichen, und von denen einer zum Verwerfen der Nullhypothese führt, während der andere das nicht tut. Sofern erwünscht, kann ein Anfangswert für x, x_{start} wie folgt ermittelt werden.

Berechnung:

np_0, auf die nächste ganze Zahl gerundet, ist $x^* = 10$

$p_{u,o|x=x^*} = 0{,}699$ ($p_{u,o|x=x^*}$ aus Formblatt A-1)

$np_{u,o|x=x^*}$, gerundet auf die nächste ganze Zahl, ist $x_{start} = 14$

Auswertung der Testergebnisse entsprechend Formblatt B-2-II:

für $x \leq C_{u,o} = 13$ — H_0 wird nicht verworfen

für $x \geq C_{u,o} + 1 = 14$ — H_0 wird verworfen

Ergebnis:

$C_{u,o} = 13$

1) Der kritische Wert bzw. einer der kritischen Werte existiert gegebenenfalls nicht für Extremwerte von p_0 und/oder für einen sehr kleinen Stichprobenumfang n.

Test result:

H_0 is rejected ☒

H_0 is not rejected ☐

Determination of the critical values:

$C_{u,o}$ is the largest integer x for which the test according to form B-2-II does not lead to the rejection of the null hypothesis. $C_{u,o}$ is to be determined iteratively through repeated application of form B-2-II with different values of x [1]. Thereby those values of x are to be determined which differ from each other by 1 and one of which leads to the rejection of the null hypothesis while the other does not. If desired, a start value for x, x_{start} can be obtained as follows.

Computations:

np_0, rounded to the next integer, is $x^* = 10$

$p_{u,o}|_{x=x^*} = 0{,}699$ ($p_{u,o}|_{x=x^*}$ from form A-1)

$np_{u,o}|_{x=x^*}$, rounded to the next integer, is $x_{start} = 14$

Interpretation of the tests results from form B-2-II respectively:

for $x \leqslant C_{u,o} = 13$ — H_0 is not rejected

for $x \geqslant C_{u,o} + 1 = 14$ — H_0 is rejected

Result:

$C_{u,o} = 13$

1) The critical value or one of the critical values, respectively, may not exist for extreme values of p_0 and/or for very small sample sizes n.

B.2.2 Beispiel 2: Formblatt B-3: Vergleich des Anteils p mit einem vorgegebenen Wert p_0 bei zweiseitigem Test mit H_0: $p = p_0$

Merkmal: Vorhandensein von Videorecordern in Haushalten
Verfahren zur Ermittlung: Befragung
Einheiten: Haushalte in einem vorgegebenen Bereich
Kriterium für die Identifizierung der Zieleinheiten: Vorhandensein mindestens eines Videorecorders
Anmerkungen:

Vorgegebener Wert $p_0 = 0{,}33$
Gewähltes Signifikanzniveau: $\alpha = 0{,}01$
Stichprobenumfang: $n = 90$
Anzahl der in der Stichprobe gefundenen Zieleinheiten: $x = 19$

Testverfahren:

I Der(Die) kritische(n) Wert(e) ist(sind) bereits bekannt (siehe 7.2.1 und, sofern anwendbar, die Ermittlung der kritischen Werte unten): ☐

$C_{\mathrm{l,t}} =$ $C_{\mathrm{u,t}} =$

H_0 wird verworfen, wenn $x < C_{\mathrm{l,t}}$ oder wenn $x > C_{\mathrm{u,t}}$; anderenfalls wird H_0 nicht verworfen.

II Der(Die) kritische(n) Wert(e) ist(sind) nicht bekannt: ☒

a) Verfahren für $n \leq 30$ ☐

Ermitteln der zweiseitigen Vertrauensgrenzen für n, x und das Vertrauensniveau $(1 - \alpha)$ nach Formblatt A-3:

$p_{\mathrm{l,t}} =$ und $p_{\mathrm{u,t}} =$

H_0 wird verworfen, wenn $p_{\mathrm{l,t}} > p_0$ oder wenn $p_{\mathrm{u,t}} < p_0$; anderenfalls wird H_0 nicht verworfen.

b) Verfahren für $n > 30$ ☒

1) Fall $x = 0$ ☐

Berechnung:

$p_{\mathrm{u,t}} = 1 - (\alpha/2)^{1/n} =$

H_0 wird verworfen, wenn $p_{\mathrm{u,t}} < p_0$; anderenfalls wird H_0 nicht verworfen.

2) Fall $x = n$ ☐

Berechnung:

$p_{\mathrm{l,t}} = (\alpha/2)^{1/n} =$

H_0 wird verworfen, wenn $p_{\mathrm{l,t}} > p_0$; anderenfalls wird H_0 nicht verworfen.

3) Fall $0 < x < n$ ☒

Ablesen des Werts aus Tabelle 3 für $q = 1 - \alpha/2$: $u_{1-\alpha/2} = 2{,}576$

Berechnungen:

$u_1 = 2\left[\sqrt{(n-x)p_0} - \sqrt{(x+1)(1-p_0)}\right] = 2{,}359\ 707$

$u_2 = 2\left[\sqrt{x(1-p_0)} - \sqrt{(n-x+1)p_0}\right] = -2{,}613\ 021$

H_0 wird verworfen, wenn $u_1 > u_{1-\alpha/2}$ oder wenn $u_2 > u_{1-\alpha/2}$; anderenfalls wird H_0 nicht verworfen.

B.2.2 Example 2: Form B-3 — Comparison of the proportion p with a given value p_0 and with two-sided test with H_0: $p = p_0$

Characteristic: Existence of video recorders in homes
Determination procedure: Interviews
Items: Homes in a defined area
Criterion for the identification of target items: At least one video recorder existing
Notes:

Given value $p_0 = 0{,}33$
Significance level chosen: $\alpha = 0{,}01$
Sample size: $n = 90$
Number of target items found in the sample: $x = 19$

Test procedure:

I The critical value(s) is (are) already known (see 7.2.1 and, if applicable, the determination of critical values below: ☐

$C_{l,t} =$ $C_{u,t} =$

H_0 is rejected if $x < C_{l,t}$ or $x > C_{u,t}$; otherwise it is not rejected.

II The critical value(s) is (are) not known: ☒

a) Procedure for $n \leqslant 30$ ☐

Determine according to form A-3 the two-sided confidence limits for n, x, and the confidence level $(1-\alpha)$:

$p_{l,t} =$ and $p_{u,t} =$

H_0 is rejected if $p_{l,t} > p_0$ or $p_{u,t} < p_0$; otherwise it is not rejected.

b) Procedure for $n > 30$ ☒

1) Case $x = 0$ ☐

Computation:

$p_{u,t} = 1-(\alpha/2)^{1/n} =$

H_0 is rejected if $p_{u,t} < p_0$; otherwise it is not rejected.

2) Case $x = n$ ☐

Computation:

$p_{l,t} = (\alpha/2)^{1/n} =$

H_0 is rejected if $p_{l,t} > p_0$; otherwise it is not rejected.

3) Case $0 < x < n$ ☒

Read the value from table 3 for $q = 1-\alpha/2$: $u_{1-\alpha/2} = 2{,}576$

Computations:

$$u_1 = 2\left[\sqrt{(n-x)p_0} - \sqrt{(x+1)(1-p_0)}\right] = 2{,}359\ 707$$

$$u_2 = 2\left[\sqrt{x(1-p_0)} - \sqrt{(n-x+1)p_0}\right] = -2{,}613\ 021$$

H_0 is rejected if $u_1 > u_{1-\alpha/2}$ or $u_2 > u_{1-\alpha/2}$; otherwise it is not rejected.

Testergebnis:

H_0 wird verworfen ☐

H_0 wird nicht verworfen ☒

Ermittlung der kritischen Werte:

$C_{l,t}$ ist die kleinste nicht negative ganze Zahl x, und $C_{u,t}$ ist die größte ganze Zahl x, für die der Test nach Formblatt B-3-II nicht zum Verwerfen von H_0 führt. $C_{l,t}$ und $C_{u,t}$ werden iterativ durch wiederholte Anwendung von Formblatt B-3-II mit verschiedenen Werten von x[1)] ermittelt. Dabei sind zwei Wertepaare so zu ermitteln, dass in jedem Paar die Werte voneinander um 1 abweichen, und von denen einer der Werte zum Verwerfen der Nullhypothese führt, während der andere das nicht tut. Sofern erwünscht, können Anfangswerte für x, x_{start} wie folgt ermittelt werden.

Berechnungen:

np_0, auf die nächste ganze Zahl gerundet, ist $x^* = 30$

$p_{l,t|x=x^*} = 0{,}210$ $\quad$ $p_{u,t|x=x^*} = 0{,}473$

($p_{l,t|x=x^*}$ und $p_{u,t|x=x^*}$ aus Formblatt A-3)

$np_{l,t|x=x^*}$ gerundet auf die nächste ganze Zahl, ist x_{start} (unterer Wert) = 19

$np_{u,t|x=x^*}$ gerundet auf die nächste ganze Zahl, ist x_{start} (oberer Wert) = 43

Auswertung der Testergebnisse aus Formblatt B-3-II:

für $x \leq C_{l,t} - 1 = 18$ $\quad$ H_0 wird verworfen

für $x = C_{l,t} = 19$ bis $x = C_{u,t} = 42$ $\quad$ H_0 wird nicht verworfen

für $x \geq C_{u,t} + 1 = 43$ $\quad$ H_0 wird verworfen

Ergebnisse:

$C_{l,t} = 19$ $\quad$ $C_{u,t} = 42$

1) Der kritische Wert bzw. einer der kritischen Werte existiert gegebenenfalls nicht für Extremwerte von p_0 und/oder für einen sehr kleinen Stichprobenumfang n.

Test result:

H_0 is rejected ☐

H_0 is not rejected ☒

Determination of the critical values:

$C_{l,t}$ is the smallest non-negative integer x and $C_{u,t}$ is the largest integer x for which the test according to form B-3-II does not lead to the rejection of H_0. $C_{l,t}$ and $C_{u,t}$ are to be determined iteratively through repeated application of form B-3-II with different values of x[1]. Thereby two pairs of values are to be determined such that in each pair the values differ from each other by 1 and one of the values leads to the rejection of the null hypothesis while the other does not. If desired start values for x, x_{start} can be obtained as follows.

Computations:

np_0, rounded to the next integer, is $x^* = 30$

$p_{l,t}|_{x=x^*} = 0{,}210$ $p_{u,t}|_{x=x^*} = 0{,}473$
($p_{l,t}|_{x=x^*}$ and $p_{u,t}|_{x=x^*}$ from form A-3)

$np_{l,t}|_{x=x^*}$, rounded to the next integer, is x_{start} (lower) = 19

$np_{u,t}|_{x=x^*}$, rounded to the next integer, is x_{start} (upper) = 43

Interpretation of the test results from form B-3-II:

for $x \leqslant C_{l,t} - 1 = 18$		H_0 is rejected
for $x = C_{l,t} = 19$	for $x = C_{u,t} = 42$	H_0 is not rejected
for $x \geqslant C_{u,t} + 1 = 43$		H_0 is rejected

Results:

$C_{l,t} = 19$ $C_{u,t} = 42$

---

1) The critical value or one of the critical values, respectively, may not exist for extreme values of p_0 and/or for very small sample sizes n.

B.3 Formblätter C

B.3.1 Beispiel 1: Formblatt C-1: Vergleich zweier Anteile bei einseitigem Test mit H_0: $p_1 \geq p_2$

Merkmal: Vorhandensein von Videorecordern in Haushalten
Verfahren zur Ermittlung: Befragung
Einheiten:

1) Haushalte im Bereich A
2) Haushalte im Bereich B

Kriterium für die Identifizierung der Zieleinheiten: Vorhandensein mindestens eines Videorecorders
Anmerkungen:

Gewähltes Signifikanzniveau: $\alpha = 0{,}05$
Stichprobenumfang 1: $n_1 = 10$
Stichprobenumfang 2: $n_2 = 15$

Anzahl der Zieleinheiten in Stichprobe 1: $x_1 = 8$
Anzahl der Zieleinheiten in Stichprobe 2: $x_2 = 13$

Überprüfung für den Trivialfall:

$$\frac{x_1}{n_1} \geq \frac{x_2}{n_2}$$

ist wahr ☐ ist nicht wahr ☒

Im Fall "wahr" wird die Nullhypothese nicht verworfen, und das Testergebnis kann sofort angegeben werden. Anderenfalls ist das folgende Verfahren anzuwenden, das schließlich zum Verwerfen oder Nichtverwerfen von H_0 führen kann.

Testverfahren für Nichttrivialfälle:

Wenn mindestens einer der vier Werte n_1, n_2, $(x_1 + x_2)$, $(n_1 + n_2 - x_1 - x_2)$ kleiner als oder gleich $(n_1 + n_2)/4$ ist, ist die Binomialapproximation I anzuwenden; anderenfalls die Normalapproximation II. Es kann jedoch, selbst wenn obige Bedingung erfüllt ist, die Normalapproximation angewendet werden, wenn die beiden folgenden Bedingungen erfüllt sind:

— bei Anwendung der Binomialapproximation ist eine Interpolation in der Tabelle der F-Verteilung notwendig;

— n_1 und n_2 sind von gleicher Größenordnung oder $(x_1 + x_2)$ und $(n_1 + n_2 - x_1 - x_2)$ sind von gleicher Größenordnung.

Entscheidung:

Die Binomialapproximation ist anzuwenden (Fortsetzung mit I) ☒

Die Normalapproximation ist anzuwenden (Fortsetzung mit II) ☐

B.3 C forms

B.3.1 Example 1: Form C-1 — Comparison of two proportions with one-sided test with H_0: $p_1 \geqslant p_2$

Characteristic: Existence of video recorders in homes
Determination procedure: Interviews
Items:
1) Home in area A:
2) Home in area B:
Criterion for the identification of target items: At least one video recorder existing
Notes:

Significance level chosen: $\alpha = 0{,}05$
Sample size 1: $n_1 = 10$
Sample size 2: $n_2 = 15$
Number of target items in sample 1: $x_1 = 8$
Number of target items in sample 2: $x_2 = 13$

Check for trivial case:

$$\frac{x_1}{n_1} \geqslant \frac{x_2}{n_2}$$

is true ☐ is not true ☒

In the "true" case, the null hypothesis is not rejected and the test result can be stated immediately. Otherwise the following procedure is to be followed which eventually may lead to rejecting or to not rejecting H_0.

Test procedure for the non-trivial cases:

If at least one of the four values n_1, n_2, $(x_1 + x_2)$, $(n_1 + n_2 - x_1 - x_2)$ is smaller than or equal to $(n_1 + n_2)/4$, the binomial approximation, I, shall be applied; otherwise the normal approximation, II. However, even if the above condition is fulfilled, the normal approximation can be applied if the two following conditions are fulfilled:

— while applying the binomial approximation, interpolation in the F-distribution table is necessary;

— n_1 and n_2 are of the same order of magnitude or $(x_1 + x_2)$ and $(n_1 + n_2 - x_1 - x_2)$ are of the same order of magnitude.

Decision:

The binomial approximation is to be applied (proceed with I). ☒

The normal approximation is to be applied (proceed with II). ☐

I Binomialapproximation

Definition von Hilfsvariablen: K_1, K_2, η_1, η_2:

Sind entweder $[n_2 < n_1$ und $n_2 < (x_1 + x_2)]$

oder $[(n_1 + n_2 - x_1 - x_2) < n_1$ und $(n_1 + n_2 - x_1 - x_2) < (x_1 + x_2)]$,

sind die Hilfsvariablen wie folgt definiert:

$\eta_1 = n_2 = 15$

$\eta_2 = n_1 = 10$

$K_1 = n_2 - x_2 = 2$

$K_2 = n_1 - x_1 = 2$

Anderenfalls sind sie:

$\eta_1 = n_1 =$

$\eta_2 = n_2 =$

$K_1 = x_1 =$

$K_2 = x_2 =$

Berechnung der Teststatistik und Ermittlung der Werte aus Tabellen:

I a) Fall $\eta_1 \leq K_1 + K_2$ ☐

$$F_2 = \frac{(\eta_1 - K_1)(K_1 + 2K_2)}{(K_1 + 1)(\eta_1 + 2\eta_2 - K_1 - 2K_2 + 1)} =$$

Anzahl der Freiheitsgrade der F-Verteilung:

$f_1 = 2(K_1 + 1) =$

$f_2 = 2(\eta_1 - K_1) =$

Ablesen des Werts aus Tabelle 4 für $q = 1 - \alpha$, f_1 und f_2 (erforderlichenfalls interpolieren):

$F_{(1-\alpha)}(f_1, f_2) =$

I b) Fall $\eta_1 > K_1 + K_2$ ☒

$$F_2 = \frac{K_2(2\eta_1 - K_1)}{(K_1 + 1)(2\eta_2 - K_2 + 1)} = 0{,}982\ 456\ 1$$

Anzahl der Freiheitsgrade der F-Verteilung:

$f_1 = 2(K_1 + 1) = 6$

$f_2 = 2K_2 = 4$

Ablesen des Werts aus Tabelle 4 für $q = 1 - \alpha$, f_1 und f_2 (erforderlichenfalls interpolieren):

$F_{(1-\alpha)}(f_1, f_2) = = 6{,}16$

I Binomial approximation

Definition of auxiliary variables: K_1, K_2, η_1, η_2:

If either $[n_2 < n_1$ and $n_2 < (x_1 + x_2)]$

or $[(n_1 + n_2 - x_1 - x_2) < n_1$ and $(n_1 + n_2 - x_1 - x_2) < (x_1 + x_2)]$,

the auxiliary variables are defined as follows:

$\eta_1 = n_2 = 15$

$\eta_2 = n_1 = 10$

$K_1 = n_2 - x_2 = 2$

$K_2 = n_1 - x_1 = 2$

Otherwise they are:

$\eta_1 = n_1 =$

$\eta_2 = n_2 =$

$K_1 = x_1 =$

$K_2 = x_2 =$

Computation of test statistics and determination of values from tables:

I a) Case $\eta_1 \leqslant K_1 + K_2$ ☐

$$F_2 = \frac{(\eta_1 - K_1)(K_1 + 2K_2)}{(K_1 + 1)(\eta_1 + 2\eta_2 - K_1 - 2K_2 + 1)} =$$

Numbers of degrees of freedom of the F-distribution:

$f_1 = 2(K_1 + 1) =$

$f_2 = 2(\eta_1 - K_1) =$

Read the value from table 4 for $q = 1 - \alpha$, f_1 and f_2 (if necessary interpolate):

$F_{(1-\alpha)}(f_1, f_2) =$

I b) Case $\eta_1 > K_1 + K_2$ ☒

$$F_2 = \frac{K_2(2\eta_1 - K_1)}{(K_1 + 1)(2\eta_2 - K_2 + 1)} = 0{,}982\ 456\ 1$$

Numbers of degrees of freedom of the F-distribution:

$f_1 = 2(K_1 + 1) = 6$

$f_2 = 2K_2 = 4$

Read the value from table 4 for $q = 1 - \alpha$, f_1 and f_2 (if necessary interpolate):

$F_{(1-\alpha)}(f_1, f_2) = 6{,}16$

Schlussfolgerung bei Binomialapproximation im nichttrivialen Fall: H_0 wird verworfen, wenn: $F_2 \geq F_{(1-\alpha)}(f_1, f_2)$ Anderenfalls wird H_0 nicht verworfen.
II Normalapproximation Berechnung der Teststatistik und Ermittlung von Werten aus Tabellen: $z_2 = \frac{n_1(x_1 + x_2) - (x_1 + 1/2)(n_1 + n_2)}{\sqrt{n_1 n_2 (x_1 + x_2)(n_1 + n_2 - x_1 - x_2)/(n_1 + n_2)}} =$ Ablesen des Werts aus Tabelle 3 für $q = 1 - \alpha$: $u_{1-\alpha} =$
Schlussfolgerung bei Normalapproximation im nichttrivialen Fall: H_0 wird verworfen, wenn $z_2 \geq u_{1-\alpha}$ Anderenfalls wird H_0 nicht verworfen.
Testergebnis: H_0 wird verworfen ☐ H_0 wird nicht verworfen ☒

Drawing the conclusion in the non-trivial case for the binomial approximation:

H_0 is rejected if:

$$F_2 \geqslant F_{(1-\alpha)}(f_1, f_2)$$

Otherwise H_0 is not rejected.

II Normal approximation

Computation of test statistics and determination of values from tables:

$$z_2 = \frac{n_1(x_1 + x_2) - (x_1 + 1/2)(n_1 + n_2)}{\sqrt{n_1 n_2 (x_1 + x_2)(n_1 + n_2 - x_1 - x_2)/(n_1 + n_2)}} =$$

Read the value from table 3 for $q = 1 - \alpha$: $u_{1-\alpha} =$

Drawing the conclusion in the non-trivial case for the normal approximation:

H_0 is rejected if:

$$z_2 \geqslant u_{1-\alpha}$$

Otherwise H_0 is not rejected.

Test result:

H_0 is rejected ☐

H_0 is not rejected ☒

B.3.2 Beispiel 2: Formblatt C-3: Vergleich zweier Anteile bei zweiseitigem Test mit H_0: $p_1 = p_2$

Merkmal:

1) Vorhandensein von Videorecordern der Marke A in Haushalten
2) Vorhandensein von Videorecordern der Marke B in Haushalten

Verfahren zur Ermittlung: Befragung
Einheiten: Haushalte in einem vorgegebenen Bereich
Kriterium für die Identifizierung der Zieleinheiten:

1) Vorhandensein mindestens eines Videorecorders der Marke A
2) Vorhandensein mindestens eines Videorecorders der Marke B

Anmerkungen:

Gewähltes Signifikanzniveau: $\alpha = 0{,}01$
Stichprobenumfang 1: $n_1 = 95$
Stichprobenumfang 2: $n_2 = 95$
Anzahl der Zieleinheiten in Stichprobe 1: $x_1 = 41$
Anzahl der Zieleinheiten in Stichprobe 2: $x_2 = 21$

Überprüfung für den Trivialfall:

$$\frac{x_1}{n_1} = \frac{x_2}{n_2}$$

ist wahr ☐ ist nicht wahr ☒

Im Fall "wahr" wird die Nullhypothese nicht verworfen, und das Testergebnis kann sofort angegeben werden. Anderenfalls ist das folgende Verfahren anzuwenden, das schließlich zum Verwerfen oder Nichtverwerfen von H_0 führen kann.

Testverfahren für Nichttrivialfälle:

Wenn mindestens einer der vier Werte n_1, n_2, $(x_1 + x_2)$, $(n_1 + n_2 - x_1 - x_2)$ kleiner als oder gleich $(n_1 + n_2)/4$ ist, ist die Binomialapproximation I anzuwenden; anderenfalls die Normalapproximation II. Es kann jedoch, selbst wenn obige Bedingung erfüllt ist, die Normalapproximation angewendet werden, wenn die beiden folgenden Bedingungen erfüllt sind:

— bei Anwendung der Binomialapproximation ist eine Interpolation in der Tabelle der F-Verteilung notwendig;

— n_1 und n_2 sind von gleicher Größenordnung oder $(x_1 + x_2)$ und $(n_1 + n_2 - x_1 - x_2)$ sind von gleicher Größenordnung.

Entscheidung:

Die Binomialapproximation ist anzuwenden (Fortsetzung mit I) ☐

Die Normalapproximation ist anzuwenden (Fortsetzung mit II) ☒

B.3.2 Example 2: Form C-3 — Comparison of two proportions with two-sided test with H_0: $p_1 = p_2$

Characteristic:

1) Existence of video recorders of brand A in homes
2) Existence of video recorders of brand B in homes

Determination procedure: Interviews

Items: Homes of one defined area

Criterion for the identification of target items:

1) At least one video recorder of brand A existing
2) At least one video recorder of brand B existing

Notes:

Significance level chosen: $\alpha = 0,01$

Sample size 1: $n_1 = 95$

Sample size 2: $n_2 = 95$

Number of target items in sample 1: $x_1 = 41$

Number of target items in sample 2: $x_2 = 21$

Check for trivial case:

$$\frac{x_1}{n_1} = \frac{x_2}{n_2}$$

is true ☐ is not true ☒

In the "true" case, the null hypothesis is not rejected and the test result can be stated immediately. Otherwise the following procedure is to be followed which eventually may lead to rejecting or to not rejecting H_0.

Test procedure for the non-trivial cases

If at least one of the four values n_1, n_2, $(x_1 + x_2)$, $(n_1 + n_2 - x_1 - x_2)$ is smaller than or equal to $(n_1 + n_2)/4$, the binomial approximation, I, shall be applied; otherwise the normal approximation, II. However, even if the above condition is fulfilled, the normal approximation can be applied if the two following conditions are fulfilled:

— while applying the binomial approximation, interpolation in the F-distribution table is necessary;

— n_1 and n_2 are of the same order of magnitude or $(x_1 + x_2)$ and $(n_1 + n_2 - x_1 - x_2)$ are of the same order of magnitude.

Decision:

The binomial approximation is to be applied (proceed with I). ☐

The normal approximation is to be applied (proceed with II). ☒

I Binomialapproximation

Definition von Variablen: K_1, K_2, η_1, η_2:

Sind entweder $[n_2 < n_1$ und $n_2 < (x_1 + x_2)]$

oder $[(n_1 + n_2 - x_1 - x_2) < n_1$ und $(n_1 + n_2 - x_1 - x_2) < (x_1 + x_2)]$,

sind die Variablen wie folgt definiert:

$\eta_1 = n_2 =$

$\eta_2 = n_1 =$

$K_1 = n_2 - x_2 =$

$K_2 = n_1 - x_1 =$

Anderenfalls sind sie:

$\eta_1 = n_1 =$

$\eta_2 = n_2 =$

$K_1 = x_1 =$

$K_2 = x_2 =$

Berechnung der Teststatistik und Ermittlung der Werte aus Tabellen:

I a) Fall $\eta_1 \leq K_1 + K_2$ ☐

1) Fall $\frac{K_1}{\eta_1} > \frac{K_2}{\eta_2}$ ☐

Ermitteln von F_1, f_1 und f_2 wie folgt:

$$F_1 = \frac{K_1(\eta_1 + 2\eta_2 - K_1 - 2K_2)}{(\eta_1 - K_1 + 1)(K_1 + 2K_2 + 1)} =$$

Anzahl der Freiheitsgrade der F-Verteilung:

$f_1 = 2(\eta_1 - K_1 + 1) =$

$f_2 = 2K_1 =$

Ablesen des Werts aus Tabelle 4 für $q = 1 - \alpha/2$, f_1 und f_2 (erforderlichenfalls interpolieren):

$F_{(1-\alpha/2)}(f_1, f_2) =$

2) Fall $\frac{K_1}{\eta_1} \leq \frac{K_2}{\eta_2}$ ☐

Ermitteln von F_2, f_1 und f_2 wie folgt:

$$F_2 = \frac{(\eta_1 - K_1)(K_1 + 2K_2)}{(K_1 + 1)(\eta_1 + 2\eta_2 - K_1 - 2K_2 + 1)} =$$

Anzahl der Freiheitsgrade der F-Verteilung:

$f_1 = 2(K_1 + 1) =$

$f_2 = 2(\eta_1 - K_1) =$

Ablesen des Werts aus Tabelle 4 für $q = 1 - \alpha/2$, f_1 und f_2 (erforderlichenfalls interpolieren):

$F_{(1 \ \alpha/2)}(f_1, f_2) =$

I Binomial approximation

Definition of variables: K_1, K_2, η_1, η_2:

If either $[n_2 < n_1$ and $n_2 < (x_1 + x_2)]$

or $[(n_1 + n_2 - x_1 - x_2) < n_1$ and $(n_1 + n_2 - x_1 - x_2) < (x_1 + x_2)]$,

the variables are defined as follows:

$\eta_1 = n_2 =$
$\eta_2 = n_1 =$
$K_1 = n_2 - x_2 =$
$K_2 = n_1 - x_1 =$

Otherwise they are:

$\eta_1 = n_1 =$
$\eta_2 = n_2 =$
$K_1 = x_1 =$
$K_2 = x_2 =$

Computation of test statistics and determination of values from tables:

I a) Case $\eta_1 \leqslant K_1 + K_2$ ☐

1) Case $\frac{K_1}{\eta_1} > \frac{K_2}{\eta_2}$ ☐

Determine F_1, f_1 and f_2 as follows:

$$F_1 = \frac{K_1(\eta_1 + 2\eta_2 - K_1 - 2K_2)}{(\eta_1 - K_1 + 1)(K_1 + 2K_2 + 1)} =$$

Numbers of degrees of freedom of the F-distribution:

$f_1 = 2(\eta_1 - K_1 + 1) =$
$f_2 = 2K_1 =$

Read the value from table 4 for $q = 1 - \alpha/2$, f_1 and f_2 (if necessary interpolate):
$F_{(1-\alpha/2)}(f_1, f_2) =$

2) Case $\frac{K_1}{\eta_1} \leqslant \frac{K_2}{\eta_2}$ ☐

Determine F_2, f_1 and f_2 as follows:

$$F_2 = \frac{(\eta_1 - K_1)(K_1 + 2K_2)}{(K_1 + 1)(\eta_1 + 2\eta_2 - K_1 - 2K_2 + 1)} =$$

Numbers of degrees of freedom of the F-distribution:

$f_1 = 2(K_1 + 1) =$
$f_2 = 2(\eta_1 - K_1) =$

Read the value from table 4 for $q = 1 - \alpha/2$, f_1 and f_2 (if necessary interpolate):
$F_{(1-\alpha/2)}(f_1, f_2) =$

I b) Fall $\eta_1 > K_1 + K_2$ ☐

1) Fall $\frac{K_1}{\eta_1} > \frac{K_2}{\eta_2}$ ☐

Ermitteln von F_1, f_1 und f_2 wie folgt:

$$F_1 = \frac{K_1(2\eta_2 - K_2)}{(K_2 + 1)(2\eta_1 - K_1 + 1)} =$$

Anzahl der Freiheitsgrade der F-Verteilung:

$f_1 = 2(K_2 + 1) =$

$f_2 = 2K_1 =$

Ablesen des Werts aus Tabelle 4 für $q = 1 - \alpha / 2$, f_1 und f_2 (erforderlichenfalls interpolieren):

$F_{(1-\alpha/2)}(f_1, f_2) =$

2) Fall $\frac{K_1}{\eta_1} \le \frac{K_2}{\eta_2}$ ☐

Ermitteln von F_2, f_1 und f_2 wie folgt:

$$F_2 = \frac{K_2(2\eta_1 - K_1)}{(K_1 + 1)(2\eta_2 - K_2 + 1)} =$$

Anzahl der Freiheitsgrade der F-Verteilung:

$f_1 = 2(K_1 + 1) =$

$f_2 = 2K_2 =$

Ablesen des Werts aus Tabelle 4 für $q = 1 - \alpha / 2$, f_1 und f_2 (erforderlichenfalls interpolieren):

$F_{(1-\alpha/2)}(f_1, f_2) =$

Schlussfolgerung bei Binomialapproximation im nichttrivialen Fall:

H_0 wird verworfen, wenn:

im Fall $\frac{K_1}{\eta_1} > \frac{K_2}{\eta_2}$: $F_1 \ge F_{(1-\alpha/2)}(f_1, f_2)$

im Fall $\frac{K_1}{\eta_1} \le \frac{K_2}{\eta_2}$: $F_2 \ge F_{(1-\alpha)}(f_1, f_2)$

Anderenfalls wird H_0 nicht verworfen.

I Binomial approximation

Definition of variables: K_1, K_2, η_1, η_2:

If either $[n_2 < n_1$ and $n_2 < (x_1 + x_2)]$

or $[(n_1 + n_2 - x_1 - x_2) < n_1$ and $(n_1 + n_2 - x_1 - x_2) < (x_1 + x_2)]$,

the variables are defined as follows:

$\eta_1 = n_2 =$
$\eta_2 = n_1 =$
$K_1 = n_2 - x_2 =$
$K_2 = n_1 - x_1 =$

Otherwise they are:

$\eta_1 = n_1 =$
$\eta_2 = n_2 =$
$K_1 = x_1 =$
$K_2 = x_2 =$

Computation of test statistics and determination of values from tables:

I a) Case $\eta_1 \leqslant K_1 + K_2$ ☐

1) Case $\frac{K_1}{\eta_1} > \frac{K_2}{\eta_2}$ ☐

Determine F_1, f_1 and f_2 as follows:

$$F_1 = \frac{K_1(\eta_1 + 2\eta_2 - K_1 - 2K_2)}{(\eta_1 - K_1 + 1)(K_1 + 2K_2 + 1)} =$$

Numbers of degrees of freedom of the F-distribution:

$f_1 = 2(\eta_1 - K_1 + 1) =$
$f_2 = 2K_1 =$

Read the value from table 4 for $q = 1 - \alpha/2$, f_1 and f_2 (if necessary interpolate):
$F_{(1-\alpha/2)}(f_1, f_2) =$

2) Case $\frac{K_1}{\eta_1} \leqslant \frac{K_2}{\eta_2}$ ☐

Determine F_2, f_1 and f_2 as follows:

$$F_2 = \frac{(\eta_1 - K_1)(K_1 + 2K_2)}{(K_1 + 1)(\eta_1 + 2\eta_2 - K_1 - 2K_2 + 1)} =$$

Numbers of degrees of freedom of the F-distribution:

$f_1 = 2(K_1 + 1) =$
$f_2 = 2(\eta_1 - K_1) =$

Read the value from table 4 for $q = 1 - \alpha/2$, f_1 and f_2 (if necessary interpolate):
$F_{(1-\alpha/2)}(f_1, f_2) =$

II Normalapproximation

Berechnung der Teststatistik und Ermittlung von Werten aus Tabellen:

a) Fall $\frac{x_1}{n_1} > \frac{x_2}{n_2}$ ☒

Ermitteln von z_1 wie folgt:

$$z_1 = \frac{(x_1 - 1/2)(n_1 + n_2) - n_1(x_1 + x_2)}{\sqrt{n_1 n_2 (x_1 + x_2)(n_1 + n_2 - x_1 - x_2)/(n_1 + n_2)}} =$$

$z_1 = 2{,}94$

Ablesen des Werts aus Tabelle 3 für $q = 1 - \alpha / 2$:

$u_{(1-\alpha/2)} = 2{,}576$

b) Fall $\frac{x_1}{n_1} \le \frac{x_2}{n_2}$ ☐

Ermitteln von z_2 wie folgt:

$$z_2 = \frac{n_1(x_1 + x_2) - (x_1 + 1/2)(n_1 + n_2)}{\sqrt{n_1 n_2 (x_1 + x_2)(n_1 + n_2 - x_1 - x_2)/(n_1 + n_2)}} =$$

Ablesen des Werts aus Tabelle 3 für $q = 1 - \alpha / 2$:

$u_{(1-\alpha/2)} =$

Schlussfolgerung bei Normalapproximation im nichttrivialen Fall:

H_0 wird verworfen, wenn:

im Fall $\frac{x_1}{n_1} > \frac{x_2}{n_2}$: $z_1 \ge u_{1-\alpha/2}$

im Fall $\frac{x_1}{n_1} \le \frac{x_2}{n_2}$: $z_2 \ge u_{1-\alpha/2}$

Anderenfalls wird H_0 nicht verworfen

Testergebnis:

H_0 wird verworfen ☒

H_0 wird nicht verworfen ☐

II Normal approximation

Computation of test statistics and determination of values from tables:

a) Case $\frac{x_1}{n_1} > \frac{x_2}{n_2}$ ☒

Determine z_1 as follows:

$$z_1 = \frac{(x_1 - 1/2)(n_1 + n_2) - n_1(x_1 + x_2)}{\sqrt{n_1 n_2 (x_1 + x_2)(n_1 + n_2 - x_1 - x_2)/(n_1 + n_2)}} =$$

$z_1 = 2,94$

Read the value from table 3 for $q = 1 - \alpha/2$:

$u_{(1-\alpha/2)} = 2,576$

b) Case $\frac{x_1}{n_1} \leqslant \frac{x_2}{n_2}$ ☐

Determine z_2 as follows:

$$z_2 = \frac{n_1(x_1 + x_2) - (x_1 + 1/2)(n_1 + n_2)}{\sqrt{n_1 n_2 (x_1 + x_2)(n_1 + n_2 - x_1 - x_2)/(n_1 + n_2)}} =$$

Read the value from table 3 for $q = 1 - \alpha/2$:

$u_{(1-\alpha/2)} =$

Drawing the conclusion in the non-trivial case for the normal approximation:

H_0 is rejected if:

in the case $\frac{x_1}{n_1} > \frac{x_2}{n_2}$: $z_1 \geqslant u_{1-\alpha/2}$

in the case $\frac{x_1}{n_1} \leqslant \frac{x_2}{n_2}$: $z_2 \geqslant u_{1-\alpha/2}$

Otherwise H_0 is not rejected.

Test result:

H_0 is rejected. ☒

H_0 is not rejected. ☐

Anhang C
(informativ)

Literaturhinweise

[1] Walters, D. E., In defense of the arc sine approximation. *The statistician*, **28**, 1979, pp. 219–222.

[2] Haseman, J. K., Exact sample sizes for use with the Fisher-Irwin test for 2 × 2 tables. *Biometrics*, **34** (1978) pp. 106–109.

Annex C
(informative)

Bibliography

[1] WALTERS, D.E., In defense of the arc sine approximation. *The Statistician*, **28**, 1979, pp. 219-222.

[2] HASEMAN, J.K., Exact sample sizes for use with the Fisher-Irwin test for 2 × 2 tables. *Biometrics*, **34** (1978) pp. 106-109.

Juni 2006

DIN ISO 11843-2

ICS 03.120.30; 17.020

Erkennungsfähigkeit –
Teil 2: Verfahren im Fall der linearen Kalibrierung (ISO 11843-2:2000; Text Deutsch, Englisch)

Capability of detection –
Part 2: Methodology in the linear calibration case (ISO 11843-2:2000; text in German, English)

Capacité de détection –
Part 2: Méthodologie de l'étalonnage linéaire (ISO 11843-2:2000; texte en allemand, anglais)

Gesamtumfang 35 Seiten

Normenausschuss Qualitätsmanagement, Statistik und Zertifizierungsgrundlagen (NQSZ) im DIN

Nationales Vorwort

Die Teile 1 bis 4 der Internationalen Norm ISO 11843 wurden vom Technischen Komitee 69 „Anwendung statistischer Methoden" der Internationalen Organisation für Normung (ISO) entwickelt. Vorlage für den als first edition 1997-07 erschienenen Teil 1, der sich auf Begriffe beschränkt, war DIN 55350-34:1991-02.

DIN ISO 11843-1:2004-09 dient dazu, Benennungen und Definitionen von Begriffen zu vereinheitlichen, die im Zusammenhang mit der Aufgabe stehen, anhand von Untersuchungen unbekannter Systemzustände zu erkennen, ob diese vom Grundzustand abweichen. Weitere Erläuterungen im Nationalen Vorwort zu diesem Teil 1 weisen nicht nur auf die Randbedingungen für den Geltungsbereich der vier Teile DIN ISO 11843-1 bis DIN ISO 11843-4 hin, sondern auch auf Missverständnismöglichkeiten, insbesondere angesichts anderweitig gebräuchlicher Benennungen wie „Nachweisgrenze". Deshalb ist es empfehlenswert, das Nationale Vorwort zum Teil 1 auch im Zusammenhang mit diesem Teil 2 der Norm zu beachten.

Der vorliegende Teil 2 der Norm gilt ebenfalls für quantitative Merkmale. Er gilt für alle Anwendungsfälle, bei denen die Kalibrierfunktion linear und die Standardabweichung entweder konstant ist, oder bei denen diese Standardabweichung in einer linearen Beziehung zur Zustandsgrößendifferenz steht.

Für die in diesem Dokument zitierten Internationalen Normen wird im Folgenden auf die entsprechenden DIN ISO Normen hingewiesen:

ISO 11843-1 siehe DIN ISO 11843-1

Nationaler Anhang NA
(informativ)

Literaturhinweise

DIN 55350-11, *Begriffe zu Qualitätsmanagement und Statistik — Teil 11: Begriffe des Qualitätsmanagements*

DIN 55350-12, *Begriffe der Qualitätssicherung und Statistik — Teil 12: Merkmalsbezogene Begriffe*

DIN 55350-13, *Begriffe der Qualitätssicherung und Statistik — Teil 13: Begriffe zur Genauigkeit von Ermittlungsverfahren und Ermittlungsergebnissen*

DIN 55350-21, *Begriffe der Qualitätssicherung und Statistik — Teil 21: Begriffe der Statistik — Zufallsgrößen und Wahrscheinlichkeitsverteilungen*

DIN 55350-22, *Begriffe der Qualitätssicherung und Statistik — Teil 22: Begriffe der Statistik — Spezielle Wahrscheinlichkeitsverteilungen*

DIN 55350-23, *Begriffe der Qualitätssicherung und Statistik — Teil 23: Begriffe der Statistik — Beschreibende Statistik*

DIN 55350-24, *Begriffe der Qualitätssicherung und Statistik — Teil 24: Begriffe der Statistik — Schließende Statistik*

DIN ISO 11843-1, *Erkennungsfähigkeit — Teil 1: Begriffe*

DIN ISO 11843-3, *Erkennungsfähigkeit — Teil 3: Verfahren zur Ermittlung der Erkennungsgrenze, wenn keine Kalibrierdaten angewendet werden*

DIN ISO 11843-4, *Erkennungsfähigkeit — Teil 4: Verfahren zum Vergleichen des Erfassungsvermögens mit einem vorgegebenen Wert*

Erkennungsfähigkeit — Teil 2: Verfahren im Fall der linearen Kalibrierung

Capability of detection — Part 2: Methodology in the linear calibration case

Inhalt

Seite

Contents

Page

Einleitung

Eine ideale Anforderung an die Erkennungsfähigkeit im Hinblick auf eine gewählte Zustandsgröße würde sein, dass der Istzustand jedes betrachteten Systems mit Sicherheit entweder als gleich mit oder als verschieden von seinem Grundzustand eingeordnet werden kann. Allerdings kann dieses ideale Verlangen infolge systematischer und zufälliger Beeinträchtigungen aus folgenden Gründen nicht erfüllt werden:

— In Wirklichkeit sind alle Bezugszustände, eingeschlossen den Grundzustand, nie als Werte der Zustandsgröße (selbst) bekannt. Daher können alle Zustände korrekt nur als Differenzen zum Grundzustand charakterisiert werden, das heißt als Zustandsgrößendifferenz.

  In der Praxis wird von Bezugszuständen sehr oft vermutet, sie seien bezüglich der Zustandsgröße bekannt. Oder anders ausgedrückt: Der Wert der Zustandsgröße für den Grundzustand wird auf Null gesetzt; beispielsweise wird in der analytischen Chemie von der unbekannten Konzentration oder Menge der zu ermittelnden chemischen Substanz im reinen Material üblicherweise angenommen, sie sei Null, und über Werte der Konzentrationsdifferenz oder der Menge wird berichtet in Form mutmaßlicher Konzentrationen oder Mengen. Insbesondere in der chemischen Spurenanalyse ist es nur möglich, die Konzentrations- oder Mengendifferenzen in Bezug auf das verfügbare reine Material abzuschätzen. Um falsche Entscheidungen zu vermeiden, wird allgemein empfohlen, ausschließlich Differenzen zum Grundzustand anzugeben, also Angaben in Werten der Zustandsgrößendifferenz.

  ANMERKUNG Im ISO Guide 30 und in ISO 11095 wird nicht unterschieden zwischen der Zustandsgröße (selbst) und der Zustandsgrößendifferenz. Daraus folgt, dass in diesen beiden Dokumenten die Bezugszustände ohne Berechtigung in Bezug auf die Zustandsgröße als bekannt vorausgesetzt werden.

— Die Kalibrierung sowie die Prozesse der Entnahme und Vorbereitung der Stichproben fügen den Messergebnissen Zufallsabweichungen hinzu.

Für diesen Teil von ISO 11843 sind die folgenden zwei Ziele ausgewählt:

— Es besteht die Wahrscheinlichkeit α, (fälschlicherweise) zu entdecken, dass ein System nicht im Grundzustand ist, sofern es im Grundzustand ist;

Introduction

An ideal requirement for the capability of detection with respect to a selected state variable would be that the actual state of every observed system can be classified with certainty as either equal to or different from its basic state. However, due to systematic and random distortions, this ideal requirement cannot be satisfied because:

— in reality all reference states, including the basic state, are never known in terms of the state variable. Hence, all states can only be correctly characterized in terms of differences from basic state, i.e. in terms of the net state variable.

  In practice, reference states are very often assumed to be known with respect to the state variable. In other words, the value of the state variable for the basic state is set to zero; for instance in analytical chemistry, the unknown concentration or the amount of analyte in the blank material usually is assumed to be zero and values of the net concentration or amount are reported in terms of supposed concentrations or amounts. In chemical trace analysis especially, it is only possible to estimate concentration or amount differences with respect to available blank material. In order to prevent erroneous decisions, it is generally recommended to report differences from the basic state only, i.e. data in terms of the net state variable;

  NOTE In the ISO Guide 30 and in ISO 11095 no distinction is made between the state variable and the net state variable. As a consequence, in these two documents reference states are, without justification, assumed to be known with respect to the state variable.

— the calibration and the processes of sampling and preparation add random variation to the measurement results.

In this part of ISO 11843, the following two requirements were chosen:

— the probability is α of detecting (erroneously) that a system is not in the basic state when it is in the basic state;

— Es besteht die Wahrscheinlichkeit β, (fälschlicherweise) nicht zu entdecken, dass ein System, für das der Wert der Zustandgrößendifferenz gleich dem Erfassungsvermögen (x_d) ist, nicht im Grundzustand ist.

— the probability is β of (erroneously) not detecting that a system, for which the value of the net state variable is equal to the minimum detectable value (x_d), is not in the basic state.

1 Anwendungsbereich

Dieser Teil von ISO 11843 legt grundlegende Verfahren fest für

— das Planen von Untersuchungen zur Schätzung der Erfassungsgrenze, der Erkennungsgrenze und des Erfassungsvermögens,

— die Schätzung (der Werte) dieser Merkmale aus den Versuchsergebnissen für die Fälle, in denen die Kalibrierfunktion linear und die Standardabweichung entweder konstant ist oder eine lineare Beziehung zur Zustandsgrößendifferenz hat.

Die in diesem Teil von ISO 11843 beschriebenen Verfahren sind auf unterschiedliche Situationen anwendbar wie etwa das Prüfen des Vorhandenseins einer gewissen Substanz in einem Material, die Emission von Energie aus Proben oder aus Betrieben, oder für die geometrische Veränderung eines statischen Systems unter Belastung.

Kritische Werte können aus einer aktuellen Serie von Messergebnissen abgeleitet werden wie etwa zur Schätzung der in den Serien enthaltenen unbekannten Zustände von Systemen, während das Erfassungsvermögen als ein Merkmal des Messverfahrens für die Auswahl geeigneter Messprozesse dient. Zwecks Charakterisierung eines Messprozesses, eines Labors oder eines Messverfahrens kann das Erfassungsvermögen, sofern geeignete Daten für jedes relevante Niveau verfügbar sind, festgestellt werden, also für eine Serie von Messungen, einen Messprozess, ein Labor oder ein Messverfahren. Das Erfassungsvermögen kann unterschiedlich sein für eine Messserie, einen Messprozess, ein Labor oder für das Messverfahren.

ISO 11843 ist anwendbar auf Größenwerte, die im Wesentlichen auf kontinuierlichen Skalen gemessen sind. Diese Norm ist anwendbar auf Messprozesse und Arten von Messeinrichtungen, bei denen die funktionale Beziehung zwischen dem Erwartungswert der Messgröße und dem Wert der Zustandgröße durch eine Kalibrierfunktion beschrieben ist. Wenn die Messgröße oder die Zustandsgröße eine vektorielle Größe ist, dann sind die Verfahren von ISO 11843 getrennt für sich anwendbar auf die Komponenten der Vektoren oder auf Funktionen der Komponenten.

1 Scope

This part of ISO 11843 specifies basic methods to:

— design experiments for the estimation of the critical value of the net state variable, the critical value of the response variable and the minimum detectable value of the net state variable,

— estimate these characteristics from experimental data for the cases in which the calibration function is linear and the standard deviation is either constant or linearly related to the net state variable.

The methods described in this part of ISO 11843 are applicable to various situations such as checking the existence of a certain substance in a material, the emission of energy from samples or plants, or the geometric change in static systems under distortion.

Critical values can be derived from an actual measurement series so as to assess the unknown states of systems included in the series, whereas the minimum detectable value of the net state variable as a characteristic of the measurement method serves for the selection of appropriate measurement processes. In order to characterize a measurement process, a laboratory or the measurement method, the minimum detectable value can be stated if appropriate data are available for each relevant level, i.e. a measurement series, a measurement process, a laboratory or a measurement method. The minimum detectable values may be different for a measurement series, a measurement process, a laboratory or the measurement method.

ISO 11843 is applicable to quantities measured on scales that are fundamentally continuous. It is applicable to measurement processes and types of measurement equipment where the functional relationship between the expected value of the response variable and the value of the state variable is described by a calibration function. If the response variable or the state variable is a vectorial quantity the methods of ISO 11843 are applicable separately to the components of the vectors or functions of the components.

2 Normative Verweisungen

Die folgenden normativen Dokumente enthalten Festlegungen, die durch Verweisung in diesem Text Bestandteil dieses Teils von ISO 11843 sind. Für datierte Verweisungen gelten die nachfolgenden Änderungen oder Revisionen dieser Veröffentlichungen nicht. Vertragspartner, deren Vereinbarungen auf diesem Teil von ISO 11843 basieren, werden gebeten, die Möglichkeit zu prüfen, ob die jeweils neuesten Ausgaben der im Folgenden genannten Normen angewendet werden können. Für undatierte Verweisungen gilt die neueste Ausgabe des normativen Dokuments. Die Mitglieder von IEC und ISO führen Verzeichnisse der gegenwärtig gültigen Internationalen Normen.

ISO 3534-1:1993, *Statistik — Begriffe und Formelzeichen —Teil 1: Wahrscheinlichkeit und allgemeine statistische Begriffe*

ISO 3534-2:1993, *Statistik — Begriffe und Formelzeichen —Teil 2: Statistische Prozesslenkung*

ISO 3534-3:1999, *Statistik — Begriffe und Formelzeichen — Teil 3: Versuchsplanung*

ISO 11095:1996, *Lineare Kalibrierung mit Hilfe von Referenzmaterialien*

ISO 11843-1:1997, *Erkennungsfähigkeit — Teil 1: Begriffe*

ISO Guide 30:1992, *Begriffe im Zusammenhang mit Referenzmaterialien*

2 Normative references

The following normative documents contain provisions which, through reference in this text, constitute provisions of this part of ISO 11843. For dated references, subsequent amendments to, or revisions of, any of these publications do not apply. However, parties to agreements based on this part of ISO 11843 are encouraged to investigate the possibility of applying the most recent editions of the normative documents indicated below. For undated references, the latest edition of the normative document referred to applies. Members of ISO and IEC maintain registers of currently valid International Standards.

ISO 3534-1:1993, *Statistics — Vocabulary and symbols — Part 1: Probability and general statisticcal terms*

ISO 3534-2:1993, *Statistics — Vocabulary and symbols — Part 2: Statistical quality control*

ISO 3534-3:1999, *Statistics — Vocabulary and symbols — Part 3: Design of experiments*

ISO 11095:1996, *Linear calibration using reference materials*

ISO 11843-1:1997, *Capability of detection — Part 1: Terms and definitions*

ISO Guide 30:1992, *Terms and definitions used in connection with reference materials*

3 Begriffe

Für die Anwendung dieses Teils von ISO 11843 gelten die Begriffe nach ISO 3534 (alle Teile), ISO Guide 30, ISO 11095 und ISO 11843-1.

3 Terms and definitions

For the purposes of this part of ISO 11843, the terms and definitions of ISO 3534 (all parts), ISO Guide 30, ISO 11095 and ISO 11843-1 apply.

4 Planung der Untersuchung

4.1 Allgemeines

Das Verfahren zur Ermittlung von Werten eines unbekannten Istzustandes umfasst die Probenahme, die Vorbereitung und die Messung selbst. Im Hinblick darauf, dass jeder Schritt dieses Verfahrens Beeinträchtigungen hervorbringen kann, ist es erforderlich, für das Kennzeichnen, für das Handeln bei der Vorbereitung und für das Ermitteln der Werte für den unbekannten Istzustand, für alle Bezugszustände und für den für die Kalibrierung angewendeten Grundzustand dasselbe Verfahren anzuwenden.

4 Experimental design

4.1 General

The procedure for determining values of an unknown actual state includes sampling, preparation and the measurement itself. As every step of this procedure may produce distortion, it is essential to apply the same procedure for characterizing, for use in the preparation and determination of the values of the unknown actual state, for all reference states and for the basic state used for calibration.

Zum Zweck der Ermittlung von Differenzen zwischen den Werten, die einen oder mehrere unbekannte Istzustände und den Grundzustand charakterisieren, ist es nötig, eine Planung der Untersuchung zu wählen, die sich für einen Vergleich eignet. Die Versuchseinheiten einer solchen Untersuchung werden aus den zu messenden Istzuständen und von allen für eine Kalibrierung angewendeten Bezugszuständen gewonnen. Ein idealer Plan würde alle Faktoren, von denen bekannt ist, dass sie das Ergebnis beeinflussen, konstant halten, und er würde unbekannte Faktoren dadurch überwachen, dass eine zufällige Aufeinanderfolge der Vorbereitung und der Ausführung der Messungen vorgesehen wird.

Bei der Ausführung mag es schwierig sein, in dieser Weise vorzugehen, weil die Vorbereitungen und die Ermittlung der Werte der betroffenen Zustände in einer Zeitspanne aufeinander folgend durchgeführt werden. Jedenfalls ist zwecks Entdeckung größerer, sich mit der Zeit ändernder systematischer Abweichungen nachdrücklich zu empfehlen, die eine Hälfte der Kalibrierung vor und die andere Hälfte nach der Messung der unbekannten Zustände auszuführen. Allerdings ist das nur möglich, wenn der Umfang der Serie von Messungen schon im Vorhinein bekannt ist und wenn genügend Zeit verfügbar ist, diesem Ansatz zu folgen. Wenn es nicht möglich ist, alle Einflussfaktoren zu überwachen, müssen Erklärungen über die Randbedingungen vorgelegt werden, die alle unbewiesenen Vermutungen enthalten.

Zahlreiche Messverfahren verlangen eine chemische oder physikalische Behandlung der Probe vor der Messung selbst. In beiden Fällen fügen diese Schritte des Messverfahrens den Messergebnissen eine Streuung hinzu. Wenn verlangt wird, die Messungen zu wiederholen, besteht die Wiederholung in einer vollen Wiederholung der Vorbereitung und der Messung. In vielen Situationen wird das Messverfahren allerdings nicht vollständig wiederholt, insbesondere werden nicht alle vorbereitenden Schritte bei jeder Messung wiederholt; siehe Anmerkung in 5.2.1.

For the purpose of determining differences between the values characterizing one or more unknown actual states and the basic state, it is necessary to choose an experimental design suited for comparison. The experimental units of such an experiment are obtained from the actual states to be measured and all reference states used for calibration. An ideal design would keep constant all factors known to influence the outcome and control of unknown factors by providing a randomized order to prepare and perform the measurements.

In reality it may be difficult to proceed in such a way, as the preparations and determination of the values of the states involved are performed consecutively over a period of time. However, in order to detect major biases changing with time, it is strongly recommended to perform one half of the calibration before and one half after the measurement of the unknown states. However, this is only possible if the size of the measurement series is known in advance and if there is sufficient time to follow this approach. If it is not possible to control all influencing factors, conditional statements containing all unproven assumptions shall be presented.

Many measurement methods require a chemical or physical treatment of the sample prior to the measurement itself. Both of these steps of the measurement procedure add variation to the measurement results. If it is required to repeat measurements the repetition consists in a full repetition of the preparation and the measurement. However, in many situations the measurement procedure is not repeated fully, in particular not all of the preparational steps are repeated for each measurement; see note in 5.2.1.

4.2 Auswahl von Bezugszuständen

Der Wertebereich der Zustandgrößendifferenzen, der durch die Bezugszustände umfasst wird, sollte einschließen

— den Wert Null der Zustandsgrößendifferenz, das ist in der analytischen Chemie eine Probe des reinen Materials, und

— mindestens einen Wert in der Nähe desjenigen, der aufgrund einer Vorinformation über

4.2 Choice of reference states

The range of values of the net state variable spanned by the reference states should include

— the value zero of the net state variable, i.e. in analytical chemistry a sample of the blank material, and

— at least one value close to that suggested by a priori information on the minimum detectable value; if this requirement is not fulfilled, the

das Erfassungsvermögen vermutet wird; sofern dieses Verlangen nicht erfüllbar ist, sollte das Kalibrierexperiment mit anderen zweckmäßigen Werten der Zustandsgrößendifferenz wiederholt werden.

Die Bezugszustände sollten so ausgewählt werden, dass die Werte der Zustandsgrößendifferenz (auch bei logarithmisch skalierten Werten) näherungsweise äquidistant im Bereich zwischen dem kleinsten und dem größten Wert liegen.

In Fällen, in denen die Bezugszustände durch Vorbereitungen von Referenzmaterialien repräsentiert sind, sollte deren Zusammensetzung so nahe wie möglich an der Zusammensetzung des zu messenden Materials liegen.

4.3 Auswahl der Anzahl von Bezugszuständen, I, sowie der (Anzahl von) Wiederholungen des Verfahrens, J, K und L

Die Auswahl von Bezugszuständen, der Anzahl von Vorbereitungen und Wiederholmessungen muss wie folgt sein:

— Die Anzahl I der im Kalibrierexperiment angewendeten Bezugszustände muss mindestens 3 sein; allerdings gilt die Empfehlung $I = 5$;

— Die Anzahl J der Vorbereitungen für jeden Bezugszustand (eingeschlossen den Grundzustand) sollte identisch sein; mindestens zwei Vorbereitungen ($J = 2$) werden empfohlen;

— Die Anzahl K der Vorbereitungen für den Istzustand sollte identisch mit der Anzahl J für die Vorbereitungen für jeden Bezugszustand sein;

— Die Anzahl L der je Vorbereitung ausgeführten Wiederholmessungen muss identisch sein; mindestens zwei wiederholte Messungen ($L = 2$) werden empfohlen.

ANMERKUNG Die Formeln für die Erkennungsgrenze, die Erfassungsgrenze und das Erfassungsvermögen in Abschnitt 5 gelten nur unter der Voraussetzung, dass die Anzahl der Wiederholmessungen je Vorbereitung für alle Messungen von Bezugszuständen und Istzuständen identisch ist.

Im Hinblick darauf, dass die Streuungen und Kosten aufgrund der Vorbereitung üblicherweise erheblich höher sein werden als diejenigen aufgrund der Messung, kann die optimale Wahl von J, K und L aus einer Optimierung von Einschränkungen bezüglich Streuung und Kosten abgeleitet werden.

calibration experiment should be repeated with other values of the net state variable, as appropriate.

The reference states should be chosen so that the values of the net state variable (including log-scaled values) are approximately equidistant in the range between the smallest and largest value.

In cases in which the reference states are represented by preparations of reference materials their composition should be as close as possible to the composition of the material to be measured.

4.3 Choice of the number of reference states, I, and the (numbers of) replications of procedure, J, K and L

The choice of reference states, number of preparations and replicate measurements shall be as follows:

— the number of reference states I used in the calibration experiment shall be at least 3; however, $I = 5$ is recommended;

— the number of preparations for each reference state J (including the basic state) should be identical; at least two preparations ($J = 2$) are recommended;

— the number of preparations for the actual state K should be identical to the number J of preparations for each reference state;

— the number of repeated measurements performed per preparation L shall be identical; at least two repeated measurements ($L = 2$) are recommended.

NOTE The formulae for the critical values and the minimum detectable value in clause 5 are only valid under the assumption that the number of repeated measurements per preparation is identical for all measurements of reference states and actual states.

As the variations and cost due to the preparation usually will be much higher than those due to the measurement, the optimal choice of J, K and L may be derived from an optimization of constraints regarding variation and costs.

5 Die Werte y_c der Erkennungsgrenze , x_c der Erfassungsgrenze und x_d des Erfassungsvermögens einer Serie von Messungen

5.1 Zu Grunde liegende Annahmen

Die folgenden Verfahren für die Errechnung der Erkennungsgrenzen und Erfassungsgrenzen sowie des Erfassungsvermögens gründen sich auf die Annahmen von ISO 11095. Die Verfahren von ISO 11095 werden mit einer Verallgemeinerung angewendet; siehe Abschnitt 5.3.

Zu Grunde liegende Annahmen von ISO 11095 sind, dass

— die Kalibrierfunktion linear ist,

— die Messungen der Messgröße bei allen Vorbereitungen und Bezugszuständen als unabhängig voneinander und normalverteilt angenommen werden können mit einer Standardabweichung, die man „Reststandardabweichung" nennt,

— die Reststandardabweichung entweder eine Konstante ist, das heißt, dass sie nicht von den Werten der Zustandsgrößendifferenz abhängt [Fall 1], oder dass sie eine Linearfunktion der Werte der Zustandsgrößendifferenz ist [Fall 2].

Die Entscheidung bezüglich der Anwendbarkeit dieses Teils von ISO 11843 und die Auswahl einer dieser beiden Fälle sollten auf Vorkenntnis und eine visuellen Prüfung der Daten gegründet sein.

5.2 Fall 1 — Konstante Standardabweichung

5.2.1 Das Modell

Das folgende Modell gründet sich auf die Annahmen der Linerarität der Kalibrierfunktion sowie einer konstanten Standardabweichung und ist gegeben durch:

$$Y_{ij} = a + bx_i + \varepsilon_{ij} \quad (1)$$

wobei

x_i das Formelzeichen für die Zustandsgrößendifferenz im Zustand i ist;

ε_{ij} Zufallsvariable sind, welche die Zufallskomponente der Probenahme, der Vorbereitung und der Messabweichung beschreiben.

5 The critical values y_c and x_c and the minimum detectable value x_d of a measurement series

5.1 Basic assumptions

The following procedures for the computation of the critical values and the minimum detectable value are based on the assumptions of ISO 11095. The methods of ISO 11095 are used with one generalization; see 5.3.

Basic assumptions of ISO 11095 are that

— the calibration function is linear,

— measurements of the response variable of all preparations and reference states are assumed to be independent and normally distributed with standard deviation referred to as "residual standard deviation",

— the residual standard deviation is either a constant, i.e. it does not depend on the values of the net state variable [case 1], or it forms a linear function of the values of the net state variable [case 2].

The decision regarding the applicability of this part of ISO 11843 and the choice of one of these two cases should be based on prior knowledge and a visual examination of the data.

5.2 Case 1 — Constant standard deviation

5.2.1 Model

The following model is based on assumptions of linearity of the calibration function and of constant standard deviation and is given by:

$$Y_{ij} = a + bx_i + \varepsilon_{ij} \quad (1)$$

where

x_i is the symbol for the net state variable in state i;

ε_{ij} are random variables which describe the random component of sampling, preparation and measurement error.

Es wird vorausgesetzt, dass die ε_{ij} unabhängig und normalverteilt mit dem Erwartungswert Null und der theoretischen Reststandardabweichung σ sind: $\varepsilon_{ij} \sim N(0;\sigma^2)$. Deshalb sind die Werte Y_{ij} der Messgröße Zufallsvariable mit dem Erwartungswert $E(Y_{ij}) = a + bx_i$ und der nicht von x_i abhängenden Varianz $V(Y_{ij}) = \sigma^2$.

ANMERKUNG In den Fällen, in denen J Proben für die Messung vorbereitet werden und jede von diesen L mal gemessen wird, so dass $J \cdot L$ Messungen ausgeführt werden, alle zusammen für den Bezugszustand i, bezieht sich Y_{ij} auf den Mittelwert der L an der vorbereiteten Probe gewonnenen Messungen.

5.2.2 Schätzung der Kalibrierfunktion und der Reststandardabweichung

In Übereinstimmung mit ISO 11095 sind (siehe Anmerkung) die Schätzwerte für a, b und σ^2 gegeben durch

$$\hat{b} = \frac{\sum_{i=1}^{I}\sum_{j=1}^{J}(x_i - \bar{x})(\bar{y}_{ij} - \bar{y})}{s_{xx}} \tag{2}$$

$$\hat{a} = \bar{y} - \hat{b}\bar{x} \tag{3}$$

$$\hat{\sigma}^2 = \frac{1}{I \cdot J - 2}\sum_{i=1}^{I}\sum_{j=1}^{J}(\bar{y}_{ij} - \hat{a} - \hat{b}x_i)^2 \tag{4}$$

Die hier und in diesem Teil von ISO 11843 an anderer Stelle benutzten Formelzeichen sind im Anhang A festgelegt.

ANMERKUNG Schätzwerte sind durch ein Symbol ^ (über dem Formelzeichen) gekennzeichnet, um sie von den Parametern selbst zu unterscheiden, die unbekannt sind.

5.2.3 Errechnung der Werte von Erkennungsgrenze und Erfassungsgrenze

Der Wert der Erkennungsgrenze ist gegeben durch

$$y_c = \hat{a} + t_{0,95}(\nu)\hat{\sigma}\sqrt{\frac{1}{K} + \frac{1}{I \cdot J} + \frac{\bar{x}^2}{s_{xx}}} \tag{5}$$

Der Wert der Erfassungsgrenze ist gegeben durch

$$x_c = t_{0,95}(\nu)\frac{\hat{\sigma}}{\hat{b}}\sqrt{\frac{1}{K} + \frac{1}{I \cdot J} + \frac{\bar{x}^2}{s_{xx}}} \tag{6}$$

It is assumed that the ε_{ij} are independent and normally distributed with expectation zero and the theoretical residual standard deviation σ: $\varepsilon_{ij} \sim N(0;\sigma^2)$. Therefore, values Y_{ij} of the response variable are random variables with the expectation $E(Y_{ij}) = a + bx_i$ and the variance $V(Y_{ij}) = \sigma^2$, not depending on x_i.

NOTE In the cases in which J samples are prepared for measurement and each of them is measured L times so that $J \cdot L$ measurements are performed altogether for reference state i, then Y_{ij} refers to the average of the L measurements obtained on the prepared sample.

5.2.2 Estimation of the calibration function and the residual standard deviation

In accordance with ISO 11095, estimates (see note) for a, b and σ^2 are given by:

$$\hat{b} = \frac{\sum_{i=1}^{I}\sum_{j=1}^{J}(x_i - \bar{x})(\bar{y}_{ij} - \bar{y})}{s_{xx}} \tag{2}$$

$$\hat{a} = \bar{y} - \hat{b}\bar{x} \tag{3}$$

$$\hat{\sigma}^2 = \frac{1}{I \cdot J - 2}\sum_{i=1}^{I}\sum_{j=1}^{J}(\bar{y}_{ij} - \hat{a} - \hat{b}x_i)^2 \tag{4}$$

The symbols used here and elsewhere in this part of ISO 11843 are defined in annex A.

NOTE Estimates are denoted by a symbol ^ to differentiate them from the parameters themselves which are unknown.

5.2.3 Computation of critical values

The critical value of the response variable is given by:

$$y_c = \hat{a} + t_{0,95}(\nu)\hat{\sigma}\sqrt{\frac{1}{K} + \frac{1}{I \cdot J} + \frac{\bar{x}^2}{s_{xx}}} \tag{5}$$

The critical value of the net state variable is given by:

$$x_c = t_{0,95}(\nu)\frac{\hat{\sigma}}{\hat{b}}\sqrt{\frac{1}{K} + \frac{1}{I \cdot J} + \frac{\bar{x}^2}{s_{xx}}} \tag{6}$$

$t_{0,95}(\nu)$ ist das 95 %-Quantil der t-Verteilung mit $\nu = I \cdot J - 2$ Freiheitsgraden.

Die Ableitung dieser Formeln ist im Anhang B angegeben.

5.2.4 Errechnung des Wertes des Erfassungsvermögens

Der Wert des Erfassungsvermögens ist gegeben durch

$$x_d = \delta \frac{\hat{\sigma}}{\hat{b}} \sqrt{\frac{1}{K} + \frac{1}{I \cdot J} + \frac{\bar{x}^2}{s_{xx}}} \tag{7}$$

wobei

$\delta = (\nu;\alpha;\beta)$ der Wert des Nichtzentralitäts-Parameters ist. Dieser ist in einer Weise ermittelt, dass eine der nichtzentralen t-Verteilung folgende Zufallsvariable mit $\nu = I \cdot J - 2$ Freiheitsgraden und dem Nichtzentralitäts-Parameter $\delta, T(\nu;\delta)$ der Gleichung genügt

$$P[T(\nu;\delta) \le t_{1-\alpha}(\nu)] = \beta$$

wobei $t_{1-\alpha}(\nu)$ das (1−α)-Quantil der t-Verteilung mit ν Freiheitsgraden ist.

Die Ableitung dieser Formel ist im Anhang B angegeben.

Für $\alpha = \beta$ und $\nu > 3$ ergibt sich eine gute Näherung für δ durch

$$\delta(\nu;\alpha;\beta) \approx 2t_{1-\alpha}(\nu) \tag{8}$$

Wenn $\nu = 4$ und $\alpha = \beta = 0{,}05$, dann ist die relative Abweichung dieser Näherung 5 %; $t_{1-\alpha}(\nu)$ ist das (1−α)-Quantil der t-Verteilung mit $\nu = I \cdot J - 2$ Freiheitsgraden.

Tabelle 1 zeigt $\delta(\nu;\alpha;\beta)$ für $\alpha = \beta = 0{,}05$ und verschiedene Werte von ν.

Für $\alpha = \beta$ und $\nu > 3$ wird x_d angenähert durch

$$x_d \approx 2t_{0,95}(\nu) \frac{\hat{\sigma}}{\hat{b}} \sqrt{\frac{1}{K} + \frac{1}{I \cdot J} + \frac{\bar{x}^2}{s_{xx}}} = 2x_c \tag{9}$$

$t_{0,95}(\nu)$ is the 95 %-quantile of the t-distribution with $\nu = I \cdot J - 2$ degrees of freedom.

The derivation of these formulae is given in annex B.

5.2.4 Computation of the minimum detectable value

The minimum detectable value is given by:

$$x_d = \delta \frac{\hat{\sigma}}{\hat{b}} \sqrt{\frac{1}{K} + \frac{1}{I \cdot J} + \frac{\bar{x}^2}{s_{xx}}} \tag{7}$$

where

$\delta = (\nu;\alpha;\beta)$ is the value of the noncentrality parameter determined in such a way that a random variable following the noncentral t-distribution with $\nu = I \cdot J - 2$ degrees of freedom and the noncentrality parameter $\delta, T(\nu;\delta)$, satisfies the equation:

$$P[T(\nu;\delta) \le t_{1-\alpha}(\nu)] = \beta$$

where $t_{1-\alpha}(\nu)$ is the (1−α)-quantile of the t-distribution with ν degrees of freedom.

The derivation of this formula is given in annex B.

For $\alpha = \beta$ and $\nu > 3$, a good approximation for δ is given by

$$\delta(\nu;\alpha;\beta) \approx 2t_{1-\alpha}(\nu) \tag{8}$$

if $\nu = 4$ and $\alpha = \beta = 0{,}05$, the relative error of this approximation is 5 %; $t_{1-\alpha}(\nu)$ is the (1−α)-quantile of the t-distribution with $\nu = I \cdot J - 2$ degrees of freedom.

Table 1 presents $\delta(\nu;\alpha;\beta)$ for $\alpha = \beta = 0{,}05$ and various values of ν.

For $\alpha = \beta$ and $\nu > 3$, x_d is approximated by

$$x_d \approx 2t_{0,95}(\nu) \frac{\hat{\sigma}}{\hat{b}} \sqrt{\frac{1}{K} + \frac{1}{I \cdot J} + \frac{\bar{x}^2}{s_{xx}}} = 2x_c \tag{9}$$

**Tabelle 1 — Werte des Nichtzentralitäts-Parameters für $\alpha = \beta = 0,05$ und ν Freiheitsgrade/
Table 1 — Values of the noncentrality parameter for $\alpha = \beta = 0,05$ and ν degrees of freedom**

ν	$\delta(\nu; \alpha; \beta)$	ν	$\delta(\nu; \alpha; \beta)$	ν	$\delta(\nu; \alpha; \beta)$
2	5,516	19	3,415	36	3,354
3	4,456	20	3,408	37	3,352
4	4,067	21	3,402	38	3,350
5	3,870	22	3,397	39	3,349
6	3,752	23	3,392	40	3,347
7	3,673	24	3,387	41	3,346
8	3,617	25	3,383	42	3,344
9	3,575	26	3,380	43	3,343
10	3,543	27	3,376	44	3,342
11	3,517	28	3,373	45	3,341
12	3,496	29	3,370	46	3,339
13	3,479	30	3,367	47	3,338
14	3,464	31	3,365	48	3,337
15	3,451	32	3,362	49	3,336
16	3,440	33	3,360	50	3,335
17	3,431	34	3,358		
18	3,422	35	3,356		

5.3 Fall 2 — Die Standardabweichung hängt linear von der Zustandsgrößendifferenz ab

5.3.1 Das Modell

Das folgende Modell gründet sich auf die Annahmen, dass die Kalibrierfunktion linear ist und dass die Standardabweichung linear von der Zustandsgrößendifferenz abhängt und gegeben ist durch

$$Y_{ij} = a + bx_i + \varepsilon_{ij} \qquad (10)$$

wobei

x_i, a, b und Y_{ij} wie in 5.2.1 definiert sind und die ε_{ij} unabhängig voneinander sowie normalverteilt sind mit dem Erwartungswert $E(\varepsilon_{ij}) = 0$ und der Varianz

$$V(\varepsilon_{ij}) = \sigma^2(x_i) = (c + dx_i)^2 \qquad (11)$$

das heißt, die Reststandardabweichung hängt linear von x ab:

$$\sigma(x_i) = c + dx_i \qquad (12)$$

Die Parameter des Modells, a, b, c und d werden geschätzt in einem zweigeteilten Verfahren wie in 5.3.2 und 5.3.3 angegeben.

5.3 Case 2 — Standard deviation linearly dependent on the net state variable

5.3.1 Model

The following model is based on the assumptions that the calibration function is linear and that the standard deviation is linearly dependent on the net state variable and is given by:

$$Y_{ij} = a + bx_i + \varepsilon_{ij} \qquad (10)$$

where

x_i, a, b and Y_{ij} are as defined in 5.2.1 and the ε_{ij} are independent and normally distributed with expectation $E(\varepsilon_{ij}) = 0$ and variance:

$$V(\varepsilon_{ij}) = \sigma^2(x_i) = (c + dx_i)^2 \qquad (11)$$

i.e., the residual standard deviation is linearly dependent on x

$$\sigma(x_i) = c + dx_i \qquad (12)$$

The parameters of the model, a, b, c and d are estimated in a two part procedure as given in 5.3.2 and 5.3.3.

5.3.2 Schätzung der linearen Beziehung zwischen der Reststandardabweichung und der Zustandsgrößendifferenz

Die Parameter c und d werden geschätzt mittels einer linearen Regressionsanalyse mit den Standardabweichungen

$$s_i = \sqrt{\frac{1}{J-1}\sum_{j=1}^{J}(\bar{y}_{i\,j} - \bar{y}_i)^2} \tag{13}$$

als Werte der abhängigen Variablen S und mit der Zustandsgrößendifferenz x als der unabhängigen Variablen. Im Hinblick darauf, dass die Varianz $V(S)$ proportional zu σ^2 ist, ist eine gewichtete Regressionsanalyse (siehe die Literaturverweise [1] und [2]) auszuführen mit den Gewichten

$$w_i = \frac{1}{\sigma^2(x_i)} = \frac{1}{(c + dx_i)^2} \tag{14}$$

Allerdings hängen die Varianzen $\sigma^2(x_i)$ von den unbekannten Parametern c und d ab, die noch zu schätzen sind. Deshalb wird das folgende Iterationsverfahren mit den Gewichten

$$\hat{w}_{q\,i} = \frac{1}{(\hat{\sigma}_{q\,i})^2} \tag{15}$$

vorgeschlagen. Beim ersten Iterationsschritt ($q = 0$) gilt $\hat{\sigma}_{0\,i} = s_i$, wobei die Werte von s_i die empirischen Standardabweichungen sind. Für nachfolgende Iterationsschritte $q = 1,2, \ldots$ gilt

$$\hat{\sigma}_{q\,i} = \hat{c}_q + \hat{d}_q x_i \tag{16}$$

Die Errechnung erfolgt mit den Hilfswerten

$$T_{q+1,1} = \sum_{i=1}^{I} \hat{w}_{q\,i} ;$$

$$T_{q+1,2} = \sum_{i=1}^{I} \hat{w}_{q\,i} x_i ;$$

$$T_{q+1,3} = \sum_{i=1}^{I} \hat{w}_{q\,i} x_i^2 ; \tag{17}$$

$$T_{q+1,4} = \sum_{i=1}^{I} \hat{w}_{q\,i} s_i ;$$

5.3.2 Estimation of the linear relationship between the residual standard deviation and the net state variable

The parameters c and d are estimated by a linear regression analysis with the standard deviations:

$$s_i = \sqrt{\frac{1}{J-1}\sum_{j=1}^{J}(\bar{y}_{i\,j} - \bar{y}_i)^2} \tag{13}$$

as values of the dependent variable S and with the net state variable x as the independent variable. Since the variance $V(S)$ is proportional to σ^2, a weighted regression analysis (see references [1] and [2] of the Bibliography) has to be performed with the weights:

$$w_i = \frac{1}{\sigma^2(x_i)} = \frac{1}{(c + dx_i)^2} \tag{14}$$

However, the variances $\sigma^2(x_i)$ depend on the unknown parameters c and d that have yet to be estimated. Therefore, the following iteration procedure with weights:

$$\hat{w}_{q\,i} = \frac{1}{(\hat{\sigma}_{q\,i})^2} \tag{15}$$

is proposed. At the first iteration, ($q = 0$), $\hat{\sigma}_{0\,i} = s_i$, where the s_i values are the empirical standard deviations. For successive iterations $q = 1,2, \ldots$

$$\hat{\sigma}_{q\,i} = \hat{c}_q + \hat{d}_q x_i \tag{16}$$

calculate with the auxiliary values:

$$T_{q+1,1} = \sum_{i=1}^{I} \hat{w}_{q\,i} ;$$

$$T_{q+1,2} = \sum_{i=1}^{I} \hat{w}_{q\,i} x_i ;$$

$$T_{q+1,3} = \sum_{i=1}^{I} \hat{w}_{q\,i} x_i^2 ; \tag{17}$$

$$T_{q+1,4} = \sum_{i=1}^{I} \hat{w}_{q\,i} s_i ;$$

$$T_{q+1,5} = \sum_{i=1}^{I} \hat{w}_{q\,i} x_i s_i \;;$$

und

$$\hat{c}_{q+1} = \frac{T_{q+1,3} T_{q+1,4} - T_{q+1,2} T_{q+1,5}}{T_{q+1,1} T_{q+1,3} - T_{q+1,2}^2} \tag{18}$$

sowie

$$\hat{d}_{q+1} = \frac{T_{q+1,1} T_{q+1,5} - T_{q+1,2} T_{q+1,4}}{T_{q+1,1} T_{q+1,3} - T_{q+1,2}^2} \tag{19}$$

Diese Verfahren konvergieren schnell, so dass das Ergebnis für $q = 3$

$$\hat{\sigma}_3 = \hat{c}_3 + \hat{d}_3 x$$

als Schlussergebnis betrachtet werden kann, und zwar mit $\hat{\sigma}_3 = \hat{\sigma}(x)$, $\hat{c}_3 = \hat{\sigma}_0$ und $\hat{d}_3 = \hat{d}$:

$$\hat{\sigma}_x(x) = \hat{\sigma}_0 + \hat{d}(x) \tag{20}$$

5.3.3 Schätzung der Kalibrierfunktion

Die Parameter a und b werden geschätzt mittels einer linearen Regressionsanalyse mit gewichteten Werten (siehe die Literaturverweise [1] und [2]), und zwar mit den Werten $\bar{y}_{i\,j}$ als Werten der abhängigen Variablen, x_i als Werten der unabhängigen Variablen sowie den Gewichten

$$w_i = \frac{1}{\hat{\sigma}^2(x_i)} \,,$$

wobei

$\hat{\sigma}^2(x_i)$ der vorhergesagte Wert der Varianz zu x_i nach Gleichung (20) ist

mit

$$T_1 = J \sum_{i=1}^{I} w_i \;;$$

$$T_2 = J \sum_{i=1}^{I} w_i x_i \;;$$

$$T_3 = J \sum_{i=1}^{I} w_i x_i^2 \;;$$

$$T_{q+1,5} = \sum_{i=1}^{I} \hat{w}_{q\,i} x_i s_i \;;$$

and

$$\hat{c}_{q+1} = \frac{T_{q+1,3} T_{q+1,4} - T_{q+1,2} T_{q+1,5}}{T_{q+1,1} T_{q+1,3} - T_{q+1,2}^2} \tag{18}$$

and

$$\hat{d}_{q+1} = \frac{T_{q+1,1} T_{q+1,5} - T_{q+1,2} T_{q+1,4}}{T_{q+1,1} T_{q+1,3} - T_{q+1,2}^2} \tag{19}$$

This procedures converges rapidly so that the result for $q = 3$;

$$\hat{\sigma}_3 = \hat{c}_3 + \hat{d}_3 x$$

can be considered, with $\hat{\sigma}_3 = \hat{\sigma}(x)$, $\hat{c}_3 = \hat{\sigma}_0$ and $\hat{d}_3 = \hat{d}$, as the final result:

$$\hat{\sigma}_x(x) = \hat{\sigma}_0 + \hat{d}(x) \tag{20}$$

5.3.3 Estimation of the calibration function

The parameters a and b are estimated by a weighted linear regression analysis (see references [1] and [2] in the Bibliography) with the $\bar{y}_{i\,j}$ as values of the dependent variable, x_i as values of the independent variable and weights:

$$w_i = \frac{1}{\hat{\sigma}^2(x_i)} \,,$$

where

$\hat{\sigma}^2(x_i)$ is the predicted value of the variance at x_i according to equation (20)

with

$$T_1 = J \sum_{i=1}^{I} w_i \;;$$

$$T_2 = J \sum_{i=1}^{I} w_i x_i \;;$$

$$T_3 = J \sum_{i=1}^{I} w_i x_i^2 \;;$$

$$T_4 = J\sum_{i=1}^{I}\sum_{j=1}^{J} w_i \bar{y}_{i\,j}\,; \quad (21)$$

$$T_5 = J\sum_{i=1}^{I}\sum_{j=1}^{J} w_i x_i \bar{y}_{i\,j}\,.$$

Die Schätzwerte für a und b ergeben sich daraus als

$$\hat{a} = \frac{T_3T_4 - T_2T_5}{T_1T_3 - T_2^2} \quad (22)$$

$$\hat{b} = \frac{T_1T_5 - T_2T_4}{T_1T_3 - T_2^2} \quad (23)$$

5.3.4 Errechnung der Werte von Erkennungsgrenze und Erfassungsgrenze

Der Wert für die Erkennungsgrenze ist gegeben durch

$$y_{\text{c}} = \hat{a} + t_{0{,}95}(\nu)\sqrt{\frac{\hat{\sigma}_0^2}{K} + \left(\frac{1}{T_1} + \frac{\bar{x}_w^2}{s_{xxw}}\right)\hat{\sigma}^2} \quad (24)$$

und der Wert für die Erfassungsgrenze ist gegeben durch

$$x_{\text{c}} = \frac{t_{0{,}95}(\nu)}{\hat{b}}\sqrt{\frac{\hat{\sigma}_0^2}{K} + \left(\frac{1}{T_1} + \frac{\bar{x}_w^2}{s_{xxw}}\right)\hat{\sigma}^2} \quad (25)$$

wobei

$$\bar{x}_w = T_2 / T_1 \quad (26)$$

$$s_{xxw} = T_3 - T_2^2 / T_1 \quad (27)$$

$$\hat{\sigma}^2 = \frac{1}{I \cdot J - 2}\sum_{i=1}^{I}\sum_{j=1}^{J} w_i(\bar{y}_{i\,j} - \hat{a} - \hat{b}x_i)^2 \quad (28)$$

und $t_{0{,}95}(\nu)$ das 95 %-Quantil der t-Verteilung mit $\nu = I \cdot J - 2$ Freiheitsgraden ist; s_{xxw} ist im Anhang A erklärt.

$$T_4 = J\sum_{i=1}^{I}\sum_{j=1}^{J} w_i \bar{y}_{i\,j}\,; \quad (21)$$

$$T_5 = J\sum_{i=1}^{I}\sum_{j=1}^{J} w_i x_i \bar{y}_{i\,j}\,.$$

the estimates for a and b are:

$$\hat{a} = \frac{T_3T_4 - T_2T_5}{T_1T_3 - T_2^2} \quad (22)$$

$$\hat{b} = \frac{T_1T_5 - T_2T_4}{T_1T_3 - T_2^2} \quad (23)$$

5.3.4 Computation of critical values

The critical value of the response variable is given by:

$$y_{\text{c}} = \hat{a} + t_{0{,}95}(\nu)\sqrt{\frac{\hat{\sigma}_0^2}{K} + \left(\frac{1}{T_1} + \frac{\bar{x}_w^2}{s_{xxw}}\right)\hat{\sigma}^2} \quad (24)$$

and the critical value of the net state variable is given by:

$$x_{\text{c}} = \frac{t_{0{,}95}(\nu)}{\hat{b}}\sqrt{\frac{\hat{\sigma}_0^2}{K} + \left(\frac{1}{T_1} + \frac{\bar{x}_w^2}{s_{xxw}}\right)\hat{\sigma}^2} \quad (25)$$

where

$$\bar{x}_w = T_2 / T_1 \quad (26)$$

$$s_{xxw} = T_3 - T_2^2 / T_1 \quad (27)$$

$$\hat{\sigma}^2 = \frac{1}{I \cdot J - 2}\sum_{i=1}^{I}\sum_{j=1}^{J} w_i(\bar{y}_{i\,j} - \hat{a} - \hat{b}x_i)^2 \quad (28)$$

and $t_{0{,}95}(\nu)$ is the 95 %-quantile of the t-distribution with $\nu = I \cdot J - 2$ degrees of freedom; s_{xxw} is defined in annex A.

5.3.5 Errechnung des Erfassungsvermögens

Der Wert des Erfassungsvermögens ist gegeben durch

$$x_{\mathrm{d}} = \frac{\delta}{\hat{b}} \sqrt{\frac{\hat{\sigma}^2(x_{\mathrm{d}})}{K} + \left(\frac{1}{T_1} + \frac{\bar{x}_w^2}{s_{xxw}}\right)\hat{\sigma}^2} \qquad (29)$$

wobei

$\delta = \delta(\nu;\alpha;\beta)$ der Wert des Nichtzentralitäts-Parameters wie in 5.2.4 erklärt ist.

Im Hinblick darauf, dass $\hat{\sigma}^2(x_{\mathrm{d}})$ von dem noch nicht errechneten Wert x_{d} abhängt, ist x_{d} iterativ zu errechnen.

Die Iteration beginnt mit $\hat{\sigma}(x_{\mathrm{d}})_0 = \hat{\sigma}_0$ und führt zum Ergebnis x_{d0}; für den nächsten Iterationsschritt wird $\hat{\sigma}(x_{\mathrm{d}})_1 = \hat{\sigma}(x_{\mathrm{d\,0}})$ errechnet und in der Formel für x_{d} verwendet, was zu x_{d1} führt, … . In vielen Fällen verändert schon der erste Iterationsschritt den Wert von x_{d} nicht nennenswert; einen akzeptablen Wert für x_{d} gewinnt man beim dritten Iterationsschritt.

6 Erfassungsvermögen des Messverfahrens

Der aus einer einzelnen Kalibrierung erhaltene Wert des Erfassungsvermögens zeigt die Fähigkeit des kalibrierten Messprozesses für die betreffende Serie von Messungen, den Wert der Zustandsgrößendifferenz eines betrachteten Istzustands als von Null verschieden zu entdecken, das heißt, dies ist der kleinste Wert der Zustandsgrößendifferenz, der mit einer Wahrscheinlichkeit von $1 - \beta$ als verschieden von Null entdeckt werden kann. Dieser Wert des Erfassungsvermögens unterscheidet sich bei unterschiedlichen Kalibrierungen. Die Werte des Erfassungsvermögens aus unterschiedlichen Serien von Messungen, gewonnen aus

— einem einzelnen Messprozess, der sich auf denselben (betrachteten) Messprozesstyp gründet,

— einem Messprozesstyp, der sich auf dasselbe Messverfahren gründet, oder

— einem Messverfahren

können als Realisierungen einer Zufallsvariablen interpretiert werden, für welche die Parameter der (zugehörigen) Wahrscheinlichkeitsverteilung als Merkmale des Messprozesses beziehungsweise des (betrachteten) Messprozesstyps beziehungsweise des Messverfahrens angesehen werden können.

5.3.5 Computation of the minimum detectable value

The minimum detectable value is given by:

$$x_{\mathrm{d}} = \frac{\delta}{\hat{b}} \sqrt{\frac{\hat{\sigma}^2(x_{\mathrm{d}})}{K} + \left(\frac{1}{T_1} + \frac{\bar{x}_w^2}{s_{xxw}}\right)\hat{\sigma}^2} \qquad (29)$$

where

$\delta = \delta(\nu;\alpha;\beta)$ is the value of the noncentrality parameter as defined in 5.2.4.

Since $\hat{\sigma}^2(x_{\mathrm{d}})$ depends on the value of x_{d} yet to be calculated, x_{d} has to be calculated iteratively.

The iteration starts with $\hat{\sigma}(x_{\mathrm{d}})_0 = \hat{\sigma}_0$ and results in x_{d0}; for the next iteration step $\hat{\sigma}(x_{\mathrm{d}})_1 = \hat{\sigma}(x_{\mathrm{d\,0}})$ is computed and used in the formula for x_{d}, resulting in x_{d1},... In many cases even the first iteration step does not change the value of x_{d} appreciably; an acceptable value for x_{d} is obtained at the third iteration step.

6 Minimum detectable value of the measurement method

The minimum detectable value obtained from a particular calibration shows the capability of the calibrated measurement process for the respective measurement series to detect the value of the net state variable of an observed actual state to be different from zero, i.e. it is the smallest value of the net state variable which can be detected with a probability of $1 - \beta$ as different from zero. This minimum detectable value differs for different calibrations. The minimum detectable values of different measurement series for

— a particular measurement process based on the same type of measurement process,

— a type of measurement process based on the same measurement method, or

— a measurement method

can be interpreted as realizations of a random variable for which the parameters of the probability distribution can be considered characteristics of the measurement process, the type of measurement process or of the measurement method, respectively.

Sofern für einen einzelnen Messprozess m Kalibrierungen aufeinander folgend ausgeführt wurden, um den Wert des Erfassungsvermögens x_d zu ermitteln, können die m Werte $x_{d1}, x_{d2}, \dots x_{dm}$ des Erfassungsvermögens dazu benutzt werden, das Erfassungsvermögen für den Messprozess unter folgenden Bedingungen zu ermitteln:

a) der Messprozess wird nicht verändert;

b) die Verteilung der Werte x_d ist unimodal und es gibt keine Ausreißerwerte x_d;

c) die Planung der Untersuchung (eingeschlossen die Anzahl der Bezugszustände, I, und die Anzahl der Wiederholungen des Verfahrens, J, K und L) war für jede der Kalibrierungen identisch.

Unter diesen Bedingungen wird der Median aus den Werten x_{di} für $i = 1, \dots, m$ als (Wert für das) Erfassungsvermögen des Messprozesses empfohlen; sofern anstatt des Median eine andere Kenngröße für die mittlere Lage der Werte x_{di} angewendet wird, muss die angewendete Kenngröße angegeben werden.

Sofern eine dieser Bedingungen verletzt wird, ist das Erfassungsvermögen des Messprozesses (bezüglich seines Wertes) nicht hinreichend genau eingrenzbar und die Ermittlung eines gemeinsamen Wertes darf nicht versucht werden.

Wenn dasselbe Messverfahren in p Labors angewendet wird und für jedes von ihnen das Erfassungsvermögen des Messprozesses innerhalb des Labors zu ermitteln war, dann wird, sofern die gleichen Bedingungen wie für die Ermittlung des Erfassungsvermögens für den Messprozess gelten, der Median der p Werte des Erfassungsvermögens der Labors empfohlen als (Wert des) Erfassungsvermögen(s) für das Messverfahren; sofern anstatt des Median eine andere Kenngröße für die mittlere Lage der Werte x_{di} angewendet wird, muss die angewendete Kenngröße angegeben werden.

7 Angabe und Anwendung von Ergebnissen

ANMERKUNG Beispiele für die Ermittlung von Werten für die Erkennungsgrenze, die Erfassungsgrenze und das Erfassungsvermögen sind im Anhang C angegeben.

If, for a particular measurement process, m consecutive calibrations have been carried out in order to determine the minimum detectable value of the net state variable x_d, the m minimum detectable values $x_{d1}, x_{d2}, \dots x_{dm}$, can be used to determine a minimum detectable value of the measurement process under the following conditions:

a) the measurement process is not changed;

b) the distribution of the values x_d is unimodal and there are no outlying values x_d;

c) the experimental design (including the number of reference states, I, and the numbers of replications of procedure, J, K and L) was identical for each of the calibrations.

Under these conditions the median of the values x_{di}, for $i = 1, \dots, m$, is recommended as the minimum detectable value of the measurement process; if another summary statistic of the values x_{di} is used instead of the median, the statistic used shall be reported.

If any of these conditions are violated, the minimum detectable value of the measurement process is not sufficiently well-defined and the determination of a common value shall not be attempted.

If the same measurement method is applied in p laboratories and for each of them a minimum detectable value of the measurement process within the laboratory were to be determined, then under the same conditions as for the determination of the minimum detectable value of the measurement process, the median of the p minimum detectable values of the laboratories is recommended as the minimum detectable value of the measurement method; if another summary statistic of the minimum detectable values of the laboratories is used instead of the median, the statistic used shall be reported.

7 Reporting and use of results

NOTE Examples of the determination of critical and minimal detectable values are given in annex C.

7.1 Erkennungsgrenze und Erfassungsgrenze

Für Entscheidungen bezüglich der Ermittlung von Istzuständen ist nur die Erkennungsgrenze oder die Erfassungsgrenze anzuwenden. Diese aus einer Kalibrierung des Messprozesses abgeleiteten Werte sind Entscheidungsgrenzen zur Schätzung unbekannter, in diese Serie (von Messungen) eingeschlossener Systemzustände. Bei der Betrachtung aufeinander folgender Kalibrierungen desselben Messprozesses können Erkennungsgrenze und Erfassungsgrenze von einer zu einer anderen Kalibrierung unterschiedlich sein. Weil jedoch jeder der Werte (einer Erkennungsgrenze oder einer Erfassungsgrenze) eine Entscheidungsgrenze ist, die zu einer einzelnen Serie von Messungen gehört, ist es nicht sinnvoll, über alle Kalibrierungen hin allgemein geltende Werte für Erkennungsgrenze und Erfassungsgrenze zu errechnen und logischerweise unangemessen, diese als Werte für Erkennungsgrenze und Erfassungsgrenze (allgemein) zu benutzen.

Wenn ein Wert der Zustandsgrößendifferenz oder der Messgröße nicht größer ist als der Wert der Erkennungsgrenze oder der Erfassungsgrenze, dann kann festgestellt werden, dass kein Unterschied zwischen dem betrachteten Istzustand und dem Grundzustand erkennbar ist. Im Hinblick auf die Möglichkeit allerdings, dass ein Fehler 2. Art entstanden ist, sollte dieser Wert nicht als Beweis dafür aufgefasst werden, dass das betrachtete System tatsächlich in seinem Grundzustand ist. Daher ist es nicht erlaubt, ein solches Ergebnis anzugeben als „Null" oder als „kleiner als das Erfassungsvermögen". Der Wert selbst (und seine Unsicherheit) sollten in allen Fällen angegeben sein; sofern dieser nicht über der Erkennungsgrenze oder der Erfassungsgrenze liegt, sollte die Bemerkung hinzugefügt werden: „Nichts gefunden".

7.1 Critical values

For decisions regarding the investigation of actual states only the critical value of the net state variable or of the response variable is to be applied. These values derived from a calibration of the measurement process are decision limits to be used to assess the unknown states of systems included in this series. Looking at consecutive calibrations of the same measurement process, the critical values may vary from one calibration to another. However, since each of the critical values is a decision limit belonging to a particular measurement series, it is meaningless to calculate overall critical values across calibrations and logically inappropriate to use these as critical values.

If a value of the net state variable or of the response variable is not greater than the critical value, it can be stated that no difference can be shown between the observed actual state and the basic state. However, due to the possibility of committing an error of the second kind, this value should not be construed as demonstrating that the observed system definitely is in its basic state. Therefore, reporting such a result as "zero" or as "smaller than the minimum detectable value" is not permissible. The value (and its uncertainty) should always be reported; if it does not exceed the critical value, the comment "not detected" should be added.

7.2 Erfassungsvermögen

Der aus einer einzelnen Kalibrierung abgeleitete Wert des Erfassungsvermögens zeigt, ob die Entdeckungsfähigkeit des aktuell betrachteten Messprozesses für den beabsichtigten Zweck ausreicht. Wenn dies nicht so ist, kann die Anzahl J, K oder L geändert werden.

Ein Erfassungsvermögen, abgeleitet aus einem Satz von Kalibrierungen nach den im Abschnitt 6 aufgeführten Bedingungen, kann jeweils für einen Vergleich, für die Auswahl oder für die Beurteilung unterschiedlicher Labors oder Messverfahren dienen.

7.2 Minimum detectable values

The minimum detectable value derived from a particular calibration shows whether the capability of detection of the actual measurement process is sufficient for the intended purpose. If it is not, the number J, K or L may be modified.

A minimum detectable value derived from a set of calibrations following the conditions mentioned in clause 6 may serve for the comparison, the choice or the judgement of different laboratories or methods, respectively.

Anhang A
(normativ)

Formelzeichen und Abkürzungen

a	Achsenabschnitt im Ausdruck $y = a + bx + \varepsilon$
$\hat{a}$	Schätzwert für den Achsenabschnitt a
b	Steigungsfaktor im Ausdruck $y = a + bx + \varepsilon$
$\hat{b}$	Schätzwert für den Steigungsfaktor b
c	Achsenabschnitt im Ausdruck $\sigma(x) = c + dx$ für die Reststandardabweichung
$\hat{c}$	Schätzwert für den Achsenabschnitt c
d	Steigungsfaktor im Ausdruck $\sigma(x) = c + dx$ für die Reststandardabweichung
$\hat{d}$	Schätzwert für den Steigungsfaktor d
$E(\ )$	Erwartungswert (für die in Klammern angegebene Zufallsvariable)
I	Anzahl der Bezugszustände in einem Kalibrierversuch
$i = 1 ..., I$	Identifizierungsvariable für die Bezugszustände
J	Anzahl der Vorbereitungen für jeden Bezugszustand
$j = 1 ..., J$	Identifizierungsvariable für Vorbereitungen für den Bezugszustand und den Grundzustand
K	Anzahl der Vorbereitungen für den Istzustand
$k = 1 ..., K$	Identifizierungsvariable für Vorbereitungen für den Istzustand
L	Anzahl wiederholter Messungen für jede Vorbereitung
$l = 1 ..., L$	Identifizierungsvariable für wiederholte Messungen je Vorbereitung
M	Multiplikationsfaktor
m	Anzahl von aufeinander folgenden Kalibrierungen

Annex A
(normative)

Symbols and abbreviations

a	intercept in the expression $y = a + bx + \varepsilon$
$\hat{a}$	estimate of the intercept a
b	slope in the expression $y = a + bx + \varepsilon$
$\hat{b}$	estimate of the slope b
c	intercept in the expression $\sigma(x) = c + dx$ for the residual standard deviation
$\hat{c}$	estimate of the intercept c
d	slope in the expression $\sigma(x) = c + dx$ for the residual standard deviation
$\hat{d}$	estimate of the slope d
$E(\ )$	expectation (of the random variable given in the brackets)
I	number of reference states used in the calibration experiment
$i = 1 ..., I$	identifying variable of the reference states
J	number of preparations for each reference state
$j = 1 ..., J$	identifying variable of preparations for the reference- and basic state
K	number of preparations for the actual state
$k = 1 ..., K$	identifying variable of preparations for the actual state
L	number of repeated measurements for each preparation
$l = 1 ..., L$	identifying variable of the repeated measurements per preparation
M	multiplying factor
m	number of consecutive calibrations

N Anzahl von Vorbereitungen im Kalibrierversuch; sofern die Anzahl von Vorbereitungen für jeden Bezugszustand identisch ist, dann ist diese Anzahl $N = I \cdot J$ und die gesamte Anzahl von Messungen im Kalibrierversuch ist $N \cdot L$

$q = 0, 1, 2, \ldots$ Anzahl der Iterationsschritte

s empirische Standardabweichung

$s_{xx} = J\sum_{i=1}^{I}(x_i - \bar{x})^2$ Summe der Abweichungsquadrate der ausgewählten Werte der Zustandsgrößendifferenz für die Bezugszustände (eingeschlossen den Grundzustand) vom Mittelwert

$s_{xxw} = J\sum_{i=1}^{I} w_i(x_i - \bar{x}_w)^2$ gewichtete Summe der Abweichungsquadrate der ausgewählten Werte der Zustandsgrößendifferenz für die Bezugszustände (eingeschlossen den Grundzustand) vom gewichteten Mittelwert

T Hilfswert für die gewichtete lineare Regressionsanalyse

$V(\ )$ Varianz (der in Klammern angegebenen Zufallsvariablen)

w_i Gewichtsfaktor zu x_i

$\hat{w}_{q\,i}$ Gewichtsfaktor zu x_i im q-ten Iterationsschritt

X Zustandsgrößendifferenz, $X = Z - z_0$

x ein Einzelwert der Zustandsgrößendifferenz

$x_1, \ldots, x_I$ ausgewählte Werte der Zustandsgrößendifferenz X für die Bezugszustände, eingeschlossen den Grundzustand

x_c Wert der Erfassungsgrenze

x_d Wert des Erfassungsvermögens

$\bar{x} = \frac{1}{I}\sum_{i=1}^{I} x_i$ Mittelwert der ausgewählten Werte der Zustandsgrößendifferenz für die Bezugszustände (eingeschlossen den Grundzustand)

$\hat{x} = \frac{\bar{y}_a - \hat{a}}{\hat{b}}$ Schätzwert für die Zustandsgrößendifferenz für einen spezifischen Istzustand

N number of preparations in the calibration experiment; if the number of preparations for each reference state is identical, then $N = I \cdot J$, and the total number of measurements in the calibration experiment is $N \cdot L$

$q = 0, 1, 2, \ldots$ number of the iteration step

s empirical standard deviation

$s_{xx} = J\sum_{i=1}^{I}(x_i - \bar{x})^2$ sum of squared deviations of the chosen values of the net state variable for the reference states (including the basic state) from the average

$s_{xxw} = J\sum_{i=1}^{I} w_i(x_i - \bar{x}_w)^2$ weighted sum of squared deviations of the chosen values of the net state variable for the reference states (including the basic state) from the weighted average

T auxiliary value for the weighted linear regression analysis

$V(\ )$ variance (of the random variable given in the brackets)

w_i weight at x_i

$\hat{w}_{q\,i}$ weight at x_i in the qth iteration step

X net state variable, $X = Z - z_0$

x a particular value of the net state variable

$x_1, \ldots, x_I$ chosen values of the net state variable X for the reference states including the basic state

x_c critical value of the net state variable

x_d minimum detectable value of the net state variable

$\bar{x} = \frac{1}{I}\sum_{i=1}^{I} x_i$ average of the chosen values of the net state variable for the reference states (including the basic state)

$\hat{x} = \frac{\bar{y}_a - \hat{a}}{\hat{b}}$ estimated value of the net state variable for a specific actual state

$\bar{x}_w = \sum_{i=1}^{I} w_i x_i \Big/ \sum_{i=1}^{I} w_i$ gewichteter Mittelwert der ausgewählten Werte der Zustandsgrößendifferenz für die Bezugszustände (eingeschlossen den Grundzustand)

Y Messgröße

y_c Wert der Erkennungsgrenze

y_{ijl} l-te Messung der j-ten Vorbereitung des i-ten Bezugszustandes

$y_{k1}, \ldots, y_{kl}$ Werte der Messgröße, gewonnen für die k-te Vorbereitung eines speziellen Istzustandes in der Serie von Messungen

$\bar{y}_a = \frac{1}{K \cdot L} \sum_{k=1}^{K} \sum_{l=1}^{L} y_{kl}$ Mittelwert der ermittelten Werte für einen speziellen Istzustand

$\bar{y} = \frac{1}{I \cdot J \cdot L} \sum_{i=1}^{I} \sum_{j=1}^{J} \sum_{l=1}^{L} y_{ijl}$ Mittelwert der Messwerte y_{ijl}

$\bar{y}_{ij} = \frac{1}{L} \sum_{l=1}^{L} y_{ijl}$ Mittelwert der Messwerte der j-ten Vorbereitung des i-ten Bezugszustands

$\bar{y}_i = \frac{1}{J \cdot L} \sum_{j=1}^{J} \sum_{l=1}^{L} y_{ijl}$ Mittelwert der Messwerte des i-ten Bezugszustands

$\bar{y}_0$ Mittelwert der $K \cdot L$ Messwerte bei $x = 0$

Z Zustandsgröße

z_0 Wert der Zustandsgröße im Grundzustand

α Wahrscheinlichkeit für ein fälschliches Verwerfen der Nullhypothese „der betrachtete Zustand ist bezüglich der Zustandsgröße nicht verschieden vom Grundzustand“ für jeden der betrachteten Istzustände in der Serie von Messungen, für welche die Nullhypothese richtig ist (Wahrscheinlichkeit des Fehlers 1. Art)

Der Wert α sollte mit $\alpha = 0{,}05$ festgelegt werden, sofern keine anderen speziellen Empfehlungen vorliegen

β Wahrscheinlichkeit für ein fälschliches Nichtverwerfen der Nullhypothese „der betrachtete Zustand ist bezüglich der Zustandsgröße nicht verschieden vom

$\bar{x}_w = \sum_{i=1}^{I} w_i x_i \Big/ \sum_{i=1}^{I} w_i$ weighted average of the chosen values of the net state variable for the reference states (including the basic state)

Y response variable

y_c critical value of the response variable

y_{ijl} l^{th} measurement of the jth preparation of the ith reference state

$y_{k1}, \ldots, y_{kl}$ obtained values of the response variable for the kth preparation of a specific actual state in the measurement series

$\bar{y}_a = \frac{1}{K \cdot L} \sum_{k=1}^{K} \sum_{l=1}^{L} y_{kl}$ average of the observed values for a specific actual state

$\bar{y} = \frac{1}{I \cdot J \cdot L} \sum_{i=1}^{I} \sum_{j=1}^{J} \sum_{l=1}^{L} y_{ijl}$ average of the measurement values y_{ijl}

$\bar{y}_{ij} = \frac{1}{L} \sum_{l=1}^{L} y_{ijl}$ average of the measurement values of the jth preparation of the ith reference state

$\bar{y}_i = \frac{1}{J \cdot L} \sum_{j=1}^{J} \sum_{l=1}^{L} y_{ijl}$ average of the measurement values of the ith reference state

$\bar{y}_0$ average of the $K \cdot L$ measurement values at $x = 0$

Z state variable

z_0 value of the state variable in the basic state

α probability of erroneously rejecting the null hypothesis “the state under consideration is not different from the basic state with respect to the state variable” for each of the observed actual states in the measurement series for which this null hypothesis is true (probability of the error of the first kind)

in the absence of specific recommendations the value α should be fixed at $\alpha = 0{,}05$

β probability of erroneously accepting the null hypothesis “the state under consideration is not different from the basic state with respect to the state variable” for each of the observed actual states in the measurement series for which the net state variable is equal

Grundzustand" für jeden der betrachteten Istzustände in der Serie von Messungen, für welche die Zustandsgrößendifferenz gleich dem zu ermittelnden Erfassungsvermögen ist (Wahrscheinlichkeit des Fehlers zweiter Art)

Der Wert β sollte mit $\beta = 0{,}05$ festgelegt werden, sofern keine anderen speziellen Empfehlungen vorliegen

δ Nichtzentralitäts-Parameter der nichtzentralen t-Verteilung

ε Komponente der Messgröße, welche die Zufallskomponente der Probenahme-, Vorbereitungs- und Messabweichungen darstellt

ν Anzahl der Freiheitsgrade

σ_{diff} Standardabweichung der Differenz zwischen dem Mittelwert $\bar{y}$ und dem geschätzten Achsenabschnitt $\hat{a}$

$\hat{\sigma}$ Schätzwert der Reststandardabweichung

$\hat{\sigma}_{q\,i}$ Standardabweichung zu x_i im q-ten Iterationsschritt

$\hat{\sigma}_0$ Schätzwert für die Reststandardabweichung, $x = 0$

to the minimum detectable value to be determined (probability of the error of the second kind)

in the absence of specific recommendations the value β should be fixed at $\beta = 0{,}05$

δ non-centrality parameter of the non-central t-distribution

ε component of the response variable measurement representing the random component of sampling, preparation and measurement errors

ν degrees of freedom

σ_{diff} standard deviation of the difference between the average, $\bar{y}$, and the estimated intercept $\hat{a}$

$\hat{\sigma}$ estimate of the residual standard deviation

$\hat{\sigma}_{q\,i}$ standard deviation at x_i in the qth iteration step

$\hat{\sigma}_0$ estimate of the residual standard deviation, $x = 0$

Anhang B
(informativ)

Herleitung der Formeln

B.1 Fall 1 — Konstante Standardabweichung

Unter den Annahmen nach Abschnitt 5.1 und im Fall einer konstanten Standardabweichung sind die Schätzwerte der Regressionskoeffizienten, $\hat{a}$ und $\hat{b}$, normalverteilt mit den Erwartungswerten

$$E(\hat{a}) = a \ ; \ E(\hat{b}) = b$$

und den Varianzen

$$V(\hat{a}) = \left(\frac{1}{I \cdot J} + \frac{\bar{x}^2}{s_{xx}} \right) \sigma^2 \ ; \ V(\hat{b}) = \frac{\sigma^2}{s_{xx}}$$

wobei

σ^2 die Varianz der Residuen der Mittelwerte der L wiederholten Messungen für jede Vorbereitung ist.

Wenn die Messgröße auf dem Grundzustand ($z = z_0$, $x = 0$) $K \cdot L$ mal gemessen wird, folgt die Differenz zwischen dem Mittelwert $\bar{y}_0$ der $K \cdot L$ Werte und dem geschätzten Achsenabschnitt $\hat{a}$ einer Normalverteilung mit dem Erwartungswert

$$E(\bar{y}_0 - \hat{a}) = E(\bar{y}_0) - E(\hat{a}) = a - a = 0$$

und der Varianz

$$V(\bar{y}_0 - \hat{a}) = V(\bar{y}_0) + V(\hat{a}) =$$
$$\frac{\sigma^2}{K} + \left(\frac{1}{I \cdot J} + \frac{\bar{x}^2}{s_{xx}} \right) \sigma^2 = \left(\frac{1}{K} + \frac{1}{I \cdot J} + \frac{\bar{x}^2}{s_{xx}} \right) \sigma^2$$

Im Hinblick darauf, dass $(\bar{y}_0 - \hat{a})$ normalverteilt ist, folgt die Zufallsvariable

$$U = \frac{\bar{y}_0 - \hat{a}}{\sigma_{\text{diff}}}$$

der standardisierten Normalverteilung, und die Ungleichheit

Annex B
(informative)

Derivation of formulae

B.1 Case 1 — Constant standard deviation

Under the assumptions of 5.1 and in the case of constant standard deviation, estimations of the regression coefficients, $\hat{a}$ and $\hat{b}$, are normally distributed with expectations

$$E(\hat{a}) = a \ ; \ E(\hat{b}) = b$$

and variances:

$$V(\hat{a}) = \left(\frac{1}{I \cdot J} + \frac{\bar{x}^2}{s_{xx}} \right) \sigma^2 \ ; \ V(\hat{b}) = \frac{\sigma^2}{s_{xx}}$$

where

σ^2 is the variance of the residuals of the averages of the L repeated measurements for each preparation.

If the response variable is measured $K \cdot L$ times at the basic state ($z = z_0$, $x = 0$), the difference between the average $\bar{y}_0$ of the $K \cdot L$ values and the estimated intercept $\hat{a}$ follows a normal distribution with expectation:

$$E(\bar{y}_0 - \hat{a}) = E(\bar{y}_0) - E(\hat{a}) = a - a = 0$$

and variance:

$$V(\bar{y}_0 - \hat{a}) = V(\bar{y}_0) + V(\hat{a}) =$$
$$\frac{\sigma^2}{K} + \left(\frac{1}{I \cdot J} + \frac{\bar{x}^2}{s_{xx}} \right) \sigma^2 = \left(\frac{1}{K} + \frac{1}{I \cdot J} + \frac{\bar{x}^2}{s_{xx}} \right) \sigma^2$$

Since $(\bar{y}_0 - \hat{a})$ is normally distributed, the random variable

$$U = \frac{\bar{y}_0 - \hat{a}}{\sigma_{\text{diff}}}$$

follows the standardized normal distribution, and the inequality:

$$\frac{\bar{y}_0 - \hat{a}}{\sigma_{\text{diff}}} \leq u_{0,95}$$

$$\frac{\bar{y}_0 - \hat{a}}{\sigma_{\text{diff}}} \leq u_{0,95}$$

gilt mit der Wahrscheinlichkeit 0,95. Im Hinblick darauf, dass σ^2_{diff} unbekannt ist, kann es geschätzt werden als

$$\hat{\sigma}^2_{\text{diff}} = \left(\frac{1}{K} + \frac{1}{I \cdot J} + \frac{\bar{x}^2}{s_{xx}} \right) \hat{\sigma}^2$$

wobei

$\hat{\sigma}^2$ die geschätzte Restvarianz der Regressionsanalyse ist, die dafür angewendet werden muss. Die Zufallsvariable

$$T(\nu) = \frac{\bar{y}_0 - \hat{a}}{\hat{\sigma}_{\text{diff}}}$$

folgt der t-Verteilung mit $\nu = I \cdot J - 2$ Freiheitsgraden, und die Ungleichheit

$$\frac{\bar{y}_0 - \hat{a}}{\hat{\sigma}_{\text{diff}}} \leq t_{0,95}(\nu)$$

oder

$$\bar{y}_0 \leq \hat{a} + t_{0,95}(\nu) \hat{\sigma}_{\text{diff}} =$$

$$\hat{a} + t_{0,95}(\nu) \hat{\sigma} \sqrt{\frac{1}{K} + \frac{1}{I \cdot J} + \frac{\bar{x}^2}{s_{xx}}}$$

wobei

$t_{0,95}(\nu)$ das 95 %-Quantil der t-Verteilung mit ν Freiheitsgraden ist, gilt mit der Wahrscheinlichkeit 0,95.

Die rechte Seite dieser Ungleichheit ist der Wert der Erkennungsgrenze, also

$$y_{\text{c}} = \hat{a} + t_{0,95}(\nu) \hat{\sigma} \sqrt{\frac{1}{K} + \frac{1}{I \cdot J} + \frac{\bar{x}^2}{s_{xx}}}$$

und der Wert der Erfassungsgrenze ergibt sich zu

$$x_{\text{c}} = \frac{y_{\text{c}} - \hat{a}}{\hat{b}} = t_{0,95}(\nu) \frac{\hat{\sigma}}{\hat{b}} \sqrt{\frac{1}{K} + \frac{1}{I \cdot J} + \frac{\bar{x}^2}{s_{xx}}}$$

Ähnliche Ausdrücke beschreiben diese Werte, wenn andere Quantile der t-Verteilung angemessen sind.

Um den Wert x_{d} des Erfassungsvermögens zu ermitteln, ist es nötig, die Verteilung von $(\bar{y} - \hat{a}) / \hat{\sigma}_{\text{diff}}$ für den Fall zu prüfen, in dem der tatsächliche Wert

holds with probability 0,95. Since σ^2_{diff} is unknown it can be estimated as:

$$\hat{\sigma}^2_{\text{diff}} = \left(\frac{1}{K} + \frac{1}{I \cdot J} + \frac{\bar{x}^2}{s_{xx}} \right) \hat{\sigma}^2$$

where

$\hat{\sigma}^2$ is the estimated residual variance of the regression analysis that shall be used instead. The random variable

$$T(\nu) = \frac{\bar{y}_0 - \hat{a}}{\hat{\sigma}_{\text{diff}}}$$

follows the t-distribution with $\nu = I \cdot J - 2$ degrees of freedom, and the inequality:

$$\frac{\bar{y}_0 - \hat{a}}{\hat{\sigma}_{\text{diff}}} \leq t_{0,95}(\nu)$$

or

$$\bar{y}_0 \leq \hat{a} + t_{0,95}(\nu) \hat{\sigma}_{\text{diff}} =$$

$$\hat{a} + t_{0,95}(\nu) \hat{\sigma} \sqrt{\frac{1}{K} + \frac{1}{I \cdot J} + \frac{\bar{x}^2}{s_{xx}}}$$

where

$t_{0,95}(\nu)$ is the 95 %-quantile of the t-distribution with ν degrees of freedom, holds with probability 0,95.

The right hand side of this inequality is the critical value of the response variable.

$$y_{\text{c}} = \hat{a} + t_{0,95}(\nu) \hat{\sigma} \sqrt{\frac{1}{K} + \frac{1}{I \cdot J} + \frac{\bar{x}^2}{s_{xx}}}$$

and the critical value of the net state variable is

$$x_{\text{c}} = \frac{y_{\text{c}} - \hat{a}}{\hat{b}} = t_{0,95}(\nu) \frac{\hat{\sigma}}{\hat{b}} \sqrt{\frac{1}{K} + \frac{1}{I \cdot J} + \frac{\bar{x}^2}{s_{xx}}}$$

Similar expressions describe these values when other quantiles of the t-distribution are appropriate.

In order to determine the minimum detectable value x_{d} of the net state variable, it is necessary to examine the distribution of $(\bar{y} - \hat{a}) / \hat{\sigma}_{\text{diff}}$ in the case where the true value x of the net state variable is identical to the minimum detectable value x_{d} of the net state variable, $x = x_{\text{d}}$. It is required to detect this state with probability $1 - \beta$, i.e.:

x der Zustandsgrößendifferenz mit dem Wert x_d des Erfassungsvermögens identisch ist, also $x = x_d$. Es wird verlangt, diesen Zustand mit der Wahrscheinlichkeit $1 - \beta$ zu entdecken, also

$$P\left[\frac{\bar{y}-\hat{a}}{\hat{\sigma}_{\text{diff}}} > t_{0,95}(\nu) \middle| x = x_d\right] = 1-\beta$$

oder

$$P\left[\frac{\bar{y}-\hat{a}}{\hat{\sigma}_{\text{diff}}} \le t_{0,95}(\nu) \middle| x = x_d\right] = \beta$$

Wenn $x = x_d$, ist der Erwartungswert von $\bar{y}$

$$E(\bar{y}) = a + bx_d$$

und daher

$$E(\bar{y} - \hat{a}) = bx_d$$

wohingegen die Varianz wie für $x = 0$ den Wert hat

$$V(\bar{y} - \hat{a}) = \sigma_{\text{diff}}^2 .$$

$$P\left[\frac{\bar{y}-\hat{a}}{\hat{\sigma}_{\text{diff}}} \le t_{0,95}(\nu) \middle| x = x_d\right]$$

$$= P\left[\frac{(\bar{y}-\hat{a}) - bx_d + bx_d}{\hat{\sigma}_{\text{diff}}} \le t_{0,95}(\nu) \middle| x = x_d\right]$$

$$= P\left[\frac{\dfrac{\bar{y}-\hat{a}-bx_d}{\sigma_{\text{diff}}} + \dfrac{bx_d}{\sigma_{\text{diff}}}}{\hat{\sigma}_{\text{diff}} / \sigma_{\text{diff}}} \le t_{0,95}(\nu)\right]$$

$$= P\left[\frac{U+\delta}{\sqrt{\chi^2(\nu)/\nu}} \le t_{0,95}(\nu)\right]$$

$$= P[T(\nu;\delta) \le t_{0,95}(\nu)] .$$

Im Hinblick darauf, dass $U = (\bar{y} - \hat{a} - bx_d)/\sigma_{\text{diff}}$ der standardisierten Normalverteilung folgt sowie $\hat{\sigma}_{\text{diff}}/\sigma_{\text{diff}}$ unabhängig von U der Verteilung von $\sqrt{\chi^2(\nu)/\nu}$, folgt die Zufallsvariable $T(\nu,\delta)$ der nichtzentralen t-Verteilung mit ν Freiheitsgraden und dem Nichtzentralitäts-Parameter δ; $\delta = \delta(\nu; \alpha; \beta)$ für $\alpha = 0{,}05$ oder, sofern verlangt für einen anderen angemessenen Wert, ist festgelegt als der Wert des Nichtzentralitäts-Parameters der nichtzentralen t-

$$P\left[\frac{\bar{y}-\hat{a}}{\hat{\sigma}_{\text{diff}}} > t_{0,95}(\nu) \middle| x = x_d\right] = 1-\beta$$

or

$$P\left[\frac{\bar{y}-\hat{a}}{\hat{\sigma}_{\text{diff}}} \le t_{0,95}(\nu) \middle| x = x_d\right] = \beta$$

If $x = x_d$, the expectation of $\bar{y}$ is:

$$E(\bar{y}) = a + bx_d$$

and therefore:

$$E(\bar{y} - \hat{a}) = bx_d$$

whereas:

$$V(\bar{y} - \hat{a}) = \sigma_{\text{diff}}^2$$

as for $x = 0$.

$$P\left[\frac{\bar{y}-\hat{a}}{\hat{\sigma}_{\text{diff}}} \le t_{0,95}(\nu) \middle| x = x_d\right]$$

$$= P\left[\frac{(\bar{y}-\hat{a}) - bx_d + bx_d}{\hat{\sigma}_{\text{diff}}} \le t_{0,95}(\nu) \middle| x = x_d\right]$$

$$= P\left[\frac{\dfrac{\bar{y}-\hat{a}-bx_d}{\sigma_{\text{diff}}} + \dfrac{bx_d}{\sigma_{\text{diff}}}}{\hat{\sigma}_{\text{diff}} / \sigma_{\text{diff}}} \le t_{0,95}(\nu)\right]$$

$$= P\left[\frac{U+\delta}{\sqrt{\chi^2(\nu)/\nu}} \le t_{0,95}(\nu)\right]$$

$$= P[T(\nu;\delta) \le t_{0,95}(\nu)]$$

since $U = (\bar{y} - \hat{a} - bx_d)/\sigma_{\text{diff}}$ follows the standardized normal distribution and $\hat{\sigma}_{\text{diff}}/\sigma_{\text{diff}}$ independent of U follows the distribution of $\sqrt{\chi^2(\nu)/\nu}$, the random variable $T(\nu,\delta)$ follows the noncentral t-distribution with ν degrees of freedom and noncentrality parameter δ; $\delta = \delta(\nu; \alpha; \beta)$ for $\alpha = 0{,}05$ or other appropriate value, if required is determined as the value of the noncentrality parameter of the noncentral t-distribution with ν degrees of freedom that satisfies:

Verteilung mit ν Freiheitsgraden und genügt der Gleichung

$$P[T(\nu;\delta) \le t_{1-\alpha}(\nu)] = \beta$$

Aus

$$\delta = \frac{bx_\mathrm{d}}{\sigma_\mathrm{diff}}$$

folgt der Ausdruck

$$x_\mathrm{d} = \delta \frac{\sigma_\mathrm{diff}}{b} = \delta \frac{\sigma}{b} \sqrt{\frac{1}{K} + \frac{1}{I \cdot J} + \frac{\bar{x}^2}{s_{xx}}}$$

für den Wert des Erfassungsvermögens.

Für eine Vorhersage werden die Schätzwerte für b und σ in die Formel eingefügt, so dass der (Schätz-) Wert des Erfassungsvermögens gegeben ist durch

$$\hat{x}_\mathrm{d} = \delta \frac{\hat{\sigma}}{\hat{b}} \sqrt{\frac{1}{K} + \frac{1}{I \cdot J} + \frac{\bar{x}^2}{s_{xx}}}$$

Der Wert y_c der Erkennungsgrenze ist die Summe aus $\hat{a}$ und einem Vielfachen von $\hat{\sigma}$, und der Wert x_c der Erfassungsgrenze ist ein Vielfaches von $\hat{\sigma}/\hat{b}$. Wenn gemäß der Empfehlung die Werte der Zustandsgrößendifferenz der Bezugszustände in gleichen Abständen angeordnet sind mit dem kleinsten Wert Null, wenn $\alpha = 0{,}05$ und entweder

— $K = 1$ (eine Vorbereitung für die Messung des Istzustands) oder

— $K = J$ (die Anzahl von Vorbereitungen für die Messung des Istzustands ist gleich derjenigen für die Bezugszustände),

dann ist der Multiplikator

$$M = t_{0,95}(\nu) \sqrt{\frac{1}{K} + \frac{1}{I \cdot J} + \frac{\bar{x}^2}{s_{xx}}}$$

in den Ausdrücken für die Erkennungsgrenze und die Erfassungsgrenze nur eine Funktion der Anzahl I von Bezugszuständen sowie der Anzahl J von Vorbereitungen für jeden Bezugszustand. Für einige Fälle ist M in Tabelle B.1 angegeben.

$$P[T(\nu;\delta) \le t_{1-\alpha}(\nu)] = \beta$$

From:

$$\delta = \frac{bx_\mathrm{d}}{\sigma_\mathrm{diff}}$$

the expression:

$$x_\mathrm{d} = \delta \frac{\sigma_\mathrm{diff}}{b} = \delta \frac{\sigma}{b} \sqrt{\frac{1}{K} + \frac{1}{I \cdot J} + \frac{\bar{x}^2}{s_{xx}}}$$

for the minimum detectable value of the net state variable follows.

For a prognosis, the estimates of b and σ are inserted into the formula so that the minimum detectable value is given by:

$$\hat{x}_\mathrm{d} = \delta \frac{\hat{\sigma}}{\hat{b}} \sqrt{\frac{1}{K} + \frac{1}{I \cdot J} + \frac{\bar{x}^2}{s_{xx}}}$$

The critical value of the response variable y_c is the sum of $\hat{a}$ and a multiple of $\hat{\sigma}$, and the critical value of the net state variable is a multiple of $\hat{\sigma}/\hat{b}$. If, according to the recommendations, the values of the net state variable of the reference states are equidistantly spaced with the smallest value zero, $\alpha = 0{,}05$ and either

— $K = 1$ (one preparation for the measurement of the actual state) or;

— $K = J$ (number of preparations for the measurement of the actual state equal to this for the reference states);

the multiplier:

$$M = t_{0,95}(\nu) \sqrt{\frac{1}{K} + \frac{1}{I \cdot J} + \frac{\bar{x}^2}{s_{xx}}}$$

in the expressions for the critical values is a function of the number of reference states, I, and the number of preparations of each reference state, J, only. For some cases M is given in Table B.1.

Tabelle B.1 — Festlegung des Multiplikator-Faktors M
Table B.1 — Determination of the multiplier factor, M

Für/For $K = 1$					
I	J	$I{\cdot}J$	$\sqrt{1+\frac{1}{I \cdot J}+\frac{\bar{x}^2}{s_{xx}}}$	$t_{0,95}(\nu)$	M
3	1	3	1,35	6,31	8,52
3	2	6	1,19	2,13	2,54
5	1	5	1,26	2,35	2,97
5	2	10	1,14	1,86	2,12
5	4	20	1,07	1,73	1,86
Für/For $K = J$					
I	J	$I{\cdot}J$	$\sqrt{\frac{I+1}{I \cdot J}+\frac{\bar{x}^2}{s_{xx}}}$	$t_{0,95}(\nu)$	M
3	1	3	1,35	6,31	8,54
3	2	6	0,96	2,13	2,04
5	1	5	1,26	2,35	2,97
5	2	10	0,89	1,86	1,66
5	4	20	0,63	1,73	1,09

B.2 Fall 2 — Die Standardabweichung hängt von der Zustandsgrößendifferenz linear ab

Unter den Annahmen nach Abschnitt 5.1 und im Fall, dass die Standardabweichung von der Zustandsgrößendifferenz linear abhängt, sind die Schätzwerte $\hat{a}$ und $\hat{b}$ der Regressionskoeffizienten normalverteilt mit den Erwartungswerten

$$E(\hat{a}) = a \quad ; \quad E(\hat{b}) = b$$

und den Varianzen

$$V(\hat{a}) = \left(\frac{T_3}{T_1 T_3 - T_2^2}\right)\sigma^2 = \left(\frac{1}{T_1}+\frac{\bar{x}_w^2}{s_{xxw}}\right)\sigma^2$$

$$V(\hat{b}) = \left(\frac{T_1}{T_1 T_3 - T_2^2}\right)\sigma^2 = \frac{\sigma^2}{s_{xxw}}$$

B.2 Case 2 — Standard deviation linearly dependent on the net state variable

Under the assumptions of 5.1 and in the case of the standard deviation being linearly dependent on the net state variable, the estimations of the regression coefficients, $\hat{a}$ and $\hat{b}$, are normally distributed with expectations:

$$E(\hat{a}) = a \quad ; \quad E(\hat{b}) = b$$

and variances:

$$V(\hat{a}) = \left(\frac{T_3}{T_1 T_3 - T_2^2}\right)\sigma^2 = \left(\frac{1}{T_1}+\frac{\bar{x}_w^2}{s_{xxw}}\right)\sigma^2$$

$$V(\hat{b}) - \left(\frac{T_1}{T_1 T_3 - T_2^2}\right)\sigma^2 = \frac{\sigma^2}{s_{xxw}}$$

wobei

σ^2 so definiert ist, dass $w_i\sigma^2$ die Varianz der Residuen der Mittelwerte der L wiederholten Messungen für die Vorbereitung i ist.

Wenn die Messgröße $K \cdot L$ mal beim Grundzustand ($Z = z_0$, $X = 0$) gemessen ist, folgt die Differenz zwischen dem Mittelwert $\bar{y}$ der $K \cdot L$ Werte und dem geschätzten Achsenabschnitt $\hat{a}$ einer Normalverteilung mit dem Erwartungswert

$$E(\bar{y} - \hat{a}) = E(\bar{y}) - E(\hat{a}) = a - a = 0$$

und der Varianz

$$V(\bar{y} - \hat{a}) = V(\bar{y}) + V(\hat{a}) =$$
$$= \frac{\sigma_0^2}{K} + \left(\frac{1}{T_1} + \frac{\bar{x}_w^2}{s_{xxw}}\right)\sigma^2 = \sigma_{\text{diff}}^2$$

σ_{diff}^2 ist unbekannt, kann aber wie folgt geschätzt werden:

$$\hat{\sigma}_{\text{diff}}^2 = \frac{\hat{\sigma}_0^2}{K} + \hat{V}(\hat{a}) = \frac{\hat{\sigma}_0^2}{K} + \left(\frac{1}{T_1} + \frac{\bar{x}_w^2}{s_{xxw}}\right)\hat{\sigma}^2$$

wobei

$\hat{\sigma}_0^2$ aus Gleichung (20) zu entnehmen ist und $\hat{\sigma}^2$ die geschätzte Restvarianz der gewichteten Regressionsanalyse ist, die dafür angewendet werden muss.

In Analogie zum Fall 1 ist der Wert der Erkennungsgrenze

$$y_{\text{c}} = \hat{a} + t_{0,95}(\nu)\hat{\sigma}_{\text{diff}} =$$
$$\hat{a} + t_{0,95}(\nu)\sqrt{\frac{\hat{\sigma}_0^2}{K} + \left(\frac{1}{T_1} + \frac{\bar{x}_w^2}{s_{xxw}}\right)\hat{\sigma}^2}$$

sowie der Wert der Erfassungsgrenze

$$x_{\text{c}} = t_{0,95}(\nu)\frac{\hat{\sigma}_{\text{diff}}}{\hat{b}} =$$
$$\frac{t_{0,95}(\nu)}{\hat{b}}\sqrt{\frac{\hat{\sigma}_0^2}{K} + \left(\frac{1}{T_1} + \frac{\bar{x}_w^2}{s_{xxw}}\right)\hat{\sigma}^2}$$

Ähnliche Ausdrücke beschreiben diese Werte, wenn andere Quantile der t-Verteilung angemessen sind.

where

σ^2 is defined so that $w_i\sigma^2$ is the variance of the residuals of the averages of the L repeated measurements for preparation i.

If the response variable is measured $K \cdot L$ times at the basic state ($Z = z_0$, $X = 0$), the difference between the average $\bar{y}$ of the $K \cdot L$ values and the estimated intercept $\hat{a}$ follows a normal distribution with expectation:

$$E(\bar{y} - \hat{a}) = E(\bar{y}) - E(\hat{a}) = a - a = 0$$

and variance:

$$V(\bar{y} - \hat{a}) = V(\bar{y}) + V(\hat{a}) =$$
$$= \frac{\sigma_0^2}{K} + \left(\frac{1}{T_1} + \frac{\bar{x}_w^2}{s_{xxw}}\right)\sigma^2 = \sigma_{\text{diff}}^2$$

σ_{diff}^2 is unknown, but can be estimated as follows:

$$\hat{\sigma}_{\text{diff}}^2 = \frac{\hat{\sigma}_0^2}{K} + \hat{V}(\hat{a}) = \frac{\hat{\sigma}_0^2}{K} + \left(\frac{1}{T_1} + \frac{\bar{x}_w^2}{s_{xxw}}\right)\hat{\sigma}^2$$

where

$\hat{\sigma}_0^2$ is taken from equation (20) and $\hat{\sigma}^2$ is the estimated residual variance of the weighted regression analysis, which shall be used instead.

In analogy to case 1 the critical value of the response variable is:

$$y_{\text{c}} = \hat{a} + t_{0,95}(\nu)\hat{\sigma}_{\text{diff}} =$$
$$\hat{a} + t_{0,95}(\nu)\sqrt{\frac{\hat{\sigma}_0^2}{K} + \left(\frac{1}{T_1} + \frac{\bar{x}_w^2}{s_{xxw}}\right)\hat{\sigma}^2}$$

and the critical value of the net state variable is:

$$x_{\text{c}} = t_{0,95}(\nu)\frac{\hat{\sigma}_{\text{diff}}}{\hat{b}} =$$
$$\frac{t_{0,95}(\nu)}{\hat{b}}\sqrt{\frac{\hat{\sigma}_0^2}{K} + \left(\frac{1}{T_1} + \frac{\bar{x}_w^2}{s_{xxw}}\right)\hat{\sigma}^2}$$

Similar expressions describe these values when other quantiles of the t-distribution are appropriate.

Diese Formeln schließen den Fall konstanter Standardabweichung ein, für den alle Gewichte gleich Eins sind, nämlich $w_1 = 1$ für $i = 1, \ldots, I$, so dass $T_1 = I \cdot J$, $\bar{x}_w = \bar{x}$, $s_{xxw} = s_{xx}$ sowie $\hat{\sigma}_0^2 = \hat{\sigma}^2$.

Der Wert des Erfassungsvermögens ist

$$x_\text{d} = \delta \frac{\sigma_\text{diff}}{b}$$

wobei für $x = x_\text{d}$

$$\sigma^2_{\text{diff},x_\text{d}} = V(\bar{y} - \hat{a} | x = x_\text{d}) = V(\bar{y} | x = x_\text{d}) + V(\hat{a})$$

Für eine Vorhersage sind die Schätzwerte für b und für $\sigma^2_{\text{diff},x_\text{d}}$, also $\hat{b}$ und

$$\hat{\sigma}^2_{\text{diff},x_\text{d}} = \hat{V}(\bar{y} | x = x_\text{d}) + \hat{V}(\hat{a}) = \frac{\hat{\sigma}^2(x_\text{d})}{K} + \left(\frac{1}{T_1} + \frac{\bar{x}_w^2}{s_{xxw}} \right) \hat{\sigma}^2$$

in die Formeln so eingesetzt, dass der Wert des Erfassungsvermögens gegeben ist durch

$$x_\text{d} = \frac{\delta}{\hat{b}} \sqrt{\frac{\hat{\sigma}^2(x_\text{d})}{K} + \left(\frac{1}{T_1} + \frac{\bar{x}_w^2}{s_{xxw}} \right) \hat{\sigma}^2}$$

Im Hinblick darauf, dass $\hat{\sigma}^2(x_\text{d})$ vom Wert x_d abhängt, der noch zu errechnen ist, ist das iterative Verfahren gemäß Abschnitt 5.3.5 anzuwenden.

These formulae include the case of constant standard deviation for which all the weights are equal to one, $w_1 = 1$ for $i = 1, \ldots, I$ so that $T_1 = I \cdot J$, $\bar{x}_w = \bar{x}$, $s_{xxw} = s_{xx}$ and $\hat{\sigma}_0^2 = \hat{\sigma}^2$.

The minimum detectable value of the net state variable is:

$$x_\text{d} = \delta \frac{\sigma_\text{diff}}{b}$$

where, for $x = x_\text{d}$,

$$\sigma^2_{\text{diff},x_\text{d}} = V(\bar{y} - \hat{a} | x = x_\text{d}) = V(\bar{y} | x = x_\text{d}) + V(\hat{a})$$

For a prognosis, the estimates of b and $\sigma^2_{\text{diff},x_\text{d}}$, $\hat{b}$ and:

$$\hat{\sigma}^2_{\text{diff},x_\text{d}} = \hat{V}(\bar{y} | x = x_\text{d}) + \hat{V}(\hat{a}) = \frac{\hat{\sigma}^2(x_\text{d})}{K} + \left(\frac{1}{T_1} + \frac{\bar{x}_w^2}{s_{xxw}} \right) \hat{\sigma}^2$$

are inserted into the formula so that the minimum detectable value of the net state variable is given by:

$$x_\text{d} = \frac{\delta}{\hat{b}} \sqrt{\frac{\hat{\sigma}^2(x_\text{d})}{K} + \left(\frac{1}{T_1} + \frac{\bar{x}_w^2}{s_{xxw}} \right) \hat{\sigma}^2}$$

Since $\hat{\sigma}^2(x_\text{d})$ depends on the value of x_d yet to be calculated the iterative procedure of 5.3.5 has to be used.

Anhang C
(informativ)

Beispiele

C.1 Beispiel 1

Der Quecksilbergehalt eines Pflanzenmaterials, ausgedrückt in ng/g[1], wurde mittels Atomabsorptionsspektroskopie gemessen. Jede Probe wurde unter Anwendung von Microwellentechnik (MLS-1200) zerlegt und in eine Salpetersäure/Kaliumdichromat-Lösung aufgenommen. Diese Lösungen wurden geprüft durch ein Varian VGA-76 Kaltdampf-Reduktionssystem und weitergeführt zu einem Konzentrationssystem goldplatierter Folien (MCA-90), bevor die Messungen der atomaren Absorptionsspektroskopie wiederholt wurden. Um die Kalibrierfunktion abzuschätzen und die Erkennungsfähigkeit zu ermitteln, wurde jede von sechs Referenzproben, die die Leerkonzentration ($x = 0$) und die Nettokonzentrationen $x = 0{,}2$ ng/g; 0,5 ng/g; 1,0 ng/g; 2,0 ng/g; 3,0 ng/g repräsentieren, dreimal vorbereitet, und jede vorbereitete Probe wurde einmal gemessen. Es gilt also $I = 6$; $J = 3$; $L = 1$.

Es wurde davon ausgegangen, dass die Annahmen der Linearität der Kalibrierfunktion, einer konstanten Standardabweichung und der Normalverteilung der (Werte der) Messgrößen zutreffen; im Voraus wurden α und β festgelegt auf (den Wert) $\alpha = \beta = 0{,}05$. Für die Ermittlung der Konzentration von Quecksilber im zu analysierenden Material wurden zwei unterschiedliche Ansätze in Betracht gezogen:

a) es könnte eine einzige Messung ausgeführt werden ($K = L = 1$); oder

b) drei Proben könnten für die Messung vorbereitet werden und jede von ihnen könnte einmal gemessen ($K = 3$; $L = 1$) und der Mittelwert $\bar{y}_a$ der ermittelten Werte als Messergebnis benutzt werden.

Die Ergebnisse des Kalibrierversuchs sind in der Tabelle C.1 angegeben.

Annex C
(informative)

Examples

C.1 Example 1

The mercury content, expressed in ng/g[1] of plant materials, was measured by atomic absorption spectroscopy. Each sample was decomposed using a microwave (MLS-1200) technique and taken up in nitric acid / potassium dichromate solution. These solutions were examined through a Varian VGA-76 cold vapour reduction system leading to a gold-plated foil concentration system (MCA-90) prior to replicated atomic absorption measurements. In order to estimate the calibration function and to determine the capability of detection, each of six reference samples representing the blank concentration ($x = 0$) and the net concentrations $x = 0{,}2$ ng/g; 0,5 ng/g; 1,0 ng/g; 2,0 ng/g; 3,0 ng/g was prepared three times and each prepared sample measured once. Hence, $I = 6$; $J = 3$; $L = 1$.

It was assumed that the assumptions of linearity of the calibration function, constant standard deviation and normal distribution of the response variable hold; α and β had been fixed in advance at $\alpha = \beta = 0{,}05$. For the determination of the concentration of mercury in the material to be analysed, two different approaches were taken into consideration:

a) one measurement would be carried out ($K = L = 1$); or

b) three samples would be prepared for measurement and each of them measured once ($K = 3$; $L = 1$) and the average $\bar{y}_a$ of the observed values used as the measurement result.

The results of the calibration experiment are given in Table C.1.

---

1) 1 Teil je Milliarde (ppb) = 10^{-9} g/g = 1 ng/g. Die Anwendung von „ppb" wird missbilligt.

1 part per billion (ppb) = 10^{-9} g/g = 1 ng/g. The use of ppb is deprecated.

Tabelle C.1 — Ergebnisse des Kalibrierversuchs für die Ermittlung des Quecksilbergehalts in Lebensmitteln oder Arzneimitteln/
Table C.1 — Results of the calibration experiment for the determination of mercury content in food or drugs

Bezugsprobe/ Reference sample i	Nettokonzentration Quecksilber/ Net concentration of mercury x_i ng/g	Extinktion/ Absorbance y_{ij}		
1	0	0,003	− 0,001	0,002
2	0,2	0,004	0,005	0,005
3	0,5	0,011	0,011	0,012
4	1,0	0,023	0,023	0,023
5	2,0	0,048	0,047	0,048
6	3,0	0,071	0,072	0,072

Die statistische Analyse ergibt:

$\bar{x} = 1{,}116\,7$ ng/g

$s_{xx} = 20{,}425$

$\hat{a} = 9{,}995\,9 \times 10^{-5}$

$\hat{b} = 0{,}023\,74$

$\hat{\sigma} = 1{,}109\,9 \times 10^{-3}$

Im Hinblick auf $\nu = N - 2 = 16$ gilt:

$t_{0,95}(\nu) = t_{0,95}(16) = 1{,}746$;

$\delta(\nu, \alpha, \beta) = \delta(16; 0{,}05; 0{,}05) = 3{,}440$;

$(2t_{0,95}(\nu) = 3{,}492)$

Die Ergebnisse für den Ansatz a) sind:

Wert der Erkennungsgrenze
[siehe Gleichung (5)] $y_c = 0{,}003\,05$

Wert der Erfassungsgrenze
[siehe Gleichung (6)] $x_c = 0{,}086$ ng/g

Wert des Erfassungsvermögens für die Nettokonzentration
[siehe Gleichung (7)] $x_d = 0{,}173$ ng/g

The statistical analysis yields:

$\bar{x} = 1{,}116\,7$ ng/g

$s_{xx} = 20{,}425$

$\hat{a} = 9{,}995\,9 \times 10^{-5}$

$\hat{b} = 0{,}023\,74$

$\hat{\sigma} = 1{,}109\,9 \times 10^{-3}$

Since $\nu = N - 2 = 16$;

$t_{0,95}(\nu) = t_{0,95}(16) = 1{,}746$;

$\delta(\nu, \alpha, \beta) = \delta(16; 0{,}05; 0{,}05) = 3{,}440$;

$(2t_{0,95}(\nu) = 3{,}492)$

The results for the approach a) are

critical value of the response variable
[see equation (5)] $y_c = 0{,}003\,05$

critical value of the net concentration
[see equation (6)] $x_c = 0{,}086$ ng/g

minimum detectable net concentration
[see equation (7)] $x_d = 0{,}173$ ng/g

— Der kleinste Wert der Extinktion, der erkannt werden kann als stammend von einer Probe mit einer Nettokonzentration von Quecksilber, die größer ist als die Leerkonzentration, ist die Erkennungsgrenze $y_c = 0{,}003\ 05$.

— Die kleinste Nettokonzentration von Quecksilber in einer Probe, die (mit einer Wahrscheinlichkeit von $1 - \beta = 0{,}95$) von der Leerkonzentration unterschieden werden kann, ist das Erfassungsvermögen $x_d = 0{,}173$ ng/g.

Die Ergebnisse für den Ansatz b) sind:

Wert der Erkennungsgrenze
[siehe Gleichung (5)] $y_c = 0{,}002\ 30$

Wert der Erfassungsgrenze
[siehe Gleichung (6)] $x_c = 0{,}055$ ng/g

Wert des Erfassungsvermögens für die Nettokonzentration
[siehe Gleichung (7)] $x_d = 0{,}110$ ng/g

C.2 Beispiel 2[2)]

Die Menge von Toluol in 100 µl von Extrakten wurde mittels Gaschromatographie gemessen, gekoppelt mit einem massenspektrometrischen Detektor (GC/MS). Proben von 100 µl wurden in das GC/MS-System injiziert. Sechs Bezugsproben wurden benutzt mit bekannten Mengen von Toluol im Wertebereich von 4,6 pg/100 µl bis zu 15 000 pg/µl. Jede Probe wurde viermal injiziert und gemessen ($I = 6$, $J = 4$, $L = 1$, $N = 24$). Die Ermittlungsergebnisse sind in Tabelle C.2 angegeben.

Ein Blick auf die grafische Darstellung der Ermittlungsergebnisse zeigt, dass der Zusammenhang zwischen der Menge Toluol und der Messgröße (Peakfläche) linear zufriedenstellend ist; die Standardabweichung der Peakfläche hängt linear von der Menge Toluol ab. Unter der zusätzlichen Annahme von Normalverteilung der Messgrößen kann die Erkennungsfähigkeit nach Abschnitt 5.3 ermittelt werden.

— the smallest absorbance value which can be interpreted as coming from a sample with a net mercury concentration larger than the blank concentration is $y_c = 0{,}003\ 05$, the critical value of the response variable;

— the smallest net concentration of mercury in a sample which can be distinguished (with a probability of $1 - \beta = 0{,}95$) from the blank concentration is $x_d = 0{,}173$ ng/g, the minimum detectable value of the net concentration.

The results for approach b) are:

critical value of the response variable
[see equation (5)] $y_c = 0{,}002\ 30$

critical value of the net concentration
[see equation (6)] $x_c = 0{,}055$ ng/g

minimum detectable net concentration
[see equation (7)] $x_d = 0{,}110$ ng/g

C.2 Example 2[2)]

The amount of toluene in 100 µl of extracts was measured using gas chromatography interfaced with a mass spectrometric detector (GC/MS). 100 µl samples were injected into the GC/MS system. Six reference samples were used and contained toluene in known amounts in the range 4,6 pg/100 µl to 15 000 pg/100 µl. Each sample was injected and measured four times ($I = 6$, $J = 4$, $L = 1$, $N = 24$). The measurement results are given in Table C.2.

A look at the graphical representation of the measurement results shows that the relationship between the toluene amount and the response variable (peak area) is satisfactorily linear; the standard deviation of the peak area is linearly dependent on the amount of toluene. Under the additional assumption of normal distribution of the response variable the capability of detection can be determined according to 5.3.

---

2) D.M. Rocke und S. Lorenzato. Ein Zweikomponentenmodell für Messabweichung in der analytischen Chemie. *Technometrics*, 1995, **37**, Seiten 181 und 182

D.M. Rocke and S. Lorenzato. A Two-Component Model for Measurement Error in Analytical Chemistry. Technometrics, 1995, **37**, pp. 181-182.

Tabelle C.2 — Ergebnisse des Kalibrierexperiments für die Menge Toluol in 100 µl Extrakt/
Table C.2 — Results of the calibration experiment for the toluene amount in 100 µl extract

(1)	(2)	(3)				(4)	(5)	(6)	(7)
Bezugs-probe/ Reference sample	**Nettomenge von Toluol/ Net amount of toluene**	**Peakfläche/Peak area**				**Empirische Standard-abweichung/ Empirical standard deviation**	**Vorausgesagte Standardabweichung der Iteration/ Predicted standard deviation of iteration**		
							1	**2**	**3**
i	x_i pg/100 µl	y_{ij}				s_i	$\hat{\sigma}_{1i}$	$\hat{\sigma}_{2i}$	$\hat{\sigma}_{3i}$
1	4,6	29,80	16,85	16,68	19,52	6,20	4,56	5,17	5,15
2	23	44,60	48,13	42,27	34,78	5,65	7,07	7,93	7,92
3	116	207,70	222,40	172,88	207,51	21,02	19,73	21,87	21,88
4	580	894,67	821,30	773,40	936,93	73,19	82,91	91,43	91,57
5	3 000	5 350,65	4 942,63	4 315,79	3 879,28	652,98	412,46	454,22	455,02
6	15 000	20 718,14	24 781,61	22 405,76	24 863,91	2 005,02	2 046,54	2 253,14	2 257,23

Beim Schätzverfahren für c und d wird eine iterativ jeweils erneut gewichtete lineare Regressionsanalyse nach Abschnitt 5.3.2 durchgeführt, die zu folgenden geschätzten linearen Regressionsfunktionen führt:

Iteration 1: $\hat{\sigma}_{1\,i} = 3{,}933\,23 + 0{,}136\,174\,x_i$

Iteration 2: $\hat{\sigma}_{2\,i} = 4{,}482\,84 + 0{,}149\,911\,x_i$

Iteration 3: $\hat{\sigma}_{3\,i} = 4{,}462\,28 + 0{,}150\,185\,x_i$

Die entsprechenden vorausgesagten Standardabweichungen sind in den Spalten (5) bis (7) von Tabelle C.2 angegeben. Nach der dritten Iteration sind die Ergebnisse stabil, so dass die Gleichung von Iteration 3 als Endergebnis des Teils 1 des Schätzverfahrens angewendet werden kann, also

$$\hat{\sigma}(x) = 4{,}462\,28 + 0{,}150\,185\,x$$

$$\hat{\sigma}_0 = 4{,}462\,28$$

Die Parameter a und b der Kalibrierfunktion werden geschätzt durch eine gewichtete lineare Regressionsanalyse nach Abschnitt 5.3.3 mit den (Werten von) y_{ij} von Spalte (3) als Werten der abhängigen Variablen x_i von Spalte (2) als Werten der unabhängigen Variablen und Gewichte:

$$w_i = \frac{1}{\hat{\sigma}^2(x_i)} = \frac{1}{(4{,}462\,28 + 0{,}150\,185\,x_i)^2}$$

In the estimation procedure for c and d an iteratively reweighted linear regression analysis according to 5.3.2 is carried out which produces the following estimated linear regression functions:

iteration 1: $\hat{\sigma}_{1\,i} = 3{,}933\,23 + 0{,}136\,174\,x_i$

iteration 2: $\hat{\sigma}_{2\,i} = 4{,}482\,84 + 0{,}149\,911\,x_i$

iteration 3: $\hat{\sigma}_{3\,i} = 4{,}462\,28 + 0{,}150\,185\,x_i$

The corresponding predicted standard deviations are given in columns (5) to (7) of Table C.2. After the third iteration the results are stable so that the equation of iteration 3 can be used as the final result of part 1 of the estimation procedure, i.e.:

$$\hat{\sigma}(x) = 4{,}462\,28 + 0{,}150\,185\,x$$

$$\hat{\sigma}_0 = 4{,}462\,28$$

The parameters a and b of the calibration function are estimated by a weighted linear regression analysis according to clause 5.3.3 with the y_{ij} of column (3) as values of the dependent variable, x_i of column (2) as values of the independent variable and weights:

$$w_i = \frac{1}{\hat{\sigma}^2(x_i)} = \frac{1}{(4{,}462\,28 + 0{,}150\,185\,x_i)^2}$$

Diese Regressionsanalyse ergibt:

$$T_1 = J\sum_{i=1}^{I} w_i = 0{,}223\,306$$

$$\bar{x}_w = 15{,}566\,9$$

$$s_{xxw} = 606{,}224$$

$$\hat{a} = 12{,}218\,5$$

$$\hat{b} = 1{,}527\,27$$

$$\hat{\sigma}^2 = 1{,}059\,54$$

$$\nu = N - 2 = 22$$

$$t_{0,95}(\nu) = t_{0,95}(22) = 1{,}717$$

Deshalb werden für $K = 1$ folgende (Werte) gewonnen:

Wert der Erkennungsgrenze
[siehe Gleichung (24)] $y_c = 20{,}82$

Wert der Erfassungsgrenze für die Nettomenge Toluol in 100 µl eines Extrakts
[siehe Gleichung (25)] $x_c = 5{,}83$ pg.

Der Wert des Erfassungsvermögens wird iterativ errechnet:

Für $\alpha = \beta = 0{,}05$, $\delta(\nu,\alpha,\beta) = \delta(22;\ 0{,}05;\ 0{,}05) = 3{,}397$ (siehe Tabelle 1) und mit $\hat{\sigma}(x_d)_0 = \hat{\sigma}_0$ ergibt sich als Wert des ersten Iterationsschritts für x_d (siehe Gleichung (29)] $x_{d0} = 11{,}139$; es folgen $\hat{\sigma}(x_d)_1 = 6{,}135\,2$ und $x_{d1} = 14{,}553$;

mit $\hat{\sigma}(x_d)_2 = 6{,}647\,9$ führt die Iteration 2 zum Wert $x_{d2} = 15{,}627$ pg/100 µl und

mit $\hat{\sigma}(x_d)_3 = 6{,}809\,2$ wird der abschließende Wert des Erfassungsvermögens gewonnen als $x_d = x_{d3} = 15{,}967$ pg/100 µl.

Der kleinste Wert der Peakfläche, der als von einer Probe mit einer Nettokonzentration von Toluol über der Leerkonzentration kommend interpretiert werden kann, ist der Wert der Erkennungsgrenze $y_c = 20{,}82$.

Die kleinste Nettomenge von Toluol in einer Probe von 100 µl Extrakt, die (mit einer Wahrscheinlichkeit von $1 - \beta = 0{,}95$) unterschieden werden kann von der Leerkonzentration, ist der Wert des Erfas-

This regression analysis yields:

$$T_1 = J\sum_{i=1}^{I} w_i = 0{,}223\,306$$

$$\bar{x}_w = 15{,}566\,9$$

$$s_{xxw} = 606{,}224$$

$$\hat{a} = 12{,}218\,5$$

$$\hat{b} = 1{,}527\,27$$

$$\hat{\sigma}^2 = 1{,}059\,54$$

$$\nu = N - 2 = 22$$

$$t_{0,95}(\nu) = t_{0,95}(22) = 1{,}717$$

Therefore for $K = 1$, the following are obtained:

critical value of the response variable
[see equation (24)] $y_c = 20{,}82$

the critical value of the net toluene amount in 100 µl of extract
[see equation (25)] $x_c = 5{,}83$ pg.

The minimum detectable value is calculated iteratively:

For $\alpha = \beta = 0{,}05$, $\delta(\nu,\alpha,\beta) = \delta(22;\ 0{,}05;\ 0{,}05) = 3{,}397$ (see Table 1) and with $\hat{\sigma}(x_d)_0 = \hat{\sigma}_0$ the first value for x_d [see equation (29)] is $x_{d0} = 11{,}139$; it follows $\hat{\sigma}(x_d)_1 = 6{,}135\,2$ and $x_{d1} = 14{,}553$;

with $\hat{\sigma}(x_d)_2 = 6{,}647\,9$ iteration 2 leads $x_{d2} = 15{,}627$ pg/100 µl and

with $\hat{\sigma}(x_d)_3 = 6{,}809\,2$ we get finally $x_d = x_{d3} = 15{,}967$ pg/100 µl.

The smallest peak area which can be interpreted as coming from a sample with a net toluene concentration larger than the blank concentration is $y_c = 20{,}82$, the critical value of the response variable.

The smallest net amount of toluene in a sample of 100 µl extract which can be distinguished (with a probability of $1 - \beta = 0{,}95$) from the blank concentration is $x_d = 15{,}97$ pg/100 µl, the minimum detectable value of the net toluene concentration.

sungsvermögens x_d = 15,97 pg/100 µl.

Literaturhinweise

[1] DRAPER N.R. and SMITH H. *Angewandte Regressionsanalyse.* Wiley, New York, 1981.

[2] MONTGOMERY D.C. and PECK E.A. *Einführung in die lineare Regressionsanalyse.* Wiley, New York, 1992.

[3] CURRIE L.A. Namensverzeichnis auf dem Gebiet der Einschätzung analytischer Methoden, eingeschlossen die Ermittlung und Qualifikation von Fähigkeiten. IUPAC Recommendations 1995. *Pure and Applied Chemistry,* **67**, 1995, pp. 1699-1723.

Bibliography

[1] DRAPER N.R. and SMITH H. *Applied Regression Analysis.* Wiley, New York, 1981.

[2] MONTGOMERY D.C. and PECK E.A. *Introduction to Linear Regression Analysis.* Wiley, New York, 1992.

[3] CURRIE L.A. Nomenclature in Evaluation of Analytical Methods Including Detection and Qualification Capabilities. IUPAC Recommendations 1995. *Pure and Applied Chemistry,* **67**, 1995, pp. 1699-1723.

Juni 2008

DIN ISO 11843-2 Berichtigung 1

ICS 03.120.30; 17.020

Es wird empfohlen, auf der betroffenen Norm einen Hinweis auf diese Berichtigung zu machen.

Erkennungsfähigkeit – Teil 2: Verfahren im Fall der linearen Kalibrierung (ISO 11843-2:2000), Berichtigungen zu DIN ISO 11843-2:2006-06 (ISO 11843-2:2000/Cor. 1:2007; Text Deutsch, Englisch)

Capability of detection –
Part 2: Methodology in the linear calibration case (ISO 11843-2:2000),
Corrigenda to DIN ISO 11843-2:2006-06
(ISO 11843-2:2000/Cor. 1:2007; text in German, English)

Capacité de détection –
Part 2: Méthodologie de l'étalonnage linéaire (ISO 11843-2:2000),
Corrigenda à DIN ISO 11843-2:2006-06
(ISO 11843-2:2000/Cor. 1:2007; texte en allemand, anglais)

Gesamtumfang 3 Seiten

Normenausschuss Qualitätsmanagement, Statistik und Zertifizierungsgrundlagen (NQSZ) im DIN

In
DIN ISO 11843-2:2006-06
sind aufgrund der internationalen Berichtigung ISO 11843-2:2000/Cor.1:2007 folgende Korrekturen vorzunehmen:

ANMERKUNG Einige Korrekturen aus dem Corrigendum 1:2007 wurden in der Ausgabe DIN ISO 11842-2:2006-06 schon vorweggenommen und sind deshalb in dieser Berichtigung fortgelassen.

Seite 6, Abschnitt 2 *Normative Verweisungen*

Die Verweisungen auf ISO 3534-1:1993 und ISO 3534-2:1993 sind zu ersetzen durch:

ISO 3534-1, *Statistik — Begriffe und Formelzeichen — Teil 1: Wahrscheinlichkeit und allgemeine statistische Begriffe*

ISO 3534-2, *Statistik — Begriffe und Formelzeichen — Teil 2: Angewandte Statistik*

Page 6, Clause 2 *Normative references*

Replace the references to ISO 3534-1:1993 and ISO 3534-2:1993 with the following:

ISO 3534-1, *Statistics — Vocabulary and symbols — Part 1: General statistical terms and terms used in probability*

ISO 3534-2, *Statistics — Vocabulary and symbols — Part 2: Applied statistics*

Seite 14, Gleichung (20)

Ersetze $\hat{d}(x)$ durch $\hat{d}\,x$.

Page 14, equation (20)

Replace $\hat{d}(x)$ with $\hat{d}\,x$.

Seite 15, Gleichung (21)

Ersetze $T_4 = J\sum_{i=1}^{I}\sum_{j=1}^{J} w_i \bar{y}_{i\,j}$ durch $T_4 = \sum_{i=1}^{I}\sum_{j=1}^{J} w_i \bar{y}_{i\,j}$.

Ersetze $T_5 = J\sum_{i=1}^{I}\sum_{j=1}^{J} w_i x_i \bar{y}_{i\,j}$

durch $T_5 = \sum_{i=1}^{I}\sum_{j=1}^{J} w_i x_i \bar{y}_{i\,j}$.

(J vor den Summenzeichen ist zu entfernen.)

Page 15, equation (21)

Replace $T_4 = J\sum_{i=1}^{I}\sum_{j=1}^{J} w_i \bar{y}_{i\,j}$ with $T_4 = \sum_{i=1}^{I}\sum_{j=1}^{J} w_i \bar{y}_{i\,j}$.

Replace $T_5 = J\sum_{i=1}^{I}\sum_{j=1}^{J} w_i x_i \bar{y}_{i\,j}$

with $T_5 = \sum_{i=1}^{I}\sum_{j=1}^{J} w_i x_i \bar{y}_{i\,j}$.

(Remove J in front of the summation symbols)

Seite 31

Ersetze „y_c = 0,003 05“ durch „y_c = 0,002 15“.

Page 31

Replace „y_c = 0,003 05“ with „y_c = 0,002 15“.

Seite 31, letzte Zeile

Ersetze „[siehe Gleichung (7)]“ durch „[siehe Gleichung (9)]“.

Page 31, last row

Replace „[see equation (7)]“ with „[see equation (9)]“.

Seite 32, 1. Spiegelstrich

Ersetze „$y_{\mathrm{C}} = 0{,}003\ 05$“ durch „$y_{\mathrm{C}} = 0{,}002\ 15$“.

Page 32, 1st dash

Replace „$y_{\mathrm{C}} = 0{,}003\ 05$“ with „$y_{\mathrm{C}} = 0{,}002\ 15$“.

Seite 32, 13. Zeile

Ersetze „$y_{\mathrm{C}} = 0{,}002\ 30$“ durch „$y_{\mathrm{C}} = 0{,}001\ 40$“.

Page 32, 13th row

Replace „$y_{\mathrm{C}} = 0{,}002\ 30$“ with „$y_{\mathrm{C}} = 0{,}001\ 40$“.

Seite 32, letzte Zeile von C.1

Ersetze „[siehe Gleichung (7)]“ durch „[siehe Gleichung (9)]“.

Page 32, last row of C.1

Replace „[see equation (7)]“ with „[see equation (9)]“.

Juni 2006

	DIN ISO 11843-3	

ICS 03.120.30; 17.020

Erkennungsfähigkeit – Teil 3: Verfahren zur Ermittlung der Erkennungsgrenze, wenn keine Kalibrierdaten angewendet werden (ISO 11843-3:2003; Text Deutsch, Englisch)

Capability of detection –
Part 3: Methodology for determination of the critical value for the response variable when no calibration data are used (ISO 11843-3:2003; text in German, English)

Capacité de détection –
Partie 3: Méthodologie pour déterminer la valeur critique d'une variable de réponse lorsque aucun étalonnage n'est utilisé (ISO 11843-3:2003; texte en allemand, anglais)

Gesamtumfang 19 Seiten

Normenausschuss Qualitätsmanagement, Statistik und Zertifizierungsgrundlagen (NQSZ) im DIN

Nationales Vorwort

Diese Norm enthält die deutsche Übersetzung der Internationalen Norm ISO 11843-3, die vom Technischen Komitee ISO/TC 69, *Anwendung statistischer Methoden*, Unterkomitee 6, *Messverfahren und Messergebnisse*, erarbeitet wurde. Der zuständige nationale Normenausschuss ist der NQSZ-2, *Angewandte Statistik*.

Für die in diesem Dokument zitierten Internationalen Normen wird im Folgenden auf die entsprechenden DIN ISO Normen hingewiesen:

ISO 5479 siehe DIN ISO 5459

ISO 5725-2 siehe DIN ISO 5725-2

ISO 11843-1 siehe DIN ISO 11843-1

ISO 11843-2 siehe DIN ISO 11843-2

Nationaler Anhang NA
(informativ)

Literaturhinweise

DIN 55350-11, *Begriffe zu Qualitätsmanagement und Statistik — Teil 11: Begriffe des Qualitätsmanagements*

DIN 55350-12, *Begriffe der Qualitätssicherung und Statistik — Teil 12: Merkmalsbezogene Begriffe*

DIN 55350-13, *Begriffe der Qualitätssicherung und Statistik — Teil 13: Begriffe zur Genauigkeit von Ermittlungsverfahren und Ermittlungsergebnissen*

DIN 55350-21, *Begriffe der Qualitätssicherung und Statistik — Teil 21: Begriffe der Statistik — Zufallsgrößen und Wahrscheinlichkeitsverteilungen*

DIN 55350-22, *Begriffe der Qualitätssicherung und Statistik — Teil 22: Begriffe der Statistik — Spezielle Wahrscheinlichkeitsverteilungen*

DIN 55350-23, *Begriffe der Qualitätssicherung und Statistik — Teil 23: Begriffe der Statistik — Beschreibende Statistik*

DIN 55350-24, *Begriffe der Qualitätssicherung und Statistik — Teil 24: Begriffe der Statistik — Schließende Statistik*

DIN ISO 5479, *Statistische Auswertung von Daten — Tests auf Abweichung von der Normalverteilung*

DIN ISO 5725-2, *Genauigkeit (Richtigkeit und Präzision) von Messverfahren und Messergebnissen — Teil 2: Grundlegende Methode für die Ermittlung der Wiederhol- und Vergleichpräzision eines vereinheitlichten Messverfahrens*

DIN ISO 11843-1, *Erkennungsfähigkeit — Teil 1: Begriffe*

DIN ISO 11843-2, *Erkennungsfähigkeit — Teil 2: Verfahren im Fall der linearen Kalibrierung*

DIN ISO 11843-4, *Erkennungsfähigkeit — Teil 4: Verfahren zum Vergleichen des Erfassungsvermögens mit einem vorgegebenen Wert*

Erkennungsfähigkeit — Teil 3: Verfahren zur Ermittlung der Erkennungsgrenze, wenn keine Kalibrierdaten angewendet werden

Capability of detection — Part 3: Methodology for determination of the critical value for the response variable when no calibration data are used

Inhalt

Seite

Contents

Page

Einleitung

Eine ideale Anforderung an die Erkennungsfähigkeit in Bezug auf eine ausgewählte Zustandsgröße würde darin bestehen, dass der Istzustand eines jeden betrachteten Systems mit Sicherheit als entweder mit dem Grundzustand übereinstimmend oder von diesem abweichend klassifiziert werden kann. Auf Grund von systematischen und zufälligen Einflüssen kann diese ideale Anforderung jedoch nicht erfüllt werden, denn:

— Bezugszustände einschließlich des Grundzustands sind unter realen Bedingungen niemals als absolute Zustandsgrößen bekannt. Daher können alle Zustände ausschließlich durch Differenzen zum Grundzustand korrekt beschrieben werden, das heißt durch die Zustandsgrößendifferenz.

  ANMERKUNG Im ISO-Guide 30 sowie in ISO 11095 wird keine Unterscheidung zwischen der Zustandsgröße und der Zustandsgrößendifferenz getroffen. Als Konsequenz werden in diesen beiden Dokumenten – ohne Angabe einer Rechtfertigung – Bezugszustände als hinsichtlich der Zustandsgröße bekannt angenommen.

— Weiterhin werden die Messergebnisse durch die Kalibrierung sowie die Prozesse der Probenahme und Probenvorbereitung mit zufälligen Streuungen beaufschlagt.

In diesem Teil von ISO 11843 wird für die Wahrscheinlichkeit der (fälschlichen) Erkennung eines Systems als nicht im Grundzustand befindlich, wenn sich das System tatsächlich doch im Grundzustand befindet, das Formelzeichen α verwendet.

Introduction

An ideal requirement for the capability of detection with respect to a selected state variable would be that the actual state of every observed system can be classified with certainty as either equal to or different from its basic state. However, due to systematic and random variations, this ideal requirement cannot be satisfied because:

— In reality, all reference states, including the basic state, are never known in absolute terms of the state variable. Hence, all states can only be characterized correctly in terms of differences from the basic state, i.e. in terms of the net state variable.

  NOTE In ISO Guide 30 and in ISO 11095, no distinction is made between the state variable and the net state variable. As a consequence, in those two documents reference states are — without justification — assumed to be known with respect to the state variable.

— Furthermore, the calibration and the processes of sampling and sample preparation add random variation to the measurement results.

In this part of ISO 11843, the symbol α is used for the probability of detecting (erroneously) that a system is not in the basic state when it is in the basic state.

1 Anwendungsbereich

Dieser Teil von ISO 11843 gibt für alle angemessenen und vorhersehbaren Zwecke ein Verfahren zur Schätzung der Erkennungsgrenze aus dem Mittelwert und der Standardabweichung von Wiederholmessungen des Bezugszustands in denjenigen Situationen (siehe 5.1) an, in denen die Zustandsgrößendifferenz gleich Null ist. Auf dieser Grundlage kann die Entscheidung gefällt werden, ob Werte der Messgröße für einen Istzustand (oder eine Messprobe) oberhalb des Wertebereichs liegen, der dem Bezugszustand zugeschrieben werden kann.

Allgemeine Verfahren zur Ermittlung von Erkennungsgrenzen und Erfassungsgrenze sowie des Erfassungsvermögens sind in ISO 11843-2 angegeben. Diese Verfahren sind in solchen Situationen anwendbar, in denen eine relevante lineare Kalibrierung vorliegt und die Reststandardabweichung der gemessenen Messgrößen entweder konstant oder eine lineare Funktion der Zustandsgrößendifferenz ist. Das in diesem Teil von ISO 11843 angegebene Verfahren zur Ermittlung der Erkennungsgrenze wird nur für solche Situationen empfohlen, in denen keine Kalibrierdaten angewendet werden. Die Verteilung der Daten wird als Normalverteilung oder angenäherte Normalverteilung angenommen.

Das in diesem Teil von ISO 11843 angegebene Verfahren wird in solchen Situationen empfohlen, in denen es schwierig ist, eine große Menge von Istzuständen zu erhalten, wohingegen eine große Menge von Grundzustandsdaten vorbereitet werden kann.

1 Scope

This part of ISO 11843 gives a method of estimating the critical value of the response variable from the mean and standard deviation of repeated measurements of the reference state in certain situations (see 5.1) in which the value of the net state variable is zero, for all reasonable and foreseeable purposes. Hence, it can be decided whether values of the response variable in an actual state (or test sample) are above the range of values attributable to the reference state.

General procedures for determination of critical values of the response variable and the net state variable and of the minimum detectable value have been given in ISO 11843-2. Those procedures are applicable in situations in which there is relevant straight-line calibration and the residual standard deviation of the measured responses is either constant or is a linear function of the net state variable. The procedure given in this part of ISO 11843 for the determination of the critical value of the response variable only is recommended for situations in which no calibration data are used. The distribution of data is assumed to be normal or near-normal.

The procedure given in this part of ISO 11843 is recommended for situations in which it is difficult to obtain a large amount of the actual states although a large amount of the basic state can be prepared.

2 Normative Verweisungen

Die folgenden zitierten Dokumente sind für die Anwendung dieses Dokuments erforderlich. Bei datierten Verweisungen gilt nur die in Bezug genommene Ausgabe. Bei undatierten Verweisungen gilt die letzte Ausgabe des in Bezug genommenen Dokuments (einschließlich aller Änderungen).

ISO 3534-1, *Statistik — Begriffe und Formelzeichen — Teil 1: Wahrscheinlichkeitsverteilungen und allgemeine Statistik*

ISO 3534-2, *Statistik — Begriffe und Formelzeichen — Teil 2: Statistische Prozesslenkung*

ISO 3534-3, *Statistik — Begriffe und Formelzeichen — Teil 3: Versuchsplanung*

ISO 5479:1997, *Statistische Auswertung von Daten — Tests auf Abweichung von der Normalverteilung*
ISO 5725-2:1994, *Genauigkeit (Richtigkeit und Prä-*

2 Normative references

The following referenced documents are indispensable for the application of this document. For dated references, only the edition cited applies. For undated references, the latest edition of the referenced document (including any amendments) applies.

ISO 3534-1, *Statistics — Vocabulary and symbols — Part 1: Probability and general statistical terms*

ISO 3534-2, *Statistics — Vocabulary and symbols — Part 2: Statistical quality control*

ISO 3534-3, *Statistics — Vocabulary and symbols — Part 3: Design of experiments*

ISO 5479:1997, *Statistical interpretation of data — Tests for departure from normal distribution*

zision) von Messverfahren und Messergebnissen — Teil 2: Grundlegende Methode für die Ermittlung der Wiederhol- und Vergleichpräzision eines vereinheitlichten Messverfahrens

ISO 11095:1996, *Lineare Kalibrierung mit Hilfe von Referenzmaterialien*

ISO 11843-1:1997, *Erkennungsfähigkeit — Teil 1: Begriffe*

ISO 11843-2:2000, *Erkennungsfähigkeit — Teil 2: Verfahren für lineare Kalibrierung*

ISO Guide 30, *Begriffe zu Referenzmaterialien*

ISO 5725-2:1994, *Accuracy (trueness and precision) of measurement methods and results — Part 2: Basic method for the determination of repeatability and reproducibility of a standard measurement method*

ISO 11095:1996, *Linear calibration using reference materials*

ISO 11843-1:1997, *Capability of detection — Part 1: Terms and definitions*

ISO 11843-2:2000, *Capability of detection — Part 2: Methodology in the linear calibration case*

ISO Guide 30, *Terms and definitions used in connection with reference materials*

3 Begriffe

Für die Anwendung dieses Dokuments gelten die Begriffe nach ISO 3534 (alle Teile), ISO Guide 30, ISO 5479, ISO 5725-2, ISO 11095 und ISO 11843-1.

3 Terms and definitions

For the purposes of this document, the terms and definitions given in ISO 3534 (all parts), ISO Guide 30, ISO 5479, ISO 5725-2, ISO 11095 and ISO 11843-1 apply.

4 Planung der Untersuchung

4.1 Allgemeines

Vom Messverfahren wird angenommen, dass es vereinheitlicht ist und bekanntermaßen für Messungen einer ähnlichen Art kalibriert wurde, obwohl eine Kalibrierung unter den spezifischen untersuchten Bedingungen und bei sehr kleinen Werten der Zustandsgrößendifferenz nicht vorgenommen wurde oder nicht möglich ist. Es ist für alle Wiederholmessungen des Bezugszustands, in dem die Zustandsgröße den Wert Null aufweist, und für alle Istzustände (Messproben) innerhalb der Messserie, für die eine Erkennungsgrenze gefordert ist, dasselbe vollständige Messverfahren anzuwenden.

Die Messungen von Istzuständen sind zufällig unter die Messungen des Grundzustands zu verteilen.

Sollten negative Werte der Messgröße auftreten, dürfen diese nicht verworfen oder verändert werden. Es dürfen zum Beispiel nicht negative Werte durch Nullen ersetzt werden.

4 Experimental design

4.1 General

The measurement method is assumed to be standardized and known to have been calibrated for measurements of a similar type, although calibration under the specific conditions being studied and at very low levels of the net state variable has not been undertaken or is not possible. The same complete measurement method shall be used for all replicated measurements of the reference state in which the state variable is zero as well as for actual states (test samples) within the measurement series for which a critical value of the response variable is required.

Measurements of actual states shall be randomized among the measurements of the basic state.

Negative values of the response variable shall not be discarded or altered if these arise. For example, negative values shall not be replaced by zeros.

4.2 Wahl des Bezugszustands, in dem der Wert der Zustandsgrößendifferenz gleich Null ist

Eine der Annahmen bei dem in diesem Teil von ISO 11843 beschriebenen Verfahren besteht darin, dass der Wert der Zustandsgrößendifferenz im gewählten Bezugszustand gleich Null ist. Die Sicherheit, die im Hinblick auf eine solche Behauptung zu erwarten ist, wird in ISO 11843-2:2000, 4.1, erörtert: Unter realen Bedingungen sind Bezugszustände nicht als absolute Zustandsgrößen bekannt, sondern lediglich relativ als Differenzen zum (hypothetischen) Grundzustand. Für die Zwecke dieses Teils von ISO 11843 reicht es aus, wenn das Bezugsniveau deutlich unterhalb dessen liegt, was wahrscheinlich nach dem angewendeten Verfahren gemessen wird.

In Fällen, in denen der Grundzustand durch eine Vorbereitung von Referenzmaterial dargestellt wird, sollte die Zusammensetzung so genau wie möglich der des zu messenden Materials entsprechen, das heißt, es sollte in der analytischen Chemie das reine Matrixmaterial in jeder Weise den in der Messserie untersuchten Proben sehr ähnlich, wenn nicht sogar identisch mit diesen, sein. Die Einflüsse des Vorhandenseins anderer Substanzen oder Elemente oder des physikalischen Zustands der Proben können in hohem Maße signifikant sein. Insbesondere ist bei der Untersuchung von Lösungen die Verwendung reiner Lösemittel an Stelle der bei dem Messverfahren üblicherweise angetroffenen Lösemittelextrakte nicht akzeptabel.

4.3 Wiederholung

4.3.1 Anzahl von Wiederholmessungen, J

Zur Erzielung eines guten Schätzwertes für den Mittelwert und die Standardabweichung muss die Messgröße aus dem auf den Grundzustand angewendeten Verfahren für eine ausreichend große Anzahl J von Wiederholungen des vollständigen Verfahrens gemessen werden. Es ist wichtig, dass ausreichendes Datenmaterial vorliegt, um die Verteilung der Daten daraufhin zu prüfen, of die Messgröße normalverteilt oder näherungsweise normalverteilt ist. Ungefähr 30 Messungen sollten in der Regel sicherstellen, dass der Schätzwert der Standardabweichung mit einer Wahrscheinlichkeit von ungefähr 95 % nicht um mehr als 30 % von der wahren Standardabweichung abweicht.

ANMERKUNG In einigen Situationen ist es auf Grund einer begrenzten Menge an verfügbarem Messmaterial oder aus anderen Gründen nicht möglich, die oben beschriebene Anzahl von Messungen vorzunehmen. In solchen Situationen ist der Schätzwert der Standardab-

4.2 Choice of the reference state in which the value of the net state variable is zero

One of the assumptions in the procedure described in this part of ISO 11843 is that the value of the net state variable is zero in the reference state chosen. The certainty that can be expected in relation to such an assertion is discussed in ISO 11843-2:2000, Subclause 4.1: in reality, reference states are not known in absolute terms of the state variable but only in terms of differences from a (hypothetical) basic state. For this part of ISO 11843, it is sufficient for the reference level to be well below that likely to be measured by the method being used.

In cases in which the basic state is represented by a preparation of a reference material, the composition should be as close as possible to the composition of the material to be measured, i.e. in analytical chemistry the blank matrix material chosen should be very similar in every way to, if not identical with, the samples being examined in that measurement series. Influences due to the presence of other substances or elements, or due to the physical state of samples, can be highly significant. In particular, when solutions are being investigated, the use of pure solvents rather than the solvent extracts normally encountered in the measurement method is unacceptable.

4.3 Replication

4.3.1 Number of replications, J

The response from the method used on the basic state shall be measured for a sufficient number of replicates J of the entire procedure so as to give a good estimate of the mean and of the standard deviation. It is important to have sufficient data to examine the distribution of data to see whether the response variable is normally, or near-normally, distributed. About 30 measurements should usually ensure that the estimate of the standard deviation will not differ more than 30 % from the true standard deviation with approximately 95 % probability.

NOTE In some situations, it is not possible to perform the number of measurements outlined above because of constraints on the amount of material available or for other reasons. In such situations, the estimate of the standard deviation obtained is markedly uncertain. When such an estimate s (see s_b in 5.2) of a true standard deviation σ is to be made, conclusions can be drawn as to the range about the interval based on s

weichung deutlich unsicher. Muss eine solche Schätzung s (siehe s_b in 5.2) einer wahren Standardabweichung σ vorgenommen werden, können Schlüsse hinsichtlich der Spannweite um das Intervall auf der Grundlage von s gezogen werden, innerhalb dessen die Schätzung von σ mit der vorgegebenen Wahrscheinlichkeit $1 - \alpha$ erwartet werden kann. Dies ist eine Aufgabe der Statistik, die üblicherweise (bei Gültigkeit der Annahme einer Normalverteilung und wenn s die Standardabweichung der Probe ist) durch die Anwendung der Chiquadrat-Verteilung für die Anzahl der Ergebnisse, auf denen die Schätzung von s basierte, gelöst wird, wobei sich für den Wert von σ ein Vertrauensbereich von

$$s\sqrt{\frac{\nu}{\chi^2_{1-\frac{\alpha}{2}}(\nu)}} < \sigma < s\sqrt{\frac{\nu}{\chi^2_{\frac{\alpha}{2}}(\nu)}}$$

ergibt. Dabei ist $\nu = J - 1$, die Werte der χ^2-Verteilung können aus genormten Tabellenwerken ermittelt werden, und α ist definiert, wie in der Einleitung angegeben.

Wiederholmessungen an den Istzuständen (Messproben), K, bei Anwendung des vollständigen Verfahrens werden die Erkennungsgrenze in einem gewissen Maß absenken [siehe Gleichung (4)]; allerdings sind hierbei Kostenzwänge sorgfältig abzuwägen.

4.3.2 Einheitlichkeit der Wiederholung

Bei der Entnahme von Proben des Grundzustands zum Zweck der Messung der Messgröße ist es wesentlich, dass das Probenahmeverfahren entsprechend dem Gesamtverfahren in jeder Weise befolgt wird.

Sind genormte Referenzmaterialien verfügbar, sollten diese verwendet werden, da ihre Homogenität sorgfältig untersucht wurde.

Die Möglichkeiten des Auftretens von bestimmten Oberflächenphänomenen, von elektrostatischen Effekten, Absetzvorgängen usw., durch die sich nicht-identische Proben ergeben, sollte immer in Betracht gezogen werden.

4.3.3 Mögliche Störeinflüsse

Veränderungen möglicher Störeinflüsse während der Durchführung sollten minimiert werden, wie in ISO 11843-2:2000, 4.1, beschrieben.

within which the estimate of σ can be expected to lie with prespecified probability $1 - \alpha$. This is a statistical problem usually solved (if assumption of normality is valid and s is the sample standard deviation) by the use of the chi-squared distribution for the number of results on which the estimate of s was based to give a confidence interval for the value of σ of

$$s\sqrt{\frac{\nu}{\chi^2_{1-\frac{\alpha}{2}}(\nu)}} < \sigma < s\sqrt{\frac{\nu}{\chi^2_{\frac{\alpha}{2}}(\nu)}}$$

where $\nu = J - 1$, values of quantiles of χ^2-distribution are obtainable from standard tables and α is as defined in the introduction.

Replications of measurements K on the actual states (test samples) using the entire method will lower the critical value of the response variable to some extent [see Equation (4)], although cost constraints will have to be carefully considered.

4.3.2 Uniformity of replication

When taking samples of the basic state in order to measure the response variable, it is essential to follow in every way the sampling procedure in the overall method.

If standard reference materials are available, they should be used because their homogeneity will have been carefully studied.

The possibilities of some surface phenomena, of electrostatic effects, of settling-out, etc., giving non-identical samples should always be borne in mind.

4.3.3 Possible disturbing factors

Variation of possible disturbing factors during the runs should be minimized, as outlined in ISO 11843-2:2000, Subclause 4.1.

5 Berechnung der Erkennungsgrenze, y_c

5.1 Grundlegendes Verfahren

ISO 11843-1 definiert die Erkennungsgrenze y_c als den Wert der Messgröße y so, dass bei ihrer Überschreitung die Entscheidung getroffen wird, dass sich das System nicht im Grundzustand befindet. Die Erkennungsgrenze wird so gewählt, dass diese Entscheidung mit nur einer geringen Wahrscheinlichkeit α getroffen wird, wenn sich das System im Grundzustand befindet. Mit anderen Worten: Die Erkennungsgrenze ist der kleinste signifikante Wert einer Messung oder eines Signals, der als Unterscheidungskriterium zum Hintergrund (Rauschen) verwendet wird.

Die Entscheidung „erkannt" oder „nicht erkannt" wird durch Vergleich des arithmetischen Mittels der für den Istzustand ermittelten Werte, $\bar{y}_a$, mit dem Wert der Erkennungsgrenze y_c für die jeweilige Verteilung getroffen. Die Wahrscheinlichkeit, dass der Mittelwert $\bar{y}_a$ der Messwerte den Wert der Erkennungsgrenze y_c für die Verteilung im Grundzustand ($x = 0$) überschreitet, sollte höchstens einer geeigneten vorab ausgewählten Wahrscheinlichkeit α entsprechen.

Die Erkennungsgrenze y_c kann in allgemeiner Form wie folgt ausgedrückt werden:

$$P(\bar{y}_a > y_c \mid x = 0) \leq \alpha \quad (1)$$

ANMERKUNG $P(\bar{y}_a > y_c \mid x = 0)$ ist die Wahrscheinlichkeit, dass $\bar{y}_a > y_c$ unter der Bedingung, dass $x = 0$.

Die Definition darf in Form einer Gleichung angegeben werden, obwohl die Ungleichung diskrete Verteilungen umfasst, wie zum Beispiel die Poisson-Verteilung, bei der nicht alle Werte von α auftreten können.

Sofern

a) y normalverteilt ist mit der Standardabweichung σ_0,

b) die Stichproben der Istzustände so homogen wie möglich sind,

c) die Messungen keine systematische Messabweichung aufweisen,

wird die Erkennungsgrenze durch die folgende vereinfachte Form von Gleichung (1) angegeben:

$$y_c = \bar{y}_b \pm z_{1-\alpha}\sigma_0\sqrt{\frac{1}{J}+\frac{1}{K}} \quad (2)$$

5 Computation of the critical value of the response variable y_c

5.1 Basic method

ISO 11843-1 defines the critical value y_c as the value of the response variable y such that, if it is exceeded, the decision will be made that the system is not in the basic state. The critical value is chosen so that, when the system is in the basic state, this decision will be made with only a small probability α. In other words, the critical value is the minimum significant value of a measurement or signal, applied as a discriminator against background (noise).

The decision "detected" or "not detected" is made by comparison of the arithmetic mean of the determinations obtained for the actual state $\bar{y}_a$ with the critical value y_c of the respective distribution. The probability that the arithmetic mean of measured values $\bar{y}_a$ exceeds the critical value y_c for the distribution in the basic state ($x = 0$) should be less than or equal to an appropriate pre-selected probability α.

The critical value y_c of the response variable can be expressed generally as follows:

$$P(\bar{y}_a > y_c \mid x = 0) \leq \alpha \quad (1)$$

NOTE $P(\bar{y}_a > y_c \mid x = 0)$ is the probability that $\bar{y}_a > y_c$ under the condition that $x = 0$.

The definition may be stated as an equality, although the inequality accommodates discrete distributions, such as the Poisson distribution, for which not all values of α are possible.

If

a) y is normally distributed with standard deviation σ_0,

b) samples of actual states are as homogeneous as possible,

c) the measurements are unbiased,

the critical value of the response variable is given by the following simplified expression of Equation (1):

$$y_c = \bar{y}_b \pm z_{1-\alpha}\sigma_0\sqrt{\frac{1}{J}+\frac{1}{K}} \quad (2)$$

Dabei ist:

$z_{1-\alpha}$ das $(1-\alpha)$-Quantil der Standardnormalverteilung;

σ_0 die Standardabweichung des Differenzsignals (oder der Konzentration) unter der Nullhypothese (wahrer Wert $x = 0$);

J die Anzahl von wiederholten Ermittlungen des Grundzustands;

$\bar{y}_b$ der arithmetische Mittelwert dieser Wiederholmessungen;

K die Anzahl der durchzuführenden Ermittlungen des Istzustands.

ANMERKUNG Das Vorzeichen + wird verwendet, wenn die Messgröße mit zunehmendem Niveau der Zustandsgrößendifferenz zunimmt, und das Vorzeichen − wird verwendet, wenn die Messgröße mit zunehmendem Niveau der Zustandsgrößendifferenz abnimmt.

Wird σ_0 durch s_0 auf der Grundlage von ν Freiheitsgraden abgeschätzt, ist $z_{1-\alpha}$ durch das entsprechende Quantil der t-Verteilung zu ersetzen, das heißt durch

$$y_c = \bar{y}_b \pm t_{1-\alpha}(\nu) s_0 \sqrt{\frac{1}{J} + \frac{1}{K}} \tag{3}$$

ANMERKUNG Die Vorzeichen + und − werden in derselben Weise verwendet wie in Gleichung (2).

Wenn der Wert der Zustandsgröße im Grundzustand bekanntermaßen für alle sinnfälligen und vorhersehbaren Zwecke gleich Null ist, das heißt, wenn die „Grundlinie“ für die Messgröße ohne signifikante Abweichung bekannt ist, so gilt $\sigma_0 = \sigma_b$, wobei letztere Standardabweichung durch s_b, die Standardabweichung der wiederholten Ermittlungen der Messgröße im Grundzustand, abgeschätzt wird. Diese Situation wird in diesem Teil von ISO 11843 behandelt. Es ist eine von mehreren Arten, auf die ein experimenteller Schätzwert von σ_0 ermittelt werden kann.

5.2 Praxis der Berechnung

Die Wiederholmessungen der Messgröße im Grundzustand sollten auf Nicht-Normalität der Verteilung geprüft werden. Dabei sind Verfahren anzuwenden, wie sie in ISO 5479 beschrieben werden, ergänzt durch andere verfügbare Verfahren.

Für die Zwecke dieses Teils von ISO 11843 werden innerhalb einer Messserie J Wiederholmessungen

where

$z_{1-\alpha}$ represents the $(1-\alpha)$-quantile of the standard normal variable;

σ_0 is the standard deviation of the net signal (or concentration) under the null hypothesis (true value $x = 0$);

J is the number of replicate determinations of the basic state;

$\bar{y}_b$ is the arithmetic mean of those replications;

K is the number of determinations to be made on the actual state.

NOTE The sign + is used when the response variable increases with increasing level of the net state variable and the sign − is used when the response variable decreases with increasing level of the net state variable.

If σ_0 is estimated by s_0, based on ν degrees of freedom, $z_{1-\alpha}$ shall be replaced by the corresponding quantile of Student's t-distribution, i.e.

$$y_c = \bar{y}_b \pm t_{1-\alpha}(\nu) s_0 \sqrt{\frac{1}{J} + \frac{1}{K}} \tag{3}$$

NOTE The sign + or − is used in the same manner as for Equation (2).

When the value of the state variable in the basic state is known, for all reasonable and foreseeable purposes, to be zero, i.e. the “baseline” for the response variable is known without significant error, then $\sigma_0 = \sigma_b$, the latter being estimated through s_b, the standard deviation of the replicate determinations of the response variable in the basic state. This is the situation addressed in this part of ISO 11843. It is one of several ways in which an experimental estimate of σ_0 can be obtained.

5.2 Practical calculation

The replicated measurements of the response in the basic state should be examined for non-normality of distribution using such techniques as are described in ISO 5479, supplemented by any other available techniques.

For the purposes of this part of ISO 11843, J replicate measurements of the response of the basic

der Messgröße des Grundzustands vorgenommen, so dass der Mittelwert von y, gegeben durch

$$\bar{y}_b = \frac{\sum_{j=1}^{J} y_j}{J}$$

der Schätzwert des Erwartungswerts y_0 von y ist und die Proben-Standardabweichung von y, gegeben durch

$$s_b = \sqrt{\frac{\sum_{j=1}^{J} (y_j - \bar{y}_b)^2}{J - 1}}$$

der Schätzwert von σ_b ist.

Folglich gibt

$$y_c = \bar{y}_b \pm t_{1-\alpha}(\nu) s_b \sqrt{\frac{1}{J} + \frac{1}{K}} \qquad (4)$$

einen guten Schätzwert der Erkennungsgrenze an. Dabei ist die Anzahl der Freiheitsgrade $\nu = J - 1$. Der statistische Test ist einseitig, α wird üblicherweise mit 0,05 angesetzt, wie in ISO 11843-1 empfohlen, und das entsprechende Quantil der t-Verteilung wird aus genormten Tabellenwerken ermittelt.

ANMERKUNG Die Vorzeichen + und − werden in derselben Weise verwendet wie in Gleichung (2).

Gleichung (5) gilt direkt für die Situation, in welcher an der Messprobe eine einzige Ermittlung vorgenommen wird:

$$y_c = \bar{y}_b \pm t_{1-\alpha}(\nu) s_b \sqrt{\frac{1}{J} + 1} \qquad (5)$$

ANMERKUNG Die Vorzeichen + und − werden in derselben Weise verwendet wie in Gleichung (2).

5.3 Angabe und Verwendung der Erkennungsgrenze

Die Anzahl der Messungen der Messgröße im Grundzustand, J, ist zusammen mit der Standardabweichung s_b für die betreffende Serie anzugeben. Die Anzahl von Wiederholmessungen der Messgröße im Istzustand, K, ist ebenfalls anzugeben. Der gewählte Wert von α (üblicherweise 0,05) ist anzugeben. Die für die festgelegte Anzahl von Wiederholmessungen der Messgröße im Grundzustand

state are made, within a measurement series, so that the mean value of y, given by

$$\bar{y}_b = \frac{\sum_{j=1}^{J} y_j}{J}$$

is the estimate of the expectation y_0 of y, and the sample standard deviation of y, given by

$$s_b = \sqrt{\frac{\sum_{j=1}^{J} (y_j - \bar{y}_b)^2}{J - 1}}$$

is the estimate of σ_b.

Thus a good estimate of the critical value of the response variable is given by

$$y_c = \bar{y}_b \pm t_{1-\alpha}(\nu) s_b \sqrt{\frac{1}{J} + \frac{1}{K}} \qquad (4)$$

where the number of degrees of freedom $\nu = J - 1$. The statistical test is one-sided, α is usually taken as 0,05 as recommended in ISO 11843-1, and the corresponding quantile of Student's t-distribution is obtained from standard tables.

NOTE The sign + or − is used in the same manner as for Equation (2).

Equation (5) applies directly to the situation in which a single determination is made on the test sample:

$$y_c = \bar{y}_b \pm t_{1-\alpha}(\nu) s_b \sqrt{\frac{1}{J} + 1} \qquad (5)$$

NOTE The sign + or − is used in the same manner as for Equation (2).

5.3 Reporting and use of the critical value

The number of measurements of the response variable in the basic state J shall be stated together with the standard deviation s_b for that series. The number of replications of the response variable in the actual state K shall also be reported. The chosen value of α shall be stated (usually 0,05). The critical value calculated for the specified number of replications of the response variable in the basic

und im Istzustand berechnete Erkennungsgrenze ist anzugeben. Die Werte werden zweckmäßig in Tabellenform nach Tabelle 1 aufgelistet.

state and actual state shall be stated. These are conveniently set out in tabular form in Table 1.

Tabelle 1 — Erkennungsgrenze und zugehörige Versuchsparameter/
Table 1 — Critical value of the response variable and its corresponding experimental parameters

Anzahl von Wiederholmessungen der Messgröße im Grundzustand/ Number of replicates of the response variable in the basic state	J
Anzahl von Wiederholmessungen der Messgröße in einem Istzustand/ Number of replicates of the response in an actual state	K
Gewählter Wert von α (Standardwert: 0,05)/ Value of α chosen (default value: 0,05)	α
Mittelwert der Messgröße im Grundzustand/ Mean of the response variable in the basic state	$\bar{y}_\mathrm{b}$
Mittelwert der Messgröße im Istzustand/ Mean of the response in the actual state	$\bar{y}_\mathrm{a}$
Standardabweichung der Messgröße im Grundzustand/ Standard deviation of the response variable in the basic state	s_b
Erkennungsgrenze, abgeleitet unter Anwendung des vereinfachten Verfahrens nach diesem Teil von ISO 11843 ohne Verwendung von Kalibrierdaten/ Critical value for the response variable derived by the simplified method of this part of ISO 11843 in which no calibration data are used	y_c

Falls der Mittelwert der K Wiederholmessungen im Istzustand die Erkennungsgrenze nicht überschreitet, kann angegeben werden, dass keine Differenz zwischen Istzustand und Grundzustand festgestellt werden konnte. Das mittlere Ergebnis für den Istzustand ist jedoch in der Form, wie es gefunden wurde, anzugeben. Es darf nicht mit Null angegeben werden.

If the average of the K replicate determinations in the actual state is not greater than the critical value, it can be stated that no difference could be shown between the actual state and the basic state. However, the average result for the actual state shall be reported as found. It shall not be reported as zero.

Anhang A
(normativ)

In diesem Teil von ISO 11843 verwendete Formelzeichen

b_2	Kurtosis
J	Anzahl der Wiederholmessungen der Messgröße im Grundzustand, in dem die Zustandsgröße gleich Null ist (Nullmatrix)
$j = 1, 2, \ldots J$	Variable zur Kennzeichnung der Vorbereitungen des Grundzustands, in dem die Zustandsgröße gleich Null ist (Nullmatrix)
K	Anzahl der Wiederholmessungen der Messgröße des Istzustands (Probe)
P	Wahrscheinlichkeit
s	geschätzte Standardabweichung der Messgröße
s_b	geschätzte Standardabweichung des Grundzustands, in dem die Zustandsgröße gleich Null ist (Nullmatrix)
s_0	geschätzte Standardabweichung der gemessenen Messgröße für den Grundzustand
t	Prüfgröße der t-Verteilung
W	Prüfgröße nach Shapiro-Wilk
x	ein Wert der Zustandsgrößendifferenz
y	ein Wert der Messgröße
$\bar{y}_b$	arithmetischer Mittelwert der gemessenen Messgrößen aus dem Grundzustand
$\bar{y}_a$	arithmetischer Mittelwert der gemessenen Messgrößen aus einem Istzustand (Messprobe)
y_c	Erkennungsgrenze
y_j	j-te Messung der Messgröße bei einem bestimmten Niveau und in einer bestimmten Serie

Annex A
(normative)

Symbols used in this part of ISO 11843

b_2	kurtosis test statistic
J	number of replications of measurements of the response variable in the basic state in which the state variable is zero (blank matrix)
$j = 1, 2, \ldots J$	variable identifying the preparations performed on the basic state in which the state variable is zero (blank matrix)
K	number of replications of measurements of the responses of the actual state (sample)
P	probability
s	estimated standard deviation of response variable
s_b	estimated standard deviation of the basic state in which the state variable is zero (blank matrix)
s_0	estimated standard deviation of measured response of the basic state
t	Student's t-distributed test statistic
W	Shapiro-Wilks test statistic
x	a value of the net state variable
y	a value of the response variable
$\bar{y}_b$	arithmetic mean of measured responses from the basic state
$\bar{y}_a$	arithmetic mean of measured responses of an actual state (test sample)
y_c	critical value of the response variable
y_j	jth measurement of the response at a particular level and in a particular series

y_0 Erwartungswert der Messgröße für den Wert Null der Zustandsgröße

z standardisiert normalverteilte Zufallsgröße, wobei $z_{1-\alpha}$ das $(1-\alpha)$-Quantil bezeichnet

α Signifikanzniveau (das heißt Wahrscheinlichkeit eines Fehlers 1. Art)

$1 - \alpha$ Vertrauensniveau

$\nu = J - 1$ Anzahl der Freiheitsgrade der t-Verteilung oder der χ^2-Verteilung

σ tatsächliche Standardabweichung

σ_0 tatsächliche Standardabweichung für den Wert Null der Zustandsgröße

σ_b tatsächliche Standardabweichung der Messgröße für den Wert Null der Zustandsgröße (Nullmatrix oder Kontrollwert)

χ^2 Chiquadrat-Zufallsgröße

y_0 expectation of the response variable for zero value of state variable

z standardized normal random variable with respect to its quantile

α significance level (i.e. probability of an error of the first kind)

$1 - \alpha$ confidence level

$\nu = J - 1$ degrees of freedom of t-statistic or χ^2-statistic

σ actual standard deviation

σ_0 actual standard deviation at zero level of state variable

σ_b actual standard deviation of the response variable for zero value of the state variable (blank matrix or control)

χ^2 chi-squared random variable

Anhang B
(informativ)

Beispiele

B.1 Beispiel 1

Messung des Massenanteils an Cadmium in einer BCR-Bodenprobe anhand der Atomemission nach Aufschluss in Königswasser.

Es wurden Proben von 0,5 g eines leichten sandigen CRM-142-Bodens auf Cadmium analysiert, wobei aus anderen Daten bekannt war, dass dieses Element in einer Konzentration unterhalb der Erkennungsgrenze des hier wiedergegebenen Messverfahrens vorlag (ungefähr ein Zehntel der Erkennungsgrenze). Die Proben wurden parallel in einem Chargenprozess in Königswasser aufgeschlossen, gefiltert und in 25-ml-Proben für die spektroskopische Untersuchung aufbereitet. Es wurden in einem Durchlauf $J = 30$ Ablesungen an einem induktiv gekoppelten 24-Kanal-Plasma-Emissionsspektrometer vorgenommen, der Cadmium bei 226 nm misst und der mit normaler Driftkorrektur betrieben wird.

Annex B
(informative)

Examples

B.1 Example 1

Measurement of the mass fraction of cadmium in a BCR soil sample using atomic emission after digestion in *aqua regia*.

0,5 g samples of CRM 142 light sandy soil were analysed for cadmium, known from other data to be present at a level below the critical limit of the measurement method being reported here (at about one-tenth of the limit). Samples were concurrently digested with *aqua regia*, in a batch process, filtered and made up to 25 ml for spectroscopy. $J = 30$ readings were taken as a single run using a 24-channel inductively coupled plasma emission spectrometer measuring cadmium at 226 nm and operated with normal drift correction.

Tabelle B.1 — Atomemission von Cadmium bei 226 nm bei CRM-142-Bodenproben
Table B.1 — Atomic emission of cadmium at 226 nm from samples of CRM 142 soil

Messwert/Response mV					
2,170	2,211	2,206	2,229	2,215	2,210
2,191	2,189	2,215	2,186	2,183	2,189
2,145	2,159	2,209	2,169	2,194	2,188
2,203	2,192	2,191	2,203	2,175	2,203
2,174	2,193	2,171	2,182	2,178	2,172

Verschiedene Prüfungen auf Nicht-Normalität der Verteilung (Schiefe, Kurtosis und Shapiro-Wilk) sowie Prüfungen auf Ausreißer (Grubbs einfach, Grubbs doppelt) ergeben keine signifikante Abweichung von einer Normalverteilung.

Aus genormten Tabellenwerken wird der Wert der t-Verteilung (einseitig) für 29 Freiheitsgrade und $\alpha = 0{,}05$ als $t_{1-\alpha}(\nu) = t_{0,95}(29) = 1{,}699$ ermittelt.

Application of several tests for the non-normality of distribution (skewness, kurtosis and Shapiro-Wilks) and tests for outliers (Grubbs single, Grubbs double) indicates no significant deviation from normality.

Student's t-value (one-tailed), for 29 degrees of freedom and $\alpha = 0{,}05$, is obtained from standard tables as $t_{1-\alpha}(\nu) = t_{0,95}(29) = 1{,}699$.

Der Mittelwert dieser Messwerte wird berechnet als $\bar{y}_b = 2{,}189\,8$ mV, die Standardabweichung wird berechnet als $s_b = 0{,}018\,6$ mV.

Drei Wiederholmessungen, die gleichzeitig an einer ähnlichen Bodenprobe vorgenommen worden waren, ergaben Messwerte von 2,177 mV, 2,183 mV und 2,161 mV.

Unter Verwendung von Gleichung (4) wird die Erkennungsgrenze für Dreifachmessungen an einer tatsächlichen Probe berechnet als

$$y_c = 2{,}189\,8 + 1{,}699 \times 0{,}018\,6 \times \sqrt{\frac{1}{30} + \frac{1}{3}}\ \text{mV}$$

$$= 2{,}189\,8 + 0{,}019\,1\ \text{mV}$$

$$= 2{,}209\ \text{mV}$$

auf drei Nachkommastellen.

Das Ergebnis wird in Tabelle B.2 angegeben.

The mean of these response values is calculated as $\bar{y}_b = 2{,}189\,8$ mV, and the standard deviation as $s_b = 0{,}018\,6$ mV.

Three replicate measurements had been concurrently made on a similar soil sample and gave responses of 2,177 mV, 2,183 mV and 2,161 mV.

Using Equation (4), the critical value of the response variable for triplicate measurements of an actual sample is calculated as

$$y_c = 2{,}189\,8 + 1{,}699 \times 0{,}018\,6 \times \sqrt{\frac{1}{30} + \frac{1}{3}}\ \text{mV}$$

$$= 2{,}189\,8 + 0{,}019\,1\ \text{mV}$$

$$= 2{,}209\ \text{mV}$$

to three decimal places.

The outcome is reported in Table B.2.

Tabelle B.2 — Erkennungsgrenze für Cadmium in einer CRM-142-Bodenprobe, gemessen durch Atomemission bei 226 nm/
Table B.2 — Critical value of the response variable for cadmium by atomic emission at 226 nm in CRM 142 soil

Anzahl von Wiederholmessungen der Messgröße im Grundzustand/ Number of replicates of the response variable in the basic state	30
Anzahl von Wiederholmessungen der Messgröße im Istzustand/ Number of replicates of the response in the actual state	3
Gewählter Wert von α/ Value of α chosen	0,05
Mittelwert der Messgröße im Grundzustand/ Mean of the response variable in the basic state	2,189 8 mV
Mittelwert der Messgröße im Istzustand/ Mean of the response of the actual state	2,173 7 mV
Standardabweichung der Messgröße im Grundzustand/ Standard deviation of the response variable in the basic state	0,018 6 mV
Erkennungsgrenze, y_c, abgeleitet unter Anwendung des vereinfachten Verfahrens nach diesem Teil von ISO 11843 ohne Verwendung von Kalibrierdaten/ Critical value of the response variable y_c derived by the simplified method of this part of ISO 11843 in which no calibration data are used	2,209 mV

Die Erkennungsgrenze wurde nicht überschritten, und es konnte keine Differenz zwischen dem Grundzustand und der gleichzeitigen Messprobe nachgewiesen werden.

The critical value of the response variable was not exceeded and no difference could be shown between the basic state and the concurrent test sample.

ANMERKUNG Die ermittelte Erkennungsgrenze ist viel höher als diejenige für den Gesamtprozess bei alleiniger Verwendung von Reagenzien (für welchen sie 0,815 mV beträgt) und wesentlich höher als vom Gerätehersteller für Cadmium in „reiner" wässriger Lösung angegeben (ungefähr 0,027 mV). Dies veranschaulicht den beträchtlichen Einfluss, den die Probenmatrix auf die Erkennungsgrenze ausüben kann.

Dank: Die obigen Daten wurden vom Soil Science Department der IACR, Rothamsted, Harpenden, Hertfordshire, UK, zur Verfügung gestellt.

NOTE The critical value found is much higher than that for the total process using reagents only (for which it is 0,815 mV) and very much higher than that claimed by the instrument manufacturer for the cadmium ion in "pure" aqueous solution (about 0,027 mV) and illustrates the considerable effects that the matrix of the sample may have on the critical value.

Acknowledgement: The above data were supplied by the Soil Science Department of the IACR, Rothamsted, Harpenden, Hertfordshire, UK.

B.2 Beispiel 2

Chemischer Sauerstoffbedarf in Wasser unter Anwendung eines Titrationsverfahrens.

Es sollte beachtet werden, dass die Kalibrierkurve dieses Verfahrens zur Messung des chemischen Sauerstoffbedarfs in Wasser monoton fallend ist: Bei zunehmendem Sauerstoffbedarf nimmt der Gehalt an verfügbarem Sauerstoff ab, so dass das Volumen der zur Rücktitration verbrauchten Ammonium-Eisen(III)-Sulfat-Lösung abnimmt.

Es wurden 30 Blindlösungen zur Ermittlung des chemischen Sauerstoffbedarfs (CSB-Wert) von Wasser in Milliliter der zur Titration verwendeten Ammonium-Eisen(III)-Sulfat-Lösung mit einer Konzentration von 0,060 mol/l gemessen (siehe Tabelle B.3).

B.2 Example 2

Chemical oxygen demand in water using a titration method.

It should be noted that the calibration curve for this procedure for measuring the chemical oxygen demand in water is monotonic decreasing: as the amount of oxygen demand increases, the amount of available oxygen decreases so that the volume of ammonium iron(III) sulfate solution used in the back-titration decreases.

Thirty blanks were measured for the determination of the chemical oxygen demand (COD) of water in terms of millilitres of the 0,060 mol/l ammonium iron(III) sulfate solution used for the titration (see Table B.3).

Tabelle B.3 — Chemischer Sauerstoffbedarf in Wasser durch Titration/
Table B.3 — Chemical oxygen demand in water by titration

Verbrauchtes Volumen an Titrationslösung/ Volume of solution used for titration ml					
19,77	19,71	19,77	19,94	19,92	19,84
19,77	19,71	19,77	19,91	19,95	19,88
19,78	19,71	19,85	19,94	19,94	19,77
19,78	19,80	19,85	19,91	19,94	19,76
19,76	19,83	19,78	19,91	19,83	19,80

Verschiedene Prüfungen auf Nicht-Normalität der Verteilung (Schiefe, Kurtosis und Shapiro-Wilk) sowie Prüfungen auf Ausreißer (Grubbs einfach, Grubbs doppelt) ergeben eine leichte Abweichung von einer Normalverteilung: Der Test anhand der Kurtosis wird für $\alpha = 0,01$ ($b_2 = 1,737$ gegenüber Erkennungsgrenzen von 1,79 und 5,12) nicht erfüllt, und die Shapiro-Wilk-Prüfung wird für $\alpha = 0,05$ ($W = 0,904\,5$ gegenüber Erkennungsgrenzen von

Application of several tests for non-normality of distribution (skewness, kurtosis and Shapiro-Wilks) and for outliers (Grubbs single and Grubbs double) indicates slight deviation from normality: the kurtosis test fails for $\alpha = 0,01$ ($b_2 = 1,737$ versus critical values of 1,79 and 5,12) and the Shapiro-Wilks test fails for $\alpha = 0,05$ ($W = 0,904\,5$ versus critical values of 0,900 at $\alpha = 0,01$ and 0,927 at $\alpha = 0,05$). The distribution of the raw data can be described as

0,900 bei $\alpha = 0{,}01$ und 0,927 bei $\alpha = 0{,}05$) nicht erfüllt. Die Verteilung der Rohdaten kann als näherungsweise normal beschrieben werden, da zwei der Prüfungen Normalverteilung anzeigen. Allerdings zeigt schon eine einfache Häufigkeitsverteilungskurve, dass die Möglichkeit besteht, dass die Ergebnisse zwei Verteilungen angehören. In der Praxis könnte es folgerichtig ratsam sein, sich an die Prüfstelle zu wenden, die die Daten zur Verfügung stellt, um zu ermitteln, ob bei der Aufnahme der Messwertdaten Unregelmäßigkeiten aufgetreten sind. Sollte sich ergeben, dass die Daten eine genaue Erhebung darstellen, so wäre die Berechnung der Erkennungsgrenze für eine einzelne Ermittlung einer tatsächlichen (Mess-)Probe wie folgt:

Der Mittelwert dieser Messwerte wird berechnet als $\bar{y}_b = 19{,}829$ ml, die Standardabweichung wird berechnet als $s_b = 0{,}077\,4$ ml.

Aus genormten Tabellenwerken wird der Wert der t-Verteilung (einseitig) für 29 Freiheitsgrade und $\alpha = 0{,}05$ als $t_{1-\alpha}(\nu) = t_{0,95}(29) = 1{,}699$ ermittelt.

Bei Verwendung von Gleichung (5) erfordert es die negative Steigung der Kalibrierung, dass der Varianzterm vom Mittelwert im Grundzustand abgezogen (statt zu diesem addiert) wird, so dass für die Erkennungsgrenze für Einzelmessungen einer tatsächlichen Probe folgt:

$$y_c = 19{,}829 - 1{,}699 \times 0{,}077\,4 \times \sqrt{\frac{1}{30} + 1}\ \text{ml}$$

$$= 19{,}829 - 0{,}133\,7\ \text{ml}$$

$$= 19{,}70\ \text{ml}$$

auf zwei Nachkommastellen.

Das Ergebnis wird in Tabelle B.4 angegeben.

near-normal as two of the tests indicate normality. However, even a simple frequency distribution plot indicates that there is a possibility that the results belong to two distributions. Consequently, in practice it could be advisable to return to the laboratory supplying the data to ascertain whether there has been some irregularity in recording the response variable data. If it is decided that the data are an accurate record, the calculation of the critical value of the response variable for a single determination of an actual (test) sample would be as follows:

The mean of these response values is calculated as $\bar{y}_b = 19{,}829$ ml and the standard deviation as $s_b = 0{,}077\,4$ ml.

Student's t-value (one-tailed), for 29 degrees of freedom and $\alpha = 0{,}05$, is obtained from standard tables as $t_{1-\alpha}(\nu) = t_{0,95}(29) = 1{,}699$.

When using Equation (5), the decreasing nature of the calibration requires the variance term to be subtracted from the mean response of the basic state (rather than added to it) so that the critical value of the response variable for single measurements of an actual sample is

$$y_c = 19{,}829 - 1{,}699 \times 0{,}077\,4 \times \sqrt{\frac{1}{30} + 1}\ \text{ml}$$

$$= 19{,}829 - 0{,}133\,7\ \text{ml}$$

$$= 19{,}70\ \text{ml}$$

to two decimal places.

The outcome is therefore as reported in Table B.4.

Tabelle B.4 — Erkennungsgrenzen für den chemischen Sauerstoffbedarf in Wasser durch Titration/ Table B.4 — Critical values of the response variable for chemical oxygen demand in water by titration

Anzahl von Wiederholmessungen der Messgröße im Grundzustand/ Number of replicates of the response variable in the basic state	30
Anzahl von Wiederholmessungen der Messgröße in einem Istzustand/ Number of replicates of the response of an actual state	1
Gewählter Wert von α/ Value of α chosen	0,05
Mittelwert der Messgröße im Grundzustand/ Mean of the response variable in the basic state	19,829 ml
Standardabweichung der Messgröße im Grundzustand/ Standard deviation of the response variable in the basic state	0,077 4 ml
Erkennungsgrenze, y_c, abgeleitet unter Anwendung des vereinfachten Verfahrens nach diesem Teil von ISO 11843 ohne Verwendung von Kalibrierdaten/ Critical value of the response variable y_c derived by the simplified method of this part of ISO 11843 in which no calibration data are used	19,70 ml

Da der Titer von 0,060 mol/l Ammonium-Eisen(III)-Sulfat-Lösung für eine tatsächliche (Mess-)Probe 19,70 ml nicht unterschreitet, liegt keine Differenz zwischen dem Grundzustand und der gleichzeitigen Messprobe vor.

Dank: Die obigen Daten wurden zitiert aus einem Dokument des ISO/TC 147, *Wasserbeschaffenheit*.

Since the titre of 0,060 mol/l ammonium iron(III) sulfate for an actual (test) sample is not lower than 19,70 ml, there is no difference between the basic state and the concurrent test sample.

Acknowledgement: The above data are cited from an ISO/TC 147, *Water quality*, document.

Juni 2006

DIN ISO 11843-4

ICS 03.120.30; 17.020

Erkennungsfähigkeit – Teil 4: Verfahren zum Vergleichen des Erfassungsvermögens mit einem vorgegebenen Wert (ISO 11843-4:2003; Text Deutsch, Englisch)

Capability of detection –
Part 4: Methodology for comparing the minimum detectable value with a given value (ISO 11843-4:2003; text in German, English)

Capacité de détection –
Partie 4: Méthodologie de comparaison de la valeur minimale détectable avec une valeur donnée (ISO 11843-4:2003; texte en allemand, anglais)

Gesamtumfang 15 Seiten

Normenausschuss Qualitätsmanagement, Statistik und Zertifizierungsgrundlagen (NQSZ) im DIN

Nationales Vorwort

Diese Norm enthält die deutsche Übersetzung der Internationalen Norm ISO 11843-4, die vom Technischen Komitee ISO/TC 69, *Anwendung statistischer Methoden*, Unterkomitee 6, *Messverfahren und Messergebnisse*, erarbeitet wurde. Der zuständige nationale Normenausschuss ist der NQSZ-2, *Angewandte Statistik*.

Für die in diesem Dokument zitierten Internationalen Normen wird im Folgenden auf die entsprechenden DIN ISO Normen hingewiesen:

ISO 5479 siehe DIN ISO 5459

ISO 5725-2 siehe DIN ISO 5725-2

ISO 11843-1 siehe DIN ISO 11843-1

Nationaler Anhang NA
(informativ)

Literaturhinweise

DIN 55350-11, *Begriffe zu Qualitätsmanagement und Statistik — Teil 11: Begriffe des Qualitätsmanagements*

DIN 55350-12, *Begriffe der Qualitätssicherung und Statistik — Teil 12: Merkmalsbezogene Begriffe*

DIN 55350-13, *Begriffe der Qualitätssicherung und Statistik — Teil 13: Begriffe zur Genauigkeit von Ermittlungsverfahren und Ermittlungsergebnissen*

DIN 55350-21, *Begriffe der Qualitätssicherung und Statistik — Teil 21: Begriffe der Statistik — Zufallsgrößen und Wahrscheinlichkeitsverteilungen*

DIN 55350-22, *Begriffe der Qualitätssicherung und Statistik — Teil 22: Begriffe der Statistik — Spezielle Wahrscheinlichkeitsverteilungen*

DIN 55350-23, *Begriffe der Qualitätssicherung und Statistik — Teil 23: Begriffe der Statistik — Beschreibende Statistik*

DIN 55350-24, *Begriffe der Qualitätssicherung und Statistik — Teil 24: Begriffe der Statistik — Schließende Statistik*

DIN ISO 5479, *Statistische Auswertung von Daten — Tests auf Abweichung von der Normalverteilung*

DIN ISO 5725-2, *Genauigkeit (Richtigkeit und Präzision) von Messverfahren und Messergebnissen — Teil 2: Grundlegende Methode für die Ermittlung der Wiederhol- und Vergleichpräzision eines vereinheitlichten Messverfahrens*

DIN ISO 11843-1, *Erkennungsfähigkeit — Teil 1: Begriffe*

DIN ISO 11843-2, *Erkennungsfähigkeit — Teil 2: Verfahren im Fall der linearen Kalibrierung*

DIN ISO 11843-3, *Erkennungsfähigkeit — Teil 3: Verfahren zur Ermittlung der Erkennungsgrenze, wenn keine Kalibrierdaten angewendet werden*

Erkennungsfähigkeit — Teil 4: Verfahren zum Vergleichen des Erfassungsvermögens mit einem vorgegebenen Wert

Capability of detection — Part 4: Methodology for comparing the minimum detectable value with a given value

Inhalt

Seite

Contents

Page

Einleitung

Eine ideale Anforderung an die Erkennungsfähigkeit in Bezug auf eine ausgewählte Zustandsgröße würde darin bestehen, dass der Istzustand eines jeden betrachteten Systems mit Sicherheit als entweder mit dem Grundzustand übereinstimmend oder von diesem abweichend klassifiziert werden kann. Auf Grund von systematischen und zufälligen Einflüssen kann diese ideale Anforderung jedoch nicht erfüllt werden, denn:

a) Bezugszustände einschließlich des Grundzustands sind unter realen Bedingungen niemals als absolute Zustandsgrößen bekannt. Daher können alle Zustände ausschließlich durch Differenzen zum Grundzustand korrekt beschrieben werden, das heißt durch die Zustandsgrößendifferenz.

b) Zur Vermeidung von Fehlentscheidungen wird allgemein empfohlen, nur Differenzen zum Grundzustand anzugeben, das heißt Daten in Form der Zustandsgrößendifferenz.

ANMERKUNG Im ISO-Guide 30 sowie in ISO 11095 wird keine Unterscheidung zwischen der Zustandsgröße und der Zustandsgrößendifferenz getroffen. Als Konsequenz werden in diesen beiden Dokumenten – ohne Angabe einer Rechtfertigung – Bezugszustände als hinsichtlich der Zustandsgröße bekannt angenommen.

c) Weiterhin werden die Messergebnisse durch die Kalibrierung sowie die Prozesse der Probenahme und Probenvorbereitung mit zufälligen Streuungen beaufschlagt.

In diesem Teil von ISO 11843 wird

— für die Wahrscheinlichkeit der (fälschlichen) Erkennung eines Systems als nicht im Grundzustand befindlich, wenn sich das System tatsächlich doch im Grundzustand befindet, das Formelzeichen α verwendet;

— für die Wahrscheinlichkeit der (fälschlichen) Nicht-Erkennung eines Systems als nicht im Grundzustand befindlich, wenn der Wert der Zustandsgrößendifferenz gleich dem Erfassungsvermögen (x_d) ist, das Formelzeichen β verwendet.

Introduction

An ideal requirement for the capability of detection with respect to a selected state variable would be that the actual state of every observed system can be classified with certainty as either equal to or different from its basic state. However, due to systematic and random variations, this ideal requirement cannot be satisfied for the following reasons.

a) In reality all reference states, including the basic state, are never known in absolute terms of the state variable. Hence, all states can only be characterized correctly in terms of differences from the basic state, i.e. in terms of the net state variable.

b) In order to prevent erroneous decisions, it is generally recommended to report differences from the basic state only, i.e. data in terms of the net state variable.

NOTE In ISO Guide 30 and in ISO 11095, no distinction is made between the state variable and the net state variable. As a consequence, in those two documents reference states are — without justification — assumed to be known with respect to the state variable.

c) Furthermore, the calibration and the processes of sampling and preparation add random variation to the measurement results.

In this part of ISO 11843

— the probability is α of detecting (erroneously) that a system is not in the basic state when it is in the basic state;

— the probability is β of (erroneously) not detecting that a system, for which the value of the net state variable is equal to the minimum detectable value (x_d) is not in the basic state.

1 Anwendungsbereich

Dieser Teil von ISO 11843 legt Verfahren zur Beurteilung der Erkennungsfähigkeit eines Messverfahrens fest, wobei nicht die Annahmen einer linearen Kalibrierkurve und bestimmter Beziehungen zwischen der Rest-Standardabweichung und dem Wert der Zustandsgrößendifferenz nach ISO 11843-2 zu Grunde gelegt werden.

ANMERKUNG Diese Annahmen sind für Werte der Zustandsgrößendifferenz, die nahe Null liegen, häufig zweifelhaft.

An Stelle einer Schätzung des Erfassungsvermögens liefert dieser Teil von ISO 11843

— ein Kriterium zur Beurteilung, ob das Erfassungsvermögen kleiner ist als ein vorgegebenes Niveau der Zustandsgrößendifferenz und

— die grundlegende Planung der Untersuchung zur Prüfung auf Übereinstimmung mit diesem Kriterium.

Zur Beurteilung der Erkennungsfähigkeit, zum Beispiel als Teil der Validierung eines Messverfahrens, reicht es häufig aus, zu bestätigen, dass das Erfassungsvermögen des Verfahrens kleiner ist als ein vorgegebener Wert.

1 Scope

This part of ISO 11843 deals with the assessment of the capability of detection of a measurement method without the assumptions in ISO 11843-2 of a linear calibration curve and certain relationships between the residual standard deviation and the value of the net state variable.

NOTE These assumptions are often doubtful for values of the net state variable close to zero.

Instead of estimating the minimum detectable value, this part of ISO 11843 provides

— a criterion for judging whether the minimum detectable value is less than a given level of the net state variable, and

— the basic experimental design for testing the conformity of this criterion.

For assessment of the capability of detection, for instance as part of the validation of a measurement method, it is often sufficient to confirm that the method has a minimum detectable value that is less than a given value.

2 Normative Verweisungen

Die folgenden zitierten Dokumente sind für die Anwendung dieses Dokuments erforderlich. Bei datierten Verweisungen gilt nur die in Bezug genommene Ausgabe. Bei undatierten Verweisungen gilt die letzte Ausgabe des in Bezug genommenen Dokuments (einschließlich aller Änderungen).

ISO 3534-1, *Statistik — Begriffe und Formelzeichen — Teil 1: Wahrscheinlichkeitsverteilungen und allgemeine Statistik*

ISO 3534-2:—[1], *Statistik — Begriffe und Formelzeichen — Teil 2: Statistische Prozesslenkung*

ISO 3534-3:1999, *Statistik — Begriffe und Formelzeichen — Teil 3: Versuchsplanung*

ISO 5479:1997, *Statistische Auswertung von Daten — Tests auf Abweichung von der Normalverteilung*

2 Normative references

The following referenced documents are indispensable for the application of this document. For dated references, only the edition cited applies. For undated references, the latest edition of the referenced document (including any amendments) applies.

ISO 3534-1, *Statistics — Vocabulary and symbols — Part 1: Probability and general statistical terms*

ISO 3534-2:—[1], *Statistics — Vocabulary and symbols — Part 2: Applied statistics*

ISO 3534-3:1999, *Statistics — Vocabulary and symbols — Part 3: Design of experiments*

ISO 5479:1997, *Statistical interpretation of data — Tests for departure from normal distribution*

1) In Vorbereitung. (Überarbeitung von ISO 3534-2:1993)
To be published. (Revision of ISO 3534-2:1993)

ISO 5725-2:1994, *Genauigkeit (Richtigkeit und Präzision) von Messverfahren und Messergebnissen — Teil 2: Grundlegende Methode für die Ermittlung der Wiederhol- und Vergleichpräzision eines vereinheitlichten Messverfahrens*

ISO 11095:1996, *Lineare Kalibrierung mit Hilfe von Referenzmaterialien*

ISO 11843-1:1997, *Erkennungsfähigkeit — Teil 2: Verfahren für lineare Kalibrierung*

ISO Guide 30:1992, *Begriffe zu Referenzmaterialien*

ISO 5725-2:1994, *Accuracy (trueness and precision) of measurement methods and results — Part 2: Basic method for the determination of repeatability and reproducibility of a standard measurement method*

ISO 11095:1996, *Linear calibration using reference materials*

ISO 11843-1:1997, *Capability of detection — Part 1: Terms and definitions*

ISO Guide 30:1992, *Terms and definitions used in connection with reference materials*

3 Begriffe

Für die Anwendung dieses Dokuments gelten die Begriffe nach ISO 3534 (alle Teile), ISO 5479, ISO 5725-2, ISO 11095, ISO 11843-1 sowie nach dem ISO-Guide 30.

3 Terms and definitions

For the purposes of this document, the terms and definitions given in ISO 3534 (all parts), ISO 5479, ISO 5725-2, ISO 11095, ISO 11843-1 and ISO Guide 30 apply.

4 Planung der Untersuchung

4.1 Allgemeines

Vom Messverfahren wird angenommen, dass es vereinheitlicht ist. Es ist für alle Messungen, von Bezugszuständen wie von Istzuständen (Messproben), dasselbe vollständige Messverfahren anzuwenden.

4.2 Wahl von Bezugszuständen und Referenzmaterialien

Die Bezugszustände müssen zwei Werte der Zustandsgrößendifferenz aufweisen:

— den Wert Null der Zustandsgrößendifferenz (das heißt in der analytischen Chemie eine Probe des reinen Stoffs) und

— einen vorgegebenen Wert x_g, der geprüft wird, um zu ermitteln, ob er größer ist als das Erfassungsvermögen.

Die Zusammensetzung der Referenzmaterialien, die die Bezugszustände darstellen, sollte so genau wie möglich der des zu messenden Materials entsprechen, damit die Forderung erfüllt ist, dass sich Referenzmaterial und zu prüfendes Material im Messsystem in gleicher Weise verhalten.

4 Experimental design

4.1 General

The measurement method is assumed to be standardized. The same complete method shall be used for all measurements, whether of the reference states or of actual states (test samples).

4.2 Choice of reference states and reference materials

The reference states shall include two values of the net state variable

— the value zero of the net state variable (i.e. in analytical chemistry, a sample of the blank material), and

— a given value, x_g, which will be tested to determine whether it is greater than the minimum detectable value.

The composition of the reference materials representing the reference states should be as close as possible to the composition of the material to be measured in order to satisfy the requirement that reference and test materials behave in the same way in the measuring system.

4.3 Anzahl von Wiederholmessungen

Es wird angenommen, dass die Erkennungsfähigkeit in einem getrennten Versuch mit derselben Anzahl von Wiederholmessungen für die beiden in 4.2 festgelegten Bezugszustände beurteilt wird. In einer Anwendung des Verfahrens werden Messungen für das Referenzmaterial (das den Wert Null der Zustandsgrößendifferenz darstellt) und für den Istzustand durchgeführt. Die Anzahl der Wiederholmessungen in Anwendungen des Verfahrens ist üblicherweise kleiner als die Anzahl der Wiederholmessungen bei der Beurteilung der Erkennungsfähigkeit des Verfahrens. Die folgenden Schreibweisen werden benutzt:

— J ist die Anzahl der Wiederholmessungen am Referenzmaterial, welches den Wert Null der Zustandsgrößendifferenz (reine Probe) darstellt, in einer Anwendung des Verfahrens;

— K ist die Anzahl der Wiederholmessungen am Istzustand (Messprobe) in einer Anwendung des Verfahrens;

— N ist die Anzahl der Wiederholmessungen an jedem Referenzmaterial (siehe 4.2) bei der Beurteilung der Erkennungsfähigkeit.

Der Wert von N sollte vorzugsweise mindestens fünf betragen.

ANMERKUNG Bei der Validierung eines Verfahrens wird die Erkennungsfähigkeit üblicherweise für $J = K = 1$ beurteilt.

4.3 Number of replications

It is assumed that the capability of detection is assessed in a separate experiment with the same number of replications for both reference states specified in 4.2. In an application of the method, measurements are performed for the reference material (representing the value zero of the net state variable) and the actual state. The number of replications used in applications of the method are usually smaller than the number of replications used in the assessment of the capability of detection of the method. The following notations are used:

— J is the number of replications of measurements on the reference material representing the value zero of the net state variable (blank sample) in an application of the method;

— K is the number of replications of measurements on the actual state (test sample) in an application of the method;

— N is the number of replications of measurements on each reference material (see 4.2) in assessment of the capability of detection.

The value of N should preferably be at least 5.

NOTE In validation of a method, the capability of detection is usually determined for $J = K = 1$.

5 Kriterium für ausreichende Erkennungsfähigkeit

5.1 Grundlegende Annahmen

Die grundlegenden Annahmen in diesem Teil von ISO 11843 sind folgende:

— Die Messungen der Messgröße aller Materialien werden als unabhängig und normalverteilt angenommen, und

— Referenzmaterialien und zu prüfende Materialien verhalten sich im Messsystem in gleicher Weise.

5 The criterion for sufficient capability of detection

5.1 Basic assumptions

Basic assumptions in this part of ISO 11843 are

— the measurements of the response variable of all materials are assumed to be independent and normally distributed, and

— the reference and test materials behave in the same way in the measurement system.

5.2 Erkennungsgrenze

Bei einer Prüfung der Hypothese, dass die Zustandsgrößendifferenz einer Messprobe gleich Null ist, auf der Grundlage eines Vergleichs (in einem Versuch mit Zufallsverteilung) zwischen den Messergebnissen der Messprobe und denjenigen einer Probe im Grundzustand (reine Probe, von der bekannt ist, dass die Zustandsgrößendifferenz gleich Null ist), ist die Erkennungsgrenze für die Messprobe (der Mittelwert von K Messungen) gegeben durch

$$y_c = \bar{y}_b + z_{1-\alpha}\,\sigma_b\sqrt{\frac{1}{J}+\frac{1}{K}} \qquad (1)$$

Die Bedeutungen der hierin und im weiteren Text dieses Teils von ISO 11843 verwendeten Formelzeichen werden im Anhang A angegeben.

Wenn die Messgröße mit steigendem Niveau der Zustandsgrößendifferenz kleiner wird, ist die Erkennungsgrenze gegeben durch

$$y_c = \bar{y}_b - z_{1-\alpha}\,\sigma_b\sqrt{\frac{1}{J}+\frac{1}{K}} \qquad (2)$$

Dabei ist y_c in diesem Fall eine untere Grenze.

In diesem Fall ändern sich die Terme $\eta_g - \eta_b$ und $\bar{y}_g - \bar{y}_b$ in 5.3, 5.4 und Abschnitt 6 zu $\eta_b - \eta_g$ beziehungsweise $\bar{y}_b - \bar{y}_g$.

5.2 Critical value of the response variable

When a test of the hypothesis that the net state variable of a test sample is zero is based on a comparison (in a randomized experiment) of the responses of the test sample and a sample in the basic state (blank sample known to have the net state variable equal to zero), the critical value of the response for the test sample (the mean of K measurements) is given by

$$y_c = \bar{y}_b + z_{1-\alpha}\,\sigma_b\sqrt{\frac{1}{J}+\frac{1}{K}} \qquad (1)$$

The meanings of the symbols used here and in the rest of this part of ISO 11843 are given in Annex A.

When the response variable decreases with increasing level of the net state variable, the critical value of the response is given by

$$y_c = \bar{y}_b - z_{1-\alpha}\,\sigma_b\sqrt{\frac{1}{J}+\frac{1}{K}} \qquad (2)$$

where y_c now is a lower limit.

In this situation, the expressions $\eta_g - \eta_b$ and $\bar{y}_g - \bar{y}_b$ in 5.3, 5.4 and Clause 6 are changed to $\eta_b - \eta_g$ and $\bar{y}_b - \bar{y}_g$ respectively.

5.3 Wahrscheinlichkeit der Erkennung eines vorgegebenen Werts der Zustandsgrößendifferenz

An Stelle der Schätzung des Erfassungsvermögens (das heißt des Werts der Zustandsgrößendifferenz, für den die Testschärfe nach 5.2 einen festgelegten Wert $1-\beta$ hat) bietet dieser Teil von ISO 11843 ein Kriterium dafür, dass die Schärfe für einen vorgegebenen Wert x_g der Zustandsgrößendifferenz größer oder gleich $1-\beta$ ist. Sofern dieses Kriterium erfüllt wird, kann geschlossen werden, dass das Erfassungsvermögen kleiner oder gleich x_g ist.

Wenn die Standardabweichung des Messergebnisses für einen vorgegebenen Wert x_g der Zustandsgrößendifferenz σ_g ist, ist das Kriterium dafür, dass die Schärfe größer oder gleich $1-\beta$ ist, gegeben durch

$$\eta_g - \eta_b \geq z_{1-\alpha}\sigma_b\sqrt{\frac{1}{J}+\frac{1}{K}} + z_{1-\beta}\sqrt{\frac{1}{J}\sigma_b^2+\frac{1}{K}\sigma_g^2} \qquad (3)$$

5.3 Probability of detecting a given value of the net state variable

Instead of estimating the minimum detectable value of the net state variable (i.e. the value of the net state variable for which the power of the test in 5.2 has a specified value $1-\beta$), this part of ISO 11843 provides a criterion for the power to be greater than or equal to $1-\beta$ for a given value, x_g, of the net state variable. If this criterion is satisfied, it may be concluded that the minimum detectable value is less than or equal to x_g.

If the standard deviation of the response for a given value x_g of the net state variable is σ_g, the criterion for the power to be greater than or equal to $1-\beta$ is given by

$$\eta_g - \eta_b \geq z_{1-\alpha}\sigma_b\sqrt{\frac{1}{J}+\frac{1}{K}} + z_{1-\beta}\sqrt{\frac{1}{J}\sigma_b^2+\frac{1}{K}\sigma_g^2} \qquad (3)$$

Dabei sind η_b und η_g die Erwartungswerte unter den tatsächlichen Bedingungen der Durchführung der Messungen für die Messergebnisse des Grundzustands und einer Messprobe mit der Zustandsgrößendifferenz x_g.

ANMERKUNG Kriterium (3) folgt aus der Definition der Zustandsgrößendifferenz und aus ISO 11843-1:1997, Bild 1.

Gilt $\beta = \alpha$ und $K = J$ und unter der Annahme, dass $\sigma_g \geq \sigma_b$ (Der Fall, dass die Standardabweichung kleiner wird, während die Zustandsgrößendifferenz wächst, ist ungewöhnlich.), so vereinfacht sich das Kriterium wie folgt:

$$\frac{\eta_g - \eta_b}{\sqrt{\sigma_b^2 + \sigma_g^2}} \geq \frac{2z_{1-\alpha}}{\sqrt{J}} \quad (4)$$

5.4 Bestätigung des Kriteriums für eine ausreichende Erkennungsfähigkeit

Die Standardabweichungen und Erwartungswerte der Messergebnisse im Kriterium (3) sind üblicherweise unbekannt, und die Erfüllung des Kriteriums muss durch experimentelle Daten bestätigt werden. Der Term auf der linken Seite des vereinfachten Kriteriums (4) ist daher eine unbekannte Konstante, während der Term auf der rechten Seite eine bekannte Konstante ist.

Nach einem Validierungsversuch mit N Ermittlungen der Messergebnisse für den Grundzustand und eine Probe mit der Zustandsgrößendifferenz x_g wird der Term auf der linken Seite des Kriteriums (4) wie folgt abgeschätzt:

$$\frac{\bar{y}_g - \bar{y}_b}{\sqrt{s_b^2 + s_g^2}} \quad (5)$$

Die Bedeutungen der Formelzeichen sind im Anhang A angegeben.

Eine ungefähre untere $100(1-\gamma)$%-Vertrauensgrenze (CL)[N1)] für $\left(\eta_g - \eta_b\right)/\sqrt{\sigma_b^2 + \sigma_g^2}$ ist gegeben durch

$$\mathrm{CL} = \frac{\bar{y}_g - \bar{y}_b}{\sqrt{s_b^2 + s_g^2}} - \frac{t_{1-\gamma}(\nu)}{\sqrt{N}} \quad (6)$$

N1) Nationale Fußnote: en: Confidence Limit

where η_b and η_g are the expected values under the actual performance conditions for the responses of the basic state and a sample with the net state variable equal to x_g.

NOTE Criterion (3) follows from the definition of net state variable and Figure 1 of ISO 11843-1:1997.

With $\beta = \alpha$, $K = J$ and under the assumption that $\sigma_g \geq \sigma_b$ (it is unusual for the standard deviation to decrease as the net state variable increases), the criterion is simplified to

$$\frac{\eta_g - \eta_b}{\sqrt{\sigma_b^2 + \sigma_g^2}} \geq \frac{2z_{1-\alpha}}{\sqrt{J}} \quad (4)$$

5.4 Confirmation of the criterion for sufficient capability of detection

The standard deviations and expected values of the responses in Criterion (3) are usually unknown and the fulfilment of the criterion has to be confirmed from experimental data. Thus, the expression on the left-hand side of the simplified Criterion (4) is an unknown constant, while the expression on the right-hand side is a known constant.

From a validation experiment with N observations of the responses for the basic state and a sample with the net state variable equal to x_g, the expression on the left-hand side of Criterion (4) is estimated by

$$\frac{\bar{y}_g - \bar{y}_b}{\sqrt{s_b^2 + s_g^2}} \quad (5)$$

where the meanings for the symbols are as given in Annex A.

An approximate $100(1-\gamma)$ % lower confidence limit (CL) for $\left(\eta_g - \eta_b\right)/\sqrt{\sigma_b^2 + \sigma_g^2}$ is given by

$$\mathrm{CL} = \frac{\bar{y}_g - \bar{y}_b}{\sqrt{s_b^2 + s_g^2}} - \frac{t_{1-\gamma}(\nu)}{\sqrt{N}} \quad (6)$$

Dabei ist:

$t_{1-\gamma}(\nu)$ das $(1-\gamma)$-Quantil der t-Verteilung mit $\nu = 2(N-1)$ Freiheitsgraden, wenn die Hypothese $\sigma_b = \sigma_g$ nicht verworfen wird;

$\nu = \frac{(N-1)\left(s_b^2 + s_g^2\right)^2}{s_b^4 + s_g^4}$ Freiheitsgrade entsprechend der Formel nach Welch-Satterthwaite, wenn die Hypothese $\sigma_b = \sigma_g$ verworfen wird.

Falls die untere Vertrauensgrenze $(\eta_g - \eta_b)/\sqrt{\sigma_b^2 + \sigma_g^2}$ das Kriterium (4) erfüllt, wird ein Erfassungsvermögen kleiner oder gleich x_g bestätigt.

ANMERKUNG Für vergleichsweise große Werte von N (mindestens 20) kann es für eine Bestätigung als hinreichend betrachtet werden, wenn eine der Ungleichungen (3) oder (4) erfüllt ist, wenn die Schätzwerte von $\bar{y}_b$, $\bar{y}_g$, s_b und s_g eingesetzt werden.

6 Bericht der Ergebnisse aus einer Beurteilung der Erkennungsfähigkeit

Aus der Beurteilung der Erkennungsfähigkeit, wie sie üblicherweise als Teil der Validierung eines Verfahrens durchgeführt wird, sind die folgenden Punkte anzugeben:

a) alle relevanten Angaben zu den Referenzmaterialien einschließlich des Werts x_g des Bezugszustandes;

b) die Anzahl N der Wiederholmessungen für jeden Bezugszustand;

c) die Mittelwerte $\bar{y}_b$ und $\bar{y}_g$ sowie die Standardabweichungen s_b und s_g der Messergebnisse für den Grundzustand beziehungsweise die Probe mit der Zustandsgrößendifferenz x_g;

d) die gewählten Werte von α, β, J und K;

e) die Terme der linken und rechten Seite von Kriterium (3) mit eingesetzten Schätzwerten, das heißt $\bar{y}_g - \bar{y}_b$ und

$$z_{1-\alpha}\, s_b \sqrt{\frac{1}{J} + \frac{1}{K}} + z_{1-\beta} \sqrt{\frac{1}{J} s_b^2 + \frac{1}{K} s_g^2}$$

oder, sofern zutreffend ($\beta = \alpha$, $K = J$ und $\sigma_g \geq \sigma_b$), die Kenngröße $(\bar{y}_g - \bar{y}_b)/\sqrt{s_b^2 + s_g^2}$ mit dem zugehörigen Vertrauensbereich und dessen akzeptabler unterer Grenze $2z_{1-\alpha}/\sqrt{J}$ nach Kriterium (4);

where

$t_{1-\gamma}(\nu)$ is the $(1-\gamma)$-quantile of the t-distribution with $\nu = 2(N-1)$ degrees of freedom, when the hypothesis $\sigma_b = \sigma_g$ is not rejected;

$\nu = \frac{(N-1)\left(s_b^2 + s_g^2\right)^2}{s_b^4 + s_g^4}$ degrees of freedom according to the Welch-Satterthwaite formula, when the hypothesis $\sigma_b = \sigma_g$ is rejected.

If the lower confidence limit for $(\eta_g - \eta_b)/\sqrt{\sigma_b^2 + \sigma_g^2}$ satisfies Criterion (4), a minimum detectable value less than or equal to x_g is confirmed.

NOTE For relatively large values of N (at least 20), it may be considered as sufficient for confirmation if either of the inequalities (3) or (4) are satisfied with the estimates $\bar{y}_b$, $\bar{y}_g$, s_b and s_g inserted.

6 Reporting of results from an assessment of the capability of detection

From an assessment of the capability of detection, usually as part of a validation of a method, report the following:

a) all relevant information about the reference materials, including the reference state value x_g;

b) the number of replicates N for each reference state;

c) the mean values, $\bar{y}_b$ and $\bar{y}_g$, and the standard deviations, s_b and s_g, for the responses of the basic state and the sample with the net state variable equal to x_g, respectively;

d) the chosen values of α, β, J and K;

e) the left- and right-hand sides of Criterion (3) with the estimates inserted, i.e. $\bar{y}_g - \bar{y}_b$ and

$$z_{1-\alpha}\, s_b \sqrt{\frac{1}{J} + \frac{1}{K}} + z_{1-\beta} \sqrt{\frac{1}{J} s_b^2 + \frac{1}{K} s_g^2}$$

or, when applicable ($\beta = \alpha$, $K = J$ and $\sigma_g \geq \sigma_b$), the statistic $(\bar{y}_g - \bar{y}_b)/\sqrt{s_b^2 + s_g^2}$ with its confidence interval and its lower acceptable limit $2z_{1-\alpha}/\sqrt{J}$ according to Criterion (4);

f) die Schlussfolgerung hinsichtlich der Erkennungsfähigkeit.

7 Bericht der Ergebnisse aus einer Anwendung des Verfahrens

Es sind die Ermittlungswerte (Messergebnisse oder interpolierte Werte der Zustandsgrößendifferenz) anzugeben. Die Tatsache, dass ein Ermittlungswert zur Prüfung einer Hypothese bezüglich des wahren Werts verwendet wurde, ist kein Grund dafür, den Schätzwert für den wahren Wert (das heißt den Ermittlungswert) zu verwerfen und ihn durch eine obere Grenze zu ersetzen, die gleich der Erkennungsgrenze der Prüfung oder dem Erfassungsvermögen ist. Zusätzlich zu dem dadurch entstehenden Informationsverlust ist dies auch irreführend, da keiner dieser Grenzwerte als obere Vertrauensgrenze verstanden werden darf. Ebenfalls anzugeben ist die verwendete Erkennungsgrenze und, soweit möglich, das Erfassungsvermögen.

f) the conclusion concerning the capability of detection.

7 Reporting of results from an application of the method

Report the observed values (responses or interpolated values of the net state variable). The fact that an observed value has been used for testing a hypothesis about the true value is no reason to discard the estimate of the true value (i.e. the observed value) and replace it by an upper limit equal to the critical value of the test or the minimum detectable value. In addition to the waste of information, it is also misleading as none of these limits may be interpreted as an upper confidence limit. Report also the applied critical value and, if possible, the minimum detectable value.

Anhang A
(normativ)

In diesem Teil von ISO 11843 verwendete Formelzeichen

J Anzahl der Wiederholmessungen am Referenzmaterial, welches den Wert Null der Zustandsgrößendifferenz darstellt (reine Probe), in einer Anwendung des Verfahrens

K Anzahl der Wiederholmessungen am Istzustand (Messprobe) in einer Anwendung des Verfahrens

N Anzahl der Wiederholmessungen an jedem Referenzmaterial (siehe 4.2) bei einer Beurteilung der Erkennungsfähigkeit

y_c Erkennungsgrenze

x_g vorgegebener Wert, der geprüft wird, um zu ermitteln, ob er größer ist als das Erfassungsvermögen

η_b Erwartungswert unter Bedingungen der tatsächlichen Messung für Messergebnisse des Grundzustands

η_g Erwartungswert unter Bedingungen der tatsächlichen Messung für Messergebnisse einer Probe mit der Zustandsgrößendifferenz x_g

σ_b Standardabweichung unter Bedingungen der tatsächlichen Messung für Messergebnisse des Grundzustands

σ_g Standardabweichung unter Bedingungen der tatsächlichen Messung für Messergebnisse einer Probe mit der Zustandsgrößendifferenz x_g

$\bar{y}_b$ ermittelter Mittelwert der Messergebnisse für den Grundzustand

$\bar{y}_g$ ermittelter Mittelwert der Messergebnisse für eine Probe mit der Zustandsgrößendifferenz x_g

s_b Schätzwert der Standardabweichung der Messergebnisse für den Grundzustand

s_g Schätzwert der Standardabweichung der Messergebnisse für eine Probe mit der Zustandsgrößendifferenz x_g

Annex A
(normative)

Symbols used in this part of ISO 11843

J number of replications of measurements on the reference material representing the value zero of the net state variable (blank sample) in an application of the method

K number of replications of measurements on the actual state (test sample) in an application of the method

N number of replications of measurements on each reference material (see 4.2) in assessment of the capability of detection

y_c critical value of the response variable

x_g given value which will be tested to determine whether it is greater than the minimum detectable value

η_b expected value under actual performance conditions for responses of the basic state

η_g expected value under actual performance conditions for responses of a sample with the net state variable equal to x_g

σ_b standard deviation under actual performance conditions for responses of the basic state

σ_g standard deviation under actual performance conditions for responses of a sample with the net state variable equal to x_g

$\bar{y}_b$ observed mean response of the basic state

$\bar{y}_g$ observed mean response of a sample with the net state variable equal to x_g

s_b estimate of the standard deviation of responses for the basic state

s_g estimate of the standard deviation of responses for a sample with the net state variable equal to x_g

$z_{1-\alpha}$ das $(1-\alpha)$-Quantil der standardisierten Normalverteilung

$z_{1-\beta}$ das $(1-\beta)$-Quantil der standardisierten Normalverteilung

$t_{1-\gamma}(\nu)$ das $(1-\gamma)$-Quantil der t-Verteilung mit ν Freiheitsgraden

$z_{1-\alpha}$ $(1-\alpha)$-quantile of the standard normal distribution

$z_{1-\beta}$ $(1-\beta)$-quantile of the standard normal distribution

$t_{1-\gamma}(\nu)$ $(1-\gamma)$-quantile of the t-distribution with ν degrees of freedom

Anhang B
(informativ)

Rechenbeispiel

Niedrige Konzentrationen „reaktiven Aluminiums“ in Wasserproben aus natürlichen Gewässern, angegeben als Massenkonzentrationen in Mikrogramm je Liter, wurden gemessen, indem ein Durchlaufsystem an ein Atomabsorptionsspektrometer mit Graphitofen (siehe [2]) angeschlossen wurde. Die Extinktionswerte bei fünf Messungen an zwei Proben, die die Reinkonzentration $x_b = 0$ und die Nettokonzentration $x_g = 0,5$ µg/l darstellten, werden in Tabelle B.1 angegeben. Folglich war bei der Beurteilung des Verfahrens $N = 5$. Die Erkennungsfähigkeit ist für $J = K = 1$ und $\alpha = \beta = 0,05$ zu berechnen.

Annex B
(informative)

Example of calculation

Low levels of "quickly reacting aluminium" in natural waters, expressed as mass concentration in micrograms per litre, were measured by connecting a continuous flow system to a graphite furnace atomic absorption spectrometer (see [2]). The absorbance values for five measurements of two samples representing the blank concentration $x_b = 0$ and the net concentration $x_g = 0,5$ µg/l are given in Table B.1. Thus, in the assessment of the method $N = 5$. The capability of detection is to be calculated for $J = K = 1$ and $\alpha = \beta = 0,05$.

Tabelle B.1 — Extinktionswerte für die Reinkonzentration $x_b = 0$ und die Nettokonzentration $x_g = 0,5$ µg/l
Table B.1 — Absorbance values for the blank concentration $x_b = 0$ and the net concentration $x_g = 0,5$ µg/l

Nettokonzentration Aluminium/ Net concentration of aluminium x	Extinktion/Absorbance y				
0	0,074	0,081	0,075	0,076	0,074
0,5	0,126	0,126	0,125	0,108	0,130

Die statistische Auswertung ergibt

$\bar{y}_b = 0,076\,0$

$\bar{y}_g = 0,123\,0$

$s_b = 0,002\,9$

$s_g = 0,008\,6$

Diese Werte ergeben

$$\frac{\bar{y}_g - \bar{y}_b}{\sqrt{s_b^2 + s_g^2}} = 5,17$$

Die Hypothese $\sigma_b = \sigma_g$ wird mit einem F-Test auf einem Signifikanzniveau von 5 % nicht verworfen.

The statistical analysis yields

$\bar{y}_b = 0,076\,0$

$\bar{y}_g = 0,123\,0$

$s_b = 0,002\,9$

$s_g = 0,008\,6$

These values give

$$\frac{\bar{y}_g - \bar{y}_b}{\sqrt{s_b^2 + s_g^2}} = 5,17$$

The hypothesis $\sigma_b = \sigma_g$ is not rejected with an F-test at the 5 % significance level.

Für $\gamma = 0{,}05$ und bei einer Anzahl von Freiheitsgraden $\nu = 8$ ist $t_{1-\gamma}(8) = 1{,}86$, und für $\alpha = 0{,}05$ ist $z_{1-\alpha} = 1{,}645$.

Eine untere 95 %-Vertrauensgrenze von $(\eta_g - \eta_b)/\sqrt{\sigma_b^2 + \sigma_g^2}$, berechnet nach Gleichung (6), ist 4,34, was größer ist als $2z_{1-\alpha}/\sqrt{J} = 3{,}29$ nach Gleichung (4).

Die Auswertung zeigt somit, dass das Erfassungsvermögen kleiner ist als $x_g = 0{,}5$ µg/l.

For $\gamma = 0{,}05$ and the number of degrees of freedom $\nu = 8$, then $t_{1-\gamma}(8) = 1{,}86$, and for $\alpha = 0{,}05$ then $z_{1-\alpha} = 1{,}645$.

A 95 % lower confidence limit of $(\eta_g - \eta_b)/\sqrt{\sigma_b^2 + \sigma_g^2}$ calculated according to Equation (6) is 4,34, which is greater than $2z_{1-\alpha}/\sqrt{J} = 3{,}29$ in Equation (4).

Thus, the evaluation shows that the minimum detectable value is less than $x_g = 0{,}5$ µg/l.

Literaturhinweise

[1] ISO 11843-2:2000, *Erkennungsfähigkeit — Teil 2: Verfahren im Fall der linearen Kalibrierung*

[2] DANIELSSON, L.-G. und SPARÉN, A. A mechanized system for the determination of low levels of quickly reacting almuminium in natural waters. *Analytica Chimica Acta*, **306**, 1995, pp. 173-181

Bibliography

[1] ISO 11843-2: 2000, *Capability of detection — Part 2: Methodology in the linear calibration case*

[2] DANIELSSON, L.-G. and SPARÉN, A. A mechanized system for the determination of low levels of quickly reacting aluminium in natural waters. *Analytica Chimica Acta*, **306**, 1995, pp. 173-181

Oktober 2009

	DIN ISO 16269-6	

ICS 03.120.30

Ersatz für
DIN 55303-5:1987-02

Statistische Auswertung von Daten – Teil 6: Ermittlung von statistischen Anteilsbereichen (ISO 16269-6:2005); Text Deutsch und Englisch

Statistical interpretation of data –
Part 6: Determination of statistical tolerance intervals (ISO 16269-6:2005);
Text in German and English

Interprétation statistique des données –
Partie 6: Détermination des intervalles statistiques de tolérance (ISO 16269-6:2005);
Texte en allemand et anglais

Gesamtumfang 58 Seiten

Normenausschuss Qualitätsmanagement, Statistik und Zertifizierungsgrundlagen (NQSZ) im DIN

Nationales Vorwort

Dieses Dokument wurde vom Technischen Komitee ISO/TC 69, *Applications of statistical methods*, erarbeitet. Der zuständige nationale Normenausschuss ist der NA 147-00-02 AA, *Qualitätsmanagement, Statistik und Zertifizierungsgrundlagen (NQSZ)*, Arbeitsausschuss *Angewandte Statistik*.

Es wird auf die Möglichkeit hingewiesen, dass für Teile dieses Dokuments Patentrechte bestehen. Das DIN übernimmt keine Verantwortung für die Kennzeichnung solcher Rechte.

Diese erste Ausgabe von ISO 16269-6 annulliert und ersetzt ISO 3207:1975, die technisch überarbeitet worden ist.

Die Normenreihe ISO 16269 umfasst unter dem Haupttitel *Statistische Auswertung von Daten* die folgenden Teile, von denen sich einige noch in Erarbeitung befinden:

— *Teil 1: Leitfaden zur statistischen Auswertung von Daten*

— *Teil 2: Darstellung statistischer Daten*

— *Teil 3: Tests auf Abweichung von der Normalverteilung*

— *Teil 4: Erkennung und Behandlung von Ausreißern*

— *Teil 5: Schätzung und Tests für Mittelwerte und Varianzen für die Normalverteilung, mit Gütefunktionen der Tests*

— *Teil 6: Ermittlung von statistischen Anteilsbereichen*

— *Teil 7: Median — Punktschätzung und Vertrauensbereiche*

— *Teil 8: Ermittlung von Prognosebereichen*

Änderungen

Gegenüber DIN 55303-5:1987-02 wurden folgende Änderungen vorgenommen:

a) die Norm ist vollständig neu gestaltet worden.

Frühere Ausgaben

DIN 55303-5: 1983-03, 1987-02

**Statistische Auswertung von Daten —
Teil 6: Ermittlung von statistischen Anteilsbereichen**

Inhalt

Statistical interpretation of data — Part 6: Determination of statistical tolerance intervals

Contents

Einleitung

Ein statistischer Anteilsbereich ist ein aus einer Stichprobe geschätzter Bereich, von dem gesagt werden kann, dass er mit einer Wahrscheinlichkeit von $1 - \alpha$, beispielsweise 95 %, mindestens einen festgelegten Anteil p von Einheiten der Grundgesamtheit umfasst. Die Grenzen eines statistischen Anteilsbereiches werden statistische Anteilsgrenzen genannt. Das Vertrauensniveau $1 - \alpha$ ist die Wahrscheinlichkeit, dass ein in der beschriebenen Art konstruierter statistischer Anteilsbereich mindestens einen Anteil p der Grundgesamtheit umfassen wird. Umgekehrt ist die Wahrscheinlichkeit gleich α, dass dieser Bereich weniger als den Anteil p der Grundgesamtheit umfassen wird. Dieser Teil von ISO 16269 beschreibt sowohl einseitig begrenzte als auch zweiseitig begrenzte statistische Anteilsbereiche. Ein einseitig begrenzter Anteilsbereich hat eine obere oder eine untere Grenze, während ein zweiseitig begrenzter Anteilsbereich sowohl eine obere als auch eine untere Grenze hat.

Anteilsbereiche sind Funktionen der beobachteten Werte der Stichprobe, das heißt Kenngrößen, und sie werden normalerweise für verschiedene Stichproben unterschiedliche Werte annehmen. Damit die in diesem Teil von ISO 16269 bereitgestellten Verfahren gelten, müssen die beobachteten Werte voneinander unabhängig sein.

In diesem Teil von ISO 16269 werden zwei Arten von Anteilsbereichen vorgestellt, parametrische und verteilungsfreie. Der parametrische Ansatz geht von der Annahme aus, dass das in der Grundgesamtheit untersuchte Merkmal normalverteilt ist. Daher kann für die Wahrscheinlichkeit, dass der berechnete Anteilsbereich mindestens einen Anteil p der Grundgesamtheit umfasst, nur dann $1 - \alpha$ unterstellt werden, wenn die Annahme der Normalverteilung zutrifft. Für normalverteilte Merkmale wird der statistische Anteilsbereich durch Verwendung eines der Formblätter A, B, C oder D in Anhang A ermittelt.

Parametrische Verfahren für andere Verteilungen als die Normalverteilung werden in diesem Teil von ISO 16269-6 nicht betrachtet. Wenn vermutet wird, dass die Grundgesamtheit nicht normalverteilt ist, darf ein verteilungsfreies Verfahren zur Berechnung statistischer Anteilsbereiche verwendet werden. Das Verfahren zur Ermittlung eines statistischen Anteilsbereiches für eine beliebige kontinuierliche Verteilung ist in den Formblättern E und F von Anhang A enthalten.

Die in diesem Teil von ISO 16269 diskutierten Anteilsgrenzen können verwendet werden, um im statistischen Prozessmanagement die natürliche Fähigkeit eines Prozesses mit einer oder zwei vorgegebenen Spezifikationsgrenzen zu vergleichen, entweder mit einer oberen U, einer unteren L oder mit beiden. Das kommt darin zum Ausdruck, dass diese Anteilsgrenzen auch natürliche Prozessgrenzen genannt worden sind. Siehe dazu ISO 3534-2:1993, 3.2.4, und die allgemeinen Bemerkungen in ISO 3207, die zurückgezogen und durch diesen Teil von ISO 16269 ersetzt wird.

Oberhalb der oberen Spezifikationsgrenze U liegt der obere Anteil p_U fehlerhafter Einheiten (ISO 3534-2:—, 3.2.5.5 und 3.3.1.4) und unter der unteren Spezifikationsgrenze L liegt der untere Anteil p_L fehlerhafter Einheiten (ISO 3534-2:—, 3.2.5.6 und 3.3.1.5). Die Summe $p_U + p_L = p_T$ wird Gesamtanteil fehlerhafter Einheiten genannt (ISO 3534-2:—, 3.2.5.7). Zwischen den Spezifikationsgrenzen U und L liegt der Anteil fehlerfreier Einheiten $1 - p_T$.

Im statistischen Prozessmanagement sind die Grenzen U und L vorab festgelegt und die Anteile p_U, p_L und p_T sind entweder berechnet, wenn die Verteilung als bekannt angenommen wird, oder sie werden anderweitig geschätzt. Es gibt viele Anwendungen für statistische Anteilsbereiche, wenn auch die obige ein Beispiel für ein Qualitätslenkungsproblem ist. Umfassendere Anwendungen und weitere statistische Anteilsbereiche werden in vielen Lehrbüchern eingeführt, wie zum Beispiel in Hahn und Meeker [10].

Introduction

A statistical tolerance interval is an estimated interval, based on a sample, which can be asserted with confidence $1 - \alpha$, for example 95 %, to contain at least a specified proportion p of the items in the population. The limits of a statistical tolerance interval are called statistical tolerance limits. The confidence level $1 - \alpha$ is the probability that a statistical tolerance interval constructed in the prescribed manner will contain at least a proportion p of the population. Conversely, the probability that this interval will contain less than the proportion p of the population is α. This part of ISO 16269 describes both one-sided and two-sided statistical tolerance intervals; a one-sided interval is constructed with an upper or a lower limit while a two-sided interval is constructed with both an upper and a lower limit.

Tolerance intervals are functions of the observations of the sample, i.e. statistics, and they will generally take different values for different samples. It is necessary that the observations be independent for the procedures provided in this part of ISO 16269 to be valid.

Two types of tolerance interval are provided in this part of ISO 16269, parametric and distribution-free. The parametric approach is based on the assumption that the characteristic being studied in the population has a normal distribution; hence the confidence that the calculated statistical tolerance interval contains at least a proportion p of the population can only be taken to be $1 - \alpha$ if the normality assumption is true. For normally distributed characteristics, the statistical tolerance interval is determined using one of the Forms A, B, C or D given in Annex A.

Parametric methods for distributions other than the normal are not considered in this part of ISO 16269. If departure from normality is suspected in the population, distribution-free statistical tolerance intervals may be constructed. The procedure for the determination of a statistical tolerance interval for any continuous distribution is provided in Forms E and F of Annex A.

The tolerance limits discussed in this part of ISO 16269 can be used to compare the natural capability of a process with one or two given specification limits, either an upper one U or a lower one L or both in statistical process management. An indication of this is the fact that these tolerance limits have also been called natural process limits. See ISO 3534-2:1993, 3.2.4, and the general remarks in ISO 3207 which will be cancelled and replaced by this part of ISO 16269.

Above the upper specification limit U there is the upper fraction nonconforming p_U (ISO 3534-2:—, 3.2.5.5 and 3.3.1.4) and below the lower specification limit L there is the lower fraction nonconforming p_L (ISO 3534-2:—, 3.2.5.6 and 3.3.1.5). The sum $p_U + p_L = p_T$ is called the total fraction nonconforming. (ISO 3534-2:—, 3.2.5.7). Between the specification limits U and L there is the fraction conforming $1 - p_T$.

In statistical process management the limits U and L are fixed in advance and the fractions p_U, p_L and p_T are either calculated, if the distribution is assumed to be known, or otherwise estimated. There are many applications of statistical tolerance intervals, although the above shows an example to a quality control problem. Wider applications and more statistical intervals are introduced in many textbooks such as Hahn and Meeker [10].

Im Gegensatz dazu sind für die in diesem Teil von ISO 16269 betrachteten Anteilsbereiche das Vertrauensniveau für den Intervallschätzer und der Anteil der Verteilung innerhalb des Bereiches (der dem oben erwähnten Anteil fehlerfreier Einheiten entspricht) vorab festgelegt, und die Grenzen werden geschätzt. Diese Grenzen dürfen mit U und L verglichen werden. Daher kann die Eignung der gegebenen Spezifikationsgrenzen U und L mit den vorliegenden Eigenschaften des Prozesses verglichen werden. Die einseitig begrenzten Anteilsbereiche werden verwendet, wenn entweder nur die obere oder nur die untere Spezifikationsgrenze von Bedeutung ist, während die zweiseitig begrenzten Bereiche verwendet werden, wenn sowohl die obere als auch die untere Spezifikationsgrenze gleichzeitig betrachtet werden.

Die Terminologie bezüglich dieser unterschiedlichen Grenzen und Bereiche ist verwirrend gewesen, da die „Spezifikationsgrenzen“ früher auch „Toleranzgrenzen“ genannt wurden (siehe dazu die Terminologienorm 3534-2:1993, 1.4.3, in der diese beiden Benennungen ebenso wie die Benennung „Grenzwerte“ alle als synonym für diesen Begriff verwendet wurden). Bei der letzten Überarbeitung von ISO 3534-2:— ist nur die Benennung Spezifikationsgrenzen für diesen Begriff beibehalten worden. Des Weiteren verwendet der *Leitfaden zur Angabe der Unsicherheit beim Messen* [5] die Benennung „Erweiterungsfaktor“ (coverage factor), der definiert ist als ein „Zahlenfaktor, mit dem die kombinierte Standardunsicherheit multipliziert wird, um eine erweiterte Messunsicherheit zu erhalten“. Diese Verwendung von „coverage“ unterscheidet sich von der Verwendung dieser Benennung in diesem Teil von ISO 16269.

In contrast, for the tolerance intervals considered in this part of ISO 16269, the confidence level for the interval estimator and the proportion of the distribution within the interval (corresponding to the fraction conforming mentioned above) are fixed in advance, and the limits are estimated. These limits may be compared with U and L. Hence the appropriateness of the given specification limits U and L can be compared with the actual properties of the process. The one-sided tolerance intervals are used when only either the upper specification limit U or the lower specification limit L is relevant, while the two-sided intervals are used when both the upper and the lower specification limits are considered simultaneously.

The terminology with regard to these different limits and intervals has been confusing as the “specification limits” were earlier also called “tolerance limits” (see the terminology standard ISO 3534-2:1993, 1.4.3, where both these terms as well as the term “limiting values” were all used as synonyms for this concept). In the latest revision of ISO 3534-2:—, only the term specification limits have been kept for this concept. Furthermore, the *Guide for the expression of uncertainty in measurement* [5] uses the term “coverage factor” defined as a “numerical factor used as a multiplier of the combined standard uncertainty in order to obtain an expanded uncertainty”. This use of “coverage” differs from the use of the term in this part of ISO 16269.

1 Anwendungsbereich

Dieser Teil von ISO 16269 beschreibt Verfahren für die Berechnung von Anteilsbereichen, die mit einem vorgegebenen Vertrauensniveau mindestens einen festgelegten Anteil der Grundgesamtheit umfassen. Sowohl einseitig begrenzte als auch zweiseitig begrenzte Anteilsbereiche werden behandelt, wobei ein einseitig begrenzter Anteilsbereich entweder eine obere oder eine untere Grenze hat, während ein zweiseitig begrenzter Anteilsbereich sowohl eine obere als auch eine untere Grenze hat. Zwei Verfahren werden angeboten, ein parametrisches für den Fall, dass das untersuchte Merkmal normalverteilt ist, und ein verteilungsfreies für den Fall, dass über die Verteilung nichts bekannt ist, außer, dass sie kontinuierlich ist.

2 Normative Verweisungen

Die folgenden zitierten Dokumente sind für die Anwendung dieses Dokuments erforderlich. Bei datierten Verweisungen gilt nur die in Bezug genommene Ausgabe. Bei undatierten Verweisungen gilt die letzte Ausgabe des in Bezug genommenen Dokuments (einschließlich aller Änderungen).

ISO 3534-1, *Statistics — Vocabulary and symbols — Part 1: General statistical terms and terms used in probability* [N1)]

ISO 3534-2:—[1)], [N2)], *Statistics — Vocabulary and symbols — Part 2: Applied statistics*

3 Begriffe und Formelzeichen

3.1 Begriffe

Für die Anwendung dieses Dokuments gelten die Begriffe nach ISO 3534-1 und ISO 3534-2 sowie die folgenden Begriffe.

3.1.1
statistischer Anteilsbereich
Bereich, der derart aus einer Zufallsstichprobe bestimmt wird, dass er bei vorgegebenem Vertrauensniveau mindestens einen festgelegten Anteil der gesamten Grundgesamtheit überdeckt

ANMERKUNG Das Vertrauensniveau ist in diesem Zusammenhang der Langzeitanteil von in dieser Art und Weise konstruierten Bereichen, die mindestens den vorgegebenen Anteil der betrachteten Grundgesamtheit enthalten.

3.1.2
statistische Anteilsgrenze
Kenngröße, die einen Endpunkt eines statistischen Anteilsbereiches darstellt

ANMERKUNG Statistische Anteilsbereiche können entweder einseitig sein, wobei sie entweder eine obere oder eine untere statistische Anteilsgrenze haben, oder zweiseitig sein, in welchem Fall sie beide Grenzen haben.

3.1.3
Abdeckung
Anteil der Einheiten einer Grundgesamtheit, der in einem statistischen Anteilsbereich liegt

ANMERKUNG Dieser Begriff darf nicht mit dem im Leitfaden zur Angabe der Unsicherheit beim Messen (GUM) [5] verwendeten Begriff Erweiterungsfaktor (coverage factor) verwechselt werden.

---

1) In Überarbeitung. (Revision von ISO 3534-2:1993)

N1) Nationale Fußnote: Der Untertitel wurde in der englischen Fassung falsch angegeben. Dies ist im deutschen Text korrigiert worden.

N2) Nationale Fußnote: ISO 3534-2 ist mit Ausgabedatum 2006 erschienen.

1 Scope

This part of ISO 16269 describes procedures for establishing tolerance intervals that include at least a specified proportion of the population with a specified confidence level. Both one-sided and two-sided statistical tolerance intervals are provided, a one-sided interval having either an upper or a lower limit while a two-sided interval has both upper and lower limits. Two methods are provided, a parametric method for the case where the characteristic being studied has a normal distribution and a distribution-free method for the case where nothing is known about the distribution except that it is continuous.

2 Normative references

The following referenced documents are indispensable for the application of this document. For dated references, only the edition cited applies. For undated references, the latest edition of the referenced document (including any amendments) applies.

ISO 3534-1, *Statistics — Vocabulary and symbols — Part 1: Probability and general statistical terms*

ISO 3534-2:—[1)], *Statistics — Vocabulary and symbols — Part 2: Applied statistics*

3 Terms, definitions and symbols

3.1 Terms and definitions

For the purposes of this document, the terms and definition given in ISO 3534-1, ISO 3534-2 and the following apply.

3.1.1
statistical tolerance interval
interval determined from a random sample in such a way that one may have a specified level of confidence that the interval covers at least a specified proportion of the sampled population

NOTE The confidence level in this context is the long-run proportion of intervals constructed in this manner that will include at least the specified proportion of the sampled population.

3.1.2
statistical tolerance limit
statistic representing an end point of a statistical tolerance interval

NOTE Statistical tolerance intervals can be either one-sided, in which case they have either an upper or a lower statistical tolerance limit, or two-sided, in which case they have both.

3.1.3
coverage
proportion of items in a population lying within a statistical tolerance interval

NOTE This concept is not to be confused with the concept coverage factor used in the *Guide for the expression of uncertainty in measurement* (GUM) [5].

1) To be published. (Revision of ISO 3534-2:1993)

3.1.4
normalverteilte Grundgesamtheit
Grundgesamtheit, deren Werte einer Normalverteilung folgen

3.2 Formelzeichen

Für diesen Teil von ISO 16269 gelten die folgenden Formelzeichen.

i laufender Index einer Beobachtung

$k_1\,(n; p; 1 - \alpha)$ zur Ermittlung von x_L oder x_U verwendeter Faktor für einen einseitig begrenzten Anteilsbereich, wenn der Wert von σ bekannt ist

$k_2\,(n; p; 1 - \alpha)$ zur Ermittlung von x_L und x_U verwendeter Faktor für einen zweiseitig begrenzten Anteilsbereich, wenn der Wert von σ bekannt ist

$k_3\,(n; p; 1 - \alpha)$ zur Ermittlung von x_L oder x_U verwendeter Faktor für einen einseitig begrenzten Anteilsbereich, wenn der Wert von σ unbekannt ist

$k_4\,(n; p; 1 - \alpha)$ zur Ermittlung von x_L und x_U verwendeter Faktor für einen zweiseitig begrenzten Anteilsbereich, wenn der Wert von σ unbekannt ist

n Anzahl der Beobachtungen in der Stichprobe

p kleinster Wert des Anteils der Grundgesamtheit, von dem gesagt wird, dass er im statistischen Anteilsbereich liegt

u_p p-Quantil der standardisierten Normalverteilung

x_i i-ter beobachteter Wert ($i = 1, 2, \ldots, n$)

$x_{\max}$ Maximum der beobachteten Werte: $x_{\max} = \max\,\{x_1, x_2, \ldots, x_n\}$

$x_{\min}$ Minimum der beobachteten Werte: $x_{\min} = \min\,\{x_1, x_2, \ldots, x_n\}$

x_L untere Grenze des statistischen Anteilsbereichs

x_U obere Grenze des statistischen Anteilsbereichs

$\overline{x}$ Stichprobenmittelwert, $\overline{x} = \frac{1}{n}\sum_{i=1}^{n} x_i$

s Stichprobenstandardabweichung, $s = \sqrt{\frac{1}{n-1}\sum_{i=1}^{n}\left(x_i - \overline{x}\right)^2} = \sqrt{\frac{n\sum_{i=1}^{n} x_i^{\,2} - \left(\sum_{i=1}^{n} x_i\right)^2}{n(n-1)}}$

$1 - \alpha$ Vertrauensniveau, das mit dem Anspruch verbunden ist, dass der Anteil der Grundgesamtheit innerhalb des Anteilsbereiches größer oder gleich dem spezifizierten Anteil p ist

μ Erwartungswert der Grundgesamtheit

σ Standardabweichung der Grundgesamtheit

3.1.4
normal population
normally distributed population

3.2 Symbols

For the purposes of this part of ISO 16269, the following symbols apply.

i — suffix of an observation

$k_1(n; p; 1-\alpha)$ — factor used to determine x_L or x_U when the value of σ is known for one-sided tolerance interval

$k_2(n; p; 1-\alpha)$ — factor used to determine x_L and x_U when the value of σ is known for two-sided tolerance interval

$k_3(n; p; 1-\alpha)$ — factor used to determine x_L or x_U when the value of σ is unknown for one-sided tolerance interval

$k_4(n; p; 1-\alpha)$ — factor used to determine x_L and x_U when the value of σ is unknown for two-sided tolerance interval

n — number of observations in the sample

p — minimum proportion of the population claimed to be lying in the statistical tolerance interval

u_p — p-fractile of the standard normal distribution

x_i — ith observed value $(i = 1, 2, ..., n)$

$x_{\max}$ — maximum value of the observed values: $x_{\max} = \max\{x_1, x_2, \ldots, x_n\}$

$x_{\min}$ — minimum value of the observed values: $x_{\min} = \min\{x_1, x_2, \ldots, x_n\}$

x_L — lower limit of the statistical tolerance interval

x_U — upper limit of the statistical tolerance interval

$\overline{x}$ — sample mean, $\overline{x} = \frac{1}{n}\sum_{i=1}^{n} x_i$

s — sample standard deviation; $s = \sqrt{\frac{1}{n-1}\sum_{i=1}^{n}(x_i - \overline{x})^2} = \sqrt{\frac{n\sum_{i=1}^{n} x_i^2 - \left(\sum_{i=1}^{n} x_i\right)^2}{n(n-1)}}$

$1-\alpha$ — confidence level for the claim that the proportion of the population lying within the tolerance interval is greater than or equal to the specified level p

μ — population mean

σ — population standard deviation

4 Verfahren

4.1 Normalverteilte Grundgesamtheit mit bekannter Varianz und bekanntem Erwartungswert

Wenn die Werte des Erwartungswertes μ und der Varianz σ^2 einer normalverteilten Grundgesamtheit bekannt sind, dann ist die Verteilung des untersuchten Merkmals vollständig festgelegt. Genau ein Anteil p der Grundgesamtheit liegt

a) rechts von $x_L = \mu - u_p \times \sigma$ (einseitig nach unten begrenzter Anteilsbereich);

b) links von $x_U = \mu + u_p \times \sigma$ (einseitig nach oben begrenzter Anteilsbereich);

c) zwischen $x_L = \mu - u_{(1+p)/2} \times \sigma$ und $x_U = \mu + u_{(1+p)/2} \times \sigma$ (zweiseitig begrenzter Bereich).

ANMERKUNG Da solche Aussagen bekanntermaßen wahr sind, wird ihnen eine Wahrscheinlichkeit von 100 % zugeordnet.

In den obigen Gleichungen ist u_p das p-Quantil der standardisierten Normalverteilung. Zahlenwerte für u_p können der jeweils letzten Zeile der Tabellen B.1 bis B.6 und C.1 bis C.6 entnommen werden.

4.2 Normalverteilte Grundgesamtheit mit bekannter Varianz und unbekanntem Erwartungswert

Formblätter A und B in Anhang A sind in dem Fall anwendbar, wenn die Varianz der normalverteilten Grundgesamtheit bekannt ist, während der Erwartungswert unbekannt ist. Formblatt A gilt für den einseitig begrenzten Fall, während Formblatt B für den zweiseitig begrenzten Fall gilt.

4.3 Normalverteilte Grundgesamtheit mit unbekannter Varianz und unbekanntem Erwartungswert

Formblätter C und D in Anhang A sind in dem Fall anwendbar, wenn sowohl der Erwartungswert als auch die Varianz der normalverteilten Grundgesamtheit unbekannt sind. Formblatt C gilt für den einseitig begrenzten Fall, während Formblatt D für den zweiseitig begrenzten Fall gilt.

4.4 Beliebige kontinuierliche Verteilung unbekannten Typs

Wenn das betrachtete Merkmal eine kontinuierliche Variable aus einer Grundgesamtheit unbekannter Form ist, und wenn eine Stichprobe von n voneinander unabhängigen zufälligen Beobachtungen des Merkmals gezogen worden ist, dann kann ein statistischer Anteilsbereich aus den der Größe nach geordneten Beobachtungen ermittelt werden. Die in den Formblättern E und F von Anhang A angegebenen Verfahren liefern die Ermittlung der Abdeckung oder des Stichprobenumfangs, die oder der für die durch die Extremwerte x_{min} oder x_{max} der beobachteten Stichprobe ermittelten Anteilsbereiche benötigt wird, wenn der Vertrauensbereich $1 - \alpha$ gegeben ist.

ANMERKUNG Statistische Anteilsbereiche, die nicht von der Form der untersuchten Grundgesamtheit abhängen, heißen *verteilungsfreie* Anteilsbereiche.

Dieser Teil von ISO 16269 bietet, außer für die Normalverteilung, keine Verfahren für andere Verteilungen bekannten Typs. Wenn die Verteilung jedoch kontinuierlich ist, darf das verteilungsfreie Verfahren verwendet werden. Am Ende des Dokumentes werden außerdem Hinweise auf ausgewählte wissenschaftliche Literatur gegeben, die die Ermittlung von Anteilsbereichen für andere Verteilungen unterstützen kann.

4 Procedures

4.1 Normal population with known variance and known mean

When the values of the mean, μ, and the variance, σ^2, of a normally distributed population are known, the distribution of the characteristic under investigation is fully determined. There is exactly a proportion p of the population:

a) to the right of $x_L = \mu - u_p \times \sigma$ (one-sided interval);

b) to the left of $x_U = \mu + u_p \times \sigma$ (one-sided interval);

c) between $x_L = \mu - u_{(1+p)/2} \times \sigma$ and $x_U = \mu + u_{(1+p)/2} \times \sigma$ (two-sided interval).

NOTE As such statements are known to be true, they are made with 100 % confidence.

In the above equations, u_p is p-fractile of the standard normal distribution. Numerical values of u_p may be read from the bottom line of the Tables B.1 to B.6 and Tables C.1 to C.6.

4.2 Normal population with known variance and unknown mean

Forms A and B, given in Annex A, are applicable to the case where the variance of the normal population is known while the mean is unknown. Form A applies to the one-sided case, while Form B applies to the two-sided case.

4.3 Normal population with unknown variance and unknown mean

Forms C and D, given in Annex A, are applicable to the case where both the mean and the variance of the normal population are unknown. Form C applies to the one-sided case, while Form D applies to the two-sided case.

4.4 Any continuous distribution of unknown type

If the characteristic under investigation is a continuous variable from a population of unknown form, and if a sample of n independent random observations of the characteristic has been taken, then a statistical tolerance interval can be determined from the ranked observations. The procedure given in Forms E and F of Annex A provide the determination of the coverage or sample size needed for tolerance intervals determined from the extreme values x_{min} or x_{max} of the sample of observations with given confidence level $1 - \alpha$.

NOTE Statistical tolerance intervals that do not depend on the shape of the sampled population are called *distribution-free* tolerance intervals.

This part of ISO 16269 does not provide procedures for distributions of known type other than the normal distribution. However, if the distribution is continuous, the distribution-free method may be used. Selected references to scientific literature that may assist in determining tolerance intervals for other distributions are also provided at the end of this document.

5 Beispiele

5.1 Daten

Formblätter A bis D in Anhang A werden durch Beispiele erläutert, die die Zahlenwerte aus ISO 2854:1976, Abschnitt 2, Absatz 1 der einleitenden Bemerkungen, Tabelle X, Garn 2, verwenden: 12 Messwerte der Bruchlast von Baumwollgarn. Es sollte beachtet werden, dass die Anzahl der hier für dieses Beispiel angegebenen Beobachtungen, $n = 12$, beträchtlich niedriger ist als die in ISO 2602 [1] empfohlene. Die Zahlenwerte und Berechnungen in den verschiedenen Beispielen sind in 10^{-2} Newton angegeben (siehe Tabelle 1).

Tabelle 1 — Daten für Beispiele 1 bis 4

Werte in 10^{-2} Newton

x	228,6	232,7	238,8	317,2	315,8	275,1	222,2	236,7	224,7	251,2	210,4	270,7

Diese Messergebnisse stammen aus einem Los von 12 000 Garnrollen aus einem Fertigungsauftrag, verpackt in 120 Kisten, jede mit 100 Garnrollen. Zwölf Kisten sind dem Los zufallsmäßig entnommen worden, und aus jeder dieser Kisten ist eine Garnrolle zufallsmäßig entnommen worden. In ungefähr 5 m Abstand vom freien Ende sind Teststücke von 50 cm Länge aus dem Garn auf diesen Garnrollen geschnitten worden. Die Messungen selbst sind an den Mittelstücken dieser Teststücke durchgeführt worden. Aufgrund vorliegender Informationen scheint es vernünftig anzunehmen, dass die unter diesen Bedingungen gemessenen Bruchlasten praktisch einer Normalverteilung folgen. In ISO 2954:1976 wird gezeigt, dass die Daten der Annahme einer Normalverteilung nicht widersprechen.

Aus diesen Messwerten folgt:

Stichprobenumfang: $n = 12$

Stichprobenmittelwert: $\bar{x} = 3\,024{,}1/12 = 252{,}01$

Stichprobenstandardabweichung: $s = \sqrt{\dfrac{n\sum x^2 - \left(\sum x\right)^2}{n(n-1)}} = \sqrt{\dfrac{166\,772{,}27}{12 \times 11}} = \sqrt{1\,263{,}426\,3} = 35{,}545$

Die formale Darstellung der Berechnungen wird in Anhang A nur für Formblatt C (einseitig begrenzter Bereich, unbekannte Varianz) angegeben.

5.2 Beispiel 1: Einseitig begrenzter statistischer Anteilsbereich bei bekannter Varianz

Aufgrund früherer Messergebnisse wird angenommen, dass die Streuung in Losen desselben Lieferanten konstant ist und durch eine Standardabweichung $\sigma = 33{,}150$ dargestellt wird, während der Erwartungswert nicht konstant ist. Es ist eine Grenze x_L zu ermitteln, für die bei einem Vertrauensniveau von $1 - \alpha = 0{,}95$ (95 %) gesagt werden kann, dass mindestens 0,95 (95 %) der unter den gleichen Bedingungen gemessenen Bruchlasten der Einheiten in dem Los über x_L liegen.

Tabelle B.4 liefert

$$k_1\,(12;\ 0{,}95;\ 0{,}95) = 2{,}120$$

woraus folgt

$$x_L = \bar{x} - k_1\,(n;\ p;\ 1-\alpha) \times \sigma = 252{,}01 - 2{,}120 \times 33{,}150 = 181{,}732$$

5 Examples

5.1 Data

Forms A to D, given in Annex A, are illustrated by examples using the numerical values of ISO 2854:1976, Clause 2, paragraph 1 of the introductory remarks, Table X, yarn 2: 12 measures of the breaking load of cotton yarn. It should be noted that the number of observations, $n = 12$, given here for these examples is considerably lower than the one recommended in ISO 2602 [1]. The numerical data and calculations in the different examples are expressed in centi-newtons (see Table 1).

Table 1 — Data for Examples 1 to 4

Values in centi-newtons

x	228,6	232,7	238,8	317,2	315,8	275,1	222,2	236,7	224,7	251,2	210,4	270,7

These measurements were obtained from a batch of 12,000 bobbins, from one production job, packed in 120 boxes each containing 100 bobbins. Twelve boxes have been drawn at random from the batch and a bobbin has been drawn at random from each of these boxes. Test pieces of 50 cm length have been cut from the yarn on these bobbins, at about 5 m distance from the free end. The tests themselves have been carried out on the central parts of these test pieces. Previous information makes it reasonable to assume that the breaking loads measured in these conditions have virtually a normal distribution. It is demonstrated in ISO 2954:1976 that the data do not contradict the assumption of a normal distribution.

These results yield the following:

Sample size: $n = 12$

Sample mean: $\bar{x} = 3\,024{,}1/12 = 252{,}01$

Sample standard deviation: $$s = \sqrt{\frac{n\sum x^2 - \left(\sum x\right)^2}{n(n-1)}} = \sqrt{\frac{166\,772{,}27}{12 \times 11}} = \sqrt{1\,263{,}426\,3} = 35{,}545$$

The formal presentation of the calculations will be given only for Form C in Annex A (one-sided interval, unknown variance).

5.2 Example 1: One-sided statistical tolerance interval under known variance

Suppose that previously obtained measurements have shown that the dispersion is constant from one batch to another from the same supplier, and is represented by a standard deviation $\sigma = 33{,}150$, although the mean is not constant. A limit x_L is required such that it is possible to assert with confidence level $1 - \alpha = 0{,}95$ (95 %) that at least 0,95 (95 %) of the breaking loads of the items in the batch, when measured under the same conditions, are above x_L.

Table B.4 gives

$$k_1\,(12;\,0{,}95;\,0{,}95) = 2{,}120$$

whence

$$x_L = \bar{x} - k_1\,(n;\,p;\,1-\alpha) \times \sigma = 252{,}01 - 2{,}120 \times 33{,}150 = 181{,}732$$

Für die untere Grenze x_L würde sich ein kleinerer Wert ergeben, wenn ein größerer Anteil der Grundgesamtheit (beispielsweise $p = 0{,}99$) und/oder ein höheres Vertrauensniveau (beispielsweise $1 - \alpha = 0{,}99$) gefordert würden.

5.3 Beispiel 2: Zweiseitig begrenzter statistischer Anteilsbereich bei bekannter Varianz

Unter denselben Bedingungen wie in Beispiel 1 werde angenommen, dass Grenzen x_L und x_U zu ermitteln sind, für die bei einem Vertrauensniveau von $1 - \alpha = 0{,}95$ gesagt werden kann, dass mindestens ein Anteil von $p = 0{,}90$ (90 %) der Bruchlasten des Loses zwischen x_L und x_U liegt.

Tabelle C.4 liefert

$$k_2\,(12;\,0{,}90;\,0{,}95) = 1{,}889$$

woraus folgt

$$x_L = \overline{x} - k_2(n;\,p;\,1-\alpha)\times\sigma = 252{,}01 - 1{,}889\times 33{,}150 = 189{,}390$$

$$x_U = \overline{x} + k_2(n;\,p;\,1-\alpha)\times\sigma = 252{,}01 + 1{,}889\times 33{,}150 = 314{,}630$$

Ein Vergleich mit Beispiel 1 zeigt, dass die Angabe, mindestens 90 % einer Grundgesamtheit liegen zwischen den Grenzen x_L und x_U, nicht das Gleiche ist wie die Angabe, nicht mehr als 5 % liegen außerhalb dieser Grenzen.

5.4 Beispiel 3: Einseitig begrenzter statistischer Anteilsbereich bei unbekannter Varianz

Hier werde angenommen, dass die Standardabweichung der Grundgesamtheit unbekannt ist und aus der Stichprobe geschätzt werden muss. Es seien die gleichen Forderungen wie in dem Fall bekannter Standardabweichung (Beispiel 1) angenommen, also $p = 0{,}95$ und $1 - \alpha = 0{,}95$. Die Ergebnisse sind im Einzelnen weiter unten dargestellt.

Ermittlung des statistischen Anteilsbereichs für den Anteil p:
a) einseitig nach unten begrenzter Anteilsbereich
Festgelegte Werte:
b) für den Anteilsbereich gewählter Anteil der Grundgesamtheit: $p = 0{,}95$
c) gewähltes Vertrauensniveau: $1 - \alpha = 0{,}95$
d) Stichprobenumfang: $n = 12$
Wert des Faktors aus Tabelle D.4:
$k_3(n;\,p;\,1-\alpha) = 2{,}737$

A smaller value of the lower limit x_L would be obtained if a larger proportion of the population (for example $p = 0{,}99$) and/or a higher confidence level (for example $1 - \alpha = 0{,}99$) were required.

5.3 Example 2: Two-sided statistical tolerance interval under known variance

Under the same conditions as in Example 1, suppose that limits x_L and x_U are required such that it is possible to assert with a confidence level $1 - \alpha = 0{,}95$ that at least a proportion of $p = 0{,}90$ (90 %) of the breaking load of the batch falls between x_L and x_U.

Table C.4 gives

$$k_2\,(12;\ 0{,}90;\ 0{,}95) = 1{,}889$$

whence

$$x_L = \bar{x} - k_2(n;\ p;\ 1-\alpha) \times \sigma = 252{,}01 - 1{,}889 \times 33{,}150 = 189{,}390$$

$$x_U = \bar{x} + k_2(n;\ p;\ 1-\alpha) \times \sigma = 252{,}01 + 1{,}889 \times 33{,}150 = 314{,}630$$

Comparison with Example 1 should make it clear that assuring that at least 90 % of a population lies between the limits x_L and x_U is not the same thing as assuring that no more than 5 % lies beyond each limit.

5.4 Example 3: One-sided statistical tolerance interval under unknown variance

Here, it is supposed that the standard deviation of the population is unknown and has to be estimated from the sample. The same requirements will be assumed as for the case where the standard deviation is known (Example 1), thus, $p = 0{,}95$ and $1 - \alpha = 0{,}95$. The presentation of the results is given in detail below.

Determination of the statistical tolerance interval of proportion p:
a) one-sided interval "to the right"
Determined values:
b) proportion of the population selected for the tolerance interval: $p = 0{,}95$
c) chosen confidence level: $1 - \alpha = 0{,}95$
d) sample size: $n = 12$
Value of tolerance factor from Table D.4:
$k_3(n;\ p;\ 1 - \alpha) = 2{,}737$

Berechnungen:
$\bar{x} = \sum x / n = 252{,}01$ $s = \sqrt{\frac{n\sum x^2 - \left(\sum x\right)^2}{n(n-1)}} = 35{,}545$ $k_3(n;\ p;\ 1-\alpha) \times s = 97{,}286\ 7$
Ergebnis: einseitig nach unten begrenzter Anteilsbereich   Der Anteilsbereich, der mindestens einen Anteil p der Grundgesamtheit mit dem Vertrauensniveau $1 - \alpha$ umfasst, hat eine untere Grenze $x_L = \bar{x} - k_3(n;\ p;\ 1-\alpha) \times s = 154{,}723$

5.5 Beispiel 4: Zweiseitig begrenzter statistischer Anteilsbereich bei unbekannter Varianz

Unter denselben Bedingungen wie in Beispiel 2 werde gefordert, die Grenzen x_L und x_U so zu berechnen, dass angegeben werden kann, mit einem Vertrauensniveau von $1 - \alpha = 0{,}95$, dass für einen Anteil von mindestens $p = 0{,}90$ (90 %) des Loses die Bruchlast zwischen x_L und x_U liegt.

Tabelle E.4 liefert

$$k_4(n;\ p;\ 1-\alpha) = 2{,}671$$

woraus folgt

$$x_L = \bar{x} - k_4(n;\ p;\ 1-\alpha) \times s = 252{,}01 - 2{,}671 \times 35{,}545 = 157{,}069$$

$$x_U = \bar{x} + k_4(n;\ p;\ 1-\alpha) \times s = 252{,}01 + 2{,}671 \times 35{,}545 = 346{,}951$$

Es ist anzumerken, dass der Wert von x_L kleiner und der Wert von x_U größer ist als in Beispiel 2 (bekannte Varianz), da die Verwendung von s anstelle von σ einen höheren Wert des Faktors k erfordert, um die zusätzliche Unsicherheit zu berücksichtigen. Es muss also ein Nachteil dafür in Kauf genommen werden, dass die Standardabweichung σ der Grundgesamtheit nicht bekannt ist, und die Ausweitung des statistischen Anteilsbereiches berücksichtigt dies. Natürlich ist es nicht völlig sicher, dass der in Beispiel 1 und 2 verwendete Wert $\sigma = 33{,}150$ korrekt ist. Daher ist es vernünftiger, den Schätzwert s zusammen mit den Tabellen D.4 oder E.4 zu verwenden.

5.6 Beispiel 5: Verteilungsfreier statistischer Anteilsbereich für kontinuierliche Verteilung

In einem Dauerschwingversuch mit Wechselbelastung an einer Komponente eines Flugzeugtriebwerkes hat eine Stichprobe von 15 Einheiten die in Tabelle 2 in aufsteigender Anordnung genannten Ergebnisse (Dauerfestigkeitsmessung) gezeigt.

Tabelle 2 — Daten für Beispiel 5

x	0,200	0,330	0,450	0,490	0,780	0,920	0,950	0,970	1,040	1,710	2,220	2,275	3,650	7,000	8,800

Calculations:

$$\bar{x} = \sum x / n = 252{,}01$$

$$s = \sqrt{\frac{n\sum x^2 - \left(\sum x\right)^2}{n(n-1)}} = 35{,}545$$

$$k_3(n;\ p;\ 1-\alpha) \times s = 97{,}286\ 7$$

Results: one-sided interval "to the right"

The tolerance interval which will contain at least a proportion p of the population with confidence level $1 - \alpha$ has a lower limit

$$x_L = \bar{x} - k_3(n;\ p;\ 1-\alpha) \times s = 154{,}723$$

5.5 Example 4: Two-sided statistical tolerance interval under unknown variance

Under the same conditions as in Example 2, suppose it is required to calculate the limits x_L and x_U such that it is possible to assert with a confidence level $1 - \alpha = 0{,}95$ that in a proportion of the batch at least equal to $p = 0{,}90$ (90 %) the breaking load falls between x_L and x_U.

Table E.4 gives

$$k_4(n;\ p;\ 1-\alpha) = 2{,}671$$

whence

$$x_L = \bar{x} - k_4(n;\ p;\ 1-\alpha) \times s = 252{,}01 - 2{,}671 \times 35{,}545 = 157{,}069$$

$$x_U = \bar{x} + k_4(n;\ p;\ 1-\alpha) \times s = 252{,}01 + 2{,}671 \times 35{,}545 = 346{,}951$$

It will be noted that the value of x_L is smaller and the value of x_U higher than in Example 2 (known variance), because the use of s instead of σ requires a larger value of the tolerance factor to allow for the extra uncertainty. It is necessary to have to pay a penalty for not knowing the population standard deviation σ and the extension of the statistical tolerance interval takes this into account. Of course, it is not quite sure that the value $\sigma = 33{,}150$ used in Examples 1 and 2 is correct. Therefore, it is wiser to use the estimate, s, together with Tables D.4 or E.4.

5.6 Example 5: Distribution-free statistical tolerance interval for continuous distribution

In a fatigue test by rotational stress carried out on a component of an aeronautical engine, a sample of 15 items has given the results (measurement of endurance), shown in ascending order of values in Table 2.

Tabelle 2 — Data for Example 5

x	0,200	0,330	0,450	0,490	0,780	0,920	0,950	0,970	1,040	1,710	2,220	2,275	3,650	7,000	8,800

Eine graphische Prüfung auf Abweichungen von der Normalverteilung, wie zum Beispiel im Wahrscheinlichkeitsnetz, zeigt, dass die Hypothese, einer normalverteilten Grundgesamtheit ziemlich sicher zu verwerfen ist (siehe ISO 5479). Daher sind die Verfahren von Formblatt E in Anhang A zur Ermittlung eines statistischen Anteilsbereiches anwendbar.

Die Extremwerte der Stichprobe von $n = 15$ Messwerten sind

$$x_{\text{min}} = 0{,}200,\ x_{\text{max}} = 8{,}800$$

Es werde angenommen, dass das geforderte Vertrauensniveau $1 - \alpha$ gleich 0,95 ist.

a) Welches ist der maximale Anteil der Grundgesamtheit der untersuchten Komponente, der unterhalb von $x_{\text{min}} = 0{,}200$ liegt? Tabelle F.1 liefert bei $1 - \alpha = 0{,}95$ für den Mindestanteil oberhalb von x_{min} einen Wert für p etwas über 0,75 (75 %). Daher ist der maximale Anteil unterhalb von x_{min} ein Wert für $1 - p$ von etwas unter 0,25 (25 %).

b) Welcher Stichprobenumfang ist notwendig, um bei einem Vertrauensniveau von $1 - \alpha = 0{,}95$ anzugeben, dass ein Anteil von mindestens $p = 0{,}90$ (90 %) der Grundgesamtheit der untersuchten Komponente unterhalb des größten Wertes aus der Stichprobe gefunden wird? Tabelle F.1 liefert für $1 - \alpha = 0{,}95$ und $p = 0{,}90$ den Wert $n = 29$.

c) Welches ist bei einem Vertrauensniveau von $1 - \alpha = 0{,}95$ der Mindestanteil der Grundgesamtheit der untersuchten Komponente, der zwischen $x_{\text{min}} = 0{,}200$ und $x_{\text{max}} = 8{,}800$ liegt? Für $1 - \alpha = 0{,}95$ und $n = 15$ liefert Tabelle G.1 einen Wert für p etwas unter 0,75 (75 %).

d) Welcher Stichprobenumfang ist notwendig, um bei einem Vertrauensniveau von $1 - \alpha = 0{,}95$ anzugeben, dass ein Anteil von mindestens $p = 0{,}90$ (90 %) der Grundgesamtheit der untersuchten Komponente zwischen dem kleinsten und dem größten Wert dieser Stichprobe gefunden wird? Für $1 - \alpha = 0{,}95$ und $p = 0{,}90$ liefert Tabelle G.1 den Wert $n = 46$.

e) Wenn eine Prüfung (siehe ISO 5479) auf eine Abweichung von der Normalverteilung hindeutet, wird auf der Grundlage der beobachteten Daten gewöhnlich eine Transformation empfohlen. Daten aus Dauerschwingversuchen sind beispielsweise oft näherungsweise lognormalverteilt. In solchen Fällen können die Daten so transformiert werden, dass sie einer Normalverteilung folgen. Dann werden die Anteilsbereiche berechnet und abschließend auf die ursprüngliche Einheit zurücktransformiert.

Für die Herleitung eines verteilungsfreien statistischen Anteilsbereiches für einen beliebigen Verteilungstyp siehe Anhang H. Anhang I erläutert die Berechnung von Faktoren für zweiseitig begrenzte parametrische statistische Anteilsbereiche.

A graphical examination of checking normality, such as probability plot, shows that the hypothesis of normality for the population of components should almost certainly be rejected (see ISO 5479). The methods of Form E, given in Annex A, for determination of a statistical tolerance interval are therefore applicable.

The extreme values from the sample of $n = 15$ measurements are:

$x_{min} = 0{,}200$, $x_{max} = 8{,}800$

Suppose that the required confidence level $1 - \alpha$ is 0,95.

a) What is the maximum proportion of the population of components that will fall below $x_{min} = 0{,}200$? Table F.1, for $1 - \alpha = 0{,}95$, gives for the minimum proportion above x_{min} a value of p slightly higher than 0,75 (75 %). Hence, for the maximum proportion below x_{min} a value of $1 - p$ slightly lower than 0,25 (25 %).

b) What sample size is necessary for it to be possible to assert, at a confidence level 0,95, that a proportion at least $p = 0{,}90$ (90 %) of the population of components will be found below the largest of the values from that sample? Table F.1, for $1 - \alpha = 0{,}95$ and $p = 0{,}90$, gives $n = 29$.

c) At a confidence level of 0,95, what is the minimum proportion of the population of components that fall between $x_{min} = 0{,}200$ and $x_{max} = 8{,}800$? Table G.1, for $1 - \alpha = 0{,}95$ and $n = 15$, gives p slightly below 0,75 (75 %).

d) What sample size is necessary for it to be possible to assert at a confidence level 0,95 that a proportion of at least $p = 0{,}90$ (90 %) of the population of components will be found to fall between the smallest and the largest values from that sample? Table G.1, for $1 - \alpha = 0{,}95$ and $p = 0{,}90$, gives $n = 46$.

e) In general, if a check for normality (see ISO 5479) indicates a departure from the normal distribution, some transformation will be recommended based on the knowledge of the collected data. For example, fatigue data are often approximated lognormally distributed. In such cases, the data could be transformed to normality. Tolerance intervals are then calculated and finally transformed back into the original units.

See Annex H for the construction of a statistical tolerance interval for distribution-free tolerance intervals for any type of distribution. Annex I gives the computation of factors for two-sided parametric statistical tolerance intervals.

Anhang A
(informativ)

Formblätter für Anteilsbereiche

Formblatt A — Einseitig begrenzter statistischer Anteilsbereich (bekannte Varianz)

Ermittlung eines einseitig begrenzten statistischen Anteilsbereiches mit Abdeckung p bei einem Vertrauensniveau $1 - \alpha$

a) einseitig nach oben begrenzter Anteilsbereich

b) einseitig nach unten begrenzter Anteilsbereich

Bekannte Werte:

c) die Varianz: $\sigma^2 =$

d) die Standardabweichung: $\sigma =$

Festgelegte Werte:

e) für den Anteilsbereich gewählter Anteil der Grundgesamtheit: $p =$

f) gewähltes Vertrauensniveau: $1 - \alpha =$

g) Stichprobenumfang: $n =$

Tabellierter Faktor:

$$k_1(n;\, p;\, 1 - \alpha) =$$

Dieser Wert kann aus den Tabellen in Anhang B für eine Auswahl von Werten von n, p und $1 - \alpha$ abgelesen werden.

Berechnungen:

$$\bar{x} = \sum x / n =$$

$$k_1(n;\, p;\, 1 - \alpha) \times \sigma =$$

Ergebnisse:

a) Einseitig nach oben begrenzter Anteilsbereich

Der einseitig nach oben begrenzte statistische Anteilsbereich mit Abdeckung p hat bei einem Vertrauensniveau $1 - \alpha$ die obere Grenze

$$x_U = \bar{x} + k_1(n;\, p;\, 1 - \alpha) \times \sigma =$$

b) Einseitig nach unten begrenzter Anteilsbereich

Der einseitig nach unten begrenzte statistische Anteilsbereich mit Abdeckung p hat bei einem Vertrauensniveau $1 - \alpha$ die untere Grenze

$$x_L = \bar{x} - k_1(n;\, p;\, 1 - \alpha) \times \sigma =$$

Annex A
(informative)

Forms for tolerance intervals

Form A — One-sided statistical tolerance interval (known variance)

Determination of a one-sided statistical tolerance interval with coverage p at confidence level $1 - \alpha$

a) One-sided interval "to the left"

b) One-sided interval "to the right"

Known values:

c) the variance: $\sigma^2 =$

d) the standard deviation: $\sigma =$

Determined values:

e) proportion of the population selected for the tolerance interval: $p =$

f) chosen confidence level: $1 - \alpha =$

g) sample size: $n =$

Tabulated factor:

$k_1(n; p; 1 - \alpha) =$

This value can be read from the tables given in Annex B for a range of values of n, p and $1 - \alpha$.

Calculations:

$\bar{x} = \sum x / n =$

$k_1(n; p; 1 - \alpha) \times \sigma =$

Results:

a) One-sided interval "to the left"

The one-sided statistical tolerance interval with coverage p at confidence level $1 - \alpha$ has upper limit

$x_U = \bar{x} + k_1(n; p; 1 - \alpha) \times \sigma =$

b) One-sided interval "to the right"

The one-sided statistical tolerance interval with coverage p at confidence level $1 - \alpha$ has lower limit

$x_L = \bar{x} - k_1(n; p; 1 - \alpha) \times \sigma =$

Formblatt B — Zweiseitig begrenzter statistischer Anteilsbereich (bekannte Varianz)

Ermittlung eines zweiseitig begrenzten statistischen Anteilsbereiches mit Abdeckung p bei einem Vertrauensniveau $1 - \alpha$

Bekannte Werte:

a) die Varianz: $\sigma^2 =$

b) die Standardabweichung: $\sigma =$

Festgelegte Werte:

c) für den Anteilsbereich gewählter Anteil der Grundgesamtheit: $p =$

d) gewähltes Vertrauensniveau: $1 - \alpha =$

e) Stichprobenumfang: $n =$

Tabellierter Faktor:

$k_2(n; p; 1 - \alpha) =$

Dieser Wert kann aus den Tabellen in Anhang C für eine Auswahl von Werten von n, p und $1 - \alpha$ abgelesen werden.

Berechnungen:

$\bar{x} = \sum x / n =$

$k_2(n; p; 1 - \alpha) \times \sigma =$

Ergebnisse:

Der zweiseitig begrenzte statistische Anteilsbereich mit Abdeckung p hat bei einem Vertrauensniveau $1 - \alpha$ die Grenzen

$x_L = \bar{x} - k_2(n; p; 1 - \alpha) \times \sigma =$

$x_U = \bar{x} + k_2(n; p; 1 - \alpha) \times \sigma =$

Form B — Two-sided statistical tolerance interval (known variance)

Determination of a two-sided statistical tolerance interval with coverage p at confidence level $1 - \alpha$

Known values:

a) the variance: $\sigma^2 =$

b) the standard deviation: $\sigma =$

Determined values:

c) proportion of the population selected for the tolerance interval: $p =$

d) chosen confidence level: $1 - \alpha =$

e) sample size: $n =$

Tabulated factor:

$k_2(n; p; 1 - \alpha) =$

This value can be read from the tables given in Annex C for a range of values of n, p and $1 - \alpha$.

Calculations:

$\bar{x} = \sum x / n =$

$k_2(n; p; 1 - \alpha) \times \sigma =$

Results:

The two-sided statistical tolerance interval with coverage p at confidence level $1 - \alpha$ has limits

$x_L = \bar{x} - k_2(n; p; 1 - \alpha) \times \sigma =$

$x_U = \bar{x} + k_2(n; p; 1 - \alpha) \times \sigma =$

Formblatt C — Einseitig begrenzter statistischer Anteilsbereich (unbekannte Varianz)

Ermittlung eines einseitig begrenzten statistischen Anteilsbereiches mit Abdeckung p bei einem Vertrauensniveau $1 - \alpha$

a) einseitig nach oben begrenzter Anteilsbereich

b) einseitig nach unten begrenzter Anteilsbereich

Festgelegte Werte:

c) für den Anteilsbereich gewählter Anteil der Grundgesamtheit: $p =$

d) gewähltes Vertrauensniveau: $1 - \alpha =$

e) Stichprobenumfang: $n =$

Tabellierter Faktor:

$$k_3(n; p; 1 - \alpha) =$$

Dieser Wert kann aus den Tabellen in Anhang D für eine Auswahl von Werten von n, p und $1 - \alpha$ abgelesen werden.

Berechnungen:

$$\bar{x} = \sum x / n =$$

$$s = \sqrt{\frac{n\sum x^2 - (\sum x)^2}{n(n-1)}} =$$

$$k_3(n; p; 1 - \alpha) \times s =$$

Ergebnisse:

a) Einseitig nach oben begrenzter Anteilsbereich

Der einseitig nach oben begrenzte statistische Anteilsbereich mit Abdeckung p hat bei einem Vertrauensniveau $1 - \alpha$ die obere Grenze

$$x_U = \bar{x} + k_3(n; p; 1 - \alpha) \times s =$$

b) Einseitig nach unten begrenzter Anteilsbereich

Der einseitig nach unten begrenzte statistische Anteilsbereich mit Abdeckung p hat bei einem Vertrauensniveau $1 - \alpha$ die untere Grenze

$$x_L = \bar{x} - k_3(n; p; 1 - \alpha) \times s =$$

Form C — One-sided statistical tolerance interval (unknown variance)

Determination of a one-sided statistical tolerance interval with coverage p at confidence level $1 - \alpha$

a) One-sided interval "to the left"

b) One-sided interval "to the right"

Determined values:

c) proportion of the population selected for the tolerance interval: $p =$

d) chosen confidence level: $1 - \alpha =$

e) sample size: $n =$

Tabulated factor:

$$k_3(n;\, p;\, 1 - \alpha) =$$

This value can be read from the tables given in Annex D for a range of values of n, p and $1 - \alpha$.

Calculations:

$$\bar{x} = \sum x / n =$$

$$s = \sqrt{\frac{n\sum x^2 - (\sum x)^2}{n(n-1)}} =$$

$$k_3(n;\, p;\, 1 - \alpha) \times s =$$

Results:

a) One-sided interval "to the left"

The tolerance interval with coverage p at confidence level $1 - \alpha$ has upper limit

$$x_U = \bar{x} + k_3(n;\, p;\, 1 - \alpha) \times s =$$

b) One-sided interval "to the right"

The tolerance interval with coverage p at confidence level $1 - \alpha$ has lower limit

$$x_L = \bar{x} - k_3(n;\, p;\, 1 - \alpha) \times s =$$

Formblatt D — Zweiseitig begrenzter statistischer Anteilsbereich (unbekannte Varianz)

Ermittlung eines zweiseitig begrenzten statistischen Anteilsbereiches mit Abdeckung p bei einem Vertrauensniveau $1 - \alpha$

Festgelegte Werte:

a) für den Anteilsbereich gewählter Anteil der Grundgesamtheit: $p =$

b) gewähltes Vertrauensniveau: $1 - \alpha =$

c) Stichprobenumfang: $n =$

Tabellierter Faktor:

$k_4(n; p; 1 - \alpha) =$

Dieser Wert kann aus den Tabellen in Anhang E für eine Auswahl von Werten von n, p und $1 - \alpha$ abgelesen werden.

Berechnungen:

$\overline{x} = \sum x_i / n =$

$$s = \sqrt{\frac{n \sum x^2 - (\sum x)^2}{n(n-1)}} =$$

$k_4(n; p; 1 - \alpha) \times s =$

Ergebnisse:

Der zweiseitig begrenzte statistische Anteilsbereich mit Abdeckung p hat bei einem Vertrauensniveau $1 - \alpha$ die Grenzen

$x_L = \overline{x} - k_4(n; p; 1-\alpha) \times s =$

$x_U = \overline{x} + k_4(n; p; 1-\alpha) \times s =$

Form D — Two-sided statistical tolerance interval (unknown variance)

Determination of a two-sided statistical tolerance interval with coverage p at confidence level $1 - \alpha$

Determined values:

a) proportion of the population selected for the tolerance interval: $p =$

b) chosen confidence level: $1 - \alpha =$

c) sample size: $n =$

Tabulated factor:

$k_4(n; p; 1 - \alpha) =$

This value can be read from the tables given in Annex E for a range of values of n, p and $1 - \alpha$.

Calculations:

$$\bar{x} = \sum x_i / n =$$

$$s = \sqrt{\frac{n\sum x^2 - (\sum x)^2}{n(n-1)}} =$$

$k_4(n; p; 1 - \alpha) \times s =$

Results:

The two-sided statistical tolerance interval with coverage p at confidence level $1 - \alpha$ has limits

$$x_L = \bar{x} - k_4(n; p; 1 - \alpha) \times s =$$

$$x_U = \bar{x} + k_4(n; p; 1 - \alpha) \times s =$$

Formblatt E — Einseitig begrenzter statistischer Anteilsbereich bei beliebiger Verteilung

Ermittlung eines verteilungsfreien einseitig begrenzten statistischen Anteilsbereiches mit Abdeckung p bei einem Vertrauensniveau $1 - \alpha$

a) einseitig nach oben begrenzter Anteilsbereich

b) einseitig nach unten begrenzter Anteilsbereich

Festgelegte Werte:

c) für den Anteilsbereich gewählter Anteil der Grundgesamtheit: $p =$

d) gewähltes Vertrauensniveau: $1 - \alpha =$

e) Stichprobenumfang: $n =$

(Entweder p oder n ist zu ermitteln.)

Tabellierter Wert:

— p bei gegebenem n und $1 - \alpha$.

— n bei gegebenem p und $1 - \alpha$.

Dieser Wert kann aus Tabelle F.1 für eine Auswahl von Werten von n, p und $1 - \alpha$ abgelesen werden.

Berechnungen und Ergebnisse:

Der einseitig begrenzte statistische Anteilsbereich mit Abdeckung p hat bei einem Vertrauensniveau $1 - \alpha$

— die untere Grenze $x_L = x_{\text{min}} =$

— oder die obere Grenze $x_U = x_{\text{max}} =$

Form E — One-sided statistical tolerance interval for any distribution

Determination of a one-sided distribution-free statistical tolerance interval with coverage p at confidence level $1 - \alpha$

a) One-sided interval "to the left"

b) One-sided interval "to the right"

Determined values:

c) proportion of the population selected for the tolerance interval: $p =$

d) chosen confidence level: $1 - \alpha =$

e) sample size: $n =$

(Either p or n is to be determined.)

Tabulated value

— p for given n and $1 - \alpha$.

— n for given p and $1 - \alpha$.

This value can be read from Table F.1 for a range of values of n, p and $1 - \alpha$.

Calculations and results

The one-sided statistical tolerance interval with coverage p at confidence level $1 - \alpha$ has either

— lower limit $x_L = x_{\text{min}} =$

— or upper limit $x_U = x_{\text{max}} =$

Formblatt F — Zweiseitig begrenzter statistischer Anteilsbereich bei beliebiger Verteilung

Ermittlung eines verteilungsfreien zweiseitig begrenzten statistischen Anteilsbereiches mit Abdeckung p bei einem Vertrauensniveau $1 - \alpha$

Festgelegte Werte:

a) für den Anteilsbereich gewählter Anteil der Grundgesamtheit: $p =$

b) gewähltes Vertrauensniveau: $1 - \alpha =$

c) Stichprobenumfang: $n =$

(Entweder p oder n ist zu ermitteln.)

Tabellierter Wert:

— p bei gegebenem n und $1 - \alpha$.

— n bei gegebenem p und $1 - \alpha$.

Dieser Wert kann aus Tabelle G.1 für eine Auswahl von Werten von n, p und $1 - \alpha$ abgelesen werden.

Berechnungen und Ergebnisse

Der zweiseitig begrenzte statistische Anteilsbereich mit Abdeckung p hat bei einem Vertrauensniveau $1 - \alpha$

— die untere Grenze $x_L = x_{\text{min}} =$

— und die obere Grenze $x_U = x_{\text{max}} =$

Form F — Two-sided statistical tolerance interval for any distribution

Determination of a two-sided distribution-free statistical tolerance interval with coverage p at confidence level $1 - \alpha$

Determined values:

a) proportion of the population selected for the tolerance interval: $p =$

b) chosen confidence level: $1 - \alpha =$

c) sample size: $n =$

(Either p or n is to be determined.)

Tabulated value

— p for given n and $1 - \alpha$.

— n for given p and $1 - \alpha$.

This value can be read from Table G.1 for a range of values of n, p and $1 - \alpha$.

Calculations and results

The two-sided statistical tolerance interval with coverage p at confidence level $1 - \alpha$ has

— lower limit $x_L = x_{\text{min}} =$

— and upper limit $x_U = x_{\text{max}} =$

Anhang B
(normativ)

Faktoren $k_1(n; p; 1 - \alpha)$ für die Grenzen einseitig begrenzter statistischer Anteilsbereiche bei bekanntem σ

Annex B
(normative)

One-sided statistical tolerance limit factors, $k_1(n; p; 1 - \alpha)$, for known σ

Tabelle B.1 — Vertrauensniveau 50,0 %
Table B.1 — Confidence level 50,0 %
($1 - \alpha = 0,50$)

n	p					
	0,50	0,75	0,90	0,95	0,99	0,999
2	0,000	0,675	1,282	1,645	2,327	3,091
3	0,000	0,675	1,282	1,645	2,327	3,091
4	0,000	0,675	1,282	1,645	2,327	3,091
5	0,000	0,675	1,282	1,645	2,327	3,091
6	0,000	0,675	1,282	1,645	2,327	3,091
7	0,000	0,675	1,282	1,645	2,327	3,091
8	0,000	0,675	1,282	1,645	2,327	3,091
9	0,000	0,675	1,282	1,645	2,327	3,091
10	0,000	0,675	1,282	1,645	2,327	3,091
11	0,000	0,675	1,282	1,645	2,327	3,091
12	0,000	0,675	1,282	1,645	2,327	3,091
13	0,000	0,675	1,282	1,645	2,327	3,091
14	0,000	0,675	1,282	1,645	2,327	3,091
15	0,000	0,675	1,282	1,645	2,327	3,091
16	0,000	0,675	1,282	1,645	2,327	3,091
17	0,000	0,675	1,282	1,645	2,327	3,091
18	0,000	0,675	1,282	1,645	2,327	3,091
19	0,000	0,675	1,282	1,645	2,327	3,091
20	0,000	0,675	1,282	1,645	2,327	3,091
22	0,000	0,675	1,282	1,645	2,327	3,091
24	0,000	0,675	1,282	1,645	2,327	3,091
26	0,000	0,675	1,282	1,645	2,327	3,091
28	0,000	0,675	1,282	1,645	2,327	3,091
30	0,000	0,675	1,282	1,645	2,327	3,091
35	0,000	0,675	1,282	1,645	2,327	3,091
40	0,000	0,675	1,282	1,645	2,327	3,091
45	0,000	0,675	1,282	1,645	2,327	3,091
50	0,000	0,675	1,282	1,645	2,327	3,091
60	0,000	0,675	1,282	1,645	2,327	3,091
70	0,000	0,675	1,282	1,645	2,327	3,091
80	0,000	0,675	1,282	1,645	2,327	3,091
90	0,000	0,675	1,282	1,645	2,327	3,091
100	0,000	0,675	1,282	1,645	2,327	3,091
150	0,000	0,675	1,282	1,645	2,327	3,091
200	0,000	0,675	1,282	1,645	2,327	3,091
250	0,000	0,675	1,282	1,645	2,327	3,091
300	0,000	0,675	1,282	1,645	2,327	3,091
400	0,000	0,675	1,282	1,645	2,327	3,091
500	0,000	0,675	1,282	1,645	2,327	3,091
1 000	0,000	0,675	1,282	1,645	2,327	3,091
∞	0,000	0,675	1,282	1,645	2,327	3,091

Tabelle B.2 — Vertrauensniveau 75,0 %
Table B.2 — Confidence level 75,0 %
($1 - \alpha = 0,75$)

n	p					
	0,50	0,75	0,90	0,95	0,99	0,999
2	0,477	1,152	1,759	2,122	2,804	3,568
3	0,390	1,064	1,671	2,035	2,716	3,480
4	0,338	1,012	1,619	1,983	2,664	3,428
5	0,302	0,977	1,584	1,947	2,628	3,392
6	0,276	0,950	1,557	1,921	2,602	3,366
7	0,255	0,930	1,537	1,900	2,582	3,346
8	0,239	0,913	1,521	1,884	2,565	3,329
9	0,225	0,900	1,507	1,870	2,552	3,316
10	0,214	0,888	1,495	1,859	2,540	3,304
11	0,204	0,878	1,485	1,849	2,530	3,294
12	0,195	0,870	1,477	1,840	2,522	3,285
13	0,188	0,862	1,469	1,832	2,514	3,278
14	0,181	0,855	1,462	1,826	2,507	3,271
15	0,175	0,849	1,456	1,820	2,501	3,265
16	0,169	0,844	1,451	1,814	2,495	3,259
17	0,164	0,839	1,446	1,809	2,490	3,254
18	0,159	0,834	1,441	1,804	2,486	3,250
19	0,155	0,830	1,437	1,800	2,482	3,245
20	0,151	0,826	1,433	1,796	2,478	3,242
22	0,144	0,819	1,426	1,789	2,471	3,235
24	0,138	0,813	1,420	1,783	2,465	3,228
26	0,133	0,807	1,414	1,778	2,459	3,223
28	0,128	0,802	1,410	1,773	2,454	3,218
30	0,124	0,798	1,405	1,768	2,450	3,214
35	0,115	0,789	1,396	1,759	2,441	3,205
40	0,107	0,782	1,389	1,752	2,433	3,197
45	0,101	0,776	1,383	1,746	2,427	3,191
50	0,096	0,770	1,377	1,741	2,422	3,186
60	0,088	0,762	1,369	1,732	2,414	3,178
70	0,081	0,756	1,363	1,726	2,407	3,171
80	0,076	0,750	1,357	1,721	2,402	3,166
90	0,072	0,746	1,353	1,716	2,398	3,162
100	0,068	0,742	1,350	1,713	2,394	3,158
150	0,056	0,730	1,337	1,700	2,382	3,146
200	0,048	0,723	1,330	1,693	2,375	3,138
250	0,043	0,718	1,325	1,688	2,370	3,133
300	0,039	0,714	1,321	1,684	2,366	3,130
400	0,034	0,709	1,316	1,679	2,361	3,124
500	0,031	0,705	1,312	1,676	2,357	3,121
1 000	0,022	0,696	1,303	1,667	2,348	3,112
∞	0,000	0,675	1,282	1,645	2,327	3,091

Tabelle B.3 — Vertrauensniveau 90,0 %
Table B.3 — Confidence level 90,0 %
$(1 - \alpha = 0{,}90)$

n	p					
	0,50	0,75	0,90	0,95	0,99	0,999
2	0,907	1,581	2,188	2,552	3,233	3,997
3	0,740	1,415	2,022	2,385	3,067	3,831
4	0,641	1,316	1,923	2,286	2,968	3,732
5	0,574	1,248	1,855	2,218	2,900	3,664
6	0,524	1,198	1,805	2,169	2,850	3,614
7	0,485	1,159	1,766	2,130	2,811	3,575
8	0,454	1,128	1,735	2,098	2,780	3,544
9	0,428	1,102	1,709	2,073	2,754	3,518
10	0,406	1,080	1,687	2,051	2,732	3,496
11	0,387	1,061	1,668	2,032	2,713	3,477
12	0,370	1,045	1,652	2,015	2,697	3,461
13	0,356	1,030	1,637	2,001	2,682	3,446
14	0,343	1,017	1,625	1,988	2,669	3,433
15	0,331	1,006	1,613	1,976	2,658	3,422
16	0,321	0,995	1,602	1,966	2,647	3,411
17	0,311	0,986	1,593	1,956	2,638	3,402
18	0,303	0,977	1,584	1,947	2,629	3,393
19	0,295	0,969	1,576	1,939	2,621	3,385
20	0,287	0,962	1,569	1,932	2,613	3,377
22	0,274	0,948	1,555	1,919	2,600	3,364
24	0,262	0,937	1,544	1,907	2,588	3,352
26	0,252	0,926	1,533	1,897	2,578	3,342
28	0,243	0,917	1,524	1,888	2,569	3,333
30	0,234	0,909	1,516	1,879	2,561	3,325
35	0,217	0,892	1,499	1,862	2,543	3,307
40	0,203	0,878	1,485	1,848	2,529	3,293
45	0,192	0,866	1,473	1,836	2,518	3,282
50	0,182	0,856	1,463	1,827	2,508	3,272
60	0,166	0,840	1,447	1,811	2,492	3,256
70	0,154	0,828	1,435	1,799	2,480	3,244
80	0,144	0,818	1,425	1,789	2,470	3,234
90	0,136	0,810	1,417	1,780	2,462	3,226
100	0,129	0,803	1,410	1,774	2,455	3,219
150	0,105	0,780	1,387	1,750	2,431	3,195
200	0,091	0,766	1,373	1,736	2,417	3,181
250	0,082	0,756	1,363	1,726	2,408	3,172
300	0,074	0,749	1,356	1,719	2,401	3,165
400	0,065	0,739	1,346	1,709	2,391	3,155
500	0,058	0,732	1,339	1,703	2,384	3,148
1 000	0,041	0,716	1,323	1,686	2,367	3,131
∞	0,000	0,675	1,282	1,645	2,327	3,091

Tabelle B.4 — Vertrauensniveau 95,0 %
Table B.4 — Confidence level 95,0 %
$(1 - \alpha = 0{,}95)$

n	p					
	0,50	0,75	0,90	0,95	0,99	0,999
2	1,164	1,838	2,445	2,808	3,490	4,254
3	0,950	1,625	2,232	2,595	3,277	4,040
4	0,823	1,497	2,104	2,468	3,149	3,913
5	0,736	1,411	2,018	2,381	3,062	3,826
6	0,672	1,346	1,954	2,317	2,998	3,762
7	0,622	1,297	1,904	2,267	2,949	3,712
8	0,582	1,257	1,864	2,227	2,908	3,672
9	0,549	1,223	1,830	2,194	2,875	3,639
10	0,521	1,195	1,802	2,166	2,847	3,611
11	0,496	1,171	1,778	2,141	2,823	3,587
12	0,475	1,150	1,757	2,120	2,802	3,566
13	0,457	1,131	1,738	2,102	2,783	3,547
14	0,440	1,115	1,722	2,085	2,766	3,530
15	0,425	1,100	1,707	2,070	2,752	3,515
16	0,412	1,086	1,693	2,057	2,738	3,502
17	0,399	1,074	1,681	2,044	2,726	3,490
18	0,388	1,063	1,670	2,033	2,715	3,478
19	0,378	1,052	1,659	2,023	2,704	3,468
20	0,368	1,043	1,650	2,013	2,695	3,459
22	0,351	1,026	1,633	1,996	2,678	3,441
24	0,336	1,011	1,618	1,981	2,663	3,426
26	0,323	0,998	1,605	1,968	2,649	3,413
28	0,311	0,986	1,593	1,956	2,638	3,402
30	0,301	0,975	1,582	1,946	2,627	3,391
35	0,279	0,953	1,560	1,923	2,605	3,369
40	0,261	0,935	1,542	1,905	2,587	3,351
45	0,246	0,920	1,527	1,891	2,572	3,336
50	0,233	0,908	1,515	1,878	2,559	3,323
60	0,213	0,887	1,494	1,858	2,539	3,303
70	0,197	0,872	1,479	1,842	2,523	3,287
80	0,184	0,859	1,466	1,829	2,511	3,275
90	0,174	0,848	1,455	1,819	2,500	3,264
100	0,165	0,839	1,447	1,810	2,491	3,255
150	0,135	0,809	1,416	1,780	2,461	3,225
200	0,117	0,791	1,398	1,762	2,443	3,207
250	0,105	0,779	1,386	1,749	2,431	3,195
300	0,095	0,770	1,377	1,740	2,422	3,186
400	0,083	0,757	1,364	1,728	2,409	3,173
500	0,074	0,749	1,356	1,719	2,400	3,164
1 000	0,053	0,727	1,334	1,697	2,379	3,143
∞	0,000	0,675	1,282	1,645	2,327	3,091

Tabelle B.5 — Vertrauensniveau 99,0 %
Table B.5 — Confidence level 99,0 %
($1 - \alpha = 0{,}99$)

n	p					
	0,50	0,75	0,90	0,95	0,99	0,999
2	1,645	2,320	2,927	3,290	3,972	4,736
3	1,344	2,018	2,625	2,988	3,670	4,434
4	1,164	1,838	2,445	2,809	3,490	4,254
5	1,041	1,715	2,322	2,686	3,367	4,131
6	0,950	1,625	2,232	2,595	3,277	4,040
7	0,880	1,554	2,161	2,525	3,206	3,970
8	0,823	1,497	2,105	2,468	3,149	3,913
9	0,776	1,450	2,058	2,421	3,102	3,866
10	0,736	1,411	2,018	2,381	3,063	3,826
11	0,702	1,376	1,983	2,347	3,028	3,792
12	0,672	1,347	1,954	2,317	2,998	3,762
13	0,646	1,320	1,927	2,291	2,972	3,736
14	0,622	1,297	1,904	2,267	2,949	3,712
15	0,601	1,276	1,883	2,246	2,928	3,691
16	0,582	1,257	1,864	2,227	2,908	3,672
17	0,565	1,239	1,846	2,210	2,891	3,655
18	0,549	1,223	1,830	2,194	2,875	3,639
19	0,534	1,209	1,816	2,179	2,861	3,624
20	0,521	1,195	1,802	2,166	2,847	3,611
22	0,496	1,171	1,778	2,141	2,823	3,587
24	0,475	1,150	1,757	2,120	2,802	3,566
26	0,457	1,131	1,738	2,102	2,783	3,547
28	0,440	1,115	1,722	2,085	2,766	3,530
30	0,425	1,100	1,707	2,070	2,752	3,515
35	0,394	1,068	1,675	2,039	2,720	3,484
40	0,368	1,043	1,650	2,013	2,695	3,459
45	0,347	1,022	1,629	1,992	2,674	3,438
50	0,329	1,004	1,611	1,974	2,656	3,420
60	0,301	0,975	1,582	1,946	2,627	3,391
70	0,279	0,953	1,560	1,923	2,605	3,369
80	0,261	0,935	1,542	1,905	2,587	3,351
90	0,246	0,920	1,527	1,891	2,572	3,336
100	0,233	0,908	1,515	1,878	2,559	3,323
150	0,190	0,865	1,472	1,835	2,517	3,281
200	0,165	0,839	1,447	1,810	2,491	3,255
250	0,148	0,822	1,429	1,792	2,474	3,238
300	0,135	0,809	1,416	1,780	2,461	3,225
400	0,117	0,791	1,398	1,762	2,443	3,207
500	0,105	0,779	1,386	1,749	2,431	3,195
1 000	0,074	0,749	1,356	1,719	2,400	3,164
∞	0,000	0,675	1,282	1,645	2,327	3,091

Tabelle B.6 — Vertrauensniveau 99,9 %
Table B.6 — Confidence level 99,9 %
($1 - \alpha = 0{,}999$)

n	p					
	0,50	0,75	0,90	0,95	0,99	0,999
2	2,186	2,860	3,467	3,830	4,512	5,276
3	1,785	2,459	3,066	3,430	4,111	4,875
4	1,546	2,220	2,827	3,190	3,872	4,636
5	1,382	2,057	2,664	3,027	3,709	4,473
6	1,262	1,937	2,544	2,907	3,588	4,352
7	1,168	1,843	2,450	2,813	3,495	4,259
8	1,093	1,768	2,375	2,738	3,419	4,183
9	1,031	1,705	2,312	2,675	3,357	4,121
10	0,978	1,652	2,259	2,623	3,304	4,068
11	0,932	1,607	2,214	2,577	3,259	4,022
12	0,893	1,567	2,174	2,537	3,219	3,983
13	0,858	1,532	2,139	2,502	3,184	3,948
14	0,826	1,501	2,108	2,471	3,153	3,917
15	0,798	1,473	2,080	2,443	3,125	3,889
16	0,773	1,448	2,055	2,418	3,099	3,863
17	0,750	1,424	2,032	2,395	3,076	3,840
18	0,729	1,403	2,010	2,374	3,055	3,819
19	0,709	1,384	1,991	2,354	3,036	3,800
20	0,691	1,366	1,973	2,336	3,018	3,782
22	0,659	1,334	1,941	2,304	2,986	3,750
24	0,631	1,306	1,913	2,276	2,958	3,722
26	0,607	1,281	1,888	2,251	2,933	3,697
28	0,584	1,259	1,866	2,229	2,911	3,675
30	0,565	1,239	1,846	2,210	2,891	3,655
35	0,523	1,197	1,804	2,168	2,849	3,613
40	0,489	1,164	1,771	2,134	2,815	3,579
45	0,461	1,136	1,743	2,106	2,788	3,551
50	0,438	1,112	1,719	2,082	2,764	3,528
60	0,399	1,074	1,681	2,044	2,726	3,490
70	0,370	1,044	1,651	2,015	2,696	3,460
80	0,346	1,020	1,628	1,991	2,672	3,436
90	0,326	1,001	1,608	1,971	2,653	3,416
100	0,310	0,984	1,591	1,954	2,636	3,400
150	0,253	0,927	1,534	1,898	2,579	3,343
200	0,219	0,894	1,501	1,864	2,545	3,309
250	0,196	0,870	1,477	1,841	2,522	3,286
300	0,179	0,853	1,460	1,824	2,505	3,269
400	0,155	0,830	1,437	1,800	2,481	3,245
500	0,139	0,813	1,420	1,784	2,465	3,229
1 000	0,098	0,773	1,380	1,743	2,425	3,188
∞	0,000	0,675	1,282	1,645	2,327	3,091

Anhang C
(normativ)

Faktoren $k_2(n; p; 1 - \alpha)$ für die Grenzen zweiseitig begrenzter statistischer Anteilsbereiche bei bekanntem σ

Annex C
(normative)

Two-sided statistical tolerance limit factors, $k_2(n; p; 1 - \alpha)$, for known σ

Tabelle C.1 — Vertrauensniveau 50,0 %
Table C.1 — Confidence level 50,0 %
($1 - \alpha = 0{,}50$)

n	p					
	0,50	0,75	0,90	0,95	0,99	0,999
2	0,755	1,282	1,823	2,164	2,822	3,575
3	0,727	1,238	1,766	2,100	2,749	3,496
4	0,714	1,216	1,737	2,067	2,710	3,451
5	0,706	1,203	1,719	2,046	2,685	3,423
6	0,701	1,195	1,707	2,033	2,668	3,403
7	0,697	1,188	1,698	2,023	2,656	3,388
8	0,694	1,184	1,692	2,015	2,646	3,377
9	0,692	1,180	1,686	2,009	2,639	3,368
10	0,690	1,177	1,682	2,004	2,633	3,361
11	0,689	1,175	1,679	2,000	2,628	3,355
12	0,688	1,173	1,676	1,997	2,624	3,350
13	0,687	1,171	1,674	1,994	2,620	3,346
14	0,686	1,170	1,672	1,992	2,617	3,342
15	0,685	1,168	1,670	1,990	2,614	3,339
16	0,685	1,167	1,669	1,988	2,612	3,336
17	0,684	1,166	1,667	1,986	2,610	3,333
18	0,684	1,165	1,666	1,985	2,608	3,331
19	0,683	1,165	1,665	1,984	2,607	3,329
20	0,683	1,164	1,664	1,983	2,605	3,327
22	0,682	1,163	1,662	1,981	2,602	3,324
24	0,681	1,162	1,661	1,979	2,600	3,321
26	0,681	1,161	1,660	1,977	2,599	3,319
28	0,680	1,160	1,659	1,976	2,597	3,317
30	0,680	1,160	1,658	1,975	2,596	3,315
35	0,679	1,158	1,656	1,973	2,593	3,312
40	0,679	1,157	1,655	1,972	2,591	3,309
45	0,678	1,157	1,654	1,970	2,589	3,307
50	0,678	1,156	1,653	1,969	2,588	3,306
60	0,678	1,155	1,652	1,968	2,586	3,303
70	0,677	1,155	1,651	1,967	2,585	3,302
80	0,677	1,154	1,650	1,966	2,584	3,300
90	0,677	1,154	1,650	1,965	2,583	3,299
100	0,677	1,153	1,649	1,965	2,582	3,298
150	0,676	1,153	1,648	1,963	2,580	3,296
200	0,676	1,152	1,647	1,963	2,579	3,295
250	0,676	1,152	1,647	1,962	2,579	3,294
300	0,676	1,152	1,647	1,962	2,578	3,294
400	0,675	1,152	1,646	1,962	2,578	3,293
500	0,675	1,151	1,646	1,961	2,578	3,293
1000	0,675	1,151	1,646	1,961	2,577	3,292
∞	0,675	1,151	1,645	1,960	2,576	3,291

Tabelle C.2 — Vertrauensniveau 75,0 %
Table C.2 — Confidence level 75,0 %
($1 - \alpha = 0{,}75$)

n	p					
	0,50	0,75	0,90	0,95	0,99	0,999
2	0,919	1,520	2,106	2,464	3,142	3,905
3	0,834	1,402	1,971	2,323	2,996	3,756
4	0,792	1,340	1,897	2,244	2,911	3,669
5	0,768	1,303	1,850	2,194	2,856	3,611
6	0,752	1,278	1,818	2,158	2,816	3,568
7	0,741	1,260	1,794	2,132	2,786	3,536
8	0,732	1,246	1,776	2,112	2,763	3,511
9	0,726	1,236	1,762	2,096	2,745	3,491
10	0,721	1,227	1,751	2,083	2,730	3,474
11	0,716	1,220	1,742	2,073	2,717	3,459
12	0,713	1,214	1,734	2,064	2,706	3,447
13	0,710	1,209	1,727	2,056	2,697	3,437
14	0,707	1,205	1,722	2,050	2,689	3,427
15	0,705	1,202	1,717	2,044	2,682	3,419
16	0,703	1,198	1,712	2,039	2,676	3,412
17	0,702	1,196	1,708	2,034	2,670	3,406
18	0,700	1,193	1,705	2,030	2,665	3,400
19	0,699	1,191	1,702	2,027	2,661	3,395
20	0,698	1,189	1,699	2,024	2,657	3,390
22	0,695	1,185	1,694	2,018	2,650	3,382
24	0,694	1,183	1,690	2,013	2,644	3,375
26	0,692	1,180	1,687	2,009	2,639	3,369
28	0,691	1,178	1,684	2,006	2,635	3,364
30	0,690	1,176	1,681	2,003	2,631	3,359
35	0,688	1,173	1,676	1,997	2,623	3,350
40	0,686	1,170	1,672	1,992	2,618	3,343
45	0,685	1,168	1,669	1,989	2,613	3,337
50	0,684	1,166	1,667	1,986	2,610	3,333
60	0,682	1,164	1,663	1,982	2,604	3,326
70	0,681	1,162	1,661	1,979	2,600	3,321
80	0,681	1,160	1,659	1,977	2,597	3,318
90	0,680	1,159	1,657	1,975	2,595	3,315
100	0,679	1,158	1,656	1,973	2,593	3,312
150	0,678	1,156	1,653	1,969	2,588	3,305
200	0,677	1,155	1,651	1,967	2,585	3,302
250	0,677	1,154	1,650	1,966	2,583	3,300
300	0,676	1,153	1,649	1,965	2,582	3,298
400	0,676	1,153	1,648	1,964	2,581	3,296
500	0,676	1,152	1,648	1,963	2,580	3,295
1 000	0,675	1,152	1,646	1,962	2,578	3,293
∞	0,675	1,151	1,645	1,960	2,576	3,291

Tabelle C.3 — Vertrauensniveau 90,0 %
Table C.3 — Confidence level 90,0 %
($1 - \alpha = 0,90$)

n	p					
	0,50	0,75	0,90	0,95	0,99	0,999
2	1,187	1,842	2,446	2,809	3,490	4,254
3	1,013	1,640	2,236	2,597	3,277	4,040
4	0,924	1,527	2,114	2,473	3,151	3,913
5	0,872	1,456	2,034	2,390	3,065	3,827
6	0,837	1,407	1,977	2,330	3,003	3,764
7	0,813	1,371	1,935	2,285	2,955	3,715
8	0,795	1,344	1,902	2,250	2,917	3,675
9	0,781	1,323	1,875	2,222	2,886	3,643
10	0,770	1,306	1,854	2,198	2,861	3,616
11	0,761	1,292	1,836	2,179	2,839	3,593
12	0,754	1,281	1,821	2,162	2,821	3,573
13	0,748	1,271	1,809	2,148	2,804	3,556
14	0,742	1,262	1,797	2,136	2,790	3,541
15	0,738	1,255	1,788	2,125	2,778	3,527
16	0,734	1,248	1,779	2,115	2,767	3,515
17	0,730	1,243	1,772	2,107	2,757	3,504
18	0,727	1,237	1,765	2,099	2,748	3,494
19	0,724	1,233	1,759	2,092	2,740	3,485
20	0,722	1,229	1,753	2,086	2,733	3,477
22	0,717	1,222	1,744	2,075	2,720	3,463
24	0,714	1,216	1,736	2,066	2,709	3,450
26	0,711	1,211	1,729	2,058	2,699	3,439
28	0,708	1,207	1,723	2,052	2,691	3,430
30	0,706	1,203	1,718	2,046	2,684	3,422
35	0,701	1,195	1,708	2,034	2,670	3,405
40	0,698	1,190	1,700	2,025	2,659	3,392
45	0,695	1,185	1,694	2,018	2,650	3,382
50	0,693	1,182	1,689	2,012	2,643	3,373
60	0,690	1,177	1,682	2,004	2,632	3,360
70	0,688	1,173	1,677	1,998	2,625	3,351
80	0,686	1,170	1,673	1,993	2,619	3,344
90	0,685	1,168	1,670	1,990	2,614	3,338
100	0,684	1,166	1,667	1,987	2,610	3,334
150	0,681	1,161	1,660	1,978	2,599	3,320
200	0,680	1,159	1,656	1,974	2,594	3,313
250	0,679	1,157	1,654	1,971	2,590	3,309
300	0,678	1,156	1,653	1,969	2,588	3,306
400	0,677	1,155	1,651	1,967	2,585	3,302
500	0,677	1,154	1,650	1,966	2,583	3,300
1 000	0,676	1,152	1,648	1,963	2,580	3,295
∞	0,675	1,151	1,645	1,960	2,576	3,291

Tabelle C.4 — Vertrauensniveau 95,0 %
Table C.4 — Confidence level 95,0 %
($1 - \alpha = 0,95$)

n	p					
	0,50	0,75	0,90	0,95	0,99	0,999
2	1,393	2,062	2,668	3,031	3,713	4,477
3	1,160	1,812	2,415	2,777	3,459	4,222
4	1,036	1,668	2,265	2,627	3,307	4,071
5	0,960	1,574	2,165	2,525	3,204	3,967
6	0,910	1,509	2,093	2,451	3,129	3,891
7	0,875	1,460	2,039	2,395	3,070	3,832
8	0,849	1,423	1,996	2,350	3,024	3,785
9	0,828	1,394	1,961	2,313	2,985	3,746
10	0,812	1,370	1,933	2,283	2,953	3,713
11	0,799	1,351	1,909	2,258	2,926	3,685
12	0,788	1,334	1,889	2,236	2,903	3,660
13	0,779	1,320	1,872	2,218	2,882	3,639
14	0,772	1,308	1,857	2,201	2,864	3,620
15	0,765	1,298	1,844	2,187	2,848	3,603
16	0,759	1,289	1,832	2,174	2,834	3,588
17	0,754	1,281	1,822	2,163	2,821	3,574
18	0,749	1,274	1,812	2,152	2,809	3,561
19	0,745	1,267	1,804	2,143	2,799	3,550
20	0,742	1,261	1,797	2,135	2,789	3,540
22	0,736	1,251	1,783	2,120	2,772	3,521
24	0,730	1,243	1,772	2,108	2,758	3,505
26	0,726	1,236	1,763	2,097	2,745	3,491
28	0,722	1,230	1,755	2,088	2,735	3,479
30	0,719	1,225	1,748	2,080	2,725	3,469
35	0,713	1,214	1,733	2,063	2,706	3,446
40	0,708	1,206	1,723	2,051	2,691	3,429
45	0,704	1,200	1,714	2,041	2,679	3,416
50	0,701	1,195	1,708	2,033	2,669	3,404
60	0,697	1,188	1,697	2,022	2,655	3,387
70	0,694	1,182	1,690	2,013	2,644	3,374
80	0,691	1,178	1,684	2,007	2,636	3,365
90	0,689	1,175	1,680	2,002	2,629	3,357
100	0,688	1,173	1,677	1,998	2,624	3,351
150	0,684	1,166	1,666	1,985	2,609	3,332
200	0,681	1,162	1,661	1,979	2,601	3,322
250	0,680	1,160	1,658	1,975	2,596	3,316
300	0,679	1,158	1,656	1,973	2,593	3,312
400	0,678	1,156	1,653	1,970	2,589	3,307
500	0,678	1,155	1,652	1,968	2,586	3,304
1 000	0,676	1,153	1,649	1,964	2,581	3,297
∞	0,675	1,151	1,645	1,960	2,576	3,291

Tabelle C.5 — Vertrauensniveau 99,0 %
Table C.5 — Confidence level 99,0 %
$(1 - \alpha = 0,99)$

n	p					
	0,50	0,75	0,90	0,95	0,99	0,999
2	1,822	2,496	3,103	3,467	4,148	4,912
3	1,491	2,163	2,769	3,133	3,814	4,578
4	1,301	1,965	2,570	2,933	3,615	4,379
5	1,177	1,831	2,435	2,798	3,479	4,243
6	1,092	1,735	2,336	2,698	3,379	4,142
7	1,031	1,662	2,259	2,621	3,301	4,064
8	0,984	1,605	2,198	2,559	3,238	4,002
9	0,948	1,558	2,148	2,508	3,186	3,950
10	0,919	1,521	2,107	2,465	3,143	3,906
11	0,896	1,489	2,071	2,429	3,105	3,868
12	0,876	1,462	2,041	2,397	3,073	3,835
13	0,860	1,439	2,015	2,370	3,044	3,806
14	0,846	1,420	1,992	2,346	3,019	3,780
15	0,834	1,402	1,971	2,324	2,997	3,757
16	0,824	1,387	1,953	2,305	2,976	3,736
17	0,815	1,374	1,937	2,288	2,958	3,718
18	0,806	1,361	1,922	2,272	2,941	3,700
19	0,799	1,351	1,909	2,258	2,926	3,685
20	0,793	1,341	1,897	2,245	2,912	3,670
22	0,782	1,324	1,876	2,222	2,887	3,644
24	0,772	1,310	1,858	2,203	2,866	3,622
26	0,765	1,297	1,843	2,186	2,847	3,602
28	0,758	1,287	1,830	2,172	2,831	3,585
30	0,752	1,278	1,818	2,159	2,817	3,569
35	0,741	1,260	1,795	2,133	2,787	3,537
40	0,732	1,246	1,777	2,113	2,764	3,512
45	0,726	1,236	1,763	2,097	2,745	3,491
50	0,721	1,227	1,751	2,084	2,730	3,474
60	0,713	1,215	1,734	2,064	2,706	3,447
70	0,707	1,205	1,722	2,050	2,689	3,428
80	0,703	1,199	1,712	2,039	2,676	3,412
90	0,700	1,193	1,705	2,031	2,666	3,400
100	0,698	1,189	1,699	2,024	2,657	3,390
150	0,690	1,176	1,681	2,003	2,631	3,359
200	0,686	1,170	1,672	1,993	2,618	3,343
250	0,684	1,166	1,667	1,986	2,610	3,333
300	0,682	1,164	1,663	1,982	2,604	3,326
400	0,681	1,160	1,659	1,977	2,597	3,318
500	0,679	1,158	1,656	1,973	2,593	3,312
1 000	0,677	1,155	1,651	1,967	2,585	3,302
∞	0,675	1,151	1,645	1,960	2,576	3,291

Tabelle C.6 — Vertrauensniveau 99,9 %
Table C.6 — Confidence level 99,9 %
$(1 - \alpha = 0,999)$

n	p					
	0,50	0,75	0,90	0,95	0,99	0,999
2	2,327	3,002	3,609	3,972	4,654	5,417
3	1,900	2,575	3,182	3,545	4,227	4,991
4	1,647	2,320	2,927	3,291	3,972	4,736
5	1,476	2,147	2,754	3,117	3,798	4,562
6	1,353	2,020	2,626	2,989	3,670	4,434
7	1,260	1,921	2,526	2,889	3,571	4,334
8	1,187	1,843	2,446	2,809	3,490	4,254
9	1,130	1,778	2,380	2,743	3,424	4,188
10	1,083	1,725	2,325	2,687	3,368	4,131
11	1,045	1,679	2,277	2,639	3,319	4,083
12	1,013	1,640	2,236	2,597	3,277	4,041
13	0,986	1,606	2,200	2,560	3,240	4,003
14	0,962	1,577	2,168	2,528	3,207	3,970
15	0,942	1,551	2,140	2,499	3,178	3,941
16	0,924	1,527	2,114	2,473	3,151	3,914
17	0,909	1,507	2,091	2,449	3,127	3,889
18	0,895	1,488	2,070	2,428	3,104	3,867
19	0,883	1,471	2,051	2,408	3,084	3,846
20	0,872	1,456	2,034	2,390	3,065	3,827
22	0,853	1,430	2,003	2,358	3,032	3,793
24	0,838	1,407	1,977	2,330	3,003	3,764
26	0,824	1,388	1,954	2,306	2,978	3,738
28	0,813	1,372	1,935	2,285	2,955	3,715
30	0,804	1,357	1,917	2,267	2,935	3,694
35	0,784	1,328	1,882	2,228	2,894	3,651
40	0,770	1,306	1,854	2,198	2,861	3,616
45	0,759	1,289	1,832	2,174	2,834	3,588
50	0,751	1,275	1,815	2,155	2,812	3,564
60	0,738	1,255	1,788	2,125	2,778	3,527
70	0,729	1,240	1,768	2,103	2,752	3,499
80	0,722	1,229	1,753	2,086	2,733	3,477
90	0,716	1,220	1,742	2,073	2,717	3,459
100	0,712	1,213	1,732	2,062	2,704	3,445
150	0,700	1,192	1,704	2,029	2,664	3,398
200	0,693	1,182	1,689	2,012	2,643	3,373
250	0,690	1,176	1,681	2,002	2,630	3,358
300	0,687	1,172	1,675	1,995	2,621	3,347
400	0,684	1,166	1,667	1,987	2,610	3,334
500	0,682	1,163	1,663	1,982	2,604	3,326
1 000	0,679	1,157	1,654	1,971	2,590	3,309
∞	0,675	1,151	1,645	1,960	2,576	3,291

Anhang D
(normativ)

Faktoren $k_3(n; p; 1 - \alpha)$ für die Grenzen einseitig begrenzter statistischer Anteilsbereiche bei unbekanntem σ

Annex D
(normative)

One-sided statistical tolerance limit factors, $k_3(n; p; 1 - \alpha)$, for unknown σ

Tabelle D.1 — Vertrauensniveau 50,0 %
Table D.1 — Confidence level 50,0 %
$(1 - \alpha = 0{,}50)$

n	p					
	0,50	0,75	0,90	0,95	0,99	0,999
2	0,000	0,888	1,785	2,339	3,376	4,527
3	0,000	0,774	1,499	1,939	2,765	3,689
4	0,000	0,739	1,419	1,830	2,601	3,465
5	0,000	0,722	1,382	1,780	2,526	3,363
6	0,000	0,712	1,361	1,751	2,483	3,304
7	0,000	0,706	1,347	1,732	2,456	3,266
8	0,000	0,701	1,337	1,719	2,436	3,240
9	0,000	0,698	1,330	1,710	2,422	3,220
10	0,000	0,695	1,325	1,702	2,411	3,205
11	0,000	0,693	1,320	1,696	2,402	3,193
12	0,000	0,692	1,317	1,691	2,395	3,184
13	0,000	0,690	1,314	1,687	2,389	3,176
14	0,000	0,689	1,311	1,684	2,384	3,169
15	0,000	0,688	1,309	1,681	2,380	3,163
16	0,000	0,687	1,307	1,679	2,376	3,158
17	0,000	0,686	1,306	1,677	2,373	3,154
18	0,000	0,686	1,304	1,675	2,370	3,150
19	0,000	0,685	1,303	1,673	2,368	3,147
20	0,000	0,685	1,302	1,672	2,366	3,144
22	0,000	0,684	1,300	1,669	2,362	3,139
24	0,000	0,683	1,298	1,667	2,359	3,134
26	0,000	0,682	1,297	1,665	2,356	3,131
28	0,000	0,682	1,296	1,664	2,354	3,128
30	0,000	0,681	1,295	1,662	2,352	3,125
35	0,000	0,680	1,293	1,660	2,348	3,120
40	0,000	0,680	1,292	1,658	2,346	3,116
45	0,000	0,679	1,290	1,657	2,343	3,113
50	0,000	0,679	1,290	1,655	2,342	3,111
60	0,000	0,678	1,288	1,654	2,339	3,108
70	0,000	0,678	1,287	1,652	2,337	3,105
80	0,000	0,677	1,287	1,652	2,336	3,103
90	0,000	0,677	1,286	1,651	2,335	3,102
100	0,000	0,677	1,286	1,650	2,334	3,101
150	0,000	0,676	1,285	1,649	2,332	3,097
200	0,000	0,676	1,284	1,648	2,330	3,096
250	0,000	0,676	1,284	1,647	2,330	3,095
300	0,000	0,676	1,283	1,647	2,329	3,094
400	0,000	0,675	1,283	1,647	2,329	3,093
500	0,000	0,675	1,283	1,646	2,328	3,093
1 000	0,000	0,675	1,282	1,646	2,328	3,092
∞	0,000	0,675	1,282	1,645	2,327	3,091

Tabelle D.2 — Vertrauensniveau 75,0 %
Table D.2 — Confidence level 75,0 %
$(1 - \alpha = 0{,}75)$

n	p					
	0,50	0,75	0,90	0,95	0,99	0,999
2	0,708	2,225	3,993	5,122	7,267	9,673
3	0,472	1,465	2,502	3,152	4,396	5,806
4	0,383	1,256	2,134	2,681	3,726	4,911
5	0,332	1,152	1,962	2,464	3,422	4,508
6	0,297	1,088	1,860	2,336	3,244	4,274
7	0,272	1,044	1,791	2,251	3,127	4,119
8	0,252	1,011	1,740	2,189	3,042	4,008
9	0,236	0,985	1,702	2,142	2,978	3,925
10	0,223	0,964	1,671	2,104	2,927	3,858
11	0,212	0,947	1,646	2,074	2,886	3,805
12	0,202	0,933	1,625	2,048	2,852	3,760
13	0,193	0,920	1,607	2,026	2,823	3,722
14	0,186	0,909	1,591	2,008	2,797	3,690
15	0,179	0,900	1,578	1,991	2,776	3,662
16	0,173	0,891	1,566	1,977	2,756	3,637
17	0,168	0,884	1,555	1,964	2,739	3,615
18	0,163	0,877	1,545	1,952	2,724	3,595
19	0,158	0,870	1,536	1,942	2,710	3,577
20	0,154	0,865	1,529	1,932	2,697	3,561
22	0,147	0,854	1,514	1,916	2,675	3,533
24	0,140	0,846	1,503	1,902	2,657	3,509
26	0,135	0,838	1,492	1,889	2,641	3,488
28	0,130	0,831	1,483	1,879	2,626	3,470
30	0,125	0,825	1,475	1,869	2,614	3,454
35	0,116	0,813	1,458	1,850	2,588	3,421
40	0,108	0,803	1,445	1,834	2,568	3,396
45	0,102	0,795	1,435	1,822	2,552	3,375
50	0,097	0,789	1,426	1,811	2,539	3,358
60	0,088	0,778	1,412	1,795	2,518	3,331
70	0,082	0,770	1,401	1,783	2,502	3,311
80	0,076	0,763	1,393	1,773	2,489	3,295
90	0,072	0,758	1,386	1,765	2,479	3,282
100	0,068	0,753	1,380	1,758	2,470	3,271
150	0,056	0,738	1,361	1,736	2,442	3,235
200	0,048	0,730	1,350	1,723	2,425	3,214
250	0,043	0,724	1,342	1,714	2,414	3,200
300	0,039	0,719	1,337	1,708	2,406	3,190
400	0,034	0,713	1,329	1,699	2,395	3,176
500	0,031	0,709	1,324	1,693	2,387	3,167
1 000	0,022	0,699	1,311	1,679	2,369	3,144
∞	0,000	0,675	1,282	1,645	2,327	3,091

Tabelle D.3 — Vertrauensniveau 90,0 %
Table D.3 — Confidence level 90,0 %
$(1 - \alpha = 0{,}90)$

n	p					
	0,50	0,75	0,90	0,95	0,99	0,999
2	2,177	5,843	10,253	13,090	18,501	24,582
3	1,089	2,603	4,259	5,312	7,341	9,652
4	0,819	1,973	3,188	3,957	5,439	7,130
5	0,686	1,698	2,743	3,400	4,666	6,112
6	0,603	1,540	2,494	3,092	4,243	5,556
7	0,545	1,436	2,333	2,894	3,973	5,202
8	0,501	1,360	2,219	2,755	3,783	4,955
9	0,466	1,303	2,133	2,650	3,642	4,772
10	0,438	1,257	2,066	2,569	3,532	4,629
11	0,414	1,220	2,012	2,503	3,444	4,515
12	0,394	1,189	1,967	2,449	3,371	4,421
13	0,377	1,162	1,929	2,403	3,310	4,341
14	0,361	1,139	1,896	2,364	3,258	4,274
15	0,348	1,119	1,867	2,329	3,212	4,216
16	0,336	1,101	1,842	2,299	3,173	4,164
17	0,325	1,085	1,820	2,273	3,137	4,119
18	0,315	1,071	1,800	2,249	3,106	4,079
19	0,306	1,058	1,782	2,228	3,078	4,042
20	0,297	1,046	1,766	2,208	3,052	4,009
22	0,283	1,026	1,737	2,174	3,007	3,952
24	0,270	1,008	1,713	2,146	2,970	3,904
26	0,259	0,993	1,692	2,121	2,937	3,862
28	0,249	0,979	1,674	2,099	2,909	3,826
30	0,240	0,967	1,658	2,080	2,884	3,795
35	0,221	0,943	1,624	2,041	2,833	3,730
40	0,207	0,923	1,598	2,011	2,794	3,679
45	0,194	0,907	1,577	1,986	2,762	3,639
50	0,184	0,894	1,560	1,966	2,735	3,605
60	0,168	0,873	1,533	1,934	2,694	3,553
70	0,155	0,857	1,512	1,910	2,663	3,513
80	0,145	0,845	1,495	1,890	2,638	3,482
90	0,137	0,834	1,482	1,875	2,618	3,457
100	0,130	0,825	1,471	1,862	2,601	3,436
150	0,106	0,796	1,433	1,819	2,546	3,366
200	0,091	0,779	1,412	1,794	2,515	3,326
250	0,082	0,768	1,397	1,777	2,493	3,299
300	0,075	0,760	1,387	1,765	2,478	3,280
400	0,065	0,748	1,372	1,748	2,457	3,253
500	0,058	0,740	1,362	1,737	2,442	3,235
1 000	0,041	0,721	1,338	1,709	2,407	3,191
∞	0,000	0,675	1,282	1,645	2,327	3,091

Tabelle D.4 — Vertrauensniveau 95,0 %
Table D.4 — Confidence level 95,0 %
$(1 - \alpha = 0{,}95)$

n	p					
	0,50	0,75	0,90	0,95	0,99	0,999
2	4,465	11,763	20,582	26,260	37,094	49,276
3	1,686	3,807	6,156	7,656	10,553	13,858
4	1,177	2,618	4,162	5,144	7,043	9,215
5	0,954	2,150	3,407	4,203	5,742	7,502
6	0,823	1,896	3,007	3,708	5,062	6,612
7	0,735	1,733	2,756	3,400	4,642	6,063
8	0,670	1,618	2,582	3,188	4,354	5,688
9	0,620	1,533	2,454	3,032	4,144	5,414
10	0,580	1,466	2,355	2,911	3,982	5,204
11	0,547	1,412	2,276	2,815	3,853	5,037
12	0,519	1,367	2,211	2,737	3,748	4,901
13	0,495	1,329	2,156	2,671	3,660	4,787
14	0,474	1,296	2,109	2,615	3,585	4,691
15	0,455	1,268	2,069	2,567	3,521	4,608
16	0,439	1,243	2,033	2,524	3,464	4,536
17	0,424	1,221	2,002	2,487	3,415	4,472
18	0,411	1,201	1,974	2,453	3,371	4,415
19	0,398	1,183	1,949	2,424	3,331	4,364
20	0,387	1,167	1,926	2,397	3,296	4,319
22	0,367	1,138	1,887	2,349	3,234	4,239
24	0,350	1,114	1,853	2,310	3,182	4,172
26	0,335	1,093	1,825	2,276	3,137	4,115
28	0,322	1,075	1,800	2,246	3,098	4,066
30	0,311	1,059	1,778	2,220	3,064	4,023
35	0,286	1,026	1,733	2,167	2,995	3,934
40	0,267	1,000	1,698	2,126	2,941	3,866
45	0,251	0,978	1,669	2,093	2,898	3,811
50	0,238	0,961	1,646	2,065	2,863	3,766
60	0,216	0,933	1,609	2,023	2,808	3,696
70	0,200	0,912	1,582	1,990	2,766	3,643
80	0,187	0,895	1,560	1,965	2,733	3,602
90	0,176	0,882	1,542	1,944	2,707	3,568
100	0,167	0,870	1,527	1,927	2,684	3,540
150	0,136	0,832	1,478	1,870	2,612	3,448
200	0,117	0,810	1,450	1,838	2,570	3,396
250	0,105	0,795	1,431	1,816	2,543	3,361
300	0,096	0,784	1,417	1,800	2,522	3,336
400	0,083	0,769	1,398	1,778	2,495	3,301
500	0,074	0,759	1,386	1,764	2,476	3,277
1 000	0,053	0,734	1,354	1,728	2,431	3,221
∞	0,000	0,675	1,282	1,645	2,327	3,091

Tabelle D.5 — Vertrauensniveau 99,0 %
Table D.5 — Confidence level 99,0 %
($1 - \alpha = 0{,}99$)

n	p					
	0,50	0,75	0,90	0,95	0,99	0,999
2	22,501	58,940	103,029	131,427	185,617	246,558
3	4,021	8,729	13,996	17,371	23,896	31,348
4	2,271	4,716	7,380	9,084	12,388	16,176
5	1,676	3,455	5,362	6,579	8,940	11,650
6	1,374	2,849	4,412	5,406	7,335	9,550
7	1,188	2,491	3,860	4,728	6,412	8,346
8	1,060	2,254	3,498	4,286	5,812	7,565
9	0,966	2,084	3,241	3,973	5,389	7,015
10	0,893	1,955	3,048	3,739	5,074	6,606
11	0,834	1,853	2,898	3,557	4,830	6,289
12	0,785	1,771	2,777	3,410	4,634	6,035
13	0,744	1,703	2,677	3,290	4,473	5,827
14	0,709	1,645	2,594	3,189	4,338	5,653
15	0,678	1,596	2,522	3,103	4,223	5,505
16	0,651	1,553	2,460	3,028	4,124	5,377
17	0,627	1,515	2,406	2,963	4,037	5,266
18	0,606	1,481	2,358	2,906	3,961	5,167
19	0,586	1,451	2,315	2,854	3,893	5,080
20	0,568	1,424	2,276	2,808	3,832	5,002
22	0,537	1,377	2,210	2,729	3,727	4,867
24	0,511	1,337	2,154	2,663	3,640	4,755
26	0,488	1,303	2,107	2,607	3,566	4,661
28	0,468	1,274	2,066	2,558	3,502	4,579
30	0,450	1,248	2,030	2,516	3,447	4,508
35	0,413	1,195	1,958	2,430	3,335	4,365
40	0,384	1,154	1,902	2,365	3,249	4,255
45	0,360	1,122	1,858	2,312	3,181	4,169
50	0,341	1,095	1,821	2,269	3,125	4,098
60	0,309	1,052	1,765	2,203	3,039	3,988
70	0,285	1,020	1,722	2,153	2,974	3,906
80	0,266	0,995	1,689	2,114	2,924	3,843
90	0,250	0,975	1,662	2,083	2,884	3,791
100	0,237	0,957	1,639	2,057	2,850	3,749
150	0,193	0,901	1,566	1,972	2,741	3,611
200	0,166	0,869	1,525	1,923	2,679	3,533
250	0,149	0,847	1,497	1,891	2,638	3,481
300	0,136	0,831	1,477	1,868	2,609	3,444
400	0,117	0,809	1,449	1,836	2,568	3,393
500	0,105	0,795	1,430	1,815	2,541	3,359
1 000	0,074	0,759	1,385	1,763	2,475	3,276
∞	0,000	0,675	1,282	1,645	2,327	3,091

Tabelle D.6 — Vertrauensniveau 99,9 %
Table D.6 — Confidence level 99,9 %
($1 - \alpha = 0{,}999$)

n	p					
	0,50	0,75	0,90	0,95	0,99	0,999
2	225,079	589,447	1 030,337	1 314,316	1 856,232	2 465,649
3	12,891	27,753	44,420	55,106	75,775	99,385
4	5,108	10,360	16,122	19,813	26,980	35,204
5	3,208	6,363	9,782	11,970	16,223	21,114
6	2,406	4,740	7,247	8,849	11,965	15,551
7	1,969	3,881	5,921	7,223	9,754	12,668
8	1,692	3,353	5,113	6,235	8,416	10,926
9	1,501	2,995	4,570	5,573	7,521	9,763
10	1,359	2,736	4,181	5,099	6,881	8,933
11	1,250	2,540	3,886	4,741	6,401	8,310
12	1,162	2,385	3,656	4,463	6,027	7,825
13	1,090	2,259	3,471	4,238	5,726	7,436
14	1,030	2,156	3,318	4,054	5,479	7,117
15	0,978	2,068	3,190	3,899	5,272	6,850
16	0,934	1,993	3,080	3,767	5,096	6,623
17	0,895	1,928	2,986	3,653	4,945	6,427
18	0,860	1,871	2,903	3,554	4,813	6,257
19	0,829	1,820	2,830	3,466	4,696	6,107
20	0,801	1,775	2,765	3,389	4,593	5,974
22	0,752	1,698	2,655	3,256	4,417	5,748
24	0,712	1,634	2,563	3,147	4,273	5,563
26	0,677	1,580	2,487	3,056	4,152	5,408
28	0,647	1,533	2,421	2,978	4,049	5,276
30	0,621	1,493	2,365	2,910	3,961	5,162
35	0,566	1,412	2,251	2,775	3,783	4,935
40	0,524	1,350	2,165	2,674	3,650	4,765
45	0,490	1,300	2,098	2,594	3,545	4,631
50	0,462	1,260	2,043	2,529	3,460	4,523
60	0,418	1,198	1,958	2,429	3,330	4,357
70	0,384	1,152	1,895	2,355	3,235	4,236
80	0,358	1,115	1,847	2,298	3,161	4,142
90	0,336	1,086	1,808	2,252	3,102	4,067
100	0,318	1,062	1,775	2,215	3,053	4,005
150	0,257	0,983	1,671	2,093	2,896	3,806
200	0,222	0,937	1,612	2,025	2,809	3,696
250	0,198	0,907	1,574	1,980	2,751	3,623
300	0,181	0,886	1,546	1,948	2,710	3,571
400	0,156	0,856	1,507	1,904	2,653	3,500
500	0,139	0,836	1,482	1,874	2,616	3,453
1 000	0,098	0,787	1,420	1,803	2,526	3,340
∞	0,000	0,675	1,282	1,645	2,327	3,091

Anhang E
(normativ)

Faktoren $k_4(n; p; 1 - \alpha)$ für die Grenzen zweiseitig begrenzter statistischer Anteilsbereiche bei unbekanntem σ

Annex E
(normative)

Two-sided statistical tolerance limit factors, $k_4(n; p; 1 - \alpha)$, for unknown σ

Tabelle E.1 — Vertrauensniveau 50,0 %
Table E.1 — Confidence level 50,0 %
($1 - \alpha = 0{,}50$)

n	p					
	0,50	0,75	0,90	0,95	0,99	0,999
2	1,243	2,057	2,870	3,376	4,348	5,457
3	0,943	1,582	2,229	2,635	3,416	4,310
4	0,853	1,441	2,040	2,416	3,144	3,979
5	0,809	1,370	1,946	2,308	3,011	3,818
6	0,782	1,328	1,889	2,243	2,930	3,721
7	0,765	1,300	1,851	2,199	2,876	3,655
8	0,752	1,279	1,823	2,168	2,837	3,608
9	0,743	1,264	1,802	2,143	2,807	3,572
10	0,735	1,252	1,786	2,124	2,783	3,544
11	0,730	1,242	1,772	2,109	2,764	3,521
12	0,725	1,234	1,761	2,096	2,749	3,502
13	0,721	1,227	1,752	2,086	2,735	3,486
14	0,717	1,222	1,744	2,077	2,724	3,472
15	0,714	1,217	1,738	2,069	2,714	3,461
16	0,712	1,212	1,732	2,062	2,706	3,450
17	0,709	1,209	1,727	2,056	2,698	3,441
18	0,707	1,205	1,722	2,051	2,691	3,433
19	0,706	1,202	1,718	2,046	2,685	3,426
20	0,704	1,200	1,714	2,042	2,680	3,419
22	0,701	1,195	1,708	2,034	2,671	3,408
24	0,699	1,191	1,703	2,028	2,663	3,399
26	0,697	1,188	1,698	2,023	2,656	3,391
28	0,696	1,186	1,694	2,018	2,651	3,384
30	0,694	1,183	1,691	2,014	2,646	3,378
35	0,691	1,179	1,685	2,007	2,636	3,366
40	0,689	1,175	1,680	2,001	2,629	3,357
45	0,688	1,172	1,676	1,997	2,623	3,350
50	0,686	1,170	1,673	1,993	2,618	3,344
60	0,684	1,167	1,668	1,988	2,612	3,335
70	0,683	1,165	1,665	1,984	2,607	3,329
80	0,682	1,163	1,662	1,981	2,603	3,324
90	0,681	1,162	1,661	1,979	2,600	3,321
100	0,681	1,160	1,659	1,977	2,598	3,318
150	0,679	1,157	1,654	1,971	2,591	3,309
200	0,678	1,156	1,652	1,969	2,587	3,305
250	0,677	1,155	1,651	1,967	2,585	3,302
300	0,677	1,154	1,650	1,966	2,583	3,300
400	0,676	1,153	1,649	1,965	2,582	3,298
500	0,676	1,153	1,648	1,964	2,581	3,296
1 000	0,676	1,152	1,647	1,962	2,578	3,294
∞	0,675	1,151	1,645	1,960	2,576	3,291

Tabelle E.2 — Vertrauensniveau 75,0 %
Table E.2 — Confidence level 75,0 %
($1 - \alpha = 0{,}75$)

n	p					
	0,50	0,75	0,90	0,95	0,99	0,999
2	2,674	4,394	6,109	7,178	9,231	11,574
3	1,492	2,487	3,489	4,117	5,326	6,710
4	1,211	2,036	2,872	3,397	4,412	5,576
5	1,083	1,829	2,590	3,069	3,996	5,060
6	1,009	1,709	2,425	2,877	3,753	4,760
7	0,961	1,630	2,316	2,750	3,592	4,561
8	0,926	1,573	2,238	2,659	3,476	4,418
9	0,900	1,530	2,179	2,590	3,389	4,309
10	0,880	1,497	2,133	2,536	3,320	4,224
11	0,864	1,469	2,095	2,492	3,264	4,155
12	0,850	1,447	2,064	2,456	3,217	4,097
13	0,839	1,428	2,038	2,425	3,178	4,049
14	0,829	1,412	2,015	2,399	3,145	4,007
15	0,821	1,398	1,996	2,376	3,116	3,971
16	0,814	1,386	1,979	2,356	3,090	3,939
17	0,807	1,375	1,964	2,338	3,067	3,910
18	0,802	1,366	1,950	2,322	3,047	3,885
19	0,797	1,357	1,938	2,308	3,029	3,862
20	0,792	1,349	1,927	2,295	3,012	3,842
22	0,784	1,336	1,908	2,273	2,983	3,806
24	0,777	1,325	1,892	2,254	2,959	3,775
26	0,771	1,315	1,879	2,238	2,938	3,749
28	0,766	1,306	1,867	2,224	2,920	3,727
30	0,762	1,299	1,857	2,211	2,904	3,707
35	0,753	1,284	1,835	2,186	2,872	3,666
40	0,747	1,273	1,819	2,167	2,847	3,634
45	0,741	1,263	1,806	2,152	2,827	3,609
50	0,737	1,256	1,795	2,139	2,810	3,588
60	0,730	1,244	1,779	2,119	2,784	3,556
70	0,725	1,236	1,766	2,105	2,765	3,532
80	0,721	1,229	1,757	2,093	2,750	3,513
90	0,718	1,223	1,749	2,084	2,738	3,497
100	0,715	1,219	1,742	2,076	2,728	3,485
150	0,706	1,204	1,722	2,051	2,696	3,443
200	0,701	1,196	1,710	2,037	2,677	3,420
250	0,698	1,191	1,702	2,028	2,665	3,405
300	0,696	1,187	1,697	2,022	2,657	3,393
400	0,693	1,181	1,689	2,012	2,645	3,378
500	0,691	1,178	1,684	2,006	2,637	3,368
1000	0,686	1,169	1,672	1,992	2,618	3,344
∞	0,675	1,151	1,645	1,960	2,576	3,291

Tabelle E.3 — Vertrauensniveau 90,0 %
Table E.3 — Confidence level 90,0 %
$(1 - \alpha = 0{,}90)$

n	p					
	0,50	0,75	0,90	0,95	0,99	0,999
2	6,809	11,166	15,513	18,221	23,424	29,362
3	2,492	4,135	5,789	6,824	8,819	11,104
4	1,766	2,954	4,158	4,913	6,373	8,047
5	1,473	2,478	3,500	4,143	5,387	6,816
6	1,314	2,218	3,141	3,723	4,850	6,146
7	1,213	2,053	2,913	3,456	4,509	5,721
8	1,144	1,939	2,755	3,270	4,271	5,424
9	1,093	1,854	2,637	3,133	4,095	5,204
10	1,053	1,789	2,546	3,026	3,958	5,033
11	1,022	1,737	2,474	2,941	3,849	4,897
12	0,996	1,694	2,414	2,871	3,760	4,785
13	0,975	1,659	2,365	2,813	3,684	4,691
14	0,957	1,628	2,322	2,763	3,621	4,611
15	0,941	1,602	2,286	2,720	3,565	4,542
16	0,928	1,580	2,254	2,683	3,517	4,482
17	0,916	1,560	2,226	2,650	3,475	4,428
18	0,905	1,542	2,201	2,620	3,437	4,381
19	0,896	1,526	2,179	2,594	3,403	4,338
20	0,887	1,512	2,159	2,570	3,372	4,300
22	0,873	1,487	2,124	2,529	3,319	4,233
24	0,861	1,466	2,095	2,494	3,274	4,177
26	0,850	1,449	2,070	2,465	3,236	4,129
28	0,841	1,434	2,048	2,439	3,203	4,087
30	0,833	1,420	2,029	2,417	3,174	4,050
35	0,817	1,393	1,991	2,372	3,115	3,976
40	0,805	1,372	1,962	2,337	3,069	3,918
45	0,795	1,356	1,938	2,309	3,033	3,872
50	0,787	1,342	1,919	2,286	3,003	3,835
60	0,775	1,321	1,889	2,250	2,957	3,776
70	0,766	1,306	1,867	2,224	2,922	3,732
80	0,759	1,294	1,849	2,203	2,895	3,698
90	0,753	1,284	1,835	2,187	2,873	3,670
100	0,748	1,276	1,824	2,173	2,855	3,647
150	0,733	1,249	1,786	2,128	2,796	3,572
200	0,724	1,234	1,765	2,103	2,763	3,530
250	0,718	1,225	1,751	2,086	2,741	3,502
300	0,714	1,217	1,741	2,074	2,725	3,481
400	0,708	1,208	1,727	2,057	2,704	3,454
500	0,705	1,201	1,717	2,046	2,689	3,435
1 000	0,695	1,186	1,695	2,020	2,654	3,391
∞	0,675	1,151	1,645	1,960	2,576	3,291

Tabelle E.4 — Vertrauensniveau 95,0 %
Table E.4 — Confidence level 95,0 %
$(1 - \alpha = 0{,}95)$

n	p					
	0,50	0,75	0,90	0,95	0,99	0,999
2	13,652	22,383	31,093	36,520	46,945	58,844
3	3,585	5,938	8,306	9,789	12,648	15,920
4	2,288	3,819	5,369	6,342	8,221	10,377
5	1,812	3,041	4,291	5,077	6,598	8,346
6	1,566	2,639	3,733	4,423	5,758	7,294
7	1,416	2,392	3,390	4,020	5,242	6,647
8	1,314	2,224	3,157	3,746	4,890	6,207
9	1,240	2,101	2,987	3,546	4,633	5,886
10	1,183	2,008	2,857	3,394	4,437	5,641
11	1,139	1,935	2,754	3,273	4,282	5,446
12	1,103	1,875	2,671	3,175	4,156	5,288
13	1,074	1,825	2,602	3,094	4,051	5,156
14	1,049	1,784	2,543	3,025	3,962	5,045
15	1,027	1,748	2,493	2,965	3,886	4,949
16	1,009	1,717	2,449	2,914	3,819	4,866
17	0,992	1,689	2,411	2,869	3,761	4,792
18	0,978	1,665	2,377	2,829	3,709	4,727
19	0,965	1,644	2,347	2,793	3,663	4,669
20	0,954	1,625	2,319	2,761	3,621	4,617
22	0,934	1,591	2,272	2,705	3,550	4,526
24	0,918	1,563	2,233	2,659	3,489	4,450
26	0,904	1,540	2,200	2,619	3,438	4,386
28	0,892	1,519	2,171	2,585	3,394	4,330
30	0,881	1,502	2,146	2,555	3,355	4,281
35	0,860	1,466	2,095	2,495	3,277	4,182
40	0,844	1,438	2,056	2,449	3,216	4,106
45	0,831	1,417	2,025	2,412	3,168	4,045
50	0,821	1,399	2,000	2,382	3,129	3,996
60	0,804	1,371	1,960	2,336	3,069	3,919
70	0,792	1,351	1,931	2,301	3,023	3,861
80	0,783	1,335	1,909	2,274	2,988	3,816
90	0,776	1,322	1,890	2,252	2,960	3,780
100	0,769	1,312	1,875	2,234	2,936	3,750
150	0,749	1,278	1,826	2,176	2,860	3,653
200	0,738	1,258	1,799	2,143	2,817	3,598
250	0,731	1,246	1,781	2,122	2,788	3,562
300	0,725	1,236	1,768	2,106	2,768	3,536
400	0,718	1,224	1,750	2,085	2,740	3,500
500	0,713	1,216	1,738	2,071	2,721	3,476
1 000	0,701	1,196	1,709	2,037	2,676	3,419
∞	0,675	1,151	1,645	1,960	2,576	3,291

Tabelle E.5 — Vertrauensniveau 99,0 %
Table E.5 — Confidence level 99,0 %
$(1 - \alpha = 0{,}99)$

n	p					
	0,50	0,75	0,90	0,95	0,99	0,999
2	68,316	111,996	155,569	182,721	234,878	294,410
3	8,122	13,435	18,783	22,131	28,586	35,978
4	4,029	6,707	9,417	11,118	14,406	18,178
5	2,824	4,725	6,655	7,870	10,221	12,921
6	2,270	3,812	5,384	6,374	8,292	10,498
7	1,954	3,292	4,658	5,520	7,191	9,115
8	1,751	2,956	4,189	4,968	6,480	8,220
9	1,608	2,720	3,861	4,581	5,981	7,593
10	1,503	2,546	3,617	4,295	5,611	7,128
11	1,422	2,412	3,429	4,073	5,325	6,768
12	1,358	2,304	3,279	3,896	5,096	6,481
13	1,305	2,217	3,157	3,752	4,910	6,246
14	1,262	2,144	3,054	3,631	4,754	6,050
15	1,225	2,082	2,968	3,529	4,622	5,884
16	1,193	2,029	2,893	3,441	4,508	5,740
17	1,166	1,983	2,828	3,365	4,409	5,616
18	1,142	1,943	2,771	3,297	4,322	5,506
19	1,120	1,907	2,721	3,238	4,244	5,408
20	1,101	1,875	2,676	3,184	4,175	5,321
22	1,069	1,820	2,598	3,093	4,057	5,172
24	1,042	1,775	2,534	3,017	3,959	5,048
26	1,020	1,737	2,481	2,953	3,876	4,943
28	1,000	1,704	2,434	2,899	3,805	4,853
30	0,984	1,676	2,394	2,851	3,743	4,775
35	0,950	1,620	2,314	2,756	3,619	4,618
40	0,925	1,577	2,253	2,684	3,525	4,499
45	0,905	1,543	2,205	2,627	3,451	4,405
50	0,889	1,516	2,166	2,581	3,390	4,328
60	0,864	1,474	2,107	2,510	3,297	4,211
70	0,846	1,443	2,063	2,458	3,229	4,123
80	0,832	1,419	2,029	2,417	3,176	4,056
90	0,821	1,400	2,001	2,384	3,133	4,002
100	0,812	1,384	1,979	2,358	3,098	3,957
150	0,782	1,334	1,907	2,272	2,985	3,813
200	0,766	1,305	1,866	2,224	2,922	3,732
250	0,755	1,287	1,840	2,192	2,881	3,680
300	0,747	1,273	1,821	2,169	2,851	3,642
400	0,736	1,255	1,795	2,138	2,810	3,590
500	0,729	1,243	1,778	2,118	2,783	3,555
1 000	0,712	1,214	1,736	2,069	2,719	3,473
∞	0,675	1,151	1,645	1,960	2,576	3,291

Tabelle E.6 — Vertrauensniveau 99,9 %
Table E.6 — Confidence level 99,9 %
$(1 - \alpha = 0{,}999)$

n	p					
	0,50	0,75	0,90	0,95	0,99	0,999
2	683,179	1 119,993	1 555,734	1 827,252	2 348,839	2 944,180
3	25,759	42,595	59,543	70,154	90,611	114,037
4	8,780	14,598	20,487	24,185	31,330	39,528
5	5,130	8,566	12,056	14,252	18,501	23,384
6	3,706	6,210	8,760	10,366	13,479	17,059
7	2,975	4,998	7,063	8,366	10,892	13,800
8	2,535	4,269	6,043	7,163	9,336	11,839
9	2,244	3,786	5,365	6,364	8,302	10,535
10	2,037	3,442	4,883	5,795	7,565	9,607
11	1,882	3,185	4,523	5,370	7,015	8,912
12	1,762	2,985	4,243	5,039	6,587	8,373
13	1,667	2,826	4,019	4,775	6,245	7,941
14	1,589	2,696	3,836	4,559	5,965	7,588
15	1,524	2,587	3,683	4,378	5,731	7,292
16	1,469	2,495	3,554	4,226	5,532	7,042
17	1,422	2,416	3,443	4,094	5,362	6,827
18	1,381	2,348	3,346	3,980	5,213	6,639
19	1,345	2,287	3,261	3,879	5,083	6,475
20	1,313	2,234	3,186	3,790	4,968	6,329
22	1,260	2,144	3,059	3,640	4,772	6,082
24	1,216	2,070	2,955	3,517	4,612	5,879
26	1,180	2,009	2,868	3,414	4,479	5,711
28	1,149	1,957	2,795	3,327	4,366	5,568
30	1,123	1,913	2,732	3,253	4,268	5,444
35	1,071	1,825	2,607	3,104	4,075	5,199
40	1,032	1,759	2,513	2,993	3,930	5,016
45	1,002	1,708	2,440	2,907	3,817	4,873
50	0,978	1,667	2,382	2,837	3,727	4,757
60	0,941	1,604	2,293	2,732	3,588	4,582
70	0,914	1,559	2,228	2,654	3,487	4,453
80	0,894	1,524	2,178	2,595	3,410	4,355
90	0,877	1,496	2,139	2,548	3,348	4,276
100	0,864	1,473	2,106	2,510	3,298	4,212
150	0,822	1,401	2,003	2,387	3,137	4,006
200	0,799	1,361	1,947	2,319	3,048	3,893
250	0,783	1,336	1,910	2,275	2,990	3,819
300	0,773	1,317	1,883	2,244	2,949	3,767
400	0,758	1,292	1,847	2,201	2,893	3,695
500	0,748	1,276	1,824	2,173	2,856	3,648
1 000	0,725	1,236	1,768	2,106	2,768	3,535
∞	0,675	1,151	1,645	1,960	2,576	3,291

Anhang F
(normativ)

Verteilungsfreie einseitig begrenzte statistische Anteilsbereiche

Annex F
(normative)

One-sided distribution-free statistical tolerance intervals

Tabelle F.1 — Stichprobenumfänge n für einen Anteil p bei einem Vertrauensniveau $1 - \alpha$
Table F.1 — Sample size n for a proportion p at confidence level $1 - \alpha$

$1 - \alpha$	p = 0,500	p = 0,750	p = 0,900	p = 0,950	p = 0,990	p = 0,999
0,500	1	3	7	14	69	693
0,750	2	5	14	28	138	1 386
0,900	4	9	22	45	230	2 302
0,950	5	11	29	59	299	2 995
0,990	7	17	44	90	459	4 603
0,999	10	25	66	135	688	6 905

Anhang G
(normativ)

Verteilungsfreie zweiseitig begrenzte statistische Anteilsbereiche

Annex G
(normative)

Two-sided distribution-free statistical tolerance intervals

Tabelle G.1 — Stichprobenumfänge n für einen Anteil p bei einem Vertrauensniveau $1 - \alpha$
Table G.1 — Sample size n for a proportion p at confidence level $1 - \alpha$

$1 - \alpha$	$p = 0{,}500$	$p = 0{,}750$	$p = 0{,}900$	$p = 0{,}950$	$p = 0{,}990$	$p = 0{,}999$
0,500	3	7	17	34	168	1 679
0,750	5	10	27	53	269	2 692
0,900	7	15	38	77	388	3 889
0,950	8	18	46	93	473	4 742
0,990	11	24	64	130	662	6 636
0,999	14	33	89	181	920	9 230

Anhang H
(informativ)

Herleitung eines verteilungsfreien statistischen Anteilsbereiches bei beliebiger Verteilung

H.1 Verteilungsfreie einseitig begrenzte statistische Anteilsbereiche

Ein einseitig begrenzter statistischer Anteilsbereich mit unterer Anteilsgrenze $x_L = x_{\text{min}}$ (oder oberer Anteilsgrenze $x_U = x_{\text{max}}$) umfasst bei einem Stichprobenumfang n und einem Vertrauensniveau $1 - \alpha$ mindestens einen Anteil p der Grundgesamtheit, wenn die folgende Beziehung gilt:

$$p^n = \alpha$$

Offensichtlich kann für gegebenes n und $1 - \alpha$ der Wert von p aus dieser Formel ermittelt werden. Ebenso kann für gegebenes n und p der Wert von $1 - \alpha$ ermittelt werden. Auf gleiche Art und Weise kann für gegebenes p und $1 - \alpha$ der kleinste Wert von n ermittelt werden, der

$$p^n \leq \alpha$$

genügt. Tabelle F.1 liefert für gebräuchliche Werte von p und $1 - \alpha$ die erforderlichen Stichprobenumfänge für verteilungsfreie einseitig begrenzte statistische Anteilsbereiche.

H.2 Verteilungsfreie zweiseitig begrenzte statistische Anteilsbereiche

Ein zweiseitig begrenzter statistischer Anteilsbereich mit unterer Anteilsgrenze $x_L = x_{\text{min}}$ und oberer Anteilsgrenze $x_U = x_{\text{max}}$ umfasst bei einem Stichprobenumfang n und einem Vertrauensniveau $1 - \alpha$ mindestens einen Anteil p der Grundgesamtheit, wenn die folgende Beziehung gilt:

$$np^{n-1} - (n-1)p^n = \alpha$$

Genau so wie beim einseitig begrenzten Anteilsbereich kann, wenn von n, p und $1 - \alpha$ zwei beliebige Größen bekannt sind, die dritte mit Hilfe der Formel berechnet werden. Insbesondere kann bei gegebenem p und $1 - \alpha$ der kleinste Wert von n berechnet werden, der

$$np^{n-1} - (n-1)p^n \leq \alpha$$

genügt. Tabelle G.1 liefert für gebräuchliche Werte von p und $1 - \alpha$ die erforderlichen Stichprobenumfänge für verteilungsfreie zweiseitig begrenzte statistische Anteilsbereiche.

Annex H
(informative)

Construction of a distribution-free statistical tolerance interval for any type of distribution

H.1 One-sided distribution-free statistical tolerance intervals

A one-sided statistical tolerance interval with lower tolerance limit $x_L = x_{min}$ (or upper tolerance limit $x_U = x_{max}$) for sample size n at confidence level $1 - \alpha$ covers at least a proportion p of the population if the following relation holds:

$$p^n = \alpha$$

Evidently, for given n and $1 - \alpha$, the value of p can be determined from the formula. Similarly, for given n and p, the value of $1 - \alpha$ can be determined. In the same manner, for given p and $1 - \alpha$, the smallest value of n required to satisfy

$$p^n \leq \alpha$$

can be calculated. Table F.1 gives the required sample sizes for one-sided distribution-free statistical tolerance intervals for commonly used values of p and $1 - \alpha$.

H.2 Two-sided distribution-free statistical tolerance intervals

A two-sided statistical tolerance interval with lower tolerance limit $x_L = x_{min}$ and upper tolerance limit $x_U = x_{max}$ for sample size n at the confidence level $1 - \alpha$ covers at least a proportion p of the population if the following relation holds:

$$np^{n-1} - (n-1)p^n = \alpha$$

In the same manner as for a one-sided interval, given any two of n, p and $1 - \alpha$ then the third can be calculated from the formula. In particular, for given p and $1 - \alpha$, the smallest value of n required to satisfy

$$np^{n-1} - (n-1)p^n \leq \alpha$$

can be calculated. Table G.1 gives the required sample sizes for two-sided distribution-free statistical tolerance intervals for commonly used values of p and $1 - \alpha$.

Anhang I
(informativ)

Herleitung von Faktoren für zweiseitig begrenzte parametrische statistische Anteilsbereiche

In der mathematischen Statistik wird der Bereich für den Fall unbekannten Erwartungswertes μ und unbekannter Standardabweichung σ bei vorliegender Normalverteilung p-Anteilsbereich zum Vertrauensniveau $1 - \alpha$ genannt. Das Formelzeichen β wird manchmal anstelle von p verwendet. Obwohl die Definition eines p-Anteilsbereiches einfach ist, ist die Berechnung genauer Werte für die Faktoren ziemlich schwierig, vor allem ohne den Einsatz eines Rechners. Es werde der durch $\left[\bar{x} - k \times s, \bar{x} + k \times s\right]$ festgelegte Anteilsbereich betrachtet, wobei $\bar{x}$ und s der Stichprobenmittelwert bzw. die Stichprobenstandardabweichung sind. Das Problem, den p-Anteilsbereich zum Vertrauensniveau $1 - \alpha$ zu berechnen, ist dasselbe Problem, wie den Faktor k so zu bestimmen, dass

$$P_{\bar{x},s}\left[P_{\bar{x}}(\bar{x} - ks \le X \le \bar{x} + ks \mid \bar{x}, s) \ge p\right] = P_{\bar{x},s}\left[\int_{\bar{x}-ks}^{\bar{x}+ks} f(x)\mathrm{d}x \ge p\right] = 1 - \alpha \qquad \text{(I.1)}$$

gilt, wobei $f(x)$ die Wahrscheinlichkeitsdichte der standardisierten Normalverteilung ist, und P [ ] die Wahrscheinlichkeit des Ereignisses in den eckigen Klammern bezeichnet. Eine analytische Herleitung der Lösung von Gleichung (I.1) bezüglich k ist schwierig, wenn nicht unmöglich, so dass in der Vergangenheit Näherungsverfahren für die Berechnung des Faktors k verwendet worden sind. In der früheren Norm zu Anteilsbereichen (ISO 3207:1975) waren die Faktoren in der Tabelle für zweiseitig begrenzte statistische Anteilsbereich im Falle unbekannter Werte für μ und σ mit solch einem Verfahren erhalten worden.

Erst kürzlich sind Rechnerprogramme entwickelt worden, die numerische Integration für die exakte Berechnung der Faktoren verwenden. In Anhang E sind die Faktoren, die unter Verwendung numerischer Integration in einem iterativen Prozess ermittelt wurden, berechnet worden, um mindestens das geforderte Vertrauensniveau zu erreichen.

Ausführliche Tabellen des Faktors k für zweiseitig begrenzte statistische Anteilsbereiche bei Normalverteilung mit unbekanntem μ und σ sind von Garaj und Janiga [8] veröffentlicht worden. Diese Tabellen entsprechen Anhang E in diesem Teil von ISO 16269, aber die Anzahl der Einträge und die Auswahl für n, p und α sind größer als in den Tabellen in Anhang E. Eine Einführung zu diesen Tabellen wird in Englisch, Französisch, Deutsch und Slowakisch gegeben.

Annex I
(informative)

Computation of factors for two-sided parametric statistical tolerance intervals

In the field of mathematical statistics, the interval for the case of unknown mean μ and unknown standard deviation σ is called a p-content tolerance interval with confidence level $1 - \alpha$ for a normal distribution. The symbol β is sometimes used instead of the symbol p. Although the definition of a p-content tolerance interval is simple, the computation of precise values of tolerance factors is fairly difficult, particularly without the use of a computer. We consider the tolerance interval constructed by [$\bar{x} - k \times s$, $\bar{x} + k \times s$], where $\bar{x}$ and s are, respectively, the sample mean and the sample standard deviation. The problem of computing the p-content tolerance interval with confidence level $1 - \alpha$ is the same problem as obtaining the factor k such that

$$P_{\bar{x},s}\left[P_{\bar{x}}(\bar{x} - ks \le X \le \bar{x} + ks \mid \bar{x}, s) \ge p\right] = P_{\bar{x},s}\left[\int_{\bar{x}-ks}^{\bar{x}+ks} f(x)\mathrm{d}x \ge p\right] = 1 - \alpha \qquad \text{(I.1)}$$

where $f(x)$ is the probability density function of the standard normal distribution and $P[\ \ ]$ denotes the probability of the events in bracket. Analytical derivation of the solution of Equation (I.1) with respect to k is difficult, if not impossible, so approximate methods for the computation of factor k have been used in the past. In the previous standard of tolerance interval (ISO 3207:1975), the factors in the table for two-sided statistical tolerance interval for the case of unknown μ and σ were obtained by such a method.

More recently, computer programs that use numerical integration for the exact computation of the factors have been developed. In Annex E the factors, which were derived by an iterative process using numerical integration, have been calculated to give at least the required confidence level.

Extensive tables of the factor k for two-sided statistical tolerance interval for the normal distribution with unknown μ and σ have been published by Garaj and Janiga [8]. These tables correspond to Annex E in this part of ISO 16269, but the number of entries and the ranges of n, p and α are larger than in the tables in Annex E. Introduction to the tables are given in English, French, German, and Slovak.

Literaturhinweise
Bibliography

[1] ISO 2602, *Statistical interpretation of test results — Estimation of the mean — Confidence interval*

[2] ISO 2854, *Statistical interpretation of data — Techniques of estimation and tests relating to means and variances*

[3] ISO 3207[N3], *Statistical interpretation of data — Determination of a statistical tolerance interval*

[4] ISO 5479, *Statistical interpretation of data — Tests for departure from the normal distribution*

[5] *Guide to the expression of uncertainty in measurement (GUM),* BIPM, IEC, IFCC, ISO, IUPAC, IUPAP, OIML, 1993, corrected and reprinted in 1995 [1]

[6] EBERHARDT, K.R., MEE, R.W. and REEVE, C.P. Computing factors for exact two-sided tolerance limits for a normal distribution. *Communications in Statistics Part B*, **18**, 1989, pp. 397-413

[7] FUJINO, Y. Exact two-sided tolerance limits for a normal distribution. *Japanese Journal of Applied Statistics*, **18**, 1989, pp. 29-36 (in Japanese)

[8] GARAJ, I and JANIGA, I. Two-sided tolerance limits of normal distribution for unknown mean and variability. Bratislava: *Vydavateľstvo STU,* 2002, p. 147

[9] HANSON, D.L. and OWEN, D.B. Distribution-free tolerance limits elimination of the requirement that cumulative distribution functions be continuous. *Technometrics*, **5**, 1963, pp. 518-522

[10] HAHN, G. and MEEKER, W.Q. *Statistical Intervals: A guide for practitioners*. John Wiley & Sons, 1991

[11] ODEH, R.E. and OWEN, D.B. *Tables for normal tolerance limits, Sampling Plans, and Screening*. 1980, Marcel Dekker, Inc., New York and Basel

[12] PATEL, J.K. Tolerance Limits — A Review. *Communications in Statistics — Theory and Methods*. **15**, 1986, pp. 2719-2762

[13] SCHEFFÉ, H. and TUKEY, J.W. 1945. Non-parametric estimation. I. Validation of order statistics. *The Annals of Mathematical Statistics*, **16**, pp. 187-192

[14] VANGEL, M.G. One-sided nonparametric tolerance limits. *Communications in Statistics — Simulation and Computation*, **23**, 1994, pp. 1137-1154

[15] WILKS, S.S. Determination of Sample Sizes for Setting Tolerance Limits. *The Annals of Mathematical Statistics*, **12**, 1941, pp. 91-96

---

1) Auch ENV 13005:1999 genannt./Also referred to as ENV 13005:1999.

N3) Nationale Fußnote: 2005 zurückgezogen.

August 2007

DIN ISO 16269-7

ICS 03.120.30

Statistische Auswertung von Daten – Teil 7: Median – Punktschätzung und Vertrauensbereiche (ISO 16269-7:2001); Text in Deutsch, Englisch

Statistical interpretation of data –
Part 7: Median –
Estimation and confidence intervals (ISO 16269-7:2001); Text in German, English

Interprétation statistique des données –
Partie 7: Médiane –
Estimation et intervalles de confiance (ISO 16269-7:2001); Texte en allemand, anglais

Gesamtumfang 27 Seiten

Normenausschuss Qualitätsmanagement, Statistik und Zertifizierungsgrundlagen (NQSZ) im DIN

Nationales Vorwort

Dieses Dokument wurde im Technischen Komitee ISO/TC 69, *Anwendung statistischer Verfahren*, vom früheren Unterkomitee 3, *Anwendung statistischer Verfahren in der Normung*, erarbeitet, dessen Sekretariat von AFNOR (Frankreich) gehalten wurde. Das zuständige deutsche Gremium ist der Arbeitsausschuss NA 147-00-02 AA, *Angewandte Statistik*, im Normenausschuss Qualitätsmanagement, Statistik und Zertifizierungsgrundlagen.

Anhang A und Anhang B dieses Teils von ISO 16269 dienen nur zur Information. Der NA 147-00-02 AA bevorzugt das im Anhang A dargestellte „klassische Verfahren", weil dieses im Gegensatz zu der Methode, die im Hauptteil der Norm dargestellt ist, universell für alle Stichprobenumfänge und für alle Vertrauensniveaus anwendbar ist.

Es wird auf die Möglichkeit hingewiesen, dass für Teile dieses Teils von ISO 16269 Patentrechte bestehen können. Das DIN übernimmt keine Verantwortung für die Kennzeichnung solcher Rechte.

Die Normenreihe ISO 16269 umfasst unter dem Haupttitel *Statistische Auswertung von Daten* die folgenden Teile, von denen sich einige noch in Erarbeitung befinden:

— *Teil 1: Leitfaden zur statistischen Auswertung von Daten*

— *Teil 2: Darstellung statistischer Daten*

— *Teil 3: Tests auf Abweichung von der Normalverteilung*

— *Teil 4: Erkennung und Behandlung von Ausreißern*

— *Teil 5: Schätzung und Tests für Mittelwerte und Varianzen für die Normalverteilung, mit Gütefunktionen der Tests*

— *Teil 6: Ermittlung von statistischen Anteilsbereichen*

— *Teil 7: Median — Punktschätzung und Vertrauensbereiche*

— *Teil 8: Ermittlung von Prognosebereichen*

Statistische Auswertung von Daten —
Teil 7: Median — Punktschätzung und Vertrauensbereiche

Inhalt

Seite

Tabellen

Formblätter

**Statistical interpretation of data —
Part 7: Median — Estimation and confidence intervals**

Contents

1 Anwendungsbereich

Dieser Teil von ISO 16269 legt die Verfahren fest, mit denen ein Punktschätzwert und Vertrauensbereiche für den Median einer beliebigen stetigen Wahrscheinlichkeitsverteilung einer Grundgesamtheit auf der Grundlage einer Zufallsstichprobe aus dieser Grundgesamtheit ermittelt werden. Diese Verfahren sind „verteilungsfrei", das heißt sie erfordern keine Kenntnis der Familie von Verteilungsfunktionen, zu der die Verteilung der Grundgesamtheit gehört. Ähnliche Verfahren können zur Schätzung von Quartilen und Perzentilen angewendet werden.

ANMERKUNG Der Median ist das zweite Quartil und das fünfzigste Perzentil. Ähnliche Verfahren für andere Quartile oder Perzentile werden in diesem Teil von ISO 16269 nicht beschrieben.

2 Normative Verweisungen

Die folgenden normativen Dokumente enthalten Festlegungen, die durch Verweisung in diesem Text Bestandteil dieses Teils von ISO 16269 sind. Bei datierten Verweisungen, nachfolgenden Ergänzungen oder Revisionen gilt keine dieser neueren Ausgaben. Vertragspartner, deren Vereinbarungen auf diesem Teil von ISO 16269 basieren, werden jedoch gebeten, die Möglichkeit zu prüfen, ob die jeweils neuesten Ausgaben der im Folgenden genannten normativen Dokumente angewendet werden können. Bei undatierten Verweisungen gilt die letzte Ausgabe des in Bezug genommenen normativen Dokuments. Die Mitglieder von IEC und ISO führen Verzeichnisse der gegenwärtig gültigen Internationalen Normen.

ISO 2602, *Statistische Auswertung von Ermittlungsergebnissen — Schätzung des Erwartungswertes — Vertrauensbereich*

ISO 3534-1, *Statistik — Begriffe und Formelzeichen — Teil 1: Wahrscheinlichkeit und allgemeine statistische Begriffe*

3 Begriffe und Formelzeichen

3.1 Begriffe

Für die Anwendung dieses Teils von ISO 16269 gelten die Begriffe nach ISO 2602 und ISO 3534-1 und die folgenden Begriffe.

3.1.1
k-te Ranggröße einer Stichprobe
Wert des k-ten Elements in einer Stichprobe, wenn die Elemente in nicht-absteigender Wertefolge geordnet sind

ANMERKUNG Für eine Stichprobe mit n Elementen in nicht-absteigender Wertefolge ist die k-te Ranggröße $x_{[k]}$. Dabei ist

$$x_{[1]} \leq x_{[2]} \leq \ldots \leq x_{[n]}$$

3.1.2
Median einer stetigen Wahrscheinlichkeitsverteilung
Wert, für den die Anteile der Verteilung zu beiden Seiten des Wertes jeweils genau einer Hälfte entsprechen

ANMERKUNG In diesem Teil von ISO 16269 wird der Median einer stetigen Wahrscheinlichkeitsverteilung Median der Grundgesamtheit genannt und mit dem Symbol M bezeichnet.

1 Scope

This part of ISO 16269 specifies the procedures for establishing a point estimate and confidence intervals for the median of any continuous probability distribution of a population, based on a random sample size from the population. These procedures are distribution-free, i.e. they do not require knowledge of the family of distributions to which the population distribution belongs. Similar procedures can be applied to estimate quartiles and percenttiles.

NOTE The median is the second quartile and the fiftieth percentile. Similar procedures for other quartiles or percentiles are not described in this part of ISO 16269.

2 Normative references

The following normative documents contain provisions which, through reference in this text, constitute provisions of this part of ISO 16269. For dated references, subsequent amendments to, or revisions of, any of these publications do not apply. However, parties to agreements based on this part of ISO 16269 are encouraged to investigate the possibility of applying the most recent editions of the normative documents indicated below. For undated references, the latest edition of the normative document referred to applies. Members of ISO and IEC maintain registers of currently valid International Standards.

ISO 2602, *Statistical interpretation of test results —Estimation of the mean — Confidence interval*

ISO 3534-1, *Statistics — Vocabulary and symbols — Part 1: Probability and general statistical terms*

3 Terms, definitions and symbols

3.1 Terms and definitions

For the purposes of this part of ISO 16269, the terms and definitions given in ISO 2602 and ISO 3534-1 and the following apply.

3.1.1
kth order statistic of a sample
value of the kth element in a sample when the elements are arranged in non-decreasing order of their values

NOTE For a sample of n elements arranged in non-decreasing order, the kth order statistics is $x_{[k]}$ where

$$x_{[1]} \leq x_{[2]} \leq \ldots \leq x_{[n]}$$

3.1.2
median of a continuous probability distribution
value such that the proportions of the distribution lying on either side of it are both equal to one half

NOTE In this part of ISO 16269, the median of a continuous probability distribution is called the population median and is denoted by M.

3.2 Formelzeichen

a untere Wertegrenze der Variablen in der Grundgesamtheit

b obere Wertegrenze der Variablen in der Grundgesamtheit

C Vertrauensniveau

c Konstante zur Ermittlung des Wertes von k in Gleichung (1)

k Rangzahl der für die untere Vertrauensgrenze verwendeten Ranggröße

M Median der Grundgesamtheit

n Stichprobenumfang

T_1 aus einer Stichprobe abgeleitete untere Vertrauensgrenze

T_2 aus einer Stichprobe abgeleitete obere Vertrauensgrenze

u Quantil der standardisierten Normalverteilung

$x_{[i]}$ i-tes kleinstes Element in einer Stichprobe, wenn die Elemente in nicht-absteigender Wertefolge geordnet sind

$\tilde{x}$ Median der Stichprobe

y mit Hilfe von Gleichung (1) berechneter Zwischenwert zur Ermittlung von k

4 Anwendbarkeit

Das in diesem Teil von ISO 16269 beschriebene Verfahren ist für jede stetige Grundgesamtheit gültig, sofern die Stichprobe zufällig entnommen wird.

ANMERKUNG Kann angenommen werden, dass die Verteilung der Grundgesamtheit näherungsweise eine Normalverteilung ist, so ist der Median der Grundgesamtheit näherungsweise gleich dem Mittelwert der Grundgesamtheit, und die Vertrauensgrenzen sollten in Übereinstimmung mit ISO 2602 berechnet werden.

5 Punktschätzung

Ein Punktschätzwert für den Median der Grundgesamtheit ist durch den Median der Stichprobe, $\tilde{x}$, gegeben. Der Median der Stichprobe ergibt sich durch Nummerierung der Stichprobeneinheiten in nicht-absteigender Wertefolge. Er ist dann

— für ungerade n der Wert mit der Rangzahl $[(n + 1)/2]$ oder

— für gerade n der arithmetische Mittelwert der Werte mit den Rangzahlen $(n/2)$ und $[(n/2) + 1]$.

ANMERKUNG Dieser Schätzwert ist für asymmetrische Verteilungsfunktionen im Allgemeinen nicht erwartungstreu; ein für jegliche Grundgesamtheit erwartungstreuer Schätzwert existiert jedoch nicht.

3.2 Symbols

a lower bound to the values of the variable in the population

b upper bound to the values of the variable in the population

C confidence level

c constant used for determining the value of k in equation (1)

k number of the order statistic used for the lower confidence limit

M population median

n sample size

T_1 lower confidence limit derived from a sample

T_2 upper confidence limit derived from a sample

u fractile of the standardized normal distribution

$x_{[i]}$ ith smallest element in a sample when the elements are arranged in a non-decreasing order of their values

$\tilde{x}$ sample median

y intermediate value calculated to determine k using equation (1)

4 Applicability

The method described in this part of ISO 16269 is valid for any continuous population, provided that the sample is drawn at random.

NOTE If the distribution of the population can be assumed to be approximately normal, the population median is approximately equal to the population mean and the confidence limits should be calculated in accordance with ISO 2602.

5 Point estimation

A point estimate of the population median is given by the sample median, $\tilde{x}$. The sample median is obtained by numbering the sample elements in non-decreasing order of their values and taking the value of

— the $[(n + 1)/2]$th order statistic, if n is odd, or

— the arithmetic mean of the $(n/2)$th and $[(n/2) + 1]$th order statistics, if n is even.

NOTE This estimator is in general biased for asymmetrical distributions, but an estimator that is unbiased for any population does not exist.

6 Vertrauensbereich

6.1 Allgemeines

Ein *zweiseitig abgegrenzter Vertrauensbereich* für den Median der Grundgesamtheit ist ein geschlossenes Intervall $[T_1, T_2]$. Dabei ist $T_1 < T_2$; T_1 und T_2 werden untere beziehungsweise obere Vertrauensgrenze genannt.

Sind a und b die untere beziehungsweise obere Grenze der Variablen in der Grundgesamtheit, dann hat ein *einseitig begrenzter Vertrauensbereich* die Form $[T_1, b)$ oder die Form $(a, T_2]$.

ANMERKUNG Aus praktischen Gründen wird a für Variablen, die nicht negativ sein können, oft als null angenommen, und b wird für Variablen, die keine natürliche obere Grenze haben, oft als unendlich angenommen.

Die praktische Bedeutung eines Vertrauensbereichs besteht darin, dass der Beobachter annimmt, die Unbekannte M liege innerhalb des Bereichs, und dabei eine kleine nominelle Wahrscheinlichkeit zulässt, dass diese Aussage falsch sein kann. Die Wahrscheinlichkeit, dass auf diese Weise berechnete Bereiche den Median der Grundgesamtheit einschließen, heißt Vertrauensniveau.

6.2 Klassisches Verfahren

Das klassische Verfahren wird in Anhang A beschrieben. Es umfasst die Lösung eines Paares von Ungleichungen. Alternativen zur Lösung dieser Ungleichungen werden nachstehend für mehrere Vertrauensniveaus angegeben.

6.3 Kleine Stichproben ($5 \le n \le 100$)

Die Werte von k, die bei Stichprobenumfängen zwischen 5 und 100 die Gleichungen in Anhang A für acht der gängigsten Vertrauensniveaus erfüllen, sind in Tabelle 1 für den einseitig begrenzten Fall und in Tabelle 2 für den zweiseitig begrenzten Fall aufgeführt. Die Werte von k werden so angegeben, dass die untere Vertrauensgrenze

$$T_1 = x_{[k]}$$

und die obere Vertrauensgrenze

$$T_2 = x_{[n-k+1]}$$

ist. Dabei sind $x_{[1]}, x_{[2]}, \ldots, x_{[n]}$ die geordneten Beobachtungswerte der Stichprobe.

Für kleine Werte von n kann es vorkommen, dass auf Ranggrößen basierende Vertrauensgrenzen bei bestimmten Vertrauensniveaus nicht verfügbar sind.

Ein Beispiel für die Berechnung der Vertrauensgrenzen für kleine Stichproben wird im Abschnitt B.1 gegeben und im Formblatt A in Anhang B dargestellt.

6 Confidence interval

6.1 General

A *two-sided confidence interval* for the population median is a closed interval of the form $[T_1, T_2]$, where $T_1 < T_2$; T_1 and T_2 are called the *lower* and *upper confidence limits*, respectively.

If a and b are respectively the lower and upper bounds of the variable in the population, a *one-sided confidence interval* will be of the form $[T_1, b)$ or of the form $(a, T_2]$.

NOTE For practical purposes, a is often taken to be zero for variables that cannot be negative, and b is often taken to be infinity for variables with no natural upper bound.

The practical meaning of a confidence interval is that the experimenter claims that the unknown M lies within the interval, while admitting a small nominal probability that this assertion may be wrong. The probability that intervals calculated in such a way cover the population median is called the confidence level.

6.2 Classical method

The classical method is described in Annex A. It involves solving a pair of inequalities. Alternatives to solving these inequalities are given below for a range of confidence levels.

6.3 Small samples ($5 \leq n \leq 100$)

The values of k satisfying the equations in Annex A for eight of the most commonly used confidence levels for sample sizes varying from 5 to 100 sampling units are given in Table 1 for the one-sided case and in Table 2 for the two-sided case. The values of k are given such that the lower confidence limit is

$$T_1 = x_{[k]}$$

and the upper confidence limit is

$$T_2 = x_{[n-k+1]}$$

where $x_{[1]}, x_{[2]}, \ldots, x_{[n]}$ are the ordered observed values in the sample.

For small values of n, it can happen that confidence limits based on order statistics are unavailable at certain confidence levels.

An example of the calculation of the confidence limits for small samples is given in B.1 and shown in Form A of Annex B.

Tabelle 1 — Genaue Werte von k für Stichprobenumfänge von 5 bis 100: einseitig begrenzter Fall
Table 1 — Exact values of k for sample sizes varying from 5 to 100: one-sided case

Stichprobenumfang/Sample size n	k Vertrauensniveau/Confidence level %								Stichprobenumfang/Sample size n	k Vertrauensniveau/Confidence level %							
	80	90	95	98	99	99,5	99,8	99,9		80	90	95	98	99	99,5	99,8	99,9
5	2	1	1	a	a	a	a	a	55	24	23	21	20	19	18	17	16
6	2	1	1	1	a	a	a	a	56	25	23	22	20	19	18	17	17
7	2	2	1	1	1	a	a	a	57	25	24	22	21	20	19	18	17
8	3	2	2	1	1	1	a	a	58	26	24	23	21	20	19	18	17
9	3	3	2	2	1	1	1	a	59	26	25	23	22	21	20	19	18
10	4	3	2	2	1	1	1	1	60	27	25	24	22	21	20	19	18
11	4	3	3	2	2	1	1	1	61	27	25	24	23	21	21	19	19
12	5	4	3	3	2	2	1	1	62	28	26	25	23	22	21	20	19
13	5	4	4	3	2	2	2	1	63	28	26	25	23	22	21	20	19
14	5	5	4	3	3	2	2	2	64	29	27	25	24	23	22	21	20
15	6	5	4	4	3	3	2	2	65	29	27	26	24	23	22	21	20
16	6	5	5	4	3	3	2	2	66	30	28	26	25	24	23	21	21
17	7	6	5	4	4	3	3	2	67	30	28	27	25	24	23	22	21
18	7	6	6	5	4	4	3	3	68	31	29	27	26	24	23	22	21
19	8	7	6	5	5	4	3	3	69	31	29	28	26	25	24	23	22
20	8	7	6	5	5	4	4	3	70	31	30	28	26	25	24	23	22
21	9	8	7	6	5	5	4	4	71	32	30	29	27	26	25	23	23
22	9	8	7	6	6	5	4	4	72	32	31	29	27	26	25	24	23
23	9	8	8	7	6	5	5	4	73	33	31	29	28	27	26	24	23
24	10	9	8	7	6	6	5	5	74	33	31	30	28	27	26	25	24
25	10	9	8	7	7	6	5	5	75	34	32	30	29	27	26	25	24
26	11	10	9	8	7	7	6	5	76	34	32	31	29	28	27	26	25
27	11	10	9	8	8	7	6	6	77	35	33	31	30	28	27	26	25
28	12	11	10	9	8	7	7	6	78	35	33	32	30	29	28	26	25
29	12	11	10	9	8	8	7	6	79	36	34	32	30	29	28	27	26
30	13	11	11	9	9	8	7	7	80	36	34	33	31	30	29	27	26
31	13	12	11	10	9	8	8	7	81	37	35	33	31	30	29	28	27
32	14	12	11	10	9	9	8	7	82	37	35	34	32	31	29	28	27
33	14	13	12	11	10	9	8	8	83	38	36	34	32	31	30	28	28
34	15	13	12	11	10	10	9	8	84	38	36	34	33	31	30	29	28
35	15	14	13	11	11	10	9	9	85	39	37	35	33	32	31	29	28
36	15	14	13	12	11	10	10	9	86	39	37	35	34	32	31	30	29
37	16	15	14	12	11	11	10	9	87	40	38	36	34	33	32	30	29
38	16	15	14	13	12	11	10	10	88	40	38	36	34	33	32	31	30
39	17	16	14	13	12	12	11	10	89	41	38	37	35	34	32	31	30
40	17	16	15	14	13	12	11	10	90	41	39	37	35	34	33	31	30
41	18	16	15	14	13	12	11	11	91	41	39	38	36	34	33	32	31
42	18	17	16	14	14	13	12	11	92	42	40	38	36	35	34	32	31
43	19	17	16	15	14	13	12	12	93	42	40	39	37	35	34	33	32
44	19	18	17	15	14	14	13	12	94	43	41	39	37	36	35	33	32
45	20	18	17	16	15	14	13	12	95	43	41	39	38	36	35	34	33
46	20	19	17	16	15	14	13	13	96	44	42	40	38	37	35	34	33
47	21	19	18	17	16	15	14	13	97	44	42	40	38	37	36	34	33
48	21	20	18	17	16	15	14	13	98	45	43	41	39	38	36	35	34
49	22	20	19	17	16	16	15	14	99	45	43	41	39	38	37	35	34
50	22	20	19	18	17	16	15	14	100	46	44	42	40	38	37	36	35
51	22	21	20	18	17	16	15	15									
52	23	21	20	19	18	17	16	15									
53	23	22	21	19	18	17	16	15									
54	24	22	21	19	19	18	17	16									

[a] Für diesen Stichprobenumfang können bei diesem Vertrauensniveau kein Vertrauensbereich und keine Vertrauensgrenze ermittelt werden.
A confidence interval and confidence limit cannot be determined for this sample size at this confidence level.

Tabelle 2 — Genaue Werte von k für Stichprobenumfänge von 5 bis 100: zweiseitig begrenzter Fall
Table 2 — Exact values of k for sample sizes varying from 5 to 100: two-sided case

Stichprobenumfang/Sample size n	k Vertrauensniveau/Confidence level %								Stichprobenumfang/Sample size n	k Vertrauensniveau/Confidence level %							
	80	90	95	98	99	99,5	99,8	99,9		80	90	95	98	99	99,5	99,8	99,9
5	1	1	a	a	a	a	a	a	55	23	21	20	19	18	17	16	15
6	1	1	1	a	a	a	a	a	56	23	22	21	19	18	18	17	16
7	2	1	1	1	a	a	a	a	57	24	22	21	20	19	18	17	16
8	2	2	1	1	1	a	a	a	58	24	23	22	20	19	18	17	17
9	3	2	2	1	1	1	a	a	59	25	23	22	21	20	19	18	17
10	3	2	2	1	1	1	1	a	60	25	24	22	21	20	19	18	17
11	3	3	2	2	1	1	1	1	61	25	24	23	21	21	20	19	18
12	4	3	3	2	2	1	1	1	62	26	25	23	22	21	20	19	18
13	4	4	3	2	2	2	1	1	63	26	25	24	22	21	20	19	19
14	5	4	3	3	2	2	2	1	64	27	25	24	23	22	21	20	19
15	5	4	4	3	3	2	2	2	65	27	26	25	23	22	21	20	19
16	5	5	4	3	3	3	2	2	66	28	26	25	24	23	22	21	20
17	6	5	5	4	3	3	2	2	67	28	27	26	24	23	22	21	20
18	6	6	5	4	4	3	3	2	68	29	27	26	24	23	23	21	21
19	7	6	5	5	4	4	3	3	69	29	28	26	25	24	23	22	21
20	7	6	6	5	4	4	3	3	70	30	28	27	25	24	23	22	21
21	8	7	6	5	5	4	4	3	71	30	29	27	26	25	24	23	22
22	8	7	6	6	5	5	4	4	72	31	29	28	26	25	24	23	22
23	8	8	7	6	5	5	4	4	73	31	29	28	27	26	25	23	23
24	9	8	7	6	6	5	5	4	74	31	30	29	27	26	25	24	23
25	9	8	8	7	6	6	5	5	75	32	30	29	27	26	25	24	23
26	10	9	8	7	7	6	5	5	76	32	31	29	28	27	26	25	24
27	10	9	8	8	7	6	6	5	77	33	31	30	28	27	26	25	24
28	11	10	9	8	7	7	6	6	78	33	32	30	29	28	27	25	25
29	11	10	9	8	8	7	6	6	79	34	32	31	29	28	27	26	25
30	11	11	10	9	8	7	7	6	80	34	33	31	30	29	28	26	25
31	12	11	10	9	8	8	7	7	81	35	33	32	30	29	28	27	26
32	12	11	10	9	9	8	7	7	82	35	34	32	31	29	28	27	26
33	13	12	11	10	9	9	8	7	83	36	34	33	31	30	29	28	27
34	13	12	11	10	10	9	8	8	84	36	34	33	31	30	29	28	27
35	14	13	12	11	10	9	9	8	85	37	35	33	32	31	30	28	27
36	14	13	12	11	10	10	9	8	86	37	35	34	32	31	30	29	28
37	15	14	13	11	11	10	9	9	87	38	36	34	33	32	30	29	28
38	15	14	13	12	11	10	10	9	88	38	36	35	33	32	31	30	29
39	16	14	13	12	12	11	10	9	89	38	37	35	34	32	31	30	29
40	16	15	14	13	12	11	10	10	90	39	37	36	34	33	32	30	30
41	16	15	14	13	12	12	11	10	91	39	38	36	34	33	32	31	30
42	17	16	15	14	13	12	11	11	92	40	38	37	35	34	33	31	30
43	17	16	15	14	13	12	12	11	93	40	39	37	35	34	33	32	31
44	18	17	16	14	14	13	12	11	94	41	39	38	36	35	33	32	31
45	18	17	16	15	14	13	12	12	95	41	39	38	36	35	34	33	32
46	19	17	16	15	14	14	13	12	96	42	40	38	37	35	34	33	32
47	19	18	17	16	15	14	13	12	97	42	40	39	37	36	35	33	32
48	20	18	17	16	15	14	13	13	98	43	41	39	38	36	35	34	33
49	20	19	18	16	16	15	14	13	99	43	41	40	38	37	36	34	33
50	20	19	18	17	16	15	14	14	100	44	42	40	38	37	36	35	34
51	21	20	19	17	16	16	15	14									
52	21	20	19	18	17	16	15	14									
53	22	21	19	18	17	16	15	15									
54	22	21	20	19	18	17	16	15									

[a] Für diesen Stichprobenumfang können bei diesem Vertrauensniveau kein Vertrauensbereich und keine Vertrauensgrenzen ermittelt werden.
A confidence interval and confidence limits cannot be determined for this sample size at this confidence level.

6.4 Große Stichproben ($n > 100$)

Für Stichprobenumfänge größer als 100 kann für das Vertrauensniveau $(1 - \alpha)$ ein Näherungswert von k als ganzzahliger Teil des aus folgender Gleichung gewonnenen Wertes ermittelt werden:

$$y = \frac{1}{2}\left[n + 1 - u\left(1 + \frac{0,4}{n}\right)\sqrt{n - c}\right] \qquad (1)$$

Dabei ist

u ein Quantil der standardisierten Normalverteilung; Werte von u werden in Tabelle 3 für einen einseitig begrenzten Vertrauensbereich und in Tabelle 4 für einen zweiseitig begrenzten Vertrauensbereich angegeben;

c wird in Tabelle 3 für einen einseitig begrenzten Vertrauensbereich und in Tabelle 4 für einen zweiseitig begrenzten Vertrauensbereich angegeben.

Die mithilfe der empirischen Gleichung (1) ermittelten Werte von k stehen in völliger Übereinstimmung mit den in Tabelle 1 und Tabelle 2 aufgeführten genauen Werten. Vorausgesetzt, dass alle acht Nachkommastellen von u erhalten bleiben, ist diese Näherung äußerst genau und liefert die genauen Werte für k für alle acht Vertrauensniveaus bei allen Stichprobenumfängen von 5 bis über 280 000, und zwar sowohl für einseitig als auch für zweiseitig begrenzte Vertrauensbereiche.

Ein Beispiel für die Berechnung der Vertrauensgrenzen für große Stichproben wird im Abschnitt B.2 gegeben und im Formblatt B in Anhang B dargestellt.

ANMERKUNG Zur leichteren Handhabung werden die Werte von c in Tabelle 3 und Tabelle 4 auf die Mindestanzahl Nachkommastellen angegeben, die erforderlich ist, um die größtmögliche Genauigkeit der Gleichung (1) zu erreichen.

6.4 Large samples ($n > 100$)

For sample sizes in excess of 100 sampling units, an approximation of k for the confidence level $(1 - \alpha)$ may be determined as the integer part of the value obtained from the following equation:

$$y = \frac{1}{2}\left[n + 1 - u\left(1 + \frac{0{,}4}{n}\right)\sqrt{n - c}\right] \quad (1)$$

where

u is a fractile of the standardized normal distribution; values of u are given in Table 3 for a one-sided confidence interval and in Table 4 for a two-sided interval;

c is given in Table 3 for a one-sided confidence interval and in Table 4 for a two-sided interval.

The values of k obtained by means of the empirical equation (1) are in complete agreement with the correct values given in Tables 1 and 2. Provided all 8 decimal places of u are retained, this approximation is extremely accurate and gives the correct values for k for all eight confidence levels at all sample sizes from 5 up to over 280 000, for both one- and two-sided confidence intervals.

An example of the calculation of the confidence limits for large samples is given in B.2 and shown in Form B of Annex B.

NOTE For ease of use, the values of c in Tables 3 and 4 are given to the minimum number of decimal places necessary to guarantee the fullest possible accuracy of equation (1).

Tabelle 3 — Werte von u und c für den einseitig begrenzten Fall
Table 3 — Values of u and c for the two-sided case

Vertrauensniveau/ Confidence level %	u	c
80,0	0,841 621 22	0,75
90,0	1,281 551 56	0,903
95,0	1,644 853 64	1,087
98,0	2,053 748 92	1,3375
99,0	2,326 347 88	1,536
99,5	2,575 829 30	1,74
99,8	2,878 161 73	2,014
99,9	3,090 232 29	2,222

Tabelle 4 — Werte von u und c für den zweiseitig begrenzten Fall
Table 4 — Values of u and c for the two-sided case

Vertrauensniveau/ Confidence level %	u	c
80,0	1,281 551 56	0,903
90,0	1,644 853 64	1,087
95,0	1,959 964 00	1,274
98,0	2,326 347 88	1,536
99,0	2,575 829 30	1,74
99,5	2,807 033 76	1,945
99,8	3,090 232 29	2,222
99,9	3,290 526 72	2,437

Anhang A
(informativ)

Klassisches Verfahren zur Ermittlung von Vertrauensgrenzen für den Median

Es sei angenommen, dass eine Stichprobe des Umfangs n zufällig aus einer stetigen Grundgesamtheit zu entnehmen ist. Unter diesen Bedingungen wird die Wahrscheinlichkeit, dass genau k der Stichprobenwerte kleiner als der Median der Grundgesamtheit sein werden, durch folgende Binomialverteilung beschrieben:

$$P\left(k\,;\,n,\frac{1}{2}\right)=\binom{n}{k}\left(\frac{1}{2}\right)^{k}\left(1-\frac{1}{2}\right)^{n-k}=\binom{n}{k}\frac{1}{2^{n}}$$

Dies ist auch die Wahrscheinlichkeit, dass genau k der Stichprobenwerte *größer* als der Median der Grundgesamtheit sein werden.

Die untere und obere Grenze eines zweiseitig begrenzten Vertrauensbereichs bei einem Vertrauensniveau $(1-\alpha)$ ist durch das Paar von Ranggrößen $(x_{[k]}, x_{[n-k+1]})$ gegeben. Dabei wird der ganzzahlige Wert von k dergestalt ermittelt, dass

$$\sum_{i=0}^{k-1}\binom{n}{i}\frac{1}{2^{n}}\leq\frac{\alpha}{2} \qquad \text{(A.1)}$$

und

$$\sum_{i=0}^{k}\binom{n}{i}\frac{1}{2^{n}}>\frac{\alpha}{2}\ ; \qquad \text{(A.2)}$$

das heißt:

$$\sum_{i=0}^{k-1}\binom{n}{i}\leq 2^{n}\times\frac{\alpha}{2} \qquad \text{(A.3)}$$

und

$$\sum_{i=0}^{k}\binom{n}{i}>2^{n}\times\frac{\alpha}{2}\ . \qquad \text{(A.4)}$$

Im einseitig begrenzten Fall wird $\alpha/2$ in den Gleichungen (A.1) bis (A.4) durch α ersetzt.

Annex A
(informative)

Classical method of determining confidence limits for the median

Assume that a sample of size n is to be drawn at random from a continuous population. Under these conditions, the probability that precisely k of the sample values will be less than the population median is described by the binomial distribution:

$$P\left(k\,;\,n,\,\frac{1}{2}\right)=\binom{n}{k}\left(\frac{1}{2}\right)^{k}\left(1-\frac{1}{2}\right)^{n-k}=\binom{n}{k}\frac{1}{2^{n}}$$

This is also the probability that precisely k of the sample values will be *greater than* the population median.

The lower and upper limits of a two-sided confidence interval of confidence level $(1-\alpha)$ are given by the pair of order statistics $(x_{[k]}, x_{[n-k+1]})$ where the integer k is determined in such a way that

$$\sum_{i=0}^{k-1}\binom{n}{i}\frac{1}{2^{n}}\leq\frac{\alpha}{2} \qquad \text{(A.1)}$$

and

$$\sum_{i=0}^{k}\binom{n}{i}\frac{1}{2^{n}}>\frac{\alpha}{2}\,; \qquad \text{(A.2)}$$

i.e.

$$\sum_{i=0}^{k-1}\binom{n}{i}\leq 2^{n}\times\frac{\alpha}{2} \qquad \text{(A.3)}$$

and

$$\sum_{i=0}^{k}\binom{n}{i}>2^{n}\times\frac{\alpha}{2}\quad. \qquad \text{(A.4)}$$

In the one-sided case, $\alpha/2$ in equations (A.1) to (A.4) is replaced by α.

Anhang B
(informativ)

Beispiele

B.1 Beispiel 1

Stromkabel für ein kleines Haushaltsgerät werden von einer Prüfmaschine bis zum Eintritt eines Bruchs geknickt. Die Prüfung simuliert den tatsächlichen Gebrauch unter stark beschleunigten Bedingungen. Die 24 Zeiten, bei denen jeweils ein Bruch auftrat, sind nachstehend in Stunden angegeben. Sieben Werte sind unvollständig erfasste Zeiten; sie sind mit einem Sternchen[1)] gekennzeichnet.

57,5	77,8	88,0	96,9	98,4	100,3
100,8	102,1	103,3	103,4	105,3	105,4
122,6	139,3	143,9	148,0	151,3	161,1*
161,2*	161,2*	162,4*	162,7*	163,1*	176,8*

Gesucht werden ein Schätzwert für den Median und eine untere Vertrauensgrenze für den Median bei einem Vertrauensniveau von 95 %.

Ein Punktschätzwert für den Median der Lebensdauer ist

$$\begin{aligned}\tilde{x} &= (x_{[12]} + x_{[13]})/2 \\ &= (105{,}4 + 122{,}6)/2 \\ &= 114{,}0 \text{ h}\end{aligned}$$

Die untere Grenze des einseitig begrenzten Vertrauensbereichs für den Median mit einem Vertrauensniveau von 95 % erhält man, indem man in Tabelle 1 für den einseitig begrenzten Fall den Wert von k für $n = 24$ bei einem Vertrauensniveau von 95 % abliest und dann in der oben aufgeführten Liste die k-te Bruchzeit sucht.

Der Wert aus Tabelle 1 ist $k = 8$ und $x_{[8]} = 102{,}1$. Es kann daher auf dem Vertrauensniveau von 95 % angenommen werden, dass der Median der Grundgesamtheit nicht unter 102,1 Stunden liegt.

ANMERKUNG Es ist möglich, einen Median und den nach unten begrenzten Vertrauensbereich zu schätzen, ohne die größten Werte in der Stichprobe zu beachten.

Die Berechnung des Medians wird tabellarisch im Formblatt A auf der nächsten Seite dargestellt. Die Rechnungen selbst sind kursiv hervorgehoben.

---

1) Wird eine Einheit ohne Bruch aus einer Prüfung entnommen, so wird die Zeit für diese Prüfung als „unvollständig erfasste Zeit" bezeichnet.

Annex B
(informative)

Examples

B.1 Example 1

Electric cords for a small appliance are flexed by a test machine until failure. The test simulates actual use, under highly accelerated conditions. The 24 times of failure, in hours, are given below; seven of them are censored times and are marked with an asterisk[1]:

57,5	77,8	88,0	96,9	98,4	100,3
100,8	102,1	103,3	103,4	105,3	105,4
122,6	139,3	143,9	148,0	151,3	161,1*
161,2*	161,2*	162,4*	162,7*	163,1*	176,8*

An estimate of the median and a lower confidence limit on the median at 95 % confidence are required.

A point estimate of the median lifetime is

$$\begin{aligned} \tilde{x} &= (x_{[12]} + x_{[13]})/2 \\ &= (105{,}4 + 122{,}6)/2 \\ &= 114{,}0 \text{ h} \end{aligned}$$

The lower one-sided confidence limit for the median with confidence level 95 % is obtained by reading from Table 1 the value of k for $n = 24$ and confidence level 95 % for the one-sided case, and then looking for the kth failure time in the above list.

The value from Table 1 is $k = 8$ and $x_{[8]} = 102{,}1$, so it may be asserted with 95 % confidence that the population median is no lower than 102,1 h.

NOTE It is possible to estimate a median and lower bounded confidence interval without observing the largest values in the sample.

The calculation of the median is presented in table form in Form A overleaf. The calculations themselves are shown in italics.

1) When an item is removed from a test without having failed, the time for this test is referred to as a “censored time”.

Formblatt A — Berechnung eines Schätzwerts für den Median der Grundgesamtheit

Blanko-Formblatt	Ausgefülltes Formblatt
Kennzeichnung der Daten	**Kennzeichnung der Daten**
Daten und Beobachtungsverfahren:	Daten und Beobachtungsverfahren: *Zeit bis zum Bruch von 24 Stromkabeln, geknickt durch eine Prüfmaschine. Die Prüfung simuliert den tatsächlichen Gebrauch, jedoch unter stark beschleunigten Bedingungen.*
Einheiten:	Einheiten: *Stunden*
Bemerkungen:	Bemerkungen: *Die sieben längsten Zeiten stammen aus abgebrochenen Prüfungen. Da dies weniger als die Hälfte aller Zeiten sind, kann der Median immer noch berechnet werden.*
Vorbereitung	**Vorbereitung**
Ordne die Beobachtungswerte in aufsteigender Reihenfolge, das heißt	Ordne die Beobachtungswerte in aufsteigender Reihenfolge, das heißt
$x_{[1]}, x_{[2]}, \ldots, x_{[n]}$	$x_{[1]}, x_{[2]}, \ldots, x_{[n]}$
Notwendige Angaben	**Notwendige Angaben**
Stichprobenumfang, n: $n =$	Stichprobenumfang, n: $n = 24$
a) Stichprobenumfang ist ungerade: ☐	a) Stichprobenumfang ist ungerade: ☐
b) Stichprobenumfang ist gerade: ☐	b) Stichprobenumfang ist gerade: ☒
Erforderliche Ausgangsrechnung	**Erforderliche Ausgangsrechnung**
Für a)	Für a)
$m = (n+1)/2$: $m =$	$m = (n+1)/2$: $m =$
Für b)	Für b)
$m = n/2$: $m =$	$m = n/2$: $m = 12$
Berechnung des Medians der Stichprobe, $\tilde{x}$	**Berechnung des Medians der Stichprobe, $\tilde{x}$**
Für a) ist $\tilde{x}$ der m-te kleinste (oder größte) Beobachtungswert, das heißt $\tilde{x} = x_{[m]}$: $\tilde{x} =$	Für a) ist $\tilde{x}$ der m-te kleinste (oder größte) Beobachtungswert, das heißt $\tilde{x} = x_{[m]}$: $\tilde{x} =$
Für b) ist $\tilde{x}$ der arithmetische Mittelwert des m-ten und des (m+1)-ten kleinsten (oder größten) Beobachtungswertes, das heißt $\tilde{x} = (x_{[m]} + x_{[m+1]})/2$:	Für b) ist $\tilde{x}$ der arithmetische Mittelwert des m-ten und des (m+1)-ten kleinsten (oder größten) Beobachtungswertes, das heißt $\tilde{x} = (x_{[m]} + x_{[m+1]})/2$:
$x_{[m]} =$	$x_{[m]} = 105{,}4$
$x_{[m+1]} =$	$x_{[m+1]} = 122{,}6$
$\tilde{x} = (\quad + \quad)/2 =$	$\tilde{x} = (105{,}4 + 122{,}6)/2 = 114{,}0$
Ergebnis	**Ergebnis**
Der Median der Stichprobe (Schätzwert für den Median der Grundgesamtheit) ist $\tilde{x} =$	Der Median der Stichprobe (Schätzwert für den Median der Grundgesamtheit) ist $\tilde{x} = 114{,}0$.

Form A — Calculation of an estimate of a median

Blank form	Completed form
Data identification Data and observation procedure: Units: Remarks:	**Data identification** Data and observation procedure: *Time to failure of 24 electric cords, flexed by a test machine. The test simulates actual use, but highly accelerated.* Units: *Hours* Remarks: *The seven longest times to failure were censored. As this is fewer than half of the times, the median can still be calculated.*
Preliminary operation Arrange the observed values into ascending order, i.e. $x_{[1]}, x_{[2]}, \ldots, x_{[n]}$	**Preliminary operation** Arrange the observed values into ascending order, i.e. $x_{[1]}, x_{[2]}, \ldots, x_{[n]}$
Information required Sample size, n: $n =$ a) Sample size is odd: ☐ b) Sample size is even: ☐	**Information required** Sample size, n $n = 24$ a) Sample size is odd: ☐ b) Sample size is even: ☒
Initial calculation required For a) $m = (n+1)/2: \quad m =$ For b) $m = n/2: \quad m =$	**Initial calculation required** For a) $m = (n+1)/2: \quad m =$ For b) $m = n/2: \quad m = 12$
Calculation of the sample median, $\tilde{x}$ For a), $\tilde{x}$ is equal to the mth smallest (or largest) observed values, i.e. $\tilde{x} = x_{[m]}: \tilde{x} =$ For b), $\tilde{x}$ is equal to the arithmetic mean of the mth and (m+1)th smallest (or largest) observed values, i.e. $\tilde{x} = (x_{[m]} + x_{[m+1]})/2$ $x_{[m]} =$ $x_{[m+1]} =$ $\tilde{x} = (\quad + \quad)/2 =$	**Calculation of the sample median, $\tilde{x}$** For a), $\tilde{x}$ is equal to the mth smallest (or largest) observed values, i.e. $\tilde{x} = x_{[m]}: \tilde{x} =$ For b), $\tilde{x}$ is equal to the arithmetic mean of the mth and (m+1)th smallest (or largest) observed values, i.e. $\tilde{x} = (x_{[m]} + x_{[m+1]})/2$ $x_{[m]} = 105{,}4$ $x_{[m+1]} = 122{,}6$ $\tilde{x} = (105{,}4 + 122{,}6)/2 = 114{,}0$
Result The sample median (estimate of the population median) is $\tilde{x} =$	**Result** The sample median (estimate of the population median) is $\tilde{x} = 114{,}0$.

B.2 Beispiel 2

Für 120 Abschnitte Nylongarn sind nachstehend die Bruchfestigkeiten in Newton (N) zeilenweise in aufsteigender Reihenfolge angegeben.

31,3	33,3	33,5	35,6	36,0	36,2	36,5	37,5	37,8	37,9	38,8	39,1	40,3	40,4	40,8
41,0	41,8	42,4	42,9	43,1	43,2	43,5	43,9	43,9	44,0	44,2	44,2	44,5	44,7	44,7
45,0	45,6	46,0	46,0	46,1	46,1	46,3	46,3	46,3	46,4	46,5	46,7	47,1	47,1	47,1
47,2	47,3	47,4	47,5	47,5	47,8	47,8	47,9	47,9	48,0	48,0	48,2	48,2	48,3	48,3
48,3	48,5	48,6	48,6	48,6	48,6	48,8	48,9	48,9	48,9	49,0	49,0	49,1	49,1	49,1
49,1	49,2	49,2	49,3	49,4	49,4	49,4	49,4	49,5	49,5	49,6	49,7	49,9	49,9	50,0
50,1	50,2	50,2	50,3	50,3	50,3	50,5	50,7	50,8	50,9	50,9	51,0	51,0	51,2	51,4
51,4	51,4	51,6	51,6	51,8	52,0	52,2	52,2	52,4	52,5	52,6	52,8	52,9	53,2	53,3

Gesucht wird ein Punktschätzwert für den Median der Bruchfestigkeit mit einem zweiseitig begrenzten Vertrauensbereich bei einem Vertrauensniveau von 99 %.

Ein Punktschätzwert für den Median der Bruchfestigkeit ist

$$\tilde{x} = (x_{[60]} + x_{[61]})/2 = (48{,}3 + 48{,}3)/2 = 48{,}3 \text{ N}$$

Für $n > 100$ liefern die Tabellen 1 und 2 nicht den geeigneten Wert von k für Vertrauensgrenzen. Da Vertrauensgrenzen für den zweiseitig begrenzten Vertrauensbereich gesucht sind, ist Gleichung (1) in Verbindung mit Tabelle 4 zu verwenden. Die Werte von u und c bei einem Vertrauensniveau von 99 % sind nach Tabelle 4 $u = 2{,}575\,829\,30$ und $c = 1{,}74$. Werden diese Werte in Gleichung (1) mit $n = 120$ eingesetzt, ergibt sich $y = 46{,}448$. Setzt man den ganzzahligen Teil von 46,448 an, erhält man $k = 46$.

Ein zweiseitig begrenzter Vertrauensbereich bei einem Vertrauensniveau von 99 % für den Median der Grundgesamtheit der Bruchfestigkeit [N1] ist daher

$$(x_{[k]}, x_{[n-k+1]}) = (x_{[46]}, x_{[75]}) = (47{,}2,\quad 49{,}1) \text{ N}$$

Es kann daher auf einem Vertrauensniveau von mindestens 99 % angenommen werden, dass der Median der Grundgesamtheit der Bruchfestigkeit im Bereich (47,2, 49,1) liegt.

Die Berechnung des Vertrauensbereichs wird tabellarisch im Formblatt B dargestellt, wobei die Rechnungen kursiv hervorgehoben sind.

N1) Nationale Fußnote: Statt „repair time“ muss es in ISO 16269-7 richtig heißen: „breaking strength“ (Bruchfestigkeit). Dieses ist in der deutschen Übersetzung berücksichtigt.

B.2 Example 2

The breaking strengths of 120 lengths of nylon yarn are given below in newtons (N), arranged in ascending order along rows:

31,3	33,3	33,5	35,6	36,0	36,2	36,5	37,5	37,8	37,9	38,8	39,1	40,3	40,4	40,8
41,0	41,8	42,4	42,9	43,1	43,2	43,5	43,9	43,9	44,0	44,2	44,2	44,5	44,7	44,7
45,0	45,6	46,0	46,0	46,1	46,1	46,3	46,3	46,3	46,4	46,5	46,7	47,1	47,1	47,1
47,2	47,3	47,4	47,5	47,5	47,8	47,8	47,9	47,9	48,0	48,0	48,2	48,2	48,3	48,3
48,3	48,5	48,6	48,6	48,6	48,6	48,8	48,9	48,9	48,9	49,0	49,0	49,1	49,1	49,1
49,1	49,2	49,2	49,3	49,4	49,4	49,4	49,4	49,5	49,5	49,6	49,7	49,9	49,9	50,0
50,1	50,2	50,2	50,3	50,3	50,3	50,5	50,7	50,8	50,9	50,9	51,0	51,0	51,2	51,4
51,4	51,4	51,6	51,6	51,8	52,0	52,2	52,2	52,4	52,5	52,6	52,8	52,9	53,2	53,3

A point estimate of the median breaking strength is required, together with a two-sided confidence interval at 99 % confidence.

A point estimate of the median breaking strength is

$$\tilde{x} = (x_{[60]} + x_{[61]})/2 = (48{,}3 + 48{,}3)/2 = 48{,}3 \text{ N}$$

For $n > 100$, Tables 1 and 2 do not provide the appropriate value of k for confidence limits. As two-sided confidence limits are required, equation (1) is to be used in conjunction with Table 4. The values of u and c for 99 % confidence are found from Table 4 to be $u = 2{,}575\,829\,30$ and $c = 1{,}74$. Inserting these into equation (1) with $n = 120$ gives $y = 46{,}448$. Taking the integer part of 46,448 gives $k = 46$.

A 99 % two-sided confidence interval on the population median repair time [N1)] is therefore

$$(x_{[k]},\ x_{[n-k+1]}) = (x_{[46]}, x_{[75]}) = (47{,}2,\quad 49{,}1) \text{ N}$$

It may therefore be asserted with at least 99 % confidence that the population median breaking strength lies in the interval (47,2, 49,1) N.

The calculation of the confidence interval is presented in table form in Form B with the calculations shown in italics.

N1) Nationale Fußnote: Statt „repair time“ muss es in ISO 16269-7 richtig heißen: „breaking strength“ (Bruchfestigkeit). Dieses ist in der deutschen Übersetzung berücksichtigt.

Formblatt B — Berechnung eines Vertrauensbereichs für den Median

Blanko-Formblatt	Ausgefülltes Formblatt
Kennzeichnung der Daten Daten und Beobachtungsverfahren: Einheiten: Bemerkungen:	**Kennzeichnung der Daten** Daten und Beobachtungsverfahren: *Bruchfestigkeiten von 120 Nylongarnabschnitten.* Einheiten: *Newton* Bemerkungen: *Gesucht wird ein zweiseitig begrenzter Vertrauensbereich auf einem Vertrauensniveau von 99 %.*
Vorbereitung Ordne die Beobachtungswerte in aufsteigender Reihenfolge, das heißt $x_{[1]}, x_{[2]}, \dots, x_{[n]}$	**Vorbereitung** Ordne die Beobachtungswerte in aufsteigender Reihenfolge, das heißt $x_{[1]}, x_{[2]}, \dots, x_{[n]}$
Notwendige Angaben Stichprobenumfang, n: $n =$ Vertrauensniveau C: $C =$ % a) $n \leq 100$, einseitig begrenzt: ☐ b) $n \leq 100$, zweiseitig begrenzt: ☐ c) $n > 100$, einseitig begrenzt: ☐ d) $n > 100$, zweiseitig begrenzt: ☐ Für a) oder c) mit einer oberen Vertrauensgrenze wird die untere Grenze für x in der Grundgesamtheit gesucht: $a =$ Für a) oder c) mit einer unteren Vertrauensgrenze wird die obere Grenze für x in der Grundgesamtheit gesucht: $b =$	**Notwendige Angaben** Stichprobenumfang, n: $n = 120$ Vertrauensniveau C: $C = 99$ % a) $n \leq 100$, einseitig begrenzt: ☐ b) $n \leq 100$, zweiseitig begrenzt: ☐ c) $n > 100$, einseitig begrenzt: ☐ d) $n > 100$, zweiseitig begrenzt: ☒ Für a) oder c) mit einer oberen Vertrauensgrenze wird die untere Grenze für x in der Grundgesamtheit gesucht: $a =$ Für a) oder c) mit einer unteren Vertrauensgrenze wird die obere Grenze für x in der Grundgesamtheit gesucht: $b =$
Ermittlung von k Für a), entnehme k aus Tabelle 1: $k =$ Für b), entnehme k aus Tabelle 2: $k =$ Für c), entnehme u und c aus Tabelle 3: $u =$ $c =$ Für d), entnehme u und c aus Tabelle 4: $u =$ $c =$ Für c) oder d), berechne y aus Gleichung (1): $y =$ Dann berechne k als ganzzahligen Teil von y: $k =$	**Ermittlung von k** Für a), entnehme k aus Tabelle 1: $k =$ Für b), entnehme k aus Tabelle 2: $k =$ Für c), entnehme u und c aus Tabelle 3: $u =$ $c =$ Für d), entnehme u und c aus Tabelle 4: $u = 2{,}575\ 829\ 30$ $c = 1{,}74$ Für c) oder d), berechne y aus Gleichung (1): $y = 46{,}448$ Dann berechne k als ganzzahligen Teil von y: $k = 46$
Ermittlung der Vertrauensgrenzen T_1 und/oder T_2 Für a) oder c) mit einer unteren Grenze und für b) oder d), setze $T_1 = x_{[k]}$ $T_1 =$ Für a) oder c) mit einer oberen Grenze und für b) oder d), berechne $m = n - k + 1$: $m =$ Dann setze $T_2 = x_{[m]}$: $T_2 =$	**Ermittlung der Vertrauensgrenzen T_1 und/oder T_2** Für a) oder c) mit einer unteren Grenze und für b) oder d), setze $T_1 = x_{[k]}$ $T_1 = 47{,}2$ Für a) oder c) mit einer oberen Grenze und für b) oder d), berechne $m = n - k + 1$: $m = 75$ Dann setze $T_2 = x_{[m]}$: $T_2 = 49{,}1$
Ergebnis Für eine einseitige untere Vertrauensgrenze ist der Vertrauensbereich bei einem Vertrauensniveau von $C =$ % für den Median der Grundgesamtheit $[T_1, b) = [\ ,\ ]$. Für eine einseitige obere Vertrauensgrenze ist der Vertrauensbereich bei einem Vertrauensniveau von $C =$ % für den Median der Grundgesamtheit $[a, T_2) = [\ ,\ ]$. Für zweiseitige Vertrauensgrenzen ist der symmetrische Vertrauensbereich bei einem Vertrauensniveau von $C =$ % für den Median der Grundgesamtheit $[T_1, T_2) = [\ ,\ ]$.	**Ergebnis** Für eine einseitige untere Vertrauensgrenze ist der Vertrauensbereich bei einem Vertrauensniveau von $C =$ % für den Median der Grundgesamtheit $[T_1, b) = [\ ,\ ]$. Für eine einseitige obere Vertrauensgrenze ist der Vertrauensbereich bei einem Vertrauensniveau von $C =$ % für den Median der Grundgesamtheit $[a, T_2) = [\ ,\ ]$. Für zweiseitige Vertrauensgrenzen ist der symmetrische Vertrauensbereich bei einem Vertrauensniveau von $C = 99$ % für den Median der Grundgesamtheit $[T_1, T_2) = [47{,}2,\ 49{,}1]$.

Form B — Calculation of a confidence interval for a median

Blank form	Completed form
Data identification	**Data identification**
Data and observation procedure:	Data and observation procedure: *Breaking strengths of 120 lengths of nylon yarn.*
Units:	Units: *Newtons.*
Remarks:	Remarks: *Two-sided confidence interval required at 99 % confidence.*
Preliminary operation	**Preliminary operation**
Arrange the observed values into ascending order, *i.e.*	Arrange the observed values into ascending order, *i.e.*
$x_{[1]}, x_{[2]}, \ldots, x_{[n]}$	$x_{[1]}, x_{[2]}, \ldots, x_{[n]}$
Information required	**Information required**
Sample size, n $\quad n =$	Sample size, n: $\quad n =$ *120*
Confidence level C: $\quad C =$ %	Confidence level C: $\quad C =$ *99 %*
a) $n \leq 100$ one-sided interval ☐	a) $n \leq 100$ one-sided interval ☐
b) $n \leq 100$ two-sided interval ☐	b) $n \leq 100$ two-sided interval ☐
c) $n > 100$ one-sided interval ☐	c) $n > 100$ one-sided interval ☐
d) $n > 100$ two-sided interval ☐	d) $n > 100$ two-sided interval ☒
For a) or c) with an upper confidence limit, the lower bound to x in the population is required:	For a) or c) with an upper confidence limit, the lower bound to x in the population is required:
$a =$	$a =$
For a) or c) with a lower confidence limit, the upper bound to x in the population is required:	For a) or c) with a lower confidence limit, the upper bound to x in the population is required:
$b =$	$b =$
Determination of k	**Determination of k**
For a), find k from Table 1: $\quad k =$	For a), find k from Table 1: $\quad k =$
For b), find k from Table 2: $\quad k =$	For b), find k from Table 2: $\quad k =$
For c), find u and c from Table 3: $\quad u = \quad c =$	For c), find u and c from Table 3: $\quad u = \quad c =$
For d), find u and c from Table 4:	For d), find u and c from Table 4:
$u = \quad c =$	$u =$ *2,575 829 30* $\quad c =$ *1,74*
For c) or d), calculate y from equation (1):	For c) or d), calculate y from equation (1):
$y =$	$y =$ *46,448*
then calculate k as the integer part of y: $\quad k =$	then calculate k as the integer part of y: $\quad k =$ *46*
Determination of the confidence limits T_1 and/or T_2	**Determination of the confidence limits T_1 and/or T_2**
For a) or c) with a lower limit,	For a) or c) with a lower limit,
and for b) or d), set $T_1 = x_{[k]}$ $\quad T_1 =$	and for b) or d), set $T_1 = x_{[k]}$ $\quad T_1 =$ *47,2*
For a) or c) with an upper limit,	For a) or c) with an upper limit,
and for b) or d), calculate $m = n - k + 1$: $\quad m =$	and for b) or d), calculate $m = n - k + 1$: $\quad m =$ *75*
then set $T_2 = x_{[m]}$: $\quad T_2 =$	then set $T_2 = x_{[m]}$: $\quad T_2 =$ *49,1*
Result	**Result**
For a single lower confidence limit, the $C =$ % confidence interval for the population median is	For a single lower confidence limit, the $C =$ % confidence interval for the population median is
$[T_1, b) =$ [,].	$[T_1, b) =$ [,].
For a single upper confidence limit, the $C =$ % confidence interval for the population median is	For a single upper confidence limit, the $C =$ % confidence interval for the population median is
$[a, T_2) =$ [,].	$[a, T_2) =$ [,].
For two-sided confidence limits, the $C =$ % symmetric confidence interval for the population median is	For two-sided confidence limits, the $C =$ *99 %* symmetric confidence interval for the population median is
$[T_1, T_2) =$ [,].	$[T_1, T_2) =$ *[47,2, 49,1]*.

Dezember 2009

DIN ISO 16269-8

ICS 03.120.30

Statistische Auswertung von Daten – Teil 8: Ermittlung von Prognosebereichen (ISO 16269-8:2004); Text Deutsch und Englisch

Statistical interpretation of data –
Part 8: Determination of prediction intervals (ISO 16269-8:2004);
Text in German and English

Interprétation statistique des données –
Partie 8: Détermination des intervalles de prédiction (ISO 16269-8:2004);
Texte en allemand et anglais

Gesamtumfang 150 Seiten

Normenausschuss Qualitätsmanagement, Statistik und Zertifizierungsgrundlagen (NQSZ) im DIN

Inhalt

Seite

Contents

Page

Nationales Vorwort

Dieses Dokument wurde vom Technischen Komitee ISO/TC 69, *Applications of statistical methods*, erarbeitet. Der zuständige nationale Normenausschuss ist der NA 147, *Qualitätsmanagement, Statistik und Zertifizierungsgrundlagen (NQSZ)*, Arbeitsausschuss *Angewandte Statistik*.

Es wird auf die Möglichkeit hingewiesen, dass für Teile dieses Teils von ISO 16269 Patentrechte bestehen können. Das DIN übernimmt keine Verantwortung für die Kennzeichnung solcher Rechte.

Die Normenreihe ISO 16269 umfasst unter dem Haupttitel *Statistical interpretation of data* die folgenden Teile, von denen sich einige noch in Erarbeitung befinden:

— *Part 4: Detection and treatment of outliers*

— *Part 6: Determination of statistical tolerance intervals*

— *Part 7: Median; Estimation and confidence intervals*

— *Part 8: Determination of prediction intervals*

Für die in diesem Dokument zitierten Internationalen Normen wird im Folgenden auf die entsprechenden Deutschen Normen hingewiesen:

ISO 3534-1 siehe DIN ISO 3534-1

Nationaler Anhang NA
(informativ)

Literaturhinweise

DIN ISO 3534-1, *Statistik — Begriffe und Formelzeichen — Teil 1: Wahrscheinlichkeit und allgemeine statistische Begriffe*

Statistische Auswertung von Daten — Teil 8: Ermittlung von Prognosebereichen

Einleitung

Prognosebereiche sind in solchen Fällen hilfreich, wo es wünschenswert oder erforderlich ist, eine Aussage bezüglich der zu erwartenden Ergebnisse einer Stichprobe von diskreten Einheiten und mit vorgegebenem Umfang aus den Ergebnissen einer vorangegangenen Stichprobe von — unter gleichen Bedingungen hergestellten — Einheiten herzuleiten. Sie sind insbesondere nützlich für Ingenieure, die in der Lage sein müssen, Grenzen für die Gesamtstreuung von Merkmalswerten einer verhältnismäßig kleinen Anzahl hergestellter Einheiten festlegen zu müssen. Angesichts der Tendenz zur Fertigung kleinerer Serien in manchen Industriezweigen ist dies von zunehmender Bedeutung.

Obwohl wissenschaftliche Untersuchungen über Prognosebereiche und ihre Anwendungsmöglichkeiten erstmals bereits 1973 publiziert wurden, wird deren Nutzen immer noch in überraschend geringem Maße wahrgenommen. Ursache dafür könnte zum einen die Nichtverfügbarkeit der Untersuchungsergebnisse für den möglichen Anwender, zum anderen die nicht verstandene Abgrenzung zu Vertrauensbereichen und statistischen Anteilsbereichen sein.

Dieser Teil von ISO 16269 verfolgt daher einen doppelten Zweck, nämlich

— den Unterschied zwischen Prognosebereichen, Vertrauensbereichen und statistischen Anteilsbereichen darzustellen;

— Berechnungsverfahren für einige besonders nützliche Arten von Prognosebereichen mit Hilfe umfangreicher, neu berechneter Tabellen bereitzustellen.

Hinsichtlich weiterer Informationen, die über die in diesem Teil von ISO 16269 beschriebenen Anwendungen hinausgehen, sei auf das Literaturverzeichnis verwiesen.

Statistical interpretation of data — Part 8: Determination of prediction intervals

Introduction

Prediction intervals are of value wherever it is desired or required to predict the results of a future sample of a given number of discrete items from the results of an earlier sample of items produced under identical conditions. They are of particular use to engineers who need to be able to set limits on the performance of a relatively small number of manufactured items. This is of increasing importance with the recent shift towards small-scale production in some industries.

Despite the first review article on prediction intervals and their applications being published as long ago as 1973, there is still a surprising lack of awareness of their value, perhaps due in part to the inaccessibility of the research work for the potential user, and also partly due to confusion with confidence intervals and statistical tolerance intervals. The purpose of this part of ISO 16269 is therefore twofold:

— to clarify the differences between prediction intervals, confidence intervals and statistical tolerance intervals;

— to provide procedures for some of the more useful types of prediction interval, supported by extensive, newly-computed tables.

For information on prediction intervals that are outside the scope of this part of ISO 16269, the reader is referred to the Bibliography.

1 Anwendungsbereich

Dieser Teil von ISO 16269 beschreibt Verfahren zur Ermittlung von Prognosebereichen für eine einzelne, kontinuierlich verteilte Zufallsgröße. Es handelt sich dabei um Bereiche von Werten einer Zufallsgröße, die aus einer Zufallsstichprobe vom Umfang n bestimmt werden und die eine Prognose hinsichtlich einer weiteren Zufallsstichprobe vom Umfang m aus der gleichen Grundgesamtheit mit einem vorgegebenen Vertrauensniveau erlauben.

Es werden drei verschiedene Arten von Grundgesamtheiten betrachtet:

a) normalverteilte Grundgesamtheiten, deren Standardabweichung nicht bekannt ist;

b) normalverteilte Grundgesamtheiten, deren Standardabweichung bekannt ist;

c) Grundgesamtheiten, deren Verteilung kontinuierlich, aber von unbekannter Form ist.

Für jede dieser drei Grundgesamtheiten werden einseitige und symmetrisch zweiseitige Prognosebereiche als Berechnungsverfahren dargestellt. In allen Fällen können sechs verschiedene Vertrauensniveaus gewählt werden.

Die Berechnungsverfahren für a) und b) können auch für Grundgesamtheiten verwendet werden, die nicht normalverteilt sind, deren Verteilung aber in eine Normalverteilung transformiert werden kann.

In den Fällen a) und b) können aus den in diesem Teil von ISO 16269 enthaltenen Tabellen nur Prognosebereiche für *alle* m Werte einer weiteren Stichprobe der Zufallsgröße ermittelt werden. Im Fall c) können aus den Tabellen auch Prognosebereiche ermittelt werden, die mindestens $m - r$ der nächsten m Stichprobenwerte enthalten, wobei r ein Wert aus dem kleineren der beiden Intervalle 0 bis 10 beziehungsweise 0 bis $m - 1$ ist.

Für normalverteilte Grundgesamtheiten wird auch ein Berechnungsverfahren für Prognosebereiche des Mittelwerts der m weiteren Stichprobenergebnisse dargestellt.

2 Normative Verweisungen

Die folgenden zitierten Dokumente sind für die Anwendung dieses Dokuments erforderlich. Bei datierten Verweisungen gilt nur die in Bezug genommene Ausgabe. Bei undatierten Verweisungen gilt die letzte Ausgabe des in Bezug genommenen Dokuments (einschließlich aller Änderungen).

ISO 3534-1, *Statistics — Vocabulary and symbols — Part 1: General statistical terms and terms used in probability* [N1)]

ISO 3534-2, *Statistics — Vocabulary and symbols — Part 2: Applied statistics*[N1)]

N1) Nationale Fußnote: Der Titel wurde in der englischen Fassung falsch angegeben. Dies ist im deutschen Text korrigiert worden.

1 Scope

This part of ISO 16269 specifies methods of determining prediction intervals for a single continuously distributed variable. These are ranges of values of the variable, derived from a random sample of size n, for which a prediction relating to a further randomly selected sample of size m from the same population may be made with a specified confidence.

Three different types of population are considered, namely:

a) normally distributed with unknown standard deviation;

b) normally distributed with known standard deviation;

c) continuous but of unknown form.

For each of these three types of population, two methods are presented, one for one-sided prediction intervals and one for symmetric two-sided prediction intervals. In all cases, there is a choice from among six confidence levels.

The methods presented for cases a) and b) may also be used for non-normally distributed populations that can be transformed to normality.

For cases a) and b) the tables presented in this part of ISO 16269 are restricted to prediction intervals containing *all* the further m sampled values of the variable. For case c) the tables relate to prediction intervals that contain at least $m - r$ of the next m values, where r takes values from 0 to 10 or 0 to $m - 1$, whichever range is smaller.

For normally distributed populations a procedure is also provided for calculating prediction intervals for the mean of m further observations.

2 Normative references

The following referenced documents are indispensable for the application of this document. For dated references, only the edition cited applies. For undated references, the latest edition of the referenced document (including any amendments) applies.

ISO 3534-1, *Statistics — Vocabulary and symbols — Part 1: Probability and general statistical terms*

ISO 3534-2, *Statistics — Vocabulary and symbols — Part 2: Statistical quality control*

3 Begriffe und Formelzeichen

3.1 Begriffe

Für die Anwendung dieses Dokuments gelten die Begriffe nach ISO 3534-1 und ISO 3534-2 sowie die folgenden Begriffe.

3.1.1
Prognosebereich
durch eine Zufallsstichprobe aus einer Grundgesamtheit ermittelter Wertebereich einer Zufallsgröße, der mit einem bestimmten Vertrauensniveau nicht weniger als eine vorgegebene Anzahl von Werten einer weiteren Zufallsstichprobe mit festgelegtem Umfang und aus der gleichen Grundgesamtheit enthält

ANMERKUNG In diesem Zusammenhang ist das Vertrauensniveau der — langfristig gesehene — Anteil von Fällen, in denen ein auf diese Weise festgelegter Wertebereich die vorgegebene Eigenschaft tatsächlich hat.

3.1.2
Ranggrößen
nach Sortierung in nicht-absteigender Wertefolge durch ihre Position in der Rangfolge gekennzeichnete Stichprobenwerte

ANMERKUNG In diesem Teil von ISO 16269 werden die Stichprobenwerte in der Reihenfolge ihrer Messung mit $x_1, x_2, \ldots, x_n$ bezeichnet. Nach Sortierung in nicht-absteigender Wertefolge werden sie mit $x_{[1]}, x_{[2]}, \ldots, x_{[n]}$ bezeichnet, wobei gilt: $x_{[1]} \le x_{[2]} \le \ldots \le x_{[n]}$. Der Ausdruck „nicht-absteigend" wird anstelle von „aufsteigend" verwendet, um den Fall mit einzuschließen, in dem zwei oder mehr Werte — zumindest innerhalb der Messabweichung — gleich sind. Gleiche Stichprobenwerte werden als Ranggrößen mit verschiedenen, aufeinander folgenden ganzen Zahlen in eckigen Klammern indiziert.

3.2 Formelzeichen

a kleinster möglicher Wert der beobachteten Größe in der Grundgesamtheit

α angegebene obere Grenze für die Wahrscheinlichkeit, dass mehr als r Werte aus einer weiteren Zufallsstichprobe vom Umfang m außerhalb des Prognosebereichs liegen werden

b größter möglicher Wert der beobachteten Größe in der Grundgesamtheit

C Vertrauensniveau in Prozent: $C = 100\,(1 - \alpha)$

k Prognosebereichsfaktor

m Größe der weiteren Zufallsstichprobe, für die die Prognose gilt

n Größe der Zufallsstichprobe, aus der der Prognosebereich ermittelt wurde

s Stichprobenstandardabweichung: $s = \sqrt{\sum_{i=1}^{n} \left(x_i - \bar{x}\right)^2 \Big/ (n-1)}$

r vorgegebene maximale Anzahl von Werten aus einer weiteren Zufallsstichprobe vom Umfang m, die nicht innerhalb des Prognosebereichs liegen

T_1 untere Prognosegrenze

T_2 obere Prognosegrenze

3 Terms, definitions and symbols

3.1 Terms and definitions

For the purposes of this document, the terms and definitions given in ISO 3534-1 and ISO 3534-2 and the following apply.

3.1.1
prediction interval
interval determined from a random sample from a population in such a way that one may have a specified level of confidence that no fewer than a given number of values in a further random sample of a given size from the same population will fall

NOTE In this context, the confidence level is the long-run proportion of intervals constructed in this manner that will have this property.

3.1.2
order statistics
sample values identified by their position after ranking in non-decreasing order of magnitude

NOTE The sample values in order of selection are denoted in this part of ISO 16269 by $x_1, x_2, \ldots, x_n$. After arranging in non-decreasing order, they are denoted by $x_{[1]}, x_{[2]}, \ldots, x_{[n]}$, where $x_{[1]} \leq x_{[2]} \leq \ldots \leq x_{[n]}$. The word "non-decreasing" is used in preference to "increasing" to include the case where two or more values are equal, at least to within measurement error. Sample values that are equal to one another are assigned distinct, contiguous integer subscripts in square brackets when represented as order statistics.

3.2 Symbols

a lower limit to the values of the variable in the population

α nominal maximum probability that more than r observations from the further random sample of size m will lie outside the prediction interval

b upper limit to the values of the variable in the population

C confidence level expressed as a percentage: $C = 100\,(1 - \alpha)$

k prediction interval factor

m size of further random sample to which the prediction applies

n size of random sample from which the prediction interval is derived

s sample standard deviation: $s = \sqrt{\sum_{i=1}^{n} \left(x_i - \bar{x}\right)^2 \Big/ \left(n-1\right)}$

r specified maximum number of observations from the further random sample of size m that will not lie in the prediction interval

T_1 lower prediction limit

T_2 upper prediction limit

x_i i-ter Messwert aus der Zufallsstichprobe

$x_{[i]}$ i-ter Rangwert aus der Stichprobe

$\overline{x}$ Stichprobenmittelwert: $\overline{x} = \sum_{i=1}^{n} x_i / n$

4 Prognosebereiche

4.1 Allgemeines

Ein *zweiseitig begrenzter Prognosebereich* ist ein Intervall (T_1, T_2) mit $T_1 < T_2$; T_1 und T_2 werden aus den Werten einer Zufallsstichprobe vom Umfang n berechnet und als *untere* beziehungsweise *obere Prognosegrenze* bezeichnet.

Sind a beziehungsweise b die untere beziehungsweise obere Grenze der Variablen in der Grundgesamtheit, so hat ein *einseitig begrenzter Prognosebereich* die Form (a, T_1) oder (T_2, b).

ANMERKUNG 1 Aus praktischen Gründen wird a für Variablen, die nicht negativ sein können, oft als Null angenommen, und b wird für Variablen, die keine natürliche obere Grenze haben, oft als unendlich angenommen.

ANMERKUNG 2 Zur Ermittlung eines Prognosebereichs werden die Werte einer Grundgesamtheit gelegentlich als normalverteilt angenommen, obwohl es für sie natürliche Grenzwerte gibt. Dies erscheint zunächst unangebracht, da sich der Wertebereich der Normalverteilung von minus unendlich bis plus unendlich erstreckt. In der Praxis lassen sich jedoch auch viele Größen einer Grundgesamtheit mit natürlichen Grenzwerten in guter Näherung durch eine Normalverteilung beschreiben.

Die praktische Bedeutung eines Prognosebereichs für Einzelwerte aus einer Stichprobe besteht darin, dass der Beobachter behauptet, dass höchstens r Werte einer weiteren Zufallsstichprobe vom Umfang m aus derselben Grundgesamtheit nicht im Prognosebereich liegen werden, und dabei zugesteht, dass diese Aussage mit einer kleinen nominellen Wahrscheinlichkeit falsch sein könnte. Die Wahrscheinlichkeit, dass ein solchermaßen festgelegter Prognosebereich tatsächlich die behauptete Eigenschaft hat, wird Vertrauensniveau genannt.

Der Sinn eines Prognosebereichs für Mittelwerte aus einer Stichprobe besteht in der Praxis darin, dass der Beobachter behauptet, dass der *Mittelwert* einer weiteren Zufallsstichprobe vom Umfang m aus derselben Grundgesamtheit im Prognosebereich liegen wird, und dabei zugesteht, dass diese Aussage mit einer kleinen nominellen Wahrscheinlichkeit falsch sein könnte. Auch hier wird die Wahrscheinlichkeit, dass ein solchermaßen festgelegter Prognosebereich tatsächlich die behauptete Eigenschaft hat, Vertrauensniveau genannt.

Dieser Teil von ISO 16269 stellt Verfahren dar, die für eine normalverteilte Grundgesamtheit und $r = 0$ und für den Mittelwert einer weiteren Stichprobe aus einer normalverteilten Grundgesamtheit anwendbar sind. Außerdem werden Verfahren für Grundgesamtheiten mit unbekannter Verteilungsform und für den kleineren der beiden Bereiche $r = 0, 1, ..., 10$ beziehungsweise $r = 0$ bis $m - 1$ zur Verfügung gestellt. In allen Fällen enthalten die Tabellen Prognosebereichsfaktoren oder Stichprobenumfänge, die die angegebenen Vertrauensniveaus *mindestens* einhalten. Üblicherweise ist das tatsächliche Vertrauensniveau geringfügig größer als das angegebene.

Die Grenzwerte der Prognosebereiche für normalverteilte Grundgesamtheiten liegen k Stichprobenstandardabweichungen (oder, falls bekannt, Standardabweichungen der Grundgesamtheit) vom Stichprobenmittelwert entfernt, wobei k der Prognosebereichsfaktor ist. Wenn die Standardabweichung der Grundgesamtheit unbekannt ist, nimmt k bei kleinen Werten von n, großen Werten von m und hohem Signifikanzniveau sehr große Werte an. Große Werte von k, die zum Beispiel 10 oder 15 überschreiten, sollten nicht verwendet werden, da die resultierenden Prognosebereiche vermutlich zu groß und ohne praktischen Nutzen sind. Sie zeigen lediglich, dass die Ausgangsstichprobe zu klein war, um daraus nützliche Informationen für zukünftige Ergebnisse zu ziehen. Außerdem ist bei großen Werten von k die Eignung der resultierenden Prognosebereiche schon bei kleinen Abweichungen von der Normalverteilung in Frage gestellt. Werte von k bis zu 250 sind in den Tabellen vor allem deshalb aufgeführt, um zu zeigen, wie schnell k mit steigendem Ausgangsstichprobenumfang n abnimmt.

x_i *i*th observation in a random sample

$x_{[i]}$ *i*th order statistic

$\overline{x}$ sample mean: $\overline{x} = \sum_{i=1}^{n} x_i / n$

4 Prediction intervals

4.1 General

A *two-sided prediction interval* is an interval of the form (T_1, T_2), where $T_1 < T_2$; T_1 and T_2 are derived from a random sample of size n and are called the *lower* and *upper prediction limits*, respectively.

If a and b are respectively the lower and upper limits of the variable in the population, a *one-sided prediction interval* will be of the form (T_1, b) or (a, T_2).

NOTE 1 For practical purposes a is often taken to be zero for variables that cannot be negative, and b is often taken to be infinity for variables with no natural upper limit.

NOTE 2 Sometimes a population is treated as normal for the purpose of determining a prediction interval, even when it has a finite limit. This may seem incongruous, as the normal distribution ranges from minus infinity to plus infinity. However, in practice, many populations with a finite limit are closely approximated by a normal distribution.

The practical meaning of a prediction interval relating to individual sample values is that the experimenter claims that a further random sample of m values from the same population will have at most r values not lying in the interval, while admitting a small nominal probability that this assertion may be wrong. The nominal probability that an interval constructed in such a way satisfies the claim is called the confidence level.

The practical meaning of a prediction interval relating to a sample mean is that the experimenter claims that the *mean* of a further random sample of m values from the same population will lie in the interval, while admitting a small nominal probability that this assertion may be wrong. Again, the nominal probability that an interval constructed in such a way satisfies the claim is called the confidence level.

This part of ISO 16269 presents procedures applicable to a normally distributed population for $r - 0$ and procedures applicable to the mean of a further sample from a normally distributed population. It also provides procedures applicable to populations of unknown distributional form for $r - 0, 1, \ldots, 10$ or 0 to $m - 1$, whichever range is smaller. In all cases, the tables present prediction interval factors or sample sizes that provide *at least* the stated level of confidence. In general, the actual confidence level is marginally greater than the stated level.

The limits of the prediction intervals for normally distributed populations are at a distance of k times the sample standard deviation (or, where known, the population standard deviation) from the sample mean, where k is the prediction interval factor. In the case of unknown population standard deviation, the value of k becomes very large for small values of n in combination with large values of m and high levels of confidence. Use of large values of k, for example in excess of 10 or 15, should be avoided whenever possible, as the resulting prediction intervals are likely to be too wide to be of any practical use, other than to indicate that the initial sample was too small to yield any useful information about future values. Moreover, for large values of k the integrity of the resulting prediction intervals could be badly compromised by even small departures from normality. Values of k up to 250 are included in the tables primarily to show how rapidly k decreases as the initial sample size n increases.

Für Prognosebereiche für Einzelwerte weiterer Stichproben kann Formblatt A zur Berechnung bei normalverteilten Grundgesamtheiten und Formblatt C zur Berechnung bei Grundgesamtheiten mit unbekannter Verteilungsform benutzt werden. Formblatt B ist als Hilfsmittel zur Berechnung eines Prognosebereichs für den Mittelwert weiterer Stichproben aus normalverteilten Grundgesamtheiten vorgesehen.

Anhänge A bis D enthalten Tabellen für Prognosebereichsfaktoren. Anhänge E und F enthalten Tabellen der notwendigen Stichprobenumfänge, wenn die Verteilungsform der Grundgesamtheit unbekannt ist. Anhang G beschreibt ein Interpolationsverfahren für den Fall, dass die benötigte Kombination aus n, m und dem Vertrauensniveau nicht tabelliert ist. Anhang H stellt die den Tabellen zugrunde liegenden statistischen Theorien dar.

4.2 Vergleich mit anderen Arten statistischer Bereiche

4.2.1 Wahl des richtigen Bereichs

In der Praxis werden häufig — ausgehend von den Ergebnissen einer zufälligen Ausgangsstichprobe — Prognosen für eine *endliche* Anzahl weiterer Beobachtungswerte benötigt. Für solche Fälle ist dieser Teil von ISO 16269 geeignet. Manchmal kommt es zu Verwechslungen mit anderen Arten statistischer Bereiche. Die Unterabschnitte 4.2.2 und 4.2.3 dienen der Klarstellung der Unterschiede.

4.2.2 Vergleich mit statistischen Anteilsbereichen

Ein Prognosebereich für Einzelwerte einer Stichprobe ist ein über eine Zufallsstichprobe aus einer Grundgesamtheit ermittelter Wertebereich, für den eine mit einem Vertrauensniveau verknüpfte Aussage über die in einer weiteren Zufalls*stichprobe* aus der Grundgesamtheit zu erwartende maximale *Anzahl* von Werten außerhalb dieses Bereichs getroffen werden kann. Ein statistischer Anteilsbereich (so wie er in ISO 16269-6 definiert ist) ist ebenfalls ein über eine Zufallsstichprobe aus einer Grundgesamtheit ermittelter Wertebereich, für den eine mit einem Vertrauensniveau verknüpfte Aussage getroffen werden kann. In diesem Fall bezieht sich die Aussage jedoch auf den maximalen *Anteil* von Werten in der *Grundgesamtheit*, die außerhalb dieses Bereichs liegen (oder, was gleichbedeutend ist, auf den *minimalen* Anteil von Werten in der Grundgesamtheit, die *innerhalb* dieses Bereichs liegen).

ANMERKUNG 1 Konstanten für statistische Anteilsbereiche sind Grenzwerte von Konstanten für Prognosebereiche für den Fall, dass der Umfang der weiteren Stichprobe m gegen unendlich geht und dabei das Verhältnis der Anzahl r der zu erwartenden Werte außerhalb des Prognosebereichs zu m konstant bleibt ($r > 0$ vorausgesetzt). Dies ist in Tabelle 1 für ein 95 %-Vertrauensniveau und $r/m = 0{,}1$ für ein- und zweiseitig begrenzte Bereiche dargestellt.

Für den Fall $r = 0$, auf den sich dieser Teil von ISO 16269 vor allem konzentriert, gibt es allerdings keinen solchen Zusammenhang zwischen den Konstanten für statistische Anteilsbereiche und Prognosebereiche.

Tabelle 1 — Beispiele für Konstanten für Prognosebereiche

r	1	2	5	10	20	50	100	1 000	Konstante für den statistischen Anteilsbereich mit einem Mindestanteil von 0,9 der Grundgesamtheit
m	10	20	50	100	200	500	1 000	10 000	
	Konstanten für Prognosebereiche								
einseitig begrenzt	1,887	1,846	1,767	1,718	1,686	1,663	1,655	1,647	1,646
zweiseitig begrenzt	2,208	2,172	2,103	2,061	2,034	2,014	2,007	2,000	2,000

ANMERKUNG 2 Der Fall $r = 0$ ist vor allem für sicherheitsrelevante Anwendungen wichtig.

For prediction intervals relating to the individual values in a further sample, Form A may be used to organize the calculations for a normally distributed population and Form C when the population is of unknown distributional form. Form B is provided to assist with the calculation of a prediction interval for the mean of a further sample from a normally distributed population.

Annexes A to D provide tables of prediction interval factors. Annexes E and F provide tables of sample sizes required when the population is of unknown distributional form. Annex G gives the procedure for interpolating in the tables when the required combination of n, m and confidence level is not tabulated. Annex H presents the statistical theory underlying the tables.

4.2 Comparison with other types of statistical interval

4.2.1 Choice of type of interval

In practice, it is often the case that predictions are required for a *finite* number of observations based on the results of an initial random sample. These are the circumstances under which this part of ISO 16269 is appropriate. There is sometimes confusion with other types of statistical interval. Subclauses 4.2.2 and 4.2.3 are presented in order to clarify the distinctions.

4.2.2 Comparison with a statistical tolerance interval

A prediction interval for individual sample values is an interval, derived from a random sample from a population, about which a confidence statement may be made concerning the maximum *number* of values in a further random *sample* from the population that will lie outside the interval. A statistical tolerance interval (such as that defined in ISO 16269-6) is also an interval derived from a random sample from a population for which a confidence statement may be made; however, the statement in this case relates to the maximum *proportion* of values in the *population* lying outside the interval (or, equivalently, to the *minimum* proportion of values in the population lying *inside* the interval).

NOTE 1 A statistical tolerance interval constant is the limit of a prediction interval constant as the future sample size, m, tends to infinity while the number, r, of items in the future sample falling outside the interval remains a constant fraction of m, provided $r > 0$. This is illustrated in Table 1 for a 95 % confidence level for one-sided and two-sided intervals when $r/m = 0,1$.

However, there is no such analogy between statistical tolerance interval constants and prediction interval constants for $r = 0$, the case on which this part of ISO 16269 is primarily focussed.

Table 1 — Example of prediction interval constants

r	1	2	5	10	20	50	100	1 000	Statistical tolerance interval constants for a minimum proportion of 0,9 of the population covered
m	10	20	50	100	200	500	1 000	10 000	
	Prediction interval constants								
One-sided intervals	1,887	1,846	1,767	1,718	1,686	1,663	1,655	1,647	1,646
Two-sided intervals	2,208	2,172	2,103	2,061	2,034	2,014	2,007	2,000	2,000

NOTE 2 The case $r = 0$ is particularly important in applications related to safety.

4.2.3 Vergleich mit Vertrauensbereichen für Mittelwerte

Ein Prognosebereich für einen Mittelwert ist ein, über eine Zufallsstichprobe aus einer Grundgesamtheit ermittelter Wertebereich, von dem — mit einem vorgegebenen Vertrauensniveau — behauptet werden kann, dass er den Mittelwert einer weiteren Zufalls*stichprobe* enthalten wird. Ein Vertrauensbereich für einen Mittelwert (so wie er in ISO 2602 definiert ist) ist ebenfalls ein über eine Zufallsstichprobe aus einer Grundgesamtheit ermittelter Wertebereich, für den eine mit einem Vertrauensniveau verknüpfte Aussage getroffen werden kann. In diesem Fall bezieht sich die Aussage jedoch auf den Mittelwert der *Grundgesamtheit*.

5 Prognosebereiche für die in einer weiteren Stichprobe zu erwartenden Werte aus einer normalverteilten Grundgesamtheit mit unbekannter Standardabweichung

5.1 Einseitig begrenzte Bereiche

Ein einseitig begrenzter Prognosebereich für eine normalverteilte Grundgesamtheit mit unbekannter Standardabweichung hat die Form $(\overline{x} - ks, b)$ oder $(a, \overline{x} + ks)$, wobei der Stichprobenmittelwert $\overline{x}$ und die Stichprobenstandardabweichung s aus einer der Grundgesamtheit entnommenen Zufallsstichprobe vom Umfang n ermittelt werden. Der Prognosebereichsfaktor k hängt von n, dem Umfang der weiteren Stichprobe m und dem Vertrauensniveau C ab. Werte für k finden sich in Anhang A.

BEISPIEL Der beim Abfeuern von Artilleriegranaten eines bestimmten Typs im Geschützlauf entstehende Druck ist — wie aus bereits gewonnener Erfahrung bekannt — in guter Näherung normalverteilt. Eine Stichprobe mit 20 abgefeuerten Granaten ergibt für den Druck einen Mittelwert von 562,3 Mpa und eine Standardabweichung von 8,65 Mpa. Eine Serie von insgesamt 5 000 weiteren Granaten soll unter gleichen Fertigungsbedingungen hergestellt werden. Welcher Druck im Geschützlauf wird beim — unter gleichen Bedingungen vorgenommenen — Abschuss dieser 5 000 Granaten mit einer Wahrscheinlichkeit von 95 % bei keinem Abschuss überschritten?

Tabelle A.2 enthält Prognosebereichsfaktoren für ein Vertrauensniveau von 95 %. In Tabelle A.2 ist als entsprechender Prognosebereichsfaktor $k = 5{,}251$ zu finden. Die obere Grenze des einseitigen Prognosebereichs mit einem Vertrauensniveau von 95 % ist also

$$\overline{x} + ks = 562{,}3 + 5{,}251 \times 8{,}65 = 607{,}7 \text{ MPa}$$

Es wird also mit einer Wahrscheinlichkeit von 95 % keine der Granaten aus der Serie von 5 000 Stück einen Druck im Geschützlauf von mehr als 607,7 Mpa erzeugen.

Anhand dieses Beispiels wird auch die Anwendung von Formblatt A erläutert.

5.2 Symmetrische zweiseitig begrenzte Bereiche

Ein symmetrischer zweiseitig begrenzter Prognosebereich für eine normalverteilte Grundgesamtheit mit unbekannter Standardabweichung hat die Form $(\overline{x} - ks, \overline{x} + ks)$. Der Prognosebereichsfaktor k hängt von n, dem Umfang der weiteren Stichprobe m und dem Vertrauensniveau C ab. Werte für k finden sich in Anhang B.

BEISPIEL Die Zeit von der Entfernung des Sicherheitsstiftes bis zur Detonation von Handgranaten eines bestimmten Typs ist — wie bekannt — in guter Näherung normalverteilt. Eine Zufallsstichprobe von 30 Stück wird getestet, und die Zeiten bis zur Detonation werden aufgezeichnet. Der Stichprobenmittelwert ist 5,140 s und die Stichprobenstandardabweichung 0,241 s. Gesucht ist ein symmetrischer zweiseitiger Prognosebereich für die nächste Serie von 10 000 Granaten mit einem Vertrauensniveau von 99 %.

Tabelle B.4 enthält Prognosebereichsfaktoren für ein Vertrauensniveau von 99 %. Mit $n = 30$ und $m = 10\,000$ ergibt sich aus Tabelle B.4 der Wert $k = 6{,}059$. Der symmetrische Prognosebereich ist also

$$(\overline{x} - ks,\ \overline{x} + ks) = (5{,}140 - 6{,}059 \times 0{,}241,\ 5{,}140 + 6{,}059 \times 0{,}241) = (3{,}68,\ 6{,}60)$$

Es wird also mit einer Wahrscheinlichkeit von 99 % keine der Granaten aus der folgenden Serie von 10 000 Stück in einer Zeit außerhalb des Bereichs 3,68 s bis 6,60 s zur Detonation kommen.

4.2.3 Comparison with a confidence interval for the mean

A prediction interval for a mean is an interval, derived from a random sample from a population, for which it may be asserted with a given level of confidence that the mean of a further random *sample* of specified size will lie. A confidence interval for a mean (such as that defined in ISO 2602) is also an interval derived from a random sample from a population for which a confidence statement may be made; however, the statement in this case relates to the mean of the *population*.

5 Prediction intervals for all observations in a further sample from a normally distributed population with unknown population standard deviation

5.1 One-sided intervals

A one-sided prediction interval relating to a normally distributed population with unknown population standard deviation is of the form $(\bar{x} - ks, b)$ or $(a, \bar{x} + ks)$ where the values of the sample mean $\bar{x}$ and the sample standard deviation s are determined from a random sample of size n from the population. The prediction interval factor k depends on n, on the further sample size m and on the confidence level C; values of k are presented in Annex A.

EXAMPLE The pressures in gun barrels caused by firing artillery shells of a given type are known from past experience to be closely approximated by a normal distribution. A sample of 20 rounds has a mean pressure of 562,3 MPa and a standard deviation of pressure of 8,65 MPa. A batch of 5 000 further rounds in total is to be produced under identical manufacturing conditions. What barrel pressure can one be 95 % confident will not be exceeded by any of the 5 000 shells fired under identical conditions ?

Table A.2 provides prediction interval factors at the 95 % confidence level. From Table A.2 it is found that the appropriate prediction interval factor is $k = 5{,}251$. The upper limit to a one-sided prediction interval at 95 % confidence is therefore

$$\bar{x} + ks = 562{,}3 + 5{,}251 \times 8{,}65 = 607{,}7 \text{ MPa}$$

Hence one may be 95 % confident that none of the batch of 5 000 rounds will produce a barrel pressure in excess of 607,7 MPa.

This example is also used to illustrate the use of Form A.

5.2 Symmetric two-sided intervals

A symmetric two-sided prediction interval for a normally distributed population with unknown population standard deviation is of the form $(\bar{x} - ks, \bar{x} + ks)$. The prediction interval factor k depends on n, on the further sample size m and on the confidence level C; values of k are presented in Annex B.

EXAMPLE The time to detonation of a particular type of hand grenade after the pin has been removed is known to have an approximate normal distribution. A random sample of size 30 is drawn and tested, and the times to detonation are recorded. The sample mean time is 5,140 s and the sample standard deviation is 0,241 s. A symmetric two-sided prediction interval is required for all of the next lot of 10 000 grenades at 99 % confidence.

Table B.4 provides prediction interval factors at the 99 % confidence level. Entering Table B.4 with $n = 30$ and $m = 10\,000$ yields the value $k = 6{,}059$. The symmetric prediction interval is

$$(\bar{x} - ks,\ \bar{x} + ks) = (5{,}140 - 6{,}059 \times 0{,}241,\ 5{,}140 + 6{,}059 \times 0{,}241) = (3{,}68,\ 6{,}60)$$

One may therefore be 99 % confident that none of the next lot of 10 000 grenades will have a time to detonation outside the range 3,68 s to 6,60 s.

5.3 Prognosebereiche für nicht normalverteilte, aber in eine Normalverteilung transformierbare Grundgesamtheiten

Bei nicht normalverteilten Grundgesamtheiten, die in eine Normalverteilung transformiert werden können, wird zunächst das Verfahren für normalverteilte Grundgesamtheiten auf die transformierten Werte angewendet. Der Prognosebereich ergibt sich dann durch Anwendung der umgekehrten Transformation auf die sich aus den transformierten Werten ergebenden Prognosegrenzen.

BEISPIEL Angenommen, bei dem unter 5.2 beschriebenen Beispiel ist bekannt, dass die Zeit bis zur Detonation in guter Näherung lognormalverteilt ist, das heißt die Logarithmen der Zeiten sind in guter Näherung normalverteilt. Folglich werden die gemessenen Zeiten $x_1, x_2, \ldots, x_n$ aus der Stichprobe in eine Normalverteilung transformiert, indem ihre natürlichen Logarithmen $y_i = \ln x_i$ $(i = 1, 2, \ldots, 30)$ gebildet werden. Angenommen, der Stichprobenmittelwert der transformierten Werte ist $\bar{y} = 1{,}60$ und die Stichprobenstandardabweichung $s_y = 0{,}05$. Der Prognosebereichsfaktor zum Vertrauensniveau von 99 %, mit dem angenommen wird, dass auch die nächsten 10 000 Detonationszeiten nicht außerhalb des zweiseitigen Prognosebereichs liegen werden, ist natürlich unverändert $k = 6{,}059$. Der symmetrische Prognosebereich für die transformierten Werte ist

$$(\bar{y} - ks,\ \bar{y} + ks) = (1{,}60 - 6{,}059 \times 0{,}05,\ 1{,}60 + 6{,}059 \times 0{,}05) = (1{,}297,\ 1{,}903)$$

Die Einheit der y-Werte ist log-Sekunden. Die umgekehrte Transformation, die die Einheit in Sekunden zurücktransformiert, ist die Anwendung der Exponentialfunktion auf die Werte. Der Prognosebereich für die Detonationszeit für alle folgenden zehntausend Granaten mit einem Vertrauensniveau von 99 % ist also

$$\left(e^{1{,}297},\ e^{1{,}903}\right) = (3{,}66,\ 6{,}71)\ \text{s}$$

ANMERKUNG 1 Es ergibt sich dasselbe Ergebnis, wenn der Logarithmus zu einer anderen Basis verwendet wird, vorausgesetzt, für die Rücktransformation wird die Potenzierung mit derselben Basis vorgenommen.

ANMERKUNG 2 Wenn ein zweiseitiger Prognosebereich nach 5.2 oder 6.2 ermittelt wird, sind seine Grenzen bei normalverteilten Grundgesamtheiten symmetrisch zum geschätzten Median der Grundgesamtheit. Diese Symmetrie ist für nicht normalverteilte Grundgesamtheiten, die nach 5.3 oder 6.3 in eine Normalverteilung transformiert werden, nicht mehr gegeben.

5.4 Ermittlung des erforderlichen Ausgangsstichprobenumfangs n für einen vorgegebenen Höchstwert des Prognosebereichsfaktors k

Manchmal sind Vertrauensniveau, Umfang der weiteren Stichprobe m und ungefähr gewünschter Wert des Prognosebereichsfaktors vorgegeben, und es ist gefordert, den dafür erforderlichen Umfang der Ausgangsstichprobe n zu ermitteln. Dazu wird in der zum vorgegebenen Vertrauensniveau und zum Typ des Prognosebereichs passenden Tabelle (das heißt eine der Tabellen im Anhang A für einseitig begrenzte Bereiche und eine der Tabellen im Anhang B für zweiseitig begrenzte Bereiche) die Spalte mit dem vorgegebenen Wert von m gesucht. Dann wird in dieser Spalte die Zeile mit dem Wert von k gesucht, der gerade noch kleiner als der vorgegebene Höchstwert ist. Der zugehörige Wert von n in der ersten Spalte ist der erforderliche Umfang der Ausgangsstichprobe.

ANMERKUNG Wenn der oberste Wert in dieser Spalte bereits den vorgegebenen Höchstwert für k überschreitet, so sind die Anforderungen auch mit einer beliebig großen Ausgangsstichprobe nicht erfüllbar. In diesem Fall sollte die Wahl eines niedrigeren Vertrauensniveaus erwogen werden.

BEISPIEL Betrachtet sei der Fall einer Annahmestichprobenprüfung, bei der — vor Anwendung dieses Teils von ISO 16269 — üblicherweise Lose vom Umfang 5 000 Stück angenommen wurden, wenn die Bedingung $\bar{x} + 4{,}75s \leq 0{,}1$ erfüllt war, wobei x die normalverteilte Porosität eines gesinterten Teils ist und $\bar{x}$ und s Stichprobenmittelwert und Stichprobenstandardabweichung einer Zufallsstichprobe vom Umfang 30 aus einer normalverteilten Grundgesamtheit sind. Angenommen, es wurde beschlossen, dass dieses Annahmekriterium durch das neue Annahmekriterium ersetzt werden soll, welches besagt, dass mit einem Vertrauensniveau von 95 % keines der Teile im Los einen Wert $x > 0{,}1$ aufweist. Der Hersteller stimmt dem neuen Annahmekriterium zu, vorausgesetzt, der Prognosebereichsfaktor ist nicht größer als 4,75 (wie bisher) und die Anforderung an den Stichprobenumfang ist nicht zu hoch.

5.3 Prediction intervals for non-normally distributed populations that can be transformed to normality

For non-normally distributed populations that can be transformed to normality, first the procedures for normally distributed populations are applied to the transformed data; the prediction interval is then found by applying the inverse transformation to the resulting prediction limits.

EXAMPLE Suppose that for the data of the example in 5.2 it is known instead that times to detonation are approximately log-normally distributed, i.e. the logarithm of the time to detonation is approximately normally distributed. The sample times $x_1, x_2, \ldots, x_n$ are accordingly transformed to normality by taking their natural logarithms, namely $y_i = \ln x_i$ for $i = 1, 2, \ldots, 30$. Suppose that the sample mean of the transformed data is $\bar{y} = 1{,}60$ and the sample standard deviation is $s_y = 0{,}05$. The prediction interval factor for 99 % confidence that none of the next 10 000 times falls outside a two-sided interval is, of course, unchanged at $k = 6{,}059$. The symmetric prediction interval for the transformed data is

$$(\bar{y} - ks,\ \bar{y} + ks) = (1{,}60 - 6{,}059 \times 0{,}05,\ 1{,}60 + 6{,}059 \times 0{,}05) = (1{,}297,\ 1{,}903)$$

The units of measurement of y are log-seconds. The inverse transformation to convert the units back to seconds is exponentiation. The prediction interval at 99 % confidence for the time to detonation of all of the next ten thousand grenades is therefore

$$\left(e^{1{,}297},\ e^{1{,}903}\right) = (3{,}66,\ 6{,}71)\ \mathrm{s}$$

NOTE 1 The same result would have been obtained using logarithms to any other base, provided that the antilogarithm to the same base is used when converting back to the original units.

NOTE 2 When a two-sided prediction interval is determined in accordance with 5.2 or 6.2, its limits for normally distributed populations are symmetric about (i.e. equidistant from) the estimated median of the population. This symmetry is lost for non-normally distributed populations that are transformed to normality in accordance with 5.3 or 6.3.

5.4 Determination of a suitable initial sample size, n, for a given maximum value of the prediction interval factor, k

Sometimes the confidence level, future sample size m and approximate desired value of the prediction interval factor are given and it is required to determine the initial sample size n. Locate the table for the given confidence level and the sidedness of the prediction interval (i.e. one of the tables in Annex A for a one-sided interval or one of the tables in Annex B for two-sided intervals) and find the column for the given value of m. Look down this column until the first value of k no greater than the given maximum is found. The value of n in the leftmost column of this row of the table gives the required initial sample size.

NOTE If the entry at the bottom of this column exceeds the maximum acceptable value of k then there is no initial sample size large enough to satisfy the requirement. A reduction in the confidence level should be considered.

EXAMPLE Consider a situation in acceptance sampling in which, prior to the use of this part of ISO 16269, it has been the practice to accept lots of size 5 000 whenever $\bar{x} + 4{,}75s \le 0{,}1$, where x is the normally distributed porosity of a sintered component and $\bar{x}$ and s are the sample mean and sample standard deviation based on a random sample of size 30 from a normally distributed population. Suppose that it has been decided to replace this acceptance criterion with one that will provide 95 % confidence that none of the items in the lot has $x > 0{,}1$. The producer says that he will be satisfied with the acceptance criterion provided the prediction interval factor is no larger than the 4,75 that he is used to, subject to the sample size requirement not being excessive.

In der Spalte für m = 5 000 auf der dritten Seite der Tabelle A.2 ist k = 4,771 für einen Stichprobenumfang von 40 und einen Wert kleiner als 4,75 zu finden, nämlich k = 4,717 für einen Stichprobenumfang von 45. Der Hersteller erklärt sich bereit, mit einem Wert von k = 4,717 für künftige Lose den Stichprobenumfang auf 45 zu erhöhen.

5.5 Ermittlung des Vertrauensniveaus zu einem vorgegebenen Prognosebereich

Statt den Prognosebereich zu einem vorgegebenen Vertrauensniveau zu ermitteln, kann es manchmal auch erforderlich sein, aus einer Ausgangsstichprobe das einem bestimmten Prognosebereich entsprechende Vertrauensniveau zu ermitteln. Es kann sich dabei um einen einseitigen Prognosebereich ($\bar{x} - ks,\ b$) oder ($a,\ \bar{x} + ks$) oder einen zum Stichprobenmittelwert symmetrischen Prognosebereich ($\bar{x} - ks,\ \bar{x} + ks$) handeln.

Zuerst wird der Wert für k zu dem gewünschten Prognosebereich berechnet. Das Vertrauensniveau zu diesem Prognosebereich ist dann durch Interpolation zwischen Tabellenwerten wie unter G.1.4 beschrieben zu finden.

6 Prognosebereiche für die in einer weiteren Stichprobe zu erwartenden Werte aus einer normalverteilten Grundgesamtheit mit bekannter Standardabweichung

6.1 Einseitige Bereiche

Ein einseitiger Prognosebereich für eine normalverteilte Grundgesamtheit mit bekannter Standardabweichung hat die Form $(\bar{x} - k\sigma, b)$ oder $(a, \bar{x} + k\sigma)$. Der Prognosebereichsfaktor k hängt von n, dem Umfang der weiteren Stichprobe m und dem Vertrauensniveau C ab; Werte für k finden sich in Anhang C.

BEISPIEL Von den in einem bestimmten Prozess hergestellten gesinterten Tonröhren mit einem Durchmesser von 150 mm ist bekannt, dass ihre Längen normalverteilt sind mit einer Standardabweichung von 4,49 mm. Aus einer Stichprobe von 50 Röhren wird ein Mittelwert von 1 760,60 mm ermittelt. Welche Länge werden alle nächsten 1 000 Röhren mit einem Vertrauensniveau von 99 % mindestens haben?

In Tabelle C.4 ist für n = 50 und m = 1 000 der entsprechende Prognosebereichsfaktor k = 4,306 zu finden. Die untere Prognosegrenze für alle nächsten 1 000 Längen ist also:

$$\bar{x} - k\sigma = 1\,760{,}60 - 4{,}306 \times 4{,}49 = 1\,741$$

Mit einer Wahrscheinlichkeit von 99 % wird also keine der nächsten 1 000 Röhren eine Länge kleiner als 1 741 mm haben.

Diese Art von Information kann hilfreich sein, wenn ein Hersteller eine Garantie für seine Produktion abgeben will. In diesem Beispiel ist der Hersteller auf der sicheren Seite, wenn er eine Mindestlänge von 1 740 mm garantiert.

6.2 Symmetrische zweiseitige Bereiche

Ein symmetrischer zweiseitiger Prognosebereich für eine normalverteilte Grundgesamtheit mit bekannter Standardabweichung hat die Form $(\bar{x} - k\sigma,\ \bar{x} + k\sigma)$. Der Prognosebereichsfaktor k hängt von n, dem Umfang der weiteren Stichprobe m und dem Vertrauensniveau C ab. Werte für k finden sich in Anhang D.

BEISPIEL Angenommen, es ist auf der Basis der Daten des Beispiels in 6.1 gefordert, den zweiseitigen Prognosebereich für alle nächsten 10 000 Röhrenlängen mit einem Vertrauensniveau von 95 % zu berechnen. Die entsprechende Tabelle für ein Vertrauensniveau von 95 % ist Tabelle D.2. Für n = 50 und m = 10 000 ist in Tabelle D.2 ein zweiseitiger Prognosebereichsfaktor von 4,605 zu finden. Der Prognosebereich ist

$$(\bar{x} - k\sigma,\ \bar{x} + k\sigma) = (1\,760{,}60 - 4{,}605 \times 4{,}49,\ 1\,760{,}60 + 4{,}605 \times 4{,}49) = (1\,739{,}9,\ 1\,781{,}3)$$

Look down the column for m equal to 5 000 on the third page of Table A.2. It is found that $k = 4{,}771$ for sample size 40, but falls below 4,75 to $k = 4{,}717$ for a sample of size 45. The producer agrees to increase the sample size to 45 with $k = 4{,}717$ for future lots.

5.5 Determination of the confidence level corresponding to a given prediction interval

Rather than determining the prediction interval corresponding to a given confidence level, it may sometimes be required to determine, from the initial sample, the confidence level corresponding to a specified interval. This may be a one-sided interval $(\bar{x} - ks, b)$ or $(a, \bar{x} + ks)$, or a two-sided interval $(\bar{x} - ks, \bar{x} + ks)$ that is symmetrical about the sample mean.

First calculate the value of k corresponding to the desired prediction interval. The confidence level for this interval can then be found by interpolation between tabulated values, as specified in G.1.4.

6 Prediction intervals for all observations in a further sample from a normally distributed population with known population standard deviation

6.1 One-sided intervals

A one-sided prediction interval for a normally distributed population with known population standard deviation σ is of the form $(\bar{x} - k\sigma, b)$ or $(a, \bar{x} + k\sigma)$. The prediction interval factor k depends on n, on the further sample size m and on the confidence level C; values of k are presented in Annex C.

EXAMPLE 150 mm diameter vitrified clay pipes produced by a given process are known to have lengths that are normally distributed with a standard deviation of 4,49 mm. A sample of 50 pipes is found to have a mean of 1 760,60 mm. What length can one be 99 % confident that all of the next 1 000 pipes will exceed ?

Entering Table C.4 with $n = 50$ and $m = 1\ 000$, the appropriate prediction interval factor is found to be $k = 4{,}306$. The lower prediction limit for all of the next 1 000 lengths is therefore

$$\bar{x} - k\sigma = 1760{,}60 - 4{,}306 \times 4{,}49 = 1741$$

Hence one may be 99 % confident that none of the lengths of the next 1 000 pipes will be less than 1 741 mm.

This kind of information could be useful if the manufacturer were thinking of providing a warranty for his production. For example, here the manufacturer would be on fairly safe ground in guaranteeing a length of at least 1 740 mm.

6.2 Symmetric two-sided intervals

A symmetric two-sided prediction interval for a normally distributed population with known population standard deviation σ is of the form $(\bar{x} - k\sigma, \bar{x} + k\sigma)$. The prediction interval factor k depends on n, on the further sample size m and on the confidence level C; values of k are presented in Annex D.

EXAMPLE Suppose that for the data of the example in 6.1 it is required to calculate a two-sided prediction interval for all of the next 10 000 pipe lengths at 95 % confidence. The appropriate table for a confidence level of 95 % is Table D.2. Entering Table D.2 with $n = 50$ and $m = 10\ 000$, it is found that the two-sided prediction interval factor is 4,605. The prediction interval is

$$(\bar{x} - k\sigma,\ \bar{x} + k\sigma) = (1\ 760{,}60 - 4{,}605 \times 4{,}49,\ 1\ 760{,}60 + 4{,}605 \times 4{,}49) = (1\ 739{,}9,\ 1\ 781{,}3)$$

Mit einer Wahrscheinlichkeit von 95 % werden also alle weiteren 10 000 Röhren eine Länge zwischen 1 739,9 mm und 1 781,3 mm haben.

6.3 Prognosebereiche für nicht normalverteilte, aber in eine Normalverteilung transformierbare Grundgesamtheiten

Für nicht normalverteilte Grundgesamtheiten, die in eine Normalverteilung transformiert werden können, ist das Verfahren zur Ermittlung eines Prognosebereichs bei bekannter Standardabweichung ähnlich dem in 5.3 beschriebenen für unbekannte Standardabweichung der Grundgesamtheit. Zunächst werden die Verfahren für normalverteilte Grundgesamtheiten mit den transformierten Daten durchgeführt, anschließend wird der Prognosebereich ermittelt, indem die Umkehrtransformation auf die berechneten Prognosegrenzen angewendet wird.

BEISPIEL Es ist bekannt, dass die — durch Materialermüdung bedingte — Lebensdauer eines Bauelements für ein Flugzeug ungefähr lognormalverteilt ist, das heißt es kann angenommen werden, dass der Logarithmus der Lebensdauer normalverteilt ist. Es ist auch aus früheren Untersuchungen bekannt, dass der Zehnerlogarithmus $\log_{10}$(Lebensdauer) ungefähr 0,11 ist. Sechs Bauelemente werden einem Belastungstest unterzogen, und es ergeben sich die folgenden Werte für die Anzahl von Belastungen bis zum Ausfall:

— 229 200;

— 277 900;

— 332 400;

— 369 700;

— 380 800;

— 406 300.

Zwei weitere — gleich spezifizierte Bauelemente sollen hergestellt werden. Nach wie vielen Belastungen wird mit einem Vertrauensniveau von 99,9 % noch keines der beiden Bauelemente ausgefallen sein?

Indem der Zehnerlogarithmus der Werte berechnet und dann der Mittelwert daraus gebildet wird, ergibt sich als Mittelwert für $x = \log_{10}$ (Lebensdauer) $\bar{x} = 5{,}513\ 86$. In Tabelle C.6 ist für $n = 6$ und $m = 2$ der entsprechende einseitige Prognosebereichsfaktor $k = 3{,}554$ zu finden. Die untere Prognosegrenze für die beiden nächsten Bauteile ist also

$$\bar{x} - k\sigma = 5{,}513\ 86 - 3{,}554 \times 0{,}11 = 5{,}122\ 92$$

und durch Potenzierung ergibt sich $10^{5{,}122\ 92} = 132\ 715$.

Wird berücksichtigt, dass die Standardabweichung des Zehnerlogarithmus der Lebensdauer nur mit zwei signifikanten Dezimalstellen angegeben ist, kann davon ausgegangen werden, dass die weiteren beiden Bauelemente mit einer Wahrscheinlichkeit von 99,9 % mindestens 130 000 Belastungen überleben werden.

6.4 Ermittlung des erforderlichen Ausgangsstichprobenumfangs n für einen vorgegebenen Höchstwert des Prognosebereichsfaktors k

Das Verfahren ist identisch zu dem in 5.4 beschriebenen, außer dass Anhang C oder D statt Anhang A oder B verwendet werden.

6.5 Ermittlung des Vertrauensniveaus zu einem vorgegebenen Prognosebereich

Das einem einseitigen Prognosebereich $(\bar{x} - k\sigma, b)$ oder $(a, \bar{x} + k\sigma)$ oder einem zum Stichprobenmittelwert symmetrischen zweiseitigen Prognosebereich $(\bar{x} - k\sigma, \bar{x} + k\sigma)$ entsprechende Vertrauensniveau kann mit Hilfe des Anhangs C oder D berechnet werden.

One may therefore be 95 % confident that all of the further 10 000 pipes have lengths that lie between 1 739,9 mm and 1 781,3 mm.

6.3 Prediction intervals for non-normally distributed populations that can be transformed to normality

For non-normally distributed populations that can be transformed to normality, the procedures for determining a prediction interval for known population standard deviation are similar to those for unknown population standard deviation, described in 5.3. First the procedures for normally distributed populations are applied to the transformed data; then the prediction interval is found by applying the inverse transformation to the resulting prediction limits.

EXAMPLE The fatigue life of a structural component for an aircraft is known to have an approximately lognormal distribution, i.e. the logarithm of the failure time can be assumed to be normally distributed. The standard deviation of $\log_{10}$(life) is also known from previous experience to be approximately equal to 0,11. Six samples of the component are subjected to fatigue testing and the number of loading cycles to failure recorded as follows:

— 229 200;

— 277 900;

— 332 400;

— 369 700;

— 380 800;

— 406 300.

Two further components are to be manufactured to the same specification. How many loading cycles can be applied whilst having 99,9 % confidence that none of these two components will fail?

Taking logarithms to base 10 and then averaging, the mean of $x = \log_{10}$(life) is found to be $\overline{x} = 5{,}513\ 86$. Entering Table C.6 with $n = 6$ and $m = 2$, the appropriate one-sided prediction interval factor is found to be $k = 3{,}554$. The lower prediction limit for all of the next two components is therefore

$$\overline{x} - k\sigma = 5{,}513\ 86 - 3{,}554 \times 0{,}11 = 5{,}122\ 92$$

and, taking antilogarithms, $10^{5{,}122\ 92} = 132\ 715$.

Hence, taking into account that the standard deviation of $\log_{10}$(life) is only known to two significant figures, one may be 99,9 % confident that the further two components will survive for at least 130 000 loading cycles.

6.4 Determination of a suitable initial sample size, n, for a given value of k

The procedure is the same as described in 5.4 except that Annex C or D is used instead of Annex A or B.

6.5 Determination of the confidence level corresponding to a given prediction interval

The confidence level corresponding to a one-sided interval $(\overline{x} - k\sigma, b)$ or $(a, \overline{x} + k\sigma)$, or a two-sided interval $(\overline{x} - k\sigma, \overline{x} + k\sigma)$ that is symmetrical about the sample mean, may be calculated from Annexes C and D.

Zuerst wird der Wert für k zu dem gewünschten Prognosebereich berechnet. Das Vertrauensniveau zu diesem Prognosebereich ist dann durch Interpolation zwischen Tabellenwerten wie unter G.1.4 beschrieben zu finden.

7 Prognosebereiche für den Mittelwert einer weiteren Stichprobe aus einer normalverteilten Grundgesamtheit

Der Prognosebereichsfaktor für den Mittelwert einer weiteren Stichprobe vom Umfang m ergibt sich aus derselben normalverteilten Grundgesamtheit unter Zuhilfenahme derselben Tabellen in zwei Schritten. Zunächst wird der Prognosebereichsfaktor für einen einzelnen weiteren Beobachtungswert ermittelt. Dann wird dieser Prognosebereichsfaktor mit $\sqrt{(n+m)/[m(n+1)]}$ multipliziert. Dieses Verfahren ist für ein- und zweiseitige Prognosebereiche und sowohl bei bekannter als auch unbekannter Standardabweichung der Grundgesamtheit anwendbar.

BEISPIEL Angenommen, es ist auf der Basis der Daten des Beispiels in 6.1 gefordert, eine untere Prognosegrenze für den Mittelwert der nächsten 1 000 Röhrenlängen mit einem Vertrauensniveau von 99 % anzugeben. Aus Tabelle C.4 ist zu entnehmen, dass der Prognosebereichsfaktor für eine Ausgangsstichprobe vom Umfang 50 und einen einzelnen weiteren Beobachtungswert 2,350 beträgt. Der gesuchte Prognosebereichsfaktor ist also

$$k = 2{,}350 \times \sqrt{(n+m)/[m(n+1)]} = 2{,}350 \times \sqrt{1\,050/51\,000} = 0{,}337\,2$$

Daraus folgt, dass die untere Prognosegrenze für die mittlere Länge der nächsten 1 000 Röhren

$\bar{x} - k\sigma = 1\,760{,}60 - 0{,}337\,2 \times 4{,}49 = 1\,759$ mm ist.

Anhand dieses Beispiels wird auch die Anwendung von Formblatt B erläutert.

8 Verteilungsfreie Prognosebereiche

8.1 Allgemeines

Ist die Zufallsgröße kontinuierlich, aber ihre Verteilungsform in der Grundgesamtheit unbekannt, sollten verteilungsfreie Verfahren zur Bestimmung des Prognosebereichs verwendet werden. Diese Verfahren bauen auf den Ranggrößen $x_{[1]}, x_{[2]}, \ldots, x_{[n]}$ auf. Im Allgemeinen haben einseitige verteilungsfreie Prognosebereiche die Form $(x_{[i]}, b)$ oder $(a, x_{[i]})$ mit $1 \le i \le n$, zweiseitige verteilungsfreie Prognosebereiche die Form $(x_{[i]}, x_{[j]})$mit $1 \le i \le j \le n$. Dieser Teil von ISO 16269 enthält Bestimmungsverfahren für einseitige Prognosebereiche der Form $(x_{[1]}, b)$ oder $(a, x_{[n]})$ und zweiseitige Prognosebereiche der Form $(x_{[1]}, x_{[n]})$.

Die Aufgabenstellung bei solchen Prognosebereichen ist es festzulegen, welchen Umfang die Ausgangsstichprobe haben muss, um mit dem vorgegebenen Vertrauensniveau vorhersagen zu können, dass der Prognosebereich mindestens $m - r$ der nächsten m Werte enthält. Dazu dienen die Anhänge E und F.

8.2 Einseitige Bereiche

Tabellen E.1 bis E.6 enthalten — für eine Reihe von Werten für C, m und r — Ausgangsstichprobenumfänge n, für die mit dem Vertrauensniveau C vorhergesagt werden kann, dass der einseitige verteilungsfreie Prognosebereich $(x_{[1]}, b)$ oder $(a, x_{[n]})$ mindestens $m - r$ der Werte einer weiteren Stichprobe vom Umfang m aus derselben Grundgesamtheit enthalten wird.

BEISPIEL Gefordert ist eine verteilungsfreie untere Prognosegrenze für die Biegefestigkeit gesinterter Tonröhren, so dass mit einem Vertrauensniveau von 90 % vorhergesagt werden kann, dass höchstens 10 Röhren aus jedem weiteren Los von 200 Röhren eine geringere Biegefestigkeit haben. Welchen Umfang muss die Ausgangsstichprobe haben?

First calculate the value of k corresponding to the desired prediction interval. The confidence level for this interval can then be found by interpolation between tabulated values, as described in G.1.4.

7 Prediction intervals for the mean of a further sample from a normally distributed population

A simple two-stage process may be used to obtain the prediction interval factor for the mean of a further sample of m observations from the same normally distributed population, using the same tables. First find the prediction interval factor corresponding to a single future observation. Then multiply this prediction interval factor by $\sqrt{(n+m)/[m(n+1)]}$. This procedure applies to one-sided and two-sided intervals and to the cases of both known and unknown population standard deviation.

EXAMPLE Suppose that for the data of the example in 6.1 it is required to provide a lower prediction limit at 99 % confidence on the mean of the lengths of the next 1 000 pipes. From Table C.4 it is found that the prediction interval factor for an initial sample size of 50 and a single future observation is 2,350. The required prediction interval factor is therefore

$$k = 2{,}350 \times \sqrt{(n+m)/[m(n+1)]} = 2{,}350 \times \sqrt{1\,050/51\,000} = 0{,}337\,2$$

It follows that the lower prediction limit for the mean length of the next 1 000 pipes is

$$\bar{x} - k\sigma = 1\,760{,}60 - 0{,}337\,2 \times 4{,}49 = 1\,759 \text{ mm}$$

This example is used to illustrate the use of Form B.

8 Distribution-free prediction intervals

8.1 General

When the variable is continuous but the distributional form of the population is unknown, distribution-free methods should be used to produce prediction intervals. These are based on the order statistics $x_{[1]}, x_{[2]}, \ldots, x_{[n]}$. In general, one-sided distribution-free prediction intervals are of the form $(x_{[i]}, b)$ or $(a, x_{[i]})$ where $1 \le i \le n$, while two-sided distribution-free prediction intervals are of the form $(x_{[i]}, x_{[j]})$ where $1 \le i \le j \le n$. This part of ISO 16269 provides procedures for one-sided intervals of the form $(x_{[1]}, b)$ or $(a, x_{[n]})$ and two-sided intervals of the form $(x_{[1]}, x_{[n]})$.

The problem with such intervals is in determining how large the initial sample size needs to be in order that one may have the required confidence that the prediction interval will contain at least $m - r$ values from the next m. Annexes E and F are provided for this purpose.

8.2 One-sided intervals

Tables E.1 to E.6 provide initial sample sizes n from which one may have confidence C that the one-sided distribution-free prediction interval $(x_{[1]}, b)$ [or alternatively $(a, x_{[n]})$] will include at least $m - r$ of a further sample of m values from the same population, for a range of values of C, m and r.

EXAMPLE A distribution-free lower prediction limit is required for the strength in bending of vitrified clay pipes, such that one may be 90 % confident that no more than 10 pipes in each further batch of 200 will have a lower strength. What initial sample size is required?

Tabelle E.1 enthält die Ausgangsstichprobenumfänge zum Vertrauensniveau 90 %. Für $m = 200$ und $r = 10$ ist der entsprechende Stichprobenumfang $n = 46$ zu finden. Eine Zufallsstichprobe von 46 Röhren wird entnommen, und die Biegefestigkeit wird gemessen. Als geringste Biegefestigkeit ist 6,4 kNm zu finden. Daher kann mit einem Vertrauensniveau von 90 % vorhergesagt werden, dass nicht mehr als 10 — unter gleichen Bedingungen wie bei der Ausgangsstichprobe gefertigte — Röhren aus einem Los von 200 eine Biegefestigkeit kleiner als 6,4 kNm haben.

8.3 Zweiseitige Bereiche

Die Tabellen F.1 bis F.6 enthalten — für eine Reihe von Werten für C, m und r — Ausgangsstichprobenumfänge n, für die mit dem Vertrauensniveau C vorhergesagt werden kann, dass der zweiseitige verteilungsfreie Prognosebereich $(x_{[1]}, x_{[n]})$ mindestens $m - r$ der Werte einer weiteren Stichprobe vom Umfang m aus derselben Grundgesamtheit enthalten wird.

BEISPIEL Ein Lieferant von Auto-Batterien liefert in Lieferumfängen von jeweils 100 Stück und möchte seinen Einzelhandelskunden für jede Lieferung einen Bereich der Batteriespannung x garantieren. Da er unsicher ist, welcher Verteilung die Batteriespannung unterliegt, entscheidet er sich für ein verteilungsfreies Verfahren. Welchen Umfang muss die Ausgangsstichprobe haben, wenn er mit einem Vertrauensniveau von 90 % vorhersagen will, dass höchstens eine Batterie in jeder Lieferung eine Spannung außerhalb des in der Stichprobe gefundenen Spannungsbereichs haben wird?

Tabelle F.1 enthält die Ausgangsstichprobenumfänge zum Vertrauensniveau 90 %. Für $m = 100$ und $r = 1$ ist ein Ausgangsstichprobenumfang von $n = 410$ zu finden. Der Lieferant prüft 410 Batterien und findet als niedrigsten Spannungswert $x_{[1]} = 11{,}81$ V und als höchsten Spannungswert $x_{[410]} = 12{,}33$ V. Er garantiert daher, dass höchstens eine Batterie pro Lieferung eine Spannung außerhalb des Bereichs 11,81 V bis 12,33 V aufweisen wird.

Anhand dieses Beispiels wird auch die Anwendung von Formblatt C erläutert. Bemerkenswert ist, dass die Prognosegrenzen auf der Grundlage einer Stichprobe von 1 850 Batterien — also mehr als viermal so viel — ermittelt werden müssen, wenn der Lieferant mit einem Vertrauensniveau von 90 % garantieren will, dass keine von 100 Batterien einen Spannungswert außerhalb der Prognosegrenzen hat.

Table E.1 provides the initial sample sizes for a confidence level of 90 %. Entering this table with $m = 200$ and $r = 10$ it is found that the appropriate sample size is $n = 46$. A random sample of 46 pipes is drawn and tested for strength in bending. The lowest strength is found to be 6,4 kN·m. Thus one may be 90 % confident that, for pipes manufactured under identical conditions to the initial sample, no more than 10 pipes in each batch of 200 will have strength in bending below 6,4 kN·m.

8.3 Two-sided intervals

Tables F.1 to F.6 provide initial sample sizes n from which one may have confidence C that the two-sided distribution-free prediction interval $(x_{[1]}, x_{[n]})$ will include at least $m - r$ of a further sample of m values from the same population, for a range of values of C, m and r.

EXAMPLE A supplier supplies car batteries in batches of 100, and wishes to provide some kind of guarantee to his retail customers on the range of values of the voltage, x, in each batch. As he is uncertain about the voltage distribution, he decides to use a distribution-free approach. What initial sample size would he need in order to be 90 % confident that no more than one battery in each batch has a voltage outside the range of voltages in his sample?

Table F.1 provides the initial sample sizes for a confidence level of 90 %. Entering this table with $m = 100$ and $r = 1$ yields an initial sample size of $n = 410$. The supplier tests 410 batteries and finds the lowest voltage to be $x_{[1]} - 11{,}81$ V and the highest to be $x_{[410]} = 12{,}33$ V. He therefore provides a guarantee that no more than one battery per batch has a voltage outside the range 11,81 V to 12,33 V.

This example is also used to illustrate the use of Form C. Note that if the supplier wished to have 90 % confidence that *no* batteries in batches of 100 have voltages outside the limits, then the limits would have to be based on a sample of 1 850 batteries, i.e. more than four times as many.

Formblatt A — Berechnung eines Prognosebereichs für alle Beobachtungswerte einer weiteren Stichprobe aus einer normalverteilten Grundgesamtheit

Leeres Formblatt

Kennzeichnung der Daten

Daten und Beobachtungsverfahren:

Einheit:

Bemerkungen:

Notwendige Angaben

Umfang der Ausgangsstichprobe: $n =$

Umfang der weiteren Stichprobe: $m =$

Vertrauensniveau (%) $C =$

a) Einseitig begrenzter Bereich bei unbekanntem σ ☐

b) Zweiseitig begrenzter Bereich bei unbekanntem σ ☐

c) Einseitig begrenzter Bereich bei bekanntem σ ☐

d) Zweiseitig begrenzter Bereich bei bekanntem σ ☐

Für c) oder d): Die Standardabweichung der Grundgesamtheit ist $\sigma =$

Für a) oder c) mit einer oberen Prognosegrenze ist die untere Grenze für x in der Grundgesamtheit anzugeben: $T_1 = a =$

Für a) oder c) mit einer unteren Prognosegrenze ist die obere Grenze für x in der Grundgesamtheit anzugeben: $T_2 = b =$

Erforderliche Ausgangsberechnungen

Stichprobenmittelwert: $\bar{x} =$

Für a) und b),

Stichprobenstandardabweichung: $s =$

Ermittlung des Prognosebereichsfaktors

a) Ablesen von $k = k_{n,m}$ in Anhang A: $k =$

b) Ablesen von $k = k_{n,m}$ in Anhang B: $k =$

c) Ablesen von $k = k_{n,m}$ in Anhang C: $k =$

d) Ablesen von $k = k_{n,m}$ in Anhang D: $k =$

Ermittlung der Prognosegrenzen

Für a) mit einer unteren Prognosegrenze oder für b),

$T_1 = \bar{x} - ks =$

Für c) mit einer unteren Prognosegrenze oder für d),

$T_1 = \bar{x} - k\sigma =$

Für a) mit einer oberen Prognosegrenze oder für b),

$T_2 = \bar{x} + ks =$

Für c) mit einer oberen Prognosegrenze oder für d),

$T_2 = \bar{x} + k\sigma =$

Ergebnis

Der Prognosebereich für alle weiteren $m =$

Ergebnisse ist mit einem Vertrauensniveau von $C =$ %

$(T_1, T_2) = ($, $)$.

Ausgefülltes Formblatt

Kennzeichnung der Daten

Daten und Beobachtungsverfahren: Druck beim Abfeuern von 20 Artilleriegranaten mit einer bestimmten Spezifikation bei einer Temperatur von 55 °C. Gesucht ist die obere Grenze des einseitig begrenzten Prognosebereichs mit einem Vertrauensniveau von 95 % für alle weiteren 5 000 abgefeuerten Granaten.

Einheit: Megapascal (MPa)

Bemerkungen: Erwartungswert und Standardabweichung für den Druck in der Grundgesamtheit sind nicht bekannt.

Notwendige Angaben

Umfang der Ausgangsstichprobe: $n = 20$

Umfang der weiteren Stichprobe: $m = 5\,000$

Vertrauensniveau (%) $C = 95$ %

a) Einseitig begrenzter Bereich bei unbekanntem σ ☒

b) Zweiseitig begrenzter Bereich bei unbekanntem σ ☐

c) Einseitig begrenzter Bereich bei bekanntem σ ☐

d) Zweiseitig begrenzter Bereich bei bekanntem σ ☐

Für c) oder d): Die Standardabweichung der Grundgesamtheit ist $\sigma =$

Für a) oder c) mit einer oberen Prognosegrenze ist die untere Grenze für x in der Grundgesamtheit anzugeben: $T_1 = a = 0$

Für a) oder c) mit einer unteren Prognosegrenze ist die obere Grenze für x in der Grundgesamtheit anzugeben: $T_2 = b =$

Erforderliche Ausgangsberechnungen

Stichprobenmittelwert: $\bar{x} = 562{,}3$ MPa

Für a) und b),

Stichprobenstandardabweichung: $s = 8{,}65$ MPa

Ermittlung des Prognosebereichsfaktors

a) Ablesen von $k = k_{n,m}$ in Anhang A: $k = 5{,}251$

b) Ablesen von $k = k_{n,m}$ in Anhang B: $k =$

c) Ablesen von $k = k_{n,m}$ in Anhang C: $k =$

d) Ablesen von $k = k_{n,m}$ in Anhang D: $k =$

Ermittlung der Prognosegrenzen

Für a) mit einer unteren Prognosegrenze oder für b),

$T_1 = \bar{x} - ks =$

Für c) mit einer unteren Prognosegrenze oder für d),

$T_1 = \bar{x} - k\sigma =$

Für a) mit einer oberen Prognosegrenze oder für b),

$T_2 = \bar{x} + ks = 607{,}7$ MPa

Für c) mit einer oberen Prognosegrenze oder für d),

$T_2 = \bar{x} + k\sigma =$

Ergebnis

Der Prognosebereich für alle weiteren $m = 5\,000$

Ergebnisse ist mit einem Vertrauensniveau von $C = 95$ %

$(T_1, T_2) = (0, 607{,}7)$.

Form A — Calculation of a prediction interval for all items in a further sample of observations from a normally distributed population

Blank form	Completed form
Data identification	**Data identification**
Data and observation procedure:	Data and observation procedure: Barrel pressures resulting from 20 artillery rounds of a given specification fired at a temperature of 55 °C. Require the upper limit to a one-sided prediction interval at 95 % confidence for all of the next 5 000 rounds.
Units:	Units: megapascals (MPa)
Remarks:	Remarks: Population mean pressure and standard deviation of pressure unknown.
Information required	**Information required**
Initial sample size: $n =$	Initial sample size: $n = 20$
Further sample size: $m =$	Further sample size: $m = 5\ 000$
Confidence level (%) $C =$	Confidence level (%) $C = 95\ \%$
a) One-sided interval for unknown σ ☐	a) One-sided interval for unknown σ ☒
b) Two-sided interval for unknown σ ☐	b) Two-sided interval for unknown σ ☐
c) One-sided interval for known σ ☐	c) One-sided interval for known σ ☐
d) Two-sided interval for known σ ☐	d) Two-sided interval for known σ ☐
For c) or d), the population standard deviation is $\sigma =$	For c) or d), the population standard deviation is $\sigma =$
For a) or c) with an upper prediction limit, the lower limit to x in the population is required: $T_1 = a =$	For a) or c) with an upper prediction limit, the lower limit to x in the population is required: $T_1 = a = 0$
For a) or c) with a lower prediction limit, the upper limit to x in the population is required: $T_2 = b =$	For a) or c) with a lower prediction limit, the upper limit to x in the population is required: $T_2 = b =$
Initial calculations required	**Initial calculations required**
Sample mean: $\bar{x} =$	Sample mean: $\bar{x} = 562{,}3$ MPa
For a) and b),	For a) and b),
sample standard deviation: $s =$	sample standard deviation: $s = 8{,}65$ MPa
Determination of prediction interval factor	**Determination of prediction interval factor**
a) Look up $k = k_{n,m}$ in Annex A: $k =$	a) Look up $k = k_{n,m}$ in Annex A: $k = 5{,}251$
b) Look up $k = k_{n,m}$ in Annex B: $k =$	b) Look up $k = k_{n,m}$ in Annex B: $k =$
c) Look up $k = k_{n,m}$ in Annex C: $k =$	c) Look up $k = k_{n,m}$ in Annex C: $k =$
d) Look up $k = k_{n,m}$ in Annex D: $k =$	d) Look up $k = k_{n,m}$ in Annex D: $k =$
Determination of the prediction limits	**Determination of the prediction limits**
For a) with a lower prediction limit, or for b),	For a) with a lower prediction limit, or for b),
$T_1 = \bar{x} - ks =$	$T_1 = \bar{x} - ks =$
For c) with a lower prediction limit, or for d),	For c) with a lower prediction limit, or for d),
$T_1 = \bar{x} - k\sigma =$	$T_1 = \bar{x} - k\sigma =$
For a) with an upper prediction limit, or for b),	For a) with an upper prediction limit, or for b),
$T_2 = \bar{x} + ks =$	$T_2 = \bar{x} + ks = 607{,}7$ MPa
For c) with a upper prediction limit, or for d),	For c) with a upper prediction limit, or for d),
$T_2 = \bar{x} + k\sigma =$	$T_2 = \bar{x} + k\sigma =$
Result	**Result**
The prediction interval for all of the next $m =$	The prediction interval for all of the next $m = 5\ 000$
observations at confidence level $C =$ % is	observations at confidence level $C = 95$ % is
$(T_1, T_2) = ($, $)$.	$(T_1, T_2) = (0,\ 607{,}7)$.

Formblatt B — Berechnung eines Prognosebereichs für den Mittelwert einer weiteren Stichprobe aus einer normalverteilten Grundgesamtheit

Leeres Formblatt	Ausgefülltes Formblatt
Kennzeichnung der Daten	**Kennzeichnung der Daten**
Daten und Beobachtungsverfahren:	Daten und Beobachtungsverfahren: Längen von fünfzig gesinterten Tonröhren vom Durchmesser 150 mm. Gesucht ist die untere Grenze des einseitig begrenzten Prognosebereichs für den Mittelwert der Länge der nächsten 1 000 Röhren mit einem Vertrauensniveau von 99 %.
Einheit:	Einheit: mm
Bemerkungen:	Bemerkungen: Der Erwartungswert der Grundgesamtheit ist unbekannt, aber ihre Standardabweichung ist bekannt und beträgt 4,49 mm.
Notwendige Angaben	**Notwendige Angaben**
Umfang der Ausgangsstichprobe: $n =$	Umfang der Ausgangsstichprobe: $n = 50$
Umfang der weiteren Stichprobe: $m =$	Umfang der weiteren Stichprobe: $m = 1\,000$
Vertrauensniveau (%) $C =$	Vertrauensniveau (%) $C = 99$ %
a) Einseitig begrenzter Bereich bei unbekanntem σ ☐	a) Einseitig begrenzter Bereich bei unbekanntem σ ☐
b) Zweiseitig begrenzter Bereich bei unbekanntem σ ☐	b) Zweiseitig begrenzter Bereich bei unbekanntem σ ☐
c) Einseitig begrenzter Bereich bei bekanntem σ ☐	c) Einseitig begrenzter Bereich bei bekanntem σ ☒
d) Zweiseitig begrenzter Bereich bei bekanntem σ ☐	d) Zweiseitig begrenzter Bereich bei bekanntem σ ☐
Für c) oder d): die Standardabweichung der Grundgesamtheit ist $\sigma =$	Für c) oder d): die Standardabweichung der Grundgesamtheit ist $\sigma = 4{,}49$ mm
Für a) oder c) mit einer oberen Prognosegrenze ist die untere Grenze für x in der Grundgesamtheit anzugeben: $T_1 = a =$	Für a) oder c) mit einer oberen Prognosegrenze ist die untere Grenze für x in der Grundgesamtheit anzugeben: $T_1 = a =$
Für a) oder c) mit einer unteren Prognosegrenze ist die obere Grenze für x in der Grundgesamtheit anzugeben : $T_2 = b =$	Für a) oder c) mit einer unteren Prognosegrenze ist die obere Grenze fur x in der Grundgesamtheit anzugeben: $T_2 = b = 1\,800$ mm
Erforderliche Ausgangsberechnungen	**Erforderliche Ausgangsberechnungen**
Stichprobenmittelwert: $\bar{x} =$	Stichprobenmittelwert: $\bar{x} = 1\,760{,}60$ mm
Für a) und b),	Für a) und b),
Stichprobenstandardabweichung: $s =$	Stichprobenstandardabweichung: $s =$
Ermittlung des Prognosebereichsfaktors	**Ermittlung des Prognosebereichsfaktors**
a) Ablesen von $k_{n,1}$ in Anhang A: $k_{n,1} =$	a) Ablesen von $k_{n,1}$ in Anhang A: $k_{n,1} =$
b) Ablesen von $k_{n,1}$ in Anhang B: $k_{n,1} =$	b) Ablesen von $k_{n,1}$ in Anhang B: $k_{n,1} =$
c) Ablesen von $k_{n,1}$ in Anhang C: $k_{n,1} =$	c) Ablesen von $k_{n,1}$ in Anhang C: $k_{n,1} = 2{,}350$
d) Ablesen von $k_{n,1}$ in Anhang D: $k_{n,1} =$	d) Ablesen von $k_{n,1}$ in Anhang D: $k_{n,1} =$
Dann wird berechnet $k = k_{n,1} \times \sqrt{(n+m)/[m(n+1)]} =$	Dann wird berechnet $k = k_{n,1} \times \sqrt{(n+m)/[m(n+1)]} = 0{,}337\,2$
Ermittlung der Prognosegrenzen	**Ermittlung der Prognosegrenzen**
Für a) mit einer unteren Prognosegrenze oder für b), $T_1 = \bar{x} - ks =$	Für a) mit einer unteren Prognosegrenze oder für b), $T_1 = \bar{x} - ks =$
Für c) mit einer unteren Prognosegrenze oder für d), $T_1 = \bar{x} - k\sigma =$	Für c) mit einer unteren Prognosegrenze oder für d), $T_1 = \bar{x} - k\sigma = 1759$
Für a) mit einer oberen Prognosegrenze oder für b), $T_2 = \bar{x} + ks =$	Für a) mit einer oberen Prognosegrenze oder für b), $T_2 = \bar{x} + ks =$
Für c) mit einer oberen Prognosegrenze oder für d), $T_2 = \bar{x} + k\sigma =$	Für c) mit einer oberen Prognosegrenze oder für d), $T_2 = \bar{x} + k\sigma =$
Ergebnis	**Ergebnis**
Der Prognosebereich für den Mittelwert der nächsten $m =$	Der Prognosebereich für den Mittelwert der nächsten $m = 1\,000$
Ergebnisse ist mit einem Vertrauensniveau von $C =$ %	Ergebnisse ist mit einem Vertrauensniveau von $C = 99$ %
$(T_1, T_2) =$ (,).	$(T_1, T_2) = (1\,759, 1\,800)$.

Form B — Calculation of a prediction interval for the mean of a further sample of observations from a normally distributed population

Blank form	Completed form
Data identification	**Data identification**
Data and observation procedure:	Data and observation procedure: Lengths of fifty 150 mm diameter vitrified clay pipes. Require the lower limit to a one-sided prediction interval at 99 % confidence for the mean length of all of the next 1 000 pipes.
Units:	Units: millimetres
Remarks:	Remarks: Population mean unknown but population standard deviation known to be 4,49 mm.
Information required	**Information required**
Initial sample size: n =	Initial sample size: n = 50
Further sample size: m =	Further sample size: m = 1 000
Confidence level (%) C =	Confidence level (%) C = 99 %
a) One-sided interval for unknown σ ☐	a) One-sided interval for unknown σ ☐
b) Two-sided interval for unknown σ ☐	b) Two-sided interval for unknown σ ☐
c) One-sided interval for known σ ☐	c) One-sided interval for known σ ☒
d) Two-sided interval for known σ ☐	d) Two-sided interval for known σ ☐
For c) or d), the population standard deviation is σ =	For c) or d), the population standard deviation is σ = 4,49 mm
For a) or c) with an upper prediction limit, the lower limit to x in the population is required: $T_1 = a$ =	For a) or c) with an upper prediction limit, the lower limit to x in the population is required: $T_1 = a$ =
For a) or c) with a lower prediction limit, the upper limit to x in the population is required: $T_2 = b$ =	For a) or c) with a lower prediction limit, the upper limit to x in the population is required: $T_2 = b$ = 1 800 mm
Initial calculations required	**Initial calculations required**
Sample mean: $\bar{x}$ =	Sample mean: $\bar{x}$ = 1 760,60 mm
For a) and b),	For a) and b),
sample standard deviation: s =	sample standard deviation: s =
Determination of prediction interval factor	**Determination of prediction interval factor**
a) Look up $k_{n,1}$ in Annex A: $k_{n,1}$ =	a) Look up $k_{n,1}$ in Annex A: $k_{n,1}$ =
b) Look up $k_{n,1}$ in Annex B: $k_{n,1}$ =	b) Look up $k_{n,1}$ in Annex B: $k_{n,1}$ =
c) Look up $k_{n,1}$ in Annex C: $k_{n,1}$ =	c) Look up $k_{n,1}$ in Annex C: $k_{n,1}$ = 2,350
d) Look up $k_{n,1}$ in Annex D: $k_{n,1}$ =	d) Look up $k_{n,1}$ in Annex D: $k_{n,1}$ =
Then calculate $k = k_{n,1} \times \sqrt{(n+m)/[m(n+1)]}$ =	Then calculate $k = k_{n,1} \times \sqrt{(n+m)/[m(n+1)]} = 0{,}337\,2$
Determination of the prediction limits	**Determination of the prediction limits**
For a) with a lower prediction limit, or for b),	For a) with a lower prediction limit, or for b),
$T_1 = \bar{x} - ks$ =	$T_1 = \bar{x} - ks$ =
For c) with a lower prediction limit, or for d),	For c) with a lower prediction limit, or for d),
$T_1 = \bar{x} - k\sigma$ =	$T_1 = \bar{x} - k\sigma = 1759$
For a) with an upper prediction limit, or for b),	For a) with an upper prediction limit, or for b),
$T_2 = \bar{x} + ks$ =	$T_2 = \bar{x} + ks$ =
For c) with a upper prediction limit, or for d),	For c) with a upper prediction limit, or for d),
$T_2 = \bar{x} + k\sigma$ =	$T_2 = \bar{x} + k\sigma$ =
Result	**Result**
The prediction interval for the mean of the next m =	The prediction interval for the mean of the next m = 1 000
observations at confidence level C = % is	observations at confidence level C = 99 % is
(T_1, T_2) = (,).	(T_1, T_2) = (1 759, 1 800).

Formblatt C — Berechnung eines verteilungsfreien Prognosebereichs für $(m - r)$ von m weiteren Beobachtungswerten aus derselben Grundgesamtheit

Leeres Formblatt	Ausgefülltes Formblatt
Kennzeichnung der Daten	**Kennzeichnung der Daten**
Daten und Beobachtungsverfahren:	Daten und Beobachtungsverfahren: Auto-Batterien in Liefermengen von 100. Gesucht ist der Stichprobenumfang n, der ausreicht, um mit einem Vertrauensniveau von 90 % vorhersagen zu können, dass mindestens 99 der gelieferten Batterien eine Spannung aufweisen, die in dem aus der Stichprobe ermittelten Prognosebereich liegt.
Einheit:	Einheit: Volt
Bemerkungen:	Bemerkungen: Der Verteilungstyp für die Spannung ist unbekannt, so dass ein verteilungsfreier Prognosebereich gesucht wird.
Notwendige Angaben	**Notwendige Angaben**
Umfang der weiteren Stichprobe: $m =$	Umfang der weiteren Stichprobe: $m = 100$
Höchstwert für die Anzahl weiterer Beobachtungswerte, die außerhalb des Prognosebereichs liegen dürfen: $r =$	Höchstwert für die Anzahl weiterer Beobachtungswerte, die außerhalb des Prognosebereichs liegen dürfen: $r = 1$
Vertrauensniveau (%) $C =$	Vertrauensniveau (%) $C = 90$ %
a) Einseitig begrenzter Bereich ☐	a) Einseitig begrenzter Bereich ☐
b) Zweiseitig begrenzter Bereich ☐	b) Zweiseitig begrenzter Bereich ☒
Für a) mit einer oberen Prognosegrenze ist die untere Grenze für x in der Grundgesamtheit anzugeben: $T_1 = a =$	Für a) mit einer oberen Prognosegrenze ist die untere Grenze für x in der Grundgesamtheit anzugeben: $T_1 = a =$
Für a) mit einer unteren Prognosegrenze ist die obere Grenze für x in der Grundgesamtheit anzugeben: $T_2 = b =$	Für a) mit einer unteren Prognosegrenze ist die obere Grenze für x in der Grundgesamtheit anzugeben: $T_2 = b =$
Ermittlung des Umfangs der Ausgangsstichprobe	**Ermittlung des Umfangs der Ausgangsstichprobe**
Für a) ergibt sich aus Annex E mit den Werten C, m und r der Umfang der Ausgangsstichprobe: $n =$	Für a) ergibt sich aus Annex E mit den Werten C, m und r der Umfang der Ausgangsstichprobe: $n =$
Für b) ergibt sich aus Annex F mit den Werten C, m und r der Umfang der Ausgangsstichprobe: $n =$	Für b) ergibt sich aus Annex F mit den Werten C, m und r der Umfang der Ausgangsstichprobe: $n = 410$
Ermittlung der Prognosegrenzen	**Ermittlung der Prognosegrenzen**
Für a) mit einer unteren Prognosegrenze oder für b),	Für a) mit einer unteren Prognosegrenze oder für b),
$T_1 = x_{[1]} =$	$T_1 = x_{[1]} = 11{,}81$
Für a) mit einer oberen Prognosegrenze oder für b),	Für a) mit einer oberen Prognosegrenze oder für b),
$T_2 = x_{[n]} =$	$T_2 = x_{[n]} = 12{,}33$
Ergebnis	**Ergebnis**
Der verteilungsfreie Prognosebereich für alle außer höchstens $r =$ der nächsten $m =$ Beobachtungswerte ist mit einem Signifikanzniveau von $C =$ %	Der verteilungsfreie Prognosebereich für alle außer höchstens $r = 1$ der nächsten $m = 100$ Beobachtungswerte ist mit einem Signifikanzniveau von $C = 90$ %
$(T_1, T_2) =$ (,).	$(T_1, T_2) = (11{,}81, 12{,}33)$.

Form C — Calculation of a distribution-free prediction interval for $(m - r)$ of a further m observations from the same population

Blank form	Completed form
Data identification	**Data identification**
Data and observation procedure:	Data and observation procedure: Car batteries supplied in batches of 100. Require the sample size n such that one may have 90 % confidence that the two-sided prediction interval derived from this sample will contain at least 99 of each batch's voltages.
Units:	Units: volts
Remarks:	Remarks: The type of distribution of voltages is unknown, so a distribution-free prediction interval is required.
Information required	**Information required**
Further sample size: $m =$	Further sample size: $m = 100$
Maximum number of further observations allowed to be outside interval: $r =$	Maximum number of further observations allowed to be outside interval: $r = 1$
Confidence level (%) $C =$	Confidence level (%) $C = 90$ %
a) One-sided interval ☐	a) One-sided interval ☐
b) Two-sided interval ☐	b) Two-sided interval ☒
For a) with an upper prediction limit, the lower limit to x in the population is required: $T_1 = a =$	For a) with an upper prediction limit, the lower limit to x in the population is required: $T_1 = a =$
For a) with a lower prediction limit, the upper limit to x in the population is required: $T_2 = b =$	For a) with a lower prediction limit, the upper limit to x in the population is required: $T_2 = b =$
Determination of the initial sample size	**Determination of the initial sample size**
For a), enter Annex E with C, m and r to find the initial sample size: $n =$	For a), enter Annex E with C, m and r to find the initial sample size: $n =$
For b), enter Annex F with C, m and r to find the initial sample size: $n =$	For b), enter Annex F with C, m and r to find the initial sample size: $n = 410$
Determination of the prediction limits	**Determination of the prediction limits**
For a) with a lower prediction limit, or for b),	For a) with a lower prediction limit, or for b),
$T_1 = x_{[1]} =$	$T_1 = x_{[1]} = 11{,}81$
For a) with an upper prediction limit, or for b),	For a) with an upper prediction limit, or for b),
$T_2 = x_{[n]} =$	$T_2 = x_{[n]} = 12{,}33$
Result	**Result**
The distribution-free prediction interval for all but at most $r =$ of the next $m =$ observations at confidence level $C =$ % is	The distribution-free prediction interval for all but at most $r = 1$ of the next $m = 100$ observations at confidence level $C = 90$ % is
$(T_1, T_2) = ($, $)$.	$(T_1, T_2) = (11{,}81, 12{,}33)$.

Anhang A
(normativ)

Tabellen für Prognosebereichsfaktoren k für einseitig begrenzte Prognosebereiche bei unbekannter Standardabweichung der Grundgesamtheit

Annex A
(normative)

Tables of one-sided prediction interval factors, k, for unknown population standard deviation

Tabelle A.1 — Faktoren k für einseitig begrenzte Prognosebereiche bei einem Vertrauensniveau von 90 % und unbekannter Standardabweichung der Grundgesamtheit
Table A.1 — One-sided prediction interval factors, k, at confidence level 90 % for unknown population standard deviation

n	m										
	1	2	3	4	5	6	7	8	9	10	15
2	3,770	6,058	7,595	8,730	9,620	10,345	10,954	11,476	11,932	12,335	13,844
3	2,178	3,066	3,615	4,010	4,316	4,566	4,775	4,955	5,112	5,252	5,778
4	1,832	2,484	2,873	3,150	3,364	3,538	3,684	3,810	3,919	4,017	4,386
5	1,680	2,240	2,567	2,798	2,976	3,120	3,241	3,345	3,436	3,517	3,824
6	1,595	2,106	2,400	2,606	2,765	2,893	3,001	3,094	3,175	3,247	3,520
7	1,540	2,020	2,294	2,485	2,632	2,751	2,850	2,935	3,010	3,076	3,328
8	1,501	1,961	2,221	2,402	2,540	2,652	2,746	2,826	2,897	2,959	3,196
9	1,473	1,918	2,168	2,341	2,474	2,580	2,670	2,747	2,814	2,873	3,099
10	1,451	1,885	2,127	2,295	2,422	2,525	2,612	2,686	2,750	2,808	3,025
11	1,434	1,858	2,095	2,258	2,382	2,482	2,566	2,637	2,700	2,756	2,967
12	1,420	1,837	2,069	2,228	2,349	2,447	2,529	2,599	2,660	2,714	2,919
13	1,408	1,820	2,047	2,204	2,322	2,418	2,498	2,566	2,626	2,679	2,880
14	1,398	1,805	2,029	2,183	2,300	2,394	2,472	2,539	2,598	2,650	2,847
15	1,390	1,792	2,013	2,165	2,280	2,373	2,450	2,516	2,574	2,625	2,818
16	1,382	1,781	2,000	2,150	2,264	2,355	2,431	2,496	2,553	2,604	2,794
17	1,376	1,772	1,989	2,137	2,249	2,339	2,415	2,479	2,535	2,585	2,773
18	1,370	1,763	1,978	2,125	2,236	2,326	2,400	2,464	2,519	2,568	2,754
19	1,365	1,756	1,969	2,115	2,225	2,313	2,387	2,450	2,505	2,554	2,737
20	1,361	1,749	1,961	2,106	2,215	2,303	2,376	2,438	2,492	2,541	2,723
25	1,344	1,725	1,931	2,071	2,177	2,262	2,333	2,393	2,445	2,492	2,667
30	1,334	1,709	1,911	2,049	2,153	2,236	2,305	2,363	2,415	2,460	2,631
35	1,326	1,697	1,898	2,033	2,136	2,217	2,285	2,343	2,393	2,438	2,605
40	1,320	1,689	1,887	2,022	2,123	2,204	2,270	2,328	2,377	2,421	2,586
45	1,316	1,683	1,880	2,013	2,113	2,193	2,259	2,316	2,365	2,408	2,572
50	1,312	1,678	1,873	2,006	2,105	2,185	2,250	2,306	2,355	2,398	2,560
60	1,307	1,670	1,864	1,995	2,094	2,172	2,237	2,292	2,341	2,383	2,543
70	1,304	1,664	1,857	1,988	2,085	2,163	2,228	2,282	2,330	2,372	2,530
80	1,301	1,660	1,853	1,982	2,079	2,156	2,221	2,275	2,322	2,364	2,521
90	1,299	1,657	1,849	1,978	2,074	2,151	2,215	2,269	2,316	2,358	2,514
100	1,297	1,655	1,846	1,974	2,071	2,147	2,211	2,265	2,312	2,353	2,508
150	1,292	1,647	1,837	1,964	2,059	2,135	2,198	2,251	2,297	2,338	2,491
200	1,290	1,644	1,832	1,959	2,054	2,129	2,191	2,244	2,290	2,331	2,483
250	1,288	1,641	1,829	1,956	2,050	2,125	2,188	2,240	2,286	2,327	2,478
300	1,287	1,640	1,828	1,954	2,048	2,123	2,185	2,238	2,283	2,324	2,475
350	1,286	1,639	1,826	1,952	2,047	2,121	2,183	2,236	2,281	2,322	2,472
400	1,286	1,638	1,825	1,951	2,045	2,120	2,182	2,234	2,280	2,320	2,470
450	1,285	1,638	1,825	1,950	2,044	2,119	2,181	2,233	2,279	2,319	2,469
500	1,285	1,637	1,824	1,950	2,044	2,118	2,180	2,232	2,278	2,318	2,468
600	1,285	1,636	1,823	1,949	2,043	2,117	2,179	2,231	2,276	2,316	2,466
700	1,284	1,636	1,823	1,948	2,042	2,116	2,178	2,230	2,275	2,315	2,465
800	1,284	1,635	1,822	1,947	2,041	2,116	2,177	2,229	2,275	2,315	2,464
900	1,284	1,635	1,822	1,947	2,041	2,115	2,176	2,229	2,274	2,314	2,463
1 000	1,284	1,635	1,821	1,947	2,040	2,115	2,176	2,228	2,274	2,314	2,463
∞	1,282	1,633	1,819	1,944	2,037	2,111	2,172	2,224	2,269	2,309	2,458

Tabelle A.1 — Faktoren k für einseitig begrenzte Prognosebereiche bei einem Vertrauensniveau von 90 % und unbekannter Standardabweichung der Grundgesamtheit *(fortgesetzt)*
Table A.1 — One-sided prediction interval factors, k, at confidence level 90 % for unknown population standard deviation *(continued)*

n	m										
	20	**30**	**40**	**50**	**60**	**80**	**100**	**150**	**200**	**250**	**500**
2	14,870	16,249	17,183	17,884	18,442	19,297	19,940	21,068	21,838	22,421	24,153
3	6,139	6,631	6,967	7,221	7,424	7,737	7,973	8,390	8,676	8,894	9,542
4	4,640	4,988	5,227	5,408	5,553	5,777	5,946	6,246	6,453	6,610	7,079
5	4,036	4,326	4,526	4,678	4,800	4,988	5,131	5,384	5,559	5,691	6,089
6	3,708	3,968	4,146	4,282	4,391	4,560	4,689	4,916	5,073	5,192	5,551
7	3,502	3,741	3,907	4,032	4,134	4,290	4,409	4,620	4,766	4,877	5,210
8	3,360	3,585	3,741	3,860	3,955	4,103	4,215	4,415	4,553	4,658	4,974
9	3,256	3,471	3,620	3,733	3,824	3,965	4,073	4,264	4,396	4,497	4,799
10	3,176	3,383	3,526	3,635	3,723	3,859	3,963	4,147	4,275	4,372	4,665
11	3,112	3,313	3,452	3,558	3,643	3,775	3,876	4,055	4,179	4,273	4,557
12	3,061	3,257	3,392	3,495	3,578	3,707	3,805	3,979	4,100	4,192	4,470
13	3,019	3,210	3,342	3,443	3,524	3,650	3,746	3,916	4,035	4,125	4,397
14	2,983	3,170	3,300	3,399	3,478	3,602	3,696	3,863	3,979	4,068	4,334
15	2,952	3,136	3,264	3,361	3,439	3,560	3,653	3,817	3,932	4,019	4,281
16	2,926	3,107	3,232	3,328	3,405	3,525	3,616	3,778	3,890	3,976	4,235
17	2,903	3,081	3,205	3,299	3,375	3,493	3,583	3,743	3,854	3,938	4,194
18	2,882	3,059	3,181	3,274	3,349	3,465	3,554	3,712	3,822	3,905	4,158
19	2,864	3,039	3,160	3,252	3,326	3,441	3,529	3,685	3,793	3,876	4,125
20	2,848	3,021	3,140	3,231	3,305	3,419	3,506	3,660	3,767	3,849	4,096
25	2,788	2,954	3,068	3,156	3,226	3,335	3,419	3,567	3,670	3,749	3,986
30	2,748	2,910	3,021	3,106	3,174	3,280	3,361	3,505	3,605	3,682	3,912
35	2,721	2,878	2,988	3,071	3,137	3,241	3,320	3,461	3,559	3,634	3,859
40	2,700	2,855	2,963	3,044	3,110	3,212	3,290	3,428	3,524	3,597	3,819
45	2,684	2,837	2,943	3,024	3,089	3,189	3,266	3,402	3,497	3,569	3,788
50	2,671	2,823	2,928	3,008	3,072	3,171	3,247	3,382	3,475	3,547	3,762
60	2,652	2,802	2,905	2,983	3,046	3,144	3,218	3,351	3,442	3,513	3,724
70	2,639	2,787	2,888	2,966	3,028	3,124	3,198	3,328	3,419	3,488	3,697
80	2,629	2,775	2,876	2,953	3,014	3,110	3,183	3,312	3,401	3,470	3,676
90	2,621	2,766	2,867	2,943	3,004	3,099	3,171	3,299	3,388	3,455	3,660
100	2,615	2,759	2,859	2,935	2,995	3,09	3,161	3,288	3,376	3,444	3,647
150	2,596	2,738	2,836	2,911	2,970	3,062	3,133	3,257	3,343	3,409	3,607
200	2,587	2,728	2,825	2,898	2,957	3,049	3,118	3,241	3,327	3,392	3,587
250	2,581	2,722	2,818	2,891	2,950	3,041	3,110	3,232	3,317	3,381	3,575
300	2,577	2,718	2,814	2,886	2,945	3,035	3,104	3,226	3,310	3,374	3,567
350	2,575	2,715	2,810	2,883	2,941	3,031	3,100	3,221	3,305	3,369	3,561
400	2,573	2,712	2,808	2,880	2,939	3,029	3,097	3,218	3,302	3,365	3,557
450	2,571	2,711	2,806	2,878	2,936	3,026	3,094	3,215	3,299	3,362	3,554
500	2,570	2,709	2,805	2,877	2,935	3,024	3,092	3,213	3,296	3,360	3,551
600	2,568	2,707	2,802	2,874	2,932	3,022	3,090	3,210	3,293	3,356	3,547
700	2,567	2,706	2,801	2,873	2,931	3,020	3,088	3,208	3,291	3,354	3,544
800	2,566	2,705	2,800	2,871	2,929	3,018	3,086	3,206	3,289	3,352	3,542
900	2,565	2,704	2,799	2,870	2,928	3,017	3,085	3,205	3,288	3,351	3,540
1 000	2,565	2,703	2,798	2,870	2,927	3,016	3,084	3,204	3,286	3,349	3,539
∞	2,559	2,697	2,791	2,862	2,920	3,008	3,075	3,194	3,276	3,339	3,527

Tabelle A.1 — Faktoren k für einseitig begrenzte Prognosebereiche bei einem Vertrauensniveau von 90 % und unbekannter Standardabweichung der Grundgesamtheit *(fortgesetzt)*
Table A.1 — One-sided prediction interval factors, k, at confidence level 90 % for unknown population standard deviation *(continued)*

n	m									
	1 000	**2 000**	**5 000**	**10 000**	**20 000**	**50 000**	**100 000**	**200 000**	**500 000**	**1 000 000**
2	25,783	27,327	29,256	30,642	31,972	33,657	34,882	36,068	37,583	38,692
3	10,157	10,741	11,473	12,000	12,508	13,152	13,620	14,074	14,655	15,080
4	7,525	7,949	8,483	8,867	9,238	9,709	10,051	10,384	10,809	11,120
5	6,467	6,828	7,281	7,609	7,925	8,326	8,618	8,902	9,264	9,530
6	5,892	6,218	6,628	6,925	7,211	7,574	7,839	8,096	8,425	8,667
7	5,528	5,832	6,215	6,491	6,758	7,098	7,345	7,586	7,893	8,119
8	5,275	5,564	5,927	6,190	6,444	6,767	7,002	7,231	7,523	7,738
9	5,088	5,365	5,714	5,967	6,211	6,521	6,748	6,968	7,249	7,456
10	4,944	5,212	5,550	5,795	6,031	6,332	6,551	6,764	7,037	7,238
11	4,829	5,090	5,419	5,657	5,887	6,180	6,394	6,602	6,868	7,063
12	4,735	4,990	5,311	5,544	5,769	6,056	6,265	6,468	6,729	6,920
13	4,657	4,906	5,221	5,450	5,671	5,952	6,157	6,357	6,612	6,800
14	4,590	4,835	5,145	5,370	5,587	5,863	6,065	6,261	6,513	6,697
15	4,532	4,774	5,079	5,300	5,514	5,787	5,986	6,179	6,427	6,609
16	4,482	4,721	5,022	5,240	5,451	5,720	5,917	6,108	6,352	6,532
17	4,439	4,674	4,971	5,187	5,395	5,661	5,856	6,044	6,286	6,464
18	4,400	4,632	4,926	5,139	5,346	5,609	5,801	5,988	6,228	6,404
19	4,365	4,595	4,886	5,097	5,302	5,562	5,753	5,938	6,175	6,349
20	4,333	4,561	4,850	5,059	5,262	5,520	5,709	5,892	6,128	6,300
25	4,214	4,433	4,711	4,913	5,109	5,358	5,540	5,718	5,945	6,112
30	4,134	4,347	4,618	4,814	5,005	5,248	5,426	5,599	5,821	5,984
35	4,076	4,285	4,550	4,742	4,929	5,167	5,342	5,512	5,729	5,889
40	4,032	4,237	4,498	4,687	4,871	5,106	5,278	5,445	5,659	5,817
45	3,998	4,200	4,457	4,644	4,825	5,057	5,227	5,392	5,604	5,759
50	3,970	4,170	4,424	4,609	4,788	5,017	5,185	5,348	5,558	5,712
60	3,928	4,124	4,373	4,555	4,731	4,956	5,121	5,281	5,487	5,639
70	3,897	4,091	4,336	4,515	4,689	4,911	5,073	5,232	5,435	5,585
80	3,874	4,065	4,308	4,485	4,657	4,876	5,037	5,194	5,395	5,543
90	3,856	4,046	4,286	4,461	4,631	4,849	5,008	5,163	5,363	5,510
100	3,842	4,029	4,268	4,442	4,610	4,826	4,984	5,138	5,336	5,482
150	3,797	3,980	4,213	4,382	4,546	4,756	4,910	5,060	5,253	5,395
200	3,775	3,955	4,184	4,351	4,513	4,719	4,871	5,019	5,209	5,349
250	3,761	3,940	4,167	4,332	4,492	4,697	4,847	4,993	5,181	5,319
300	3,752	3,930	4,155	4,319	4,478	4,681	4,830	4,975	5,162	5,299
350	3,746	3,923	4,147	4,310	4,468	4,670	4,818	4,962	5,148	5,284
400	3,741	3,917	4,141	4,303	4,461	4,662	4,809	4,953	5,137	5,273
450	3,737	3,913	4,136	4,298	4,455	4,655	4,802	4,945	5,129	5,264
500	3,734	3,910	4,132	4,293	4,450	4,650	4,796	4,939	5,122	5,257
600	3,729	3,904	4,126	4,287	4,443	4,642	4,788	4,930	5,112	5,246
700	3,726	3,901	4,122	4,282	4,438	4,636	4,781	4,923	5,105	5,239
800	3,724	3,898	4,118	4,279	4,434	4,632	4,777	4,918	5,099	5,233
900	3,722	3,896	4,116	4,276	4,431	4,628	4,773	4,914	5,095	5,228
1 000	3,720	3,894	4,114	4,274	4,428	4,626	4,770	4,911	5,091	5,224
∞	3,706	3,878	4,096	4,254	4,406	4,601	4,743	4,882	5,060	5,190

ANMERKUNG Diese Tabelle enthält Faktoren k mit der Eigenschaft, dass mit einem Vertrauensniveau von 90 % keiner der nächsten m Beobachtungswerte aus einer normalverteilten Grundgesamtheit außerhalb des Bereichs $(-\infty, \bar{x} + ks)$ liegen wird, wobei $\bar{x}$ und s aus einer Zufallsstichprobe vom Umfang n aus derselben Grundgesamtheit ermittelt wurden. Analoges gilt für den Bereich $(\bar{x} - ks, \infty)$.

NOTE This table provides factors k such that one may be at least 90 % confident that none of the next m observations from a normally distributed population will lie outside the range $(-\infty, \bar{x} + ks)$, where $\bar{x}$ and s are derived from a random sample of size n from the same population. Similarly for the range $(\bar{x} - ks, \infty)$.

Tabelle A.2 — Faktoren k für einseitig begrenzte Prognosebereiche bei einem Vertrauensniveau von 95 % und unbekannter Standardabweichung der Grundgesamtheit
Table A.2 — One-sided prediction interval factors, k, at confidence level 95 % for unknown population standard deviation

n	m										
	1	2	3	4	5	6	7	8	9	10	15
2	7,733	12,253	15,309	17,572	19,347	20,794	22,01	23,053	23,964	24,770	27,786
3	3,372	4,572	5,328	5,876	6,303	6,652	6,946	7,198	7,420	7,616	8,359
4	2,632	3,402	3,871	4,209	4,472	4,687	4,868	5,024	5,161	5,282	5,744
5	2,336	2,952	3,321	3,584	3,788	3,955	4,096	4,217	4,323	4,418	4,779
6	2,177	2,716	3,033	3,259	3,434	3,576	3,696	3,800	3,891	3,972	4,280
7	2,078	2,570	2,857	3,061	3,218	3,345	3,453	3,546	3,627	3,700	3,976
8	2,010	2,472	2,738	2,927	3,072	3,190	3,289	3,374	3,449	3,516	3,771
9	1,961	2,400	2,653	2,830	2,967	3,077	3,171	3,251	3,321	3,384	3,623
10	1,923	2,346	2,588	2,757	2,887	2,993	3,081	3,158	3,225	3,285	3,512
11	1,894	2,304	2,537	2,700	2,825	2,927	3,012	3,085	3,149	3,207	3,424
12	1,870	2,270	2,497	2,655	2,776	2,874	2,956	3,027	3,089	3,144	3,354
13	1,850	2,242	2,463	2,617	2,735	2,830	2,910	2,979	3,039	3,093	3,297
14	1,834	2,219	2,435	2,586	2,701	2,794	2,872	2,939	2,997	3,050	3,248
15	1,820	2,199	2,411	2,559	2,672	2,763	2,839	2,905	2,962	3,013	3,207
16	1,808	2,182	2,391	2,536	2,647	2,736	2,811	2,875	2,932	2,982	3,172
17	1,797	2,167	2,373	2,516	2,625	2,713	2,787	2,850	2,906	2,955	3,142
18	1,788	2,154	2,358	2,499	2,606	2,693	2,766	2,828	2,882	2,931	3,115
19	1,780	2,142	2,344	2,484	2,590	2,675	2,747	2,808	2,862	2,910	3,091
20	1,772	2,132	2,332	2,470	2,575	2,659	2,730	2,791	2,844	2,891	3,070
25	1,745	2,094	2,287	2,419	2,520	2,601	2,668	2,726	2,777	2,822	2,992
30	1,728	2,070	2,258	2,386	2,484	2,563	2,628	2,684	2,733	2,777	2,941
35	1,715	2,052	2,237	2,364	2,459	2,536	2,600	2,655	2,703	2,745	2,906
40	1,706	2,040	2,222	2,347	2,441	2,517	2,580	2,633	2,680	2,722	2,880
45	1,699	2,030	2,210	2,334	2,427	2,502	2,564	2,617	2,663	2,704	2,859
50	1,694	2,022	2,201	2,323	2,416	2,490	2,551	2,604	2,650	2,690	2,843
60	1,685	2,011	2,188	2,308	2,399	2,472	2,532	2,584	2,629	2,669	2,820
70	1,680	2,002	2,178	2,297	2,387	2,459	2,519	2,570	2,615	2,655	2,803
80	1,675	1,996	2,171	2,289	2,379	2,450	2,509	2,560	2,604	2,643	2,791
90	1,672	1,992	2,165	2,283	2,372	2,443	2,502	2,552	2,596	2,635	2,781
100	1,669	1,988	2,161	2,278	2,367	2,437	2,496	2,546	2,590	2,628	2,773
150	1,661	1,977	2,148	2,263	2,351	2,420	2,478	2,527	2,570	2,608	2,750
200	1,657	1,971	2,141	2,256	2,343	2,412	2,469	2,518	2,560	2,598	2,739
250	1,655	1,968	2,137	2,252	2,338	2,407	2,464	2,512	2,555	2,592	2,732
300	1,653	1,966	2,135	2,249	2,335	2,403	2,460	2,509	2,551	2,588	2,728
350	1,652	1,964	2,133	2,247	2,333	2,401	2,458	2,506	2,548	2,585	2,725
400	1,651	1,963	2,131	2,245	2,331	2,399	2,456	2,504	2,546	2,583	2,722
450	1,651	1,962	2,130	2,244	2,330	2,398	2,454	2,502	2,544	2,581	2,720
500	1,650	1,962	2,129	2,243	2,329	2,397	2,453	2,501	2,543	2,580	2,719
600	1,649	1,960	2,128	2,242	2,327	2,395	2,451	2,499	2,541	2,578	2,717
700	1,649	1,960	2,127	2,241	2,326	2,394	2,450	2,498	2,540	2,577	2,715
800	1,648	1,959	2,127	2,240	2,325	2,393	2,449	2,497	2,539	2,576	2,714
900	1,648	1,959	2,126	2,239	2,324	2,392	2,448	2,496	2,538	2,575	2,713
1 000	1,648	1,958	2,126	2,239	2,324	2,392	2,448	2,496	2,537	2,574	2,712
∞	1,645	1,955	2,122	2,235	2,319	2,387	2,443	2,490	2,532	2,568	2,706

Tabelle A.2 — Faktoren k für einseitig begrenzte Prognosebereiche bei einem Vertrauensniveau von 95 % und unbekannter Standardabweichung der Grundgesamtheit *(fortgesetzt)*
Table A.2 — One-sided prediction interval factors, k, at confidence level 95 % for unknown population standard deviation *(continued)*

n	m										
	20	**30**	**40**	**50**	**60**	**80**	**100**	**150**	**200**	**250**	**500**
2	29,837	32,597	34,466	35,868	36,985	38,696	39,984	42,242	43,785	44,952	48,421
3	8,869	9,566	10,043	10,404	10,692	11,138	11,474	12,068	12,477	12,786	13,712
4	6,064	6,503	6,805	7,034	7,219	7,503	7,719	8,101	8,365	8,565	9,165
5	5,029	5,374	5,613	5,794	5,940	6,166	6,338	6,643	6,853	7,013	7,494
6	4,495	4,791	4,997	5,154	5,280	5,475	5,624	5,888	6,071	6,210	6,629
7	4,169	4,435	4,620	4,762	4,875	5,052	5,187	5,426	5,592	5,718	6,098
8	3,949	4,195	4,366	4,497	4,602	4,766	4,890	5,112	5,266	5,384	5,738
9	3,790	4,021	4,182	4,305	4,404	4,558	4,676	4,885	5,031	5,142	5,476
10	3,670	3,890	4,043	4,160	4,254	4,401	4,513	4,713	4,851	4,957	5,277
11	3,576	3,787	3,934	4,046	4,136	4,277	4,385	4,577	4,710	4,812	5,120
12	3,501	3,704	3,846	3,954	4,041	4,177	4,282	4,467	4,596	4,695	4,993
13	3,439	3,636	3,773	3,878	3,963	4,095	4,196	4,376	4,502	4,598	4,888
14	3,387	3,579	3,712	3,815	3,897	4,026	4,124	4,300	4,422	4,516	4,799
15	3,343	3,530	3,661	3,761	3,841	3,967	4,063	4,235	4,355	4,446	4,723
16	3,305	3,488	3,616	3,714	3,793	3,916	4,011	4,179	4,296	4,386	4,657
17	3,272	3,452	3,577	3,673	3,751	3,872	3,965	4,130	4,245	4,333	4,600
18	3,243	3,420	3,543	3,638	3,714	3,833	3,924	4,087	4,200	4,287	4,549
19	3,217	3,392	3,513	3,606	3,681	3,799	3,888	4,048	4,160	4,245	4,504
20	3,194	3,367	3,486	3,578	3,652	3,768	3,856	4,014	4,124	4,208	4,464
25	3,110	3,273	3,386	3,473	3,543	3,653	3,736	3,886	3,990	4,070	4,312
30	3,055	3,212	3,321	3,405	3,472	3,578	3,658	3,802	3,902	3,979	4,211
35	3,017	3,170	3,276	3,357	3,423	3,525	3,603	3,742	3,839	3,914	4,140
40	2,988	3,138	3,242	3,322	3,386	3,485	3,562	3,698	3,793	3,866	4,086
45	2,967	3,114	3,216	3,294	3,357	3,455	3,530	3,664	3,757	3,828	4,045
50	2,949	3,095	3,196	3,272	3,334	3,431	3,505	3,637	3,728	3,799	4,012
60	2,924	3,066	3,165	3,240	3,301	3,395	3,467	3,596	3,685	3,754	3,962
70	2,905	3,046	3,143	3,217	3,277	3,370	3,441	3,567	3,655	3,722	3,926
80	2,892	3,031	3,127	3,200	3,259	3,351	3,421	3,545	3,632	3,698	3,899
90	2,881	3,019	3,114	3,187	3,245	3,336	3,405	3,529	3,614	3,680	3,879
100	2,873	3,010	3,104	3,176	3,234	3,324	3,393	3,515	3,600	3,665	3,862
150	2,848	2,982	3,075	3,145	3,202	3,289	3,356	3,475	3,558	3,621	3,812
200	2,836	2,969	3,060	3,129	3,185	3,272	3,338	3,455	3,537	3,599	3,787
250	2,829	2,960	3,051	3,120	3,176	3,262	3,327	3,444	3,524	3,586	3,772
300	2,824	2,955	3,045	3,114	3,169	3,255	3,320	3,436	3,516	3,577	3,763
350	2,820	2,951	3,041	3,110	3,165	3,250	3,315	3,430	3,510	3,571	3,755
400	2,818	2,948	3,038	3,106	3,161	3,246	3,311	3,426	3,506	3,566	3,750
450	2,816	2,946	3,036	3,104	3,158	3,243	3,308	3,423	3,502	3,563	3,746
500	2,814	2,944	3,034	3,102	3,156	3,241	3,305	3,420	3,499	3,560	3,743
600	2,812	2,941	3,031	3,099	3,153	3,238	3,302	3,416	3,495	3,556	3,738
700	2,810	2,940	3,029	3,096	3,151	3,235	3,299	3,413	3,492	3,552	3,734
800	2,809	2,938	3,027	3,095	3,149	3,233	3,297	3,411	3,490	3,550	3,732
900	2,808	2,937	3,026	3,093	3,148	3,232	3,296	3,410	3,488	3,548	3,730
1 000	2,807	2,936	3,025	3,092	3,147	3,231	3,295	3,408	3,487	3,547	3,728
∞	2,800	2,928	3,016	3,083	3,137	3,220	3,284	3,396	3,474	3,534	3,713

Tabelle A.2 — Faktoren k für einseitig begrenzte Prognosebereiche bei einem Vertrauensniveau von 95 % und unbekannter Standardabweichung der Grundgesamtheit *(fortgesetzt)*
Table A.2 — One-sided prediction interval factors, k, at confidence level 95 % for unknown population standard deviation *(continued)*

n	m									
	1 000	**2 000**	**5 000**	**10 000**	**20 000**	**50 000**	**100 000**	**200 000**	**500 000**	**1 000 000**
2	51,686	54,779	58,642	61,418	64,085	67,460	69,914	72,291	75,325	77,547
3	14,589	15,424	16,470	17,225	17,951	18,872	19,542	20,192	21,023	21,632
4	9,736	10,280	10,964	11,458	11,933	12,538	12,978	13,406	13,952	14,353
5	7,952	8,390	8,941	9,339	9,724	10,212	10,569	10,914	11,357	11,681
6	7,029	7,411	7,894	8,243	8,580	9,008	9,321	9,625	10,013	10,298
7	6,462	6,811	7,251	7,569	7,877	8,269	8,554	8,832	9,187	9,448
8	6,077	6,402	6,813	7,111	7,399	7,765	8,033	8,293	8,625	8,870
9	5,797	6,106	6,495	6,778	7,051	7,399	7,653	7,900	8,216	8,448
10	5,584	5,879	6,252	6,523	6,785	7,119	7,363	7,600	7,904	8,127
11	5,416	5,700	6,061	6,322	6,575	6,898	7,133	7,362	7,656	7,872
12	5,280	5,555	5,905	6,159	6,404	6,718	6,947	7,169	7,455	7,664
13	5,167	5,435	5,776	6,023	6,263	6,568	6,791	7,009	7,287	7,492
14	5,071	5,334	5,666	5,908	6,143	6,442	6,660	6,873	7,146	7,346
15	4,990	5,247	5,573	5,810	6,040	6,333	6,548	6,756	7,024	7,221
16	4,919	5,171	5,491	5,725	5,950	6,239	6,450	6,655	6,918	7,112
17	4,857	5,105	5,420	5,650	5,872	6,156	6,364	6,566	6,825	7,016
18	4,802	5,047	5,357	5,583	5,803	6,083	6,287	6,487	6,743	6,931
19	4,754	4,995	5,301	5,524	5,741	6,017	6,219	6,416	6,669	6,855
20	4,710	4,948	5,251	5,471	5,685	5,958	6,158	6,353	6,603	6,787
25	4,546	4,772	5,060	5,270	5,474	5,734	5,926	6,112	6,351	6,527
30	4,436	4,654	4,932	5,135	5,332	5,584	5,769	5,949	6,180	6,351
35	4,359	4,570	4,840	5,038	5,229	5,475	5,655	5,831	6,057	6,223
40	4,300	4,507	4,771	4,964	5,152	5,392	5,569	5,741	5,962	6,125
45	4,254	4,458	4,717	4,906	5,091	5,327	5,500	5,670	5,887	6,048
50	4,218	4,418	4,673	4,859	5,041	5,274	5,445	5,612	5,826	5,984
60	4,163	4,358	4,606	4,789	4,966	5,193	5,360	5,523	5,733	5,888
70	4,123	4,315	4,558	4,737	4,911	5,134	5,298	5,458	5,664	5,816
80	4,094	4,282	4,522	4,698	4,869	5,089	5,250	5,408	5,611	5,761
90	4,071	4,256	4,494	4,667	4,836	5,053	5,213	5,369	5,570	5,718
100	4,052	4,236	4,471	4,643	4,810	5,025	5,182	5,337	5,535	5,682
150	3,996	4,174	4,401	4,567	4,729	4,936	5,088	5,237	5,429	5,571
200	3,968	4,143	4,366	4,529	4,687	4,890	5,040	5,185	5,373	5,512
250	3,952	4,125	4,345	4,506	4,662	4,863	5,010	5,154	5,339	5,476
300	3,941	4,112	4,331	4,490	4,645	4,844	4,990	5,132	5,316	5,451
350	3,933	4,103	4,321	4,479	4,633	4,830	4,975	5,117	5,299	5,433
400	3,927	4,097	4,313	4,471	4,624	4,820	4,964	5,105	5,286	5,420
450	3,922	4,092	4,307	4,464	4,617	4,812	4,956	5,096	5,276	5,409
500	3,918	4,087	4,302	4,459	4,611	4,806	4,949	5,089	5,268	5,401
600	3,913	4,081	4,295	4,451	4,603	4,797	4,939	5,078	5,256	5,388
700	3,909	4,077	4,290	4,446	4,597	4,790	4,931	5,070	5,248	5,379
800	3,906	4,073	4,286	4,442	4,592	4,785	4,926	5,064	5,241	5,372
900	3,903	4,071	4,283	4,438	4,588	4,781	4,922	5,059	5,236	5,366
1 000	3,902	4,069	4,281	4,436	4,586	4,777	4,918	5,055	5,232	5,362
∞	3,885	4,050	4,260	4,412	4,560	4,749	4,887	5,022	5,195	5,323

ANMERKUNG Diese Tabelle enthält Faktoren k mit der Eigenschaft, dass mit einem Vertrauensniveau von 95 % keiner der nächsten m Beobachtungswerte aus einer normalverteilten Grundgesamtheit außerhalb des Bereichs $(-\infty, \bar{x} + ks)$ liegen wird, wobei $\bar{x}$ und s aus einer Zufallsstichprobe vom Umfang n aus derselben Grundgesamtheit ermittelt wurden. Analoges gilt für den Bereich $(\bar{x} - ks, \infty)$.

NOTE This table provides factors k such that one may be at least 95 % confident that none of the next m observations from a normally distributed population will lie outside the range $(-\infty, \bar{x} + ks)$, where $\bar{x}$ and s are derived from a random sample of size n from the same population. Similarly for the range $(\bar{x} - ks, \infty)$.

Tabelle A.3 — Faktoren k für einseitig begrenzte Prognosebereiche bei einem Vertrauensniveau von 97,5 % und unbekannter Standardabweichung der Grundgesamtheit
Table A.3 — One-sided prediction interval factors, k, at confidence level 97,5 % for unknown population standard deviation

n	m										
	1	**2**	**3**	**4**	**5**	**6**	**7**	**8**	**9**	**10**	**15**
2	15,562	24,575	30,678	35,199	38,746	41,640	44,070	46,156	47,977	49,589	55,621
3	4,969	6,629	7,683	8,451	9,052	9,543	9,956	10,312	10,624	10,902	11,950
4	3,559	4,491	5,068	5,486	5,812	6,079	6,305	6,500	6,671	6,824	7,403
5	3,042	3,738	4,161	4,466	4,703	4,898	5,062	5,205	5,330	5,441	5,867
6	2,777	3,360	3,709	3,960	4,155	4,315	4,449	4,566	4,669	4,761	5,111
7	2,616	3,134	3,440	3,659	3,830	3,969	4,086	4,188	4,278	4,357	4,663
8	2,509	2,983	3,262	3,461	3,615	3,741	3,847	3,939	4,019	4,092	4,367
9	2,431	2,876	3,136	3,320	3,463	3,579	3,677	3,762	3,837	3,903	4,158
10	2,373	2,796	3,042	3,215	3,349	3,458	3,551	3,630	3,700	3,763	4,002
11	2,328	2,734	2,968	3,134	3,261	3,365	3,453	3,528	3,595	3,654	3,881
12	2,291	2,684	2,910	3,069	3,191	3,291	3,375	3,447	3,511	3,567	3,784
13	2,262	2,644	2,862	3,016	3,134	3,230	3,311	3,381	3,442	3,497	3,705
14	2,237	2,610	2,823	2,972	3,087	3,180	3,258	3,326	3,385	3,438	3,640
15	2,216	2,581	2,789	2,935	3,046	3,137	3,213	3,279	3,337	3,388	3,585
16	2,198	2,557	2,760	2,903	3,012	3,101	3,175	3,239	3,296	3,346	3,537
17	2,182	2,535	2,736	2,875	2,983	3,069	3,142	3,205	3,26	3,309	3,496
18	2,168	2,517	2,714	2,851	2,957	3,042	3,113	3,175	3,229	3,277	3,461
19	2,156	2,500	2,695	2,830	2,934	3,018	3,088	3,149	3,202	3,249	3,429
20	2,145	2,486	2,678	2,811	2,914	2,996	3,065	3,125	3,177	3,224	3,401
25	2,105	2,432	2,615	2,742	2,839	2,917	2,982	3,039	3,088	3,132	3,298
30	2,080	2,398	2,575	2,698	2,791	2,866	2,929	2,983	3,031	3,073	3,232
35	2,062	2,374	2,547	2,667	2,758	2,831	2,892	2,945	2,991	3,032	3,186
40	2,048	2,356	2,527	2,644	2,733	2,805	2,865	2,916	2,961	3,001	3,153
45	2,038	2,343	2,511	2,627	2,714	2,785	2,844	2,895	2,939	2,978	3,127
50	2,030	2,332	2,498	2,613	2,700	2,769	2,828	2,878	2,921	2,960	3,106
60	2,018	2,316	2,480	2,592	2,678	2,746	2,803	2,852	2,895	2,933	3,076
70	2,010	2,305	2,467	2,578	2,662	2,730	2,786	2,834	2,876	2,914	3,055
80	2,003	2,296	2,457	2,567	2,651	2,718	2,773	2,821	2,863	2,900	3,039
90	1,998	2,290	2,450	2,559	2,642	2,708	2,764	2,811	2,852	2,889	3,027
100	1,995	2,285	2,444	2,553	2,635	2,701	2,756	2,803	2,844	2,880	3,017
150	1,983	2,269	2,426	2,533	2,614	2,679	2,732	2,778	2,819	2,854	2,988
200	1,977	2,262	2,417	2,523	2,603	2,668	2,721	2,767	2,806	2,841	2,974
250	1,974	2,257	2,412	2,518	2,597	2,661	2,714	2,759	2,799	2,834	2,966
300	1,972	2,254	2,409	2,514	2,593	2,657	2,710	2,755	2,794	2,829	2,960
350	1,970	2,252	2,406	2,511	2,590	2,654	2,706	2,751	2,791	2,825	2,956
400	1,969	2,251	2,404	2,509	2,588	2,651	2,704	2,749	2,788	2,823	2,953
450	1,968	2,249	2,403	2,507	2,586	2,650	2,702	2,747	2,786	2,820	2,951
500	1,967	2,248	2,402	2,506	2,585	2,648	2,700	2,745	2,784	2,819	2,949
600	1,966	2,247	2,400	2,504	2,583	2,646	2,698	2,743	2,782	2,816	2,946
700	1,965	2,246	2,399	2,503	2,582	2,644	2,697	2,741	2,780	2,815	2,944
800	1,965	2,245	2,398	2,502	2,580	2,643	2,695	2,740	2,779	2,813	2,942
900	1,964	2,244	2,397	2,501	2,580	2,642	2,694	2,739	2,778	2,812	2,941
1 000	1,964	2,244	2,397	2,500	2,579	2,642	2,694	2,738	2,777	2,811	2,940
∞	1,960	2,239	2,391	2,495	2,573	2,635	2,687	2,731	2,770	2,804	2,932

Tabelle A.3 — Faktoren k für einseitig begrenzte Prognosebereiche bei einem Vertrauensniveau von 97,5 % und unbekannter Standardabweichung der Grundgesamtheit *(fortgesetzt)*
Table A.3 — One-sided prediction interval factors, k, at confidence level 97,5 % for unknown population standard deviation *(continued)*

n	m										
	20	**30**	**40**	**50**	**60**	**80**	**100**	**150**	**200**	**250**	**500**
2	59,722	65,242	68,982	71,787	74,020	77,444	80,020	84,537	87,625	89,958	96,899
3	12,673	13,659	14,335	14,846	15,255	15,887	16,364	17,208	17,787	18,227	19,542
4	7,806	8,359	8,741	9,031	9,264	9,625	9,898	10,383	10,718	10,972	11,734
5	6,164	6,574	6,858	7,074	7,249	7,519	7,724	8,090	8,342	8,534	9,112
6	5,355	5,695	5,931	6,111	6,256	6,482	6,654	6,960	7,172	7,333	7,820
7	4,877	5,174	5,381	5,540	5,667	5,866	6,018	6,288	6,476	6,619	7,051
8	4,561	4,830	5,018	5,161	5,278	5,458	5,597	5,843	6,015	6,145	6,541
9	4,337	4,585	4,759	4,893	5,000	5,168	5,297	5,526	5,685	5,807	6,176
10	4,169	4,403	4,566	4,691	4,793	4,951	5,072	5,288	5,438	5,553	5,902
11	4,040	4,261	4,416	4,535	4,632	4,782	4,897	5,103	5,246	5,356	5,688
12	3,936	4,148	4,297	4,410	4,503	4,646	4,757	4,954	5,092	5,197	5,516
13	3,852	4,056	4,199	4,308	4,397	4,536	4,642	4,832	4,965	5,067	5,375
14	3,782	3,979	4,117	4,223	4,309	4,443	4,546	4,730	4,859	4,958	5,257
15	3,722	3,914	4,048	4,151	4,235	4,365	4,465	4,644	4,769	4,865	5,156
16	3,672	3,858	3,989	4,089	4,171	4,298	4,395	4,570	4,692	4,786	5,070
17	3,628	3,810	3,938	4,036	4,115	4,239	4,335	4,506	4,625	4,716	4,995
18	3,589	3,768	3,893	3,989	4,067	4,188	4,282	4,449	4,566	4,656	4,928
19	3,555	3,731	3,853	3,948	4,024	4,143	4,235	4,399	4,514	4,602	4,870
20	3,525	3,698	3,818	3,911	3,986	4,103	4,193	4,355	4,467	4,554	4,817
25	3,414	3,576	3,688	3,775	3,845	3,955	4,039	4,189	4,295	4,376	4,622
30	3,343	3,497	3,605	3,688	3,754	3,859	3,939	4,082	4,183	4,260	4,495
35	3,294	3,443	3,547	3,627	3,691	3,792	3,869	4,007	4,104	4,178	4,405
40	3,258	3,403	3,504	3,582	3,645	3,742	3,818	3,952	4,046	4,118	4,338
45	3,230	3,372	3,471	3,547	3,609	3,705	3,778	3,909	4,001	4,072	4,287
50	3,208	3,348	3,446	3,520	3,581	3,675	3,747	3,876	3,966	4,035	4,246
60	3,175	3,312	3,407	3,480	3,539	3,630	3,700	3,826	3,913	3,980	4,184
70	3,152	3,287	3,380	3,451	3,509	3,599	3,667	3,790	3,876	3,941	4,141
80	3,135	3,268	3,360	3,430	3,487	3,575	3,643	3,764	3,848	3,913	4,109
90	3,122	3,253	3,345	3,414	3,470	3,557	3,624	3,743	3,827	3,890	4,084
100	3,112	3,242	3,332	3,401	3,457	3,543	3,609	3,727	3,809	3,872	4,064
150	3,081	3,208	3,296	3,363	3,417	3,501	3,565	3,679	3,759	3,820	4,004
200	3,065	3,191	3,278	3,344	3,397	3,480	3,543	3,655	3,734	3,793	3,975
250	3,056	3,181	3,267	3,332	3,385	3,467	3,530	3,641	3,719	3,778	3,957
300	3,050	3,174	3,260	3,325	3,377	3,459	3,521	3,632	3,709	3,768	3,946
350	3,046	3,169	3,254	3,319	3,372	3,453	3,515	3,625	3,702	3,760	3,937
400	3,043	3,166	3,251	3,315	3,367	3,448	3,510	3,620	3,696	3,755	3,931
450	3,040	3,163	3,248	3,312	3,364	3,445	3,507	3,616	3,692	3,750	3,926
500	3,038	3,161	3,245	3,310	3,362	3,442	3,504	3,613	3,689	3,747	3,923
600	3,035	3,157	3,242	3,306	3,358	3,438	3,499	3,608	3,684	3,742	3,917
700	3,033	3,155	3,239	3,303	3,355	3,435	3,496	3,605	3,680	3,738	3,913
800	3,031	3,153	3,237	3,301	3,353	3,433	3,494	3,603	3,678	3,735	3,910
900	3,030	3,152	3,236	3,300	3,351	3,431	3,492	3,601	3,676	3,733	3,907
1 000	3,029	3,151	3,235	3,299	3,350	3,430	3,491	3,599	3,674	3,732	3,905
∞	3,020	3,141	3,224	3,288	3,339	3,418	3,478	3,585	3,660	3,716	3,888

Tabelle A.3 — Faktoren k für einseitig begrenzte Prognosebereiche bei einem Vertrauensniveau von 97,5 % und unbekannter Standardabweichung der Grundgesamtheit *(fortgesetzt)*
Table A.3 — One-sided prediction interval factors, k, at confidence level 97,5 % for unknown population standard deviation *(continued)*

n	m									
	1 000	**2 000**	**5 000**	**10 000**	**20 000**	**50 000**	**100 000**	**200 000**	**500 000**	**1 000 000**
2	103,432	109,620	117,349	122,904	128,238	134,993	139,903	144,658	150,729	155,175
3	20,788	21,974	23,462	24,534	25,567	26,877	27,831	28,755	29,937	30,804
4	12,460	13,152	14,023	14,652	15,259	16,029	16,590	17,135	17,832	18,343
5	9,664	10,191	10,856	11,337	11,801	12,391	12,821	13,239	13,774	14,166
6	8,285	8,731	9,295	9,702	10,096	10,597	10,963	11,318	11,773	12,107
7	7,465	7,863	8,365	8,729	9,081	9,529	9,856	10,174	10,582	10,881
8	6,920	7,285	7,746	8,081	8,405	8,818	9,119	9,412	9,788	10,064
9	6,530	6,872	7,304	7,618	7,921	8,309	8,592	8,867	9,219	9,479
10	6,237	6,561	6,970	7,268	7,557	7,925	8,194	8,455	8,791	9,037
11	6,008	6,317	6,710	6,995	7,271	7,624	7,882	8,133	8,455	8,691
12	5,824	6,122	6,500	6,775	7,041	7,381	7,630	7,873	8,184	8,412
13	5,673	5,961	6,327	6,593	6,851	7,181	7,423	7,658	7,960	8,182
14	5,546	5,826	6,181	6,441	6,692	7,013	7,249	7,478	7,772	7,988
15	5,438	5,711	6,058	6,311	6,556	6,870	7,100	7,324	7,611	7,822
16	5,345	5,611	5,951	6,198	6,439	6,746	6,971	7,190	7,472	7,679
17	5,264	5,525	5,857	6,100	6,336	6,637	6,858	7,074	7,350	7,554
18	5,193	5,449	5,775	6,014	6,245	6,542	6,759	6,971	7,243	7,443
19	5,129	5,381	5,702	5,937	6,165	6,457	6,671	6,879	7,147	7,344
20	5,073	5,321	5,637	5,868	6,093	6,380	6,591	6,797	7,061	7,256
25	4,862	5,094	5,391	5,609	5,821	6,093	6,292	6,486	6,737	6,921
30	4,723	4,945	5,229	5,438	5,641	5,901	6,092	6,279	6,520	6,697
35	4,625	4,839	5,114	5,315	5,512	5,764	5,949	6,130	6,363	6,535
40	4,552	4,760	5,027	5,223	5,414	5,660	5,840	6,017	6,244	6,412
45	4,495	4,699	4,960	5,151	5,338	5,578	5,755	5,928	6,151	6,315
50	4,450	4,650	4,906	5,093	5,277	5,513	5,686	5,856	6,075	6,237
60	4,383	4,576	4,824	5,006	5,184	5,413	5,582	5,747	5,960	6,117
70	4,335	4,524	4,766	4,944	5,117	5,341	5,506	5,667	5,876	6,029
80	4,299	4,484	4,722	4,896	5,067	5,286	5,448	5,607	5,811	5,962
90	4,271	4,454	4,688	4,860	5,027	5,244	5,403	5,559	5,760	5,909
100	4,249	4,429	4,660	4,830	4,996	5,209	5,366	5,520	5,719	5,866
150	4,183	4,356	4,578	4,741	4,900	5,104	5,254	5,402	5,592	5,733
200	4,150	4,320	4,537	4,696	4,851	5,051	5,197	5,341	5,527	5,664
250	4,131	4,298	4,513	4,669	4,822	5,018	5,163	5,305	5,487	5,622
300	4,118	4,284	4,496	4,651	4,803	4,997	5,140	5,280	5,460	5,594
350	4,108	4,274	4,485	4,639	4,789	4,982	5,123	5,262	5,441	5,573
400	4,101	4,266	4,476	4,629	4,778	4,970	5,111	5,249	5,427	5,558
450	4,096	4,260	4,469	4,622	4,770	4,961	5,101	5,239	5,415	5,546
500	4,092	4,255	4,464	4,616	4,764	4,954	5,094	5,230	5,406	5,536
600	4,085	4,248	4,455	4,607	4,754	4,943	5,082	5,218	5,393	5,522
700	4,081	4,243	4,450	4,601	4,747	4,936	5,074	5,209	5,383	5,512
800	4,077	4,239	4,445	4,596	4,742	4,930	5,068	5,202	5,376	5,504
900	4,075	4,236	4,442	4,592	4,738	4,925	5,063	5,197	5,370	5,498
1 000	4,072	4,234	4,439	4,589	4,735	4,922	5,059	5,193	5,366	5,493
∞	4,053	4,212	4,415	4,563	4,706	4,890	5,024	5,156	5,325	5,450

ANMERKUNG Diese Tabelle enthält Faktoren k mit der Eigenschaft, dass mit einem Vertrauensniveau von 97,5 % keiner der nächsten m Beobachtungswerte aus einer normalverteilten Grundgesamtheit außerhalb des Bereichs $(-\infty, \bar{x} + ks)$ liegen wird, wobei $\bar{x}$ und s aus einer Zufallsstichprobe vom Umfang n aus derselben Grundgesamtheit ermittelt wurden. Analoges gilt für den Bereich $(\bar{x} - ks, \infty)$.

NOTE This table provides factors k such that one may be at least 97,5 % confident that none of the next m observations from a normally distributed population will lie outside the range $(-\infty, \bar{x} + ks)$, where $\bar{x}$ and s are derived from a random sample of size n from the same population. Similarly for the range $(\bar{x} - ks, \infty)$.

Tabelle A.4 — Faktoren k für einseitig begrenzte Prognosebereiche bei einem Vertrauensniveau von 99 % und unbekannter Standardabweichung der Grundgesamtheit
Table A.4 — One-sided prediction interval factors, k, at confidence level 99 % for unknown population standard deviation

n	m										
	1	2	3	4	5	6	7	8	9	10	15
2	38,973	61,484	76,735	88,036	96,901	104,135	110,209	115,423	119,976	124,006	139,087
3	8,042	10,632	12,287	13,495	14,441	15,214	15,866	16,428	16,921	17,359	19,016
4	5,077	6,306	7,074	7,633	8,071	8,430	8,734	8,997	9,228	9,434	10,219
5	4,105	4,943	5,459	5,833	6,127	6,368	6,572	6,748	6,904	7,043	7,574
6	3,635	4,298	4,702	4,993	5,222	5,409	5,568	5,706	5,827	5,936	6,351
7	3,360	3,927	4,268	4,513	4,705	4,863	4,996	5,112	5,214	5,305	5,655
8	3,180	3,686	3,988	4,204	4,373	4,511	4,629	4,730	4,820	4,900	5,208
9	3,054	3,517	3,792	3,989	4,142	4,267	4,373	4,465	4,546	4,619	4,898
10	2,960	3,393	3,649	3,831	3,972	4,088	4,186	4,271	4,346	4,413	4,670
11	2,887	3,298	3,538	3,709	3,842	3,951	4,043	4,122	4,192	4,255	4,495
12	2,830	3,222	3,451	3,614	3,740	3,843	3,930	4,005	4,071	4,130	4,358
13	2,783	3,161	3,381	3,536	3,657	3,755	3,838	3,910	3,973	4,030	4,247
14	2,744	3,110	3,323	3,472	3,588	3,683	3,763	3,832	3,893	3,947	4,155
15	2,711	3,068	3,274	3,419	3,531	3,622	3,699	3,766	3,825	3,877	4,078
16	2,683	3,031	3,232	3,373	3,482	3,571	3,646	3,710	3,767	3,818	4,013
17	2,659	3,000	3,196	3,334	3,440	3,526	3,599	3,662	3,718	3,767	3,956
18	2,638	2,973	3,165	3,300	3,403	3,488	3,559	3,620	3,674	3,723	3,907
19	2,619	2,949	3,137	3,269	3,371	3,454	3,524	3,584	3,637	3,684	3,864
20	2,603	2,927	3,113	3,243	3,343	3,424	3,492	3,551	3,603	3,649	3,826
25	2,542	2,849	3,024	3,145	3,239	3,314	3,378	3,432	3,480	3,523	3,687
30	2,503	2,800	2,967	3,083	3,172	3,245	3,305	3,357	3,403	3,444	3,599
35	2,476	2,765	2,928	3,041	3,127	3,196	3,255	3,305	3,349	3,388	3,538
40	2,456	2,740	2,899	3,009	3,093	3,161	3,218	3,267	3,310	3,348	3,493
45	2,441	2,721	2,877	2,985	3,068	3,134	3,190	3,238	3,280	3,318	3,459
50	2,429	2,705	2,860	2,966	3,048	3,113	3,168	3,215	3,257	3,293	3,433
60	2,412	2,683	2,834	2,938	3,018	3,082	3,136	3,182	3,222	3,258	3,393
70	2,399	2,667	2,816	2,919	2,997	3,060	3,113	3,158	3,197	3,233	3,366
80	2,390	2,655	2,803	2,904	2,982	3,044	3,096	3,140	3,179	3,214	3,345
90	2,383	2,646	2,792	2,893	2,970	3,031	3,083	3,127	3,165	3,200	3,329
100	2,377	2,639	2,784	2,884	2,960	3,021	3,072	3,116	3,154	3,188	3,317
150	2,360	2,617	2,760	2,858	2,932	2,992	3,042	3,084	3,122	3,155	3,280
200	2,352	2,607	2,748	2,845	2,918	2,977	3,026	3,069	3,105	3,138	3,261
250	2,347	2,600	2,741	2,837	2,910	2,969	3,017	3,059	3,096	3,128	3,251
300	2,343	2,596	2,736	2,832	2,904	2,963	3,011	3,053	3,089	3,122	3,243
350	2,341	2,593	2,733	2,828	2,901	2,959	3,007	3,049	3,085	3,117	3,238
400	2,339	2,591	2,730	2,825	2,898	2,956	3,004	3,045	3,082	3,114	3,234
450	2,338	2,589	2,728	2,823	2,895	2,953	3,002	3,043	3,079	3,111	3,231
500	2,337	2,588	2,726	2,822	2,894	2,951	3,000	3,041	3,077	3,109	3,229
600	2,335	2,586	2,724	2,819	2,891	2,949	2,997	3,038	3,074	3,105	3,226
700	2,334	2,584	2,722	2,817	2,889	2,947	2,994	3,036	3,071	3,103	3,223
800	2,333	2,583	2,721	2,816	2,887	2,945	2,993	3,034	3,070	3,101	3,221
900	2,332	2,582	2,720	2,815	2,886	2,944	2,992	3,033	3,068	3,100	3,220
1 000	2,332	2,582	2,719	2,814	2,885	2,943	2,991	3,032	3,067	3,099	3,218
∞	2,327	2,575	2,712	2,806	2,877	2,934	2,982	3,023	3,058	3,089	3,208

Tabelle A.4 — Faktoren k für einseitig begrenzte Prognosebereiche bei einem Vertrauensniveau von 99 % und unbekannter Standardabweichung der Grundgesamtheit *(fortgesetzt)*
Table A.4 — One-sided prediction interval factors, k, at confidence level 99 % for unknown population standard deviation *(continued)*

n	m										
	20	**30**	**40**	**50**	**60**	**80**	**100**	**150**	**200**	**250**	**500**
2	149,338	163,139	172,488	179,502	185,086	193,645	200,085	211,379	219,099	224,934	242,287
3	20,158	21,718	22,788	23,598	24,246	25,246	26,003	27,339	28,258	28,955	31,039
4	10,764	11,516	12,035	12,430	12,747	13,239	13,612	14,273	14,729	15,076	16,118
5	7,946	8,461	8,819	9,092	9,312	9,654	9,914	10,376	10,696	10,939	11,673
6	6,644	7,050	7,333	7,550	7,724	7,997	8,204	8,574	8,831	9,027	9,617
7	5,902	6,246	6,486	6,671	6,820	7,052	7,229	7,546	7,767	7,935	8,444
8	5,426	5,729	5,942	6,105	6,237	6,444	6,601	6,884	7,080	7,231	7,686
9	5,095	5,370	5,563	5,711	5,832	6,019	6,164	6,421	6,601	6,739	7,156
10	4,851	5,106	5,284	5,421	5,533	5,707	5,841	6,080	6,247	6,375	6,764
11	4,665	4,903	5,071	5,199	5,304	5,467	5,593	5,818	5,975	6,096	6,463
12	4,519	4,744	4,902	5,024	5,123	5,278	5,397	5,610	5,760	5,874	6,223
13	4,400	4,614	4,765	4,882	4,976	5,124	5,237	5,442	5,584	5,694	6,028
14	4,302	4,508	4,652	4,764	4,854	4,996	5,106	5,302	5,439	5,545	5,866
15	4,220	4,418	4,557	4,665	4,752	4,889	4,995	5,184	5,317	5,419	5,730
16	4,150	4,342	4,477	4,581	4,665	4,798	4,900	5,084	5,212	5,311	5,613
17	4,089	4,276	4,407	4,508	4,590	4,719	4,818	4,997	5,122	5,218	5,511
18	4,037	4,219	4,347	4,445	4,525	4,651	4,747	4,921	5,043	5,137	5,423
19	3,991	4,168	4,293	4,389	4,468	4,590	4,685	4,854	4,973	5,065	5,345
20	3,950	4,124	4,246	4,340	4,417	4,537	4,629	4,795	4,912	5,001	5,276
25	3,801	3,961	4,074	4,160	4,230	4,340	4,425	4,578	4,685	4,767	5,020
30	3,707	3,858	3,964	4,046	4,112	4,216	4,295	4,439	4,540	4,617	4,855
35	3,642	3,787	3,889	3,967	4,030	4,129	4,206	4,343	4,439	4,513	4,740
40	3,594	3,735	3,833	3,909	3,970	4,066	4,140	4,272	4,365	4,437	4,656
45	3,558	3,695	3,791	3,865	3,925	4,018	4,090	4,219	4,309	4,378	4,591
50	3,530	3,664	3,758	3,830	3,889	3,980	4,050	4,176	4,264	4,332	4,540
60	3,488	3,618	3,709	3,779	3,836	3,924	3,992	4,113	4,199	4,264	4,464
70	3,458	3,586	3,675	3,743	3,798	3,885	3,951	4,069	4,152	4,216	4,411
80	3,436	3,562	3,650	3,717	3,771	3,856	3,921	4,037	4,118	4,181	4,371
90	3,419	3,544	3,630	3,696	3,750	3,833	3,897	4,012	4,092	4,153	4,341
100	3,406	3,529	3,615	3,680	3,733	3,815	3,879	3,992	4,071	4,132	4,316
150	3,366	3,486	3,569	3,632	3,683	3,763	3,824	3,933	4,009	4,067	4,245
200	3,347	3,464	3,546	3,608	3,659	3,737	3,797	3,904	3,979	4,036	4,210
250	3,335	3,452	3,533	3,594	3,644	3,722	3,781	3,887	3,961	4,017	4,189
300	3,328	3,443	3,524	3,585	3,635	3,712	3,770	3,876	3,949	4,005	4,175
350	3,322	3,437	3,517	3,579	3,628	3,704	3,763	3,867	3,940	3,996	4,165
400	3,318	3,433	3,513	3,574	3,623	3,699	3,757	3,861	3,934	3,989	4,158
450	3,315	3,430	3,509	3,570	3,619	3,695	3,753	3,857	3,929	3,984	4,152
500	3,312	3,427	3,506	3,567	3,615	3,691	3,749	3,853	3,925	3,980	4,148
600	3,309	3,423	3,502	3,562	3,611	3,686	3,744	3,847	3,919	3,974	4,141
700	3,306	3,420	3,499	3,559	3,607	3,683	3,740	3,843	3,915	3,970	4,136
800	3,304	3,418	3,496	3,556	3,605	3,680	3,738	3,840	3,912	3,966	4,132
900	3,302	3,416	3,494	3,554	3,603	3,678	3,736	3,838	3,909	3,964	4,129
1 000	3,301	3,414	3,493	3,553	3,601	3,676	3,734	3,836	3,907	3,962	4,127
∞	3,290	3,402	3,480	3,539	3,587	3,661	3,718	3,819	3,890	3,944	4,107

Tabelle A.4 — Faktoren k für einseitig begrenzte Prognosebereiche bei einem Vertrauensniveau von 99 % und unbekannter Standardabweichung der Grundgesamtheit *(fortgesetzt)*
Table A.4 — One-sided prediction interval factors, k, at confidence level 99 % for unknown population standard deviation *(continued)*

n	m									
	1 000	**2 000**	**5 000**	**10 000**	**20 000**	**50 000**	**100 000**	**200 000**	**500 000**	**1 000 000**
2	> 250	> 250	> 250	> 250	> 250	> 250	> 250	> 250	> 250	> 250
3	33,015	34,896	37,255	38,957	40,594	42,672	44,185	45,653	47,528	48,903
4	17,110	18,056	19,248	20,109	20,938	21,993	22,762	23,507	24,462	25,162
5	12,373	13,044	13,890	14,502	15,093	15,844	16,393	16,925	17,607	18,107
6	10,183	10,726	11,412	11,909	12,390	13,001	13,448	13,882	14,438	14,846
7	8,932	9,402	9,996	10,427	10,844	11,376	11,764	12,142	12,625	12,981
8	8,124	8,545	9,080	9,469	9,845	10,324	10,675	11,016	11,453	11,774
9	7,558	7,946	8,439	8,797	9,144	9,587	9,911	10,226	10,630	10,927
10	7,140	7,502	7,963	8,299	8,625	9,040	9,344	9,640	10,020	10,299
11	6,817	7,160	7,597	7,915	8,224	8,618	8,907	9,188	9,548	9,814
12	6,561	6,888	7,305	7,609	7,904	8,281	8,557	8,827	9,172	9,426
13	6,352	6,666	7,066	7,359	7,643	8,006	8,272	8,531	8,864	9,109
14	6,178	6,481	6,868	7,150	7,425	7,776	8,034	8,285	8,608	8,845
15	6,032	6,325	6,700	6,974	7,241	7,582	7,832	8,076	8,390	8,620
16	5,906	6,191	6,556	6,823	7,082	7,415	7,659	7,897	8,202	8,427
17	5,797	6,075	6,431	6,691	6,945	7,269	7,508	7,740	8,039	8,259
18	5,702	5,973	6,321	6,576	6,824	7,142	7,375	7,603	7,896	8,112
19	5,618	5,884	6,224	6,474	6,717	7,029	7,258	7,481	7,769	7,981
20	5,543	5,804	6,138	6,383	6,621	6,928	7,153	7,373	7,656	7,864
25	5,266	5,507	5,816	6,043	6,265	6,551	6,761	6,966	7,230	7,425
30	5,087	5,314	5,607	5,822	6,032	6,303	6,503	6,698	6,950	7,135
35	4,962	5,179	5,459	5,666	5,867	6,127	6,319	6,507	6,749	6,928
40	4,870	5,079	5,350	5,549	5,744	5,996	6,182	6,363	6,598	6,772
45	4,799	5,002	5,265	5,459	5,648	5,893	6,074	6,251	6,480	6,650
50	4,743	4,941	5,197	5,387	5,572	5,811	5,988	6,161	6,385	6,551
60	4,659	4,850	5,097	5,279	5,457	5,688	5,858	6,025	6,242	6,402
70	4,601	4,786	5,025	5,202	5,375	5,599	5,765	5,927	6,138	6,293
80	4,557	4,738	4,972	5,145	5,314	5,532	5,694	5,853	6,059	6,211
90	4,523	4,701	4,931	5,100	5,266	5,481	5,639	5,795	5,997	6,147
100	4,496	4,672	4,898	5,065	5,228	5,439	5,595	5,749	5,947	6,094
150	4,417	4,585	4,800	4,959	5,114	5,314	5,462	5,608	5,796	5,935
200	4,378	4,542	4,752	4,907	5,057	5,252	5,396	5,537	5,719	5,855
250	4,355	4,517	4,723	4,875	5,024	5,215	5,356	5,494	5,673	5,806
300	4,340	4,500	4,704	4,855	5,001	5,190	5,330	5,466	5,643	5,773
350	4,329	4,488	4,691	4,840	4,985	5,173	5,311	5,446	5,621	5,750
400	4,321	4,479	4,681	4,829	4,974	5,159	5,297	5,431	5,604	5,733
450	4,314	4,472	4,673	4,820	4,964	5,149	5,286	5,419	5,592	5,719
500	4,309	4,466	4,667	4,814	4,957	5,141	5,277	5,410	5,581	5,708
600	4,302	4,458	4,657	4,803	4,946	5,129	5,264	5,396	5,566	5,692
700	4,296	4,452	4,651	4,796	4,938	5,120	5,254	5,386	5,555	5,681
800	4,292	4,447	4,646	4,791	4,932	5,114	5,247	5,378	5,547	5,672
900	4,289	4,444	4,642	4,787	4,928	5,109	5,242	5,372	5,541	5,665
1 000	4,287	4,441	4,639	4,783	4,924	5,105	5,238	5,368	5,536	5,660
∞	4,264	4,417	4,611	4,753	4,891	5,069	5,199	5,326	5,490	5,612

ANMERKUNG Diese Tabelle enthält Faktoren k mit der Eigenschaft, dass mit einem Vertrauensniveau von 99 % keiner der nächsten m Beobachtungswerte aus einer normalverteilten Grundgesamtheit außerhalb des Bereichs $(-\infty, \bar{x}+ks)$ liegen wird, wobei $\bar{x}$ und s aus einer Zufallsstichprobe vom Umfang n aus derselben Grundgesamtheit ermittelt wurden. Analoges gilt für den Bereich $(\bar{x}-ks, \infty)$.

NOTE This table provides factors k such that one may be at least 99 % confident that none of the next m observations from a normally distributed population will lie outside the range $(-\infty, \bar{x}+ks)$, where $\bar{x}$ and s are derived from a random sample of size n from the same population. Similarly for the range $(\bar{x}-ks, \infty)$.

Tabelle A.5 — Faktoren k für einseitig begrenzte Prognosebereiche bei einem Vertrauensniveau von 99,5 % und unbekannter Standardabweichung der Grundgesamtheit
Table A.5 — One-sided prediction interval factors, k, at confidence level 99,5 % for unknown population standard deviation

n	m										
	1	2	3	4	5	6	7	8	9	10	15
2	77,964	122,981	153,482	176,082	193,812	208,279	220,429	230,86	239,97	248,03	> 250
3	11,461	15,108	17,441	19,147	20,483	21,575	22,497	23,291	23,988	24,607	26,949
4	6,531	8,059	9,019	9,719	10,268	10,719	11,101	11,431	11,721	11,981	12,968
5	5,044	6,020	6,625	7,065	7,410	7,694	7,935	8,144	8,328	8,493	9,123
6	4,356	5,097	5,551	5,880	6,139	6,351	6,532	6,688	6,827	6,950	7,425
7	3,964	4,579	4,952	5,222	5,433	5,607	5,755	5,883	5,996	6,097	6,487
8	3,712	4,249	4,573	4,806	4,988	5,138	5,265	5,375	5,473	5,560	5,897
9	3,537	4,022	4,312	4,520	4,683	4,816	4,930	5,028	5,115	5,193	5,492
10	3,409	3,856	4,122	4,313	4,461	4,583	4,686	4,776	4,855	4,926	5,199
11	3,311	3,730	3,978	4,155	4,293	4,406	4,502	4,585	4,659	4,724	4,977
12	3,233	3,631	3,865	4,032	4,162	4,268	4,358	4,436	4,505	4,566	4,803
13	3,170	3,551	3,774	3,932	4,056	4,156	4,242	4,316	4,381	4,439	4,663
14	3,119	3,485	3,699	3,851	3,969	4,065	4,146	4,217	4,279	4,335	4,549
15	3,075	3,430	3,636	3,783	3,896	3,989	4,067	4,135	4,194	4,248	4,453
16	3,038	3,383	3,583	3,725	3,834	3,924	3,999	4,065	4,122	4,174	4,372
17	3,006	3,342	3,537	3,675	3,781	3,868	3,941	4,005	4,061	4,111	4,302
18	2,978	3,307	3,498	3,632	3,735	3,820	3,891	3,953	4,007	4,056	4,242
19	2,954	3,277	3,463	3,594	3,695	3,778	3,847	3,907	3,960	4,008	4,189
20	2,932	3,249	3,432	3,560	3,660	3,740	3,808	3,867	3,919	3,965	4,142
25	2,853	3,150	3,320	3,439	3,530	3,605	3,667	3,721	3,769	3,811	3,973
30	2,802	3,087	3,249	3,362	3,449	3,519	3,578	3,629	3,674	3,714	3,866
35	2,768	3,044	3,200	3,309	3,393	3,460	3,517	3,566	3,609	3,647	3,793
40	2,742	3,012	3,164	3,270	3,352	3,417	3,473	3,520	3,562	3,599	3,740
45	2,723	2,988	3,137	3,241	3,320	3,385	3,439	3,485	3,526	3,562	3,700
50	2,707	2,968	3,116	3,218	3,296	3,359	3,412	3,457	3,497	3,533	3,668
60	2,684	2,940	3,084	3,184	3,260	3,321	3,373	3,417	3,456	3,490	3,621
70	2,668	2,920	3,062	3,160	3,234	3,295	3,345	3,388	3,426	3,460	3,588
80	2,656	2,906	3,045	3,142	3,216	3,275	3,325	3,367	3,405	3,438	3,564
90	2,647	2,894	3,033	3,128	3,201	3,260	3,309	3,351	3,388	3,421	3,545
100	2,640	2,885	3,023	3,118	3,190	3,248	3,297	3,338	3,375	3,407	3,531
150	2,618	2,859	2,993	3,085	3,156	3,213	3,260	3,301	3,336	3,368	3,487
200	2,608	2,846	2,978	3,070	3,139	3,195	3,242	3,282	3,317	3,348	3,466
250	2,601	2,838	2,970	3,060	3,129	3,185	3,231	3,271	3,305	3,336	3,453
300	2,597	2,833	2,964	3,054	3,123	3,178	3,224	3,263	3,298	3,329	3,444
350	2,594	2,829	2,960	3,050	3,118	3,173	3,219	3,258	3,293	3,323	3,438
400	2,592	2,826	2,957	3,046	3,114	3,169	3,215	3,254	3,289	3,319	3,434
450	2,590	2,824	2,954	3,044	3,112	3,166	3,212	3,251	3,285	3,316	3,430
500	2,589	2,822	2,952	3,042	3,110	3,164	3,210	3,249	3,283	3,313	3,428
600	2,587	2,820	2,949	3,039	3,106	3,161	3,206	3,245	3,279	3,309	3,423
700	2,585	2,818	2,947	3,036	3,104	3,158	3,204	3,243	3,277	3,307	3,421
800	2,584	2,817	2,946	3,035	3,102	3,157	3,202	3,241	3,275	3,305	3,418
900	2,583	2,816	2,945	3,033	3,101	3,155	3,200	3,239	3,273	3,303	3,417
1 000	2,583	2,815	2,944	3,032	3,100	3,154	3,199	3,238	3,272	3,302	3,415
∞	2,576	2,807	2,935	3,023	3,090	3,144	3,189	3,227	3,261	3,290	3,403

Tabelle A.5 — Faktoren k für einseitig begrenzte Prognosebereiche bei einem Vertrauensniveau von 99,5 % und unbekannter Standardabweichung der Grundgesamtheit *(fortgesetzt)*
Table A.5 — One-sided prediction interval factors, k, at confidence level 99,5 % for unknown population standard deviation *(continued)*

n	m										
	20	**30**	**40**	**50**	**60**	**80**	**100**	**150**	**200**	**250**	**500**
2	> 250	> 250	> 250	> 250	> 250	> 250	> 250	> 250	> 250	> 250	> 250
3	28,565	30,771	32,285	33,431	34,348	35,763	36,834	38,725	40,025	41,011	43,962
4	13,655	14,602	15,257	15,755	16,155	16,775	17,246	18,081	18,658	19,096	20,412
5	9,564	10,177	10,602	10,927	11,189	11,596	11,906	12,458	12,839	13,130	14,006
6	7,760	8,225	8,550	8,799	9,001	9,314	9,553	9,979	10,275	10,501	11,184
7	6,762	7,146	7,416	7,623	7,790	8,051	8,251	8,607	8,856	9,045	9,620
8	6,134	6,467	6,701	6,881	7,027	7,255	7,429	7,741	7,959	8,126	8,631
9	5,705	6,002	6,211	6,373	6,503	6,708	6,865	7,146	7,343	7,494	7,951
10	5,393	5,664	5,855	6,003	6,123	6,310	6,454	6,713	6,894	7,032	7,454
11	5,156	5,408	5,585	5,722	5,834	6,008	6,142	6,383	6,552	6,681	7,075
12	4,971	5,207	5,374	5,502	5,607	5,771	5,897	6,124	6,283	6,405	6,777
13	4,822	5,046	5,203	5,325	5,424	5,579	5,699	5,914	6,065	6,181	6,536
14	4,700	4,913	5,063	5,180	5,274	5,422	5,536	5,742	5,886	5,997	6,337
15	4,598	4,802	4,947	5,058	5,148	5,291	5,400	5,598	5,736	5,843	6,169
16	4,512	4,708	4,847	4,955	5,042	5,179	5,285	5,475	5,609	5,712	6,027
17	4,438	4,628	4,762	4,866	4,950	5,083	5,185	5,370	5,499	5,599	5,904
18	4,373	4,558	4,688	4,789	4,871	5,000	5,099	5,278	5,404	5,501	5,797
19	4,317	4,497	4,624	4,722	4,801	4,926	5,023	5,197	5,320	5,414	5,703
20	4,267	4,443	4,567	4,662	4,740	4,862	4,956	5,126	5,246	5,338	5,620
25	4,087	4,247	4,359	4,446	4,516	4,627	4,712	4,866	4,975	5,058	5,315
30	3,974	4,123	4,228	4,309	4,375	4,479	4,558	4,702	4,803	4,881	5,121
35	3,896	4,038	4,139	4,216	4,279	4,377	4,453	4,589	4,685	4,759	4,987
40	3,839	3,977	4,074	4,148	4,208	4,303	4,376	4,507	4,599	4,670	4,889
45	3,796	3,930	4,024	4,096	4,155	4,247	4,317	4,444	4,534	4,603	4,814
50	3,762	3,893	3,985	4,056	4,113	4,202	4,271	4,395	4,482	4,549	4,755
60	3,712	3,839	3,928	3,996	4,051	4,137	4,204	4,323	4,406	4,471	4,668
70	3,678	3,801	3,888	3,954	4,008	4,092	4,156	4,272	4,353	4,416	4,607
80	3,652	3,773	3,858	3,923	3,976	4,058	4,121	4,235	4,314	4,375	4,562
90	3,632	3,752	3,835	3,900	3,951	4,032	4,095	4,206	4,284	4,344	4,527
100	3,616	3,735	3,817	3,881	3,932	4,012	4,073	4,183	4,260	4,319	4,500
150	3,570	3,685	3,764	3,825	3,875	3,952	4,011	4,116	4,190	4,247	4,419
200	3,547	3,660	3,738	3,798	3,847	3,922	3,980	4,084	4,156	4,211	4,380
250	3,534	3,645	3,723	3,782	3,830	3,905	3,962	4,064	4,135	4,190	4,356
300	3,525	3,636	3,713	3,771	3,819	3,893	3,950	4,051	4,122	4,176	4,341
350	3,518	3,629	3,705	3,764	3,811	3,885	3,941	4,042	4,112	4,166	4,330
400	3,514	3,624	3,700	3,758	3,805	3,879	3,935	4,035	4,105	4,159	4,322
450	3,510	3,620	3,696	3,754	3,801	3,874	3,930	4,030	4,100	4,153	4,315
500	3,507	3,616	3,692	3,750	3,797	3,870	3,926	4,026	4,095	4,148	4,310
600	3,503	3,612	3,687	3,745	3,792	3,864	3,920	4,019	4,088	4,141	4,303
700	3,499	3,608	3,684	3,741	3,788	3,860	3,916	4,015	4,084	4,137	4,297
800	3,497	3,606	3,681	3,738	3,785	3,857	3,913	4,011	4,080	4,133	4,293
900	3,495	3,604	3,679	3,736	3,783	3,855	3,910	4,009	4,077	4,130	4,290
1 000	3,494	3,602	3,677	3,735	3,781	3,853	3,908	4,007	4,075	4,128	4,287
∞	3,481	3,588	3,662	3,719	3,765	3,836	3,890	3,988	4,056	4,107	4,265

Tabelle A.5 — Faktoren k für einseitig begrenzte Prognosebereiche bei einem Vertrauensniveau von 99,5 % und unbekannter Standardabweichung der Grundgesamtheit *(fortgesetzt)*
Table A.5 — One-sided prediction interval factors, k, at confidence level 99,5 % for unknown population standard deviation *(continued)*

n	m									
	1 000	**2 000**	**5 000**	**10 000**	**20 000**	**50 000**	**100 000**	**200 000**	**500 000**	**1 000 000**
2	> 250	> 250	> 250	> 250	> 250	> 250	> 250	> 250	> 250	> 250
3	46,759	49,421	52,761	55,170	57,488	60,430	62,573	64,650	67,305	69,252
4	21,665	22,862	24,368	25,456	26,505	27,839	28,811	29,754	30,961	31,847
5	14,843	15,645	16,657	17,389	18,096	18,995	19,652	20,289	21,105	21,704
6	11,837	12,465	13,259	13,835	14,391	15,099	15,617	16,120	16,764	17,236
7	10,172	10,703	11,375	11,864	12,336	12,939	13,379	13,807	14,356	14,759
8	9,118	9,587	10,183	10,616	11,036	11,571	11,962	12,343	12,831	13,190
9	8,392	8,819	9,361	9,756	10,138	10,627	10,984	11,332	11,778	12,106
10	7,862	8,257	8,759	9,126	9,481	9,935	10,268	10,591	11,007	11,312
11	7,458	7,828	8,300	8,644	8,979	9,406	9,720	10,025	10,416	10,705
12	7,138	7,489	7,937	8,264	8,581	8,988	9,286	9,576	9,949	10,224
13	6,880	7,215	7,642	7,955	8,259	8,648	8,934	9,212	9,570	9,833
14	6,667	6,988	7,399	7,700	7,992	8,367	8,642	8,910	9,255	9,509
15	6,488	6,797	7,194	7,484	7,767	8,130	8,396	8,655	8,989	9,235
16	6,335	6,634	7,019	7,300	7,575	7,926	8,185	8,437	8,762	9,001
17	6,203	6,494	6,867	7,141	7,408	7,751	8,002	8,248	8,564	8,797
18	6,088	6,371	6,735	7,002	7,262	7,597	7,843	8,083	8,392	8,620
19	5,987	6,263	6,618	6,879	7,134	7,461	7,702	7,937	8,239	8,462
20	5,897	6,167	6,515	6,770	7,020	7,340	7,576	7,807	8,103	8,322
25	5,567	5,814	6,132	6,367	6,596	6,891	7,109	7,322	7,597	7,800
30	5,356	5,587	5,885	6,106	6,321	6,600	6,805	7,007	7,266	7,458
35	5,210	5,429	5,713	5,923	6,129	6,394	6,591	6,783	7,032	7,216
40	5,103	5,313	5,586	5,787	5,985	6,241	6,431	6,616	6,857	7,034
45	5,021	5,224	5,488	5,683	5,875	6,123	6,306	6,487	6,720	6,893
50	4,956	5,154	5,410	5,600	5,787	6,028	6,207	6,383	6,610	6,779
60	4,861	5,050	5,295	5,477	5,656	5,887	6,058	6,227	6,445	6,607
70	4,794	4,977	5,214	5,390	5,563	5,786	5,952	6,115	6,327	6,484
80	4,744	4,923	5,154	5,325	5,493	5,711	5,872	6,031	6,238	6,391
90	4,706	4,882	5,108	5,275	5,440	5,653	5,811	5,966	6,168	6,318
100	4,676	4,849	5,071	5,235	5,397	5,606	5,761	5,914	6,112	6,259
150	4,587	4,751	4,962	5,118	5,270	5,467	5,613	5,757	5,943	6,082
200	4,544	4,703	4,909	5,060	5,208	5,399	5,540	5,679	5,859	5,993
250	4,518	4,675	4,877	5,026	5,171	5,358	5,497	5,633	5,809	5,940
300	4,501	4,656	4,856	5,003	5,146	5,331	5,468	5,602	5,776	5,904
350	4,489	4,643	4,841	4,987	5,129	5,312	5,448	5,580	5,752	5,879
400	4,480	4,633	4,830	4,975	5,116	5,298	5,432	5,564	5,734	5,860
450	4,473	4,626	4,821	4,965	5,106	5,287	5,420	5,551	5,721	5,846
500	4,467	4,619	4,815	4,958	5,098	5,278	5,411	5,541	5,710	5,834
600	4,459	4,610	4,804	4,947	5,086	5,265	5,397	5,526	5,693	5,817
700	4,453	4,604	4,797	4,939	5,077	5,255	5,387	5,515	5,681	5,804
800	4,448	4,599	4,791	4,933	5,071	5,248	5,379	5,507	5,673	5,795
900	4,445	4,595	4,787	4,928	5,066	5,243	5,373	5,501	5,666	5,788
1 000	4,442	4,592	4,784	4,925	5,062	5,238	5,369	5,496	5,661	5,782
∞	4,417	4,565	4,753	4,892	5,026	5,199	5,327	5,451	5,612	5,731

ANMERKUNG Diese Tabelle enthält Faktoren k mit der Eigenschaft, dass mit einem Vertrauensniveau von 99,5 % keiner der nächsten m Beobachtungswerte aus einer normalverteilten Grundgesamtheit außerhalb des Bereichs $(-\infty, \bar{x} + ks)$ liegen wird, wobei $\bar{x}$ und s aus einer Zufallsstichprobe vom Umfang n aus derselben Grundgesamtheit ermittelt wurden. Analoges gilt für den Bereich $(\bar{x} - ks, \infty)$.

NOTE This table provides factors k such that one may be at least 99,5 % confident that none of the next m observations from a normally distributed population will lie outside the range $(-\infty, \bar{x} + ks)$, where $\bar{x}$ and s are derived from a random sample of size n from the same population. Similarly for the range $(\bar{x} - ks, \infty)$.

Tabelle A.6 — Faktoren k für einseitig begrenzte Prognosebereiche bei einem Vertrauensniveau von 99,9 % und unbekannter Standardabweichung der Grundgesamtheit
Table A.6 — One-sided prediction interval factors, k, at confidence level 99,9 % for unknown population standard deviation

n	m										
	1	2	3	4	5	6	7	8	9	10	15
2	> 250	> 250	> 250	> 250	> 250	> 250	> 250	> 250	> 250	> 250	> 250
3	25,782	33,908	39,116	42,924	45,908	48,349	50,408	52,183	53,740	55,124	60,361
4	11,421	13,997	15,623	16,812	17,746	18,514	19,164	19,727	20,223	20,665	22,351
5	7,858	9,278	10,165	10,813	11,324	11,744	12,101	12,411	12,685	12,930	13,867
6	6,366	7,348	7,956	8,400	8,750	9,038	9,283	9,496	9,685	9,853	10,503
7	5,568	6,331	6,801	7,142	7,411	7,632	7,821	7,985	8,131	8,261	8,764
8	5,076	5,712	6,100	6,381	6,603	6,785	6,941	7,076	7,196	7,303	7,718
9	4,745	5,298	5,634	5,876	6,067	6,224	6,358	6,474	6,577	6,669	7,027
10	4,507	5,003	5,302	5,518	5,687	5,826	5,945	6,048	6,139	6,221	6,538
11	4,328	4,783	5,055	5,251	5,405	5,531	5,638	5,731	5,814	5,888	6,175
12	4,190	4,612	4,864	5,045	5,187	5,303	5,402	5,488	5,564	5,632	5,896
13	4,078	4,476	4,712	4,882	5,014	5,122	5,214	5,295	5,365	5,429	5,674
14	3,988	4,365	4,589	4,749	4,873	4,976	5,062	5,138	5,204	5,264	5,495
15	3,912	4,273	4,486	4,638	4,757	4,854	4,937	5,008	5,071	5,128	5,347
16	3,848	4,196	4,400	4,546	4,659	4,752	4,831	4,899	4,959	5,014	5,222
17	3,794	4,129	4,326	4,467	4,576	4,665	4,741	4,806	4,864	4,916	5,116
18	3,746	4,072	4,263	4,399	4,504	4,590	4,663	4,726	4,782	4,832	5,025
19	3,705	4,022	4,208	4,339	4,441	4,525	4,595	4,657	4,711	4,759	4,945
20	3,668	3,978	4,159	4,287	4,386	4,467	4,536	4,596	4,648	4,695	4,876
25	3,536	3,819	3,983	4,099	4,188	4,261	4,322	4,376	4,423	4,464	4,625
30	3,453	3,720	3,873	3,981	4,065	4,133	4,190	4,239	4,283	4,322	4,471
35	3,396	3,652	3,799	3,902	3,981	4,045	4,100	4,147	4,188	4,225	4,366
40	3,354	3,602	3,744	3,844	3,920	3,982	4,035	4,080	4,119	4,155	4,290
45	3,323	3,565	3,703	3,800	3,874	3,934	3,985	4,029	4,067	4,102	4,232
50	3,298	3,535	3,671	3,765	3,838	3,897	3,946	3,989	4,027	4,060	4,187
60	3,262	3,492	3,623	3,715	3,785	3,842	3,890	3,931	3,967	3,999	4,122
70	3,236	3,462	3,590	3,680	3,748	3,804	3,850	3,890	3,925	3,957	4,076
80	3,217	3,440	3,566	3,654	3,721	3,775	3,821	3,860	3,895	3,925	4,042
90	3,202	3,422	3,547	3,634	3,700	3,754	3,799	3,837	3,871	3,901	4,016
100	3,191	3,409	3,532	3,618	3,683	3,736	3,781	3,819	3,853	3,882	3,996
150	3,157	3,369	3,488	3,571	3,634	3,686	3,729	3,766	3,798	3,827	3,936
200	3,140	3,349	3,466	3,548	3,611	3,661	3,703	3,739	3,771	3,799	3,906
250	3,130	3,337	3,454	3,535	3,596	3,646	3,688	3,724	3,755	3,783	3,889
300	3,123	3,329	3,445	3,526	3,587	3,636	3,678	3,713	3,745	3,772	3,877
350	3,119	3,324	3,439	3,519	3,580	3,629	3,671	3,706	3,737	3,765	3,869
400	3,115	3,320	3,435	3,514	3,575	3,624	3,665	3,701	3,731	3,759	3,863
450	3,112	3,316	3,431	3,511	3,571	3,620	3,661	3,696	3,727	3,754	3,858
500	3,110	3,314	3,428	3,508	3,568	3,617	3,658	3,693	3,724	3,751	3,854
600	3,107	3,310	3,424	3,503	3,564	3,612	3,653	3,688	3,718	3,746	3,849
700	3,105	3,307	3,421	3,500	3,560	3,609	3,649	3,684	3,715	3,742	3,845
800	3,103	3,305	3,419	3,498	3,558	3,606	3,647	3,682	3,712	3,739	3,842
900	3,102	3,304	3,417	3,496	3,556	3,604	3,645	3,679	3,710	3,737	3,839
1 000	3,100	3,302	3,416	3,494	3,554	3,603	3,643	3,678	3,708	3,735	3,837
∞	3,091	3,291	3,403	3,481	3,540	3,588	3,628	3,663	3,693	3,719	3,821

Tabelle A.6 — Faktoren k für einseitig begrenzte Prognosebereiche bei einem Vertrauensniveau von 99,9 % und unbekannter Standardabweichung der Grundgesamtheit *(fortgesetzt)*
Table A.6 — One-sided prediction interval factors, k, at confidence level 99,9 % for unknown population standard deviation *(continued)*

n	m										
	20	**30**	**40**	**50**	**60**	**80**	**100**	**150**	**200**	**250**	**500**
2	> 250	> 250	> 250	> 250	> 250	> 250	> 250	> 250	> 250	> 250	> 250
3	63,974	68,909	72,295	74,857	76,909	80,074	82,471	86,700	89,610	91,817	98,419
4	23,526	25,145	26,266	27,119	27,805	28,867	29,674	31,105	32,093	32,845	35,102
5	14,526	15,441	16,078	16,565	16,958	17,568	18,033	18,861	19,434	19,872	21,189
6	10,962	11,602	12,050	12,394	12,672	13,105	13,437	14,028	14,439	14,753	15,701
7	9,120	9,619	9,970	10,240	10,459	10,801	11,063	11,531	11,858	12,108	12,865
8	8,013	8,428	8,720	8,945	9,128	9,415	9,635	10,029	10,304	10,516	11,157
9	7,281	7,639	7,893	8,088	8,247	8,496	8,688	9,033	9,274	9,459	10,022
10	6,763	7,082	7,307	7,481	7,623	7,846	8,018	8,327	8,543	8,709	9,217
11	6,379	6,668	6,872	7,031	7,160	7,363	7,519	7,801	7,999	8,151	8,616
12	6,084	6,349	6,538	6,684	6,803	6,990	7,134	7,395	7,578	7,720	8,152
13	5,849	6,097	6,272	6,408	6,519	6,694	6,829	7,073	7,244	7,377	7,782
14	5,659	5,892	6,057	6,185	6,289	6,454	6,581	6,811	6,972	7,097	7,480
15	5,502	5,723	5,879	6,000	6,099	6,255	6,375	6,593	6,747	6,866	7,230
16	5,371	5,580	5,729	5,845	5,939	6,088	6,203	6,411	6,558	6,671	7,020
17	5,258	5,459	5,602	5,713	5,803	5,945	6,055	6,255	6,396	6,505	6,839
18	5,162	5,355	5,492	5,599	5,686	5,823	5,929	6,121	6,256	6,361	6,684
19	5,078	5,265	5,397	5,500	5,584	5,716	5,818	6,004	6,135	6,236	6,548
20	5,004	5,185	5,313	5,413	5,494	5,622	5,721	5,901	6,028	6,126	6,429
25	4,739	4,900	5,013	5,101	5,173	5,286	5,373	5,531	5,643	5,730	5,997
30	4,576	4,723	4,828	4,908	4,974	5,078	5,158	5,303	5,405	5,484	5,729
35	4,465	4,604	4,702	4,778	4,840	4,937	5,012	5,148	5,244	5,318	5,547
40	4,385	4,518	4,612	4,684	4,743	4,835	4,907	5,036	5,127	5,197	5,415
45	4,324	4,453	4,543	4,613	4,670	4,759	4,827	4,952	5,039	5,107	5,315
50	4,277	4,402	4,490	4,557	4,612	4,699	4,765	4,886	4,970	5,036	5,237
60	4,208	4,328	4,412	4,476	4,529	4,611	4,675	4,790	4,870	4,932	5,124
70	4,160	4,276	4,357	4,420	4,471	4,551	4,612	4,723	4,801	4,861	5,045
80	4,124	4,238	4,317	4,379	4,428	4,506	4,566	4,674	4,750	4,808	4,987
90	4,097	4,209	4,287	4,347	4,396	4,472	4,531	4,636	4,710	4,768	4,943
100	4,075	4,185	4,263	4,322	4,370	4,445	4,503	4,607	4,680	4,736	4,908
150	4,012	4,118	4,192	4,248	4,294	4,366	4,421	4,520	4,589	4,642	4,805
200	3,981	4,085	4,157	4,212	4,257	4,327	4,381	4,478	4,545	4,597	4,756
250	3,963	4,065	4,136	4,191	4,235	4,304	4,357	4,453	4,519	4,570	4,726
300	3,951	4,052	4,123	4,177	4,221	4,289	4,342	4,436	4,502	4,552	4,707
350	3,942	4,043	4,113	4,167	4,210	4,279	4,331	4,424	4,490	4,540	4,693
400	3,936	4,036	4,106	4,159	4,203	4,271	4,322	4,415	4,480	4,530	4,683
450	3,931	4,031	4,100	4,154	4,197	4,264	4,316	4,409	4,473	4,523	4,675
500	3,927	4,026	4,096	4,149	4,192	4,259	4,311	4,403	4,468	4,517	4,668
600	3,921	4,020	4,089	4,142	4,185	4,252	4,303	4,395	4,459	4,509	4,659
700	3,916	4,015	4,084	4,137	4,180	4,247	4,298	4,389	4,453	4,502	4,652
800	3,913	4,012	4,081	4,133	4,176	4,243	4,294	4,385	4,449	4,498	4,647
900	3,911	4,009	4,078	4,131	4,173	4,240	4,290	4,382	4,445	4,494	4,643
1 000	3,909	4,007	4,076	4,128	4,171	4,237	4,288	4,379	4,443	4,491	4,640
∞	3,891	3,988	4,056	4,108	4,150	4,215	4,265	4,355	4,418	4,466	4,612

Tabelle A.6 — Faktoren k für einseitig begrenzte Prognosebereiche bei einem Vertrauensniveau von 99,9 % und unbekannter Standardabweichung der Grundgesamtheit *(fortgesetzt)*
Table A.6 — One-sided prediction interval factors, k, at confidence level 99,9 % for unknown population standard deviation *(continued)*

n	m									
	1 000	**2 000**	**5 000**	**10 000**	**20 000**	**50 000**	**100 000**	**200 000**	**500 000**	**1 000 000**
2	> 250	> 250	> 250	> 250	> 250	> 250	> 250	> 250	> 250	> 250
3	104,678	110,635	118,111	123,501	128,690	135,274	140,068	144,717	150,660	155,016
4	37,251	39,305	41,890	43,758	45,560	47,849	49,519	51,139	53,211	54,732
5	22,449	23,656	25,179	26,283	27,349	28,705	29,694	30,655	31,886	32,789
6	16,611	17,486	18,592	19,395	20,171	21,161	21,883	22,585	23,485	24,146
7	13,594	14,296	15,187	15,835	16,461	17,261	17,845	18,414	19,143	19,678
8	11,776	12,374	13,134	13,688	14,224	14,909	15,410	15,898	16,523	16,983
9	10,568	11,096	11,769	12,260	12,736	13,344	13,789	14,223	14,780	15,189
10	9,710	10,188	10,798	11,243	11,676	12,229	12,635	13,030	13,538	13,911
11	9,069	9,509	10,072	10,483	10,883	11,395	11,771	12,137	12,608	12,954
12	8,573	8,983	9,509	9,894	10,268	10,748	11,100	11,444	11,886	12,211
13	8,178	8,564	9,060	9,423	9,777	10,231	10,564	10,890	11,308	11,616
14	7,856	8,222	8,693	9,038	9,375	9,808	10,125	10,436	10,835	11,129
15	7,588	7,937	8,387	8,718	9,040	9,455	9,760	10,057	10,441	10,723
16	7,362	7,697	8,129	8,447	8,757	9,156	9,450	9,736	10,106	10,379
17	7,169	7,491	7,908	8,214	8,514	8,899	9,183	9,461	9,819	10,083
18	7,001	7,313	7,716	8,013	8,303	8,677	8,952	9,222	9,569	9,825
19	6,855	7,158	7,548	7,836	8,118	8,482	8,750	9,012	9,350	9,600
20	6,727	7,020	7,400	7,680	7,955	8,309	8,570	8,826	9,156	9,400
25	6,262	6,523	6,861	7,113	7,359	7,678	7,914	8,146	8,445	8,666
30	5,971	6,211	6,522	6,754	6,982	7,277	7,496	7,711	7,990	8,196
35	5,773	5,997	6,289	6,507	6,721	6,999	7,206	7,409	7,672	7,868
40	5,630	5,842	6,119	6,326	6,530	6,795	6,992	7,186	7,437	7,624
45	5,521	5,725	5,990	6,188	6,384	6,638	6,828	7,014	7,257	7,437
50	5,436	5,633	5,889	6,080	6,269	6,515	6,698	6,878	7,113	7,288
60	5,312	5,498	5,740	5,921	6,100	6,332	6,505	6,676	6,899	7,065
70	5,226	5,405	5,637	5,810	5,981	6,204	6,370	6,534	6,747	6,907
80	5,163	5,336	5,561	5,728	5,894	6,109	6,269	6,428	6,634	6,788
90	5,114	5,283	5,503	5,666	5,827	6,036	6,192	6,346	6,547	6,697
100	5,076	5,242	5,457	5,616	5,774	5,978	6,131	6,282	6,478	6,624
150	4,965	5,121	5,322	5,472	5,619	5,809	5,951	6,091	6,273	6,408
200	4,910	5,062	5,257	5,401	5,543	5,727	5,863	5,998	6,172	6,302
250	4,878	5,027	5,219	5,360	5,499	5,679	5,812	5,943	6,113	6,240
300	4,857	5,004	5,193	5,333	5,470	5,647	5,778	5,907	6,074	6,198
350	4,842	4,988	5,175	5,313	5,449	5,624	5,754	5,881	6,046	6,169
400	4,831	4,976	5,162	5,299	5,433	5,607	5,736	5,862	6,026	6,147
450	4,822	4,966	5,151	5,288	5,421	5,594	5,722	5,847	6,010	6,130
500	4,815	4,959	5,143	5,279	5,412	5,584	5,711	5,835	5,997	6,117
600	4,805	4,947	5,131	5,265	5,398	5,568	5,694	5,818	5,978	6,097
700	4,798	4,939	5,122	5,256	5,387	5,557	5,682	5,805	5,965	6,083
800	4,792	4,933	5,115	5,249	5,380	5,549	5,673	5,796	5,954	6,072
900	4,788	4,929	5,110	5,243	5,374	5,542	5,667	5,789	5,947	6,064
1 000	4,784	4,925	5,106	5,239	5,369	5,537	5,661	5,783	5,940	6,057
∞	4,754	4,892	5,069	5,200	5,327	5,491	5,612	5,731	5,885	5,998

ANMERKUNG Diese Tabelle enthält Faktoren k mit der Eigenschaft, dass mit einem Vertrauensniveau von 99,9 % keiner der nächsten m Beobachtungswerte aus einer normalverteilten Grundgesamtheit außerhalb des Bereichs $(-\infty, \bar{x} + ks)$ liegen wird, wobei $\bar{x}$ und s aus einer Zufallsstichprobe vom Umfang n aus derselben Grundgesamtheit ermittelt wurden. Analoges gilt für den Bereich $(\bar{x} - ks, \infty)$.

NOTE This table provides factors k such that one may be at least 99,9 % confident that none of the next m observations from a normally distributed population will lie outside the range $(-\infty, \bar{x} + ks)$, where $\bar{x}$ and s are derived from a random sample of size n from the same population. Similarly for the range $(\bar{x} - ks, \infty)$.

Anhang B
(normativ)

Tabellen für Prognosebereichsfaktoren k für zweiseitig begrenzte Prognosebereiche bei unbekannter Standardabweichung der Grundgesamtheit

Annex B
(normative)

Tables of two-sided prediction interval factors, k, for unknown population standard deviation

Tabelle B.1 — Faktoren k für zweiseitig begrenzte Prognosebereiche bei einem Vertrauensniveau von 90 % und unbekannter Standardabweichung der Grundgesamtheit

Table B.1 — Two-sided prediction interval factors, k, at confidence level 90 % for unknown population standard deviation

n	m										
	1	2	3	4	5	6	7	8	9	10	15
2	7,733	10,811	12,608	13,845	14,775	15,515	16,126	16,644	17,093	17,488	18,952
3	3,372	4,394	5,000	5,425	5,749	6,009	6,225	6,410	6,571	6,713	7,244
4	2,632	3,330	3,742	4,033	4,256	4,435	4,585	4,714	4,826	4,926	5,299
5	2,336	2,910	3,246	3,484	3,666	3,813	3,936	4,042	4,134	4,216	4,526
6	2,177	2,686	2,982	3,191	3,351	3,481	3,589	3,682	3,764	3,837	4,110
7	2,078	2,547	2,818	3,009	3,155	3,274	3,373	3,458	3,533	3,599	3,850
8	2,010	2,452	2,707	2,885	3,022	3,133	3,225	3,305	3,375	3,437	3,672
9	1,961	2,383	2,626	2,795	2,925	3,030	3,118	3,194	3,260	3,319	3,542
10	1,923	2,331	2,564	2,727	2,851	2,952	3,036	3,109	3,172	3,229	3,443
11	1,894	2,290	2,516	2,673	2,793	2,891	2,972	3,042	3,104	3,158	3,365
12	1,870	2,257	2,477	2,630	2,747	2,841	2,92	2,988	3,048	3,101	3,301
13	1,850	2,230	2,445	2,594	2,708	2,801	2,878	2,944	3,002	3,054	3,249
14	1,834	2,207	2,418	2,565	2,676	2,767	2,842	2,907	2,964	3,014	3,205
15	1,820	2,188	2,395	2,539	2,649	2,738	2,812	2,875	2,931	2,98	3,168
16	1,808	2,171	2,376	2,517	2,625	2,713	2,785	2,848	2,903	2,951	3,135
17	1,797	2,157	2,359	2,498	2,605	2,691	2,763	2,824	2,878	2,926	3,107
18	1,788	2,144	2,344	2,482	2,587	2,672	2,743	2,803	2,857	2,904	3,083
19	1,780	2,133	2,331	2,467	2,571	2,655	2,725	2,785	2,838	2,884	3,061
20	1,772	2,123	2,319	2,454	2,557	2,640	2,709	2,769	2,820	2,867	3,041
25	1,745	2,086	2,275	2,405	2,504	2,584	2,650	2,707	2,757	2,801	2,968
30	1,728	2,062	2,247	2,374	2,470	2,548	2,612	2,668	2,716	2,759	2,921
35	1,715	2,045	2,227	2,352	2,446	2,522	2,586	2,640	2,687	2,729	2,888
40	1,706	2,032	2,212	2,336	2,429	2,504	2,566	2,619	2,666	2,707	2,863
45	1,699	2,023	2,201	2,323	2,415	2,489	2,551	2,604	2,650	2,690	2,844
50	1,694	2,015	2,192	2,313	2,405	2,478	2,539	2,591	2,637	2,677	2,829
60	1,685	2,004	2,179	2,298	2,389	2,461	2,521	2,572	2,617	2,657	2,806
70	1,680	1,996	2,169	2,288	2,377	2,449	2,508	2,559	2,604	2,643	2,791
80	1,675	1,990	2,162	2,280	2,369	2,440	2,499	2,549	2,593	2,632	2,779
90	1,672	1,985	2,157	2,274	2,362	2,433	2,492	2,542	2,585	2,624	2,770
100	1,669	1,982	2,153	2,269	2,357	2,427	2,486	2,536	2,579	2,618	2,762
150	1,661	1,971	2,140	2,255	2,342	2,411	2,468	2,518	2,560	2,598	2,740
200	1,657	1,965	2,133	2,248	2,334	2,403	2,460	2,509	2,551	2,589	2,730
250	1,655	1,962	2,130	2,244	2,329	2,398	2,455	2,503	2,545	2,583	2,723
300	1,653	1,960	2,127	2,241	2,326	2,395	2,451	2,500	2,542	2,579	2,719
350	1,652	1,958	2,125	2,239	2,324	2,392	2,449	2,497	2,539	2,576	2,716
400	1,651	1,957	2,124	2,237	2,322	2,391	2,447	2,495	2,537	2,574	2,713
450	1,651	1,956	2,123	2,236	2,321	2,389	2,446	2,494	2,536	2,573	2,712
500	1,650	1,956	2,122	2,235	2,320	2,388	2,445	2,493	2,534	2,571	2,710
600	1,649	1,955	2,121	2,234	2,319	2,387	2,443	2,491	2,533	2,570	2,708
700	1,649	1,954	2,120	2,233	2,318	2,385	2,442	2,490	2,531	2,568	2,707
800	1,648	1,953	2,119	2,232	2,317	2,385	2,441	2,489	2,530	2,567	2,705
900	1,648	1,953	2,119	2,231	2,316	2,384	2,440	2,488	2,530	2,566	2,704
1 000	1,648	1,953	2,118	2,231	2,316	2,383	2,439	2,487	2,529	2,566	2,704
∞	1,645	1,949	2,115	2,227	2,311	2,379	2,434	2,482	2,523	2,560	2,697

Tabelle B.1 — Faktoren k für zweiseitig begrenzte Prognosebereiche bei einem Vertrauensniveau von 90 % und unbekannter Standardabweichung der Grundgesamtheit *(fortgesetzt)*
Table B.1 — Two-sided prediction interval factors, k, at confidence level 90 % for unknown population standard deviation *(continued)*

n	m										
	20	**30**	**40**	**50**	**60**	**80**	**100**	**150**	**200**	**250**	**500**
2	19,941	21,269	22,169	22,845	23,384	24,212	24,836	25,933	26,684	27,253	28,948
3	7,607	8,097	8,432	8,684	8,886	9,197	9,431	9,845	10,130	10,345	10,989
4	5,555	5,904	6,143	6,324	6,469	6,692	6,861	7,160	7,366	7,522	7,989
5	4,739	5,030	5,230	5,381	5,503	5,691	5,833	6,085	6,259	6,391	6,786
6	4,299	4,558	4,737	4,872	4,981	5,149	5,277	5,503	5,659	5,778	6,134
7	4,024	4,262	4,427	4,552	4,652	4,808	4,926	5,135	5,280	5,390	5,722
8	3,835	4,059	4,213	4,331	4,425	4,572	4,683	4,881	5,018	5,122	5,435
9	3,697	3,909	4,057	4,169	4,259	4,399	4,505	4,694	4,825	4,925	5,225
10	3,591	3,795	3,937	4,045	4,131	4,266	4,368	4,550	4,677	4,773	5,062
11	3,508	3,705	3,842	3,946	4,030	4,160	4,260	4,436	4,558	4,652	4,933
12	3,440	3,632	3,765	3,866	3,948	4,075	4,171	4,343	4,462	4,553	4,827
13	3,385	3,572	3,701	3,800	3,880	4,003	4,098	4,266	4,382	4,471	4,739
14	3,338	3,521	3,647	3,744	3,822	3,943	4,036	4,200	4,314	4,401	4,664
15	3,298	3,477	3,602	3,696	3,773	3,892	3,983	4,144	4,256	4,342	4,600
16	3,263	3,439	3,562	3,655	3,730	3,847	3,936	4,095	4,206	4,290	4,544
17	3,233	3,407	3,527	3,619	3,693	3,808	3,896	4,053	4,161	4,244	4,495
18	3,207	3,378	3,497	3,587	3,66	3,774	3,861	4,015	4,122	4,204	4,452
19	3,183	3,352	3,469	3,559	3,631	3,743	3,829	3,981	4,087	4,168	4,413
20	3,162	3,329	3,445	3,533	3,605	3,716	3,800	3,951	4,056	4,136	4,378
25	3,084	3,243	3,354	3,439	3,507	3,613	3,694	3,838	3,938	4,015	4,247
30	3,033	3,187	3,295	3,376	3,442	3,545	3,623	3,763	3,860	3,934	4,159
35	2,997	3,148	3,253	3,332	3,397	3,497	3,573	3,709	3,804	3,877	4,096
40	2,971	3,119	3,221	3,300	3,363	3,461	3,536	3,669	3,762	3,833	4,049
45	2,950	3,096	3,197	3,274	3,336	3,433	3,507	3,638	3,730	3,800	4,011
50	2,934	3,078	3,178	3,254	3,315	3,411	3,483	3,613	3,704	3,773	3,982
60	2,910	3,051	3,149	3,224	3,284	3,377	3,449	3,576	3,664	3,732	3,937
70	2,892	3,032	3,129	3,202	3,262	3,354	3,424	3,549	3,636	3,703	3,904
80	2,880	3,018	3,114	3,186	3,245	3,336	3,405	3,529	3,615	3,681	3,880
90	2,870	3,007	3,102	3,174	3,232	3,322	3,391	3,514	3,599	3,664	3,861
100	2,862	2,998	3,092	3,164	3,222	3,311	3,380	3,501	3,586	3,650	3,846
150	2,838	2,972	3,064	3,134	3,191	3,278	3,345	3,464	3,546	3,609	3,800
200	2,826	2,959	3,050	3,120	3,175	3,262	3,328	3,445	3,527	3,589	3,776
250	2,819	2,951	3,042	3,111	3,166	3,252	3,318	3,434	3,515	3,576	3,762
300	2,815	2,946	3,036	3,105	3,160	3,246	3,311	3,427	3,507	3,568	3,753
350	2,811	2,942	3,032	3,101	3,156	3,241	3,306	3,421	3,501	3,562	3,746
400	2,809	2,939	3,029	3,097	3,152	3,237	3,302	3,417	3,497	3,558	3,741
450	2,807	2,937	3,027	3,095	3,150	3,235	3,299	3,414	3,494	3,554	3,738
500	2,805	2,935	3,025	3,093	3,148	3,232	3,297	3,412	3,491	3,552	3,734
600	2,803	2,933	3,022	3,090	3,145	3,229	3,294	3,408	3,487	3,547	3,730
700	2,801	2,931	3,020	3,088	3,143	3,227	3,291	3,405	3,484	3,545	3,726
800	2,800	2,930	3,019	3,086	3,141	3,225	3,289	3,403	3,482	3,542	3,724
900	2,799	2,929	3,018	3,085	3,140	3,224	3,288	3,402	3,480	3,541	3,722
1 000	2,798	2,928	3,017	3,084	3,139	3,223	3,287	3,400	3,479	3,539	3,720
∞	2,792	2,920	3,008	3,076	3,129	3,213	3,276	3,389	3,467	3,527	3,706

Tabelle B.1 — Faktoren k für zweiseitig begrenzte Prognosebereiche bei einem Vertrauensniveau von 90 % und unbekannter Standardabweichung der Grundgesamtheit *(fortgesetzt)*
Table B.1 — Two-sided prediction interval factors, k, at confidence level 90 % for unknown population standard deviation *(continued)*

n	m									
	1 000	2 000	5 000	10 000	20 000	50 000	100 000	200 000	500 000	1 000 000
2	30,549	32,068	33,970	35,340	36,656	38,325	39,539	40,716	42,220	43,322
3	11,599	12,180	12,908	13,433	13,938	14,580	15,047	15,499	16,078	16,502
4	8,433	8,856	9,387	9,771	10,140	10,609	10,951	11,283	11,707	12,018
5	7,163	7,522	7,974	8,300	8,615	9,015	9,306	9,589	9,951	10,217
6	6,473	6,798	7,206	7,501	7,786	8,148	8,412	8,669	8,997	9,237
7	6,037	6,339	6,720	6,995	7,261	7,599	7,845	8,085	8,391	8,616
8	5,735	6,021	6,382	6,643	6,896	7,217	7,451	7,679	7,970	8,184
9	5,511	5,786	6,132	6,383	6,625	6,934	7,159	7,378	7,658	7,864
10	5,339	5,604	5,939	6,182	6,417	6,715	6,933	7,145	7,417	7,616
11	5,201	5,459	5,785	6,021	6,250	6,541	6,753	6,959	7,224	7,418
12	5,089	5,341	5,659	5,890	6,113	6,397	6,605	6,807	7,066	7,256
13	4,995	5,242	5,554	5,780	5,999	6,278	6,481	6,679	6,933	7,120
14	4,916	5,158	5,464	5,687	5,902	6,176	6,376	6,571	6,820	7,004
15	4,848	5,086	5,387	5,606	5,818	6,088	6,285	6,477	6,723	6,904
16	4,788	5,023	5,320	5,536	5,745	6,011	6,206	6,395	6,638	6,816
17	4,736	4,968	5,261	5,474	5,680	5,944	6,136	6,323	6,563	6,739
18	4,690	4,918	5,208	5,419	5,623	5,883	6,074	6,259	6,496	6,671
19	4,648	4,875	5,162	5,370	5,572	5,830	6,018	6,201	6,437	6,610
20	4,611	4,835	5,119	5,326	5,526	5,781	5,968	6,150	6,383	6,554
25	4,470	4,685	4,958	5,157	5,350	5,596	5,776	5,951	6,176	6,342
30	4,375	4,584	4,850	5,043	5,230	5,470	5,645	5,816	6,035	6,197
35	4,307	4,512	4,771	4,960	5,144	5,378	5,550	5,718	5,933	6,091
40	4,256	4,456	4,711	4,897	5,078	5,308	5,477	5,642	5,854	6,009
45	4,216	4,413	4,664	4,847	5,025	5,253	5,420	5,582	5,791	5,945
50	4,183	4,378	4,626	4,807	4,983	5,208	5,373	5,533	5,740	5,892
60	4,134	4,325	4,568	4,746	4,918	5,139	5,300	5,458	5,661	5,811
70	4,099	4,287	4,526	4,701	4,870	5,088	5,247	5,403	5,603	5,750
80	4,072	4,258	4,494	4,666	4,834	5,049	5,207	5,360	5,558	5,704
90	4,051	4,235	4,468	4,639	4,805	5,018	5,174	5,326	5,522	5,667
100	4,034	4,216	4,448	4,617	4,782	4,993	5,148	5,299	5,493	5,636
150	3,983	4,160	4,385	4,550	4,710	4,915	5,065	5,212	5,401	5,541
200	3,957	4,131	4,353	4,515	4,672	4,874	5,022	5,167	5,353	5,490
250	3,941	4,114	4,334	4,494	4,649	4,849	4,995	5,138	5,322	5,458
300	3,931	4,103	4,321	4,480	4,634	4,832	4,977	5,119	5,301	5,436
350	3,924	4,094	4,311	4,469	4,623	4,820	4,964	5,105	5,286	5,420
400	3,918	4,088	4,304	4,462	4,614	4,810	4,954	5,094	5,275	5,408
450	3,914	4,083	4,298	4,455	4,608	4,803	4,946	5,086	5,266	5,398
500	3,910	4,079	4,294	4,451	4,603	4,797	4,940	5,079	5,258	5,390
600	3,905	4,073	4,287	4,443	4,595	4,788	4,930	5,069	5,247	5,379
700	3,901	4,069	4,283	4,438	4,589	4,782	4,924	5,062	5,239	5,370
800	3,898	4,066	4,279	4,434	4,585	4,777	4,918	5,056	5,233	5,364
900	3,896	4,064	4,276	4,431	4,581	4,773	4,914	5,052	5,228	5,359
1 000	3,894	4,062	4,274	4,429	4,579	4,770	4,911	5,048	5,225	5,355
∞	3,878	4,044	4,254	4,406	4,554	4,743	4,882	5,017	5,190	5,318

ANMERKUNG Diese Tabelle enthält Faktoren k mit der Eigenschaft, dass mit einem Vertrauensniveau von 90 % keiner der nächsten m Beobachtungswerte aus einer normalverteilten Grundgesamtheit außerhalb des Bereichs $(\bar{x} - ks, \bar{x} + ks)$ liegen wird, wobei $\bar{x}$ und s aus einer Zufallsstichprobe vom Umfang n aus derselben Grundgesamtheit ermittelt wurden.

NOTE This table provides factors k such that one may be at least 90 % confident that none of the next m observations from a normally distributed population will lie outside the range $(\bar{x} - ks, \bar{x} + ks)$, where $\bar{x}$ and s are derived from a random sample of size n from the same population.

Tabelle B.2 — Faktoren k für zweiseitig begrenzte Prognosebereiche bei einem Vertrauensniveau von 95 % und unbekannter Standardabweichung der Grundgesamtheit
Table B.2 — Two-sided prediction interval factors, k, at confidence level 95 % for unknown population standard deviation

n	m										
	1	2	3	4	5	6	7	8	9	10	15
2	15,562	21,708	25,299	27,773	29,635	31,115	32,338	33,375	34,274	35,064	37,996
3	4,969	6,392	7,243	7,842	8,299	8,667	8,974	9,236	9,464	9,666	10,421
4	3,559	4,412	4,923	5,286	5,564	5,790	5,979	6,141	6,282	6,408	6,881
5	3,042	3,697	4,087	4,364	4,578	4,751	4,897	5,022	5,132	5,229	5,597
6	2,777	3,334	3,663	3,896	4,077	4,223	4,347	4,453	4,546	4,628	4,942
7	2,616	3,115	3,407	3,615	3,775	3,905	4,015	4,109	4,192	4,265	4,545
8	2,509	2,968	3,237	3,427	3,573	3,692	3,793	3,879	3,955	4,022	4,279
9	2,431	2,864	3,115	3,293	3,429	3,541	3,634	3,715	3,785	3,848	4,088
10	2,373	2,786	3,024	3,192	3,321	3,427	3,515	3,591	3,658	3,718	3,945
11	2,328	2,725	2,953	3,114	3,238	3,338	3,422	3,495	3,559	3,616	3,833
12	2,291	2,676	2,897	3,051	3,170	3,267	3,348	3,418	3,480	3,535	3,743
13	2,262	2,636	2,850	3,000	3,116	3,209	3,288	3,355	3,415	3,468	3,669
14	2,237	2,603	2,812	2,958	3,070	3,161	3,237	3,303	3,361	3,412	3,608
15	2,216	2,574	2,779	2,922	3,031	3,120	3,195	3,259	3,315	3,365	3,556
16	2,198	2,550	2,751	2,891	2,998	3,085	3,158	3,221	3,276	3,325	3,511
17	2,182	2,529	2,727	2,864	2,969	3,055	3,126	3,188	3,242	3,290	3,472
18	2,168	2,511	2,705	2,841	2,944	3,028	3,098	3,159	3,212	3,259	3,439
19	2,156	2,495	2,687	2,820	2,922	3,005	3,074	3,133	3,186	3,232	3,409
20	2,145	2,481	2,670	2,802	2,903	2,984	3,052	3,111	3,162	3,208	3,382
25	2,105	2,428	2,609	2,734	2,830	2,907	2,972	3,027	3,076	3,119	3,283
30	2,080	2,394	2,569	2,691	2,783	2,858	2,920	2,974	3,020	3,062	3,220
35	2,062	2,370	2,542	2,660	2,751	2,823	2,884	2,936	2,982	3,022	3,176
40	2,048	2,352	2,522	2,638	2,727	2,798	2,858	2,909	2,953	2,993	3,143
45	2,038	2,339	2,506	2,621	2,708	2,779	2,837	2,888	2,932	2,971	3,118
50	2,030	2,328	2,494	2,608	2,694	2,763	2,821	2,871	2,914	2,953	3,098
60	2,018	2,313	2,476	2,587	2,672	2,741	2,797	2,846	2,889	2,926	3,069
70	2,010	2,302	2,463	2,573	2,657	2,724	2,781	2,829	2,871	2,908	3,048
80	2,003	2,293	2,453	2,563	2,646	2,713	2,768	2,816	2,857	2,894	3,033
90	1,998	2,287	2,446	2,555	2,637	2,703	2,758	2,806	2,847	2,883	3,021
100	1,995	2,282	2,440	2,548	2,630	2,696	2,751	2,798	2,839	2,875	3,012
150	1,983	2,267	2,422	2,529	2,610	2,674	2,728	2,774	2,814	2,850	2,983
200	1,977	2,259	2,414	2,520	2,599	2,663	2,717	2,762	2,802	2,837	2,969
250	1,974	2,255	2,409	2,514	2,593	2,657	2,710	2,755	2,795	2,830	2,961
300	1,972	2,252	2,405	2,510	2,589	2,653	2,705	2,751	2,790	2,825	2,956
350	1,970	2,250	2,403	2,507	2,586	2,650	2,702	2,747	2,786	2,821	2,952
400	1,969	2,248	2,401	2,505	2,584	2,647	2,700	2,745	2,784	2,818	2,949
450	1,968	2,247	2,400	2,504	2,583	2,646	2,698	2,743	2,782	2,816	2,946
500	1,967	2,246	2,398	2,503	2,581	2,644	2,697	2,741	2,780	2,815	2,945
600	1,966	2,244	2,397	2,501	2,579	2,642	2,694	2,739	2,778	2,812	2,942
700	1,965	2,243	2,395	2,499	2,578	2,641	2,693	2,737	2,776	2,811	2,940
800	1,965	2,242	2,395	2,498	2,577	2,639	2,692	2,736	2,775	2,809	2,939
900	1,964	2,242	2,394	2,498	2,576	2,639	2,691	2,735	2,774	2,808	2,937
1 000	1,964	2,241	2,393	2,497	2,575	2,638	2,69	2,734	2,773	2,807	2,936
∞	1,960	2,237	2,388	2,491	2,569	2,632	2,683	2,728	2,766	2,800	2,928

Tabelle B.2 — Faktoren k für zweiseitig begrenzte Prognosebereiche bei einem Vertrauensniveau von 95 % und unbekannter Standardabweichung der Grundgesamtheit *(fortgesetzt)*
Table B.2 — Two-sided prediction interval factors, k, at confidence level 95 % for unknown population standard deviation *(continued)*

n	m										
	20	**30**	**40**	**50**	**60**	**80**	**100**	**150**	**200**	**250**	**500**
2	39,975	42,635	44,438	45,792	46,872	48,530	49,780	51,977	53,482	54,621	58,017
3	10,936	11,635	12,112	12,473	12,760	13,204	13,539	14,131	14,537	14,845	15,766
4	7,206	7,650	7,955	8,185	8,370	8,656	8,872	9,254	9,518	9,718	10,317
5	5,852	6,201	6,442	6,624	6,771	6,998	7,170	7,475	7,686	7,846	8,327
6	5,160	5,459	5,666	5,823	5,950	6,146	6,295	6,560	6,742	6,882	7,300
7	4,740	5,008	5,194	5,336	5,450	5,627	5,761	6,000	6,166	6,292	6,672
8	4,458	4,705	4,876	5,007	5,112	5,276	5,401	5,622	5,776	5,893	6,246
9	4,255	4,487	4,647	4,770	4,869	5,023	5,140	5,349	5,494	5,604	5,938
10	4,103	4,322	4,475	4,591	4,685	4,831	4,943	5,142	5,280	5,385	5,703
11	3,984	4,193	4,339	4,451	4,541	4,681	4,788	4,979	5,111	5,213	5,519
12	3,888	4,090	4,230	4,338	4,425	4,560	4,663	4,847	4,975	5,073	5,369
13	3,810	4,005	4,141	4,245	4,329	4,460	4,560	4,739	4,863	4,958	5,246
14	3,745	3,934	4,066	4,167	4,249	4,376	4,474	4,648	4,769	4,861	5,142
15	3,689	3,874	4,003	4,101	4,181	4,305	4,400	4,570	4,688	4,779	5,053
16	3,641	3,822	3,948	4,044	4,122	4,244	4,337	4,503	4,619	4,708	4,976
17	3,600	3,777	3,900	3,995	4,071	4,191	4,282	4,445	4,558	4,645	4,909
18	3,564	3,738	3,859	3,952	4,027	4,144	4,233	4,393	4,505	4,591	4,850
19	3,532	3,703	3,822	3,913	3,987	4,102	4,190	4,348	4,458	4,542	4,797
20	3,503	3,672	3,789	3,879	3,952	4,065	4,152	4,307	4,416	4,498	4,750
25	3,398	3,556	3,667	3,752	3,820	3,927	4,009	4,155	4,257	4,336	4,573
30	3,330	3,482	3,588	3,669	3,735	3,837	3,915	4,056	4,154	4,229	4,457
35	3,282	3,430	3,533	3,611	3,675	3,774	3,850	3,986	4,081	4,153	4,374
40	3,247	3,392	3,492	3,568	3,630	3,727	3,801	3,934	4,026	4,097	4,313
45	3,221	3,362	3,460	3,536	3,596	3,691	3,764	3,894	3,984	4,054	4,265
50	3,199	3,339	3,435	3,509	3,569	3,663	3,734	3,862	3,951	4,019	4,226
60	3,168	3,304	3,398	3,471	3,529	3,620	3,690	3,814	3,901	3,967	4,169
70	3,146	3,279	3,372	3,443	3,501	3,590	3,658	3,780	3,865	3,930	4,128
80	3,129	3,261	3,353	3,423	3,479	3,567	3,635	3,755	3,839	3,903	4,098
90	3,116	3,247	3,338	3,407	3,463	3,550	3,617	3,735	3,818	3,881	4,074
100	3,106	3,236	3,326	3,395	3,450	3,536	3,602	3,720	3,802	3,864	4,055
150	3,076	3,203	3,290	3,357	3,411	3,495	3,559	3,673	3,753	3,813	3,998
200	3,061	3,186	3,273	3,339	3,392	3,475	3,538	3,650	3,728	3,788	3,969
250	3,052	3,176	3,262	3,328	3,380	3,462	3,525	3,636	3,714	3,773	3,952
300	3,046	3,170	3,255	3,320	3,373	3,454	3,516	3,627	3,704	3,763	3,941
350	3,042	3,165	3,250	3,315	3,367	3,449	3,510	3,621	3,697	3,756	3,933
400	3,039	3,162	3,247	3,311	3,363	3,444	3,506	3,616	3,692	3,750	3,927
450	3,036	3,159	3,244	3,308	3,360	3,441	3,502	3,612	3,688	3,746	3,922
500	3,034	3,157	3,241	3,306	3,358	3,438	3,500	3,609	3,685	3,743	3,919
600	3,031	3,153	3,238	3,302	3,354	3,434	3,495	3,604	3,680	3,738	3,913
700	3,029	3,151	3,235	3,300	3,351	3,431	3,492	3,601	3,677	3,734	3,909
800	3,027	3,149	3,234	3,298	3,349	3,429	3,490	3,599	3,674	3,732	3,906
900	3,026	3,148	3,232	3,296	3,348	3,427	3,488	3,597	3,672	3,730	3,904
1 000	3,025	3,147	3,231	3,295	3,346	3,426	3,487	3,595	3,671	3,728	3,902
∞	3,016	3,137	3,221	3,284	3,335	3,414	3,474	3,582	3,656	3,713	3,885

Tabelle B.2 — Faktoren k für zweiseitig begrenzte Prognosebereiche bei einem Vertrauensniveau von 95 % und unbekannter Standardabweichung der Grundgesamtheit *(fortgesetzt)*
Table B.2 — Two-sided prediction interval factors, k, at confidence level 95 % for unknown population standard deviation *(continued)*

n	m									
	1 000	**2 000**	**5 000**	**10 000**	**20 000**	**50 000**	**100 000**	**200 000**	**500 000**	**1 000 000**
2	61,224	64,269	68,080	70,824	73,462	76,806	79,239	81,597	84,610	86,818
3	16,639	17,470	18,512	19,263	19,987	20,905	21,574	22,222	23,051	23,659
4	10,887	11,430	12,113	12,606	13,081	13,684	14,124	14,551	15,097	15,497
5	8,784	9,221	9,772	10,170	10,553	11,041	11,397	11,742	12,184	12,509
6	7,699	8,081	8,563	8,911	9,248	9,675	9,987	10,291	10,679	10,963
7	7,035	7,383	7,821	8,139	8,446	8,837	9,122	9,399	9,754	10,014
8	6,584	6,908	7,318	7,615	7,902	8,267	8,534	8,793	9,125	9,369
9	6,257	6,564	6,952	7,234	7,506	7,852	8,106	8,352	8,667	8,899
10	6,009	6,302	6,673	6,943	7,204	7,536	7,779	8,015	8,318	8,540
11	5,813	6,095	6,453	6,714	6,965	7,286	7,521	7,749	8,042	8,256
12	5,654	5,928	6,275	6,527	6,771	7,083	7,311	7,533	7,817	8,026
13	5,522	5,789	6,127	6,373	6,611	6,914	7,137	7,353	7,630	7,834
14	5,412	5,672	6,002	6,242	6,475	6,772	6,989	7,201	7,472	7,671
15	5,317	5,572	5,895	6,130	6,358	6,650	6,863	7,070	7,336	7,532
16	5,235	5,485	5,802	6,033	6,257	6,543	6,753	6,957	7,219	7,411
17	5,163	5,409	5,721	5,948	6,169	6,450	6,657	6,857	7,115	7,305
18	5,100	5,342	5,649	5,873	6,090	6,368	6,571	6,769	7,024	7,211
19	5,044	5,282	5,585	5,806	6,020	6,294	6,495	6,691	6,942	7,126
20	4,993	5,228	5,528	5,746	5,958	6,228	6,427	6,620	6,868	7,051
25	4,804	5,026	5,310	5,518	5,719	5,977	6,167	6,351	6,588	6,762
30	4,678	4,892	5,166	5,366	5,560	5,809	5,992	6,170	6,399	6,568
35	4,589	4,797	5,062	5,256	5,445	5,688	5,866	6,039	6,262	6,427
40	4,522	4,725	4,984	5,174	5,358	5,595	5,770	5,939	6,158	6,319
45	4,470	4,668	4,923	5,109	5,290	5,523	5,694	5,861	6,076	6,234
50	4,428	4,623	4,873	5,056	5,235	5,464	5,632	5,797	6,009	6,165
60	4,365	4,555	4,799	4,977	5,151	5,374	5,539	5,699	5,906	6,059
70	4,320	4,506	4,745	4,920	5,090	5,309	5,470	5,628	5,831	5,981
80	4,286	4,470	4,704	4,876	5,044	5,260	5,418	5,573	5,773	5,921
90	4,260	4,441	4,672	4,842	5,008	5,220	5,377	5,530	5,728	5,874
100	4,239	4,418	4,647	4,815	4,978	5,189	5,344	5,495	5,691	5,835
150	4,176	4,349	4,569	4,731	4,889	5,091	5,241	5,387	5,575	5,714
200	4,144	4,314	4,530	4,689	4,843	5,041	5,188	5,330	5,515	5,651
250	4,125	4,293	4,507	4,663	4,815	5,011	5,155	5,296	5,478	5,612
300	4,113	4,279	4,491	4,646	4,797	4,991	5,133	5,273	5,452	5,585
350	4,104	4,269	4,480	4,634	4,784	4,976	5,118	5,256	5,434	5,566
400	4,097	4,262	4,471	4,625	4,774	4,965	5,106	5,243	5,421	5,552
450	4,092	4,256	4,465	4,617	4,766	4,956	5,096	5,233	5,410	5,540
500	4,088	4,251	4,459	4,612	4,760	4,949	5,089	5,225	5,401	5,531
600	4,081	4,244	4,452	4,603	4,750	4,939	5,078	5,214	5,388	5,517
700	4,077	4,239	4,446	4,597	4,744	4,932	5,070	5,205	5,379	5,507
800	4,074	4,236	4,442	4,592	4,739	4,926	5,064	5,199	5,372	5,500
900	4,071	4,233	4,438	4,589	4,735	4,922	5,059	5,194	5,366	5,494
1 000	4,069	4,230	4,436	4,586	4,732	4,918	5,056	5,190	5,362	5,489
∞	4,050	4,210	4,412	4,560	4,703	4,887	5,022	5,153	5,323	5,447

ANMERKUNG Diese Tabelle enthält Faktoren k mit der Eigenschaft, dass mit einem Vertrauensniveau von 95 % keiner der nächsten m Beobachtungswerte aus einer normalverteilten Grundgesamtheit außerhalb des Bereichs $(\bar{x} - ks, \bar{x} + ks)$ liegen wird, wobei $\bar{x}$ und s aus einer Zufallsstichprobe vom Umfang n aus derselben Grundgesamtheit ermittelt wurden.

NOTE This table provides factors k such that one may be at least 95 % confident that none of the next m observations from a normally distributed population will lie outside the range $(\bar{x} - ks, \bar{x} + ks)$, where $\bar{x}$ and s are derived from a random sample of size n from the same population.

Tabelle B.3 — Faktoren k für zweiseitig begrenzte Prognosebereiche bei einem Vertrauensniveau von 97,5 % und unbekannter Standardabweichung der Grundgesamtheit
Table B.3 — Two-sided prediction interval factors, k, at confidence level 97,5 % for unknown population standard deviation

n	m										
	1	2	3	4	5	6	7	8	9	10	15
2	31,172	43,457	50,640	55,588	59,311	62,273	64,718	66,793	68,590	70,172	76,037
3	7,166	9,163	10,362	11,207	11,854	12,375	12,808	13,179	13,503	13,788	14,859
4	4,670	5,726	6,363	6,816	7,165	7,449	7,687	7,891	8,069	8,228	8,825
5	3,830	4,587	5,042	5,367	5,619	5,824	5,996	6,144	6,274	6,390	6,828
6	3,417	4,034	4,403	4,666	4,870	5,036	5,176	5,297	5,403	5,498	5,858
7	3,174	3,710	4,029	4,256	4,432	4,576	4,697	4,801	4,893	4,975	5,288
8	3,014	3,498	3,784	3,988	4,146	4,275	4,383	4,477	4,560	4,633	4,914
9	2,901	3,349	3,613	3,800	3,945	4,063	4,163	4,249	4,324	4,392	4,650
10	2,817	3,238	3,485	3,660	3,795	3,906	3,999	4,079	4,150	4,213	4,454
11	2,751	3,153	3,387	3,553	3,681	3,785	3,873	3,949	4,016	4,075	4,303
12	2,699	3,085	3,309	3,467	3,590	3,689	3,773	3,845	3,909	3,966	4,183
13	2,657	3,030	3,246	3,398	3,516	3,611	3,692	3,761	3,822	3,877	4,085
14	2,622	2,984	3,194	3,341	3,454	3,546	3,624	3,691	3,750	3,803	4,004
15	2,592	2,946	3,149	3,292	3,403	3,492	3,568	3,633	3,690	3,741	3,936
16	2,567	2,913	3,112	3,251	3,359	3,446	3,519	3,582	3,638	3,688	3,877
17	2,545	2,885	3,079	3,216	3,32	3,406	3,477	3,539	3,593	3,642	3,827
18	2,526	2,860	3,051	3,184	3,287	3,371	3,441	3,501	3,555	3,602	3,783
19	2,509	2,838	3,026	3,157	3,258	3,340	3,409	3,468	3,520	3,567	3,744
20	2,494	2,819	3,004	3,133	3,232	3,313	3,380	3,439	3,490	3,536	3,710
25	2,439	2,748	2,922	3,044	3,137	3,213	3,276	3,331	3,379	3,421	3,584
30	2,403	2,702	2,870	2,987	3,077	3,149	3,210	3,262	3,308	3,348	3,503
35	2,379	2,671	2,834	2,948	3,035	3,105	3,164	3,214	3,258	3,298	3,447
40	2,361	2,647	2,808	2,919	3,004	3,073	3,130	3,179	3,222	3,261	3,406
45	2,347	2,630	2,788	2,897	2,981	3,048	3,104	3,153	3,195	3,232	3,375
50	2,336	2,616	2,772	2,880	2,962	3,028	3,084	3,131	3,173	3,210	3,350
60	2,320	2,595	2,748	2,854	2,935	2,999	3,054	3,100	3,141	3,177	3,314
70	2,308	2,580	2,732	2,836	2,915	2,979	3,033	3,078	3,118	3,154	3,288
80	2,300	2,569	2,719	2,823	2,901	2,964	3,017	3,062	3,101	3,137	3,269
90	2,293	2,561	2,710	2,812	2,890	2,952	3,005	3,049	3,089	3,123	3,254
100	2,288	2,554	2,702	2,804	2,881	2,943	2,995	3,039	3,078	3,113	3,243
150	2,272	2,535	2,680	2,779	2,855	2,916	2,966	3,010	3,048	3,081	3,208
200	2,265	2,525	2,669	2,767	2,842	2,902	2,952	2,995	3,033	3,066	3,191
250	2,260	2,519	2,662	2,760	2,835	2,894	2,944	2,987	3,024	3,057	3,181
300	2,257	2,515	2,658	2,755	2,829	2,889	2,938	2,981	3,018	3,051	3,174
350	2,255	2,512	2,655	2,752	2,826	2,885	2,934	2,977	3,014	3,046	3,170
400	2,253	2,510	2,652	2,749	2,823	2,882	2,931	2,974	3,010	3,043	3,166
450	2,252	2,509	2,650	2,747	2,821	2,880	2,929	2,971	3,008	3,040	3,163
500	2,251	2,507	2,649	2,746	2,819	2,878	2,927	2,969	3,006	3,038	3,161
600	2,249	2,506	2,647	2,744	2,817	2,876	2,925	2,966	3,003	3,035	3,158
700	2,248	2,504	2,645	2,742	2,815	2,874	2,923	2,964	3,001	3,033	3,155
800	2,248	2,503	2,644	2,741	2,814	2,872	2,921	2,963	2,999	3,032	3,153
900	2,247	2,502	2,643	2,740	2,813	2,871	2,920	2,962	2,998	3,030	3,152
1 000	2,246	2,502	2,642	2,739	2,812	2,870	2,919	2,961	2,997	3,029	3,151
∞	2,242	2,496	2,636	2,732	2,804	2,862	2,911	2,952	2,988	3,020	3,141

Tabelle B.3 — Faktoren k für zweiseitig begrenzte Prognosebereiche bei einem Vertrauensniveau von 97,5 % und unbekannter Standardabweichung der Grundgesamtheit *(fortgesetzt)*
Table B.3 — Two-sided prediction interval factors, k, at confidence level 97,5 % for unknown population standard deviation *(continued)*

n	m										
	20	**30**	**40**	**50**	**60**	**80**	**100**	**150**	**200**	**250**	**500**
2	79,996	85,317	88,924	91,634	93,795	97,112	99,613	104,008	107,020	109,299	116,095
3	15,590	16,582	17,260	17,771	18,180	18,810	19,287	20,127	20,704	21,142	22,452
4	9,237	9,799	10,185	10,478	10,713	11,076	11,351	11,837	12,172	12,427	13,190
5	7,132	7,550	7,838	8,057	8,233	8,505	8,712	9,079	9,333	9,526	10,105
6	6,108	6,453	6,692	6,874	7,021	7,248	7,421	7,729	7,942	8,104	8,592
7	5,506	5,807	6,017	6,177	6,306	6,506	6,659	6,930	7,119	7,262	7,695
8	5,110	5,383	5,572	5,717	5,834	6,016	6,155	6,402	6,574	6,705	7,101
9	4,831	5,082	5,257	5,391	5,500	5,668	5,797	6,027	6,186	6,308	6,677
10	4,623	4,858	5,023	5,148	5,250	5,408	5,530	5,746	5,896	6,011	6,360
11	4,463	4,685	4,841	4,960	5,056	5,207	5,322	5,527	5,671	5,780	6,112
12	4,335	4,547	4,696	4,810	4,902	5,046	5,156	5,353	5,490	5,595	5,914
13	4,231	4,435	4,578	4,687	4,776	4,914	5,020	5,210	5,342	5,443	5,751
14	4,145	4,342	4,479	4,585	4,671	4,804	4,907	5,090	5,218	5,316	5,614
15	4,072	4,263	4,396	4,499	4,582	4,712	4,811	4,989	5,114	5,209	5,499
16	4,010	4,196	4,325	4,425	4,506	4,632	4,729	4,902	5,024	5,117	5,399
17	3,957	4,137	4,264	4,361	4,440	4,563	4,658	4,827	4,946	5,036	5,313
18	3,910	4,086	4,210	4,305	4,382	4,503	4,595	4,761	4,877	4,966	5,237
19	3,868	4,041	4,163	4,256	4,331	4,450	4,540	4,703	4,816	4,904	5,169
20	3,832	4,002	4,121	4,212	4,286	4,402	4,491	4,651	4,763	4,848	5,109
25	3,697	3,855	3,966	4,051	4,120	4,227	4,310	4,459	4,562	4,642	4,886
30	3,611	3,761	3,866	3,947	4,013	4,115	4,193	4,334	4,433	4,509	4,740
35	3,552	3,696	3,798	3,875	3,938	4,036	4,112	4,248	4,342	4,415	4,638
40	3,508	3,649	3,747	3,822	3,883	3,979	4,052	4,183	4,275	4,346	4,562
45	3,474	3,612	3,708	3,782	3,841	3,935	4,006	4,134	4,224	4,293	4,503
50	3,448	3,583	3,678	3,750	3,808	3,900	3,970	4,095	4,183	4,251	4,457
60	3,409	3,541	3,632	3,702	3,759	3,848	3,916	4,038	4,123	4,188	4,387
70	3,382	3,511	3,600	3,669	3,725	3,811	3,878	3,997	4,080	4,144	4,338
80	3,361	3,488	3,577	3,644	3,699	3,784	3,850	3,967	4,048	4,111	4,302
90	3,346	3,471	3,559	3,625	3,679	3,763	3,828	3,943	4,024	4,085	4,273
100	3,333	3,458	3,544	3,610	3,664	3,747	3,811	3,925	4,004	4,065	4,251
150	3,296	3,417	3,501	3,565	3,617	3,698	3,759	3,869	3,946	4,005	4,184
200	3,278	3,397	3,480	3,543	3,594	3,673	3,734	3,842	3,918	3,975	4,151
250	3,267	3,385	3,467	3,530	3,580	3,659	3,719	3,826	3,901	3,958	4,131
300	3,260	3,377	3,459	3,521	3,571	3,649	3,709	3,815	3,889	3,946	4,118
350	3,255	3,372	3,453	3,515	3,565	3,643	3,702	3,808	3,881	3,938	4,109
400	3,251	3,368	3,449	3,510	3,560	3,637	3,696	3,802	3,875	3,931	4,102
450	3,248	3,364	3,445	3,507	3,556	3,633	3,692	3,797	3,871	3,927	4,096
500	3,246	3,362	3,442	3,504	3,553	3,630	3,689	3,794	3,867	3,923	4,092
600	3,242	3,358	3,438	3,499	3,549	3,626	3,684	3,789	3,861	3,917	4,085
700	3,239	3,355	3,435	3,496	3,546	3,622	3,681	3,785	3,857	3,913	4,081
800	3,238	3,353	3,433	3,494	3,543	3,620	3,678	3,782	3,854	3,910	4,077
900	3,236	3,351	3,431	3,492	3,541	3,618	3,676	3,780	3,852	3,907	4,075
1 000	3,235	3,350	3,430	3,491	3,540	3,616	3,674	3,778	3,850	3,905	4,072
∞	3,224	3,339	3,418	3,478	3,527	3,602	3,660	3,762	3,834	3,888	4,053

Tabelle B.3 — Faktoren k für zweiseitig begrenzte Prognosebereiche bei einem Vertrauensniveau von 97,5 % und unbekannter Standardabweichung der Grundgesamtheit *(fortgesetzt)*
Table B.3 — Two-sided prediction interval factors, k, at confidence level 97,5 % for unknown population standard deviation *(continued)*

n	m									
	1 000	2 000	5 000	10 000	20 000	50 000	100 000	200 000	500 000	1 000 000
2	122,512	128,604	136,230	141,719	146,998	153,69	158,558	163,277	169,306	173,722
3	23,693	24,875	26,357	27,426	28,456	29,762	30,713	31,636	32,816	33,681
4	13,915	14,608	15,478	16,107	16,713	17,482	18,043	18,588	19,284	19,795
5	10,657	11,185	11,850	12,331	12,794	13,384	13,815	14,232	14,767	15,159
6	9,058	9,504	10,067	10,475	10,869	11,370	11,735	12,090	12,545	12,879
7	8,109	8,506	9,008	9,372	9,724	10,172	10,499	10,817	11,224	11,523
8	7,480	7,844	8,306	8,640	8,964	9,376	9,677	9,970	10,345	10,620
9	7,031	7,372	7,803	8,117	8,420	8,806	9,089	9,364	9,716	9,975
10	6,694	7,017	7,426	7,723	8,011	8,378	8,646	8,907	9,242	9,488
11	6,432	6,740	7,131	7,415	7,691	8,042	8,299	8,550	8,871	9,107
12	6,221	6,517	6,893	7,167	7,433	7,772	8,020	8,262	8,572	8,800
13	6,047	6,334	6,698	6,963	7,221	7,549	7,790	8,024	8,325	8,546
14	5,902	6,180	6,534	6,792	7,042	7,362	7,597	7,825	8,118	8,333
15	5,779	6,050	6,395	6,646	6,891	7,203	7,432	7,654	7,941	8,151
16	5,673	5,937	6,274	6,520	6,759	7,065	7,289	7,507	7,788	7,994
17	5,580	5,839	6,169	6,411	6,645	6,945	7,164	7,379	7,654	7,856
18	5,499	5,753	6,077	6,314	6,544	6,839	7,055	7,265	7,536	7,735
19	5,427	5,676	5,995	6,228	6,454	6,744	6,957	7,164	7,431	7,627
20	5,362	5,608	5,922	6,151	6,374	6,660	6,869	7,074	7,336	7,530
25	5,122	5,352	5,646	5,862	6,072	6,341	6,539	6,732	6,980	7,163
30	4,965	5,184	5,465	5,671	5,872	6,130	6,319	6,504	6,743	6,919
35	4,854	5,065	5,336	5,535	5,729	5,978	6,162	6,341	6,572	6,742
40	4,772	4,977	5,240	5,433	5,622	5,864	6,043	6,217	6,443	6,609
45	4,708	4,908	5,165	5,353	5,538	5,775	5,950	6,120	6,341	6,504
50	4,657	4,853	5,104	5,289	5,470	5,703	5,874	6,042	6,259	6,418
60	4,582	4,771	5,014	5,193	5,368	5,594	5,760	5,923	6,133	6,289
70	4,528	4,712	4,949	5,124	5,295	5,515	5,677	5,836	6,042	6,194
80	4,487	4,668	4,901	5,072	5,240	5,455	5,615	5,771	5,972	6,121
90	4,456	4,634	4,863	5,032	5,196	5,409	5,565	5,719	5,917	6,064
100	4,431	4,607	4,833	4,999	5,161	5,371	5,525	5,677	5,873	6,018
150	4,357	4,526	4,742	4,901	5,056	5,256	5,404	5,549	5,736	5,875
200	4,321	4,486	4,697	4,852	5,004	5,199	5,343	5,484	5,666	5,801
250	4,299	4,462	4,670	4,823	4,972	5,164	5,305	5,444	5,623	5,756
300	4,284	4,446	4,652	4,803	4,951	5,141	5,280	5,418	5,595	5,726
350	4,274	4,434	4,639	4,789	4,936	5,124	5,263	5,399	5,574	5,704
400	4,266	4,426	4,629	4,779	4,924	5,111	5,249	5,384	5,558	5,687
450	4,260	4,419	4,622	4,771	4,916	5,102	5,239	5,373	5,546	5,674
500	4,255	4,414	4,616	4,764	4,908	5,094	5,231	5,364	5,537	5,664
600	4,248	4,406	4,607	4,754	4,898	5,082	5,218	5,351	5,522	5,649
700	4,243	4,400	4,601	4,747	4,890	5,074	5,209	5,341	5,512	5,638
800	4,239	4,396	4,596	4,742	4,885	5,068	5,202	5,334	5,504	5,629
900	4,236	4,393	4,592	4,738	4,880	5,063	5,197	5,329	5,498	5,623
1 000	4,234	4,390	4,589	4,735	4,877	5,059	5,193	5,324	5,493	5,618
∞	4,212	4,366	4,563	4,706	4,846	5,024	5,156	5,284	5,450	5,572

ANMERKUNG Diese Tabelle enthält Faktoren k mit der Eigenschaft, dass mit einem Vertrauensniveau von 97,5 % keiner der nächsten m Beobachtungswerte aus einer normalverteilten Grundgesamtheit außerhalb des Bereichs $(\bar{x} - ks, \bar{x} + ks)$ liegen wird, wobei $\bar{x}$ und s aus einer Zufallsstichprobe vom Umfang n aus derselben Grundgesamtheit ermittelt wurden.

NOTE This table provides factors k such that one may be at least 97,5 % confident that none of the next m observations from a normally distributed population will lie outside the range $(\bar{x} - ks, \bar{x} + ks)$, where $\bar{x}$ and s are derived from a random sample of size n from the same population.

Tabelle B.4 — Faktoren k für zweiseitig begrenzte Prognosebereiche bei einem Vertrauensniveau von 99 % und unbekannter Standardabweichung der Grundgesamtheit
Table B.4 — Two-sided prediction interval factors, k, at confidence level 99 % for unknown population standard deviation

n	m										
	1	**2**	**3**	**4**	**5**	**6**	**7**	**8**	**9**	**10**	**15**
2	77,964	108,673	126,629	138,998	148,307	155,711	161,825	167,013	171,506	175,460	190,123
3	11,461	14,604	16,496	17,831	18,853	19,676	20,362	20,949	21,461	21,913	23,608
4	6,531	7,943	8,800	9,412	9,885	10,269	10,591	10,868	11,110	11,325	12,138
5	5,044	5,973	6,536	6,940	7,254	7,510	7,725	7,911	8,074	8,220	8,771
6	4,356	5,072	5,504	5,814	6,056	6,253	6,420	6,564	6,691	6,804	7,235
7	3,964	4,563	4,923	5,181	5,382	5,547	5,686	5,806	5,912	6,007	6,368
8	3,712	4,238	4,553	4,778	4,954	5,097	5,219	5,324	5,416	5,499	5,816
9	3,537	4,014	4,298	4,500	4,658	4,787	4,896	4,991	5,074	5,149	5,434
10	3,409	3,850	4,111	4,297	4,442	4,561	4,661	4,748	4,824	4,893	5,155
11	3,311	3,725	3,969	4,143	4,278	4,389	4,482	4,563	4,634	4,698	4,942
12	3,233	3,627	3,858	4,022	4,149	4,253	4,341	4,417	4,485	4,545	4,775
13	3,170	3,547	3,768	3,924	4,045	4,144	4,228	4,300	4,364	4,421	4,640
14	3,119	3,482	3,693	3,844	3,960	4,055	4,135	4,204	4,265	4,320	4,529
15	3,075	3,427	3,631	3,776	3,888	3,980	4,057	4,123	4,182	4,235	4,436
16	3,038	3,380	3,579	3,719	3,827	3,916	3,990	4,055	4,112	4,163	4,357
17	3,006	3,340	3,533	3,670	3,775	3,861	3,934	3,996	4,051	4,101	4,289
18	2,978	3,305	3,494	3,627	3,730	3,814	3,884	3,945	3,999	4,047	4,230
19	2,954	3,275	3,459	3,590	3,690	3,772	3,841	3,900	3,953	4,000	4,179
20	2,932	3,247	3,429	3,557	3,655	3,735	3,803	3,861	3,912	3,958	4,133
25	2,853	3,148	3,317	3,436	3,527	3,601	3,663	3,717	3,764	3,806	3,967
30	2,802	3,086	3,247	3,360	3,446	3,516	3,575	3,626	3,671	3,710	3,862
35	2,768	3,043	3,198	3,307	3,390	3,458	3,515	3,563	3,606	3,644	3,790
40	2,742	3,011	3,163	3,269	3,350	3,415	3,470	3,518	3,559	3,596	3,737
45	2,723	2,987	3,136	3,240	3,319	3,383	3,437	3,483	3,524	3,560	3,697
50	2,707	2,968	3,114	3,216	3,294	3,357	3,410	3,456	3,495	3,531	3,666
60	2,684	2,940	3,083	3,183	3,258	3,320	3,371	3,415	3,454	3,488	3,619
70	2,668	2,920	3,061	3,159	3,233	3,293	3,344	3,387	3,425	3,459	3,587
80	2,656	2,905	3,045	3,141	3,215	3,274	3,324	3,366	3,404	3,437	3,563
90	2,647	2,894	3,032	3,127	3,200	3,259	3,308	3,350	3,387	3,420	3,544
100	2,640	2,885	3,022	3,117	3,189	3,247	3,296	3,337	3,374	3,406	3,529
150	2,618	2,858	2,992	3,085	3,155	3,212	3,259	3,300	3,335	3,367	3,486
200	2,608	2,845	2,978	3,069	3,138	3,194	3,241	3,281	3,316	3,347	3,465
250	2,601	2,837	2,969	3,060	3,129	3,184	3,230	3,270	3,305	3,335	3,452
300	2,597	2,832	2,963	3,053	3,122	3,177	3,223	3,263	3,297	3,328	3,444
350	2,594	2,829	2,959	3,049	3,117	3,172	3,218	3,257	3,292	3,322	3,438
400	2,592	2,826	2,956	3,046	3,114	3,169	3,214	3,254	3,288	3,318	3,433
450	2,590	2,824	2,954	3,043	3,111	3,166	3,211	3,250	3,285	3,315	3,430
500	2,589	2,822	2,952	3,041	3,109	3,163	3,209	3,248	3,282	3,312	3,427
600	2,587	2,819	2,949	3,038	3,106	3,160	3,206	3,244	3,278	3,309	3,423
700	2,585	2,818	2,947	3,036	3,103	3,158	3,203	3,242	3,276	3,306	3,420
800	2,584	2,816	2,945	3,034	3,102	3,156	3,201	3,240	3,274	3,304	3,418
900	2,583	2,815	2,944	3,033	3,100	3,154	3,200	3,238	3,272	3,302	3,416
1 000	2,583	2,814	2,943	3,032	3,099	3,153	3,199	3,237	3,271	3,301	3,414
∞	2,576	2,807	2,935	3,023	3,090	3,143	3,188	3,226	3,260	3,290	3,402

Tabelle B.4 — Faktoren k für zweiseitig begrenzte Prognosebereiche bei einem Vertrauensniveau von 99 % und unbekannter Standardabweichung der Grundgesamtheit *(fortgesetzt)*
Table B.4 — Two-sided prediction interval factors, k, at confidence level 99 % for unknown population standard deviation *(continued)*

n	m										
	20	**30**	**40**	**50**	**60**	**80**	**100**	**150**	**200**	**250**	**500**
2	200,023	213,327	222,345	229,120	234,522	242,817	249,069	> 250	> 250	> 250	> 250
3	24,767	26,338	27,412	28,222	28,871	29,870	30,625	31,958	32,874	33,568	35,646
4	12,698	13,465	13,992	14,391	14,712	15,207	15,583	16,247	16,706	17,054	18,098
5	9,154	9,681	10,046	10,323	10,546	10,891	11,154	11,620	11,942	12,187	12,923
6	7,535	7,951	8,240	8,460	8,637	8,913	9,123	9,496	9,755	9,952	10,545
7	6,622	6,973	7,218	7,405	7,556	7,791	7,971	8,291	8,513	8,682	9,193
8	6,038	6,348	6,564	6,730	6,864	7,072	7,232	7,516	7,714	7,865	8,323
9	5,635	5,915	6,111	6,261	6,383	6,573	6,718	6,978	7,158	7,297	7,716
10	5,340	5,597	5,778	5,917	6,030	6,206	6,340	6,581	6,749	6,878	7,268
11	5,115	5,355	5,524	5,654	5,760	5,925	6,051	6,277	6,435	6,556	6,924
12	4,937	5,165	5,324	5,447	5,547	5,703	5,822	6,037	6,187	6,301	6,651
13	4,794	5,010	5,162	5,279	5,374	5,523	5,637	5,842	5,985	6,095	6,429
14	4,677	4,883	5,029	5,141	5,232	5,374	5,484	5,680	5,818	5,923	6,245
15	4,578	4,777	4,917	5,025	5,112	5,249	5,355	5,544	5,677	5,779	6,090
16	4,494	4,687	4,822	4,926	5,011	5,143	5,245	5,429	5,557	5,656	5,957
17	4,422	4,609	4,740	4,841	4,923	5,052	5,151	5,329	5,454	5,550	5,842
18	4,360	4,541	4,669	4,767	4,847	4,972	5,068	5,242	5,363	5,457	5,742
19	4,305	4,482	4,606	4,702	4,780	4,902	4,996	5,165	5,284	5,375	5,654
20	4,257	4,429	4,551	4,644	4,720	4,840	4,932	5,097	5,213	5,303	5,575
25	4,080	4,238	4,349	4,434	4,504	4,613	4,697	4,848	4,954	5,036	5,286
30	3,968	4,117	4,221	4,301	4,367	4,469	4,548	4,689	4,789	4,866	5,101
35	3,892	4,034	4,133	4,210	4,272	4,370	4,445	4,580	4,675	4,748	4,972
40	3,836	3,973	4,069	4,143	4,203	4,297	4,369	4,500	4,591	4,661	4,877
45	3,793	3,927	4,020	4,092	4,150	4,242	4,312	4,438	4,527	4,595	4,804
50	3,760	3,890	3,982	4,052	4,109	4,198	4,267	4,390	4,477	4,543	4,747
60	3,710	3,837	3,925	3,993	4,048	4,134	4,200	4,319	4,402	4,466	4,662
70	3,676	3,799	3,886	3,952	4,005	4,089	4,154	4,269	4,350	4,412	4,603
80	3,650	3,772	3,856	3,921	3,974	4,056	4,119	4,232	4,311	4,372	4,558
90	3,631	3,750	3,834	3,898	3,950	4,030	4,093	4,204	4,282	4,342	4,524
100	3,615	3,733	3,816	3,879	3,930	4,010	4,072	4,181	4,258	4,317	4,497
150	3,569	3,683	3,763	3,824	3,874	3,951	4,009	4,115	4,189	4,245	4,418
200	3,546	3,659	3,737	3,797	3,846	3,921	3,979	4,082	4,155	4,210	4,379
250	3,533	3,644	3,722	3,781	3,829	3,904	3,961	4,063	4,134	4,189	4,355
300	3,524	3,635	3,712	3,771	3,818	3,892	3,949	4,050	4,121	4,175	4,340
350	3,518	3,628	3,704	3,763	3,810	3,884	3,940	4,041	4,111	4,165	4,329
400	3,513	3,623	3,699	3,757	3,804	3,878	3,934	4,034	4,104	4,158	4,321
450	3,509	3,619	3,695	3,753	3,800	3,873	3,929	4,029	4,099	4,152	4,314
500	3,506	3,616	3,691	3,750	3,796	3,869	3,925	4,025	4,094	4,148	4,309
600	3,502	3,611	3,686	3,744	3,791	3,864	3,919	4,019	4,088	4,141	4,302
700	3,499	3,607	3,683	3,741	3,787	3,860	3,915	4,014	4,083	4,136	4,296
800	3,496	3,605	3,680	3,738	3,784	3,857	3,912	4,011	4,079	4,132	4,292
900	3,495	3,603	3,678	3,736	3,782	3,854	3,909	4,008	4,077	4,129	4,289
1 000	3,493	3,601	3,676	3,734	3,780	3,852	3,907	4,006	4,075	4,127	4,287
∞	3,480	3,587	3,662	3,718	3,764	3,835	3,890	3,987	4,055	4,107	4,264

Tabelle B.4 — Faktoren k für zweiseitig begrenzte Prognosebereiche bei einem Vertrauensniveau von 99 % und unbekannter Standardabweichung der Grundgesamtheit *(fortgesetzt)*
Table B.4 — Two-sided prediction interval factors, k, at confidence level 99 % for unknown population standard deviation *(continued)*

n	m									
	1 000	**2 000**	**5 000**	**10 000**	**20 000**	**50 000**	**100 000**	**200 000**	**500 000**	**1 000 000**
2	> 250	> 250	> 250	> 250	> 250	> 250	> 250	> 250	> 250	> 250
3	37,614	39,489	41,841	43,537	45,170	47,243	48,753	50,217	52,089	53,462
4	19,090	20,038	21,230	22,090	22,920	23,975	24,743	25,489	26,444	27,143
5	13,626	14,298	15,145	15,758	16,349	17,101	17,650	18,183	18,865	19,365
6	11,113	11,657	12,344	12,842	13,323	13,935	14,382	14,816	15,372	15,781
7	9,683	10,154	10,749	11,181	11,598	12,130	12,519	12,896	13,380	13,735
8	8,762	9,184	9,720	10,109	10,485	10,964	11,315	11,656	12,093	12,414
9	8,119	8,507	9,000	9,359	9,706	10,149	10,472	10,787	11,192	11,488
10	7,644	8,007	8,468	8,804	9,129	9,544	9,848	10,144	10,524	10,803
11	7,279	7,622	8,058	8,376	8,684	9,078	9,367	9,647	10,008	10,273
12	6,989	7,316	7,732	8,036	8,330	8,707	8,983	9,252	9,597	9,850
13	6,753	7,066	7,466	7,758	8,041	8,404	8,669	8,928	9,261	9,505
14	6,557	6,859	7,245	7,527	7,801	8,151	8,408	8,659	8,981	9,217
15	6,391	6,684	7,058	7,331	7,597	7,937	8,187	8,430	8,743	8,973
16	6,250	6,534	6,898	7,164	7,422	7,754	7,997	8,234	8,539	8,764
17	6,127	6,404	6,759	7,018	7,271	7,594	7,832	8,064	8,362	8,581
18	6,020	6,291	6,637	6,891	7,137	7,454	7,687	7,914	8,206	8,421
19	5,926	6,190	6,529	6,778	7,020	7,330	7,558	7,781	8,068	8,279
20	5,842	6,101	6,433	6,677	6,915	7,220	7,444	7,663	7,944	8,152
25	5,531	5,770	6,077	6,303	6,524	6,807	7,016	7,220	7,483	7,676
30	5,331	5,556	5,846	6,059	6,268	6,537	6,735	6,929	7,179	7,363
35	5,191	5,406	5,683	5,887	6,087	6,345	6,535	6,722	6,962	7,140
40	5,088	5,295	5,562	5,760	5,953	6,202	6,386	6,566	6,799	6,972
45	5,009	5,210	5,469	5,661	5,848	6,091	6,270	6,445	6,672	6,840
50	4,947	5,142	5,395	5,582	5,765	6,001	6,176	6,348	6,570	6,734
60	4,854	5,042	5,284	5,464	5,640	5,867	6,036	6,201	6,415	6,574
70	4,789	4,971	5,206	5,380	5,551	5,771	5,935	6,095	6,303	6,458
80	4,740	4,918	5,148	5,317	5,484	5,699	5,859	6,016	6,219	6,369
90	4,703	4,877	5,102	5,269	5,432	5,643	5,800	5,953	6,153	6,300
100	4,673	4,845	5,066	5,230	5,391	5,598	5,752	5,903	6,099	6,245
150	4,585	4,749	4,960	5,115	5,267	5,463	5,609	5,752	5,937	6,075
200	4,542	4,702	4,907	5,058	5,206	5,396	5,538	5,676	5,856	5,989
250	4,517	4,674	4,876	5,024	5,169	5,356	5,495	5,631	5,806	5,937
300	4,500	4,655	4,855	5,002	5,145	5,330	5,466	5,600	5,774	5,902
350	4,488	4,642	4,840	4,986	5,128	5,311	5,446	5,579	5,750	5,877
400	4,479	4,632	4,829	4,974	5,115	5,297	5,431	5,563	5,733	5,859
450	4,472	4,625	4,821	4,964	5,105	5,286	5,419	5,550	5,719	5,845
500	4,466	4,619	4,814	4,957	5,097	5,277	5,410	5,540	5,708	5,833
600	4,458	4,609	4,804	4,946	5,085	5,264	5,396	5,525	5,692	5,816
700	4,452	4,603	4,796	4,938	5,076	5,255	5,386	5,514	5,681	5,804
800	4,448	4,598	4,791	4,932	5,070	5,248	5,378	5,506	5,672	5,794
900	4,444	4,594	4,787	4,928	5,065	5,242	5,373	5,500	5,665	5,787
1 000	4,441	4,591	4,783	4,924	5,061	5,238	5,368	5,495	5,660	5,781
∞	4,417	4,564	4,753	4,891	5,026	5,199	5,326	5,451	5,612	5,730

ANMERKUNG Diese Tabelle enthält Faktoren k mit der Eigenschaft, dass mit einem Vertrauensniveau von 99 % keiner der nächsten m Beobachtungswerte aus einer normalverteilten Grundgesamtheit außerhalb des Bereichs $(\bar{x} - ks, \bar{x} + ks)$ liegen wird, wobei $\bar{x}$ und s aus einer Zufallsstichprobe vom Umfang n aus derselben Grundgesamtheit ermittelt wurden.

NOTE This table provides factors k such that one may be at least 99 % confident that none of the next m observations from a normally distributed population will lie outside the range $(\bar{x} - ks, \bar{x} + ks)$, where $\bar{x}$ and s are derived from a random sample of size n from the same population.

Tabelle B.5 — Faktoren k für zweiseitig begrenzte Prognosebereiche bei einem Vertrauensniveau von 99,5 % und unbekannter Standardabweichung der Grundgesamtheit
Table B.5 — Two-sided prediction interval factors, k, at confidence level 99,5 % for unknown population standard deviation

n	m										
	1	2	3	4	5	6	7	8	9	10	15
2	155,937	217,353	> 250	> 250	> 250	> 250	> 250	> 250	> 250	> 250	> 250
3	16,269	20,708	23,381	25,268	26,713	27,878	28,848	29,679	30,402	31,042	33,440
4	8,334	10,101	11,177	11,946	12,541	13,025	13,430	13,779	14,084	14,356	15,380
5	6,132	7,223	7,888	8,365	8,737	9,040	9,296	9,516	9,710	9,883	10,539
6	5,156	5,964	6,454	6,807	7,082	7,308	7,498	7,663	7,808	7,938	8,431
7	4,615	5,272	5,669	5,955	6,178	6,361	6,516	6,650	6,768	6,874	7,278
8	4,274	4,839	5,179	5,424	5,614	5,771	5,903	6,018	6,120	6,210	6,558
9	4,040	4,544	4,846	5,062	5,231	5,370	5,487	5,589	5,678	5,759	6,067
10	3,870	4,331	4,605	4,801	4,954	5,080	5,186	5,279	5,360	5,433	5,713
11	3,741	4,169	4,423	4,604	4,746	4,862	4,960	5,045	5,120	5,187	5,445
12	3,640	4,043	4,281	4,451	4,583	4,691	4,783	4,863	4,933	4,995	5,237
13	3,558	3,942	4,167	4,328	4,453	4,555	4,642	4,717	4,783	4,842	5,070
14	3,491	3,858	4,074	4,227	4,346	4,443	4,526	4,597	4,660	4,716	4,933
15	3,435	3,789	3,996	4,143	4,257	4,350	4,429	4,497	4,558	4,612	4,819
16	3,388	3,730	3,930	4,072	4,182	4,272	4,348	4,413	4,471	4,523	4,722
17	3,347	3,680	3,874	4,011	4,117	4,204	4,278	4,341	4,397	4,447	4,640
18	3,311	3,636	3,825	3,958	4,062	4,146	4,217	4,279	4,333	4,382	4,568
19	3,280	3,598	3,782	3,912	4,013	4,095	4,164	4,224	4,277	4,324	4,506
20	3,253	3,564	3,744	3,871	3,970	4,050	4,118	4,176	4,228	4,274	4,450
25	3,152	3,441	3,607	3,724	3,814	3,887	3,949	4,002	4,049	4,091	4,251
30	3,089	3,364	3,521	3,631	3,716	3,785	3,843	3,893	3,937	3,976	4,126
35	3,045	3,310	3,462	3,567	3,649	3,715	3,770	3,818	3,860	3,897	4,040
40	3,013	3,271	3,418	3,521	3,600	3,664	3,717	3,764	3,804	3,840	3,978
45	2,989	3,242	3,386	3,486	3,563	3,625	3,677	3,722	3,762	3,797	3,931
50	2,969	3,219	3,360	3,458	3,534	3,595	3,646	3,690	3,729	3,763	3,894
60	2,941	3,184	3,322	3,417	3,491	3,550	3,599	3,642	3,680	3,713	3,840
70	2,921	3,160	3,295	3,389	3,461	3,519	3,567	3,609	3,645	3,678	3,802
80	2,907	3,143	3,276	3,368	3,438	3,495	3,543	3,584	3,620	3,652	3,774
90	2,895	3,129	3,260	3,352	3,421	3,478	3,525	3,565	3,601	3,632	3,752
100	2,886	3,118	3,248	3,339	3,408	3,464	3,510	3,550	3,585	3,617	3,735
150	2,859	3,086	3,213	3,301	3,368	3,422	3,467	3,506	3,540	3,570	3,685
200	2,846	3,070	3,195	3,282	3,348	3,401	3,446	3,484	3,518	3,547	3,660
250	2,838	3,061	3,185	3,271	3,336	3,389	3,433	3,471	3,504	3,534	3,645
300	2,833	3,054	3,178	3,264	3,329	3,381	3,425	3,463	3,496	3,525	3,636
350	2,830	3,050	3,173	3,258	3,323	3,375	3,419	3,457	3,489	3,518	3,629
400	2,827	3,047	3,169	3,254	3,319	3,371	3,415	3,452	3,485	3,514	3,624
450	2,825	3,044	3,167	3,251	3,316	3,368	3,411	3,448	3,481	3,510	3,620
500	2,823	3,042	3,164	3,249	3,313	3,365	3,408	3,446	3,478	3,507	3,616
600	2,820	3,039	3,161	3,245	3,309	3,361	3,404	3,441	3,474	3,503	3,612
700	2,818	3,037	3,158	3,243	3,307	3,358	3,401	3,438	3,471	3,499	3,608
800	2,817	3,035	3,157	3,241	3,305	3,356	3,399	3,436	3,468	3,497	3,606
900	2,816	3,034	3,155	3,239	3,303	3,355	3,398	3,434	3,467	3,495	3,604
1 000	2,815	3,033	3,154	3,238	3,302	3,353	3,396	3,433	3,465	3,494	3,602
∞	2,808	3,023	3,144	3,227	3,290	3,341	3,384	3,420	3,452	3,481	3,588

Tabelle B.5 — Faktoren k für zweiseitig begrenzte Prognosebereiche bei einem Vertrauensniveau von 99,5 % und unbekannter Standardabweichung der Grundgesamtheit *(fortgesetzt)*
Table B.5 — Two-sided prediction interval factors, k, at confidence level 99,5 % for unknown population standard deviation *(continued)*

n	m										
	20	**30**	**40**	**50**	**60**	**80**	**100**	**150**	**200**	**250**	**500**
2	> 250	> 250	> 250	> 250	> 250	> 250	> 250	> 250	> 250	> 250	> 250
3	35,080	37,304	38,823	39,970	40,888	42,302	43,372	45,258	46,554	47,538	50,479
4	16,087	17,054	17,720	18,224	18,629	19,255	19,730	20,570	21,149	21,589	22,908
5	10,995	11,623	12,057	12,388	12,654	13,067	13,380	13,937	14,321	14,614	15,495
6	8,777	9,255	9,587	9,841	10,046	10,364	10,606	11,037	11,336	11,563	12,250
7	7,562	7,956	8,232	8,442	8,613	8,878	9,080	9,441	9,691	9,883	10,461
8	6,802	7,143	7,382	7,565	7,713	7,944	8,121	8,437	8,657	8,825	9,333
9	6,285	6,589	6,802	6,966	7,099	7,306	7,465	7,750	7,948	8,100	8,560
10	5,911	6,188	6,382	6,532	6,653	6,843	6,989	7,250	7,432	7,572	7,996
11	5,628	5,884	6,065	6,203	6,316	6,492	6,628	6,871	7,041	7,171	7,567
12	5,408	5,647	5,816	5,946	6,052	6,217	6,345	6,573	6,733	6,856	7,230
13	5,231	5,457	5,616	5,739	5,839	5,996	6,117	6,333	6,485	6,602	6,957
14	5,086	5,301	5,453	5,570	5,665	5,814	5,929	6,136	6,281	6,393	6,733
15	4,965	5,171	5,316	5,428	5,519	5,663	5,773	5,971	6,110	6,217	6,544
16	4,863	5,061	5,201	5,308	5,396	5,534	5,640	5,831	5,965	6,068	6,384
17	4,776	4,967	5,101	5,206	5,290	5,423	5,526	5,711	5,840	5,940	6,246
18	4,700	4,885	5,015	5,116	5,198	5,327	5,427	5,606	5,732	5,829	6,126
19	4,634	4,813	4,940	5,038	5,118	5,243	5,340	5,514	5,637	5,731	6,020
20	4,575	4,750	4,874	4,970	5,047	5,169	5,264	5,433	5,553	5,645	5,927
25	4,364	4,522	4,634	4,720	4,790	4,900	4,985	5,138	5,246	5,329	5,585
30	4,231	4,379	4,483	4,563	4,628	4,731	4,810	4,952	5,053	5,130	5,368
35	4,141	4,281	4,380	4,456	4,518	4,615	4,690	4,825	4,920	4,993	5,218
40	4,075	4,210	4,305	4,378	4,437	4,531	4,602	4,732	4,823	4,893	5,109
45	4,025	4,156	4,248	4,319	4,376	4,467	4,536	4,661	4,749	4,817	5,025
50	3,986	4,114	4,204	4,273	4,329	4,416	4,484	4,606	4,691	4,757	4,959
60	3,928	4,052	4,138	4,204	4,258	4,343	4,407	4,524	4,606	4,669	4,863
70	3,888	4,008	4,092	4,157	4,209	4,291	4,354	4,467	4,547	4,608	4,795
80	3,859	3,976	4,059	4,122	4,173	4,253	4,315	4,425	4,503	4,563	4,745
90	3,836	3,952	4,033	4,095	4,145	4,224	4,285	4,393	4,469	4,528	4,707
100	3,818	3,932	4,012	4,074	4,123	4,201	4,261	4,368	4,443	4,500	4,677
150	3,765	3,875	3,952	4,011	4,059	4,133	4,190	4,293	4,364	4,420	4,588
200	3,738	3,847	3,922	3,980	4,027	4,100	4,156	4,256	4,326	4,380	4,544
250	3,723	3,830	3,905	3,962	4,008	4,080	4,135	4,234	4,303	4,356	4,518
300	3,713	3,819	3,893	3,950	3,996	4,067	4,122	4,220	4,288	4,341	4,501
350	3,705	3,811	3,885	3,941	3,987	4,058	4,112	4,210	4,278	4,330	4,489
400	3,700	3,805	3,879	3,935	3,980	4,051	4,105	4,202	4,270	4,322	4,480
450	3,696	3,801	3,874	3,930	3,975	4,046	4,100	4,196	4,264	4,315	4,473
500	3,692	3,797	3,870	3,926	3,971	4,041	4,095	4,191	4,259	4,310	4,467
600	3,687	3,792	3,864	3,920	3,965	4,035	4,088	4,184	4,251	4,303	4,459
700	3,684	3,788	3,860	3,916	3,961	4,030	4,084	4,179	4,246	4,297	4,453
800	3,681	3,785	3,857	3,913	3,957	4,027	4,080	4,176	4,242	4,293	4,448
900	3,679	3,783	3,855	3,910	3,955	4,024	4,077	4,173	4,239	4,290	4,445
1 000	3,677	3,781	3,853	3,908	3,953	4,022	4,075	4,170	4,237	4,287	4,442
∞	3,662	3,765	3,836	3,890	3,935	4,003	4,056	4,149	4,215	4,265	4,417

Tabelle B.5 — Faktoren k für zweiseitig begrenzte Prognosebereiche bei einem Vertrauensniveau von 99,5 % und unbekannter Standardabweichung der Grundgesamtheit *(fortgesetzt)*
Table B.5 — Two-sided prediction interval factors, k, at confidence level 99,5 % for unknown population standard deviation *(continued)*

n	m									
	1 000	**2 000**	**5 000**	**10 000**	**20 000**	**50 000**	**100 000**	**200 000**	**500 000**	**1 000 000**
2	> 250	> 250	> 250	> 250	> 250	> 250	> 250	> 250	> 250	> 250
3	53,266	55,919	59,250	61,651	63,964	66,899	69,037	71,110	73,761	75,704
4	24,164	25,362	26,869	27,958	29,007	30,341	31,313	32,257	33,464	34,349
5	16,335	17,139	18,153	18,887	19,595	20,495	21,152	21,790	22,607	23,206
6	12,907	13,537	14,333	14,910	15,467	16,176	16,694	17,198	17,842	18,316
7	11,015	11,548	12,223	12,712	13,185	13,789	14,230	14,658	15,207	15,610
8	9,823	10,294	10,891	11,324	11,744	12,280	12,672	13,053	13,541	13,900
9	9,003	9,431	9,974	10,369	10,752	11,241	11,599	11,947	12,393	12,721
10	8,406	8,802	9,305	9,672	10,027	10,481	10,814	11,138	11,553	11,859
11	7,951	8,322	8,794	9,139	9,473	9,901	10,214	10,519	10,911	11,199
12	7,592	7,943	8,391	8,718	9,036	9,442	9,740	10,030	10,403	10,677
13	7,303	7,638	8,065	8,378	8,682	9,071	9,356	9,634	9,991	10,254
14	7,063	7,385	7,796	8,096	8,388	8,763	9,037	9,305	9,649	9,903
15	6,863	7,172	7,569	7,859	8,141	8,503	8,769	9,028	9,361	9,607
16	6,692	6,991	7,375	7,656	7,930	8,281	8,539	8,791	9,115	9,353
17	6,544	6,835	7,208	7,481	7,748	8,090	8,341	8,586	8,901	9,134
18	6,416	6,699	7,062	7,328	7,588	7,922	8,167	8,406	8,715	8,942
19	6,303	6,579	6,933	7,194	7,448	7,774	8,014	8,248	8,550	8,772
20	6,203	6,473	6,819	7,074	7,323	7,642	7,877	8,107	8,403	8,621
25	5,836	6,081	6,398	6,631	6,860	7,154	7,371	7,583	7,856	8,058
30	5,602	5,831	6,127	6,346	6,561	6,837	7,042	7,242	7,500	7,691
35	5,439	5,657	5,938	6,146	6,351	6,615	6,810	7,001	7,248	7,431
40	5,321	5,529	5,799	5,999	6,195	6,449	6,637	6,821	7,060	7,236
45	5,230	5,431	5,692	5,885	6,075	6,321	6,503	6,682	6,913	7,085
50	5,158	5,354	5,607	5,795	5,979	6,219	6,396	6,570	6,796	6,963
60	5,053	5,240	5,481	5,661	5,837	6,066	6,236	6,403	6,619	6,780
70	4,979	5,159	5,393	5,566	5,737	5,957	6,122	6,283	6,492	6,648
80	4,924	5,100	5,327	5,496	5,661	5,876	6,036	6,193	6,397	6,548
90	4,882	5,054	5,277	5,441	5,603	5,813	5,969	6,123	6,322	6,471
100	4,849	5,018	5,237	5,398	5,557	5,763	5,916	6,067	6,263	6,408
150	4,751	4,912	5,118	5,271	5,420	5,614	5,758	5,899	6,083	6,220
200	4,704	4,859	5,060	5,208	5,353	5,541	5,680	5,816	5,994	6,125
250	4,675	4,829	5,026	5,171	5,313	5,497	5,633	5,767	5,940	6,069
300	4,657	4,808	5,003	5,146	5,287	5,468	5,602	5,734	5,905	6,031
350	4,643	4,794	4,987	5,129	5,268	5,448	5,580	5,711	5,879	6,005
400	4,633	4,783	4,975	5,116	5,254	5,432	5,564	5,693	5,861	5,985
450	4,626	4,774	4,965	5,106	5,243	5,420	5,551	5,680	5,846	5,969
500	4,619	4,768	4,958	5,098	5,235	5,411	5,541	5,669	5,834	5,957
600	4,610	4,758	4,947	5,086	5,222	5,397	5,526	5,653	5,817	5,938
700	4,604	4,751	4,939	5,077	5,212	5,387	5,515	5,641	5,804	5,925
800	4,599	4,745	4,933	5,071	5,206	5,379	5,507	5,633	5,795	5,915
900	4,595	4,741	4,928	5,066	5,200	5,373	5,501	5,626	5,788	5,908
1 000	4,592	4,738	4,925	5,062	5,196	5,369	5,496	5,621	5,782	5,902
∞	4,565	4,708	4,892	5,026	5,158	5,327	5,451	5,573	5,731	5,847

ANMERKUNG Diese Tabelle enthält Faktoren k mit der Eigenschaft, dass mit einem Vertrauensniveau von 99,5 % keiner der nächsten m Beobachtungswerte aus einer normalverteilten Grundgesamtheit außerhalb des Bereichs $(\bar{x} - ks, \bar{x} + ks)$ liegen wird, wobei $\bar{x}$ und s aus einer Zufallsstichprobe vom Umfang n aus derselben Grundgesamtheit ermittelt wurden.

NOTE This table provides factors k such that one may be at least 99,5 % confident that none of the next m observations from a normally distributed population will lie outside the range $(\bar{x} - ks, \bar{x} + ks)$, where $\bar{x}$ and s are derived from a random sample of size n from the same population.

Tabelle B.6 — Faktoren k für zweiseitig begrenzte Prognosebereiche bei einem Vertrauensniveau von 99,9 % und unbekannter Standardabweichung der Grundgesamtheit

Table B.6 — Two-sided prediction interval factors, k, at confidence level 99,9 % for unknown population standard deviation

n	m										
	1	**2**	**3**	**4**	**5**	**6**	**7**	**8**	**9**	**10**	**15**
2	> 250	> 250	> 250	> 250	> 250	> 250	> 250	> 250	> 250	> 250	> 250
3	36,488	46,400	52,375	56,594	59,825	62,428	64,599	66,456	68,074	69,505	74,870
4	14,450	17,451	19,284	20,595	21,611	22,436	23,129	23,726	24,248	24,712	26,465
5	9,433	11,037	12,020	12,729	13,281	13,732	14,114	14,443	14,732	14,990	15,970
6	7,420	8,504	9,168	9,648	10,024	10,332	10,593	10,819	11,018	11,195	11,875
7	6,371	7,199	7,704	8,070	8,357	8,592	8,792	8,965	9,118	9,255	9,780
8	5,736	6,416	6,830	7,128	7,362	7,555	7,719	7,861	7,986	8,099	8,531
9	5,315	5,899	6,253	6,508	6,708	6,873	7,013	7,135	7,242	7,338	7,710
10	5,015	5,534	5,846	6,072	6,248	6,393	6,517	6,624	6,719	6,804	7,132
11	4,791	5,263	5,545	5,749	5,908	6,039	6,150	6,247	6,332	6,409	6,705
12	4,619	5,054	5,314	5,501	5,647	5,767	5,869	5,957	6,035	6,106	6,377
13	4,481	4,888	5,131	5,304	5,440	5,552	5,646	5,728	5,801	5,866	6,118
14	4,369	4,754	4,982	5,146	5,273	5,378	5,466	5,544	5,612	5,673	5,909
15	4,277	4,643	4,860	5,014	5,135	5,234	5,318	5,391	5,455	5,513	5,736
16	4,199	4,549	4,756	4,904	5,019	5,114	5,194	5,263	5,324	5,379	5,591
17	4,132	4,470	4,669	4,811	4,921	5,011	5,088	5,154	5,213	5,266	5,468
18	4,074	4,401	4,593	4,730	4,836	4,923	4,997	5,061	5,117	5,168	5,363
19	4,024	4,341	4,527	4,660	4,762	4,847	4,918	4,979	5,034	5,083	5,271
20	3,980	4,289	4,470	4,598	4,698	4,779	4,848	4,908	4,961	5,008	5,190
25	3,820	4,100	4,262	4,377	4,466	4,539	4,600	4,653	4,700	4,742	4,902
30	3,720	3,982	4,134	4,240	4,323	4,390	4,446	4,495	4,539	4,577	4,725
35	3,652	3,902	4,046	4,147	4,225	4,289	4,342	4,389	4,429	4,466	4,605
40	3,603	3,844	3,983	4,080	4,155	4,216	4,267	4,312	4,351	4,385	4,519
45	3,565	3,800	3,935	4,029	4,102	4,161	4,211	4,253	4,291	4,325	4,453
50	3,536	3,766	3,897	3,989	4,060	4,118	4,166	4,208	4,245	4,277	4,402
60	3,492	3,715	3,842	3,931	3,999	4,055	4,101	4,141	4,177	4,208	4,328
70	3,462	3,680	3,804	3,890	3,957	4,011	4,056	4,095	4,129	4,160	4,276
80	3,440	3,654	3,775	3,860	3,926	3,978	4,023	4,061	4,094	4,124	4,238
90	3,423	3,634	3,754	3,837	3,902	3,954	3,997	4,035	4,068	4,097	4,209
100	3,409	3,618	3,736	3,819	3,883	3,934	3,977	4,014	4,046	4,075	4,186
150	3,369	3,571	3,686	3,766	3,827	3,876	3,917	3,953	3,984	4,012	4,118
200	3,349	3,548	3,661	3,739	3,799	3,848	3,888	3,923	3,954	3,981	4,085
250	3,337	3,535	3,646	3,724	3,783	3,831	3,871	3,906	3,936	3,963	4,065
300	3,329	3,526	3,636	3,713	3,772	3,820	3,860	3,894	3,924	3,951	4,052
350	3,324	3,519	3,629	3,706	3,765	3,812	3,852	3,886	3,915	3,942	4,043
400	3,320	3,514	3,624	3,701	3,759	3,806	3,845	3,879	3,909	3,936	4,036
450	3,317	3,511	3,620	3,696	3,754	3,801	3,841	3,875	3,904	3,931	4,031
500	3,314	3,508	3,617	3,693	3,751	3,798	3,837	3,871	3,900	3,927	4,026
600	3,310	3,503	3,612	3,688	3,746	3,792	3,831	3,865	3,894	3,921	4,020
700	3,307	3,500	3,609	3,684	3,742	3,788	3,827	3,861	3,890	3,916	4,015
800	3,305	3,498	3,606	3,682	3,739	3,786	3,824	3,858	3,887	3,913	4,012
900	3,304	3,496	3,604	3,679	3,737	3,783	3,822	3,855	3,885	3,911	4,009
1 000	3,302	3,494	3,603	3,678	3,735	3,781	3,820	3,854	3,883	3,909	4,007
∞	3,291	3,481	3,588	3,663	3,719	3,765	3,804	3,836	3,865	3,891	3,988

Tabelle B.6 — Faktoren k für zweiseitig begrenzte Prognosebereiche bei einem Vertrauensniveau von 99,9 % und unbekannter Standardabweichung der Grundgesamtheit *(fortgesetzt)*
Table B.6 — Two-sided prediction interval factors, k, at confidence level 99,9 % for unknown population standard deviation *(continued)*

n	m										
	20	**30**	**40**	**50**	**60**	**80**	**100**	**150**	**200**	**250**	**500**
2	> 250	> 250	> 250	> 250	> 250	> 250	> 250	> 250	> 250	> 250	> 250
3	78,537	83,513	86,913	89,480	91,533	94,697	97,091	101,311	104,213	106,414	112,995
4	27,676	29,333	30,474	31,339	32,033	33,106	33,921	35,361	36,355	37,110	39,375
5	16,653	17,595	18,247	18,744	19,143	19,763	20,235	21,072	21,651	22,092	23,418
6	12,351	13,012	13,472	13,824	14,108	14,549	14,885	15,485	15,900	16,217	17,173
7	10,150	10,666	11,026	11,303	11,526	11,875	12,141	12,617	12,947	13,200	13,964
8	8,837	9,264	9,565	9,796	9,983	10,275	10,498	10,899	11,178	11,391	12,039
9	7,973	8,342	8,602	8,802	8,964	9,219	9,414	9,764	10,008	10,195	10,764
10	7,364	7,692	7,923	8,101	8,246	8,473	8,648	8,961	9,180	9,349	9,861
11	6,915	7,211	7,420	7,582	7,714	7,920	8,079	8,365	8,565	8,719	9,189
12	6,570	6,842	7,034	7,183	7,304	7,495	7,641	7,906	8,091	8,234	8,670
13	6,297	6,550	6,729	6,867	6,980	7,158	7,295	7,542	7,715	7,849	8,258
14	6,077	6,313	6,481	6,612	6,718	6,884	7,013	7,246	7,410	7,536	7,922
15	5,895	6,118	6,277	6,400	6,501	6,659	6,781	7,001	7,157	7,276	7,644
16	5,742	5,955	6,106	6,223	6,319	6,469	6,585	6,796	6,944	7,058	7,409
17	5,613	5,816	5,961	6,073	6,164	6,308	6,419	6,621	6,763	6,872	7,209
18	5,501	5,697	5,835	5,943	6,031	6,169	6,276	6,470	6,606	6,712	7,036
19	5,404	5,593	5,727	5,830	5,915	6,048	6,151	6,338	6,470	6,572	6,886
20	5,320	5,502	5,631	5,732	5,813	5,942	6,042	6,223	6,351	6,449	6,753
25	5,016	5,176	5,290	5,378	5,450	5,563	5,651	5,809	5,921	6,008	6,276
30	4,829	4,976	5,080	5,161	5,226	5,329	5,409	5,554	5,656	5,735	5,980
35	4,703	4,841	4,938	5,014	5,075	5,171	5,246	5,381	5,477	5,550	5,778
40	4,612	4,744	4,836	4,908	4,966	5,058	5,129	5,257	5,347	5,417	5,633
45	4,544	4,670	4,759	4,828	4,884	4,972	5,040	5,163	5,250	5,317	5,523
50	4,490	4,613	4,699	4,766	4,820	4,905	4,971	5,090	5,174	5,238	5,438
60	4,412	4,529	4,612	4,675	4,727	4,808	4,871	4,984	5,063	5,124	5,313
70	4,357	4,471	4,551	4,612	4,662	4,741	4,801	4,910	4,986	5,045	5,227
80	4,318	4,428	4,506	4,566	4,615	4,691	4,750	4,855	4,930	4,987	5,163
90	4,287	4,396	4,472	4,531	4,579	4,653	4,711	4,814	4,887	4,943	5,115
100	4,263	4,370	4,445	4,503	4,550	4,623	4,680	4,781	4,853	4,908	5,076
150	4,192	4,294	4,366	4,421	4,466	4,536	4,589	4,686	4,753	4,805	4,965
200	4,157	4,257	4,327	4,381	4,425	4,493	4,545	4,639	4,705	4,756	4,910
250	4,136	4,235	4,304	4,357	4,400	4,468	4,519	4,612	4,676	4,726	4,878
300	4,123	4,221	4,289	4,342	4,384	4,451	4,502	4,593	4,657	4,707	4,857
350	4,113	4,211	4,279	4,331	4,373	4,439	4,490	4,580	4,644	4,693	4,842
400	4,106	4,203	4,271	4,322	4,364	4,430	4,480	4,571	4,634	4,683	4,831
450	4,100	4,197	4,264	4,316	4,358	4,423	4,473	4,563	4,626	4,675	4,822
500	4,096	4,192	4,259	4,311	4,353	4,418	4,468	4,557	4,620	4,668	4,815
600	4,089	4,185	4,252	4,303	4,345	4,410	4,459	4,549	4,611	4,659	4,805
700	4,084	4,180	4,247	4,298	4,339	4,404	4,453	4,542	4,604	4,652	4,798
800	4,081	4,176	4,243	4,294	4,335	4,399	4,449	4,537	4,599	4,647	4,792
900	4,078	4,173	4,240	4,291	4,332	4,396	4,445	4,534	4,596	4,643	4,788
1 000	4,076	4,171	4,237	4,288	4,329	4,393	4,443	4,531	4,593	4,640	4,784
∞	4,056	4,150	4,215	4,265	4,306	4,369	4,418	4,504	4,565	4,612	4,754

Tabelle B.6 — Faktoren k für zweiseitig begrenzte Prognosebereiche bei einem Vertrauensniveau von 99,9 % und unbekannter Standardabweichung der Grundgesamtheit *(fortgesetzt)*
Table B.6 — Two-sided prediction interval factors, k, at confidence level 99,9 % for unknown population standard deviation *(continued)*

n	m									
	1 000	**2 000**	**5 000**	**10 000**	**20 000**	**50 000**	**100 000**	**200 000**	**500 000**	**1 000 000**
2	> 250	> 250	> 250	> 250	> 250	> 250	> 250	> 250	> 250	> 250
3	119,233	125,172	132,625	138,000	143,176	149,745	154,530	159,170	165,110	169,460
4	41,530	43,587	46,174	48,044	49,847	52,137	53,807	55,428	57,501	59,022
5	24,684	25,896	27,424	28,530	29,598	30,956	31,947	32,909	34,142	35,046
6	18,089	18,968	20,079	20,885	21,663	22,654	23,378	24,082	24,983	25,645
7	14,698	15,404	16,299	16,949	17,577	18,379	18,964	19,534	20,264	20,800
8	12,663	13,264	14,027	14,583	15,121	15,807	16,309	16,798	17,425	17,885
9	11,314	11,845	12,520	13,013	13,490	14,100	14,546	14,980	15,538	15,948
10	10,357	10,838	11,450	11,897	12,331	12,886	13,292	13,688	14,196	14,570
11	9,645	10,087	10,652	11,065	11,466	11,979	12,355	12,722	13,193	13,539
12	9,094	9,507	10,034	10,420	10,795	11,276	11,629	11,973	12,415	12,740
13	8,656	9,044	9,541	9,906	10,260	10,715	11,048	11,374	11,793	12,101
14	8,299	8,667	9,139	9,486	9,823	10,256	10,574	10,885	11,284	11,578
15	8,003	8,354	8,805	9,136	9,459	9,874	10,179	10,477	10,860	11,142
16	7,753	8,090	8,523	8,841	9,151	9,551	9,844	10,131	10,501	10,773
17	7,540	7,864	8,281	8,588	8,888	9,273	9,557	9,835	10,192	10,456
18	7,355	7,668	8,071	8,369	8,659	9,033	9,308	9,577	9,924	10,181
19	7,194	7,497	7,888	8,177	8,459	8,822	9,090	9,352	9,690	9,939
20	7,053	7,347	7,727	8,007	8,282	8,636	8,897	9,152	9,482	9,725
25	6,541	6,802	7,140	7,391	7,638	7,956	8,192	8,422	8,721	8,942
30	6,221	6,460	6,771	7,002	7,230	7,524	7,743	7,957	8,235	8,441
35	6,004	6,227	6,518	6,735	6,948	7,226	7,431	7,634	7,896	8,091
40	5,847	6,058	6,334	6,540	6,742	7,006	7,202	7,395	7,646	7,832
45	5,728	5,930	6,194	6,391	6,585	6,838	7,027	7,212	7,454	7,633
50	5,635	5,830	6,084	6,274	6,462	6,706	6,888	7,067	7,301	7,474
60	5,499	5,683	5,924	6,103	6,280	6,510	6,682	6,852	7,073	7,238
70	5,405	5,582	5,812	5,983	6,152	6,373	6,538	6,700	6,912	7,070
80	5,336	5,507	5,729	5,895	6,058	6,272	6,431	6,588	6,792	6,945
90	5,284	5,450	5,666	5,828	5,987	6,194	6,348	6,501	6,700	6,848
100	5,242	5,405	5,617	5,774	5,930	6,132	6,283	6,432	6,626	6,771
150	5,121	5,274	5,472	5,619	5,763	5,951	6,091	6,229	6,409	6,543
200	5,062	5,210	5,402	5,543	5,683	5,864	5,998	6,130	6,302	6,431
250	5,027	5,172	5,360	5,499	5,635	5,812	5,943	6,072	6,240	6,364
300	5,004	5,148	5,333	5,470	5,604	5,778	5,907	6,034	6,198	6,321
350	4,988	5,130	5,313	5,449	5,582	5,754	5,881	6,006	6,169	6,290
400	4,976	5,117	5,299	5,433	5,565	5,736	5,862	5,986	6,147	6,267
450	4,966	5,107	5,288	5,421	5,552	5,722	5,847	5,970	6,130	6,249
500	4,959	5,099	5,279	5,412	5,542	5,711	5,835	5,958	6,117	6,235
600	4,947	5,086	5,265	5,398	5,527	5,694	5,818	5,939	6,097	6,214
700	4,939	5,078	5,256	5,387	5,516	5,682	5,805	5,926	6,083	6,199
800	4,933	5,071	5,249	5,380	5,508	5,673	5,796	5,916	6,072	6,188
900	4,929	5,066	5,243	5,374	5,502	5,667	5,789	5,908	6,064	6,179
1 000	4,925	5,062	5,239	5,369	5,497	5,661	5,783	5,902	6,057	6,172
∞	4,892	5,027	5,200	5,327	5,452	5,612	5,731	5,848	5,998	6,110

ANMERKUNG Diese Tabelle enthält Faktoren k mit der Eigenschaft, dass mit einem Vertrauensniveau von 99,9 % keiner der nächsten m Beobachtungswerte aus einer normalverteilten Grundgesamtheit außerhalb des Bereichs $(\bar{x} - ks, \bar{x} + ks)$ liegen wird, wobei $\bar{x}$ und s aus einer Zufallsstichprobe vom Umfang n aus derselben Grundgesamtheit ermittelt wurden.

NOTE This table provides factors k such that one may be at least 99,9 % confident that none of the next m observations from a normally distributed population will lie outside the range $(\bar{x} - ks, \bar{x} + ks)$, where $\bar{x}$ and s are derived from a random sample of size n from the same population.

Anhang C
(normativ)

Tabellen für Prognosebereichsfaktoren k für einseitig begrenzte Prognosebereiche bei bekannter Standardabweichung der Grundgesamtheit

Annex C
(normative)

Tables of one-sided prediction interval factors, k, for known population standard deviation

Tabelle C.1 — Faktoren k für einseitig begrenzte Prognosebereiche bei einem Vertrauensniveau von 90 % und bekannter Standardabweichung der Grundgesamtheit
Table C.1 — One-sided prediction interval factors, k, at confidence level 90 % for known population standard deviation

n	m										
	1	2	3	4	5	6	7	8	9	10	15
2	1,570	1,964	2,173	2,314	2,418	2,502	2,570	2,629	2,679	2,724	2,890
3	1,480	1,862	2,066	2,203	2,305	2,386	2,453	2,510	2,559	2,603	2,765
4	1,433	1,809	2,009	2,143	2,244	2,324	2,390	2,446	2,494	2,537	2,697
5	1,404	1,776	1,973	2,106	2,206	2,284	2,350	2,405	2,453	2,496	2,654
6	1,385	1,753	1,949	2,081	2,179	2,257	2,322	2,377	2,425	2,467	2,624
7	1,371	1,737	1,931	2,062	2,160	2,238	2,302	2,357	2,404	2,446	2,602
8	1,360	1,724	1,918	2,048	2,145	2,223	2,287	2,341	2,388	2,430	2,585
9	1,351	1,714	1,907	2,037	2,134	2,211	2,275	2,329	2,376	2,417	2,572
10	1,345	1,706	1,899	2,028	2,125	2,201	2,265	2,319	2,366	2,407	2,561
11	1,339	1,700	1,892	2,021	2,117	2,194	2,257	2,311	2,357	2,398	2,552
12	1,334	1,694	1,886	2,014	2,111	2,187	2,250	2,304	2,350	2,391	2,545
13	1,330	1,690	1,881	2,009	2,105	2,181	2,244	2,298	2,344	2,385	2,538
14	1,327	1,686	1,876	2,005	2,100	2,176	2,239	2,293	2,339	2,380	2,533
15	1,324	1,682	1,873	2,001	2,096	2,172	2,235	2,288	2,335	2,375	2,528
16	1,321	1,679	1,869	1,997	2,093	2,168	2,231	2,284	2,331	2,371	2,524
17	1,319	1,677	1,867	1,994	2,089	2,165	2,228	2,281	2,327	2,368	2,520
18	1,317	1,674	1,864	1,991	2,087	2,162	2,225	2,278	2,324	2,365	2,517
19	1,315	1,672	1,862	1,989	2,084	2,160	2,222	2,275	2,321	2,362	2,514
20	1,314	1,670	1,859	1,987	2,082	2,157	2,220	2,273	2,319	2,359	2,511
25	1,307	1,663	1,851	1,978	2,073	2,148	2,210	2,263	2,309	2,349	2,500
30	1,303	1,658	1,846	1,973	2,067	2,142	2,204	2,257	2,302	2,343	2,493
35	1,300	1,654	1,842	1,968	2,063	2,138	2,200	2,252	2,298	2,338	2,488
40	1,298	1,652	1,839	1,965	2,060	2,134	2,196	2,249	2,294	2,335	2,485
45	1,296	1,649	1,837	1,963	2,057	2,132	2,194	2,246	2,292	2,332	2,482
50	1,295	1,648	1,835	1,961	2,055	2,130	2,191	2,244	2,289	2,330	2,479
60	1,293	1,645	1,833	1,958	2,052	2,127	2,188	2,241	2,286	2,326	2,476
70	1,291	1,644	1,831	1,956	2,050	2,124	2,186	2,238	2,284	2,324	2,473
80	1,290	1,642	1,829	1,955	2,048	2,123	2,184	2,237	2,282	2,322	2,471
90	1,289	1,641	1,828	1,953	2,047	2,121	2,183	2,235	2,281	2,321	2,470
100	1,288	1,640	1,827	1,952	2,046	2,120	2,182	2,234	2,279	2,319	2,469
150	1,286	1,638	1,824	1,950	2,043	2,117	2,179	2,231	2,276	2,316	2,465
200	1,285	1,637	1,823	1,948	2,042	2,116	2,177	2,229	2,274	2,314	2,463
250	1,285	1,636	1,822	1,947	2,041	2,115	2,176	2,228	2,273	2,313	2,462
300	1,284	1,635	1,822	1,947	2,040	2,114	2,175	2,228	2,273	2,313	2,461
350	1,284	1,635	1,821	1,946	2,040	2,114	2,175	2,227	2,272	2,312	2,461
400	1,284	1,635	1,821	1,946	2,039	2,113	2,175	2,227	2,272	2,312	2,461
450	1,283	1,634	1,821	1,946	2,039	2,113	2,174	2,226	2,272	2,311	2,460
500	1,283	1,634	1,820	1,945	2,039	2,113	2,174	2,226	2,271	2,311	2,460
600	1,283	1,634	1,820	1,945	2,038	2,113	2,174	2,226	2,271	2,311	2,460
700	1,283	1,634	1,820	1,945	2,038	2,112	2,174	2,226	2,271	2,311	2,459
800	1,283	1,634	1,820	1,945	2,038	2,112	2,173	2,225	2,271	2,310	2,459
900	1,283	1,634	1,820	1,945	2,038	2,112	2,173	2,225	2,270	2,310	2,459
1 000	1,283	1,633	1,820	1,945	2,038	2,112	2,173	2,225	2,270	2,310	2,459
∞	1,282	1,633	1,819	1,944	2,037	2,111	2,172	2,224	2,269	2,309	2,458

Tabelle C.1 — Faktoren k für einseitig begrenzte Prognosebereiche bei einem Vertrauensniveau von 90 % und bekannter Standardabweichung der Grundgesamtheit *(fortgesetzt)*
Table C.1 — One-sided prediction interval factors, k, at confidence level 90 % for known population standard deviation *(continued)*

n	m										
	20	**30**	**40**	**50**	**60**	**80**	**100**	**150**	**200**	**250**	**500**
2	3,003	3,156	3,260	3,339	3,402	3,499	3,573	3,703	3,792	3,860	4,064
3	2,876	3,026	3,128	3,206	3,268	3,363	3,436	3,564	3,652	3,719	3,921
4	2,806	2,954	3,055	3,132	3,193	3,288	3,359	3,486	3,574	3,640	3,839
5	2,762	2,908	3,008	3,084	3,145	3,239	3,310	3,436	3,523	3,589	3,787
6	2,731	2,876	2,976	3,051	3,111	3,205	3,275	3,400	3,487	3,552	3,749
7	2,708	2,853	2,952	3,027	3,087	3,179	3,250	3,374	3,460	3,525	3,722
8	2,691	2,835	2,933	3,008	3,068	3,160	3,230	3,354	3,439	3,504	3,700
9	2,677	2,820	2,919	2,993	3,052	3,144	3,214	3,338	3,423	3,488	3,683
10	2,666	2,809	2,907	2,981	3,040	3,132	3,201	3,324	3,410	3,474	3,669
11	2,657	2,799	2,897	2,971	3,030	3,121	3,191	3,314	3,398	3,463	3,657
12	2,649	2,791	2,888	2,962	3,021	3,112	3,182	3,304	3,389	3,453	3,647
13	2,642	2,784	2,881	2,955	3,014	3,105	3,174	3,296	3,381	3,445	3,638
14	2,637	2,778	2,875	2,949	3,007	3,098	3,167	3,289	3,374	3,438	3,631
15	2,632	2,773	2,870	2,943	3,002	3,093	3,161	3,283	3,368	3,432	3,624
16	2,627	2,768	2,865	2,938	2,997	3,088	3,156	3,278	3,362	3,426	3,619
17	2,624	2,764	2,861	2,934	2,993	3,083	3,152	3,274	3,358	3,421	3,614
18	2,620	2,761	2,857	2,930	2,989	3,079	3,148	3,269	3,353	3,417	3,609
19	2,617	2,758	2,854	2,927	2,985	3,076	3,144	3,266	3,349	3,413	3,605
20	2,614	2,755	2,851	2,924	2,982	3,072	3,141	3,262	3,346	3,410	3,601
25	2,603	2,743	2,839	2,912	2,970	3,060	3,128	3,249	3,332	3,396	3,587
30	2,596	2,736	2,831	2,904	2,962	3,051	3,120	3,240	3,323	3,387	3,577
35	2,591	2,730	2,826	2,898	2,956	3,045	3,113	3,234	3,317	3,380	3,570
40	2,587	2,726	2,821	2,894	2,951	3,041	3,109	3,229	3,312	3,375	3,565
45	2,584	2,723	2,818	2,890	2,948	3,037	3,105	3,225	3,308	3,371	3,561
50	2,582	2,720	2,815	2,887	2,945	3,034	3,102	3,222	3,305	3,368	3,557
60	2,578	2,716	2,811	2,883	2,941	3,030	3,098	3,218	3,300	3,363	3,552
70	2,575	2,714	2,809	2,880	2,938	3,027	3,095	3,214	3,297	3,360	3,549
80	2,573	2,712	2,806	2,878	2,936	3,025	3,092	3,212	3,294	3,357	3,546
90	2,572	2,710	2,805	2,876	2,934	3,023	3,090	3,210	3,292	3,355	3,544
100	2,570	2,709	2,803	2,875	2,933	3,021	3,089	3,208	3,291	3,354	3,542
150	2,567	2,705	2,799	2,871	2,928	3,017	3,084	3,204	3,286	3,349	3,537
200	2,565	2,703	2,797	2,869	2,926	3,015	3,082	3,201	3,284	3,346	3,535
250	2,564	2,702	2,796	2,868	2,925	3,014	3,081	3,200	3,282	3,345	3,533
300	2,563	2,701	2,795	2,867	2,924	3,013	3,080	3,199	3,281	3,344	3,532
350	2,562	2,700	2,795	2,866	2,923	3,012	3,079	3,198	3,281	3,343	3,531
400	2,562	2,700	2,794	2,866	2,923	3,012	3,079	3,198	3,280	3,343	3,531
450	2,562	2,699	2,794	2,865	2,923	3,011	3,078	3,197	3,280	3,342	3,530
500	2,561	2,699	2,794	2,865	2,922	3,011	3,078	3,197	3,279	3,342	3,530
600	2,561	2,699	2,793	2,865	2,922	3,010	3,078	3,197	3,279	3,341	3,529
700	2,561	2,698	2,793	2,864	2,922	3,010	3,077	3,196	3,278	3,341	3,529
800	2,561	2,698	2,793	2,864	2,921	3,010	3,077	3,196	3,278	3,341	3,529
900	2,560	2,698	2,792	2,864	2,921	3,010	3,077	3,196	3,278	3,341	3,529
1 000	2,560	2,698	2,792	2,864	2,921	3,010	3,077	3,196	3,278	3,340	3,528
∞	2,559	2,697	2,791	2,862	2,920	3,008	3,075	3,194	3,276	3,339	3,527

Tabelle C.1 — Faktoren k für einseitig begrenzte Prognosebereiche bei einem Vertrauensniveau von 90 % und bekannter Standardabweichung der Grundgesamtheit *(fortgesetzt)*
Table C.1 — One-sided prediction interval factors, k, at confidence level 90 % for known population standard deviation *(continued)*

n	m									
	1 000	2 000	5 000	10 000	20 000	50 000	100 000	200 000	500 000	1 000 000
2	4,257	4,441	4,673	4,841	5,002	5,208	5,358	5,503	5,689	5,825
3	4,112	4,295	4,525	4,691	4,852	5,056	5,205	5,350	5,535	5,671
4	4,029	4,211	4,440	4,605	4,765	4,968	5,117	5,261	5,445	5,581
5	3,976	4,156	4,384	4,549	4,708	4,910	5,058	5,202	5,386	5,521
6	3,937	4,117	4,344	4,508	4,667	4,869	5,016	5,160	5,343	5,478
7	3,909	4,088	4,314	4,478	4,636	4,837	4,984	5,127	5,311	5,445
8	3,887	4,065	4,291	4,454	4,612	4,813	4,960	5,102	5,285	5,419
9	3,869	4,047	4,272	4,435	4,592	4,793	4,939	5,082	5,264	5,398
10	3,854	4,032	4,256	4,419	4,576	4,776	4,923	5,065	5,247	5,381
11	3,842	4,019	4,243	4,406	4,563	4,763	4,909	5,051	5,233	5,367
12	3,832	4,009	4,232	4,394	4,551	4,751	4,897	5,039	5,220	5,354
13	3,823	4,000	4,223	4,385	4,541	4,741	4,886	5,028	5,210	5,343
14	3,815	3,992	4,215	4,376	4,533	4,732	4,877	5,019	5,200	5,334
15	3,808	3,985	4,207	4,369	4,525	4,724	4,869	5,011	5,192	5,325
16	3,802	3,979	4,201	4,362	4,518	4,717	4,862	5,004	5,185	5,318
17	3,797	3,973	4,195	4,356	4,512	4,711	4,856	4,997	5,178	5,311
18	3,792	3,968	4,190	4,351	4,507	4,705	4,850	4,991	5,172	5,305
19	3,788	3,964	4,185	4,346	4,502	4,700	4,845	4,986	5,167	5,300
20	3,784	3,960	4,181	4,342	4,497	4,696	4,841	4,981	5,162	5,295
25	3,769	3,944	4,165	4,325	4,480	4,678	4,822	4,963	5,143	5,276
30	3,759	3,934	4,154	4,314	4,469	4,666	4,810	4,950	5,130	5,262
35	3,752	3,926	4,146	4,306	4,460	4,657	4,801	4,941	5,121	5,253
40	3,746	3,920	4,140	4,299	4,454	4,650	4,794	4,934	5,113	5,245
45	3,742	3,916	4,135	4,295	4,449	4,645	4,789	4,928	5,108	5,239
50	3,739	3,912	4,131	4,291	4,444	4,641	4,784	4,924	5,103	5,235
60	3,733	3,907	4,126	4,285	4,438	4,634	4,778	4,917	5,096	5,227
70	3,729	3,903	4,121	4,280	4,434	4,630	4,773	4,912	5,091	5,222
80	3,727	3,900	4,118	4,277	4,430	4,626	4,769	4,908	5,087	5,218
90	3,724	3,897	4,116	4,274	4,428	4,623	4,766	4,906	5,084	5,215
100	3,723	3,895	4,114	4,272	4,426	4,621	4,764	4,903	5,082	5,213
150	3,717	3,890	4,108	4,266	4,419	4,615	4,757	4,896	5,074	5,205
200	3,715	3,887	4,105	4,263	4,416	4,611	4,754	4,893	5,071	5,202
250	3,713	3,885	4,103	4,261	4,414	4,609	4,752	4,890	5,068	5,199
300	3,712	3,884	4,102	4,260	4,413	4,608	4,750	4,889	5,067	5,198
350	3,711	3,883	4,101	4,259	4,412	4,607	4,749	4,888	5,066	5,197
400	3,710	3,883	4,100	4,258	4,411	4,606	4,749	4,887	5,065	5,196
450	3,710	3,882	4,100	4,258	4,411	4,606	4,748	4,887	5,064	5,195
500	3,710	3,882	4,100	4,257	4,410	4,605	4,748	4,886	5,064	5,195
600	3,709	3,881	4,099	4,257	4,410	4,604	4,747	4,885	5,063	5,194
700	3,709	3,881	4,098	4,256	4,409	4,604	4,746	4,885	5,063	5,193
800	3,708	3,881	4,098	4,256	4,409	4,604	4,746	4,885	5,062	5,193
900	3,708	3,880	4,098	4,256	4,409	4,603	4,746	4,884	5,062	5,193
1 000	3,708	3,880	4,098	4,256	4,408	4,603	4,745	4,884	5,062	5,192
∞	3,706	3,878	4,096	4,254	4,406	4,601	4,743	4,882	5,060	5,190

ANMERKUNG Diese Tabelle enthält Faktoren k mit der Eigenschaft, dass mit einem Vertrauensniveau von 90 % keiner der nächsten m Beobachtungswerte aus einer normalverteilten Grundgesamtheit außerhalb des Bereichs $(-\infty, \bar{x} + k\sigma)$ liegen wird, wobei $\bar{x}$ aus einer Zufallsstichprobe vom Umfang n aus derselben Grundgesamtheit ermittelt wurde. Analoges gilt für den Bereich $(\bar{x} - k\sigma, \infty)$.

NOTE This table provides factors k such that one may be at least 90 % confident that none of the next m observations from a normally distributed population will lie outside the range $(-\infty, \bar{x} + k\sigma)$, where $\bar{x}$ is derived from a random sample of size n from the same population. Similarly for the range $(\bar{x} - k\sigma, \infty)$.

Tabelle C.2 — Faktoren k für einseitig begrenzte Prognosebereiche bei einem Vertrauensniveau von 95 % und bekannter Standardabweichung der Grundgesamtheit
Table C.2 — One-sided prediction interval factors, k, at confidence level 95 % for known population standard deviation

n	m										
	1	2	3	4	5	6	7	8	9	10	15
2	2,015	2,371	2,563	2,693	2,791	2,868	2,933	2,987	3,035	3,077	3,234
3	1,900	2,243	2,429	2,554	2,649	2,724	2,786	2,839	2,885	2,926	3,078
4	1,840	2,176	2,357	2,480	2,573	2,646	2,707	2,759	2,804	2,844	2,994
5	1,802	2,134	2,313	2,434	2,525	2,598	2,658	2,709	2,754	2,793	2,941
6	1,777	2,105	2,283	2,403	2,493	2,565	2,624	2,675	2,719	2,758	2,904
7	1,759	2,085	2,261	2,380	2,469	2,540	2,600	2,650	2,694	2,733	2,878
8	1,745	2,069	2,244	2,362	2,451	2,522	2,581	2,631	2,675	2,713	2,857
9	1,734	2,057	2,231	2,349	2,437	2,508	2,566	2,616	2,659	2,698	2,841
10	1,726	2,047	2,220	2,338	2,426	2,496	2,554	2,604	2,647	2,685	2,828
11	1,718	2,039	2,212	2,329	2,416	2,486	2,544	2,594	2,637	2,675	2,818
12	1,713	2,032	2,204	2,321	2,408	2,478	2,536	2,586	2,628	2,666	2,809
13	1,707	2,026	2,198	2,314	2,402	2,471	2,529	2,578	2,621	2,659	2,801
14	1,703	2,021	2,193	2,309	2,396	2,466	2,523	2,572	2,615	2,653	2,794
15	1,699	2,017	2,188	2,304	2,391	2,460	2,518	2,567	2,610	2,647	2,789
16	1,696	2,013	2,184	2,300	2,387	2,456	2,513	2,562	2,605	2,643	2,784
17	1,693	2,010	2,180	2,296	2,383	2,452	2,509	2,558	2,601	2,638	2,779
18	1,690	2,007	2,177	2,293	2,379	2,448	2,506	2,554	2,597	2,634	2,775
19	1,688	2,004	2,174	2,290	2,376	2,445	2,502	2,551	2,594	2,631	2,772
20	1,686	2,002	2,172	2,287	2,373	2,442	2,499	2,548	2,591	2,628	2,768
25	1,678	1,992	2,162	2,277	2,363	2,431	2,488	2,537	2,579	2,616	2,756
30	1,673	1,986	2,155	2,270	2,356	2,424	2,481	2,529	2,571	2,608	2,748
35	1,669	1,982	2,151	2,265	2,350	2,419	2,475	2,524	2,566	2,603	2,742
40	1,666	1,979	2,147	2,261	2,347	2,415	2,471	2,520	2,561	2,598	2,737
45	1,664	1,976	2,144	2,258	2,344	2,412	2,468	2,516	2,558	2,595	2,734
50	1,662	1,974	2,142	2,256	2,341	2,409	2,466	2,514	2,556	2,593	2,731
60	1,659	1,971	2,139	2,252	2,337	2,405	2,462	2,510	2,552	2,589	2,727
70	1,657	1,968	2,136	2,250	2,335	2,403	2,459	2,507	2,549	2,586	2,724
80	1,656	1,967	2,134	2,248	2,333	2,401	2,457	2,505	2,547	2,584	2,722
90	1,654	1,965	2,133	2,246	2,331	2,399	2,455	2,503	2,545	2,582	2,720
100	1,654	1,964	2,132	2,245	2,330	2,398	2,454	2,502	2,544	2,580	2,718
150	1,651	1,961	2,128	2,242	2,327	2,394	2,450	2,498	2,540	2,576	2,714
200	1,649	1,960	2,127	2,240	2,325	2,392	2,448	2,496	2,538	2,574	2,712
250	1,649	1,959	2,126	2,239	2,324	2,391	2,447	2,495	2,537	2,573	2,711
300	1,648	1,958	2,125	2,238	2,323	2,390	2,446	2,494	2,536	2,572	2,710
350	1,648	1,958	2,125	2,238	2,322	2,390	2,446	2,494	2,535	2,572	2,709
400	1,647	1,957	2,124	2,237	2,322	2,390	2,446	2,493	2,535	2,571	2,709
450	1,647	1,957	2,124	2,237	2,322	2,389	2,445	2,493	2,534	2,571	2,708
500	1,647	1,957	2,124	2,237	2,321	2,389	2,445	2,493	2,534	2,571	2,708
600	1,647	1,957	2,123	2,236	2,321	2,389	2,445	2,492	2,534	2,570	2,708
700	1,647	1,956	2,123	2,236	2,321	2,388	2,444	2,492	2,533	2,570	2,707
800	1,646	1,956	2,123	2,236	2,321	2,388	2,444	2,492	2,533	2,570	2,707
900	1,646	1,956	2,123	2,236	2,320	2,388	2,444	2,492	2,533	2,570	2,707
1 000	1,646	1,956	2,123	2,236	2,320	2,388	2,444	2,491	2,533	2,570	2,707
∞	1,645	1,955	2,122	2,235	2,319	2,387	2,443	2,490	2,532	2,568	2,706

Tabelle C.2 — Faktoren k für einseitig begrenzte Prognosebereiche bei einem Vertrauensniveau von 95 % und bekannter Standardabweichung der Grundgesamtheit *(fortgesetzt)*
Table C.2 — One-sided prediction interval factors, k, at confidence level 95 % for known population standard deviation *(continued)*

n	m										
	20	30	40	50	60	80	100	150	200	250	500
2	3,341	3,487	3,587	3,663	3,723	3,817	3,888	4,014	4,101	4,167	4,365
3	3,183	3,325	3,422	3,496	3,556	3,647	3,717	3,840	3,926	3,991	4,186
4	3,096	3,236	3,332	3,405	3,463	3,554	3,622	3,744	3,828	3,892	4,085
5	3,042	3,180	3,275	3,347	3,404	3,494	3,562	3,682	3,765	3,829	4,020
6	3,005	3,141	3,235	3,306	3,364	3,452	3,520	3,639	3,722	3,785	3,975
7	2,977	3,113	3,206	3,277	3,334	3,422	3,489	3,607	3,689	3,752	3,941
8	2,956	3,091	3,184	3,254	3,311	3,398	3,465	3,583	3,665	3,727	3,915
9	2,940	3,074	3,166	3,236	3,293	3,380	3,446	3,564	3,645	3,707	3,894
10	2,926	3,060	3,152	3,222	3,278	3,365	3,431	3,548	3,629	3,691	3,877
11	2,915	3,048	3,140	3,210	3,266	3,352	3,418	3,535	3,616	3,677	3,863
12	2,906	3,039	3,130	3,200	3,255	3,342	3,407	3,524	3,605	3,666	3,851
13	2,898	3,031	3,122	3,191	3,247	3,333	3,398	3,515	3,595	3,656	3,841
14	2,891	3,024	3,115	3,184	3,239	3,325	3,390	3,506	3,587	3,648	3,833
15	2,885	3,017	3,108	3,177	3,233	3,318	3,384	3,499	3,580	3,641	3,825
16	2,880	3,012	3,103	3,171	3,227	3,312	3,378	3,493	3,573	3,634	3,818
17	2,876	3,007	3,098	3,166	3,222	3,307	3,372	3,488	3,568	3,629	3,812
18	2,871	3,003	3,093	3,162	3,217	3,303	3,367	3,483	3,563	3,624	3,807
19	2,868	2,999	3,089	3,158	3,213	3,298	3,363	3,478	3,558	3,619	3,802
20	2,864	2,996	3,086	3,154	3,209	3,295	3,359	3,474	3,554	3,615	3,798
25	2,852	2,982	3,072	3,140	3,195	3,280	3,345	3,459	3,539	3,599	3,781
30	2,843	2,973	3,063	3,131	3,186	3,270	3,335	3,449	3,528	3,588	3,770
35	2,837	2,967	3,056	3,124	3,179	3,263	3,328	3,442	3,521	3,581	3,762
40	2,832	2,962	3,051	3,119	3,174	3,258	3,322	3,436	3,515	3,575	3,756
45	2,829	2,958	3,048	3,115	3,170	3,254	3,318	3,432	3,510	3,570	3,752
50	2,826	2,955	3,045	3,112	3,166	3,251	3,315	3,428	3,507	3,567	3,748
60	2,822	2,951	3,040	3,107	3,162	3,246	3,310	3,423	3,502	3,561	3,742
70	2,819	2,948	3,037	3,104	3,158	3,242	3,306	3,419	3,498	3,558	3,738
80	2,816	2,945	3,034	3,101	3,156	3,239	3,303	3,416	3,495	3,555	3,735
90	2,814	2,943	3,032	3,099	3,154	3,237	3,301	3,414	3,493	3,552	3,732
100	2,813	2,942	3,030	3,098	3,152	3,236	3,299	3,412	3,491	3,550	3,731
150	2,809	2,937	3,026	3,093	3,147	3,231	3,294	3,407	3,485	3,545	3,725
200	2,806	2,935	3,023	3,091	3,145	3,228	3,292	3,404	3,483	3,542	3,722
250	2,805	2,934	3,022	3,089	3,143	3,227	3,290	3,403	3,481	3,541	3,720
300	2,804	2,933	3,021	3,088	3,142	3,226	3,289	3,402	3,480	3,539	3,719
350	2,803	2,932	3,020	3,087	3,141	3,225	3,288	3,401	3,479	3,539	3,718
400	2,803	2,931	3,020	3,087	3,141	3,224	3,288	3,401	3,479	3,538	3,717
450	2,803	2,931	3,019	3,087	3,140	3,224	3,287	3,400	3,478	3,538	3,717
500	2,802	2,931	3,019	3,086	3,140	3,224	3,287	3,400	3,478	3,537	3,717
600	2,802	2,930	3,019	3,086	3,140	3,223	3,286	3,399	3,477	3,537	3,716
700	2,802	2,930	3,018	3,085	3,139	3,223	3,286	3,399	3,477	3,536	3,716
800	2,801	2,930	3,018	3,085	3,139	3,222	3,286	3,399	3,476	3,536	3,715
900	2,801	2,930	3,018	3,085	3,139	3,222	3,286	3,398	3,476	3,536	3,715
1 000	2,801	2,929	3,018	3,085	3,139	3,222	3,285	3,398	3,476	3,536	3,715
∞	2,800	2,928	3,016	3,083	3,137	3,220	3,284	3,396	3,474	3,534	3,713

Tabelle C.2 — Faktoren k für einseitig begrenzte Prognosebereiche bei einem Vertrauensniveau von 95 % und bekannter Standardabweichung der Grundgesamtheit *(fortgesetzt)*
Table C.2 — One-sided prediction interval factors, k, at confidence level 95 % for known population standard deviation *(continued)*

n	m									
	1 000	**2 000**	**5 000**	**10 000**	**20 000**	**50 000**	**100 000**	**200 000**	**500 000**	**1 000 000**
2	4,555	4,735	4,963	5,129	5,288	5,491	5,639	5,783	5,967	6,102
3	4,372	4,551	4,776	4,939	5,097	5,299	5,446	5,588	5,771	5,906
4	4,269	4,446	4,670	4,832	4,989	5,188	5,335	5,477	5,659	5,793
5	4,203	4,378	4,600	4,761	4,917	5,116	5,261	5,403	5,584	5,718
6	4,156	4,331	4,551	4,712	4,867	5,065	5,209	5,350	5,531	5,664
7	4,121	4,295	4,515	4,674	4,829	5,026	5,170	5,311	5,491	5,623
8	4,095	4,267	4,486	4,645	4,799	4,996	5,140	5,280	5,459	5,591
9	4,073	4,245	4,463	4,622	4,776	4,971	5,115	5,255	5,434	5,566
10	4,056	4,227	4,445	4,603	4,756	4,952	5,095	5,234	5,413	5,545
11	4,041	4,213	4,429	4,587	4,740	4,935	5,078	5,217	5,395	5,527
12	4,029	4,200	4,416	4,574	4,726	4,921	5,063	5,202	5,380	5,512
13	4,019	4,189	4,405	4,562	4,714	4,909	5,051	5,190	5,368	5,499
14	4,010	4,180	4,395	4,552	4,704	4,898	5,040	5,179	5,356	5,487
15	4,002	4,172	4,387	4,543	4,695	4,889	5,031	5,169	5,347	5,477
16	3,995	4,164	4,379	4,536	4,687	4,881	5,023	5,161	5,338	5,468
17	3,989	4,158	4,373	4,529	4,680	4,873	5,015	5,153	5,330	5,461
18	3,983	4,152	4,367	4,523	4,674	4,867	5,008	5,146	5,323	5,453
19	3,978	4,147	4,361	4,517	4,668	4,861	5,002	5,140	5,317	5,447
20	3,974	4,142	4,356	4,512	4,663	4,856	4,997	5,135	5,311	5,441
25	3,956	4,125	4,338	4,493	4,643	4,835	4,976	5,113	5,289	5,419
30	3,945	4,112	4,325	4,480	4,630	4,821	4,962	5,098	5,274	5,403
35	3,936	4,104	4,316	4,470	4,620	4,811	4,951	5,088	5,263	5,392
40	3,930	4,097	4,309	4,463	4,613	4,804	4,944	5,080	5,255	5,384
45	3,925	4,092	4,304	4,458	4,607	4,798	4,937	5,074	5,248	5,377
50	3,921	4,088	4,299	4,453	4,602	4,793	4,932	5,069	5,243	5,372
60	3,915	4,082	4,293	4,446	4,595	4,786	4,925	5,061	5,235	5,364
70	3,911	4,077	4,288	4,442	4,590	4,780	4,920	5,055	5,230	5,358
80	3,908	4,074	4,285	4,438	4,587	4,777	4,916	5,051	5,225	5,354
90	3,905	4,071	4,282	4,435	4,584	4,773	4,913	5,048	5,222	5,350
100	3,903	4,069	4,280	4,433	4,581	4,771	4,910	5,045	5,219	5,348
150	3,897	4,063	4,273	4,426	4,574	4,764	4,902	5,038	5,211	5,339
200	3,894	4,060	4,270	4,423	4,571	4,760	4,899	5,034	5,207	5,335
250	3,892	4,058	4,268	4,420	4,569	4,758	4,896	5,031	5,205	5,333
300	3,891	4,057	4,266	4,419	4,567	4,756	4,895	5,030	5,203	5,331
350	3,890	4,056	4,265	4,418	4,566	4,755	4,894	5,029	5,202	5,330
400	3,889	4,055	4,265	4,417	4,565	4,754	4,893	5,028	5,201	5,329
450	3,889	4,054	4,264	4,417	4,565	4,754	4,892	5,027	5,201	5,328
500	3,889	4,054	4,264	4,416	4,564	4,753	4,892	5,027	5,200	5,328
600	3,888	4,053	4,263	4,416	4,564	4,753	4,891	5,026	5,199	5,327
700	3,888	4,053	4,263	4,415	4,563	4,752	4,890	5,025	5,199	5,326
800	3,887	4,053	4,262	4,415	4,563	4,752	4,890	5,025	5,198	5,326
900	3,887	4,052	4,262	4,414	4,562	4,751	4,890	5,025	5,198	5,325
1 000	3,887	4,052	4,262	4,414	4,562	4,751	4,889	5,024	5,198	5,325
∞	3,885	4,050	4,260	4,412	4,560	4,749	4,887	5,022	5,195	5,323

ANMERKUNG Diese Tabelle enthält Faktoren k mit der Eigenschaft, dass mit einem Vertrauensniveau von 95 % keiner der nächsten m Beobachtungswerte aus einer normalverteilten Grundgesamtheit außerhalb des Bereichs $(-\infty, \bar{x} + k\sigma)$ liegen wird, wobei $\bar{x}$ aus einer Zufallsstichprobe vom Umfang n aus derselben Grundgesamtheit ermittelt wurde. Analoges gilt für den Bereich $(\bar{x} - k\sigma, \infty)$.

NOTE This table provides factors k such that one may be at least 95 % confident that none of the next m observations from a normally distributed population will lie outside the range $(-\infty, \bar{x} + k\sigma)$, where $\bar{x}$ is derived from a random sample of size n from the same population. Similarly for the range $(\bar{x} - k\sigma, \infty)$.

Tabelle C.3 — Faktoren k für einseitig begrenzte Prognosebereiche bei einem Vertrauensniveau von 97,5 % und bekannter Standardabweichung der Grundgesamtheit
Table C.3 — One-sided prediction interval factors, k, at confidence level 97,5 % for known population standard deviation

n	m										
	1	**2**	**3**	**4**	**5**	**6**	**7**	**8**	**9**	**10**	**15**
2	2,401	2,728	2,906	3,027	3,118	3,191	3,252	3,303	3,348	3,388	3,537
3	2,264	2,577	2,748	2,865	2,952	3,023	3,081	3,131	3,174	3,212	3,357
4	2,192	2,498	2,665	2,778	2,864	2,933	2,990	3,038	3,081	3,118	3,259
5	2,148	2,449	2,613	2,725	2,809	2,877	2,933	2,981	3,022	3,059	3,198
6	2,118	2,415	2,578	2,688	2,772	2,839	2,894	2,941	2,983	3,019	3,156
7	2,096	2,391	2,552	2,662	2,745	2,811	2,866	2,913	2,954	2,990	3,126
8	2,079	2,373	2,533	2,642	2,724	2,790	2,844	2,891	2,932	2,968	3,103
9	2,066	2,358	2,517	2,626	2,708	2,773	2,827	2,874	2,914	2,950	3,085
10	2,056	2,347	2,505	2,613	2,695	2,760	2,814	2,860	2,900	2,936	3,070
11	2,048	2,337	2,495	2,603	2,684	2,749	2,803	2,849	2,889	2,924	3,058
12	2,040	2,329	2,487	2,594	2,675	2,740	2,793	2,839	2,879	2,915	3,048
13	2,034	2,323	2,480	2,587	2,667	2,732	2,785	2,831	2,871	2,906	3,039
14	2,029	2,317	2,473	2,580	2,661	2,725	2,778	2,824	2,864	2,899	3,031
15	2,025	2,312	2,468	2,575	2,655	2,719	2,772	2,818	2,858	2,893	3,025
16	2,021	2,307	2,463	2,570	2,650	2,714	2,767	2,813	2,852	2,887	3,019
17	2,017	2,303	2,459	2,565	2,645	2,709	2,763	2,808	2,848	2,883	3,014
18	2,014	2,300	2,455	2,561	2,641	2,705	2,758	2,804	2,843	2,878	3,010
19	2,011	2,297	2,452	2,558	2,638	2,702	2,755	2,800	2,840	2,874	3,006
20	2,009	2,294	2,449	2,555	2,635	2,698	2,751	2,797	2,836	2,871	3,002
25	1,999	2,283	2,438	2,543	2,622	2,686	2,739	2,784	2,823	2,858	2,988
30	1,993	2,276	2,430	2,535	2,614	2,678	2,730	2,775	2,814	2,849	2,979
35	1,988	2,271	2,425	2,529	2,608	2,672	2,724	2,769	2,808	2,843	2,972
40	1,985	2,267	2,420	2,525	2,604	2,667	2,719	2,764	2,803	2,838	2,967
45	1,982	2,264	2,417	2,522	2,601	2,664	2,716	2,761	2,800	2,834	2,964
50	1,980	2,261	2,415	2,519	2,598	2,661	2,713	2,758	2,797	2,831	2,960
60	1,977	2,258	2,411	2,515	2,594	2,657	2,709	2,753	2,792	2,827	2,956
70	1,974	2,255	2,408	2,512	2,591	2,653	2,706	2,750	2,789	2,823	2,952
80	1,973	2,253	2,406	2,510	2,588	2,651	2,703	2,748	2,787	2,821	2,950
90	1,971	2,252	2,404	2,508	2,587	2,649	2,702	2,746	2,785	2,819	2,948
100	1,970	2,250	2,403	2,507	2,585	2,648	2,700	2,745	2,783	2,817	2,946
150	1,967	2,247	2,399	2,503	2,581	2,644	2,696	2,740	2,779	2,813	2,942
200	1,965	2,245	2,397	2,501	2,579	2,642	2,694	2,738	2,777	2,811	2,939
250	1,964	2,244	2,396	2,500	2,578	2,640	2,692	2,737	2,775	2,809	2,938
300	1,964	2,243	2,395	2,499	2,577	2,639	2,691	2,736	2,774	2,808	2,937
350	1,963	2,243	2,395	2,498	2,576	2,639	2,691	2,735	2,774	2,808	2,936
400	1,963	2,242	2,394	2,498	2,576	2,638	2,690	2,735	2,773	2,807	2,936
450	1,963	2,242	2,394	2,498	2,576	2,638	2,690	2,734	2,773	2,807	2,935
500	1,962	2,242	2,394	2,497	2,575	2,638	2,690	2,734	2,772	2,807	2,935
600	1,962	2,241	2,393	2,497	2,575	2,637	2,689	2,733	2,772	2,806	2,934
700	1,962	2,241	2,393	2,497	2,575	2,637	2,689	2,733	2,772	2,806	2,934
800	1,962	2,241	2,393	2,496	2,574	2,637	2,689	2,733	2,771	2,806	2,934
900	1,962	2,241	2,393	2,496	2,574	2,637	2,688	2,733	2,771	2,805	2,934
1 000	1,961	2,241	2,393	2,496	2,574	2,636	2,688	2,733	2,771	2,805	2,933
∞	1,960	2,239	2,391	2,495	2,573	2,635	2,687	2,731	2,770	2,804	2,932

Tabelle C.3 — Faktoren k für einseitig begrenzte Prognosebereiche bei einem Vertrauensniveau von 97,5 % und bekannter Standardabweichung der Grundgesamtheit *(fortgesetzt)*
Table C.3 — One-sided prediction interval factors, k, at confidence level 97,5 % for known population standard deviation *(continued)*

n	m										
	20	**30**	**40**	**50**	**60**	**80**	**100**	**150**	**200**	**250**	**500**
2	3,640	3,779	3,876	3,948	4,007	4,098	4,166	4,289	4,373	4,437	4,631
3	3,455	3,591	3,684	3,755	3,812	3,900	3,967	4,086	4,169	4,231	4,421
4	3,356	3,489	3,580	3,649	3,705	3,792	3,858	3,975	4,056	4,118	4,304
5	3,294	3,424	3,514	3,583	3,638	3,723	3,788	3,904	3,984	4,045	4,230
6	3,251	3,380	3,469	3,537	3,591	3,676	3,740	3,855	3,934	3,995	4,178
7	3,220	3,348	3,436	3,503	3,557	3,641	3,705	3,819	3,898	3,958	4,140
8	3,196	3,323	3,411	3,478	3,531	3,615	3,678	3,791	3,870	3,930	4,110
9	3,177	3,304	3,391	3,458	3,511	3,594	3,657	3,770	3,848	3,907	4,087
10	3,162	3,288	3,375	3,441	3,494	3,577	3,640	3,752	3,830	3,889	4,068
11	3,149	3,275	3,362	3,428	3,481	3,563	3,626	3,737	3,815	3,874	4,053
12	3,139	3,264	3,351	3,416	3,469	3,551	3,614	3,725	3,802	3,861	4,039
13	3,130	3,255	3,341	3,407	3,460	3,542	3,604	3,715	3,792	3,851	4,028
14	3,123	3,247	3,333	3,399	3,451	3,533	3,595	3,706	3,783	3,841	4,019
15	3,116	3,240	3,326	3,391	3,444	3,525	3,588	3,698	3,775	3,833	4,010
16	3,110	3,234	3,320	3,385	3,438	3,519	3,581	3,691	3,768	3,826	4,003
17	3,105	3,229	3,314	3,379	3,432	3,513	3,575	3,685	3,762	3,820	3,996
18	3,100	3,224	3,309	3,374	3,427	3,508	3,570	3,680	3,756	3,814	3,990
19	3,096	3,220	3,305	3,370	3,422	3,503	3,565	3,675	3,751	3,809	3,985
20	3,092	3,216	3,301	3,366	3,418	3,499	3,561	3,670	3,747	3,805	3,980
25	3,078	3,201	3,286	3,351	3,402	3,483	3,544	3,654	3,730	3,787	3,962
30	3,069	3,191	3,276	3,340	3,392	3,472	3,534	3,642	3,718	3,776	3,950
35	3,062	3,184	3,269	3,333	3,384	3,465	3,526	3,634	3,710	3,767	3,941
40	3,057	3,179	3,263	3,327	3,379	3,459	3,520	3,628	3,704	3,761	3,935
45	3,053	3,175	3,259	3,323	3,374	3,454	3,515	3,624	3,699	3,756	3,930
50	3,049	3,171	3,255	3,319	3,371	3,451	3,511	3,620	3,695	3,752	3,926
60	3,045	3,166	3,250	3,314	3,365	3,445	3,506	3,614	3,689	3,746	3,919
70	3,041	3,163	3,246	3,310	3,362	3,441	3,502	3,610	3,685	3,742	3,915
80	3,039	3,160	3,244	3,307	3,359	3,438	3,499	3,607	3,682	3,739	3,912
90	3,036	3,158	3,242	3,305	3,356	3,436	3,497	3,604	3,679	3,736	3,909
100	3,035	3,156	3,240	3,303	3,355	3,434	3,495	3,603	3,677	3,734	3,907
150	3,030	3,151	3,235	3,298	3,349	3,429	3,489	3,597	3,671	3,728	3,901
200	3,028	3,149	3,232	3,296	3,347	3,426	3,486	3,594	3,668	3,725	3,897
250	3,026	3,147	3,230	3,294	3,345	3,424	3,485	3,592	3,667	3,724	3,896
300	3,025	3,146	3,229	3,293	3,344	3,423	3,484	3,591	3,665	3,722	3,894
350	3,024	3,145	3,229	3,292	3,343	3,422	3,483	3,590	3,665	3,721	3,893
400	3,024	3,145	3,228	3,292	3,343	3,422	3,482	3,589	3,664	3,721	3,893
450	3,023	3,144	3,228	3,291	3,342	3,421	3,482	3,589	3,663	3,720	3,892
500	3,023	3,144	3,227	3,291	3,342	3,421	3,481	3,589	3,663	3,720	3,892
600	3,023	3,143	3,227	3,290	3,341	3,420	3,481	3,588	3,663	3,719	3,891
700	3,022	3,143	3,226	3,290	3,341	3,420	3,480	3,588	3,662	3,719	3,891
800	3,022	3,143	3,226	3,290	3,341	3,420	3,480	3,587	3,662	3,719	3,890
900	3,022	3,143	3,226	3,289	3,340	3,419	3,480	3,587	3,662	3,718	3,890
1 000	3,022	3,142	3,226	3,289	3,340	3,419	3,480	3,587	3,661	3,718	3,890
∞	3,020	3,141	3,224	3,288	3,339	3,418	3,478	3,585	3,660	3,716	3,888

Tabelle C.3 — Faktoren k für einseitig begrenzte Prognosebereiche bei einem Vertrauensniveau von 97,5 % und bekannter Standardabweichung der Grundgesamtheit *(fortgesetzt)*
Table C.3 — One-sided prediction interval factors, k, at confidence level 97,5 % for known population standard deviation *(continued)*

n	m									
	1 000	**2 000**	**5 000**	**10 000**	**20 000**	**50 000**	**100 000**	**200 000**	**500 000**	**1 000 000**
2	4,816	4,994	5,218	5,381	5,538	5,739	5,885	6,028	6,210	6,345
3	4,603	4,777	4,998	5,159	5,314	5,512	5,657	5,798	5,979	6,113
4	4,484	4,656	4,874	5,033	5,187	5,383	5,527	5,667	5,847	5,979
5	4,407	4,578	4,794	4,952	5,104	5,299	5,442	5,582	5,760	5,892
6	4,354	4,523	4,738	4,894	5,046	5,240	5,382	5,521	5,699	5,830
7	4,314	4,482	4,696	4,852	5,003	5,196	5,337	5,475	5,652	5,783
8	4,284	4,451	4,664	4,819	4,969	5,161	5,302	5,440	5,616	5,746
9	4,260	4,427	4,638	4,793	4,942	5,134	5,274	5,411	5,587	5,717
10	4,240	4,406	4,617	4,771	4,920	5,111	5,251	5,388	5,563	5,693
11	4,224	4,390	4,600	4,753	4,902	5,093	5,232	5,369	5,544	5,673
12	4,211	4,376	4,586	4,738	4,887	5,077	5,216	5,352	5,527	5,656
13	4,199	4,364	4,573	4,726	4,874	5,063	5,202	5,338	5,512	5,641
14	4,189	4,353	4,562	4,715	4,862	5,052	5,190	5,326	5,500	5,628
15	4,180	4,344	4,553	4,705	4,852	5,041	5,180	5,315	5,489	5,617
16	4,173	4,336	4,545	4,696	4,844	5,032	5,171	5,306	5,479	5,607
17	4,166	4,329	4,537	4,689	4,836	5,024	5,163	5,297	5,471	5,598
18	4,160	4,323	4,531	4,682	4,829	5,017	5,155	5,290	5,463	5,591
19	4,154	4,317	4,525	4,676	4,823	5,011	5,149	5,283	5,456	5,584
20	4,149	4,312	4,519	4,670	4,817	5,005	5,143	5,277	5,450	5,577
25	4,131	4,293	4,499	4,649	4,796	4,982	5,120	5,254	5,426	5,553
30	4,118	4,280	4,485	4,635	4,781	4,967	5,104	5,238	5,409	5,536
35	4,109	4,270	4,475	4,625	4,770	4,956	5,093	5,226	5,398	5,524
40	4,102	4,263	4,468	4,617	4,763	4,948	5,085	5,218	5,389	5,515
45	4,097	4,258	4,462	4,611	4,756	4,942	5,078	5,211	5,382	5,508
50	4,092	4,253	4,457	4,607	4,751	4,937	5,073	5,205	5,376	5,502
60	4,086	4,246	4,450	4,599	4,744	4,929	5,065	5,197	5,368	5,493
70	4,081	4,242	4,445	4,594	4,739	4,923	5,059	5,191	5,362	5,487
80	4,078	4,238	4,442	4,590	4,734	4,919	5,055	5,187	5,357	5,482
90	4,075	4,235	4,439	4,587	4,731	4,916	5,051	5,184	5,354	5,479
100	4,073	4,233	4,436	4,585	4,729	4,913	5,049	5,181	5,351	5,476
150	4,066	4,226	4,429	4,577	4,721	4,905	5,041	5,173	5,342	5,467
200	4,063	4,223	4,426	4,574	4,717	4,902	5,037	5,168	5,338	5,463
250	4,061	4,221	4,424	4,572	4,715	4,899	5,034	5,166	5,335	5,460
300	4,060	4,219	4,422	4,570	4,714	4,898	5,033	5,164	5,334	5,458
350	4,059	4,218	4,421	4,569	4,713	4,896	5,031	5,163	5,332	5,457
400	4,058	4,218	4,420	4,568	4,712	4,896	5,030	5,162	5,331	5,456
450	4,058	4,217	4,420	4,568	4,711	4,895	5,030	5,161	5,331	5,455
500	4,057	4,217	4,419	4,567	4,711	4,894	5,029	5,161	5,330	5,455
600	4,056	4,216	4,419	4,566	4,710	4,894	5,028	5,160	5,329	5,454
700	4,056	4,215	4,418	4,566	4,709	4,893	5,028	5,159	5,329	5,453
800	4,056	4,215	4,418	4,565	4,709	4,893	5,027	5,159	5,328	5,453
900	4,055	4,215	4,417	4,565	4,709	4,892	5,027	5,159	5,328	5,453
1 000	4,055	4,214	4,417	4,565	4,708	4,892	5,027	5,158	5,328	5,452
∞	4,053	4,212	4,415	4,563	4,706	4,890	5,024	5,156	5,325	5,450

ANMERKUNG Diese Tabelle enthält Faktoren k mit der Eigenschaft, dass mit einem Vertrauensniveau von 97,5 % keiner der nächsten m Beobachtungswerte aus einer normalverteilten Grundgesamtheit außerhalb des Bereichs $(-\infty, \bar{x} + k\sigma)$ liegen wird, wobei $\bar{x}$ aus einer Zufallsstichprobe vom Umfang n aus derselben Grundgesamtheit ermittelt wurde. Analoges gilt für den Bereich $(\bar{x} - k\sigma, \infty)$.

NOTE This table provides factors k such that one may be at least 97,5 % confident that none of the next m observations from a normally distributed population will lie outside the range $(-\infty, \bar{x} + k\sigma)$, where $\bar{x}$ is derived from a random sample of size n from the same population. Similarly for the range $(\bar{x} - k\sigma, \infty)$.

Tabelle C.4 — Faktoren k für einseitig begrenzte Prognosebereiche bei einem Vertrauensniveau von 99 % und bekannter Standardabweichung der Grundgesamtheit
Table C.4 — One-sided prediction interval factors, k, at confidence level 99 % for known population standard deviation

n	m										
	1	2	3	4	5	6	7	8	9	10	15
2	2,850	3,146	3,309	3,420	3,505	3,573	3,629	3,677	3,719	3,757	3,897
3	2,687	2,969	3,125	3,232	3,312	3,377	3,431	3,478	3,518	3,554	3,688
4	2,601	2,876	3,028	3,132	3,211	3,274	3,326	3,371	3,411	3,445	3,577
5	2,549	2,819	2,968	3,070	3,147	3,209	3,261	3,305	3,344	3,378	3,507
6	2,513	2,780	2,927	3,028	3,104	3,166	3,217	3,260	3,298	3,332	3,460
7	2,487	2,752	2,898	2,998	3,073	3,134	3,184	3,228	3,266	3,299	3,425
8	2,468	2,730	2,875	2,974	3,050	3,110	3,160	3,203	3,240	3,274	3,399
9	2,453	2,714	2,858	2,956	3,031	3,091	3,141	3,184	3,221	3,254	3,378
10	2,440	2,700	2,843	2,942	3,016	3,076	3,125	3,168	3,205	3,238	3,362
11	2,430	2,689	2,832	2,930	3,004	3,063	3,113	3,155	3,192	3,225	3,348
12	2,422	2,680	2,822	2,920	2,993	3,053	3,102	3,144	3,181	3,214	3,337
13	2,415	2,672	2,814	2,911	2,985	3,044	3,093	3,135	3,172	3,204	3,327
14	2,408	2,665	2,807	2,904	2,977	3,036	3,085	3,127	3,164	3,196	3,319
15	2,403	2,659	2,801	2,897	2,971	3,029	3,078	3,120	3,157	3,189	3,312
16	2,398	2,654	2,795	2,892	2,965	3,024	3,073	3,114	3,151	3,183	3,305
17	2,394	2,650	2,790	2,887	2,960	3,018	3,067	3,109	3,146	3,178	3,300
18	2,391	2,646	2,786	2,882	2,955	3,014	3,063	3,104	3,141	3,173	3,295
19	2,387	2,642	2,782	2,878	2,951	3,010	3,058	3,100	3,136	3,169	3,290
20	2,384	2,639	2,779	2,875	2,948	3,006	3,055	3,096	3,133	3,165	3,286
25	2,373	2,626	2,766	2,861	2,934	2,992	3,040	3,082	3,118	3,150	3,271
30	2,365	2,618	2,757	2,852	2,924	2,982	3,031	3,072	3,108	3,140	3,260
35	2,360	2,612	2,751	2,846	2,918	2,976	3,024	3,065	3,101	3,133	3,253
40	2,356	2,607	2,746	2,841	2,913	2,970	3,019	3,060	3,096	3,127	3,247
45	2,353	2,604	2,742	2,837	2,909	2,966	3,014	3,056	3,091	3,123	3,243
50	2,350	2,601	2,739	2,834	2,906	2,963	3,011	3,052	3,088	3,120	3,239
60	2,346	2,597	2,735	2,829	2,901	2,959	3,006	3,047	3,083	3,115	3,234
70	2,343	2,594	2,732	2,826	2,898	2,955	3,003	3,044	3,080	3,111	3,230
80	2,341	2,591	2,729	2,824	2,895	2,953	3,000	3,041	3,077	3,108	3,228
90	2,340	2,590	2,727	2,822	2,893	2,950	2,998	3,039	3,075	3,106	3,225
100	2,338	2,588	2,726	2,820	2,892	2,949	2,997	3,037	3,073	3,105	3,224
150	2,335	2,584	2,721	2,816	2,887	2,944	2,992	3,032	3,068	3,100	3,218
200	2,333	2,582	2,719	2,813	2,885	2,942	2,989	3,030	3,066	3,097	3,216
250	2,331	2,581	2,718	2,812	2,883	2,940	2,988	3,028	3,064	3,095	3,214
300	2,331	2,580	2,717	2,811	2,882	2,939	2,987	3,027	3,063	3,094	3,213
350	2,330	2,579	2,716	2,810	2,881	2,939	2,986	3,027	3,062	3,094	3,212
400	2,330	2,579	2,716	2,810	2,881	2,938	2,986	3,026	3,062	3,093	3,212
450	2,329	2,578	2,715	2,809	2,881	2,938	2,985	3,026	3,061	3,093	3,211
500	2,329	2,578	2,715	2,809	2,880	2,937	2,985	3,026	3,061	3,092	3,211
600	2,329	2,578	2,715	2,809	2,880	2,937	2,984	3,025	3,060	3,092	3,211
700	2,329	2,577	2,714	2,808	2,879	2,936	2,984	3,025	3,060	3,092	3,210
800	2,328	2,577	2,714	2,808	2,879	2,936	2,984	3,024	3,060	3,091	3,210
900	2,328	2,577	2,714	2,808	2,879	2,936	2,984	3,024	3,060	3,091	3,210
1 000	2,328	2,577	2,714	2,808	2,879	2,936	2,983	3,024	3,059	3,091	3,209
∞	2,327	2,575	2,712	2,806	2,877	2,934	2,982	3,023	3,058	3,089	3,208

Tabelle C.4 — Faktoren k für einseitig begrenzte Prognosebereiche bei einem Vertrauensniveau von 99 % und bekannter Standardabweichung der Grundgesamtheit *(fortgesetzt)*
Table C.4 — One-sided prediction interval factors, k, at confidence level 99 % for known population standard deviation *(continued)*

n	m										
	20	**30**	**40**	**50**	**60**	**80**	**100**	**150**	**200**	**250**	**500**
2	3,994	4,126	4,217	4,287	4,343	4,43	4,496	4,613	4,695	4,757	4,945
3	3,781	3,908	3,996	4,064	4,118	4,201	4,265	4,379	4,459	4,519	4,702
4	3,667	3,791	3,878	3,943	3,996	4,078	4,141	4,252	4,330	4,389	4,568
5	3,596	3,718	3,803	3,868	3,920	4,000	4,062	4,172	4,248	4,307	4,483
6	3,548	3,668	3,752	3,816	3,867	3,947	4,008	4,117	4,192	4,250	4,425
7	3,512	3,632	3,715	3,778	3,829	3,908	3,969	4,076	4,151	4,209	4,382
8	3,486	3,604	3,687	3,750	3,800	3,879	3,939	4,046	4,120	4,177	4,349
9	3,465	3,583	3,665	3,727	3,777	3,856	3,915	4,022	4,096	4,152	4,324
10	3,448	3,565	3,647	3,709	3,759	3,837	3,896	4,002	4,076	4,132	4,303
11	3,434	3,551	3,632	3,694	3,744	3,821	3,881	3,986	4,059	4,116	4,286
12	3,422	3,539	3,620	3,681	3,731	3,808	3,867	3,973	4,046	4,102	4,271
13	3,412	3,529	3,609	3,671	3,720	3,797	3,856	3,961	4,034	4,090	4,259
14	3,403	3,520	3,600	3,662	3,711	3,788	3,847	3,951	4,024	4,080	4,248
15	3,396	3,512	3,592	3,654	3,703	3,780	3,838	3,943	4,015	4,071	4,239
16	3,389	3,505	3,585	3,647	3,696	3,772	3,831	3,935	4,008	4,063	4,231
17	3,384	3,499	3,579	3,640	3,690	3,766	3,824	3,928	4,001	4,056	4,224
18	3,379	3,494	3,574	3,635	3,684	3,760	3,819	3,923	3,995	4,050	4,218
19	3,374	3,489	3,569	3,630	3,679	3,755	3,813	3,917	3,989	4,045	4,212
20	3,370	3,485	3,565	3,625	3,674	3,751	3,809	3,912	3,984	4,040	4,207
25	3,354	3,469	3,548	3,608	3,657	3,733	3,791	3,894	3,966	4,021	4,187
30	3,343	3,458	3,537	3,597	3,646	3,721	3,779	3,882	3,953	4,008	4,174
35	3,336	3,450	3,529	3,589	3,637	3,713	3,770	3,873	3,944	3,999	4,164
40	3,330	3,444	3,523	3,583	3,631	3,706	3,764	3,866	3,938	3,992	4,157
45	3,326	3,439	3,518	3,578	3,626	3,701	3,759	3,861	3,932	3,987	4,152
50	3,322	3,436	3,514	3,574	3,622	3,697	3,755	3,857	3,928	3,982	4,147
60	3,317	3,430	3,508	3,568	3,617	3,692	3,749	3,851	3,922	3,976	4,140
70	3,313	3,426	3,504	3,564	3,612	3,687	3,744	3,846	3,917	3,971	4,136
80	3,310	3,423	3,501	3,561	3,609	3,684	3,741	3,843	3,914	3,968	4,132
90	3,308	3,421	3,499	3,559	3,607	3,682	3,739	3,840	3,911	3,965	4,129
100	3,306	3,419	3,497	3,557	3,605	3,680	3,737	3,838	3,909	3,963	4,127
150	3,301	3,413	3,491	3,551	3,599	3,674	3,730	3,832	3,903	3,957	4,120
200	3,298	3,411	3,489	3,548	3,596	3,671	3,727	3,829	3,899	3,953	4,117
250	3,296	3,409	3,487	3,546	3,594	3,669	3,726	3,827	3,898	3,951	4,115
300	3,295	3,408	3,486	3,545	3,593	3,668	3,724	3,826	3,896	3,950	4,114
350	3,294	3,407	3,485	3,544	3,592	3,667	3,724	3,825	3,895	3,949	4,113
400	3,294	3,406	3,484	3,544	3,592	3,666	3,723	3,824	3,895	3,949	4,112
450	3,293	3,406	3,484	3,543	3,591	3,666	3,722	3,824	3,894	3,948	4,111
500	3,293	3,405	3,483	3,543	3,591	3,665	3,722	3,823	3,894	3,948	4,111
600	3,292	3,405	3,483	3,542	3,590	3,665	3,721	3,823	3,893	3,947	4,110
700	3,292	3,405	3,482	3,542	3,590	3,664	3,721	3,822	3,893	3,946	4,110
800	3,292	3,404	3,482	3,541	3,589	3,664	3,721	3,822	3,892	3,946	4,109
900	3,291	3,404	3,482	3,541	3,589	3,664	3,720	3,822	3,892	3,946	4,109
1 000	3,291	3,404	3,482	3,541	3,589	3,663	3,720	3,821	3,892	3,946	4,109
∞	3,290	3,402	3,480	3,539	3,587	3,661	3,718	3,819	3,890	3,944	4,107

Tabelle C.4 — Faktoren k für einseitig begrenzte Prognosebereiche bei einem Vertrauensniveau von 99 % und bekannter Standardabweichung der Grundgesamtheit *(fortgesetzt)*
Table C.4 — One-sided prediction interval factors, k, at confidence level 99 % for known population standard deviation *(continued)*

n	m									
	1 000	**2 000**	**5 000**	**10 000**	**20 000**	**50 000**	**100 000**	**200 000**	**500 000**	**1 000 000**
2	5,125	5,298	5,518	5,677	5,832	6,029	6,174	6,315	6,495	6,628
3	4,877	5,047	5,262	5,418	5,571	5,765	5,908	6,046	6,225	6,356
4	4,741	4,907	5,119	5,274	5,424	5,616	5,757	5,894	6,071	6,201
5	4,654	4,818	5,028	5,181	5,329	5,520	5,659	5,796	5,971	6,100
6	4,594	4,756	4,964	5,116	5,263	5,452	5,591	5,726	5,900	6,029
7	4,549	4,711	4,917	5,068	5,214	5,402	5,540	5,674	5,848	5,975
8	4,516	4,676	4,881	5,031	5,177	5,363	5,500	5,634	5,807	5,934
9	4,489	4,649	4,853	5,002	5,147	5,333	5,469	5,603	5,774	5,901
10	4,467	4,627	4,830	4,978	5,123	5,308	5,444	5,577	5,748	5,874
11	4,450	4,608	4,811	4,959	5,102	5,287	5,423	5,555	5,726	5,852
12	4,435	4,593	4,795	4,942	5,086	5,270	5,405	5,537	5,707	5,833
13	4,422	4,580	4,781	4,928	5,071	5,255	5,390	5,522	5,691	5,817
14	4,411	4,568	4,769	4,916	5,059	5,242	5,377	5,508	5,678	5,803
15	4,402	4,559	4,759	4,905	5,048	5,231	5,365	5,497	5,666	5,790
16	4,393	4,550	4,750	4,896	5,038	5,221	5,355	5,486	5,655	5,780
17	4,386	4,542	4,742	4,888	5,030	5,212	5,346	5,477	5,646	5,770
18	4,379	4,535	4,735	4,881	5,023	5,205	5,338	5,469	5,637	5,762
19	4,373	4,529	4,728	4,874	5,016	5,198	5,331	5,462	5,630	5,754
20	4,368	4,524	4,723	4,868	5,010	5,191	5,325	5,455	5,623	5,747
25	4,347	4,503	4,701	4,846	4,986	5,167	5,300	5,430	5,597	5,721
30	4,334	4,489	4,686	4,830	4,971	5,151	5,283	5,413	5,580	5,703
35	4,324	4,478	4,675	4,819	4,960	5,139	5,272	5,401	5,567	5,690
40	4,317	4,471	4,667	4,811	4,951	5,131	5,263	5,392	5,558	5,680
45	4,311	4,465	4,661	4,805	4,944	5,124	5,256	5,384	5,550	5,673
50	4,306	4,460	4,656	4,800	4,939	5,118	5,250	5,379	5,544	5,667
60	4,299	4,453	4,649	4,792	4,931	5,110	5,241	5,370	5,535	5,658
70	4,294	4,448	4,643	4,786	4,926	5,104	5,235	5,364	5,529	5,651
80	4,291	4,444	4,639	4,782	4,921	5,100	5,231	5,359	5,524	5,646
90	4,288	4,441	4,636	4,779	4,918	5,096	5,227	5,355	5,521	5,642
100	4,285	4,438	4,634	4,776	4,915	5,093	5,225	5,353	5,518	5,639
150	4,278	4,431	4,626	4,769	4,907	5,085	5,216	5,344	5,509	5,630
200	4,275	4,427	4,622	4,765	4,903	5,081	5,212	5,339	5,504	5,625
250	4,273	4,425	4,620	4,762	4,901	5,079	5,209	5,337	5,501	5,623
300	4,271	4,424	4,618	4,761	4,899	5,077	5,207	5,335	5,500	5,621
350	4,270	4,423	4,617	4,760	4,898	5,076	5,206	5,334	5,498	5,620
400	4,270	4,422	4,617	4,759	4,897	5,075	5,205	5,333	5,497	5,619
450	4,269	4,421	4,616	4,758	4,897	5,074	5,205	5,332	5,496	5,618
500	4,268	4,421	4,615	4,758	4,896	5,074	5,204	5,332	5,496	5,617
600	4,268	4,420	4,615	4,757	4,895	5,073	5,203	5,331	5,495	5,616
700	4,267	4,420	4,614	4,756	4,895	5,072	5,203	5,330	5,494	5,616
800	4,267	4,419	4,614	4,756	4,894	5,072	5,202	5,330	5,494	5,615
900	4,267	4,419	4,613	4,756	4,894	5,071	5,202	5,329	5,493	5,615
1 000	4,266	4,419	4,613	4,755	4,894	5,071	5,201	5,329	5,493	5,614
∞	4,264	4,417	4,611	4,753	4,891	5,069	5,199	5,326	5,490	5,612

ANMERKUNG Diese Tabelle enthält Faktoren k mit der Eigenschaft, dass mit einem Vertrauensniveau von 99 % keiner der nächsten m Beobachtungswerte aus einer normalverteilten Grundgesamtheit außerhalb des Bereichs $(-\infty, \bar{x} + k\sigma)$ liegen wird, wobei $\bar{x}$ aus einer Zufallsstichprobe vom Umfang n aus derselben Grundgesamtheit ermittelt wurde. Analoges gilt für den Bereich $(\bar{x} - k\sigma, \infty)$.

NOTE This table provides factors k such that one may be at least 99 % confident that none of the next m observations from a normally distributed population will lie outside the range $(-\infty, \bar{x} + k\sigma)$, where $\bar{x}$ is derived from a random sample of size n from the same population. Similarly for the range $(\bar{x} - k\sigma, \infty)$.

Tabelle C.5 — Faktoren k für einseitig begrenzte Prognosebereiche bei einem Vertrauensniveau von 99,5 % und bekannter Standardabweichung der Grundgesamtheit
Table C.5 — One-sided prediction interval factors, k, at confidence level 99,5 % for known population standard deviation

n	m										
	1	**2**	**3**	**4**	**5**	**6**	**7**	**8**	**9**	**10**	**15**
2	3,155	3,432	3,586	3,692	3,772	3,836	3,890	3,936	3,976	4,012	4,146
3	2,975	3,238	3,385	3,485	3,562	3,623	3,674	3,718	3,757	3,791	3,919
4	2,880	3,137	3,279	3,377	3,451	3,511	3,560	3,603	3,640	3,673	3,798
5	2,822	3,074	3,213	3,309	3,382	3,441	3,490	3,532	3,568	3,601	3,723
6	2,783	3,031	3,169	3,264	3,336	3,393	3,442	3,483	3,519	3,551	3,672
7	2,754	3,000	3,137	3,231	3,302	3,359	3,407	3,448	3,484	3,515	3,635
8	2,733	2,977	3,112	3,205	3,276	3,333	3,381	3,421	3,457	3,488	3,607
9	2,716	2,958	3,093	3,186	3,256	3,313	3,360	3,400	3,436	3,467	3,585
10	2,702	2,944	3,078	3,170	3,240	3,296	3,343	3,383	3,419	3,450	3,567
11	2,691	2,931	3,065	3,157	3,227	3,283	3,329	3,370	3,405	3,436	3,553
12	2,682	2,921	3,054	3,146	3,216	3,271	3,318	3,358	3,393	3,424	3,541
13	2,674	2,913	3,045	3,137	3,206	3,262	3,308	3,348	3,383	3,414	3,530
14	2,667	2,905	3,038	3,129	3,198	3,254	3,300	3,340	3,374	3,405	3,521
15	2,661	2,899	3,031	3,122	3,191	3,246	3,293	3,332	3,367	3,398	3,514
16	2,656	2,893	3,025	3,116	3,185	3,240	3,286	3,326	3,360	3,391	3,507
17	2,651	2,888	3,020	3,110	3,179	3,234	3,281	3,320	3,355	3,385	3,501
18	2,647	2,884	3,015	3,106	3,174	3,230	3,276	3,315	3,349	3,380	3,495
19	2,643	2,880	3,011	3,101	3,170	3,225	3,271	3,310	3,345	3,375	3,491
20	2,640	2,876	3,007	3,098	3,166	3,221	3,267	3,306	3,341	3,371	3,486
25	2,627	2,863	2,993	3,083	3,151	3,206	3,251	3,291	3,325	3,355	3,470
30	2,619	2,853	2,983	3,073	3,141	3,196	3,241	3,280	3,314	3,344	3,459
35	2,613	2,847	2,977	3,066	3,134	3,188	3,234	3,273	3,307	3,337	3,451
40	2,608	2,842	2,971	3,061	3,128	3,183	3,228	3,267	3,301	3,331	3,445
45	2,605	2,838	2,967	3,057	3,124	3,178	3,224	3,263	3,296	3,327	3,440
50	2,602	2,835	2,964	3,053	3,121	3,175	3,220	3,259	3,293	3,323	3,436
60	2,598	2,830	2,959	3,048	3,116	3,170	3,215	3,254	3,288	3,318	3,431
70	2,595	2,827	2,956	3,045	3,112	3,166	3,211	3,250	3,284	3,314	3,427
80	2,592	2,825	2,953	3,042	3,109	3,163	3,208	3,247	3,281	3,311	3,424
90	2,591	2,823	2,951	3,040	3,107	3,161	3,206	3,245	3,279	3,309	3,422
100	2,589	2,821	2,950	3,038	3,105	3,159	3,205	3,243	3,277	3,307	3,420
150	2,585	2,816	2,945	3,033	3,100	3,154	3,199	3,238	3,271	3,301	3,414
200	2,583	2,814	2,942	3,031	3,098	3,152	3,197	3,235	3,269	3,299	3,411
250	2,581	2,813	2,941	3,029	3,096	3,150	3,195	3,234	3,267	3,297	3,410
300	2,581	2,812	2,940	3,028	3,095	3,149	3,194	3,232	3,266	3,296	3,408
350	2,580	2,811	2,939	3,028	3,095	3,148	3,193	3,232	3,265	3,295	3,408
400	2,580	2,811	2,939	3,027	3,094	3,148	3,193	3,231	3,265	3,294	3,407
450	2,579	2,810	2,938	3,027	3,094	3,147	3,192	3,231	3,264	3,294	3,407
500	2,579	2,810	2,938	3,026	3,093	3,147	3,192	3,230	3,264	3,294	3,406
600	2,578	2,809	2,938	3,026	3,093	3,146	3,191	3,230	3,263	3,293	3,406
700	2,578	2,809	2,937	3,025	3,092	3,146	3,191	3,229	3,263	3,293	3,405
800	2,578	2,809	2,937	3,025	3,092	3,146	3,191	3,229	3,263	3,292	3,405
900	2,578	2,809	2,937	3,025	3,092	3,146	3,190	3,229	3,262	3,292	3,405
1 000	2,578	2,809	2,937	3,025	3,092	3,145	3,190	3,229	3,262	3,292	3,404
∞	2,576	2,807	2,935	3,023	3,090	3,144	3,189	3,227	3,261	3,290	3,403

Tabelle C.5 — Faktoren k für einseitig begrenzte Prognosebereiche bei einem Vertrauensniveau von 99,5 % und bekannter Standardabweichung der Grundgesamtheit *(fortgesetzt)*
Table C.5 — One-sided prediction interval factors, k, at confidence level 99,5 % for known population standard deviation *(continued)*

n	m										
	20	**30**	**40**	**50**	**60**	**80**	**100**	**150**	**200**	**250**	**500**
2	4,239	4,366	4,454	4,522	4,576	4,660	4,724	4,838	4,918	4,978	5,162
3	4,008	4,130	4,215	4,279	4,331	4,412	4,474	4,584	4,661	4,720	4,897
4	3,885	4,004	4,086	4,149	4,200	4,279	4,339	4,447	4,522	4,579	4,753
5	3,808	3,925	4,006	4,068	4,118	4,196	4,255	4,361	4,435	4,491	4,662
6	3,756	3,872	3,952	4,013	4,062	4,139	4,197	4,302	4,375	4,431	4,600
7	3,718	3,833	3,912	3,973	4,021	4,097	4,155	4,259	4,331	4,387	4,554
8	3,690	3,803	3,882	3,942	3,990	4,066	4,124	4,227	4,298	4,353	4,520
9	3,667	3,780	3,858	3,918	3,966	4,041	4,099	4,201	4,272	4,327	4,492
10	3,649	3,761	3,839	3,899	3,947	4,021	4,078	4,180	4,251	4,306	4,470
11	3,634	3,746	3,823	3,883	3,931	4,005	4,062	4,163	4,234	4,288	4,452
12	3,622	3,733	3,810	3,869	3,917	3,991	4,048	4,149	4,219	4,273	4,437
13	3,611	3,722	3,799	3,858	3,906	3,980	4,036	4,137	4,207	4,261	4,424
14	3,602	3,713	3,790	3,848	3,896	3,969	4,026	4,126	4,197	4,250	4,413
15	3,594	3,705	3,781	3,840	3,887	3,961	4,017	4,117	4,187	4,241	4,403
16	3,587	3,697	3,774	3,832	3,880	3,953	4,009	4,109	4,179	4,233	4,395
17	3,581	3,691	3,767	3,826	3,873	3,946	4,002	4,102	4,172	4,225	4,387
18	3,575	3,685	3,762	3,820	3,867	3,940	3,996	4,096	4,166	4,219	4,381
19	3,570	3,680	3,757	3,815	3,862	3,935	3,991	4,091	4,160	4,213	4,375
20	3,566	3,676	3,752	3,810	3,857	3,930	3,986	4,086	4,155	4,208	4,369
25	3,549	3,658	3,734	3,792	3,839	3,911	3,967	4,066	4,135	4,188	4,349
30	3,538	3,647	3,722	3,780	3,827	3,899	3,954	4,053	4,122	4,175	4,335
35	3,530	3,638	3,714	3,771	3,818	3,890	3,945	4,044	4,113	4,165	4,325
40	3,524	3,632	3,707	3,765	3,811	3,883	3,939	4,037	4,106	4,158	4,317
45	3,519	3,627	3,702	3,760	3,806	3,878	3,933	4,032	4,100	4,152	4,312
50	3,515	3,623	3,698	3,756	3,802	3,874	3,929	4,027	4,096	4,148	4,307
60	3,509	3,617	3,692	3,750	3,796	3,868	3,923	4,021	4,089	4,141	4,300
70	3,505	3,613	3,688	3,745	3,791	3,863	3,918	4,016	4,084	4,136	4,295
80	3,502	3,610	3,685	3,742	3,788	3,860	3,915	4,012	4,081	4,133	4,291
90	3,500	3,608	3,682	3,739	3,785	3,857	3,912	4,010	4,078	4,130	4,288
100	3,498	3,606	3,680	3,737	3,783	3,855	3,910	4,008	4,076	4,128	4,286
150	3,492	3,600	3,674	3,731	3,777	3,849	3,903	4,001	4,069	4,121	4,279
200	3,489	3,597	3,671	3,728	3,774	3,846	3,900	3,998	4,066	4,118	4,275
250	3,488	3,595	3,669	3,726	3,772	3,844	3,898	3,996	4,064	4,116	4,273
300	3,486	3,594	3,668	3,725	3,771	3,842	3,897	3,994	4,062	4,114	4,272
350	3,486	3,593	3,667	3,724	3,770	3,841	3,896	3,993	4,061	4,113	4,271
400	3,485	3,592	3,667	3,724	3,769	3,841	3,895	3,993	4,061	4,113	4,270
450	3,484	3,592	3,666	3,723	3,769	3,840	3,895	3,992	4,06	4,112	4,270
500	3,484	3,591	3,666	3,723	3,768	3,840	3,894	3,992	4,060	4,111	4,269
600	3,484	3,591	3,665	3,722	3,768	3,839	3,894	3,991	4,059	4,111	4,268
700	3,483	3,590	3,665	3,722	3,767	3,839	3,893	3,991	4,058	4,110	4,268
800	3,483	3,590	3,664	3,721	3,767	3,838	3,893	3,990	4,058	4,110	4,267
900	3,483	3,590	3,664	3,721	3,767	3,838	3,893	3,990	4,058	4,110	4,267
1 000	3,482	3,590	3,664	3,721	3,767	3,838	3,892	3,990	4,058	4,109	4,267
∞	3,481	3,588	3,662	3,719	3,765	3,836	3,890	3,988	4,056	4,107	4,265

Tabelle C.5 — Faktoren k für einseitig begrenzte Prognosebereiche bei einem Vertrauensniveau von 99,5 % und bekannter Standardabweichung der Grundgesamtheit *(fortgesetzt)*

Table C.5 — One-sided prediction interval factors, k, at confidence level 99,5 % for known population standard deviation *(continued)*

n	m									
	1 000	**2 000**	**5 000**	**10 000**	**20 000**	**50 000**	**100 000**	**200 000**	**500 000**	**1 000 000**
2	5,338	5,508	5,724	5,882	6,034	6,230	6,373	6,512	6,691	6,823
3	5,069	5,234	5,445	5,599	5,749	5,940	6,081	6,218	6,394	6,524
4	4,921	5,084	5,291	5,442	5,590	5,778	5,917	6,053	6,227	6,355
5	4,828	4,988	5,193	5,342	5,488	5,674	5,812	5,946	6,118	6,246
6	4,764	4,922	5,124	5,273	5,417	5,602	5,738	5,871	6,042	6,169
7	4,717	4,874	5,075	5,221	5,365	5,548	5,683	5,816	5,986	6,112
8	4,681	4,837	5,036	5,182	5,325	5,507	5,642	5,773	5,942	6,067
9	4,653	4,808	5,006	5,152	5,293	5,475	5,609	5,739	5,908	6,032
10	4,630	4,784	4,982	5,127	5,267	5,448	5,582	5,712	5,880	6,004
11	4,611	4,765	4,962	5,106	5,246	5,427	5,559	5,689	5,857	5,980
12	4,595	4,749	4,945	5,089	5,229	5,408	5,541	5,670	5,837	5,960
13	4,582	4,735	4,931	5,074	5,214	5,393	5,525	5,654	5,820	5,943
14	4,571	4,723	4,918	5,061	5,201	5,379	5,511	5,640	5,806	5,929
15	4,561	4,713	4,908	5,050	5,189	5,368	5,499	5,628	5,793	5,916
16	4,552	4,704	4,898	5,041	5,179	5,357	5,489	5,617	5,782	5,905
17	4,544	4,696	4,890	5,032	5,170	5,348	5,479	5,607	5,773	5,895
18	4,537	4,689	4,882	5,024	5,163	5,340	5,471	5,599	5,764	5,886
19	4,531	4,682	4,876	5,017	5,156	5,333	5,464	5,591	5,756	5,878
20	4,525	4,677	4,870	5,011	5,149	5,326	5,457	5,585	5,749	5,871
25	4,504	4,654	4,847	4,988	5,125	5,301	5,431	5,558	5,722	5,843
30	4,490	4,640	4,831	4,972	5,109	5,285	5,414	5,541	5,704	5,825
35	4,479	4,629	4,820	4,961	5,097	5,273	5,402	5,528	5,691	5,811
40	4,472	4,621	4,812	4,952	5,088	5,263	5,392	5,519	5,681	5,801
45	4,466	4,615	4,806	4,945	5,081	5,256	5,385	5,511	5,674	5,794
50	4,461	4,610	4,800	4,940	5,076	5,251	5,379	5,505	5,668	5,787
60	4,454	4,602	4,793	4,932	5,068	5,242	5,371	5,496	5,658	5,778
70	4,448	4,597	4,787	4,926	5,062	5,236	5,364	5,490	5,652	5,771
80	4,444	4,593	4,783	4,922	5,057	5,232	5,360	5,485	5,647	5,766
90	4,441	4,590	4,780	4,919	5,054	5,228	5,356	5,481	5,643	5,762
100	4,439	4,587	4,777	4,916	5,051	5,225	5,353	5,478	5,640	5,759
150	4,432	4,580	4,769	4,908	5,043	5,217	5,344	5,469	5,631	5,750
200	4,428	4,576	4,765	4,904	5,039	5,212	5,340	5,465	5,626	5,745
250	4,426	4,574	4,763	4,901	5,036	5,210	5,337	5,462	5,623	5,742
300	4,424	4,572	4,761	4,900	5,035	5,208	5,336	5,460	5,621	5,740
350	4,423	4,571	4,760	4,899	5,033	5,207	5,334	5,459	5,620	5,739
400	4,423	4,570	4,759	4,898	5,033	5,206	5,333	5,458	5,619	5,738
450	4,422	4,570	4,759	4,897	5,032	5,205	5,333	5,457	5,618	5,737
500	4,422	4,569	4,758	4,897	5,031	5,205	5,332	5,457	5,618	5,737
600	4,421	4,569	4,757	4,896	5,030	5,204	5,331	5,456	5,617	5,736
700	4,420	4,568	4,757	4,895	5,030	5,203	5,331	5,455	5,616	5,735
800	4,420	4,568	4,756	4,895	5,029	5,203	5,330	5,455	5,616	5,734
900	4,420	4,567	4,756	4,894	5,029	5,202	5,330	5,454	5,615	5,734
1 000	4,419	4,567	4,756	4,894	5,029	5,202	5,329	5,454	5,615	5,734
∞	4,417	4,565	4,753	4,892	5,026	5,199	5,327	5,451	5,612	5,731

ANMERKUNG Diese Tabelle enthält Faktoren k mit der Eigenschaft, dass mit einem Vertrauensniveau von 99,5 % keiner der nächsten m Beobachtungswerte aus einer normalverteilten Grundgesamtheit außerhalb des Bereichs $(-\infty, \bar{x} + k\sigma)$ liegen wird, wobei $\bar{x}$ aus einer Zufallsstichprobe vom Umfang n aus derselben Grundgesamtheit ermittelt wurde. Analoges gilt für den Bereich $(\bar{x} - k\sigma, \infty)$.

NOTE This table provides factors k such that one may be at least 99,5 % confident that none of the next m observations from a normally distributed population will lie outside the range $(-\infty, \bar{x} + k\sigma)$, where $\bar{x}$ is derived from a random sample of size n from the same population. Similarly for the range $(\bar{x} - k\sigma, \infty)$.

Tabelle C.6 — Faktoren k für einseitig begrenzte Prognosebereiche bei einem Vertrauensniveau von 99,9 % und bekannter Standardabweichung der Grundgesamtheit

Table C.6 — One-sided prediction interval factors, k, at confidence level 99,9 % for known population standard deviation

n	m										
	1	2	3	4	5	6	7	8	9	10	15
2	3,785	4,028	4,165	4,259	4,331	4,389	4,438	4,479	4,516	4,548	4,670
3	3,569	3,799	3,928	4,018	4,086	4,141	4,187	4,226	4,261	4,292	4,408
4	3,455	3,679	3,804	3,891	3,957	4,010	4,055	4,093	4,127	4,157	4,270
5	3,386	3,605	3,728	3,813	3,878	3,930	3,974	4,011	4,044	4,073	4,184
6	3,338	3,554	3,676	3,760	3,824	3,875	3,918	3,955	3,988	4,017	4,126
7	3,304	3,518	3,638	3,721	3,784	3,836	3,878	3,915	3,947	3,976	4,084
8	3,278	3,490	3,609	3,692	3,755	3,806	3,848	3,884	3,916	3,945	4,052
9	3,258	3,469	3,587	3,669	3,732	3,782	3,824	3,860	3,892	3,920	4,027
10	3,242	3,451	3,569	3,651	3,713	3,763	3,805	3,841	3,873	3,901	4,007
11	3,228	3,437	3,554	3,636	3,698	3,748	3,789	3,825	3,857	3,884	3,990
12	3,217	3,425	3,542	3,623	3,685	3,735	3,776	3,812	3,843	3,871	3,976
13	3,207	3,415	3,532	3,612	3,674	3,724	3,765	3,801	3,832	3,860	3,965
14	3,199	3,406	3,523	3,603	3,665	3,714	3,755	3,791	3,822	3,850	3,954
15	3,192	3,399	3,515	3,595	3,656	3,706	3,747	3,783	3,814	3,841	3,946
16	3,186	3,392	3,508	3,588	3,649	3,699	3,740	3,775	3,806	3,834	3,938
17	3,180	3,386	3,502	3,582	3,643	3,692	3,733	3,769	3,800	3,827	3,931
18	3,175	3,381	3,496	3,576	3,637	3,686	3,728	3,763	3,794	3,821	3,925
19	3,171	3,376	3,492	3,571	3,632	3,681	3,722	3,758	3,788	3,816	3,920
20	3,167	3,372	3,487	3,567	3,628	3,677	3,718	3,753	3,784	3,811	3,915
25	3,152	3,356	3,471	3,550	3,611	3,659	3,700	3,735	3,766	3,793	3,896
30	3,142	3,345	3,460	3,539	3,599	3,648	3,688	3,723	3,754	3,781	3,884
35	3,135	3,338	3,452	3,530	3,591	3,639	3,680	3,715	3,745	3,772	3,875
40	3,129	3,332	3,446	3,524	3,584	3,633	3,673	3,708	3,739	3,766	3,868
45	3,125	3,327	3,441	3,520	3,580	3,628	3,668	3,703	3,733	3,760	3,863
50	3,121	3,324	3,437	3,516	3,576	3,624	3,664	3,699	3,729	3,756	3,859
60	3,116	3,318	3,432	3,510	3,570	3,618	3,658	3,693	3,723	3,750	3,852
70	3,113	3,314	3,428	3,506	3,566	3,614	3,654	3,689	3,719	3,746	3,848
80	3,110	3,311	3,425	3,503	3,563	3,611	3,651	3,685	3,716	3,743	3,844
90	3,108	3,309	3,422	3,500	3,560	3,608	3,648	3,683	3,713	3,740	3,842
100	3,106	3,307	3,420	3,499	3,558	3,606	3,646	3,681	3,711	3,738	3,840
150	3,101	3,302	3,415	3,493	3,552	3,600	3,640	3,675	3,705	3,732	3,833
200	3,098	3,299	3,412	3,490	3,549	3,597	3,637	3,672	3,702	3,729	3,830
250	3,097	3,298	3,410	3,488	3,548	3,595	3,636	3,670	3,700	3,727	3,828
300	3,096	3,296	3,409	3,487	3,546	3,594	3,634	3,669	3,699	3,726	3,827
350	3,095	3,296	3,408	3,486	3,546	3,593	3,633	3,668	3,698	3,725	3,826
400	3,095	3,295	3,408	3,486	3,545	3,593	3,633	3,667	3,697	3,724	3,825
450	3,094	3,295	3,407	3,485	3,544	3,592	3,632	3,667	3,697	3,724	3,825
500	3,094	3,294	3,407	3,485	3,544	3,592	3,632	3,666	3,696	3,723	3,824
600	3,093	3,294	3,406	3,484	3,543	3,591	3,631	3,666	3,696	3,722	3,824
700	3,093	3,293	3,406	3,484	3,543	3,591	3,631	3,665	3,695	3,722	3,823
800	3,093	3,293	3,405	3,483	3,543	3,591	3,631	3,665	3,695	3,722	3,823
900	3,092	3,293	3,405	3,483	3,542	3,590	3,630	3,665	3,695	3,721	3,823
1 000	3,092	3,293	3,405	3,483	3,542	3,590	3,630	3,664	3,695	3,721	3,823
∞	3,091	3,291	3,403	3,481	3,540	3,588	3,628	3,663	3,693	3,719	3,821

Tabelle C.6 — Faktoren k für einseitig begrenzte Prognosebereiche bei einem Vertrauensniveau von 99,9 % und bekannter Standardabweichung der Grundgesamtheit *(fortgesetzt)*
Table C.6 — One-sided prediction interval factors, k, at confidence level 99,9 % for known population standard deviation *(continued)*

n	m										
	20	**30**	**40**	**50**	**60**	**80**	**100**	**150**	**200**	**250**	**500**
2	4,755	4,873	4,954	5,017	5,067	5,146	5,206	5,313	5,388	5,445	5,619
3	4,489	4,601	4,678	4,738	4,786	4,861	4,918	5,021	5,093	5,148	5,315
4	4,348	4,457	4,532	4,590	4,637	4,709	4,765	4,865	4,935	4,988	5,151
5	4,261	4,367	4,441	4,498	4,544	4,616	4,670	4,768	4,837	4,889	5,049
6	4,202	4,307	4,380	4,436	4,481	4,552	4,606	4,702	4,770	4,822	4,979
7	4,159	4,263	4,335	4,391	4,435	4,505	4,559	4,655	4,721	4,773	4,929
8	4,126	4,230	4,301	4,356	4,401	4,470	4,523	4,618	4,685	4,736	4,890
9	4,101	4,203	4,275	4,330	4,374	4,443	4,495	4,590	4,656	4,706	4,860
10	4,080	4,182	4,254	4,308	4,352	4,420	4,473	4,567	4,633	4,683	4,836
11	4,064	4,165	4,236	4,290	4,334	4,402	4,454	4,548	4,614	4,664	4,816
12	4,050	4,151	4,221	4,275	4,319	4,387	4,439	4,532	4,598	4,647	4,800
13	4,038	4,139	4,209	4,263	4,306	4,374	4,426	4,519	4,584	4,634	4,785
14	4,027	4,128	4,198	4,252	4,295	4,363	4,415	4,507	4,572	4,622	4,773
15	4,018	4,119	4,189	4,242	4,286	4,353	4,405	4,497	4,562	4,612	4,763
16	4,011	4,111	4,181	4,234	4,277	4,345	4,396	4,489	4,553	4,603	4,753
17	4,004	4,104	4,173	4,227	4,270	4,337	4,389	4,481	4,545	4,595	4,745
18	3,997	4,097	4,167	4,220	4,263	4,330	4,382	4,474	4,538	4,588	4,738
19	3,992	4,092	4,161	4,214	4,257	4,325	4,376	4,468	4,532	4,581	4,731
20	3,987	4,087	4,156	4,209	4,252	4,319	4,370	4,462	4,526	4,576	4,725
25	3,968	4,067	4,136	4,189	4,232	4,299	4,350	4,441	4,505	4,554	4,703
30	3,955	4,054	4,123	4,176	4,218	4,285	4,336	4,427	4,490	4,539	4,688
35	3,946	4,045	4,113	4,166	4,209	4,275	4,326	4,417	4,480	4,529	4,677
40	3,939	4,038	4,106	4,159	4,201	4,267	4,318	4,409	4,472	4,521	4,669
45	3,934	4,032	4,101	4,153	4,196	4,262	4,312	4,403	4,466	4,515	4,663
50	3,930	4,028	4,096	4,149	4,191	4,257	4,308	4,398	4,461	4,510	4,658
60	3,923	4,021	4,090	4,142	4,184	4,250	4,301	4,391	4,454	4,503	4,650
70	3,919	4,017	4,085	4,137	4,179	4,245	4,296	4,386	4,449	4,497	4,645
80	3,915	4,013	4,081	4,133	4,176	4,241	4,292	4,382	4,445	4,493	4,640
90	3,913	4,010	4,078	4,131	4,173	4,239	4,289	4,379	4,442	4,490	4,637
100	3,910	4,008	4,076	4,128	4,170	4,236	4,287	4,377	4,440	4,488	4,635
150	3,904	4,002	4,069	4,122	4,164	4,229	4,279	4,369	4,432	4,480	4,627
200	3,901	3,998	4,066	4,118	4,160	4,226	4,276	4,366	4,429	4,477	4,623
250	3,899	3,996	4,064	4,116	4,158	4,224	4,274	4,364	4,426	4,474	4,621
300	3,897	3,995	4,063	4,115	4,157	4,222	4,272	4,362	4,425	4,473	4,619
350	3,897	3,994	4,062	4,114	4,156	4,221	4,271	4,361	4,424	4,472	4,618
400	3,896	3,993	4,061	4,113	4,155	4,220	4,271	4,360	4,423	4,471	4,618
450	3,895	3,993	4,061	4,112	4,154	4,220	4,270	4,360	4,422	4,471	4,617
500	3,895	3,992	4,060	4,112	4,154	4,219	4,270	4,359	4,422	4,470	4,616
600	3,894	3,992	4,059	4,111	4,153	4,219	4,269	4,359	4,421	4,469	4,616
700	3,894	3,991	4,059	4,111	4,153	4,218	4,268	4,358	4,421	4,469	4,615
800	3,893	3,991	4,059	4,110	4,152	4,218	4,268	4,358	4,420	4,468	4,615
900	3,893	3,990	4,058	4,110	4,152	4,218	4,268	4,357	4,420	4,468	4,614
1 000	3,893	3,990	4,058	4,110	4,152	4,217	4,267	4,357	4,420	4,468	4,614
∞	3,891	3,988	4,056	4,108	4,150	4,215	4,265	4,355	4,418	4,466	4,612

Tabelle C.6 — Faktoren k für einseitig begrenzte Prognosebereiche bei einem Vertrauensniveau von 99,9 % und bekannter Standardabweichung der Grundgesamtheit *(fortgesetzt)*

Table C.6 — One-sided prediction interval factors, k, at confidence level 99,9 % for known population standard deviation *(continued)*

n	m									
	1 000	**2 000**	**5 000**	**10 000**	**20 000**	**50 000**	**100 000**	**200 000**	**500 000**	**1 000 000**
2	5,787	5,950	6,158	6,311	6,459	6,649	6,788	6,924	7,100	7,229
3	5,476	5,634	5,835	5,983	6,126	6,311	6,447	6,581	6,752	6,879
4	5,309	5,462	5,659	5,803	5,944	6,126	6,259	6,390	6,559	6,683
5	5,204	5,355	5,548	5,690	5,829	6,008	6,140	6,269	6,435	6,558
6	5,132	5,281	5,473	5,613	5,750	5,927	6,057	6,185	6,349	6,471
7	5,080	5,228	5,417	5,556	5,692	5,867	5,997	6,123	6,287	6,408
8	5,041	5,187	5,375	5,513	5,648	5,822	5,950	6,076	6,239	6,359
9	5,010	5,156	5,342	5,480	5,614	5,787	5,914	6,039	6,201	6,320
10	4,985	5,130	5,316	5,453	5,586	5,758	5,885	6,009	6,170	6,289
11	4,965	5,109	5,294	5,430	5,563	5,734	5,861	5,985	6,145	6,263
12	4,947	5,091	5,276	5,411	5,544	5,715	5,841	5,964	6,124	6,242
13	4,933	5,076	5,260	5,395	5,528	5,698	5,824	5,947	6,106	6,224
14	4,920	5,063	5,247	5,382	5,514	5,683	5,809	5,932	6,090	6,208
15	4,909	5,052	5,235	5,370	5,501	5,671	5,796	5,918	6,077	6,194
16	4,900	5,042	5,225	5,359	5,491	5,660	5,785	5,907	6,065	6,182
17	4,891	5,034	5,216	5,350	5,481	5,650	5,775	5,897	6,055	6,172
18	4,884	5,026	5,208	5,342	5,473	5,641	5,766	5,888	6,045	6,162
19	4,877	5,019	5,201	5,335	5,465	5,634	5,758	5,880	6,037	6,154
20	4,871	5,013	5,194	5,328	5,458	5,627	5,751	5,872	6,030	6,146
25	4,848	4,989	5,170	5,303	5,432	5,600	5,723	5,844	6,001	6,117
30	4,832	4,973	5,153	5,286	5,415	5,582	5,705	5,826	5,982	6,097
35	4,821	4,961	5,141	5,273	5,403	5,569	5,692	5,812	5,968	6,083
40	4,813	4,953	5,132	5,264	5,393	5,559	5,682	5,802	5,958	6,073
45	4,806	4,946	5,125	5,257	5,386	5,552	5,674	5,794	5,950	6,064
50	4,801	4,941	5,120	5,251	5,380	5,546	5,668	5,788	5,943	6,058
60	4,793	4,933	5,111	5,243	5,371	5,537	5,659	5,779	5,933	6,048
70	4,788	4,927	5,105	5,237	5,365	5,530	5,652	5,772	5,926	6,041
80	4,783	4,922	5,101	5,232	5,360	5,525	5,647	5,767	5,921	6,036
90	4,780	4,919	5,097	5,229	5,357	5,522	5,643	5,763	5,917	6,031
100	4,778	4,916	5,095	5,226	5,354	5,519	5,640	5,760	5,914	6,028
150	4,770	4,908	5,086	5,217	5,345	5,510	5,631	5,750	5,904	6,018
200	4,766	4,904	5,082	5,213	5,340	5,505	5,626	5,745	5,899	6,013
250	4,763	4,902	5,079	5,210	5,338	5,502	5,624	5,743	5,896	6,010
300	4,762	4,900	5,078	5,208	5,336	5,500	5,622	5,741	5,894	6,008
350	4,761	4,899	5,077	5,207	5,335	5,499	5,620	5,739	5,893	6,007
400	4,760	4,898	5,076	5,206	5,334	5,498	5,619	5,738	5,892	6,006
450	4,759	4,897	5,075	5,206	5,333	5,497	5,619	5,738	5,891	6,005
500	4,759	4,897	5,074	5,205	5,332	5,497	5,618	5,737	5,890	6,004
600	4,758	4,896	5,074	5,204	5,332	5,496	5,617	5,736	5,890	6,003
700	4,757	4,896	5,073	5,203	5,331	5,495	5,616	5,735	5,889	6,003
800	4,757	4,895	5,073	5,203	5,330	5,495	5,616	5,735	5,888	6,002
900	4,756	4,895	5,072	5,203	5,330	5,494	5,616	5,734	5,888	6,002
1 000	4,756	4,894	5,072	5,202	5,330	5,494	5,615	5,734	5,888	6,001
∞	4,754	4,892	5,069	5,200	5,327	5,491	5,612	5,731	5,885	5,998

ANMERKUNG Diese Tabelle enthält Faktoren k mit der Eigenschaft, dass mit einem Vertrauensniveau von 99,9 % keiner der nächsten m Beobachtungswerte aus einer normalverteilten Grundgesamtheit außerhalb des Bereichs $(-\infty, \bar{x} + k\sigma)$ liegen wird, wobei $\bar{x}$ aus einer Zufallsstichprobe vom Umfang n aus derselben Grundgesamtheit ermittelt wurde. Analoges gilt für den Bereich $(\bar{x} - k\sigma, \infty)$.

NOTE This table provides factors k such that one may be at least 99,9 % confident that none of the next m observations from a normally distributed population will lie outside the range $(-\infty, \bar{x} + k\sigma)$, where $\bar{x}$ is derived from a random sample of size n from the same population. Similarly for the range $(\bar{x} - k\sigma, \infty)$.

Anhang D
(normativ)

Tabellen für Prognosebereichsfaktoren k für zweiseitig begrenzte Prognosebereiche bei bekannter Standardabweichung der Grundgesamtheit

Annex D
(normative)

Tables of two-sided prediction interval factors, k, for known population standard deviation

Tabelle D.1 — Faktoren k für zweiseitig begrenzte Prognosebereiche bei einem Vertrauensniveau von 90 % und bekannter Standardabweichung der Grundgesamtheit
Table D.1 — Two-sided prediction interval factors, k, at confidence level 90 % for known population standard deviation

n	m										
	1	**2**	**3**	**4**	**5**	**6**	**7**	**8**	**9**	**10**	**15**
2	2,015	2,370	2,563	2,693	2,790	2,868	2,932	2,987	3,035	3,077	3,234
3	1,900	2,242	2,427	2,553	2,647	2,723	2,785	2,838	2,884	2,925	3,078
4	1,840	2,174	2,355	2,478	2,571	2,644	2,706	2,758	2,803	2,843	2,993
5	1,802	2,132	2,310	2,432	2,523	2,595	2,656	2,707	2,752	2,791	2,939
6	1,777	2,103	2,280	2,400	2,490	2,562	2,621	2,672	2,716	2,756	2,902
7	1,759	2,082	2,257	2,376	2,466	2,537	2,596	2,647	2,691	2,730	2,875
8	1,745	2,066	2,240	2,359	2,447	2,518	2,577	2,627	2,671	2,710	2,854
9	1,734	2,053	2,227	2,345	2,433	2,504	2,562	2,612	2,656	2,694	2,838
10	1,726	2,043	2,216	2,333	2,421	2,492	2,550	2,600	2,643	2,681	2,824
11	1,718	2,035	2,207	2,324	2,412	2,482	2,540	2,589	2,633	2,671	2,813
12	1,713	2,028	2,200	2,316	2,404	2,474	2,531	2,581	2,624	2,662	2,804
13	1,707	2,022	2,193	2,309	2,397	2,467	2,524	2,574	2,616	2,654	2,796
14	1,703	2,017	2,188	2,304	2,391	2,460	2,518	2,567	2,610	2,648	2,790
15	1,699	2,013	2,183	2,299	2,386	2,455	2,513	2,562	2,604	2,642	2,784
16	1,696	2,009	2,179	2,294	2,381	2,450	2,508	2,557	2,600	2,637	2,778
17	1,693	2,005	2,175	2,291	2,377	2,446	2,504	2,553	2,595	2,633	2,774
18	1,690	2,002	2,172	2,287	2,374	2,443	2,500	2,549	2,591	2,629	2,770
19	1,688	2,000	2,169	2,284	2,370	2,439	2,497	2,545	2,588	2,625	2,766
20	1,686	1,997	2,166	2,281	2,368	2,436	2,494	2,542	2,585	2,622	2,763
25	1,678	1,988	2,156	2,270	2,356	2,425	2,482	2,531	2,573	2,610	2,750
30	1,673	1,981	2,149	2,263	2,349	2,417	2,474	2,523	2,565	2,602	2,741
35	1,669	1,977	2,144	2,258	2,344	2,412	2,469	2,517	2,559	2,596	2,735
40	1,666	1,973	2,141	2,254	2,340	2,408	2,464	2,513	2,555	2,592	2,731
45	1,664	1,971	2,138	2,251	2,337	2,405	2,461	2,509	2,551	2,588	2,727
50	1,662	1,969	2,136	2,249	2,334	2,402	2,458	2,507	2,548	2,585	2,724
60	1,659	1,965	2,132	2,245	2,330	2,398	2,454	2,502	2,544	2,581	2,720
70	1,657	1,963	2,130	2,243	2,328	2,395	2,452	2,500	2,541	2,578	2,716
80	1,656	1,961	2,128	2,241	2,326	2,393	2,449	2,497	2,539	2,576	2,714
90	1,654	1,960	2,126	2,239	2,324	2,392	2,448	2,496	2,537	2,574	2,712
100	1,654	1,959	2,125	2,238	2,323	2,390	2,446	2,494	2,536	2,573	2,711
150	1,651	1,956	2,122	2,234	2,319	2,386	2,442	2,490	2,532	2,569	2,706
200	1,649	1,954	2,120	2,232	2,317	2,384	2,440	2,488	2,530	2,566	2,704
250	1,649	1,953	2,119	2,231	2,316	2,383	2,439	2,487	2,528	2,565	2,703
300	1,648	1,953	2,118	2,230	2,315	2,382	2,438	2,486	2,528	2,564	2,702
350	1,648	1,952	2,118	2,230	2,314	2,382	2,438	2,486	2,527	2,564	2,701
400	1,647	1,952	2,117	2,230	2,314	2,381	2,437	2,485	2,527	2,563	2,701
450	1,647	1,951	2,117	2,229	2,314	2,381	2,437	2,485	2,526	2,563	2,700
500	1,647	1,951	2,117	2,229	2,313	2,381	2,437	2,484	2,526	2,563	2,700
600	1,647	1,951	2,116	2,229	2,313	2,380	2,436	2,484	2,526	2,562	2,700
700	1,647	1,951	2,116	2,228	2,313	2,380	2,436	2,484	2,525	2,562	2,699
800	1,646	1,951	2,116	2,228	2,313	2,380	2,436	2,484	2,525	2,562	2,699
900	1,646	1,950	2,116	2,228	2,312	2,380	2,436	2,483	2,525	2,561	2,699
1 000	1,646	1,950	2,116	2,228	2,312	2,380	2,436	2,483	2,525	2,561	2,699
∞	1,645	1,949	2,115	2,227	2,311	2,379	2,434	2,482	2,523	2,560	2,697

Tabelle D.1 — Faktoren k für zweiseitig begrenzte Prognosebereiche bei einem Vertrauensniveau von 90 % und bekannter Standardabweichung der Grundgesamtheit *(fortgesetzt)*
Table D.1 — Two-sided prediction interval factors, k, at confidence level 90 % for known population standard deviation *(continued)*

n	m										
	20	**30**	**40**	**50**	**60**	**80**	**100**	**150**	**200**	**250**	**500**
2	3,341	3,487	3,587	3,663	3,723	3,817	3,888	4,014	4,101	4,167	4,365
3	3,182	3,324	3,422	3,496	3,555	3,647	3,717	3,840	3,925	3,990	4,186
4	3,095	3,235	3,331	3,404	3,462	3,553	3,622	3,743	3,828	3,892	4,085
5	3,040	3,179	3,273	3,345	3,403	3,493	3,561	3,681	3,765	3,828	4,020
6	3,002	3,139	3,233	3,305	3,362	3,451	3,518	3,638	3,721	3,784	3,974
7	2,975	3,110	3,204	3,275	3,332	3,420	3,487	3,606	3,688	3,751	3,940
8	2,953	3,088	3,181	3,252	3,308	3,396	3,463	3,581	3,663	3,725	3,913
9	2,936	3,071	3,163	3,234	3,290	3,377	3,444	3,562	3,643	3,705	3,893
10	2,923	3,057	3,149	3,219	3,275	3,362	3,428	3,546	3,627	3,689	3,875
11	2,911	3,045	3,137	3,207	3,263	3,349	3,415	3,532	3,613	3,675	3,861
12	2,902	3,035	3,127	3,196	3,252	3,339	3,404	3,521	3,602	3,664	3,849
13	2,894	3,027	3,118	3,187	3,243	3,329	3,395	3,512	3,592	3,654	3,839
14	2,887	3,019	3,111	3,180	3,235	3,322	3,387	3,503	3,584	3,645	3,830
15	2,881	3,013	3,104	3,173	3,229	3,315	3,380	3,496	3,576	3,638	3,822
16	2,875	3,007	3,098	3,167	3,223	3,309	3,374	3,490	3,570	3,631	3,815
17	2,871	3,002	3,093	3,162	3,217	3,303	3,368	3,484	3,564	3,625	3,809
18	2,866	2,998	3,089	3,158	3,213	3,298	3,363	3,479	3,559	3,620	3,804
19	2,863	2,994	3,085	3,153	3,209	3,294	3,359	3,475	3,554	3,615	3,799
20	2,859	2,991	3,081	3,150	3,205	3,290	3,355	3,470	3,550	3,611	3,795
25	2,846	2,977	3,067	3,135	3,190	3,275	3,340	3,455	3,534	3,595	3,778
30	2,837	2,968	3,057	3,125	3,180	3,265	3,330	3,444	3,523	3,584	3,766
35	2,831	2,961	3,050	3,118	3,173	3,258	3,322	3,436	3,516	3,576	3,758
40	2,826	2,956	3,045	3,113	3,168	3,252	3,317	3,431	3,510	3,570	3,752
45	2,822	2,952	3,041	3,109	3,164	3,248	3,312	3,426	3,505	3,565	3,747
50	2,819	2,949	3,038	3,106	3,160	3,245	3,309	3,423	3,501	3,561	3,743
60	2,815	2,944	3,033	3,101	3,155	3,239	3,303	3,417	3,496	3,556	3,737
70	2,811	2,941	3,030	3,097	3,152	3,236	3,300	3,413	3,492	3,552	3,732
80	2,809	2,938	3,027	3,095	3,149	3,233	3,297	3,410	3,489	3,549	3,729
90	2,807	2,936	3,025	3,092	3,147	3,231	3,294	3,408	3,486	3,546	3,727
100	2,805	2,934	3,023	3,091	3,145	3,229	3,293	3,406	3,484	3,544	3,725
150	2,801	2,930	3,018	3,086	3,140	3,224	3,287	3,400	3,479	3,539	3,719
200	2,798	2,927	3,016	3,083	3,137	3,221	3,285	3,398	3,476	3,536	3,716
250	2,797	2,926	3,014	3,082	3,136	3,219	3,283	3,396	3,474	3,534	3,714
300	2,796	2,925	3,013	3,081	3,135	3,218	3,282	3,395	3,473	3,533	3,712
350	2,796	2,924	3,013	3,080	3,134	3,218	3,281	3,394	3,472	3,532	3,712
400	2,795	2,924	3,012	3,079	3,133	3,217	3,281	3,393	3,472	3,531	3,711
450	2,795	2,923	3,012	3,079	3,133	3,216	3,280	3,393	3,471	3,531	3,710
500	2,794	2,923	3,011	3,079	3,133	3,216	3,280	3,393	3,471	3,530	3,710
600	2,794	2,922	3,011	3,078	3,132	3,216	3,279	3,392	3,470	3,530	3,709
700	2,794	2,922	3,011	3,078	3,132	3,215	3,279	3,392	3,470	3,529	3,709
800	2,793	2,922	3,010	3,077	3,131	3,215	3,279	3,391	3,469	3,529	3,709
900	2,793	2,922	3,010	3,077	3,131	3,215	3,278	3,391	3,469	3,529	3,708
1 000	2,793	2,921	3,010	3,077	3,131	3,215	3,278	3,391	3,469	3,529	3,708
∞	2,792	2,920	3,008	3,076	3,129	3,213	3,276	3,389	3,467	3,527	3,706

Tabelle D.1 — Faktoren k für zweiseitig begrenzte Prognosebereiche bei einem Vertrauensniveau von 90 % und bekannter Standardabweichung der Grundgesamtheit *(fortgesetzt)*
Table D.1 — Two-sided prediction interval factors, k, at confidence level 90 % for known population standard deviation *(continued)*

n	m									
	1 000	**2 000**	**5 000**	**10 000**	**20 000**	**50 000**	**100 000**	**200 000**	**500 000**	**1 000 000**
2	4,555	4,735	4,963	5,129	5,288	5,491	5,639	5,783	5,967	6,102
3	4,372	4,551	4,776	4,939	5,097	5,299	5,446	5,588	5,771	5,906
4	4,269	4,446	4,670	4,832	4,989	5,188	5,334	5,477	5,659	5,793
5	4,202	4,378	4,600	4,761	4,917	5,116	5,261	5,403	5,584	5,717
6	4,155	4,330	4,551	4,711	4,866	5,064	5,209	5,350	5,531	5,664
7	4,121	4,294	4,514	4,674	4,828	5,026	5,170	5,310	5,491	5,623
8	4,093	4,266	4,485	4,645	4,799	4,995	5,139	5,279	5,459	5,591
9	4,072	4,244	4,463	4,621	4,775	4,971	5,114	5,254	5,433	5,565
10	4,054	4,226	4,444	4,602	4,755	4,951	5,094	5,234	5,412	5,544
11	4,040	4,211	4,428	4,586	4,739	4,934	5,077	5,216	5,395	5,526
12	4,027	4,198	4,415	4,572	4,725	4,920	5,063	5,201	5,380	5,511
13	4,017	4,187	4,403	4,561	4,713	4,908	5,050	5,189	5,367	5,498
14	4,007	4,178	4,394	4,551	4,703	4,897	5,039	5,178	5,356	5,486
15	3,999	4,169	4,385	4,542	4,694	4,888	5,030	5,168	5,346	5,476
16	3,992	4,162	4,377	4,534	4,686	4,879	5,021	5,159	5,337	5,467
17	3,986	4,156	4,371	4,527	4,678	4,872	5,014	5,152	5,329	5,459
18	3,980	4,150	4,364	4,521	4,672	4,865	5,007	5,145	5,322	5,452
19	3,975	4,144	4,359	4,515	4,666	4,859	5,001	5,139	5,316	5,446
20	3,971	4,140	4,354	4,510	4,661	4,854	4,995	5,133	5,310	5,440
25	3,953	4,121	4,335	4,490	4,641	4,833	4,974	5,111	5,287	5,417
30	3,941	4,109	4,322	4,477	4,627	4,819	4,959	5,096	5,272	5,401
35	3,932	4,100	4,312	4,467	4,617	4,808	4,949	5,085	5,261	5,390
40	3,926	4,093	4,305	4,460	4,609	4,801	4,941	5,077	5,252	5,381
45	3,921	4,088	4,300	4,454	4,603	4,794	4,934	5,071	5,246	5,375
50	3,916	4,083	4,295	4,449	4,599	4,789	4,929	5,065	5,240	5,369
60	3,910	4,077	4,288	4,442	4,591	4,782	4,922	5,057	5,232	5,361
70	3,906	4,072	4,284	4,437	4,586	4,777	4,916	5,052	5,226	5,355
80	3,902	4,069	4,280	4,433	4,582	4,772	4,912	5,048	5,222	5,350
90	3,900	4,066	4,277	4,430	4,579	4,769	4,909	5,044	5,218	5,347
100	3,898	4,064	4,275	4,428	4,577	4,767	4,906	5,041	5,216	5,344
150	3,891	4,057	4,268	4,421	4,569	4,759	4,898	5,033	5,207	5,335
200	3,888	4,054	4,264	4,417	4,566	4,755	4,894	5,029	5,203	5,331
250	3,886	4,052	4,262	4,415	4,563	4,753	4,892	5,027	5,200	5,328
300	3,885	4,051	4,261	4,414	4,562	4,751	4,890	5,025	5,199	5,327
350	3,884	4,050	4,260	4,413	4,561	4,750	4,889	5,024	5,198	5,325
400	3,883	4,049	4,259	4,412	4,560	4,749	4,888	5,023	5,197	5,324
450	3,883	4,048	4,258	4,411	4,559	4,749	4,887	5,022	5,196	5,324
500	3,882	4,048	4,258	4,411	4,559	4,748	4,887	5,022	5,195	5,323
600	3,882	4,047	4,257	4,410	4,558	4,747	4,886	5,021	5,194	5,322
700	3,881	4,047	4,257	4,410	4,558	4,747	4,885	5,020	5,194	5,322
800	3,881	4,046	4,256	4,409	4,557	4,746	4,885	5,020	5,193	5,321
900	3,881	4,046	4,256	4,409	4,557	4,746	4,885	5,020	5,193	5,321
1 000	3,880	4,046	4,256	4,409	4,557	4,746	4,884	5,019	5,193	5,320
∞	3,878	4,044	4,254	4,406	4,554	4,743	4,882	5,017	5,190	5,318

ANMERKUNG Diese Tabelle enthält Faktoren k mit der Eigenschaft, dass mit einem Vertrauensniveau von 90 % keiner der nächsten m Beobachtungswerte aus einer normalverteilten Grundgesamtheit außerhalb des Bereichs $(\bar{x} - k\sigma, \bar{x} + k\sigma)$ liegen wird, wobei $\bar{x}$ aus einer Zufallsstichprobe vom Umfang n aus derselben Grundgesamtheit ermittelt wurde.

NOTE This table provides factors k such that one may be at least 90 % confident that none of the next m observations from a normally distributed population will lie outside the range $(\bar{x} - k\sigma, \bar{x} + k\sigma)$, where $\bar{x}$ is derived from a random sample of size n from the same population.

Tabelle D.2 — Faktoren k für zweiseitig begrenzte Prognosebereiche bei einem Vertrauensniveau von 95 % und bekannter Standardabweichung der Grundgesamtheit
Table D.2 — Two-sided prediction interval factors, k, at confidence level 95 % for known population standard deviation

n	m										
	1	2	3	4	5	6	7	8	9	10	15
2	2,401	2,727	2,906	3,027	3,118	3,191	3,252	3,303	3,348	3,388	3,537
3	2,264	2,577	2,748	2,864	2,952	3,022	3,081	3,130	3,174	3,212	3,356
4	2,192	2,497	2,664	2,778	2,864	2,932	2,989	3,038	3,080	3,118	3,259
5	2,148	2,448	2,612	2,724	2,808	2,876	2,932	2,980	3,022	3,059	3,198
6	2,118	2,414	2,577	2,687	2,771	2,838	2,893	2,940	2,982	3,018	3,156
7	2,096	2,390	2,551	2,661	2,743	2,810	2,865	2,912	2,953	2,989	3,125
8	2,079	2,372	2,531	2,640	2,723	2,788	2,843	2,890	2,930	2,966	3,102
9	2,066	2,357	2,516	2,624	2,706	2,772	2,826	2,872	2,913	2,949	3,083
10	2,056	2,345	2,504	2,612	2,693	2,758	2,812	2,858	2,899	2,934	3,068
11	2,048	2,336	2,493	2,601	2,682	2,747	2,801	2,847	2,887	2,923	3,056
12	2,040	2,328	2,485	2,592	2,673	2,738	2,791	2,837	2,877	2,913	3,046
13	2,034	2,321	2,478	2,585	2,665	2,730	2,783	2,829	2,869	2,904	3,037
14	2,029	2,315	2,471	2,578	2,659	2,723	2,776	2,822	2,862	2,897	3,030
15	2,025	2,310	2,466	2,572	2,653	2,717	2,770	2,816	2,856	2,891	3,023
16	2,021	2,306	2,461	2,567	2,648	2,712	2,765	2,811	2,850	2,885	3,017
17	2,017	2,302	2,457	2,563	2,643	2,707	2,760	2,806	2,845	2,880	3,012
18	2,014	2,298	2,453	2,559	2,639	2,703	2,756	2,802	2,841	2,876	3,008
19	2,011	2,295	2,450	2,556	2,635	2,699	2,752	2,798	2,837	2,872	3,004
20	2,009	2,292	2,447	2,553	2,632	2,696	2,749	2,794	2,834	2,869	3,000
25	1,999	2,281	2,435	2,540	2,620	2,683	2,736	2,781	2,820	2,855	2,986
30	1,993	2,274	2,428	2,532	2,612	2,675	2,727	2,772	2,811	2,846	2,976
35	1,988	2,269	2,422	2,527	2,606	2,669	2,721	2,766	2,805	2,840	2,970
40	1,985	2,265	2,418	2,522	2,601	2,664	2,716	2,761	2,800	2,835	2,964
45	1,982	2,262	2,415	2,519	2,598	2,661	2,713	2,758	2,796	2,831	2,960
50	1,980	2,259	2,412	2,516	2,595	2,658	2,710	2,755	2,793	2,828	2,957
60	1,977	2,256	2,408	2,512	2,591	2,653	2,706	2,750	2,789	2,823	2,953
70	1,974	2,253	2,405	2,509	2,588	2,650	2,702	2,747	2,786	2,820	2,949
80	1,973	2,251	2,403	2,507	2,585	2,648	2,700	2,744	2,783	2,818	2,946
90	1,971	2,249	2,401	2,505	2,583	2,646	2,698	2,743	2,781	2,816	2,944
100	1,970	2,248	2,400	2,504	2,582	2,645	2,697	2,741	2,780	2,814	2,943
150	1,967	2,244	2,396	2,500	2,578	2,640	2,692	2,737	2,775	2,809	2,938
200	1,965	2,243	2,394	2,498	2,576	2,638	2,690	2,734	2,773	2,807	2,936
250	1,964	2,241	2,393	2,496	2,574	2,637	2,689	2,733	2,772	2,806	2,934
300	1,964	2,241	2,392	2,496	2,574	2,636	2,688	2,732	2,771	2,805	2,933
350	1,963	2,240	2,392	2,495	2,573	2,635	2,687	2,731	2,770	2,804	2,932
400	1,963	2,240	2,391	2,495	2,572	2,635	2,687	2,731	2,769	2,804	2,932
450	1,963	2,239	2,391	2,494	2,572	2,634	2,686	2,731	2,769	2,803	2,932
500	1,962	2,239	2,391	2,494	2,572	2,634	2,686	2,730	2,769	2,803	2,931
600	1,962	2,239	2,390	2,493	2,571	2,634	2,686	2,730	2,768	2,802	2,931
700	1,962	2,239	2,390	2,493	2,571	2,633	2,685	2,729	2,768	2,802	2,930
800	1,962	2,238	2,390	2,493	2,571	2,633	2,685	2,729	2,768	2,802	2,930
900	1,962	2,238	2,390	2,493	2,571	2,633	2,685	2,729	2,768	2,802	2,930
1 000	1,961	2,238	2,389	2,493	2,571	2,633	2,685	2,729	2,767	2,802	2,930
∞	1,960	2,237	2,388	2,491	2,569	2,632	2,683	2,728	2,766	2,800	2,928

Tabelle D.2 — Faktoren k für zweiseitig begrenzte Prognosebereiche bei einem Vertrauensniveau von 95 % und bekannter Standardabweichung der Grundgesamtheit *(fortgesetzt)*
Table D.2 — Two-sided prediction interval factors, k, at confidence level 95 % for known population standard deviation *(continued)*

n	m										
	20	**30**	**40**	**50**	**60**	**80**	**100**	**150**	**200**	**250**	**500**
2	3,640	3,779	3,876	3,948	4,007	4,098	4,166	4,289	4,373	4,437	4,631
3	3,455	3,591	3,684	3,755	3,812	3,900	3,967	4,086	4,169	4,231	4,421
4	3,356	3,488	3,580	3,649	3,705	3,791	3,857	3,975	4,056	4,118	4,304
5	3,293	3,424	3,514	3,582	3,637	3,723	3,788	3,904	3,984	4,045	4,230
6	3,250	3,379	3,468	3,536	3,591	3,675	3,740	3,854	3,934	3,995	4,178
7	3,219	3,347	3,435	3,503	3,557	3,641	3,705	3,818	3,897	3,957	4,139
8	3,195	3,322	3,410	3,477	3,531	3,614	3,678	3,791	3,869	3,929	4,110
9	3,176	3,303	3,390	3,457	3,510	3,593	3,656	3,769	3,847	3,906	4,086
10	3,161	3,287	3,374	3,440	3,493	3,576	3,639	3,751	3,829	3,888	4,067
11	3,148	3,274	3,361	3,427	3,480	3,562	3,625	3,736	3,814	3,873	4,052
12	3,137	3,263	3,349	3,415	3,468	3,550	3,613	3,724	3,801	3,860	4,039
13	3,128	3,253	3,340	3,405	3,458	3,540	3,603	3,714	3,791	3,850	4,027
14	3,121	3,245	3,332	3,397	3,450	3,531	3,594	3,705	3,782	3,840	4,018
15	3,114	3,238	3,324	3,390	3,442	3,524	3,586	3,697	3,773	3,832	4,009
16	3,108	3,232	3,318	3,383	3,436	3,517	3,579	3,690	3,766	3,825	4,002
17	3,103	3,227	3,313	3,378	3,430	3,511	3,573	3,684	3,760	3,819	3,995
18	3,098	3,222	3,308	3,373	3,425	3,506	3,568	3,678	3,755	3,813	3,989
19	3,094	3,218	3,303	3,368	3,420	3,501	3,563	3,673	3,750	3,808	3,984
20	3,090	3,214	3,299	3,364	3,416	3,497	3,559	3,669	3,745	3,803	3,979
25	3,076	3,199	3,284	3,348	3,400	3,481	3,542	3,652	3,728	3,786	3,961
30	3,066	3,189	3,273	3,338	3,390	3,470	3,531	3,640	3,716	3,774	3,948
35	3,059	3,181	3,266	3,330	3,382	3,462	3,523	3,632	3,708	3,765	3,939
40	3,054	3,176	3,260	3,324	3,376	3,456	3,517	3,626	3,701	3,759	3,933
45	3,050	3,172	3,256	3,320	3,372	3,452	3,513	3,621	3,696	3,754	3,927
50	3,046	3,168	3,252	3,316	3,368	3,448	3,509	3,617	3,692	3,750	3,923
60	3,041	3,163	3,247	3,311	3,363	3,442	3,503	3,611	3,686	3,744	3,917
70	3,038	3,159	3,243	3,307	3,359	3,438	3,499	3,607	3,682	3,739	3,912
80	3,035	3,157	3,241	3,304	3,356	3,435	3,496	3,604	3,679	3,736	3,909
90	3,033	3,155	3,238	3,302	3,353	3,433	3,494	3,602	3,676	3,734	3,906
100	3,032	3,153	3,237	3,300	3,352	3,431	3,492	3,600	3,674	3,732	3,904
150	3,027	3,148	3,231	3,295	3,346	3,425	3,486	3,594	3,668	3,725	3,898
200	3,024	3,145	3,229	3,292	3,343	3,423	3,483	3,591	3,665	3,722	3,895
250	3,023	3,144	3,227	3,291	3,342	3,421	3,481	3,589	3,664	3,720	3,893
300	3,022	3,142	3,226	3,289	3,341	3,420	3,480	3,588	3,662	3,719	3,891
350	3,021	3,142	3,225	3,289	3,340	3,419	3,479	3,587	3,661	3,718	3,890
400	3,020	3,141	3,225	3,288	3,339	3,418	3,479	3,586	3,661	3,718	3,890
450	3,020	3,141	3,224	3,288	3,339	3,418	3,478	3,586	3,660	3,717	3,889
500	3,020	3,140	3,224	3,287	3,338	3,418	3,478	3,585	3,660	3,717	3,889
600	3,019	3,140	3,223	3,287	3,338	3,417	3,477	3,585	3,659	3,716	3,888
700	3,019	3,139	3,223	3,286	3,337	3,417	3,477	3,584	3,659	3,716	3,888
800	3,018	3,139	3,223	3,286	3,337	3,416	3,477	3,584	3,659	3,715	3,887
900	3,018	3,139	3,222	3,286	3,337	3,416	3,476	3,584	3,658	3,715	3,887
1 000	3,018	3,139	3,222	3,286	3,337	3,416	3,476	3,584	3,658	3,715	3,887
∞	3,016	3,137	3,221	3,284	3,335	3,414	3,474	3,582	3,656	3,713	3,885

Tabelle D.2 — Faktoren k für zweiseitig begrenzte Prognosebereiche bei einem Vertrauensniveau von 95 % und bekannter Standardabweichung der Grundgesamtheit *(fortgesetzt)*
Table D.2 — Two-sided prediction interval factors, k, at confidence level 95 % for known population standard deviation *(continued)*

n	m									
	1 000	**2 000**	**5 000**	**10 000**	**20 000**	**50 000**	**100 000**	**200 000**	**500 000**	**1 000 000**
2	4,816	4,994	5,218	5,381	5,538	5,739	5,885	6,028	6,210	6,345
3	4,603	4,777	4,998	5,159	5,314	5,512	5,657	5,798	5,979	6,113
4	4,483	4,656	4,874	5,033	5,187	5,383	5,527	5,667	5,847	5,979
5	4,407	4,578	4,794	4,952	5,104	5,299	5,442	5,582	5,760	5,892
6	4,353	4,523	4,738	4,894	5,046	5,240	5,382	5,521	5,699	5,830
7	4,314	4,482	4,696	4,852	5,003	5,196	5,337	5,475	5,652	5,783
8	4,284	4,451	4,664	4,819	4,969	5,161	5,302	5,440	5,616	5,746
9	4,259	4,426	4,638	4,792	4,942	5,134	5,274	5,411	5,587	5,717
10	4,240	4,406	4,617	4,771	4,920	5,111	5,251	5,388	5,563	5,693
11	4,224	4,389	4,600	4,753	4,902	5,092	5,232	5,368	5,543	5,672
12	4,210	4,375	4,585	4,738	4,886	5,077	5,216	5,352	5,527	5,655
13	4,198	4,363	4,572	4,725	4,873	5,063	5,202	5,338	5,512	5,641
14	4,188	4,353	4,562	4,714	4,862	5,051	5,190	5,325	5,500	5,628
15	4,179	4,343	4,552	4,704	4,852	5,041	5,180	5,315	5,489	5,617
16	4,172	4,335	4,544	4,696	4,843	5,032	5,170	5,305	5,479	5,607
17	4,165	4,328	4,536	4,688	4,835	5,024	5,162	5,297	5,470	5,598
18	4,159	4,322	4,530	4,681	4,828	5,016	5,155	5,289	5,463	5,590
19	4,153	4,316	4,524	4,675	4,822	5,010	5,148	5,282	5,456	5,583
20	4,148	4,311	4,518	4,670	4,816	5,004	5,142	5,276	5,449	5,577
25	4,129	4,291	4,498	4,648	4,794	4,982	5,119	5,253	5,425	5,552
30	4,116	4,278	4,484	4,634	4,780	4,966	5,103	5,237	5,408	5,535
35	4,107	4,268	4,474	4,624	4,769	4,955	5,092	5,225	5,397	5,523
40	4,100	4,261	4,466	4,616	4,761	4,947	5,083	5,216	5,387	5,514
45	4,094	4,256	4,460	4,610	4,755	4,940	5,077	5,209	5,380	5,506
50	4,090	4,251	4,456	4,605	4,750	4,935	5,071	5,204	5,375	5,501
60	4,084	4,244	4,448	4,597	4,742	4,927	5,063	5,196	5,366	5,492
70	4,079	4,239	4,443	4,592	4,737	4,922	5,057	5,190	5,360	5,486
80	4,075	4,236	4,439	4,588	4,733	4,917	5,053	5,185	5,355	5,481
90	4,072	4,233	4,436	4,585	4,729	4,914	5,050	5,182	5,352	5,477
100	4,070	4,230	4,434	4,583	4,727	4,911	5,047	5,179	5,349	5,474
150	4,064	4,223	4,427	4,575	4,719	4,903	5,039	5,170	5,340	5,465
200	4,060	4,220	4,423	4,571	4,715	4,899	5,034	5,166	5,336	5,461
250	4,058	4,218	4,421	4,569	4,713	4,897	5,032	5,164	5,333	5,458
300	4,057	4,217	4,419	4,568	4,711	4,895	5,030	5,162	5,331	5,456
350	4,056	4,216	4,418	4,566	4,710	4,894	5,029	5,161	5,330	5,455
400	4,055	4,215	4,418	4,566	4,709	4,893	5,028	5,160	5,329	5,454
450	4,055	4,214	4,417	4,565	4,709	4,893	5,027	5,159	5,328	5,453
500	4,054	4,214	4,417	4,564	4,708	4,892	5,027	5,159	5,328	5,453
600	4,054	4,213	4,416	4,564	4,707	4,891	5,026	5,158	5,327	5,452
700	4,053	4,213	4,415	4,563	4,707	4,891	5,025	5,157	5,326	5,451
800	4,053	4,212	4,415	4,563	4,706	4,890	5,025	5,157	5,326	5,451
900	4,052	4,212	4,415	4,562	4,706	4,890	5,025	5,156	5,326	5,450
1 000	4,052	4,212	4,414	4,562	4,706	4,890	5,024	5,156	5,325	5,450
∞	4,050	4,210	4,412	4,560	4,703	4,887	5,022	5,153	5,323	5,447

ANMERKUNG Diese Tabelle enthält Faktoren k mit der Eigenschaft, dass mit einem Vertrauensniveau von 95 % keiner der nächsten m Beobachtungswerte aus einer normalverteilten Grundgesamtheit außerhalb des Bereichs $(\bar{x} - k\sigma, \bar{x} + k\sigma)$ liegen wird, wobei $\bar{x}$ aus einer Zufallsstichprobe vom Umfang n aus derselben Grundgesamtheit ermittelt wurde.

NOTE This table provides factors k such that one may be at least 95 % confident that none of the next m observations from a normally distributed population will lie outside the range $(\bar{x} - k\sigma, \bar{x} + k\sigma)$, where $\bar{x}$ is derived from a random sample of size n from the same population.

Tabelle D.3 — Faktoren k für zweiseitig begrenzte Prognosebereiche bei einem Vertrauensniveau von 97,5 % und bekannter Standardabweichung der Grundgesamtheit
Table D.3 — Two-sided prediction interval factors, k, at confidence level 97,5 % for known population standard deviation

n	m										
	1	2	3	4	5	6	7	8	9	10	15
2	2,746	3,048	3,215	3,329	3,415	3,484	3,541	3,590	3,633	3,671	3,813
3	2,589	2,878	3,037	3,146	3,228	3,294	3,349	3,396	3,437	3,474	3,610
4	2,506	2,788	2,943	3,049	3,129	3,194	3,247	3,293	3,333	3,369	3,502
5	2,456	2,732	2,885	2,989	3,068	3,131	3,184	3,229	3,268	3,303	3,434
6	2,421	2,695	2,845	2,948	3,026	3,089	3,141	3,185	3,224	3,258	3,388
7	2,397	2,667	2,816	2,918	2,996	3,058	3,109	3,153	3,192	3,226	3,354
8	2,378	2,647	2,795	2,896	2,973	3,034	3,085	3,129	3,167	3,201	3,329
9	2,363	2,630	2,778	2,878	2,955	3,016	3,067	3,110	3,148	3,182	3,309
10	2,351	2,617	2,764	2,864	2,940	3,001	3,052	3,095	3,133	3,166	3,293
11	2,342	2,607	2,752	2,852	2,928	2,989	3,039	3,082	3,120	3,153	3,279
12	2,333	2,598	2,743	2,843	2,918	2,978	3,029	3,072	3,109	3,143	3,268
13	2,327	2,590	2,735	2,834	2,909	2,970	3,020	3,063	3,100	3,133	3,259
14	2,321	2,583	2,728	2,827	2,902	2,962	3,012	3,055	3,092	3,126	3,250
15	2,315	2,578	2,722	2,821	2,896	2,956	3,006	3,048	3,086	3,119	3,243
16	2,311	2,573	2,717	2,815	2,890	2,950	3,000	3,043	3,080	3,113	3,237
17	2,307	2,568	2,712	2,811	2,885	2,945	2,995	3,037	3,074	3,107	3,231
18	2,303	2,564	2,708	2,806	2,881	2,940	2,990	3,033	3,070	3,103	3,227
19	2,300	2,561	2,704	2,802	2,877	2,936	2,986	3,029	3,066	3,098	3,222
20	2,297	2,557	2,701	2,799	2,873	2,933	2,982	3,025	3,062	3,095	3,218
25	2,286	2,545	2,688	2,786	2,860	2,919	2,968	3,010	3,047	3,080	3,203
30	2,279	2,537	2,679	2,777	2,850	2,910	2,959	3,001	3,038	3,070	3,193
35	2,274	2,531	2,673	2,770	2,844	2,903	2,952	2,994	3,031	3,063	3,185
40	2,270	2,527	2,669	2,766	2,839	2,898	2,947	2,989	3,025	3,058	3,180
45	2,267	2,524	2,665	2,762	2,835	2,894	2,943	2,985	3,021	3,054	3,176
50	2,264	2,521	2,662	2,759	2,832	2,891	2,940	2,982	3,018	3,050	3,172
60	2,261	2,517	2,658	2,754	2,828	2,886	2,935	2,977	3,013	3,045	3,167
70	2,258	2,514	2,655	2,751	2,824	2,883	2,932	2,973	3,010	3,042	3,163
80	2,256	2,512	2,652	2,749	2,822	2,880	2,929	2,971	3,007	3,039	3,161
90	2,254	2,510	2,650	2,747	2,820	2,878	2,927	2,969	3,005	3,037	3,158
100	2,253	2,508	2,649	2,745	2,818	2,877	2,925	2,967	3,003	3,035	3,157
150	2,249	2,504	2,645	2,741	2,814	2,872	2,921	2,962	2,998	3,030	3,151
200	2,247	2,502	2,642	2,739	2,811	2,870	2,918	2,960	2,996	3,028	3,149
250	2,246	2,501	2,641	2,737	2,810	2,868	2,917	2,958	2,994	3,026	3,147
300	2,246	2,500	2,640	2,736	2,809	2,867	2,916	2,957	2,993	3,025	3,146
350	2,245	2,500	2,640	2,736	2,808	2,867	2,915	2,956	2,993	3,025	3,146
400	2,245	2,499	2,639	2,735	2,808	2,866	2,914	2,956	2,992	3,024	3,145
450	2,244	2,499	2,639	2,735	2,807	2,866	2,914	2,956	2,992	3,024	3,145
500	2,244	2,498	2,639	2,734	2,807	2,865	2,914	2,955	2,991	3,023	3,144
600	2,244	2,498	2,638	2,734	2,807	2,865	2,913	2,955	2,991	3,023	3,144
700	2,244	2,498	2,638	2,734	2,806	2,864	2,913	2,954	2,991	3,023	3,143
800	2,243	2,498	2,638	2,733	2,806	2,864	2,913	2,954	2,990	3,022	3,143
900	2,243	2,497	2,637	2,733	2,806	2,864	2,912	2,954	2,990	3,022	3,143
1 000	2,243	2,497	2,637	2,733	2,806	2,864	2,912	2,954	2,990	3,022	3,143
∞	2,242	2,496	2,636	2,732	2,804	2,862	2,911	2,952	2,988	3,020	3,141

Tabelle D.3 — Faktoren k für zweiseitig begrenzte Prognosebereiche bei einem Vertrauensniveau von 97,5 % und bekannter Standardabweichung der Grundgesamtheit *(fortgesetzt)*
Table D.3 — Two-sided prediction interval factors, k, at confidence level 97,5 % for known population standard deviation *(continued)*

n	m										
	20	**30**	**40**	**50**	**60**	**80**	**100**	**150**	**200**	**250**	**500**
2	3,911	4,045	4,137	4,208	4,264	4,352	4,419	4,537	4,620	4,682	4,871
3	3,705	3,834	3,923	3,991	4,046	4,131	4,195	4,311	4,391	4,451	4,636
4	3,594	3,720	3,807	3,874	3,927	4,011	4,074	4,187	4,265	4,325	4,506
5	3,525	3,649	3,735	3,800	3,853	3,935	3,997	4,109	4,186	4,245	4,424
6	3,478	3,600	3,685	3,750	3,802	3,883	3,945	4,055	4,131	4,190	4,366
7	3,443	3,565	3,649	3,713	3,765	3,845	3,906	4,015	4,091	4,149	4,325
8	3,417	3,538	3,621	3,685	3,736	3,816	3,877	3,985	4,061	4,118	4,293
9	3,396	3,516	3,600	3,663	3,714	3,793	3,854	3,962	4,037	4,094	4,267
10	3,380	3,499	3,582	3,645	3,696	3,775	3,835	3,943	4,017	4,074	4,247
11	3,366	3,485	3,568	3,630	3,681	3,760	3,820	3,927	4,001	4,058	4,230
12	3,355	3,473	3,556	3,618	3,669	3,747	3,807	3,914	3,988	4,044	4,216
13	3,345	3,463	3,545	3,608	3,658	3,736	3,796	3,902	3,976	4,033	4,204
14	3,336	3,455	3,536	3,599	3,649	3,727	3,786	3,893	3,966	4,023	4,193
15	3,329	3,447	3,529	3,591	3,641	3,719	3,778	3,884	3,958	4,014	4,184
16	3,323	3,440	3,522	3,584	3,634	3,712	3,771	3,877	3,950	4,006	4,176
17	3,317	3,435	3,516	3,578	3,628	3,705	3,765	3,870	3,943	3,999	4,169
18	3,312	3,429	3,511	3,572	3,622	3,700	3,759	3,864	3,937	3,993	4,163
19	3,307	3,425	3,506	3,568	3,617	3,695	3,754	3,859	3,932	3,988	4,157
20	3,303	3,420	3,501	3,563	3,613	3,690	3,749	3,854	3,927	3,983	4,152
25	3,288	3,404	3,485	3,546	3,596	3,673	3,732	3,836	3,909	3,964	4,133
30	3,277	3,394	3,474	3,535	3,584	3,661	3,720	3,824	3,896	3,952	4,120
35	3,270	3,386	3,466	3,527	3,576	3,653	3,711	3,815	3,888	3,943	4,110
40	3,264	3,380	3,460	3,521	3,570	3,647	3,705	3,809	3,881	3,936	4,103
45	3,260	3,375	3,455	3,516	3,565	3,642	3,700	3,804	3,876	3,931	4,098
50	3,256	3,372	3,452	3,512	3,561	3,638	3,696	3,799	3,872	3,927	4,093
60	3,251	3,366	3,446	3,507	3,556	3,632	3,690	3,793	3,865	3,920	4,087
70	3,247	3,362	3,442	3,503	3,552	3,628	3,686	3,789	3,861	3,916	4,082
80	3,244	3,359	3,439	3,500	3,548	3,624	3,682	3,786	3,857	3,912	4,078
90	3,242	3,357	3,437	3,497	3,546	3,622	3,680	3,783	3,855	3,910	4,076
100	3,240	3,355	3,435	3,495	3,544	3,620	3,678	3,781	3,853	3,907	4,073
150	3,235	3,350	3,429	3,489	3,538	3,614	3,672	3,775	3,846	3,901	4,067
200	3,232	3,347	3,426	3,487	3,535	3,611	3,669	3,772	3,843	3,898	4,063
250	3,231	3,345	3,424	3,485	3,534	3,609	3,667	3,770	3,841	3,896	4,061
300	3,230	3,344	3,423	3,484	3,532	3,608	3,666	3,768	3,840	3,895	4,060
350	3,229	3,343	3,423	3,483	3,532	3,607	3,665	3,768	3,839	3,894	4,059
400	3,228	3,343	3,422	3,482	3,531	3,606	3,664	3,767	3,838	3,893	4,058
450	3,228	3,342	3,421	3,482	3,530	3,606	3,664	3,766	3,838	3,892	4,058
500	3,228	3,342	3,421	3,481	3,530	3,606	3,663	3,766	3,837	3,892	4,057
600	3,227	3,341	3,421	3,481	3,529	3,605	3,663	3,765	3,837	3,891	4,057
700	3,227	3,341	3,420	3,480	3,529	3,605	3,662	3,765	3,836	3,891	4,056
800	3,226	3,341	3,420	3,480	3,529	3,604	3,662	3,765	3,836	3,890	4,056
900	3,226	3,340	3,420	3,480	3,528	3,604	3,662	3,764	3,836	3,890	4,055
1 000	3,226	3,340	3,419	3,480	3,528	3,604	3,661	3,764	3,835	3,890	4,055
∞	3,224	3,339	3,418	3,478	3,527	3,602	3,660	3,762	3,834	3,888	4,053

Tabelle D.3 — Faktoren k für zweiseitig begrenzte Prognosebereiche bei einem Vertrauensniveau von 97,5 % und bekannter Standardabweichung der Grundgesamtheit *(fortgesetzt)*
Table D.3 — Two-sided prediction interval factors, k, at confidence level 97,5 % for known population standard deviation *(continued)*

n	m									
	1 000	2 000	5 000	10 000	20 000	50 000	100 000	200 000	500 000	1 000 000
2	5,053	5,227	5,448	5,608	5,763	5,962	6,107	6,248	6,429	6,562
3	4,813	4,983	5,200	5,358	5,511	5,706	5,849	5,988	6,168	6,299
4	4,680	4,848	5,062	5,217	5,368	5,561	5,703	5,841	6,019	6,149
5	4,596	4,762	4,973	5,127	5,276	5,468	5,608	5,745	5,921	6,051
6	4,537	4,701	4,911	5,063	5,212	5,402	5,542	5,678	5,853	5,982
7	4,494	4,657	4,865	5,017	5,164	5,353	5,492	5,627	5,801	5,930
8	4,461	4,623	4,830	4,981	5,127	5,315	5,454	5,588	5,762	5,890
9	4,434	4,596	4,802	4,952	5,098	5,285	5,423	5,557	5,730	5,857
10	4,413	4,574	4,779	4,929	5,074	5,261	5,398	5,532	5,704	5,831
11	4,396	4,556	4,760	4,910	5,055	5,241	5,377	5,511	5,682	5,809
12	4,381	4,541	4,745	4,894	5,038	5,224	5,360	5,493	5,664	5,791
13	4,369	4,528	4,731	4,880	5,024	5,209	5,345	5,478	5,649	5,775
14	4,358	4,517	4,720	4,868	5,012	5,196	5,332	5,465	5,635	5,761
15	4,348	4,507	4,710	4,857	5,001	5,185	5,321	5,453	5,623	5,749
16	4,340	4,499	4,701	4,848	4,992	5,176	5,311	5,443	5,613	5,738
17	4,333	4,491	4,693	4,840	4,983	5,167	5,302	5,434	5,604	5,729
18	4,326	4,484	4,686	4,833	4,976	5,160	5,294	5,426	5,596	5,721
19	4,321	4,478	4,679	4,826	4,969	5,153	5,287	5,419	5,588	5,713
20	4,315	4,473	4,674	4,821	4,963	5,146	5,281	5,412	5,581	5,706
25	4,295	4,452	4,652	4,798	4,940	5,123	5,257	5,387	5,556	5,680
30	4,282	4,438	4,637	4,783	4,925	5,107	5,240	5,371	5,538	5,662
35	4,272	4,428	4,627	4,772	4,914	5,095	5,228	5,358	5,526	5,650
40	4,264	4,420	4,619	4,764	4,905	5,086	5,219	5,349	5,517	5,640
45	4,259	4,414	4,613	4,758	4,899	5,080	5,212	5,342	5,509	5,633
50	4,254	4,410	4,608	4,753	4,893	5,074	5,207	5,336	5,503	5,627
60	4,247	4,403	4,600	4,745	4,886	5,066	5,198	5,328	5,494	5,617
70	4,242	4,397	4,595	4,739	4,880	5,060	5,192	5,322	5,488	5,611
80	4,239	4,394	4,591	4,735	4,876	5,056	5,188	5,317	5,483	5,606
90	4,236	4,391	4,588	4,732	4,872	5,052	5,184	5,313	5,480	5,602
100	4,233	4,388	4,585	4,729	4,870	5,049	5,181	5,310	5,477	5,599
150	4,226	4,381	4,578	4,722	4,862	5,041	5,173	5,302	5,468	5,590
200	4,223	4,377	4,574	4,718	4,858	5,037	5,169	5,297	5,463	5,585
250	4,221	4,375	4,572	4,715	4,855	5,034	5,166	5,295	5,460	5,583
300	4,219	4,374	4,570	4,714	4,854	5,033	5,164	5,293	5,459	5,581
350	4,218	4,373	4,569	4,713	4,852	5,032	5,163	5,292	5,457	5,580
400	4,218	4,372	4,568	4,712	4,852	5,031	5,162	5,291	5,456	5,579
450	4,217	4,371	4,568	4,711	4,851	5,030	5,162	5,290	5,456	5,578
500	4,217	4,371	4,567	4,711	4,850	5,029	5,161	5,289	5,455	5,577
600	4,216	4,370	4,566	4,710	4,850	5,029	5,160	5,289	5,454	5,576
700	4,215	4,370	4,566	4,709	4,849	5,028	5,160	5,288	5,453	5,576
800	4,215	4,369	4,565	4,709	4,849	5,028	5,159	5,288	5,453	5,575
900	4,215	4,369	4,565	4,709	4,848	5,027	5,159	5,287	5,453	5,575
1 000	4,215	4,369	4,565	4,708	4,848	5,027	5,158	5,287	5,452	5,574
∞	4,212	4,366	4,563	4,706	4,846	5,024	5,156	5,284	5,450	5,572

ANMERKUNG Diese Tabelle enthält Faktoren k mit der Eigenschaft, dass mit einem Vertrauensniveau von 97,5 % keiner der nächsten m Beobachtungswerte aus einer normalverteilten Grundgesamtheit außerhalb des Bereichs $(\bar{x} - k\sigma, \bar{x} + k\sigma)$ liegen wird, wobei $\bar{x}$ aus einer Zufallsstichprobe vom Umfang n aus derselben Grundgesamtheit ermittelt wurde.

NOTE This table provides factors k such that one may be at least 97,5 % confident that none of the next m observations from a normally distributed population will lie outside the range $(\bar{x} - k\sigma, \bar{x} + k\sigma)$, where $\bar{x}$ is derived from a random sample of size n from the same population.

Tabelle D.4 — Faktoren k für zweiseitig begrenzte Prognosebereiche bei einem Vertrauensniveau von 99 % und bekannter Standardabweichung der Grundgesamtheit

Table D.4 — Two-sided prediction interval factors, k, at confidence level 99 % for known population standard deviation

n	m										
	1	2	3	4	5	6	7	8	9	10	15
2	3,155	3,432	3,586	3,692	3,772	3,836	3,890	3,936	3,976	4,012	4,146
3	2,975	3,238	3,385	3,485	3,562	3,623	3,674	3,718	3,757	3,791	3,919
4	2,880	3,136	3,279	3,377	3,451	3,511	3,560	3,603	3,640	3,673	3,798
5	2,822	3,074	3,213	3,309	3,382	3,441	3,490	3,532	3,568	3,601	3,723
6	2,783	3,031	3,169	3,264	3,336	3,393	3,442	3,483	3,519	3,551	3,672
7	2,754	3,000	3,136	3,230	3,302	3,359	3,407	3,448	3,484	3,515	3,635
8	2,733	2,977	3,112	3,205	3,276	3,333	3,380	3,421	3,457	3,488	3,607
9	2,716	2,958	3,093	3,186	3,256	3,312	3,360	3,400	3,435	3,467	3,585
10	2,702	2,943	3,077	3,170	3,240	3,296	3,343	3,383	3,418	3,450	3,567
11	2,691	2,931	3,065	3,157	3,226	3,282	3,329	3,369	3,404	3,435	3,553
12	2,682	2,921	3,054	3,146	3,215	3,271	3,318	3,358	3,393	3,424	3,540
13	2,674	2,912	3,045	3,136	3,206	3,262	3,308	3,348	3,383	3,413	3,530
14	2,667	2,905	3,037	3,129	3,198	3,253	3,300	3,339	3,374	3,405	3,521
15	2,661	2,899	3,031	3,122	3,191	3,246	3,292	3,332	3,367	3,397	3,513
16	2,656	2,893	3,025	3,116	3,184	3,240	3,286	3,325	3,360	3,391	3,506
17	2,651	2,888	3,020	3,110	3,179	3,234	3,280	3,320	3,354	3,385	3,500
18	2,647	2,884	3,015	3,105	3,174	3,229	3,275	3,315	3,349	3,380	3,495
19	2,643	2,880	3,011	3,101	3,170	3,225	3,271	3,310	3,344	3,375	3,490
20	2,640	2,876	3,007	3,097	3,166	3,221	3,267	3,306	3,340	3,371	3,486
25	2,627	2,862	2,993	3,082	3,151	3,205	3,251	3,290	3,324	3,355	3,469
30	2,619	2,853	2,983	3,073	3,141	3,195	3,241	3,280	3,314	3,344	3,458
35	2,613	2,847	2,976	3,066	3,133	3,188	3,233	3,272	3,306	3,336	3,450
40	2,608	2,842	2,971	3,060	3,128	3,182	3,228	3,266	3,300	3,331	3,444
45	2,605	2,838	2,967	3,056	3,124	3,178	3,223	3,262	3,296	3,326	3,440
50	2,602	2,835	2,964	3,053	3,120	3,175	3,220	3,259	3,292	3,322	3,436
60	2,598	2,830	2,959	3,048	3,115	3,169	3,215	3,253	3,287	3,317	3,430
70	2,595	2,827	2,956	3,044	3,112	3,166	3,211	3,249	3,283	3,313	3,426
80	2,592	2,824	2,953	3,042	3,109	3,163	3,208	3,247	3,280	3,310	3,423
90	2,591	2,822	2,951	3,039	3,107	3,161	3,206	3,244	3,278	3,308	3,421
100	2,589	2,821	2,949	3,038	3,105	3,159	3,204	3,243	3,276	3,306	3,419
150	2,585	2,816	2,944	3,033	3,100	3,154	3,199	3,237	3,271	3,301	3,413
200	2,583	2,814	2,942	3,030	3,097	3,151	3,196	3,235	3,268	3,298	3,411
250	2,581	2,812	2,941	3,029	3,096	3,150	3,194	3,233	3,267	3,296	3,409
300	2,581	2,811	2,940	3,028	3,095	3,148	3,193	3,232	3,265	3,295	3,408
350	2,580	2,811	2,939	3,027	3,094	3,148	3,193	3,231	3,265	3,294	3,407
400	2,580	2,810	2,938	3,026	3,093	3,147	3,192	3,230	3,264	3,294	3,406
450	2,579	2,810	2,938	3,026	3,093	3,147	3,192	3,230	3,264	3,293	3,406
500	2,579	2,810	2,938	3,026	3,093	3,146	3,191	3,230	3,263	3,293	3,406
600	2,578	2,809	2,937	3,025	3,092	3,146	3,191	3,229	3,263	3,292	3,405
700	2,578	2,809	2,937	3,025	3,092	3,145	3,190	3,229	3,262	3,292	3,405
800	2,578	2,808	2,936	3,025	3,091	3,145	3,190	3,228	3,262	3,292	3,404
900	2,578	2,808	2,936	3,024	3,091	3,145	3,190	3,228	3,262	3,292	3,404
1 000	2,578	2,808	2,936	3,024	3,091	3,145	3,190	3,228	3,262	3,291	3,404
∞	2,576	2,807	2,935	3,023	3,090	3,143	3,188	3,226	3,260	3,290	3,402

Tabelle D.4 — Faktoren k für zweiseitig begrenzte Prognosebereiche bei einem Vertrauensniveau von 99 % und bekannter Standardabweichung der Grundgesamtheit *(fortgesetzt)*
Table D.4 — Two-sided prediction interval factors, k, at confidence level 99 % for known population standard deviation *(continued)*

n	m										
	20	**30**	**40**	**50**	**60**	**80**	**100**	**150**	**200**	**250**	**500**
2	4,239	4,366	4,454	4,522	4,576	4,660	4,724	4,838	4,918	4,978	5,162
3	4,008	4,130	4,215	4,279	4,331	4,412	4,474	4,584	4,661	4,720	4,897
4	3,885	4,004	4,086	4,149	4,200	4,279	4,339	4,447	4,522	4,579	4,753
5	3,808	3,925	4,006	4,068	4,118	4,196	4,255	4,361	4,435	4,491	4,662
6	3,756	3,872	3,952	4,013	4,062	4,139	4,197	4,302	4,375	4,431	4,600
7	3,718	3,833	3,912	3,972	4,021	4,097	4,155	4,259	4,331	4,387	4,554
8	3,690	3,803	3,882	3,942	3,990	4,066	4,124	4,227	4,298	4,353	4,520
9	3,667	3,780	3,858	3,918	3,966	4,041	4,098	4,201	4,272	4,327	4,492
10	3,649	3,761	3,839	3,898	3,946	4,021	4,078	4,180	4,251	4,305	4,470
11	3,634	3,746	3,823	3,883	3,930	4,005	4,062	4,163	4,234	4,288	4,452
12	3,621	3,733	3,810	3,869	3,917	3,991	4,048	4,149	4,219	4,273	4,437
13	3,611	3,722	3,799	3,858	3,905	3,979	4,036	4,137	4,207	4,261	4,424
14	3,602	3,712	3,789	3,848	3,896	3,969	4,026	4,126	4,196	4,250	4,413
15	3,594	3,704	3,781	3,840	3,887	3,961	4,017	4,117	4,187	4,241	4,403
16	3,587	3,697	3,774	3,832	3,879	3,953	4,009	4,109	4,179	4,233	4,395
17	3,581	3,691	3,767	3,826	3,873	3,946	4,002	4,102	4,172	4,225	4,387
18	3,575	3,685	3,761	3,820	3,867	3,940	3,996	4,096	4,166	4,219	4,381
19	3,570	3,680	3,756	3,815	3,861	3,935	3,991	4,090	4,160	4,213	4,374
20	3,566	3,675	3,752	3,810	3,857	3,930	3,986	4,085	4,155	4,208	4,369
25	3,549	3,658	3,734	3,792	3,838	3,911	3,967	4,066	4,135	4,188	4,348
30	3,537	3,646	3,722	3,780	3,826	3,899	3,954	4,053	4,122	4,175	4,335
35	3,529	3,638	3,713	3,771	3,817	3,890	3,945	4,044	4,112	4,165	4,325
40	3,523	3,632	3,707	3,764	3,811	3,883	3,938	4,037	4,105	4,158	4,317
45	3,518	3,627	3,702	3,759	3,806	3,878	3,933	4,031	4,100	4,152	4,311
50	3,515	3,623	3,698	3,755	3,801	3,873	3,929	4,027	4,095	4,148	4,307
60	3,509	3,617	3,692	3,749	3,795	3,867	3,922	4,020	4,089	4,141	4,300
70	3,505	3,613	3,688	3,745	3,791	3,863	3,918	4,016	4,084	4,136	4,295
80	3,502	3,609	3,684	3,741	3,788	3,859	3,914	4,012	4,080	4,132	4,291
90	3,499	3,607	3,682	3,739	3,785	3,857	3,911	4,009	4,077	4,130	4,288
100	3,497	3,605	3,680	3,737	3,783	3,855	3,909	4,007	4,075	4,127	4,286
150	3,492	3,599	3,674	3,731	3,777	3,848	3,903	4,000	4,068	4,120	4,278
200	3,489	3,596	3,671	3,728	3,773	3,845	3,900	3,997	4,065	4,117	4,275
250	3,487	3,594	3,669	3,726	3,772	3,843	3,898	3,995	4,063	4,115	4,273
300	3,486	3,593	3,668	3,724	3,770	3,842	3,896	3,994	4,062	4,114	4,271
350	3,485	3,592	3,667	3,724	3,769	3,841	3,895	3,993	4,061	4,113	4,270
400	3,484	3,592	3,666	3,723	3,769	3,840	3,895	3,992	4,060	4,112	4,270
450	3,484	3,591	3,666	3,722	3,768	3,840	3,894	3,992	4,059	4,111	4,269
500	3,483	3,591	3,665	3,722	3,768	3,839	3,894	3,991	4,059	4,111	4,269
600	3,483	3,590	3,665	3,721	3,767	3,839	3,893	3,991	4,058	4,110	4,268
700	3,482	3,590	3,664	3,721	3,767	3,838	3,893	3,990	4,058	4,110	4,267
800	3,482	3,589	3,664	3,721	3,766	3,838	3,892	3,990	4,057	4,109	4,267
900	3,482	3,589	3,664	3,720	3,766	3,838	3,892	3,989	4,057	4,109	4,267
1 000	3,482	3,589	3,663	3,720	3,766	3,837	3,892	3,989	4,057	4,109	4,266
∞	3,480	3,587	3,662	3,718	3,764	3,835	3,890	3,987	4,055	4,107	4,264

Tabelle D.4 — Faktoren k für zweiseitig begrenzte Prognosebereiche bei einem Vertrauensniveau von 99 % und bekannter Standardabweichung der Grundgesamtheit *(fortgesetzt)*
Table D.4 — Two-sided prediction interval factors, k, at confidence level 99 % for known population standard deviation *(continued)*

n	m									
	1 000	2 000	5 000	10 000	20 000	50 000	100 000	200 000	500 000	1 000 000
2	5,338	5,508	5,724	5,882	6,034	6,230	6,373	6,512	6,691	6,823
3	5,069	5,234	5,445	5,599	5,749	5,940	6,081	6,218	6,394	6,524
4	4,921	5,084	5,291	5,442	5,590	5,778	5,917	6,053	6,227	6,355
5	4,828	4,988	5,193	5,342	5,488	5,674	5,812	5,946	6,118	6,246
6	4,764	4,922	5,124	5,273	5,417	5,602	5,738	5,871	6,042	6,169
7	4,717	4,874	5,074	5,221	5,365	5,548	5,683	5,816	5,986	6,112
8	4,681	4,837	5,036	5,182	5,325	5,507	5,642	5,773	5,942	6,067
9	4,653	4,808	5,006	5,152	5,293	5,475	5,609	5,739	5,908	6,032
10	4,630	4,784	4,982	5,127	5,267	5,448	5,582	5,712	5,880	6,004
11	4,611	4,765	4,962	5,106	5,246	5,427	5,559	5,689	5,857	5,980
12	4,595	4,749	4,945	5,089	5,229	5,408	5,541	5,670	5,837	5,960
13	4,582	4,735	4,931	5,074	5,213	5,393	5,525	5,654	5,820	5,943
14	4,570	4,723	4,918	5,061	5,200	5,379	5,511	5,640	5,806	5,929
15	4,560	4,713	4,908	5,050	5,189	5,368	5,499	5,628	5,793	5,916
16	4,552	4,704	4,898	5,040	5,179	5,357	5,489	5,617	5,782	5,905
17	4,544	4,696	4,890	5,032	5,170	5,348	5,479	5,607	5,773	5,895
18	4,537	4,689	4,882	5,024	5,163	5,340	5,471	5,599	5,764	5,886
19	4,531	4,682	4,876	5,017	5,155	5,333	5,464	5,591	5,756	5,878
20	4,525	4,676	4,870	5,011	5,149	5,326	5,457	5,584	5,749	5,871
25	4,504	4,654	4,847	4,988	5,125	5,301	5,431	5,558	5,722	5,843
30	4,489	4,639	4,831	4,972	5,109	5,284	5,414	5,541	5,704	5,825
35	4,479	4,629	4,820	4,960	5,097	5,272	5,402	5,528	5,691	5,811
40	4,471	4,621	4,812	4,952	5,088	5,263	5,392	5,518	5,681	5,801
45	4,465	4,615	4,805	4,945	5,081	5,256	5,385	5,511	5,673	5,793
50	4,460	4,610	4,800	4,940	5,076	5,250	5,379	5,505	5,667	5,787
60	4,453	4,602	4,792	4,932	5,067	5,242	5,370	5,496	5,658	5,778
70	4,448	4,597	4,787	4,926	5,062	5,236	5,364	5,490	5,651	5,771
80	4,444	4,593	4,782	4,922	5,057	5,231	5,359	5,485	5,647	5,766
90	4,441	4,589	4,779	4,918	5,054	5,228	5,356	5,481	5,643	5,762
100	4,439	4,587	4,777	4,916	5,051	5,225	5,353	5,478	5,640	5,759
150	4,431	4,579	4,769	4,907	5,043	5,216	5,344	5,469	5,630	5,749
200	4,428	4,576	4,765	4,903	5,038	5,212	5,340	5,465	5,626	5,745
250	4,425	4,573	4,762	4,901	5,036	5,209	5,337	5,462	5,623	5,742
300	4,424	4,572	4,761	4,899	5,034	5,208	5,335	5,460	5,621	5,740
350	4,423	4,571	4,760	4,898	5,033	5,206	5,334	5,459	5,620	5,739
400	4,422	4,570	4,759	4,897	5,032	5,205	5,333	5,458	5,619	5,738
450	4,421	4,569	4,758	4,897	5,031	5,205	5,332	5,457	5,618	5,737
500	4,421	4,569	4,758	4,896	5,031	5,204	5,332	5,456	5,617	5,736
600	4,420	4,568	4,757	4,895	5,030	5,203	5,331	5,455	5,616	5,735
700	4,420	4,567	4,756	4,895	5,029	5,203	5,330	5,455	5,616	5,734
800	4,419	4,567	4,756	4,894	5,029	5,202	5,330	5,454	5,615	5,734
900	4,419	4,567	4,756	4,894	5,029	5,202	5,329	5,454	5,615	5,734
1 000	4,419	4,567	4,755	4,894	5,028	5,202	5,329	5,454	5,614	5,733
∞	4,417	4,564	4,753	4,891	5,026	5,199	5,326	5,451	5,612	5,730

ANMERKUNG Diese Tabelle enthält Faktoren k mit der Eigenschaft, dass mit einem Vertrauensniveau von 99 % keiner der nächsten m Beobachtungswerte aus einer normalverteilten Grundgesamtheit außerhalb des Bereichs $(\bar{x} - k\sigma, \bar{x} + k\sigma)$ liegen wird, wobei $\bar{x}$ aus einer Zufallsstichprobe vom Umfang n aus derselben Grundgesamtheit ermittelt wurde.

NOTE This table provides factors k such that one may be at least 99 % confident that none of the next m observations from a normally distributed population will lie outside the range $(\bar{x} - k\sigma, \bar{x} + k\sigma)$, where $\bar{x}$ is derived from a random sample of size n from the same population.

Tabelle D.5 — Faktoren k für zweiseitig begrenzte Prognosebereiche bei einem Vertrauensniveau von 99,5 % und bekannter Standardabweichung der Grundgesamtheit
Table D.5 — Two-sided prediction interval factors, k, at confidence level 99,5 % for known population standard deviation

n	m										
	1	2	3	4	5	6	7	8	9	10	15
2	3,438	3,699	3,845	3,945	4,022	4,083	4,134	4,178	4,217	4,251	4,380
3	3,242	3,489	3,628	3,723	3,796	3,854	3,903	3,945	3,981	4,014	4,137
4	3,139	3,379	3,514	3,606	3,677	3,733	3,781	3,821	3,857	3,889	4,008
5	3,075	3,311	3,443	3,534	3,603	3,659	3,705	3,745	3,780	3,811	3,928
6	3,032	3,265	3,395	3,485	3,553	3,608	3,654	3,693	3,728	3,758	3,874
7	3,001	3,232	3,361	3,449	3,517	3,571	3,617	3,656	3,690	3,720	3,834
8	2,978	3,207	3,334	3,422	3,489	3,543	3,589	3,627	3,661	3,691	3,805
9	2,959	3,187	3,314	3,401	3,468	3,522	3,566	3,605	3,638	3,668	3,781
10	2,945	3,171	3,297	3,384	3,451	3,504	3,549	3,587	3,620	3,650	3,762
11	2,932	3,158	3,284	3,370	3,436	3,490	3,534	3,572	3,605	3,635	3,747
12	2,922	3,147	3,272	3,359	3,425	3,478	3,522	3,560	3,593	3,622	3,734
13	2,913	3,137	3,263	3,349	3,414	3,467	3,511	3,549	3,582	3,612	3,723
14	2,906	3,129	3,254	3,340	3,406	3,458	3,502	3,540	3,573	3,603	3,713
15	2,900	3,123	3,247	3,333	3,398	3,451	3,495	3,532	3,565	3,595	3,705
16	2,894	3,116	3,241	3,326	3,392	3,444	3,488	3,526	3,558	3,588	3,698
17	2,889	3,111	3,235	3,321	3,386	3,438	3,482	3,519	3,552	3,581	3,692
18	2,884	3,106	3,230	3,316	3,381	3,433	3,477	3,514	3,547	3,576	3,686
19	2,880	3,102	3,226	3,311	3,376	3,428	3,472	3,509	3,542	3,571	3,681
20	2,877	3,098	3,222	3,307	3,372	3,424	3,467	3,505	3,537	3,566	3,676
25	2,863	3,083	3,206	3,291	3,356	3,407	3,451	3,488	3,521	3,549	3,659
30	2,854	3,073	3,196	3,280	3,345	3,397	3,440	3,477	3,509	3,538	3,647
35	2,847	3,066	3,189	3,273	3,337	3,389	3,432	3,469	3,501	3,530	3,639
40	2,842	3,061	3,183	3,267	3,331	3,383	3,426	3,463	3,495	3,524	3,632
45	2,839	3,057	3,179	3,263	3,327	3,378	3,421	3,458	3,490	3,519	3,627
50	2,835	3,054	3,175	3,259	3,323	3,375	3,418	3,454	3,487	3,515	3,623
60	2,831	3,049	3,170	3,254	3,318	3,369	3,412	3,449	3,481	3,510	3,618
70	2,828	3,045	3,166	3,250	3,314	3,365	3,408	3,445	3,477	3,505	3,613
80	2,825	3,042	3,164	3,247	3,311	3,362	3,405	3,442	3,474	3,502	3,610
90	2,823	3,040	3,161	3,245	3,309	3,360	3,403	3,439	3,471	3,500	3,608
100	2,822	3,039	3,160	3,243	3,307	3,358	3,401	3,437	3,470	3,498	3,606
150	2,817	3,034	3,154	3,238	3,301	3,353	3,395	3,432	3,464	3,492	3,600
200	2,815	3,031	3,152	3,235	3,299	3,350	3,392	3,429	3,461	3,489	3,597
250	2,813	3,030	3,150	3,234	3,297	3,348	3,391	3,427	3,459	3,488	3,595
300	2,812	3,028	3,149	3,233	3,296	3,347	3,390	3,426	3,458	3,486	3,594
350	2,812	3,028	3,148	3,232	3,295	3,346	3,389	3,425	3,457	3,486	3,593
400	2,811	3,027	3,148	3,231	3,295	3,346	3,388	3,425	3,457	3,485	3,592
450	2,811	3,027	3,147	3,231	3,294	3,345	3,388	3,424	3,456	3,485	3,592
500	2,810	3,026	3,147	3,230	3,294	3,345	3,387	3,424	3,456	3,484	3,591
600	2,810	3,026	3,147	3,230	3,293	3,344	3,387	3,423	3,455	3,484	3,591
700	2,810	3,026	3,146	3,229	3,293	3,344	3,386	3,423	3,455	3,483	3,590
800	2,809	3,025	3,146	3,229	3,293	3,343	3,386	3,423	3,454	3,483	3,590
900	2,809	3,025	3,146	3,229	3,292	3,343	3,386	3,422	3,454	3,483	3,590
1 000	2,809	3,025	3,146	3,229	3,292	3,343	3,386	3,422	3,454	3,482	3,590
∞	2,808	3,023	3,144	3,227	3,290	3,341	3,384	3,420	3,452	3,481	3,588

Tabelle D.5 — Faktoren k für zweiseitig begrenzte Prognosebereiche bei einem Vertrauensniveau von 99,5 % und bekannter Standardabweichung der Grundgesamtheit *(fortgesetzt)*
Table D.5 — Two-sided prediction interval factors, k, at confidence level 99,5 % for known population standard deviation *(continued)*

n	m										
	20	**30**	**40**	**50**	**60**	**80**	**100**	**150**	**200**	**250**	**500**
2	4,469	4,592	4,677	4,742	4,795	4,876	4,939	5,050	5,127	5,186	5,366
3	4,222	4,339	4,421	4,483	4,533	4,611	4,671	4,778	4,853	4,910	5,083
4	4,091	4,205	4,284	4,345	4,394	4,470	4,528	4,632	4,705	4,760	4,929
5	4,009	4,121	4,199	4,259	4,307	4,382	4,439	4,541	4,613	4,667	4,833
6	3,954	4,065	4,141	4,200	4,248	4,321	4,378	4,479	4,549	4,603	4,767
7	3,914	4,023	4,099	4,158	4,205	4,278	4,334	4,434	4,504	4,557	4,720
8	3,883	3,992	4,068	4,125	4,172	4,245	4,300	4,400	4,469	4,522	4,683
9	3,860	3,968	4,043	4,100	4,146	4,219	4,274	4,373	4,441	4,494	4,655
10	3,840	3,948	4,023	4,080	4,126	4,198	4,253	4,351	4,419	4,472	4,632
11	3,824	3,932	4,006	4,063	4,109	4,180	4,235	4,333	4,401	4,454	4,613
12	3,811	3,918	3,992	4,049	4,095	4,166	4,221	4,318	4,386	4,438	4,597
13	3,800	3,906	3,980	4,037	4,083	4,154	4,208	4,305	4,373	4,425	4,583
14	3,790	3,897	3,970	4,027	4,072	4,143	4,197	4,294	4,362	4,414	4,572
15	3,782	3,888	3,961	4,018	4,063	4,134	4,188	4,285	4,353	4,404	4,561
16	3,775	3,880	3,954	4,010	4,055	4,126	4,180	4,277	4,344	4,396	4,553
17	3,768	3,874	3,947	4,003	4,048	4,119	4,173	4,269	4,337	4,388	4,545
18	3,762	3,868	3,941	3,997	4,042	4,113	4,166	4,263	4,330	4,381	4,538
19	3,757	3,862	3,935	3,991	4,037	4,107	4,161	4,257	4,324	4,375	4,532
20	3,752	3,858	3,931	3,986	4,031	4,102	4,155	4,252	4,319	4,370	4,526
25	3,735	3,839	3,912	3,967	4,012	4,082	4,136	4,231	4,298	4,349	4,504
30	3,723	3,827	3,899	3,955	3,999	4,069	4,122	4,218	4,284	4,335	4,490
35	3,714	3,818	3,890	3,946	3,990	4,060	4,113	4,208	4,274	4,325	4,480
40	3,708	3,811	3,884	3,939	3,983	4,053	4,106	4,201	4,267	4,318	4,472
45	3,703	3,806	3,878	3,933	3,978	4,047	4,100	4,195	4,261	4,312	4,466
50	3,699	3,802	3,874	3,929	3,974	4,043	4,096	4,191	4,257	4,307	4,461
60	3,693	3,796	3,868	3,923	3,967	4,036	4,089	4,184	4,250	4,300	4,454
70	3,688	3,791	3,863	3,918	3,962	4,032	4,084	4,179	4,245	4,295	4,449
80	3,685	3,788	3,860	3,915	3,959	4,028	4,081	4,175	4,241	4,291	4,445
90	3,682	3,786	3,857	3,912	3,956	4,025	4,078	4,172	4,238	4,288	4,442
100	3,680	3,783	3,855	3,910	3,954	4,023	4,076	4,170	4,236	4,286	4,439
150	3,674	3,777	3,849	3,903	3,948	4,016	4,069	4,163	4,229	4,279	4,432
200	3,671	3,774	3,846	3,900	3,944	4,013	4,066	4,160	4,225	4,275	4,428
250	3,669	3,772	3,844	3,898	3,942	4,011	4,064	4,158	4,223	4,273	4,426
300	3,668	3,771	3,842	3,897	3,941	4,010	4,062	4,156	4,222	4,272	4,424
350	3,667	3,770	3,841	3,896	3,940	4,009	4,061	4,155	4,221	4,271	4,423
400	3,667	3,769	3,841	3,895	3,939	4,008	4,061	4,155	4,220	4,270	4,423
450	3,666	3,769	3,840	3,895	3,939	4,008	4,060	4,154	4,219	4,270	4,422
500	3,666	3,768	3,840	3,894	3,938	4,007	4,060	4,153	4,219	4,269	4,422
600	3,665	3,768	3,839	3,894	3,938	4,006	4,059	4,153	4,218	4,268	4,421
700	3,665	3,767	3,839	3,893	3,937	4,006	4,058	4,152	4,218	4,268	4,420
800	3,664	3,767	3,838	3,893	3,937	4,006	4,058	4,152	4,217	4,267	4,420
900	3,664	3,767	3,838	3,893	3,937	4,005	4,058	4,152	4,217	4,267	4,420
1 000	3,664	3,767	3,838	3,892	3,936	4,005	4,058	4,151	4,217	4,267	4,419
∞	3,662	3,765	3,836	3,890	3,935	4,003	4,056	4,149	4,215	4,265	4,417

Tabelle D.5 — Faktoren k für zweiseitig begrenzte Prognosebereiche bei einem Vertrauensniveau von 99,5 % und bekannter Standardabweichung der Grundgesamtheit *(fortgesetzt)*
Table D.5 — Two-sided prediction interval factors, k, at confidence level 99,5 % for known population standard deviation *(continued)*

n	m									
	1 000	**2 000**	**5 000**	**10 000**	**20 000**	**50 000**	**100 000**	**200 000**	**500 000**	**1 000 000**
2	5,538	5,705	5,918	6,073	6,224	6,417	6,558	6,696	6,874	7,005
3	5,250	5,412	5,618	5,770	5,917	6,105	6,244	6,379	6,554	6,682
4	5,093	5,251	5,454	5,602	5,747	5,932	6,069	6,202	6,374	6,501
5	4,994	5,150	5,350	5,496	5,639	5,822	5,957	6,088	6,259	6,384
6	4,926	5,081	5,278	5,423	5,564	5,745	5,879	6,009	6,178	6,302
7	4,877	5,030	5,225	5,369	5,509	5,689	5,821	5,951	6,118	6,242
8	4,840	4,991	5,186	5,328	5,467	5,646	5,777	5,906	6,073	6,196
9	4,810	4,961	5,154	5,296	5,434	5,612	5,743	5,871	6,036	6,159
10	4,786	4,936	5,129	5,270	5,407	5,584	5,715	5,842	6,007	6,129
11	4,767	4,916	5,108	5,248	5,385	5,562	5,692	5,819	5,983	6,104
12	4,750	4,899	5,090	5,230	5,367	5,543	5,672	5,799	5,963	6,084
13	4,736	4,885	5,075	5,215	5,351	5,527	5,656	5,782	5,945	6,066
14	4,724	4,873	5,063	5,202	5,338	5,513	5,641	5,768	5,930	6,051
15	4,714	4,862	5,051	5,190	5,326	5,501	5,629	5,755	5,917	6,038
16	4,705	4,852	5,042	5,180	5,316	5,490	5,618	5,744	5,906	6,026
17	4,697	4,844	5,033	5,171	5,307	5,480	5,609	5,734	5,896	6,016
18	4,689	4,837	5,025	5,164	5,298	5,472	5,600	5,725	5,887	6,007
19	4,683	4,830	5,018	5,156	5,291	5,465	5,592	5,717	5,879	5,998
20	4,677	4,824	5,012	5,150	5,285	5,458	5,585	5,710	5,872	5,991
25	4,655	4,801	4,988	5,126	5,260	5,432	5,559	5,683	5,844	5,963
30	4,640	4,786	4,972	5,109	5,243	5,415	5,541	5,665	5,825	5,944
35	4,629	4,775	4,961	5,097	5,231	5,402	5,529	5,652	5,812	5,930
40	4,621	4,767	4,952	5,089	5,222	5,393	5,519	5,642	5,802	5,920
45	4,615	4,760	4,946	5,082	5,215	5,386	5,511	5,635	5,794	5,912
50	4,610	4,755	4,940	5,076	5,209	5,380	5,506	5,629	5,788	5,905
60	4,603	4,747	4,932	5,068	5,200	5,371	5,497	5,620	5,778	5,896
70	4,597	4,742	4,926	5,062	5,194	5,365	5,490	5,613	5,772	5,889
80	4,593	4,737	4,922	5,058	5,190	5,360	5,485	5,608	5,766	5,884
90	4,590	4,734	4,919	5,054	5,186	5,356	5,482	5,604	5,763	5,880
100	4,588	4,732	4,916	5,051	5,183	5,353	5,479	5,601	5,759	5,876
150	4,580	4,724	4,908	5,043	5,175	5,344	5,469	5,592	5,750	5,867
200	4,576	4,720	4,904	5,039	5,171	5,340	5,465	5,587	5,745	5,862
250	4,574	4,718	4,901	5,036	5,168	5,337	5,462	5,584	5,742	5,859
300	4,572	4,716	4,900	5,035	5,166	5,336	5,460	5,583	5,740	5,857
350	4,571	4,715	4,899	5,034	5,165	5,334	5,459	5,581	5,739	5,856
400	4,570	4,714	4,898	5,033	5,164	5,333	5,458	5,580	5,738	5,855
450	4,570	4,713	4,897	5,032	5,163	5,333	5,457	5,580	5,737	5,854
500	4,569	4,713	4,897	5,031	5,163	5,332	5,457	5,579	5,737	5,853
600	4,569	4,712	4,896	5,031	5,162	5,331	5,456	5,578	5,736	5,852
700	4,568	4,711	4,895	5,030	5,161	5,331	5,455	5,577	5,735	5,851
800	4,568	4,711	4,895	5,029	5,161	5,330	5,455	5,577	5,734	5,851
900	4,567	4,711	4,894	5,029	5,161	5,330	5,454	5,576	5,734	5,851
1 000	4,567	4,710	4,894	5,029	5,160	5,329	5,454	5,576	5,734	5,850
∞	4,565	4,708	4,892	5,026	5,158	5,327	5,451	5,573	5,731	5,847

ANMERKUNG Diese Tabelle enthält Faktoren k mit der Eigenschaft, dass mit einem Vertrauensniveau von 99,5 % keiner der nächsten m Beobachtungswerte aus einer normalverteilten Grundgesamtheit außerhalb des Bereichs $(\bar{x} - k\sigma, \bar{x} + k\sigma)$ liegen wird, wobei $\bar{x}$ aus einer Zufallsstichprobe vom Umfang n aus derselben Grundgesamtheit ermittelt wurde.

NOTE This table provides factors k such that one may be at least 99,5 % confident that none of the next m observations from a normally distributed population will lie outside the range $(\bar{x} - k\sigma, \bar{x} + k\sigma)$, where $\bar{x}$ is derived from a random sample of size n from the same population.

Tabelle D.6 — Faktoren k für zweiseitig begrenzte Prognosebereiche bei einem Vertrauensniveau von 99,9 % und bekannter Standardabweichung der Grundgesamtheit
Table D.6 — Two-sided prediction interval factors, k, at confidence level 99,9 % for known population standard deviation

n	m										
	1	2	3	4	5	6	7	8	9	10	15
2	4,031	4,262	4,392	4,483	4,552	4,608	4,654	4,694	4,729	4,760	4,879
3	3,800	4,019	4,142	4,228	4,293	4,346	4,390	4,428	4,461	4,491	4,603
4	3,679	3,892	4,011	4,094	4,158	4,209	4,252	4,288	4,321	4,349	4,458
5	3,605	3,813	3,930	4,012	4,074	4,124	4,166	4,202	4,234	4,262	4,368
6	3,555	3,760	3,876	3,956	4,017	4,067	4,108	4,143	4,175	4,202	4,307
7	3,518	3,721	3,836	3,915	3,976	4,025	4,066	4,101	4,132	4,159	4,263
8	3,491	3,692	3,806	3,885	3,945	3,993	4,034	4,069	4,100	4,127	4,230
9	3,469	3,669	3,782	3,861	3,920	3,969	4,009	4,044	4,074	4,101	4,204
10	3,452	3,651	3,763	3,841	3,901	3,949	3,989	4,024	4,054	4,081	4,183
11	3,437	3,636	3,748	3,825	3,885	3,933	3,973	4,007	4,037	4,064	4,165
12	3,425	3,623	3,735	3,812	3,871	3,919	3,959	3,993	4,023	4,050	4,151
13	3,415	3,613	3,724	3,801	3,860	3,907	3,947	3,981	4,011	4,038	4,139
14	3,407	3,603	3,714	3,791	3,850	3,897	3,937	3,971	4,001	4,027	4,128
15	3,399	3,595	3,706	3,783	3,841	3,889	3,928	3,962	3,992	4,019	4,119
16	3,392	3,588	3,699	3,775	3,834	3,881	3,921	3,955	3,984	4,011	4,111
17	3,386	3,582	3,692	3,769	3,827	3,874	3,914	3,948	3,977	4,004	4,104
18	3,381	3,577	3,687	3,763	3,821	3,868	3,908	3,942	3,971	3,998	4,097
19	3,377	3,572	3,682	3,758	3,816	3,863	3,902	3,936	3,966	3,992	4,092
20	3,372	3,567	3,677	3,753	3,811	3,858	3,897	3,931	3,961	3,987	4,087
25	3,356	3,550	3,659	3,735	3,793	3,840	3,879	3,912	3,942	3,968	4,067
30	3,345	3,539	3,648	3,723	3,781	3,827	3,866	3,900	3,929	3,955	4,054
35	3,338	3,531	3,639	3,715	3,772	3,819	3,857	3,891	3,920	3,946	4,045
40	3,332	3,524	3,633	3,708	3,766	3,812	3,851	3,884	3,913	3,939	4,038
45	3,327	3,520	3,628	3,703	3,761	3,807	3,846	3,879	3,908	3,934	4,032
50	3,324	3,516	3,624	3,699	3,756	3,803	3,841	3,875	3,904	3,930	4,028
60	3,318	3,510	3,618	3,693	3,750	3,796	3,835	3,868	3,897	3,923	4,021
70	3,314	3,506	3,614	3,689	3,746	3,792	3,831	3,864	3,893	3,919	4,017
80	3,312	3,503	3,611	3,685	3,743	3,789	3,827	3,860	3,889	3,915	4,013
90	3,309	3,500	3,608	3,683	3,740	3,786	3,825	3,858	3,887	3,913	4,010
100	3,307	3,499	3,606	3,681	3,738	3,784	3,823	3,856	3,885	3,910	4,008
150	3,302	3,493	3,600	3,675	3,732	3,778	3,816	3,849	3,878	3,904	4,002
200	3,299	3,490	3,597	3,672	3,729	3,775	3,813	3,846	3,875	3,901	3,998
250	3,298	3,488	3,595	3,670	3,727	3,773	3,811	3,844	3,873	3,899	3,996
300	3,297	3,487	3,594	3,669	3,726	3,771	3,810	3,843	3,872	3,897	3,995
350	3,296	3,486	3,593	3,668	3,725	3,771	3,809	3,842	3,871	3,897	3,994
400	3,295	3,486	3,593	3,667	3,724	3,770	3,808	3,841	3,870	3,896	3,993
450	3,295	3,485	3,592	3,667	3,724	3,769	3,808	3,841	3,870	3,895	3,993
500	3,294	3,485	3,592	3,666	3,723	3,769	3,807	3,840	3,869	3,895	3,992
600	3,294	3,484	3,591	3,666	3,723	3,768	3,807	3,840	3,869	3,894	3,992
700	3,293	3,484	3,591	3,665	3,722	3,768	3,806	3,839	3,868	3,894	3,991
800	3,293	3,483	3,591	3,665	3,722	3,768	3,806	3,839	3,868	3,893	3,991
900	3,293	3,483	3,590	3,665	3,721	3,767	3,806	3,839	3,867	3,893	3,990
1 000	3,293	3,483	3,590	3,664	3,721	3,767	3,805	3,838	3,867	3,893	3,990
∞	3,291	3,481	3,588	3,663	3,719	3,765	3,804	3,836	3,865	3,891	3,988

Tabelle D.6 — Faktoren k für zweiseitig begrenzte Prognosebereiche bei einem Vertrauensniveau von 99,9 % und bekannter Standardabweichung der Grundgesamtheit *(fortgesetzt)*
Table D.6 — Two-sided prediction interval factors, k, at confidence level 99,9 % for known population standard deviation *(continued)*

n	m										
	20	**30**	**40**	**50**	**60**	**80**	**100**	**150**	**200**	**250**	**500**
2	4,961	5,074	5,154	5,214	5,263	5,339	5,398	5,502	5,575	5,631	5,801
3	4,681	4,789	4,864	4,922	4,968	5,041	5,097	5,196	5,266	5,319	5,482
4	4,533	4,638	4,711	4,767	4,812	4,883	4,937	5,034	5,102	5,153	5,312
5	4,442	4,545	4,617	4,671	4,716	4,785	4,838	4,933	4,999	5,050	5,206
6	4,380	4,482	4,552	4,606	4,650	4,718	4,771	4,865	4,930	4,980	5,134
7	4,336	4,436	4,506	4,559	4,603	4,670	4,722	4,815	4,880	4,930	5,081
8	4,302	4,401	4,471	4,524	4,567	4,634	4,685	4,777	4,842	4,891	5,042
9	4,275	4,374	4,443	4,496	4,538	4,605	4,656	4,748	4,812	4,861	5,011
10	4,254	4,352	4,421	4,473	4,516	4,582	4,633	4,724	4,788	4,837	4,986
11	4,236	4,334	4,402	4,455	4,497	4,563	4,614	4,705	4,768	4,817	4,965
12	4,222	4,319	4,387	4,439	4,481	4,547	4,598	4,688	4,751	4,800	4,948
13	4,209	4,306	4,374	4,426	4,468	4,534	4,584	4,674	4,737	4,786	4,933
14	4,198	4,295	4,363	4,415	4,457	4,522	4,572	4,662	4,725	4,773	4,921
15	4,189	4,286	4,353	4,405	4,447	4,512	4,562	4,652	4,715	4,763	4,910
16	4,181	4,277	4,345	4,396	4,438	4,503	4,553	4,643	4,706	4,754	4,900
17	4,174	4,270	4,337	4,389	4,431	4,496	4,546	4,635	4,697	4,745	4,892
18	4,167	4,263	4,331	4,382	4,424	4,489	4,539	4,628	4,690	4,738	4,884
19	4,161	4,258	4,325	4,376	4,418	4,483	4,532	4,621	4,684	4,732	4,877
20	4,156	4,252	4,319	4,371	4,412	4,477	4,527	4,616	4,678	4,726	4,871
25	4,136	4,232	4,299	4,350	4,391	4,456	4,505	4,594	4,656	4,703	4,848
30	4,123	4,218	4,285	4,336	4,377	4,441	4,491	4,579	4,641	4,688	4,832
35	4,114	4,209	4,275	4,326	4,367	4,431	4,480	4,568	4,630	4,677	4,821
40	4,106	4,201	4,268	4,318	4,359	4,423	4,472	4,560	4,622	4,669	4,813
45	4,101	4,196	4,262	4,312	4,353	4,417	4,466	4,554	4,616	4,663	4,806
50	4,096	4,191	4,257	4,308	4,349	4,413	4,462	4,549	4,611	4,658	4,801
60	4,090	4,184	4,250	4,301	4,342	4,405	4,454	4,542	4,603	4,650	4,793
70	4,085	4,179	4,245	4,296	4,336	4,400	4,449	4,537	4,598	4,645	4,788
80	4,081	4,176	4,241	4,292	4,333	4,396	4,445	4,533	4,594	4,641	4,783
90	4,078	4,173	4,239	4,289	4,330	4,393	4,442	4,529	4,590	4,637	4,780
100	4,076	4,170	4,236	4,287	4,327	4,391	4,440	4,527	4,588	4,635	4,778
150	4,070	4,164	4,229	4,279	4,320	4,384	4,432	4,519	4,580	4,627	4,770
200	4,066	4,160	4,226	4,276	4,317	4,380	4,429	4,516	4,577	4,623	4,766
250	4,064	4,158	4,224	4,274	4,314	4,378	4,426	4,513	4,574	4,621	4,763
300	4,063	4,157	4,222	4,272	4,313	4,376	4,425	4,512	4,573	4,619	4,762
350	4,062	4,156	4,221	4,271	4,312	4,375	4,424	4,511	4,572	4,618	4,761
400	4,061	4,155	4,220	4,271	4,311	4,375	4,423	4,510	4,571	4,618	4,760
450	4,061	4,154	4,220	4,270	4,311	4,374	4,422	4,509	4,570	4,617	4,759
500	4,060	4,154	4,219	4,270	4,310	4,373	4,422	4,509	4,570	4,616	4,759
600	4,059	4,153	4,219	4,269	4,309	4,373	4,421	4,508	4,569	4,616	4,758
700	4,059	4,153	4,218	4,268	4,309	4,372	4,421	4,508	4,568	4,615	4,757
800	4,059	4,152	4,218	4,268	4,309	4,372	4,420	4,507	4,568	4,615	4,757
900	4,058	4,152	4,218	4,268	4,308	4,371	4,420	4,507	4,568	4,614	4,756
1 000	4,058	4,152	4,217	4,267	4,308	4,371	4,420	4,507	4,567	4,614	4,756
∞	4,056	4,150	4,215	4,265	4,306	4,369	4,418	4,504	4,565	4,612	4,754

Tabelle D.6 — Faktoren k für zweiseitig begrenzte Prognosebereiche bei einem Vertrauensniveau von 99,9 % und bekannter Standardabweichung der Grundgesamtheit *(fortgesetzt)*
Table D.6 — Two-sided prediction interval factors, k, at confidence level 99,9 % for known population standard deviation *(continued)*

n	m									
	1 000	2 000	5 000	10 000	20 000	50 000	100 000	200 000	500 000	1 000 000
2	5,966	6,126	6,331	6,481	6,627	6,814	6,952	7,087	7,261	7,389
3	5,640	5,794	5,991	6,136	6,278	6,460	6,594	6,725	6,895	7,020
4	5,466	5,616	5,808	5,949	6,088	6,266	6,397	6,526	6,692	6,815
5	5,357	5,504	5,693	5,832	5,968	6,143	6,273	6,400	6,564	6,685
6	5,283	5,428	5,615	5,752	5,886	6,059	6,187	6,313	6,475	6,595
7	5,229	5,373	5,558	5,694	5,827	5,998	6,125	6,249	6,410	6,529
8	5,188	5,331	5,514	5,649	5,781	5,952	6,077	6,201	6,360	6,479
9	5,156	5,298	5,480	5,615	5,746	5,915	6,040	6,163	6,321	6,439
10	5,130	5,272	5,453	5,587	5,717	5,886	6,010	6,132	6,290	6,407
11	5,109	5,250	5,431	5,564	5,694	5,861	5,985	6,107	6,264	6,381
12	5,092	5,232	5,412	5,544	5,674	5,841	5,965	6,086	6,243	6,359
13	5,076	5,216	5,396	5,528	5,657	5,824	5,947	6,068	6,224	6,340
14	5,064	5,203	5,382	5,514	5,643	5,809	5,932	6,052	6,208	6,324
15	5,052	5,191	5,370	5,502	5,630	5,796	5,919	6,039	6,195	6,310
16	5,042	5,181	5,360	5,491	5,619	5,785	5,907	6,027	6,183	6,298
17	5,034	5,172	5,350	5,481	5,610	5,775	5,897	6,017	6,172	6,287
18	5,026	5,164	5,342	5,473	5,601	5,766	5,888	6,008	6,162	6,277
19	5,019	5,157	5,335	5,465	5,593	5,758	5,880	5,999	6,154	6,268
20	5,013	5,151	5,328	5,459	5,586	5,751	5,873	5,992	6,146	6,261
25	4,989	5,126	5,303	5,433	5,560	5,723	5,845	5,963	6,117	6,231
30	4,973	5,110	5,286	5,415	5,542	5,705	5,826	5,944	6,097	6,211
35	4,961	5,098	5,273	5,403	5,529	5,692	5,812	5,930	6,083	6,196
40	4,953	5,089	5,264	5,393	5,519	5,682	5,802	5,920	6,073	6,186
45	4,946	5,082	5,257	5,386	5,512	5,674	5,794	5,912	6,064	6,177
50	4,941	5,077	5,251	5,380	5,506	5,668	5,788	5,906	6,058	6,171
60	4,933	5,068	5,243	5,371	5,497	5,659	5,779	5,896	6,048	6,161
70	4,927	5,062	5,237	5,365	5,491	5,652	5,772	5,889	6,041	6,153
80	4,923	5,058	5,232	5,360	5,486	5,647	5,767	5,884	6,036	6,148
90	4,919	5,055	5,229	5,357	5,482	5,644	5,763	5,880	6,031	6,144
100	4,916	5,052	5,226	5,354	5,479	5,640	5,760	5,877	6,028	6,140
150	4,908	5,043	5,217	5,345	5,470	5,631	5,750	5,867	6,018	6,130
200	4,904	5,039	5,213	5,340	5,465	5,626	5,745	5,862	6,013	6,125
250	4,902	5,037	5,210	5,338	5,463	5,624	5,743	5,859	6,010	6,122
300	4,900	5,035	5,208	5,336	5,461	5,622	5,741	5,857	6,008	6,120
350	4,899	5,034	5,207	5,335	5,460	5,620	5,739	5,856	6,007	6,119
400	4,898	5,033	5,206	5,334	5,459	5,619	5,738	5,855	6,006	6,117
450	4,897	5,032	5,206	5,333	5,458	5,619	5,738	5,854	6,005	6,117
500	4,897	5,032	5,205	5,332	5,457	5,618	5,737	5,853	6,004	6,116
600	4,896	5,031	5,204	5,332	5,456	5,617	5,736	5,852	6,003	6,115
700	4,896	5,030	5,203	5,331	5,456	5,616	5,735	5,852	6,003	6,114
800	4,895	5,030	5,203	5,330	5,455	5,616	5,735	5,851	6,002	6,114
900	4,895	5,030	5,203	5,330	5,455	5,616	5,734	5,851	6,002	6,113
1 000	4,894	5,029	5,202	5,330	5,454	5,615	5,734	5,851	6,001	6,113
∞	4,892	5,027	5,200	5,327	5,452	5,612	5,731	5,848	5,998	6,110

ANMERKUNG Diese Tabelle enthält Faktoren k mit der Eigenschaft, dass mit einem Vertrauensniveau von 99,9 % keiner der nächsten m Beobachtungswerte aus einer normalverteilten Grundgesamtheit außerhalb des Bereichs $(\bar{x} - k\sigma, \bar{x} + k\sigma)$ liegen wird, wobei $\bar{x}$ aus einer Zufallsstichprobe vom Umfang n aus derselben Grundgesamtheit ermittelt wurde.

NOTE This table provides factors k such that one may be at least 99,9 % confident that none of the next m observations from a normally distributed population will lie outside the range $(\bar{x} - k\sigma, \bar{x} + k\sigma)$, where $\bar{x}$ is derived from a random sample of size n from the same population.

Anhang E
(normativ)

Tabellen für Stichprobenumfänge für einseitig begrenzte verteilungsfreie Prognosebereiche

Annex E
(normative)

Tables of sample sizes for one-sided distribution-free prediction intervals

Tabelle E.1 — Stichprobenumfänge n für einseitig begrenzte verteilungsfreie Prognosebereiche bei einem Vertrauensniveau von 90 %
Table E.1 — Sample sizes, n, for one-sided distribution-free prediction intervals at confidence level 90 %

m	r										
	0	1	2	3	4	5	6	7	8	9	10
1	9										
2	18	3									
3	27	6	2								
4	36	8	4	2							
5	45	10	5	3	2						
6	54	12	6	4	3	2					
7	63	14	7	5	3	2	2				
8	72	17	8	5	4	3	2	2			
9	81	19	10	6	4	3	3	2	1		
10	90	21	11	7	5	4	3	2	2	1	
15	135	32	17	11	8	6	5	4	4	3	3
20	180	43	22	15	11	9	7	6	5	4	4
30	270	64	34	23	17	13	11	9	8	7	6
40	360	86	46	30	23	18	15	13	11	10	9
50	450	108	57	38	29	23	19	16	14	12	11
60	540	129	69	46	34	27	23	19	17	15	13
80	720	172	92	62	46	37	30	26	23	20	18
100	900	216	115	77	58	46	38	33	28	25	23
150	1 350	324	173	116	87	69	58	49	43	38	34
200	1 800	432	230	155	116	93	77	66	58	51	46
250	2 250	540	288	194	146	116	97	83	72	64	58
500	4 500	1 081	577	388	292	233	194	166	145	129	116
1 000	9 000	2 162	1 154	778	584	467	389	333	291	258	232
2 000	18 000	4 324	2 308	1 556	1 169	935	778	666	582	517	465
5 000	45 000	10 811	5 772	3 891	2 924	2 338	1 947	1 667	1 457	1 294	1 164
10 000	90 000	21 622	11 544	7 782	5 848	4 677	3 894	3 335	2 915	2 589	2 328
20 000	180 000	43 245	23 088	15 565	11 697	9 355	7 789	6 670	5 830	5 178	4 656
50 000	450 000	108 113	57 721	38 913	29 244	23 389	19 474	16 675	14 577	12 946	11 642
100 000	900 000	216 227	115 443	77 827	58 489	46 779	38 949	33 351	29 154	25 892	23 284
200 000	1 800 000	432 455	230 886	155 655	116 978	93 559	77 898	66 704	58 309	51 784	46 569
500 000	4 500 000	1 081 138	577 217	389 139	292 446	233 899	194 747	166 760	145 774	129 462	116 423
1 000 000	9 000 000	2 162 277	1 154 434	778 279	584 893	467 799	389 495	333 521	291 549	258 925	232 846

ANMERKUNG Diese Tabelle enthält Stichprobenumfänge n mit der Eigenschaft, dass mit einem Vertrauensniveau von 90 % höchstens r der nächsten m Beobachtungswerte aus derselben Grundgesamtheit außerhalb des Bereichs $(-\infty, x_{[n]})$ liegen wird. Analoges gilt für den Bereich $(x_{[1]}, \infty)$.

NOTE This table provides sample sizes n for which one may be at least 90 % confident that not more than r of the next m observations from the same population will lie outside the interval $(-\infty, x_{[n]})$. Similarly for the interval $(x_{[1]}, \infty)$.

Tabelle E.2 — Stichprobenumfänge n für einseitig begrenzte verteilungsfreie Prognosebereiche bei einem Vertrauensniveau von 95 %

Table E.2 — Sample sizes, n, for one-sided distribution-free prediction intervals at confidence level 95 %

m	r										
	0	**1**	**2**	**3**	**4**	**5**	**6**	**7**	**8**	**9**	**10**
1	19										
2	38	5									
3	57	9	3								
4	76	12	5	3							
5	95	16	7	4	2						
6	114	20	9	5	3	2					
7	133	23	11	6	4	3	2				
8	152	26	12	8	5	4	3	2			
9	171	30	14	9	6	4	3	3	2		
10	190	33	16	10	7	5	4	3	2	2	
15	285	51	24	15	11	8	7	6	5	4	3
20	380	68	33	21	15	12	9	8	7	6	5
30	570	103	50	32	23	18	15	12	11	9	8
40	760	138	67	43	32	25	20	17	15	13	11
50	950	172	84	55	40	31	26	22	19	16	15
60	1 140	207	102	66	48	38	31	26	23	20	18
80	1 520	277	136	88	64	51	42	35	30	27	24
100	1 900	346	170	110	81	64	52	44	38	34	30
150	2 850	520	256	166	122	96	79	67	58	51	46
200	3 800	693	342	222	163	128	106	90	78	69	62
250	4 750	867	427	278	204	161	132	112	98	86	77
500	9 500	1 735	856	556	409	323	266	226	196	174	155
1 000	19 000	3 471	1 713	1 114	819	646	533	453	394	348	312
2 000	38 000	6 943	3 428	2 228	1 640	1 294	1 067	907	789	697	625
5 000	95 000	17 359	8 571	5 573	4 102	3 237	2 670	2 270	1 974	1 745	1 564
10 000	190 000	34 720	17 143	11 146	8 205	6 474	5 340	4 541	3 948	3 492	3 129
20 000	380 000	69 442	34 287	22 294	16 410	12 950	10 681	9 083	7 898	6 985	6 260
50 000	950 000	173 606	85 720	55 736	41 027	32 376	26 705	22 710	19 746	17 463	15 651
100 000	1 900 000	347 212	171 440	111 473	82 055	64 754	53 412	45 420	39 494	34 927	31 302
200 000	3 800 000	694 426	342 882	222 947	164 112	129 509	106 824	90 842	78 989	69 856	62 605
500 000	9 500 000	1 736 067	857 207	557 370	410 281	323 773	267 063	227 107	197 474	174 640	156 515
1 000 000	19 000 000	3 472 134	1 714 417	1 114 741	820 563	647 548	534 126	454 214	394 950	349 282	313 031

ANMERKUNG Diese Tabelle enthält Stichprobenumfänge n mit der Eigenschaft, dass mit einem Vertrauensniveau von 95 % höchstens r der nächsten m Beobachtungswerte aus derselben Grundgesamtheit außerhalb des Bereichs $(-\infty, x_{[n]})$ liegen wird. Analoges gilt für den Bereich $(x_{[1]}, \infty)$.

NOTE This table provides sample sizes n for which one may be at least 95 % confident that not more than r of the next m observations from the same population will lie outside the interval $(-\infty, x_{[n]})$. Similarly for the interval $(x_{[1]}, \infty)$.

Tabelle E.3 — Stichprobenumfänge n für einseitig begrenzte verteilungsfreie Prognosebereiche bei einem Vertrauensniveau von 97,5 %

Table E.3 — Sample sizes, n, for one-sided distribution-free prediction intervals at confidence level 97,5 %

m	r										
	0	1	2	3	4	5	6	7	8	9	10
1	39										
2	78	8									
3	117	14	5								
4	156	19	7	4							
5	195	24	10	5	3						
6	234	30	12	7	4	3					
7	273	35	15	9	6	4	3				
8	312	40	17	10	7	5	3	2			
9	351	46	20	12	8	6	4	3	2		
10	390	51	22	13	9	7	5	4	3	2	
15	585	78	34	21	15	11	9	7	6	5	4
20	780	104	46	28	20	15	12	10	8	7	6
30	1 170	158	71	44	31	24	19	16	14	12	10
40	1 560	211	95	59	42	32	26	22	19	16	14
50	1 950	264	119	74	53	41	33	28	24	21	18
60	2 340	317	143	89	64	49	40	34	29	25	22
80	3 120	424	192	119	86	66	54	45	39	34	30
100	3 900	530	240	150	107	83	68	57	49	43	38
150	5 850	797	361	225	162	126	102	86	74	65	58
200	7 800	1 063	482	301	217	168	137	116	100	88	78
250	9 750	1 329	603	377	271	211	172	145	125	110	98
500	19 500	2 660	1 208	756	544	423	345	291	252	222	198
1 000	39 000	5 322	2 418	1 513	1 090	848	692	584	505	445	397
2 000	78 000	10 647	4 838	3 028	2 181	1 697	1 386	1 170	1 012	891	795
5 000	195 000	26 621	12 098	7 573	5 455	4 245	3 467	2 928	2 532	2 229	1 991
10 000	390 000	53 243	24 198	15 147	10 911	8 491	6 937	5 857	5 065	4 460	3 983
20 000	780 000	106 489	48 397	30 296	21 824	16 985	13 875	11 715	10 131	8 921	7 967
50 000	1 950 000	266 226	120 996	75 742	54 562	42 464	34 689	29 290	25 330	22 305	19 920
100 000	3 900 000	532 453	241 993	151 485	109 126	84 929	69 380	58 582	50 661	44 611	39 842
200 000	7 800 000	1 064 909	483 989	302 972	218 254	169 861	138 761	117 165	101 325	89 224	79 685
500 000	19 500 000	2 662 276	1 209 974	757 431	545 638	424 654	346 905	292 915	253 314	223 061	199 215
1 000 000	39 000 000	5 324 552	2 419 950	1 514 865	1 091 277	849 310	693 813	585 831	506 629	446 124	398 432

ANMERKUNG Diese Tabelle enthält Stichprobenumfänge n mit der Eigenschaft, dass mit einem Vertrauensniveau von 97,5 % höchstens r der nächsten m Beobachtungswerte aus derselben Grundgesamtheit außerhalb des Bereichs $(-\infty, x_{[n]})$ liegen wird. Analoges gilt für den Bereich $(x_{[1]}, \infty)$.

NOTE This table provides sample sizes n for which one may be at least 97,5 % confident that not more than r of the next m observations from the same population will lie outside the interval $(-\infty, x_{[n]})$. Similarly for the interval $(x_{[1]}, \infty)$.

Tabelle E.4 — Stichprobenumfänge n für einseitig begrenzte verteilungsfreie Prognosebereiche bei einem Vertrauensniveau von 99 %

Table E.4 — Sample sizes, n, for one-sided distribution-free prediction intervals at confidence level 99 %

m	r										
	0	**1**	**2**	**3**	**4**	**5**	**6**	**7**	**8**	**9**	**10**
1	99										
2	198	13									
3	297	23	7								
4	396	32	11	5							
5	495	41	15	8	4						
6	594	50	18	10	6	4					
7	693	59	22	12	8	5	3				
8	792	68	26	14	9	6	5	3			
9	891	77	29	16	11	8	6	4	3		
10	990	86	33	19	12	9	7	5	4	3	
15	1 485	131	51	30	20	15	11	9	8	6	5
20	1 980	176	70	40	28	21	16	13	11	9	8
30	2 970	266	106	62	43	32	26	21	18	15	13
40	3 960	356	142	84	58	44	35	29	24	21	19
50	4 950	446	179	105	73	55	44	37	31	27	24
60	5 940	536	215	127	88	67	54	44	38	33	29
80	7 920	716	288	170	118	90	72	60	51	45	39
100	9 900	896	361	213	149	113	91	76	65	56	50
150	14 850	1 346	543	322	224	171	137	114	98	86	76
200	19 800	1 796	725	430	300	228	184	153	131	115	102
250	24 750	2 246	907	538	375	286	230	192	165	144	128
500	49 500	4 496	1 818	1 078	753	575	463	387	332	290	258
1 000	99 000	8 996	3 638	2 160	1 509	1 152	928	776	666	583	518
2 000	198 000	17 996	7 280	4 322	3 021	2 306	1 859	1 554	1 334	1 168	1 038
5 000	495 000	44 996	18 205	10 809	7 557	5 770	4 651	3 889	3 338	2 922	2 597
10 000	990 000	89 996	36 413	21 620	15 116	11 542	9 305	7 781	6 679	5 847	5 197
20 000	1 980 000	179 996	72 829	43 243	30 235	23 086	18 612	15 563	13 360	11 696	10 396
50 000	4 950 000	449 995	182 076	108 111	75 592	57 719	46 533	38 912	33 403	29 243	25 993
100 000	9 900 000	899 996	364 156	216 225	151 186	115 441	93 067	77 826	66 808	58 487	51 989
200 000	19 800 000	1 799 993	728 314	432 453	302 375	230 885	186 137	155 654	133 618	116 977	103 980
500 000	49 500 000	4 499 992	1 820 790	1 081 135	755 939	577 215	465 347	389 137	334 048	292 445	259 953
1 000 000	99 000 000	8 999 983	3 641 583	2 162 273	1 511 881	1 154 431	930 696	778 277	668 098	584 891	519 909

ANMERKUNG Diese Tabelle enthält Stichprobenumfänge n mit der Eigenschaft, dass mit einem Vertrauensniveau von 99 % höchstens r der nächsten m Beobachtungswerte aus derselben Grundgesamtheit außerhalb des Bereichs $(-\infty, x_{[n]})$ liegen wird. Analoges gilt für den Bereich $(x_{[1]}, \infty)$.

NOTE This table provides sample sizes n for which one may be at least 99 % confident that not more than r of the next m observations from the same population will lie outside the interval $(-\infty, x_{[n]})$. Similarly for the interval $(x_{[1]}, \infty)$.

Tabelle E.5 — Stichprobenumfänge n für einseitig begrenzte verteilungsfreie Prognosebereiche bei einem Vertrauensniveau von 99,5 %

Table E.5 — Sample sizes, n, for one-sided distribution-free prediction intervals at confidence level 99,5 %

m	r										
	0	1	2	3	4	5	6	7	8	9	10
1	199										
2	398	19									
3	597	33	9								
4	796	46	14	6							
5	995	59	19	9	5						
6	1 194	72	24	12	7	4					
7	1 393	86	29	15	9	6	4				
8	1 592	99	34	18	11	8	5	4			
9	1 791	112	39	21	13	9	7	5	3		
10	1 990	125	44	24	15	11	8	6	4	3	
15	2 985	191	68	38	25	18	14	11	9	7	6
20	3 980	257	93	51	34	25	20	16	13	11	9
30	5 970	388	141	79	53	39	31	25	21	18	16
40	7 960	520	190	107	72	54	42	35	29	25	22
50	9 950	651	238	134	91	68	54	44	37	32	28
60	11 940	782	287	162	110	82	65	54	45	39	34
80	15 920	1 045	383	217	148	110	88	72	61	53	47
100	19 900	1 308	480	272	185	139	110	91	77	67	59
150	29 850	1 965	723	410	280	210	167	138	118	102	90
200	39 800	2 622	965	548	374	281	223	185	158	137	121
250	49 750	3 279	1 208	687	468	352	280	232	198	172	152
500	99 500	6 565	2 420	1 377	939	706	563	467	398	347	307
1 000	199 000	13 136	4 844	2 757	1 882	1 415	1 129	936	799	696	616
2 000	398 000	26 278	9 692	5 518	3 768	2 833	2 260	1 876	1 601	1 395	1 235
5 000	995 000	65 704	24 236	13 799	9 424	7 088	5 655	4 693	4 006	3 491	3 091
10 000	1 990 000	131 416	48 476	27 602	18 851	14 180	11 314	9 390	8 014	6 984	6 185
20 000	3 980 000	262 836	96 956	55 208	37 705	28 362	22 630	18 782	16 030	13 970	12 373
50 000	9 950 000	657 099	242 397	138 027	94 267	70 910	56 580	46 959	40 080	34 930	30 936
100 000	19 900 000	1 314 208	484 800	276 057	188 537	141 824	113 163	93 920	80 162	69 862	61 874
200 000	39 800 000	2 628 415	969 604	552 116	377 076	283 652	226 330	187 842	160 327	139 726	123 751
500 000	99 500 000	6 571 043	2 424 010	1 380 295	942 696	709 131	565 828	469 611	400 822	349 320	309 381
1 000 000	199 000 000	13 142 098	4 848 024	2 760 590	1 885 396	1 418 268	1 131 657	939 225	801 646	698 643	618 764

ANMERKUNG Diese Tabelle enthält Stichprobenumfänge n mit der Eigenschaft, dass mit einem Vertrauensniveau von 99,5 % höchstens r der nächsten m Beobachtungswerte aus derselben Grundgesamtheit außerhalb des Bereichs $(-\infty, x_{[n]})$ liegen wird. Analoges gilt für den Bereich $(x_{[1]}, \infty)$.

NOTE This table provides sample sizes n for which one may be at least 99,5 % confident that not more than r of the next m observations from the same population will lie outside the interval $(-\infty, x_{[n]})$. Similarly for the interval $(x_{[1]}, \infty)$.

Tabelle E.6 — Stichprobenumfänge n für einseitig begrenzte verteilungsfreie Prognosebereiche bei einem Vertrauensniveau von 99,9 %

Table E.6 — Sample sizes, n, for one-sided distribution-free prediction intervals at confidence level 99,9 %

m	r										
	0	1	2	3	4	5	6	7	8	9	10
1	999										
2	1 998	44									
3	2 997	75	17								
4	3 996	107	26	10							
5	4 995	137	36	16	8						
6	5 994	168	45	21	11	7					
7	6 993	199	54	25	15	9	6				
8	7 992	230	63	30	18	12	8	5			
9	8 991	260	72	35	21	14	10	7	5		
10	9 990	291	81	39	24	16	12	9	6	4	
15	14 985	444	126	63	39	27	20	16	13	10	9
20	19 980	597	171	86	54	38	29	23	19	16	13
30	29 970	904	261	132	84	60	46	37	30	26	22
40	39 960	1 210	351	178	114	81	63	50	42	36	31
50	49 950	1 516	441	225	144	103	79	64	53	46	40
60	59 940	1 822	531	271	173	125	96	78	65	56	48
80	79 920	2 435	711	363	233	168	130	105	88	76	66
100	99 900	3 047	891	456	293	211	164	133	111	95	83
150	149 850	4 579	1 341	687	442	319	248	201	169	145	127
200	199 800	6 110	1 791	918	591	428	332	270	227	195	171
250	249 750	7 641	2 241	1 149	740	536	416	339	284	245	215
500	499 500	15 297	4 491	2 305	1 485	1 076	837	681	573	494	433
1 000	999 000	30 608	8 992	4 617	2 976	2 157	1 678	1 367	1 150	991	870
2 000	1 998 000	61 231	17 992	9 240	5 957	4 320	3 361	2 738	2 305	1 987	1 744
5 000	4 995 000	153 098	44 992	23 111	14 900	10 806	8 409	6 853	5 768	4 972	4 365
10 000	9 990 000	306 211	89 992	46 227	29 805	21 618	16 823	13 709	11 540	9 949	8 734
20 000	19 980 000	612 435	179 990	92 462	59 616	43 240	33 650	27 423	23 084	19 901	17 472
50 000	49 950 000	1 531 108	449 990	231 164	149 048	108 109	84 129	68 565	57 717	49 759	43 687
100 000	99 900 000	3 062 216	899 981	462 332	298 101	216 222	168 265	137 134	115 439	99 523	87 377
200 000	199 800 000	6 124 456	1 799 980	924 670	596 209	432 446	336 533	274 270	230 883	199 048	174 759
500 000	499 500 000	15 311 170	4 499 944	2 311 689	1 490 522	1 081 127	841 340	685 679	577 208	497 627	436 903
1 000 000	999 000 000	30 622 339	8 999 912	4 623 361	2 981 044	2 162 257	1 682 677	1 371 363	1 154 424	995 253	873 812

ANMERKUNG Diese Tabelle enthält Stichprobenumfänge n mit der Eigenschaft, dass mit einem Vertrauensniveau von 99,9 % höchstens r der nächsten m Beobachtungswerte aus derselben Grundgesamtheit außerhalb des Bereichs $(-\infty, x_{[n]})$ liegen wird. Analoges gilt für den Bereich $(x_{[1]}, \infty)$.

NOTE This table provides sample sizes n for which one may be at least 99,9 % confident that not more than r of the next m observations from the same population will lie outside the interval $(-\infty, x_{[n]})$. Similarly for the interval $(x_{[1]}, \infty)$.

Anhang F
(normativ)

Tabellen für Stichprobenumfänge für zweiseitig begrenzte verteilungsfreie Prognosebereiche

Annex F
(normative)

Tables of sample sizes for two-sided distribution-free prediction intervals

Tabelle F.1 — Stichprobenumfänge n für zweiseitig begrenzte verteilungsfreie Prognosebereiche bei einem Vertrauensniveau von 90 %
Table F.1 — Sample sizes, n, for two-sided distribution-free prediction intervals at confidence level 90 %

m	r										
	0	**1**	**2**	**3**	**4**	**5**	**6**	**7**	**8**	**9**	**10**
1	19										
2	38	7									
3	56	11	5								
4	75	15	7	4							
5	93	19	9	6	4						
6	112	23	11	7	5	3					
7	130	28	14	9	6	4	3				
8	149	32	16	10	7	5	4	3			
9	167	36	18	11	8	6	5	4	3		
10	186	40	20	13	9	7	6	4	4	3	
15	278	61	31	20	14	11	9	8	6	5	5
20	371	81	41	27	20	15	13	10	9	8	7
30	556	122	62	41	30	24	19	16	14	12	11
40	740	163	84	55	41	32	26	22	19	17	15
50	925	204	105	69	51	40	33	28	24	21	19
60	1 110	245	126	83	61	49	40	34	29	26	23
80	1 480	328	169	111	82	65	54	46	40	35	31
100	1 850	410	211	139	103	82	67	57	50	44	39
150	2 774	615	317	209	155	123	102	86	75	66	59
200	3 698	820	423	280	207	164	136	116	101	89	80
250	4 623	1 026	529	350	259	206	170	145	126	111	100
500	9 244	2 053	1 059	700	520	412	341	291	253	224	201
1 000	18 488	4 106	2 119	1 402	1 041	826	683	582	507	449	402
2 000	36 975	8 213	4 240	2 805	2 083	1 652	1 367	1 165	1 015	899	806
5 000	92 435	20 535	10 601	7 015	5 210	4 132	3 420	2 915	2 539	2 248	2 017
10 000	184 869	41 071	21 204	14 031	10 420	8 266	6 841	5 831	5 078	4 497	4 034
20 000	369 738	82 144	42 409	28 063	20 842	16 533	13 683	11 663	10 158	8 995	8 069
50 000	924 343	205 361	106 024	70 160	52 106	41 334	34 209	29 158	25 396	22 488	20 174
100 000	1 848 684	410 724	212 050	140 320	104 212	82 669	68 419	58 318	50 794	44 978	40 349
200 000	3 697 368	821 449	424 101	280 642	208 426	165 339	136 839	116 636	101 589	89 956	80 700
500 000	9 243 418	2 053 623	1 060 253	701 605	521 066	413 349	342 098	291 592	253 974	224 892	201 751
1 000 000	18 486 835	4 107 249	2 120 508	1 403 212	1 042 133	826 700	684 197	583 185	507 948	449 786	403 503

ANMERKUNG Diese Tabelle enthält Stichprobenumfänge n mit der Eigenschaft, dass mit einem Vertrauensniveau von 90 % höchstens r der nächsten m Beobachtungswerte aus derselben Grundgesamtheit außerhalb des Bereichs $(x_{[1]}, x_{[n]})$ liegen wird.

NOTE This table provides sample sizes n for which one may be at least 90 % confident that not more than r of the next m observations from the same population will lie outside the interval $(x_{[1]}, x_{[n]})$.

Tabelle F.2 — Stichprobenumfänge n für zweiseitig begrenzte verteilungsfreie Prognosebereiche bei einem Vertrauensniveau von 95 %

Table F.2 — Sample sizes, n, for two-sided distribution-free prediction intervals at confidence level 95 %

m	r										
	0	1	2	3	4	5	6	7	8	9	10
1	39										
2	78	10									
3	116	17	6								
4	155	23	10	5							
5	193	30	13	7	4						
6	232	36	16	9	6	4					
7	270	42	19	11	8	5	4				
8	309	49	22	13	9	7	5	4			
9	347	55	25	15	10	8	6	5	3		
10	386	62	28	17	12	9	7	5	4	3	
15	578	94	43	27	19	14	11	9	8	7	6
20	771	126	58	36	26	20	16	13	11	10	8
30	1 156	189	89	56	40	31	25	21	18	15	14
40	1 541	253	119	75	54	42	34	28	24	21	19
50	1 926	317	149	94	68	53	43	36	31	27	24
60	2 311	381	179	113	82	63	52	43	37	33	29
80	3 080	509	240	152	109	85	69	58	50	44	39
100	3 850	637	300	190	137	107	87	74	63	56	50
150	5 775	956	451	286	207	161	132	111	96	84	75
200	7 700	1 275	602	382	276	216	176	149	129	113	101
250	9 624	1 595	754	478	346	270	221	186	161	142	126
500	19 248	3 192	1 509	958	694	541	443	374	324	285	254
1 000	38 495	6 386	3 020	1 917	1 389	1 085	888	750	649	572	511
2 000	76 988	12 774	6 043	3 836	2 781	2 171	1 777	1 502	1 300	1 145	1 023
5 000	192 469	31 939	15 110	9 593	6 954	5 430	4 444	3 757	3 251	2 865	2 559
10 000	384 937	63 880	30 222	19 187	13 910	10 862	8 890	7 516	6 504	5 731	5 120
20 000	769 873	127 763	60 447	38 377	27 823	21 726	17 783	15 033	13 011	11 463	10 241
50 000	1 924 681	319 409	151 120	95 944	69 559	54 318	44 459	37 585	32 529	28 659	25 605
100 000	3 849 361	638 821	302 243	191 891	139 120	108 637	88 920	75 171	65 059	57 320	51 211
200 000	7 698 722	1 277 645	604 488	383 783	278 242	217 276	177 841	150 344	130 120	114 642	102 424
500 000	19 246 802	3 194 115	1 511 223	959 462	695 608	543 193	444 605	375 863	325 303	286 607	256 063
1 000 000	38 493 604	6 388 228	3 022 450	1 918 925	1 391 219	1 086 387	889 213	751 728	650 608	573 215	512 127

ANMERKUNG Diese Tabelle enthält Stichprobenumfänge n mit der Eigenschaft, dass mit einem Vertrauensniveau von 95 % höchstens r der nächsten m Beobachtungswerte aus derselben Grundgesamtheit außerhalb des Bereichs $(x_{[1]}, x_{[n]})$ liegen wird.

NOTE This table provides sample sizes n for which one may be at least 95 % confident that not more than r of the next m observations from the same population will lie outside the interval $(x_{[1]}, x_{[n]})$.

Tabelle F.3 — Stichprobenumfänge n für zweiseitig begrenzte verteilungsfreie Prognosebereiche bei einem Vertrauensniveau von 97,5 %

Table F.3 — Sample sizes, n, for two-sided distribution-free prediction intervals at confidence level 97,5 %

m	r										
	0	1	2	3	4	5	6	7	8	9	10
1	79										
2	158	14									
3	236	24	8								
4	315	34	13	6							
5	393	44	17	9	5						
6	472	54	21	12	8	5					
7	550	63	26	15	9	7	4				
8	629	73	30	17	11	8	6	4			
9	707	82	34	20	13	9	7	5	4		
10	786	92	38	22	15	11	8	6	5	4	
15	1 178	140	59	35	24	18	14	11	9	8	7
20	1 571	188	80	48	33	25	20	16	14	12	10
30	2 356	284	121	73	51	39	31	26	22	19	16
40	3 141	380	163	98	69	52	42	35	30	26	23
50	3 926	476	204	123	87	66	53	44	38	33	29
60	4 711	572	246	149	105	80	64	54	46	40	35
80	6 281	765	329	199	140	107	87	72	62	54	48
100	7 851	957	412	250	176	135	109	91	78	68	60
150	11 776	1 437	620	376	266	204	164	138	118	103	92
200	15 700	1 917	827	502	355	272	220	184	158	138	123
250	19 625	2 397	1 035	629	444	341	276	231	198	174	154
500	39 249	4 798	2 073	1 260	891	684	554	464	399	349	311
1 000	78 498	9 601	4 148	2 524	1 785	1 371	1 110	930	800	701	623
2 000	156 995	19 205	8 300	5 050	3 572	2 745	2 222	1 862	1 601	1 404	1 249
5 000	392 485	48 019	20 754	12 629	8 934	6 866	5 558	4 660	4 007	3 513	3 125
10 000	784 969	96 042	41 511	25 260	17 871	13 735	11 117	9 321	8 016	7 027	6 253
20 000	1 569 937	192 087	83 026	50 524	35 744	27 472	22 237	18 645	16 035	14 057	12 507
50 000	3 924 842	480 223	207 569	126 313	89 364	68 684	55 596	46 615	40 090	35 145	31 272
100 000	7 849 683	960 449	415 141	252 629	178 731	137 371	111 195	93 233	80 183	70 292	62 546
200 000	15 699 364	1 920 902	830 285	505 261	357 465	274 745	222 393	186 469	160 369	140 586	125 093
500 000	39 248 409	4 802 260	2 075 719	1 263 154	893 665	686 866	555 986	466 175	400 925	351 467	312 737
1 000 000	78 496 817	9 604 522	4 151 435	2 526 315	1 787 335	1 373 734	1 111 972	932 352	801 852	702 937	625 476

ANMERKUNG Diese Tabelle enthält Stichprobenumfänge n mit der Eigenschaft, dass mit einem Vertrauensniveau von 97,5 % höchstens r der nächsten m Beobachtungswerte aus derselben Grundgesamtheit außerhalb des Bereichs $(x_{[1]}, x_{[n]})$ liegen wird.

NOTE This table provides sample sizes n for which one may be at least 97,5 % confident that not more than r of the next m observations from the same population will lie outside the interval $(x_{[1]}, x_{[n]})$.

Tabelle F.4 — Stichprobenumfänge n für zweiseitig begrenzte verteilungsfreie Prognosebereiche bei einem Vertrauensniveau von 99 %

Table F.4 — Sample sizes, n, for two-sided distribution-free prediction intervals at confidence level 99 %

m	r										
	0	**1**	**2**	**3**	**4**	**5**	**6**	**7**	**8**	**9**	**10**
1	199										
2	398	23									
3	596	40	12								
4	795	56	18	9							
5	993	72	25	12	7						
6	1 192	88	31	16	10	6					
7	1 390	105	37	20	12	8	6				
8	1 589	121	43	23	15	10	7	5			
9	1 787	137	49	27	17	12	9	7	5		
10	1 986	153	56	30	20	14	10	8	6	5	
15	2 978	233	86	48	32	23	18	14	12	10	8
20	3 971	312	117	66	44	32	25	20	17	14	12
30	5 956	472	178	101	68	50	40	32	27	23	20
40	7 941	632	239	136	92	69	54	44	37	32	28
50	9 926	792	300	171	116	87	69	56	48	41	36
60	11 911	952	361	206	140	105	83	68	58	50	44
80	15 881	1 271	483	276	188	141	112	92	78	68	60
100	19 851	1 591	605	346	236	177	141	116	99	86	75
150	29 776	2 390	910	521	356	267	212	176	150	130	115
200	39 701	3 188	1 215	696	476	357	284	235	200	174	154
250	49 626	3 987	1 520	871	596	447	356	295	251	219	193
500	99 250	7 982	3 044	1 747	1 195	898	716	593	506	440	389
1 000	198 499	15 970	6 094	3 499	2 394	1 800	1 435	1 190	1 014	883	781
2 000	396 998	31 947	12 193	7 002	4 792	3 604	2 874	2 383	2 032	1 769	1 566
5 000	992 493	79 878	30 489	17 511	11 985	9 016	7 190	5 963	5 085	4 428	3 918
10 000	1 984 984	159 763	60 984	35 026	23 974	18 036	14 383	11 928	10 173	8 858	7 840
20 000	3 969 968	319 533	121 972	70 056	47 951	36 076	28 770	23 860	20 348	17 720	15 682
50 000	9 924 918	798 844	304 938	175 148	119 883	90 196	71 931	59 654	50 875	44 304	39 210
100 000	19 849 835	1 597 694	609 882	350 299	239 770	180 395	143 864	119 311	101 753	88 611	78 423
200 000	39 699 669	3 195 397	1 219 768	700 604	479 543	360 793	287 732	238 626	203 509	177 225	156 849
500 000	99 249 170	7 988 499	3 049 425	1 751 515	1 198 865	901 988	719 337	596 569	508 778	443 066	392 127
1 000 000	198 498 339	15 976 997	6 098 860	3 503 032	2 397 732	1 803 979	1 438 677	1 193 141	1 017 558	886 135	784 257

ANMERKUNG Diese Tabelle enthält Stichprobenumfänge n mit der Eigenschaft, dass mit einem Vertrauensniveau von 99 % höchstens r der nächsten m Beobachtungswerte aus derselben Grundgesamtheit außerhalb des Bereichs $(x_{[1]}, x_{[n]})$ liegen wird.

NOTE This table provides sample sizes n for which one may be at least 99 % confident that not more than r of the next m observations from the same population will lie outside the interval $(x_{[1]}, x_{[n]})$.

Tabelle F.5 — Stichprobenumfänge n für zweiseitig begrenzte verteilungsfreie Prognosebereiche bei einem Vertrauensniveau von 99,5 %

Table F.5 — Sample sizes, n, for two-sided distribution-free prediction intervals at confidence level 99,5 %

m	r										
	0	**1**	**2**	**3**	**4**	**5**	**6**	**7**	**8**	**9**	**10**
1	399										
2	798	34									
3	1 196	58	15								
4	1 595	81	24	10							
5	1 993	105	32	15	8						
6	2 392	128	40	20	12	7					
7	2 790	151	49	25	15	10	6				
8	3 189	174	57	29	18	12	9	6			
9	3 587	197	65	34	21	14	10	8	5		
10	3 986	221	73	38	24	17	12	9	7	5	
15	5 978	337	113	60	39	28	21	17	14	11	9
20	7 971	452	153	82	54	39	30	24	20	17	14
30	11 956	684	233	126	83	61	47	38	32	27	24
40	15 941	916	314	170	113	82	64	52	44	38	33
50	19 926	1 147	394	214	142	104	81	66	56	48	42
60	23 911	1 379	474	258	171	126	99	81	68	58	51
80	31 881	1 842	634	347	230	169	133	109	92	79	69
100	39 851	2 305	795	435	289	213	167	137	116	100	88
150	59 776	3 463	1 196	655	436	322	253	207	175	152	133
200	79 700	4 620	1 597	875	583	430	339	278	235	203	179
250	99 625	5 778	1 998	1 095	729	539	424	348	295	255	224
500	199 250	11 567	4 002	2 196	1 464	1 082	853	701	593	514	452
1 000	398 498	23 144	8 011	4 397	2 932	2 169	1 710	1 406	1 191	1 031	909
2 000	796 996	46 298	16 030	8 800	5 869	4 343	3 424	2 815	2 385	2 066	1 821
5 000	1 992 488	115 762	40 085	22 007	14 681	10 864	8 565	7 043	5 968	5 171	4 557
10 000	3 984 975	231 534	80 177	44 020	29 366	21 733	17 134	14 091	11 940	10 345	9 118
20 000	7 969 948	463 078	160 360	88 046	58 738	43 470	34 272	28 185	23 883	20 693	18 239
50 000	19 924 870	1 157 716	400 911	220 123	146 851	108 681	85 687	70 469	59 714	51 739	45 604
100 000	39 849 738	2 315 435	801 827	440 252	293 708	217 367	171 379	140 942	119 433	103 482	91 211
200 000	79 699 475	4 630 877	1 603 661	880 508	587 419	434 738	342 762	281 888	238 869	206 968	182 425
500 000	199 248 686	11 577 210	4 009 167	2 201 274	1 468 556	1 086 853	856 911	704 727	597 177	517 424	456 068
1 000 000	398 497 372	23 154 418	8 018 333	4 402 555	2 937 116	2 173 709	1 713 821	1 409 456	1 194 360	1 034 851	912 138

ANMERKUNG Diese Tabelle enthält Stichprobenumfänge n mit der Eigenschaft, dass mit einem Vertrauensniveau von 99,5 % höchstens r der nächsten m Beobachtungswerte aus derselben Grundgesamtheit außerhalb des Bereichs $(x_{[1]}, x_{[n]})$ liegen wird.

NOTE This table provides sample sizes n for which one may be at least 99,5 % confident that not more than r of the next m observations from the same population will lie outside the interval $(x_{[1]}, x_{[n]})$.

Tabelle F.6 — Stichprobenumfänge n für zweiseitig begrenzte verteilungsfreie Prognosebereiche bei einem Vertrauensniveau von 99,9 %
Table F.6 — Sample sizes, n, for two-sided distribution-free prediction intervals at confidence level 99,9 %

m	r										
	0	1	2	3	4	5	6	7	8	9	10
1	1 999										
2	3 998	76									
3	5 996	132	27								
4	7 995	186	43	17							
5	9 993	240	58	25	12						
6	11 992	294	73	32	18	10					
7	13 990	347	88	40	22	14	9				
8	15 989	401	103	47	27	18	12	8			
9	17 987	454	117	54	32	21	15	10	7		
10	19 986	508	132	62	36	24	17	13	9	7	
15	29 978	775	205	98	59	41	30	23	19	15	12
20	39 970	1 043	278	134	82	57	43	33	27	22	19
30	59 955	1 577	425	206	127	89	67	53	44	37	32
40	79 940	2 112	571	278	172	121	92	73	60	51	44
50	99 924	2 646	717	350	218	153	117	93	77	65	57
60	119 909	3 180	863	422	263	186	141	113	94	80	69
80	159 878	4 249	1 156	566	353	250	191	153	127	108	94
100	199 848	5 318	1 448	710	443	314	240	193	160	136	119
150	299 771	7 990	2 179	1 070	669	475	363	292	243	207	181
200	399 694	10 661	2 910	1 429	895	635	486	391	326	278	243
250	499 618	13 333	3 640	1 789	1 120	796	609	491	409	349	305
500	999 234	26 692	7 294	3 588	2 249	1 598	1 225	987	823	704	614
1 000	1 998 467	53 410	14 602	7 186	4 505	3 204	2 457	1 980	1 652	1 414	1 234
2 000	3 996 933	106 846	29 218	14 382	9 018	6 415	4 921	3 966	3 310	2 833	2 473
5 000	9 992 331	267 151	73 065	35 969	22 557	16 048	12 311	9 924	8 282	7 091	6 190
10 000	19 984 661	534 332	146 143	71 948	45 123	32 102	24 629	19 855	16 571	14 187	12 384
20 000	39 969 321	1 068 678	292 298	143 907	90 254	64 212	49 264	39 715	33 147	28 379	24 773
50 000	99 923 302	2 671 730	730 766	359 778	225 648	160 538	123 169	99 296	82 876	70 954	61 942
100 000	199 846 603	5 343 496	1 461 544	719 563	451 301	321 082	246 346	198 598	165 757	141 916	123 888
200 000	399 693 205	10 686 990	2 923 092	1 439 141	902 609	642 169	492 695	397 201	331 517	283 837	247 780
500 000	999 233 011	26 717 474	7 307 768	3 597 853	2 256 531	1 605 428	1 231 739	993 024	828 797	709 598	619 455
1 000 000	1 998 466 021	53 435 038	14 615 520	7 195 726	4 513 056	3 210 873	2 463 481	1 986 048	1 657 593	1 419 194	1 238 925

ANMERKUNG Diese Tabelle enthält Stichprobenumfänge n mit der Eigenschaft, dass mit einem Vertrauensniveau von 99,9 % höchstens r der nächsten m Beobachtungswerte aus derselben Grundgesamtheit außerhalb des Bereichs $(x_{[1]}, x_{[n]})$ liegen wird.

NOTE This table provides sample sizes n for which one may be at least 99,9 % confident that not more than r of the next m observations from the same population will lie outside the interval $(x_{[1]}, x_{[n]})$.

Anhang G
(normativ)

Interpolation von Tabellenwerten

G.1 Interpolation von Werten in den Tabellen der Anhänge A bis D

G.1.1 Interpolation zur Bestimmung von k für einen nicht tabellierten Wert von n

Zwischen jeweils zwei benachbarten, tabellierten Werten von n in jeder der Tabellenspalten ist k angenähert proportional zu $1/n$. Daher kann für jeden Wert von n zwischen zwei benachbarten, tabellierten Werten n_0 und n_1, ($n_0 < n_1$) durch lineare Interpolation eine Näherung für den Wert $k_{n,m}$ berechnet werden nach

$$k_{n,m} \cong (1-\lambda)k_{n_0,m} + \lambda k_{n_1,m}$$

mit

$$\lambda = \frac{1/n_0 - 1/n}{1/n_0 - 1/n_1}$$

BEISPIEL Angenommen, der Wert für k für $n = 120$ und $m = 2\ 000$ wird gesucht für einen symmetrischen, zweiseitig begrenzten Prognosebereich mit einem Vertrauensniveau von 99 % für eine normalverteilte Grundgesamtheit mit unbekannter Standardabweichung.

Aus Tabelle B.4 werden die zu $m = 2\ 000$ gehörenden Werte $k_{n_0,m} = k_{100,\ 2\ 000} = 4{,}845$ und $k_{n_1,m} = k_{150,\ 2\ 000} = 4{,}749$ abgelesen. Also ist

$$\lambda = \frac{1/100 - 1/120}{1/100 - 1/150} = 0{,}5$$

Der gesuchte Wert für $k_{120,\ 2\ 000}$ ist daher ungefähr

$$k_{120,\ 2000} \cong (1-0{,}5)k_{100,\ 2000} + 0{,}5k_{150,\ 2000} = 0{,}5 \times 4{,}845 + 0{,}5 \times 4{,}749 = 4{,}797$$

G.1.2 Interpolation zur Bestimmung von k für einen nicht tabellierten Wert von m

Zwischen jeweils zwei benachbarten, tabellierten Werten von m in jeder der Tabellenspalten ist k angenähert proportional zu $\ln(m)$. Daher kann für jeden Wert von m zwischen zwei benachbarten, tabellierten Werten m_0 und m_1, ($m_0 < m_1$) durch lineare Interpolation eine Näherung für den Wert $k_{n,m}$ berechnet werden nach

$$k_{n,m} \cong (1-\lambda)k_{n,m_0} + \lambda k_{n,m_1}$$

mit

$$\lambda = \frac{\ln(m/m_0)}{\ln(m_1/m_0)}$$

Annex G
(normative)

Interpolating in the tables

G.1 Interpolating in the tables of Annexes A to D

G.1.1 Interpolating to determine k for a value of n that is not tabulated

Between any adjacent pair of tabulated values of n down each column of the tables, k is approximately linear in $1/n$. Thus, for any value of n between adjacent tabulated values n_0 and n_1, ($n_0 < n_1$) an approximation to the value of $k_{n,m}$ may be found by linear interpolation from

$$k_{n,m} \cong (1-\lambda)k_{n_0,m} + \lambda k_{n_1,m}$$

where

$$\lambda = \frac{1/n_0 - 1/n}{1/n_0 - 1/n_1}$$

EXAMPLE Suppose the value of k for $n = 120$ and $m = 2\,000$ is required for a symmetrical two-sided prediction interval at a confidence level of 99 % for a normally distributed population with an unknown standard deviation.

Reading the value from the column of Table B.4 corresponding to $m = 2\,000$, it is found that $k_{n_0,m} = k_{100,\,2\,000} = 4{,}845$ and $k_{n_1,m} = k_{150,\,2\,000} = 4{,}749$. Hence

$$\lambda = \frac{1/100 - 1/120}{1/100 - 1/150} = 0{,}5$$

The required value of $k_{120,\,2\,000}$ is therefore approximately

$$k_{120,\,2\,000} \cong (1-0{,}5)\,k_{100,\,2\,000} + 0{,}5\,k_{150,\,2\,000} = 0{,}5 \times 4{,}845 + 0{,}5 \times 4{,}749 = 4{,}797$$

G.1.2 Interpolating to determine k for a value of m that is not tabulated

Between any adjacent pair of tabulated values of m along each row of the tables, k is approximately linear in $\ln(m)$. Thus, for any value of m between adjacent tabulated values m_0 and m_1, ($m_0 < m_1$), an approximation to the value of $k_{n,\,m}$ may be found by linear interpolation from

$$k_{n,m} \cong (1-\lambda)k_{n,m_0} + \lambda k_{n,m_1}$$

where

$$\lambda = \frac{\ln(m/m_0)}{\ln(m_1/m_0)}$$

BEISPIEL Angenommen, der Wert für k für $n = 100$ und $m = 2\,200$ wird gesucht für einen einseitig begrenzten Prognosebereich mit einem Vertrauensniveau von 99,9 % für eine normalverteilte Grundgesamtheit mit bekannter Standardabweichung.

Aus Tabelle C.6 werden die zu $n = 100$ gehörenden Werte $k_{n,m_0} = k_{100,\,2\,000} = 4{,}916$ und $k_{n,m_1} = k_{100,\,5\,000} = 5{,}095$ abgelesen. Also ist

$$\lambda = \frac{\ln(2\,200/2\,000)}{\ln(5\,000/2\,000)} = \frac{\ln(1{,}1)}{\ln(2{,}5)} = \frac{0{,}095\,31}{0{,}916\,29} = 0{,}104\,02$$

Der gesuchte Wert für $k_{120,\,2\,000}$ ist daher ungefähr

$$(1 - 0{,}104\,02)\,k_{100,\,2\,000} + 0{,}104\,02\,k_{100,\,5\,000} = 0{,}895\,98 \times 4{,}916 + 0{,}104\,02 \times 5{,}095 = 4{,}935$$

ANMERKUNG Der Ausdruck $\ln(x)$ steht für den natürlichen Logarithmus von x, das heißt $\log_e(x)$. Es können auch Logarithmen mit anderer Basis verwendet werden, da sie zum selben interpolierten Wert führen.

G.1.3 Interpolation zur Bestimmung von k für nicht tabellierte Werte von n und m

Das Verfahren, wenn weder n noch m tabelliert ist, ist eine Kombination der Vorgehensweisen, die in G.1.1 und G.1.2 beschrieben sind, indem entweder zweimal nach G.1.1 und danach einmal nach G.1.2 oder zweimal nach G.1.2 und danach einmal nach G.1.1 verfahren wird.

G.1.4 Interpolation zur Bestimmung des Vertrauensniveaus für einen vorgegebenen Wert von k

Das Vertrauensniveau kann gesucht sein, wenn eine zufällige Ausgangsstichprobe gezogen und untersucht wurde und der Wert für k für vorgegebene Grenzwerte der Variablen ermittelt wurde. Bei der Interpolation zwischen tabellierten Vertrauensniveaus kann ausgenutzt werden, dass k zwischen jeweils zwei benachbarten tabellierten Werten des Vertrauensniveaus angenähert proportional zu $\ln(\alpha)$ ist. Daraus folgt, dass für jeden Wert von $100\,(1 - \alpha)$ % zwischen benachbarten tabellierten Vertrauensniveaus $100\,(1 - \alpha_0)$ % und $100\,(1 - \alpha_1)$ %, $(\alpha_0 > \alpha_1)$ eine Näherung für den Wert von α ermittelt werden kann über die Formel

$$\alpha \cong \alpha_0 \left(\frac{\alpha_1}{\alpha_0} \right)^{\lambda}$$

mit

$$\lambda = \frac{k_{n,m,\alpha_0} - k}{k_{n,m,\alpha_1} - k_{n,m,\alpha_0}}$$

Dann ist das gesuchte Vertrauensniveau $100\,(1 - \alpha)$ %.

BEISPIEL Angenommen, aus einer Zufallsstichprobe vom Umfang $n = 20$ aus einer normalverteilten Grundgesamtheit hat sich ein Stichprobenmittelwert $\bar{x} = 20{,}5$ Einheiten und eine Stichprobenstandardabweichung $s = 2{,}5$ Einheiten ergeben. Mit welchem Vertrauensniveau behauptet wird, dass alle nächsten 100 Beobachtungswerte kleiner als 30 Einheiten sein werden?

Der zugehörige Wert für k ist $(30 - 20{,}5)/2{,}5 = 3{,}8$. Die nächstliegenden tabellierten Werte für k für $n = 20$ und $m = 100$ sind $k = 3{,}506$ für das Vertrauensniveau 90 % (das heißt $\alpha_0 = 0{,}10$) in Tabelle A.1 und $k = 3{,}856$ für das Vertrauensniveau 95 % (das heißt $\alpha_1 = 0{,}05$) in Tabelle A.2. Also ist

$$\lambda = \frac{k_{n,m,\alpha_0} - k}{k_{n,m,\alpha_1} - k_{n,m,\alpha_0}} = \frac{3{,}8 - 3{,}506}{3{,}856 - 3{,}506} = \frac{0{,}294}{0{,}350} = 0{,}84$$

EXAMPLE Suppose the value of k for $n = 100$ and $m = 2\,200$ is required for a one-sided prediction interval at a confidence level of 99,9 % for a normally distributed population with a known standard deviation.

From the row of Table C.6 corresponding to $n = 100$ it is found that $k_{n,m_0} = k_{100,\,2\,000} = 4{,}916$ and $k_{n,m_1} = k_{100,\,5\,000} = 5{,}095$. Hence

$$\lambda = \frac{\ln(2\,200/2\,000)}{\ln(5\,000/2\,000)} = \frac{\ln(1{,}1)}{\ln(2{,}5)} = \frac{0{,}095\,31}{0{,}916\,29} = 0{,}104\,02$$

The required value of $k_{100,\,2\,200}$ is therefore approximately

$$(1 - 0{,}104\,02)\,k_{100,\,2\,000} + 0{,}104\,02\,k_{100,\,5\,000} = 0{,}895\,98 \times 4{,}916 + 0{,}104\,02 \times 5{,}095 = 4{,}935$$

NOTE The expression $\ln(x)$ represents the natural logarithm of x, i.e. $\log_e x$. Logarithms to other bases may be used, as they will produce the same interpolated value.

G.1.3 Interpolating to determine k for values of n and m neither of which is tabulated

The procedure when neither n nor m is tabulated is a combination of the methods described in G.1.1 and G.1.2, either by applying G.1.1 twice followed by applying G.1.2 once or by applying G.1.2 twice followed by G.1.1 once.

G.1.4 Interpolating to determine the confidence level for a given value of k

The confidence level may be required after the initial random sample has been drawn and inspected and the value obtained for k has been determined for a specified limit or limits on the value of the variable. To interpolate among the tabulated confidence levels, make use of the fact that, between any two adjacent tabulated values of the confidence level, k is approximately linear in $\ln(\alpha)$. It follows that, for any value of $100\,(1 - \alpha)$ % between adjacent tabulated confidence levels $100\,(1 - \alpha_0)$ % and $100\,(1 - \alpha_1)$ %, $(\alpha_0 > \alpha_1)$, an approximation to the value of α may be determined from

$$\alpha \cong \alpha_0 \left(\frac{\alpha_1}{\alpha_0}\right)^{\lambda}$$

where

$$\lambda = \frac{k_{n,m,\alpha_0} - k}{k_{n,m,\alpha_1} - k_{n,m,\alpha_0}}$$

The required confidence level is then $100\,(1 - \alpha)$ %.

EXAMPLE Suppose a random sample of size $n = 20$ from a normally distributed population has yielded a sample mean of $\bar{x} = 20{,}5$ units and sample standard deviation of $s = 2{,}5$ units. With what confidence can it be asserted that all of the next 100 observations will lie below 30 units?

The appropriate value of k is $(30 - 20{,}5)/2{,}5 = 3{,}8$. The nearest tabulated values of k for $n = 20$ and $m = 100$ are $k = 3{,}506$ for confidence level 90 % (i.e. $\alpha_0 = 0{,}10$) in Table A.1 and $k = 3{,}856$ for confidence level 95 % (i.e. $\alpha_1 = 0{,}05$) in Table A.2. Hence

$$\lambda = \frac{k_{n,m,\alpha_0} - k}{k_{n,m,\alpha_1} - k_{n,m,\alpha_0}} = \frac{3{,}8 - 3{,}506}{3{,}856 - 3{,}506} = \frac{0{,}294}{0{,}350} = 0{,}84$$

und

$$\alpha \cong 0{,}10\left(\frac{0{,}05}{0{,}10}\right)^{0{,}84} = 0{,}0559$$

Daraus folgt, dass das gesuchte Vertrauensniveau 100 (1 − α) % = 94,4 % ist.

G.2 Interpolation in den Tabellen der Anhänge E und F

G.2.1 Interpolation zur Ermittlung von n für einen nicht tabellierten Wert m bei vorgegebenem Wert r

Zwischen jeweils zwei benachbarten, tabellierten Werten von m in jeder der Tabellenspalten ist n angenähert proportional zu m. Daher kann für jeden Wert von m zwischen zwei benachbarten, tabellierten Werten m_0 und m_1, ($m_0 < m_1$) durch lineare Interpolation eine Näherung für den Wert $n_{m,r}$ berechnet werden nach

$$n_{m,r} \cong (1-\lambda)n_{m_0,r} + \lambda n_{m_1,r}$$

mit

$$\lambda = \frac{m - m_0}{m_1 - m_0}$$

BEISPIEL Der Stichprobenumfang n für einen zweiseitig begrenzten verteilungsfreien Prognosebereich ist gesucht, der mit einem Vertrauensniveau von 99 % mindestens 87 der nächsten 88 Beobachtungswerte enthält.

Hier ist $m = 88$ und $r = 1$. Aus Tabelle F.4 ist $m_0 = 80$, $m_1 = 100$, $n_{80,1} = 1\,271$ und $n_{100,1} = 1\,591$ zu entnehmen. Also ist

$$\lambda = \frac{88-80}{100-80} = \frac{8}{20} = 0{,}4$$

und

$$n_{88,1} \cong (1-0{,}4)\times 1\,271 + 0{,}4\times 1\,591 = 1\,399$$

G.2.2 Interpolation zur Ermittlung von n für ein nicht tabelliertes Vertrauensniveau bei vorgegebenen Werten für m und r

Bei vorgegebenen Werten für m und r ist der Wert von ln(n) zwischen zwei benachbarten, tabellierten Vertrauensniveaus angenähert proportional zu ln[(1 − α)/α]. Passend zu den Werten für m und r wird das tabellierte Vertrauensniveau, das gerade geringer ist als das gesuchte mit 100 (1 − α_0) % und das nächst höhere mit 100 (1 − α_1) % bezeichnet. Die entsprechenden Werte für n werden entsprechend mit n_0 und n_1 bezeichnet. Dann ist eine Näherung für den gesuchten Stichprobenumfang gegeben durch

$$n \cong \exp[(1-\lambda)\ln(n_0) + \lambda\ln(n_1)]$$

mit

$$\lambda = \frac{\ln\left[\dfrac{\alpha(1-\alpha_0)}{\alpha_0(1-\alpha)}\right]}{\ln\left[\dfrac{\alpha_1(1-\alpha_0)}{\alpha_0(1-\alpha_1)}\right]}$$

and

$$\alpha \cong 0{,}10 \times \left(\frac{0{,}05}{0{,}10} \right)^{0{,}84} = 0{,}055\,9$$

It follows that the required confidence level is 100 (1 − α) % = 94,4 %.

G.2 Interpolating in the tables of Annexes E and F

G.2.1 Interpolating to determine n for a value of m that is not tabulated, for a given value of r

Between any adjacent pair of tabulated values of m down each column of the tables, n is approximately linear in m. Thus, for any value of m between adjacent tabulated values m_0 and m_1, ($m_0 < m_1$) an approximation to the value of $n_{m,r}$ may be found by linear interpolation from

$$n_{m,r} \cong (1-\lambda) n_{m_0,r} + \lambda n_{m_1,r}$$

where

$$\lambda = \frac{m - m_0}{m_1 - m_0}$$

EXAMPLE The sample size n for a two-sided distribution-free prediction interval is required such that one may be 99 % confident that the interval includes at least 87 of the next 88 observations.

Here m = 88 and r = 1. From Table F.4 it is found that m_0 = 80, m_1 = 100, $n_{80,\,1}$ = 1 271 and $n_{100,\,1}$ = 1 591. Thus

$$\lambda = \frac{88-80}{100-80} = \frac{8}{20} = 0{,}4$$

and

$$n_{88,\,1} \cong (1-0{,}4) \times 1\,271 + 0{,}4 \times 1\,591 = 1\,399$$

G.2.2 Interpolating to determine n for a confidence level that is not tabulated, for given values of m and r

For given values of m and r the value of ln(n) between any adjacent pair of tabulated confidence levels is approximately linear in ln[(1 − α)/α]. For the appropriate values of m and r, denote the confidence level that corresponds to the nearest tabulated value of n less than the specified value by 100 (1 − α_0) % and the next higher confidence level by 100 (1 − α_1) %. Denote also the corresponding values of n by n_0 and n_1, respectively. Then an approximation to the required sample size is given by

$$n \cong \exp[(1-\lambda)\ln(n_0) + \lambda \ln(n_1)]$$

where

$$\lambda = \frac{\ln\left[\dfrac{\alpha(1-\alpha_0)}{\alpha_0(1-\alpha)}\right]}{\ln\left[\dfrac{\alpha_1(1-\alpha_0)}{\alpha_0(1-\alpha_1)}\right]}$$

BEISPIEL Angenommen, ein Prognosebereich der Form $(x_{[1]}, x_{[n]})$ ist gesucht, so dass mit einem Vertrauensniveau von 98 % (das heißt $\alpha = 0{,}02$) nicht mehr als ein Beobachtungswert der nächsten 100 außerhalb des Prognosebereichs liegen wird. Da ein zweiseitig begrenzter Bereich gesucht ist, muss Anhang F verwendet werden. Das zu 98 % nächst niedrige tabellierte Vertrauensniveau in Tabelle F.3 ist 97,5 %, also ist $\alpha_0 = 0{,}025$. Das nächst höhere tabellierte Vertrauensniveau in Tabelle F.4 ist 99 %, also ist $\alpha_1 = 0{,}01$. Die sich aus diesen zwei Tabellen für $m = 100$ und $r = 1$ ergebenden Ausgangsstichprobenumfänge sind $n_0 = 957$ und $n_1 = 1\,591$. Also ist

$$\lambda = \frac{\ln\left(\dfrac{0{,}02 \times 0{,}975}{0{,}025 \times 0{,}98}\right)}{\ln\left(\dfrac{0{,}01 \times 0{,}975}{0{,}025 \times 0{,}99}\right)} = \frac{-0{,}228\,26}{-0{,}931\,56} = 0{,}245\,03$$

und

$$n \cong \exp[(1 - 0{,}245\,03) \times \ln(957) + 0{,}245\,03 \times \ln(1\,591)] = \exp(6{,}988\,36) = 1\,083{,}94$$

Für das geforderte Vertrauensniveau ist also ein Ausgangsstichprobenumfang von ungefähr 1 084 erforderlich.

EXAMPLE Suppose an interval of the form $(x_{[1]}, x_{[n]})$ is required such that one may have 98 % confidence (i.e. $\alpha = 0{,}02$) that not more than one of the next 100 observations falls outside the interval. As a two-sided interval is required, Annex F is applicable. The nearest tabulated confidence level below 98 % is 97,5 % in Table F.3, so $\alpha_0 = 0{,}025$. The next higher tabulated confidence level is 99 % in Table F.4, so $\alpha_1 = 0{,}01$. The initial sample sizes from these two tables corresponding to $m = 100$ and $r = 1$ are $n_0 = 957$ and $n_1 = 1\,591$. Hence

$$\lambda = \frac{\ln\left(\dfrac{0{,}02 \times 0{,}975}{0{,}025 \times 0{,}98}\right)}{\ln\left(\dfrac{0{,}01 \times 0{,}975}{0{,}025 \times 0{,}99}\right)} = \frac{-0{,}228\,26}{-0{,}931\,56} = 0{,}245\,03$$

and

$$n \cong \exp[(1 - 0{,}245\,03) \times \ln(957) + 0{,}245\,03 \times \ln(1\,591)] = \exp(6{,}988\,36) = 1\,083{,}94$$

An initial sample size of about 1 084 is therefore necessary to provide the required level of confidence.

Anhang H
(informativ)

Den Tabellen zugrunde liegende statistische Theorie

H.1 Einseitig begrenzte Prognosebereiche für eine normalverteilte Grundgesamtheit mit unbekannter Standardabweichung (siehe Anhang A)

H.1.1 Daten

Es wird davon ausgegangen, dass eine Zufallsstichprobe von n Beobachtungswerten $x_1, x_2, \ldots, x_n$ aus einer normalverteilten Grundgesamtheit mit unbekanntem Erwartungswert μ und unbekannter Standardabweichung σ gezogen wurde. Der Stichprobenmittelwert ist $\bar{x}$ und die Stichprobenstandardabweichung ist s.

H.1.2 Fragestellung

Für vorgegebene Werte von n, m und α wird der kleinste Faktor k mit der Eigenschaft gesucht, dass mit einer Mindestwahrscheinlichkeit von 100 (1 – α) % davon ausgegangen werden kann, dass keiner von m weiteren Beobachtungswerten größer als $\bar{x} + ks$ sein wird. Aus Symmetriebetrachtungen folgt, dass dies derselbe Wert k ist, für den mit einer Mindestwahrscheinlichkeit von 100 (1 – α) % davon ausgegangen werden kann, dass keiner von m weiteren Beobachtungswerten kleiner als $\bar{x} - ks$ sein wird.

H.1.3 Lösung für einen endlichen Wert n

Der gesuchte Prognosebereichsfaktor ist der kleinste Wert k mit der Eigenschaft, dass

$$\int_0^\infty g(s) \int_{-\infty}^\infty \Phi^m(\bar{x} + ks) f(\bar{x}) \mathrm{d}\bar{x} \mathrm{d}s \geq 1 - \alpha \tag{H.1}$$

wobei $f(\bar{x})$ beziehungsweise $g(s)$ die Wahrscheinlichkeitsdichte des Stichprobenmittelwerts beziehungsweise der Stichprobenstandardabweichung der Standardnormalverteilung ist, und Φ ist deren Verteilungsfunktion, das heißt

$$f(\bar{x}) = \sqrt{\frac{n}{2\pi}} \exp\left(-\frac{n}{2}\bar{x}^2\right), -\infty < \bar{x} < \infty$$

$$g(s) = \frac{\nu^{\nu/2} s^{\nu-1}}{2^{(\nu/2)-1}\Gamma(\frac{\nu}{2})} \exp(-\nu s^2/2), s \geq 0$$

$$\Phi(t) = \int_{-\infty}^t \frac{1}{\sqrt{2\pi}} \exp\left(-\frac{1}{2}u^2\right) \mathrm{d}u$$

Annex H
(informative)

Statistical theory underlying the tables

H.1 One-sided sided prediction intervals for a normally distributed population with unknown population standard deviation (see Annex A)

H.1.1 The data

It is assumed that a random sample of n observations $x_1, x_2, \ldots, x_n$ has been drawn from a normally distributed population with unknown mean μ and unknown standard deviation σ. The sample mean is $\overline{x}$ and the sample standard deviation is s.

H.1.2 The problem

For given values of n, m and α, the smallest factor k is required such that one may have at least 100 (1 − α) % confidence that none of m further observations will exceed $\overline{x} + ks$. From symmetry considerations, this is the same as the value of k for which one may have 100 (1 − α) % confidence that none of the m further observations will lie below $\overline{x} - ks$.

H.1.3 The solution for finite n

The required prediction interval factor is the smallest value of k such that

$$\int_{0}^{\infty} g(s) \int_{-\infty}^{\infty} \Phi^{m}(\overline{x} + ks) f(\overline{x}) \mathrm{d}\overline{x} \mathrm{d}s \geq 1 - \alpha \qquad \text{(H.1)}$$

where $f(\overline{x})$ and $g(s)$ are respectively the probability density functions of the sample mean and the sample standard deviation from the standard normal distribution and Φ is its distribution function, i.e.

$$f(\overline{x}) = \sqrt{\frac{n}{2\pi}} \exp\left(-\frac{n}{2}\overline{x}^{2}\right), -\infty < \overline{x} < \infty$$

$$g(s) = \frac{\nu^{\nu/2} s^{\nu-1}}{2^{(\nu/2)-1} \Gamma(\frac{\nu}{2})} \exp(-\nu s^{2}/2), s \geq 0$$

$$\Phi(t) = \int_{-\infty}^{t} \frac{1}{\sqrt{2\pi}} \exp\left(-\frac{1}{2}u^{2}\right) \mathrm{d}u$$

mit

$$\Gamma\left(\frac{\nu}{2}\right) = \int_0^{\infty} x^{\frac{\nu}{2}-1} \exp(-x)\mathrm{d}x$$

$\nu = n - 1.$

Für jede angegebene Kombination der Werte für n, m und α wurde der kleinste Wert für k, der die Gleichung (H.1) erfüllt, auf drei Dezimalstellen genau über ein Iterationsverfahren bestimmt und in Anhang A dargestellt.

H.1.4 Lösung für unendlich großes n

Wenn n gegen unendlich geht, geht Gleichung (H.1) über in

$$\Phi^{m}(k) \geq 1-\alpha \tag{H.2}$$

Gleichung (H.2) ist geschlossen lösbar und ergibt

$$k \geq \Phi^{-1}\left[(1-\alpha)^{\frac{1}{m}}\right] \tag{H.3}$$

Die kleinsten Werte für k, die die Gleichung (H.3) erfüllen, sind — auf drei Dezimalstellen genau — in der letzten Spalte jeder Tabelle in Anhang A dargestellt.

H.2 Zweiseitig begrenzte Prognosebereiche für eine normalverteilte Grundgesamtheit mit unbekannter Standardabweichung (siehe Anhang B)

H.2.1 Daten

Die Daten sind die gleichen wie unter H.1.1 beschrieben.

H.2.2 Fragestellung

Für vorgegebene Werte von n, m und α wird der kleinste Faktor k mit der Eigenschaft gesucht, dass mit einer Mindestwahrscheinlichkeit von $100\,(1-\alpha)$ % davon ausgegangenen werden kann, dass keiner von m weiteren Beobachtungswerten außerhalb des Bereichs $\bar{x} - ks$ bis $\bar{x} + ks$ liegen wird.

H.2.3 Lösung für einen endlichen Wert n

Der gesuchte Prognosebereichsfaktor ist der kleinste Wert k mit der Eigenschaft, dass

$$\int_0^{\infty} g(s) \int_{-\infty}^{\infty} \left[\Phi(\bar{x} + ks) - \Phi(\bar{x} - ks)\right]^{m} f(\bar{x})\mathrm{d}\bar{x}\mathrm{d}s \geq 1-\alpha \tag{H.4}$$

Für jede angegebene Kombination der Werte für n, m und α wurde der kleinste Wert für k, der die Gleichung (H.4) erfüllt, auf drei Dezimalstellen genau über ein Iterationsverfahren bestimmt und in Anhang B dargestellt.

where

$$\Gamma\left(\frac{\nu}{2}\right) = \int_0^\infty x^{\frac{\nu}{2}-1} \exp(-x)\mathrm{d}x$$

$\nu = n - 1$.

For each given combination of values of n, m and α, the smallest value of k (to three decimal places of accuracy) satisfying Inequality (H.1) has been found by an iterative procedure and is presented in Annex A.

H.1.4 The solution for infinite n

As n tends to infinity, Inequality (H.1) tends to

$$\Phi^m(k) \geq 1 - \alpha \quad \text{(H.2)}$$

Inequality (H.2) can be solved explicitly to give

$$k \geq \Phi^{-1}\left[(1-\alpha)^{\frac{1}{m}}\right] \quad \text{(H.3)}$$

The smallest values of k (to three decimal places of accuracy) satisfying Inequality (H.3) are presented in the final row of each table of Annex A.

H.2 Two-sided prediction intervals for a normally distributed population with unknown population standard deviation (see Annex B)

H.2.1 The data

The data are the same as in H.1.1.

H.2.2 The problem

For given values of n, m and α, the smallest factor k is required such that one may have at least 100 (1 − α) % confidence that none of m further observations will lie outside the range $\bar{x} - ks$ to $\bar{x} + ks$.

H.2.3 The solution for finite n

The required prediction interval factor is the smallest value of k such that

$$\int_0^\infty g(s) \int_{-\infty}^\infty \left[\Phi(\bar{x}+ks) - \Phi(\bar{x}-ks)\right]^m f(\bar{x})\mathrm{d}\bar{x}\mathrm{d}s \geq 1-\alpha \quad \text{(H.4)}$$

For each given combination of values of n, m and α, the smallest value of k (to three decimal places of accuracy) satisfying Inequality (H.4) has been found by an iterative procedure and is presented in Annex B.

H.2.4 Lösung für unendlich großes n

Wenn n gegen unendlich geht, geht Gleichung (H.4) über in

$$[\Phi(k)-\Phi(-k)]^m \geq 1-\alpha \tag{H.5}$$

Gleichung (H.5) ist geschlossen lösbar und ergibt

$$k \geq \Phi^{-1}\left\{\frac{1}{2}\left[1+(1-\alpha)^{\frac{1}{m}}\right]\right\} \tag{H.6}$$

Die kleinsten Werte für k, die die Gleichung (H.6) erfüllen, sind — auf drei Dezimalstellen genau — in der letzten Spalte jeder Tabelle in Anhang B dargestellt.

H.3 Einseitig begrenzte Prognosebereiche für eine normalverteilte Grundgesamtheit mit bekannter Standardabweichung (siehe Anhang C)

H.3.1 Daten

Es wird davon ausgegangen, dass eine Zufallsstichprobe von n Beobachtungswerten $x_1, x_2, \ldots, x_n$ aus einer normalverteilten Grundgesamtheit mit unbekanntem Erwartungswert μ und bekannter Standardabweichung σ gezogen wurde.

H.3.2 Fragestellung

Für vorgegebene Werte von n, m und α wird der kleinste Faktor k mit der Eigenschaft gesucht, dass mit einer Mindestwahrscheinlichkeit von 100 (1 – α) % davon ausgegangen werden kann, dass keiner von m weiteren Beobachtungswerten größer als $\bar{x}+k\sigma$ sein wird. Aus Symmetriebetrachtungen folgt, dass dies derselbe Wert k ist, für den mit einer Mindestwahrscheinlichkeit von 100 (1 – α) % davon ausgegangenen werden kann, dass keiner von m weiteren Beobachtungswerten kleiner als $\bar{x}-k\sigma$ sein wird.

H.3.3 Lösung für einen endlichen Wert n

Der gesuchte Prognosebereichsfaktor ist der kleinste Wert k mit der Eigenschaft, dass

$$\int_{-\infty}^{\infty}\Phi^m(\bar{x}+k)f(\bar{x})\mathrm{d}\bar{x} \geq 1-\alpha \tag{H.7}$$

Für jede angegebene Kombination der Werte für n, m und α wurde der kleinste Wert für k, der die Gleichung (H.7) erfüllt, auf drei Dezimalstellen genau über ein Iterationsverfahren bestimmt und in Anhang C dargestellt.

H.3.4 Lösung für unendlich großes n

Wenn n gegen unendlich geht, geht Gleichung (H.7) über in Gleichung (H.2), deren Lösung durch Gleichung (H.3) gegeben ist. Daher sind die letzten Spalten jeder Tabelle in Anhang C dieselben wie in den entsprechenden Tabellen des Anhangs A.

H.2.4 The solution for infinite n

As n tends to infinity, Inequality (H.4) tends to

$$[\Phi(k) - \Phi(-k)]^m \geq 1 - \alpha \tag{H.5}$$

Inequality (H.5) can be solved explicitly to give

$$k \geq \Phi^{-1}\left\{\frac{1}{2}\left[1+(1-\alpha)^{\frac{1}{m}}\right]\right\} \tag{H.6}$$

The smallest values of k (to three decimal places of accuracy) satisfying Inequality (H.6) are presented in the final row of each table of Annex B.

H.3 One-sided prediction intervals for a normally distributed population with known population standard deviation (see Annex C)

H.3.1 The data

It is assumed that a random sample of n observations $x_1, x_2, \ldots, x_n$ has been drawn from a normally distributed population with unknown mean μ and known standard deviation σ.

H.3.2 The problem

For given values of n, m and α, the smallest factor k is required such that one may have at least 100 (1 − α) % confidence that none of m further observations will exceed $\overline{x} + k\sigma$. From symmetry considerations, this is the same as the value of k for which one may have 100 (1 − α) % confidence that none of m further observations will lie below $\overline{x} - k\sigma$.

H.3.3 The solution for finite n

The required prediction interval factor is the smallest value of k such that

$$\int_{-\infty}^{\infty} \Phi^m(\overline{x} + k) f(\overline{x}) \mathrm{d}\overline{x} \geq 1 - \alpha \tag{H.7}$$

For each given combination of values of n, m and α, the smallest value of k (to three decimal places of accuracy) satisfying Inequality H.7) has been found by an iterative procedure and is presented in Annex C.

H.3.4 The solution for infinite n

As n tends to infinity, Inequality (H.7) tends to Inequality (H.2), the solution to which is given by Inequality (H.3). Hence, the final row of each table of Annex C is the same as the corresponding final row of each table of Annex A.

H.4 Zweiseitig begrenzte Prognosebereiche für eine normalverteilte Grundgesamtheit mit bekannter Standardabweichung (siehe Anhang D)

H.4.1 Daten

Die Daten sind die gleichen wie unter H.3.1 beschrieben.

H.4.2 Fragestellung

Für vorgegebene Werte von n, m und α wird der kleinste Faktor k mit der Eigenschaft gesucht, dass mit einer Mindestwahrscheinlichkeit von 100 (1 − α) % davon ausgegangen werden kann, dass keiner von m weiteren Beobachtungswerten außerhalb des Bereichs $\bar{x} - k\sigma$ bis $\bar{x} + k\sigma$ liegen wird.

H.4.3 Lösung für einen endlichen Wert n

Der gesuchte Prognosebereichsfaktor ist der kleinste Wert k mit der Eigenschaft, dass

$$\int_{-\infty}^{\infty} \left[\Phi(\bar{x} + k) - \Phi(\bar{x} - k)\right]^m f(\bar{x}) \mathrm{d}\bar{x} \geq 1 - \alpha \quad \text{(H.8)}$$

Für jede angegebene Kombination der Werte für n, m und α wurde der kleinste Wert für k, der die Gleichung (H.8) erfüllt, auf drei Dezimalstellen genau über ein Iterationsverfahren bestimmt und in Anhang D dargestellt.

H.4.4 Lösung für unendlich großes n

Wenn n gegen unendlich geht, geht Gleichung (H.8) über in Gleichung (H.5), deren Lösung durch Gleichung (H.6) gegeben ist. Daher sind die letzten Spalten jeder Tabelle in Anhang D dieselben wie in den entsprechenden Tabellen des Anhangs B.

H.5 Prognoseberiche für den Mittelwert einer weiteren Stichprobe aus einer normalverteilten Grundgesamtheit

H.5.1 Einseitig begrenzte Prognosebereiche bei unbekannter Standardabweichung

Ein einseitig begrenzter Prognosebereich der Form $(\bar{x} - ks, \infty)$ oder $(-\infty, \bar{x} + ks)$ für den Mittelwert weiterer m Beobachtungswerte aus der gleichen normalverteilten Grundgesamtheit, hergeleitet aus einer Stichprobe vom Umfang n, hat das Vertrauensniveau 100 (1 − α) %, wenn

$$k = t_{n-1,1-\alpha}\sqrt{\frac{1}{n} + \frac{1}{m}} \quad \text{(H.9)}$$

wobei $t_{n-1,\,1-\alpha}$ das obere α-Fraktil der t-Verteilung mit $n - 1$ Freiheitsgraden ist. Dieser Ausdruck kann unmittelbar berechnet werden, wenn die entsprechenden Tabellen der t-Verteilung zur Verfügung stehen. Eine Alternative, für die keine Tabellen der t-Verteilung benötigt werden, ist folgendes Vorgehen: Wenn m gleich 1 ist, ist der gesuchte Wert für k der gleiche wie der Prognosebereichsfaktor für eine weitere Stichprobe mit Umfang 1, das heißt

$$k_{n,1,1-\alpha} = t_{n-1,1-\alpha}\sqrt{\frac{1}{n} + 1} \quad \text{(H.10)}$$

H.4 Two-sided prediction intervals for a normally distributed population with known population standard deviation (see Annex D)

H.4.1 The data

The data are the same as in H.3.1.

H.4.2 The problem

For given values of n, m and α, the smallest factor k is required such that one may have at least 100 (1 − α) % confidence that none of m further observations will lie outside the range $\bar{x} - k\sigma$ to $\bar{x} + k\sigma$.

H.4.3 The solution for finite n

The required prediction interval factor is the smallest solution in k to

$$\int_{-\infty}^{\infty} \left[\Phi(\bar{x} + k) - \Phi(\bar{x} - k)\right]^m f(\bar{x}) \mathrm{d}\bar{x} \geq 1 - \alpha \qquad \text{(H.8)}$$

For each given combination of values of n, m and α, the smallest value of k (to three decimal places of accuracy) satisfying Inequality (H.8) has been found by an iterative procedure and is presented in Annex D.

H.4.4 The solution for infinite n

As n tends to infinity, Inequality (H.8) tends to Inequality (H.5), the solution to which is given by Inequality (H.6). Hence the final row of each of the tables of Annex D is the same as the final row of the corresponding table of Annex B.

H.5 Prediction intervals for the mean of a further sample from a normally distributed population

H.5.1 One-sided prediction interval for unknown population standard deviation

A one-sided prediction interval of the form ($\bar{x} - ks$, ∞) or ($-\infty$, $\bar{x} + ks$) for the *mean* of a further m observations from the same normally distributed population, based on a sample of size n, has confidence level 100 (1 − α) % if

$$k = t_{n-1,1-\alpha} \sqrt{\frac{1}{n} + \frac{1}{m}} \qquad \text{(H.9)}$$

where $t_{n-1,1-\alpha}$ is the upper α-fractile of the t-distribution with $n - 1$ degrees of freedom. This can be calculated directly if suitable tables of the t-distribution are available. An alternative that does not require tables of the t-distribution is as follows. When m is equal to 1, the required value of k is the same as the prediction interval factor for a further sample of size 1, i.e.

$$k_{n,1,1-\alpha} = t_{n-1,1-\alpha} \sqrt{\frac{1}{n} + 1} \qquad \text{(H.10)}$$

Aus den Gleichungen (H.9) und (H.10) kann abgeleitet werden, dass

$$k = \frac{k_{n,1,1-\alpha}\sqrt{\frac{1}{n}+\frac{1}{m}}}{\sqrt{\frac{1}{n}+1}} = k_{n,1,1-\alpha}\sqrt{\frac{n+m}{m(n+1)}} \tag{H.11}$$

wobei $k_{n,\ 1,\ 1-\alpha}$ in Anhang A entsprechend dem Vertrauensniveau 100 (1 − α) % für den vorgegebenen Wert von n und $m = 1$ angegeben ist.

H.5.2 Zweiseitig begrenzte Prognosebereiche bei unbekannter Standardabweichung

Ein zweiseitig begrenzter Prognosebereich der Form $(\bar{x} - ks, \bar{x} + ks)$ für den Mittelwert weiterer m Beobachtungswerte aus der gleichen normalverteilten Grundgesamtheit, hergeleitet aus einer Stichprobe vom Umfang n, hat das Vertrauensniveau 100 (1 − α) %, wenn

$$k = t_{n-1,1-\alpha/2}\sqrt{\frac{1}{n}+\frac{1}{m}}$$

Mit ähnlicher Begründung wie in H.5.1, kann abgeleitet werden, dass

$$k = k_{n,1,1-\alpha}\sqrt{\frac{n+m}{m(n+1)}} \tag{H.12}$$

wobei $k_{n,\ 1,\ 1-\alpha}$ in Anhang B entsprechend dem Vertrauensniveau 100 (1 − α) % für den vorgegebenen Wert von n und $m = 1$ angegeben ist.

H.5.3 Einseitig begrenzte Prognosebereiche bei bekannter Standardabweichung

Ein einseitig begrenzter Prognosebereich der Form $(\bar{x} - k\sigma, \infty)$ oder $(-\infty, \bar{x} + k\sigma)$ für den Mittelwert weiterer m Beobachtungswerte aus der gleichen normalverteilten Grundgesamtheit, hergeleitet aus einer Stichprobe vom Umfang n, hat das Vertrauensniveau 100 (1 − α) %, wenn

$$k = z_{1-\alpha}\sqrt{\frac{1}{n}+\frac{1}{m}}$$

wobei $z_{1-\alpha}$ das obere α-Fraktil der Standard-Normalverteilung ist. Mit ähnlicher Begründung wie in H.5.1, kann abgeleitet werden, dass

$$k = k_{n,1,1-\alpha}\sqrt{\frac{n+m}{m(n+1)}} \tag{H.13}$$

wobei $k_{n,\ 1,\ 1-\alpha}$ in Anhang C entsprechend dem Vertrauensniveau 100 (1 − α) % für den vorgegebenen Wert von n und $m = 1$ angegeben ist.

It can be deduced from Equations (H.9) and (H.10) that

$$k = \frac{k_{n,1,1-\alpha}\sqrt{\frac{1}{n}+\frac{1}{m}}}{\sqrt{\frac{1}{n}+1}} = k_{n,1,1-\alpha}\sqrt{\frac{n+m}{m(n+1)}} \tag{H.11}$$

where $k_{n,\,1,\,1-\alpha}$ is given in Annex A corresponding to confidence level 100 (1 − α) % for the given value of n and for $m = 1$.

H.5.2 Two-sided prediction interval for unknown population standard deviation

A two-sided prediction interval of the form $(\overline{x} - ks,\ \overline{x} + ks)$ for the mean of a further m observations from the same normally distributed population, based on a sample of size n, has confidence level 100 (1 − α) % if

$$k = t_{n-1,1-\alpha/2}\sqrt{\frac{1}{n}+\frac{1}{m}}$$

By similar reasoning to that given in H.5.1, it may be deduced that

$$k = k_{n,1,1-\alpha}\sqrt{\frac{n+m}{m(n+1)}} \tag{H.12}$$

where $k_{n,\,1,\,1-\alpha}$ is given in Annex B corresponding to a confidence level 100 (1 − α) % for the given value of n and for $m = 1$.

H.5.3 One-sided prediction interval for known population standard deviation

A one-sided prediction interval of the form $(\overline{x} - k\sigma, \infty)$ or $(-\infty, \overline{x} + k\sigma)$ for the mean of a further m observations from the same normally distributed population, based on a sample of size n, has confidence level 100 (1 − α) % if

$$k = z_{1-\alpha}\sqrt{\frac{1}{n}+\frac{1}{m}}$$

where $z_{1-\alpha}$ is the upper α-fractile of the standard normal distribution. By similar reasoning to that given in H.5.1, it may be deduced that

$$k = k_{n,\,1,\,1-\alpha}\sqrt{\frac{n+m}{m(n+1)}} \tag{H.13}$$

where $k_{n,\,1,\,1-\alpha}$ is given in Annex C corresponding to confidence level 100 (1 − α) % for the given value of n and for $m = 1$.

H.5.4 Zweiseitig begrenzte Prognosebereiche bei bekannter Standardabweichung

Ein zweiseitig begrenzter Prognosebereich der Form ($\bar{x} - k\sigma$, $\bar{x} + k\sigma$) für den Mittelwert weiterer m Beobachtungswerte aus der gleichen normalverteilten Grundgesamtheit, hergeleitet aus einer Stichprobe vom Umfang n, hat das Vertrauensniveau 100 (1 − α) %, wenn

$$k = z_{1-\alpha/2}\sqrt{\frac{1}{n} + \frac{1}{m}}$$

Mit ähnlicher Begründung wie in H.5.1, kann abgeleitet werden, dass

$$k = k_{n,1,1-\alpha}\sqrt{\frac{n+m}{m(n+1)}} \tag{H.14}$$

wobei $k_{n,\,1,\,1-\alpha}$ in Anhang D entsprechend dem Vertrauensniveau 100 (1 − α) % für den vorgegebenen Wert von n und $m = 1$ angegeben ist.

H.6 Einseitig begrenzte verteilungsfreie Prognosebereiche (siehe Anhang E)

H.6.1 Daten

Es wird davon ausgegangen, dass eine Zufallsstichprobe von n Beobachtungswerten $x_1, x_2, \ldots, x_n$ aus einer Grundgesamtheit, dessen Verteilung unbekannt ist, gezogen werden.

H.6.2 Fragestellung

Der kleinste der n Beobachtungswerte sei mit $x_{[1]}$ und der größte mit $x_{[n]}$ bezeichnet. Die einseitig begrenzten Prognosebereiche, die in diesem Teil von ISO 16269 besonders genau betrachtet werden, sind entweder der Bereich ($-\infty, x_{[n]}$) oder der Bereich ($x_{[1]}, \infty$). Es ist bekannt, dass m weitere Beobachtungswerte erfasst werden, und es wird der kleinste Wert von n mit der Eigenschaft, dass — für vorgegebene Werte von m, α und r — höchstens r der m weiteren Beobachtungswerte mit einem Vertrauensniveau von 100 (1 − α) % außerhalb des einseitig begrenzten Prognosebereichs liegen werden, gesucht.

H.6.3 Lösung

Der Umfang n der Ausgangsstichprobe erfüllt die Gleichung (H.15):

$$\frac{\sum_{i=0}^{r}\binom{n-1+m-i}{n-1}}{\binom{n+m}{n}} \geq 1-\alpha \tag{H.15}$$

mit

$$\binom{a}{b} = \frac{a!}{b!\,(a-b)!}$$

Für jede angegebene Kombination der Werte für m, α und r wurde der kleinste ganzzahlige Wert für n, der die Gleichung (H.15) erfüllt, über ein Iterationsverfahren bestimmt und in Anhang E dargestellt.

H.5.4 Two-sided prediction interval for known population standard deviation

A two-sided prediction interval of the form $(\overline{x} - k\sigma, \ \overline{x} + k\sigma)$ for the mean of a further m observations from the same normally distributed population, based on a sample of size n, has confidence level 100 (1 − α) % if

$$k = z_{1-\alpha/2} \sqrt{\frac{1}{n} + \frac{1}{m}}$$

By similar reasoning to that given in H.5.1, it may be deduced that

$$k = k_{n,1,1-\alpha} \sqrt{\frac{n+m}{m(n+1)}} \qquad \text{(H.14)}$$

where $k_{n,1,1-\alpha}$ is given in Annex D corresponding to confidence level 100 (1 − α) % for the given value of n and for $m = 1$.

H.6 One-sided distribution-free prediction intervals (see Annex E)

H.6.1 The data

It is assumed that a random sample of n observations $x_1, x_2, \ldots, x_n$ will be drawn from a population whose distribution is unknown.

H.6.2 The problem

Denote the smallest of the n observations by $x_{[1]}$ and the largest by $x_{[n]}$. The one-sided prediction intervals considered in most detail in this part of ISO 16269 are either the interval $(-\infty, x_{[n]})$ or the interval $(x_{[1]}, \infty)$. It is known that there will be m further observations, and it is required to determine the smallest value of n such that, for given m, α and r, one may have at least 100 (1 − α) % confidence that not more than r of the m further observations will lie outside the one-sided prediction interval.

H.6.3 The solution

The initial sample size n must satisfy Inequality (H.15):

$$\frac{\sum_{i=0}^{r} \binom{n-1+m-i}{n-1}}{\binom{n+m}{n}} \geq 1-\alpha \qquad \text{(H.15)}$$

where

$$\binom{a}{b} = \frac{a!}{b!\,(a-b)!}$$

For each given combination of values of m, α and r, the smallest integer value of n satisfying Inequality (H.15) has been found by an iterative procedure and is presented in Annex E.

H.6.4 Allgemeinere einseitig begrenzte verteilungsfreie Prognosebereiche

Wenn ein engerer Bereich gewünscht wird und ein größerer Ausgangsstichprobenumfang akzeptiert werden kann, können auch weniger extreme Ranggrößen verwendet werden. Solche Bereiche haben auch den Vorteil, dass sie dem Einfluss von Ausreißern weniger stark unterliegen. Der t-kleinste der n Beobachtungswerte sei mit $x_{[t]}$, der t-größte mit $x_{[n+1-t]}$ bezeichnet. Die hier betrachteten allgemeineren einseitig begrenzten Prognosebereiche sind entweder der Bereich $(-\infty, x_{[n+1-t]})$ oder der Bereich $(x_{[t]}, \infty)$. Es ist bekannt, dass m weitere Beobachtungswerte erfasst werden, und es wird der kleinste Wert von n mit der Eigenschaft, dass — für vorgegebene Werte von m, t, α und r — höchstens r der m weiteren Beobachtungswerte mit einem Vertrauensniveau von 100 (1 – α) % außerhalb des einseitig begrenzten Prognosebereichs liegen werden, gesucht. Die Lösung ist der kleinste Wert von n, der die folgende Gleichung erfüllt:

$$\frac{\sum_{i=0}^{r} \binom{n-t+m-i}{n-t}}{\binom{n+m}{n}} \geq 1-\alpha \qquad \text{(H.16)}$$

Aus Platzgründen enthält dieser Teil von ISO 16269 keine Tabellen für die Lösungen von Gleichung (H.16) bezüglich n für Werte von t außer für $t = 1$.

H.7 Zweiseitig begrenzte verteilungsfreie Prognosebereiche (siehe Anhang F)

H.7.1 Daten

Die Daten sind die gleichen wie unter H.6.1 beschrieben.

H.7.2 Fragestellung

Die zweiseitig begrenzten Prognosebereiche, die in diesem Teil von ISO 16269 besonders genau betrachtet werden, sind von der Form $(x_{[1]}, x_{[n]})$, das heißt die Spannweite der ersten n Beobachtungswerte. Es ist bekannt, dass m weitere Beobachtungswerte erfasst werden, und es wird der kleinste Wert von n mit der Eigenschaft, dass — für vorgegebene Werte von m, α und r — höchstens r der m weiteren Beobachtungswerte mit einem Vertrauensniveau von 100 (1 – α) % außerhalb des zweiseitig begrenzten Prognosebereichs liegen werden, gesucht.

H.7.3 Lösung

Der Umfang n der Ausgangsstichprobe erfüllt die Gleichung (H.17):

$$\frac{\sum_{i=0}^{r} (i+1) \binom{n-2+m-i}{n-2}}{\binom{n+m}{n}} \geq 1-\alpha \qquad \text{(H.17)}$$

Für jede angegebene Kombination der Werte für m, α und r wurde der kleinste ganzzahlige Wert für n, der die Gleichung (H.17) erfüllt, über ein Iterationsverfahren bestimmt und in Anhang F dargestellt.

H.6.4 More general one-sided distribution-free prediction intervals

If a narrower interval is desired and a larger initial sample size can be tolerated, order statistics other than the most extreme ones may be used. Such intervals also have the advantage that they are not so likely to be influenced by outliers. Denote the tth smallest of the n observations by $x_{[t]}$ and the tth largest by $x_{[n+1-t]}$. The more general one-sided prediction intervals considered here are either the interval $(-\infty, x_{[n+1-t]})$ or the interval $(x_{[t]}, \infty)$. It is known that there will be m further observations, and it is required to determine the smallest value of n such that, for given m, t, α and r, one may have at least 100 $(1 - \alpha)$ % confidence that not more than r of the m further observations will lie outside the one-sided interval. The solution is the smallest value of n satisfying

$$\frac{\sum_{i=0}^{r}\binom{n-t+m-i}{n-t}}{\binom{n+m}{n}} \geq 1-\alpha \tag{H.16}$$

Due to space limitations, tables of the solutions in n to Inequality (H.16) are not provided in this part of ISO 16269 for values of t other than 1.

H.7 Two-sided distribution-free prediction intervals (see Annex F)

H.7.1 The data

The data are the same as in H.6.1.

H.7.2 The problem

The two-sided prediction intervals considered in most detail in this part of ISO 16269 are of the form $(x_{[1]}, x_{[n]})$, i.e. the range of the initial n observations. It is known that there will be m further observations, and it is required to determine the smallest value of n such that, for given m, α and r, one may have at least 100 $(1 - \alpha)$ % confidence that not more than r of the m further observations will lie outside the two-sided prediction interval.

H.7.3 The solution

The initial sample size n must satisfy Inequality (H.17):

$$\frac{\sum_{i=0}^{r}(i+1)\binom{n-2+m-i}{n-2}}{\binom{n+m}{n}} \geq 1-\alpha \tag{H.17}$$

For each given combination of values of m, α and r, the smallest integer value of n satisfying Inequality (H.17) has been found by an iterative procedure and is presented in Annex F.

H.7.4 Allgemeinere zweiseitig begrenzte verteilungsfreie Prognosebereiche

Wenn ein engerer Bereich gewünscht wird und ein größerer Ausgangsstichprobenumfang akzeptiert werden kann, können auch weniger extreme Ranggrößen verwendet werden. Solche Bereiche haben auch den Vorteil, dass sie dem Einfluss von Ausreißern weniger stark unterliegen. Der t-kleinste der n Beobachtungswerte sei mit $x_{[t]}$, der t-größte mit $x_{[n+1-t]}$ bezeichnet. Die hier betrachteten allgemeineren zweiseitig begrenzten Prognosebereiche sind von der Form $(x_{[t]}, x_{[n+1-t]})$. Es ist bekannt, dass m weitere Beobachtungswerte erfasst werden, und es wird der kleinste Wert von n mit der Eigenschaft, dass — für vorgegebene Werte von m, t, α und r — höchstens r der m weiteren Beobachtungswerte mit einem Vertrauensniveau von $100(1-\alpha)$ % außerhalb des einseitig begrenzten Prognosebereichs $(x_{[t]}, x_{[n+1-t]})$ liegen werden. Die Lösung ist der kleinste Wert von n, der die folgende Gleichung (H.18) erfüllt:

$$\frac{\sum_{i=0}^{r}\binom{n-2t+m-i}{n-2t}\sum_{j=0}^{i}\binom{t-1+j}{t-1}\binom{t-1+i-j}{t-1}}{\binom{n+m}{n}} \geq 1-\alpha \qquad \text{(H.18)}$$

Aus Platzgründen enthält dieser Teil von ISO 16269 keine Tabellen für die Lösungen von Gleichung (H.18) bezüglich n für Werte von t außer für $t = 1$.

H.7.4 More general two-sided distribution-free prediction intervals

If a narrower interval is desired and a larger initial sample size can be tolerated, order statistics other than the most extreme ones may be used. Such intervals also have the advantage that they are not as likely to be influenced by outliers. Denote the tth smallest of the n observations by $x_{[t]}$ and the tth largest by $x_{[n+1-t]}$. The more general two-sided prediction intervals considered here are of the form $(x_{[t]}, x_{[n+1-t]})$. It is known that there will be m further observations, and it is required to determine the smallest value of n such that, for given m, t, α and r, one may have at least $100\,(1-\alpha)$ % confidence that not more than r of the m further observations will lie outside the range $(x_{[t]}, x_{[n+1-t]})$. The solution is the smallest value of n satisfying Inequality (H.18):

$$\frac{\sum_{i=0}^{r}\binom{n-2t+m-i}{n-2t}\sum_{j=0}^{i}\binom{t-1+j}{t-1}\binom{t-1+i-j}{t-1}}{\binom{n+m}{n}} \geq 1-\alpha \qquad \text{(H.18)}$$

Due to space limitations, tables of the solutions in n to Inequality (H.18) are not provided in this part of ISO 16269 for values of t other than 1.

Literaturhinweise
Bibliography

[1] ISO 2602, *Statistical interpretation of test results — Estimation of the mean — Confidence interval*

[2] ISO 16269-6, *Statistical interpretation of data — Part 6: Determination of statistical tolerance intervals*

[3] HAHN, G.J. Factors for calculating two-sided prediction intervals for samples from a normal distribution. *Journal of the American Statistical Association*, **64**, 1969, pp. 878–888

[4] HAHN, G.J. Additional factors for calculating prediction intervals for samples from a normal distribution. *Journal of the American Statistical Association*, **65**, 1970, pp. 1668–1676

[5] HAHN, G.J. and NELSON, W. A survey of prediction intervals and their applications. *Journal of Quality Technology*, **5**, 1973, pp. 178–188

[6] HAHN, G.J. and MEEKER, W.Q. *Statistical Intervals — A Guide for Practitioners*. New York, John Wiley and Sons Inc., 1991

[7] HALL, I.J., PRAIRIE, R.R. and MOTLAGH, C.K. Non-parametric prediction intervals. *Journal of Quality Technology*, **7**, 1975, pp. 109–114

[8] PATEL, J.K. Prediction intervals — A review. *Communications in Statistics — Theory and Methods.* **18**(7), 1989, pp. 2393–2465

Verzeichnis nicht abgedruckter Normen

(nach steigenden DIN-Nummern geordnet)

Dokument	Ausgabe	Titel
DIN 53803-1	1991-03	Probenahme – Statistische Grundlagen der Probenahme bei einfacher Aufteilung
DIN 53803-2	1994-03	Probenahme – Praktische Durchführung
DIN 53803-3	1984-06	Probenahme – Statistische Grundlagen der Probenahme bei zweifacher Aufteilung nach zwei gleichberechtigten Gesichtspunkten
DIN 53804-4	1985-03	Statistische Auswertungen – Attributmerkmale
DIN 55301	1978-09	Gestaltung statistischer Tabellen
DIN 55350-11	2008-05	Begriffe zum Qualitätsmanagement – Teil 11: Ergänzung zu DIN EN ISO 9000:2005
DIN 55350-12	1989-03	Begriffe der Qualitätssicherung und Statistik – Merkmalsbezogene Begriffe
DIN 55350-13	1987-07	Begriffe der Qualitätssicherung und Statistik – Begriffe zur Genauigkeit von Ermittlungsverfahren und Ermittlungsergebnissen
DIN 55350-14	1985-12	Begriffe der Qualitätssicherung und Statistik – Begriffe der Probenahme
DIN 55350-21	1982-05	Begriffe der Qualitätssicherung und Statistik – Begriffe der Statistik – Zufallsgrößen und Wahrscheinlichkeitsverteilungen
DIN 55350-22	1987-02	Begriffe der Qualitätssicherung und Statistik – Begriffe der Statistik – Spezielle Wahrscheinlichkeitsverteilungen
DIN 55350-23	1983-04	Begriffe der Qualitätssicherung und Statistik – Begriffe der Statistik – Beschreibende Statistik
DIN 55350-24	1982-11	Begriffe der Qualitätssicherung und Statistik – Begriffe der Statistik – Schließende Statistik

Service-Angebote des Beuth Verlags

DIN und Beuth Verlag

Der Beuth Verlag ist eine Tochtergesellschaft des DIN Deutsches Institut für Normung e. V. – gegründet im April 1924 in Berlin.

Neben den Gründungsgesellschaftern DIN und VDI (Verein Deutscher Ingenieure) haben im Laufe der Jahre zahlreiche Institutionen aus Wirtschaft, Wissenschaft und Technik ihre verlegerische Arbeit dem Beuth Verlag übertragen. Seit 1993 sind auch das Österreichische Normungsinstitut (ON) und die Schweizerische NormenVereinigung (SNV) Teilhaber der Beuth Verlag GmbH.

Nicht nur im deutschsprachigen Raum nimmt der Beuth Verlag damit als Fachverlag eine führende Rolle ein: Er ist einer der größten Technikverlage Europas. Von den Synergien zwischen DIN und Beuth Verlag profitieren heute 150 000 Kunden weltweit.

Normen und mehr

Die Kernkompetenz des Beuth Verlags liegt in seinem Angebot an Fachinformationen rund um das Thema Normung. In diesem Bereich hat sich in den letzten Jahren ein rasanter Medienwechsel vollzogen – über die Hälfte aller DIN-Normen werden mittlerweile als PDF-Datei genutzt. Auch neu erscheinende DIN-Taschenbücher sind als E-Books beziehbar.

Als moderner Anbieter technischer Fachinformationen stellt der Beuth Verlag seine Produkte nach Möglichkeit medienübergreifend zur Verfügung. Besondere Aufmerksamkeit gilt dabei den Online-Entwicklungen. Im Webshop unter www.beuth.de sind bereits heute mehr als 250 000 Dokumente recherchierbar. Die Hälfte davon ist auch im Download erhältlich und kann vom Anwender innerhalb weniger Minuten am PC eingesehen und eingesetzt werden.

Von der Pflege individuell zusammengestellter Normensammlungen für Unternehmen bis hin zu maßgeschneiderten Recherchedaten bietet der Beuth Verlag ein breites Spektrum an Dienstleistungen an.

So erreichen Sie uns

Beuth Verlag GmbH
Burggrafenstr. 6
10787 Berlin
Telefon 030 2601-0
Telefax 030 2601-1260
info@beuth.de
www.beuth.de

Ihre Ansprechpartner in den verschiedenen Bereichen des Beuth Verlags finden Sie auf der Seite „Kontakt“ unter www.beuth.de.